TASCHENBUCH DER CHEMIE

pe	6. Gruppe		7. Gruppe		8. Gruppe		
N	H	N	H	N	H	N	
					2 He Helium 4,003		
	8 O Sauerstoff 16,00		9 F Fluor 19,00		10 Ne Neon 20,18		
	16 S Schwefel 32,07		17 Cl Chlor 35,45		18 Ar Argon 39,95		
23 V Vanadium 50,94	24 Cr Chrom 52,00		25 Mn Mangan 54,94		26 Fe Eisen 55,85	27 Co Cobalt 58,93	28 Ni Nickel 58,69
	34 Se Selen 78.96		35 Br Brom 79,90		36 Kr Krypton 83,80		
41 Nb Niobium 92,91	42 Mo Molybdän 95,94		43 Tc Technetium [98]		44 Ru Rutheniuum 101,1	45 Rh Rhodium 102,9	46 Pd Palladium 106,4
	52 Te Tellur 127,6		53 I Iod 126,9		54 Xe Xenon 131,3		
73 Ta Tantal 180,9	74 W Wolfram 183,8		75 Re Rhenium 186,2		76 Os Osmium 190,2	77 Ir Iridium 192,2	78 Pt Platin 195,1
	84 Po Polonium [209]		85 At Astat [210]		86 Rn Radon [222]		
105 Ha Hahnium [262]	106 Sg Seaborgium [263]		107 Ns Nielsbohrium [262]		108 Hs Hassium [265]	109 Mt Meitnerium [266]	110

asse (Atomgewicht)   [ ] Massenzahl des stabilsten Isotops

u	64 Gd Gadolinium 157,3	65 Tb Terbium 158,9	66 Dy Dysprosium 162,5	67 Ho Holmium 164,9	68 Er Erbium 167,3	69 Tm Thulium 168,9	70 Yb Ytterbium 173,0
m	96 Cm Curium [247]	97 Bk Berkelium [247]	98 Cf Californium [251]	99 Es Einsteinium [252]	100 Fm Fermium [257]	101 Md Mendelevium [258]	102 No Nobelium [259]

Taschenbuch der Chemie

von

W. Schröter, Dr. habil. K.-H. Lautenschläger
und H. Bibrack

16. völlig überarbeitete
und erweiterte Auflage

Mit 115 Abbildungen, 52 Tabellen und 8 Tafeln

Verlag Harri Deutsch

Koordination:
Fachschuldozent Werner Schröter
Autoren:
Dr. paed. habil. Karl-Heinz Lautenschläger
Allgemeine Chemie (1. bis 9.12.3)
Nomenklatur anorganischer Verbindungen (43. bis 43.4)
Fachschuldozent Werner Schröter
Anorganische Chemie (10. bis 27.6.3)
Theoretische Grundlagen der organischen Chemie
Mesomerie, Substituenteneffekte, Reaktionstypen (28.4 bis 28.6.5)
Zyklische organische Verbindungen (38. bis 39.2)
Biochemisch wichtige Stoffklassen, Sondergebiete der organischen Chemie,
makromolekulare organisch-chemische Werkstoffe (40. bis 42.6)
Nomenklatur organischer Verbindungen (44. bis 44.7.3)
Fachschuldozentin Ing. Hildegard Bibrack
Theoretische Grundlagen der organischen Chemie
Isomerie, Reaktionsarten (28. bis 28.3.3, 28.7)
Azyklische Verbindungen (29. bis 36.2)
Kohlenhydrate (37. bis 37.4)

CIP - Kurztitelaufnahme der Deutschen Bibliothek
Taschenbuch der Chemie : mit 52 Tabellen und 8 Tafeln / von W. Schröter,
K.-H. Lautenschläger und H. Bibrack. - 16., völlig überarb. und erw. Aufl.-
Thun ; Frankfurt am Main : Deutsch, 1994
ISBN 3-8171-1344-7
NE: Schröter, Werner; Lautenschläger, Karl-Heinz; Bibrack, Hildegard

ISBN 3-8171-1344-7

Dieses Werk ist urheberrechtlich geschützt.
Alle Rechte, auch die der Übersetzung, des Nachdrucks und der Vervielfältigung des
Buches - oder von Teilen daraus - sind vorbehalten.
Kein Teil des Werkes darf ohne schriftliche Genehmigung des Verlages in irgendeiner
Form (Fotokopie, Mikrofilm oder ein anderes Verfahren), auch nicht für Zwecke der
Unterrichtsgestaltung, reproduziert oder unter Verwendung elektronischer Systeme
verarbeitet werden.
Zuwiderhandlungen unterliegen den Strafbestimmungen des Urheberrechtsgesetzes.
Der Inhalt des Werkes wurde sorgfältig erarbeitet. Dennoch übernehmen Autoren,
Herausgeber und Verlag für die Richtigkeit von Angaben, Hinweisen und Ratschlägen sowie für eventuelle Druckfehler keine Haftung.

16., völlig überarbeitete und erweiterte Auflage 1994
© Verlag Harri Deutsch, Thun und Frankfurt am Main, 1994
Druck: Interdruck, Leipzig
Belichtung: digitaltype, Darmstadt

Vorwort

Naturwissenschaften und Technik haben in der modernen Gesellschaft und damit auch auf allen Stufen des Bildungswesens eine hervorragende Bedeutung. Ohne hinreichende Kenntnisse in Mathematik, Physik, Chemie und Biologie bleiben viele natürliche und technische Zusammenhänge unverständlich.

Die unübersehbare Stoffülle erfordert, bestimmte Grundkenntnisse jederzeit griffbereit zur Verfügung zu haben. Diese Forderung erfüllt der Verlag u.a. mit seiner Taschenbuchreihe. Hierzu gehören neben dem hier vorliegenden ,,Taschenbuch der Chemie'' u.a. ,,Bronstein/Semendjajew/Musiol/Mühlig: Taschenbuch der Mathematik'', ,,Stöcker: Taschenbuch mathematischer Formeln und moderner Verfahren'', ,,Stöcker: Taschenbuch der Physik'', ,,Kories/Schmidt-Walter: Taschenbuch der Elektrotechnik'', ,,Willmes: Taschenbuch Cemische Substanzen''.

Die Taschenbücher informieren den Benutzer schnell und gründlich über Fakten und Zusammenhänge. Begriffe werden definiert; Gesetzmäßigkeiten und Beziehungen werden in der Regel hergeleitet; ihre Anwendung wird – vielfach anhand von Beispielen – erläutert. Die Taschenbücher sind praktische Ratgeber bei der Arbeit auf den betreffenden Gebieten, wertvolle Hilfen beim Lernen und übersichtliche Repetitorien bei der Vorbereitung auf Prüfungen.

Das ,,Taschenbuch der Chemie'' gliedert sich in die Hauptteile Allgemeine Chemie, Anorganische Chemie und Organische Chemie; diese werden ergänzt durch Abschnitte über Sondergebiete, makromolekulare Werkstoffe und die Nomenklatur chemischer Verbindungen.

Die vorliegende 16. Auflage wurde modernisiert, erweitert und zu erheblichen Teilen neu verfaßt. Es wurde jedoch daran festgehalten, auch Begriffe und Definitionen anzuführen, die heute nicht mehr aktuell sind, aber in älterer Literatur auftreten und älteren Lesern geläufig sind. Hierzu gehören z.B. die Ionentheorie nach ARRHENIUS und das BOHRsche Atommodell, aber auch der Begriff Val. Dabei wird stets der Bezug zu den modernen Auffassungen hergestellt. Für den Druck wird neben der SI-Einheit Pascal - vor allem bei der Beschreibung technischer Verfahren - auch das Bar verwendet, das näherungsweise gleich den älteren Einheiten technische bzw. physikalische Atmosphäre ist (1 bar = 10^5 Pa = 1,02 at = 0,987 atm).

Der Teil *allgemeine Chemie* ist so angelegt, daß er sehr unterschiedlichen Ansprüchen gerecht werden kann. Von den Gymnasien und Realschulen reichen die Verwendungsmöglichkeiten über die Fachhochschulen bis zur

Vorwort

Chemie als Nebenfach an den Universitäten. Soweit es vom Inhalt her möglich ist, erscheinen unter jeder Überschrift zunächst die einfacheren Aussagen; anschließend wird schrittweise zu anspruchsvolleren Darstellungen übergegangen. Dadurch wird es dem Leser erleichtert, abzuschätzen, bis wohin er den Inhalt benötigt. Es wurde der Versuch unternommen, auch Leser, die mit der Infinitesimalrechnung nicht vertraut sind, an jene physikalische Größenart heranzuführen, die als ,,Triebkraft" chemischer Reaktionen aufzufassen ist, an die freie Reaktionsenthalpie $\Delta_R G$. Für Leser, die höhere Ansprüche stellen, werden partielle molare Größen, chemisches Potential und Entropie herangezogen.

Als *Sondergebiete* wurden Abschnitte über Lipide, Tenside und Terpene neu aufgenommen; die *Nomenklatur* wurde um die moderne Bezeichnung optischaktiver Verbindungen (R/S-System) erweitert.

In den Teilen *Anorganische* und *Organische Chemie* sowie den *Sondergebieten* wird der Bezug zur Umwelt hergestellt. Der Leser findet bei den wichtigsten Substanzen entsprechende Hinweise sowie auch Kurzinformationen z.B. über Ozonloch, sauren Regen, Treibhauseffekt, Nitrate im Trinkwasser, Eutrophierung von Gewässern, katalytische Schadstoffreduzierung von Kraftfahrzeugabgasen u.a.

Weiterhin wurde auch die Tabelle der R- und S-Sätze und Gefahrstoffsymbole aufgenommen. Die entsprechenden Werte der wichtigsten Substanzen können dem im selben Verlag erschienenen ,,Willmes, Taschenbuch Chemische Substanzen" entnommen werden.

Viele Bilder, Übersichten und Tabellen ergänzen den Text; ein umfangreiches Sachregister sichert den raschen Zugriff zu den einzelnen Informationen.

Anregungen und Kritik aus dem Leserkreis sind Verfassern und Verlag sehr willkommen.

Autoren und Verlag Harri Deutsch
Gräfstr. 47-51
D-60486 Frankfurt am Main
Fax 069-7073739

Inhaltsverzeichnis

Allgemeine Chemie 1

1	Chemische Grundbegriffe	1
1.1	Stoffe	1
1.2	Chemische Reaktionen	2
1.3	Reine Stoffe und Stoffgemenge	4
1.4	Elemente und Elementsubstanzen	7
1.5	Elementsubstanzen und Verbindungen	8
1.6	Chemische Symbole	10
1.7	Chemische Formeln	11
1.8	Chemische Gleichungen	15
1.9	Lösungen	20
1.9.1	Echte Lösungen	21
1.9.2	Kolloide Lösungen	22
2	Mengenverhältnisse bei chemischen Reaktionen	24
2.1	Gesetz von der Erhaltung der Masse	24
2.2.	Relative Atommasse	25
2.3	Relative Molekülmasse	27
2.4	Gesetz der konstanten Proportionen	29
2.5	Stoffmenge – Mol	30
2.6	Molare Masse – stoffmengenbezogene Masse	35
2.7	Äquivalent	37
2.8	Volumenverhältnisse bei chemischen Reaktionen	40
2.9	Molares Volumen der Gase	42
2.10	Stöchiometrische Berechnungen	44
2.11	Allgemeine Zustandsgleichung der Gase	47
2.12	Idealer Gaszustand	50
2.13	Löslichkeit	51
2.14	Zusammensetzungsgrößen	53
2.14.1	Stoffmengenanteil und Stoffmengenverhältnis	55
2.14.2	Massenanteil und Massenverhältnis	56
2.14.3	Massenkonzentration	59
2.14.4	Stoffmengenkonzentration	60
2.14.5	Äquivalentkonzentration – Maßanalyse	63
2.14.6	Volumenanteil – Volumenkonzentration – Volumenverhältnis	69
3	Bau der Atome	73
3.1	Geschichtliches	73
3.2	Atomkern und Elektronenhülle	74
3.3	Aufbau der Atomkerne	75
3.4	Elemente als Atomarten	76
3.5	Nuklide – Isotope	79

3.6	Aufbau der Elektronenhülle	83
3.6.1	Energieniveaus der Elektronen im Atom	83
3.6.2	Orbitalmodell des Atoms	86
3.6.3	s-Elektronen - s-Orbitale	90
3.6.4	p-Elektronen – p-Orbitale	91
3.6.5	d-Elektronen und f-Elektronen	95
3.6.6	Hauptenergieniveaus – Nebenenergieniveaus	96
4	Periodensystem der Elemente	100
4.1	Gesetz der Periodizität	100
4.2	Aufbau des Periodensystems	101
4.3	Periodensystem und Atombau	104
4.4	Periodensystem und Wertigkeit	108
4.5	Stellung der Elemente im Periodensystem und Eigenschaften der Elementsubstanzen	109
4.5.1	Elektropositive und elektronegative Elemente	110
4.5.2	Metalle und Nichtmetalle	110
4.5.3	Basenbildner und Säurebildner	112
4.6	Periodizität von Eigenschaften der Elemente	113
4.6.1	Ionisierungsenergie	113
4.6.2	Elektronenaffinität	116
4.6.3	Elektronegativität	118
4.6.4	Atomradien – Ionenradien	120
5	Chemische Bindung	124
5.1	Atombindung	126
5.1.1	Atombindung und Eigenschaften der Stoffe	126
5.1.1.1	Atombindungen in Molekülsubstanzen	127
5.1.1.2	Atombindungen in Feststoffen	129
5.1.2	s-s-σ-Bindung	129
5.1.3	p-p-σ-Bindung	133
5.1.4	s-p-σ-Bindung	134
5.1.5	p-p-π-Bindung	135
5.1.6	Hybridorbitale	138
5.1.7	Bindungen am Kohlenstoffatom	140
5.1.8	Polarisierte Atombindungen	146
5.1.9	Dipolmoleküle	149
5.1.10	Bindungen an freien Elektronenpaaren	151
5.1.11	Wasserstoffbrückenbindungen	152
5.1.12	Paramagnetismus und Diamagnetismus	153
5.2	Ionenbindung	154
5.2.1	Entstehung von Ionen durch Elektronenübergang	154
5.2.2	Eigenschaften der Stoffe mit Ionenbindung	159
5.3	Metallbindung und Bändermodell	163
5.3.1	Metallbindung	163
5.3.2	Bändermodell der Elektronen in Kristallen	167
5.4	Komplexverbindungen	170
5.4.1	Komplexbildung an Nichtmetallionen	171

5.4.2	Komplexbildung an Metallionen	172
5.5	Wertigkeitsbegriffe	176
5.5.1	Stöchiometrische Wertigkeit	176
5.5.2	Ionenwertigkeit	179
5.5.3	Oxidationszahl	179
5.5.3.1	Oxidationszahlen in Molekülen	180
5.5.3.2	Oxidationszahlen in Komplexionen	181
5.5.3.3	Ermittlung der Oxidationszahlen	181
5.5.4	Bindigkeit	185
5.5.5	Formale Ladung	186
5.5.6	Koordinationszahl	187
6	Reaktionstypen der anorganischen Chemie	189
6.1	Ordnungsprinzipien für chemische Reaktionen	189
6.2	Oxidations-Reduktions-Reaktionen	191
6.2.1	Oxidation und Reduktion	191
6.2.2	Redoxreaktionen als Abgabe und Aufnahme von Elektronen	193
6.3	Säure-Base-Reaktionen	200
6.3.1	Säuren – Basen – Salze	200
6.3.1.1	Säuren	200
6.3.1.2	Basen	202
6.3.1.3	Salze	204
6.3.1.4	Stärke der Säuren und Basen	205
6.3.1.5	Neutralisation und Hydrolyse	208
6.3.2	Säure-Base-Reaktionen als Abgabe und Aufnahme von Protonen	211
6.3.2.1	Protolyte – protolytische Systeme	211
6.3.2.2	Autoprotolyse des Wassers – pH-Wert	213
6.3.2.3	Stärke der Protolyte – pK_S-Wert	217
6.3.2.4	Protolysegrad	225
6.3.2.5	Berechnung des pH-Wertes von Protolytlösungen	228
6.3.2.6	Titrationskurven	233
6.3.2.7	Ionenaktivität	241
6.4	Komplexreaktionen	242
6.5	Lösungs- und Fällungsreaktionen	246
7	Thermochemie	250
7.1	Grundbegriffe der Thermodynamik	250
7.2	Reaktionsenergie und Reaktionsenthalpie	255
7.3	Molare Reaktionsgrößen	258
7.3.1	Molare Reaktionsenthalpie	258
7.3.2	Molare Reaktionsenergie und molare Reaktionsvolumenarbeit	262
7.4	Molare Standardreaktionsgrößen	267
7.4.1	Molare Standardbildungsenthalpie	267
7.4.2	Molare Standardreaktionsenthalpie	270
7.4.3	Molare Standardverbrennungsenthalpie	273
7.5	Freie Reaktionsenthalpie	276
7.5.1	Enthalpie und freie Enthalpie	276
7.5.2	Molare freie Reaktionsenthalpie	278

7.5.3	Molare freie Standardreaktionsenthalpie	280
7.5.4	Berechnung der molaren freien Reaktionsenthalpie	282
7.5.5	Partielle molare Größen	287
7.5.6	Chemisches Potential	290
7.5.7	Entropie	291
7.6	Molare Phasenumwandlungsenthalpien	295
8	Chemisches Gleichgewicht und Massenwirkungsgesetz	301
8.1	Gleichgewichtsreaktionen	301
8.2	Prinzip des kleinsten Zwanges	304
8.2.1	Einfluß der Temperatur auf die Lage eines chemischen Gleichgewichts	305
8.2.2	Einfluß des Druckes auf die Lage eines chemischen Gleichgewichts	306
8.2.3	Einfluß der Zusammensetzung des Reaktionsgemischs auf die Lage eines chemischen Gleichgewichts	307
8.3	Einflüsse auf die Geschwindigkeit von Gleichgewichtsreaktionen	308
8.3.1	Einfluß der Temperatur	308
8.3.2	Einfluß von Katalysatoren	310
8.4	Massenwirkungsgesetz	312
8.4.1	Gleichgewichtskonstante	312
8.4.2	Kinetische Ableitung des Massenwirkungsgesetzes	316
8.4.3	Thermodynamische Ableitung des Massenwirkungsgesetzes	320
8.4.4	Weitere Anwendungen der Gleichgewichtskonstante	323
8.4.4.1	Änderung der Zusammensetzung des Reaktionsgemischs	323
8.4.4.2	Einfluß von Druckänderungen	325
8.5	Anwendung des Massenwirkungsgesetzes auf Ionenreaktionen	328
8.5.1	Dissoziationsgleichgewicht	328
8.5.2	Löslichkeitskonstante	331
8.5.3	Komplexbildungskonstante	336
9	Elektrochemie	341
9.1	Geschichtliches	341
9.2	Elektrochemische Spannungsreihe der Metalle	342
9.3	Galvanische Elemente – galvanische Zellen	347
9.4	Elektrochemische Korrosion	356
9.5	Standardelektrodenpotentiale	359
9.6	Zellspannung	362
9.7	NERNSTsche Gleichung	364
9.7.1	NERNSTsche Gleichung für Elektrodenpotentiale	364
9.7.2	NERNSTsche Gleichung für die Zellspannung	366
9.7.3	Standardzellspannung und Gleichgewichtskonstante	369
9.7.4	Standardzellspannung und molare freie Standardreaktionsenthalpie	370
9.8	Elektrische Arbeit	372

Inhaltsverzeichnis

9.9	Akkumulatoren	374
9.10	Elektrolyse	379
9.10.1	Elektrodenvorgänge	379
9.10.2	Elektrolyse wäßriger Lösungen	381
9.10.3	Elektrolyse mit angreifbarer Anode	386
9.11	Polarisation – Zersetzungsspannung – Überspannung	390
9.12	FARADAYsche Gesetze	397
9.12.1	Erstes FARADAYsches Gesetz	397
9.12.2	Zweites FARADAYsches Gesetz	399
9.12.3	FARADAY-Konstante	402

Anorganische Chemie 405

10	Wasserstoff	405
10.1	Allgemeines	405
10.2	Elementarer Wasserstoff	405
10.3	Hydride	407
10.4	Wasser	408
10.5	Wasserstoffperoxid (Hydrogenperoxid, Wasserstoffsuperoxid)	409
10.6	Deuterium, schweres Wasser, Tritium	409
11	Elemente der I. Hauptgruppe (Alkalimetalle)	410
11.1	Allgemeines	410
11.2	Lithium und Lithiumverbindungen	412
11.3	Natrium und Natriumverbindungen	413
11.3.1	Allgemeines	413
11.3.2	Metallisches Natrium	414
11.3.3	Natriumchlorid	414
11.3.4	Natriumhydroxid	416
11.3.5	Natriumcarbonat	417
11.3.6	Natriumsulfat	419
11.3.7	Weitere Natriumverbindungen	419
11.4	Kalium und Kaliumverbindungen	420
11.4.1	Allgemeines	420
11.4.2	Metallisches Kalium	421
11.4.3	Kaliumhydroxid	421
11.4.4	Kaliumnitrat	422
11.4.5	Kaliumcarbonat	422
11.4.6	Weitere Kaliumverbindungen	423
11.4.7	Kalidüngemittel	423
11.5	Rubidium, Caesium und ihre Verbindungen	424
12	Elemente der II. Hauptgruppe (Berylliumgruppe)	425
12.1	Allgemeines	425
12.2	Beryllium und Berylliumverbindungen	426
12.3	Magnesium und Magnesiumverbindungen	427
12.3.1	Allgemeines	427
12.3.2	Metallisches Magnesium	428

12.3.3	Magnesiumverbindungen	428
12.4	Calcium und Calciumverbindungen	429
12.4.1	Allgemeines	429
12.4.2	Metallisches Calcium	430
12.4.3	Calciumcarbonat	430
12.4.4	Calciumoxid	431
12.4.5	Calciumhydroxid	432
12.4.6	Calciumsulfat	433
12.4.7	Calciumcarbid	434
12.4.8	Weitere Calciumverbindungen	434
12.4.9	Calciumdüngemittel	435
12.4.10	Wasserhärte	435
12.5	Strontium, Barium und ihre Verbindungen	437
12.6	Radium und Radiumverbindungen	438
13	Elemente der III. Hauptgruppe (Borgruppe)	438
12.4	Allgemeines	438
13.2	Bor und Borverbindungen	440
13.2.1	Allgemeines	440
13.2.2	Elementares Bor	440
13.2.3	Borsäure	440
13.2.4	Weitere Borverbindungen	441
13.3	Aluminium und Aluminiumverbindungen	442
13.3.1	Allgemeines	442
13.3.2	Metallisches Aluminium	442
13.3.3	Aluminiumoxid	444
13.3.4	Aluminiumhydroxid	445
13.3.5	Aluminiumsulfat und Alaun	445
13.3.6	Sonstige Aluminiumverbindungen	446
13.4	Gallium, Indium, Thallium und ihre Verbindungen	446
14	Elemente der IV. Hauptgruppe (Kohlenstoffgruppe)	448
14.1	Allgemeines	448
14.2	Kohlenstoff und Kohlenstoffverbindungen	448
14.2.1	Allgemeines	448
14.2.2	Elementarer Kohlenstoff	450
14.2.3	Kohlenmonoxid (Kohlenoxid)	452
14.2.4	Kohlendioxid	454
14.2.5	Kohlensäure	456
14.2.6	Carbonate	456
14.2.7	Carbide	456
14.2.8	Derivate der Kohlensäure	457
14.2.9	Cyan und Cyanverbindungen	458
14.3	Silicium und Siliciumverbindungen	460
14.3.1	Allgemeines	460
14.3.2	Elementares Silicium	460
14.3.3	Siliciumdioxid	461
14.3.4	Kieselsäuren und Silicate	461
14.3.5	Natürliche Silicate	463

14.3.6	Künstliche Silicate	464
14.3.7	Weitere Siliciumverbindungen	467
14.4	Germanium und Germaniumverbindungen	467
14.5	Zinn und Zinnverbindungen	468
14.5.1	Allgemeines	468
14.5.2	Elementares Zinn	468
14.5.3	Zinnverbindungen	469
14.6	Blei und Bleiverbindungen	470
14.6.1	Allgemeines	470
14.6.2	Metallisches Blei	470
14.6.3	Bleiverbindungen	471
15	Elemente der V. Hauptgruppe (Stickstoffgruppe)	472
15.1	Allgemeines	472
15.2	Stickstoff und Stickstoffverbindungen	474
15.2.1	Allgemeines	474
15.2.2	Elementarer Stickstoff	475
15.2.3	Ammoniak, NH_3	476
15.2.4	Ammoniumverbindungen	478
15.2.5	Oxide des Stickstoffs	479
15.2.6	Salpetersäure und Nitrate	480
15.2.7	Kalkstickstoff	482
15.2.8	Weitere Stickstoffverbindungen	482
15.2.9	Stickstoffdüngemittel	483
15.3	Phosphor und Phosphorverbindungen	484
15.3.1	Allgemeines	484
15.3.2	Elementarer Phosphor	484
15.3.3	Phosphorsäuren und Phosphate	486
15.3.4.	Weitere Phosphorverbindungen	488
15.3.5	Phosphordüngemittel	488
15.4	Arsen und Arsenverbindungen	489
15.5	Antimon und Antimonverbindungen	490
15.6	Bismut und Bismutverbindungen	491
16	Elemente der VI. Hauptgruppe (Chalkogene)	492
16.1	Allgemeines	492
16.2	Sauerstoff und Sauerstoffverbindungen	494
16.2.1	Allgemeines	494
16.2.2	Disauerstoff (Gewöhnlicher Sauerstoff)	494
16.2.3	Trisauerstoff (Ozon)	496
16.2.4	Oxide und Hydroxide	496
16.2.5	Peroxide	498
16.3	Schwefel und Schwefelverbindungen	498
16.3.1	Allgemeines	498
16.3.2	Elementarer Schwefel	499
16.3.3	Schwefelwasserstoff, Monosulfan	500
16.3.4	Schwefeldioxid	501
16.3.5	Schweflige Säure und Sulfite	502
16.3.6	Schwefeltrioxid	502

16.3.7	Schwefelsäure	503
16.3.7.1	Herstellung	503
16.3.7.2	Eigenschaften und Verwendung	504
16.3.7.3	Rauchende Schwefelsäure (»*Oleum*«)	505
16.3.8	Sulfate	505
16.3.9	Weitere Schwefelverbindungen	506
16.4	Selen und Selenverbindungen	507
16.5	Tellur und Tellurverbindungen	508
16.6	Polonium und Poloniumverbindungen	508
17	Elemente der VII. Hauptgruppe (Halogene)	509
17.1	Allgemeines	509
17.2	Fluor und Fluorverbindungen	511
17.2.1	Allgemeines	511
17.2.2	Elementares Fluor	511
17.2.3	Fluorverbindungen	512
17.3	Chlor und Chlorverbindungen	512
17.3.1	Allgemeines	512
17.3.2	Elementares Chlor	513
17.3.3	Chlorwasserstoff und Salzsäure	514
17.3.4	Chloride	515
17.3.5	Sauerstoffsäuren des Chlors und ihre Salze	515
17.3.6	Weitere Chlorverbindungen	516
17.4	Brom und Bromverbindungen	516
17.5	Iod und Iodverbindungen	517
17.6	Astat und Astatverbindungen	519
18	Elemente der VIII. Hauptgruppe (Edelgase)	519

Die Nebengruppenelemente und ihre Verbindungen 521

19	Allgemeines	521
20	Elemente der I. Nebengruppe (Kupfergruppe)	522
20.1	Kupfer und Kupferverbindungen	522
20.1.1	Allgemeines	522
20.1.2	Metallisches Kupfer	522
20.1.3	Kupferverbindungen	524
20.2	Silber und Silberverbindungen	527
20.2.1	Allgemeines	527
20.2.2	Metallisches Silber	527
20.2.3	Silberverbindungen	528
20.3	Gold und Goldverbindungen	530
21	Elemente der II. Nebengruppe (Zinkgruppe)	532
21.1	Zink und Zinkverbindungen	532
21.1.1	Allgemeines	532
21.1.2	Metallisches Zink	532

21.1.3	Zinkverbindungen	534
21.2	Cadmium und Cadmiumverbindungen	535
21.3	Quecksilber und Quecksilberverbindungen	535
21.3.1	Allgemeines	535
21.3.2	Metallisches Quecksilber	536
21.3.3	Quecksilber(I)-verbindungen	536
21.3.4	Quecksilber(II)-verbindungen	537
22	Elemente der III. Nebengruppe (Scandiumgruppe)	538
22.1	Allgemeines	538
22.2	Scandium, Yttrium, Lutetium und Lawrencium	539
22.3	Die Lanthanoide	539
22.4	Die Actinoide	541
22.4.1	Allgemeines	541
22.4.2	Thorium und Thoriumverbindungen	541
22.4.3	Uran und Uranverbindungen	542
22.4.4	Sonstige Actinoide	543
23	Elemente der IV. Nebengruppe (Titangruppe)	543
23.1	Titan und Titanverbindungen	544
23.2	Zirconium, Hafnium und ihre Verbindungen	545
24	Elemente der V. Nebengruppe (Vanadiumgruppe)	546
24.1	Allgemeines	546
24.2	Vanadium und Vanadiumverbindungen	546
24.3	Niob und Niobverbindungen	547
24.4	Tantal und Tantalverbindungen	548
25	Elemente der VI. Nebengruppe (Chromgruppe)	549
25.1	Allgemeines	549
25.2	Chrom und Chromverbindungen	550
25.2.1	Allgemeines	550
25.2.2	Metallisches Chrom	550
25.2.3	Chromverbindungen	551
25.3	Molybdän und Molybdänverbindungen	553
25.4	Wolfram und Wolframverbindungen	554
26	Elemente der VII. Nebengruppe (Mangangruppe)	555
26.1	Allgemeines	555
26.2	Mangan und Manganverbindungen	556
26.2.1	Allgemeines	556
26.2.2	Metallisches Mangan	556
26.2.3	Manganverbindungen	557
26.3	Technetium und Technetiumverbindungen	558
26.4	Rhenium und Rheniumverbindungen	558
27	Elemente der VIII. Nebengruppe	559
27.1	Allgemeines	559
27.2	Eisen und Eisenverbindungen	561

27.2.1	Allgemeines	561
27.2.2	Metallisches Eisen	562
27.2.2.1	Reineisen	562
27.2.2.2	Kohlenstoffhaltiges Eisen	562
27.2.2.3	Stahl	564
27.2.2.4	Rostschutz	565
27.2.3	Die Eisenmetallurgie	566
27.2.3.1	Übersicht	566
27.2.3.2	Die Erzeugung von Roheisen	566
27.2.3.3	Glühfrischen (Tempern)	569
27.2.3.4	Die Erzeugung von Thomas-Stahl (Blasfrischen, Windfrischen)	569
27.2.3.5	Das Sauerstoffaufblasverfahren	569
27.2.3.6	Die Erzeugung von Siemens-Martin-Stahl (Herdfrischen)	570
27.2.3.7	Das Elektrostahlverfahren	570
27.2.3.8	Elektronenstrahlschmelzen	570
27.2.4	Eisenverbindungen	570
27.3	Cobalt und Cobaltverbindungen	573
27.4	Nickel und Nickelverbindungen	575
27.5	Die leichten Platinmetalle	576
27.5.1	Ruthenium und Rutheniumverbindungen	576
27.5.2	Rhodium und Rhodiumverbindungen	577
27.5.3	Palladium und Palladiumverbindungen	577
27.6	Die schweren Platinmetalle	578
27.6.1	Osmium und Osmiumverbindungen	578
27.6.2	Iridium und Iridiumverbindungen	578
27.6.3	Platin und Platinverbindungen	579

ORGANISCHE CHEMIE ... 581

28	Theoretische Grundlagen	581
28.1	Allgemeines	581
28.2	Isomerie	582
28.2.1	Strukturisomerie	582
28.2.2	Stereoisomerie	583
28.3	Reaktionsarten	584
28.3.1	Substitution	584
28.3.2	Addition	585
28.3.3	Eliminierung	588
28.4	Mesomerie	588
28.5	Substituenteneffekte	591
28.5.1	Übersicht	591
28.5.2	Der I-Effekt (*induktiver Effekt, Induktionseffekt*)	591
28.5.3	Der M-Effekt (*mesomerer Effekt, Mesomerieeffekt*)	594
28.6	Reaktionstypen	595
28.6.1	Grundlagen	595
28.6.2	Übersicht über die Reaktionstypen	596
28.6.3	Radikalische Reaktionen	597
28.6.4	Nukleophile Reaktionen	598

28.6.5	Elektrophile Reaktionen	600
28.7	Einteilung der organischen Verbindungen	602
29	Acyclische *(aliphatische)* Kohlenwasserstoffe	603
29.1	Alkane *(gesättigte aliphatische Kohlenwasserstoffe, Grenzkohlenwasserstoffe, Paraffine)*	603
29.1.1	Konstitution und allgemeine Eigenschaften	603
29.1.2	Chemische Eigenschaften	604
29.1.3	Vorkommen und Verwendung	605
29.1.4	Herstellung	605
29.2	Alkene und Alkadiene	607
29.2.1	Gewinnung und Verwendung der Alkene	607
29.2.2	Chemische Eigenschaften	608
29.2.3	Wichtige Alkene und Alkadiene	608
29.3	Alkine *(Acetylene, Acetylenkohlenwasserstoffe)*	610
30	Erdöl	613
30.1	Arten und Entstehung	613
30.2	Gewinnung und Verarbeitung	613
30.3	Octanzahl	614
30.4	Crackverfahren (Spaltverfahren)	615
30.4.1	Thermisches Cracken	615
30.4.2	Katalytisches Cracken	616
30.5	Katalytisches Reformieren	616
31	Kohle	617
31.1	Arten und Entstehung der Kohle	618
31.2	Veredlung der Kohle	618
31.2.1	Brikettierung	618
31.2.2	Entgasung (Trockendestillation, Zersetzungsdestillation)	619
31.2.3	Vergasung	620
31.2.4	Katalytische Hydrierung von Kohleprodukten	620
32	Acyclische Sauerstoffverbindungen	621
32.1	Alkanole *(gesättigte acyclische Alkohole)*	621
32.1.1	Darstellungsmethoden	622
32.1.2	Eigenschaften	622
32.1.3	Einwertige Alkanole	623
32.1.4	Mehrwertige Alkanole	625
32.2	Acyclische Ether *(Alkoxy-alkane)*	627
32.3	Acyclische Aldehyde	628
32.3.1	Allgemeines	628
32.3.2	Spezielle Aldehyde	630
32.4	Alkanone *(gesättigte acyclische Ketone)*	631
32.5	Acyclische Carbonsäuren und Hydroxycarbonsäuren	633
32.5.1	Allgemeines	633
32.5.2	Alkanmonosäuren *(gesättigte acyclische Monocarbonsäuren, Fettsäuren)*	634
32.5.3	Alkenmonosäuren	636

32.5.4	Alkandisäuren (*acyclische Dicarbonsäuren*)	637
32.5.6	Hydroxyalkansäuren (*gesättigte acyclische Hydroxycarbonsäuren*)	638
33	Acyclische Halogenverbindungen	640
33.1	Halogenalkane (*Alkylhalogenide*)	640
33.2	Wichtige Halogenalkane und -alkene	642
33.3	Alkanoylhalogenide (*Carbonsäurehalogenide, Acylhalogenide*)	643
34	Acyclische Ester	643
34.1	Allgemeines	643
34.2	Acyclische Ester der Schwefelsäure (*Alkylsulfate*)	644
34.3	Ester der Salpetersäure (*Alkylnitrate*)	645
34.4	Ester der Borsäure (*Alkylborate*)	645
34.5	Ester der Phosphorsäure (*Alkylphosphate*)	646
34.6	Ester acyclischer Carbonsäuren (*Alkylcarboxylate*)	646
35	Acyclische Stickstoffverbindungen	647
35.1	Amine	647
35.2	Aminosäuren	648
35.3	Säureamide	650
35.4	Säureureide, (*Acylcarbamid, Acylharnstoff, Ureide*)	650
35.5	Carbaminsäureester *(Urethane)*	651
35.6	Alkannitrile (*Alkancarbonitrile, Alkylcyanide*) und Alkanisonitrile (*Alkancarboisonitrile*)	652
35.7	Nitroalkane	652
36	Acyclische Schwefelverbindungen	653
36.1	Alkanthiole (*Thioalkohole, Mercaptane*)	653
36.2	Alkansulfonsäuren (*Alkylsulfonsäuren*)	653
37	Kohlenhydrate	654
37.1	Allgemeines	654
37.2	Monosaccharide	655
37.2.1	Pentosen	655
37.2.2	Hexosen	656
37.3	Disaccharide	658
37.4	Polysaccharide	659
38	Carbocyclische Verbindungen	661
38.1	Allgemeines	661
38.2	Alicyclische Verbindungen	661
38.3	Aromatische Verbindungen	663
38.3.1	Allgemeines	663
38.3.2	Aromatische Kohlenwasserstoffe (Arene)	665
38.3.3	Aromatische Halogenkohlenwasserstoffe (Halogenarene)	670
38.3.4	Phenole	671
38.3.5	Aromatische Alkohole, Aldehyde, Ketone und Carbonsäuren	675

38.3.6	Aromatische Sulfonsäuren (Arensulfonsäuren)	677
38.3.7	Aromatische Nitroverbindungen (Nitroarene)	677
38.3.8	Aromatische Amine	679
38.3.9	Diazoniumsalze	681
39	Heterocyclische Verbindungen	683
39.1	Einfache heterocyclische Verbindungen	683
39.2	Alkaloide	687
40	Biochemisch wichtige Stoffgruppen	690
40.1	Eiweißstoffe (*Eiweiße, Eiweißkörper*)	690
40.1.1	Allgemeines	690
40.1.2	Eiweiß-Aminosäuren	692
40.1.3	Wichtige Proteine	693
40.1.4	Wichtige Proteide	694
40.2	Lipide	694
40.3	Nucleinsäuren (*Nukleinsäuren*)	697
40.4	Vitamine	699
40.4.1	Allgemeines	699
40.4.2	Spezielle Vitamine	699
40.5	Hormone	702
40.5.1	Allgemeines	702
40.5.2	Einige spezielle Hormone	702
40.6	Enzyme	704
40.7	Steroide	704
40.8	Antibiotika	705
41	Sondergebiete der organischen Chemie	707
41.1	Organische Farbstoffe	707
41.1.1	Allgemeines	707
41.1.2	Wichtige chemische Farbstoffklassen	708
41.1.3	Wichtige färbetechnische Farbstoffklassen	715
41.2	Terpene	715
41.3	Tenside (*Detergenzien, grenzflächenaktive Stoffe*)	718
41.4	Pestizide	721
41.4.1	Allgemeines	721
41.4.2	Insektizide	722
42	Makromolekulare organisch-chemische Werkstoffe	723
42.1	Plaste (Kunststoffe)	723
42.1.1	Allgemeines	723
42.1.2	Polyreaktionen	724
42.1.3	Thermoplaste und Duroplaste	725
42.2	Vollsynthetische Plaste	726
42.2.1	Polyethylen	726
42.2.2	Polypropylen	727
42.2.3	Polystyrol (Polystyren)	728
42.2.4	Polyvinylchlorid	728
42.2.5	Phenoplaste	729

42.2.6	Polyester	730
42.2.7	Polyepoxide (Epoxidharze, Kurzzeichen EP)	731
42.2.8.	Polyamide	732
42.2.9	Aminoplaste	733
42.2.10	Polyurethane	734
42.2.11	Sonstige vollsynthetische Plaste	735
42.3	Plaste als Umwandlungsprodukte hochmolekularer Naturstoffe	736
42.4	Elaste	738
42.4.1	Allgemeines	738
42.4.2	Naturkautschuk	738
42.4.3	Synthesekautschuk (Butadien-Mischpolymerisate)	738
42.4.4	Weitere Elaste	739
42.5	Chemiefaserstoffe	740
42.5.1	Allgemeines	740
42.5.2	Polyamidfaserstoffe	741
42.5.3	Polyacrylnitrilfaserstoffe	742
42.5.4	Polyesterfaserstoffe	743
42.5.5	Sonstige vollsynthetische Faserstoffe	743
42.5.6	Regeneratcellulosefaserstoffe	744
42.5.7	Celluloseacetatfaserstoff (Acetatfaserstoff AC)	744
42.6	Silicone	745
43	Rationelle Nomenklatur anorganischer Verbindungen	746
43.1	Namen der binären Verbindungen	746
43.2	Namen mehratomiger (komplexer) Kationen und Anionen	747
43.3	Namen der Säuren	749
43.4	Namen der Salze	750
44	Die Nomenklatur organischer Verbindungen	751
44.1	Allgemeines	751
44.2	Stammverbindungen	752
44.3	Ungesättigte Verbindungen	753
44.4	Reste (Radikale)	754
44.5	Verzweigtkettige Verbindungen	757
44.6	Verbindungen mit Funktionen	760
44.7	Kennzeichnung optisch-aktiver Verbindungen	764
44.7.1	Allgemeines	764
44.7.2	Das D/L-System	765
44.7.3	Das R/S-System	767

Tafelanhang ... 774

Index ... 799

Allgemeine Chemie

1 Chemische Grundbegriffe

Die Chemie ist die Lehre von den Stoffen und den stofflichen Veränderungen.

Gegenstand der Wissenschaft Chemie sind die Gesetzmäßigkeiten, die die Bildung von Verbindungen aus den Elementsubstanzen, die Umwandlung von Verbindungen in andere Verbindungen und den Zerfall von Verbindungen in Elementsubstanzen bestimmen.

Die Chemie untersucht und beschreibt diese Vorgänge sowohl im Bereich der wägbaren Mengen (Makrobereich; stoffliche Betrachtungsebene) als auch im Bereich der Atome, Moleküle und Ionen (Mikrobereich; atomare Betrachtungsebene). Indem sie Erscheinungen im Makrobereich auf Vorgänge in dem der Beobachtung nicht unmittelbar zugänglichen Mikrobereich zurückführt und daraus Schlußfolgerungen für Veränderungen im Makrobereich zieht, trägt sie ständig zur Erweiterung unserer Naturerkenntnis bei.

1.1 Stoffe

Die *Chemie* beschäftigt sich mit den *Stoffen*, die *Physik* (unter anderem) mit *Körpern* und *Feldern*.

- Stoffe bestehen aus Teilchen, sie sind *korpuskular*[1].
- Felder sind *kontinuierlich*[2].
  Beispiele: elektromagnetisches Feld, Gravitationsfeld
- Körper bestehen aus Stoffen. Jeder Körper hat eine bestimmte *Masse* und – bei einer bestimmten Temperatur und einem bestimmten Druck – ein bestimmtes *Volumen*.
- Reine Stoffe haben eine bestimmte *Dichte*.

$$\text{Dichte} = \frac{\text{Masse}}{\text{Volumen}} \qquad \rho = \frac{m}{v} \qquad (1\text{-}1)$$

---

[1] *corpusculum* (lat.) Körperchen
[2] *continuus* (lat.) ununterbrochen, stetig

Die Anzahl der Stoffe ist unerschöpflich. Ständig werden neue Stoffe entdeckt oder künstlich erzeugt.

Ein Stoff kann an seinen spezifischen Eigenschaften erkannt und von anderen Stoffen unterschieden werden. Zu den charakteristischen Eigenschaften eines chemisch einheitlichen Stoffes gehören – neben der Dichte – unter anderem Schmelzpunkt und Siedepunkt, Löslichkeit und elektrische Leitfähigkeit, im festen Zustand auch die Kristallstruktur.

Im Prinzip können alle Stoffe in den **Aggregatzuständen** fest, flüssig und gasförmig auftreten. Bei Eis, Wasser und Wasserdampf handelt es sich um den gleichen Stoff *Wasser*. Der Aggregatzustand an sich ist also nicht charakteristisch für einen Stoff, sondern nur der Aggregatzustand, den der Stoff bei einer bestimmten Temperatur (z.B. bei Zimmertemperatur) innehat. Im festen Zustand haben die meisten Stoffe *Kristallgitter,* d.h. eine bestimmte innere Gestalt. Daneben können Stoffe *amorph*[1] oder *glasartig*[2] auftreten.

Ein **Kristall** ist ein Festkörper mit einer bestimmten äußeren Gestalt, die auf einer bestimmten inneren Gestalt, d.h. auf einer regelmäßigen Anordnung seiner Bausteine (Atome, Ionen, Moleküle) beruht. Es gehört zu den charakteristischen Merkmalen eines Stoffes, daß er Kristalle von bestimmter Gestalt bilden kann. Stoffe mit gleicher oder ähnlicher Kristallstruktur unterscheiden sich voneinander durch die Abstände, die im Kristallgitter zwischen den Gitterpunkten bestehen. Diese Abstände werden als *Gitterkonstanten* bezeichnet; sie sind durch physikalische Methoden (Röntgenstrukturanalyse) zu ermitteln. Manche Stoffe treten – je nach den herrschenden Bedingungen – in mehreren *Modifikationen* (Erscheinungsformen) von unterschiedlicher Kristallstruktur auf (z.B. rhombischer und monokliner Schwefel, ↑ 16.3.2; Kohlenstoff als Graphit und Diamant, ↑ 14.2.2).

1.2 Chemische Reaktionen

Vorgänge, bei denen neue Stoffe entstehen, werden als *chemische Vorgänge* oder *chemische Reaktionen* bezeichnet.

Bei chemischen Reaktionen entstehen neue Stoffe.

---

[1] gestaltlos von morphe (grch.) Gestalt; a verneinende Vorsilbe; *amorphe* Stoffe entstehen aus Lösungen (z.B. Silicagel; ↑ 14.3.4), aus dem Dampfzustand (z.B. Schwefelblüte; ↑ 16.3.2), durch Reaktion zwischen Gasen (z.B. Ruß aus der unvollständigen Verbrennung von Methan; ↑ 14.2.2) oder durch Zerteilen von Feststoffen (z.B. in Kolloidmühlen oder durch Neutronenstrahlen). Zwischen kristallinen und amorphen Stoffen ist mittels der Röntgenspektroskopie zu unterscheiden. Charakteristisch für die amorphen Stoffe ist die große Oberfläche der Teilchen, woraus sich eine hohe Adsorptionswirkung ergibt. Vielfach erweisen sich als amorph bezeichnete Stoffe als mikrokristallin (z.B. Ruß).

[2] *Gläser* sind Stoffe, die aus der Schmelze erstarrt sind, ohne zu kristallisieren. Sie haben im Unterschied zu den kristallinen Stoffen keinen bestimmten Schmelzpunkt. Charakteristisches Merkmal von Gläsern ist deren Sprödigkeit. (Mitunter wird der Begriff »amorphe Stoffe« so weit gefaßt, daß er auch die Gläser einschließt.)

1.2 Chemische Reaktionen

Diese neuen Stoffe werden *Reaktionsprodukte* genannt. Sie unterscheiden sich in ihren Eigenschaften mehr oder weniger deutlich von den *Ausgangsstoffen*, aus denen sie hervorgegangen sind.

$$\boxed{\text{Ausgangsstoff(e)} \rightarrow \text{Reaktionsprodukt(e)}}$$

Beispiel: 2 Mg   + O_2 →   2 MgO
         Magnesium   Sauerstoff   Magnesiumoxid
        (silberweißes Metall) (farbloses Gas)   (weißes Pulver)

Chemische Reaktionen sind stets von physikalischen Vorgängen begleitet (Abgabe oder Aufnahme von Wärme und Arbeit, ferner Änderung des Aggregatzustandes, der Farbe u.a.) und meist nur an diesen physikalischen Vorgängen zu erkennen.

Die chemischen Vorgänge stehen in der Natur zwischen den physikalischen Vorgängen und den kernphysikalischen Vorgängen.

Bei **physikalischen Vorgängen** bleiben die beteiligten Stoffe mit ihren charakteristischen Eigenschaften erhalten; es kann aber die äußere Form oder der Aggregatzustand dieser Stoffe verändert werden.

Beispiele:
- die spanende Formung (Hobeln, Drehen, Fräsen, Sägen u.a.);
- die spanlose Formung (Pressen, Biegen, Ziehen, Tiefziehen u.a.);
- das Zerkleinern (Mahlen, Zerstäuben u.a.);
- das Mischen (Verrühren, Zusammenschmelzen, Auflösen u.a.);
- das Trennen (Dekantieren, Filtrieren, Zentrifugieren, Destillieren u.a.);
- die Veränderungen des Aggregatzustandes (Schmelzen und Erstarren, Verdampfen bzw. Sieden und Kondensieren, Sublimieren).

Bei den **chemischen Vorgängen** (chemischen Reaktionen) entstehen neue Stoffe, aber keine neuen Elemente (↑ 1.4). In den Atomen der beteiligten Elemente kommt es zu Veränderungen der Elektronenhülle (↑ S. 100).

Bei den **kernphysikalischen Vorgängen** (Kernreaktionen) entstehen neue Elemente, da Veränderungen in den Atomkernen (↑ 3.3) aller beteiligten Elemente auftreten.

Mit Hilfe **chemischer Reaktionen** sind wir in der Lage, aus vorhandenen Stoffen neue Stoffe zu gewinnen. Dabei kann es sich um Stoffe handeln, die in der Natur nicht in den benötigten Mengen vorkommen (z.B. Stickstoffdüngemittel), aber auch um Stoffe, die es in der Natur gar nicht gibt (z.B. die Sulfonamide und andere synthetische Arzneimittel oder Polyethylen und andere Kunststoffe).

Mit der Erzeugung neuer Stoffe bietet die Chemie den Menschen die Möglichkeit, ihre Bedürfnisse besser zu befriedigen. Leider schließt das aber auch die Gefahr des Mißbrauchs chemischer Erkenntnisse für militärische Zwecke und der Verantwortungslosigkeit gegenüber der Umwelt ein. Bei der Behandlung einzelner Stoffe in den Teilen Anorganische Chemie und Organische Chemie wird auf ökologische Aspekte eingegangen.

1.3 Reine Stoffe und Stoffgemenge

Bei den Stoffen wird zwischen *reinen Stoffen* und *Stoffgemengen* unterschieden.

Gemenge (auch als *Gemische* oder *Mischungen* bezeichnet) bestehen aus zwei oder mehr reinen Stoffen. In einem Gemenge sind die charakteristischen Eigenschaften der reinen Stoffe, aus denen es sich zusammensetzt, erhalten.

Die Gemenge werden in

- homogene (einheitliche) *Gemenge* und
- heterogene (uneinheitliche) *Gemenge*

unterteilt (↑ Tabelle 1-1).

Tabelle 1-1: *Arten von Gemengen*

Aggregatzustände der Bestandteile vor Bildung des Gemenges	homogene Gemenge (homogene Systeme)	heterogene Gemenge (heterogene Systeme)
fest – fest	mischkristallbildende Legierungen (z.B. Messing, Bronze)	Gesteine (z.B. Granit) Erze mit Gangart u.a.
fest – flüssig	echte Lösungen (z.B. Salzlösungen)	**fest in flüssig** Suspensionen, Aufschlämmungen (z.B. Lehm in Wasser) kolloide Lösungen **flüssig in fest** (z.B. Wasser in Lehm)
fest – gasförmig	z. B. Wasserstoff in Metallen (Platin, Palladium, Stahl)	**fest in gasförmig** Rauch, Staub **gasförmig in fest** poröses Material (z. B. Ziegelsteine, Bimsstein)
flüssig – flüssig	echte Lösungen (z.B. Essig, das ist Essigsäure in Wasser)	Emulsionen (z.B. in der Milch: Fetttröpfchen in Wasser)
flüssig – gasförmig	echte Lösungen (z.B. Selterswasser: Kohlendioxid in Wasser)	**flüssig in gasförmig** Nebel (z.B. Wasser in Luft) **gasförmig in flüssig** Schaum
gasförmig – gasförmig	Da sich alle Gase unbegrenzt mischen, handelt es sich bei allen Gasgemischen um homogene Gemenge.	

Bei den **homogenen Gemengen** sind die einzelnen Bestandteile weder mit bloßem Auge noch mit Hilfe eines Mikroskops zu erkennen. Homogene

1.3 Reine Stoffe und Stoffgemenge

Gemenge sind die *Gasgemische,* die *echten Lösungen* (↑ 1.9.1) und die in Form von Mischkristallen vorliegenden *Legierungen*.

Bei den **heterogenen Gemengen** sind – unter Umständen nur mit Hilfe eines Mikroskops – bestimmte Bereiche zu unterscheiden, die durch Trennflächen voneinander abgegrenzt sind. Ein solcher in sich homogener Bereich wird als *Phase* bezeichnet.

- **Homogene Gemenge bestehen aus einer Phase.**
- **Heterogene Gemenge bestehen aus zwei oder mehr Phasen.**

Gemenge, bei denen eine Phase in der anderen Phase mehr oder weniger fein verteilt ist, werden als *disperse Systeme* (↑ 1.9) bezeichnet. Dabei wird zwischen *Dispersionsmittel* (Verteilungsmittel) und *disperser Phase* (verteiltem Stoff) unterschieden.

Mittels **physikalischer Trennverfahren** lassen sich Gemenge in ihre Bestandteile, d.h. in die reinen Stoffe, zerlegen. Tabelle 1-2 gibt einen Überblick über die physikalischen Trennverfahren.

Als **reine Stoffe** werden alle Stoffe bezeichnet, die durch physikalische Trennverfahren

- weder in andere Stoffe zerlegt werden können,
- noch eine Änderung ihrer physikalischen Eigenschaften, wie Schmelzpunkt, Siedepunkt und Dichte, erfahren.

Bei den reinen Stoffen ist zu unterscheiden zwischen *chemischen Verbindungen* und *Elementsubstanzen* (↑ 1.5).

Absolut reine Stoffe gibt es allerdings nicht. So enthält z.B. das sog. Reinstaluminium immer noch 0,001% Verunreinigungen. Der *reine Stoff* ist also eine *Abstraktion*. Wenn von einem bestimmten Stoff (z.B. Sauerstoff oder Aluminium) die Rede ist, bedient sich die Chemie im allgemeinen dieser Abstraktion, d.h., es wird davon abgesehen, welche Verunreinigungen der betreffende Stoff in einem konkreten Falle aufweisen kann. Werden theoretische Überlegungen in die Praxis des chemischen Laboratoriums oder der chemischen Produktion übertragen, so tritt an die Stelle der Abstraktion des reinen Stoffes der konkrete Stoff, d.h. ein Stoff mit mehr oder weniger hohem Reinheitsgrad, wie er für den jeweiligen Versuch oder für die Produktion zur Verfügung steht. Schon geringe Verunreinigungen können die Eigenschaften eines Stoffes bedeutend beeinflussen; sie müssen daher in der Praxis berücksichtigt werden.

1 Chemische Grundbegriffe

Tabelle 1-2: *Wichtige physikalische Trennverfahren*

Aggregatzustände der Bestandteile des zu trennenden Gemenges	Physikalische Eigenschaft, die zum Trennen ausgenutzt wird	Trennverfahren
fest – fest z.B. Erze mit Gangart, Kalirohsalze	Dichte	Schlämmen und Sedimentieren (Absetzen)
	Benetzbarkeit	Flotation (Schaumschwimmverfahren)
	Teilchengröße	Sieben (Klassieren)
	Löslichkeit	Extrahieren (Herauslösen)
	Magnetismus	Magnetscheiden
fest – flüssig Suspensionen, Aufschlämmungen	Dichte	Sedimentieren und Dekantieren (Abgießen der Flüssigkeit vom Bodenkörper), Zentrifugieren
	Siedepunkt	Abdampfen, Destillieren Trocknen
	Teilchengröße	Filtrieren
echte Lösungen	Löslichkeit	Eindampfen, Auskristallisieren
fest – gasförmig Staub, Rauch	Dichte	Sedimentieren, Zyklonieren
	Teilchengröße	Filtrieren
	elektrische Ladung	Elektrofiltrieren
flüssig – flüssig z.B. Öl in Wasser Alkohol in Wasser,	Dichte	Absetzenlassen (z.B. im Scheidetrichter, im Ölabscheider),
	Siedepunkt	Zentrifugieren
	Löslichkeit	Destillieren Extrahieren (Herauslösen)
flüssig – gasförmig Nebel, Schaum, Gas in Flüssigkeit	Dichte	Sedimentieren, Zyklonieren
	Löslichkeit	Abtreiben des Gases (durch Temperaturerhöhung), Auswaschen (mit Hilfe einer anderen Flüssigkeit)
gasförmig – gasförmig	Kondensationspunkt	Kondensieren
	Absorbierbarkeit	Absorption (Aufsaugen)
	Adsorbierbarkeit	Adsorption (Anlagern an der Oberfläche)
	Teilchengröße	Diffusion (z.B. für Isotopentrennung)
	Masse	Zentrifugieren (z.B. Gaszentrifuge für Isotopentrennung)

Tabelle 1-3: *Einteilung der Stoffe*

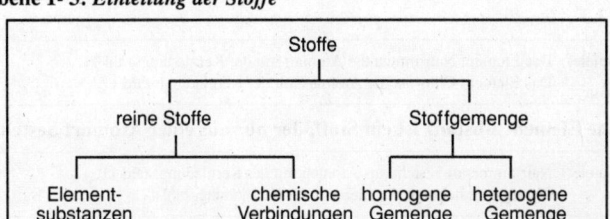

Tabelle 1-4: *Unterschiede zwischen Gemenge und chemischer Verbindung*

Gemenge	Chemische Verbindung
Ein Gemenge entsteht durch **physikalische Vorgänge** (Mischen von Stoffen).	Eine chemische Verbindung entsteht aus den Elementsubstanzen durch eine **chemische Reaktion.**
Die **Eigenschaften** der reinen Stoffe (Elementsubstanzen, Verbindungen), aus denen sich das Gemenge zusammensetzt, **bleiben erhalten.**	Chemische Verbindungen weisen *nicht* die **Eigenschaften** der Elementsubstanzen auf, die ihnen zugrunde liegen.
In einem Gemenge können die beteiligten reinen Stoffe (Verbindungen, Elementsubstanzen) in einem **beliebigen Massenverhältnis** vorliegen.	In einer chemischen Verbindung liegen die beteiligten Elemente stets in einem **bestimmten Massenverhältnis** vor.
Ein Gemenge kann mit **physikalischen Trennverfahren** in seine Bestandteile (reine Stoffe) zerlegt werden.	Chemische Verbindungen lassen sich nur mittels **chemischer Reaktionen** (Analyse) in Elementsubstanzen zerlegen.

1.4 Elemente und Elementsubstanzen

Der Begriff »*Element*« wurde bisher
- sowohl auf der *atomaren* Betrachtungsebene
- als auch auf der *stofflichen* Betrachtungsebene

chemischer Sachverhalte angewandt.

Beispiele: Die Elemente Natrium und Chlor reagieren miteinander unter Bildung der Verbindung Natriumchlorid (*stoffliche* Betrachtungsebene; gemeint sind Natriummetall und Chlorgas).
Natriumchlorid enthält die Elemente Natrium und Chlor (*atomare* Betrachtungsebene; Kochsalz enthält *nicht* Natriummetall und Chlorgas).

Größere Klarheit ist zu erreichen, wenn zwischen der atomaren und der stofflichen Betrachtungsebene auch *begrifflich* unterschieden wird. Dabei ist
- in der atomaren Betrachtungsebene von *Element*,
- in der stofflichen Betrachtungsebene von *Elementsubstanz* zu sprechen.

> **Ein Element ist eine Atomart mit einer bestimmten Kernladungszahl (↑ 3.3).**

Beispiele: Das Element Natrium ist die Atomart mit der Kernladungszahl 11.
Das Element Chlor ist die Atomart mit der Kernladungszahl 17.

> **Eine Elementsubstanz ist ein Stoff, der nur aus einer Atomart besteht.**

Beispiele: Natriummetall besteht aus Atomen mit der Kernladungszahl 11.
Chlorgas besteht aus Atomen mit der Kernladungszahl 17.

> **Chemische Verbindungen sind Stoffe, die aus mehreren Atomarten bestehen.**

Beispiel: Natriumchlorid besteht aus Atomen mit der Kernladungszahl 11 und Atomen mit der Kernladungszahl 17.

Auf der stofflichen Betrachtungsebene sind noch weitere Begriffe gebräuchlich:
Die *Elementsubstanzen* werden auch *Einelementverbindungen* (oder kurz Elementverbindungen) genannt.
Die *Verbindungen* im bisherigen Sinne sind dann *Mehrelementverbindungen*.

Aus dieser Sicht wird der Begriff »Verbindung« zum Oberbegriff für Einelementverbindung und Mehrelementverbindung und ist dann identisch mit »reiner Stoff«.

1.5 Elementsubstanzen und Verbindungen

Elementsubstanzen (Einelementverbindungen) lassen sich mittels chemischer Reaktionen *nicht* in andere Stoffe zerlegen. Sie werden daher auch *chemische Grundstoffe* genannt.

Chemische Verbindungen (Mehrelementverbindungen) lassen sich – im Prinzip – mittels chemischer Reaktionen *in Elementsubstanzen zerlegen*.

Beispiel: Die Verbindung Quecksilber(II)-oxid, HgO, eine kristalline Substanz, die je nach Korngröße gelb bis rot gefärbt ist, zerfällt beim Erhitzen in zwei Elementsubstanzen, in das flüssige Quecksilbermetall, Hg, und in gasförmigen Sauerstoff, O_2.

Chemische Verbindungen (Mehrelementverbindungen) lassen sich – im Prinzip – durch chemische Reaktionen *aus Elementsubstanzen gewinnen*.

Beispiel: Die Elementsubstanzen Natrium, Na, und Chlor, Cl_2, reagieren miteinander, wobei die Verbindung Natriumchlorid, NaCl, entsteht.

In einer chemischen Verbindung sind die Eigenschaften der Elementsubstanzen, die ihr zugrunde liegen, *nicht* erhalten.

1.5 Elementsubstanzen und Verbindungen

Beispiel: Natriumchlorid reagiert weder mit Wasser (wie das Natriummetall), noch ist es giftig (wie das Chlorgas).

Die zwischen den Elementsubstanzen und den chemischen Verbindungen bestehenden Beziehungen lassen sich durch folgende allgemeine Gleichung wiedergeben:

$$\text{Elementsubstanz} + \text{Elementsubstanz} \underset{\text{Analyse}}{\overset{\text{Synthese}}{\rightleftarrows}} \text{Verbindung} \qquad (1\text{-}2)$$

Beispiel: $2\,Hg\ +\ O_2\ \rightleftarrows\ 2\,HgO$
Quecksilber   Sauerstoff   Quecksilberoxid

Diese Reaktion verläuft unterhalb 400 °C von links nach rechts, oberhalb 400 °C von rechts nach links.

Unter **Synthese**[1] wird heute
– nicht nur die Umsetzung zweier Elementsubstanzen zu einer Verbindung verstanden [in diesem Falle wird von *Elementarsynthese* gesprochen; ein Beispiel ist die Elementarsynthese des Ammoniaks aus Stickstoff und Wasserstoff: $N_2 + 3\,H_2 \rightarrow 2\,NH_3$],
– sondern auch die Umsetzung vorhandener Verbindungen zu anderen Verbindungen [in der chemischen Forschung zu neuen, bisher unbekannten Verbindungen, in der chemischen Produktion zu bekannten Verbindungen in bedarfsgerechten Mengen].

Unter **Analyse**[2] wird heute verstanden
– das Ermitteln der Zusammensetzung von Verbindungen aus Elementen (Atomarten) [in der organischen Chemie als *Elementaranalyse* bekannt; im allgemeinen entstehen dabei keine Elementsubstanzen] und
– das Ermitteln der Zusammensetzung von Stoffgemengen, insbesondere von Lösungen [wobei es in der anorganischen Chemie vor allem um das Ermitteln von Ionen geht].

Es wird unterschieden zwischen
– **qualitativer Analyse**, bei der nur die *Art* der Bestandteile ermittelt wird, und
– **quantitativer Analyse**, bei der ermittelt wird, in welchen *Anteilen* diese Bestandteile vorliegen.

Alle Stoffe, d.h. Elementsubstanzen und Verbindungen, sind aus Atomen aufgebaut. Dabei können die Atome *einzeln* vorliegen, zu *Molekülen* verbunden sein, als positiv und negativ elektrisch geladene *Ionen* auftreten oder in *Kristallgittern* angeordnet sein. Von den *Elementsubstanzen* treten die Edelgase (z.B. Helium, He; Argon, Ar) in Form einzelner Atome auf. Die elementaren

---

[1] Zusammensetzung; von *syn* (grch.) zusammen und *thesis* (grch.) Setzung
[2] Zerlegung, Auflösung; von *ana* (grch.) auf und *lysis* (grch.) Lösung

Gase (z.B. Wasserstoff, H_2; Stickstoff, N_2; Chlor, Cl_2) liegen in Form von Molekülen vor. Die Metalle (z.B. Natrium, Na; Aluminium, Al; Eisen, Fe) bilden Kristallgitter.

Die *organischen Verbindungen* treten ganz überwiegend als Moleküle (z.B. Methan, CH_4; Ethanol, C_2H_5OH), aber auch als Makromoleküle auf (z.B. Stärke, Cellulose). Von den *anorganischen Verbindungen* liegen die Salze (zu denen im weiteren Sinne auch die Metalloxide und -hydroxide gehören) in Form von Ionen vor, die im festen Zustand in Ionengittern angeordnet sind (z.B. Kaliumcarbonat, K_2CO_3; Aluminiumoxid, Al_2O_3; Calciumhydroxid, $Ca(OH)_2$). Daneben gibt es auch anorganische Verbindungen, die Moleküle bilden (z.B. Wasser, H_2O; Chlorwasserstoff, HCl; Schwefeldioxid, SO_2).

Die Aussage, Moleküle seien die kleinsten Teilchen der chemischen Verbindungen, gilt also nur mit zwei Einschränkungen:

- Nicht alle chemischen Verbindungen bestehen aus Molekülen.
- Auch manche Elementsubstanzen treten in Form von Molekülen auf.

1.6 Chemische Symbole

Die Chemie bedient sich einer international einheitlichen Symbolik, die 1813 von dem schwedischen Chemiker JÖNS JACOB BERZELIUS vorgeschlagen und seither ständig weiterentwickelt wurde.

Jedes Element (jede Atomart) wird mit einem Symbol gekennzeichnet.
Dieses Symbol besteht aus einem oder zwei lateinischen Buchstaben, von denen der erste groß, der zweite klein geschrieben wird.

Beispiel: Kalium, K; Natrium, Na; Chlor, Cl.

Alphabetisch geordnet sind die Symbole der Elemente in Tafel 1 (am Ende des Bandes).

Die Symbole bestehen aus dem *Anfangsbuchstaben* und zum Teil einem weiteren – nicht immer dem zweiten – Buchstaben des Namens. Für einige Elemente, die in den verschiedenen Sprachen unterschiedlich benannt werden, stimmen die Symbole nicht mit dem deutschen Namen des Elements überein.

Beispiel: Quecksilber; engl. mercury, Symbol Hg nach hydrargyrum (griech.-lat.).

In Tafel 1 sind in diesen Fällen die lateinischen bzw. latinisierten Namen, von denen sich die Symbole ableiten, in Klammern angefügt. Die Symbole der chemischen Elemente werden auch in jenen Sprachen, die sich eines anderen Alphabets bedienen, z.B. im Russischen und Arabischen, mit lateinischen Buchstaben angegeben.
In Tafel 1 erfolgt eine Zuordnung von *Symbol* und *Kernladungszahl (Ordnungszahl)*, durch die jedes Element (jede Atomart) gleichfalls eindeutig gekennzeichnet ist.

Die Festlegung der Symbole erfolgt heute – wie die Bestätigung der Namen neuer (künstlich erzeugter) Elemente – durch die Internationale Union für Reine und Angewandte Chemie (IUPAC). Bevor eine Feststellung der Priorität erfolgt ist, werden neue Elemente mit zeitweiligen Namen und Symbolen belegt. Diese sind dreigliedrig und leiten sich nach folgendem Schlüssel aus den Ordnungszahlen ab:

	Name	Symbol		Name	Symbol
1	*un*	u	6	*hex*	h
2	*bi*	b	7	*sept*	s
3	*tri*	t	8	*oct*	o
4	*quad*	q	9	*enn*	e
5	*pent*	p	0	*nil*	n

Alle Namen enden auf *-ium*.

In Veröffentlichungen der IUPAC sind gegenwärtig folgende Namen und Symbole in Gebrauch:

104	Unnilquadium	Unq
105	Unnilpentium	Unp
106	Unnilhexium	Unh
107	Unnilseptium	Uns
108	Unniloctium	Uno
109	Unnilennium	Une

(Siehe aber die inzwischen festgelegten endgültigen Namen in Tafel 3.)

1.7 Chemische Formeln

Die chemischen *Symbole* gelten für die *Elemente* (Atomarten).
Die *Verbindungen* und *Elementsubstanzen* werden durch – gleichfalls international einheitliche – chemische *Formeln* wiedergegeben, die sich aus den Symbolen zusammensetzen.

Beispiel: Cl ist das *Symbol* für das *Element* Chlor, für die *Atomart* mit der Kernladungszahl 17.
Cl_2 ist die *Formel* für die *Elementsubstanz* Chlor, für das Chlorgas.
HCl und NaCl sind die Formeln für die *Verbindungen* Chlorwasserstoff und Natriumchlorid.

Während sich die *Symbole* stets auf die *atomare* Betrachtungsebene chemischer Sachverhalte beziehen, haben die *Formeln* sowohl auf der *stofflichen* als auch auf der *atomaren* Betrachtungsebene ihre Bedeutung. Die Formeln sagen zunächst aus,

- um welchen *Stoff* (welche Verbindung, welche Elementsubstanz) es sich handelt[1];
- aus welchen *Elementen* (Atomarten) er aufgebaut ist; und
- in welchen *Verhältnissen* diese Elemente dabei auftreten.

Auf der Grundlage von Kenntnissen über die chemische Bindung (↑ Kap. 5) erschließen sich aber aus den Formeln auch Aussagen zu den kleinsten Teilchen dieses Stoffes. Dabei ist nach dem Charakter des Stoffes zu unterscheiden zwischen Molekülsubstanzen, Ionensubstanzen und Metallen.

---

[1] Wie aus der Formel auf den Namen des Stoffes geschlossen werden kann ↑ Kap. 43.

Bei den **Molekülsubstanzen** geben die Formeln in der Regel die Zusammensetzung der *Moleküle* nach *Art* und *Anzahl* der *Atome* an.

Beispiel: Die Formel des *Wassers*, H_2O, gibt an, daß
- die Verbindung Wasser aus den Atomarten Wasserstoff und Sauerstoff besteht,
- diese Atomarten dabei im Verhältnis 2:1 vorliegen und
- ein Molekül des Wassers aus zwei Atomen Wasserstoff und einem Atom Sauerstoff zusammengesetzt ist.

Mitunter werden aber auch Formeln verwendet, die zwar das Verhältnis der Atomarten, aber *nicht* die Zusammensetzung der *Moleküle* wiedergeben.

Beispiel: Die Moleküle des *Phosphorpentaoxids* enthalten 4 Phosphoratome und 10 Sauerstoffatome. Daraus ergibt sich die Formel P_4O_{10}. Häufig wird statt dessen die Formel P_2O_5 verwendet.

Die Formeln der Molekülsubstanzen können – von solchen Ausnahmen abgesehen – als *Modelle* der Moleküle aufgefaßt werden. Gegenüber den bekannten Molekülmodellen (Bild 1-1) stellen die Formeln eine weitere Abstraktion dar. Da sie nur die Zusammensetzung der Moleküle wiedergeben, werden diese Formeln *Bruttoformeln* oder *Summenformeln* genannt und den *Strukturformeln* gegenübergestellt, die den räumlichen Bau der Moleküle zumindest andeuten.

Beispiel: Wassermolekül

Summenformel H_2O Strukturformel $\begin{matrix} H \\ \end{matrix} \! \! \! \! \! \! \searrow \! \! \! \! \! \! \! O$

$\begin{matrix} H \end{matrix}$

Bei den **Ionensubstanzen** geben die Formeln lediglich an, in welchem *Verhältnis* die Atomarten vorliegen. Das bezieht sich im festen Zustand auf die Zusammensetzung des *Ionengitters,* gilt aber auch für die Ionen in *Lösung*. Welche Ionen dabei auftreten, ist über die Dissoziationsgleichung (↑ S. 18) zugänglich.

Beispiel: Die Formel des *Magnesiumchlorids*, $MgCl_2$, gibt an, daß
- die Verbindung Magnesiumchlorid aus den Atomarten Magnesium und Chlor besteht,
- diese Atomarten dabei im Verhältnis 1:2 vorliegen und somit
- im Ionengitter wie auch in einer (wäßrigen) Lösung auf ein Magnesiumion, Mg^{2+}, jeweils zwei Chloridionen, Cl^-, entfallen.

Die kleinste Anzahl Ionen, die die Zusammensetzung einer Ionensubstanz wiedergibt, wird *Formeleinheit* genannt.

Beispiel: Die Formeleinheit des Aluminiumoxids ist Al_2O_3. Sie besagt, daß im Kristallgitter des Aluminiumoxids die Aluminiumatome und die Sauerstoffatome im Verhältnis 2:3 auftreten.

Mit der Einführung des Begriffs »Formeleinheit« soll vermieden werden, daß bei der Behandlung chemischer Sachverhalte von »Molekülen« gesprochen wird, wenn gar keine Moleküle vorliegen.

1.7 Chemische Formeln

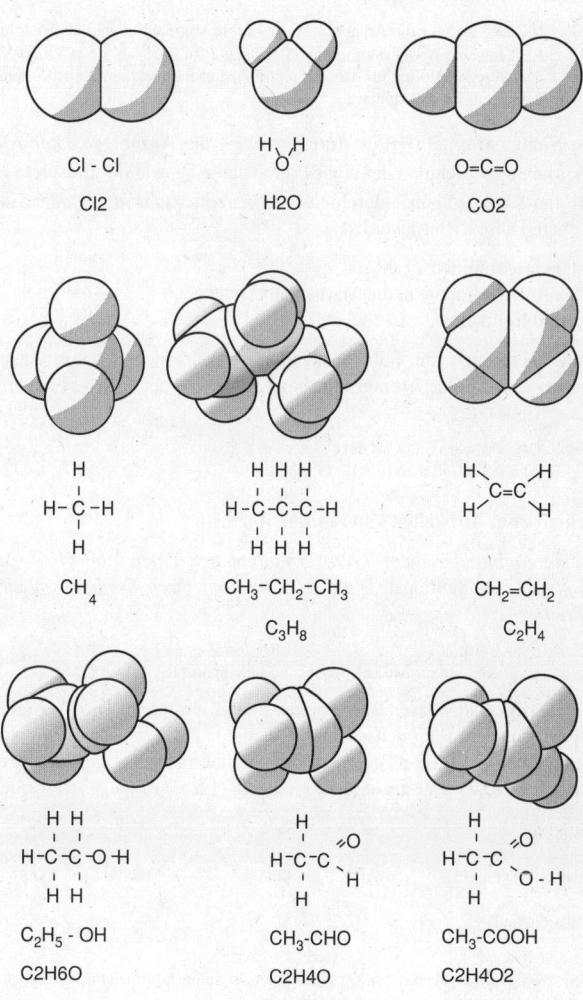

Bild 1-1: Modelle - Strukturformeln - Summenformeln

Bei den **Metallen** ist die *Formel* für die Elementverbindung gleich dem *Symbol* für das Element (für die Atomart).

Beispiel: Na steht also für die Atomart mit der Kernladungszahl 11 und zugleich für die Elementsubstanz Natrium. In der Gleichung 2 Na + Cl_2 → 2 NaCl steht Na bei den Ausgangsstoffen für Atomart *und* Elementsubstanz, beim Reaktionsprodukt jedoch nur für die Atomart.

In den Summenformeln (Bruttoformeln) wird die Anzahl *gleicher* Atome innerhalb eines Moleküls oder einer Formeleinheit – wie die Beispiele H_2O, $MgCl_2$ und Al_2O_3 zeigen – durch eine *tiefgestellte Ziffer hinter dem Symbol* angegeben. Diese Ziffern werden

– Teilchenstöchiometriezahl,
– Index (in Anlehnung an die Mathematik) oder auch
– Atommultiplikator

genannt. Wenn sich die Teilchenstöchiometriezahl nicht auf ein einzelnes Atom, sondern auf eine Atomgruppe bezieht, werden deren Symbole in runde Klammern gesetzt.

Beispiele: Calciumhydroxid, $Ca(OH)_2$
Aluminiumsulfat, $Al_2(SO_4)_3$

Vorschrift zum Aufstellen von Summenformeln

1. Die *am Aufbau der chemischen Verbindung beteiligten Atome bzw. Atomgruppen* (z.B. Säurereste; ↑6.3.1.3) *sind mit ihren Symbolen niederzuschreiben*.

Beispiel 1	Beispiel 2
Aluminiumoxid Al O	Calciumphosphat Ca PO_4

2. Die Wertigkeiten dieser Bestandteile sind zu ermitteln. Die Wertigkeiten können aus dem Periodensystem abgeleitet (↑4.4) oder Tabellen entnommen werden (↑Bild 5-37). Sie können durch römische Zahlen, als Ionenladungen (↑5.5.2) oder als Oxidationszahlen (↑5.5.3) angegeben werden.

   Wertigkeit: Al^{III} O^{II} Ca^{II} PO_4^{III}

   Ionenladung: Al^{3+} O^{2-} Ca^{2+} PO_4^{3-}

   Oxidationszahl: $\overset{+3}{Al}$ $\overset{-2}{O}$ $\overset{+2}{Ca}$ $\overset{-3}{PO_4}$

   Diese Wertigkeitsangaben sind *nicht* Bestandteil der Summenformel; nach einiger Übung kann darauf verzichtet werden, sie niederzuschreiben.

3. Das *kleinste gemeinsame Vielfache der Wertigkeiten ist zu ermitteln:*

   6   6

4. Das kleinste gemeinsame Vielfache ist durch die Wertigkeit zu dividieren. So erhalten wir die Anzahl der Atome bzw. Atomgruppen, die in der Summenformel als Stöchiometriezahl anzugeben ist:

$$6:3=2 \qquad 6:2=3 \qquad 6:2=3 \qquad 6:3=2$$
$$Al_2O_3 \qquad\qquad\qquad\qquad Ca_3(PO_4)_2$$

1.8 Chemische Gleichungen

Jede *chemische Reaktion* kann durch eine *chemische Gleichung* wiedergegeben werden. Diese werden auch *Reaktionsgleichungen* genannt. In einer chemischen Gleichung stehen auf der *linken* Seite die *Ausgangsstoffe,* auf der *rechten* Seite die *Reaktionsprodukte*. Ausgangsstoffe und Reaktionsprodukte werden durch einen Pfeil miteinander verbunden, der die Richtung der Reaktion angibt.

$$\boxed{\textbf{Ausgangsstoffe} \quad \rightarrow \quad \textbf{Reaktionsprodukte}}$$

Beispiel: Fe + S → FeS; Eisen und Schwefel reagieren unter Bildung von Eisensulfid, FeS, wenn die Ausgangsstoffe in Pulverform vorliegen, gut gemischt und dann erhitzt werden.

Eine chemische Gleichung sagt *nichts* darüber aus, unter welchen *Bedingungen* die von ihr wiedergegebene Reaktion abläuft. Im Prinzip sind alle chemischen Reaktionen *umkehrbar* (↑ 8.1). Soll das in einer chemischen Gleichung zum Ausdruck gebracht werden, wird ein *Doppelpfeil* verwendet:

$$N_2 + 3\ H_2 \rightleftarrows 2\ NH_3$$

Anstelle der Pfeile findet man in der chemischen Literatur mitunter noch das Gleichheitszeichen:

$$N_2 + 3\ H_2 = 2\ NH_3$$

Beide Gleichungen bringen zum Ausdruck: Ein Molekül Stickstoff, N_2, reagiert mit drei Molekülen Wasserstoff, H_2, unter Bildung von 2 Molekülen Ammoniak, NH_3. Da die Reaktion umkehrbar ist, können beide Gleichungen auch von rechts nach links gelesen werden: 2 Moleküle Ammoniak, NH_3, zerfallen in ein Molekül Stickstoff, N_2, und drei Moleküle Wasserstoff, H_2.

Chemische Gleichungen sind zugleich mathematische Gleichungen. Dementsprechend werden *gleiche Summanden* in der Regel *als Produkt* niedergeschrieben. Die vorstehende Gleichung kommt also wie folgt zustande:

$$\begin{aligned}
N_2 + H_2 + H_2 + H_2 &= NH_3 + NH_3 \\
H_2 + H_2 + H_2 &= 3\ H_2 \\
NH_3 + NH_3 &= 2\ NH_3 \\
N_2 + 3\ H_2 &= 2\ NH_3
\end{aligned}$$

Die in chemischen Gleichungen (Reaktionsgleichungen) *vor* den chemischen Formeln stehenden Ziffern werden

- Reaktionsstöchiometriezahl,
- stöchiometrischer Faktor oder
- Koeffizient

genannt.

Diese Ziffern geben an:
- bei *Molekülsubstanzen* die Anzahl der *Moleküle*,
- bei *Ionensubstanzen* die Anzahl der *Formeleinheiten*, das heißt, die Anzahl der der chemischen Formel entsprechenden Ionen,
- bei *Metallen* die Anzahl der *Atome*.

Beispiel: Die Gleichung
$2\,Na + Cl_2 \rightarrow 2\,NaCl$
sagt aus, daß *zwei Atome* Natrium mit *einem Molekül* Chlor, bestehend aus zwei Atomen Chlor, miteinander unter Bildung von Natriumchlorid reagieren. Da Natriumchlorid aus Natriumionen, Na^+, und Chloridionen, Cl^-, besteht (Dissoziationsgleichung: $NaCl \rightarrow Na^+ + Cl^-$); bringt der Koeffizient 2 vor der Formel NaCl zum Ausdruck, daß bei dieser Reaktion *zwei* Natrium*ionen* und *zwei* Chlorid*ionen* entstehen (nicht etwa zwei *Moleküle* Natriumchlorid!).

Bei der Erläuterung von chemischen Gleichungen muß also berücksichtigt werden, welcher Art die an der dargestellten chemischen Reaktion beteiligten Stoffe sind.

Auf die Unterscheidung der beiden Stöchiometriezahlen ist besonders zu achten:

- Die **Reaktionsstöchiometriezahlen** sind Bestandteil der **chemischen Gleichung** (Reaktionsgleichung).

- Die **Teilchenstöchiometriezahlen** sind Bestandteil der **chemischen Formel**.

Dabei gilt:

- Reaktionsstöchiometriezahlen beziehen sich auf die *gesamte Formel, vor* der sie stehen.

Beispiel: In der Gleichung $2\,Na + Cl_2 \rightarrow 2\,NaCl$ bezieht sich die letzte 2 auf die Formel NaCl, also sowohl auf die Natriumionen als auch auf die Chloridionen (↑ voriges Beispiel).

- Teilchenstöchiometriezahlen beziehen sich auf das *Atom, hinter dessen Symbol* sie stehen, bzw. auf die Atomgruppe, hinter deren – in Klammern gesetzten – Symbolen sie stehen.

Beispiele: In der Formel NH_3 bezieht sich die 3 auf den Wasserstoff (nicht auf den Stickstoff). Es sind 3 Wasserstoffatome, aber nur 1 Stickstoffatom beteiligt.
In der Formel $(NH_4)_2SO_4$ (Ammoniumsulfat) bezieht sich die 2 auf die Ammoniumgruppe, NH_4, die hier zweimal vorhanden ist. Es sind also insgesamt 2 Stickstoffatome und 8 Wasserstoffatome beteiligt.

Ist nur von *Stöchiometriezahl* die Rede, so ist meist die Reaktionsstöchiometriezahl gemeint.

1.8 Chemische Gleichungen

In den chemischen Gleichungen drückt sich das **Gesetz von der Erhaltung der Elemente (Atomarten)** aus:

Bei chemischen Reaktionen bleiben die Atome nach Art und Anzahl erhalten.

Das entscheidende Merkmal für *Kernreaktionen* ist, daß für sie dieses Gesetz *nicht* gilt.

Für die chemischen Gleichungen folgt aus dem Gesetz von der Erhaltung der Elemente.

In einer chemischen Gleichung muß die Summe der Atome eines jeden Elements auf beiden Seiten gleich sein.

Dabei sind beide Stöchiometriezahlen zu berücksichtigen.

Beispiel: In der Gleichung
$$N_2 + 3\,H_2 \rightarrow 2\,NH_3$$
sind auf der linken Seite 2 Atome Stickstoff und $(3 \cdot 2 =)$ 6 Atome Wasserstoff vorhanden, auf der rechten Seite 2 Atome Stickstoff und $(2 \cdot 3 =)$ 6 Atome Wasserstoff. Die Summe der beteiligten Atome ist also auf beiden Seiten gleich.

Vorschrift zum Aufstellen von Reaktionsgleichungen

1. Die *Summenformeln* (↑ Vorschrift S. 14) der *Ausgangsstoffe* sind auf die *linke Seite,* die Summenformeln der *Reaktionsprodukte* auf die *rechte Seite* zu schreiben.

   Beispiel: Zur technischen Gewinnung von Salpetersäure wird Ammoniak katalytisch oxidiert (↑ OSTWALD-Verfahren), dabei entstehen Stickstoffmonoxid, NO, und als Nebenprodukt Wasser:
   $$NH_3 + O_2 \quad NO + H_2O$$

2. Durch Einsetzen von *Reaktionsstöchiometriezahlen* ist dieser Gleichungsansatz so zu vervollständigen, daß die Anzahl der Atome der einzelnen Elemente auf beiden Seiten gleich wird.

   Mit Hilfe von Gleichungssystemen mit mehreren Unbekannten kann das mathematisch gelöst werden. Praktisch geschieht es fast immer durch schrittweises Erweitern der Anzahl der Atome. (Es wurde hier absichtlich ein verhältnismäßig kompliziertes Beispiel gewählt.)

   Beispiel: $NH_3 + O_2 \quad NO + H_2O$

   N links 1, rechts 1, also gleichzahlig.
   H links 3, rechts 2, kleinstes gemeinsames Vielfaches 6; H wird gleichzahlig, wenn links mit 2 und rechts mit 3 multipliziert wird:

   $$2\,NH_3 + O_2 \quad NO + 3\,H_2O$$

   N jetzt links 2, rechts 1; N wird wieder gleichzahlig, wenn rechts mit 2 multipliziert wird:

   $$2\,NH_3 + O_2 \quad 2\,NO + 3\,H_2O$$

   O links 2, rechts $(2 + 3 =)$ 5, kleinstes gemeinsames Vielfaches 10; O wird gleichzahlig, wenn links mit 5, rechts mit 2 multipliziert wird:
   $$2\,NH_3 + 5\,O_2 \quad 4\,NO + 6\,H_2O$$

Nun erneut prüfen:
N links 2, rechts 4; N wird wieder gleichzahlig, wenn links mit 2 multipliziert wird:

$4\,NH_3 + 5\,O_2 \quad 4\,NO + 6\,H_2O$

3. Abschließend ist die Gleichung insgesamt zu *überprüfen:*

Beispiel: N links 4, rechts 4
H links 12, rechts 12
O links 10, rechts 10

Die Gleichung ist stöchiometrisch richtig.

Erst jetzt ist es gerechtfertigt, die beiden Seiten der Gleichung mit einem Pfeil(bei Gleichgewichtsreaktionen einem Doppelpfeil; ↑ 8.1) zu verbinden.

Beispiel: $4\,NH_4 + 5\,O_2 \rightleftarrows 4\,NO + 6\,H_2O$

Für Reaktionen zwischen *Ionensubstanzen* werden anstelle der allgemeinen Reaktionsgleichungen häufig **Ionengleichungen** verwendet. In diesem Falle werden in die chemischen Gleichungen nicht die Formeleinheiten der Ionensubstanzen eingesetzt, sondern die bei deren *elektrolytischer Dissoziation* (↑ 5.2.2) frei werdenden *Ionen*. Das Aufstellen einer Ionengleichung setzt daher die Kenntnis der *Dissoziationsgleichungen* aller beteiligten Ionensubstanzen voraus. Bei der Anwendung der Ionenschreibweise sind demnach zu unterscheiden:

- **Dissoziationsgleichungen**, die die elektrolytische Dissoziation *einer Ionensubstanz* wiedergeben, und

- **Ionengleichungen**, die eine Reaktion *zwischen Ionensubstanzen* wiedergeben.

Das Aufstellen der Dissoziationsgleichungen und das Aufstellen einer Ionengleichung sind demnach zwei aufeinanderfolgende Schritte.

Die **Dissoziationsgleichung** eines *echten Elektrolyten* drückt den Übergang der im *Kristallgitter* gebundenen Ionen in mehr oder weniger frei bewegliche Ionen (in der Schmelze oder in einer Lösung) aus.

Beispiel: Natriumhydroxid $\quad NaOH \rightarrow Na^+ + OH^-$

Die Summenformel der Verbindung steht hier für die im *Ionengitter* fest gebundenen Ionen.

Die Dissoziationsgleichung eines *potentiellen Elektrolyten* drückt die *Aufspaltung der Moleküle* in Ionen aus.

Beispiel: Chlorwasserstoff $\quad HCl \rightleftarrows H^+ + Cl^- \quad$ bzw.

$$HCl + H_2O \rightleftarrows H_3O^+ + Cl^-$$

Die Summenformel der Verbindung symbolisiert hier deren *Molekül*.

1.8 Chemische Gleichungen

Die Dissoziationsgleichungen der potentiellen Elektrolyte werden mit *Doppelpfeilen* geschrieben, da sie *Gleichgewichtsvorgänge* wiedergeben (↑ 8.1).

Vorschrift zum Aufstellen einer Dissoziationsgleichung:

1. Links ist die Summenformel der chemischen Verbindung niederzuschreiben, die der elektrolytischen Dissoziation unterliegt.

   Beispiel: Aluminiumsulfat $Al_2(SO_4)_3$

2. Rechts sind die Formeln der Ionen niederzuschreiben, die bei der Dissoziation entstehen:

   Beispiel: $Al_2(SO_4)_3 \quad 2\,Al^{3+} + 3\,SO_4^{2-}$

3. Die Dissoziationsgleichung ist zu überprüfen:
   Die Summe der Ladungen muß – wie auf der linken Seite – auch auf der rechten Seite gleich Null sein.

   Beispiel: $2 \cdot (+3) + 3 \cdot (-2) = 0$

Erst jetzt ist der Pfeil einzusetzen

$$Al_2(SO_4)_3 \rightarrow 2\,Al^{3+} + 3\,SO_4^{2-}$$

Eine **Ionengleichung** umfaßt – im Unterschied zur Dissoziationsgleichung – stets *mehrere* Stoffe. Wie in jeder Reaktionsgleichung stehen links die Ausgangsstoffe und rechts die Reaktionsprodukte. In Ionenschreibweise werden dabei nur *jene* Stoffe angegeben, die in der betrachteten Reaktion in Form von *frei beweglichen Ionen* vorliegen.

Beispiel: Die Reaktionsgleichung

$NaOH + HCl \rightarrow NaCl + H_2O$

ist als Ionengleichung wiederzugeben. (Die Ionen der als Ausgangsstoffe beteiligten Elektrolyte sind den Beispielen für Dissoziationsgleichungen zu entnehmen; ↑ S. 18)

$Na^+ + OH^- + H^+ + Cl^- \rightarrow Na^+ + Cl^- + H_2O$

Das neben dem Natriumchlorid, NaCl (echter Elektrolyt), entstehende Wasser ist zwar ein potentieller Elektrolyt, aber nur äußerst schwach dissoziiert (↑ 6.3.2.2), so daß es auch in Ionengleichungen als *Molekül* niedergeschrieben wird.

Vorschrift zum Ableiten der Ionengleichung aus der Reaktionsgleichung einer Ionenreaktion:

1. Es wird die Reaktionsgleichung aufgestellt (↑ Vorschrift; S.17).

   Beispiel: $2\,KOH + H_2SO_4 \rightarrow K_2SO_4 + 2\,H_2O$

2. Für alle an der Reaktion beteiligten Ionensubstanzen werden die Dissoziationsgleichungen aufgestellt (↑ Vorschrift; S. 19), wobei die in der Reaktionsgleichung enthaltenen *Koeffizienten* zu berücksichtigen sind.

Beispiel: $2\ KOH \rightarrow 2\ K^+ + 2\ OH^-$

$H_2SO_4 \rightarrow 2\ H^+ + SO_4^{2-}$

$K_2SO_4 \rightarrow 2\ K^+ + SO_4^{2-}$

Bei genügend Übung im Aufstellen von Dissoziationsgleichungen kann darauf verzichtet werden, diese niederzuschreiben.

3. Die Ionen, die bei der elektrolytischen Dissoziation frei werden, sind anstelle der Summenformeln in die Reaktionsgleichung einzusetzen.

Beispiel: $2\ K^+ + 2\ OH^- + 2\ H^+ + SO_4^{2-} \rightarrow 2\ K^+ + SO_4^{2-} + 2\ H_2O$

4. Die Ionengleichung ist zu überprüfen:

- Die Anzahl der Atome der Elemente muß auf beiden Seiten gleich sein.

Beispiel: 2 K, 6 O, 4 H, 1 S

- Die Summe der Ladungen muß auf beiden Seiten gleich sein.

Beispiel: links: $(+4) + (-4) = 0$; rechts: $(+2) + (-2) = 0$

Mit wachsender Erfahrung im Aufstellen von Ionengleichungen kann auch auf das Niederschreiben der Reaktionsgleichung (Schritt 1) verzichtet werden.

1.9 Lösungen

Lösungen **sind homogene Gemenge aus zwei oder mehr Stoffen.** Dabei wird in den meisten Fällen unterschieden zwischen

> **Lösungsmittel** und **gelöstem Stoff.**

Die Lösungen werden nach der *Teilchengröße* des gelösten Stoffes eingeteilt (↑ Tabelle 1-5).

Bei den *Suspensionen* handelt es sich um heterogene Gemenge. Sie gehören also nicht zu den Lösungen, wohl aber zu den dispersen Systemen (↑ 1.3).

Im weitesten Sinne werden alle homogenen Gemenge als Lösungen bezeichnet (↑ Tabelle 1-1, 2. Spalte). Im engeren Sinne versteht man unter Lösungen nur die homogenen Gemenge, bei denen das Dispersionsmittel (Lösungsmittel) *flüssig* ist. Als disperse Phase können dabei Stoffe vorliegen, die (unvermischt) bei Zimmertemperatur gasförmig, flüssig oder fest sind.

1.9 Lösungen

Tabelle 1-5: *Disperse Systeme*

Echte Lösungen	Kolloide Lösungen	Suspensionen
molekulardisperse (iondisperse) Systeme	kolloiddisperse Systeme	grobdisperse Systeme
Teilchengröße $< 10^{-9}$ m	Teilchengröße $1 \cdot 10^{-9} \ldots 5 \cdot 10^{-7}$ m	Teilchengröße $> 5 \cdot 10^{-7}$ m
Teilchen optisch nicht erkennbar	Teilchen unter dem Ultramikroskop erkennbar	Teilchen mit bloßem Auge bzw. unter dem Mikroskop erkennbar
Teilchen laufen durch Papierfilter		Teilchen werden von Papierfiltern zurückgehalten

Beispiele: In flüssigen Lösungsmitteln lösen sich:
gasförmige Stoffe (Kohlendioxid in Wasser; z.B. im Selterswasser);
flüssige Stoffe (Ethanol in Wasser; z.B. im Trinkbranntwein);
feste Stoffe (Natriumhydroxid in Wasser ergibt Natronlauge).

Das weitaus wichtigste Lösungsmittel ist das *Wasser*. Daneben werden auch viele organische Lösungsmittel in großen Mengen verwendet:

Beispiele: Ethanol (Ethylalkohol), Aceton (Propanon); Tetrachlormethan (»Tetra«); Trichlorethen (Trichlorethylen, »Tri«); Kohlendisulfid (Schwefelkohlenstoff); Benzen (Benzol); aber auch flüssiges Ammoniak und flüssiges Schwefeldioxid.

Lösungen spielen für die Chemie eine außerordentlich große Rolle. Sowohl im Laboratorium als auch in der Produktion wird ein großer Teil der chemischen Reaktionen in Lösungen durchgeführt. Aber auch die chemischen Reaktionen, die dem Stoffwechsel der lebenden Organismen zugrunde liegen, laufen zum größten Teil in Lösungen ab.

1.9.1 Echte Lösungen

In einer echten Lösung sind gelöst:

- **Molekulsubstanzen** (*Nichtelektrolyte*; ↑ 5.2.2) in Form ihrer **Moleküle** (*molekulardisperses System*).

  Beispiel: Glucose in Wasser

- **Ionensubstanzen** (*Elektrolyte*; ↑ 5.2.2) in Form ihrer **Ionen** (*iondisperses System*)

  Beispiel: Natriumchlorid in Wasser $NaCl \rightarrow Na^+ + Cl^-$

Die Moleküle und Ionen sind weder mit bloßem Auge noch mit dem Mikroskop sichtbar. Sie sind im Lösungsmittel weitgehend frei beweglich. Sie verhalten sich in dieser Hinsicht ähnlich wie die Moleküle eines Gases (↑ 2.12).

Stoffe mit sehr großen Molekülen (Makromolekülen) vermögen keine echten Lösungen, sondern nur kolloide Lösungen zu bilden.

1.9.2 Kolloide Lösungen

In den kolloiden[1] Lösungen *(kolloiddispersen Systemen)* liegt die disperse Phase in Form von Teilchen vor,

- die einen Durchmesser von 10^{-9} bis $5 \cdot 10^{-7}$ m haben und
- aus 1000 bis 1 Milliarde Atomen bestehen.

Nach der Art und der Entstehung dieser Teilchen werden unterschieden:

- **Molekülkolloide**
  Disperse Phase: *Makromoleküle*, die keine echten Lösungen zu bilden vermögen, z.B. Eiweißstoffe, Plaste.
- **Assoziationskolloide** (Mizellkolloide)[2]
  Disperse Phase: *Molekülaggregate (Molekülassoziate)*[3], die sich in manchen echten Lösungen von selbst bilden, wenn eine bestimmte Konzentration überschritten wird, z.B. Seifen.
- **Dispersionskolloide**
  Disperse Phase: *Aggregate* aus *Atomen* oder *Molekülen*, die durch *Dispersion* (Zerteilung) aus kompakten Substanzen oder durch *Kondensation* (Verdichtung) aus echten Lösungen hergestellt werden.

Im Prinzip lassen sich alle Stoffe in den kolloiden Zustand überführen. Unter den Stoffen, die von sich aus kolloide Lösungen bilden, sind neben den Eiweißstoffen besonders tierische und pflanzliche Leime[4] zu nennen. Es gibt aber auch anorganische Stoffe, die zur Bildung kolloider Lösungen neigen, z.B. Kieselsäuren.

Die Größe der kolloiden Teilchen reicht aus, eine kolloide Lösung bei seitlicher Beleuchtung trüb erscheinen zu lassen (sog. TYNDALL-*Phänomen*). Unter dem Ultramikroskop sind infolge der Lichtstreuung die einzelnen Teilchen erkennbar. Von Papierfiltern werden kolloidale Teilchen *nicht* zurückgehalten. Zum Filtrieren einer kolloiden Lösung bedarf es einer halbdurchlässigen (semipermeablen) Membran (z.B. Pergamentpapier), die normale Moleküle und Ionen durchläßt, kolloide Teilchen dagegen zurückhält. Die Trennung mit einer halbdurchlässigen Membran wird *Dialyse* genannt.

---

1) auch *kolloidal*
2) Mizelle: Zusammenballung von Molekülen zu größeren Teilchen
3) *aggregare* (lat.) anhäufen; *associare* (lat.) sich verbinden
4) *kolla* (grch.) Leim

1.9 Lösungen

Jedes kolloiddisperse System kann in zwei Zustandsformen vorliegen:
- als **Sol,** das heißt als *kolloide Lösung,* oder
- als **Gel,** das heißt als *gallertartige Masse.*

Der Begriff *Kolloid* umfaßt sowohl den Solzustand als auch den Gelzustand. In einem **Sol** sind die kolloiden Teilchen mehr oder weniger frei beweglich. In einem **Gel** sind die kolloiden Teilchen raumnetzförmig miteinander verbunden, so daß sie sich nicht frei bewegen können. Ein Gel ist daher mehr oder weniger gallertartig steif.

Jedes Sol, also jede kolloide Lösung, kann in ein Gel umgewandelt werden. Dieser Vorgang wird als **Koagulation** (Ausflockung) bezeichnet. Umgekehrt lassen sich viele – aber nicht alle – Gele wieder in ein Sol überführen. Diesen Vorgang nennt man **Peptisation**. Je nachdem, ob eine Peptisation möglich ist oder nicht, wird zwischen reversiblen und irreversiblen Kolloiden unterschieden:

- **Reversible Kolloide:** Sol $\underset{\text{Peptisation}}{\overset{\text{Koagulation}}{\rightleftarrows}}$ Gel

- **Irreversible Kolloide:** Sol $\xrightarrow{\text{Koagulation}}$ Gel

Die Beständigkeit der kolloiden Lösungen, d.h. der Widerstand, den sie einer Koagulation entgegensetzen, kann verschiedene Ursachen haben. Eine wichtige Rolle spielt dabei die elektrostatische Abstoßung zwischen gleichgeladenen Teilchen. Werden diese Ladungen durch Zusatz einer Lösung, die Ionen enthält, aufgehoben, so flockt das Kolloid aus.

Beispiel: Bei der Gewinnung von Seife ist diese zunächst kolloid gelöst. Durch Zusatz von Natriumchlorid (»Aussalzen«) wird die Seife aus der Lösung ausgefällt.

Andererseits kann der Ausflockung einer kolloiden Lösung durch Zusatz sog. *Schutzkolloide,* das sind bestimmte makromolekulare Stoffe (z.B. Stärke oder Gelatine), entgegengewirkt werden. Auf diese Weise können auch von solchen Stoffen relativ beständige kolloide Lösungen hergestellt werden, die von sich aus nicht zur Kolloidbildung neigen, z.B. kolloide Metallösungen; s. kolloide Goldlösungen, Kapitel 20.3.

Die Erzeugung kolloider Lösungen erfolgt im einfachsten Falle durch Auflösen eines Gels. Kann nicht von einem Gel ausgegangen werden, bedient man sich einer Kolloidmühle oder – bei Metallen – der Ultraschallzerstäubung und anderer Verfahren.

Kolloide Lösungen spielen eine große Rolle bei den Lebensprozessen. Sie gewinnen aber auch immer mehr Bedeutung für die Technik. Mit den Kolloiden beschäftigt sich die **Kolloidchemie,** die als besonderer Zweig der Chemie vor allem auf den deutschen Chemiker WOLFGANG OSTWALD (1883 bis 1943) zurückgeht.

2 Mengenverhältnisse bei chemischen Reaktionen

2.1 Gesetz von der Erhaltung der Masse

Die Einführung *quantitativer Untersuchungsmethoden* war ein entscheidender Schritt auf dem Wege der Entwicklung der modernen wissenschaftlichen Chemie. Als erstes wichtiges Ergebnis wurde das *Gesetz von der Erhaltung der Masse* entdeckt. Dieses Gesetz wurde 1785 durch den französischen Chemiker ANTOINE LAURENT LAVOISIER in die Chemie eingeführt, nachdem es der russische Gelehrte MICHAIL WASSILIEWITSCH LOMONOSSOW bereits 1756 beim Erhitzen von Blei mit Luft in einem zugeschmolzenen Glasgefäß erkannt hatte. In moderner Formulierung lautet es:

> **Bei einer chemischen Reaktion bleibt die Gesamtmasse der beteiligten Stoffe unverändert.**

Mit anderen Worten:

Bei einer chemischen Reaktion ist die Summe der Massen der Reaktionsprodukte gleich der Summe der Massen der Ausgangsstoffe.

Das Gesetz von der Erhaltung der Masse findet seine Erklärung darin, daß bei einer chemischen Reaktion die Atome lediglich eine andere Anordnung erfahren, daß sich aber die Anzahl der Atome und die Masse des einzelnen Atoms dabei nicht ändert. Wie die Anzahl der auf beiden Seiten einer chemischen Gleichung stehenden Atome eines jeden Elements gleich groß sein muß, so muß auch die Masse der auf beiden Seiten der Gleichung stehenden Stoffe gleich groß sein.

Die **Masse** eines Körpers wird in der Weise ermittelt, daß man sie auf einer *Hebelwaage* mit der Masse geeichter *Wägestücke* (im allgemeinen Sprachgebrauch auch als »Gewichte« bezeichnet) vergleicht. Die Masse ist eine Basisgrößenart des Internationalen Maßeinheitensystems (SI). Die Einheit der Masse ist das Kilogramm (kg). Im chemischen Laboratorium wird meist mit dem tausendsten Teil, dem Gramm (g), gerechnet, vielfach auch mit dem millionsten Teil, dem Milligramm (mg).

Statt von *Masse* wurde früher auch von *Gewicht* gesprochen. Heute ist streng zwischen *Masse* und *Gewichtskraft* (kurz auch Gewicht genannt) zu unterscheiden. Die *Gewichtskraft G* ist das Produkt aus *Masse m* und *Fallbeschleunigung g*:

$G = m \cdot g$

Während die Masse ortsunabhängig ist, ist die Gewichtskraft ortsabhängig. Die Masse eines bestimmten Körpers ist auf der Erde und auf dem Mond gleich, seine Gewichtskraft ist auf dem Monde viel geringer ($\approx 1/7$) als auf der Erde. Die Gewichtskraft wird mittels einer Federwaage ermittelt. Die SI-Einheit der Gewichtskraft ist das Newton (früher wurde dafür das Kilopond verwendet).

2.2. Relative Atommasse

Jedes Atom besitzt eine bestimmte Masse. Diese Masse eines einzelnen Atoms m_a ist außerordentlich gering ($m_a = 10^{-24}$ bis 10^{-22} g). Für chemische Berechnungen interessiert aber im allgemeinen nicht die Masse eines einzelnen Atoms, sondern das *Verhältnis, das zwischen den Massen verschiedener Atome besteht*. Statt der *Atommasse*[1] m_a bedient sich der Chemiker daher der *relativen Atommasse* (Formelzeichen A_r):

Die relative Atommasse eines Elements ist ein Maß für die Masse der Atome dieses Elements.

Als *Bezugsbasis* für die relativen Atommassen wurde 1960 durch internationale Übereinkunft das *Kohlenstoffisotop* ^{12}C bestimmt, dessen relative Atommasse auf genau 12 festgelegt wurde[2]. Die Atommassen aller anderen Elemente werden seither auf ein Zwölftel der Atommasse dieses *Standardatoms* ^{12}C bezogen:

> **Die relative Atommasse A_r eines Elements gibt an, wie groß die Masse eines Atoms dieses Elements im Vergleich zu einem Zwölftel der Masse des häufigsten Atoms des Kohlenstoffs, des Kohlenstoffisotops ^{12}C, ist.**

Mit anderen Worten:
Die relative Atommasse A_r eines Elements ist der Quotient aus der Masse m_a eines Atoms dieses Elements und einem Zwölftel der Masse m_a eines Atoms des Kohlenstoffisotops ^{12}C.

$$A_r(X) = \frac{m_a(X)}{\frac{1}{12} m_a(^{12}C)} \tag{2-1}$$

X steht für ein beliebiges Element.

Unabhängig davon, ob die Atommassen m_a in Gramm oder einer anderen Masseneinheit eingesetzt werden, ergibt dieser Quotient für die relative Atommasse einen *Zahlenwert ohne Einheit*.

Beispiel: Relative Atommasse des Fluors

$$A_r(F) = \frac{m_a(F)}{\frac{1}{12} m_a(^{12}C)} ; \quad A_r(F) = \frac{3{,}1548 \cdot 10^{-23} \text{ g}}{\frac{1}{12} \cdot 1{,}9927 \cdot 10^{-23} \text{ g}} ; \quad A_r = 18{,}998$$

---

[1] Mitunter wird zur Unterscheidung gegenüber der relativen Atommasse von *absoluter* Atommasse gesprochen. Dieses Attribut ist jedoch überflüssig, da der Begriff *Masse* die Größe mit der SI-Einheit Kilogramm eindeutig kennzeichnet.

[2] Vorher war der Sauerstoff Bezugsbasis für die relativen Atommassen, und zwar in der Physik das Sauerstoffisotop ^{16}O, in der Chemie das natürliche Isotopengemisch, wodurch sich unterschiedliche Zahlenwerte ergeben.

Die relative Atommasse A_r wird in der Chemie häufig kurz *Atommasse* genannt, da mit der Atommasse m_a selbst in der Chemie kaum gearbeitet wird. Aus den Zahlenwerten und dem Fehlen der Einheit kg bzw g ist ersichtlich, daß es sich um die relative Atommasse handelt. Die historisch entstandene Bezeichnung *Atomgewicht* ist im deutschen Sprachbereich kaum noch gebräuchlich[1]. Die relativen Atommassen sind in Tafel 3 am Ende des Buches zusammengestellt, im Periodensystem der Elemente (Tafel 8 und vorderer Innendeckel) stehen sie unter dem Namen der Elemente.

Beispiele: Aus der Atommassentabelle bzw. aus dem Periodensystem sind zu entnehmen:
Sauerstoff hat die relative Atommasse 16,00.
Fluor hat die relative Atommasse 19,00.
Die Masse eines Sauerstoffatoms ist (rund) 16mal so groß, die Masse eines Fluoratoms ist (rund) 19mal so groß wie ein Zwölftel der Masse eines Atoms des Kohlenstoffisotops ^{12}C. Die Massen der Atome von Sauerstoff und Fluor verhalten sich also zueinander etwa wie 16:19.

Bei den relativen Atommassen der meisten Elemente handelt es sich um einen *Mittelwert* (das gewogene arithmetische Mittel) *für das natürliche Isotopengemisch* dieser Elemente (↑ Mischelemente; ↑ S. 19). Auch der Kohlenstoff tritt in der Natur als Gemisch von Isotopen mit unterschiedlicher Atommasse auf. Diesem natürlichen Isotopengemisch des Kohlenstoffs kommt – als Mittelwert – die relative Atommasse 12,011 zu, dem natürlichen Isotopengemisch des Sauerstoffs die relative Atommasse 15,9994. Dagegen tritt das Fluor in der Natur nicht mit mehreren Isotopen auf (↑ Reinelemente; ↑ S. 81).

Die relativen Atommassen (Atomgewichte) werden von einer Kommission der IUPAC (Internationale Union für Reine und Angewandte Chemie) im Abstand von zwei Jahren überprüft und erforderlichenfalls neu festgelegt. Dabei zeigten sich in den letzten Jahrzehnten zwei Tendenzen:

- Für Reinelemente wurden die Atommassen auf Grund verfeinerter Meßmethoden immer genauer ermittelt.
- Für Mischelemente ergab sich auf Grund von Abweichungen in der Isotopenzusammensetzung von Proben unterschiedlicher Herkunft eine immer geringere Genauigkeit.

Das IUPAC-Komitee für Chemieunterricht hat für Lehrzwecke vierziffrige Atommassen empfohlen. Diese vierziffrigen Atommassen werden im vorliegenden Buch für Berechnungen verwendet.

Die Bezugsbasis der relativen Atommassen wurde absichtlich so gewählt, daß die relative Atommasse des leichtesten Elements, des *Wasserstoffs,* dessen Atome nur *ein Proton* enthalten, annähernd gleich 1 ist (1,00794). Dem Proton selbst kommt die relative Atommasse[2] 1,007276 zu. Der Unterschied in den Zahlenwerten beruht darauf, daß im natürlichen Isotopengemisch etwa jedes

---
[1] In englischsprachiger Literatur herrscht »atomic weight« vor.
[2] Bei den Nukliden (Isotopen) und Elementarteilchen (Proton, Neutron) wird statt von relativer Atommasse mitunter auch vom *Massenwert* gesprochen.

5000. Wasserstoffatom zusätzlich ein Neutron (1,008665) besitzt (schwerer Wasserstoff).

In der Atomphysik wurde die Bezugsbasis der relativen Atommassen als **atomare Masseneinheit** u [von engl. *unit*, Einheit] eingeführt. Sie wird auch *atomphysikalische Masseneinheit* oder *Atommasseneinheit* genannt.

Die atomare Masseneinheit u ist der zwölfte Teil der Masse eines Atoms des Kohlenstoffisotops ^{12}C.

Wird die Masse m_a des Atoms eines Elements in dieser Masseneinheit u angegeben, so hat sie den gleichen Zahlenwert wie die relative Atommasse A_r dieses Elements.

Beispiele: Fluor: A_r (F) = 19,00; m_a (F) = 19,00 u
Aluminium: A_r (Al) = 27,00; m_a (Al) = 27,00 u

Der gleiche Zahlenwert tritt auch bei der *molaren Masse* auf (↑ 2.6).

Gegenüber dem *Gramm*, der in der Chemie üblichen Masseneinheit, ist die atomare Masseneinheit u außerordentlich klein:

$$1 \text{ u} = 1{,}66055 \cdot 10^{-24} \text{ g}$$
$$1 \text{ g} = 6{,}0221 \cdot 10^{23} \text{ u}$$

Die atomare Masseneinheit u ist der Masseneinheit g proportional, wobei die AVOGADROsche Zahl $6{,}0221 \cdot 10^{23}$ (↑ S. 32) als Proportionalitätsfaktor auftritt.

2.3 Relative Molekülmasse

Wie jedem chemischen *Element* eine relative *Atommasse* zukommt, so läßt sich für jede chemische *Verbindung* eine relative *Molekülmasse* errechnen.

Die relative Molekülmasse einer chemischen Verbindung ist ein Maß für die Masse der Moleküle dieser chemischen Verbindung.

Für die relativen Molekülmassen gilt die gleiche Bezugsbasis wie für die relativen Atommassen:

> **Die relative Molekülmasse M_r einer chemischen Verbindung gibt an, wie groß die Masse eines Moleküls dieser Verbindung im Vergleich zu einem Zwölftel der Masse des häufigsten Atoms des Kohlenstoffs, des Kohlenstoffisotops ^{12}C, ist.**

Die relative Molekülmasse wird häufig kurz *Molekülmasse* genannt. (Aus den Zahlenwerten und dem Fehlen der Einheit Gramm ist dann zu erkennen, daß es sich nicht um die Masse eines einzelnen Moleküls handelt.) Gelegentlich wird auch noch der historisch entstandene Begriff *Molekulargewicht* verwendet.

Da die relativen Molekülmassen die gleiche Bezugsbasis haben wie die relativen Atommassen, besteht zwischen beiden eine einfache Beziehung:

Die relative Molekülmasse einer Verbindung ergibt sich durch Addition aus den relativen Atommassen der am Aufbau der Verbindung beteiligten Elemente.

Hierin kommt das Gesetz von der Erhaltung der Masse zum Ausdruck.

Beispiel: Chlorwasserstoff HCl

$$A_r(H) = 1{,}008$$
$$A_r(Cl) = 35{,}45$$
$$M_r(HCl) = 36{,}458 \approx 36{,}46$$

Sind von einem Element mehrere Atome am Aufbau des Moleküls einer chemischen Verbindung beteiligt, so ist die Atommasse dieses Elements mit der Anzahl der beteiligten Atome zu multiplizieren.

Beispiel: Wasser H_2O

$$A_r(H) = 1{,}008$$
$$1{,}008 \cdot 2 = 2{,}016$$
$$A_r(O) = 16{,}00$$
$$M_r(H_2O) = 18{,}016 \approx 18{,}02$$

Bisher wurde auch bei den *Ionensubstanzen*, also bei Verbindungen, die unter normalen Bedingungen nicht in Form von Molekülen, sondern in Form von Ionen vorliegen, von einer relativen Molekülmasse gesprochen. Es setzt sich aber mehr und mehr der Vorschlag durch, bei diesen Verbindungen treffender von *relativer Formelmasse* zu sprechen. Als Formelzeichen dient auch hier M_r.

Beispiel: Natriumchlorid NaCl

$$A_r(Na) = 22{,}99$$
$$A_r(Cl) = 35{,}45$$
$$M_r(NaCl) = 58{,}44$$

Soweit *Elementsubstanzen* in Form von Molekülen auftreten, läßt sich für sie ebenfalls eine relative Molekülmasse ermitteln.

Beispiel: Sauerstoff

$$A_r(O) = 16{,}00$$
$$M_r(O_2) = 32{,}00$$
$$M_r(O_3) = 48{,}00$$

2.4 Gesetz der konstanten Proportionen

Da die relativen Atom- und Molekülmassen ein Maß für die Masse der Atome bzw. Moleküle sind, gestatten sie auch Aussagen über die Massenverhältnisse, die zwischen den Atomen eines Moleküls bestehen.

Beispiel: Da die relative Atommasse des *Wasserstoffs* 1,008 und die des *Sauerstoffs* 16,00 beträgt, besteht zwischen einem Wasserstoffatom und einem Sauerstoffatom ein Massenverhältnis von (rund) 1 : 16. Da ein *Wassermolekül*, H_2O, stets aus *zwei* Wasserstoffatomen und *einem* Sauerstoffatom zusammengesetzt ist, sind die Elemente Wasserstoff und Sauerstoff im Wasser stets im Massenverhältnis 2 : 16 = 1 : 8 enthalten.

So liegen in allen chemischen Verbindungen die an ihrem Aufbau beteiligten Elemente stets in bestimmten Massenverhältnissen vor. Diese Gesetzmäßigkeit wurde Anfang des 19. Jahrhunderts auf Grund sorgfältiger quantitativer Analysen chemischer Verbindungen erkannt und von dem französischen Chemiker JOSEPHE-LOUIS PROUST als **Gesetz der konstanten Proportionen** ausgesprochen:

> **In einer chemischen Verbindung sind die Elemente in konstanten Proportionen (bestimmten Massenverhältnissen) enthalten.**

Das ist das entscheidende *quantitative* Merkmal der chemischen Verbindungen.

Zur Deutung des Gesetzes der konstanten Proportionen (und des von ihm erkannten Gesetzes der multiplen Proportionen) stellte der englische Naturforscher JOHN DALTON im Jahre 1807 seine Atomhypothese auf, die besagt:

> **Jedes Element ist aus gleichen kleinsten Teilchen, den Atomen, aufgebaut.**

Nach dieser Hypothese läßt sich das Gesetz der konstanten Proportionen so erklären, daß sich beim Entstehen einer chemischen Verbindung stets eine bestimmte Anzahl Atome der beteiligten Elemente zu einem Molekül vereinigen.

Beispiel: 2 Atome Wasserstoff und 1 Atom Sauerstoff ergeben 1 Molekül Wasser, H_2O.

Das von DALTON erkannte **Gesetz der multiplen Proportionen** (mehrfachen Massenverhältnisse) besagt:

> **Bilden zwei Elemente miteinander mehrere Verbindungen, so stehen die Massenverhältnisse, mit denen die Elemente in diesen Verbindungen auftreten, zueinander im Verhältnis kleiner ganzer Zahlen.**

Beispiel: Der Schwefel bildet zwei Oxide, das Schwefeldioxid, SO_2, und das Schwefeltrioxid, SO_3.
Die relative Atommasse des Schwefels beträgt 32,06, die des Sauerstoffs 16,00. Demnach beträgt das Massenverhältnis von Schwefel und Sauerstoff im Schwefeltrioxid (rund) 32 : (3 · 16) = 32 : 48. Die Massen, mit denen der Sauerstoff in den beiden Schwefelverbindungen auftritt, stehen demnach zueinander im Verhältnis 32 : 48 = 2 : 3, also im Verhältnis kleiner ganzer Zahlen.

Die Forschungsergebnisse über die konstanten und multiplen Proportionen der Elemente in den Verbindungen waren Ausgangspunkt für die Einführung der Atom- und Molekulargewichte, die heute relative Atom- und Molekülmassen genannt werden (↑ 2.2 u. 2.3).

2.5 Stoffmenge – Mol

Die chemischen Reaktionen spielen sich zwischen den einzelnen *Atomen, Molekülen* und *Ionen* der beteiligten Stoffe ab (↑ Kap. 5; chemische Bindung). In der chemischen Produktion, aber auch in chemischen Laboratorien werden chemische Reaktionen jedoch stets mit wägbaren Substanzmengen durchgeführt, die eine außerordentlich große Anzahl von Atomen, Molekülen oder Ionen enthalten. Um die zwischen dem atomaren Bereich und dem Bereich der wägbaren Substanzen, zwischen der atomaren und der stofflichen Betrachtungsebene, bestehenden quantitativen Beziehungen zu erfassen, wurde die **Stoffmenge** (auch *Teilchenmenge* oder *Objektmenge* genannt; ↑ S.34), als *Basisgröße*[1] eingeführt. Formelzeichen der Stoffmenge ist *n*. Einheit der Stoffmenge ist das **Mol**, Einheitenzeichen **mol**.

Die Stoffmenge, mit der eine Verbindung oder eine Elementsubstanz vorliegt, wird durch *Vergleich* mit einer bekannten Stoffmenge ermittelt. Dabei dient – wie bei der relativen Atommasse (↑ 2.2) – das häufigste Kohlenstoffisotop, ^{12}C, als Bezugsbasis.

Die Definition der Einheit Mol ist (in DIN 1301 und DIN 32625) wie folgt festgelegt:

---

[1] Das Mol wurde 1971 als Basiseinheit in das Internationale Einheitensystem (SI) aufgenommen. Damit gehört die Stoffmenge zu den *Basisgrößen*. Die übrigen Basisgrößen sind (in Klammern die Basiseinheiten): Länge (Meter), Zeit (Sekunde), Masse (Kilogramm), Stromstärke (Ampere), Temperatur (Kelvin) und Lichtstärke (Candela).
Mitunter wird in diesem Zusammenhang in der Literatur auch von Basisgrößen*arten* gesprochen. Der Begriff *Größe* bezieht sich dann auf ein bestimmtes Objekt, z.B. die Masse eines bestimmten Körpers. *Größenart* ist dann der Sammelbegriff für die Gesamtheit aller Größen der gleichen Art, also z.B. für die Massen aller (existierenden oder denkbaren) Körper.

2.5 Stoffmenge – Mol

> **Das Mol ist die Stoffmenge[1] eines Systems[2], das aus ebensoviel Einzelteilchen[3] besteht, wie Atome in 0,012 Kilogramm des Kohlenstoffnuklids ^{12}C enthalten sind.**

Bei der Angabe einer Stoffmenge ist in jedem Falle auch die *Art der Einzelteilchen* (auch elementare Teilchen genannt) anzugeben. Dabei kann es sich außer um *Atome, Moleküle* und *Ionen* auch um Atom*gruppen* sowie auch um *Bruchteile* von Atomen, Molekülen oder Ionen handeln, die als Stoff gar nicht existieren. Eine wichtige Rolle spielen dabei jene Bruchteile von Ionen, die jeweils *eine elektrische Ladung* tragen oder bei chemischen Reaktionen *ein Elektron* aufnehmen oder abgeben. Diese Bruchteile werden allgemein *Äquivalente* genannt (↑ 2.7).

Beispiele: $n(Na)$ bedeutet Stoffmenge der Natriumatome;
$n(SO_2)$ bedeutet Stoffmenge der Schwefeldioxidmoleküle;
$n(O_2)$ bedeutet Stoffmenge der Sauerstoffmoleküle;
$n(Mg^{2+})$ bedeutet Stoffmenge der Magnesiumionen;
$n(SO_4^{2-})$ bedeutet Stoffmenge der Sulfationen;
$n(\frac{1}{2} Mg^{2+})$ bedeutet Stoffmenge der Magnesiumionäquivalente;
$n(\frac{1}{2} SO_4^{2-})$ bedeutet Stoffmenge der Sulfationäquivalente.

Es handelt sich also keineswegs immer um Teilchen, sondern allgemein um *elementare Objekte,* die – im Prinzip – *zählbar* sind. Daher wird auch von *Zähleinheiten* gesprochen.

Eine Stoffmenge kann übrigens nur dann angegeben werden, wenn es sich um *gleichartige* Einzelteilchen (elementare Teilchen, elementare Objekte, Zähleinheiten) handelt, also nur für reine Stoffe, nicht für Stoffgemenge, aber auch nicht für hochpolymere Stoffe mit ihren unterschiedlich großen Makromolekülen.

Die Festlegung der »Stoffmenge« als Grundgröße hat die Konsequenz, daß im wissenschaftlichen Sprachgebrauch »Stoffmenge« nicht mehr im Sinne des allgemeinen Sprachgebrauchs verwendet werden kann. *Stoffmenge* ist nichts sinnlich Wahrnehmbares, sondern eine *Eigenschaft,* die *neben* der *Masse* und dem *Volumen* eines Körpers steht.

Beispiel: Ein Kochsalzkristall *ist nicht* eine Stoffmenge, sondern er *hat* eine Stoffmenge, wie er eine Masse und ein Volumen *hat.*

Die Eigenschaft *Stoffmenge* hat gegenüber den Eigenschaften Masse und Volumen die Besonderheit, daß sie *nicht gemessen* werden kann, sondern aus der Masse berechnet werden muß (↑ 2.6; molare Masse).
Da der Begriff »Stoffmenge« in dieser Weise belegt war, wurde es notwendig, für den *Träger* der Eigenschaften Masse und Stoffmenge einen neuen Begriff zu prägen. Als solcher gilt heute **Stoffportion**.

---
[1] engl. *amount of substance*
[2] z.B. der Stoffportion einer chemischen Verbindung
[3] engl. *entities*

2 Mengenverhältnisse bei chemischen Reaktionen

> **Eine Stoffportion ist ein abgegrenzter Stoffbereich, von dessen Form abstrahiert wird.**

Wird dieser abgegrenzte Stoffbereich als *sinnlich wahrnehmbarer Gegenstand* konkretisiert, so bilden Portionen farb- und geruchloser Gase davon eine Ausnahme.

Der Begriff »Stoffportion« ist also allgemeiner als der Begriff »Körper«, der eine bestimmte Form einschließt. Zwei Stoffportionen des gleichen Stoffes, von denen die eine als ein Kristall, die andere als Pulver vorliegt, haben bei gleicher Masse auch die gleiche Stoffmenge.

Beispiel: Ein Kochsalzkristall mit der Masse 58,44 g und ein Häufchen Kochsalz mit der Masse 58,44 g haben beide die Stoffmenge 1 mol.

Es ist weder notwendig noch üblich, stets den Ausdruck »Stoffportion« zu verwenden, wenn über eine Stoffportion gesprochen wird.

Z.B. sind folgende Ausdrücke gleichbedeutend: eine Stoffportion Natrium, eine Portion Natrium, eine Natriumportion, eine Stoffprobe Natrium, eine Probe Natrium, eine Natriumprobe, ein Stück Natrium.
Es sind aber auch stets Stoffportionen gemeint, wenn z.B. gesprochen wird von
– einem Mol Natrium (gemeint ist eine Stoffportion Natrium mit der Stoffmenge 1 mol) oder von
– zehn Gramm Natrium (gemeint ist eine Stoffportion Natrium mit der Masse 10 g).

Mit der Einführung des Begriffs »Stoffportion« soll also nicht der Sprachgebrauch belastet, sondern begriffliche Klarheit erreicht werden. Der Begriff »Stoffportion« ermöglicht den richtigen Umgang mit dem Begriff »Stoffmenge«.

Beispiel: Eine Stoffportion Natriumchlorid mit der Masse 116,88 g hat die Stoffmenge 2 mol. Die auf den älteren Molbegriff (↑ S. 34) zurückgehende Aussage »2 mol Natriumchlorid sind 116,88 g« ist nach dem modernen Molbegriff falsch. (Die Größenarten Masse und Stoffmenge können nicht gleichgesetzt werden.)

Beim Umgang mit der Stoffmenge muß man sich immer bewußt sein:

- Hinter der *Stoffmenge* steht die *Anzahl der Einzelteilchen*.
- Durch die Einheit *Mol* wird erreicht, daß mit *gut handhabbaren Zahlenwerten* gearbeitet werden kann.

Eine quantitative Beziehung zwischen der atomaren und der stofflichen Betrachtungsebene herzustellen, gelang – ausgehend von der Atomhypothese J. DALTONS (↑ 2.4) und der AVOGADROschen Hypothese (↑ 2.8) – zuerst dem Österreicher JOSEPH LOSCHMIDT im Jahr 1865. Er ermittelte, daß in 1 cm³ eines Gases (bei normalem Druck und normaler Temperatur) $2,76 \cdot 10^{19}$ Moleküle enthalten sind.

Die Stoffmenge 1 mol gibt die Teilchenzahl $6,022 \cdot 10^{23}$ wieder. Zwischen Stoffmenge n und **Teilchenzahl** (Formelzeichen N; Einheit 1) bestehen demnach folgende Beziehungen:

$$\frac{\text{Teilchenzahl}}{\text{Stoffmenge}} = 6,022 \cdot 10^{23} \text{ mol}^{-1} \qquad \frac{N}{n} = N_A \qquad (2\text{-}2)$$

2.5 Stoffmenge – Mol

N_A ist die **AVOGADRO-Konstante**[1]; ihr Zahlenwert ist als AVOGADROsche Zahl bekannt. Stoffmenge n und Teilchenzahl N sind einander proportional, wobei die AVOGADRO-Konstante N_A als Proportionalitätsfaktor auftritt:

$$n \sim N \qquad n \cdot N_A = N \qquad (2\text{-}3)$$

Als genauer Wert der AVOGADRO-Konstante gilt heute:

$$N_A = 6{,}0221367 \cdot 10^{23} \text{ mol}^{-1},$$

wobei die beiden letzten Stellen eine Unsicherheit (Standardabweichung) von ± 36 aufweisen.

Diese Anzahl von Teilchen wurde seit den Untersuchungen LOSCHMIDTS auf zahlreichen verschiedenen Wegen gemessen bzw. berechnet. Die gute Übereinstimmung der dabei gewonnenen Zahlenwerte ist ein Beleg für die Existenz der Atome und Moleküle und allgemein für die atomare Struktur der Materie. Mit der weiteren Verbesserung der Meßtechnik wird der Zahlenwert der AVOGADRO-Konstante weiter präzisiert werden. Für einfache Berechnungen in der Chemie genügt im allgemeinen der Wert $6 \cdot 10^{23} \text{ mol}^{-1}$.

Durch die Stoffmenge und ihre Einheit Mol wird die *quantitative* Bedeutung der chemischen Formelsprache von der *atomaren* Betrachtungsebene auf die *stoffliche* Betrachtungsebene ausgedehnt.

Eine *chemische Gleichung* (↑ 1.8) gibt

- auf der *atomaren* Betrachtungsebene *einen Formelumsatz* wieder,
- auf der *stofflichen* Betrachtungsebene *ein Mol Formelumsätze*.

Dementsprechend steht

- jedes **Symbol** sowohl für *ein Atom* des Elements als auch für *ein Mol Atome* dieses Elements,
- jede **Formel** sowohl für *ein Molekül* bzw. *eine Formeleinheit* als auch für *ein Mol Moleküle* bzw. *ein Mol Formeleinheiten* einer chemischen Verbindung oder einer Elementsubstanz.

Beispiele für die stoffliche Betrachtungsebene:
Die *Formel* HCl steht für 1 mol Chlorwasserstoffmoleküle, die Formel NaCl für 1 mol Formeleinheiten NaCl und damit zugleich für 1 mol Natriumionen Na^+, und 1 mol Chloridionen, Cl^-. Die *Symbole* H, Na und Cl stehen in diesen Formeln jeweils für 1 mol Atome der Elemente Wasserstoff, Natrium und Chlor.

Eine chemische Reaktion, die in der Wirklichkeit eine Umsetzung im *Verhältnis der kleinsten Teilchen* der beteiligten Stoffe ist, stellt sich damit auf der stofflichen Betrachtungsebene als eine Umsetzung im *Verhältnis der Stoffmengen* der beteiligten Stoffe dar.

---

[1] In der deutschsprachigen Literatur wird die AVOGADRO-Konstante mitunter als LOSCHMIDT-Konstante bezeichnet, ihr Zahlenwert als LOSCHMIDTsche Zahl. International wird als LOSCHMIDT-Konstante die von LOSCHMIDT zuerst ermittelte Anzahl der Moleküle je Kubikzentimeter verstanden (↑ 2.8)

2 Mengenverhältnisse bei chemischen Reaktionen

Beispiel: Die Reaktionsgleichung 2 Na + Cl_2 → 2 NaCl sagt aus:
- Zwei Natriumatome und ein Chlormolekül reagieren miteinander unter Bildung von 2 Formeleinheiten Natriumchlorid, das sind 2 Natriumionen, Na^+, und 2 Chloridionen, Cl^-;
- 2 mol Natrium und 1 mol Chlor reagieren miteinander unter Bildung von 2 mol Natriumchlorid.

Anstelle des Begriffs *Stoffmenge* werden in der Literatur mitunter der Begriff *Teilchenmenge*, häufiger aber der Begriff *Objektmenge* verwendet.

Die Bezeichnung **Teilchenmenge** erfaßt Atome, Moleküle und Ionen. Sie erweist sich als zu eng, wenn – wie in vorstehendem Beispiel – als *Zähleinheit* auch die *Formeleinheit* verwendet werden soll. Die Bezeichnung *Stoffmenge* schränkt nicht auf Teilchen ein, ist also umfassender als Teilchenmenge. Andererseits gibt es aber in der objektiven Realität Zähleinheiten, die auch vom Begriff Stoffmenge noch nicht erfaßt werden. Dazu gehören z.B. die *elektrischen Elementarladungen* (↑ 3.2), die unter anderem in den *Ionenladungen* in Erscheinung treten.

Beispiel: 1 mol Schwefelsäure sind rund $6 \cdot 10^{23}$ Moleküle H_2SO_4, die – bei vollständiger elektrolytischer Dissoziation – nach der Gleichung $H_2SO_4 \rightarrow 2 H^+ + SO_4^{2-}$
2 mol ($\approx 12 \cdot 10^{23}$) Wasserstoffionen, H^+, und
1 mol ($\approx 6 \cdot 10^{23}$) Sulfationen, SO_4^{2-}, ergeben.
Diese Sulfationen tragen
2 mol ($\approx 12 \cdot 10^{23}$) *negative elektrische Elementarladungen.*

Um alle in der objektiven Realität existierenden Zähleinheiten, das heißt praktisch *alle zählbaren Objekte*, zu erfassen, wird statt Stoffmenge vielfach die umfassendere Bezeichnung **Objektmenge** verwendet. Die Begriffe *Objektmenge – Stoffmenge – Teilchenmenge* schließen einander in dieser Reihenfolge ein.

Da Stoffe miteinander im *Verhältnis ihrer Stoffmengen* (oder Vielfachen oder Bruchteilen davon[1]) reagieren – und nicht etwa im Verhältnis ihrer Massen –, ist die Stoffmenge mit ihrer Einheit Mol unentbehrlich für die quantitative Behandlung chemischer Reaktionen.

In älterer Literatur (etwa vor 1970) begegnet man einem **alten Molbegriff,** der heute nicht mehr zulässig ist. Damals galt:
> Ein Grammolekül (abgekürzt: Mol) einer chemischen Verbindung ist die Masse (in Gramm), deren Zahlenwert gleich der relativen Molekülmasse (↑ 2.3) ist.

Der Begriff Mol diente zugleich als *Oberbegriff* für *Grammatom* und *Grammion*.

Beispiele: 1 Mol (Grammolekül) Wasser, H_2O, sind 18,016 g.
1 Mol (Grammatom) Sauerstoff, O, sind 16,00 g.
1 Mol (Grammolekül) Sauerstoff, O_2, sind 32,00 g.
1 Mol (Grammolekül) Natriumchlorid, NaCl, sind 58,44 g.
1 Mol (Grammion) Chloridionen, Cl^-, sind 35,45 g.
1 Mol (Grammion) Sulfationen, SO_4^{2-}, sind 96,06 g.

Das Mol war damals eine *spezifische Masseneinheit*. Diese Aufgabe erfüllt heute die *molare Masse*.

---

[1] ↑ 2.10; stöchiometrische Berechnungen

2.6 Molare Masse – stoffmengenbezogene Masse

Chemische Verbindungen sowie Elementsubstanzen reagieren miteinander im *Verhältnis ganzzahliger Stoffmengen* (↑ 2.5), wie sie durch die Reaktionsstöchiometriezahlen (Koeffizienten) in den chemischen Gleichungen angegeben werden (↑ 1.8). Dagegen sind die *Massen*, mit denen zwei beliebige Stoffe miteinander reagieren, ganz *unterschiedlich*. Für die quantitative Behandlung chemischer Reaktionen eignet sich daher die Stoffmenge wesentlich besser als die Masse. Andererseits ist aber nur die Masse (sowie auch das Volumen) eines Stoffes einer unmittelbaren Messung zugänglich, nicht aber die Stoffmenge.

Um die Beziehung zwischen Stoffmenge und Masse eines Stoffes herzustellen, wurde die *stoffmengenbezogene Masse* als Größe eingeführt. Sie wird **molare Masse** genannt (Formelzeichen M). *Molare Größen* sind allgemein *Quotienten,* bei denen die *Stoffmenge im Nenner* steht.

Die molare Masse M einer chemischen Verbindung oder einer Elementsubstanz ist der Quotient aus der Masse m und der Stoffmenge n dieses Stoffes.

$$\text{molare Masse}_A = \frac{\text{Masse}_A}{\text{Stoffmenge}_A} \qquad M = \frac{m}{n} \qquad (2\text{-}4)$$

Die molare Masse M ist eine *stoffspezifische Größe;* sie besitzt für jede chemische Verbindung und jede Elementsubstanz einen *speziellen Zahlenwert*. Der Index A in der vorstehenden Gleichung bringt zum Ausdruck, daß sich alle drei Größen auf den gleichen Stoff A beziehen.

Aus den Basiseinheiten für Masse (kg) und Stoffmenge (mol) ergibt sich als abgeleitete Einheit für die molare Masse:

$$[M] = \frac{\text{kg}}{\text{mol}}$$

In der Chemie wird meist der tausendste Teil dieser Einheit verwendet ($g \cdot mol^{-1}$), da sich dabei leicht handhabbare Zahlenwerte ergeben.

Der Zahlenwert der molaren Masse M einer chemischen Verbindung oder einer Elementsubstanz ist gleich der relativen Molekülmasse M_r (↑ 2.3).

2 Mengenverhältnisse bei chemischen Reaktionen

Beispiele: Sauerstoff $M_r(O_2)$ = 32,00 $M(O_2)$ = 32,00 g · mol^{-1}
Schwefelsäure $M_r(H_2SO_4)$ = 98,08 $M(H_2SO_4)$ = 98,08 g · mol^{-1}
Bei *Ionensubstanzen* bezieht sich die molare Masse auf die *relative Formelmasse* (↑ 28).
Natriumchlorid $M_r(NaCl)$ = 58,55 $M(NaCl)$ = 58,55 g · mol^{-1}

Bei Elementsubstanzen, die *einatomig* auftreten, tritt die *relative Atommasse* A_r an die Stelle der relativen Molekülmasse M_r.

Beispiele: Helium $A_r(He)$ = 4,003 M = 4,003 g · mol^{-1}
Natrium $A_r(Na)$ = 22,99 M = 22,99 g · mol^{-1}

Hier kann nun zusammengefaßt werden:
Der Zahlenwert der relativen Atommasse bzw. relativen Molekülmasse tritt in *drei* verschiedenartigen *Größen* auf,

- in der *relativen Atommasse* A_r und der *relativen Molekülmasse* M_r (mit der Maßeinheit 1),

- in der *Masse* der *Atome* bzw. *Moleküle m* (mit der Maßeinheit u; ↑ S. 27) und

- in der *molaren Masse* (mit der Maßeinheit g · mol^{-1}).

Beispiele: Das Natrium hat die relative Atommasse A_r = 22,99, ein Natriumatom hat die Masse m = 22,99 u, und das Natrium hat die molare Masse M = 22,99 g · mol^{-1}.
Das Kohlendioxid, CO_2, hat die relative Molekülmasse 44,01, ein Kohlendioxidmolekül hat die Masse m = 44,01 u, und das Kohlendioxid hat die molare Masse M = 44,01 g · mol^{-1}.

Bei Masse und molarer Masse handelt es sich um zwei Größen von ganz unterschiedlichem Charakter:

- Die *Masse* ist eine *extensive Größe*.

- Die *molare Masse* ist eine *intensive Größe*.

Extensive Größen sind *Quantitätsgrößen*. Sie ändern sich mit der Größe der betrachteten Stoffportion. Außer der Masse gehören auch das *Volumen* und die *Stoffmenge* zu den extensiven Größen.
Beim Zusammengeben mehrerer Portionen des gleichen Stoffes *addieren* sich deren Massen, deren Volumina (konstanten Druck vorausgesetzt) und auch deren Stoffmengen.

Intensive Größen sind *Qualitätsgrößen*. Sie verändern sich *nicht* mit der Größe der betrachteten Stoffportion. Außer der molaren Masse gehört zu den intensiven Größen die *Dichte*. Wird eine Stoffportion geteilt, so ändern sich Dichte und molare Masse des Stoffes nicht.

Nach Gleichung (2-4) ist die *intensive* Größe molare Masse der Quotient aus zwei *extensiven* Größen, der Masse und der Stoffmenge. Damit gestattet es die intensive Größe molare Masse M, die extensive Größe Masse m, die gemessen werden kann, in die extensive Größe Stoffmenge n umzurechnen, die nicht gemessen werden kann.

$$\text{Stoffmenge}_A = \frac{\text{Masse}_A}{\text{molare Masse}_A} \qquad n = \frac{m}{M} \qquad (2\text{-}5)$$

Beispiel: Welche Stoffmenge hat ein Stück Schwefel mit der Masse 160,35 g?

$$n(S) = \frac{m(S)}{M(S)} \; ; \quad n(S) = \frac{160,35 \text{ g}}{32,07 \text{ g} \cdot \text{mol}^{-1}} \; ; \quad n(S) = 5 \text{ mol}$$

2.7 Äquivalent

Treten bei einer chemischen Reaktion zwei Stoffe mit der *gleichen Wertigkeit* auf, so reagieren sie miteinander in *gleichen Stoffmengen* und dementsprechend im Verhältnis ihrer molaren Massen.

Beispiel: Eisen und Schwefel verbinden sich (in Pulverform gemischt und erhitzt) zu Eisen(II)-sulfid:
Fe + S → FeS
Beide Stoffe treten hier zweiwertig auf. Sie verbinden sich im Stoffmengenverhältnis 1:1 und dementsprechend im Massenverhältnis 55,85 g Eisen zu 32,06 g Schwefel.

In diesem Falle sind gleiche Stoffmengen einander *äquivalent* (gleichwertig). Treten die reagierenden Stoffe mit *unterschiedlichen* Wertigkeiten auf, so muß ein *Äquivalenzfaktor* berücksichtigt werden.

Der Äquivalenzfaktor f_{eq} ist der reziproke Wert der für die betrachtete Reaktion maßgeblichen Wertigkeit z eines Stoffes.

$$f_{eq} = \frac{1}{z} \qquad (2\text{-}6)$$

Der Äquivalenzfaktor kann sowohl auf die reagierenden Stoffe als auch auf die reagierenden Teilchen (Atome, Moleküle, Ionen), aus denen die Stoffe bestehen, angewandt werden.

Beispiele: Der Äquivalenzfaktor beträgt
- bei Stoffen bzw. Teilchen, die **zweiwertig** auftreten: $\frac{1}{2}$
  (z.B. Schwefelsäure, H_2SO_4, bzw. Sulfation, SO_4^{2-});
- bei Stoffen bzw. Teilchen, die **dreiwertig** auftreten: $\frac{1}{3}$
  (z.B. Aluminiumhydroxid, $Al(OH)_3$, bzw. Aluminium(III)-ion, Al^{3+});
- bei Stoffen bzw. Teilchen, die **einwertig** auftreten: **1**
  Chlorwasserstoff, HCl, bzw. Chloridion, Cl^-).

Das heißt, ½ mol Schwefelsäure, ⅓ mol Aluminiumhydroxid und 1 mol Chlorwasserstoff (Salzsäure) sind einander äquivalent.

Es gilt nun allgemein:

Stoffe reagieren miteinander in den ihrem Äquivalenzfaktor entsprechenden Stoffmengen.

Beispiel: Zur Umsetzung von $1/3$ mol Aluminiumhydroxid ist $1/2$ mol Schwefelsäure oder 1 mol Salzsäure erforderlich. Das läßt sich auch in der Reaktionsgleichung darstellen, indem die übliche Reaktionsgleichung mit dem größten gemeinsamen Teiler der beiden Äquivalenzfaktoren multipliziert wird:

$$2\,Al(OH)_3 + 3\,H_2SO_4 \rightarrow Al_2(SO_4)_3 + 6\,H_2O \quad | \cdot \tfrac{1}{6}$$

$$\tfrac{1}{3}Al(OH)_3 + \tfrac{1}{2}H_2SO_4 \rightarrow \tfrac{1}{6}Al_2(SO_4)_3 + H_2O$$

Zur Ermittlung des Äquivalenzfaktors kann von den verschiedenen in der Chemie gebräuchlichen *Wertigkeitsbegriffen* bzw. Wertigkeitseinheiten ausgegangen werden:
– der stöchiometrischen Wertigkeit (↑ 5.5.1);
– der positiven und negativen Ionenwertigkeit (↑ 5.5.2);
– den Protonen (Wasserstoffionen) als Trägern einer positiven Elementarladung (↑ 3.3);
– den Elektronen als Trägern einer negativen Elementarladung (↑ 3.2);
– der Änderung der Oxidationszahl (↑ 5.5.3).

Wirkt ein Stoff in verschiedenen Reaktionen mit *unterschiedlichen Wertigkeiten*, so hat er auch *unterschiedliche Äquivalenzfaktoren*.

Beispiel: Im Kaliumpermanganat, $K\overset{+7}{Mn}O_4$, hat Mangan die Oxidationszahl +7. Von Reduktionsmitteln wird es in saurer Lösung zu Mangan(II)-ionen, Mn^{2+}, in basischer Lösung zu Mangan(IV)-oxidhydroxid, $\overset{+4}{Mn}O(OH)_2$, reduziert. Entsprechend der Änderung der Oxidationszahl beträgt der Äquivalenzfaktor des Kaliumpermanganats in saurer Lösung $1/5$, in basischer Lösung $1/3$.

Die Bezeichnung **Äquivalent** wurde in der chemischen Literatur im Laufe der Zeit mit unterschiedlichen Bedeutungen angewandt. Heute wird der *Begriff Äquivalent* in erster Linie auf der atomaren Betrachtungsebene verwendet, wobei auch von *Äquivalentteilchen* gesprochen wird.

Ein Äquivalent (Äquivalentteilchen) ist der dem Äquivalenzfaktor entsprechende Teil eines Atoms, Moleküls oder Ions eines Stoffes.

Beispiel: Da der Äquivalenzfaktor der Schwefelsäure $1/2$ beträgt, ist ein halbes Schwefelsäuremolekül, $1/2\,H_2SO_4$, bzw. ein halbes Sulfation, $1/2\,SO_4^{2-}$, ein Äquivalent.

Ein Äquivalent (Äquivalentteilchen) trägt jeweils *eine Wertigkeitseinheit*. Demnach ist bei Atomen, Molekülen und Ionen, die mit der Wertigkeit 1 reagieren, das Äquivalent mit diesen Teilchen identisch.

Beispiele: Ein *Äquivalent* ist $1/3\,Al^{3+}$-Ion, $1/3\,PO_4^{3-}$-Ion,
$1/2\,Mg^{2+}$-Ion, $1/2\,SO_4^{2-}$-Ion,
$1\,Na^+$-Ion, $1\,Cl^-$-Ion.

2.7 Äquivalent

In *Redoxreaktionen* (↑ 6.2.2) ist das Äquivalent der Bruchteil eines Atoms, Moleküls oder Ions (eines bestimmten Stoffes), der *ein Elektron* abgeben oder aufnehmen kann.

In *Säure-Base-Reaktionen* (↑ 6.3.2) ist das Äquivalent der Bruchteil eines Moleküls oder Ions (eines bestimmten Stoffes), der ein *Wasserstoffion (Proton)* abgeben oder aufnehmen kann.

Indem das Äquivalentteilchen neben Atom, Molekül und Ion gestellt wird, lassen sich alle Größen, die der quantitativen Behandlung von Atomen, Molekülen und Ionen dienen, auch auf den Äquivalentbegriff beziehen. Dabei hat sich allerdings bisher kein einheitlicher Sprachgebrauch durchgesetzt; aus der historischen Entwicklung heraus gibt es mancherlei Synonyme.

Die **relative Äquivalentmasse** $M_{r,eq}$ ist die *relative Molekülmasse der Äquivalente* (relative Formelmasse der Äquivalente).
Sie ist der Quotient aus relativer Molekülmasse M_r und Wertigkeit z:

$$\text{relative Äquivalentmasse} = \frac{\text{relative Molekülmasse}}{\text{Wertigkeit}} \qquad M_{r,eq} = \frac{M_r}{z} \qquad (2\text{-}7)$$

Beispiele: $M_r(H_2SO_4) = 98{,}086;\ M_r(\tfrac{1}{2}H_2SO_4) = \dfrac{98{,}086}{2};\ M_r(\tfrac{1}{2}H_2SO_4) = 49{,}043$

$M_r(Al^{3+}) = 26{,}98;\ M_r(\tfrac{1}{3}Al^{3+}) = \dfrac{26{,}98}{3};\ M_r(\tfrac{1}{3}Al^{3+}) = 8{,}99$

Da in der Klammer der Äquivalenzfaktor erscheint, erübrigt sich der Index eq. Da eq in anderem Zusammenhang auch für »im Gleichgewichtszustand« verwendet wird, ist für »Äquivalent« auch der Index ev im Gebrauch.

Analog zu den veralteten Begriffen Atomgewicht und Molekulargewicht tritt für die relative Äquivalentmasse in älterer Literatur der gleichfalls veraltete Begriff *Äquivalentgewicht* auf.

Die **Äquivalentmenge** n_{eq} ist die *Stoffmenge der Äquivalente*. Sie ist das Produkt aus Stoffmenge n und Wertigkeit z.

$$\text{Äquivalentmenge} = \text{Stoffmenge} \cdot \text{Wertigkeit} \qquad n_{eq} = n \cdot z \qquad (2\text{-}8)$$

Beispiele: Der Stoffmenge $n(H_2SO_4) = 1$ mol entspricht die Äquivalentmenge $n(\tfrac{1}{2}H_2SO_4) = 2$ mol.
Der Stoffmenge $n\ PO_4^{3-} = 5$ mol entspricht die Äquivalentmenge $n(\tfrac{1}{3}PO_4^{3-}) = 15$ mol.

Zwei Stoffe reagieren miteinander mit *gleichen Äquivalentmengen:*

$$n_{eq}(A) = n_{eq}(B)$$

Die **molare Äquivalentmasse** M_{eq} ist die *molare Masse der Äquivalente*. Sie ist der Quotient aus der molaren Masse n und der Wertigkeit

$$\text{molare Äquivalentmasse} = \frac{\text{molare Masse}}{\text{Wertigkeit}} \qquad M_{eq} = \frac{M}{z} \qquad (2\text{-}9)$$

Beispiele: $M(H_2SO_4) = 98{,}086 \text{ g}$; $M(\frac{1}{2} H_2SO_4) = \frac{98{,}086 \text{ g}}{2}$; $M(\frac{1}{2} H_2SO_4) = 49{,}043 \text{ g}$

$M(Al^{3+}) = 26{,}98 \text{ g}$; $M(\frac{1}{3} Al^{3+}) = \frac{26{,}98 \text{ g}}{3}$; $M(\frac{1}{3} Al^{3+}) = 8{,}99 \text{ g}$

Die Ausdrücke »molare Äquivalentmasse« und »molare Masse der Äquivalente« sind wenig gebräuchlich. Dafür wird kurz, aber nicht eindeutig, von »Äquivalentmasse« gesprochen. Mitunter tritt in der Literatur – in Analogie zur molaren Masse – die Kurzform »valare Masse« auf, ein Vorschlag, der sich nicht durchgesetzt hat.

Analog zu den veralteten Begriffen Grammatom, Grammolekül (Mol) und Grammion gab es den gleichfalls veralteten Begriff *Grammäquivalent* (Val). Das *Val* war wie das (alte) Mol (↑ S.34) eine spezifische Masseneinheit, die nach der modernen Moldefinition nicht mehr zulässig ist. Das Val war danach die Masse eines Stoffes in Gramm, deren Zahlenwert gleich der relativen Äquivalentmasse (dem Äquivalentgewicht) war. Gelegentlich (z.B. in älterer medizinischer Literatur) tritt noch das *Millival* (Formelzeichen mval) auf; darunter wird die Masse eines Stoffes in *Milligramm* verstanden, deren Zahlenwert gleich der relativen Äquivalentmasse ist.

Der Begriff Val tritt aber in der Literatur mitunter auch in einer dem modernen Molbegriff angepaßten Form auf. Er wird dann – neben dem Mol – als Einheit für die Stoffmenge verwendet, und zwar dann, wenn sich diese auf *Äquivalente* bezieht.

Beispiel: 1 mol H_2SO_4 = 2 val H_2SO_4

Wenn bei jeder Stoffmenge – wie vorgeschrieben – die Art der Teilchen angegeben wird, erübrigt sich eine solche Unterscheidung (↑ Beispiel S. 39). Außerdem widerspricht das Val dem SI, da es nicht in einem dezimalen Verhältnis zur Basiseinheit Mol steht.

2.8 Volumenverhältnisse bei chemischen Reaktionen

Das Volumen der an einer chemischen Reaktion beteiligten Stoffe kann sich – im Gegensatz zu deren Masse – *verändern*. Bei Gasreaktionen unterliegen die Volumenänderungen bestimmten Gesetzmäßigkeiten.

> **Das Volumen eines Gases ist bei gegebenem Druck und gegebener Temperatur der Masse dieses Gases proportional.**

Daher kann bei chemischen Berechnungen das *Volumen* eines Gases anstelle der *Masse* dieses Gases eingesetzt werden.

Der Franzose JOSEPH-LOUIS GAY-LUSSAC erkannte 1808 auf Grund zahlreicher Experimente:

> **Bei chemischen Reaktionen stehen die Volumina der** – als Ausgangsstoffe oder Reaktionsprodukte – **beteiligten Gase in einfachen ganzzahligen Verhältnissen zueinander.**

(Chemisches Volumengesetz[1] von GAY-LUSSAC)

---

1) zu unterscheiden von dem 1802 von GAY-LUSSAC erkannten *physikalischen Volumengesetz*: Das Volumen eines Gases ist bei konstantem Druck der absoluten Temperatur proportional.

2.8 Volumenverhältnisse bei chemischen Reaktionen

Beispiele: Aus einem Volumenteil Wasserstoff und einem Volumenteil Chlor entstehen zwei Volumenteile Chlorwasserstoff:

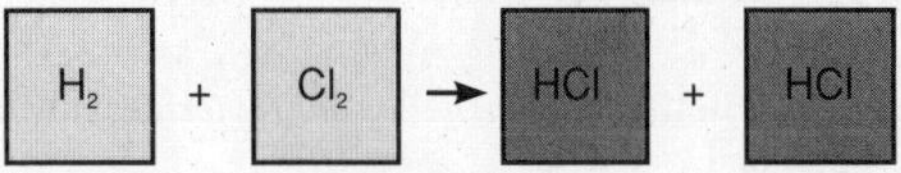

$$H_2 + Cl_2 \rightarrow HCl + HCl$$

Aus zwei Volumenteilen Schwefeldioxid und einem Volumenteil Sauerstoff entstehen zwei Volumenteile Schwefeltrioxid:

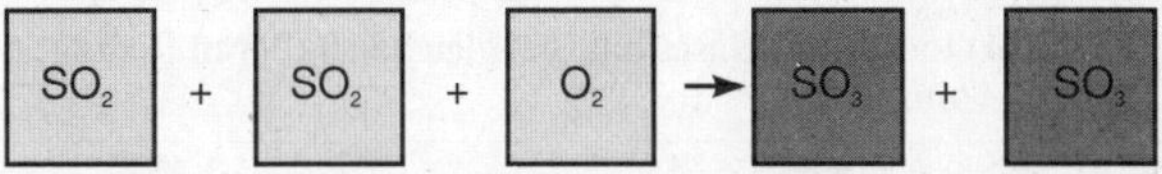

$$SO_2 + SO_2 + O_2 \rightarrow SO_3 + SO_3$$

Die Kästchen symbolisieren jeweils einen Volumenteil.

Das chemische Volumengesetz ließ sich, von der bis dahin herrschenden Vorstellung ausgehend, die elementaren Gase – wie Wasserstoff, Sauerstoff und Chlor – lägen in *einzelnen Atomen* vor, nicht deuten. Dieser *Widerspruch* zwischen experimentell gewonnenen Erkenntnissen und bestehenden theoretischen Vorstellungen wurde zu einer Triebkraft der weiteren Entwicklung der chemischen Wissenschaft. Er führte zu der Erkenntnis, daß elementare Gase in *zweiatomigen Molekülen* auftreten.

Zur Deutung des chemischen Volumengesetzes stellte der Italiener AMADEO AVOGADRO 1811 die Hypothese auf:

> **Gleiche Volumina aller Gase enthalten unter gleichen äußeren Bedingungen (Druck, Temperatur) die gleiche Anzahl Moleküle.**

(AVOGADROsche Hypothese; Gesetz von AVOGADRO)

Der Begriff **Molekül**[1] wurde von AVOGADRO als Bezeichnung für die kleinsten Teilchen der Gase neu geprägt.

Die Anzahl der bei 0 °C und 101,325 kPa (= 1 atm) in 1 cm^3 eines Gases enthaltenen Moleküle beträgt $2{,}687 \cdot 10^{19}$. Der Österreicher JOSEPH LOSCHMIDT hatte diesen Wert mit $2{,}76 \cdot 10^{19}$ schon 1865 mit bemerkenswerter Genauigkeit ermittelt. In der Literatur wird die Größe $2{,}687 \cdot 10^{19}$ cm^{-3} meist als LOSCHMIDT-Konstante bezeichnet, zum Teil aber auch als AVOGADRO-Konstante, und zwar dann, wenn man unter der LOSCHMIDT-Konstante die Größe $6{,}022 \cdot 10^{23}$ mol^{-1} versteht (↑ Fußnote S. 33).

---

[1] auch: die *Molekel* (Singular), die *Molekeln* (Plural); von *moles* (lat.) Masse, Last; *molecula* (lat.) kleine Masse.

2.9 Molares Volumen der Gase

Da *ein Mol* eines jeden Stoffes die *gleiche Anzahl Moleküle* enthält (AVOGA-DRO-Konstante; ↑ 2.5) und
die gleiche Anzahl Moleküle verschiedener Gase (bei gleichen äußeren Bedingungen) das gleiche Volumen einnehmen (AVOGADROsche Hypothese; ↑ 2.8),
ergibt sich als Schlußfolgerung:

> **Ein Mol eines jeden Gases hat (bei gleichen äußeren Bedingungen) das gleiche Volumen.**

Bei Gasreaktionen ist also mit der *Stoffmenge* (in mol) zugleich das *Volumen* jedes Reaktionspartners gegeben.

Beispiel: Die Gleichung $2\,SO_2 + O_2 \rightarrow 2\,SO_3$ besagt nicht nur: 2 mol Schwefeldioxid und 1 mol Sauerstoff ergeben 2 mol Schwefeltrioxid, sondern auch: 2 Volumenteile Schwefeldioxid und 1 Volumenteil Sauerstoff ergeben 2 Volumenteile Schwefeltrioxid.

Das Volumen eines Gases, das 1 mol ($6 \cdot 10^{23}$) Moleküle enthält, wird als **molares Volumen** (auch als *Molvolumen* oder als *stoffmengenbezogenes Volumen*) bezeichnet.

Das molare Volumen V der Gase ist definiert als Quotient aus dem Volumen v und der Stoffmenge n eines Gases:

$$\text{molares Volumen} = \frac{\text{Volumen}_A}{\text{Stoffmenge}_A} \qquad V = \frac{v}{n} \qquad (2\text{-}10)$$

Der Index A gibt an, daß sich Volumen und Stoffmenge auf ein bestimmtes Gas beziehen, während das molare Volumen bei allen Gasen praktisch gleich ist.

Aus den Einheiten für Volumen (m³) und Stoffmenge (mol) ergibt sich für die Größenart molares Volumen als abgeleitete Einheit $m^3 \cdot mol^{-1}$. In der Chemie wird in der Regel der millionste Teil dieser Einheit ($cm^3 \cdot mol^{-1}$), aber auch der tausendste Teil dieser Einheit ($l \cdot mol^{-1}$) verwendet:

$$[V] = \frac{cm^3}{mol} \qquad [V] = \frac{l}{mol}$$

Für das molare Volumen eines idealen Gases unter Normbedingungen (0 °C, 101,325 kPa = 1 atm) gilt heute:

$$V = 22414{,}1 \; cm^3 \cdot mol^{-1} \quad \text{oder} \quad V = 22{,}41411 \; l \cdot mol^{-1}$$

2.9 Molares Volumen der Gase

Praktisch wird bei Gasreaktionen meist mit einem molaren Volumen von 22,4 $l \cdot mol^{-1}$ gerechnet. Der genaue Wert bezieht sich auf ein ideales Gas (↑ 2.12) Der Wert 22,4 $l \cdot mol^{-1}$ trifft für reale Gase mit sehr niedrigem Kondensationspunkt zu (Wasserstoff, Sauerstoff, Stickstoff). Leicht kondensierbare Gase haben ein etwas geringeres molares Volumen (Kohlendioxid 22,26 $l \cdot mol^{-1}$, Ammoniak 22,08 $l \cdot mol^{-1}$).

Mit Hilfe des molaren Volumens läßt sich bei gegebenem Volumen eines Gases (unter Normbedingungen) dessen Stoffmenge (Beispiel 1):

$$\text{Stoffmenge}_A = \frac{\text{Volumen}_A}{\text{molares Volumen}} \qquad n = \frac{v}{V} \qquad (2\text{-}11)$$

und bei gegebener Stoffmenge das Volumen dieses Gases (unter Normbedingungen) berechnen (Beispiel 2):

$$\text{Volumen}_A = \text{Stoffmenge}_A \cdot \text{molares Volumen} \qquad v = n \cdot V \qquad (2\text{-}11a)$$

In der Chemie wird viel mit molaren Größen gerechnet; sie werden in der Regel mit Großbuchstaben gekennzeichnet. In der Physik wird V in der Regel für das Volumen verwendet, in diesem Falle ist das molare Volumen mit V_m zu kennzeichnen.

Beispiel 1: Welche Stoffmenge enthält 1 m³ eines Gases unter Normbedingungen?

$$\frac{1000 \, l}{22{,}4 \, l \cdot mol^{-1}} = 44{,}6 \, mol$$

Beispiel 2: Welches Volumen haben unter Normbedingungen 5 mol eines Gases?
$5 \, mol \cdot 22{,}4 \, l \cdot mol^{-1} = 112 \, l$

Mit Hilfe des molaren Volumens können für die an chemischen Reaktionen beteiligten Gase *anstelle der Massen die Volumina* zu Berechnungen herangezogen werden. Das ist sehr vorteilhaft, da die Messung des Volumens eines Gases wesentlich einfacher ist als die Ermittlung der Masse eines Gases.

Beispiel: Aus der Gleichung $2 \, SO_2 + O_2 \rightarrow 2 \, SO_3$ sind die Volumina wie folgt zu errechnen (↑ oben Beispiel 2):

Schwefeldioxid: $\quad 2 \, mol \cdot 22{,}4 \, l \cdot mol^{-1} = 44{,}8 \, l$ ⎫
Sauerstoff: $\quad 1 \, mol \cdot 22{,}4 \, l \cdot mol^{-1} = 22{,}4 \, l$ ⎬ 67,2 l
Schwefeltrioxid: $\quad 2 \, mol \cdot 22{,}4 \, l \cdot mol^{-1} = 44{,}8 \, l$

Schwefeldioxid und Sauerstoff verbinden sich demnach im Verhältnis von 44,8 l zu 22,4 l miteinander. Aus 67,2 l des Gemenges aus Schwefeldioxid und Sauerstoff können 44,8 l Schwefeltrioxid entstehen. In Wirklichkeit kommt es zu keiner vollständigen Umsetzung zu Schwefeltrioxid. Die Reaktion verläuft aber auf jeden Fall unter *Volumenverminderung* (↑ 8.2.2).

Das molare Volumen von Gasen ergibt sich auch als Quotient aus der AVOGADRO-Konstante (↑ 2.5) und der LOSCHMIDT-Konstante (↑2.8):

2 Mengenverhältnisse bei chemischen Reaktionen

$$\frac{\text{AVOGADRO-Konstante}}{\text{LOSCHMIDT-Konstante}} = \text{molares Volumen} \qquad \frac{N_A}{N_L} = V \qquad (2\text{-}12)$$

$$\frac{6{,}022 \cdot 10^{23}\ \text{mol}^{-1}}{2{,}687 \cdot 10^{19}\ \text{cm}^{-3}} = 2{,}241 \cdot 10^4\ \text{cm}^3 \cdot \text{mol}^{-1}$$

Das molare Volumen stellt demnach die Beziehung zwischen diesen beiden Konstanten her.

Der Quotient aus molarer Masse M und molarem Volumen V von Gasen ergibt deren Dichte ρ:

$$\frac{\text{molare Masse}_A}{\text{molares Volumen}} = \text{Dichte}_A \qquad \frac{M}{V} = \rho \qquad (2\text{-}13)$$

Beispiele:

Kohlenmonoxid, CO: $\quad \dfrac{28{,}01\text{g} \cdot \text{mol}^{-1}}{22{,}41\ \text{l} \cdot \text{mol}^{-1}} = 1{,}250\ \text{g} \cdot \text{l}^{-1}$

Kohlendioxid, CO_2: $\quad \dfrac{44{,}01\text{g} \cdot \text{mol}^{-1}}{22{,}41\ \text{l} \cdot \text{mol}^{-1}} = 1{,}964\ \text{g} \cdot \text{l}^{-1}$

2.10 Stöchiometrische Berechnungen

Auf Grund des Gesetzes von der Erhaltung der Masse (↑ 2.1) und des Gesetzes der konstanten Proportionen (↑ 2.4) lassen sich für jede *vollständig verlaufende* Reaktion aus der Masse eines Reaktionsteilnehmers (Ausgangsstoff oder Endprodukt) die Massen aller anderen Reaktionsteilnehmer berechnen. Dabei wird von dem in der chemischen Gleichung wiedergegebenen *Formelumsatz* ausgegangen. Derartige Berechnungen sind Gegenstand der *Stöchiometrie*[1].

Stöchiometrische Berechnungen gehen von folgender grundlegenden Proportionsgleichung aus:

$$\frac{m_U}{m_B} = \frac{n_U \cdot M_U}{n_B \cdot M_B} \qquad (2\text{-}14)$$

Das heißt:
In einer chemischen Reaktion verhalten sich die Massen m zweier Reaktionsteilnehmer[2] zueinander wie die Produkte aus Stoffmenge n und molarer Masse M dieser Reaktionsteilnehmer.

---

[1] aus dem Griechischen soviel wie: das Messen von Bestandteilen
[2] Wenn hier von Reaktionsteilnehmern die Rede ist, sind stets Stoffportionen der Reaktionsteilnehmer gemeint.

2.10 Stöchiometrische Berechnungen

In Gleichung (2-14) wird der Index U für alle Größen verwendet, die sich auf den Reaktionsteilnehmer beziehen, dessen Masse *unbekannt* ist, also *gesucht* wird, der Index B für alle Größen, die sich auf den Reaktionsteilnehmer beziehen, dessen Masse *bekannt* ist.

Zur Ermittlung der gesuchten Masse eines Reaktionsteilnehmers ist Gleichung (2-14) nach m_U aufzulösen:

$$m_U = \frac{n_U \cdot M_U \cdot m_B}{n_B \cdot M_B} \tag{2-14a}$$

Vorschrift zur Durchführung stöchiometrischer Berechnungen

1. Die chemische Gleichung ist aufzustellen und zu kontrollieren (↑ Vorschrift im Abschn. 1.8)

   Beispiel: $2\ Fe_3O_4 + 8\ Al \rightarrow 9\ Fe + 4\ Al_2O_3$ (↑ 13.3.2; Aluminothermie)

2. Die molare Masse M ist für alle Reaktionsteilnehmer zu ermitteln, auf die sich die Aufgabenstellung erstreckt (↑ 2.6).

   Beispiel: $M(Al) = 26{,}98\ g \cdot mol^{-1}$
   $M(Fe) = 55{,}85\ g \cdot mol^{-1}$
   $M(Fe_3O_4) = 231{,}55\ g \cdot mol^{-1}$
   $M(Al_2O_3) = 101{,}96\ g \cdot mol^{-1}$

3. Der Aufgabenstellung ist zu entnehmen,

   - für welchen Reaktionsteilnehmer die Masse *gesucht* wird,
   - für welchen Reaktionsteilnehmer die Masse *gegeben* ist.

   Beispiel: Es soll ermittelt werden, wieviel Gramm Aluminium und wieviel Gramm Eisen(II,III)-oxid, Fe_3O_4, einzusetzen sind, um 500 g Eisen zu erhalten.
   Gesucht wird a) die Masse des Aluminiums,
   b) die Masse des Eisen(II,III)-oxids.
   Gegeben ist die Masse des Eisens.

4. Für den Reaktionsteilnehmer, dessen Masse m_U gesucht wird, und für den Reaktionsteilnehmer, dessen Masse m_B gegeben ist, sind die Stoffmengen n, die sich aus den Stöchiometriezahlen (Koeffizienten) der chemischen Gleichung (↑ Punkt 1) ergeben, und die molaren Massen M in Gleichung (2-14a) einzusetzen.

   Beispiel a:
   $$m(Al) = \frac{n(Al) \cdot M(Al) \cdot m(Fe)}{n(Fe) \cdot M(Fe)}$$
   $$m(Al) = \frac{8\ mol \cdot 26{,}98\ g \cdot mol^{-1} \cdot 500\ g}{9\ mol \cdot 55{,}85\ g \cdot mol^{-1}}$$
   $$m(Al) = 214{,}7\ g$$

Beispiel b:
$$m(Fe_3O_4) = \frac{n(Fe_3O_4) \cdot M(Fe_3O_4) \cdot m(Fe)}{n(Fe) \cdot M(Fe)}$$

$$m(Fe_3O_4) = \frac{3 \text{ mol} \cdot 231{,}55 \text{ g} \cdot \text{mol}^{-1} \cdot 500 \text{ g}}{9 \text{ mol} \cdot 55{,}85 \text{ g} \cdot \text{mol}^{-1}}$$

$$m(Fe_3O_4) = 691{,}0 \text{ g}$$

Um 500 g Eisen zu gewinnen, sind (von Verlusten abgesehen) 214,7 g Aluminiumpulver und 691 g Eisen(II,III)-oxid, Fe_3O_4, einzusetzen.

Anschaulicher als der Schritt 4 ist folgendes Vorgehen:

4a. *Über* der Reaktionsgleichung werden die gesuchten und gegebenen Massen eingetragen.
   Unter der Reaktionsgleichung wird jeweils das Produkt aus Stoffmenge n und molarer Masse M eingetragen.

Beispiel:

$m(Fe_3O_4)$	$m(Al)$	500 g	$m(Al_2O_3)$
3 Fe_3O_4 +	8 Al →	9 Fe +	4 Al_2O_3
3 mol ·	8 mol ·	9 mol ·	4 mol ·
231,55 g · mol^{-1}	26,98 g · mol^{-1}	55,85 g · mol^{-1}	101,96 g · mol^{-1}
694,65 g	215,84 g	502,65 g	407,84 g

4b. Daraus werden die der Gleichung (2-14) entsprechenden Proportionsgleichungen abgelesen und nach der gesuchten Größe aufgelöst.

Beispiel a:
$$\frac{m(Al)}{500 \text{ g}} = \frac{215{,}84 \text{ g}}{502{,}65 \text{ g}}$$

$$m(Al) = \frac{215{,}84 \text{ g} \cdot 500 \text{ g}}{502{,}65 \text{ g}}$$

$$m(Al) = 214{,}7 \text{ g}$$

Beispiel b:
$$\frac{m(Fe_3O_4)}{500 \text{ g}} = \frac{694{,}65 \text{ g}}{502{,}65 \text{ g}}$$

$$m(Fe_3O_4) = \frac{694{,}65 \text{ g} \cdot 500 \text{ g}}{502{,}65 \text{ g}}$$

$$m(Fe_3O_4) = 691{,}0 \text{ g}$$

Treten *Gase* als Reaktionsteilnehmer auf, so vereinfacht sich die stöchiometrische Berechnung wesentlich, wenn anstelle der molaren Masse das *molare Volumen* zugrunde gelegt wird.

Beispiel: Es soll ermittelt werden, wieviel Gramm Kaliumchlorat zu erhitzen sind, um 25 l Sauerstoff zu entwickeln.

$m(KClO_3)$			25 l	
2 $KClO_3$	→	2 KCl	+	3 O_2
2 mol ·				3 mol ·
122,55 g · mol^{-1}				22,41 l · mol^{-1}
245,1 g				67,23 l

$$\frac{m(KClO_3)}{25\,l} = \frac{245{,}1\,g}{67{,}23\,l}$$

$$m(KClO_3) = \frac{245{,}1\,g \cdot 25\,l}{67{,}23\,l}$$

$$m(KClO_3) = 91{,}14\,g$$

Es werden 91,14 g Kaliumchlorat benötigt, um 25 l Sauerstoff (unter Normbedingungen; ↑ 2.11) zu erzeugen.

2.11 Allgemeine Zustandsgleichung der Gase

Das molare Volumen der Gase (22,4141 $l \cdot mol^{-1}$) gilt nur für **Normbedingungen**. Darunter wird vereinbarungsgemäß verstanden

- ein **Druck** von 101,325 kPa (Kilopascal),
  das sind 1,01325 bar oder 1013,25 mbar (Millibar), früher 1 atm (physikalische Atmosphäre), und

- eine **Temperatur** von 273,15 K (Kelvin),
  das sind 0 °C (Grad Celsius).

Bei chemischen Reaktionen liegen aber diese Normbedingungen praktisch nie vor. Daher müssen die gemessenen Volumina in der Regel auf Normbedingungen umgerechnet werden, bevor damit weitere Berechnungen durchgeführt werden können. Die Umrechnung erfolgt mit der **allgemeinen Zustandsgleichung der Gase:**

$$\frac{v \cdot p}{T} = \frac{v_0 \cdot p_0}{T_0} \qquad (2\text{-}15)$$

v Volumen bei der Temperatur T und dem Druck p
p Druck, unter dem das Gas mit dem Volumen v steht
T absolute Temperatur, die das Gas mit dem Volumen v besitzt
v_0 Volumen des Gases im Normzustand
p_0 Normdruck (101,325 kPa)
T_0 Normtemperatur (273,15 K)

Zwischen der Temperatur T in K (Kelvin; in älterer Literatur noch: °K, Grad Kelvin) und der Temperatur t in °C (Grad Celsius) besteht folgendeBeziehung (↑ Bild 2-1):

$T/K = t/°C + 273{,}15$

Oft wird mit dem gerundeten Wert 273 gerechnet.

48 2 Mengenverhältnisse bei chemischen Reaktionen

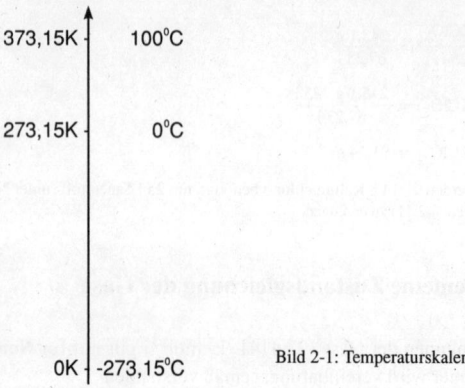

Bild 2-1: Temperaturskalen

Bild 2-1 : Temperaturskalen

Zum Umrechnen eines unter gegebenen Bedingungen *gemessenen* Volumens in das Volumen unter Normbedinungen erhält die Zustandsgleichung folgende Form:

$$v_0 = \frac{v \cdot p \cdot T_0}{T \cdot p_0} \tag{2-16}$$

Beispiel: Bei 20 °C und 100 kPa (= 1000 mbar) wurde ein Volumen von 100 cm^3 ermittelt. Wie groß wäre dieses Volumen unter Normbedingungen?

$$v_0 = \frac{100 \text{ cm}^3 \cdot 100 \text{ kPa} \cdot 273 \text{ K}}{293 \text{ K} \cdot 101{,}3 \text{ kPa}}$$

$$v_0 = 91{,}98 \text{ cm}^3$$

Unter Normbedingungen würde das Volumen nur etwa 92 cm^3 betragen.

Zum Umrechnen eines auf Normbedingungen bezogenen Volumens, wie wir es bei stöchiometrischen Berechnungen zunächst stets erhalten, in das Volumen unter gegebenen Bedingungen erhält die Zustandsgleichung die Form:

$$v = \frac{v_0 \cdot p_0 \cdot T}{T_0 \cdot p} \tag{2-16a}$$

Beispiel: Bei einer chemischen Reaktion würden unter Normbedingungen 100 cm^3 eines Gases entstehen. Welches Volumen nimmt dieses Gas bei 20 °C und 100 kPa (1000 mbar) ein?

$$v = \frac{100 \text{ cm}^3 \cdot 101{,}3 \text{ kPa} \cdot 293 \text{ K}}{273 \text{ K} \cdot 100 \text{ kPa}}$$

$$v = 108{,}7 \text{ cm}^3$$

Bei 20 °C und 100 kPa beträgt das Volumen nahezu 109 cm^3.

2.11 Allgemeine Zustandsgleichung der Gase

Der auf der rechten Seite der allgemeinen Zustandsgleichungen der Gase stehende Quotient hat, wenn für v_0 das *molare Volumen* der Gase unter Normbedingungen (22,4 l · mol^{-1}) eingesetzt wird, für alle Gase den gleichen Wert R, der als **molare** oder **allgemeine Gaskonstante** bekannt ist.:

$$R = \frac{V \cdot p_0}{T_0} \qquad (2\text{-}17)$$

$$R = \frac{22{,}414 \text{ l} \cdot \text{mol}^{-1} \cdot 101{,}325 \text{ kPa}}{273{,}15 \text{ K}}$$

$$R = 8{,}3145 \text{ l} \cdot \text{kPa} \cdot \text{mol}^{-1} \cdot \text{K}^{-1}$$

Da das Produkt aus Volumen v und Druck p eine *Energie E* darstellt:

$$v \cdot p = E\,,$$

behält die allgemeine Gaskonstante den gleichen Zahlenwert, wenn in der Maßeinheit das Produkt l · kPa durch die Einheit der Energie *Joule* (= Newtonmeter = Wattsekunde) ersetzt wird:

$$\boxed{R = 8{,}3145 \text{ J} \cdot \text{mol}^{-1} \cdot \text{K}^{-1}} \qquad (2\text{-}18)$$

Das geschieht über folgende Schritte:

$$1 \text{ l} \cdot \text{kPa} = 10^{-3} \text{ m}^3 \cdot 10^3 \text{ Pa}; \quad 1 \text{ Pa} \cdot \text{m}^3 = 1 \text{ N} \cdot \text{m}^{-2} \text{ m}^3 = 1 \text{ N} \cdot \text{m} = 1 \text{ J}$$

In der Literatur findet man die allgemeine Gaskonstante auch noch mit den Druckeinheiten atm und Torr. Sie erhält dann andere Zahlenwerte:

$$R = \frac{22{,}414 \text{ l} \cdot 760 \text{ Torr}}{\text{mol} \cdot 273{,}15 \text{ K}} \qquad R = 62{,}364 \text{ l} \cdot \text{Torr} \cdot \text{mol}^{-1} \cdot \text{K}^{-1}$$

$$R = \frac{22{,}414 \text{ l} \cdot 1 \text{ atm}}{\text{mol} \cdot 273{,}15 \text{ K}} \qquad R = 0{,}082057 \text{ l} \cdot \text{atm} \cdot \text{mol}^{-1} \cdot \text{K}^{-1}$$

Die allgemeine Gaskonstante R ermöglicht es, die allgemeine Zustandsgleichung der Gase (2-15) in eine andere Form zu bringen. Dazu ist zunächst in (2-17) für das molare Volumen V der Quotient aus Volumen v und Stoffmenge n einzusetzen (↑ 2.9):

$$V = \frac{v}{n}\,.$$

Das ergibt:

$$R = \frac{v \cdot p}{n \cdot T}, \qquad (2\text{-}19)$$

und daraus erhalten wir als am häufigsten verwendete Form der allgemeinen Zustandsgleichung der Gase:

$$\boxed{v \cdot p = n \cdot R \cdot T} \qquad (2\text{-}20)$$

Beispiel: Welches Volumen nehmen 10 kg Sauerstoff, O_2, bei 15 MPa (Megapascal) Druck (148 atm) und 20 °C Temperatur ein?
Zunächst ist in Gleichung (2-20) für die Stoffmenge n der Quotient aus Masse m und molarer Masse M einzusetzen (↑ 2.6):

$$n = \frac{m}{M}$$

$$v \cdot p = \frac{m \cdot R \cdot T}{M}$$

und nach v aufzulösen:

$$v = \frac{m \cdot R \cdot T}{M \cdot p}$$

$$v = \frac{10\,000 \text{ g} \cdot 8{,}3151 \cdot \text{kPa} \cdot \text{mol}^{-1} \cdot \text{K}^{-1} \cdot 293{,}15 \text{ K}}{32 \text{ g} \cdot \text{mol}^{-1} \cdot 15\,000 \text{ kPa}}$$

$$v = \frac{10\,000 \cdot 8{,}315 \cdot 293{,}15 \text{ g} \cdot \text{mol} \cdot \text{l} \cdot \text{kPa} \cdot \text{K}}{32 \cdot 15\,000 \text{ g} \cdot \text{mol} \cdot \text{K} \cdot \text{kPa}}$$

$$v = 50{,}78 \text{ l}$$

2.12 Idealer Gaszustand

Bei allen *realen Gasen,* d.h. bei allen Gasen, die es gibt, beanspruchen die einzelnen Moleküle einen bestimmten Raum, und es herrschen Kräfte zwischen ihnen. Die Gasmoleküle behindern sich daher gegenseitig mehr oder weniger in ihrer Beweglichkeit.

Bei allgemeinen Überlegungen zum Gaszustand wird von der Vorstellung eines *idealen Gases* ausgegangen, zwischen dessen Molekülen, die man als punktförmig annimmt, keinerlei Kräfte herrschen.

Das ideale Gas ist eine Abstraktion.

Ein reales Gas kommt dem idealen Gaszustand um so näher, je weiter die jeweilige Temperatur über dem Kondensationspunkt Kp dieses Gases liegt.

Bei Zimmertemperatur kommen daher

Wasserstoff ($Kp = 20$ K $= -253$ °C),
Stickstoff ($Kp = 77$ K $= -196$ °C) und
Sauerstoff ($Kp = 90$ K $= -183$ °C)

dem idealen Gaszustand sehr nahe, während

Schwefeldioxid ($Kp = 263$ K $= -10$ °C) und
Ammoniak ($Kp = 240$ K $= -33$ °C)

erheblich vom idealen Gaszustand abweichen. Allgemein kommen reale Gase dem idealen Gaszustand um so näher, je geringer ihr Druck und je höher ihre Temperatur ist. Bei normalem Druck verhalten sich Schwefeldioxid und Ammoniak oberhalb 500 °C nahezu ideal.

2.13 Löslichkeit

Lösungen (↑ 1.9) können eine außerordentlich unterschiedliche Zusammensetzung haben. Manche **Flüssigkeiten** lassen sich unbegrenzt miteinander mischen (z.B. Ethanol und Wasser). Viele Flüssigkeiten zeigen aber untereinander bestimmte *Grenzen der Mischbarkeit*.

Beispiel: *Wasser* und *Phenol* sind bei 20 °C in folgenden Bereichen mischbar:
100 bis 92% Wasser mit 0 bis 8% Phenol,
28 bis 0% Wasser mit 72 bis 100% Phenol.

In dem dazwischen liegenden Bereich
92 bis 28% Wasser und 8 bis 72% Phenol
bilden sich zwei Phasen aus, von denen die eine aus Wasser besteht, das mit (8%) Phenol gesättigt ist, die andere aus Phenol, das mit (28%) Wasser gesättigt ist.

Beim Lösen von **festen Stoffen** und von **Gasen** in flüssigen Lösungsmitteln gibt es in jedem Falle eine Grenze, die als **Löslichkeit** bezeichnet wird.

> **Die Löslichkeit eines Stoffes in einem bestimmten Lösungsmittel gibt den Gehalt[1] dieses Stoffes in einer gesättigen Lösung an.**

Als **gesättigte Lösung** wird eine Lösung bezeichnet, die von dem gelösten Stoff nichts mehr zu lösen vermag.

Jeder Stoff hat in jedem Lösungsmittel eine andere Löslichkeit. Die Löslichkeit ist von der *Temperatur* abhängig.

> **In flüssigen Lösungsmitteln**
> - **steigt die Löslichkeit von festen Stoffen im allgemeinen mit zunehmender Temperatur,**
> - **nimmt die Löslichkeit von Gasen mit steigender Temperatur ab.**

Auf die Löslichkeit von Gasen übt auch der Druck einen starken Einfluß aus.

> **Die Löslichkeit von Gasen steigt mit zunehmendem Druck.**

---

1) An dieser Stelle wurde bisher allgemein von Konzentration gesprochen. Nach DIN 1310 wird jedoch Konzentration heute in einem engeren Sinne verwendet (↑ S. 53).

Unter **Löslichkeit** wird im allgemeinen das *Massenverhältnis* (↑ S. 56) zwischen *gelöstem Stoff* und *Lösungsmittel* in einer gesättigten Lösung verstanden (↑ Bild 2-2).

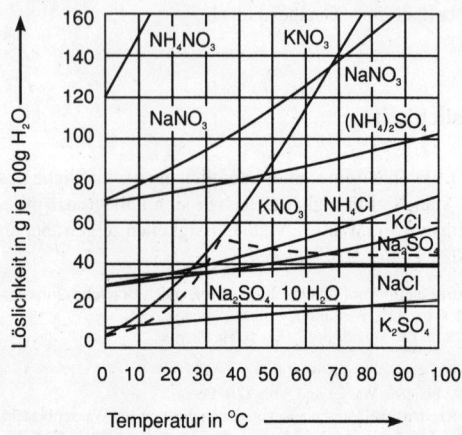

Bild 2-2: Löslichkeit einiger wichtiger Salze

Beispiel: In 100 g Wasser lösen sich bei 20 °C 87 g Natriumnitrat, $NaNO_3$. Die Löslichkeit des Natriumnitrats beträgt also 87 g in 100 g Wasser. Das kann so formuliert werden:

$$L(NaNO_3) = \frac{87\ g}{100\ g\ H_2O}$$

Liegt die in einer Lösung enthaltene Menge des gelösten Stoffes unter dessen Löslichkeit, so handelt es sich um eine **ungesättigte Lösung**, d.h. um eine Lösung, die weitere Anteile dieses Stoffes zu lösen vermag. Ist in einer Lösung eine *größere* Menge eines gelösten Stoffes enthalten, als dessen Löslichkeit entspricht, so fällt der überschüssige Anteil des gelösten Stoffes als Niederschlag aus der Lösung aus. Es kommt aber häufig vor, daß sich diese Ausfällung verzögert. Dann liegt eine **übersättigte Lösung** vor, die mehr oder weniger unbeständig ist. Durch »Impfen« mit einem kleinen Kristall des gelösten Stoffes kann der überschüssige Anteil dieses Stoffes ausgefällt werden.

Für den **Sättigungsgrad von Lösungen** gelten folgende Beziehungen:

ungesättigte Lösung: Gehalt an gelöstem Stoff *kleiner* als Löslichkeit;

gesättigte Lösung: Gehalt an gelöstem Stoff *gleich* Löslichkeit;

übersättigte Lösung: Gehalt an gelöstem Stoff *größer* als Löslichkeit.

2.14 Zusammensetzungsgrößen

Die Zusammensetzung von Gemischen (Mischungen),

- *Gasgemischen*,
- *Lösungen* oder
- *Mischkristallen*

wird durch *Zusammensetzungsgrößen* angegeben. Dabei handelt es sich um *intensive* Größen (↑ S. 36); sie ändern sich *nicht*, wenn eine Stoffportion geteilt wird.

Nach DIN 1310 wird grundsätzlich unterschieden zwischen

- **Anteil,**
- **Konzentration** und
- **Verhältnis.**

Als Oberbegriff für diese Zusammensetzungsgrößen dient *Gehalt*. Bisher wurde in diesem allgemeinen Sinne meist von *Konzentration* gesprochen. Nach den extensiven Größen *Stoffmenge n, Masse m* und *Volumen v,* auf die sich die Gehaltsangaben beziehen können, sind zu unterscheiden:

Stoffmengen-	*Stoffmengen-*	*Stoffmengen-*
anteil	*konzentration*	*verhältnis*
Massen-	*Massen-*	*Massen-*
anteil	*konzentration*	*verhältnis*
Volumen-	*Volumen-*	*Volumen-*
anteil	*konzentration*	*verhältnis*

Als weitere extensive Größe kann die *Teilchenzahl N* herangezogen werden, die über die AVOGADRO-Konstante N_A mit der Stoffmenge n verbunden ist: $N = n \cdot N_A$. Das ergibt weitere drei mögliche Zusammensetzungsgrößen:

Teilchenzahl-	*Teilchenzahl-*	*Teilchenzahl-*
anteil	*konzentration*	*verhältnis*

Bei allen diesen Zusammensetzungsgrößen handelt es sich um *Quotienten*.

Bei den **Anteilgrößen** steht jeweils die *gleiche* extensive Größe im Zähler und im Nenner. Im Zähler ist sie auf eine *Komponente* (einen Bestandteil) des Gemischs bezogen, im Nenner auf das *Gesamtgemisch*:

2 Mengenverhältnisse bei chemischen Reaktionen

$$\text{Stoffmengenanteil} = \frac{\text{Stoffmenge einer Komponente}}{\text{Stoffmenge des Gesamtgemischs}} \quad (\uparrow 2\text{-}21)$$

$$\text{Massenanteil} = \frac{\text{Masse einer Komponente}}{\text{Masse des Gesamtgemischs}} \quad (\uparrow 2\text{-}23)$$

$$\text{Volumenanteil} = \frac{\text{Volumen einer Komponente}}{\text{Gesamtvolumen aller Komponenten}} \quad (\uparrow 2\text{-}43)$$

Da im Zähler und im Nenner jeweils die gleiche Einheit (mol, g, l) auftritt, ist die Einheit aller Anteilgrößen 1. Die Zahlenwerte der Anteilgrößen sind stets <1. Sie können auch in % (10^{-2}), ‰ (10^{-3}) oder ppm (10^{-6}) angegeben werden.

Die **Konzentrationsgrößen** sind jeweils auf das *Volumen des Gesamtgemischs* bezogen.

$$\text{Stoffmengen-konzentration} = \frac{\text{Stoffmenge einer Komponente}}{\text{Volumen des Gesamtgemischs}} \quad \text{Einheit: } \text{mol} \cdot l^{-1}, \; \text{kmol} \cdot m^{-3} \quad (\uparrow 2\text{-}26)$$

$$\text{Massen-konzentration} = \frac{\text{Masse einer Komponente}}{\text{Volumen des Gesamtgemischs}} \quad \text{Einheit: } g \cdot l^{-1}, \; kg \cdot m^{-3} \quad (\uparrow 2\text{-}25)$$

$$\text{Volumen-konzentration} = \frac{\text{Volumen einer Komponente}}{\text{Gesamtvolumen des Gemischs}} \quad \text{Einheit: } 1 \quad (\uparrow 2\text{-}44)$$

Volumenanteil und Volumenkonzentration sind nicht identisch, wie es den Anschein haben könnte (↑ S. 69).

Die **Verhältnisgrößen** unterscheiden sich von den Anteilgrößen und den Konzentrationsgrößen dadurch, daß in den Quotienten keine auf das Gesamtgemisch bezogene Größe auftritt. Vielmehr werden von *zwei Komponenten des Gemischs* jeweils *die gleichen extensiven Größen* miteinander in Beziehung gesetzt.

$$\text{Stoffmengen-verhältnis} = \frac{\text{Stoffmenge der Komponente A}}{\text{Stoffmenge der Komponente B}} \quad (\uparrow 2\text{-}22)$$

$$\text{Massen-verhältnis} = \frac{\text{Masse der Komponente A}}{\text{Masse der Komponente B}} \quad (\uparrow 2\text{-}24)$$

$$\text{Volumen-verhältnis} = \frac{\text{Volumen der Komponente A}}{\text{Volumen der Komponente B}} \quad (\uparrow 2\text{-}45)$$

Da im Zähler und im Nenner jeweils die gleiche Einheit (mol, g, l) steht, ist die Einheit aller Verhältnisgrößen 1. Im Unterschied zu den Anteilgrößen kann jedoch der Zahlenwert auch >1 sein. Das ist der Fall, wenn von den verglichenen extensiven Größen die der Komponente A größer ist als die der Komponente B. Da in die Verhältnisgrößen keine Größe für das *Gesamtgemisch* eingeht, können sie *nicht* in %, ‰ oder ppm angegeben werden.

In den folgenden Abschnitten werden diese Zusammensetzungsgrößen entsprechend ihrer unterschiedlichen Bedeutung anhand von Beispielen dargestellt. Dabei werden auch ältere Bezeichnungen berücksichtigt, die in der Literatur noch als Synonyme im Gebrauch sind. Außerdem kommen als weitere Zusammensetzungsgrößen die *Molalität* und der *Partialdruck* hinzu.

2.14.1 Stoffmengenanteil und Stoffmengenverhältnis

Der **Stoffmengenanteil** (Formelzeichen x; früher *Molenbruch*) einer Komponente A ist der Quotient aus der Stoffmenge $n(A)$ und der Stoffmenge des Gesamtgemischs n:

$$x(A) = \frac{n(A)}{n} \qquad (2\text{-}21)$$

Die Gesamtstoffmenge des Gemischs n ergibt sich als Summe der Stoffmengen aller Komponenten des Gemischs:

$$n = \sum_{i=1}^{k} n_i \qquad i = 1, 2, ..., k$$

Das **Stoffmengenverhältnis** (Formelzeichen r) zweier Komponenten eines Gemischs ist der Quotient aus den Stoffmengen dieser Komponenten:

$$r(A/B) = \frac{n(A)}{n(B)} \qquad (2\text{-}22)$$

Beispiel: Knallgasgemisch $2\,H_2 + O_2 \rightarrow 2\,H_2O$

Stoffmengenverhältnis

$$r(H_2/O_2) = \frac{n(H_2)}{n(O_2)}; \quad r(H_2/O_2) = \frac{2\,\text{mol}}{1\,\text{mol}}; \quad r(H_2/O_2) = 2$$

Stoffmengenanteil des Wasserstoffs $x(H_2)$

$$x(H_2) = \frac{n(H_2)}{n(H_2) + n(O_2)}; \quad x(H_2) = \frac{2\,\text{mol}}{2\,\text{mol} + 1\,\text{mol}}; \quad \begin{aligned} x(H_2) &= 0{,}667 \\ x(H_2) &= 66{,}7\,\% \end{aligned}$$

Stoffmengenanteil des Sauerstoffs $x(O_2)$

$$x(O_2) = \frac{n(O_2)}{n(H_2) + n(O_2)}; \quad x(O_2) = \frac{1 \text{ mol}}{2 \text{ mol} + 1 \text{ mol}}; \quad \begin{aligned} x(O_2) &= 0{,}333 \\ x(O_2) &= 33{,}3\,\% \end{aligned}$$

Die Summe der Stoffmengenanteile aller Komponenten eines Gemisches muß 1 bzw. 100% ergeben.

Der **Teilchenzahlanteil** (Formelzeichen X)

$$X(A) = \frac{N(A)}{N} \tag{2-21a}$$

hat den gleichen Zahlenwert wie der Stoffmengenanteil x.

Das **Teilchenzahlverhältnis** (Formelzeichen R)

$$R(A/B) = \frac{N(A)}{N(B)} \tag{2-22a}$$

hat den gleichen Zahlenwert wie das Stoffmengenverhältnis r.

2.14.2 Massenanteil und Massenverhältnis

Der **Massenanteil** (Formelzeichen w) einer Komponente A ist der Quotient aus der Masse dieser Komponente $m(A)$ und der Masse des Gesamtgemischs m:

$$w(A) = \frac{m(A)}{m} \tag{2-23}$$

Diese Gesamtmasse des Gemischs m ergibt sich als Summe der Massen aller Komponenten des Gemischs:

$$m = \sum_{i=1}^{k} m_i \qquad i = 1, 2, ..., k$$

Das **Massenverhältnis** (Formelzeichen ζ, griech. *zeta*) zweier Komponenten eines Gemischs ist der Quotient aus den Massen dieser Komponenten:

$$\zeta(A/B) = \frac{m(A)}{m(B)} \tag{2-24}$$

Beispiel: In welchem Massenverhältnis reagieren bei der Bildung von Eisensulfid die Elementsubstanzen Eisen und Schwefel miteinander?

Nach der Reaktionsgleichung Fe + S → FeS ist das Stoffmengenverhältnis

$$r(\text{Fe/S}) = \frac{1 \text{ mol}}{1 \text{ mol}}; \quad r(\text{Fe/S}) = 1$$

Mittels der molaren Massen M läßt sich daraus errechnen, in welchem *Massenverhältnis* die beiden Ausgangsstoffe miteinander reagieren:

2.14 Zusammensetzungsgrößen

$m(Fe) = n(Fe) \cdot M(Fe)$
$m(Fe) = 1 \text{ mol} \cdot 55{,}85 \text{ g} \cdot \text{mol}^{-1}; \quad m(Fe) = 55{,}85 \text{ g}$
$m(S) = n(S) \cdot M(S)$
$m(S) = 1 \text{ mol} \cdot 32{,}07 \text{ g} \cdot \text{mol}^{-1}; \quad m(S) = 32{,}07 \text{ g}$

$\zeta(Fe/S) = \dfrac{m(Fe)}{m(S)}$

$\zeta(Fe/S) = \dfrac{55{,}85 \text{ g}}{32{,}07 \text{ g}}; \quad (Fe/S) = 1{,}74$

Für die *Massenanteile* gilt:

$w(Fe) = \dfrac{m(Fe)}{m(Fe) + m(S)}$

$w(Fe) = \dfrac{55{,}85 \text{ g}}{55{,}85 \text{ g} + 32{,}07 \text{g}}; \quad w(Fe) = 0{,}635; \quad w(Fe) = 63{,}5 \%$

$w(S) = \dfrac{m(S)}{m(Fe) + m(S)}$

$w(S) = \dfrac{32{,}07 \text{ g}}{55{,}85 \text{ g} + 32{,}07 \text{g}}; \quad w(S) = 0{,}365; \quad w(S) = 36{,}5 \%$

Der **Massenanteil** w wird vor allem für die Angabe der Zusammensetzung von *wäßrigen Lösungen* verwendet. Die Gleichung (2-23) erhält dabei die Form:

$$\text{Massenanteil des gelösten Stoffes} = \dfrac{\text{Masse des gelösten Stoffes}}{\text{Masse der Lösung}} \qquad w(A) = \dfrac{m(A)}{m(L)} \qquad (2\text{-}23a)$$

Beispiel: Wenn in 500 g Natronlauge 100 g Natriumhydroxid, NaOH, enthalten sind, so beträgt der Massenanteil

$w(NaOH) = \dfrac{m(NaOH)}{m(L)}$

$w(NaOH) = \dfrac{100 \text{ g}}{500 \text{ g}}; \quad m(NaOH) = 0{,}20; \quad m(NaOH) = 20\%$

Für Massenanteil gibt es auch die (ältere) Bezeichnung *Massenprozent* (nicht mehr zulässig ist: Gewichtsprozent).

Da zwischen dem *Massenanteil des gelösten Stoffes* und der *Dichte der Lösung* ein – temperaturabhängiger – Zusammenhang besteht (↑ Bild 2-3), kann der Massenanteil auf einfache Weise mit einem *Aräometer* (Senkspindel) ermittelt werden. Dafür stehen Tabellen (z.B. Tab. 2-1), für manche Lösungen aber auch spezielle Aräometer zur Verfügung (z.B. für die Kühlflüssigkeit von Kraftfahrzeugen).

2 Mengenverhältnisse bei chemischen Reaktionen

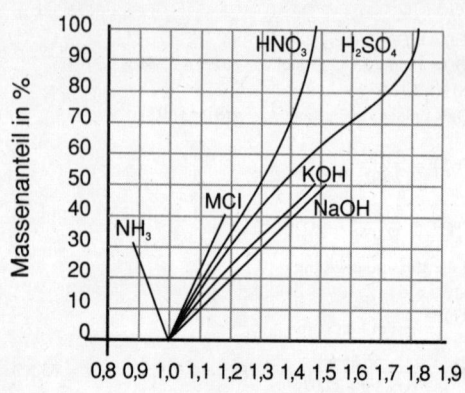

Bild 2-3: Abhängigkeit der Dichte wäßriger Lösungen vom Massenanteil des gelösten Stoffes

Tabelle 2-1: *Dichte (in $g \cdot cm^{-3}$) einiger wichtiger Lösungen bei 20 °C*

Massen-anteil (%)	H_2SO_4	HNO_3	HCl	NaOH	KOH	$NH_3 \cdot H_2O$
5	1,032	1,026	1,023	1,054	1,044	0,977
10	1,066	1,054	1,047	1,109	1,090	0,958
15	1,102	1,084	1,073	1,164	1,138	0,940
20	1,139	1,115	1,098	1,219	1,186	0,923
25	1,178	1,147	1,124	1,274	1,236	0,907
30	1,219	1,180	1,149	1,328	1,288	0,892
35	1,260	1,214	1,174	1,380	1,341	–
40	1,303	1,246	1,198	1,430	1,396	–
45	1,348	1,278	–	1,478	1,452	–
50	1,395	1,310	–	1,525	1,511	–
55	1,445	1,339	–	–	–	–
60	1,498	1,367	–	–	–	–
65	1,553	1,391	–	–	–	–
70	1,611	1,413	–	–	–	–
75	1,669	1,434	–	–	–	–
80	1,727	1,452	–	–	–	–
85	1,779	1,469	–	–	–	–
90	1,814	1,483	–	–	–	–
95	1,834	1,493	–	–	–	–
100	1,831	1,513	–	–	–	–

Das **Massenverhältnis** ζ findet in der Angabe der *Löslichkeit* (↑ 2.13) von Stoffen in einem bestimmten *Lösungsmittel* eine spezielle Anwendung.

$$\frac{\text{Massenverhältnis}}{\text{(einer Lösung)}} = \frac{\text{Masse des gelösten Stoffes A}}{\text{Masse des Lösungsmittels}} \qquad \zeta(L) = \frac{m(A)}{m(LM)} \quad (2\text{-}24)$$

Da unter Löslichkeit das Massenverhältnis in einer *gesättigten* Lösung verstanden wird, kann auch vom *Sättigungsmassenverhältnis* ζ_S gesprochen werden. Um zu leicht handhabbaren, anschaulichen Löslichkeitsangaben zu kommen, wird in Tabellenbüchern anstelle der Einheit 1 meist die Einheit $\frac{g}{100 \text{ g H}_2\text{O}}$ zugrunde gelegt (↑ Bild 2-2).

Beispiel: In 1 kg Wasser lösen sich bei 20 °C 344 g Kaliumchlorid.

$$\zeta(\text{KCl}/\text{H}_2\text{O}) = \frac{344 \text{ g}}{1000 \text{ g}}; \qquad \zeta(\text{KCl}/\text{H}_2\text{O}) = 0{,}344$$

dafür:

$$\zeta(\text{KCl}/\text{H}_2\text{O}) = \frac{344 \text{ g}}{1000 \text{ g}} \;\Big|\; : 10; \qquad L(\text{KCl}) = \frac{34{,}4 \text{ g}}{100 \text{ g H}_2\text{O}}$$

In der Chemie der wäßrigen Lösungen spielen außerdem die Massenkonzentration, die Stoffmengenkonzentration und die Äquivalentkonzentration eine wichtige Rolle.

2.14.3 Massenkonzentration

Die **Massenkonzentration** (Formelzeichen β, griech. *beta*) ist der *Quotient* aus der *Masse des gelösten Stoffes A* und dem *Volumen der Lösung:*

$$\beta(A) = \frac{m(A)}{v(L)} \qquad (2\text{-}25)$$

Die SI-Einheit[1] ist $kg \cdot m^{-3}$; im Laboratorium wird meist mit der Einheit $g \cdot l^{-1}$ gearbeitet.

Die Massenkonzentration wird im Laboratorium vor allem dann herangezogen, wenn Lösungen bestimmter Konzentration herzustellen sind.

Beispiel: In einem Meßkolben von 250 ml soll eine Silbernitratlösung mit der Massenkonzentration 17 $g \cdot l^{-1}$ hergestellt werden.
Wieviel Silbernitrat ist einzuwägen?

$$m(\text{AgNO}_3) = \beta(\text{AgNO}_3) \cdot v$$
$$m(\text{AgNO}_3) = 17 \text{ g} \cdot l^{-1} \cdot 0{,}250 \text{ l}; \quad m(\text{AgNO}_3) = 4{,}25 \text{ g}$$

---

[1] Die gleiche SI-Einheit hat die *Dichte* ρ, bei der es sich um die *Massenkonzentration* eines *reinen Stoffes* handelt. Die Massenkonzentration *eines Stoffes* in einem Stoffgemisch kann daher auch als *Partialdichte* aufgefaßt werden.

Dieser Weg über die Massenkonzentration muß auch dann gegangen werden, wenn eine Lösung mit bestimmter Stoffmengenkonzentration hergestellt werden soll, da die Stoffmenge selbst nicht meßbar ist.

2.14.4 Stoffmengenkonzentration

Die *Stoffmengenkonzentration* (Formelzeichen c) ist der *Quotient* aus der *Stoffmenge des gelösten Stoffes* und dem *Volumen der Lösung*.

$$c(A) = \frac{n(A)}{v(L)} \quad (2\text{-}26)$$

Die SI-Einheit der Stoffmengenkonzentration c ist $mol \cdot m^{-3}$; im chemischen Laboratorium wird meist mit $mol \cdot l^{-1}$ gearbeitet. Wenn kurz von *Konzentration* die Rede ist, ist meist die Stoffmengenkonzentration c gemeint. Um Verwechslungen zu vermeiden, ist stets auf die Einheit zu achten.

$mol \cdot l^{-1}$ Stoffmengenkonzentration c
$mol \cdot kg^{-1}$ Molalität b (↑ 62)
$g \cdot l^{-1}$ Massenkonzentration (↑ 2.14.3)

Die Stoffmengenkonzentration wird vorwiegend für wäßrige Lösungen von *Ionensubstanzen* angewandt. Dabei bezieht sich das Mol auf die *Formeleinheit* (↑ S. 12) und die ihr entsprechenden *Ionen*.

Beispiel: Magnesiumchlorid $MgCl_2 \rightarrow Mg^{2+} + 2\,Cl^-$

$c(MgCl_2) = 0{,}2\ mol \cdot l^{-1}$; $c(Mg^{2+}) = 2\ mol \cdot l^{-1}$; $c(Cl^-) = 4\ mol \cdot l^{-1}$

Von zwei Lösungen mit der *gleichen Stoffmengenkonzentration* c reagieren *gleiche Volumina* miteinander, wenn die gelösten Stoffe die *gleiche Wertigkeit* haben. (Anderenfalls sind die Wertigkeiten zu berücksichtigen; ↑ 2.14.5.)

Beispiel: Natronlauge wird durch Salzsäure neutralisiert:
$NaOH + HCl \rightarrow NaCl + H_2O$
Wie die Dissoziationsgleichungen
$HCl \rightleftarrows H^+ + Cl^-$
$NaOH \rightarrow Na^+ + OH^-$
erkennen lassen, sind beide Reaktionspartner *einwertig*. Um 100 cm³ einer Natronlauge mit $c(NaOH) = 0{,}1\ mol \cdot l^{-1}$ zu neutralisieren, sind 100 cm³ einer Salzsäure mit $c(HCl) = 0{,}1\ mol \cdot l^{-1}$ erforderlich. Wäre die Stoffmengenkonzentration der Salzsäure *höher*, würde *weniger* Salzsäure benötigt.

Allgemein gilt für die vollständige Umsetzung zwischen zwei Lösungen mit *gleicher Wertigkeit* der gelösten Stoffe:

Die Volumina v der beiden Lösungen sind deren Stoffmengenkonzentration c umgekehrt proportional.

2.14 Zusammensetzungsgrößen

$$v(A) : v(B) = c(B) : c(A) \tag{2-27}$$

$$v(A) \cdot c(A) = v(B) \cdot c(B) \tag{2-27a}$$

Beispiel: Wieviel cm^3 Salzsäure mit $c(HCl) = 0,5$ mol $\cdot$ l^{-1} werden zur Neutralisation von 100 cm^3 Natronlauge mit $c(NaOH) = 0,1$ mol $\cdot$ l^{-1} benötigt?

$$v(HCl) = \frac{v(NaOH) \cdot c(NaOH)}{c(HCl)}$$

$$v(HCl) = \frac{100 \text{ cm}^3 \cdot 0,1 \text{ mol} \cdot \text{l}^{-1}}{0,5 \text{ mol} \cdot \text{l}^{-1}}$$

$$v(HCl) = 20 \text{ cm}^3$$

Für die Stoffmengenkonzentration ist noch die ältere Benennung *Molarität* im Gebrauch. Auch von *molarer Konzentration*[1] wird gesprochen. Aus diesen älteren Bezeichnungen leiten sich verschiedene Konzentrationsangaben ab, die in der Literatur zum Teil noch recht verbreitet sind.

Beispiele: Statt $c = 2$ mol $\cdot$ l^{-1} auch: 2molare Lösung, 2-m Lösung, 2 M Lösung;

Statt $c = 0,5$ mol^{-1} auch: 0,5molare Lösung, ½molare Lösung, 0,5-m Lösung, 0,5 M Lösung, ½-m Lösung, ½M Lösung

Die Stoffmengenkonzentration *c* läßt sich mittels der molaren Masse *M* aus der *Massenkonzentration* β berechnen:

$$c(A) = \frac{\beta(A)}{M(A)} \tag{2-28}$$

Beispiel: Welche Stoffmengenkonzentration *c* hat eine Silbernitratlösung mit der Massenkonzentration $\beta = 17$ g $\cdot$ l^{-1} (↑ Beispiel S. 59)

$$c(AgNO_3) = \frac{\beta(AgNO_3)}{M(AgNO_3)}$$

$$c(AgNO_3) = \frac{17 \text{ g} \cdot \text{l}^{-1}}{170 \text{ g} \cdot \text{mol}^{-1}}$$

$$c(AgNO_3) = 0,1 \text{ mol} \cdot \text{l}^{-1} \quad (\tfrac{1}{10} \text{ molar})$$

Aus der Stoffmengenkonzentration *c* läßt sich die in einem bestimmten Volumen *v* enthaltene *Stoffmenge n* des gelösten Stoffes berechnen:

$$n(A) = c(A) \cdot v(L) \tag{2-29}$$

Beispiel: Welche Stoffmenge Silbernitrat AgNO$_3$ ist in 50 ml einer Lösung mit der Stoffmengenkonzentration c (AgNO$_3$) = 2 mol $\cdot$ l^{-1} enthalten?

$$n(AgNO_3) = 2 \text{ mol} \cdot \text{l}^{-1} \cdot 0,050 \text{ l}; \quad n(AgNO_3) = 0,1 \text{ mol}$$

---

[1] Hier besteht aber keine Analogie zu den molaren Größen, wie molarer Masse und molarem Volumen, bei denen die Stoffmenge mit der Einheit Mol im Nenner des Quotienten steht.

Die Teilchenzahlkonzentration (Formelzeichen C) ist eine – wenig gebräuchliche – Zusammensetzungsgröße, die sich als Produkt aus Stoffmengenkonzentration c und AVOGADRO-Konstante N_A ergibt:

$$C(A) = c(A) \cdot N_A \tag{2-30}$$

Beispiel: Magnesiumchlorid $MgCl_2 \rightarrow Mg^{2+} + 2\,Cl^-$ (↑ Beispiel S. 60)

$C(MgCl_2) = c(MgCl_2) \cdot N_A$
$C(MgCl_2) = 2\text{ mol} \cdot l^{-1} \cdot 6 \cdot 10^{23} \text{ mol}^{-1}; \; C(MgCl_2) = 12 \cdot 10^{23}\text{ l}^{-1}$
$C(Cl^-) = c(Cl^-) \cdot N_A$
$C(Cl^-) = 4\text{ mol} \cdot l^{-1} \cdot 6 \cdot 10^{23} \text{ mol}^{-1}; \; C(Cl^-) = 24 \cdot 10^{23}\text{ l}^{-1}$

Die *Teilchenzahlkonzentration C* ist der *Quotient* aus der *Teilchenzahl N des gelösten Stoffes* und dem *Volumen der Lösung*:

$$C(A) = \frac{N(A)}{v(L)} \tag{2-26a}$$

Da in die Stoffmengenkonzentration c (und damit auch in die Teilchenzahlkonzentration C) nach Gleichung (2-26) das *Volumen* eingeht, das temperatur- und druckabhängig ist, sind diese Zusammensetzungsgrößen *von Temperatur und Druck abhängig*. Für Untersuchungen, bei denen dies stört, wurden zwei weitere Zusammensetzungsgrößen eingeführt, bei denen im *Zähler* des Quotienten – wie bei der Stoffmengenkonzentration – die Stoffmenge n des gelösten Stoffes (oder allgemein eines Bestandteils des Gemischs) steht. Im *Nenner* steht aber statt des Volumens v eine *Masse m*.

Wird dabei die *Masse des Lösungsmittels* $m(LM)$ eingesetzt:

$$b(A) = \frac{n(A)}{m(LM)}, \tag{2-31}$$

handelt es sich um die seit langem gebräuchliche **Molalität** (Formelzeichen b).

Wird die *Masse der Lösung* $m(L)$ (oder allgemeiner die Masse des Gemischs) zugrunde gelegt:

$$q(A) = \frac{n(A)}{m(L)}, \tag{2-32}$$

handelt es sich um eine neu eingeführte Zusammensetzungsgröße, die **spezifische Partialstoffmenge** genannt wird (Formelzeichen q). Die SI-Einheit beider Zusammensetzungsgrößen ist $\text{mol} \cdot \text{kg}^{-1}$.

2.14.5 Äquivalentkonzentration – Maßanalyse

Liegen gelöste Stoffe mit *unterschiedlicher Wertigkeit* vor, werden bei *gleicher* Stoffmengenkonzentration *unterschiedliche* Volumina der beiden Lösungen für eine vollständige Umsetzung benötigt.

Beispiel: Neutralisation von Natronlauge mit Schwefelsäure
$2\,NaOH + H_2SO_4 \rightarrow Na_2SO_4 + H_2O$

Nach den Dissoziationsgleichungen
$NaOH \rightarrow Na^+ + OH^-$ und
$H_2SO_4 \rightleftarrows 2\,H^+ + SO_4^{2-}$
ist die Natronlauge *einwertig*, die Schwefelsäure *zweiwertig*. Um 50 cm³ Natronlauge mit $c(NaOH) = 0{,}1\,mol \cdot l^{-1}$ zu neutralisieren, reichen 25 cm³ Schwefelsäure mit $c(H_2SO_4) = 0{,}1\,mol \cdot l^{-1}$ aus.

Durch die Zusammensetzungsgröße *Äquivalentkonzentration* c_{eq}, in die anstelle der Stoffmenge n die *Äquivalentmenge* n_{eq} (Stoffmenge der Äquivalente; ↑ S. 39) eingeht, wird vermieden, daß in chemischen Laboratorien wegen unterschiedlicher Wertigkeiten Umrechnungen vorgenommen werden müssen.

Die **Äquivalentkonzentration** c_{eq} ist der *Quotient* aus der *Äquivalentmenge* n_{eq} *des gelösten Stoffes* und dem *Volumen der Lösung:*

$$c_{eq}(A) = \frac{n_{eq}(A)}{v(L)} \qquad (2\text{-}33)$$

Wie die *Äquivalentmenge* n_{eq} das Produkt aus Stoffmenge n und Wertigkeit z ist (Gleichung 2-8; ↑ S. 39)

$$n_{eq} = n \cdot z \, ,$$

so ist die *Äquivalentkonzentration* c_{eq} das Produkt aus Stoffmengenkonzentration c und Wertigkeit z:

$$c_{eq} = c \cdot z \qquad (2\text{-}34)$$

Beispiel: Schwefelsäure
Der Stoffmengenkonzentration $c(H_2SO_4) = 1\,mol \cdot l^{-1}$ entspricht die Äquivalentkonzentration $c(\tfrac{1}{2}H_2SO_4) = 2\,mol \cdot l^{-1}$.

$c(\tfrac{1}{2}H_2SO_4) = c(H_2SO_4) \cdot z(H_2SO_4)$
$c(\tfrac{1}{2}H_2SO_4) = 1\,mol \cdot l^{-1} \cdot 2$
$c(\tfrac{1}{2}H_2SO_4) = 2\,mol \cdot l^{-1}$

Wenn – wie hier – in der Klammer vor der Formel ein *Äquivalenzfaktor* steht (was ausdrückt, daß sich die Einheit mol auf die Äquivalenzteilchen bezieht), entfällt der Index eq.

2 Mengenverhältnisse bei chemischen Reaktionen

Für die Äquivalentkonzentration c_{eq} ist zum Teil noch die ältere Benennung *Normalität* im Gebrauch. Auch von *normaler Konzentration* wird gesprochen. Danach werden Lösungen mit einer bestimmten Äquivalentkonzentration auch *Normallösungen* genannt. Da diese Lösungen in der *Maßanalyse* eingesetzt werden, wird (in DIN 32 625) empfohlen, von **Maßlösungen** zu sprechen. Von der Bezeichnung Normallösung leiten sich einige in der Literatur noch verbreitete ältere Konzentrationsangaben ab.

Beispiele: Gleichbedeutend mit $c(\frac{1}{2}H_2SO_4) = 0{,}1 \text{ mol} \cdot l^{-1}$ sind 0,1-normale H_2SO_4, $\frac{1}{10}$-normale H_2SO_4, 0,1 N H_2SO_4, $\frac{1}{10}$ N H_2SO_4; 0,1-n H_2SO_4, $\frac{1}{10}$-n H_2SO_4.

Neben der Einheit $\text{mol} \cdot l^{-1}$, die für Stoffmengenkonzentration und Äquivalentkonzentration gleichermaßen gilt, tritt in der Literatur mitunter für die Äquivalentkonzentration noch die Einheit $\text{val} \cdot l^{-1}$ und deren tausendster Teil $\text{mval} \cdot l^{-1}$ auf (↑ dazu S. 40).

Von zwei Lösungen mit der gleichen Äquivalentkonzentration c_{eq} sind gleiche Volumina einander äquivalent (gleichwertig).

Beispiel: Um 50 cm³ Natronlauge mit $c_{eq}(NaOH) = c(\frac{1}{1} NaOH) = 0{,}1 \text{ mol} \cdot l^{-1}$ zu neutralisieren, sind 50 cm³ Schwefelsäure mit $c_{eq}(H_2SO_4) = c(\frac{1}{2} H_2SO_4) = 0{,}1 \text{ mol} \cdot l^{-1}$ erforderlich.

Liegen *unterschiedliche* Äquivalentkonzentrationen vor, so gilt für eine vollständige Umsetzung:

Die Volumina v der beiden Lösungen sind deren Äquivalentkonzentrationen c_{eq} umgekehrt proportional.

$$v(A) : v(B) = c_{eq}(B) : c_{eq}(A) \tag{2-35}$$

$$v(A) \cdot c_{eq}(A) = v(B) \cdot c_{eq}(B) \tag{2-36}$$

Beispiel: Zur Neutralisation von 12 cm³ Schwefelsäure mit unbekannter Konzentration wurden 15 cm³ Natronlauge mit $c_{eq}(NaOH) = 0{,}1 \text{ mol} \cdot l^{-1}$ verbraucht. Die Äquivalentkonzentration der Schwefelsäure soll berechnet werden.

$$c_{eq}(H_2SO_4) = \frac{v(NaOH) \cdot c_{eq}(NaOH)}{v(H_2SO_4)}$$

$$c_{eq}(H_2SO_4) = \frac{15 \text{ cm}^3 \cdot 0{,}1 \text{ mol} \cdot l^{-1}}{12 \text{ cm}^3}$$

$$c_{eq}(H_2SO_4) = 0{,}125 \text{ mol} \cdot l^{-1}$$

In Gleichung (2-36) kommt zum Ausdruck, was Anliegen für die Einführung des *Äquivalentbegriffs* war (↑ 2.7):

Zwei Stoffe reagieren miteinander mit gleichen Äquivalentmengen n_{eq}.

Die *Äquivalentmenge* n_{eq} (Stoffmenge der Äquivalente; ↑ S. 39) des gelösten Stoffes ist – analog zu Gleichung (2-29) – das Produkt aus der Äquivalentkonzentration c_{eq} und dem Volumen v der Lösung:

2.14 Zusammensetzungsgrößen

> **Äquivalentmenge = Volumen · Äquivalentkonzentration**
> $$n_{eq} = v \cdot c_{eq} \tag{2-37}$$

Durch Einsetzen in Gleichung (2-36) ergibt sich als mathematischer Ausdruck für vorstehenden Merksatz:

$$n_{eq}(A) = n_{eq}(B) \tag{2-38}$$

Die **Massenkonzentration** β einer Lösung läßt sich mittels der *molaren Äquivalentmasse* M_{eq} aus der *Äquivalentkonzentration* berechnen.

> **Massenkonzentration = Äquivalentkonzentration · molare Äquivalentmasse**
> $$\beta(A) = c_{eq}(A) \cdot M_{eq}(A) \tag{2-39}$$

Beispiel: Der Äquivalentkonzentration $c_{eq}(H_2SO_4) = 0{,}125$ mol · l^{-1} entspricht die Massenkonzentration $\beta(H_2SO_4) = 6{,}13$ g · l^{-1}.

$\beta(H_2SO_4) = c_{eq}(H_2SO_4) \cdot M_{eq}(H_2SO_4)$
$\beta(H_2SO_4) = 0{,}125$ mol · l^{-1} · 49,04 g · mol^{-1}
$\beta(H_2SO_4) = 6{,}13$ g · l^{-1}

Die **Masse** m des gelösten Stoffes in einer Lösungsportion ist gleich dem Produkt aus deren *Massenkonzentration* β und deren *Volumen* v:

> **Masse = Massenkonzentration · Volumen**
> $$m = \beta \cdot v \tag{2-40}$$

Beispiel: Für die 12 cm^3 Schwefelsäure der vorangegangenen Beispiele ergibt sich die Masse $m(H_2SO_4)$ wie folgt:

$m(H_2SO_4) = \beta(H_2SO_4) \cdot v$
$m(H_2SO_4) = 6{,}13$ g · l^{-1} · 0,012 l
$m(H_2SO_4) = 0{,}07356$ g; $m(H_2SO_4) = 73{,}56$ mg

Die Gleichungen (2-35) bis (2-40) liegen der *Maßanalyse* zugrunde, einem klassischen Verfahren der quantitativen chemischen Analyse.

Die **Maßanalyse** beruht auf folgendem Prinzip:

Einem abgemessenen Volumen einer zu untersuchenden Lösung *unbekannter* Konzentration wird tropfenweise eine *Maßlösung,* eine Lösung *bekannter* Konzentration, zugegeben, bis eine bestimmte chemische Reaktion eintritt. Dieser Vorgang wird als *Titration* bezeichnet (↑ Bild 2-4). Aus dem verbrauchten Volumen der Maßlösung wird dann die Konzentration der untersuchten Lösung berechnet.

2 Mengenverhältnisse bei chemischen Reaktionen

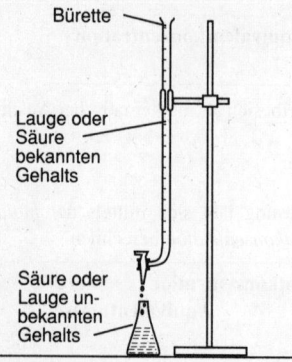

Bild 2-4. Titration

Am bekanntesten ist die **Neutralisationsanalyse**[1] (*Säure-Base-Titration*), bei der

- einer Säure unbekannter Konzentration als Maßlösung eine Lauge oder
- einer Lauge unbekannter Konzentration als Maßlösung eine Säure

zugegeben wird, und zwar so viel, daß (bei *starken* Säuren und *starken* Basen) eine *neutrale* Lösung entsteht (pH-Wert = 7). Der Neutralisationspunkt (Äquivalenzpunkt) wird mit Hilfe von Farbindikatoren (↑ S. 216 oder auf elektrochemischem Wege festgestellt.

Die Berechnung einer Titration geht von Gleichung (2-35) aus, wobei die Untersuchungslösung mit U, die Maßlösung mit M gekennzeichnet werden können:

$$v(U) : v(M) = c_{eq}(M) : c_{eq}(U) \qquad (2\text{-}35a)$$

Daraus ergibt sich

$$v(U) \cdot c_{eq}(U) = v(M) \cdot c_{eq}(M) \qquad (2\text{-}36a)$$

Die linke Seite dieser Gleichung stellt – nach Gleichung (2-37) – die Äquivalentmenge der Untersuchungslösung $n_{eq}(U)$ dar:

$$n_{eq}(U) = v(U) \cdot c_{eq}(U), \qquad (2\text{-}37a)$$

---

[1] Es ist üblich, Titrationen nach dem verwendeten Titriermittel (nach der Maßlösung) zu benennen (z.B. Manganometrie bei Verwendung einer Kaliumpermanganatlösung). Danach wird unterschieden zwischen
Acidimetrie (mittels einer *Säure* bekannten Gehalts wird eine Lauge unbekannten Gehalts titriert) und
Alkalimetrie (mittels einer *Lauge* bekannten Gehalts wird eine Säure unbekannten Gehalts titriert).
[Gelegentlich tritt aber in der Literatur auch eine entgegengesetzte Zuordnung dieser Bezeichnungen auf:
Acidimetrie (Messen des Gehalts einer Säure) und
Alkalimetrie (Messen des Gehalts einer Lauge).]

die rechte Seite die Äquivalentmenge der Maßlösung $n_{eq}(M)$

$$n_{eq}(M) = v(M) \cdot c_{eq}(M) \tag{2-37b}$$

Da am Umschlagpunkt (Äquivalenzpunkt) die beiden Äquivalentmengen einander gleich sind:

$$n_{eq}(U) = n_{eq}(M), \tag{2-38a}$$

kann in Gleichung (2-37b) $n_{eq}(M)$ durch $n_{eq}(U)$ ersetzt werden:

$$n_{eq}(U) = v(M) \cdot c_{eq}(M) \tag{2-37c}$$

Das *Produkt* aus der bekannten *Äquivalentkonzentration* $c_{eq}(M)$ der Maßlösung und aus dem bei der Titration verbrauchten *Volumen* $v(M)$ der Maßlösung ergibt also die *Äquivalentmenge* der Untersuchungslösung $n_{eq}(U)$.

Die **Masse** $m(U)$ des in der Untersuchungslösung *gelösten Stoffes* wird ermittelt, indem in Gleichung (2-37c) für die Äquivalentmenge $n_{eq}(U)$ – nach Gleichung (2-5) – der Quotient

$$n_{eq}(U) = \frac{m(U)}{M_{eq}(U)}$$

eingesetzt wird

$$\frac{m(U)}{M_{eq}(U)} = v(M) \cdot c_{eq}(M) \tag{2-37d}$$

$$\boxed{m(U) = v(M) \cdot c_{eq}(M) \cdot M_{eq}(U)} \tag{2-41}$$

| **Masse** des gelösten Stoffes | = | **Volumen** der Maßlösung | · | **Äquivalentkonzentration** der Maßlösung | · | **molare Äquivalentmasse** des gelösten Stoffes |

Anstelle der molaren Äquivalentmasse $M_{eq}(U)$ kann – nach Gleichung (2-9) – auch der *Quotient* aus der molaren Masse $M(U)$ und der Wertigkeit $z(U)$

$$M_{eq}(U) = \frac{M(U)}{z(U)}$$

eingesetzt werden

$$\boxed{m(U) = v(M) \cdot c_{eq}(M) \cdot \frac{M(U)}{z(U)}} \tag{2-41a}$$

Die Gleichungen (2-41) bzw. (2-41a) sind Grundlage für die Berechnung der *Masse eines gelösten Stoffes* in einer Lösungsportion. Die *molare Äquivalentmasse* $M_{eq}(U)$ des gelösten Stoffes und die *Äquivalentkonzentration* $c_{eq}(M)$

der Maßlösung sind bekannt. Das verbrauchte *Volumen* der Maßlösung $v(M)$ wird bei der Titration ermittelt. Zu beachten ist, daß sich v und c_{eq} auf die *Maßlösung*, M_{eq} bzw. M und z auf die *Untersuchungslösung* beziehen.

Beispiel: Zur Titration von 26 ml einer Schwefelsäure unbekannten Gehalts wurde 16,25 ml einer Natronlauge mit c_{eq} (NaOH) = 0,1 mol · l^{-1} verbraucht.

$$m(H_2SO_4) = v(NaOH) \cdot c_{eq}(NaOH) \cdot M_{eq}(H_2SO_4)$$
$$m(H_2SO_4) = 0,01625\,l \cdot 0,1\,mol \cdot l^{-1} \cdot 49,04\,g \cdot mol^{-1}$$
$$m(H_2SO_4) = 0,0797\,g$$

Die Schwefelsäureprobe enthielt also 79,7 mg H_2SO_4.

Das *Volumen* der Untersuchungslösung $v(U)$ ist in die Berechnung der Masse gar nicht eingegangen. Mit seiner Hilfe kann nach Gleichung

$$\beta(U) = \frac{m(U)}{v(U)} \qquad (2\text{-}40a)$$

die **Massenkonzentration** $\beta(U)$ der Untersuchungslösung berechnet werden.

Beispiel: Für die Schwefelsäureprobe des vorigen Beispiels ergibt sich eine Massenkonzentration $\beta(H_2SO_4)$ von:

$$\beta(H_2SO_4) = \frac{0,0797\,g}{0,026\,l}; \quad \beta(H_2SO_4) = 3,065\,g \cdot l^{-1}$$

Die **Äquivalentkonzentration** $c_{eq}(U)$ ergibt sich nach Gleichung (2-36a) wie folgt:

$$c_{eq}(U) = \frac{v(M) \cdot c_{eq}(M)}{v(U)} \qquad (2\text{-}36b)$$

Beispiel:
$$c(\tfrac{1}{2}H_2SO_4) = \frac{v(NaOH) \cdot c(\tfrac{1}{1}NaOH)}{v(H_2SO_4)}$$

$$c(\tfrac{1}{2}H_2SO_4) = \frac{0,01625\,l \cdot 0,1\,mol \cdot l^{-1}}{0,026\,l}$$

$$c(\tfrac{1}{2}H_2SO_4) = 0,0625\,mol \cdot l^{-1}$$

Die **Stoffmengenkonzentration** $c(U)$ ergibt sich daraus nach Gleichung (2-34)

$$c(U) = \frac{c_{eq}(U)}{z(U)} \qquad (2\text{-}34a)$$

Beispiel:
$$c(H_2SO_4) = \frac{c(\tfrac{1}{2}H_2SO_4)}{z(H_2SO_4)}$$

$$c(H_2SO_4) = \frac{0,0625\,mol \cdot l^{-1}}{2}; \quad c(H_2SO_4) = 0,03125\,mol \cdot l^{-1}$$

2.14.6 Volumenanteil – Volumenkonzentration – Volumenverhältnis

Für Gasgemische und Flüssigkeitsgemische gibt es Zusammensetzungsgrößen, in die als extensive Größen ausschließlich *Volumina* eingehen.
Der **Volumenanteil** (Formelzeichen φ, griech. *phi*) ist der Quotient aus dem Volumen einer Komponente und dem Gesamtvolumen aller Komponenten eines Gemischs:

$$\begin{array}{l}\text{Volumenanteil der Komponente A} = \dfrac{\text{Volumen der Komponente A}}{\text{Gesamtvolumen aller Komponenten}} \\[2pt] \varphi(A) = \dfrac{v(A)}{v_0} \end{array} \qquad (2\text{-}42)$$

v_0 ist die *Summe der Volumina, die die Komponenten vor dem Mischungsvorgang* einnahmen:

$$v_0 = \sum_{i=1}^{k} v_i \qquad i = 1, 2, ..., k.$$

Die **Volumenkonzentration** (Formelzeichen σ, griech. *sigma*) ist der Quotient aus dem Volumen einer Komponente und dem Gesamtvolumen des Gemischs:

$$\begin{array}{l}\text{Volumenkonzentration der Komponente A} = \dfrac{\text{Volumen der Komponente A}}{\text{Gesamtvolumen des Gemischs}} \\[2pt] \sigma(A) = \dfrac{v(A)}{v} \end{array} \qquad (2\text{-}43)$$

v ist das *Gesamtvolumen nach dem Mischvorgang*

Volumenanteil φ und *Volumenkonzentration* σ sind also einander nur dann gleich, wenn sich das Volumen beim Mischungsvorgang *nicht* verändert, wenn weder eine Volumenkontraktion noch eine Volumenvergrößerung eintritt. In diesem Falle wird von einem *idealen Gemisch* gesprochen. Viele *Gasgemische* verhalten sich annähernd ideal. Bei *Lösungen* ist das meist nicht der Fall.

Beispiel: Werden 52 ml Ethanol (Ethylalkohol) mit 48 ml Wasser gemischt, so entstehen nicht 100 ml, sondern nur 96,3 ml verdünntes Ethanol. Bei diesem Volumenverhältnis ist die *Volumenkontraktion* am größten.

2 Mengenverhältnisse bei chemischen Reaktionen

Das **Volumenverhältnis** (Formelzeichen ψ; griech. *psi*) ist der Quotient aus den Volumina zweier Komponenten eines Gemischs:

$$\text{Volumenverhältnis A/B} = \frac{\text{Volumen der Komponente A}}{\text{Volumen der Komponente B}}$$

$$\psi(A/B) = \frac{v(A)}{v(B)} \tag{2-44}$$

Beispiel: Für das im vorigen Beispiel genannte Gemisch aus Ethanol und Wasser ergeben sich folgende Zusammensetzungsgrößen:

Volumenverhältnis

$$\psi(C_2H_5OH/H_2O) = \frac{v(C_2H_5OH)}{v(H_2O)}$$

$$\psi(C_2H_5OH/H_2O) = \frac{52 \text{ ml}}{48 \text{ ml}}$$

$$\psi(C_2H_5OH/H_2O) = 1{,}083$$

Volumenkonzentration

$$\sigma(C_2H_5OH) = \frac{v(C_2H_5OH)}{v}$$

$$\sigma(C_2H_5OH) = \frac{52 \text{ ml}}{96{,}3 \text{ ml}}$$

$$\sigma(C_2H_5OH) = 0{,}540$$

Volumenanteil

$$\varphi(C_2H_5OH) = \frac{v(C_2H_5OH)}{v_0}$$

$$\varphi(C_2H_5OH) = \frac{52 \text{ ml}}{100 \text{ ml}}$$

$$\varphi(C_2H_5OH) = 0{,}52$$

Da die SI-Einheit des Volumens der Kubikmeter m^3 ist, haben alle diese Zusammensetzungsgrößen die Einheit $\frac{m^3}{m^3} = 1$. Volumenkonzentration σ und Volumenanteil φ können auch in % oder ‰ angegeben werden, nicht dagegen das Volumenverhältnis ψ (in das das *Gesamt*volumen gar nicht eingeht). Die Volumenkonzentration alkoholischer Getränke (im Beispiel 54%) ist überhaupt die bekannteste Anwendung auf Flüssigkeitsgemische.

Größere Bedeutung haben diese Zusammensetzungsgrößen für **Gasgemische**. *Gleiche Volumina* verschiedener Gase enthalten – nach dem Gesetz von AVOGADRO (↑ S. 41) – die *gleiche Anzahl Teilchen* und – wie durch die AVOGADRO-Konstante (↑ S. 33) ausgedrückt wird – die *gleichen Stoffmengen*.

2.14 Zusammensetzungsgrößen

Das *Volumenverhältnis* $\psi(A/B)$ ist daher gleich

dem *Teilchenzahlverhältnis* $R(A/B)$ *und* (↑ S. 56)
dem *Stoffmengenverhältnis* $r(A/B)$. (↑ S. 55)

$$\psi(A/B) = R(A/B)\,;\quad \frac{v(A)}{v(B)} = \frac{N(A)}{N(B)}$$

$$\psi(A/B) = r(A/B)\,;\quad \frac{v(A)}{v(B)} = \frac{n(A)}{n(B)}$$

Der *Volumenanteil* einer Komponente $\varphi(A)$ ist gleich

deren *Teilchenzahlanteil* $X(A)$ und (↑ S. 56)
deren *Stoffmengenanteil* $x(A)$. (↑ S. 55)

$$\varphi(A) = X(A)\,;\quad \frac{v(A)}{v_0} = \frac{N(A)}{N}$$

$$\varphi(A) = x(A)\,;\quad \frac{v(A)}{v_0} = \frac{n(A)}{n}$$

Der **Partialdruck** steht für *Gasgemische* (als weitere Zusammensetzungsgröße) zur Verfügung. Der Partialdruck eines Gases in einem Gasgemisch ist der Druck, den das Gas ausüben würde, wenn es das Gasvolumen allein einnähme. Der Gesamtdruck eines Gasgemischs ist gleich der Summe der Partialdrücke seiner Komponenten (DALTON 1801):

$$p = \sum_{i=1}^{k} p_i \qquad i = 1, 2, \ldots, k$$

Nach der allgemeinen Zustandsgleichung der Gase (↑ S. 49, Gleichung 2-20)

$$v \cdot p = n \cdot R \cdot T$$

ist (bei konstantem Volumen und konstanter Temperatur) der Druck p der Stoffmenge n proportional:

$$p \sim n$$

Demnach verhalten sich in einem Gasgemisch die Partialdrücke p der Komponenten A und B zueinander wie die Stoffmengen n dieser Komponenten:[1]

$$p(A) : p(B) = n(A) : n(B) \qquad (2\text{-}45)$$

Die SI-Einheit des Druckes – und damit auch des Partialdruckes – ist das *Pascal* (Einheitenzeichen Pa).

---

[1] Eine dem Stoffmengenverhältnis $r(A/B) = n(A)/n(B)$ analoge Zusammensetzungsgröße $p(A)/p(B)$, die »Partialdruckverhältnis« genannt werden könnte, ist nicht definiert und wird nicht verwendet.

Beispiel: Beim explosiven Zerfall von Stickstoffwasserstoffsäure, HN_3,

$$2\,HN_3 \rightarrow H_2 + 3\,N_2$$

entstehen Wasserstoff und Stickstoff im Stoffmengenverhältnis

$$r(H_2/N_2) = \frac{n(H_2)}{n(N_2)}; \quad r(H_2/N_2) = \frac{1\,mol}{3\,mol}; \quad r(H_2/N_2) = \frac{1}{3}$$

Im gleichen Zahlenverhältnis (↑ Fußnote S. 71) stehen nach Gleichung (2-45) die Partialdrücke zueinander:

$$p(H_2) : p(N_2) = 1 : 3$$

Steht das Gasgemisch unter einem Druck von 100 kPa (= 1 bar), so ergeben sich folgende Partialdrücke:

$$p(H_2) = \frac{100\,kPa \cdot 1}{4}; \quad p(H_2) = 25\,kPa$$

$$p(N_2) = \frac{100\,kPa \cdot 3}{4}; \quad p(N_2) = 75\,kPa$$

Die Summe der Partialdrücke ergibt den Gesamtdruck.

Der *Partialdruck* einer Komponente A kann errechnet werden, indem

- deren Stoffmengenanteil $x(A)$,
- deren Teilchenzahlanteil $X(A)$ oder
- deren Volumenanteil $\varphi(A)$

mit dem Gesamtdruck multipliziert wird:

$$p(A) = x(A) \cdot p$$
$$p(A) = X(A) \cdot p$$
$$p(A) = \varphi(A) \cdot p$$

3 Bau der Atome

3.1 Geschichtliches

Die Vorstellung von der Unteilbarkeit der Atome mußte Ende des 19. Jahrhunderts auf Grund neuer Forschungsergebnisse aufgegeben werden. Der Franzose HENRI BECQUEREL hatte 1896 an einem Uranerz die **Radioaktivität** entdeckt, die in der Folgezeit von MARIE und PIERRE CURIE gründlich erforscht wurde. Dabei stellten sie fest, daß das von ihnen entdeckte Element *Radium* spontan zerfällt, wobei es über Zwischenstufen unter Abspaltung von *Helium* in Blei übergeht. Da die Atome des Bleis von denen des Radiums qualitativ verschieden sind, war diese *Elementumwandlung* nur dadurch zu erklären, daß die *Atome beider Elemente aus gleichen kleineren Teilchen aufgebaut* sind. Damit war für Physik und Chemie Anfang des 20. Jahrhunderts die Aufgabe gestellt, den Aufbau der Atome zu erforschen.

Die erste grundlegende Erkenntnis über den Aufbau der Atome stammt von dem Engländer ERNEST RUTHERFORD, der 1911 ermittelte, daß jedes Atom einen **Atomkern** besitzt, der von einer **Elektronenhülle** umgeben ist. Der Däne NIELS BOHR wandte auf diese Vorstellungen die von MAX PLANCK um 1900 entwickelte *Quantentheorie* an und trat 1913 mit Modellvorstellungen hervor, die als **BOHRsches Atommodell** bekannt sind (↑ Kap. 3.6.1). BOHR faßte die Elektronen als Teilchen auf, die sich auf Kreisbahnen mit unterschiedlichem Radius um den Atomkern bewegen. Das BOHRsche Atommodell wurde 1916 von dem deutschen Physiker ARNOLD SOMMERFELD dadurch verbessert, daß er für die Elektronen teils kreisförmige, teils elliptische Bahnen annahm.

Eine weitere Etappe in der Aufklärung des Atombaus wurde 1924 durch den Franzosen LOUIS DE BROGLIE eingeleitet, als er dem Elektron neben dem **Teilchencharakter** (Korpuskularcharakter) zugleich – ähnlich wie dem Licht – **Wellencharakter** zusprach. Davon ausgehend, entwickelte in den folgenden Jahren der Österreicher ERWIN SCHRÖDINGER die Wellenmechanik, die zum **wellenmechanischen Atommodell** führte, das allgemeiner auch als quantenmechanisches Atommodell bezeichnet wird.

Die Quantenmechanik ist die Verallgemeinerung der (klassischen) Mechanik auf der Grundlage der Quantentheorie. Die Wellenmechanik SCHRÖDINGERs und die Matrizenmechanik WERNER HEISENBERGs sind zwei gleichwertige Darstellungsformen der Quantenmechanik.

Jede *Modellvorstellung* spiegelt die Wirklichkeit nicht vollständig, sondern nur in bestimmten – für den jeweiligen wissenschaftlichen Zweck – wesentlichen Merkmalen wider. Das BOHRsche Atommodell war über Jahrzehnte das wichtigste Hilfsmittel zur Erläuterung der chemischen Bindung. Inzwischen wurde aber erkannt, daß die Vorstellung, die Elektronen bewegten sich auf bestimm-

74 3 Bau der Atome

ten Bahnen um den Atomkern, die Wirklichkeit nicht hinreichend genau widerspiegelt. Sie lehnt sich zu sehr an die Mechanik der festen Körper an und ist daher nicht geeignet zu erklären, wie eine chemische Bindung zustande kommt. Im Orbitalmodell (↑ 3.6.2) steht heute auch eine anschauliche Darstellung der an sich nur mathematisch faßbaren Erkenntnisse der Wellen- bzw. Quantenmechanik über den Aufbau der Elektronenhülle zur Verfügung.

Der Bau der Elektronenhülle und die chemische Bindung werden im folgenden vorrangig mit Hilfe des Orbitalmodells dargestellt. In Kleindruckabschnitten werden dann jeweils die Beziehungen zu dem älteren BOHRschen Atommodell hergestellt.

3.2 Atomkern und Elektronenhülle

Jedes Atom besteht, wie zuerst ERNEST RUTHERFORD erkannte, aus Atomkern (↑ 3.3) und Elektronenhülle.

Elektronen sind Elementarteilchen (↑ 3.3), denen sowohl Korpuskular- als auch Wellencharakter zukommt.

Ein **Elektron** (Symbol e$^-$; auch ⊖) hat eine *Masse* von $9{,}1094 \cdot 10^{-28}$ g und eine negative elektrische *Ladung* von $1{,}6022 \cdot 10^{-19}$ A · s (Amperesekunden). Das ist die kleinste bekannte elektrische Ladung, die sog. **Elementarladung.**

Nach außen sind die Atome ungeladen (elektrisch neutral). Das beruht darauf, daß die negativen Ladungen der Elektronen durch positive Ladungen des Atomkerns kompensiert werden.

> **In jedem Atom ist die Anzahl der** (negativ geladenen) **Elektronen in der Hülle gleich der Anzahl der positiven Ladungen des Atomkerns.**

Beispiele: Im Wasserstoffatom steht einem einfach positiv geladenen Atomkern ein (negativ geladenes) Elektron gegenüber (↑ Bild 3-1a).
Im Berylliumatom stehen einem vierfach positiv geladenen Atomkern vier (negativ geladene) Elektronen gegenüber (↑ Bild 3-1b).

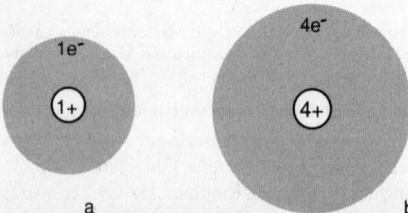

Bild 3-1: Kern und Elektronenhülle
a) des Wasserstoffatoms und
b) des Berylliumatoms

Zwischen dem Atomkern und den Elektronen bestehen elektrostatische Anziehungskräfte.

Der *Durchmesser eines Atoms*, d.h. der Durchmesser der Elektronenhülle eines Atoms, liegt in der Größenordnumng von 10^{-10} m (= 1 zehnmilliardstel Meter). Der *Durchmesser eines Atomkerns* liegt dagegen in der Größenordnung von 10^{-14} m (= 1 hundertbillionstel Meter). Er beträgt also nur etwa $1/10\,000$ des Atomdurchmessers.

Die Masse eines Atoms ist fast vollständig im Kern konzentriert.

Im leichtesten Atom, dem Wasserstoffatom, besitzt der *Kern* eine Masse von $1{,}6726 \cdot 10^{-24}$ g, während das *Elektron* nur eine Masse von $9{,}1094 \cdot 10^{-28}$ g hat. Die Masse eines Elektrons beträgt also nur $1/1\,836$ der Masse des Kerns des Wasserstoffatoms, bei dem es sich um ein einzelnes Proton (↑ 3.3) handelt.

3.3 Aufbau der Atomkerne

Wenn beim radioaktiven Zerfall aus den Atomen eines Elements Atome zweier anderer Elemente entstehen (z.B. Bleiatome und Heliumatome aus Radiumatomen), so müssen auch die Atomkerne der verschiedenen Elemente aus *gleichen* kleineren Teilchen *aufgebaut* sein.

> **Die Atomkerne aller Elemente bestehen aus den gleichen Nukleonen[1] (Kernbausteinen).**

Es gibt zwei Arten von **Nukleonen:**

Protonen und **Neutronen**

- Die **Protonen** (Symbol p) tragen eine positive elektrische Ladung von $1{,}6022 \cdot 10^{-19}$ A · s (↑ Elementarladung; 3.2) und haben eine Masse von $1{,}6726 \cdot 10^{-24}$ g.

- Die **Neutronen** (Symbol n) tragen keine elektrische Ladung und haben eine Masse von $1{,}6750 \cdot 10^{-24}$ g.

Die *Masse* eines Atomkerns ist also von der Anzahl der *Protonen* und von der Anzahl der *Neutronen* abhängig.
Die *Ladung* eines Atomkerns geht auf die Anzahl der in diesem Kern enthaltenen *Protonen* zurück.

Die Anzahl der (positiv geladenen) Protonen, die der Atomkern eines Elements enthält, wird als **Kernladungszahl** dieses Elements bezeichnet. Da die positive

---

[1] *nucleus* (lat.) Kern

Ladung eines Protons der negativen Ladung eines Elektrons dem absoluten Betrag nach gleich ist (Elementarladung), muß in einem (ungeladenen) Atom die Anzahl der (negativ geladenen) Elektronen gleich der Anzahl der (positiv geladenen) Protonen sein. Mit der Kernladungszahl ist also zugleich die *Anzahl der Elektronen* gegeben. Da die chemischen Eigenschaften eines Elements entscheidend von der Anzahl der Elektronen abhängen, die seine Atome besitzen (↑ Kap. 5), ist die Kernladungszahl das wichtigste Merkmal eines chemischen Elements.

> **Alle Atome eines Elements haben die gleiche Kernladungszahl (Protonenzahl, Elektronenzahl).**

Die Atome zweier Elemente haben stets unterschiedliche Kernladungszahlen. Nach dem heutigen Stand unserer Erkenntnisse sind Protonen, Neutronen und Elektronen nicht weiter teilbar. Sie werden daher als **Elementarteilchen** bezeichnet. Jedoch besitzen sowohl Protonen als auch Neutronen eine Feinstruktur. Es wird angenommen, daß Protonen und Neutronen aus noch kleineren, in isolierter Form bisher nicht nachgewiesenen Teilchen bestehen, die als *Quarks* bezeichnet werden. In der Atomphysik sind heute neben Protonen, Neutronen und Elektronen zahlreiche andere Elementarteilchen bekannt, die aber für die Chemie keine Rolle spielen.

3.4 Elemente als Atomarten

Der moderne Elementbegriff wird auf die atomare Betrachtungsebene bezogen (↑ 1.4):

> **Ein Element ist eine Atomart mit einer bestimmten Kernladungszahl.**

Auf der stofflichen Betrachtungsebene steht ihm der Begriff Elementsubstanz gegenüber:

> **Eine Elementsubstanz ist ein Stoff, der nur aus einer Atomart besteht.**

Die chemischen Elemente (Atomarten) bis zum Element Uran (Kernladungszahl 92) sind in Tafel 2 (Anhang) nach steigender Kernladungszahl geordnet. Dieses natürlichen Ordnungsprinzips wegen wird die Kernladungszahl auch **Ordnungszahl** genannt.

Die **Häufigkeit,** mit der die Elemente in der Natur vorkommen, ist unterschiedlich. Für die Zusammensetzung der *Erdrinde* aus den einzelnen Elementen liegen wohlbegründete *Schätzungen* vor. Unter Erdrinde wird vereinbarungsgemäß verstanden: die Lithosphäre (Gesteinshülle) bis 17 km Tiefe, die Hydrosphäre (Wasserhülle) und die Atmosphäre (Lufthülle) bis 15 km Höhe. Bild 3-2 zeigt die Anteile der häufigsten Elemente an der Erdrinde.

Nach ihrem Anteil an der Masse der *Erdkruste* (Lithosphäre bis 17 km Tiefe) sind die Elemente in Tabelle 3-1 geordnet.

Die größten Anteile an der Erdrinde (↑ Bild 3-2) haben

Sauerstoff (mit rund der Hälfte) und
Silicium (mit rund einem Viertel).

Zusammen mit den Elementen Aluminium, Eisen, Calcium, Natrium, Kalium, Magnesium, Titan und Wasserstoff bilden sie mehr als 99% der Erdrinde, so daß auf die restlichen Elemente weniger als 1% entfällt.

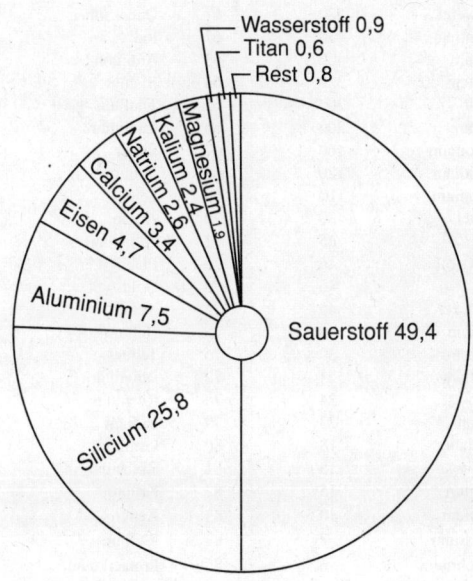

Bild 3-2: Häufigkeit der Elemente in der Erdrinde (Massenanteile in %)

Tabelle 3-1: *Massenanteile der Elemente an der Erdkruste* (nach MASON, RANKAMA, SAHAMA u.a.)

Lfd.Nr.	Element	g/t	Lfd.Nr.	Element	g/t
1	Sauerstoff	466 000	48	Germanium	2
2	Silicium	277 200	49	Beryllium	2
3	Aluminium	81 300	50	Arsen	2
4	Eisen	50 000	51	Uran	2
5	Calcium	36 300	52	Tantal	2
6	Kalium	28 300	53	Wolfram	1
7	Natrium	25 900	54	Molybdän	1
8	Magnesium	20 900	55	Caesium	1
9	Titan	4 400	56	Holmium	1
10	Wasserstoff	1 400	57	Europium	1
11	Phosphor	1 180	58	Thallium	1
12	Mangan	1 000	59	Terbium	0,9
13	Fluor	700	60	Lutetium	0,8
14	Schwefel	520	61	Quecksilber	0,5
15	Strontium	450	62	Iod	0,3
16	Barium	400	63	Antimon	0,2
17	Kohlenstoff	320	64	Bismut	0,2
18	Chlor	200	65	Thulium	0,2
19	Chrom	200	66	Cadmium	0,2
20	Zirconium	160	67	Silber	0,1
21	Rubidium	120	68	Indium	0,1
22	Vanadium	110	69	Selen	0,09
23	Nickel	80	70	Argon	0,04
24	Zink	65	71	Palladium	0,01
25	Stickstoff	46	72	Platin	0,005
26	Cer	46	73	Gold	0,005
27	Kupfer	45	74	Neon	0,005
28	Yttrium	40	75	Helium	0,003
29	Lithium	30	76	Tellur	0,002
30	Neodym	24	77	Rhodium	0,001
31	Niob	24	78	Rhenium	0,001
32	Cobalt	23	79	Iridium	0,001
33	Lanthan	18	80	Osmium	0,001
34	Blei	15	81	Ruthenium	0,001
35	Gallium	15	82	Krypton	$2 \cdot 10^{-4}$
36	Thorium	10	83	Xenon	$2,5 \cdot 10^{-5}$
37	Samarium	7	84	Radium	$1 \cdot 10^{-6}$
38	Gadolinium	6	85	Protactinium	$9 \cdot 10^{-7}$
39	Praseodym	6	86	Actinium	$6 \cdot 10^{-8}$
40	Scandium	5	87	Polonium	$2 \cdot 10^{-10}$
41	Hafnium	5	88	Radon	$6 \cdot 10^{-12}$
42	Dysprosium	5	89	Neptunium	$4 \cdot 10^{-14}$
43	Zinn	3	90	Plutonium	$2 \cdot 10^{-15}$
44	Bor	3	91	Francium	$1 \cdot 10^{-17}$
45	Ytterbium	3	92	Promethium	–
46	Erbium	3	93	Technetium	–
47	Brom	3	94	Astat	–

3.5 Nuklide – Isotope

In der Reihe der nach der Ordnungszahl (Kernladungszahl) angeordneten Elemente (↑ Tafel 2) nimmt die Anzahl der *Protonen* von Element zu Element jeweils um 1 zu. Die Anzahl der *Neutronen* und damit die Anzahl der *Nukleonen* steigt dagegen unregelmäßig.

Wasserstoff	1 Proton		= 1 Nukleon
Helium	2 Protonen	+ 2 Neutronen	= 4 Nukleonen
Lithium	3 Protonen	+ 4 Neutronen	= 7 Nukleonen
Beryllium	4 Protonen	+ 5 Neutronen	= 9 Nukleonen
Bor	5 Protonen	+ 6 Neutronen	= 11 Nukleonen
Kohlenstoff	6 Protonen	+ 6 Neutronen	= 12 Nukleonen
Stickstoff	7 Protonen	+ 7 Neutronen	= 14 Nukleonen
Sauerstoff	8 Protonen	+ 8 Neutronen	= 16 Nukleonen
Fluor	9 Protonen	+ 10 Neutronen	= 19 Nukleonen
Neon	10 Protonen	+ 10 Neutronen	= 20 Nukleonen

Die Anzahl der Nukleonen, die die Atome eines Elements besitzen, ist gleich der gerundeten relativen Atommasse A_r dieses Elements.

Beispiel: Wasserstoff: $A_r = 1{,}008$; 1 Nukleon
Kohlenstoff: $A_r = 12{,}01$; 12 Nukleonen

Die *Anzahl der Neutronen* läßt sich daher als *Differenz* aus gerundeter relativer Atommasse und Anzahl der Protonen (Kernladungszahl) ermitteln:

> **gerundete relative Atommasse**
> **- Kernladungszahl**
> —————————————
> **= Anzahl der Neutronen**

Atommasse und Kernladungszahl sind dem Periodensystem der Elemente oder Tafel 3 im Anhang zu entnehmen.

Beispiele: Wasserstoff: $1 - 1 = 0$ Neutronen
Kohlenstoff: $12 - 6 = 6$ Neutronen
Fluor: $19 - 9 = 10$ Neutronen

Beim Chlor und anderen Elementen, deren relative Atommassen stark von ganzzahligen Werten abweichen, stößt es auf Schwierigkeiten, in dieser Weise die Anzahl der Neutronen zu ermitteln, da die relative Atommasse sowohl auf- als auch abgerundet werden könnte.

Beispiele: Chlor 35,45; Kupfer 63,55

Heute ist bekannt, daß die meisten Elemente (Kernarten) in der Natur mit mehreren **Nukliden** auftreten.

Wie ein *Element* durch seine *Protonenzahl* (Kernladungszahl), so ist ein *Nuklid* durch seine *Protonenzahl und Neutronenzahl* eindeutig gekennzeichnet.

Die zum gleichen Element gehörenden Nuklide unterscheiden sich in ihrer *Neutronenzahl* und damit auch in ihrer *Nukleonenzahl*.

Beispiel: Das Element Chlor tritt in der Natur mit zwei Nukliden auf, von denen das eine 18, das andere 20 Neutronen im Kern enthält.

> **Ein Nuklid ist eine Atomart mit bestimmter Protonen- und Neutronenzahl.**

Wenn im Deutschen statt von Nukliden von *Kernarten* gesprochen wird, so ist zu beachten, daß damit selbstverständlich nicht isolierte Atomkerne gemeint sind, sondern Atome mit ihrer Elektronenhülle, die in ihren Atomkernen übereinstimmen.

Für die *Nuklide* gibt es eine besondere Symbolik. Links vom Symbol des jeweiligen Elements wird

> **oben** die **Massenzahl** $\quad ^{35}_{17}Cl$
> **unten** die **Kernladungszahl**

angegeben. Auf die Kernladungszahl wird allerdings meist verzichtet, da sie durch das Symbol des Elements schon eindeutig festliegt (↑ Tafel 1 am Ende des Bandes).

Es ist zu unterscheiden:
– Das Symbol Cl steht für das *Element* Chlor.
– Das Symbol ^{35}Cl steht für das *Nuklid* Chlor 35.

Die **Massenzahl** gibt an:
   Anzahl der Nukleonen = Summe der Protonen und Neutronen

Jedes Nukleon (Proton, Neutron) hat die Massenzahl 1.

Zwischen **Massenzahl** und **relativer Atommasse** besteht folgender Zusammenhang: Proton und Neutron haben fast die gleiche Masse (↑ 3.3). Die Masse eines Wasserstoffatoms ist fast vollständig in dessen Kern konzentriert, der aus einem einzelnen Proton besteht. Da die relative Atommasse des Wasserstoffs 1,0079 beträgt, ergibt sich, daß die Masse eines Protons (und damit auch die Masse eines Neutrons) annähernd gleich der Bezugsbasis der relativen Atommasse ($^{1}/_{12}$ der Masse des Kohlenstoffisotops ^{12}C) ist. Daher ist die Massenzahl gleich der gerundeten relativen Atommasse.

Mit Massenzahl und Kernladungszahl ist jedes Nuklid eindeutig gekennzeichnet:

> **Massenzahl** = Zahl der Nukleonen
> **Kernladungszahl** = Zahl der Protonen
> **Massenzahl − Kernladungszahl** = Zahl der Neutronen

Da jedes Element durch seine Kernladungszahl eindeutig bestimmt ist, gehören alle *Nuklide* (Kernarten), die sich bei *gleicher Protonenzahl* nur in ihrer

3.5 Nuklide – Isotope

Neutronenzahl unterscheiden, zum *gleichen Element* und sind daher im Periodensystem an der gleichen Stelle einzuordnen. Die zu einem Element gehörenden Nuklide werden dementsprechend als *isotope Nuklide* oder meist kurz als **Isotope**[1] bezeichnet

> **Isotope sind Nuklide (Kernarten), die die gleiche Kernladungszahl (Protonenzahl) besitzen und daher zum gleichen Element gehören.**

Die Isotope eines Elements unterscheiden sich in der Anzahl der Neutronen und dementsprechend auch in der *Anzahl der Nukleonen*.

Beispiel: Die Atomkerne der beiden in der Natur auftretenden Chlorisotope setzen sich wie folgt zusammen:
17 Protonen + 18 Neutronen = 35 Nukleonen
17 Protonen + 20 Neutronen = 37 Nukleonen

Da mit der Anzahl der Protonen auch die Anzahl der Elektronen gegeben ist und die chemischen Eigenschaften eines Elements von Anzahl und Anordnung der Elektronen abhängen, gilt allgemein:

Alle Isotope eines Elements haben die gleichen chemischen Eigenschaften, so daß sie sich mit chemischen Methoden nicht voneinander trennen lassen.

In der Natur treten manche Elemente nur mit *einem Nuklid* auf. Bei diesen Elementen besitzen alle Atome außer der gleichen Kernladungszahl (Protonenzahl) auch die gleiche Neutronenzahl und dementsprechend die gleiche Anzahl Nukleonen. Solche Elemente werden **Reinelemente** genannt. Nach dem heutigen Stand der Erkenntnis handelt es sich bei folgenden 21 Elementen um Reinelemente:

Beryllium	Cobalt	Praseodym
Fluor	Arsen	Terbium
Natrium	Yttrium	Holmium
Aluminium	Niob	Thulium
Phosphor	Rhodium	Gold
Scandium	Iod	Bismut
Mangan	Caesium	Thorium

---

[1] *isos* (grch.) gleich; *topos* (grch.) der Ort
Bislang wurden einzelne Kernarten häufig allgemein als *Isotope* bezeichnet. Aber bereits 1950 wurde international festgelegt, daß – der ursprünglichen Bedeutung dieser Bezeichnung entsprechend – von Isotopen nur dann zu sprechen ist, wenn es sich um verschiedene Kernarten *eines* Elements handelt. Ist allgemein von einer Kernart die Rede, so spricht man von einem **Nuklid**.
Beispiel:
^{12}C, ^{60}Co und ^{235}U sind *Nuklide*,
^{12}C, ^{13}C und ^{14}C sind *Isotope des Kohlenstoffs*.
Nuklid ist der Oberbegriff zu Isotop, d.h., jedes Isotop ist ein Nuklid. Von Isotopen darf nur gesprochen werden, wenn man zwei (oder mehr) Nuklide eines Elements miteinander in Beziehung setzt.

Elemente, die in der Natur als Gemisch aus zwei oder mehr *Isotopen* (isotopen Nukliden) auftreten, die also aus Atomen mit unterschiedlicher Neutronenzahl bestehen, werden **Mischelemente** genannt. Die meisten Elemente sind Mischelemente. Die *relative Atommasse* eines Mischelements bezieht sich auf das natürliche Isotopengemisch. Es handelt sich also um einen *Mittelwert,* der stark von ganzzahligen Werten abweichen kann, während die relative Atommasse von Reinelementen stets annähernd ganzzahlig ist. Solange der Sauerstoff, der selbst ein Mischelement ist, Bezugselement war, bezogen sich die in der Chemie verwendeten relativen Atommassen auf das natürliche Isotopengemisch des Sauerstoffs (↑ 2.2).

Die Anzahl der in der Natur auftretenden Isotope eines Elements beträgt bis zu zehn (beim Zinn).

Das Mischungsverhältnis, in dem die Isotope eines Elements auftreten, ist bei allen natürlichen Vorkommen dieses Elements nahezu gleich und bleibt bei chemischen Reaktionen unverändert.

Beispiel: In den in der Natur auftretenden Chlorverbindungen sind stets
75,8% Chloratome mit 18 Neutronen und
24,2% Chloratome mit 20 Neutronen enthalten.

In den letzten Jahrzehnten wurde (zuerst beim Schwefel) mit sehr genauen Meßmethoden festgestellt, daß bei den Mischelementen Proben unterschiedlicher Herkunft äußerst geringe Abweichungen in der Zusammensetzung des Isotopengemischs aufweisen können.

Die **Nuklide** (Kernarten) lassen sich einteilen:

- nach ihrer **Herkunft** in
  natürliche Nuklide und
  künstliche Nuklide;
- nach ihren **Eigenschaften** in
  stabile Nuklide und
  radioaktive Nuklide (*Radionuklide*).

Die Mehrzahl der in der Natur auftretenden Nuklide ist *stabil,* also nicht radioaktiv. Außer den in der Natur vorkommenden *radioaktiven* Nukliden gibt es heute viele Nuklide, die mit Mitteln der Kernphysik *künstlich erzeugt* wurden und sämtlich radioaktiv sind. Bisher sind mehr als 1500 Nuklide bekannt. Auch von den Elementen, die in der Natur als Reinelemente auftreten, wurden inzwischen zahlreiche weitere Nuklide künstlich erzeugt.

Beispiel: Das Reinelement Cobalt tritt in der Natur nur als Nuklid $^{59}_{27}$Co auf. Heute wird aber das Nuklid $^{60}_{27}$Co in erheblichem Umfange künstlich erzeugt und unter anderem in der Medizin anstelle von Radium verwendet. $^{59}_{27}$Co und $^{60}_{27}$Co sind aufgrund der gleichen Kernladungszahl *isotope Nuklide*; sie sind *Isotope des Cobalts.*

Die radioaktiven Nuklide zerfallen spontan unter Aussendung von Strahlen (α-, β-, γ-Strahlen) in andere Nuklide. Dieser *radioaktive Zerfall* geht teils sehr langsam (Zerfall der Hälfte einer Substanz in einigen Milliarden Jahren; sog. Halbwertszeit), teils außerordentlich rasch (in Sekundenbruchteilen) vonstatten.

Von den natürlich vorkommenden Elementen hat das Uran mit 92 die höchste Kernladungszahl. Alle Elemente mit den Kernladungszahlen 93 und größer, die *Transurane,* wurden künstlich erzeugt. Aber auch in der Reihe bis zum Uran sind vier Elemente nur in Form künstlich erzeugter Nuklide zugänglich:

Technetium (43)   *Astat* (85)
Promethium (61)   *Francium* (87)

In äußerst geringen Spuren wurden Francium, Neptunium und Plutonium inzwischen auch in natürlichen radioaktiven Zerfallsprodukten nachgewiesen (↑ Tab. 3-1).

3.6 Aufbau der Elektronenhülle

3.6.1 Energieniveaus der Elektronen im Atom

Die Elektronenhülle der Atome weist eine bestimmte Struktur auf, die auf dem unterschiedlichen *Energiegehalt* der einzelnen Elektronen innerhalb eines Atoms beruht. BOHR erkannte als erster, daß die Elektronen nur ganz bestimmte Energiezustände einnehmen können. Die *Energieniveaus* (Energiestufen), auf denen sich die Elektronen innerhalb eines Atoms befinden können, sind im Bild 3-3 dargestellt.

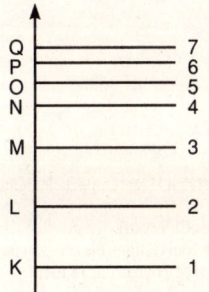

Bild 3-3: Energieniveaus in der Elektronenhülle

Die Anzahl der Elektronen, mit der die einzelnen Energieniveaus maximal besetzt sein können, beträgt

$$2n^2 ,$$

wobei n die Nummer des Energieniveaus ist. Die Energieniveaus werden, mit dem niedrigsten beginnend, mit arabischen Ziffern oder mit den Buchstaben

K bis Q bezeichnet (↑ Bild 3-3). Die maximale Besetzung der ersten vier Energieniveaus beträgt:

$$2 \cdot 1^2 = 2 \text{ Elektronen}$$
$$2 \cdot 2^2 = 8 \text{ Elektronen}$$
$$2 \cdot 3^2 = 18 \text{ Elektronen}$$
$$2 \cdot 4^2 = 32 \text{ Elektronen}$$

Für die höheren Energieniveaus wird die maximale Elektronenbesetzung bei den bisher bekannten Elementen nicht erreicht.

Wie die 20 leichtesten Elemente (Wasserstoff bis Calcium) zur Auffüllung der Energieniveaus beitragen, zeigt Bild 3-4a. Daraus lassen sich für diese Elemente einfache Atommodelle ableiten, indem die Elektronen – von unten nach oben und von links nach rechts fortschreitend – bis zu dem Elektron aufgezeichnet werden, das das Symbol des gewünschten Elements trägt (↑ Bild 3-4b bis d).

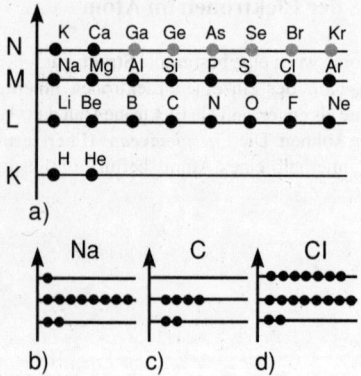

Bild 3-4: a) Fortschreitende Besetzung der Energieniveaus bei den Hauptgruppenelementen Wasserstoff bis Krypton
Energiemodelle des Natriums (b), des Kohlenstoffs (c) und des Chlors (d).
(Die grau symbolisierten Elektronen auf dem N-Niveau werden vom Gallium bis zum Krypton erst eingebaut, nachdem vorher vom Scandium bis zum Zink das M-Niveau mit 18 Elektronen voll besetzt worden ist.)

Befindet sich ein Atom im *Grundzustand,* so nimmt jedes seiner Elektronen ein möglichst *niedriges* Energieniveau ein. Durch Energiezufuhr, z.B. durch Zufuhr von Wärme, können Elektronen auf höhere Energieniveaus gehoben werden. Das Atom befindet sich dann in einem *angeregten Zustand.* Da jedes Elektron die Tendenz hat, ein möglichst niedriges Energieniveau einzunehmen, rücken auf die bei der Anregung des Atoms frei gewordenen Plätze in den niedrigeren Energieniveaus Elektronen von den höheren Energieniveaus

3.6 Aufbau der Elektronenhülle

nach. Dabei geben diese Elektronen jene Energie ab, die der Differenz zwischen den beiden Energieniveaus entspricht. Das kann z.B. als Lichtstrahlung in Erscheinung treten. Aus den Spektrallinien des emittierten (ausgestrahlten) Lichts können Rückschlüsse auf die Energieniveaus der Atome gezogen werden.

Beispiel: Wird Natriumchlorid in eine Gasflamme gebracht, so tritt ein gelbes Aufleuchten ein. Durch das Erwärmen werden in einem Teil der Natriumatome Elektronen auf ein höheres Energieniveau gehoben. Unter Abgabe von Energie in Form von Licht rücken andere Elektronen in die frei gewordenen Plätze in dem niedrigeren Energieniveau ein (↑ Bild 3-5).

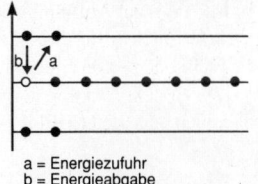

a = Energiezufuhr
b = Energieabgabe

Bild 3-5:
a) Durch Energiezufuhr wird ein Elektron auf ein höheres Niveau gehoben.
b) Ein anderes Elektron nimmt unter Energieabgabe den frei gewordenen Platz auf dem niedrigeren Energieniveau ein.

Nach dem **BOHRschen Atommodell** werden die Energiezustände der Elektronen in Anlehnung an den Aufbau unseres Planetensystems so erläutert, daß sich jedes Elektron auf einer seinem Energiezustand entsprechenden kreisförmigen Bahn um den Atomkern bewegt. Dabei haben Elektronen mit annähernd gleichem Energiezustand Bahnen mit annähernd gleichem Abstand vom Atomkern. BOHR faßte die Elektronen mit annähernd gleichem Energiezustand zu Gruppen zusammen, die als *Elektronenschalen* bezeichnet wurden. Anschaulich vorstellen kann man sich diesen Schalenaufbau des Atoms so, daß sich die Elektronen auf ineinanderliegenden Kugelschalen bewegen, in deren Mittelpunkt der Atomkern steht (Bild 3-6).

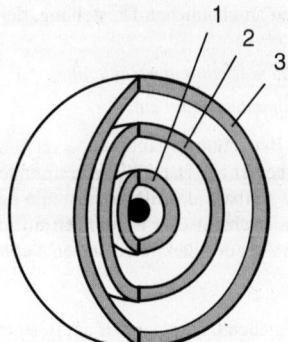

Bild 3-6: Schalenaufbau eines Atoms der 3. Periode des PSE

Diese Elektronenschalen entsprechen den – im Bild 3-3 dargestellten – Energieniveaus. Im Bild 3-7 erfolgt eine Gegenüberstellung. Bei der Numerierung der Elektronenschalen wird mit der dem Atomkern am nächsten liegenden Schale begonnen, die dem niedrigsten Energieniveau entspricht. Die äußerste Elektronenschale bildet die äußere Begrenzung des Atoms. Diese Modellvorstellungen reichen aber heute nicht mehr aus, um Sachverhalte der chemischen Bindung zu erklären.

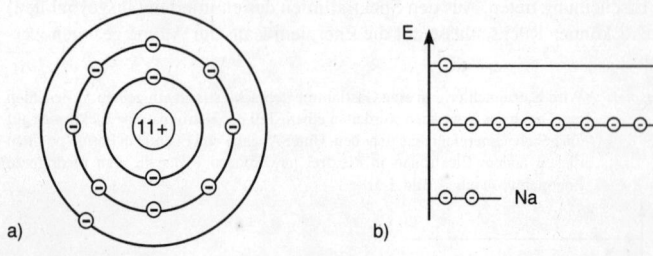

Bild 3-7: Natriumatom a) Atommodell nach BOHR
b) Energieniveauschema

3.6.2 Orbitalmodell des Atoms

Die neueren quantenmechanischen bzw. wellenmechanischen (↑ 3.1) Modellvorstellungen über den Aufbau der Elektronenhülle der Atome gehen davon aus, daß für das einzelne Elektron keine bestimmte Bahn angegeben werden kann, sondern lediglich der Raum, in dem es sich befindet. Dieser Raum wird **Orbital** genannt.[1]

Da das Elektron zugleich Teilchencharakter und Wellencharakter hat (↑ 3.1), können für die neueren Modellvorstellungen *zwei* Betrachtungsstandpunkte gewählt werden, die aber beide zur gleichen anschaulichen Darstellung, dem *Orbitalmodell* des Atoms, führen.

- *Als Teilchen hält sich das Elektron in einem bestimmten Raum auf.*
- *Als Welle nimmt das Elektron einen bestimmten Raum ein.*

In der chemischen Literatur werden beide Betrachtungsstandpunkte verwendet, da sich teils der eine, teils der andere besser zur Darstellung bestimmter Sachverhalte eignet. Zum Verständnis des Aufbaus der Elektronenhülle der Atome sowie der darin beim Zustandekommen chemischer Bindungen auftretenden Veränderungen muß der Doppelcharakter des Elektrons, dessen *Dualität*, stets beachtet werden.

Vom **Teilchencharakter des Elektrons** ausgehend, kommen wir am Beispiel des einfachsten Atoms, des Wasserstoffatoms, durch folgende Überlegungen

---

[1] Die Bezeichnung Orbital kommt aus dem Englischen. Sie bedeutet soviel wie »bahnähnlicher Zustand« und ist aus *orbis* (lat. Kreis) abgeleitet. Von der Vorstellung bestimmter Bahnen des Elektrons muß man sich allerdings bei der Verwendung des Begriffs Orbital gerade lösen. Der Begriff Orbital, der einen Raum bezeichnet, nimmt bei der Beschreibung des quanten- bzw. wellenmechanischen Atommodells die Stelle ein, an der beim BOHRschen Atommodell die Bezeichnung Elektronenbahn steht.

zu einer Vorstellung vom *Orbitalmodell*. Im Wasserstoffatom nimmt die Wahrscheinlichkeit, das eine Elektron anzutreffen, vom Atomkern aus in allen Richtungen des Raumes in gleicher Weise ab. Für das Wasserstoffatom ergibt sich daher ein kugelsymmetrisches Atommodell, wie im Bild 3-8 gezeigt wird.

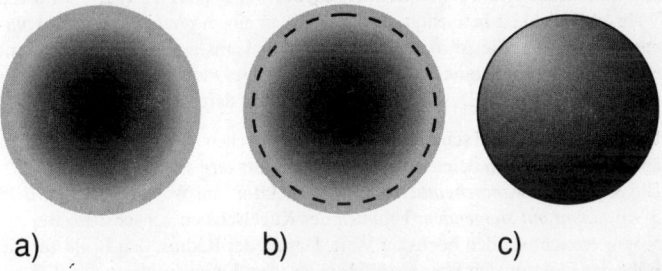

Bild 3-8: Wasserstoffatom a) Aufenthaltswahrscheinlichkeit des 1s-Elektrons (im Schnitt)
b) Bereich mit 90 % Aufenthaltswahrscheinlichkeit (im Schnitt)
c) 1s-Orbital (in der Draufsicht)

Bild 3-8a geht auf folgendes Gedankenexperiment zurück: Ein Fotofilm wird in die Ebene des Atomkerns gebracht. Indem das Elektron fortgesetzt diesen Film durchstößt, hinterläßt es jeweils einen Punkt. In der Nähe des Atomkerns sind die Punkte am häufigsten, nach außen werden sie immer seltener.

Die Aufenthaltswahrscheinlichkeit eines Elektrons im Wasserstoffatom läßt sich nach einer von ERWIN SCHRÖDINGER angegebenen Gleichung berechnen. Dabei ist zwischen Wahrscheinlichkeit und Wahrscheinlichkeitsdichte zu unterscheiden (Bild 3-9):

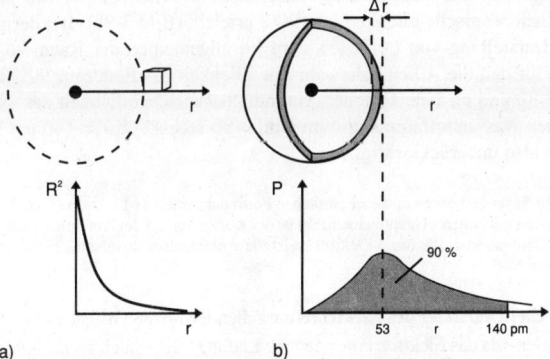

Bild 3-9: Aufenthaltswahrscheinlichkeitsdichte (a) und Aufenthaltswahrscheinlichkeit (b) des 1s-Elektrons

$$\frac{\text{Aufenthaltswahrscheinlichkeit}}{\text{Volumen}} = \text{Aufenthaltswahr-scheinlichkeitsdichte}$$

Als **Aufenthaltswahrscheinlichkeitsdichte**[1] (Formelzeichen R^2) wird die Wahrscheinlichkeit betrachtet, das Elektron in einem *gleichbleibenden Volumen* anzutreffen. Sie ist in der Nähe des Atomkerns am größten und nimmt entlang eines vom Atomkern ausgehenden Strahles r zunächst rasch und dann immer langsamer ab. Das ergibt die im Bild 3-9a dargestellte Kurve.

Die **Aufenthaltswahrscheinlichkeit** (Formelzeichen P) bezieht sich dagegen auf *Kugelschalen,* in deren Mittelpunkt der Atomkern steht.
Die *Aufenthaltswahrscheinlichkeit P* des Elektrons im Wasserstoffatom (Bild 3-9b) *nimmt mit steigendem Volumen* der Kugelschalen zunächst *zu*. Bei $r = 53$ pm erreicht sie den höchsten Wert. Das ist der Radius, den BOHR für die Bahn des Elektrons im Wasserstoffatom aus dem Linienspektrum des Wasserstoffs errechnet hat.
Jenseits dieses Radius wird die *Zunahme* des Volumens der Kugelschalen durch die *Abnahme* der Wahrscheinlichkeitsdichte R^2 (Bild 3-9a) überkompensiert, so daß die Aufenthaltswahrscheinlichkeit P in den Kugelschalen *abnimmt* (Bild 3-9b). Aber erst in großer Entfernung vom Atomkern nähert sie sich dem Wert Null. Dadurch wird es unmöglich, eine äußere Begrenzung für den Raum anzugeben, in dem sich das Elektron des Wasserstoffatoms aufhalten kann. Deshalb läßt sich auch für das Wasserstoffatom selbst eine äußere Begrenzung nicht ermitteln.

Um für eine graphische Darstellung der Orbitale zu einer äußeren Begrenzung zu kommen, wird diese durch folgende Überlegungen willkürlich festgelegt: Werden die Aufenthaltswahrscheinlichkeiten P für alle Kugelschalen vom Atomkern aus mit wachsendem r summiert, so wird bei $r = 140$ pm eine Aufenthaltswahrscheinlichkeit von 90% erreicht (Bild 3-9b). Bei der graphischen Darstellung von Orbitalen wird im allgemeinen der Raum zugrunde gelegt, für den die Aufenthaltswahrscheinlichkeit des Elektrons 90% beträgt (Bild 3-8b und c). Jene 10% der Aufenthaltswahrscheinlichkeit des 1s-Elektrons des Wasserstoffatoms, die im Bild 3-9b rechts von $r = 140$ pm liegen, bleiben also unberücksichtigt.

Diese Überlegungen gelten in dieser einfachen Form nur für das 1s-Elektron (↑ 3.6.3). Für die s-Elektronen mit höherer Hauptquantenzahl ist der Kurvenverlauf der Aufenthaltswahrscheinlichkeit komplizierter. Für die p-Elektronen ist die Aufenthaltswahrscheinlichkeit am Atomkern gleich Null.

Vom **Wellencharakter des Elektrons** ausgehend, wird das Orbital als *Elektronenwolke* oder – da das Elektron eine negative Ladung trägt – auch als *Ladungswolke*

---

[1] Die Aufenthaltswahrscheinlichkeitsdichte R^2 geht auf den Radialanteil R der Wellenfunktion ψ zurück, die nach der SCHRÖDINGER-Gleichung das Orbital mathematisch widergibt.

3.6 Aufbau der Elektronenhülle

aufgefaßt. Der Ordinate im Bild 3-9a wird dann anstelle der Wahrscheinlichkeitsdichte die *Ladungsdichte* zugeordnet:

$$\frac{\text{Ladung}}{\text{Volumen}} = \text{Ladungsdichte}$$

der Ordinate im Bild 3-9b die *Ladung*. Die Ladung des Elektrons ist über den Raum um den Atomkern ungleichmäßig verteilt (mitunter wird gesagt »verschmiert«). Die gerasterte Fläche im Bild 3-9b gibt den Bereich an, der 90% der Ladung umfaßt.

Es gibt also zwei Betrachtungsstandpunkte für den gleichen Sachverhalt:

Im *Orbitalmodell* wird der *Raum* dargestellt,
– in dem sich das Elektron mit 90% *Wahrscheinlichkeit* aufhält,
– der 90% der *Ladung* des Elektrons umfaßt.

Jedes Orbital kann zwei Elektronen aufnehmen.

Das Orbitalmodell des Wasserstoffatoms (Bild 3-8c) gilt daher auch für das *Heliumatom*, zu dem *zwei* Elektronen gehören.
Befindet sich in einem Orbital nur ein Elektron, wie es beim Wasserstoffatom der Fall ist, so spricht man von einem *einfach* besetzten Orbital. Befinden sich in einem Orbital zwei Elektronen, so spricht man von einem *doppelt* besetzten oder auch *voll* besetzten Orbital. Die einfach besetzten Orbitale spielen beim Zustandekommen einer chemischen Bindung eine wichtige Rolle (↑ 5.1.2).

Die beiden in einem Orbital befindlichen Elektronen unterscheiden sich in ihrem Spin.

Der Spin ist eine Eigenschaft des Elektrons, die mit unseren herkömmlichen Vorstellungen nicht exakt erklärt werden kann. Er kann *verglichen* werden mit der Rotation einer Kugel um eine Achse. Den beiden Elektronen eines Orbitals kommen dabei entgegengesetzte Drehrichtungen zu. Man sagt: Die Elektronen besitzen *antiparallelen Spin*.

Als Symbol für die Orbitale werden Kästchen verwendet, in denen die Elektronen als Pfeile wiedergegeben werden.
Die entgegengesetzte Richtung der Pfeile gibt den antiparallelen Spin der beiden Elektronen an.

☐	unbesetztes Orbital
↑	Orbital mit einem Elektron
↑↓	Orbital mit zwei Elektronen

3.6.3 s-Elektronen – s-Orbitale

> Die kugelförmigen Orbitale werden **s-Orbitale**,
> die darin befindlichen Elektronen **s-Elektronen** genannt.

Im BOHR-SOMMERFELDschen Atommodell, das zwischen kreisförmigen und elliptischen Elektronenbahnen unterscheidet, kommen den s-Elektronen die kreisförmigen Bahnen zu.

Auf jedem Energieniveau (↑ Bild 3-3) gibt es nur *ein* s-Orbital und demnach höchstens *zwei* s-Elektronen. Die s-Orbitale werden wie folgt bezeichnet:

das s-Orbital des 1. Energieniveaus als **1s-Orbital**,
das s-Orbital des 2. Energieniveaus als **2s-Orbital**,
das s-Orbital des 3. Energieniveaus als **3s-Orbital**,
das s-Orbital des 4. Energieniveaus als **4s-Orbital** usw.

Der Radius der s-Orbitale wächst von Energieniveau zu Energieniveau, wobei stets der Atomkern den Mittelpunkt bildet. Das 1s-Orbital liegt demnach innerhalb des 2s-Orbitals, dieses innerhalb des 3s-Orbitals usw. (↑ Bild 3-6). Auf diese Weise kommt ein schalenförmiger Aufbau zustande. Die Energieniveaus werden daher auch beim Orbitalmodell vielfach als *Elektronenschalen* bezeichnet, obwohl dieser Begriff ursprünglich dem BOHRschen Atommodell zugehört.

Für die *Elektronenbesetzung* der Atome gibt es eine Symbolik, bei der

- eine **Ziffer** das **Energieniveau** (die Elektronenschale),
- ein **Buchstabe** die **Art des Orbitals** und
- eine **hochgestellte Ziffer** die **Anzahl der Elektronen**

angibt. Von der quantenmechanischen Betrachtung des Aufbaus der Elektronenhülle ausgehend, wird die Ziffer des Energieniveaus auch als *Hauptquantenzahl* bezeichnet, während der Buchstabe der *Nebenquantenzahl* entspricht (↑ 3.6.6; Tab 3-2). Der *Wasserstoff* hat folgende Elektronenbesetzung:

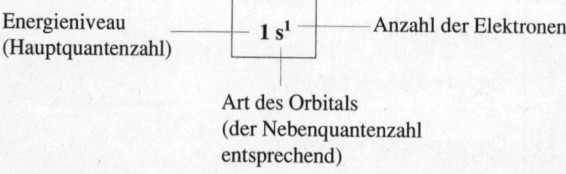

Energieniveau — $1s^1$ — Anzahl der Elektronen
(Hauptquantenzahl)

Art des Orbitals
(der Nebenquantenzahl
entsprechend)

Dem entspricht das Orbitalsymbol für Wasserstoff:

$1s^1$

Das heißt: Die Atome des Wasserstoffs haben ein Elektron, das sich auf dem 1. Energieniveau in einem s-Orbital befindet.

Die weitere Besetzung der s-Orbitale verläuft wie folgt:

Helium (2 Elektronen) $1s^2$
Lithium (3 Elektronen) $1s^2 \quad 2s^1$
Beryllium (4 Elektronen) $1s^2 \quad 2s^2$

Beim Helium ist das 1s-Orbital und damit das 1. Energieniveau voll besetzt. Beim Lithium wird mit der Besetzung des 2. Energieniveaus begonnen, dessen 2s-Orbital beim Beryllium voll besetzt ist (↑ Bild 3-10).

Das 2. Energieniveau vermag 8 Elektronen zu fassen (↑ 3.6.1). Davon befinden sich nur 2 Elektronen in einem s-Orbital, die übrigen 6 in Orbitalen von anderer Form (↑ 3.6.4).

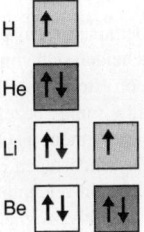

Bild 3-10: Elektronenbesetzung der Elemente Wasserstoff bis Beryllium (1s- und 2s-Orbital)

3.6.4 p-Elektronen – p-Orbitale

Im 2. Energieniveau treten in den Atomen – neben dem s-Orbital – Orbitale auf, die nach dem heutigen Erkenntnisstand die im Bild 3-11 wiedergegebene Gestalt aufweisen. Der Bereich der 90%igen Aufenthaltswahrscheinlichkeit der Elektronen besteht in diesem Falle aus zwei Hälften, von denen jede rotationssymmetrisch zu einer gemeinsamen Achse liegt. Diese Achse steht senkrecht auf der Ebene, die die beiden Hälften des Orbitals voneinander trennt.

> **Die rotationssymmetrischen Orbitale werden p-Orbitale, die darin befindlichen Elektronen p-Elektronen genannt.**

Jedes p-Orbital kann *zwei* Elektronen aufnehmen. Diese besetzen beide Hälften des Orbitals *gemeinsam*. (Die Vorstellung, jede Hälfte des p-Orbitals enthalte eines dieser Elektronen, ist falsch.)

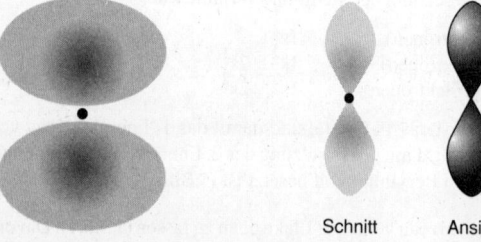

Bild 3-11: 2p-Orbital (Bereich der 90 %igen Aufenthaltswahrscheinlichkeit des Elektrons)

Bild 3-12: p-Orbital (vereinfachte Darstellung)

Auf jedem Energieniveau gibt es *drei* p-Orbitale und demnach *sechs* p-Elektronen. Die drei p-Orbitale eines Energieniveaus unterscheiden sich voneinander durch ihre *räumliche Anordnung*. Ihre Achsen stehen senkrecht aufeinander (↑ Bild 3-13a). Diese drei Achsen werden mit x, y und z bezeichnet. Dementsprechend wird auf jedem Energieniveau zwischen einem p_x-Orbital, einem p_y-Orbital und einem p_z-Orbital unterschieden. (Die Buchstaben x, y und z entsprechen hier einer *dritten* Quantenzahl, die zur Kennzeichnung des Energiezustandes eines Elektrons erforderlich ist. Sie wird als *Magnetquantenzahl* bezeichnet, da sie Aussagen über den Einfluß eines Magnetfeldes auf die Elektronenhülle eines Atoms ermöglicht.)

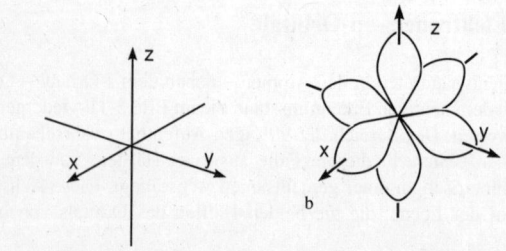

Bild 3-13: a) Die Achsen der drei p-Orbitale stehen senkrecht aufeinander.
b) Räumliche Anordnung der drei p-Orbitale

3.6 Aufbau der Elektronenhülle

Die drei p-Orbitale eines Energieniveaus (einer Elektronenschale) durchdringen einander. Da es schwierig ist, das in einer Zeichnung darzustellen, wird für die zeichnerische Wiedergabe der p-Orbitale die im Bild 3-12 gezeigte Form bevorzugt. (Dabei muß beachtet werden, daß sie die Wirklichkeit weniger exakt widerspiegelt als die im Bild 3-11 gezeigte Form. Aber auch Bild 3-12 läßt erkennen, daß die Aufenthaltswahrscheinlichkeit der p-Elektronen in der Nähe des Kerns am geringsten ist.) Bild 13b zeigt die räumliche Anordnung der drei p-Orbitale.

Nach dem BOHR-SOMMERFELDschen Atommodell kommen den p-Elektronen elliptische Bahnen zu. Den Achsen der drei p-Orbitale entsprechen dabei unterschiedliche Bahnebenen.

In der Reihe der nach steigender Kernladungszahl – die zugleich die Anzahl der Elektronen angibt – geordneten Elemente tritt beim Bor erstmals ein p-Elektron auf. Die Besetzung der p-Orbitale des 2. Energieniveaus verläuft wie folgt (↑ auch Bild 3-14):

5 Bor	$1s^2$	$2s^2$	$2p^1$	$2p_x^1$		
6 Kohlenstoff	$1s^2$	$2s^2$	$2p^2$	$2p_x^1$	$2p_y^1$	
7 Stickstoff	$1s^2$	$2s^2$	$2p^3$	$2p_x^1$	$2p_y^1$	$2p_z^1$
8 Sauerstoff	$1s^2$	$2s^2$	$2p^4$	$2p_x^2$	$2p_y^1$	$2p_z^1$
9 Fluor	$1s^2$	$2s^2$	$2p^5$	$2p_x^2$	$2p_y^2$	$2p_z^1$
10 Neon	$1s^2$	$2s^2$	$2p^6$	$2p_x^2$	$2p_y^2$	$2p_z^2$

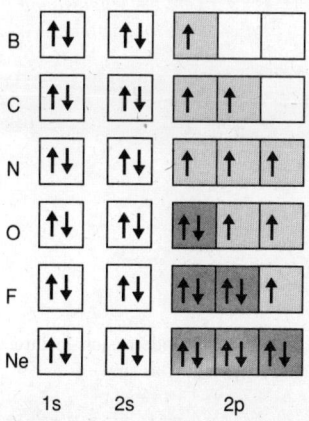

Bild 3-14: Elektronenbesetzung der Elemente Bor bis Neon (2p-Orbitale)

In der Übersicht auf S. 93 wurde rechts von dem senkrechten Strich gesondert angegeben, wie sich die 2p-Elektronen auf die drei p-Orbitale verteilen. Zunächst erhält jedes 2p-Orbital *ein* Elektron, bevor beim Sauerstoff mit der vollen Besetzung durch ein *zweites* Elektron begonnen wird (↑ HUNDsche Regel; 3.6.6). Innerhalb eines Energieniveaus wird jedoch zunächst das s-Orbital mit 2 Elektronen voll besetzt (z.B. beim Beryllium), bevor die Besetzung der p-Orbitale (z.B. beim Bor) beginnt. Das beruht darauf, daß innerhalb eines Energieniveaus der Energiegehalt der s-Elektronen geringer ist als der der p-Elektronen (↑ 3.6.6).

Beim *Neon* ist die Besetzung der drei 2p-Orbitale und damit auch die des 2. Energieniveaus (der 2. Elektronenschale) abgeschlossen. Beim folgenden Element *Natrium* wird nach folgender Übersicht mit der Besetzung des 3. Energieniveaus (der 3. Elektronenschale) begonnen (↑ auch Bild 4-1).

11 Natrium	$1s^2$	$2s^2$	$2p^6$	$3s^1$		
12 Magnesium	$1s^2$	$2s^2$	$2p^6$	$3s^2$		
13 Aluminium	$1s^2$	$2s^2$	$2p^6$	$3s^2$	$3p^1$	
14 Silicium	$1s^2$	$2s^2$	$2p^6$	$3s^2$	$3p^2$	
15 Phosphor	$1s^2$	$2s^2$	$2p^6$	$3s^2$	$3p^3$	
16 Schwefel	$1s^2$	$2s^2$	$2p^6$	$3s^2$	$3p^4$	
17 Chlor	$1s^2$	$2s^2$	$2p^6$	$3s^2$	$3p^5$	
18 Argon	$1s^2$	$2s^2$	$2p^6$	$3s^2$	$3p^6$	
19 Kalium	$1s^2$	$2s^2$	$2p^6$	$3s^2$	$3p^6$	$4s^1$
20 Calcium	$1s^2$	$2s^2$	$2p^6$	$3s^2$	$3p^6$	$4s^2$
21 Scandium	$1s^2$	$2s^2$	$2p^6$	$3s^2$	$3p^6$	$3d^1$ $4s^2$

Heliumrumpf

Neonrumpf

Argonrumpf

Die Orbitale, die bei den Edelgasen voll besetzt sind, ändern sich in ihrer Besetzung bei den nachfolgenden Elementen nicht mehr. Das sind

- beim Helium: $1s^2$ (auch *Heliumrumpf* genannt),
- beim Neon: $1s^2\ 2s^2\ 2p^6$ (auch *Neonrumpf* genannt),
- beim Argon: $1s^2\ 2s^2\ 2p^6\ 3s^2\ 3p^6$ (auch *Argonrumpf* genannt).

Aus vorstehender Übersicht geht hervor:

Beim *Magnesium* ist das 3s-Orbital voll besetzt, vom *Aluminium* bis zum *Argon* werden die 3p-Orbitale besetzt, wobei wiederum jedes p-Orbital zunächst ein Elektron erhält (HUNDsche Regel; ↑ 3.6.6).

Beim *Kalium* beginnt mit dem 4s-Orbital die Besetzung des 4. Energieniveaus (der 4. Elektronenschale), obwohl das 3. Energieniveau, das 18 Elektronen aufnehmen kann, erst 8 Elektronen aufweist. Erst nachdem beim *Calcium* das 4s-Orbital mit zwei Elektronen voll besetzt ist, beginnt mit dem *Scandium* die weitere Besetzung des 3. Energieniveaus. Dabei tritt mit den 3d-Orbitalen eine weitere Art von Orbitalen auf. Die Reihenfolge der Besetzung läßt erkennen, daß die 3d-Orbitale einen niedrigeren Energiezustand aufweisen als die 4p-Orbitale (↑ 3.6.6).

3.6.5 d-Elektronen und f-Elektronen

Das 1. Energieniveau umfaßt nur ein s-Orbital, das 2. Energieniveau neben einem s-Orbital noch drei p-Orbitale. Diese Orbitale treten auch auf allen höheren Energieniveaus auf. Vom 3. Energieniveau an kommen aber fünf weitere Orbitale hinzu, die als **d-Orbitale** bezeichnet werden, und vom 4. Energieniveau an noch *sieben* weitere Orbitale, die **f-Orbitale** genannt werden. Jedes dieser Orbitale kann zwei Elektronen aufnehmen, die sich durch ihren Spin (↑ 3.6.2) unterscheiden. Über die Beteiligung der verschiedenen Orbitale am Aufbau der Elektronenhülle gibt Tabelle 3-2 Auskunft.

Bild 3-15: Grundform eines d-Orbitals

Schnitt   Ansicht

Die fünf d-Orbitale unterscheiden sich voneinander in der räumlichen Gestalt, was – wie bei den p-Orbitalen – in unterschiedlichen Magnetquantenzahlen (↑ S. 92 u. 97) zum Ausdruck kommt. Das gleiche gilt für die f-Orbitale. Die Grundform der d-Orbitale ist eine viergliedrige Rosette (↑ Bild 3-15).

3.6.6 Hauptenergieniveaus – Nebenenergieniveaus

Die zu *einem* Energieniveau (einer Elektronenschale) gehörenden Elektronen (↑ Bild 3-3) unterscheiden sich in ihrem Energiezustand beträchtlich, wenn sie *unterschiedliche* Orbitale besetzen. Daher werden Energieniveaus, die unterschiedliche Orbitale umfassen, *aufgespalten* (↑ Bild 3-16). Das führt zu einer Unterscheidung von Hauptenergieniveaus und Nebenenergieniveaus.

Das **Hauptenergieniveau** wird durch die **Hauptquantenzahl** n bezeichnet. Bei den bisher bekannten Elementen reichen die Hauptquantenzahlen von 1 bis 7.

Die **Nebenenergieniveaus** werden durch die **Nebenquantenzahl** l bezeichnet. Die Nebenquantenzahl kann alle ganzzahligen Werte von 0 bis $n-1$ annehmen. Da sie die Zugehörigkeit zu einer bestimmten Art von Orbitalen angibt, wird sie auch *Orbitalquantenzahl* genannt. Dabei gelten die in Tabelle 3-2 wiedergegebenen Zuordnungen.

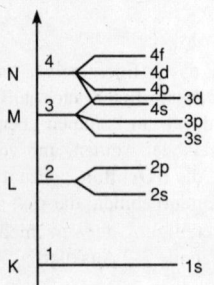

Bild 3-16. Aufspaltung der Hauptenergieniveaus in Nebenenergieniveaus

Tabelle 3-2: *Aufbau der Elektronenhülle*

Hauptenergieniveau = Hauptquantenzahl n	Nebenenergieniveau Nebenquantenzahl l	Art des Orbitals	Bezeichnung des Orbitals	Anzahl der Orbitale		Anzahl der Elektronen	
1	0	s	1s	1		2	
2	0	s	2s	1 ⎫	4	2 ⎫	8
	1	p	2p	3 ⎭		6 ⎭	
3	0	s	3s	1 ⎫		2 ⎫	
	1	p	3p	3 ⎬	9	6 ⎬	18
	2	d	3d	5 ⎭		10 ⎭	
4	0	s	4s	1 ⎫		2 ⎫	
	1	p	4p	3 ⎬	16	6 ⎬	32
	2	d	4d	5 ⎬		10 ⎬	
	3	f	4f	7 ⎭		14 ⎭	

3.6 Aufbau der Elektronenhülle

Beim 5. Hauptenergieniveau ist theoretisch auch die Nebenquantenzahl 4 möglich, die einer weiteren Art von Orbitalen entsprechen würde. Bei den bisher bekannten Elementen werden aber die der Nebenquantenzahl 4 entsprechenden Orbitale nicht besetzt. Das 5. Hauptenergieniveau umfaßt demnach 5s-, 5p-, 5d- und 5f-Orbitale. Welche Orbitale im 6. und 7. Hauptenergieniveau besetzt sind, geht aus Tafel 2 am Ende des Buches hervor.

Für den Aufbau der Elektronenhülle jedes Atoms gilt ein von dem Österreicher WOLFGANG PAULI 1926 erkanntes Naturgesetz, das als PAULI-Prinzip (auch PAULI-Verbot) bekannt ist.

> **Von den Elektronen eines Atoms befinden sich niemals zwei im gleichen Zustand.**

Für Elektronen, die in der Hauptquantenzahl und der Nebenquantenzahl übereinstimmen, kommt eine Unterscheidung nach einer dritten Quantenzahl hinzu. Da diese zur Erklärung des Verhaltens von Elektronen im Magnetfeld herangezogen wird, wird sie **Magnetquantenzahl** m genannt. Während die *Nebenquantenzahl* die *Art* der Orbitale angibt, hängt von der *Magnetquantenzahl* die *räumliche Anordnung* der Orbitale ab (↑ p_x-, p_y- und p_z-Orbitale; ↑ 3.6.4)

Die Magnetquantenzahl m hängt derart von der Nebenquantenzahl l ab, daß sie alle ganzzahligen Werte zwischen $+l$ und $-l$ annehmen kann.

Für die **s-Orbitale** gilt: $l = 0$; $m = 0$; demnach gibt es je Hauptenergieniveau nur ein s-Orbital (↑ Tabelle 3-2).

Für die **p-Orbitale** gilt: $l = 1$; $m = +1, 0, -1$; demnach gibt es je Hauptenergieniveau drei p-Orbitale (↑ Tabelle 3-2).

Für die **d-Orbitale** gilt: $l = 2$; $m = +2, +1, 0, -1, -2$; demnach gibt es je Hauptenergieniveau fünf d-Orbitale (↑ Tabelle 3-2).

Für die **f-Orbitale** gilt: $l = 3$; $m = +3, +2, +1, 0, -1, -2, -3$; demnach gibt es je Hauptenergieniveau sieben f-Orbitale (↑ Tabelle 3-2).

Da die höchste Nebenquantenzahl in jedem Hauptenergieniveau um 1 niedriger ist als die Hauptquantenzahl, können p-Orbitale erst vom 2., d-Orbitale erst vom 3. und f-Orbitale erst vom 4. Hauptenergieniveau an auftreten (↑ Tabelle 3-2).

Mit der Hauptquantenzahl, der Nebenquantenzahl und der Magnetquantenzahl ist jedes in einem Atom auftretende *Orbital* eindeutig bestimmt. Da jedes Orbital zwei Elektronen aufnehmen kann, ist die Anzahl der je Hauptenergieniveau und je Nebenenergieniveau möglichen Elektronen doppelt so groß wie die Anzahl der Orbitale (↑ Tabelle 3-2, die letzten beiden Spalten). Die im gleichen Orbital befindlichen Elektronen stimmen in Hauptquantenzahl, Nebenquantenzahl und Magnetquantenzahl überein. Sie unterscheiden sich in einer vierten Quantenzahl, die den *Spin* (↑ 3.6.2) des Elektrons angibt und daher **Spinquantenzahl** genannt wird. Das PAULI-Prinzip kann daher auch so formuliert werden:

> **Innerhalb eines Atoms stimmen niemals zwei Elektronen in allen vier Quantenzahlen überein.**

Die **Einordnung der Elektronen in die Energieniveaus** bzw. **Orbitale** erfolgt in der Reihe der nach der Kernladungszahl (Ordnungszahl) geordneten Elemente (↑ Tafel 3 am Ende des Buches) nach folgenden *Regeln*:

> **Jedes neu hinzukommende Elektron nimmt das niedrigste freie Energieniveau ein.**

Da das 4s-Niveau *niedriger* liegt als das 3d-Niveau (↑ Bild 3-16), ergibt sich die Reihenfolge:

> 1s 2s 2p 3s 3p **4s 3d 4p**

Demnach werden besetzt: Beim *Kalium* und *Calcium* das 4s-Orbital; vom *Scandium* bis zum *Zink* die 3d-Orbitale (damit ist das 3. Hauptenergieniveau gefüllt); mit dem *Gallium* beginnend die 4p-Orbitale (also Fortsetzung des Aufbaus des 4. Hauptenergieniveaus).

Die weitere Reihenfolge der Besetzung der Orbitale zeigt Bild 4-1 (↑ S.106).

Gegenüber dieser theoretischen Reihenfolge gibt es allerdings einige *Unregelmäßigkeiten* (z.B. bei Chrom, Kupfer, Silber und Gold), die darauf beruhen, daß sich der Energiezustand der d-Orbitale von dem Energiezustand der s-Orbitale des nächsthöheren Hauptenergieniveaus nur geringfügig unterscheidet (Bild 3-16). Unter dem Einfluß der übrigen Elektronen kann es daher zu Umbesetzungen zwischen diesen Orbitalen kommen. (In Tafel 2 am Ende des Buches wurden diese Stellen durch Pfeile gekennzeichnet.)

Beispiel: Kupfer: Theoretisch zu erwarten wäre die Besetzung:

$3s^2$ $3p^6$ $3d^9$ $4s^2$

Experimentell ermittelt wurde die Besetzung:

$3s^2$ $3p^6$ $3d^{10}$ $4s^1$

Obwohl schon vom Calcium an (↑ Bild 4-1) *zwei* 4s-Elektronen vorhanden waren, besitzt das Kupfer nur *ein* 4s-Elektron. Mit dem anderen Elektron wird die volle Besetzung des 3. Hauptenergieniveaus (der 3. Elektronenschale) erreicht. Das entspricht einem günstigen, d.h. niedrigen Energiezustand.

3.6 Aufbau der Elektronenhülle

Bei der Elektronenbesetzung der Hauptenergieniveaus treten stabile Zwischenzustände auf, sobald die volle Besetzung der Nebenenergieniveaus (s, p, d oder f) erreicht ist.

Solche stabile Zwischenzustände sind:
- vom 2. Hauptenergieniveau an: 2 Elektronen.
  das ist die Besetzung des s-Orbitals;
- vom 3. Hauptenergieniveau an: 8 Elektronen,
  das ist die Besetzung der s- und p-Orbitale;
- vom 4. Hauptenergieniveau an: 18 Elektronen,
  das ist die Besetzung der s-, p- und d-Orbitale;
- auf dem 5. Hauptenergieniveau: 32 Elektronen,
  das ist die Besetzung der s-, p-, d- und f-Orbitale.

> Von den Orbitalen, die zum gleichen Nebenenergieniveau gehören, erhält zunächst jedes Orbital ein Elektron, bevor mit der vollen Besetzung dieser Orbitale durch ein zweites Elektron begonnen wird.

Das wurde von dem deutschen Physiker FRIEDRICH HUND erkannt und wird HUNDsche Regel genannt. Am Beispiel der drei 2p-Orbitale ist das im Bild 3-14 (S. 93) dargestellt.

> Auf dem höchsten Energieniveau eines Atomes befinden sich nie mehr als acht Elektronen.

Die Besetzung eines Hauptenergieniveaus mit 8 Elektronen, also die volle Besetzung der s- und p-Orbitale, erweist sich als besonders stabil.

Solche **Elektronenoktetts** sind auf dem höchsten Hauptenergieniveau aller *Edelgase* vorhanden, die daher nur schwer chemische Reaktionen eingehen.

Die Elektronen des jeweils höchsten Hauptenergieniveaus (der äußersten Elektronenschale, auch kurz Außenschale) werden auch **Außenelektronen** genannt. Ein Atom hat also nie mehr als acht Außenelektronen. Die *Anzahl der Außenelektronen,* der Elektronen auf dem höchsten Hauptenergieniveau, bestimmt weitgehend die *chemischen Eigenschaften* eines Elements (↑ Abschn. 5).

4 Periodensystem der Elemente

4.1 Gesetz der Periodizität

Die Anzahl der bekannten Elemente (chemischen Grundstoffe) war um die Mitte des 19. Jahrhunderts so angestiegen (auf etwa 60), daß sich ein Bedürfnis ergab, sie zu ordnen. Dabei wurde erkannt, daß in der Reihe der nach ihrem *Atomgewicht* (↑ 2.2) geordneten Elemente in bestimmten Abständen Elemente mit einander ähnlichen Eigenschaften auftreten. Den entscheidenden Schritt zu der heute noch gültigen Systematisierung der Elemente gingen in den Jahren 1868/69 – unabhängig voneinander – der deutsche Chemiker LOTHAR MEYER und der russische Chemiker DIMITRI IWANOWITSCH MENDELEJEW. Sie ordneten die damals bekannten Elemente in einem System an, indem sie die Reihe der Elemente in der Weise in *Perioden* zerlegten, daß Elemente mit ähnlichen Eigenschaften in *Gruppen* zusammengefaßt sind. Diese Anordnung der Elemente ist als *Periodensystem der Elemente* (abgekürzt PSE) bekannt (↑ Tafel 8 und Umschlagseite vorn). Heute wissen wir, daß der Zusammenhang zwischen der Stellung der Elemente im Periodensystem und den Eigenschaften der Elemente auf dem Atombau, vor allem auf dem Aufbau der *Elektronenhülle*, beruht. Das war aber MENDELEJEW und MEYER noch völlig unbekannt, was ihre Entdeckung als geniale wissenschafliche Leistung kennzeichnet. Als Anfang des 20. Jahrhunderts der Atombau schrittweise aufgeklärt wurde, wurde auch klar, daß nicht das Atomgewicht, sondern die *Kernladungszahl* ein Element eindeutig charakterisiert (↑ 1.4 u. 3.4). Das *Gesetz der Periodizität* lautet daher in moderner Formulierung:

Die nach ihren Kernladungszahlen geordneten Elemente zeigen eine Periodizität ihrer Eigenschaften.

MEYER und MENDELEJEW verstanden unter einem Element zunächst einen *chemischen Grundstoff,* das heißt, einen Stoff, der sich auf chemischem Wege nicht in andere Stoffe zerlegen läßt und in moderner Auffassung als *Elementsubstanz* (oder Elementverbindung) zu bezeichnen ist. Indem sie bei den in *molekularer* Form auftretenden Grundstoffen (Wasserstoff, H_2; Sauerstoff, O_2; u.a.) das *Atomgewicht* – nicht das Molekulargewicht – zugrunde legten, hatten sie aber auch die *Atomart* im Blickfeld (↑ 1.4).

Die Entdeckung des Periodensystems der Elemente verlieh der Entwicklung der chemischen Wissenschaft wichtige Impulse. MENDELEJEW selbst zog aus dem Gesetz der Periodizität Schlußfolgerungen und sagte auf Grund von Lücken, die sich im Periodensystem zeigten, die Existenz noch unbekannter Elemente und deren Eigenschaften mit großer Genauigkeit voraus. Mit der bald darauf folgenden Endeckung von Scandium, Gallium und Germanium wurden die auf deduktivem

Wege gewonnenen Voraussagen MENDELEJEWS glänzend bestätigt. Auch die viel später entdeckten bzw. künstlich hergestellten Elemente Polonium, Rhenium und Technetium wurden von MENDELEJEW vorausgesagt, aber nicht so genau beschrieben.

In der Reihe der Elemente bis zum Uran bestanden noch lange Zeit vier Lücken. Die Elemente Technetium, Promethium, Astat und Francium, die bis dahin in der Natur nicht gefunden werden konnten, wurden zwischen 1937 und 1945 von Atomphysikern künstlich erzeugt.

4.2 Aufbau des Periodensystems

Bei den verschiedenen Darstellungsweisen des Periodensystems, die seit seiner Entdeckung entwickelt wurden, ist prinzipiell zwischen **Langperiodensystem** (↑ Tafel 8) und **Kurzperiodensystem** (↑ Umschlagseite vorn) zu unterscheiden.

Das Periodensystem umfaßt sieben **Perioden** (waagerechte Zeilen), die folgende Anzahl von Elementen enthalten:

1. Periode	(Vorperiode)	2 Elemente
2. Periode	(1. kurze Periode)	8 Elemente
3. Periode	(2. kurze Periode)	8 Elemente
4. Periode	(1. lange Periode)	18 Elemente
5. Periode	(2. lange Periode)	18 Elemente
6. Periode	(3. lange Periode)	32 Elemente
7. Periode	(4. lange Periode)	bisher 23 Elemente

Die in Klammern angegebenen Bezeichnungen der Perioden werden vor allem in älterer Literatur verwendet.

Im *Langperiodensystem* sind alle Elemente einer Periode in *einer* Zeile angeordnet (↑ Tafel 8).

Im *Kurzperiodensystem* werden die langen Perioden unterteilt, so daß sich für jede dieser Perioden *zwei* Zeilen ergeben (↑ Umschlagseite).

Die senkrechten Spalten des Periodensystems werden als **Gruppen** bezeichnet.

> **Dem Gesetz der Periodizität entsprechend, stehen in jeder Gruppe Elemente mit einander ähnlichen Eigenschaften.**

Traditionell wird zwischen *Hauptgruppen* und *Nebengruppen* unterschieden. In dieser Einteilung spiegelt sich der Bau der Elektronenhülle wider. So ist das energiereichste Elektron bei den Hauptgruppenelementen ein s- oder p-Elektron, bei den Nebengruppenelementen ein d-Elektron (↑ 4.3).

Bei der *Numerierung* der Gruppen wird unterschiedlich vorgegangen. So können

- die **Hauptgruppen** mit **römischen Ziffern**,
- die **Nebengruppen** mit **arabischen Ziffern**

bezeichnet werden (↑ Beilage). Verbreitet ist auch die Kennzeichnung der Hauptgruppen mit dem Zusatz **A** und der Nebengruppen mit dem Zusatz **B**, z.B. IIIA für die 3. Hauptgruppe und IIIB für die 3. Nebengruppe (↑ Umschlag vorn). (Dabei werden anstelle der römischen Ziffern auch arabische Ziffern und anstelle der Großbuchstaben auch Kleinbuchstaben verwendet.) Es gibt aber auch eine Bezeichnungsweise, bei der innerhalb einer (langen) Periode zunächst mit IA bis VIIIA und dann mit IB bis VIIIB numeriert wird. In diesem Falle ist aus den Buchstaben A und B *nicht* ersichtlich, ob es sich um Hauptgruppen- oder Nebengruppenelemente handelt (↑ Tabelle 4-1). Das ist ebenso nicht der Fall bei einer von der IUPAC (1985) empfohlenen Durchnumerierung der Haupt- und Nebengruppen – entsprechend der steigenden Ordnungszahl der Elemente – von 1 bis 18, die sich besonders für Zwecke der Dokumentation und Datenverarbeitung eignet (↑ Tabelle 4-1 und Beilage).

Tabelle 4-1: *Vergleichende Gegenüberstellung verschiedener Bezifferungen der Gruppen des Periodensystems der Elemente*

Haupt-		Nebengruppen								gruppen					
I.	II.	3.	4.	5.	6.	7.	8.	1.	2.	III.	IV.	V.	VI.	VII.	VIII.
IA	IIA	IIIB	IVB	VB	VIB	VIIB	VIIIB	IB	IIB	IIIA	IVA	VA	VIA	VIIA	VIIIA
1A	2A	3A	4A	5A	6A	7A	8	1B	2B	3B	4B	5B	6B	7B	0
1	2	3	4	5	6	7	8 9 10	11	12	13	14	15	16	17	18
K	Ca	Sc	Ti	V	Cr	Mn	Fe Co Ni	Cu	Zn	Ga	Ge	As	Se	Br	Kr

(In der letzten Zeile sind die Elemente der 4. Periode als Beispiel angeführt.)

Eine Benennung der **acht Hauptgruppen** erfolgt teils nach dem jeweils in der 2. Periode stehenden Element, teils durch besondere Namen:

I. Hauptgruppe	Alkalimetalle	
II. Hauptgruppe	(Erdalkalimetalle)	Berylliumgruppe
III. Hauptgruppe	(Erdmetalle)	Borgruppe
IV. Hauptgruppe		Kohlenstoffgruppe
V. Hauptgruppe		Stickstoffgruppe
VI. Hauptgruppe	Chalkogene	
VIII. Hauptgruppe	Halogene	
VIII. Hauptgruppe	Edelgase	

Allgemein verbreitet sind nur die Gruppenbezeichnungen *Alkalimetalle*, *Halogene* und *Edelgase*. Die Bezeichnung der Hauptgruppen nach dem Element der 2. Periode ist insofern problematisch, als gerade diese Elemente in ihren Eigenschaften erheblich von den anderen Elementen der jeweiligen Hauptgruppen abweichen (↑ Teil Anorganische Chemie).

4.2 Aufbau des Periodensystems

Von der *4. Periode* an kommen zu den acht Hauptgruppenelementen zehn Nebengruppenelemente hinzu. Diese werden im Periodensystem so auf die acht Gruppen verteilt, daß in der 8. Gruppe *drei* dieser Elemente stehen. Auf diese Weise ergeben sich auch **acht Nebengruppen,** die meist nach dem Element der 4. Periode benannt werden:

1. Nebengruppe	Kupfergruppe
2. Nebengruppe	Zinkgruppe
3. Nebengruppe	Scandiumgruppe
4. Nebengruppe	Titangruppe
5. Nebengruppe	Vanadiumgruppe
6. Nebengruppe	Chromgruppe
7. Nebengruppe	Mangangruppe

Wenn in der 8. Nebengruppe jeweils *drei* Elemente untergebracht wurden, so geschah das nicht allein, um damit die gleiche Anzahl an Haupt- und Nebengruppen zu erhalten, sondern es wird auch der Tatsache gerecht, daß diese drei Elemente einer Periode jeweils ähnliche Eigenschaften besitzen. Die 8. Nebengruppe wird weiter unterteilt in:

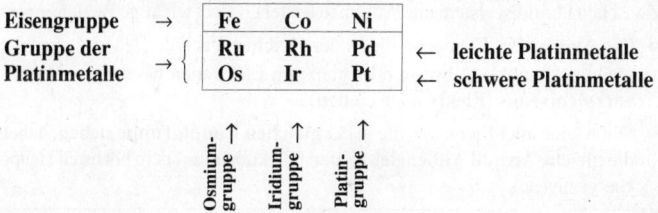

In der *6. Periode* erhöht sich die Anzahl der Elemente gegenüber der 5. Periode von 18 auf 32 (Tafel 8). Die Elemente *Lanthan* bis *Ytterbium* werden ihrer Ähnlichkeit wegen als **Lanthanoide** (früher *Lanthaniden*) zusammengefaßt.

Für diese 14 Elemente ist die fortschreitende Besetzung der 4f-Orbitale (↑ 3.6.5) charakteristisch (↑ Bild 4-1), die beim Ytterbium abgeschlossen ist. Lanthan und Gadolinium sind insofern Ausnahmen, als hier jeweils ein 4f-Elektron in ein 5d-Orbital übergegangen ist (↑ Tafel 2 im Anhang). Auf ähnliche Weise werden in der *7. Periode* bei den **Actinoiden** (früher *Actiniden*) die 5f-Orbitale besetzt.

Im **Kurzperiodensystem** (↑ Umschlagseite vorn) wurden die Lanthanoide und Actinoide in besonderen Zeilen angeordnet

Das **Langperiodensystem** (↑ Tafel 8) wurde in die Bestandteile
- *Hauptgruppenelemente* (↑ Tafel 8a),
- *Nebengruppenelemente* (↑ Tafel 8b) und
- *Lanthanoide* und *Actinoide* (↑ Tafel 8c)

zerlegt, um eine gute Überschaubarkeit zu erreichen. Vor allem das verkürzte Periodensystem (Tafel 8a), das nur die Hauptgruppenelemente umfaßt, ist ein wichtiges Arbeitsmittel für die Ausbildung im Fach Chemie.

Das Periodensystem der Elemente enthält für jedes Element:

    Ordnungszahl → | 16 S | ← Symbol
                           Schwefel
                           32,06
                            ↑
                    relative Atommasse

4.3 Periodensystem und Atombau

Das Periodensystem der Elemente *spiegelt den Bau der Atome wider*. Die Einordnung der Elemente in die Perioden und Gruppen des Periodensystems folgt der *Besetzung der Energieniveaus* (Elektronenschalen) in den Atomen dieser Elemente mit *Elektronen*. Durch einen Vergleich des verkürzten Periodensystems (Tafel 8) mit Bild 3-4a, S.84 , wird das deutlich.

Zwischen Periodensystem und Atombau bestehen zwei wichtige Beziehungen:

- Die Atome aller Elemente, die in der **gleichen Periode** stehen, haben die **gleiche Anzahl** – teilweise oder ganz mit Elektronen besetzter – **Hauptenergieniveaus (Elektronenschalen)**.
- Die Atome aller Elemente, die in der **gleichen Hauptgruppe** stehen, haben die **gleiche Anzahl Außenelektronen** (Elektronen auf dem höchsten Hauptenergieniveau).

> **Nummer der Periode**
> = **Anzahl der Elektronenschalen** (↑ 3.6.1)
> = **Nummer der äußersten Elektronenschale**
> = **Anzahl der Hauptenergieniveaus** (↑ 3.6.6)
> = **Nummer des höchsten Hauptenergieniveaus**
> = **Hauptquantenzahl** (↑ 3.6.6)

Da die Atome der bisher bekannten Elemente im Höchstfalle *sieben* ganz oder teilweise mit Elektronen besetzte Hauptenergieniveaus (Elektronenschalen) aufweisen, hat das Periodensystem der Elemente *sieben* Perioden.

In Tafel 8a Periodensystem ist in der 2. Spalte angegeben, in welchen Hauptenergieniveaus (Elektronenschalen) sich bei den Elementen der einzelnen Perioden Elektronen befinden.

> **Nummer der Hauptgruppe**
> = **Anzahl der Außenelektronen**
> = **Anzahl der Elektronen auf dem höchsten Hauptenergieniveau**

Als **Außenelektronen** werden die Elektronen der äußersten Elektronenschale (der Außenschale, des höchsten Hauptenergieniveaus) bezeichnet. Da ein Atom

4.3 Periodensystem und Atombau

im Höchstfalle *acht* Außenelektronen besitzt (zwei s-Elektronen und sechs p-Elektronen; ↑ 3.6.3 u. 3.6.4); hat das Periodensystem *acht* Hauptgruppen.

Für die *Besetzung der Außenschalen* der Atome wird eine Symbolik verwendet, die auf den Amerikaner G̲ILBERT N̲EWTON L̲EWIS zurückgeht. Dabei werden die *Außenelektronen* durch *Punkte* gekennzeichnet, die um das Symbol angeordnet sind. Das Symbol gibt den *Atomrumpf* wieder, das heißt, den *Atomkern* und die *inneren Elektronenschalen* (alle unter dem höchsten Energieniveau liegenden Energieniveaus). Für die ersten zwanzig Elemente ergibt das (↑ auch Bild 3-4 und Tafel 8a):

```
H·                                                          ·He·

Li·   ·Be·   ·B·   ·C·   :N·   :O:   :F:   :Ne:

Na·   ·Mg·   ·Al·   ·Si·   :P:   :S:   :Cl:   :Ar:

K·    ·Ca·
```

Die Punkte werden meist beliebig auf die vier Seiten des Symbols verteilt. Soll die H̲UNDsche Regel (↑ S.99) mit zum Ausdruck kommen, wäre zu schreiben:

:He   :Be   :B·   :C·   :Mg   :Al·   :Si·

Die Beziehung zwischen der Gruppennummer und der Anzahl der Außenelektronen gilt *nicht* für die *Nebengruppenelemente*.

> Die Atome der Elemente, die in den **Nebengruppen** des Periodensystems stehen, haben in der Regel **zwei Außenelektronen** (↑ Tafel 2 im Anhang).

Bei den **Nebengruppenelementen** steht das – in der Reihe der Elemente entsprechend der zunehmenden Kernladungszahl – zuletzt hinzugekommene Elektron, d.h. das energiereichste Elektron, nicht in der Außenschale, sondern in der *zweitäußersten* Elektronenschale. Es handelt sich um ein **d-Elektron** des zweithöchsten Energieniveaus (↑ Bild 4-1). Bei den Nebengruppenelementen treten dementsprechend neben den s-Elektronen auch d-Elektronen als Valenzelektronen auf (↑ Kap. 5).

Anzahl der Elektronen je Hauptenergieniveau
1 2 3 4 5 6 7 8 9 10 11 12 13 14 15 16 17 18 19 20 21 22 23 24 25 26 27 28 29 30 31 32
7
87 Fr 88 Ra
103 Lr 104 Ku 105 Ha 106 Sg 107 Ns 108 Hs 109 Mt
6
55 Cs 56 Ba 81 Tl 82 Pb 83 Bi 84 Po 85 At 86 Rn
71 Lu 72 Hf 73 Ta 74 W 75 Re 76 Os 77 Ir 78 Pt 79 Au 80 Hg
89 Ac 90 Th 91 Pa 92 U 93 Np 94 Pu 95 Am 96 Cm 97 Bk 98 Cf 99 Es 100 Fm 101 Md 102 No
5
37 Rb 38 Sr 49 In 50 Sn 51 Sb 52 Te 53 I 54 Xe
39 Y 40 Zr 41 Nb 42 Mo 43 Tc 44 Ru 45 Rh 46 Pd 47 Ag 48 Cd
57 La 58 Ce 59 Pr 60 Nd 61 Pm 62 Sm 63 Eu 64 Gd 65 Tb 66 Dy 67 Ho 68 Er 69 Tm 70 Yb
4
19 K 20 Ca 31 Ga 32 Ge 33 As 34 Se 35 Br 36 Kr
21 Sc 22 Ti 23 V 24 Cr 25 Mn 26 Fe 27 Co 28 Ni 29 Cu 30 Zn
3
11 Na 12 Mg 13 Al 14 Si 15 P 16 S 17 Cl 18 Ar
2
3 Li 4 Be 5 B 6 C 7 N 8 O 9 F 10 Ne
1
1 H 2 He
s s p1 p2 p3 p4 p5 p6 d1 d2 d3 d4 d5 d6 d7 d8 d9 d10 f1 f2 f3 f4 f5 f6 f7 f8 f9 f10 f11 f12 f13 f14
I II III IV V VI VII VIII 3 4 5 6 7 8 1 2
Hauptgruppenelemente
Nebengruppenelemente
Lanthanoide und Actinoide

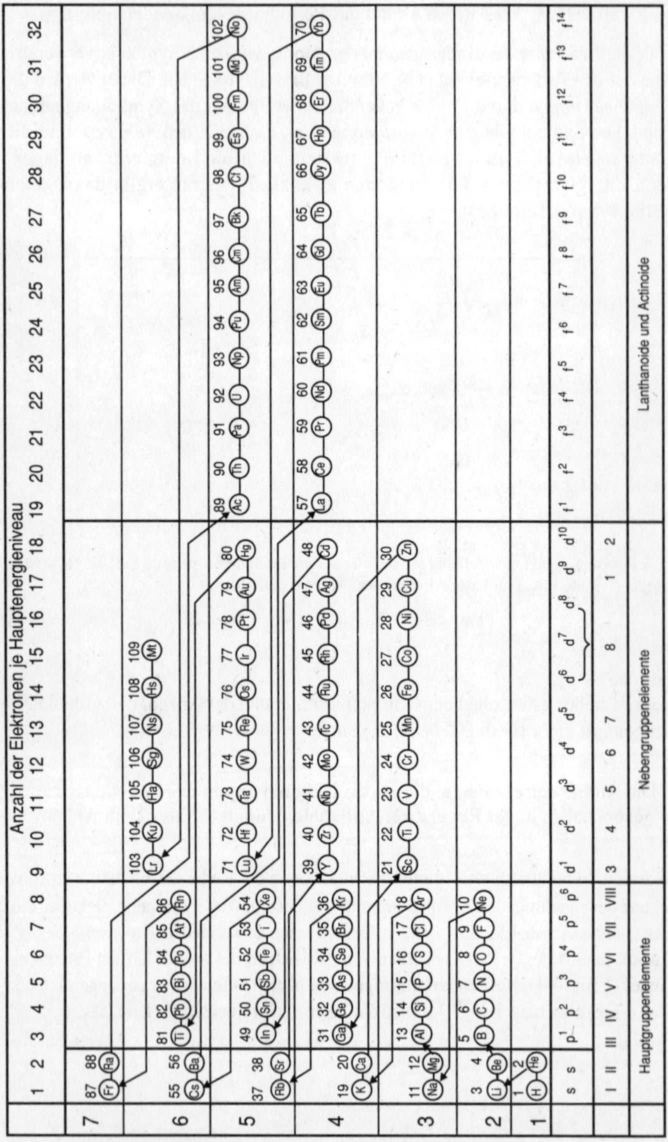

4.3 Periodensystem und Atombau

Bei den **Lanthanoiden** steht das – in der Reihe der Elemente entsprechend der zunehmenden Kernladungszahl – zuletzt hinzugekommene Elektron, d.h. das energiereichste Elektron, sogar in der *drittäußersten* Elektronenschale (↑ Bild 4-1). Es handelt sich dabei um ein f-Elektron des dritthöchsten Hauptenergieniveaus, also um ein 4f-Elektron. Bei den Lanthanoiden können dementsprechend neben den s-Elektronen und d-Elektronen auch f-Elektronen als Valenzelektronen auftreten.

Für die **Actinoide** wird im allgemeinen eine ähnliche Elektronenbesetzung angenommen wie für die Lanthanoide (↑ Bild 4-1). Jedoch gibt es hier noch größere Unsicherheiten.

Zu dem in der Reihe der Elemente fortschreitenden Aufbau der Elektronenhülle steuern

- die **Hauptgruppenelemente**   s- und p-Elektronen,
- die **Nebengruppenelemente**   d-Elektronen und
- die **Lanthanoide** und **Actinoide**   f-Elektronen

bei (↑ Bild 4-1 und Tafel 2 im Anhang).

Als **Valenzelektronen** treten auf

- bei den **Hauptgruppenelementen**   s- und p-Elektronen,
- bei den **Nebengruppenelementen**   s- und d-Elektronen und
- bei den **Lanthanoiden** und **Actinoiden**   s-, d- und f-Elektronen.

Aus der Elektronenbesetzung erklärt sich die unterschiedliche **Länge der Perioden** (↑ Bild 4-1) wie folgt:

1. Periode:	$1s^2$			2 Elemente
2. Periode:	$2s^2$	$2p^6$		8 Elemente
3. Periode:	$3s^2$	$3p^6$		8 Elemente
4. Periode:	$4s^2$	$4p^6$	$3d^{10}$	18 Elemente
5. Periode:	$5s^2$	$5p^6$	$4d^{10}$	18 Elemente
6. Periode:	$6s^2$	$6p^6$	$5d^{10}$ $4f^{14}$	32 Elemente
7. Periode:	$7s^2$	$7p^6$	$6d^{10}$ $5f^{14}$	32 Elemente, von denen bisher 23 bekannt sind.

Bild 4-1: Prinzip des Aufbaus der Elektronenhülle

Die Verbindungspfeile zeigen, in welcher Reihenfolge innerhalb der Reihe der Elemente die Elektronenhülle aufgebaut wird. Da die Energieunterschiede zwischen den höheren Energieniveaus zum Teil sehr gering sind, treten einige Abweichungen von diesem Aufbauprinzip auf. Tafel 2 gibt den tatsächlichen Aufbau nach dem heutigen Erkenntnisstand wieder, wobei die Abweichungen durch Pfeile gekennzeichnet sind.

4.4 Periodensystem und Wertigkeit

Da bei den **Hauptgruppenelementen** die Nummer der Gruppe mit der Anzahl der Außenelektronen übereinstimmt, die ihrerseits die höchstmögliche Wertigkeit (↑ 5.5) angibt, besteht folgende Beziehung:

Nummer der Hauptgruppe = höchstmögliche Wertigkeit

Hauptgruppe	I	II	III	IV	V	VI	VII
Höchstwertigkeit	1	2	3	4	5	6	7
Weitere Wertigkeiten				2	3	4	5
						2	3
							1

Außer den der Gruppennummer entsprechenden Höchstwertigkeiten treten bei den Elementen der IV. bis VII. Hauptgruppe auch *niedrigere* Wertigkeiten auf, und zwar vorwiegend solche, die *um 2 oder ein Mehrfaches von 2 niedriger* liegen als die Gruppennummern. Diese Abstufung der Wertigkeit beruht darauf, daß die Elektronen bei der chemischen Bindung vorwiegend paarweise auftreten (↑ 5.1.1) und daß ein Teil der Elektronenpaare der Außenschale (des höchsten Energieniveaus) an der Bindung unbeteiligt sein kann.

Beispiel: Schwefel, VI. Hauptgruppe

Sulfation, SO_4^{2-}

Schwefel sechswertig
(Oxidationszahl +6)

$$\left[\begin{array}{c} :\ddot{O}: \\ :\ddot{O}:S:\ddot{O}: \\ :\ddot{O}: \end{array} \right]^{2-}$$

Sulfition, SO_3^{2-}

Schwefel vierwertig
(Oxidationszahl +4)

$$\left[\begin{array}{c} :\ddot{O}: \\ :\ddot{O}:\ddot{S}: \\ :\ddot{O}: \end{array} \right]^{2-}$$

Im Sulfition ist ein Elektronenpaar des Schwefels nicht an einer chemischen Bindung beteiligt.

Während die Hauptgruppenelemente in ihren *binären*[1] Verbindungen mit *Sauerstoff* in der Regel in allen Gruppen die Höchstwertigkeit erreichen, ist das in den binären Verbindungen mit *Wasserstoff* nur für die I. bis IV. Hauptgruppe der Fall. Von der IV. bis VII. Hauptgruppe nimmt die Wertigkeit gegenüber *Wasserstoff* von 4 bis 1 ab *(*↑ Tabelle 4-2).

---

1) Als binär werden Verbindungen bezeichnet, die aus zwei Elementen bestehen, z.B. HCl, H₂O, NaCl, SO₂, CH₄, CCl₄. *Ternäre* Verbindungen bestehen aus drei, *quaternäre* aus vier Elementen.

4.5 Stellung der Elemente im Periodensystem

Wichtige **Ausnahmen:**
Sauerstoff ist immer **zweiwertig**.
Fluor ist immer **einwertig**.

Die **Edelgase** hielt man bis 1962 für absolut reaktionsunfähig und bezeichnete sie daher als *nullwertig*. Dementsprechend wurde die Gruppe der Edelgase auch 0. Hauptgruppe (nullte Hauptgruppe) genannt (↑ Tab. 4-1). Inzwischen wurden vor allem vom *Xenon* zahlreiche Verbindungen hergestellt, in denen dieses Element acht-, sechs-, vier- und zweiwertig auftritt. Auch Verbindungen des *Kryptons* und des *Radons* sind bekannt (↑ Kap. 18).

Tabelle 4-2: *Wertigkeit der Hauptgruppenelemente in binären Sauerstoff- und Wasserstoffverbindungen*

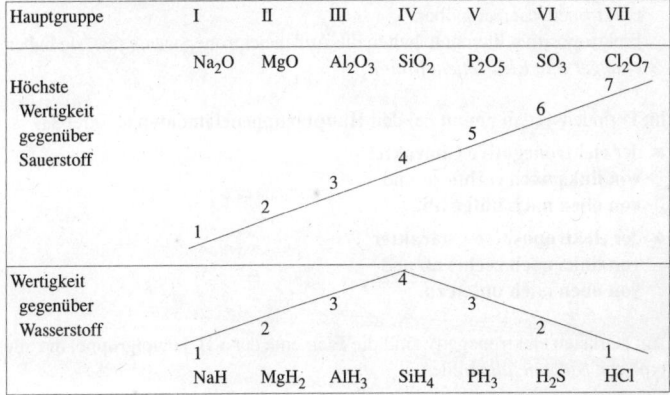

Bei den **Nebengruppenelementen** wird die der Gruppennummer entsprechende Höchstwertigkeit meist nicht erreicht, zum Teil aber auch überschritten (z.B. bei Kupfer und Gold). Überhaupt treten hier sehr unterschiedliche Wertigkeiten auf (↑ Bild 5-37; ↑ S. 182).

4.5 Stellung der Elemente im Periodensystem und Eigenschaften der Elementsubstanzen

Die Eigenschaften der *Elementsubstanzen* (Einelementverbindungen; ↑ 1.4) hängen wesentlich davon ab, welche Stellung die *Atomarten*, aus denen sie bestehen, im Periodensystem einnehmen.

4.5.1 Elektropositive und elektronegative Elemente

Je nachdem, ob ein Element (eine Atomart) mehr dazu neigt, *positive Ionen* oder *negative Ionen* zu bilden (↑ 5.2), wird zwischen elektronegativen und elektropositiven Elementen unterschieden.

- **Elektronegative Elemente** (Atomarten) haben *viele Außenelektronen* und gehen durch *Aufnahme* weiterer Elektronen in *negativ* geladene Ionen mit einer stabilen Elektronenbesetzung über.
  Elektronegative Elemente halten die Außenelektronen *sehr fest*, sie haben eine *hohe* Elektronenaffinität[1].

- **Elektropositive Elemente** (Atomarten) haben *wenig Außenelektronen* und gehen durch deren *Abgabe* in *positiv* geladene Ionen mit einer stabilen Elektronenbesetzung über.
  Elektropositive Elemente halten die Außenelektronen *wenig fest*, sie haben eine *geringe Elektronenaffinität*.

Im Periodensystem nimmt bei den **Hauptgruppenelementen** (↑ Tafel 8a)

- der **elektronegative Charakter**
  von links nach rechts zu und
  von oben nach unten ab.

- der **elektropositive Charakter**
  von links nach rechts ab und
  von oben nach unten zu.

Am stärksten elektronegativ sind die Elemente der VII. Hauptgruppe, die alle typische *Nichtmetalle* bilden.

Am stärksten elektropositiv sind die Elemente der I. Hauptgruppe, die alle typische *Metalle* bilden.

Alle **Nebengruppenelemente** sind mehr oder weniger **elektropositiv**.

4.5.2 Metalle und Nichtmetalle

Die Elementsubstanzen werden nach ihren Eigenschaften unterteilt in *Metalle* und *Nichtmetalle*. Dabei ist die auf bewegliche Elektronen beruhende elektrische Leitfähigkeit der Metalle das wichtigste Unterscheidungsmerkmal. Da sich in den Eigenschaften der Elementsubstanzen der elektropositive bzw. elektronegative Charakter der Elemente (Atomarten) widerspiegelt, zeigt sich im Periodensystem auch eine gesetzmäßige Verteilung von Metallen und Nichtmetallen.

---

[1] *affinitas* (lat.) Verwandtschaft

4.5 Stellung der Elemente im Periodensystem

Alle *Nebengruppenelemente* (einschließlich Lanthanoide und Actinoide) bilden *Metalle* (↑ Tafel 8b u. 8c).

Bei den *Hauptgruppenelementen* ist ein deutlicher Übergang festzustellen (↑ Tafel 8a):

- **In den Hauptgruppen nimmt**
  der Metallcharakter von oben nach unten zu,
  der Nichtmetallcharakter von oben nach unten ab.

- **In den Perioden nimmt bei den Hauptgruppenelementen**
  der Metallcharakter von links nach rechts ab,
  der Nichtmetallcharakter von links nach rechts zu.

I. Hauptgruppe nur Metallcharakter	mittlere Hauptgruppe oben Nichtmetallcharakter unten Metallcharakter	VII. Hauptgruppe nur Nichtmetallcharakter

Im verkürzten Periodensystem (Tafel 8a) steht rechts oben das Element *Fluor*, bei dem der *Nichtmetallcharakter* am stärksten ist, und links unten das Element *Caesium*, bei dem der *Metallcharakter* am stärksten ist. (Francium spielt als sehr kurzlebiges radioaktives Element für chemische Betrachtungen keine Rolle.)

Metalle
Basenbildner
(elektropositiv)

Nichtmetalle
Säurebildner
(elektronegativ)

Von diesen beiden Ecken des (verkürzten) Periodensystems strahlt der Nichtmetallcharakter bzw. der Metallcharakter über die übrigen Hauptgruppenelemente aus. An der von links oben nach rechts unten verlaufenden Grenze stehen Elemente mit *Halbmetallcharakter* (z.B. Germanium) bzw. Elemente, die sowohl *metallische* als auch *nichtmetallische* Modifikationen (Erscheinungsformen) haben (z.B. Arsen).

Die *Edelgase* wurden hier außer Betracht gelassen. Sie stehen in ihren Eigenschaften den Nichtmetallen nahe, können aber auch als besondere Gruppe neben die Metalle und Nichtmetalle gestellt werden.

4.5.3 Basenbildner und Säurebildner

Die Elemente (Atomarten) zeigen eine gesetzmäßige Verteilung im Periodensystem nicht nur

- nach dem Charakter der *Elementsubstanzen* (Einelementverbindungen), die sie bilden, sondern auch
- nach dem Charakter *chemischer Verbindungen* (Mehrelementverbindungen; ↑ 1.5), in denen sie enthalten sind.

So ergeben die **Oxide**, die von fast allen Elementen gebildet werden, mit Wasser teils **Säuren**, teils **Basen** (↑ 6.3.1).

Beispiele: Schwefel: $S + O_2 \rightarrow SO_2$ Schwefeldioxid
$SO_2 + H_2O \rightarrow H_2SO_3$ Schweflige Säure
Calcium: $2\,Ca + O_2 \rightarrow 2\,CaO$ Calciumoxid
$2\,CaO + 2\,H_2O \rightarrow 2\,Ca(OH)_2$ Calciumhydroxid

Im allgemeinen gilt:

Nichtmetalloxide bilden Säuren.
Metalloxide bilden Basen.

Es gibt aber auch Metalle mit amphoteren[1] *Oxiden*. Diese bilden mit Wasser **amphotere Hydroxide,** die je nach dem Charakter des Reaktionspartners sowohl als Base als auch als Säure reagieren können.

Beispiel: Aluminiumhydroxid, $Al(OH)_3$, verhält sich gegenüber Säuren als Base, gegenüber Basen als Säure: $H_3AlO_3 = HAlO_2 \cdot H_2O$.

$Al(OH)_3 + 3\,HNO_3 \rightarrow Al(NO_3)_3 + 3\,H_2O$
Base   Säure   Salz   Wasser

$HAlO_2 \cdot H_2O + NaOH \rightarrow NaAlO_2 + 2\,H_2O$
Säure   Base   Salz   Wasser

Bildet ein Metall **mehrere Oxide,** was bei zahlreichen Nebengruppenelementen der Fall ist, so *nimmt mit steigender Wertigkeit* (Oxidationszahl; ↑ 5.5.3) *der Basencharakter ab und der Säurecharakter zu.*

Beispiel: Mangan tritt im Mangan(II)-chlorid, $MnCl_2$, als basischer Bestandteil auf, das Mangan(IV)-oxid, MnO_2, ist amphoter, und im Kaliumpermanganat, $KMnO_4$, steht das (hier siebenwertige) Mangan im Säurerest. Demnach ist
zweiwertiges Mangan basenbildend,
vierwertiges Mangan amphoter,
siebenwertiges Mangan säurebildend.

---

[1] sprich amfotér; von amphoteroi (grch.) beide

Für die **Oxide der Hauptgruppenelemente** gilt (↑ verkürztes Periodensystem, Tafel 8a):

> In den *Perioden* nimmt von links nach rechts
> der Basencharakter ab,
> der Säurecharakter zu.
>
> In den *Gruppen* nimmt von oben nach unten
> der Basencharakter zu,
> der Säurecharakter ab.

4.6 Periodizität von Eigenschaften der Elemente

Die Periodizität von Eigenschaften, die im Abschnitt 4.5 qualitativ betrachtet wurde, läßt sich auch quantitativ erfassen. Ein Maß für die Tendenz der Atome, Elektronen abzugeben und damit in positiv geladene Ionen überzugehen, ist die *Ionisierungsenergie*.

4.6.1 Ionisierungsenergie

Die Ionisierungsenergie[1] ist jene Energie, die *aufgewandt* werden muß, um aus einem Atom *ein Elektron abzutrennen*, wobei ein *Kation* zurückbleibt.

Beispiel: $Li \rightarrow Li^+ + e^-$

---

[1] In der Literatur ist auch von Ionisierungsenthalpie die Rede. Zum Unterschied von Energie und Enthalpie ↑ 7.2.

Der *Metallcharakter* drückt sich in einer *niedrigen* Ionisierungsenergie aus (↑ Bild 4-2).

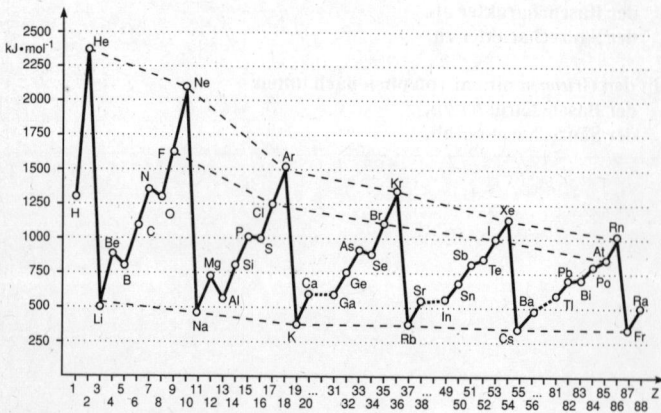

Bild 4-2: Ionisierungsenergien der Hauptgruppenelemente

In der Chemie interessiert weniger die Ionisierungsenergie für ein *einzelnes Atom* (↑ S. 115) als vielmehr die *molare Ionisierungsenergie* (Formelzeichen E_I, E_i oder I). Das ist der *Quotient* aus Ionisierungsenergie und Stoffmenge. Die SI-Einheit der molaren Ionisierungsenergie ist demnach $J \cdot mol^{-1}$. Um zu gut handhabbaren Zahlenwerten zu kommen und keine größeren Genauigkeiten der Zahlenwerte vorzuspiegeln, als aus Messungen vorliegen, empfiehlt sich die Einheit $MJ \cdot mol^{-1} = 10^6 \, J \cdot mol^{-1}$.

Beispiele: Wasserstoff $E_I(H) = 1,31 \, MJ \cdot mol^{-1}$
Helium $E_I(He) = 2,37 \, MJ \cdot mol^{-1}$
Lithium $E_I(Li) = 0,52 \, MJ \cdot mol^{-1}$

Die Ionisierungsenergie gibt die *Differenz zwischen zwei Energiezuständen* an, und zwar zwischen dem Energiezustand des *Atoms* und dem Energiezustand des *Ions*. Da das betrachtete System »Atom/Ion« bei der Ionisierung Energie *aufnimmt*, ist die Ionisierungsenergie *positiv*.

Aus Atomen, die *mehrere* Elektronen haben, können auch mehrere Elektronen abgetrennt werden. Die aufzuwendende Ionisierungsenergie steigt dabei von Elektron zu Elektron sehr stark an. Es wird zwischen *ersten, zweiten, dritten* usw. *Ionisierungsenergien* unterschieden.

Beispiel: $E_{I1}(Li) = 0,52 \, MJ \cdot mol^{-1}$
$E_{I2}(Li) = 7,3 \, MJ \cdot mol^{-1}$
$E_{I3}(Li) = 11,8 \, MJ \cdot mol^{-1}$

4.6 Periodizität von Eigenschaften der Elemente

Die *ersten Ionisierungsenergien* der *Hauptgruppenelemente* zeigen eine ausgeprägte *Periodizität* (Bild 4-2). Die *höchste* Ionisierungsenergie ist jeweils bei den *Edelgasen* erforderlich, da hier ein Elektron aus einer abgeschlossenen Achterschale (beim Helium aus einem Elektronenpaar) abgespalten werden muß. Relativ hoch ist auch die Ionisierungsenergie bei den *Halogenen,* die mit sieben Außenelektronen eine fast abgeschlossene Außenschale haben (und damit die Tendenz, diese zu vervollständigen). Am *niedrigsten* ist die erste Ionisierungsenergie jeweils bei den Alkalimetallen, da hier das einzelne in der Außenschale stehende Elektron sehr leicht abgegeben wird.

In den Ionisierungsenergien spiegeln sich zum Teil *stabile Zwischenzustände* im Aufbau der Elektronenhülle wider (↑ Bild 4-2). *Beryllium* hat eine höhere erste Ionisierungsenergie als *Bor,* gleiches gilt für *Magnesium* und *Aluminium.* Hier zeigt sich, daß es leichter ist, ein einzelnes Elektron aus einem p-Orbital abzuspalten, als ein Elektron aus dem voll besetzten s-Orbital. Andererseits ergeben die drei einfach besetzten p-Orbitale des Stickstoffatoms eine höhere Stabilität als die Elektronenbesetzung des Sauerstoffs, das zwei einfach besetzte und ein doppelt besetztes p-Orbital aufweist.

Die Ionisierungsenergie eines *einzelnen* Atoms ergibt sich, indem die molare Ionisierungsenergie durch die Anzahl der in einem Mol enthaltenen Teilchen, das heißt, durch die AVOGADRO-Konstante N_A, geteilt wird.

Beispiel: Die Ionisierungsenergie eines Lithiumatoms beträgt:

$$\frac{5{,}2 \cdot 10^5 \text{ J} \cdot \text{mol}^{-1}}{6{,}022 \cdot 10^{23} \text{ mol}^{-1}} = 8{,}6 \cdot 10^{-19} \text{ J}$$

Für Energieumsetzungen im atomaren Bereich ist noch die SI-fremde Einheit **Elektronenvolt** (Einheitenzeichen eV) im Gebrauch, die über die elektrische Elementarladung $e = 1{,}602\,177 \cdot 10^{-19}$ A · s mit der SI-Einheit Joule J (= W · s) in Beziehung steht:

$$1 \text{ eV} = 1 \text{ V} \cdot 1{,}602\,177 \cdot 10^{-19} \text{ A} \cdot \text{s} = 1{,}602\,177 \cdot 10^{-19} \text{ J}$$

Die Einheit Elektronenvolt liegt also in der Größenordnung der im atomaren Bereich auftretenden Energieumsetzungen, wodurch sich gut handhabbare Zahlenwerte ergeben.

Beispiel: Die Ionisierungsenergie eines Lithiumatoms beträgt:

$$\frac{8{,}6 \cdot 10^{-19} \text{ J}}{1{,}6 \cdot 10^{-19} \text{ J} \cdot \text{eV}^{-1}} = 5{,}4 \text{ eV}$$

Zwischen der in Elektronenvolt gemessenen Ionisierungsenergie und der *molaren Ionisierungsenergie* stellt die FARADAY-Konstante $F = 96485$ A · s · mol^{-1} die Beziehung her:

$$1 \text{ eV} \stackrel{\triangle}{=} 96{,}485 \text{ kJ} \cdot \text{mol}^{-1}$$

Beispiel: Die molare Ionisierungsenergie der Lithiumatome ergibt sich aus der Ionisierungsenergie in eV wie folgt:

$$5{,}4 \text{ eV} \cdot 96{,}485 \text{ kJ} \cdot \text{mol}^{-1} \cdot \text{eV}^{-1} \approx 521 \text{ kJ} \cdot \text{mol}^{-1}$$

4.6.2 Elektronenaffinität

Die im Abschnitt 4.6.1 betrachteten *Ionisierungsvorgänge* führen unter *Elektronenabgabe* zur Bildung von *positiv* geladenen Ionen, die als *Kationen* bekannt sind. Diese Ionisierungsvorgänge erfolgen leicht (das heißt mit geringer Ionisierungsenergie) bei den Elementen mit *Metallcharakter,* also bei den *elektropositiven* Elementen.

Im Gegensatz dazu treten bei den Elementen mit *Nichtmetallcharakter*, also bei den *elektronegativen* Elementen, leicht Ionisierungsvorgänge auf, die unter *Elektronenaufnahme* verlaufen und zur Bildung *negativ* geladener Ionen führen, die als *Anionen* bekannt sind.

Beispiel: Fluor $F + e^- \rightarrow F^-$ $:\ddot{F}\cdot\ + \ e^- \longrightarrow \left[:\ddot{F}:\right]^-$

> Mit der Aufnahme eines Elektrons ist die Außenschale des Fluoratoms voll besetzt. Sie entspricht dann der Außenschale des Edelgases Neon.

Die *Aufnahme* eines Elektrons verläuft (bei den meisten Atomen) unter *Energieabgabe*. Das Fluoridion, F^-, ist energieärmer als das Fluoratom, F.

Eine Gegenüberstellung der beiden Arten von Ionisierungsvorgängen ergibt:

	Abgabe von Elektronen	**Aufnahme von Elektronen**
Bildung von	Kationen	Anionen
Beispiel:	$Li \rightarrow Li^+ + e^-$	$F + e^- \rightarrow F^-$
Energieumsetzung	Aufnahme von Energie	Abgabe von Energie
Bezeichnung der Energie	*Ionisierungsenergie*	*Elektronenaffinität*

Unter *Elektronenaffinität* wird bei *qualitativen* Betrachtungen (↑ S. 110) die Tendenz der Atome verstanden, Elektronen anzuziehen (zu binden).

Beispiel: Die Halogene haben eine hohe Elektronenaffinität.

Bei *quantitativen* Betrachtungen wird unter Elektronenaffinität eine *energetische Größe* verstanden:

Die Elektronenaffinität ist jene Energie, die frei wird, wenn ein Atom ein Elektron aufnimmt.

Wie die Ionisierungsenergie wird auch die Elektronenaffinität eines einzelnen Atoms in Joule (oder in Elektronenvolt) angegeben. Für die Chemie wichtiger ist die *molare Elektronenaffinität* mit der Einheit $J \cdot mol^{-1}$. Als Formelzeichen für die molare Elektronenaffinität werden verwendet EA, A und E_{EA}. (Das

4.6 Periodizität von Eigenschaften der Elemente

zuletzt genannte Formelzeichen hat den Vorteil, daß damit die Größe eindeutig als molare *Energie* gekennzeichnet wird, was aus der Benennung Elektronenaffinität leider nicht hervorgeht.)

Zwischen Elektronenaffinität und Ionisierungsenergie besteht folgende Beziehung:

$$\text{Atom} + \text{Elektron} \xrightleftharpoons[\text{Ionisierungsenergie}]{\text{Elektronenaffinität}} \text{Anion}$$

Beispiel: Fluoratom F und Fluoridion F⁻ gehen durch Elektronenaufnahme bzw. -abgabe ineinander über:

$$F + e^- \xrightleftharpoons[E_I]{E_{EA}} F^-$$

Dabei wird in der einen Richtung die Elektronenaffinität des Fluoratoms $E_{EA}(F)$ frei, während in der anderen Richtung die Ionisierungsenergie des Fluoridions $E_I(F^-)$ [nicht des Fluoratoms!] aufzuwenden ist. Die Elektronenaffinität des Fluoratoms $E_{EA}(F)$ ist demnach gleich der *negativen* Ionisierungsenergie des Fluoridions $E_I(F^-)$:

$$E_{EA}(F) = -E_I(F^-)$$

Die Elektronenaffinität eines Atoms ist gleich der negativen Ionisierungsenergie des entstehenden Anions.

Der Vorgang, auf den sich die Ionisierungsenergie bezieht, kann – wie das vorstehende Beispiel zeigt – auch von einem *Anion ausgehen* und zu einem ungeladenen *Atom* führen. (Ionisierung ist also in diesem Zusammenhang nicht als Bildung von Ionen, sondern als *Abgabe von Elektronen* zu verstehen.)

Bild 4-3 zeigt die Periodizität der Elektronenaffinitäten der Hauptgruppenelemente. Es fällt auf:
- Die *Halogenatome* haben die *negativsten Elektronenaffinitäten*, also die *stärkste Anziehung* für Elektronen. Bei der Aufnahme eines Elektrons wird Energie *abgegeben*.
- Die *Edelgasatome* haben *positive Elektronenaffinitäten*. Sie ziehen Elektronen *nicht* an. Um ein zusätzliches Elektron einzubauen, müßte Energie *aufgewandt* werden.
- Die *Erdalkalimetalle* (II. Hauptgruppe) haben gleichfalls *positive Elektronenaffinitäten*, die zum Teil noch über denen der benachbarten Edelgase liegen. Um ein zusätzliches Elektron einzubauen, also z.B. ein Ca⁻-Anion zu erzeugen, müßten hohe Energien aufgewandt werden. Die mit 2 Elektronen voll besetzten s-Orbitale der Atome der Erdalkalimetalle erweisen sich also als sehr stabil.

- Die Elemente der *V. Hauptgruppe* haben stets eine weniger negative Elektronenaffinität als die benachbarten Elemente der IV. und VI. Hauptgruppe. Hier zeigt sich die *relative Stabilität* der mit je *einem Elektron* besetzten drei *p-Orbitale*, die der Aufnahme eines weiteren Elektrons entgegenwirkt.

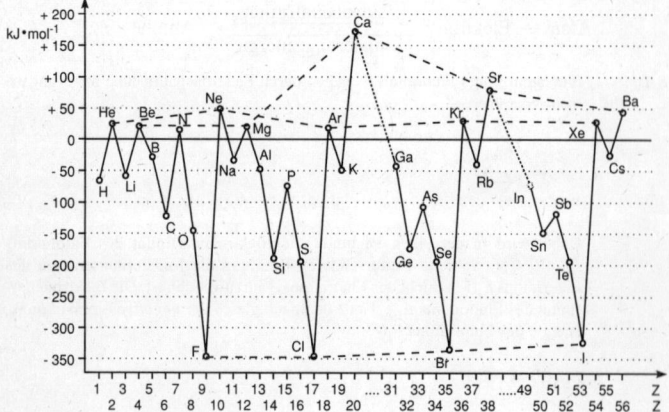

Bild 4-3: Periodizität der Elektronenaffinitäten der Hauptgruppenelemente
(Mitunter sind die Elektronenaffinitäten auch mit entgegengesetzten Vorzeichen tabelliert)

Die experimentelle Ermittlung von Elektronenaffinitäten ist schwierig. Die meisten tabellierten Zahlenwerte wurden aus anderen thermochemischen Größen berechnet, wobei infolge unterschiedlicher Berechnungsverfahren zum Teil erhebliche Abweichungen auftreten. Die im Bild 4-3 dargestellte *Periodizität* wird aber durch diese Unsicherheiten in den Zahlenwerten nicht in Frage gestellt.

Elektronenaffinitäten und Ionisierungsenergien sagen nur etwas darüber aus, wie sich *isolierte Atome* gegenüber Elektronen verhalten, die aufgenommen oder abgegeben werden können. Aus ihren Zahlenwerten kann nicht unmittelbar auf das Verhalten der Elemente in chemischen Bindungen geschlossen werden. Diesem Anliegen werden die Elektronegativitätswerte gerecht.

4.6.3 Elektronegativität

Die Elektronegativität wurde von dem nordamerikanischen Chemiker LINUS PAULING (1932) eingeführt, um das Verhalten der Elemente (Atomarten) in chemischen Bindungen abschätzen zu können.

4.6 Periodizität von Eigenschaften der Elemente

Die Elektronegativität ist ein Maß dafür, wie stark die Atome eines Elements die Elektronen einer Atombindung in einem Molekül anziehen.

Die Elektronegativität (gebräuchliches Formelzeichen *EN*) ist eine Zahl ohne Maßeinheit. Für das elektronegativste Element Fluor wurde willkürlich die *EN* = 4, für das Element Lithium die *EN* = 1 festgelegt. Davon ausgehend, wurden die Zahlenwerte für die übrigen Elemente auf der Grundlage von Bindungsenergien (↑ S. 131) ermittelt. Die Elektronegativitäten sind *keine* Elementkonstanten. Mit ihnen können also keine exakten Berechnungen durchgeführt, sondern nur Abschätzungen über den Charakter chemischer Bindungen, z.B. über deren Polarisation, vorgenommen werden (↑ S. 146).

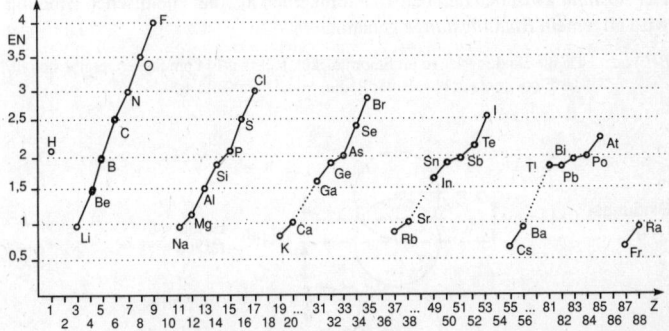

Bild 4-4: Elektronegativitäten der Hauptgruppenelemente

Bild 4-4 zeigt deutlich die Periodizität der Elektronegativitäten der Hauptgruppenelemente. Tabelle 5-2 (S. 148) enthält die Zahlenwerte für alle Hauptgruppen-elemente.

Der nordamerikanische Chemiker ROBERT MULLIKEN hat (1934) erkannt, daß zwischen der *Elektronegativität* eines Elements und der *Differenz* der Zahlenwerte von *Ionisierungsenergie* und *Elektronenaffinität* näherungsweise eine *Proportionalität* besteht. Der Proportionalitätsfaktor liegt bei 0,0019.

Beispiel: Chlor $E_I(Cl) = 1250 \text{ kJ} \cdot \text{mol}^{-1}$
$E_{EA}(Cl) = -355 \text{ kJ} \cdot \text{mol}^{-1}$
$EN(Cl) = 0,0019 \, [1250-(-355)]$
$EN(Cl) = 3,05$

Inzwischen wurden auf verschiedenen Wegen Elektronegativitäten ermittelt. Die Abweichungen, die sich dabei zeigten, lagen im allgemeinen unter 0,2. Die Abschätzung des Charakters chemischer Bindungen (↑ 5.1.8) wird dadurch nicht beeinträchtigt.

4.6.4 Atomradien – Ionenradien

Eine deutliche Periodizität zeigt auch die *Größe der Atome*. Da eine äußere Begrenzung für die Elektronenhülle eines Atoms nicht angegeben werden kann (↑ 3.6.2), wird als Maß für die Größe eines Atoms meist der kovalente Radius herangezogen.

- Der **kovalente Radius** ist die *Hälfte des Abstands,* der *zwischen zwei Atomkernen* des gleichen Elements in einer *kovalenten Bindung* (Atombindung, Elektronenpaarbindung; ↑ 5.1.1) besteht (Bild 4-5).

Der *Abstand* zwischen den beiden Atomkernen in einer chemischen Bindung wird allgemein *Bindungslänge* genannt.

Beispiel: Da die Bindungslänge im Fluormolekül, F_2, etwa 144 pm beträgt, ergibt sich für das Fluoratom ein kovalenter Radius von 72 pm (Bild 4-5).

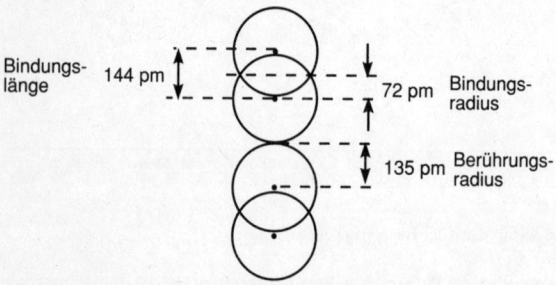

Bild 4-5: Bindungsradius und Berührungsradius
  Beispiel: Zwei Fluormoleküle

Bei den Elementen, die *Metalle* bilden, tritt der metallische Radius an die Stelle des kovalenten Radius.

- Der **metallische Radius** ist die *Hälfte des Abstands,* der zwischen zwei Atomkernen in einem Metallgitter besteht.

Kovalenter Radius und metallischer Radius werden unter dem Oberbegriff **Bindungsradius** zusammengefaßt. Er bringt zum Ausdruck, daß zwischen den beiden Atomkernen *bindende Elektronen* vorliegen, bei der Atombindung als Elektronenpaar, bei der Metallbindung als »Elektronengas« (↑ 5.3.1). Werden die – auf spektroskopischem Wege – ermittelten kovalenten Radien *und* metallischen Radien gleichermaßen auf kovalente Einfachbindungen (↑ S. 142) umgerechnet, so lassen sie sich in *einer* Reihe anordnen. Dabei zeigt sich wiederum eine deutliche Periodizität (Bild 4-6).

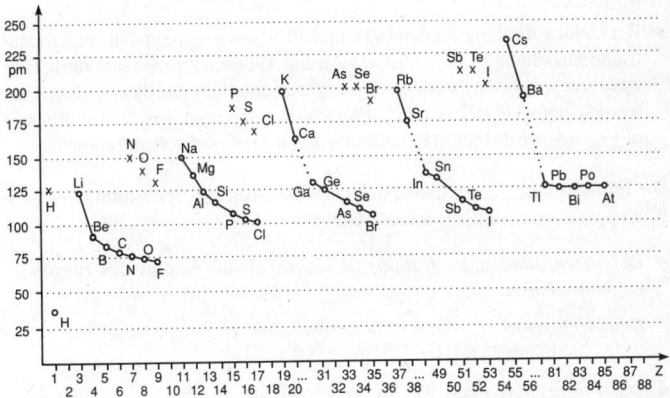

Bild 4-6: Bindungsradien der Hauptgruppenelemente (Kreuze geben Berührungsradien an)

Den *Bindungsradien* stehen die *Berührungsradien* gegenüber.

- Der **Berührungsradius** ist die *Hälfte des kleinstmöglichen Abstandes* der Kerne zweier Atome des gleichen Elements, zwischen denen *keine bindenden Elektronen* vorhanden, sondern nur VAN-DER-WAALSsche Kräfte (↑ S. 128) wirksam sind.

Beispiel: Der kovalente Radius des Fluoratoms wird zwischen den beiden Atomkernen *eines* Fluormoleküls ermittelt, der *Berührungsradius* zwischen zwei Atomkernen *benachbarter* Fluormoleküle (Bild 4-5), und zwar im festen Zustand ($F = -219\,°C$).

Die *Berührungsradien* sind in grober Näherung *doppelt* so groß wie die *Bindungsradien* (Bild 4-6).

Die Atomradien liegen in der Größenordnung von 10^{-10} m, das sind 100 pm (Pikometer) oder 0,1 nm (Nanometer). Die Längeneinheit Pikometer ergibt für die Atomradien gut handhabbare Zahlenwerte. Sie kann aber eine größere Genauigkeit vortäuschen, als tatsächlich vorhanden ist. Das ist der Fall, wenn z.B. statt 0,15 nm 150 pm angegeben wird. In älterer Literatur tritt noch die Längeneinheit Ångström (Einheitenzeichen Å) auf; 1 Å = 10^{-10} m.

Zwischen den *Bindungsradien* einerseits und den *Ionisierungsenergien* und *Elektronenaffinitäten* andererseits besteht ein enger Zusammenhang.

- Bei *großen Bindungsradien* (I. und II. Hauptgruppe) ist die elektrostatische Anziehung zwischen Atomkern und Außenelektronen relativ *gering*. Es ist nur eine *geringe Ionisierungsenergie* erforderlich (↑ 4.6.1). Es entstehen *Kationen*.

- Bei *kleinen Bindungsradien* (VII. und VI. Hauptgruppe) ist die elektrostatische Anziehung zwischen Atomkern und Außenelektronen sehr stark. Hier wäre eine *sehr hohe Ionisierungsenergie* erforderlich. Bei diesen Elementen werden umgekehrt zusätzlich Elektronen aufgenommen, wobei *Energie abgegeben* wird (Elektronenaffinität; ↑ 4.6.2). Es entstehen *Anionen*.

Die **Ionenradien** unterscheiden sich ganz erheblich von den Atomradien (den Bindungsradien der ungeladenen Atome).

- Der *Ionenradius* eines *Kations* ist *kleiner* als der Radius des zugrundeliegenden Atoms.

  Beispiel: Natrium $\quad r(Na) = 157$ pm; $\quad r(Na^+) = 97$ pm
  Magnesium $r(Mg) = 136$ pm; $\quad r(Mg^{2+}) = 75$ pm

- Der *Ionenradius* eines *Anions* ist *größer* als der Radius des zugrundeliegenden Atoms.

  Beispiel: Chlor $\quad r(Cl) = 99$ pm; $\quad r(Cl^-) = 181$ pm
  Schwefel $r(S) = 104$ pm; $\quad r(S^{2-}) = 184$ pm

Bild 4-7 zeigt das für einen Ausschnitt des Periodensystems. Die Ionen vom N^{3-} bis zum Si^{4+} haben in ihrer Außenschale alle die Elektronenkonfiguration des Edelgases Neon. Diese Ionen sind dem Neonatom *isoelektronisch* (gleichelektronisch). Da die Außenschale vom N^{3-} bis zum Si^{4+} gleichermaßen mit acht Elektronen besetzt ist, führt die Zunahme der Kernladungszahl in dieser Reihe von Elementen zu einer immer stärkeren Anziehung der Außenelektronen und dadurch zu immer kleineren Ionenradien (↑ Bild 4-7).

Die *Nebengruppenelemente* wurden hier außer Betracht gelassen, da bei ihnen keine so große Regelmäßigkeit wie bei den Hauptgruppenelementen zu beobachten ist. Die Außenschale ist bei den Nebengruppenelementen in der Regel mit zwei Elektronen besetzt. Die fortschreitende Besetzung der zweitäußersten Schale wirkt nur wenig nach außen.

4.6 Periodizität von Eigenschaften der Elemente

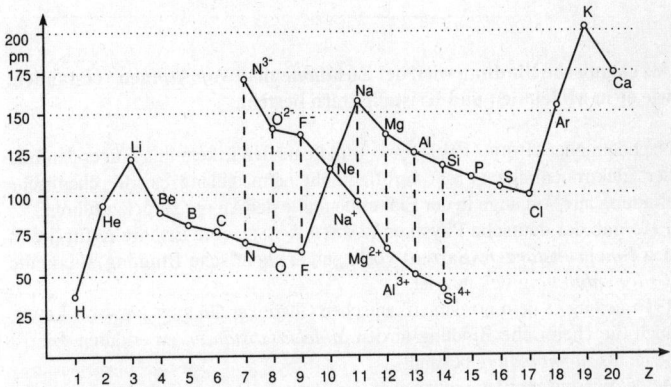

Bild 4-7: Vergleich von Atom- und Ionenradien

Der *Atomradius* der Nebengruppenelemente ist stets *geringer* als der Atomradius des vorangehenden Elements der II. Hauptgruppe. Er nimmt von der 3. bis zur 8. Nebengruppe allmählich ab, um in der 1. und 2. Nebengruppe wieder etwas zuzunehmen.

Beispiel: 4. Periode, Atomradien in pm

K	Ca	Sc	Ti	V	Mn	Cr	Fe	Co	Ni	Cu	Zn	Ga
203	174	144	132	122	117	117	116	116	115	135	131	126

Alle Nebengruppenelemente bilden *Metalle*. Sie geben leicht Elektronen ab, wobei Kationen unterschiedlicher Ionenwertigkeit entstehen. Neben den beiden s-Elektronen der Außenschale sind dabei vielfach auch d-Elektronen der darunterliegenden Schale beteiligt. Wichtige Wertigkeiten der Nebengruppenelemente sind – in Form der Oxidationszahlen – dem Bild 5-37 zu entnehmen.

5 Chemische Bindung

Als chemische Bindung wird der Zusammenhalt von Atomen verstanden, wie er in Molekülen und Kristallgittern besteht.

Nachdem NIELS BOHR (1913) seine grundlegenden Erkenntnisse über den Bau der Elektronenhülle (↑ 3.1) veröffentlicht hatte, gelang es, die chemische Bindung auf Vorgänge in der Elektronenhülle der Atome zurückzuführen.
1915 gab der deutsche Physiker WALTER KOSSEL eine Erklärung für die in den *Ionensubstanzen* (Salzen) vorliegende chemische Bindung, die heute als *Ionenbindung* bekannt ist.
1916 gelang es dem nordamerikanischen Chemiker GILBERT NEWTON LEWIS, auch die chemische Bindung in den *Molekülsubstanzen* zu erklären. Sie ist heute als *Atombindung* bekannt.
Beide Wissenschaftler gingen von der Vorstellung aus, daß alle Atome die Tendenz haben, die *Elektronenbesetzung eines Edelgases* zu erreichen. Die Edelgase haben – mit Ausnahme des Heliums – auf ihrer Außenschale (auf dem höchsten Hauptenergieniveau) acht Elektronen. Eine solche Außenschale wird *Achterschale* oder *Elektronenoktett*[1] genannt. Diese Elektronenanordnung ist so stabil, daß die Edelgase nur äußerst schwer chemische Reaktionen eingehen. Vor allem treten die Edelgase im Gegensatz zu anderen elementaren Gasen nicht als zweiatomige Moleküle auf.

Der Nordamerikaner IRVING LANGMUIR faßte (1919) die Ansätze von KOSSEL – als *Elektrovalenz* – und LEWIS – als *Kovalenz* – zur *Elektronentheorie der Valenz*[2] zusammen. Diese Theorie erklärt die Wertigkeit (Valenz) der Elemente mit Vorgängen in der Elektronenhülle. Bei den Hauptgruppenelementen hängt die Wertigkeit von der Anzahl der Elektronen ab, die die Atome auf der Außenschale besitzen (↑ 4.4). Diese sog. *Außenelektronen* werden daher auch *Valenzelektronen* genannt. Die Veränderungen, die bei chemischen Reaktionen in den Elektronenhüllen stattfinden, erstrecken sich nur auf die Valenzelektronen. Bei den Nebengruppenelementen, einschließlich den Lanthanoiden und Actinoiden, können auch Elektronen als Valenzelektronen auftreten, die nicht dem höchsten Hauptenergieniveau angehören (↑ 4.3 u. 4.4).

Die Erkenntnisse über die chemische Bindung wurden mit der weiteren Erforschung des Atombaus in vielfältiger Weise weiterentwickelt. In den folgenden Abschnitten wird die chemische Bindung mit Hilfe des wellenmechanischen Atommodells (↑ 3.6.2) behandelt. Für jene Leser, die bisher nur die älteren Darstellungen kennen, wird in Kleindruckabschnitten die Verbindung zu diesen hergestellt.

---

1) *octo* (lat.) acht
2) *valere* (lat.) gelten, wert sein

Bei der chemischen Bindung wird allgemein zwischen drei Bindungsarten unterschieden (↑ Tabelle 5-1):

- **Atombindung**
- **Ionenbindung**
- **Metallbindung**

Diese Bindungsarten stehen nicht isoliert nebeneinander, sondern sind Erscheinungsformen einer einheitlichen chemischen Bindung. Dementsprechend gibt es zwischen diesen drei Bindungsarten *Übergangsformen*.

Viel schwächer als diese drei Bindungsarten sind die zwischenmolekularen Bindungen, die den Zusammenhalt zwischen den Molekülen in einem Kristallgitter (z.b. festem Kohlendioxid) oder in einer Flüssigkeit (z.b. Wasser) bewirken (↑ 5.1.1.1; VAN-DER-WAALSsche Kräfte).

Tabelle 5-1: *Arten der chemischen Bindung*

Bindungsart	Ionenbindung Ionenbeziehung, heteropolare Bindung, elektrovalente Bindung	Atombindung Elektronenpaarbindung, homöopolare Bindung kovalente Bindung		Metallbindung metallischer Zustand
Art der beteiligten Atome	Metallatom + Nichtmetallatom	Nichtmetallatome		Metallatome
Charakter der Atome	elektropositiv + elektronegativ	elektronegativ bzw elektroneutral		elektropositiv
Vorgänge in den Elektronenhüllen	Übergang von Elektronen	Bildung gemeinsamer Elektronenpaare, Besetzung bindender Molekülorbitale		Abgabe von Valenzelektronen
Art der entstehenden Teilchen	positive und negative Ionen	Moleküle	–	positive Ionen und *Elektronengas*
Kristallgitter	Ionengitter	Molekülgitter	Atomgitter	Metallgitter
Charakter der entstehenden Stoffe	salzartig	flüchtig oder makromolekular (nichtflüchtig)	diamantartig	metallisch
Beispiele	Natriumchlorid, NaCl Calciumoxid, CaO Natriumhydroxid, NaOH	Brom, Br_2 Kohlendioxid, CO_2 Benzen Stärke	Diamant Silicium Siliciumcarbid, SiC Borcarbid, B_4C	alle Metalle und Legierungen

5.1 Atombindung

5.1.1 Atombindung und Eigenschaften der Stoffe

Die *Atombindung* beruht auf der Bildung von *gemeinsamen Elektronenpaaren*. Das sind Elektronenpaare, die den Elektronenhüllen beider an der Bindung beteiligten Atome angehören. Die Atombindung wird daher auch als *Elektronenpaarbindung* bezeichnet. Die gleichfalls gebräuchlichen Bezeichnungen *homöopolare*[1]) *Bindung* und *unpolare Bindung* drücken aus, daß die beiden beteiligten Atome – im Gegensatz zur Ionenbindung (↑ 5.2) – keine elektrischen Ladungen tragen. In den gleichfalls gebräuchlichen Bezeichnungen *kovalente Bindung* oder *Kovalenzbindung* kommt zum Ausdruck, daß die beiden beteiligten Atome einander gleichwertig sind. Sie gehören entweder zum gleichen Element (z.B. bei den Molekülen der zweiatomigen elementaren Gase H_2, O_2, N_2, Cl_2) oder doch zu Elementen, die in ihrem chemischen Charakter (in ihrer Elektronegativität; ↑ 5.1.8) einander ähnlich sind (z.B. Kohlenstoff und Schwefel im Kohlendisulfid, CS_2). Unterscheiden sich die Elemente, deren Atome an einer Bindung beteiligt sind, in ihrem chemischen Charakter (in ihrer Elektronegativität) erheblich voneinander, kommt keine reine Atombindung zustande, sondern eine polarisierte Atombindung (↑ 5.1.8).

Atombindungen treten nur zwischen Atomen mit mehr oder weniger *elektronegativem Charakter* auf, also zwischen *Nichtmetallatomen*.

Atombindung
 = **Elektronenpaarbindung**
 = **homöopolare Bindung**
 = **unpolare Bindung**
 = **kovalente Bindung**
 = **Kovalenzbindung**

Die Atombindungen werden mit Hilfe der von G. N. Lewis eingeführten Elektronenformeln wie folgt symbolisiert (*Beispiel:* Chlormolekül, Cl_2):

---

1) *homoios* (grch.) ähnlich, gleich

5.1 Atombindung

Jedes *Elektron* wird durch einen *Punkt* symbolisiert:

$$:\!\ddot{\underset{\bullet\bullet}{Cl}}\!:\ddot{\underset{\bullet\bullet}{Cl}}\!:$$

Jedes *Elektronenpaar* wird durch einen *Strich* symbolisiert:

$$|\overline{\underline{Cl}} - \overline{\underline{Cl}}|$$

Nur das *bindende* (gemeinsame) Elektronenpaar wird durch einen *Strich* symbolisiert:

$$Cl - Cl$$

Diese drei Elektronenformeln sind gleichbedeutend.

Mit Hilfe des **BOHRschen Atommodells** wird das Zustandekommen von Atombindungen wie folgt erklärt: Die Atome haben die Tendenz, auf ihrer äußersten Elektronenschale ein Elektronenoktett (eine abgeschlossene Achterschale, d.h. die Edelgaskonfiguration) zu erlangen. Bei der Atombindung wird das erreicht, indem die beiden beteiligten Atome je ein ungepaartes Elektron zu einem Elektronenpaar beisteuern, das dann beiden Atomen gemeinsam angehört.

Beispiel: Die Atome des Chlors besitzen 7 Außenelektronen (3 Elektronenpaare und 1 ungepaartes Elektron). Sie können zu Achterschalen gelangen, indem sie sich unter Bildung eines gemeinsamen Elektronenpaares zu zweiatomigen Molekülen vereinigen (↑ Bild 5-1):

$$:\!\ddot{Cl}\!\cdot + \cdot\ddot{Cl}\!: \longrightarrow :\!\ddot{Cl}\!:\!\ddot{Cl}\!:$$

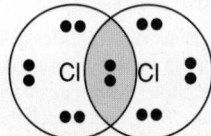

Bild 5-1: Schematische Darstellung eines Chlormoleküls

Aus den Modellvorstellungen BOHRS folgt die Frage, auf welchen Bahnen sich die Elektronen des gemeinsamen Elektronenpaares um die beiden Atomkerne bewegen. Diese Frage kann nicht beantwortet werden, da solche Bahnen in der Wirklichkeit nicht existieren. Das BOHRsche Atommodell erweist sich daher als unzureichend, die Atombindung zu erklären. Das wellenmechanische Atommodell beseitigt diese Schwierigkeiten (↑ 5.1.2).

Atombindungen führen zu zwei Stoffklassen von sehr unterschiedlichem Charakter:

- den *Molekülsubstanzen* und
- den *diamantartigen Feststoffen*.

5.1.1.1 Atombindungen in Molekülsubstanzen

Zu den Molekülsubstanzen gehören die elementaren Gase – außer den Edelgasen – also z.B. Wasserstoff, H_2, und Chlor, Cl_2, einige nicht-salzartige anorganische Verbindungen, z.B. Wasser, H_2O; Chlorwasserstoff, HCl;

Ammoniak, NH_3, und Kohlendioxid, CO_2), vor allem aber die organischen Verbindungen, d.h. Verbindungen des Kohlenstoffs. Der *Kohlenstoff* steht im Periodensystem der Elemente (↑ 4.5.1) in der Mitte zwischen elektropositiven Elementen (Metallatomen) und elektronegativen Elementen (Nichtmetallatomen) und wird daher auch als *elektroneutral* bezeichnet.

Für organische Verbindungen ist die Atombindung charakteristisch.

Da die Moleküle keine elektrische Ladung tragen, leiten die Verbindungen, die auf reinen Atombindungen beruhen, den elektrischen Strom nicht.

Bevor ein Molekül mit einem anderen Molekül reagieren kann, muß ein Teil der innerhalb des Moleküls bestehenden Atombindungen aufgespalten werden. Daher verlaufen die Reaktionen zwischen Molekülen, wie sie für die organische Chemie charakteristisch sind, in der Regel viel langsamer als die für die anorganische Chemie typischen Ionenreaktionen.

Die Atombindungen sind *gerichtet*. Sie liegen innerhalb des Moleküls zwischen zwei bestimmten Atomen und ergeben so einen relativ festen *Zusammenhalt*. Das läßt sich in vereinfachender Weise dadurch anschaulich erklären, daß zwischen den positiv geladenen Atomkernen und den negativen Ladungen der bindenden Elektronen *elektrostatische Wechselwirkungen* auftreten. (Einen tieferen Einblick geben die folgenden Abschnitte.)

Dagegen ist der *Zusammenhalt zwischen den Molekülen* eines Stoffes *sehr gering*, wenn er auch bei manchen Stoffen schon bei Zimmertemperatur zum Aufbau eines *Molekülgitters* ausreicht. So sind solche Molekülsubstanzen wie Iod, I_2, Phenol, C_6H_5OH, und Naphthalen, $C_{10}H_8$, *fest*. Sie gehen jedoch viel leichter in den gasförmigen Zustand über als die meisten – auf Ionenbindung beruhenden – Salze. Andere Molekülsubstanzen sind bei Zimmertemperatur *flüssig* (z.B. Brom, Br_2; Wasser, H_2O; Ethanol, C_2H_5OH) oder *gasförmig* (z.B. Chlor, Cl_2; Ammoniak, NH_3; Methan, CH_4).

Molekülsubstanzen haben im allgemeinen *niedrige Schmelz- und Siedepunkte* und werden daher auch unter der Bezeichnung *flüchtige Stoffe* zusammengefaßt. Die Flüchtigkeit nimmt in der Regel mit zunehmender Molekülgröße ab. Stoffe mit sehr großen Molekülen, sog. *Makromolekülen*, sind nicht mehr flüchtig (z.B. Stärke, Cellulose, Plaste, Chemiefaserstoffe). Diese Stoffe zersetzen sich beim Erhitzen, bevor sie zum Sieden, viele von ihnen sogar schon, bevor sie zum Schmelzen kommen. Diese makromolekularen Stoffe nehmen eine Sonderstellung unter den Molekülsubstanzen ein.

Die *zwischenmolekularen Kräfte*, die den Zusammenhalt zwischen Molekülen bewirken – nach einem holländischen Chemiker, der sich besonders mit den Wirkungen dieser Kräfte beschäftigte, auch als VAN-DER-WAALSsche Kräfte bezeichnet –, beruhen auf der Überlappung zwischen Molekülorbitalen (↑ 5.1.2) bzw. auf der elektrostatischen Wechselwirkung zwischen dauernden und zeitweiligen Dipolmolekülen (↑ 5.1.9). Zeitweilige Dipole entstehen durch Schwingungen in den Elektronenhüllen von Molekülen, die an sich keinen Dipolcharakter haben.

5.1.1.2 Atombindungen in Feststoffen

Bei einer verhältnismäßig kleinen Gruppe von Stoffen führen die gerichteten Atombindungen zum Aufbau eines *Kristallgitters,* das *Atomgitter* genannt wird.

Als typisches Beispiel gilt der elementare Kohlenstoff in Form des *Diamanten* (↑ Bild 5-2). Im Atomgitter des Diamanten ist jedes Kohlenstoffatom durch vier Atombindungen, d.h. durch vier gemeinsame Elektronenpaare, mit vier benachbarten Kohlenstoffatomen verbunden. Dadurch ergibt sich ein außerordentlich fester Zusammenhalt. Alle Stoffe, die ein Atomgitter haben (z.B. Borcarbid, B_4C, und Siliciumcarbid, SiC), zeichnen sich daher durch *große Härte* und durch *sehr hohe Schmelz-* bzw. *Siedepunkte* aus. Diese Stoffe werden unter der Bezeichnung **diamantartige Stoffe** zusammengefaßt.

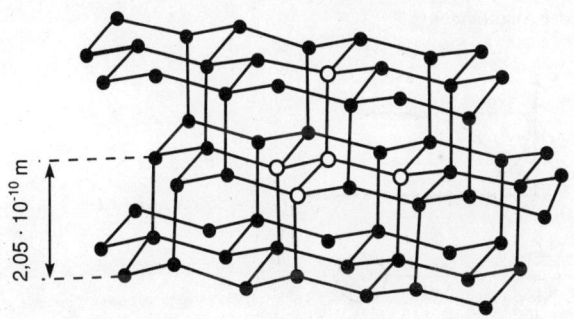

Bild 5-2: Atomgitter des Diamanten

5.1.2 s-s-σ-Bindung

Die quantenmechanischen (wellenmechanischen) Modellvorstellungen über den Atombau (↑ 3.6.2) gestatten es, eine – dem heutigen Erkenntnisstand entsprechend – ausreichende Erklärung für die Atombindung zu geben.

> **Eine Atombindung entsteht, wenn sich zwei Atome einander nähern, von denen jedes mindestens ein nur einfach besetztes Orbital aufweist.**

Der einfachste Fall einer Atombindung ist die Vereinigung zweier Wasserstoffatome, H, zu einem Wasserstoffmolekül, H_2.

Nähern sich zwei Wasserstoffatome einander, so kommt es zu einer *Überlappung* der beiden einfach besetzten s-Orbitale dieser Atome (↑ Bild 5-3). Diese Überlappung ist mit einer *Abgabe von Energie* verbunden. Mit zunehmender Annäherung der beiden positiv geladenen Atomkerne tritt jedoch die elektrostatische Abstoßung zwischen beiden immer stärker in Erscheinung.

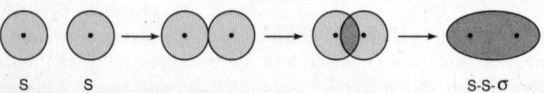

Bild 5-3: s-s-σ-Bindung

Die Überlappung kommt zum Stillstand, bevor die für die weitere Annäherung erforderliche Energie *größer* wird als die bei der Überlappung freiwerdende Energie. Es ist dann der *energieärmste Zustand* erreicht (Bild ↑ 5-4). Der Abstand, der dabei zwischen den beiden Atomkernen besteht, ist die *Bindungslänge* der Atombindung.

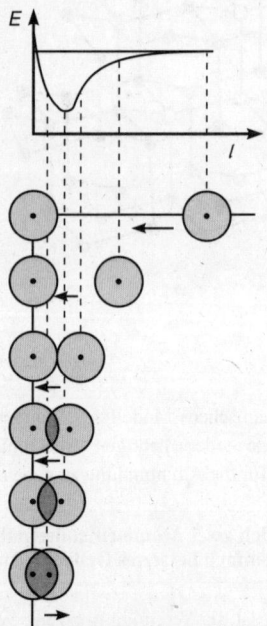

Bild 5-4: Energieverlauf bei der Überlappung von Atomorbitalen

Andererseits muß Energie aufgewandt werden, um die in einem Wasserstoffmolekül miteinander verbundenen Wasserstoffatome voneinander zu trennen. Es ist der gleiche Betrag, der bei der Überlappung der Orbitale frei wurde. Er wird als **Bindungsenergie**[1)] bezeichnet. Für das Wasserstoffmolekül sind das 435 kJ · mol^{-1}. Wird diese Energie – wie hier – mit *positivem* Vorzeichen angegeben, so bezieht sie sich auf den Vorgang der Trennung der Atombindung, bei dem dem System »Molekül – Atome« Energie *zugeführt* werden muß. Es wird daher exakter auch von *Bindungstrennungsenergie* oder *Bindungsdissoziationsenergie* gesprochen (Formelzeichen E_D oder D).

Allgemein gilt:

> **Bei der Vereinigung von Atomen zu Molekülen wird der energieärmste Zustand angestrebt.**

Die relative Festigkeit einer Atombindung beruht darauf, daß zu ihrer Aufspaltung in jedem Falle Energie zugeführt werden muß.

Mit Hilfe des Orbitalmodells läßt sich die Atombindung im *Wasserstoffmolekül* anschaulich erklären: Die einfach besetzten s-Orbitale der beiden Wasserstoffatome vereinigen sich zu *einem Orbital,* das mit zwei Elektronen voll besetzt ist und in dem beide Atomkerne liegen (↑ Bild 5-3, rechts).

> **Aus zwei einfach besetzten Atomorbitalen entsteht bei der Atombindung ein voll besetztes Molekülorbital.**

Dieses Molekülorbital nimmt ein niedrigeres Energieniveau ein als die beiden Atomorbitale, aus denen es hervorgegangen ist (↑ Bild 5-5).

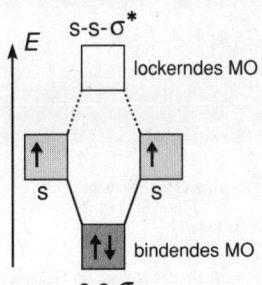

Bild 5-5: Energieniveauschema zur s-s-σ-Bindung

Ein **Molekülorbital** können wir uns anschaulich vorstellen als den Raum der 90%igen Aufenthaltswahrscheinlichkeit eines *gemeinsamen Elektronenpaares.*

---

1) Bei der quantitativen Verwendung dieser Größe ist es exakter, von *Bindungsenthalpie* zu sprechen, da sich die tabellierten Zahlenwerte auf *konstanten Druck* beziehen (↑ 7.2).

Die Aufenthaltswahrscheinlichkeitsdichte (die Ladungsdichte; ↑ Bild 3-4) der beiden Elektronen ist innerhalb des Molekülorbitals im Raum zwischen den beiden Atomkernen am größten 144.[1]

Atombindungen, bei denen sich die beiden beteiligten Atomorbitale *längs einer Achse* vereinigen, so daß ein *rotationssymmetrisches Molekülorbital* entsteht (↑ Bild 5-3), werden σ-Bindungen genannt. Im Wasserstoffmolekül liegt, da es sich bei den beiden beteiligten Atomorbitalen um s-Orbitale handelt (↑ 3.6.3), eine s-s-σ-Bindung vor.

Bei der *Bezeichnung von Molekülorbitalen* geben die *lateinischen Buchstaben* die Art der beteiligten *Atomorbitale* an, die *griechischen Buchstaben* die Art der *Bindung*.

Bindende und lockernde Elektronenpaare. Zu jedem bindenden Elektronenpaar (Molekülorbital) ist als Gegenstück ein lockerndes (antibindendes) Elektronenpaar (Molekülorbital) möglich. Während das *bindende* Molekülorbital stets ein *niedrigeres* Energieniveau aufweist als die beiden Atomorbitale, aus denen es hervorgegangen ist (↑ Bild 5-5, unten), kommt dem *lockernden* Molekülorbital stets ein *höheres* Energieniveau zu (↑ Bild 5-5, oben). Die lockernden Molekülorbitale werden mit einem Sternchen * gekennzeichnet.

Die Aufenthaltswahrscheinlichkeitsdichte (die Ladungsdichte) der Elektronen ist zwischen den beiden Atomkernen

- im *bindenden* Molekülorbital am *höchsten*,
- im *lockernden* Molekülorbital am *niedrigsten* (↑ Bild 5-6).

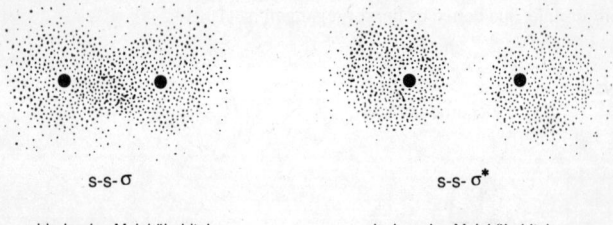

s-s- σ   s-s- σ*

bindendes Molekülorbital   lockerndes Molekülorbital

Bild 5-6: Bindendes und antibindendes (lockerndes) Molekülorbital

Mit Hilfe dieser Modellvorstellungen läßt sich erklären, weshalb das *Helium* im Gegensatz zum Wasserstoff keine Moleküle bilden kann. Das 1s-Orbital des Heliumatoms ist mit *zwei* Elektronen voll besetzt. In einem Heliummolekül, He_2, wären also *vier* 1s-Elektronen vorhanden, die zusammen *zwei* gemeinsame Elektronenpaare bilden könnten. Davon kann aber nur

---

[1] Wir beschränken uns hier auf Molekülorbitale, die *zwei* Atomkerne umfassen. Die *Molekülorbitaltheorie* geht ursprünglich von Molekülorbitalen aus, die sich über das *ganze Molekül* erstrecken (vgl. Benzenmolekül)

ein Elektronenpaar ein bindendes Molekülorbital besetzen (↑ Bild 5-5, unten). Für das andere Elektronenpaar stünde nur ein lockerndes Molekülorbital zur Verfügung (↑ Bild 5-5, oben). Da das lockernde Molekülorbital die Wirkung des bindenden Molekülorbitals aufheben (kompensieren) würde, kommt es nicht zur Bildung von Heliummolekülen. (Weitere Beispiele ↑ am Ende des Abschn. 5.1.5)

5.1.3 p-p-σ-Bindung

Auch p-Orbitale (↑ 3.6.4) können sich bei Annäherung überlappen und zu Molekülorbitalen vereinigen (↑ Bild 5-7). Das Plus- bzw. Minus-Zeichen in den beiden Hälften jedes p-Orbitals gibt keine elektrischen Ladungen an, sondern das Vorzeichen der *Wellenfunktion,* einer Größe, die (nach der SCHRÖDINGER-Gleichung; ↑ S. 87) den Zustand eines Orbitals kennzeichnet, auf die aber hier nicht eingegangen werden kann. Eine *Überlappung* zwischen Atomorbitalen ist *nur bei gleichem Vorzeichen* der Wellenfunktion möglich. Überlappen sich die positiven (oder die negativen) Hälften zweier Orbitale entlang einer Achse, so kommt es zur Bildung eines *rotationssymmetrischen Molekülorbitals*, das als p-p-σ-Molekülorbital bezeichnet wird. Die dadurch zustandekommende Atombindung heißt dementsprechend p-p-σ-Bindung.

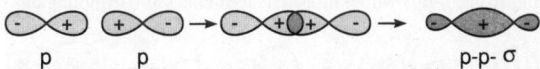

Bild 5-7: p-p-σ-Bindung

Das *bindende* p-p-σ-Molekülorbital besitzt ein *niedrigeres Energieniveau* als die beiden p-Orbitale, aus denen es hervorgegangen ist (↑ Bild 5-8).

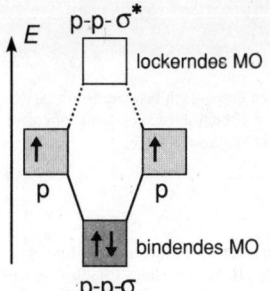

Bild 5-8: Energieniveauschema zur p-p-σ-Bindung

Beispiel: Das Chloratom besitzt auf dem höchsten (3.) Hauptenergieniveau zwei s-Elektronen und fünf p-Elektronen.

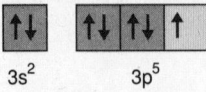

Durch Überlappung der einfach besetzten p-Orbitale zweier Chloratome kommt es zur Bildung eines p-p-σ-Molekülorbitals, welches die beiden Chloratome zu einem Chlormolekül, Cl_2, verbindet.

:Cl· + ·Cl: ⟶ :Cl:Cl:

5.1.4 s-p-σ-Bindung

Auch zwischen einem s-Orbital und einem p-Orbital kann es zu einer Überlappung kommen, die zur Bildung eines Molekülorbitals führt (↑ Bild 5-9). (Da die Wellenfunktion im s-Orbital stets ein positives Vorzeichen hat, erfolgt die Überlappung mit der positiven Hälfte des p-Orbitals.) Das entstehende rotationssymmetrische s-p-σ-Molekülorbital stellt eine s-p-σ-Bindung dar.

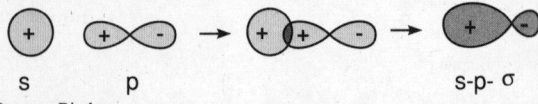

Bild 5-9: s-p-σ-Bindung

Beispiel: Das Wasserstoffatom besitzt ein ungepaartes s-Elektron, das Chloratom ein ungepaartes p-Elektron

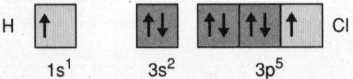

Im Chlorwasserstoffmolekül, HCl, haben sich das einfach besetzte s-Orbital des Wasserstoffatoms und das einfach besetzte p-Orbital des Chloratoms zu einem vollbesetzten s-p-σ-Molekülorbital vereinigt (↑ Bild 5-9, rechts):

H· + ·Cl: ⟶ H:Cl:

Nach dem **BOHRschen Atommodell** wird die Atombindung im Chlorwasserstoffmolekül, HCl, so erklärt, daß die beiden ungepaarten Elektronen ein gemeinsames Elektronenpaar bilden (↑ Bild 5-10). Dadurch erlangt das Chloratom ein Elektronenoktett, und die Elektronenschale des Wasserstoffatoms wird mit zwei Elektronen ebenfalls voll besetzt.

5.1 Atombindung

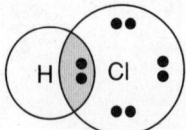

Bild 5-10: Schematische Darstellung eines Chlorwasserstoffmoleküls

5.1.5 p-p-π-Bindung

Wenn sich zwei Atome entlang ihren x-Achsen (↑ 3.6.4) einander nähern, kann nicht nur zwischen den beiden p_x-Orbitalen eine Überlappung eintreten, die zu einer p-p-σ-Bindung führt (↑ 5.1.3). Auch zwischen den p_z-Orbitalen und zwischen den p_y-Orbitalen kann es zu Überlappungen kommen. Dabei bilden sich Molekülorbitale, die im Gegensatz zu den σ-Orbitalen nicht rotationssymmetrisch sind, sondern symmetrisch zu einer Ebene liegen, in der die x-Achse verläuft (↑ Bild 5-11). Solche Molekülorbitale werden als π-Orbitale oder genauer als p-p-π-Orbitale bezeichnet, die durch diese Molekülorbitale bewirkten Bindungen als p-p-π-Bindungen

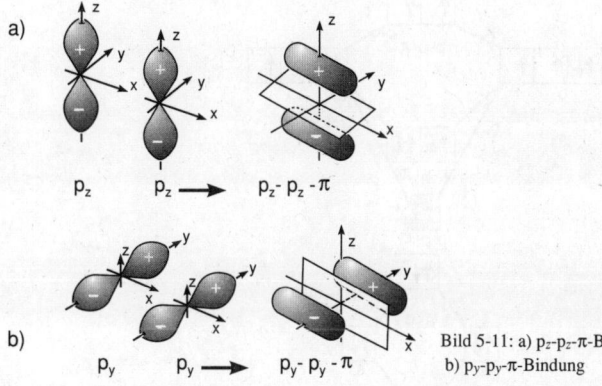

Bild 5-11: a) p_z-p_z-π-Bindung, b) p_y-p_y-π-Bindung

Molekülorbitale können sich nur zwischen p-Orbitalen gleicher räumlicher Orientierung bilden. So ist z.B. ein p_x-p_z-Molekülorbital nicht möglich, da sich in diesem Falle zwei Überlappungsbereiche ergeben würden, von denen nur bei dem einen die Vorzeichen der Wellenfunktionen (↑ 5.1.3) übereinstimmen können (↑ Bild 5-12). Die bindende Wirkung des einen Überlappungsbereichs würde durch den anderen Überlappungsbereich aufgehoben, so daß es zu keiner Bindung kommt.

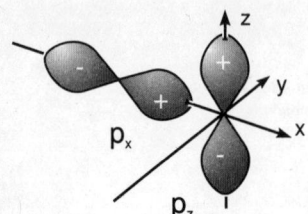

Bild 5-12: Zwischen einem p_x-Orbital und einem p_z-(p_y)-Orbital ist keine Bindung möglich

Zwischen *zwei Atomen* sind im Höchstfalle *drei Atombindungen* möglich, und zwar

eine p-p-σ-Bindung (genauer: p_x-p_x-σ)

zwei p-p-π-Bindungen (genauer: p_y-p_y-π; p_z-p_z-π).

Damit sind die *drei* bindenden p-p-Molekülorbitale voll besetzt (↑ Bild 5-13).

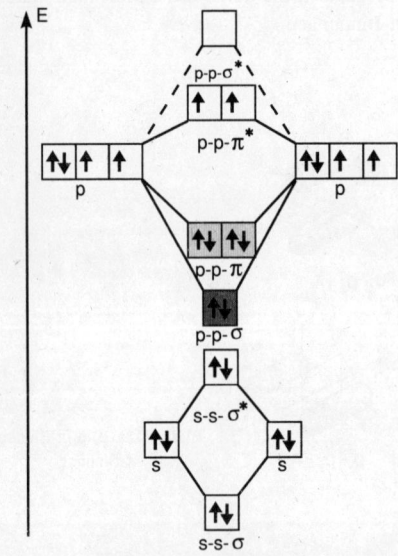

Bild 5-13: Energieniveauschema des Sauerstoffmoleküls

5.1 Atombindung

Neben den *drei* p-p-Bindungen kann *keine* s-s-σ-Bindung vorliegen, da sowohl die bindenden als auch die lockernden s-s-σ-Molekülorbitale besetzt werden, bevor mit der Besetzung der p-p-Orbitale begonnen wird (↑ Bild 5-13 unten).

Bei der p-p-σ-Bindung können anstelle der p-Orbitale auch Hybridorbitale (sp^3, sp^2, sp; ↑ 5.1.6) beteiligt sein.

Im Bild 5-13 wird die Orbitalbesetzung im *Sauerstoffmolekül*, O_2, als Beispiel dargestellt: Die zwei p-p-π-Molekülorbitale haben das gleiche Energieniveau, das des p-p-σ-Molekülorbitals liegt niedriger. Zunächst wird stets das niedrigste Energieniveau voll besetzt. Von den Molekülorbitalen mit gleichem Energieniveau erhält nach der HUNDschen Regel zunächst jedes *ein* Elektron. Im *Sauerstoffmolekül* (↑ Bild 5-13) ist das bei den lockernden p-p-π*-Molekülorbitalen der Fall.

Im *Stickstoffmolekül*, N_2, sind diese lockernden Molekülorbitale unbesetzt (↑ Bild 5-14). Das Stickstoffatom besitzt drei ungepaarte p-Elektronen:

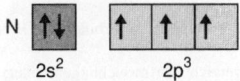

Bei der Vereinigung zu einem Stickstoffmolekül bilden sich *drei* gemeinsame Elektronenpaare

$$:N: + :N: \longrightarrow :N:::N:$$

Damit sind alle drei bindenden Molekülorbitale des 2p-Energieniveaus voll besetzt (↑ Bild 5-14). Daraus erklärt sich die sehr hohe Bindungsenergie des Stickstoffmoleküls (942 kJ · mol^{-1}), die dessen Reaktionsträgheit zur Folge hat.

Das Sauerstoffmolekül (490 kJ · mol^{-1}) und das Chlormolekül (239 kJ · mol^{-1}) haben wesentlich geringere Bindungsenergien und dementsprechend höhere Reaktionsfähigkeit, da hier die lockernden p-p-π*-Molekülorbitale teilweise (beim O_2) oder voll (beim Cl_2) besetzt sind (↑ Bild 5-14). Das beruht darauf, daß auf dem höchsten Energieniveau das Sauerstoffatom *ein* und das Chloratom *zwei* p-Elektronen mehr besitzt als das Stickstoffatom:

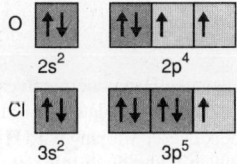

Die p-Elektronen des Chlors besetzen daher die lockernden p-p-π*-Molekülorbitale vollständig, so daß die Wirkung der bindenden p-p-π-Molekülorbitale aufgehoben wird. Im Chlormolekül liegt also nur *eine* Atombindung vor (↑ Bild 5-14).

Die p-Elektronen des Sauerstoffs besetzen die lockernden p-p-π*-Molekülorbitale jeweils *einfach*, so daß die Wirkung der bindenden p-p-π-Molekülorbitale *teilweise* aufgehoben wird (↑ Bild 5-14). Die beiden *ungepaarten* Elektronen mit *parallelem* Spin sind die Ursache dafür, daß das Sauerstoffmolekül *paramagnetisch* ist (↑ 5.1.12).

138 5 Chemische Bindung

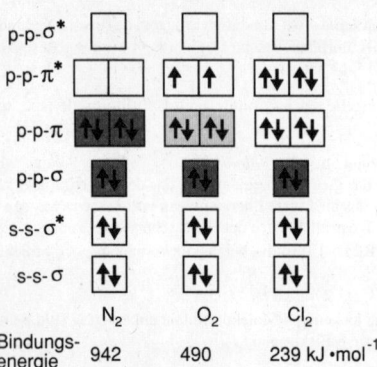

Bild 5-14: Besetzung der bindenden und lockernden Molekülorbitale und Bindungsenergien des Stickstoffs, Sauerstoffs und Chlors
(Der Übersichtlichkeit halber wurde darauf verzichtet, Abweichungen widerzugeben, die in der Abfolge der Energieniveaus auftreten.)

Allgemein gilt für die Bindungsverhältnisse in Molekülen:

> **Die bindenden und lockernden Molekülorbitale werden nach steigendem Energieniveau besetzt.**
>
> **Eine Bindung zwischen zwei Atomen kommt dann zustande, wenn mindestens ein bindendes Molekülorbital besetzt wird, das nicht durch ein lockerndes Molekülorbital in seiner Wirkung kompensiert wird.**

5.1.6 Hybridorbitale

Das s-Orbital und die p-Orbitale des gleichen Hauptenergieniveaus (der gleichen Hauptquantenzahl) können sich so überlagern, daß daraus untereinander gleichartige Orbitale neuer Art entstehen. Dieser Vorgang wird **Hybridisation** genannt. Die entstehenden Orbitale heißen **Hybridorbitale** oder **q-Orbitale**. Die Gestalt eines Hybridorbitals ist im Bild 5-15b wiedergegeben.

Die Hybridorbitale werden nach der Anzahl der an der Hybridisation beteiligten p-Orbitale unterteilt in:

- **sp-Hybridorbitale,**
  entstanden aus einem s-Orbital und
  einem p-Orbital (↑ Bild 5-15)

5.1 Atombindung

- **sp²-Hybridorbitale,**
  entstanden aus einem s-Orbital und
  zwei p-Orbitalen (↑ Bild 5-16)
- **sp³-Hybridorbitale,**
  entstanden aus einem s-Orbital und
  drei p-Orbitalen (↑ Bild 5-17).

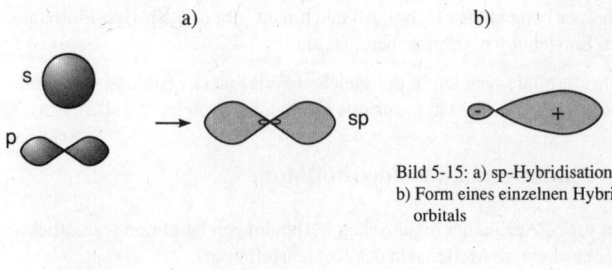

Bild 5-15: a) sp-Hybridisation
b) Form eines einzelnen Hybridorbitals

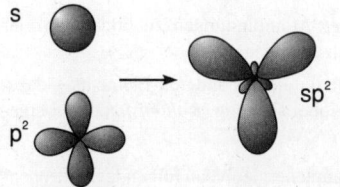

Bild 5-16: sp²-Hybridisation

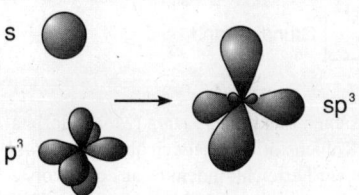

Bild 5-17: sp³-Hybridisation

Bei der Hybridisation verändert sich die *Anzahl* der Orbitale *nicht*. Auf einem Hauptenergieniveau sind vorhanden:

– *ein* s-Orbital   und   *drei* p-Orbitale   oder
– *zwei* sp-Orbitale   und   *zwei* p-Orbitale   oder
– *drei* sp²-Orbitale   und   *ein* p-Orbital   oder
– *vier* sp³-Orbitale.

Die zwei sp-Orbitale liegen – einander entgegengesetzt – auf einer durch den Atomkern verlaufenden *Achse* (↑ Bild 5-15).

Die drei sp^2-Orbitale liegen in einer Ebene, in der sich auch der Atomkern befindet, und sind nach den Ecken eines gleichseitigen Dreiecks gerichtet (↑ Bild 5-16).

Die vier sp^3-Orbitale sind nach den Ecken eines gleichseitigen Tetraeders gerichtet (↑ Bild 5-17).

Über die hier behandelten Hybridorbitale hinaus gibt es auch Hybridorbitale, an deren Entstehung d-Orbitale beteiligt sind (↑ 5.4.2).

Die Hybridorbitale nehmen in der gleichen Weise an der Bildung von Molekülorbitalen teil wie nicht hybridisierte Orbitale (Beispiele ↑ 5.1.7).

5.1.7 Bindungen am Kohlenstoffatom

Die sehr große Anzahl der organischen Verbindungen beruht im wesentlichen auf zwei besonderen Merkmalen des Kohlenstoffatoms.

- Jedes Kohlenstoffatom vermag *vier* Atombindungen zu bilden (an vier gemeinsamen Elektronenpaaren teilzunehmen).
- Die Kohlenstoffatome neigen – wie die keines anderen Elements – dazu, sich *untereinander* zu verbinden, wobei sich sog. *Kohlenstoffketten* ergeben.

Das Kohlenstoffatom hat auf dem 2. Hauptenergieniveau folgende Elektronenbesetzung:

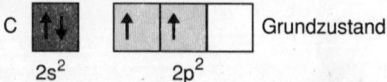

Um an der Bildung von vier gemeinsamen Elektronenpaaren (Molekülorbitalen) teilnehmen zu können, muß das Kohlenstoffatom jedoch über *vier einfach besetzte* Atomorbitale verfügen. Das wird erreicht, indem es aus dem vorstehend angegebenen Grundzustand in einen angeregten Zustand mit der Elektronenbesetzung

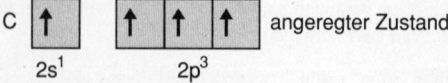

übergeht. Dieser angeregte Zustand hat ein etwas höheres Energieniveau als der Grundzustand. Die für die *Anregung* (auch als *Promotion* bezeichnet) aufzuwendende Energie wird *Anregungsenergie* (oder Promotionsenergie) genannt.

Durch anschließende Hybridisation, für die gleichfalls Energie – die *Hybridisationsenergie* – aufzuwenden ist, kann das Kohlenstoffatom drei verschiedene Bindungszustände annehmen:

- durch **sp-Hybridisation** den *linearen* Bindungszustand
  (↑ Dreifachbindung):

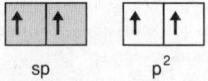

- durch **sp²-Hybridisation** den *trigonalen* Bindungszustand
  (↑ Doppelbindung):

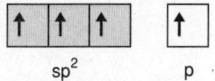

- durch **sp³-Hybridisation** den *tetraedrischen* Bindungszustand
  (↑ Einfachbindung):

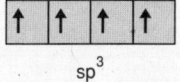

Die Elektronen in den *Hybrid*orbitalen werden häufig auch durch einen senkrechten Strich I ohne Pfeilspitze symbolisiert.

Die Anregungsenergie und Hybridisationsenergie werden aus der Bindungsenergie gedeckt, die frei wird, wenn sich Atomorbitale überlappen (wenn die Elektronen ein bindendes Molekülorbital mit niedrigerem Energieniveau besetzen; ↑ Bild 5-13, S. 136). Zur Hybridisation kann es also erst im Zusammenhang mit einer chemischen Bindung kommen.

Die Kohlenstoffatome liegen praktisch nie im Grundzustand, sondern immer im angeregten bzw. hybridisierten Zustand vor, da sie nicht nur in den Kohlenstoffverbindungen, sondern auch im elementaren Zustand (Diamant, ↑ 5.1.1; Graphit, ↑ 14.2.2) stets an Atombindungen beteiligt sind.

Im folgenden werden die chemischen Bindungen, die den verschiedenen Bindungszuständen des Kohlenstoffatoms entsprechen, anhand von Beispielen dargestellt. (Die Bilder 5-18 bis 5-21 ergänzen sich derart, daß nur die am jeweiligen Beispiel neu einzuführenden Bindungen als Orbitale wiedergegeben werden, während die aus den vorangegangenen Beispielen bekannten Bindungen nur durch Striche symbolisiert sind.)

Einfachbindung $\geq C - C \leq$

Im *Methan*, CH_4, liegt der Kohlenstoff im tetraedrischen Bindungszustand (sp^3-Hybridisation) vor (↑ Bild 5-18). Jedes der vier sp^3-Orbitale hat mit je einem s-Orbital eines Wasserstoffatoms einen Überlappungsbereich gebildet. Es liegt eine s-sp^3-σ-Bindung (ein s-sp^3-σ-Molekülorbital) vor. (Zur Bezeichnung derartiger Bindungen ↑ 5.1.2.)

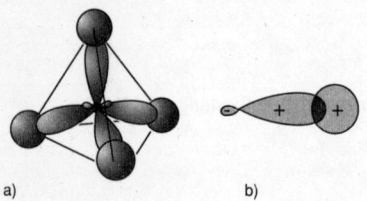

a)   b)

Bild 5-18: a) Orbitalmodell des Methanmoleküls
b) Schnitt durch eine s-sp^3-σ-Bindung

Im *Ethan*, C_2H_6, – ebenfalls tetraedrischer Bindungszustand – haben sich je ein sp^3-Hybridorbital der beiden Kohlenstoffatome überlappt, wodurch eine sp^3-sp^3-σ-Bindung entstanden (ein entsprechendes Molekülorbital besetzt worden) ist. An jedem Kohlenstoffatom stehen dann noch *drei* sp^3-Hybridorbitale zur Verfügung, die in gleicher Weise wie beim Methan s-sp^3-σ-Bindungen mit Wasserstoffatomen ergeben (↑ Bild 5-19).

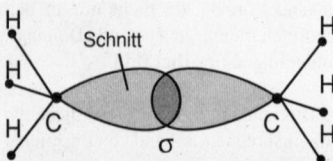

Bild 5-19: Einfache Atombindung zwischen zwei Kohlenstoffatomen (Ethanmolekül)

5.1 Atombindung

> **Doppelbindung** $\diagup\!\!\!\diagdown C = C \diagdown\!\!\!\diagup$

Im *Ethen* (Ethylen), C_2H_4, befinden sich die Kohlenstoffatome im trigonalen Bindungszustand (sp^2-Hybridisation). Die vorhandenen Atomorbitale bilden folgende Bindungen:

- eine sp^2-sp^2-σ-Bindung zwischen den beiden Kohlenstoffatomen,
- vier s-sp^2-σ-Bindungen zwischen den Kohlenstoff- und den Wasserstoffatomen und
- eine p-p-π-Bindung (↑ 5.1.5) zwischen den beiden Kohlenstoffatomen.

Im Ethenmolekül liegt also eine Doppelbindung zwischen den beiden Kohlenstoffatomen vor, die sich aus einer σ-Bindung und einer π-Bindung zusammensetzt (↑ Bild 5-20). Daß hier zwei unterschiedliche Bindungen vorliegen, wird aus den Bindungsenergien deutlich. Die molare Bindungsenergie der Doppelbindung ist mit 615 kJ · mol^{-1} niedriger als das Doppelte der molaren Bindungsenergie einer Einfachbindung (348 kJ · mol^{-1}).

Es gibt auch Modellvorstellungen, nach denen eine Hybridisation zwischen den beiden Bindungen einer Doppelbindung angenommen wird, wobei zwei einander gleichartige Bindungen einer neuen Art entstehen, die als τ-Bindungen bezeichnet werden. Man beachte:

- Bei den q-Orbitalen liegen hybridisierte *Atom*orbitale vor.
- Bei den τ-Bindungen handelt es sich um hybridisierte *Molekül*orbitale.

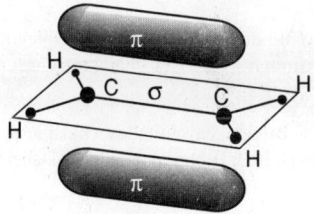

Bild 5-20: Doppelbindung zwischen zwei Kohlenstoffatomen (Ethenmolekül)

Dreifachbindung $-C\equiv C-$

Im *Ethin* (Acetylen), C_2H_2, befinden sich die Kohlenstoffatome im linearen Bindungszustand (sp-Hybridisation). Außer den zwei Hybridorbitalen sind also noch zwei unhybridisierte p-Orbitale vorhanden.

Es liegen folgende Bindungen vor (↑ Bild 5-21):
- eine sp-sp-σ-Bindung zwischen den beiden Kohlenstoffatomen,
- zwei s-sp-σ-Bindungen zwischen den Kohlenstoff- und den Wasserstoffatomen und
- zwei p-p-π-Bindungen zwischen den beiden Kohlenstoffatomen.

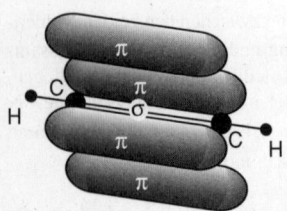

Bild 5-21: Dreifachbindung zwischen zwei Kohlenstoffatomen (Ethinmolelül)

Im Ethinmolekül ist also eine Dreifachbindung zwischen den Kohlenstoffatomen vorhanden, und zwar eine σ-Bindung und zwei π-Bindungen. (Daraus können sich durch Hybridisation drei τ-Bindungen ergeben.) Die molare Bindungsenergie der Dreifachbindung ist mit 812 kJ · mol^{-1} wesentlich niedriger als das Dreifache der molaren Bindungsenergie einer Einfachbindung (348 kJ · mol^{-1}).

Für organische Verbindungen, die nur σ-Bindungen enthalten (Beispiele: Methan, Ethan), sind **Substitutionsreaktionen** (↑ 28.3.1) charakteristisch. Additionsreaktionen vermögen sie nicht einzugehen.

Für organische Verbindungen, die auch π-Bindungen enthalten (Beispiele: Ethen, Ethin), sind **Additionsreaktionen** (↑ 28.3.2) charakteristisch. Dabei werden die π-Bindungen aufgespalten.

Aromatischer Zustand

Im Molekül des **Benzens** (früher *Benzol* genannt), C_6H_6, sind die sechs Kohlenstoffatome ringförmig miteinander verbunden. In diesem *Benzenring*

5.1 Atombindung

(Benzolring) liegen die Kohlenstoffatome im trigonalen Bindungszustand vor. Von den drei sp^2-Orbitalen jedes Kohlenstoffatoms bilden
- zwei mit sp^2-Orbitalen der beiden Nachbaratome sp^2-sp^2-σ-Bindungen,
- eines mit dem s-Orbital eines Wasserstoffatoms eine s-sp^2-σ-Bindung (↑ Bild 5-22a).

Jedes der sechs Kohlenstoffatome besitzt außerdem ein (nicht hybridisiertes) p-Orbital, dessen Achse senkrecht zur Ebene der σ-Bindungen steht (↑ Bild 5-22b). Im Unterschied zum Ethenmolekül (↑ S.143) treten diese p-Orbitale aber im Benzenmolekül nicht zu p-p-π-Bindungen zwischen jeweils zwei benachbarten Kohlenstoffatomen zusammen, sondern alle sechs p-Orbitale bilden ein gemeinsames π-Molekülorbital, ein π-Elektronensextett. Die beiden Hälften dieses Molekülorbitals liegen oberhalb und unterhalb der Ebene der σ-Bindungen (↑ Bild 5-22b).

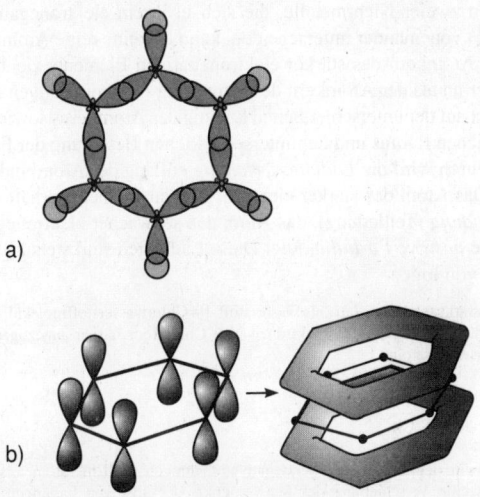

Bild 5-22: Bindungen im Molekül des Benzens (Benzols)
a) σ-Bindungen
b) π- Bindungen

Das π-Molekülorbital des Benzens ist *polyzentrisch,* d.h., es umfaßt mehr als zwei Atomkerne. Nach diesen Modellvorstellungen sind die sechs p-Elektronen im Benzenmolekül nicht an feste Plätze gebunden, sondern *delokalisiert.* Dieser Bindungszustand, der für alle *aromatischen Verbindungen* (↑ 38.3) charakteristisch ist und daher auch als *aromatischer Zustand* bezeichnet wird, hat ein besonders niedriges Energieniveau und ist daher sehr stabil.

Am Benzenring treten vor allem **Substitutionsreaktionen** auf (↑ 28.3.1). Dabei bleibt der aromatische Zustand erhalten. Dagegen müssen *Additionsreaktionen* (↑ 28.3.2), wie sie für das Ethen und allgemein für Verbindungen mit *lokalisierten* π-Bindungen charakteristisch sind, zur Auflösung des π-Elektronensextetts führen.

5.1.8 Polarisierte Atombindungen

Reine Atombindungen gibt es nur zwischen zwei Atomen des gleichen Elements (z.B. im Chlormolekül, Cl_2). Bei ihnen ist die Aufenthaltswahrscheinlichkeitsdichte des bindenden Elektronenpaares (die Ladungsdichte der Elektronen im bindenden Molekülorbital) genau in der Mitte zwischen den beiden Atomkernen am größten.

Zwischen Atomen zweier Nichtmetalle, die sich in ihrem elektronegativen Charakter (↑ 4.5.1) voneinander unterscheiden, kann es keine reine Atombindung geben. Der Atomkern des stärker elektronegativen Elements zieht die Elektronen *stärker* an als der Atomkern des schwächer elektronegativen Elements. (Das beruht auf der unterschiedlichen Ladung des Atomkerns sowie auf dem unterschiedlichen Radius und der unterschiedlichen Besetzung der Elektronenhülle.) Dadurch wird die *Ladungsverteilung* entlang der Atombindung *unsymmetrisch*. Das Atom des stärker elektronegativen Elements erhält eine *negative Partialladung* (Teilladung), das Atom des schwächer elektronegativen Elements eine *positive Partialladung*. Diese Ladungen sind stets *kleiner* als die Ladungen von Ionen.

Beispiel: Chlor ist stärker elektronegativ als Wasserstoff. Im Chlorwasserstoffmolekül, HCl, werden daher die bindenden Elektronen vom Chloratom stärker angezogen als vom Wasserstoffatom

$$\overset{\delta+}{H} : \overset{\delta-}{\ddot{\underset{..}{Cl}}}:$$

Dadurch wird der Schwerpunkt der negativen Ladungen zum Chloratom verschoben, was eine Verschiebung des Schwerpunkts der positiven Ladungen zum Wasserstoffatom zur Folge hat. Der *partielle Ionenbindungscharakter* der Atombindung zwischen Wasserstoff und Chlor macht etwa 20% aus. Im Chlorwasserstoffmolekül trägt also das Wasserstoffatom etwa 20% der Ladung eines Wasserstoffions, H^+, das Chloratom etwa 20% der Ladung eines Chloridions, Cl^-.

Die Partialladungen werden mit δ+ und δ–, in älterer Literatur auch mit [+] und [–] symbolisiert. (Weitere Beispiele ↑ 5.1.9.)

5.1 Atombindung

> **Atombindungen, bei denen die beteiligten Atome – infolge unterschiedlicher Elektronegativität – Partialladungen tragen, werden als polarisierte Atombindungen bezeichnet.**
>
> **Die polarisierte Atombindung stellt einen Übergang von der reinen Atombindung zur Ionenbindung (↑ 5.2) dar.**

Die an einer polarisierten Atombindung (auch als *Atombindung mit partiellem Ionenbindungscharakter* bezeichnet) beteiligten Atome haben ein Merkmal der Ionen, die elektrische Ladung. Ihnen fehlt aber das andere wesentliche Merkmal der Ionen, die relativ freie Beweglichkeit. Moleküle mit polarisierten Atombindungen neigen aber zur elektrolytischen Dissoziation, also zur Aufspaltung in Ionen (↑ potentielle Elektrolyte; ↑ S.162)

Der **Übergang von der Atombindung zur Ionenbindung** zeigt sich deutlich am Beispiel der binären Verbindungen des Chlors mit den anderen Elementen der 3. Periode des Periodensystems:

NaCl	MgCl$_2$ AlCl$_3$ SiCl$_4$ PCl$_3$ SCl$_2$	Cl$_2$
Ionen- bindung	polarisierte Atombindungen	reine Atombindung
	zunehmende Polarisation <───────────────	

Die **Elektronegativitäten** der Elemente (↑ 4.6.3) ermöglichen es, die Polarität von Atombindungen abzuschätzen. Die *Elektronegativitätsskala* (Bild 5-23; Tabelle 5-2) gestattet zwar keine exakten Berechnungen; sie reicht aber aus, um zu angenäherten quantitativen Aussagen über die Polarität von Atombindungen zu kommen. Mit dieser Einschränkung kann gesagt werden:

> **Die Differenz der Elektronegativitäten zweier miteinander verbundener Atome ist ein Maß für die Polarität der Atombindung.**

Jede Atombindung hat eine bestimmte *Elektronegativitätsdifferenz* ΔEN.

Beispiele:

Fluorwasserstoff, HF:	$EN(F) = 4{,}0$	$EN(H) = 2{,}1$	$\Delta EN(F-H) = 1{,}9$
Wasser, H$_2$O:	$EN(O) = 3{,}5$	$EN(H) = 2{,}1$	$\Delta EN(O-H) = 1{,}4$
Chlorwasserstoff, HCl:	$EN(Cl) = 3{,}0$	$EN(H) = 2{,}1$	$\Delta EN(Cl-H) = 0{,}9$
Ammoniak, NH$_3$:	$EN(N) = 3{,}0$	$EN(H) = 2{,}1$	$\Delta EN(N-H) = 0{,}9$
Dichlormonoxid, Cl$_2$O:	$EN(O) = 3{,}5$	$EN(Cl) = 3{,}0$	$\Delta EN(O-Cl) = 0{,}5$
Stickstofftrichlorid, NCl$_3$:	$EN(N) = 3{,}0$	$EN(Cl) = 3{,}0$	$\Delta EN(N-Cl) = 0$

Die Polarität der Atombindungen nimmt – wie die Zahlenwerte erkennen lassen – in der Reihenfolge der vorstehenden Beispiele ab. Die N–Cl-Bindungen im Molekül des Stickstofftrichlorids, NCl$_3$, sind reine Atombindungen wie die Cl–Cl-Bindung im Cl$_2$-Molekül.

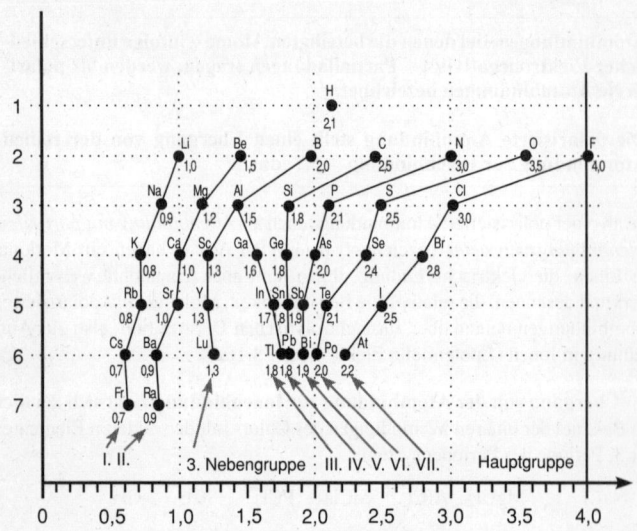

Bild 5-23: Elektronegativitäten der Hauptgruppenelemente

(Die zusätzlich eingefügte 3. Nebengruppe zeigt in ihrem chemischen Charakter eine gewisse Übereinstimmung mit der I. und II. Hauptgruppe. Daher gibt es auch Auffassungen, nach denen Scandium bis Lutetium der III. Hauptgruppe zugerechnet werden und dafür Gallium bis Thallium als 3. Nebengruppe gelten.)

Je höher die Elektronegativitätsdifferenz zwischen den beiden an einer Bindung beteiligten Atomen ist, um so stärker ist der *partielle Ionenbindungscharakter*. Die höchste Aufenthaltswahrscheinlichkeitsdichte der bindenden Elektronen (die höchste Ladungsdichte der Elektronen im Molekülorbital) rückt dabei immer mehr in die Nähe des Atomkerns des stärker elektronegativen Elements. Im Grenzfall gehen diese Elektronen ganz in die Elektronenhülle des Atoms des stärker elektronegativen Elements über. Es liegt dann eine *Ionenbindung* vor (↑ 5.2).

LINUS PAULING hat auch eine Skala angegeben, die es gestattet, aus der Elektronegativitätsdifferenz den *partiellen Ionenbindungscharakter* von Einfachbindungen *in grober Näherung abzuschätzen* (↑ Tabelle 5-3). Danach liegt bei einer $\Delta EN = 1{,}7$ eine Bindung mit 50% Atombindungs- und 50% Ionenbindungscharakter vor.

Tabelle 5-2: *Elektronegativitätsskala der Hauptgruppenelemente* (nach PAULING)

| | | | H | | | |
			2,1			
Li	Be	B	C	N	O	F
1,0	1,5	2,0	2,5	3,0	3,5	4,0
Na	Mg	Al	Si	P	S	Cl
0,9	1,2	1,5	1,8	2,1	2,5	3,0
K	Ca	Ga	Ge	As	Se	Br
0,8	1,0	1,6	1,8	2,0	2,4	2,8
Rb	Sr	In	Sn	Sb	Te	I
0,8	1,0	1,7	1,8	1,9	2,1	2,5
Cs	Ba	Tl	Pb	Bi	Po	At
0,7	0,9	1,8	1,8	1,9	2,0	2,2

Tabelle 5-3: *Abschätzung des Ionenbindungscharakters einfacher Atombindungen auf Grund der Elektronegativitätsdifferenzen* (nach PAULING)

Elektronegativitätsdifferenz	Ionenbindungscharakter in %	Elektronegativitätsdifferenz	Ionenbindungscharakter
0,2	1	1,8	55
0,4	4	2,0	63
0,6	9	2,2	70
0,8	15	2,4	76
1,0	22	2,6	82
1,2	30	2,8	86
1,4	39	3,0	89
1,6	47	3,2	92

5.1.9 Dipolmoleküle

Polarisierte Atombindungen können bewirken, daß innerhalb eines Moleküls der Schwerpunkt der negativen Ladungen nicht mehr mit dem Schwerpunkt der positiven Ladungen zusammenfällt. Die Moleküle zeigen dann auf der einen Seite eine geringe positive, auf der anderen Seite eine geringe negative Ladung. Sie haben zwei Pole (↑ Beispiel HCl; ↑ S. 146).

5 Chemische Bindung

> **Ein Molekül, das zwei entgegengesetzt elektrisch geladene Seiten hat, wird als Dipolmolekül bezeichnet.**

Ein sehr wichtiges Dipolmolekül ist das Molekül des *Wassers*:

$$\begin{array}{c} H \\ \delta^+ \quad O \quad \delta^- \\ H \end{array}$$

Der Dipolcharakter kommt hier dadurch zustande, daß das Molekül gewinkelt ist (↑ Bild 5-24). Wäre es gestreckt, so läge sowohl der Schwerpunkt der negativen als auch der der positiven Ladungen des Moleküls im Sauerstoffatom.

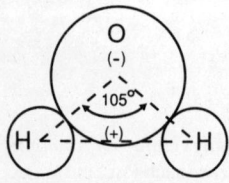

Bild 5-24: Das Wassermolekül als Dipol
(+) und (−) geben die Ladungsschwerpunkte an

Auch das Molekül des *Ammoniaks*, NH_3, ist ein Dipolmolekül, da die drei Atombindungen polarisiert sind und die Schwerpunkte der positiven und negativen Ladungen nicht zusammenfallen (↑ Bild 5-25 a).

Dagegen ist das Molekül des *Tetrachlormethans*, CCl_4, kein Dipolmolekül. Zwar sind die Atombindungen zwischen Kohlenstoff und Chlor gleichfalls polarisiert; aber die Schwerpunkte der positiven und negativen Ladungen fallen infolge des symmetrischen Baus des Moleküls (↑ Bild 5-25 b) im Kohlenstoffatom zusammen.

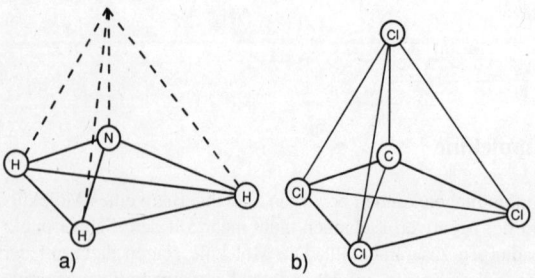

Bild 5-25: a) Räumliche Anordnung der Atome im Ammoniakmolekül, NH_3
b) Räumliche Anordnung der Atome im Molekül des Tetrachlormethans, CCl_4

5.1.10 Bindungen an freien Elektronenpaaren

Ein Sonderfall der Atombindung liegt vor, wenn beide Elektronen des bindenden Elektronenpaares (des bindenden Molekülorbitals) von *einem* der an der Bindung beteiligten Atome stammen. Solche Bindungen entstehen an freien (einsamen) Elektronenpaaren.

> **Freie (einsame) Elektronenpaare sind Elektronenpaare der Außenschale, die innerhalb eines Moleküls (oder Ions) nicht an einer chemischen Bindung beteiligt sind.**

Das Ammoniakmolekül besitzt ein freies Elektronenpaar, das Wassermolekül zwei freie Elektronenpaare:

$$\delta^+ \; \begin{array}{c} H \\ H-\overline{N}| \\ H \end{array} \; \delta^- \qquad \delta^+ \; \begin{array}{c} H \\ \overline{\underline{O}} \\ H \end{array} \; \delta^-$$

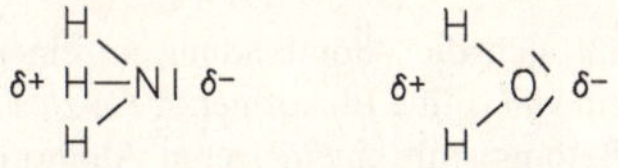

In diesen Strukturformeln werden gekennzeichnet:

- *bindende Elektronenpaare* durch Striche, die *zwischen* den Symbolen der an der Bindung beteiligten Atome stehen,
- *freie Elektronenpaare* durch Striche, die *quer* am Symbol des Atoms stehen, dem sie zugehören.

Mittels eines freien Elektronenpaares vermag ein (an sich abgeschlossenes) Molekül (oder Ion) eine weitere Atombindung einzugehen, wenn ein geeigneter Bindungspartner (mit Elektronenmangel) zur Verfügung steht.

Beispiel: In einer wäßrigen Ammoniaklösung (Salmiakgeist) lagert sich infolge der elektrostatischen Anziehung zwischen den Partialladungen an das Stickstoffatom des Ammoniakmoleküls ein Wassermolekül mit einem seiner Wasserstoffatome an:

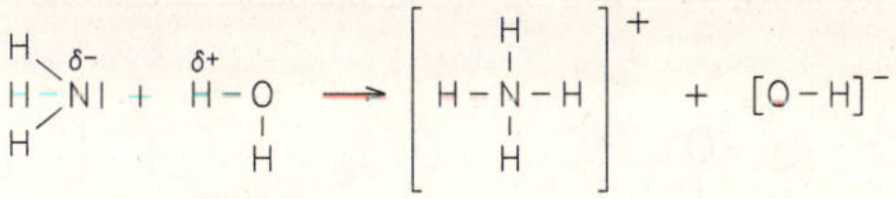

$$\begin{array}{c} H \\ H-\overline{N}| \\ H \end{array}^{\delta^-} + \begin{array}{c} H-O \\ | \\ H \end{array}^{\delta^+} \longrightarrow \left[\begin{array}{c} H \\ | \\ H-N-H \\ | \\ H \end{array} \right]^+ + [O-H]^-$$

Von diesem Wasserstoffatom kann der positiv geladene Kern (also ein Proton) zum Ammoniakmolekül übergehen, während das Elektron dieses Wasserstoffatoms am Sauerstoff zurückbleibt und die negative Ladung des Hydroxidions, OH^-, verursacht. Das Proton wird durch das freie Elektronenpaar am Stickstoffatom des Ammoniaks gebunden, und es entsteht ein Ammoniumion, NH_4^+. (Durch sp^3-Hybridisation [↑ 5.1.6] sind die vier Bindungen am Stickstoffatom untereinander gleich, so daß das Ammoniumion ein regelmäßiges Tetraeder bildet wie das Methanmolekül; ↑ Bild 5-18).

Atombindungen an freien Elektronenpaaren unterscheiden sich nur in ihrer Entstehung, nicht in ihren Eigenschaften von anderen Atombindungen. Sie werden in der Literatur auf unterschiedliche Weise bezeichnet, und zwar als

- **dative Bindung** [von *dativus* (lat.) der Spender] oder
- **Donorbindung** [von *donator* (lat.) der Geber]
  weil ein Bindungspartner beide Elektronen für die Bindung beisteuert; früher auch als
- **semipolare Bindung** [von *semi* (lat.) halb-],
  wobei von der Vorstellung ausgegangen wird, daß die negativen Ladungen in Richtung des Bindungspartners, der kein Elektron beisteuert, verschoben werden, aber nicht ganz zu ihm übergehen wie bei einer polaren Bindung; in Komplexverbindungen (↑ 5.4) auch als
- **koordinative Bindung** [von *koordinare* (lat.) zuordnen],
  weil einem Molekül (oder Ion) weitere Atome angelagert werden.

Mit Hilfe der Orbitalmodelle läßt sich die Atombindung an einem freien Elektronenpaar so erklären, daß ein *voll* (mit 2 Elektronen) besetztes Atomorbital (im Beispiel: des Stickstoffatoms) mit einem leeren Atomorbital (im Beispiel des Wasserstoffatoms) überlappt bzw. ein Molekülorbital bildet, das dann mit zwei Elektronen ebenfalls voll besetzt ist (↑ auch 5.4.1).

Für *semipolare Bindungen* wird in Strukturformeln mitunter anstelle eines Striches ein Pfeil → verwendet, der die Richtung der angenommenen Ladungsverschiebung angibt. Heute werden die durch den Pfeil symbolisierten Bindungsverhältnisse meist mit Hilfe der *formalen Ladungen* wiedergegeben (↑ 5.5.5).

5.1.11 Wasserstoffbrückenbindungen

Wasserstoffatome, die an ein Atom eines stark elektronegativen Elements (Fluor, Sauerstoff, Stickstoff) gebunden sind, tragen eine relativ starke elektropositive Partialladung. Dadurch wirken sie gegenüber anderen Atomen elektronegativer Elemente in starkem Maße elektrostatisch anziehend. Im Wasser lagern sich daher Wasserstoffatome an die Sauerstoffatome benachbarter Moleküle an:

$$\overline{|\underline{O}} - H \overset{\delta+}{\cdots} \overset{\delta-}{\overline{|\underline{O}}} - H$$
$$\phantom{|\underline{O} - H}|\phantom{\cdots \overline{|\underline{O}}}|$$
$$\phantom{|\underline{O} - }H\phantom{\cdots \overline{|\underline{O}} -}H$$

Im *Eis* ist jedes Sauerstoffatom über Wasserstoffatome mit vier anderen Sauerstoffatomen verbunden, so daß das Kristallgitter Tetraederstruktur aufweist. Auch im *flüssigen Wasser* liegen keine Einzelmoleküle vor, sondern Molekülaggregate[1], woraus sich erklärt, weshalb Wasser weniger flüchtig ist als der homologe (bis −60 °C gasförmige) Schwefelwasserstoff, H_2S.

---

1) *aggregare* (lat.) beigesellen, anhäufen

5.1 Atombindung

Die von den Wasserstoffatomen zwischen zwei Atomen elektronegativer Elemente bewirkten Bindungen werden *Wasserstoffbrückenbindungen* genannt. Mit einer Bindungsenergie in der Größenordnung von $10\ kJ\cdot mol^{-1}$ sind sie schwächer als die Atombindungen ($\approx 100\ kJ\cdot mol^{-1}$), aber stärker als die VAN-DER-WAALSschen Kräfte ($\approx 1\ kJ\cdot mol^{-1}$; ↑ 5.1.1).

Wasserstoffbrückenbindungen sind außer an Fluor-, Sauerstoff- und Stickstoffatomen in abgeschwächtem Maße auch an Chlor-, Schwefel- und Kohlenstoffatomen möglich. Die Chemie der Eiweißstoffe ist ohne Wasserstoffbrückenbindungen nicht denkbar.
Auf Grund ihrer geringen Bindungsenergie ermöglichen sie zahlreiche Stoffwechselvorgänge in den lebenden Organismen. In makromolekularen Werkstoffen, insbesondere in Faserstoffen, erhöhen Wasserstoffbrückenbindungen zwischen benachbarten Kettenmolekülen die Festigkeit.

Vom Standpunkt des Orbitalmodells der chemischen Bindung läßt sich die Wasserstoffbrückenbindung wie folgt erklären: Nähert sich ein Wasserstoffatom, das an ein elektronegatives Atom gebunden ist, einem anderen elektronegativen Atom,

$$-\underset{|}{\overset{|}{C}}-\overset{\delta-}{H}\cdots\overset{\delta-}{|}\underset{|}{\overset{|}{C}}-$$

so entsteht unter geringer Energieabgabe ein Molekülorbital, das alle drei Atomkerne umfaßt.

5.1.12 Paramagnetismus und Diamagnetismus

Da der *Spin* des Elektrons (↑ S. 89) ein *Magnetfeld* bewirkt, verhält sich jedes Elektron wie ein winziger *Magnet*. In einem Elektronenpaar mit *antiparallelem* Spin sind die Magnetfelder *entgegengesetzt* gerichtet, so daß sie sich in ihrer Wirkung gegenseitig *aufheben*. Dagegen wirken die Magnetfelder *ungepaarter* Elektronen nach *außen* (↑ S. 137).
Stoffe, die Atome bzw. Moleküle mit *ungepaarten* Elektronen enthalten, werden von einem (inhomogenen) Magnetfeld *angezogen* (Bild 5-26). Diese Erscheinung wird *Paramagnetismus* genannt. Die entgegengesetzte Eigenschaft, von einem (inhomogenen) Magnetfeld *abgestoßen* zu werden, ist *allen* Stoffen eigen. Sie wird *Diamagnetismus* genannt. Da der Diamagnetismus stets schwächer ist als der Paramagnetismus, tritt er nur bei Stoffen in Erscheinung, die *keine* ungepaarten Elektronen enthalten.

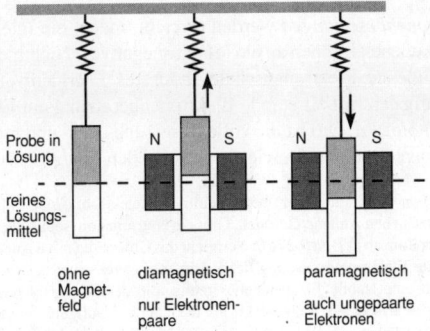

Bild 5-26: Paramagnetismus und Diamagnetismus

5.2 Ionenbindung

Die *Ionenbindung* ist charakteristisch für die salzartigen Stoffe, die heute als Stoffklasse der **Ionensubstanzen** zusammengefaßt werden.

5.2.1 Entstehung von Ionen durch Elektronenübergang

Als *Ionenbindung* wird ein Bindungszustand bezeichnet, bei dem eine *stabile Elektronenbesetzung durch den Übergang von Elektronen* von Atomen des einen Elements zu Atomen eines anderen Elements erreicht wurde.

> Eine **Ionenbindung** ist nur möglich **zwischen**
> - **einem elektropositiven Element und**
> - **einem elektronegativen Element.**

(Über die Stellung der elektropositiven und elektronegativen Elemente im Periodensystem ↑ 4.5.1)

Die *Atome der elektropositiven Elemente* besitzen *wenig Außenelektronen* und gehen durch *Abgabe von Elektronen* in *positiv geladene Ionen* über.

Die *Atome der elektronegativen Elemente* besitzen *viele Außenelektronen* und gehen durch *Aufnahme von Elektronen* in *negativ geladene Ionen* über.

> **Ionen sind elektrisch geladene Teilchen, die durch Abgabe oder Aufnahme von Elektronen aus Atomen (oder auch Molekülen) hervorgehen.**

Stabile Elektronenbesetzungen werden erreicht, indem ein (elektropositives) Metall seine Außenelektronen an ein (elektronegatives) Nichtmetall abgibt, so daß dessen äußerste Elektronenschale (höchstes Energieniveau) aufgefüllt wird. Am häufigsten tritt als stabile Elektronenbesetzung ein **Elektronenoktett** (*Achterschale*) auf. Das ist die volle Besetzung der s- und p-Orbitale eines Hauptenergieniveaus (↑ 3.6.6), wie sie stets bei den *Edelgasen* vorliegt.

Beispiel: *Natrium* (I. Hauptgruppe) besitzt ein Außenelektron. *Chlor* (VII. Hauptgruppe) besitzt sieben Außenelektronen. Gibt ein Natriumatom sein Außenelektron an ein Chloratom ab (↑ Bild 5-27a), so erreicht das Chloratom mit 8 Außenelektronen die stabile Elektronenbesetzung des Edelgases *Argon*. Aber auch das Natriumatom erhält eine stabile Elektronenbesetzung, die des Edelgases *Neon*, da mit dem Wegfall des einen Außenelektrons die nächst niedrigere Elektronenschale zur Außenschale wird. (Vergleiche dazu Bild 5-27a mit Bild 3-3, S. 83)

5.2 Ionenbindung

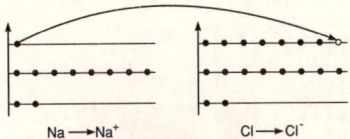

Bild 5-27a: Elektronenübergang vom Natriumatom zum Chloratom – Bildung eines Natriumions, Na^+, und eines Chloridions, Cl^-

Mit dem einen Elektron geht aber auch eine negative Ladung vom Natriumatom zum Chloratom über. Die Anzahl der negativen Ladungen stimmt nun sowohl beim Natrium als auch beim Chlor nicht mehr mit der Anzahl der positiven Ladungen der Protonen des Atomkerns überein:
- Aus dem ungeladenen Natriumatom, Na, ist ein einfach positiv geladenes Natriumion, Na^+, geworden.
- Aus dem ungeladenen Chloratom, Cl, ist ein einfach negativ geladenes Ion, Cl^-, geworden, das als Chloridion bezeichnet wird.

Natriumatom → Natriumion   **Chloratom → Chloridion**

Na	Na^+	Cl	Cl^-
11 p	11 p	17 p	17 p
11 e^-	10 e^-	17 e^-	18 e^-

Bild 5-27b veranschaulicht diesen Elektronenübergang mit Hilfe des BOHRschen Atommodells.

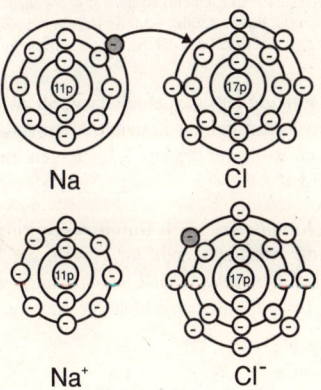

Bild 5-27b: Darstellung des Elektronenüberganges vom Natriumatom zum Chloratom und der Bildung eines Natriumions, Na^+, und eines Chloridions, Cl^-, mit Hilfe BOHRscher Atommodelle

Auf der Grundlage der *Orbitalmodelle* ergibt sich folgende Darstellung:

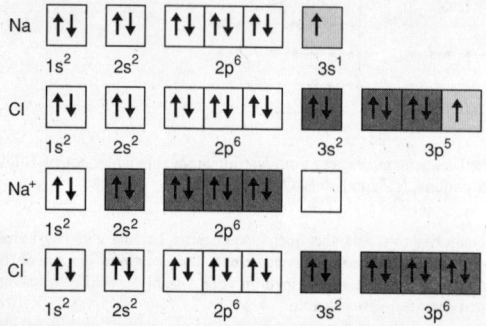

Das höchste Hauptenergieniveau wurde jeweils grau unterlegt. Das 3s-Elektron des Natriumatoms ist also in ein 3p-Orbital des Chloratoms übergegangen. Im *Natriumion,* Na^+, ist das 3s-Orbital unbesetzt; das voll besetzte 2. Hauptenergieniveau ist nun das höchste Energieniveau. Im *Chloridion,* Cl^-, sind nun die 3p-Orbitale voll besetzt. Damit hat das 3. Hauptenergieniveau, das noch fünf d-Orbitale aufweist, einen stabilen Zwischenzustand erreicht (↑ 3.6.6).

Vom Standpunkt der *wellenmechanischen Modellvorstellungen* kann der *Übergang von Elektronen* so aufgefaßt werden, daß zunächst je ein ungepaartes Elektron der beiden Atome (im Beispiel das 3s-Elektron des Natriums und ein 3p-Elektron des Chlors) gemeinsam ein *Molekülorbital* besetzen, also ein gemeinsames Elektronenpaar bilden. Dieses Molekülorbital wird jedoch von dem Atom des elektronegativen Elements so stark angezogen, daß es ganz zu diesem übergeht und zu einem *Atomorbital* dieses Atoms wird (im Beispiel: des Chloratoms). So betrachtet, kann die Ionenbindung als Grenzfall der polarisierten Atombindung aufgefaßt werden.

Mit Hilfe der *Elektronegativitätsskala* läßt sich abschätzen, ob zwischen den Atomen zweier Elemente eine Ionenbindung zustande kommen kann. Die Elektronegativitätsdifferenz muß dafür mindestens 1,7 betragen. Beim Natriumchlorid beträgt sie 2,1 (↑ 5.1.8).

Die *elektrische Ladung der Ionen* wird auch **Ionenwertigkeit** genannt (↑ 5.5.2). Zur Symbolisierung von Ionen wird die Anzahl der Ladungen rechts oben neben dem Symbol des jeweiligen Elements angegeben. Das geschieht in der Literatur zum Teil auf unterschiedliche Weise:

Na^+ Na^+ $Na^{\cdot}$
Ca^{2+} Ca^{++} $Ca^{\cdot\cdot}$
Al^{3+} Al^{+++} $Al^{\cdot\cdot\cdot}$
Cl^- Cl^- Cl'
S^{2-} S^{--} S''

Diese Bezeichnungen sind im allgemeinen gleichbedeutend. Es gibt aber auch Literatur, in der die Bezeichnung mit Plus- und Minuszeichen nur für Ionen im Gaszustand, die Bezeichnung mit Punkt und Strich nur für Ionen in Lösungen angewandt wird.

5.2 Ionenbindung

Mit Hilfe von *Elektronenformeln* (↑ 4.3) werden der Elektronenübergang und die Bildung von Ionen wie folgt schematisch dargestellt:

$$Na\cdot + \cdot\overset{..}{\underset{..}{Cl}}: \longrightarrow \left[Na\right]^{+} + \left[:\overset{..}{\underset{..}{Cl}}:\right]^{-}$$

Jeder Punkt symbolisiert ein Außenelektron. Die Elementsymbole stehen für den *Atomrumpf,* d.h. für den *Atomkern* und die *inneren Elektronenschalen.* (Durch die Eckklammern wird besonders darauf hingewiesen, daß es sich hier um *Ionen* handelt. Auf diese Klammern kann aber auch verzichtet werden.)

Beim Aufstellen solcher Schemata zur Ionenbindung ist zu beachten:

> **Die Anzahl der aufgenommenen Elektronen muß gleich der Anzahl der abgegebenen Elektronen sein.**

Vorschrift zur Formulierung von Ionenbindungen

1. Die beiden beteiligten Elemente werden mit ihren Symbolen einschließlich Außenelektronen niedergeschrieben.

   Beispiel: $\cdot\overset{\cdot}{Al}\cdot \;+\; :\overset{\cdot}{\underset{\cdot}{O}}:$

2. Es wird ermittelt, wieviel Elektronen
   - das Atom des elektropositiven Elements abgeben und
   - das Atom des elektronegativen Elements aufnehmen muß, um zu einer stabilen Elektronenbesetzung zu kommen.

   Beispiel: Al muß 3 Elektronen abgeben. Es hat dann die Elektronenbesetzung des Edelgases Neon (↑ Bild 3-3; S.), O muß 2 Elektronen aufnehmen. Es hat dann gleichfalls die Elektronenbesetzung des Edelgases Neon (↑ Bild 3-3).

3. Das entworfene Schema ist zu vervollständigen, indem rechts die Symbole der beiden Elemente
   - mit der zu erreichenden stabilen Elektronenbesetzung und
   - mit den durch die Abgabe bzw. Aufnahme von Elektronen zustandegekommenen positiven bzw. negativen Ladungen eingetragen werden.

   Beispiel: $\cdot\overset{\cdot}{Al}\cdot \;+\; :\overset{\cdot}{\underset{\cdot}{O}}: \qquad \left[Al\right]^{3+} + \left[:\overset{..}{\underset{..}{O}}:\right]^{2-}$

4. Es ist das kleinste gemeinsame Vielfache der Anzahl der abzugebenden und der aufzunehmenden Elektronen zu ermitteln.

   Beispiel: Das kleinste gemeinsame Vielfache von 3 und 2 ist 6.

5. Es ist zu ermitteln,
   - wie viele Atome des elektropositiven Elements *die* Anzahl an Elektronen abgeben und
   - wie viele Atome des elektronegativen Elements *die* Anzahl an Elektronen aufnehmen,

   die gleich dem kleinsten gemeinsamen Vielfachen ist.

   Beispiel: 2 Aluminiumatome geben 6 Elektronen ab.
   3 Sauerstoffatome nehmen 6 Elektronen auf.

6. Das entworfene Schema (aus Schritt 3) ist zu vervollständigen, indem für jedes Atom die nach Schritt 5 ermittelte Anzahl als Stöchiometriezahl (Koeffizient) eingesetzt wird.

   Beispiel: $2 \cdot \text{Al} \cdot \; + 3 : \overset{\cdot}{\underset{\cdot}{\text{O}}} : \; \longrightarrow \; 2\,[\text{Al}]^{3+} + 3\,[:\overset{..}{\underset{..}{\text{O}}}:]^{2-}$

7. Abschließend ist das Schema zu überprüfen:

   Die Summe der Ladungen muß auf beiden Seiten gleich sein.

   Beispiel: Die Summe der Ladungen ist links 0.
   Die Summe der Ladungen ist rechts 2 (+3) + 3 (−2) = 0.

   Erst jetzt ist der Reaktionspfeil gerechtfertigt.

Die **Summenformeln** der Ionensubstanzen drücken das Verhältnis aus, in dem die Ionen am *Bau des Ionengitters* beteiligt sind:

Beispiele: Im Ionengitter des Natriumchlorids, NaCl, liegen Natriumionen, Na^+, und Chloridionen, Cl^-, im Verhältnis 1:1 vor.
Im Ionengitter des Aluminiumoxids, Al_2O_3, liegen Aluminiumionen, Al^{3+}, und Oxidionen, O^{2-}, im Verhältnis 2:3 vor.

Obwohl die Ionensubstanzen nicht in Form von Molekülen vorliegen, wird vielfach auch für diese Verbindungen der Begriff *relative Molekülmasse* verwendet. Treffender ist es, bei den Ionensubstanzen von *relativer Formelmasse* zu sprechen (↑ 2.3).

Die relative Formelmasse einer Ionensubstanz ergibt sich durch Addition der relativen Atommassen der laut Summenformel am Aufbau der Verbindung beteiligten Elemente.

Dabei sind die (Teilchen-) Stöchiometriezahlen zu berücksichtigen.

Beispiel: *Aluminiumoxid*, Al_2O_3,

relative Atommasse des Al:	$26{,}98 \cdot 2 = 53{,}96$
relative Atommasse des O:	$16{,}00 \cdot 3 = 48{,}00$
relative Formelmasse des Al_2O_3	101,96

Statt von **Ionenbindung** wird in der chemischen Literatur auch von

> **Ionenbeziehung,**
> **heteropolarer Bindung,**
> **polarer Bindung**   oder
> **elektrovalenter Bindung**

gesprochen.

Die Bezeichnung *Ionenbeziehung* drückt aus, daß keine Bindung zwischen zwei bestimmten Ionen vorliegt, sondern daß der Zusammenhalt eines Ionengitters auf den *Beziehungen* beruht, die zwischen allen Ionen dieses Gitters bestehen. Die Bezeichnungen *heteropolare Bindung, polare Bindung* und *elektrovalente Bindung* nehmen darauf Bezug, daß *entgegengesetzt elektrisch geladene Teilchen* vorliegen.

5.2.2 Eigenschaften der Stoffe mit Ionenbindung

Bei der Reaktion zwischen einem (elektropositiven) Metall und einem (elektronegativen) Nichtmetall entsteht unter Abgabe bzw. Aufnahme von Elektronen (↑ 5.2.1) ein *Salz*.

Beispiele: $2\,Na + Cl_2 \rightarrow 2\,NaCl$ (Natriumchlorid)
            $Fe + S \rightarrow FeS$ (Eisen(II)-sulfid)

> **Die Ionenbindung ist charakteristisch für Salze.**

Aber auch andere anorganische Verbindungen, wie Metalloxide und -hydroxide (z.B. Al_2O_3, NaOH), haben mehr oder weniger ausgeprägt Ionenbindungen.

Zwischen entgegengesetzt geladenen Ionen bestehen elektrostatische Anziehungskräfte (sog. COULOMBsche Kräfte). Diese Anziehungskräfte wirken *nach allen Seiten gleichmäßig*. Das hat zur Folge, daß sich die entgegengesetzt geladenen Ionen eines Salzes in bestimmter Weise räumlich anordnen (↑ z.B. Bild 5-28). Eine solche räumliche Anordnung wird allgemein als *Kristallgitter* bezeichnet. In diesem Falle handelt es sich um ein *Ionengitter,* da die Gitterpunkte von Ionen besetzt sind.

Beispiel: Im Ionengitter des Natriumchlorids (↑ Bild 5-28) ist jedes Natriumion, Na^+, von sechs Chloridionen, Cl^-, und jedes Chloridion, Cl^-, von sechs Natriumionen, Na^+, umgeben.

Manche anderen Salze besitzen das gleiche Ionengitter wie Natriumchlorid. Es gibt aber auch zahlreiche Ionengitter mit anderem Aufbau.

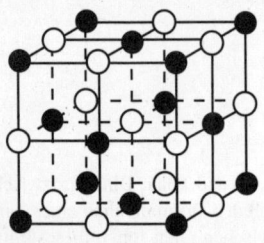

Bild 5-28: Ionengitter des Natriumchlorids

● Ladungsschwerpunkte der Chloridionen
○ Ladungsschwerpunkte der Natriumionen

Die Erscheinung, daß mehrere Stoffe das gleiche Kristallgitter haben, wird Isomorphie[1] genannt.

Die Ionenbindung prägt den chemischen Verbindungen bestimmte *Eigenschaften* auf.

Durch die allseitig wirkenden Anziehungskräfte sind die Ionen in den Ionengittern verhältnismäßig fest gebunden. Sie können Schwingungen um die Gitterpunkte ausführen, die sie im Ionengitter besetzen. Bei Zimmertemperatur sind die Ionensubstanzen daher *fest*. Erst durch erhebliche Zufuhr von Wärme läßt sich die Bewegungsenergie der Ionen so weit erhöhen, daß die Gitterkräfte überwunden werden und das Ionengitter zusammenbricht. Damit ist die *Schmelztemperatur Fp* erreicht. Sie liegt bei den Ionensubstanzen verhältnismäßig hoch. Noch wesentlich höher liegt die *Siedetemperatur Kp*.

Beispiele: Natriumchlorid, NaCl $Fp = 800\,°C$ $Kp = 1440\,°C$
Kaliumbromid, KBr $Fp = 728\,°C$ $Kp = 1376\,°C$

Ionensubstanzen haben relativ hohe Schmelz- und Siedepunkte.

Viele Salze, besonders Komplexsalze (↑ 5.4) und Salze organischer Säuren, zersetzen sich allerdings beim Erhitzen, bevor die Siedetemperatur, und manche schon, bevor die Schmelztemperatur erreicht ist.

Die *Schmelzen,* aber auch *wäßrige Lösungen* von Ionensubstanzen, *leiten* den *elektrischen Strom*. Das beruht darauf, daß die *Ionen* als *Ladungsträger* in den Schmelzen und wäßrigen Lösungen mehr oder weniger frei beweglich sind.

Der Zerfall von Ionensubstanzen in der Schmelze oder in einer Lösung in frei bewegliche Ionen wird elektrolytische Dissoziation genannt.

---

1) *isos* (grch.) gleich; *morphe* (grch.) Gestalt, Form

5.2 Ionenbindung

Beispiel: Natriumchlorid, NaCl, liegt in der Schmelze und in wäßriger Lösung in Form von Natriumionen, Na$^+$, und Chloridionen, Cl$^-$, vor:

$$NaCl \rightarrow Na^+ + Cl^-$$

In einer wäßrigen Lösung erfolgt die elektrolytische Dissoziation unter dem Einfluß der Dipolmoleküle des Wassers. Die elektrolytische Dissoziation ist keine Wirkung des elektrischen Stromes, sondern die Voraussetzung für die elektrische Leitfähigkeit.

Wird an eine Schmelze oder eine wäßrige Lösung einer Ionensubstanz eine *Gleichspannung* angelegt, indem zwei Elektroden in die Lösung oder Schmelze eingetaucht werden, so wandern die Ionen, die sich vorher regellos bewegten (Bild 5-29a), infolge der elektrostatischen Anziehung in Richtung der Elektrode mit der *entgegengesetzten* Ladung (Bild 5-29b). Von dieser Eigenschaft haben die Ionen[1] ihren Namen.

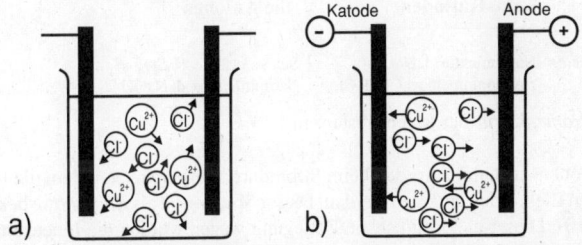

Bild 5-29: a) Regellose Bewegung der Ionen in einer Kupfer(II)-chloridlösung vor dem Anlegen einer Spannung
b) Gerichtete Bewegung der Ionen in einer Kupfer(II)-chloridlösung nach dem Anlegen einer Gleichspannung

Die mit dem *negativen Pol* der Spannungsquelle verbundene Elektrode wird **Katode**[2] (auch Kathode geschrieben) genannt.

Die mit dem positiven Pol der Spannungsquelle verbundene Elektrode wird **Anode**[2] genannt.

Die Ionen werden nach der Elektrode benannt, zu der sie infolge der elektrostatischen Anziehung wandern:

- **Kationen** tragen *positive Ladungen* und wandern zur (negativ geladenen) *Katode*.
- **Anionen** tragen *negative Ladungen* und wandern zur (positiv geladenen) *Anode*.

---

[1] *ion* (grch.) wandernd
[2] *kathodos* (grch.) der Weg abwärts; *anhodos* (grch.) der Weg aufwärts; diese Bezeichnungen beziehen sich auf den Weg, den die Elektrizität durch die Elektroden nimmt; ↑ auch Bild 9-4.

Zu den **Kationen** gehören:

- alle Metallionen (z.B. Na^+, Cu^{2+}, Al^{3+}),
- das Wasserstoffion, H^+, bzw. das Hydroniumion, H_3O^+ (↑ 6.3.2.2),
- das Ammoniumion, NH_4^+.

Zu den **Anionen** gehören:

- alle Säurerestionen (z.B. Cl^-, SO_4^{2-}, NO_3^-),
- das Hydroxidion, OH^-.

In den **Summenformeln** der Ionensubstanzen stehen stets:

links	rechts
die **Kationen**	die **Anionen**

Beispiele: Natriumchlorid, NaCl   Schwefelsäure, H_2SO_4
Ammoniumchlorid, NH_4Cl Natriumhydroxid, NaOH

Zur *Nomenklatur* der Ionensubstanzen ↑ 43.1.

Die Ionensubstanzen werden beim Stromdurchgang *zersetzt*, indem die Ionen an den Elektroden entladen werden. Dieser Vorgang ist als *Elektrolyse* bekannt (↑ 9.10). Dieser elektrolytischen Zerlegung wegen werden die Ionensubstanzen als *Leiter 2. Klasse* den Metallen (*Leitern 1. Klasse*) gegenübergestellt, die sich beim Stromdurchgang nicht verändern. Anderseits werden die Ionensubstanzen dieser Eigenschaft wegen als *Elektrolyte* den *Nichtelektrolyten* gegenübergestellt, die weder in der Schmelze noch in Lösungen den elektrischen Strom leiten. Zu den Nichtelektrolyten gehören die Molekülsubstanzen (↑ 5.1.1.1) und die diamantartigen Stoffe (↑ 5.1.1.2).

Zwischen den Elektrolyten und den Nichtelektrolyten stehen die *potentiellen Elektrolyte*. Das sind Molekülsubstanzen mit stark *polarisierten Atombindungen*, die der elektrolytischen Dissoziation unterliegen, sobald sie in Lösung gehen. Unter dem Einfluß der Dipolmoleküle des Wassers werden die polarisierten Atombindungen zum Teil aufgespalten.

Beispiel: Durch Aufspaltung der stark polarisierten Atombindung im Chlorwasserstoffmolekül, HCl, entstehen ein Chloridion, Cl^-, und ein Wasserstoffion, H^+, das unmittelbar durch ein Wassermolekül zu einem Hydroniumion, H_3O^+, hydratisiert wird:

$$H-Cl \rightarrow H^+ + Cl^- \qquad H^+ + H_2O \rightarrow H_3O^+$$

Die wäßrige Lösung des Chlorwasserstoffs reagiert durch die vorhandenen Wasserstoff- bzw. Hydroniumionen sauer; sie wird als *Salzsäure* bezeichnet.

Zur Unterscheidung werden die Elektrolyte, die schon im festen Zustand in Form von Ionen vorliegen, als *echte Elektrolyte* den potentiellen Elektrolyten gegenübergestellt. Die wäßrigen Lösungen potentieller Elektrolyte sind elektrisch leitfähig. Die potentiellen Elektrolyte unterliegen wie die echten Elektrolyte der Elektrolyse, indem die Ionen an den Elektroden entladen werden (↑ 9.10).

Tabelle 5-4: *Klassifizierung der Stoffe nach der elektrischen Leitfähigkeit*

	Metalle	Ionensubstanzen	Molekülsubstanzen	diamantartige Stoffe
	–	Elektrolyte	Nichtelektrolyte	
	Leiter 1. Klasse	Leiter 2. Klasse	Nichtleiter	
Ladungsträger	Elektronen	Ionen	–	
Leitfähigkeit	sehr gut	gering	keine	
nimmt mit steigender Temperatur	ab	zu	–	
stoffliche Veränderung beim Stromdurchgang	keine	werden an den Elektroden zersetzt		

5.3 Metallbindung und Bändermodell

5.3.1 Metallbindung

Die Metalle und deren Legierungen kristallisieren in Form von **Metallgittern**. In einem Metallgitter sind die Gitterpunkte durch positiv geladene *Metallionen* besetzt, die hier vielfach als *Atomrümpfe* bezeichnet werden, da ihnen ein entscheidendes Merkmal der Ionen fehlt – die Beweglichkeit, das Wandern[1] in einem elektrischen Feld. Die Metalle treten mit wenigen Ausnahmen in einem der drei Kristallgitter auf, deren Aufbau aus den Bildern 5-30 und 5-31 ersichtlich ist. Im kubisch-raumzentrierten Gitter ist jedem Atomrumpf *acht* andere benachbart, in der kubisch-dichtesten und in der hexagonal-dichtesten Kugelpackung dagegen *zwölf*. Diese Zahlen werden *Koordinationszahlen* genannt (↑ 5.5.6).

Die *Valenzelektronen* bewegen sich mehr oder weniger frei zwischen den Atomrümpfen und bewirken die elektrische Leitfähigkeit der Metalle. Auf Grund eines Vergleichs mit der Beweglichkeit von Gasmolekülen wird hier häufig von einem »Elektronengas« gesprochen.

---

[1] *ion* (grch.) wandernd

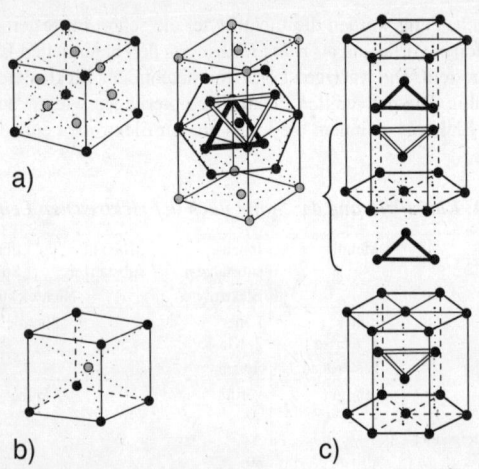

Bild 5-30: Wichtigste Kristallgitter der Metalle:
a) kubisch-flächenzentriert, b) kubisch-raumzentriert, c) hexagonal

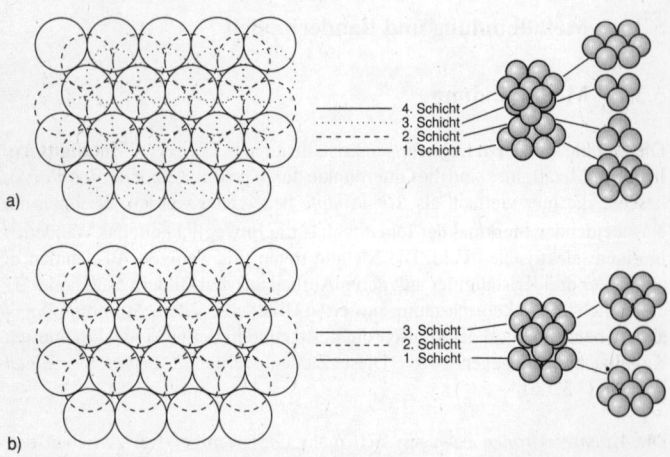

Bild 5-31: Dichteste Kugelpackungen:
a) kubisch, b) hexagonal

5.3 Metallbindung und Bändermodell

Der Zusammenhalt des Metallgitters kann durch die elektrostatische Wechselwirkung zwischen den positiv geladenen Atomrümpfen und den negativ geladenen beweglichen Elektronen erklärt werden. Diese Bindungskräfte wirken auf alle benachbarten Atomrümpfe gleichermaßen und sind daher wesentlich weniger fest als die gerichteten Bindungen im Atomgitter. Die Metalle haben daher mit wenigen Ausnahmen (z.B. Wolfram 3410 °C, Rhenium 3180 °C, Molybdän 2620 °C) niedrigere Schmelztemperaturen als die diamantartigen Stoffe (↑ 5.1.1.2).

Wie die Atome im Atomgitter und die Ionen im Ionengitter führen auch die Atomrümpfe im Metallgitter ständig Schwingungen um die Gitterpunkte aus, die sie besetzen. Diese Schwingungen werden durch Wärmezufuhr verstärkt, bis bei der *Schmelztemperatur* das Metallgitter zusammenbricht. Die Schmelztemperatur steigt in der Regel mit zunehmender Anzahl an Valenzelektronen und mit abnehmender Gitterkonstante a (Abstand zwischen den Atomrümpfen im Gitter).

Beispiele: Natrium: 1 Valenzelektron; $a = 4{,}3 \cdot 10^{-10}$ m; $Fp = 98\,°C$
Kalium: 1 Valenzelektron; $a = 5{,}3 \cdot 10^{-10}$ m; $Fp = 63\,°C$
Calcium: 2 Valenzelektronen; $a = 5{,}5 \cdot 10^{-10}$ m; $Fp = 851\,°C$

Schmelztemperatur des Natriums höher als die des Kaliums, weil kleinere Gitterkonstante. Schmelztemperatur des Calciums höher als die des Kaliums, weil mehr Valenzelektronen.

Die *Verformbarkeit* der Metalle hängt von der unterschiedlichen Anzahl der Gleitebenen in den Kristallgittern ab:

kubisch-flächen-zentriertes Gitter (kubisch-dichteste Kugelpackung)	kubisch-raum-zentriertes Gitter	hexagonal-dichteste Kugelpackung
	Abnahme der Verformbarkeit ————>	

Beispiel: Eisen geht beim Erhitzen bei 911°C aus dem kubisch-raumzentrierten Gitter (α-Eisen) in das kubisch-flächenzentrierte Gitter (γ-Eisen) über, wodurch es leichter verformbar wird.

Beim Erstarren einer Metallschmelze entstehen zahllose Kriställchen (sog. *Kristallite*), die sich gegenseitig in ihrem Wachstum behindern und daher selten eine Größe erreichen, in der sie mit bloßem Auge sichtbar sind.

Zu den *metallischen Stoffen* gehören außer den *metallischen Elementsubstanzen* auch die *Legierungen*:

Legierungen sind Gemische aus zwei oder mehr Metallen.

Auch bestimmte Nichtmetalle können an Legierungen beteiligt sein (z.B. Kohlenstoff und Silicium). Die Legierungen werden meist durch Zusammenschmelzen der Bestandteile gewonnen, aber viele Metalle sind nicht in beliebigem Verhältnis miteinander legierbar.

In den Legierungen können vorliegen:

- **Einlagerungsmischkristalle**
- **Substitutionsmischkristalle**
- **Gemisch der reinen Kristalle der Legierungsbestandteile**
- **Kristalle von intermetallischen Verbindungen der Legierungsbestandteile**

Bei den *Einlagerungsmischkristallen* (↑ Bild 5-32a) werden die Gleitebenen des Metallgitters durch Einlagerung von Fremdatomen (z.B. Kohlenstoffatomen) teilweise blockiert. Daher ist kohlenstoffhaltiges Eisen viel härter als reines Eisen.

Bei den *Substitutionsmischkristallen* (↑ Bild 5-32b) ist ein Teil der Atome durch Fremdatome ersetzt (substituiert).

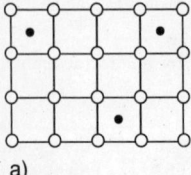

a)   b)

Bild 5-32: a) Einlagerungsmischkristalle,   b) Substitutionsmischkristalle

Gemische der reinen Kristalle der Legierungsbestandteile bilden sich für jede Metallpaarung bei einem bestimmten Mischungsverhältnis, das als *eutektisches Gemisch*[1] bezeichnet wird. Lötzinn mit der Schmelztemperatur 181 °C ist das eutektische Gemisch von Zinn (64%) und Blei (36%).

Die Legierungsbestandteile können aber auch *intermetallische* (zwischenmetallische) *Verbindungen* miteinander bilden. In der Bronze ist eine intermetallische Verbindung mit der Formel $SnCu_3$ enthalten, im Messing eine solche mit der Formel Zn_3Cu. Auch das Eisencarbid (Zementit), Fe_3C, ein wichtiger Bestandteil des Stahls, kann zu den intermetallischen Verbindungen gezählt werden. Die Formeln der intermetallischen Verbindungen geben zwar die stöchiometrische Zusammensetzung wieder, nicht aber die Wertigkeitsverhält-

---

[1] *tektos* (grch.) schmelzbar; *eu* (grch.) gut; das eutektische Gemisch zeigt von allen möglichen Mischungsverhältnissen zwischen zwei (oder mehr) Metallen den niedrigsten Schmelzpunkt.

nisse. So besagt die Formel Fe$_3$C lediglich, daß im Kristallgitter des Eisencarbids auf drei Eisenatome jeweils ein Kohlenstoffatom kommt.

6.3.2 Bändermodell der Elektronen in Kristallen

Auch in den Kristallgittern nehmen die Elektronen bestimmte Energieniveaus ein (↑ 3.6.6). Auf Kristallgitter angewandt, besagt das PAULI-Verbot, daß *innerhalb eines Kristalls* jeweils nur zwei Elektronen (mit antiparallelem Spin) den gleichen Energiezustand aufweisen können. Bei der Vielzahl von Valenzelektronen in einem Kristall muß es also eine Vielzahl von Energiezuständen geben, die sich dann allerdings nur durch sehr geringe Beträge voneinander unterscheiden können.

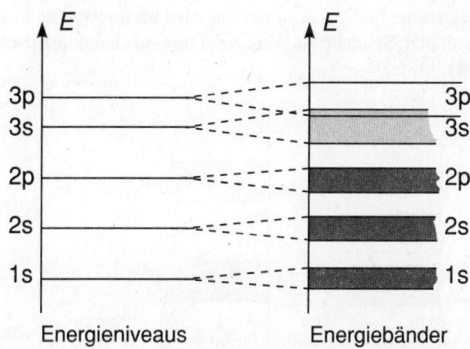

Bild 5-33: Energiebänder des Natriumatoms

An die Stelle des einzelnen Energieniveaus tritt auf diese Weise ein ganzes Bündel sehr eng beieinander liegender Energieniveaus, das als *Energieband* bezeichnet wird. Die mehr oder weniger breiten Energiebänder haben voneinander unterschiedliche Abstände. Das wird durch sog. *Bändermodelle* wiedergegeben.

Beispiel: Bändermodell des Natriums (↑ Bild 5-33). Die aus Bild 3-15 bekannten Energieniveaus sind zu Energiebändern aufgespalten. Das Energieband 3s ist je Atom mit einem Elektron besetzt, das Energieband 3p ist unbesetzt. Es fällt auf, daß sich die Bänder 3s und 3p überlappen.

Das Energieband, in dem sich die *Valenzelektronen* befinden, wird **Valenzband** genannt (im Beispiel: 3s). Das unbesetzte Energieband, das sich *über* dem Valenzband befindet, wird **Leitungsband** genannt (im Beispiel: 3p).

Nach diesen Modellvorstellungen kommt die Leitfähigkeit so zustande, daß
- innerhalb eines nicht voll besetzten Valenzbandes viele freie Energiezustände vorhanden sind, in die die Valenzelektronen überwechseln können, und daß
- Valenzelektronen aus dem Valenzband in das Leitungsband übergehen können.

Dieser Übergang in das Leitungsband ist ohne weiteres möglich, wenn sich dieses mit dem Valenzband überlappt (↑ Bild 5-34, links). Es handelt sich dann um ein *Metall*. Besteht zwischem dem Valenzband und dem Leitungsband ein großer Abstand (sog. *verbotene Zone), ist ein Elektronenübergang nicht* möglich. Es liegt dann ein *Isolator* vor (↑ Bild 5-34, rechts). Ist die verbotene Zone schmal, so kann sie von Elektronen, die durch Energiezufuhr (Wärme, Licht) angeregt wurden, übersprungen werden (↑ Bild 5-34, Mitte). Der Umstand, daß sich dadurch die elektrische Leitfähigkeit erhöht, wird beispielsweise in Photodioden technisch genutzt. Schmale verbotene Zonen sind charakteristisch für *Halbleiter* (Bild 5-34, Mitte).

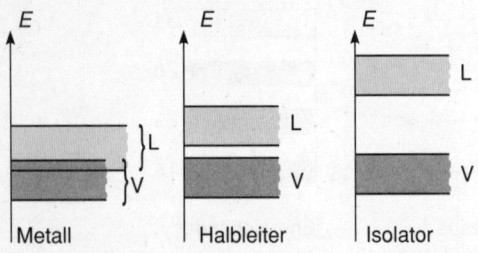

Bild 5-34: Valenzband und Leitungsband bei Metall, Halbleiter und Isolator

Durch Zuführen von Fremdatomen (in der Schmelze oder mittels Diffusion) können bestimmte Halbleitereigenschaften auch künstlich hervorgerufen werden. Dieser Vorgang wird als *Dotierung* bezeichnet. So können z.B. in einen Siliciumkristall (4 Valenzelektronen) Boratome (3 Valenzelektronen) oder Phosphoratome (5 Valenzelektronen) eingefügt werden. Während die Phosphoratome je ein überzähliges Elektron in das Kristallgitter einbringen, entsteht durch jedes Boratom eine Lücke in der Elektronenanordnung des Siliciumkristalls (Bild 5-35). Diese Lücken wandern im elektrischen Feld den Elektronen entgegengesetzt, sie verhalten sich also, als handelte es sich um *positiv* geladene Elektronen, und werden daher auch *Defektelektronen* genannt. Die durch Defektelektronen verursachte elektrische Leitfähigkeit wird als *p-Leitung* der *n-Leitung* der Elektronen gegenübergestellt (p = positiv; n = negativ).

5.3 Metallbindung und Bändermodell

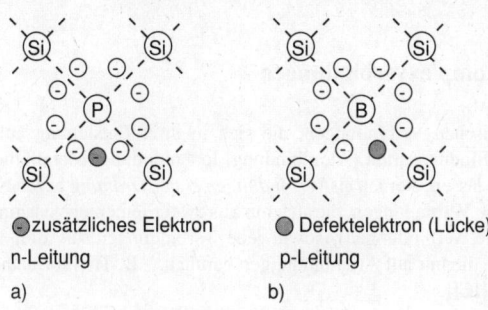

Bild 5-35: Siliciumkristall mit a) einem Phosphoratom, b) einem Boratom als Fremdatom

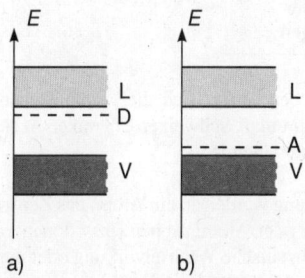

Bild 5-36: Bändermodelle mit a) Donatorniveau, b) Akzeptorniveau

Die überzähligen Elektronen bauen knapp *unterhalb* des Leitungsbandes ein Energieniveau auf, das *Donatorniveau*[1] genannt wird, da die Elektronen daraus leicht in das darüber liegende Leitungsband übergehen (↑ Bild 5-36, links). Die Defektelektronen verursachen knapp über dem Valenzband ein Energieniveau, das *Akzeptorniveau*[2] genannt wird (Bild 5-36, rechts), da leicht Elektronen aus dem Valenzband in dieses Energieniveau übergehen. Diese hinterlassen im Valenzband Lücken (Defektelektronen). Sowohl die Elektronen im Leitungsband (n-Leitung) als auch die Defektelektronen im Valenzband (p-Leitung) tragen durch ihre Beweglichkeit zur elektrischen Leitfähigkeit bei.

Durch die Dotierung können heute für die elektronische Industrie Halbleiter mit ganz bestimmten Eigenschaften hergestellt werden, wie sie in der Natur nicht vorkommen.

---

1) *donator* (lat.) Geber
2) *acceptor* (lat.) Empfänger

5.4 Komplexverbindungen

Alle chemischen Verbindungen, die sich in ihrer Entstehung auf die drei einfachen Bindungsarten (Atombindung, Ionenbindung, Metallbindung) zurückführen lassen, werden als *Verbindungen erster Ordnung* bezeichnet. Dazu gehören alle Verbindungen, die sich nur aus zwei Elementen zusammensetzen (sog. binäre Verbindungen), sowie jene Verbindungen aus drei und mehr Elementen, die nur auf Atombindungen beruhen, z.B. Trichlormethan (Chloroform), $CHCl_3$.

Alle anderen chemischen Verbindungen werden als

> **Verbindungen höherer Ordnung,**
> **Komplexverbindungen** oder
> **Koordinationsverbindungen**

bezeichnet. Mit diesen Verbindungen beschäftigt sich die Komplexchemie (chemische Koordinationslehre), ein von dem Schweizer Chemiker ALFRED WERNER um 1893 begründeter Zweig der Chemie.

Beim Entstehen einer Komplexverbindung werden an ein Atom, das **Zentralatom** (bzw. Zentralion), andere Atome oder Atomgruppen (bzw. Ionen), die **Liganden,** angelagert und durch elektrostatische Wechselwirkung oder durch koordinative Bindung (dative Bindung; ↑ 5.1.10) gebunden.

Als Zentralatom können

- **Nichtmetallatome** (↑ 5.4.1) und
- **Metallatome** (↑ 5.4.2)

auftreten. Bemerkenswert ist dabei folgender Unterschied:

Das *bindende Elektronenpaar* einer koordinativen Bindung stammt

- vom *Zentralatom,* wenn dieses ein *Nichtmetallatom* ist,
- von den *Liganden,* wenn das Zentralatom ein *Metallatom* ist.

Die Anzahl der Liganden, die einem Zentralatom zugeordnet sind, wird *Koordinationszahl* genannt (↑ 5.5.6). Die Wertigkeitsverhältnisse innerhalb der Komplexverbindungen werden mit Hilfe der Oxidationszahlen (↑ 5.5.3.2) wiedergegeben.

5.4.1 Komplexbildung an Nichtmetallionen

Die bekanntesten Komplexverbindungen sind die Salze der sauerstoffhaltigen Säuren, die in wäßriger Lösung und in Schmelzen in Metallionen und Säurerestionen dissoziieren.

Beispiel: Natriumsulfat

$$Na_2SO_4 \longrightarrow \begin{matrix} Na^+ \\ Na^+ \end{matrix} + \begin{bmatrix} O & O \\ & S & \\ O & O \end{bmatrix}^{2-}$$

Diese Säurerestionen werden als **Komplexionen** bezeichnet. Mittels der Eckklammern wird gekennzeichnet, daß die negativen Ladungen nicht einem einzelnen Atom, sondern dem Komplexion als Ganzes angehören. Die Komplexionen sind schon in den Kristallgittern dieser Salze vorhanden und zeigen einen verhältnismäßig festen Zusammenhalt. Daher gehen sie bei den meisten chemischen Reaktionen unverändert in die neu entstehende Verbindung über.

Beispiel: $Na_2SO_4 + BaCl_2 \rightarrow BaSO_4\downarrow + 2\,NaCl$

$2\,Na^+ + SO_4^{2-} + Ba^{2+} + 2\,Cl^- \rightarrow BaSO_4\downarrow + 2\,Na^+ + 2\,Cl^-$

Das gilt grundsätzlich für alle sauerstoffhaltigen Säuren, die allgemein als *Oxosäuren* und deren Komplexionen als *Oxokomplexe* bezeichnet werden; z.B. Kohlensäure/Carbonationen; Salpetersäure/Nitrationen; Chlorsäure/Chlorationen. Die bindenden Elektronenpaare stammen bei diesen Nichtmetallkomplexen vom Zentralatom (Zentralion).

Mittels der Orbitalmodelle lassen sich die Bindungsverhältnisse am Beispiel des Sulfations, SO_4^{2-}, wie folgt darstellen:

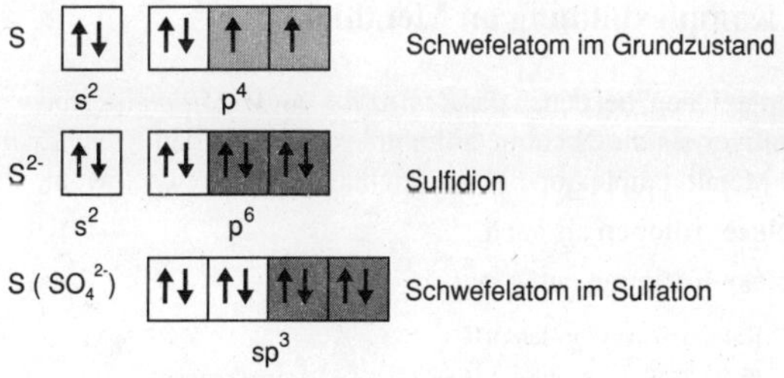

S $\boxed{\uparrow\downarrow}$ $\boxed{\uparrow\downarrow\,\uparrow\,\uparrow}$ Schwefelatom im Grundzustand
   s^2 p^4

S^{2-} $\boxed{\uparrow\downarrow}$ $\boxed{\uparrow\downarrow\,\uparrow\downarrow\,\uparrow\downarrow}$ Sulfidion
   s^2 p^6

$S\,(SO_4^{2-})$ $\boxed{\uparrow\downarrow\,\uparrow\downarrow\,\uparrow\downarrow\,\uparrow\downarrow}$ Schwefelatom im Sulfation
        sp^3

Die beim Schwefelatom im Grundzustand nur einfach besetzten beiden p-Orbitale des 3. Hauptenergieniveaus sind im Sulfidion voll besetzt, woraus die zweifach negative Ladung resultiert. Im Sulfation liegt gleichfalls diese volle Orbitalbesetzung vor, wobei durch die Bindung der Sauerstoffatome eine sp^3-Hybridisation (↑ 5.1.6) erfolgt ist.

Für die S–O-Bindungen im Sulfation wird angenommen, daß es durch eine Spinkoppelung zu einer Orbitalleerung bei den Sauerstoffatomen kommt:

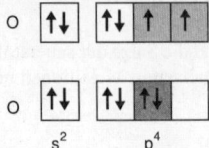

$s^2 \quad p^4$

Dabei vereinigen sich zwei einzelne Elektronen zu einem Elektronenpaar mit antiparallelem Spin. (Die hierfür erforderliche Energie wird der Bindungsenergie der S–O-Bindung entnommen.)

Zwischen den voll besetzten sp^3-Orbitalen des Schwefelatoms und den unbesetzten p-Orbitalen je eines Sauerstoffatoms kommt es zur Überlappung. Das kann auch als Besetzung von (lokalisierten) sp^3-p-σ-Molekülorbitalen aufgefaßt werden, wozu das Schwefelatom jeweils beide Elektronen zur Verfügung stellt (↑ dative Bindung; 5.1.10):

Die Bindungsverhältnisse in den *Nichtmetallkomplexen* werden heute meist mittels der *formalen Ladungen* (↑ 5.5.5) dargestellt, in älterer Literatur mittels *semipolarer Bindungen* (↑ 5.1.10):

Beispiel:

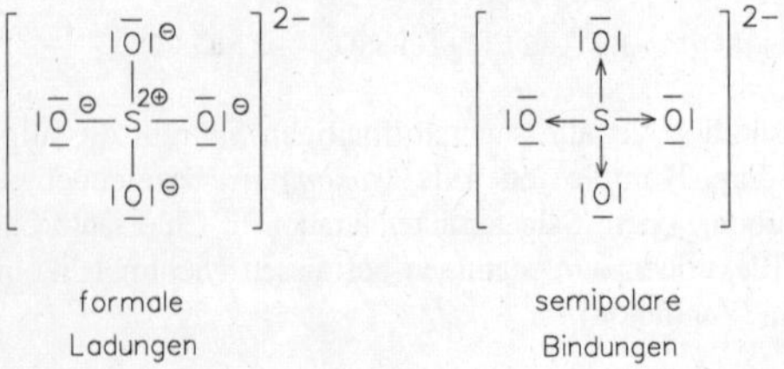

$$\left[\begin{array}{c} \bar{|O|}^{\ominus} \\ | \\ |\bar{O}|^{\ominus} - \overset{2\oplus}{S} - \bar{|O|}^{\ominus} \\ | \\ \bar{|O|}^{\ominus} \end{array} \right]^{2-} \qquad \left[\begin{array}{c} \bar{|O|} \\ \uparrow \\ |\bar{O} \leftarrow S \rightarrow \bar{O}| \\ \downarrow \\ |O| \end{array} \right]^{2-}$$

formale Ladungen semipolare Bindungen

5.4.2 Komplexbildung an Metallionen

Die Komplexionen, bei denen das *Zentralion* ein *Metallion* ist, sind wesentlich mannigfaltiger als die Nichtmetallkomplexionen. In den *Komplexsalzen*, für die diese Metallkomplexionen kennzeichnend sind, treten sowohl

- **komplexe Anionen** als auch
- **komplexe Kationen** auf.

Beispiele: Kalium-hexacyano-ferrat(II)

$K_4[Fe(CN)_6] \rightleftarrows 4 K^+ + [Fe(CN)_6]^{4-}$ Anionkomplex

Tetrammin-kupfer(II)-sulfat

$[Cu(NH_3)_4]SO_4 \rightleftarrows [Cu(NH_3)_4]^{2+} + SO_4^{2-}$ Kationkomple

Die Komplexionen werden in Eckklammern gesetzt. (Nomenklatur der Komplexsalze ↑ 43.2)

5.4 Komplexverbindungen

In den **Summenformeln** der Komplexsalze wird (wie bei den einfachen Salzen; ↑ S. 162)

> links das **Kation**   rechts das **Anion**

niedergeschrieben.

Innerhalb des komplexen Kations und Anions steht *zuerst* das *Zentralion*, es folgen die *Liganden* unter Angabe ihrer *Anzahl*.

Beispiele: $[Fe(CN)_6]^{4-}$ Zentralion: Fe^{2+} Liganden: CN^-

$[Cu(NH_3)_4]^{2+}$ Zentralion: Cu^{2+} Liganden: NH_3

Die Anzahl der Liganden ergibt die Koordinationszahl (↑ 5.5.6) des Komplexions. Weiterhin wird die Oxidationszahl zur Darstellung der Wertigkeitsverhältnisse in Komplexionen herangezogen (↑ 5.5.3.2).

Die Summe der Oxidationszahlen ist gleich der Ionenwertigkeit des Komplexions.

Beispiele:

Oxidationszahl:	$\overset{+2}{ }\overset{-1}{ }$	$\overset{+2}{ }\overset{0}{ }$
Formel:	$[Fe(CN)_6]^{4-}$	$[Cu(NH_3)_4]^{2+}$
Summe der Oxidationszahlen:	-4	$+2$
Koordinationszahl:	6	4

Bei den **Zentralionen** handelt es sich um *positiv geladene Metallionen*, vor allem von Nebengruppenelementen wie

Eisen	Kupfer	Zink
Cobalt	Silber	Cadmium
Nickel	Gold	Quecksilber
Platin		

Als **Liganden** treten in den Metallkomplexionen

- *negativ geladene Ionen* und
- *Dipolmoleküle*

auf, vor allem

Hydroxidion $[I\overline{O}-H]^-$ Wassermolekül $\delta^+ \begin{smallmatrix}H\\ \diagdown\\ O\\ \diagup\\ H\end{smallmatrix} \delta^-$

Cyanidion $[IC\equiv NI]^-$

Chloridion $[I\overline{\underline{Cl}}I]^-$ Ammoniakmolekül $\delta^+ \begin{smallmatrix}H\\ \diagdown\\ H-NI\\ \diagup\\ H\end{smallmatrix} \delta^-$

(Bezeichnung der Liganden in den Namen der Komplexionen ↑ 43.2.)

Bei der *elektrolytischen Dissoziation* der Komplexsalze in wäßriger Lösung bleiben die komplexen Anionen bzw. komplexen Kationen im allgemeinen erhalten (↑ Dissoziationsgleichungen S. 172). Die Beständigkeit der verschiedenen Komplexionen ist jedoch sehr unterschiedlich, so daß sie unter bestimmten Bedingungen (Temperatur, pH-Wert, Reaktionspartner) auch in ihre Bestandteile zerfallen können (↑ 6.4).

Von den Komplexsalzen zu unterscheiden sind die **Doppelsalze,** die bei der elektrolytischen Dissoziation in wäßriger Lösung stets in Einzelionen zerfallen, aus denen sie aufgebaut sind.

Beispiele:

Alaun $KAl(SO_4)_2 \cdot 12\,H_2O \rightarrow K^+ + Al^{3+} + 2\,SO_4^{2-} + 12\,H_2O$

Carnallit $KCl \cdot MgCl_2 \cdot 6\,H_2O \rightarrow K^+ + Mg^{2+} + 3\,Cl^- + 6\,H_2O$

Die *chemische Bindung* innerhalb der Metallkomplexionen ist dadurch gekennzeichnet, daß die Zentralionen *positive* Ladungen mitbringen – bei den Nichtmetallkomplexionen sind es negative Ladungen. Zwischen dem positiv geladenen Zentralion und den als Liganden auftretenden negativ geladenen Ionen herrschen **elektrostatische Anziehungskräfte.** Gleiches gilt für die als Liganden auftretenden Dipolmoleküle, die sich mit dem negativen Pol an das Zentralion *anlagern*.

Beispiel: Kupfersulfat-pentahydrat (Kupfersulfat-5-Wasser) $CuSO_4 \cdot 5\,H_2O$
= $[Cu(H_2O)_4][SO_4 \cdot H_2O]$. Vier Wassermoleküle bilden mit dem Kupferion ein Komplexion; ein Wassermolekül ist durch Wasserstoffbrückenbindung (↑ 5.1.11) an das Sulfation gebunden.

Bei vielen Komplexionen kommt es darüber hinaus zur Ausbildung **gemeinsamer Elektronenpaare** zwischen dem Zentralion und den Liganden. Dabei stellt jeweils der Ligand *beide* Elektronen zur Verfügung. Es handelt sich also um eine Atombindung an einem *freien* Elektronenpaar des als Ligand auftretenden Ions oder Dipolmoleküls (↑ 5.1.10; dative bzw. koordinative Bindung). Dabei kann es am Zentralion zur Besetzung einer neuen Elektronenschale kommen (↑ S. 175). Besonders stabil sind solche Komplexionen dann, wenn

5.4 Komplexverbindungen

dabei Elektronenkonfigurationen mit 8, 12 oder 16 bindenden Elektronen entstehen, was den Koordinationszahlen 4, 6 und 8 entspricht.

Beispiel: Hexacyano-ferrat(II)-ion, $[Fe(CN)_6]^{4-}$

Eisen besitzt im ungeladenen Zustand 26 Elektronen, das Eisen(II)-ion 24 Elektronen; die Koordinationszahl des Komplexions ist 6; die sechs Cyanidionen steuern für die Bindung am Zentralion je ein freies Elektronenpaar bei, also insgesamt 12 Elektronen. Mit (24 + 12 =) 36 Elektronen erhält damit das Eisen die Elektronenkonfiguration des Edelgases Krypton. Dieses Komplexion ist daher besonders stabil.

Aus diesen beiden Betrachtungstandpunkten, die zugleich die unterschiedliche Beständigkeit der Komplexionen widerspiegeln, ergibt sich eine Einteilung in

- **Anlagerungskomplexe**[1]**, die im wesentlichen auf die elektrostatische Anziehung Ion-Ion bzw. Ion-Dipol zurückzuführen und daher wenig stabil sind, und**

- **Durchdringungskomplexe**[2]**, bei denen sich die Elektronenhüllen des Zentralions und der Liganden gegenseitig durchdringen, indem sie gemeinsame Elektronenpaare bilden, wodurch sie relativ stabil sind.**

Zwischen beiden gibt es keine festen Grenzen. Auch kann je nach der Art der Liganden das gleiche Zentralion sowohl Anlagerungs- als auch Durchdringungskomplexe bilden.

Mittels des Orbitalmodells lassen sich die Bindungsverhältnisse in einem Metallkomplexion – am Beispiel des Hexacyanoferrat(II)-ions, $[Fe(CN)_6]^{4-}$, dargestellt – wie folgt erläutern:

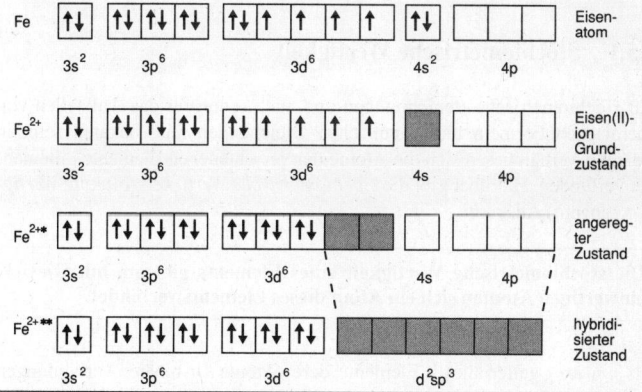

[1] Den *Anlagerungskomplexen* entsprechen die *Hochspin*-Komplexe bzw. *outer-orbital*-Komplexe der neueren Literatur.
[2] Den *Durchdringungskomplexen* entsprechen die *Niedrigspin*-Komplexe bzw. *inner-orbital*-Komplexe der neueren Literatur.

Erläuterung:

- Das Eisenatom geht durch Abgabe der beiden 4s-Elektronen in das Eisen(II)-ion, Fe^{2+}, über.
- Im Eisen(II)-ion kommt es durch Spinkopplung in den 3d-Orbitalen zur Orbitalleerung.
- Die dann bis zum 4p-Energieniveau insgesamt zur Verfügung stehenden sechs leeren Orbitale hybridisieren zu d^2sp^3-Hybridorbitalen.

Durch Überlappung dieser unbesetzten Hybridorbitale des Eisens mit je einem voll besetzten sp^3-Hybridorbital (d.h. einem freien Elektronenpaar) des Kohlenstoffs im Cyanidion $[|C \equiv N|]^-$ kommt es zur Bindung von sechs Liganden an das Zentralion Eisen. Mit der Besetzung der in die Hybridisation einbezogenen 4p-Orbitale des Eisens bauen die Cyanidionen am Zentralion ein Energieniveau auf. Damit wird die Elektronenbesetzung des Edelgases Krypton erreicht. Das Komplexion ist daher besonders stabil.

Die in diesem Beispiel gezeigte Einbeziehung von *d-Elektronen* in die chemische Bindung ist charakteristisch für die Komplexionen, in denen ein *Nebengruppenelement* als Zentralion auftritt.

5.5 Wertigkeitsbegriffe

Der Begriff *Wertigkeit* wurde um die Mitte des 19. Jahrhunderts in die Chemie eingeführt. Mit der Lehre von der chemischen Bindung, d.h. mit der Elektronentheorie der Valenz (Wertigkeit), wurde der ursprüngliche Wertigkeitsbegriff, die *stöchiometrische Wertigkeit,* durch mehrere neue Begriffe ergänzt, die es erlauben, die verschiedenen Erscheinungsformen der chemischen Bindung hinreichend genau widerzuspiegeln. Diese valenztheoretischen Begriffe (Wertigkeitsbegriffe) werden nachstehend erläutert.

5.5.1 Stöchiometrische Wertigkeit

Für stöchiometrische Berechnungen und auch schon für das Aufstellen von chemischen Formeln und chemischen Gleichungen muß bekannt sein, in welchen Verhältnissen sich die Atome der verschiedenen Elemente miteinander verbinden. Hierüber gibt die *stöchiometrische Wertigkeit* (oft kurz *Wertigkeit* genannt) Auskunft.

> **Die stöchiometrische Wertigkeit eines Elements gibt an, mit wieviel einwertigen Atomen sich ein Atom dieses Elements verbindet.**

Als *einwertig* gelten alle die Elemente, deren Atome – in binären Verbindungen – nie mit mehr als *einem* Atom eines anderen Elements verbunden sind. Das

5.5 Wertigkeitsbegriffe

ist z.B. beim *Wasserstoff* der Fall. Die stöchiometrische Wertigkeit wird daher vielfach auch darauf bezogen, *mit wieviel Wasserstoffatomen* sich ein Atom des betreffenden Elements verbindet.

Beispiele: Im Chlorwasserstoff, HCl, ist Chlor einwertig. Im Wasser, H_2O, ist Sauerstoff zweiwertig. Im Ammoniak, NH_3, ist Stickstoff dreiwertig.

Während solche Wasserstoffverbindungen nicht von allen Elementen bekannt sind, bilden fast alle Elemente mit dem Sauerstoff Oxide. Da *Sauerstoff* stets *zweiwertig* ist, kann aus der Zusammensetzung der Oxide, d.h. aus deren Summenformeln, auf die Wertigkeit der betreffenden Elemente geschlossen werden. Formal leiten sich die Oxide aus dem Wasser, H_2O, ab, indem dessen Wasserstoffatome durch Atome anderer Elemente ersetzt werden.

Beispiele: Im Natriumoxid, Na_2O, ersetzt jedes Natriumatom *ein* Wasserstoffatom. Natrium ist daher einwertig.
Im Calciumoxid, CaO, ersetzt das Calciumatom *zwei* Wasserstoffatome. Calcium ist daher zweiwertig.

Die stöchiometrische Wertigkeit wird daher auch wie folgt definiert:

> **Die stöchiometrische Wertigkeit eines Elements gibt an, wieviel Wasserstoffatome ein Atom dieses Elements zu binden oder zu ersetzen vermag.**

Viele Elemente treten mit *mehreren stöchiometrischen Wertigkeiten* auf. Das geht aus der Übersicht der *Oxidationszahlen* (Bild 5-37), die heute meist anstelle der stöchiometrischen Wertigkeiten verwendet werden, hervor. Diese Elemente können mit *einem* Element mehrere Verbindungen mit unterschiedlicher stöchiometrischer Zusammensetzung bilden. Es gibt zwei Möglichkeiten, solche Verbindungen eindeutig zu bezeichnen:

- durch Angabe der **Wertigkeit**

  Beispiele: Kupfer(I)-oxid, Cu_2O, enthält einwertiges Kupfer.
  Kupfer(II)-oxid, CuO, enthält zweiwertiges Kupfer.
  (Lies: Kupfer-eins-oxid bzw. Kupfer-zwei-oxid.)

- durch Angabe der **stöchiometrischen Zusammensetzung.**

  Beispiele: Schwefeldioxid, SO_2, enthält zwei (grch. *di*) Sauerstoffatome im Molekül.
  Schwefeltrioxid, SO_3, enthält drei (grch. *tri*) Sauerstoffatome im Molekül.

Ausgehend von dem Grundsatz:

In einer chemischen Verbindung sättigen sich die Wertigkeiten der beteiligten Atome gegenseitig ab,

läßt sich für *binäre* Verbindungen die *Wertigkeit* des einen Elements berechnen, wenn

- die *stöchiometrische Zusammensetzung*, d.h. die Summenformel, der Verbindung und
- die *Wertigkeit* des anderen Elements

bekannt sind.

Vorschrift zur Berechnung der Wertigkeit eines Elements aus der Summenformel einer binären Verbindung.

1. Die Summenformel wird niedergeschrieben.
   Beispiel: Distickstofftetroxid, N_2O_4

2. Es wird festgestellt, welche Wertigkeit bekannt ist.
   Beispiel: Sauerstoff ist immer zweiwertig (↑ 4.4)

3. Die bekannte Wertigkeit wird mit der in der Summenformel für dieses Element angegebenen (Teilchen-) Stöchiometriezahl (Index, Atommultiplikator), das heißt, mit der Anzahl der Atome je Formeleinheit, multipliziert.
   Beispiel: $2 \cdot 4 = 8$

4. Das Ergebnis aus 3. wird durch die für das *andere* Element angegebene Stöchiometriezahl, das heißt, durch die Anzahl der Atome je Formeleinheit, dividiert.
   Beispiel: $8 : 2 = 4$
   Der Stickstoff ist im Distickstofftetroxid, N_2O_4, vierwertig.

Sind die Wertigkeiten *beider* Elemente bekannt, läßt sich nach obigem Grundsatz die **Summenformel** der Verbindung aufstellen (↑ Vorschrift im Abschnitt 1.7). Zu beachten ist, daß die mit Hilfe der stöchiometrischen Wertigkeit ermittelte Summenformel einer Verbindung nichts über die Art der chemischen Bindung oder über den Bau von Molekülen aussagt.

Die stöchiometrische Wertigkeit wurde in der Chemie eingeführt, bevor der Aufbau der Atome bekannt war. Da sie aber letztlich mit der Anzahl der Außenelektronen zusammenhängt, kann sie für viele Elemente aus dem Periodensystem abgeleitet werden, das die Elektronenbesetzung der Elemente widerspiegelt (↑ 4.3 und 4.4).

5.5.2 Ionenwertigkeit

> **Die positive oder negative Ladung eines Ions wird als Ionenwertigkeit bezeichnet.**

Die Ionenwertigkeit unterscheidet sich von der stöchiometrischen Wertigkeit des Ions nur durch das Vorzeichen.

Beispiele:

	Ionenwertigkeit	stöchiometrische Wertigkeit
Calciumion, Ca^{2+}	+2	2
Aluminiumion, Al^{3+}	+3	3
Oxidion, O^{2-}	−2	2
Sulfation, SO_4^{2-}	−2	2

Bei der Angabe der Ionenwertigkeit in den Formeln ist es üblich, die Ziffer *vor* das Plus- bzw. Minuszeichen zu setzen; zu lesen als drei-plus, zwei-minus etc.

Zwischen der Ionenwertigkeit und der Anzahl der Valenzelektronen besteht ein unmittelbarer Zusammenhang (↑ 5.2):

- **Die positive Ionenwertigkeit ist gleich der Anzahl der abgegebenen Valenzelektronen.**
- **Die negative Ionenwertigkeit ist gleich der Anzahl der aufgenommenen Valenzelektronen.**

5.5.3 Oxidationszahl

Für die Beschreibung der Wertigkeitsverhältnisse in *Molekülen* (z.B. SO_2, NH_3, NO_2) und *Komplexionen* (z.B. SO_4^{2-}, MnO_4^-, $Fe(CN)_6]^{4-}$) ist es üblich, diese so zu behandeln, als bestünden sie aus einzelnen Ionen. Dazu wurde die *Oxidationszahl* eingeführt.

> **Die Oxidationszahl gibt an, welche Ladung ein Element in einer bestimmten Verbindung tragen würde, wenn alle am Aufbau dieser Verbindung beteiligten Elemente in Form von Ionen vorlägen.**

Daraus ergibt sich:

Für alle Ionen ist die Oxidationszahl gleich der Ionenwertigkeit.

Beispiele: Natriumchlorid, NaCl; Natrium +1, Chlor −1.
Aluminiumoxid, Al$_2$O$_3$; Aluminium +3, Sauerstoff −2.

Die Oxidationszahlen werden in der Literatur teils mit *arabischen*, teils mit *römischen* Ziffern angegeben. Während sich in den Namen die römischen Ziffern durchgesetzt haben, werden in den Formeln meist arabische Ziffern verwendet.

Beispiele: Eisen(III)-chlorid $\overset{+3}{\text{Fe}}\text{Cl}_3$

Eisen(II)-sulfat $\overset{+2}{\text{Fe}}\text{SO}_4$

Die *Oxidationszahlen* werden *über* die Symbole der Elemente gesetzt, während die *Ionenwertigkeiten rechts oben neben* den Symbolen stehen. Des weiteren ist die Unterscheidung üblich, daß die Plus- und Minuszeichen bei den *Oxidationszahlen vor* den Ziffern, bei den Ionenwertigkeiten *hinter* den Ziffern stehen.

Beispiel: Eisen(II)-chlorid $\overset{+2}{\text{Fe}}\text{Cl}_2$

Eisen(II)-ion Fe^{2+}

5.5.3.1 Oxidationszahlen in Molekülen

Zur Ermittlung der Oxidationszahlen für die am Aufbau eines *Moleküls* beteiligten Elemente müssen wir uns das Molekül *in Ionen aufgespalten* vorstellen. Ausgehend von der Tatsache, daß alle Atombindungen zwischen verschiedenartigen Atomen mehr oder weniger *polarisiert* sind, werden innerhalb eines Moleküls alle gemeinsamen Elektronenpaare den Atomen zugeordnet, von denen sie *stärker angezogen* werden (↑ 5.1.8). So ergeben sich für alle Atome bestimmte positive oder negative Oxidationszahlen.

Beispiel: Im Wassermolekül, H$_2$O, werden die gemeinsamen Elektronen vom Sauerstoff stärker angezogen als vom Wasserstoff (1). Würden die gemeinsamen Elektronenpaare ganz dem Sauerstoffatom angehören, so besäße dieses 10 Elektronen (gegenüber 8 Protonen); es wäre daher zweifach negativ geladen (2). Die Wasserstoffatome besäßen dann gar kein Elektron mehr und wären einfach positiv geladen. Im Wassermolekül kommt also den Wasserstoffatomen die Oxidationszahl +1 und dem Sauerstoffatom die Oxidationszahl −2 zu.

(1) 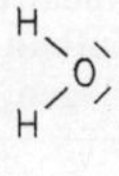 H\\O/   (2) 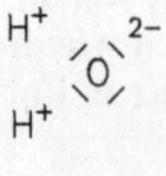 H$^+$ \\O/ $^{2-}$
   H/   H$^+$

5.5 Wertigkeitsbegriffe

> **Im Molekül jeder chemischen Verbindung ist die Summe der Oxidationszahlen, mit denen die Atome der beteiligten Elemente auftreten, gleich Null.**

Beispiel: Im Wassermolekül, H_2O, beträgt die Summe der Oxidationszahlen:
$2(+1) + 1(-2) = 0$

Diese Summe läßt sich – indem von der *Summenformel* ausgegangen wird – auch für Verbindungen ermitteln, die nicht in Form von Molekülen, sondern in Form von *Ionen* vorliegen.

Beispiel: Im Aluminiumoxid, Al_2O_3, beträgt die Summe der Oxidationszahlen:
$2(+3) + 3(-2) = 0$

5.5.3.2 Oxidationszahlen in Komplexionen

Mit Hilfe der Oxidationszahlen lassen sich auch die Wertigkeitsverhältnisse innerhalb der *Komplexionen* überblicken. Dazu müssen wir uns die Komplexionen *in Einzelionen aufgespalten* vorstellen, wobei die gemeinsamen Elektronenpaare – wie in den Molekülen – den Atomen zugeordnet werden, von denen sie *stärker angezogen* werden (↑ 5.1.8).

> **Die Summe aller Oxidationszahlen in einem Komplexion ist gleich der Ladung, die das Komplexion nach außen trägt.**

Beispiel: Im Sulfation, SO_4^{2-}, werden die gemeinsamen Elektronenpaare von den Sauerstoffatomen stärker angezogen als vom Schwefelatom. Dem Sauerstoffatom kommt daher – wie im Wasser – die Oxidationszahl –2 zu. Die Summe der Oxidationszahlen der vier Sauerstoffatome beträgt demnach –8. Da das Sulfation nach außen zwei negative Ladungen trägt, muß das Schwefelatom die Oxidationszahl +6 besitzen:

$$[\overset{+6\ -2}{S\ O_4}]^{-2} \qquad (+6)+4(-2) = (-2)$$

Im Sulfition, SO_3^{2-}, besitzt das Schwefelatom dagegen die Oxidationszahl +4:

$$[\overset{+4\ -2}{S\ O_3}]^{-2} \qquad (+4)+3(-2) = (-2)$$

5.5.3.3 Ermittlung der Oxidationszahlen

Die Oxidationszahlen sind, ausgehend von der unterschiedlichen Elektronegativität der Elemente (↑ 5.1.8), durch Zuordnung der gemeinsamen Elektronenpaare zum Atom des jeweils elektronegativeren der beiden beteiligten

Elemente zu ermitteln. Durch einige **Regeln,** die stets *in der angegebenen Reihenfolge* angewandt werden müssen, wird das erleichtert. Meist erübrigt es sich dadurch, die Elektronegativitätswerte selbst heranzuziehen:

1. Freie Elemente haben die Oxidationszahl 0.
2. Alle Metalle erhalten positive Oxidationszahlen.
3. Bor und Silicium erhalten positive Oxidationszahlen.
4. Fluor erhält die Oxidationszahl −1.
5. Wasserstoff erhält die Oxidationszahl +1.
6. Sauerstoff erhält die Oxidationszahl −2.

Beispiele: Im *Ammoniak,* NH_3, hat der Wasserstoff (Regel 5) die Oxidationszahl +1, der Stickstoff demnach die Oxidationszahl −3.

Im *Natriumhydrid,* NaH, muß das Natrium eine positive Oxidationszahl erhalten (Regel 2); da Natrium (I. Hauptgruppe) stets einwertig ist, beträgt sie +1. Dem Wasserstoff kommt hier die Oxidationszahl −1 zu. (Die Regel 5 wird hier nicht wirksam.)

Im *Natriumhydrogencarbonat,* $NaHCO_3$, hat das Natrium die Oxidationszahl +1 (Regel 2), der Wasserstoff die Oxidationszahl +1 (Regel 5), der Sauerstoff die Oxidationszahl −2 (Regel 6). Da die Summe der Oxidationszahlen gleich Null sein muß, läßt sich die Oxidationszahl des Kohlenstoffs berechnen:

$$(+1) + (+1) + x + 3\,(-2) = 0;\quad x = +4$$

Im elementaren Zustand haben alle Elemente die Oxidationszahl Null, auch wenn sie in Molekülen auftreten.

Beispiele: Wasserstoff, H_2, Sauerstoff, O_2, Chlor, Cl_2, haben die Oxidationszahl 0; ebenso alle Metalle. Die Reaktion von Natrium und Chlor ist wie folgt zu formulieren:

$$\overset{0}{2\,Na} + \overset{0}{Cl_2} \longrightarrow 2\,\overset{+1}{Na^+} + 2\,\overset{-1}{Cl^-}$$

(Wenn hier auf der rechten Seite Ionenwertigkeit *und* Oxidationszahl angegeben wurden, so geschah das, um deren Übereinstimmung deutlich zu machen. Bei der Arbeit mit Oxidationszahlen kann auf eines von beiden verzichtet werden.)

Die Summe der Oxidationszahlen ist auf beiden Seiten der obigen Gleichung 0:

$$2 \cdot 0 + 2 \cdot 0 = 2\,(+1) + 2\,(-1);$$
$$0 = 0$$

Viele Elemente treten in ihren Verbindungen mit verschiedenen Oxidationszahlen auf (↑ Bild 5-37).

5.5 Wertigkeitsbegriffe

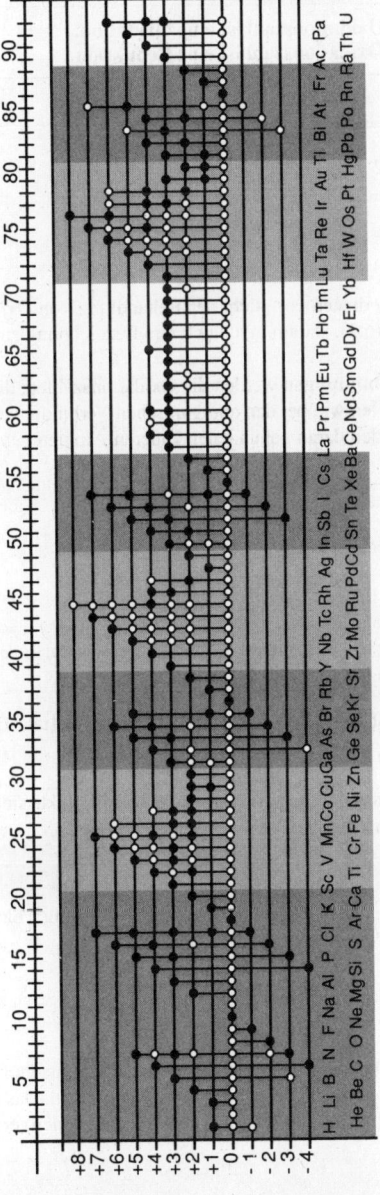

Bild 5-37: Oxidationszahlen (Oxidationsstufen) der Elemente
Erläuterung: Schwarze Punkte geben die wichtigsten Oxidationszahlen an, helle Punkte die weniger häufig auftretenden Oxidationszahlen. Die Hauptgruppenelemente wurden grau unterlegt. Die Nebengruppenelemente wurden schwach grau unterlegt. Die Lanthanoide und Actinoide wurden nicht unterlegt.

> **Die Zunahme der Oxidationszahl ist eine Oxidation.**
> **Die Abnahme der Oxidationszahl ist eine Reduktion.**

Beispiel: Im vorstehenden Beispiel wird Natrium oxidiert:

$$2\ \overset{0}{Na} \longrightarrow 2\ \overset{+1}{Na^+} + 2\ e^-$$

Chlor reduziert

$$\overset{0}{Cl_2} + 2\ e^- \longrightarrow 2\ \overset{-1}{Cl^-}$$

Die Oxidationszahlen dienen vor allem der Behandlung von *Oxidations-Reduktions-Reaktionen* (6.2). Darauf geht auch ihre Bezeichnung zurück.

Bei **organischen Verbindungen** werden die Oxidationszahlen, die hier nicht die gleiche Rolle spielen wie bei den anorganischen Verbindungen, *für jedes Kohlenstoffatom* mit den daran gebundenen anderen Atomen *getrennt* ermittelt.

Beispiele:

Methan	$\overset{-4}{CH_4}$		Ethanol	$\overset{-3}{CH_3}-\overset{-1}{CH_2OH}$
Ethan	$\overset{-3}{CH_3}-\overset{-3}{CH_3}$		Ethanal	$\overset{-3}{CH_3}-\overset{+1}{CHO}$
Propan	$\overset{-3}{CH_3}-\overset{-2}{CH_2}-\overset{-3}{CH_3}$		Ethansäure	$\overset{-3}{CH_3}-\overset{+3}{COOH}$

Auch hier gilt die Regel, daß die Summe der Oxidationszahlen innerhalb eines Moleküls 0 ist.

Vorschrift zum Aufstellen einer Reaktionsgleichung mittels Oxidationszahlen

1. Die *Formeln* der Ausgangsstoffe und der Reaktionsprodukte sind niederzuschreiben (Gleichungsansatz):

   Beispiel: $SnCl_2 + FeCl_3 \quad SnCl_4 + FeCl_2$

2. Über den *Symbolen* der Elemente sind die Oxidationszahlen einzutragen.

   Beispiel: $\overset{+2\ -1}{SnCl_2} + \overset{+3\ -1}{FeCl_3} \quad \overset{+4\ -1}{SnCl_4} + \overset{+2\ -1}{FeCl_2}$

   Da die Oxidationszahl des Chloridions unverändert −1 beträgt, kann sie auch weggelassen werden.

3. Die *Abnahme* der Oxidationszahl des reduzierten Elements muß gleich der *Zunahme* der Oxidationszahl des oxidierten Elements sein. Das wird durch Einsetzen von Koeffizienten (Reaktionsstöchiometriezahlen) erreicht.

5.5 Wertigkeitsbegriffe

Beispiel: Eisen Abnahme um 1, Zinn Zunahme um 2. Vor den Formeln der Eisenverbindungen ist der Koeffizient 2 einzusetzen.

$$\overset{+2}{Sn}Cl_2 + 2\ \overset{+3}{Fe}Cl_3 \longrightarrow \overset{+4}{Sn}Cl_4 + 2\ \overset{+2}{Fe}Cl_2$$

4. Die Reaktionsgleichung ist zu überprüfen:

- Ist die Summe der Oxidationszahlen auf beiden Seiten gleich?

  Beispiel: links +2 + 2(+3) = +8; rechts +4 + 2(+2) = +8

- Ist die Anzahl der Atome jedes Elements auf beiden Seiten gleich?

  Beispiel: Eisen je 2, Zinn je 1, Chlor je 8 Atome.

5.5.4 Bindigkeit

Bei den Molekülsubstanzen, den auf Atombindung beruhenden Verbindungen, ist die *Bindigkeit* (auch *Bindungswertigkeit*) der wichtigste valenztheoretische Begriff.

> **Die Bindigkeit eines Atoms gibt an, an wieviel Atombindungen (gemeinsamen Elektronenpaaren) dieses Atom beteiligt ist.**

Die Bindigkeit eines Atoms läßt sich also aus den *Elektronenformeln* ablesen, in denen die Elektronenpaare durch Doppelpunkte oder durch Striche angegeben werden (↑ 5.1.1 und die zahlreichen Beispiele im Teil Organische Chemie).

Vom Orbitalmodell her betrachtet, gilt:

> **Die Bindigkeit eines Atoms gibt die Anzahl der bindenden Molekülorbitale an, an denen das Atom beteiligt ist.**

(Damit ist gemeint: Die Bindigkeit gibt die Anzahl der besetzten *bindenden* Molekülorbitale an, die *nicht* durch besetzte *lockernde* Molekülorbitale kompensiert werden; ↑ 5.1.5).

Beispiele: Im Stickstoffmolekül, N_2, ist der Stickstoff dreibindig:
im Chlormolekül, Cl_2, ist das Chlor einbindig (↑ Bild 5-14):

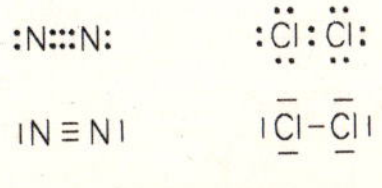

:N⋮⋮⋮N: :C̈l:C̈l:

I N ≡ N I   I C̄l−C̄l I

Da die Bindigkeit eines Atoms von der Anzahl der Außenelektronen abhängt, stimmt sie meist – nicht immer – mit der stöchiometrischen Wertigkeit überein.

Beispiele: Das Kohlenstoffatom ist im *Methan*, CH_4, und in fast allen anderen Verbindungen stöchiometrisch vierwertig und – da es an vier Atombindungen (gemeinsamen Elektronenpaaren) beteiligt ist – *vierbindig*. Im *Kohlenmonoxid*, CO, dagegen ist der Kohlenstoff stöchiometrisch *zweiwertig*, da er zwei Wasserstoffatome ersetzt. Nach der Elektronenformel

:C:::O: |C≡O|

besitzt das Molekül drei gemeinsame Elektronenpaare (drei bindende Molekülorbitale). Kohlenstoff und Sauerstoff sind hier gleichermaßen *dreibindig*. Das Kohlenstoffatom (4 Außenelektronen) und das Sauerstoffatom (6 Außenelektronen) haben zu zwei Elektronenpaaren (Molekülorbitalen) je ein Elektron beigesteuert. Das dritte Elektronenpaar (die Elektronen im dritten Molekülorbital) stammt allein vom Sauerstoffatom.

5.5.5 Formale Ladung

Um die Bindungsverhältnisse in komplizierten Molekülen und in Komplexionen eindeutig beschreiben zu können, wurde ein weiterer valenztheoretischer Begriff eingeführt, die *formale Ladung*. Sie ist mit der Oxidationszahl vergleichbar. Der Unterschied besteht darin, daß zur Ermittlung der formalen Ladung von allen gemeinsamen Elektronenpaaren den beiden beteiligten Atomen *je ein Elektron* zugeordnet wird – ohne Rücksicht auf dessen Herkunft. (Bei der Oxidationszahl werden beide Elektronen dem Atom des elektronegativeren Elements zugeordnet; ↑ 5.5.3).

Die formale Ladung eines Atoms ist die Differenz zwischen

- der Anzahl der Elektronen, die diesem Atom im Grundzustand zugehören, und

- der Anzahl der Elektronen, die diesem Atom im Bindungszustand zugehören, wenn von den gemeinsamen Elektronenpaaren jedem beteiligten Atom ein Elektron zugeordnet wird.

Die an der Bindung unbeteiligten Elektronen der inneren Elektronenschalen (der unteren Energieniveaus) bleiben dabei außer Betracht.

> **Die Summe der formalen Ladungen ist innerhalb eines Moleküls gleich Null, innerhalb eines Ions gleich der Ladung, die das Ion nach außen trägt.**

5.5 Wertigkeitsbegriffe

Beispiele: Kohlenmonoxidmolekül, $\overset{\ominus}{:}\text{C}\overset{\oplus}{:::}\text{O}:$

Nach Aufteilung der drei gemeinsamen Elektronenpaare gehören dem Kohlenstoffatom und dem Sauerstoffatom je 5 Elektronen an. Das Kohlenstoffatom (im Grundzustand 4 Außenelektronen) hat daher die formale Ladung $(4-5) = -1$, das Sauerstoffatom (im Grundzustand 6 Außenelektronen) die formale Ladung $(6-5) = +1$.

Ammoniumion,
$$\left[\begin{array}{c} \text{H} \\ | \\ \text{H} - \overset{\oplus}{\text{N}} - \text{H} \\ | \\ \text{H} \end{array} \right]^{+}$$

Nach Aufteilung der gemeinsamen Elektronenpaare gehören dem Stickstoffatom 4, den Wasserstoffatomen je 1 Elektron an. Die Wasserstoffatome (im Grundzustand 1 Außenelektron) haben daher *keine* formale Ladung. Das Stickstoffatom (im Grundzustand 5 Außenelektronen) hat die formale Ladung $(5-4) = +1$.

Die mit $\oplus$ und $\ominus$ symbolisierten Ladungen geben nicht eine wirkliche Ladungsverteilung im Molekül oder Ion an, sondern sind nur ein Hilfsmittel zur *Beschreibung des Bindungszustandes*. Sie dürfen nicht verwechselt werden mit den *Partialladungen* (↑ 5.1.8), die in Dipolmolekülen auftreten und mit δ^{+} und δ^{-}, früher auch (+) und (−), symbolisiert werden.

5.5.6 Koordinationszahl

Um die räumliche Anordnung von Atomen, Ionen und Molekülen richtig charakterisieren zu können, bedarf es eines weiteren Begriffs, der *Koordinationszahl*.

> **Die Koordinationszahl gibt an, wieviel Atome (bzw. Ionen) einem Atom (bzw. Ion) unmittelbar benachbart sind.**

Jedes **Kristallgitter** besitzt eine bestimmte Koordinationszahl.

Beispiele: Koordinationszahl 4: Diamantgitter (↑ Bild 5-2, S. 129)
Koordinationszahl 6: Natriumchloridgitter (↑ Bild 5-28, S. 160)
Koordinationszahl 8: kubisch-raumzentriertes Gitter (↑ Bild 5-30b, S. 164)
Koordinationszahl 12: dichteste Kugelpackungen (↑ Bild 5-30a, S. 164)

Jedes **Komplexion**, wie SO_4^{2-}, CO_3^{2-}, NH_4^{+}, hat eine bestimmte Koordinationszahl.

> **Bei Komplexionen gibt die Koordinationszahl an, von wieviel Liganden das Zentralatom umgeben ist** (↑ 5.4).

Beispiele: Der Schwefel besitzt im Sulfation, SO_4^{2-}, die Koordinationszahl 4, im Sulfition, SO_3^{2-}, die Koordinationszahl 3.
Der Stickstoff besitzt im Ammoniumion, NH_4^+, die Koordinationszahl 4, im Nitration, NO_3^-, die Koordinationszahl 3, im Nitrition, NO_2^-, die Koordinationszahl 2.

$$\begin{bmatrix} & O & \\ O & S & O \\ & O & \end{bmatrix}^{2-} \quad \begin{bmatrix} O & & \\ & S & \\ O & & O \end{bmatrix}^{2-} \quad \begin{bmatrix} & H & \\ H & N & H \\ & H & \end{bmatrix}^{+} \quad \begin{bmatrix} & O & \\ O & N & \\ & O & \end{bmatrix}^{-} \quad \begin{bmatrix} O & & \\ & N & \\ O & & \end{bmatrix}^{-}$$

   Sulfat-   Sulfit-   Ammonium-   Nitrat-   Nitrit-
    ion   ion   ion   ion   ion

Die Koordinationszahl läßt Rückschlüsse auf den *räumlichen Bau* eines Komplexions zu, da die Liganden meist in den Ecken eines geometrischen Körpers stehen, in dessen Mittelpunkt sich das Zentralatom befindet (Bild 5-38):

Koordinationszahl 4: **Tetraeder** (seltener: **Quadrat**)
Koordinationszahl 6: **Oktaeder**
Koordinationszahl 8: **Würfel**

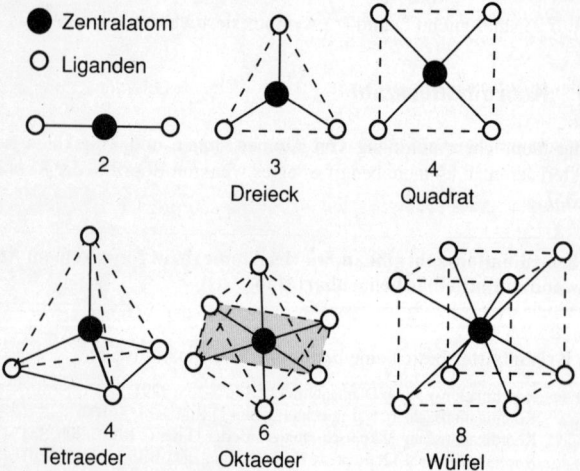

Bild 5-38: Koordinationszahl und räumliche Anordnung der Liganden

Die Koordinationszahl ist von der Größe des Zentralatoms und von der Größe der Liganden abhängig. *Je größer das Zentralatom und je kleiner die Liganden sind, um so größer ist die höchstmögliche Koordinationszahl.* So beträgt die maximale Koordinationszahl des Stickstoffs gegenüber den kleinen Wasserstoffatomen 4, gegenüber den größeren Sauerstoffatomen nur 3.

6 Reaktionstypen der anorganischen Chemie

6.1 Ordnungsprinzipien für chemische Reaktionen

Um über die unerschöpfliche Vielzahl chemischer Reaktionen einen Überblick zu gewinnen und über den Ablauf chemischer Reaktionen allgemeine Aussagen treffen zu können, werden diese nach verschiedenen Prinzipien zu Reaktionstypen zusammengefaßt. Der Behandlung der *anorganischen Reaktionen* wird in diesem Taschenbuch die Ordnung nach der Art der bei der Reaktion *übertragenen Teilchen* zugrunde gelegt (↑ 6.2 bis 6.5):

- **Redoxreaktionen** (Übertragung von *Elektronen*);
- **Säure-Base-Reaktionen** (Übertragung von *Protonen*);
- **Komplexreaktionen** (Übertragung von *Molekülen* oder *Ionen*);
- **Aufbau und Abbau von Ionengittern** (Übertragung von *Ionen*).

Die Behandlung der *organischen Reaktionen* folgt der Ordnung nach der Art des *Austauschs von Atomen* (↑ 28.3):

- **Substitutionsreaktionen** (Ersatz von Atomen eines Elements durch Atome eines anderen Elements)
- **Additionsreaktionen** (Anlagerung von Atomen unter Aufspaltung von Mehrfachbindungen)
- **Eliminierungsreaktionen** (Abspaltung von Atomen unter Bildung von Mehrfachbindungen).

Dieses Taschenbuch enthält aber auch Aussagen zu Reaktionstypen, die anderen Ordnungsprinzipien folgen. Die dazu gegebenen Hinweise sollen helfen, diese aufzufinden.

Nach dem *Aggregatzustand* der reagierenden Stoffe werden unterschieden:

- *Gasreaktionen*
- *Reaktionen in Lösungen*
- *Feststoffreaktionen*

sowie Reaktionen zwischen Stoffen unterschiedlichen Aggregatzustandes.

Gasreaktionen erfolgen zwischen Molekülen, sie treten sowohl in der anorganischen als auch in der organischen Chemie auf (↑ 2.8, 2.9, 2.11, 2.12). Die Reaktionen in Lösungen sind so verbreitet, daß geradezu ein Teilgebiet der Chemie, die Chemie der wäßrigen Lösungen, von ihnen geprägt wird. Dabei handelt es sich um Reaktionen zwischen Ionen bzw. auch Komplexionen (↑ 2.13, 6.5, 8.5). Feststoffreaktionen sind in jüngster Zeit verstärkt Gegenstand der chemischen Forschung. Ein älteres bekanntes Beispiel ist das Tempern von Roheisen (↑ 27.2.3.3).

Nach der Art der miteinander *reagierenden Teilchen* werden unterschieden:

- *Ionenreaktionen*
- *Molekülreaktionen*
- *Radikalreaktionen*

In der anorganischen Chemie sind die Ionenreaktionen vorherrschend, in der organischen Chemie die Molekülreaktionen (↑ 28). Aber auch in der anorganischen Chemie treten wichtige Molekülreaktionen auf (z.B. Ammoniaksynthese; ↑ 15.2.3). Radikalreaktionen sind eine Spezifik der organischen Chemie. Die Ionenreaktionen in Lösungen verlaufen sehr schnell, praktisch momentan, da die Ionen mehr oder weniger frei beweglich vorliegen. Demgegenüber verlaufen die Molekülreaktionen wesentlich langsamer, da zunächst Atombindungen gelöst werden müssen, ehe sich neue Atombindungen bilden können. Das geschieht zum Teil über unbeständige freie Radikale (Moleküle mit freien Wertigkeiten; ↑ 28.6.3).

Nach der Art und Weise, in der sich die *innere Energie* der Reaktionsteilnehmer ändert, werden unterschieden:

- *thermochemische Reaktionen*
- *photochemische Reaktionen*
- *elektrochemische Reaktionen*
- *tribochemische Reaktionen*

Bei *allen* chemischen Reaktionen kommt es zu einer Umsetzung (Abgabe oder Aufnahme) von *Wärme*. Als *thermochemische Reaktionen* werden jene bezeichnet, bei denen diese Energieform vorherrscht, und das ist die Mehrzahl aller Reaktionen (↑ Kap. 7).

Photochemische Reaktionen verlaufen unter Aufnahme oder Abgabe von *Licht*. Beispiele für Reaktionen, die unter Aufnahme von Licht stattfinden, sind die Photosynthese der grünen Pflanzen (↑ 14.2.4), die Addition von Chlor an Benzen zu Hexachlorcyclohexan (↑ 38.2.1) und die Sulfochlorierung von Alkanen bei der Herstellung von Alkansulfonaten (↑ 36.2). Viele Verbrennungsvorgänge verlaufen unter Abgabe von Licht (besonders ausgeprägt die Verbrennung von Magnesium).

Elektrochemische Reaktionen verlaufen bei Zufuhr oder unter Abgabe von *elektrischer Arbeit*. Diese Reaktionen haben – neben den thermochemischen Reaktionen – große technische Bedeutung und sind Gegenstand eines besonderen Zweiges der Chemie (↑Kap. 9).

Die *Tribochemie*[1] ist eine jüngere Forschungsrichtung der Feststoffchemie, die auch zunehmend technische Bedeutung erlangt. Sie beschäftigt sich damit, wie durch *mechanische Arbeit* chemische Reaktionen ausgelöst und beschleunigt werden können. So gelingt es, auf tribochemischem Wege chemische Reaktionen bei wesentlich niedrigeren Temperaturen ablaufen zu lassen, als sie bei thermochemischer Durchführung notwendig wären (z.B. die Umsetzung von Nickelpulver und Kohlenmonoxid zu Nickeltetracarbonyl, $Ni(CO)_4$).

6.2 Oxidations-Reduktions-Reaktionen

Die Oxidations-Reduktions-Reaktionen (kurz *Redoxreaktionen*) beruhen auf der Abgabe und Aufnahme von Elektronen (↑ 6.2.2). Im Chemieunterricht werden sie zunächst auf einem früheren Stand der Erkenntnis behandelt (↑ 6.2.1).

6.2.1 Oxidation und Reduktion

Nachdem das Element Sauerstoff entdeckt worden war (↑ 16.2.2), konnte der Franzose ANTOINE LAURENT LAVOISIER um 1783 den Verbrennungsvorgang aufklären:
Die Verbrennung ist eine Vereinigung mit Sauerstoff. Dem französischen Namen *oxygène* für Sauerstoff entsprechend wurde dieser Vorgang *Oxidation* (ältere Schreibweise *Oxydation*) genannt.

Oxidation ist die Vereinigung eines Elements mit Sauerstoff.

Bei der Oxidation von Elementen[2] entstehen deren *Oxide* (ältere Schreibweise *Oxyde*).

> **Oxide sind binäre Verbindungen des Sauerstoffs mit anderen Elementen.**

Beispiel: $Mg + \frac{1}{2} O_2 \rightarrow MgO$ Magnesiumoxid

(Nomenklatur der Oxide ↑ 43.1)

---

[1] *tribulo* (lat.) pressen
[2] Bei dieser älteren Betrachtungsweise wird zwischen Element und Elementsubstanz nicht unterschieden; vgl. 1.4.

Außer dem Sauerstoff selbst können auch Verbindungen, die leicht Sauerstoff abgeben, eine Oxidation bewirken. Solche Verbindungen werden **Oxidationsmittel** genannt.

Beispiele: Wasserstoffperoxid, H_2O_2; Kaliumchlorat, $KClO_3$; Kaliumpermanganat, $KMnO_4$; Kupfer(II)-oxid, CuO.

Wird einem Oxid der *Sauerstoff* entzogen, so wird das *Reduktion* genannt. Das Element, um dessen Oxid es sich handelt, wird dabei in den elementaren Zustand zurückgeführt (reduziert).

Reduktion ist der Entzug von Sauerstoff aus einem Oxid.

Daraus ergibt sich:

Die Reduktion ist die Umkehrung der Oxidation.

Zur Reduktion ist meist ein **Reduktionsmittel** notwendig; das ist ein Stoff, der den Sauerstoff aufnimmt, also selbst *oxidiert* wird.

Beispiele: Kohlenstoff; Kohlenmonoxid, CO; Wasserstoff; Natrium; Magnesium; Aluminium.

$Fe_2O_3 + 3\ C \rightarrow 2\ Fe + 3\ CO$ ⎫
$Fe_2O_3 + 3\ CO \rightarrow 2\ Fe + 3\ CO_2$ ⎬ Vorgänge im Hochofen

$Fe_2O_3 + 2\ Al \rightarrow Al_2O_3 + 2\ Fe$ aluminothermisches Schweißen

Diese Reaktionen laufen nur bei hohen Temperaturen ab.

Ausnahme: Oxide edler Metalle benötigen kein Reduktionsmittel; sie zerfallen beim bloßen Erhitzen:

$$2\ Ag_2O \rightarrow 4\ Ag + O_2; \qquad 2\ HgO \rightarrow 2\ Hg + O_2.$$

Bei den miteinander verbundenen Oxidations- und Reduktionsreaktionen handelt es sich stets um die beiden Seiten eines einheitlichen Vorgangs, der als *Redoxreaktion* bezeichnet wird:

Oxidationsmittel wird **reduziert**.

$CuO + H_2 \rightarrow Cu + H_2O$

Reduktionsmittel wird **oxidiert**.

6.2.2 Redoxreaktionen als Abgabe und Aufnahme von Elektronen

Mit der Aufklärung des Atombaus wurde erkannt, daß der *Oxidation* eine *Abgabe* von *Elektronen*, der *Reduktion* eine *Aufnahme* von *Elektronen* zugrunde liegt. Dabei müssen die von einem Atom abgegebenen Elektronen stets von einem anderen Atom aufgenommen werden. Oxidation und Reduktion sind also zwei Seiten eines Vorganges, der heute als **Redoxreaktion** bekannt ist.

Beispiel: Bei der Oxidation von Magnesium gibt jedes Magnesiumatom seine beiden Valenzelektronen (↑ 5.2.1) an ein Sauerstoffatom ab:

$$Mg{:} + {\cdot}\ddot{O}{\cdot} \longrightarrow Mg^{2+} + {:}\ddot{O}{:}^{2-}$$

Dabei laufen folgende Teilvorgänge ab:

$Mg \longrightarrow Mg^{2+} + 2\,e^-$ (Elektronenabgabe; Oxidation)

$O + 2\,e^- \longrightarrow O^{2-}$ (Elektronenaufnahme; Reduktion)

Die *abgegebenen* Elektronen können auch auf der *linken* Seite der Gleichung *subtrahiert* werden:

$$Mg - 2\,e^- \longrightarrow Mg^{2+}$$

Hier liegt zwar eine Oxidation im Sinne einer Vereinigung mit Sauerstoff vor, aber keine Reduktion im Sinne eines Entzugs von Sauerstoff (↑ 6.2.1). Das *Magnesium* wird *oxidiert*; *reduziert* wird der *Sauerstoff* selbst.

Um alle Reaktionen, die mit der Abgabe und Aufnahme von Elektronen einhergehen, von einem einheitlichen Betrachtungsstandpunkt aus behandeln zu können, wurden die Begriffe neu definiert:

Oxidation ist die Abgabe von Elektronen.

Reduktion ist die Aufnahme von Elektronen.

Es handelt sich hier nicht einfach um eine Erweiterung dieser Begriffe, sondern um eine vom Betrachtungsstandpunkt der Vorgänge in der Elektronenhülle vorgenommene – und damit vom Sauerstoff unabhängige – Neufestsetzung dieser Begriffe.

Beispiel: $Fe_2O_3 + 2\,Al \rightarrow Al_2O_3 + 2\,Fe$

$2\,Al \rightarrow 2\,Al^{3+} + 6\,e^-$ (Oxidation)

$2\,Fe^{3+} + 6\,e^- \rightarrow 2\,Fe$ (Reduktion)

Das Eisen(III)-oxid, Fe_2O_3, wird zu elementarem Eisen *reduziert*. Als Reduktionsmittel wirkt Aluminium, das dabei zu Aluminiumoxid, Al_2O_3, *oxidiert* wird.

6 Reaktionstypen der anorganischen Chemie

Aluminium gibt Elektronen ab, Eisen nimmt Elektronen auf. Die Vorgänge in den Elektronenhüllen erstrecken sich nicht auf den Sauerstoff, der vor und nach der Reaktion als zweifach negativ geladenes Oxidion, O^{2-}, vorliegt.

Daraus ergibt sich auch eine allgemeinere Definition der Begriffe Oxidationsmittel und Reduktionsmittel:

> **Oxidationsmittel sind Stoffe, die Elektronen aufnehmen und dabei reduziert werden.**
>
> **Reduktionsmittel sind Stoffe, die Elektronen abgeben und dabei oxidiert werden.**

Zur *Aufnahme* von Elektronen neigen außer Sauerstoff auch die anderen Elemente, deren Atomen nur *wenige Elektronen* zu einer stabilen Elektronenbesetzung (häufig zu einem Elektronenoktett) *fehlen* (↑ 3.6.6). Die Elemente der VII. Hauptgruppe (Halogene) sind daher starke *Oxidationsmittel*.

Zur *Abgabe* von Elektronen neigen die Elemente, deren Atome wenige Außenelektronen besitzen, durch deren Abgabe die darunterliegenden voll (oder bis zu einem stabilen Zwischenzustand) besetzten Elektronenschalen (Energieniveaus) zur Außenschale werden. Die Elemente der I. Hauptgruppe (Alkalimetalle) sind daher starke *Reduktionsmittel*.

Die Begriffe Oxidationsmittel und Reduktionsmittel werden auch direkt auf die reagierenden *Teilchen* (Atome, Moleküle, Kationen, Anionen) angewendet.

Oxidationsmittel sind Teilchen, die Elektronen aufnehmen und dabei reduziert werden.

Reduktionsmittel sind Teilchen, die Elektronen abgeben und dabei oxidiert werden.

Alle Teilchen, die in einer mittleren von mindestens drei möglichen Oxidationsstufen (Oxidationszahlen; ↑ Bild 5-37) vorliegen, können sowohl als Oxidationsmittel als auch als Reduktionsmittel auftreten.

Beispiel: Zinn(II)-ionen $\quad Sn \rightarrow Sn^{2+} + 2\,e^-$

$$Sn^{2+} \rightarrow Sn^{4+} + 2\,e^-$$

Ob ein Stoff (Teilchen) als Oxidationsmittel oder als Reduktionsmittel wirkt, kann nur in bezug auf einen bestimmten Reaktionspartner gesagt werden.

Beispiel: Elementares *Brom* (0) wirkt gegenüber Iodidionen (−1) als Oxidationsmittel; *Bromidionen* (−1) wirken gegenüber elementarem Chlor (0) als Reduktionsmittel (in Klammer die Oxidationszahlen).

$$2\,I^- \rightarrow I_2 + 2\,e^- \quad \text{(Oxidation)}$$
$$Br_2 + 2\,e^- \rightarrow 2\,Br^- \quad \text{(Reduktion)}$$

$$\overline{Br_2 + 2\,I^- \rightarrow 2\,Br^- + I_2}$$

$$2\,Br^- \rightarrow Br_2 + 2\,e^- \quad \text{(Oxidation)}$$
$$Cl_2 + 2\,e^- \rightarrow 2\,Cl^- \quad \text{(Reduktion)}$$

$$\overline{Cl_2 + 2\,Br^- \rightarrow 2\,Cl^- + Br_2}$$

Zwischen Oxidationsmitteln und Reduktionsmitteln besteht folgende allgemeine Beziehung:

Reduktionsmittel	$\xrightleftharpoons[\text{Reduktion}]{\text{Oxidation}}$	**Oxidationsmittel + Elektronen**
Elektronendonator		*Elektronenakzeptor*

Ein *Reduktionsmittel* geht durch Elektronenabgabe (Oxidation) in ein Oxidationsmittel über, es ist ein *Elektronendonator*[1].

Ein *Oxidationsmittel* geht durch Elektronenaufnahme (Reduktion) in ein Reduktionsmittel über, es ist ein *Elektronenakzeptor*[2].

Jedem Oxidationsmittel entspricht also ein Reduktionsmittel, wobei das *Reduktionsmittel* stets mindestens *ein Elektron mehr* besitzt als das *Oxidationsmittel*. Oxidationsmittel und Reduktionsmittel, die auf diese Weise miteinander in Beziehung stehen, werden als *korrespondierende*[3] Redoxpaare bezeichnet.

Als **Reduktionsmittel** und **Oxidationsmittel** stehen sich

- bei den **elektropositiven Elementen**
  Atom und **Kation,**

- bei den **elektronegativen Elementen**
  Anion und **Molekül**

gegenüber.

Beispiele: $Cu \rightleftarrows Cu^{2+} + 2\,e^-$

$2\,Br^- \rightleftarrows Br_2 + 2\,e^-$

In Tabelle 6-1 sind wichtige korrespondierende Redoxpaare, nach ihren *Standardelektrodenpotentialen* $\varepsilon^\ominus$ geordnet, zusammengestellt. Die Redoxpaare stehen hier in Richtung der Elektronenabgabe, also der Oxidation[4]. Das Zeichen $^\ominus$ gibt allgemein an, daß sich die Größe auf einen *Standardzustand* bezieht (↑ 7.4.1).

---

[1] *donator* (lat.) Geber
[2] *acceptor* (lat.) Empfänger
[3] einander entsprechende
[4] Es gibt auch derartige Tabellen, in denen die Redoxpaare in Richtung der Elektronenaufnahme, also der Reduktion, angeordnet sind

Das Standardelektrodenpotential[1] ist eine Größe aus der Elektrochemie (↑9.4), die sich als geeignetes Maß für die Tendenz von korrespondierenden Redoxpaaren erweist, in Richtung einer *Oxidation* oder einer *Reduktion* zu reagieren.

Redoxpaare mit *niedrigem* Standardelektrodenpotential reagieren vorrangig in Richtung der *Elektronenabgabe, der Oxidation.* Sie wirken also als *Reduktionsmittel.*

Redoxpaare mit *hohem* Standardelektrodenpotential reagieren vorrangig in Richtung der *Elektronenaufnahme,* der *Reduktion.* Sie wirken also als *Oxidationsmittel.*

Je höher (stärker positiv, schwächer negativ) das Standardelektrodenpotential eines Redoxpaares ist,

- **um so schwächer ist das Reduktionsmittel,**
- **um so stärker ist das Oxidationsmittel.**

In Tabelle 6-1 stehen demnach
oben die *starken Reduktionsmittel* (Cs, K, Ca, Na, Mg, Al),
unten die *starken Oxidationsmittel* (F_2, Cl_2, Au^{3+} u.a.)

Bei den Redoxpaaren entspricht jeweils

– einem *starken* Reduktionsmittel ein *schwaches* Oxidationsmittel,
– einem *mittelstarken* Reduktionsmittel ein *mittelstarkes* Oxidationsmittel,
– einem *schwachen* Reduktionsmittel ein *starkes* Oxidationsmittel.

Die Redoxreaktionen beruhen auf der Tendenz

- der *starken Reduktionsmittel,* in *schwache Oxidationsmittel* und
- der *starken Oxidationsmittel,* in *schwache Reduktionsmittel*

überzugehen.

Zu einer Redoxreaktion kommt es dann, wenn das in Form des *Reduktionsmittels* vorliegende Redoxpaar ein *niedrigeres* Standardelektrodenpotential hat als das in Form des *Oxidationsmittels* vorliegende Redoxpaar. Das Reduktionsmittel muß also in Tabelle 6-1 *über* dem Oxidationsmittel stehen.

Beispiel: Zwischen Brom und Chlor, also zwischen den Redoxpaaren

$2\,Br^- \rightleftarrows Br_2 + 2\,e^-$ und

$2\,Cl^- \rightleftarrows Cl_2 + 2\,e^-$,

kommt es zu einer Redoxreaktion, wenn das Brom als Bromidion, Br^-, also z.B. im Kaliumbromid, KBr, und das Chlor elementar, also als Chlormolekül, Cl_2, vorliegt:

---

[1] Die Standardelektrodenpotentiale sind in der Regel für folgende Bedingungen tabelliert: 25 °C; 101,325 kPa; 1 aktive Lösungen (6.3.2.7). Alle in diesem Abschnitt folgenden Aussagen und Berechnungen beziehen sich auf diese Bedingungen.

6.2 Oxidations-Reduktions-Reaktionen

$$2\,Br^- \rightarrow Br_2 + 2\,e^-$$
$$Cl_2 + 2\,e^- \rightarrow 2\,Cl^-$$

$$2\,Br^- + Cl_2 \rightarrow Br_2 + 2\,Cl^-$$

Es entsteht elementares Brom.

Das in Tabelle 6-1 *oben* stehende Redoxpaar reagiert also von *links* nach *rechts*, das *unten* stehende Redoxpaar von *rechts* nach *links*:

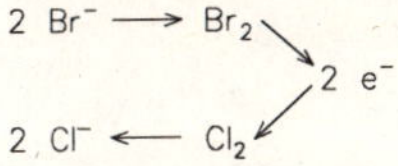

$$2\,Br^- \longrightarrow Br_2 \searrow$$
$$ 2\,e^-$$
$$2\,Cl^- \longleftarrow Cl_2 \nearrow$$

Liegt das Chlor dagegen als Chloridion, Cl^-, das Brom als Brommolekül, Br_2, vor (das wäre der Fall, wenn elementares Brom in eine Natriumchloridlösung gegeben wird), kommt es zu *keiner* Redoxreaktion.

Die an einer Redoxreaktion beteiligten Teilchen werden unter der Bezeichnung **Redoxsysteme** zusammengefaßt. Die beiden Teilreaktionen, die zu einer Redoxreaktion gehören, also die beiden beteiligten Redoxpaare, werden dementsprechend auch **Redoxhalbsysteme** genannt.

In einem Redoxsystem reagiert stets das eine Halbsystem in Richtung der *Oxidation,* das andere Halbsystem in Richtung der *Reduktion*:

Reduktionsmittel 1 $\rightarrow$ Oxidationsmittel 1 + Elektron   (Oxidation)
Oxidationsmittel 2 + Elektron $\rightarrow$ Reduktionsmittel 2   (Reduktion)

Reduktionsmittel 1 + Oxidationsmittel 2 $\rightarrow$
Oxidationsmittel 1 + Reduktionsmittel 2

Dafür wird oft folgende *Symbolik* verwendet:

$$Red_1 \rightarrow Ox_1 + e^- \quad \text{(Oxidation; 1. Halbsystem)}$$
$$Ox_2 + e^- \rightarrow Red_2 \quad \text{(Reduktion; 2. Halbsystem)}$$

$$Red_1 + Ox_2 \rightarrow Ox_1 + Red_2 \tag{6-1}$$

Die Abkürzungen **Red** und **Ox** können auch als Red-Form und Ox-Form interpretiert werden, und so wird es mitunter in der Literatur gehandhabt:

Das Reduktionsmittel ist die *reduzierte Form* des Redoxpaares, das Oxidationsmittel ist die *oxidierte Form* des Redoxpaares.

Beispiel: Im Redoxpaar $Sn^{2+} \rightleftarrows Sn^{4+} + 2\,e^-$ ist Sn^{2+} die reduzierte Form und wirkt als Reduktionsmittel, Sn^{4+} die oxidierte Form und wirkt als Oxidationsmittel.

6 Reaktionstypen der anorganischen Chemie

Tabelle 6-1: *Standardelektrodenpotentiale $\mathcal{E}^\ominus$ wichtiger Redoxpaare (bei 25 °C)*

	Reduktionsmittel	Oxidation ⇌	Oxidationsmittel	+ Elektronen	$\mathcal{E}^\ominus$ (in Volt)
starke Reduktionsmittel	Li	⇌	Li^+	+ e^-	−3,01
	K	⇌	K^+	+ e^-	−2,92
	Ca	⇌	Ca^{2+}	+ 2 e^-	−2,84
	Na	⇌	Na^+	+ e^-	−2,71
	Mg	⇌	Mg^{2+}	+ 2 e^-	−2,38
	Al	⇌	Al^{3+}	+ 3 e^-	−1,66
	Cr	⇌	Cr^{2+}	+ 2 e^-	−0,91
	Zn	⇌	Zn^{2+}	+ 2 e^-	−0,76
	Cr	⇌	Cr^{3+}	+ 3 e^-	−0,74
	S^{2-}	⇌	S	+ 2 e^-	−0,51
	Fe	⇌	Fe^{2+}	+ 2 e^-	−0,44
	Cr^{2+}	⇌	Cr^{3+}	+ e^-	−0,41
	Co	⇌	Co^{2+}	+ 2 e^-	−0,27
	Ni	⇌	Ni^{2+}	+ 2 e^-	−0,23
	Sn	⇌	Sn^{2+}	+ 2 e^-	−0,14
	Pb	⇌	Pb^{2+}	+ 2 e^-	−0,13
	H_2	⇌	2 H^+	+ 2 e^-	0,00
	Sn^{2+}	⇌	Sn^{4+}	+ 2 e^-	+0,15
	Cu^+	⇌	Cu^{2+}	+ e^-	+0,15
	Cu	⇌	Cu^{2+}	+ 2 e^-	+0,34
	4 OH^-	⇌	O_2 + 2 H_2O	+ 4 e^-	+0,40
	Cu	⇌	Cu^+	+ e^-	+0,52
	2 I^-	⇌	I_2	+ 2 e^-	+0,54
	MnO_2 + 4 OH^-	⇌	MnO_4^{2-} + 2 H_2O	+ 3 e^-	+0,59
	Fe^{2+}	⇌	Fe^{3+}	+ e^-	+0,77
	2 Hg	⇌	Hg_2^{2+}	+ 2 e^-	+0,80
	Ag	⇌	Ag^+	+ e^-	+0,80
	Hg_2^{2+}	⇌	2 Hg^{2+}	+ 2 e^-	+0,92
	2 Br^-	⇌	Br_2	+ 2 e^-	+1,07
	Mn^{2+} + 2 H_2O	⇌	MnO_2 + 4 H^+	+ 2 e^-	+1,24
	Cr^{3+} + 4 H_2O	⇌	CrO_4^{2-} + 8 H^+	+ 3 e^-	+1,34
	2 Cl^-	⇌	Cl_2	+ 2 e^-	+1,36
	Au	⇌	Au^{3+}	+ 3 e^-	+1,42
	Pb^{2+}	⇌	Pb^{4+}	+ 2 e^-	+1,80
Starke Oxidationsmittel	2 F^-	⇌	F_2	+ 2 e^-	+2,85
	Reduktionsmittel	Reduktion ⇌	Oxidationsmittel	+ Elektronen	$\mathcal{E}^\ominus$ (in Volt)

6.2 Oxidations-Reduktions-Reaktionen

Die Formulierung eines Redoxsystems kommt nach Gleichung (6-1) zustande, indem die beiden Redoxpaare (Halbsysteme) *addiert* werden. Das Redoxpaar mit dem *höheren* Standardelektrodenpotential (also das in Tabelle 6-1 *unten* stehende) ist dabei *umzukehren*, da es nicht in Richtung der Oxidation, sondern in Richtung der *Reduktion* reagiert.

Beispiel: Das Redoxhalbsystem $Cu \rightleftarrows Cu^{2+} + 2e^-$ hat ein niedrigeres Standardelektrodenpotential ($\varepsilon^\ominus$ = +0,35 V) als das Redoxhalbsystem $Fe^{2+} \rightleftarrows Fe^{3+} + e^-$ ($\varepsilon^\ominus$ = +0,75 V). Eisen(III)-ionen, Fe^{3+}, können daher Kupferatome oxidieren, wobei sie selbst reduziert werden:

$$Cu \rightarrow Cu^{2+} + 2\,e^- \qquad \varepsilon^\ominus = +0{,}35 \text{ V (Oxidation, 1. Halbsystem)}$$
Red$_1$ Ox$_1$

$$2\,Fe^{3+} + 2\,e^- \rightarrow 2\,Fe^{2+} \qquad \varepsilon^\ominus = -0{,}75 \text{ V (Reduktion, 2. Halbsystem)}$$
Ox$_2$ Red$_2$

$$\overline{Cu + 2\,Fe^{3+} \rightarrow Cu^{2+} + 2\,Fe^{2+} \qquad E^\ominus = -0{,}40 \text{ V}}$$

Das metallische Kupfer geht in Form von Kupfer(II)-ionen in Lösung. Praktisch angewandt wird diese Reaktion beim Ätzen kupferbeschichteter Plastleiterplatten mit Eisen(III)-chloridlösung, $FeCl_3$.

Mit der Umkehrung des 2. Halbsystems kehrt sich auch das *Vorzeichen* des Standardelektrodenpotentials um. Meist wird aber so vorgegangen, daß die Größe $E^\ominus$, die das Redoxsystem kennzeichnet, als Differenz gewonnen wird:

$$E^\ominus = \varepsilon_1^\ominus - \varepsilon_2^\ominus \tag{6-1a}$$

Beispiel: $E^\ominus$ = (+0,35 V) – (+0,75 V); $E^\ominus$ = –0,40 V

Es gibt auch Tabellen der Standardelektrodenpotentiale, in denen entgegengesetzte Vorzeichen verwendet werden. Dann erfolgt die Differenzbildung nach

$$E^\ominus = \varepsilon_2^\ominus - \varepsilon_1^\ominus$$

Zu einer Redoxreaktion kommt es nur, wenn $E^\ominus$ ein negatives Vorzeichen hat. In der entgegengesetzten Richtung kann die vorstehende Redoxreaktion nicht ablaufen, da dann $E^\ominus$ positives Vorzeichen erhielte ($E^\ominus$ = 0,40 V). Die Größe $E^\ominus$ kann als Standardpotential des Redoxsystems aufgefaßt und kurz als *Standardredoxpotential* bezeichnet werden. Bei den galvanischen Elementen, in denen Oxidation und Reduktion *räumlich getrennt* ablaufen, tritt diese Größe als *elektromotorische Kraft* auf (↑ 9.5).

Aus dem Standardredoxpotential $E^\ominus$ bzw. der elektromotorischen Kraft lassen sich die molare freie Standardreaktionsenthalpie $\Delta_R G^\ominus$ (↑ Kap. 9.7.4) und die Gleichgewichtskonstante K (↑ Kap. 9.7.3) berechnen.

6.3 Säure-Base-Reaktionen

Unter Säure-Base-Reaktionen werden heute chemische Reaktionen verstanden, die unter Abgabe und Aufnahme von Protonen (Wasserstoffionen) ablaufen (↑ 6.3.2). Im Chemieunterricht werden Säuren und Basen aber zunächst auf einem früheren Stand der Erkenntnis behandelt (↑ 6.3.1).

6.3.1 Säuren – Basen – Salze

6.3.1.1 Säuren

Nach der Entdeckung des *Sauerstoffs* (1772/74) hatte dieser jahrzehntelang als das charakteristische Element der *Säuren* gegolten und war auf diese Weise zu seinem Namen gekommen. Erst 1839 gab der deutsche Chemiker JUSTUS VON LIEBIG eine Definition der Säure, die auch heute noch richtig ist:

Säuren sind Wasserstoffverbindungen, deren Wasserstoff durch Metalle ersetzt werden kann, wobei sich Salze bilden.

Beispiel: $Zn + H_2SO_4 \rightarrow ZnSO_4 + H_2\uparrow$

Nach der von dem schwedischen Chemiker SVANTE ARRHENIUS (1884) aufgestellten *Theorie der elektrolytischen Dissoziation* (Ionentheorie) gilt für **Säuren** folgende Definition:

Säuren sind Verbindungen, die in wäßriger Lösung in positiv geladene Wasserstoffionen, H^+, und negativ geladene Säurerestionen dissoziieren.

$$\boxed{\text{Säuremolekül} \rightleftarrows \text{Wasserstoffion} + \text{Säurerestion}}$$

Beispiele: $H_2SO_4 \rightleftarrows 2\,H^+ + SO_4^{2-}$

$HCl \rightleftarrows H^+ + Cl^-$

Charakteristischer Bestandteil aller Säuren ist demnach der dissoziationsfähige *Wasserstoff*.

Es ist zu unterscheiden zwischen

- **sauerstoffhaltigen Säuren** und
  Beispiele: Schwefelsäure, H_2SO_4; Salpetersäure, HNO_3
- **sauerstofffreien Säuren**
  Beispiele: Chlorwasserstoffsäure, HCl; Schwefelwasserstoffsäure, H_2S;

6.3 Säure-Base-Reaktionen

Alle diese Säuren sind *potentielle Elektrolyte* (↑ 5.2.2), das heißt, aus den Molekülen werden erst in wäßriger Lösung unter dem Einfluß der Dipolmoleküle des Wassers Wasserstoffionen abgespalten, die sofort zu *Hydroniumionen*, H_3O^+, hydratisiert werden: $H^+ + H_2O \rightarrow H_3O^+$.

Wasserstoffionen, H^+, das heißt einzelne Protonen, p, sind in wäßriger Lösung nicht existenzfähig. Dennoch wird der Einfachheit halber häufig von Wasserstoffionen gesprochen und geschrieben. Auf die Bildung von Hydroniumionen wird in 6.3.2 eingegangen.

Beispiele für potentielle Elektrolyte:

Chlorwasserstoff ist bei Zimmertemperatur gasförmig, beim Lösen in Wasser entsteht Salzsäure. Chlorwasserstoff und Salzsäure haben die gleiche chemische Formel HCl. Soweit eine Unterscheidung der Formeln notwendig ist, geschieht das durch Indizes:

- Chlorwasserstoff HCl_g
- Salzsäure HCl_{aq}

Wasserfreie (100%ige) *Schwefelsäure* ist eine Flüssigkeit, die keine Ionen enthält und daher auch nicht elektrisch leitfähig ist. Erst beim Lösen in Wasser tritt die elektrolytische Dissoziation ein:
$H_2SO_4 \rightleftarrows 2\,H^+ + SO_4^{2-}$.

Sauerstoffhaltige Säuren entstehen vorwiegend durch Umsetzung von *Nichtmetalloxiden* mit *Wasser*. Diese Nichtmetalloxide sind also *Säureanhydride*[1].

Nichtmetalloxid + Wasser → Säure
(Säureanhydrid)

Beispiele: $SO_2 + H_2O \rightleftarrows H_2SO_3$
Schwefeldioxid   Schweflige Säure

$SO_3 + H_2O \rightleftarrows H_2SO_4$
Schwefeltrioxid   Schwefelsäure

Wie der Schwefel können auch andere Nichtmetalle mehrere Säuren bilden, soweit sie mit mehreren Wertigkeiten (Oxidationszahlen) auftreten (↑ 5.5.3).

Auch von **Metallen** lassen sich Säuren ableiten, soweit diese Metalle

- **Oxide mit saurem Charakter** oder
- **Oxide mit amphoterem Charakter**

bilden (↑ 4.5.3).

---

[1] *hydor* (grch.) Wasser; *anhydros* (grch.) wasserlos

Bei Metallen, die mit mehreren Wertigkeiten (Oxidationszahlen) auftreten, nimmt mit steigender Wertigkeit

- der basische Charakter der Oxide ab,
- der saure Charakter der Oxide zu.

Beispiel: *Mangan(II)-oxid*, MnO, ist ein *Basenanhydrid:*
$$MnO + H_2O \rightarrow Mn(OH)_2$$

Mangan(IV)-oxid, MnO_2, ist *amphoter:*
als Base: $MnO_2 + 4\,HCl \rightarrow MnCl_4 + 2\,H_2O$
als Säure: $MnO_2 + 2\,KOH \rightarrow K_2MnO_3 + H_2O$

Mangan(VII)-oxid, Mn_2O_7, ist ein *Säureanhydrid:*
$$Mn_2O_7 + H_2O \rightarrow 2\,HMnO_4$$

Säurebildend sind allgemein die Metalloxide, in denen das Metall 5-, 6- oder 7wertig auftritt.

Bei allen Säuren, die mehrere Wasserstoffatome im Molekül besitzen, den sog. *mehrwertigen* oder *mehrbasigen* Säuren, erfolgt die Dissoziation in mehreren Stufen.

Beispiel: Phosphorsäure:
$$H_3PO_4 \rightleftarrows H^+ + H_2PO_4^-$$
$$H_2PO_4^- \rightleftarrows H^+ + HPO_4^{2-}$$
$$HPO_4^{2-} \rightleftarrows H^+ + PO_4^{3-}$$

Die typischen Eigenschaften der Säuren werden von hydratisierten Wasserstoffionen (Hydroniumionen, H_3O^+) hervorgerufen. Hierauf beruht auch der Nachweis von Säuren mit Indikatoren (↑ Tab. 6-5, S. 216).

> **Merksatz: Säu<u>r</u>en färben Lackmus <u>rot</u>.**

6.3.1.2 Basen

Für die *Basen* gilt nach ARRHENIUS folgende Definition:

Basen sind Verbindungen, die in der Schmelze und in wäßrigen Lösungen in positive Metallionen und negative Hydroxidionen dissoziieren:

$$MeOH \rightleftarrows Me^+ + OH^-$$

Bei den Basen (im Sinne ARRHENIUS') handelt es sich demnach um *Metallhydroxide*.

Beispiele: $NaOH \rightarrow Na^+ + OH^-$
$Ca(OH)_2 \rightarrow Ca^{2+} + 2\,OH^-$

Auch Alkohole besitzen OH-Gruppen (z.B. Methanol, CH_3OH); diese sind jedoch nicht dissoziationsfähig und werden zur Unterscheidung von den *Hydroxidionen* als *Hydroxylgruppen* bezeichnet.

Die meisten Metalle bilden Metallhydroxide. Deren wäßrige Lösungen werden zum Teil *Laugen*[1] genannt.

Beispiele: Natriumhydroxid (Ätznatron), NaOH; wäßrige Lösung: Natronlauge;
Kaliumhydroxid (Ätzkali), KOH; wäßrige Lösung: Kalilauge;
Calciumhydroxid (Ätzkalk), $Ca(OH)_2$; wäßrige Lösung: Kalkwasser;
wäßrige Suspension: Kalkmilch.

Die typischen Eigenschaften der Basen und Laugen werden (nach ARRHENIUS) von den *Hydroxidionen*, OH^-, hervorgerufen. Hierauf beruht auch der Nachweis von Laugen mit Hilfe von Indikatoren (↑ Tab. 6-5, ↑ S. 216).

> **Merksatz: <u>Laugen färben Lackmus blau.</u>**

Basen (Metallhydroxide) entstehen aus

- *unedlen Metallen* und Wasser

> **unedles Metall + Wasser → Metallhydroxid (Base) + Wasserstoff**

Beispiel: $2\,Na + 2\,H_2O \rightarrow 2\,NaOH + H_2$

- *Metalloxid* und Wasser:

> **Metalloxid + Wasser → Metallhydroxid**
> **(Basenanhydrid)   (Base)**

Beispiel: $CaO + H_2O \rightarrow Ca(OH)_2$

Metalloxide, die auf diese Weise mit Wasser Basen bilden, werden mitunter *Basenanhydride*[2] genannt.

Basen sind chemische Verbindungen, die mit Säuren Salze bilden können.

Von dieser Eigenschaft – sie sind für Säuren die Grundlage [grch. *basis*] der Salzbildung – wurde ihr Name abgeleitet.

---
1) Unter Lauge im weiteren Sinne wird oft eine beliebige wäßrige Lösung verstanden, z.B. Sulfitlauge.
2) ↑ Fußnote S. 201

6.3.1.3 Salze

Für *Salze* gilt nach ARRHENIUS folgende Definition:

Salze sind Verbindungen, die in der Schmelze und in wäßrigen Lösungen in positiv geladene Metallionen und negativ geladene Säurerestionen dissoziieren.

Beispiele: $K_2CO_3 \rightarrow 2\,K^+ + CO_3^{2-}$
$Al_2(SO_4)_3 \rightarrow 2\,Al^{3+} + 3\,SO_4^{2-}$

Salze sind *echte Elektrolyte* (↑ 5.2.2). Sie liegen schon im Kristallgitter in Form von Ionen vor:

Salze bestehen aus Metallionen und Säurerestionen.

An die Stelle der Metallionen kann auch das *Ammoniumion,* NH_4^+, treten.

Beispiel: $NH_4Cl \rightarrow NH_4^+ + Cl^-$

Salze entstehen unter anderem, wenn äquivalente Mengen (↑ 2.7) einer starken Säure und einer starken Lauge miteinander gemischt werden. Die entstehende Lösung reagiert dann weder sauer noch basisch, sondern *neutral*. Diese Reaktion ist als *Neutralisation* bekannt (↑ 6.3.1.5 u. 6.3.2.6).

Übersicht über die **Arten der Salzbildung:**

- **Neutralisation**

Base (Metallhydroxid) + Säure → Salz + Wasser

Beispiel: $2\,KOH + H_2SO_4 \rightarrow K_2SO_4 + 2\,H_2O$

- **Neutralisation unter Beteiligung von Anhydriden**

Metalloxid (Basenanhydrid) + Säure → Salz + Wasser

Beispiel: $CuO + H_2SO_4 \rightarrow CuSO_4 + H_2O$

Base + Nichtmetalloxid (Säureanhydrid) → Salz + Wasser

Beispiel: $Ca(OH)_2 + CO_2 \rightarrow CaCO_3 + H_2O$

Metalloxid (Basenanhydrid) + Nichtmetalloxid (Säureanhydrid) → Salz

Beispiel: $CaO + SiO_2 \rightarrow CaSiO_3$

- **Salzbildung aus dem Metall**

Metall + Säure → Salz + Wasserstoff

Beispiel: $Zn + 2\,HCl \rightarrow ZnCl_2 + H_2\uparrow$

Metall + Nichtmetall → Salz

Beispiel: $2\,Na + Cl_2 \rightarrow 2\,NaCl$

6.3.1.4 Stärke der Säuren und Basen

Die verschiedenen Säuren und Basen unterliegen in unterschiedlichem Maße der elektrolytischen Dissoziation. Als Maß dafür wurde der *Dissoziationsgrad* α eingeführt. (Die quantitative Behandlung dieses Sachverhalts erfolgt in diesem Taschenbuch anhand des analogen *Protolysegrades*; ↑ 6.3.2.4.)

Der Dissoziationsgrad α eines potentiellen Elektrolyten ist der Quotient aus der Anzahl der dissoziierten Moleküle und der Anzahl der insgesamt vorhandenen Moleküle.

$$\alpha = \frac{\text{Anzahl der dissoziierten Moleküle}}{\text{Gesamtzahl der Moleküle}}$$

Auf *echte Elektrolyte*, die schon im festen Zustand in Form von Ionen vorliegen, ist das sinngemäß anzuwenden, indem die Formeleinheiten (z.B. NaCl oder K_2SO_4) wie Moleküle behandelt werden.

Der Dissoziationsgrad hat einen Wert kleiner als 1. Er kann aber auch in Prozent angegeben werden.

Beispiel: Eine Salzsäure mit $c = 1\,mol \cdot l^{-1}$ zeigt bei 18 °C eine elektrische Leitfähigkeit, die einem Dissoziationsgrad von 0,78 bzw. von 78% entspricht.

Der *Dissoziationsgrad* kann durch *Leitfähigkeitsmessungen* ermittelt werden, da die elektrische Leitfähigkeit von Lösungen der Konzentration der frei beweglichen Ionen proportional ist. Dabei erhält man allerdings nicht den wirklichen Dissoziationsgrad α_w, der aus der Dissoziationskonstante K_D errechnet werden kann (↑ 8.5.1), sondern den *scheinbaren* (d.h. den *wirksamen*) *Dissoziationsgrad* α_s. Dieser ist geringer als der wirkliche Dissoziationsgrad, da die in der Lösung vorhandenen Ionen sich in ihrer Beweglichkeit gegenseitig behindern.

Bei der elektrolytischen Dissoziation handelt es sich um einen *Gleichgewichtsvorgang* (↑ 8.5). Die Lage des Gleichgewichts ist von der Konzentration und von der Temperatur abhängig.

Der Dissoziationsgrad steigt mit zunehmender Verdünnung an.

Beispiel: Wasserfreie (100%ige) Schwefelsäure enthält praktisch keine Ionen. Je mehr die Schwefelsäure mit Wasser verdünnt ist, um so größer wird der Anteil der dissoziierten Moleküle. Dabei nehmen zunächst die elektrische Leitfähigkeit und die Reaktionsfähigkeit gegenüber unedlen Metallen zu. Schließlich wird aber die zunehmende Dissoziation durch die Abnahme der Konzentration überkompensiert.

Der Dissoziationsgrad steigt mit zunehmender Temperatur an.

Infolge der bei Temperaturanstieg zunehmenden Bewegungsenergie der Teilchen wird der Zerfall der Moleküle in Ionen begünstigt. Daher nimmt auch die elektrische Leitfähigkeit von Elektrolytlösungen und -schmelzen mit steigender Temperatur zu. Sollen die Dissoziationsgrade verschiedener Elektrolyte verglichen werden, so müssen Lösungen gleicher Konzentration und gleicher Temperatur vorliegen (↑ Tab. 6-2).

Tabelle 6-2: *Dissoziationsgrade einiger wichtiger Säuren und Basen*
(Temperatur 18 °C;
Äquivalentkonzentration der Lösungen $c_{eq} = 1 \text{ mol} \cdot l^{-1}$; ↑ 2.14.5)

Name	Formel	Dissoziationsgrad (Anteil der dissoziierten Moleküle in %)
Salpetersäure	HNO_3	82
Salzsäure	HCl	78
Schwefelsäure	H_2SO_4	51
Phosphorsäure	H_3PO_4	17
Essigsäure	CH_3COOH	0,4
Kaliumhydroxid	KOH	77
Natriumhydroxid	$NaOH$	73
Ammoniumhydroxid	$NH_3 \cdot H_2O$	0,4

Je nachdem, in welchem Maße die Säuren und Basen der elektrolytischen Dissoziation unterliegen, wird zwischen *starken* und *schwachen Säuren* sowie *starken* und *schwachen Basen* unterschieden. Lösungen gleicher Konzentration vorausgesetzt, kann die Einteilung nach dem Dissoziationsgrad erfolgen (Tafel 6-3). (Ein konzentrationsunabhängiges Maß dafür ist die Dissoziationskonstante K_D; ↑ 8.5.1.)

**Elektrolyte, die in wäßriger Lösung mit einem großen Anteil dissoziieren
(also einen hohen Dissoziationsgrad haben),
werden als starke bzw. sehr starke Elektrolyte bezeichnet.**

Beispiele: Salpetersäure, Salzsäure, Schwefelsäure;
Kaliumhydroxid, Natriumhydroxid, Calciumhydroxid.

**Elektrolyte, die in wäßriger Lösung mit einem geringen Anteil dissoziieren
(also einen niedrigen Dissoziationsgrad haben),
werden als schwache bzw. sehr schwache Elektrolyte bezeichnet.**

Beispiele: Essigsäure, Kohlensäure;
Aluminiumhydroxid, Ammoniak.

Tabelle 6-3: *Einteilung der Säuren und Basen nach ihrer Stärke*

Säuren (Beispiele)	Dissoziationsgrad in %	Basen (Beispiele)
sehr stark Salpetersäure Salzsäure	70...100	**sehr stark** Kaliumhydroxid Natriumhydroxid
stark Schwefelsäure	20...70	**stark** Calciumhydroxid
mittelstark Phosphorsäure	1...20	**mittelstark** Silberhydroxid
schwach Essigsäure	0,1...1	**schwach** Ammoniak
sehr schwach Kohlensäure Schwefelwasserstoffsäure Cyanwasserstoffsäure (Blausäure)	unter 0,1	**sehr schwach** Aluminiumhydroxid

Die Grenzen sind hier auf Lösungen mit der Äquivalentkonzentration $c_{eq} = 1 \text{ mol} \cdot l^{-1}$ (1-normale Lösungen) bezogen.

Stärke eines Elektrolyten und Konzentration einer Elektrolytlösung dürfen nicht verwechselt werden:

- Die **Konzentration** bezieht sich stets auf eine *bestimmte Lösung* des Elektrolyten.
- Die **Stärke,** d.h. die Tendenz, in wäßriger Lösung zu dissoziieren, gehört dagegen zum *Wesen* eines Elektrolyten.

6.3.1.5 Neutralisation und Hydrolyse

Die Reaktion zwischen Säuren und Basen wird nach ARRHENIUS als *Neutralisation* aufgefaßt. (Nach der Säure-Base-Definition BRÖNSTEDS gibt es dafür eine allgemeinere Betrachtungsweise; ↑ 6.3.2)

> **Die Neutralisation beruht auf der Vereinigung von Wasserstoffionen und Hydroxidionen zu Wassermolekülen.**

Beispiel: Neutralisation von Calciumhydroxid mit Salpetersäure:

$$Ca^{2+} + 2\,OH^- + 2\,H^+ + 2\,NO_3^- \rightarrow Ca^{2+} + 2\,NO_3^- + 2\,H_2O$$

Wird berücksichtigt, daß die Wasserstoffionen in wäßriger Lösung stets zu Hydroniumionen, H_3O^+, hydratisiert sind, so ist zu formulieren:

$$Ca^{2+} + 2\,OH^- + 2\,H_3O^+ + 2\,NO_3^- \rightarrow Ca^{2+} + 2\,NO_3^- + 4\,H_2O$$

Die Metallionen und die Säurerestionen bleiben bei der Neutralisation unverändert. Läßt man sie auf beiden Seiten der Ionengleichung weg, so erhält man die **allgemeine Ionengleichung der Neutralisation:**

$$H^+ + OH^- \rightleftarrows H_2O \text{ bzw.}$$
$$H_3O^+ + OH^- \rightleftarrows 2\,H_2O$$

Aus dieser Gleichung wird verständlich, weshalb sich beim Mischen einer Säure mit einer Lauge die ätzenden Eigenschaften beider Lösungen nicht addieren, sondern gegenseitig aufheben. Sowohl die für Säuren typischen *Wasserstoffionen* (Hydroniumionen) als auch die für Basen (sowie Laugen) typischen *Hydroxidionen* werden bei der Neutralisation verbraucht. In Lösung bleiben die Ionen eines *Salzes* [im Beispiel: Calciumnitrat, $Ca(NO_3)_2$].

Es gibt aber auch Salze, deren wäßrige Lösungen nicht neutral, sondern sauer oder basisch reagieren. Das beruht nach ARRHENIUS auf *Hydrolyse*, einer *Zerlegung von Salzen mit Hilfe von Wasser* in Säure und Base:

Salz + Wasser → Säure + Base

6.3 Säure-Base-Reaktionen

Die Hydrolyse ist die Umkehrung der Neutralisation.

$$\text{Säure + Base} \; \underset{\text{Hydrolyse}}{\overset{\text{Neutralisation}}{\rightleftarrows}} \; \text{Salz + Wasser}$$

Der Hydrolyse unterliegen nur solche Salze, an deren Aufbau eine *schwache Säure* oder eine *schwache Base* beteiligt ist (↑ 6.3.1.4). Salze, die aus einer *starken* Säure *und* einer *starken* Base aufgebaut sind, unterliegen *nicht* der Hydrolyse. Ihre wäßrigen Lösungen reagieren daher *neutral*.

Beispiele: Natriumchlorid, NaCl; Kaliumsulfat, K_2SO_4.

Die wäßrigen Lösungen von Salzen, die aus einer schwachen Säure und einer starken Base aufgebaut sind, reagieren basisch.

Beispiel: Natriumcarbonat, Na_2CO_3
$Na_2CO_3 + 2\,H_2O \rightarrow 2\,NaOH + H_2CO_3$

Das entstehende *Natriumhydroxid* ist als *sehr starker* Elektrolyt weitgehend in Ionen dissoziiert (der lange Pfeil deutet das an):

$NaOH \; \rightleftarrows \; Na^+ + OH^-$

Die entstehende *Kohlensäure* ist als *sehr schwacher* Elektrolyt nur in sehr geringem Maße in Ionen dissoziiert (der kurze Pfeil deutet das an):
$H_2CO_3 \; \rightleftarrows \; 2\,H^+ + CO_3^{2-}$

Werden in die Ionengleichung für die Hydrolyse des Natriumcarbonats die wenig dissoziierten (H_2CO_3) und die praktisch undissoziierten (H_2O) Verbindungen mit ihren Summenformeln, d.h. als *Moleküle,* eingesetzt, so ergibt sich:

$2\,Na^+ + CO_3^{2-} + 2\,H_2O \; \rightleftarrows \; 2\,Na^+ + 2\,OH^- + H_2CO_3$

Aus dieser Ionengleichung geht hervor, daß eine Natriumcarbonatlösung viele *Hydroxidionen,* aber kaum Wasserstoffionen enthält und daher *basisch* reagiert.

Die wäßrigen Lösungen von Salzen, die aus einer starken Säure und einer schwachen Base aufgebaut sind, reagieren sauer.

Beispiel: Aluminiumchlorid, $AlCl_3$

$AlCl_3 + 3\,H_2O \; \rightleftarrows \; Al(OH)_3 + 3\,HCl$

Als Ionengleichung:

$Al^{3+} + 3\,Cl^- + 3\,H_2O \; \rightleftarrows \; Al(OH)_3 + 3\,H^+ + 3\,Cl^-$

(Der sehr schwache Elektrolyt Aluminiumhydroxid wurde mit der Summenformel eingesetzt.) Die Aluminiumchloridlösung enthält *viele Wasserstoffionen,* aber kaum Hydroxidionen. Sie reagiert daher *sauer*.

Die Salze, die aus einer **schwachen** Säure und einer **schwachen Base** aufgebaut sind, unterliegen gleichfalls der Hydrolyse. Den Charakter der wäßrigen Lösung bestimmt in diesem Falle *der relativ stärkere* der beiden Elektrolyte.

Beispiel: Aluminiumacetat, $(CH_3COO)_3Al$, (»essigsaure Tonerde«)

$(CH_3COO)_3Al + 3 H_2O \rightleftarrows 3 CH_3COOH + Al(OH)_3$

Aluminiumacetat   Essigsäure

Essigsäure ist eine *schwache Säure*, Aluminiumhydroxid ist aber eine *sehr schwache Base* (↑ Tabelle 6-3, S. 207). Die Essigsäure ist also der *relativ stärkere* Elektrolyt, so daß eine Aluminiumacetatlösung *sauer* reagiert:

$3 CH_3COO^- + Al^{3+} + 3 H_2O \rightleftarrows 3 CH_3COO^- + 3 H^+ + Al(OH)_3$

Für die Hydrolyse gilt allgemein:

> **Ist die Säure stärker, so reagiert die Lösung sauer.**
> **Ist die Base stärker, so reagiert die Lösung basisch.**

Die Stärke der Base und die Stärke der Säure müssen stets im Zusammenhang betrachtet werden (↑ Tabelle 6-4).

Tabelle 6-4: *Hydrolyse*

Base	Säure	Reaktion der Lösung
stark	stark	neutral
stark	schwach	basisch
schwach	stark	sauer
schwach	schwach	
Base relativ stärker		basisch
Säure relativ stärker		sauer
Base und Säure gleich schwach		neutral

Beispiel: Im Natriumacetat ist die Essigsäure der *schwächere* Elektrolyt, die Lösung reagiert daher *basisch*.
Im Aluminiumacetat ist die Essigsäure der *stärkere* Elektrolyt, die Lösung reagiert daher *sauer*.

6.3.2 Säure-Base-Reaktionen als Abgabe und Aufnahme von Protonen

6.3.2.1 Protolyte – protolytische Systeme

Der dänische Chemiker JOHANNES NICOLAUS BRÖNSTED[1] schlug 1923 – abweichend von ARRHENIUS (↑ 6.3.1) – vor, die Begriffe Säure und Base wie folgt zu definieren:

Säuren sind Stoffe, die Protonen (Wasserstoffionen) abgeben können.
Basen sind Stoffe, die Protonen (Wasserstoffionen) aufnehmen können.

Damit gleichbedeutend sind die Aussagen:

Säuren sind Protonendonatoren[2].
Basen sind Protonenakzeptoren[3].

Damit ergibt sich eine Analogie zu den Redoxreaktionen (↑ 6.2.2), bei denen es sich um eine Abgabe und Aufnahme von *Elektronen* handelt. Wie bei den Redoxreaktionen jedem Reduktionsmittel ein Oxidationsmittel entspricht, so entspricht nach BRÖNSTED jeder Säure eine Base:

Säure	$\rightleftarrows$	**Base + Proton**
Protonen-		Protonen-
donator		akzeptor

Jede Säure kann durch Abgabe eines Protons (Wasserstoffions) in eine Base übergehen, und jede Base kann durch Aufnahme eines Protons (Wasserstoffions) in eine Säure übergehen. Zu jeder Säure gibt es demnach eine Base, die ein Proton *weniger* besitzt, und zu jeder Base gibt es eine Säure, die ein Proton *mehr* besitzt. Säuren und Basen, die in dieser Weise miteinander in Beziehung stehen, werden *korrespondierende Säure-Base-Paare* genannt.

Beispiele:

$HCl \rightleftarrows Cl^- + H^+$

$H_2SO_4 \rightleftarrows HSO_4^- + H^+$

$HSO_4^- \rightleftarrows SO_4^{2-} + H^+$

$NH_4^+ \rightleftarrows NH_3 + H^+$

---

1) Im Dänischen BRØNSTED, im Deutschen meist mit BRÖNSTED umschrieben.
2) *donator* (lat.) Geber
3) *acceptor* (lat.) Empfänger

Da mit jedem Proton auch eine positive elektrische Ladung abgegeben bzw. aufgenommen wird, ist an jedem korrespondierenden Säure-Base-Paar mindestens ein Ion beteiligt, und die Oxidationszahl (↑ 5.5.3) der Säure ist stets um 1 höher als die der Base.

Wie stark die Säure-Base-Definition BRÖNSTEDS von der ARRHENIUS' abweicht, zeigt sich darin, daß in vorstehenden Beispielen das Ammoniumion, NH_4^+, als Säure und das Chloridion, Cl^-, als Base auftritt. Die Begriffe Säure und Base werden also nach BRÖNSTED auf die *reagierenden Teilchen* angewandt. Dabei kann es sich sowohl um (ungeladene) Moleküle als auch um Kationen oder Anionen handeln. Dabei sind zu unterscheiden:

Kationsäuren (z.B. NH_4^+),
Neutralsäuren (Molekülsäuren; z.B. HCl, H_2SO_4),
Anionsäuren (z.B. HSO_4^-),
Kationbasen (z.B. $N_2H_5^+$),
Neutralbasen (Molekülbasen; z.B. NH_3),
Anionbasen (z.B. HSO_4^-, SO_4^{2-}).

Am Beispiel des Hydrogensulfations, HSO_4^-, das sowohl als Säure als auch als Base auftreten kann, zeigt sich – wie bei den Oxidationsmitteln und Reduktionsmitteln –, daß das Reaktionsverhalten eines Stoffes nur im *Zusammenhang* mit dem Charakter der Reaktionspartner beurteilt werden kann. Es gibt keine absoluten Säuren und keine absoluten Basen.

Säuren (Protonendonatoren) und Basen (Protonenakzeptoren) werden nach BRÖNSTED unter dem Oberbegriff **Protolyte** zusammengefaßt. Jene Teilmenge der Protolyte, die (wie in den Beispielen das Hydrogensulfation, HSO_4^-) sowohl als *Säure* als auch als *Base* auftreten können, werden **Ampholyte**[1] genannt.

Zu einer Säure-Base-Reaktion kommt es, wenn zwei korrespondierende Säure-Base-Paare derart miteinander in Beziehung treten, daß das von dem einen Säure-Base-Paar abgegebene Proton von dem anderen Säure-Base-Paar aufgenommen wird.

Säure 1   ⇌   **Base 1 + Proton** (1. Halbsystem)

Proton + Base 2 ⇌ **Säure 2**   (2. Halbsystem)

Säure 1 + Base 2 ⇌ **Base 1 + Säure 2** (protolytisches System)

Zwei Säure-Base-Paare bilden auf diese Weise *ein Säure-Base-System (protolytisches System).*

---

[1] *amphoteroi* (griech.) beide

Die auf einem Protonenübergang beruhenden Reaktionen werden allgemein *protolytische Reaktionen* oder kurz **Protolysen** genannt. Diese Reaktionen verlaufen dann von links nach rechts, wenn dabei eine *starke* Säure 1 in eine *schwache* Base 1 und eine *starke* Base 2 in eine *schwache* Säure 2 übergeht.

Beispiele: *Protolyse einer Säure*

$$HNO_3 + H_2O \rightleftarrows NO_3^- + H_3O^+$$

$$S_1 \quad + B_2 \quad \rightleftarrows \quad B_1 \quad + S_2$$

Protolyse einer Base

$$H_2O \quad + NH_3 \rightleftarrows OH^- + NH_4^+$$

$$S_1 \quad + B_2 \quad \rightleftarrows \quad B_1 \quad + S_2$$

Die Salpetersäure, HNO_3, setzt sich mit Wasser zu der Base Nitration, NO_3^-, um. Die Base Ammoniak, NH_3, setzt sich mit Wasser zur Säure Ammoniumion, NH_4^+, um. (Nach ARRHENIUS wird das als elektrolytische Dissoziation betrachtet; ↑ 6.3.1)

6.3.2.2 Autoprotolyse des Wassers – pH-Wert

Das *Wasser* kann nach BRÖNSTED – wie die vorstehenden Beispiele zeigen – sowohl als *Säure* als auch als *Base* auftreten, es hat also amphoteren Charakter (↑ 4.5.3). Das Wasser ist nach BRÖNSTED ein **Ampholyt**.

$$H_3O^+ \rightleftarrows H_2O + H^+ \qquad H_2O \rightleftarrows OH^- + H^+$$

$$S \quad \rightleftarrows B \quad + H^+ \qquad\qquad S \quad \rightleftarrows B \quad + H^+$$

Diese beiden korrespondierenden Säure-Base-Paare (Säure-Base-Halbsysteme) bilden im Wasser und in allen wäßrigen Lösungen ein protolytisches System (Säure-Base-System):

$$H_2O \rightleftarrows OH^- + H^+ \qquad \text{(1. Halbsystem)}$$

$$H^+ + H_2O \rightleftarrows H_3O^+ \qquad \text{(2. Halbsystem)}$$

$$H_2O + H_2O \rightleftarrows OH^- + H_3O^+$$

$$S_1 \quad + B_2 \quad \rightleftarrows B_1 \quad + S_2$$

Nach BRÖNSTED wird das als *Autoprotolyse des Wassers* bezeichnet.

Nach ARRHENIUS wird es als *elektrolytische Dissoziation* des Wassers betrachtet:

$$H_2O \rightarrow H^+ + OH^-$$

Da Wasserstoffionen, H^+, d.h. einzelne Protonen p, in wäßriger Lösung nicht existenzfähig sind, werden sie ohnehin sofort zu Hydroniumionen, H_3O^+, hydratisiert. Beide Betrachtungsstandpunkte sind also gleichbedeutend. Der Einfachheit halber wird statt von Hydroniumionen häufig von Wasserstoffionen gesprochen.

Die Wassermoleküle sind nur zu einem äußerst geringen Anteil *protolysiert* bzw. *dissoziiert*.

In einem Liter Wasser sind (bei 22 °C)

$1 \cdot 10^{-7}$ **mol Wasserstoffionen, H^+, und**

$1 \cdot 10^{-7}$ **mol Hydroxidionen, OH^-, enthalten.**

Zwischen

- der Konzentration der Wasserstoffionen und
- der Konzentration der Hydroxidionen

besteht für alle wäßrigen Lösungen ein gesetzmäßiger Zusammenhang:

Das Produkt aus der Konzentration der Wasserstoffionen und der Konzentration der Hydroxidionen ist bei konstanter Temperatur für alle wäßrigen Lösungen konstant.

$$c(H^+) \cdot c(OH^-) = \text{konstant}$$

In der Literatur findet man dafür auch

$[H^+] \cdot [OH^-] = \text{konstant}$,

wobei $[H^+]$ für die Konzentration der Wasserstoffionen und $[OH^-]$ für die Konzentration der Hydroxidionen steht.

Für genaue Berechnungen dürfen allerdings nicht die tatsächlichen Konzentrationen, sondern nur die nach außen wirksamen Konzentrationen, das heißt die Aktivitäten (↑ 6.3.2.7), eingesetzt werden:

$$a(H^+) \cdot a(OH^-) = \text{konstant}$$

Dieser (bei gegebener Temperatur) konstante Wert wird als **Ionenprodukt des Wassers** K_W bezeichnet:

$$c(H^+) \cdot c(OH^-) = K_W \qquad (6\text{-}2)$$

Für Wasser von 22 °C ergibt sich:

$$1 \cdot 10^{-7}\,\text{mol} \cdot l^{-1} \cdot 1 \cdot 10^{-7}\,\text{mol} \cdot l^{-1} = 1 \cdot 10^{-14}\,\text{mol}^2 \cdot l^{-2}$$

6.3 Säure-Base-Reaktionen

Der Zahlenwert des Ionenprodukts des Wassers ist temperaturabhängig (0 °C: $0{,}13 \cdot 10^{-14}$; 50 °C: $5{,}95 \cdot 10^{-14}$; 100 °C: $74 \cdot 10^{-14}$).

Das Ionenprodukt des Wassers gilt nicht nur für reines Wasser, sondern für alle wäßrigen Lösungen, also auch für Lösungen von Säuren, Basen und Salzen. Dabei ist nach Gleichung (6-2) mit der Konzentration der Wasserstoffionen stets auch die Konzentration der Hydroxidionen gegeben. Deshalb wird die Wasserstoffionenkonzentration nicht nur als Maß für den sauren Charakter einer Lösung, sondern auch als Maß für den basischen Charakter einer Lösung verwendet:

- In **sauren Lösungen** ist die *Wasserstoffionenkonzentration größer* als $1 \cdot 10^{-7}$ mol $\cdot$ l^{-1} und dementsprechend die Hydroxidionenkonzentration kleiner als $1 \cdot 10^{-7}$ mol $\cdot$ l^{-1}.

- In **basischen Lösungen** ist die *Hydroxidionenkonzentration größer* als $1 \cdot 10^{-7}$ mol $\cdot$ l^{-1} und dementsprechend die Wasserstoffionenkonzentration kleiner als $1 \cdot 10^{-7}$ mol $\cdot$ l^{-1}.

Um zu leichter handhabbaren Zahlenwerten zu kommen, wird – nach einem Vorschlag des dänischen Chemikers SÖRENSEN[1] aus dem Jahre 1909 – anstelle der Wasserstoffionenkonzentration meist der pH-*Wert* verwendet:

Der pH-Wert ist der negative dekadische Logarithmus der Wasserstoffionenaktivität $a(H^+)$.

$$pH = -\lg a(H^+) \qquad (6\text{-}3)$$

Da die Wasserstoffionenaktivität $a(H^+)$ (↑ 6.3.2.7) in verdünnten Lösungen der Wasserstoffionenkonzentration $c(H^+)$ nahekommt, gilt auch:

$$pH \approx -\lg c(H^+) \qquad (6\text{-}4)$$

Die *Aktivität a* steht hier als *Zahlenwert* (↑ 6.3.2.7). Um auch die *Konzentration c* logarithmieren zu können, muß sie gleichfalls als Zahlenwert aufgefaßt werden. Das läßt sich formal dadurch erreichen, daß sie durch ihre Maßeinheit mol $\cdot$ l^{-1} dividiert wird:

$$pH = -\lg \frac{c(H^+)}{\text{mol} \cdot \text{l}^{-1}} \qquad (6\text{-}4a)$$

---

1) SØREN PETER LAURITS SØRENSEN; im Deutschen in der Regel mit SÖRENSEN umschrieben.

Die **Berechnung des pH-Wertes** aus der Wasserstoffionenaktivität $a(H^+)$ bzw. Wasserstoffionenkonzentration $c(H^+)$ erfolgt nach Gleichung (6-3) bzw. (6-4).

Beispiele:
$c(H^+) = 10^{-5}$ $c(H^+) = 5 \cdot 10^{-8}$ $c(H^+) = 1,5 \cdot 10^{-6}$
$pH = -\lg 10^{-5}$ $pH = -\lg 5 \cdot 10^{-8}$ $pH = -\lg 1,5 \cdot 10^{-6}$
$pH = 5$ $pH = 7,3$ $pH = 5,8$

Die **Berechnung der Wasserstoffionenkonzentration** $c(H^+)$ aus dem pH-Wert erfolgt nach:

$$c(H^+) = 10^{-pH}$$

Beispiele:
$pH = 8$ $pH = 8,4$ $pH = 6,25$
$c(H^+) = 10^{-8}$ $c(H^+) = 10^{-8,4}$ $c(H^+) = 10^{-6,25}$
                    $c(H^+) = 4 \cdot 10^{-9}$ $c(H^+) = 5,6 \cdot 10^{-7}$

Der pH-Wert ist ein Maß für den schwach sauren oder schwach basischen Charakter wäßriger Lösungen. (Für Säuren und Basen höherer Konzentration – $c(H^+) > 1$ mol $\cdot$ l^{-1} – ist der pH-Wert als Konzentrationsmaß ungeeignet.)

> **Lösungen mit einem pH-Wert kleiner als 7 reagieren sauer.**
>
> **Lösungen mit dem pH-Wert 7 reagieren neutral.**
>
> **Lösungen mit einem pH-Wert größer als 7 reagieren basisch.**

Der pH-Wert von Lösungen kann auf elektrochemischem Wege oder durch **Indikatoren** bestimmt werden. Indikatoren sind Farbstoffe, die in einem bestimmten pH-Bereich ihre Farbe verändern. In Tabelle 6-5 und Bild 6-4 (S. 239) sind die Umschlagbereiche einiger bekannter Indikatoren zusammengestellt.

Tabelle 6-5: *Wichtige Indikatoren*

Bezeichnung	Farbe bei niedrigerem pH-Wert	pH-Bereich des Farbumschlags	Farbe bei höherem pH-Wert
Alizaringelb	gelb	10,1...12,0	rotbraun
Phenolphthalein	farblos	8,2...10,0	rot
Cresolrot	gelb	7,2... 8,8	rot
Bromthymolblau	gelb	6,0... 7,6	blau
Lackmus	rot	5,0... 8,0	blau
Methylrot	rot	4,4... 6,2	gelb
Methylorange	rot	3,1... 4,4	gelb
Thymolblau	rot	1,2... 2,8	gelb
	gelb	8,0... 9,6	blau

Die Bezeichnung pH-Wert wird aus dem lateinischen »*pondus hydrogenii*« (Gewicht des Wasserstoffs), aber auch aus dem lateinischen »*potentia hydrogenii*« (Wirksamkeit des Wasserstoffs) hergeleitet. Ursprünglich wurde das H als Index zu p geschrieben: p_H. Heute hat sich weitgehend die Schreibweise pH durchgesetzt.

6.3.2.3 Stärke der Protolyte – pK_S-Wert

Die *Stärke der Säuren und Basen* läßt sich wie vom Standpunkt der *elektrolytischen Dissoziation* (↑ Tab. 6-3) ebenso vom Standpunkt der *Protolyse* behandeln[1] (↑ Tab.6-6), und das ist die modernere Auffassung. In diesem Falle ergibt sich eine *Analogie* zur *Stärke der Oxidationsmittel und Reduktionsmittel* (↑ 6.2.2).

Die einzelnen Säuren und Basen unterliegen in unterschiedlichem Maße der Protolyse, das heißt, sie setzen sich in wäßriger Lösung in unterschiedlichem Maße mit den Wassermolekülen um. Danach werden *starke* und *schwache* Protolyte unterschieden.

> **Starke Protolyte (Säuren, Basen)** unterliegen in starkem Maße der Protolyse.
> **Schwache Protolyte (Säuren, Basen)** unterliegen in schwachem Maße der Protolyse.

Beispiele: $\quad S_1 + B_2 \rightleftarrows B_1 + S_2$

sehr starke Säure $\quad HCl + H_2O \rightleftarrows Cl^- + H_3O^+ \quad$ (Salzsäure)

schwache Säure $\quad HCN + H_2O \rightleftarrows CN^- + H_3O^+ \quad$ (Blausäure)

mittelstarke Base $\quad H_2O + NH_3 \rightleftarrows OH^- + NH_4^+ \quad$ (Ammoniak)

Die langen Pfeile deuten an, in welcher Richtung das Gleichgewicht verschoben ist.

In den korrespondierenden Säure-Base-Paaren (Tabelle 6-6) gehört stets

- zu einer *starken Säure* eine *schwache Base*,
- zu einer *mittelstarken Säure* eine *mittelstarke Base*,
- zu einer *schwachen Säure* eine *starke Base*.

Beispiele: Das Chlorwasserstoffmolekül, HCl, ist eine sehr starke Säure, das Chloridion, Cl^-, ist eine sehr schwache Base.
Das Schwefelwasserstoffmolekül, H_2S, ist eine mittelstarke Säure; das Hydrogensulfidion, HS^-, ist eine mittelstarke Base.
Das Cyanwasserstoffmolekül, HCN, ist eine schwache Säure; das Cyanidion, CN^-, ist eine starke Base.

Die Säure-Base-Definition BRÖNSTEDs bezieht sich auf die *Teilchen* (Moleküle, Ionen). Wenn davon gesprochen wird, die Schwefelsäure sei eine sehr starke Säure, so muß man sich bewußt sein, daß sich das – nach BRÖNSTED – auf das Schwefelsäure*molekül* bezieht.

---

[1] Da BRÖNSTED gegenüber ARRHENIUS die Reihen der Säuren und Basen weit in den schwachen Bereich hinein ausdehnt, ergeben sich in den Tabellen 6-3 und 6-6 unterschiedliche Zuordnungen.

Tabelle 6-6: pK_S-Werte wichtiger Säure-Base-Paare

pK_S		Säure	Protonen-abgabe $\rightarrow$	Base	+ Proton		pK_B
≈ −9		$HClO_4$	$\rightleftarrows$	ClO_4^-	+ H^+		≈ 23
≈ −8		HI	$\rightleftarrows$	I^-	+ H^+		≈ 22
≈ −6	sehr starke Säuren	HBr	$\rightleftarrows$	Br^-	+ H^+	sehr schwache Basen	≈ 20
≈ −6		HCl	$\rightleftarrows$	Cl^-	+ H^+		≈ 20
≈ −3		H_2SO_4	$\rightleftarrows$	HSO_4^-	+ H^+		≈ 17
−1,32		HNO_3	$\rightleftarrows$	NO_3^-	+ H^+		15,32
0		H_3O^+	$\rightleftarrows$	H_2O	+ H^+		14
1,92		HSO_4^-	$\rightleftarrows$	SO_4^{2-}	+ H^+		12,08
1,96		H_2SO_3	$\rightleftarrows$	HSO_3^-	+ H^+		12,04
1,96		H_3PO_4	$\rightleftarrows$	$H_2PO_4^-$	+ H^+		12,04
2,22	starke Säuren	$[Fe(H_2O)_6]^{3+}$	$\rightleftarrows$	$[Fe(OH)(H_2O)_5]^{2+}$	+ H^+	schwache Basen	11,78
3,14		HF	$\rightleftarrows$	F^-	+ H^+		10,86
3,35		HNO_2	$\rightleftarrows$	NO_2^-	+ H^+		10,65
3,75		$HCOOH$	$\rightleftarrows$	$HCOO^-$	+ H^+		10,25
4,75		CH_3COOH	$\rightleftarrows$	CH_3COO^-	+ H^+		9,25
4,85		$[Al(H_2O)_6]^{3+}$	$\rightleftarrows$	$[Al(OH)(H_2O)_5]^{2+}$	+ H^+		9,15
6,52		H_2CO_3	$\rightleftarrows$	HCO_3^-	+ H^+		7,48
6,92	mittelstarke Säuren	H_2S	$\rightleftarrows$	HS^-	+ H^+	mittelstarke Basen	7,08
7,12		$H_2PO_4^-$	$\rightleftarrows$	HPO_4^{2-}	+ H^+		6,88
7,25		$HClO$	$\rightleftarrows$	ClO^-	+ H^+		6,75
9,25		NH_4^+	$\rightleftarrows$	NH_3	+ H^+		4,75
9,40		HCN	$\rightleftarrows$	CN^-	+ H^+		4,60
9,66		H_4SiO_4	$\rightleftarrows$	$H_3SiO_4^-$	+ H^+		4,34
9,66		$[Zn(H_2O)_4]^{2+}$	$\rightleftarrows$	$[Zn(OH)(H_2O)_3]^+$	+ H^+		4,34
10,40	schwache Säuren	HCO_3^-	$\rightleftarrows$	CO_3^{2-}	+ H^+	starke Basen	3,60
11,62		H_2O_2	$\rightleftarrows$	HO_2^-	+ H^+		2,38
11,66		$H_3SiO_4^-$	$\rightleftarrows$	$H_2SiO_4^{2-}$	+ H^+		2,34
12,32		HPO_4^{2-}	$\rightleftarrows$	PO_4^{3-}	+ H^+		1,68
12,9		HS^-	$\rightleftarrows$	S^{2-}	+ H^+		1,1
14		H_2O	$\rightleftarrows$	OH^-	+ H^+		0
≈ 23	sehr schwache Säuren	NH_3	$\rightleftarrows$	NH_2^-	+ H^+	sehr starke Basen	≈ −9
≈ 24		OH^-	$\rightleftarrows$	O^{2-}	+ H^+		≈ −10
≈ 40		H_2	$\rightleftarrows$	H^-	+ H^+		≈ −26
pK_S		Säure	$\leftarrow$ Protonen-aufnahme	Base	+ Proton		pK_B

6.3 Säure-Base-Reaktionen

Als **Maß für die Stärke der Protolyte** dienen
- die **Gleichgewichtskonstanten** K_S (Säurekonstante) und K_B (Basekonstante)

sowie deren negative dekadische Logarithmen,
- die **pK_S-Werte** und die **pK_B-Werte**.

Die Gleichgewichtskonstanten K ergeben sich aus dem *Massenwirkungsgesetz* (↑ 8.4.1). Danach ist im *Gleichgewichtszustand* der *Quotient* aus dem *Produkt* der *Konzentrationen* der *Reaktionsprodukte* und dem *Produkt* der *Konzentrationen* der *Ausgangsstoffe* konstant.

Für die *Protolyse einer Säure*

$$\text{Säure} + H_2O \rightleftarrows \text{Base} + H_3O^+$$

$$S_1 + B_2 \rightleftarrows B_1 + S_2$$

gilt demnach:

$$\frac{c(\text{Base}) \cdot c(H_3O^+)}{c(\text{Säure}) \cdot c(H_2O)} = \text{konstant}$$

Die Konzentration der Wassermoleküle $c(H_2O)$ bleibt bei einer solchen Protolyse in verdünnten wäßrigen Lösungen nahezu konstant. Sie wird daher in die Gleichgewichtskonstante K_S, die *Säurekonstante*, einbezogen:

$$\frac{c(\text{Base}) \cdot c(H_3O^+)}{c(\text{Säure})} = K_S \tag{6-5}$$

Beispiele: Das Salpetersäuremolekül ist eine sehr starke Säure.

$$HNO_3 + H_2O \rightleftarrows NO_3^- + H_3O^+$$

$$\frac{c(NO_3^-) \cdot c(H_3O^+)}{c(HNO_3)} = K_S(HNO_3)$$

$$\frac{c(NO_3^-) \cdot c(H_3O^+)}{c(HNO_3)} = 20{,}9 \ \text{mol} \cdot l^{-1}$$

Das Cyanwasserstoffsäuremolekül ist eine schwache Säure.

$$HCN + H_2O \rightleftarrows CN^- + H_3O^+$$

$$\frac{c(CN^-) \cdot c(H_3O^+)}{c(HCN)} = K_S(HCN)$$

$$\frac{c(CN^-) \cdot c(H_3O^+)}{c(HCN)} = 4 \cdot 10^{-10} \ \text{mol} \cdot l^{-1}$$

Starke Säuren haben eine *höhere* Säurekonstante als *schwache* Säuren.

Für die *Protolyse einer Base*

$$H_2O + Base \rightleftarrows OH^- + Säure$$
$$S_1 + B_2 \rightleftarrows B_1 + S_2$$

gilt:

$$\frac{c(OH^-) \cdot c(Säure)}{c(H_2O) \cdot c(Base)} = konstant$$

$$\frac{c(OH^-) \cdot c(Säure)}{c(Base)} = K_B \qquad (6\text{-}6)$$

Beispiele: Das Cyanidion, CN^-, ist eine starke Base[1]
$$H_2O + CN^- \rightleftarrows OH^- + HCN$$

$$\frac{c(OH^-) \cdot c(HCN)}{c(CN^-)} = K_B(CN^-)$$

$$\frac{c(OH^-) \cdot c(HCN)}{c(CN^-)} = 2,5 \cdot 10^{-5} \, mol \cdot l^{-1}$$

Das Nitration, NO_3^-, ist eine sehr schwache Base:
$$H_2O + NO_3^- \rightleftarrows OH^- + HNO_3$$

$$\frac{c(OH^-) \cdot c(HNO_3)}{c(NO_3^-)} = K_B(NO_3^-)$$

$$\frac{c(OH^-) \cdot c(HNO_3)}{c(NO_3^-)} = 4,8 \cdot 10^{-16} \, mol \cdot l^{-1}$$

Starke Basen haben eine *höhere* Basekonstante als *schwache* Basen.

Da in den Gleichungen (6-5) und (6-6)

- die Konzentrationen der *Protolysenprodukte* im *Zähler*,
- die Konzentrationen der *Ausgangsstoffe* im *Nenner*

stehen, werden die Zahlenwerte der *Säurekonstanten* K_S und der *Basekonstanten* K_B um so *größer*, je weiter das chemische Gleichgewicht auf der Seite der Protolyseprodukte liegt, das heißt, je weiter (im Gleichgewichtszustand) die Protolyse fortgeschritten ist.

---

[1] Wieso $K_B(CN^-) = 2,5 \cdot 10^{-5}$ mol · l^{-1} schon eine relativ hohe Basekonstante ist, wird aus Gleichung (6-7) und dem anschließenden Beispiel verständlich.

6.3 Säure-Base-Reaktionen

Wenn von der Säurekonstante und der Basekonstante eines korrespondierenden Säure-Base-Paares die Rede ist, so ist zu beachten, daß sich diese Größen nicht auf das einzelne Halbsystem beziehen, sondern – wie die Beispiele zeigen – jeweils auf ein *protolytisches System,* in welchem dieses Säure-Base-Paar das eine Halbsystem und das *Wassermolekül* (mit dem Hydroniumion bzw. dem Hydroxidion) das andere Halbsystem bildet.

Zwischen der *Säurekonstante* K_S und der *Basekonstante* K_B eines korrespondierenden Säure-Base-Paares besteht eine einfache mathematische Beziehung. Werden die Gleichungen (6-5) und (6-6) miteinander multipliziert, so ergibt sich:

$$\frac{c(\text{Base}) \cdot c(H_3O^+) \cdot c(OH^-) \cdot c(\text{Säure})}{c(\text{Säure}) \cdot c(\text{Base})} = K_S \cdot K_B$$

und daraus durch Kürzen:

$$c(H_3O^+) \cdot c(OH^-) = K_S \cdot K_B$$

Das Produkt der linken Seite ist als *Ionenprodukt des Wassers* (↑ S. 214) bekannt:

$$c(H_3O^+) \cdot c(OH^-) = K_W$$

Das Produkt aus Säurekonstante und Basekonstante eines korrespondierenden Säure-Base-Paares ist demnach gleich dem Ionenprodukt des Wassers:

$$K_S \cdot K_B = K_W \tag{6-7}$$

Beispiele: $K_S(HCN) \cdot K_B(CN^-) = K_W$

$4 \cdot 10^{-10}$ mol $\cdot$ l^{-1} $\cdot$ 2,5 $\cdot 10^{-5}$ mol $\cdot$ l^{-1} = 1 $\cdot 10^{-14}$ mol$^2 \cdot$ l^{-2}

$K_S(HNO_3) \cdot K_B(NO_3^-) = K_W$

20,9 mol $\cdot$ l^{-1} $\cdot$ 4,8 $\cdot 10^{-16}$ mol $\cdot$ l^{-1} = 1 $\cdot 10^{-14}$ mol$^2 \cdot$ l^{-2}

Mit der *Säurekonstante* K_S eines Säure-Base-Paares ist nach Gleichung (6-7) zugleich dessen Basekonstante K_B gegeben – und umgekehrt.

Beispiel: Die Säurekonstante der Essigsäure $K_S(CH_3COOH) = 1,78 \cdot 10^{-5}$ mol $\cdot$ l^{-1}. Die Basekonstante des Acetations $K_B(CH_3COO^-)$ ist zu ermitteln:

$$K_B(CH_3COO^-) = \frac{K_W}{K_S(CH_3COOH)}$$

$$K_B(CH_3COO^-) = \frac{10^{-14} \text{ mol}^2 \cdot \text{l}^{-2}}{1,78 \cdot 10^{-5} \text{ mol} \cdot \text{l}^{-1}}$$

$$K_B(CH_3COO^-) = 5,62 \cdot 10^{-10} \text{ mol} \cdot \text{l}^{-1}$$

Ist die *Säurekonstante* K_S eines Säure-Base-Paares

- *größer* als 10^{-7} mol·l^{-1}, so ist die *Säure stärker* als die Base,
- *kleiner* als 10^{-7} mol·l^{-1}, so ist die *Base stärker* als die Säure.

Um zu leichter handhabbaren Zahlenwerten zu kommen, werden anstelle der Säurekonstanten und der Basekonstanten meist die negativen dekadischen Logarithmen von deren Zahlenwerten verwendet, die als pK_S-Werte und pK_B-Werte bekannt sind.

$$pK_S = -\lg \frac{K_S}{\text{mol} \cdot \text{l}^{-1}} \tag{6-8}$$

$$pK_B = -\lg \frac{K_B}{\text{mol} \cdot \text{l}^{-1}} \tag{6-9}$$

Beispiele:
$$pK_S(CH_3COOH) = -\lg \frac{K_S(CH_3COOH)}{\text{mol} \cdot \text{l}^{-1}}$$

$$pK_S(CH_3COOH) = -\lg 1{,}78 \cdot 10^{-5}$$

$$pK_S(CH_3COOH) = 4{,}75$$

$$pK_B(CH_3COO^-) = -\lg \frac{K_B(CH_3COO^-)}{\text{mol} \cdot \text{l}^{-1}}$$

$$pK_B(CH_3COO^-) = -\lg 5{,}62 \cdot 10^{-10}$$

$$pK_B(CH_3COO^-) = 9{,}25$$

Nach den Logarithmengesetzen tritt an die Stelle der Multiplikation der Gleichgewichtskonstanten K_S und K_B (nach Gleichung 6-7) die *Addition* der p$_K$-Werte:

$$pK_S + pK_B = -\lg \frac{K_W}{\text{mol} \cdot \text{l}^{-1}} \tag{6-10}$$

$$pK_S + pK_B = -\lg 10^{-14}$$
$$pK_S + pK_B = 14$$

Beispiel:
$$pK_S(CH_3COOH) + pK_B(CH_3COO^-) = 14$$
$$pK_B(CH_3COO^-) = 14 - pK_S(CH_3COOH)$$
$$pK_B(CH_3COO^-) = 14 - 4{,}75$$
$$pK_B(CH_3COO^-) = 9{,}25$$

In Tabelle 6-6 sind wichtige Säure-Base-Paare nach steigendem pK_S-Wert angeordnet. Dem entsprechen sinkende pK_B-Werte.

Nach Gleichung (6-10) ist mit dem pK_S-Wert eines Säure-Base-Paares zugleich dessen pK_B-Wert gegeben. Auf Grund dieser Beziehung kann auch die Stärke von Basen mittels des pK_S-Wertes angegeben werden.

Die Stärke der Säuren nimmt mit steigendem pK_S-Wert ab.
Die Stärke der Basen nimmt mit steigendem pK_S-Wert zu.

Ist der pK_S-Wert[1] eines Säure-Base-Paares

– *kleiner* als 7, so ist die *Säure stärker* als die Base.
– *größer* als 7, so ist die *Base stärker* als die Säure.

Somit stehen in Tabelle 6-6

– *oben* die Säure-Base-Paare, deren *Säure stärker* ist,
– *unten* die Säure-Base-Paare, deren *Base stärker* ist.

Da die Säure-Base-Reaktionen auf der Tendenz der starken Protolyte beruhen, in den schwächeren Partner überzugehen, liegt das chemische Gleichgewicht in Tabelle 6-6 *oben* auf der *rechten Seite* der Säure-Base-Paare, *unten* auf der *linken Seite* der Säure-Base-Paare. Zwischen zwei Säure-Base-Paaren kommt es demnach zu einer Reaktion, wenn das in Tabelle 6-6 *oben* stehende in Form der *Säure* und das *unten* stehende in Form der *Base* vorliegt. Das oben stehende Paar reagiert dann von *links* nach *rechts*, also unter *Protonenabgabe*. Das unten stehende Paar reagiert von *rechts* nach *links*, also unter *Protonenaufnahme*.

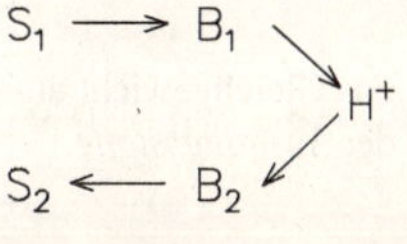

$$S_1 \longrightarrow B_1 \searrow$$
$$ H^+$$
$$S_2 \longleftarrow B_2 \nearrow$$

Beispiel: Welche Reaktionen laufen in einer wäßrigen Lösung ab, die Schwefelwasserstoff, H_2S, und Ammoniak, NH_3, enthält?

In Betracht kommen folgende Säure-Base-Paare:

$H_2S \rightleftarrows HS^- + H^+$		$pK_S = 6{,}92$
$NH_4^+ \rightleftarrows NH_3 + H^+$		$pK_S = 9{,}25$
$HS^- \rightleftarrows S^{2-} + H^+$		$pK_S = 12{,}9$

---

[1] Der pK_S-Wert kann als Maß für eine – der Elektronenaffinität (↑ 4.6.2) analoge – *Protonenaffinität* aufgefaßt werden. Je höher der pK_S-Wert eines Säure-Base-Paares, um so stärker ist dessen Tendenz, in Richtung der *Protonenaufnahme* zu reagieren.

Es kommt zu der Säure-Base-Reaktion:

$H_2S \rightleftarrows HS^- + H^+$ 1. Halbsystem $pK_{S1} = 6{,}92$

$NH_3 + H^+ \rightleftarrows NH_4^+$ 2. Halbsystem $pK_{S2} = 9{,}25$

$H_2S + NH_3 \rightleftarrows HS^- + NH_4^+$

Das 1. Halbsystem steht in Tabelle 6-6 *über* dem 2. Halbsystem. Es kommt daher zu folgendem Protonenübergang:

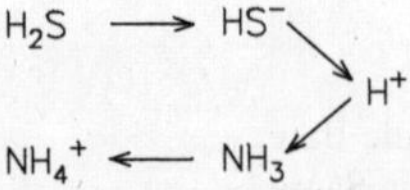

$H_2S \longrightarrow HS^-$
$\searrow H^+$
$NH_4^+ \longleftarrow NH_3$

In der Lösung bildet sich also Ammoniumhydrogensulfid, NH_4HS. Dagegen entsteht kein Ammoniumsulfid, $(NH_4)_2S$, da das Säure-Base-Paar $HS^- \rightleftarrows S^{2-} + H^+$ *unter* dem Säure-Base-Paar $NH_4^+ \rightleftarrows NH_3 + H^+$ steht.

Mittels der pK_S-Werte läßt sich das näherungsweise quantitativ behandeln:

Wird vom pK_S-Wert des 1. Halbsystems der pK_S-Wert des 2. Halbsystems subtrahiert, so erhalten wir einen pK_S-Wert für das protolytische (Gesamt-)System, der es erlaubt, auf die Gleichgewichtslage zu schließen:

$$pK_{S1} - pK_{S2} = pK_S \qquad (6\text{-}11)$$

Das chemische Gleichgewicht liegt nur dann auf der *rechten* Seite der Reaktionsgleichung, also auf der Seite der *Protolyseprodukte*, wenn der pK_S-Wert für das protolytische System *negativ* ist.

Ergibt sich ein *positiver* pK_S-Wert, so liegt das Gleichgewicht auf der *linken* Seite der Reaktionsgleichung, auf der Seite der *Ausgangsstoffe*.

Beispiel: $H_2S + NH_3 \rightleftarrows HS^- + NH_4^+$

$pK_S(H_2S) - pK_S(NH_3) = pK_S$
$6{,}92 - 9{,}25 = -2{,}33$ (Gleichgewicht liegt rechts)

$HS^- + NH_3 \rightleftarrows S^{2-} + NH_4^+$

$pK_S(HS^-) - pK_S(NH_3) = pK_S$
$12{,}9 - 9{,}25 = 3{,}65$ (Gleichgewicht liegt links)

Zu beachten ist, daß bei den Berechnungen nach Gleichung (6-11) auch für die beteiligte *Base* der pK_S-Wert des Säure-Base-Paares einzusetzen ist.

6.3.2.4 Protolysegrad

Was nach der Theorie der elektrolytischen Dissoziation der Dissoziationsgrad ist (↑ 6.3.1.4), ist vom Betrachtungsstandpunkt BRÖNSTEDS der Protolysegrad:

$$\text{Protolysegrad} = \frac{\text{Konzentration der protolysierten Teilchen im Gleichgewichtszustand}}{\text{Gesamtkonzentration des Protolyten im Ausgangszustand}}$$

Als Formelzeichen für die Konzentrationen im Gleichgewichtszustand wird meist c verwendet, mitunter auch c_{gl} oder c_{eq}, als Formelzeichen für die Gesamtkonzentration im Ausgangszustand C, mitunter auch c_0. Formelzeichen des Protolysegrades ist α.

Bei der *Protolyse einer Säure*

$$\text{Säure} + H_2O \rightleftarrows \text{Base} + H_3O^+$$

entstehen je protolysiertes Säuremolekül *ein* Baseteilchen und *ein* Hydroniumion, H_3O^+. Im Gleichgewichtszustand ist also die Konzentration der Base gleich der Konzentration der Hydroniumionen, wobei von den aus der Autoprotolyse des Wassers stammenden Hydroniumionen abgesehen wird.

$$c(\text{Base}) = c(H_3O^+)$$

Für den Protolysegrad einer Säure α_S gilt demnach:

$$\alpha_S = \frac{c(\text{Base})}{C(\text{Säure})} \quad \text{und} \quad \alpha_S = \frac{c(H_3O^+)}{C(\text{Säure})} \qquad (6\text{-}12)$$

Für die *Protolyse einer Base*

$$H_2O + \text{Base} \rightleftarrows OH^- + \text{Säure}$$

gilt analog:

$$\alpha_B = \frac{c(\text{Säure})}{C(\text{Base})} \quad \text{und} \quad \alpha_B = \frac{c(OH^-)}{C(\text{Base})} \qquad (6\text{-}13)$$

Der Protolysegrad kann durch Messungen der elektrischen Leitfähigkeit der Protolytlösung experimentell ermittelt werden. Im Prinzip handelt es sich um den Quotienten zwischen der gemessenen Leitfähigkeit und der (hypothetischen) Leitfähigkeit, die bei vollständiger Protolyse vorläge. Der Protolysegrad ist stets <1. Er kann auch in Prozent angegeben werden.

Beispiel: Der Protolysegrad für die 1. Protolysestufe der Phosphorsäure

$$H_3PO_4 + H_2O \rightleftarrows H_2PO_4^- + H_3O^+$$

beträgt (bei einer Ausgangskonzentration C = 0,1 mol · l^{-1} und 25 °C) 0,283 bzw. 28,3%. Dieser Anteil der Phosphorsäure liegt im Gleichgewichtszustand in Form von Dihydrogenphosphationen vor.

Zwischen dem Protolysegrad und den Gleichgewichtskonstanten K_S und K_B bestehen mathematische Beziehungen, die teilweise zu Gleichungen höherer Ordnung führen. An deren Stelle werden meist *Näherungsgleichungen* verwendet, von denen die wichtigsten nachstehend behandelt werden.

Die **Säurekonstante K_S** ergibt sich aus Gleichung (6-5):

$$K_S = \frac{c(\text{Base}) \cdot c(H_3O^+)}{c(\text{Säure})}$$

Die in diese Gleichung einzusetzenden Größen $c(\text{Base})$ und $c(H_3O^+)$ erhält man mittels des Protolysegrades, indem die unter (6-12) angegebenen Gleichungen nach diesen Größen aufgelöst werden:

$$c(\text{Base}) = \alpha_S \cdot C(\text{Säure}) \quad \text{und} \quad c(H_3O^+) = \alpha_S \cdot C(\text{Säure}) \quad (6\text{-}12a)$$

Der Protolysegrad tritt hier als Proportionalitätsfaktor zwischen der Ausgangskonzentration $C(\text{Säure})$ und den Gleichgewichtskonzentrationen $c(\text{Base})$ und $c(H_3O^+)$ auf.

Die gleichfalls in Gleichung (6-5) einzusetzende Gleichgewichtskonzentration $c(\text{Säure})$ erhalten wir (da nach der Gleichung Säure + H_2O ⇌ Base + H_3O^+ für jedes entstehende Baseteilchen ein Säureteilchen verbraucht wird), indem von der Ausgangskonzentration $C(\text{Säure})$ die Gleichgewichtskonzentration $c(\text{Base})$ *subtrahiert* wird:

$$c(\text{Säure}) = C(\text{Säure}) - c(\text{Base})$$

Für $c(Base)$ ist dabei Gleichung (6-12a) einzusetzen:

$$c(\text{Säure}) = C(\text{Säure}) - \alpha_S \cdot C(\text{Säure}) \quad (6\text{-}12b)$$

Die Gleichungen (6-12a) und (6-12b) werden schließlich in Gleichung (6-5) eingesetzt:

$$K_S = \frac{\alpha_S \cdot C(\text{Säure}) \cdot \alpha_S \cdot C(\text{Säure})}{C(\text{Säure}) - \alpha_S \cdot C(\text{Säure})}$$

$$K_S = \frac{C^2(\text{Säure}) \cdot \alpha_S^2}{C(\text{Säure}) \, (1 - \alpha_S)}$$

$$\boxed{K_S = C(\text{Säure}) \, \frac{\alpha_S^2}{(1 - \alpha_S)}} \quad (6\text{-}14)$$

Beispiel: Kohlendioxid setzt sich in der 1. Protolysestufe zu Hydrogencarbonationen um:
$$CO_2 + 2\,H_2O \rightleftarrows HCO_3^- + H_3O^+$$

Bei der Ausgangskonzentration $C(CO_2) = 0{,}1$ mol $\cdot$ l^{-1} und 25 °C ist der Protolysegrad $\alpha_S = 0{,}00173$.

$$K_S(CO_2) = 0{,}1 \text{ mol} \cdot \text{l}^{-1} \; \frac{0{,}00173^2}{1 - 0{,}00173}$$

$$K_S(CO_2) = 0{,}1 \text{ mol} \cdot \text{l}^{-1} \; \frac{3 \cdot 10^{-6}}{0{,}998}$$

$$K_S(CO_2) = 3 \cdot 10^{-6}$$

$$pK_S(CO_2) = 6{,}52$$

Wie das Beispiel zeigt, ist der Protolysegrad schon bei mittelstarken Protolyten so klein, daß er im Nenner der Gleichung (6-14) gegenüber 1 vernachlässigt werden kann.

Der **Protolysegrad** α – der in der Regel für die Ausgangskonzentration $C = 0{,}1$ mol $\cdot$ l^{-1} tabelliert ist – läßt sich daher bei mittelstarken und schwachen Protolyten für *beliebige Konzentrationen* mit einer *Näherungsgleichung*[1] aus dem pK_S-Wert bzw. der Säurekonstante berechnen. Da der Nenner in diesem Falle gleich 1 ist, vereinfacht sich die Gleichung (6-14) zu

$$K_S = C(\text{Säure}) \cdot \alpha_S^2 \tag{6-14a}$$

Nach α_S aufgelöst, erhält man daraus den Protolysegrad für Lösungen unterschiedlicher Konzentration:

$$\alpha_S^2 = \frac{K_S}{C(\text{Säure})}$$

$$\alpha_S = \sqrt{\frac{K_S}{C(\text{Säure})}} \tag{6-15}$$

Für *Basen* gilt analog:

$$\alpha_B = \sqrt{\frac{K_B}{C(\text{Base})}} \tag{6-15a}$$

---

[1] Solche Näherungsgleichungen ergeben nur in begrenzten Bereichen hinreichende Genauigkeit. Wird ein Fehler bis zu 1% in Kauf genommen, ist die Gleichung (6-15) etwa in folgenden Bereichen anwendbar:
bei $C = 1$ mol $\cdot$ l^{-1} für pK_S = 4 bis 12,
bei $C = 0{,}1$ mol $\cdot$ l^{-1} für pK_S = 5 bis 11,
bei $C = 0{,}01$ mol $\cdot$ l^{-1} für pK_S = 6 bis 10,
bei $C = 0{,}001$ mol $\cdot$ l^{-1} für pK_S = 7 bis 9,
bei $C = 0{,}0001$ mol $\cdot$ l^{-1} für pK_S = 8.

Beispiel: Der Protolysegrad von Cyanwasserstoffsäurelösungen soll berechnet werden für die Ausgangskonzentrationen $C(HCN) = 0{,}1$ mol $\cdot$ l^{-1}, $C(HCN) = 0{,}05$ mol $\cdot$ l^{-1} und $C(HCN) = 0{,}01$ mol $\cdot$ l^{-1}; p$K_S(HCN) = 9{,}40$.

$$K_S(HCN) = 10^{-9{,}4} \text{ mol} \cdot \text{l}^{-1}; \quad K_S(HCN) = 4 \cdot 10^{-10} \text{ mol} \cdot \text{l}^{-1}$$

$$\alpha_S(HCN) = \sqrt{\frac{K_S(HCN)}{C(HCN)}}$$

$$\alpha_S(HCN) = \sqrt{\frac{4 \cdot 10^{-10} \text{ mol} \cdot \text{l}^{-1}}{0{,}1 \text{ mol} \cdot \text{l}^{-1}}};$$

$$\alpha_S(HCN) = \sqrt{4 \cdot 10^{-9}}; \quad \alpha_S(HCN) = 6{,}3 \cdot 10^{-5}.$$

$$\alpha_S(HCN) = \sqrt{\frac{4 \cdot 10^{-10} \text{ mol} \cdot \text{l}^{-1}}{0{,}05 \text{ mol} \cdot \text{l}^{-1}}};$$

$$\alpha_S(HCN) = \sqrt{8 \cdot 10^{-9}}; \quad \alpha_S(HCN) = 8{,}9 \cdot 10^{-5}.$$

$$\alpha_S(HCN) = \sqrt{\frac{4 \cdot 10^{-10} \text{ mol} \cdot \text{l}^{-1}}{0{,}01 \text{ mol} \cdot \text{l}^{-1}}};$$

$$\alpha_S(HCN) = \sqrt{4 \cdot 10^{-8}}; \quad \alpha_S(HCN) = 2 \cdot 10^{-4}.$$

Mit abnehmender Konzentration, also mit zunehmender Verdünnung der Lösung, nimmt der Protolysegrad α zu.

Diese Gesetzmäßigkeit erkannte der deutsche Chemiker WILHELM OSTWALD (1885) bei Leitfähigkeitsmessungen. Sie findet in Gleichung (6-14) ihren mathematischen Ausdruck und ist als *OSTWALDsches Verdünnungsgesetz* bekannt.

6.3.2.5 Berechnung des pH-Wertes von Protolytlösungen

Auch der pH-Wert von Protolytlösungen ist von der Ausgangskonzentration C(Säure) oder C(Base) abhängig. Zu seiner Ermittlung gibt es wiederum *Näherungsgleichungen*. Dabei ist zwischen

– Lösungen *sehr starker* Säuren und Basen und
– Lösungen *starker* bis *schwacher* Säuren und Basen

zu unterscheiden.

Sehr starke Säuren und Basen unterliegen praktisch vollständig der Protolyse. In *verdünnten wäßrigen Lösungen einer sehr starken Säure* liegt das Gleichgewicht weit auf der Seite der Hydroniumionen und der Base:

$$\text{Säure} + H_2O \rightleftarrows \text{Base} + H_3O^+$$

6.3 Säure-Base-Reaktionen

Säuremoleküle, die nicht protolysiert sind, sind kaum noch vorhanden. Das zeigt sich in sehr hohen Zahlenwerten der Säurekonstante:

$$\frac{c(\text{Base}) \cdot c(\text{H}_3\text{O}^+)}{c(\text{Säure})} = K_S$$

Beispiel: Bromwasserstoff, HBr

$$\text{HBr} + \text{H}_2\text{O} \rightleftarrows \text{Br}^- + \text{H}_3\text{O}^+$$

$$\frac{c(\text{Br}^-) \cdot c(\text{H}_3\text{O}^+)}{c(\text{HBr})} = 10^6 \, \text{mol} \cdot \text{l}^{-1}$$

Die Gleichgewichtskonzentration $c(\text{H}_3\text{O}^+)$ ist damit nahezu gleich der Ausgangskonzentration $C(\text{Säure})$:

$$c(\text{H}_3\text{O}^+) \approx C(\text{Säure})$$

In die Gleichung (6-4a) zur Berechnung des pH-Wertes kann daher anstelle der Hydroniumionenkonzentration (Wasserstoffionenkonzentration) *in guter Näherung*[1] die Ausgangskonzentration $C(\text{Säure})$ eingesetzt werden:

$$\text{pH} = -\lg \frac{c(\text{H}_3\text{O}^+)}{\text{mol} \cdot \text{l}^{-1}}$$

$$\text{pH} = -\lg \frac{C(\text{Säure})}{\text{mol} \cdot \text{l}^{-1}} \qquad (6\text{-}16)$$

Beispiel: Für eine Bromwasserstoffsäurelösung mit $C(\text{HBr}) = 0{,}05 \, \text{mol} \cdot \text{l}^{-1}$ ist der pH-Wert zu ermitteln.

$$\text{pH} = -\lg \frac{5 \cdot 10^{-2} \, \text{mol} \cdot \text{l}^{-1}}{\text{mol} \cdot \text{l}^{-1}}$$

$$\text{pH} = 1{,}3$$

Für *sehr starke Basen in verdünnten Lösungen* gilt analog:

$$\text{pOH} = -\lg \frac{C(\text{Base})}{\text{mol} \cdot \text{l}^{-1}}$$

$$\text{pH} = 14 - \text{pOH}$$

---

[1] Die Gleichung (6-16) führt in den folgenden Bereichen zu einer Abweichung von nicht mehr als 0,05 pH-Einheiten:
$pK_S = 0$; $C(\text{Säure}) = 10^{-1}$ bis 10^{-6}
$pK_S = 2$; $C(\text{Säure}) = 10^{-3}$ bis 10^{-6}
Für geringere Konzentrationen fällt die Autoprotolyse des Wassers ins Gewicht. Bei höheren pK_S-Werten kann auch für sehr verdünnte Lösungen nicht mehr eine nahezu vollständige Protolyse vorausgesetzt werden.

Als sehr starke Basen gelten allgemein Natronlauge und Kalilauge. Im Sinne BRÖNSTEDS ist aber das Hydroxidion, das bei der elektrolytischen Dissoziation dieser Alkalihydroxide entsteht, die Base (der Protonenakzeptor).

$$pOH = -\lg \frac{c(OH^-)}{mol \cdot l^{-1}}$$

Da die Dissoziation dieser Alkalihydroxide, die nach BRÖNSTED als *Salze* aufzufassen sind, nahezu vollständig ist, ist die Gleichgewichtskonzentration $c(OH^-)$ näherungsweise gleich der Ausgangskonzentration $C(NaOH)$:

$$c(OH^-) \approx C(NaOH)$$

Daher kann in obige Gleichung *in guter Näherung* die Ausgangskonzentration $C(NaOH)$ eingesetzt werden:

$$pOH = -\lg \frac{C(NaOH)}{mol \cdot l^{-1}}$$

Beispiel: Für eine Natronlauge mit der Konzentration $C(NaOH) = 0,03 \text{ mol} \cdot l^{-1}$ ist der pH-Wert zu ermitteln.

$$pOH = -\lg \frac{3 \cdot 10^{-2} \text{ mol} \cdot l^{-1}}{mol \cdot l^{-1}}$$

pOH = 1,5; pH = 14 − 1,5; pH = 12,5.

Nach Gleichung (6-16) spielt die *Art* der betrachteten Säure keine Rolle, da *alle* sehr starken Säuren einer fast vollständigen Protolyse unterliegen. Anders ist das bei Säuren mit $pK_S > 3$. Für sie ist diese Näherungsgleichung nicht mehr anwendbar, da sie in weitaus geringerem Maße der Protolyse unterliegen.

Mittelstarke und schwache Protolyte unterliegen in so geringem Maße der Protolyse, daß in die Gleichung (6-5) für die Säurekonstante K_S

$$K_S = \frac{c(Base) \cdot c(H_3O^+)}{c(Säure)}$$

anstelle der Gleichgewichtskonzentration c(Säure) *näherungsweise* die Ausgangskonzentration C(Säure) eingesetzt werden kann:

$$K_S = \frac{c(Base) \cdot c(H_3O^+)}{C(Säure)}$$

Außerdem sind die Gleichgewichtskonzentrationen $c(Base)$ und $c(H_3O^+)$ annähernd gleich (↑ S. 225), so daß für $c(Base)$ auch $c(H_3O^+)$ eingesetzt werden kann:

$$K_S = \frac{c^2(H_3O^+)}{C(\text{Säure})}$$

Indem diese Gleichung nach $c(H_3O^+)$ aufgelöst wird, ergibt sich eine *Näherungsgleichung*[1] für die Ermittlung des pH-Wertes von Lösungen mittelstarker und schwacher Protolyte:

$$c^2(H_3O^+) = K_S \cdot C(\text{Säure})$$

$$c(H_3O^+) = \sqrt{K_S \cdot C(\text{Säure})} \tag{6-17}$$

Beispiel: Für eine Cyanwasserstoffsäurelösung mit der Ausgangskonzentration $C(HCN) = 0{,}05 \text{ mol} \cdot l^{-1}$ sind die Hydroniumionenkonzentration im Gleichgewichtszustand $c(H_3O^+)$ und der pH-Wert zu ermitteln.

$$K_S(HCN) = 4 \cdot 10^{-10} \text{ mol} \cdot l^{-1}$$

$$c(H_3O^+) = \sqrt{4 \cdot 10^{-10} \text{ mol} \cdot l^{-1} \cdot 0{,}05 \text{ mol} \cdot l^{-1}}$$

$$c(H_3O^+) = 4{,}47 \cdot 10^{-6} \text{ mol} \cdot l^{-1}$$

$$\text{pH} = -\lg \frac{4{,}47 \cdot 10^{-6} \text{ mol} \cdot l^{-1}}{\text{mol} \cdot l^{-1}}; \quad \text{pH} = 5{,}35$$

Der pH-Wert von Lösungen mittelstarker und schwacher Protolyte kann aber auch unmittelbar aus den pK_S-*Werten* ermittelt werden, indem in die Gleichung (6-17) die negativen dekadischen *Logarithmen* eingesetzt werden:

$$\text{pH} = \frac{pK_S - \lg C(\text{Säure})}{2} \tag{6-17a}$$

Beispiel: $C(HCN) = 0{,}05 \text{ mol} \cdot l^{-1}$; $-\lg C(HCN) = 1{,}3$

$$\text{pH} = \frac{9{,}40 + 1{,}3}{2}; \quad \text{pH} = 5{,}35$$

Wäßrige Lösungen von Salzen reagieren keineswegs immer neutral (pH = 7), sondern zum Teil sauer, zum Teil basisch. Diese Erscheinung ist aus Sicht ARRHENIUS' als *Hydrolyse* bekannt (↑ 6.3.1.5). Aus Sicht BRÖNSTEDS handelt es sich um eine Erscheinungsform der Protolyse. Fast alle Salze unterliegen in wäßriger Lösung einer weitgehenden elektrolytischen Dissoziation:

Salzkristall $\rightleftarrows$ Kationen + Anionen

---

1) Die Gleichungen (6-17) und (6-17a) sind anwendbar bei
$C(\text{Säure}) = 1 \text{ mol} \cdot l^{-1}$ für p$K_S \approx$ 3 bis 12
$C(\text{Säure}) = 0{,}1 \text{ mol} \cdot l^{-1}$ für p$K_S \approx$ 4 bis 11
$C(\text{Säure}) = 0{,}01 \text{ mol} \cdot l^{-1}$ für p$K_S \approx$ 5 bis 10
$C(\text{Säure}) = 0{,}001 \text{ mol} \cdot l^{-1}$ für p$K_S \approx$ 6 bis 9
$C(\text{Säure}) = 0{,}0001 \text{ mol} \cdot l^{-1}$ für p$K_S \approx$ 7 bis 8
Lit.: BLIEFERT, C.: pH-Wert-Berechnungen. Weinheim: Verlag Chemie, 1978

6 Reaktionstypen der anorganischen Chemie

Die Reaktion der wäßrigen Lösungen hängt davon ab, ob die Kationen und Anionen der *Protolyse* unterliegen, das heißt, ob

- die Kationen als *Kationsäuren* und
- die Anionen als *Anionbasen*

wirken.

Dabei sind vier Möglichkeiten zu unterscheiden:

- Weder das *Kation* noch das *Anion* unterliegt der Protolyse. Die Lösung reagiert *neutral*.

  Beispiele: Kaliumchlorid, Natriumsulfat

- Das Kation wirkt als *Kationsäure*, das Anion unterliegt nicht der Protolyse. Die Lösung reagiert *sauer*.

  Beispiel: Ammoniumchlorid, NH_4Cl; das Ammoniumion, NH_4^+, ist mit $pK_S = 9{,}25$ eine schwache Säure.

- Das Anion wirkt als *Anionbase*, das Kation unterliegt nicht der Protolyse. Die Lösung reagiert *basisch*.

  Beispiel: Natriumcyanid; das Cyanidion, CN^-, ist mit $pK_B = 4{,}60$ eine starke Base.

- Sowohl das Kation als auch das Anion unterliegen der Protolyse, sie wirken als *Kationsäure* und *Anionbase*. Die Reaktion der Lösung wird dann von dem *relativ stärkeren* der beiden Protolyte bestimmt.

  - Ist der pK_S-Wert der Kationsäure *niedriger* als der pK_B-Wert der Anionbase, so reagiert die Lösung *sauer*.

  - Ist der pK_B-Wert der Anionbase *niedriger* als der pK_S-Wert der Kationsäure, so reagiert die Lösung *basisch*.

  Beispiele: Ammoniumnitrit $NH_4NO_2 \rightleftarrows NH_4^+ + NO_2^-$

  $pK_S(NH_4^+) = 9{,}25;\ pK_B(NO_2^-) = 10{,}65$
  $pK_S(NH_4^+) < pK_B(NO_2^-)$. Die Lösung reagiert *sauer*.

  Ammoniumcyanid $NH_4CN \rightleftarrows NH_4^+ + CN^-$
  $pK_S(NH_4^+) = 9{,}25;\ pK_B(CN^-) = 4{,}60$
  $pK_S(NH_4^+) > pK_B(CN^-)$. Die Lösung reagiert *basisch*.

Eine quantitative Behandlung der Protolyse in Salzlösungen ist mit einer einfachen *Näherungsgleichung* möglich, die es gestattet, den pH-Wert auf Grund der pK_S-Werte der beteiligten Säure-Base-Paare *abzuschätzen*:

$$pH = \frac{pK_{S1} + pK_{S2}}{2}$$

Beispiel: Ammoniumacetat $NH_4OOCCH_3 \rightleftarrows NH_4^+ + CH_3COO^-$

$pK_S(NH_4^+) = 9{,}25$; $pK_S(CH_3COO^-) = 4{,}75$

$$pH = \frac{9{,}25 + 4{,}75}{2}$$

pH = 7. Die Lösung reagiert *neutral*.

Zu beachten ist, daß hier auch für die *Anionbase* der pK_S-Wert (nicht der pK_B-Wert) einzusetzen ist.

Tabelle 6-6 enthält neben der bekanntesten Kationsäure, dem Ammoniumion, NH_4^+, noch weitere Kationsäuren in Form von *hydratisierten Metallionen*, z.B. das Hexaaquaaluminiumion $[Al(H_2O)_6]^{3+}$. Die positiven Ladungen des Metallions wirken hier abstoßend gegenüber den positiven Ladungen der Wasserstoffatome, so daß es zu einer Protonenabgabe kommt:

$$[Al(H_2O)_6]^{3+} \rightleftarrows [Al(OH)(H_2O)_5]^{2+} + H^+$$

Mit $pK_S = 4{,}85$ ist das hydratisierte Aluminiumion eine mittelstarke Säure. Für die *Alkalimetalle* ist die abstoßende Wirkung infolge des großen Radius und der geringen Ladung ihrer Ionen zu gering, so daß sie nicht als Kationsäuren wirken.

6.3.2.6 Titrationskurven

Die Säure-Base-Titration ist der wichtigste Bereich der *Maßanalyse* (↑ 2.14.5). Bei diesem Analyseverfahren ändert sich, indem der Untersuchungslösung allmählich eine Maßlösung zugegeben wird (↑ Bild 2-4), der pH-Wert. Dieser Zusammenhang zwischen dem Volumenanteil der zugegebenen Maßlösung – auch Titrationsmittel genannt – und dem pH-Wert wird in Titrationskurven wiedergegeben (Bilder 6-1, 6-2 und 6-3). Dabei verhalten sich die Protolyte je nach ihrer Stärke unterschiedlich.

Bei der Titration einer **sehr starken Säure** mit einer **sehr starken Base** ergibt sich eine *Titrationskurve,* wie sie im Bild 6-1 dargestellt ist. Der pH-Wert der Lösung ändert sich mit der Zugabe der Baselösung zunächst nur wenig. Oberhalb des pH-Wertes 3 tritt dann aber mit der weiteren Zugabe einer sehr geringen Menge der Baselösung ein sprunghafter Übergang in den basischen Bereich ein. Beim pH-Wert 7 liegt eine Lösung des Salzes vor, das die Säure und die Base miteinander bilden. Während unterhalb dieses Punktes die Konzentration der Hydroniumionen $c(H_3O^+)$ überwiegt, liegt oberhalb dieses Punktes ein Überschuß an Hydroxidionen, OH^-, vor.

In den Bildern 6-1 bis 6-3 ist auf der Abszisse das Volumen der Maßlösung aufgetragen, welches 40 ml der Untersuchungslösung zugegeben wurde (vgl. Beispiele auf den Seiten 235 bis 240).

234 6 Reaktionstypen der anorganischen Chemie

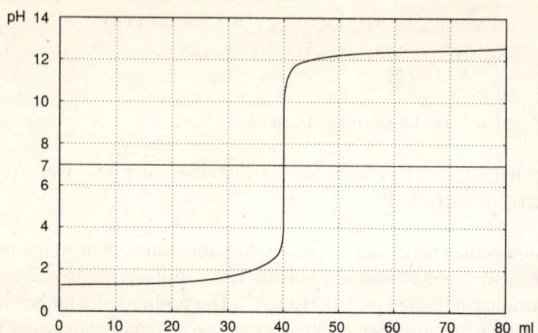
Bild 6-1: Titration einer sehr starken Säure mit einer sehr starken Base

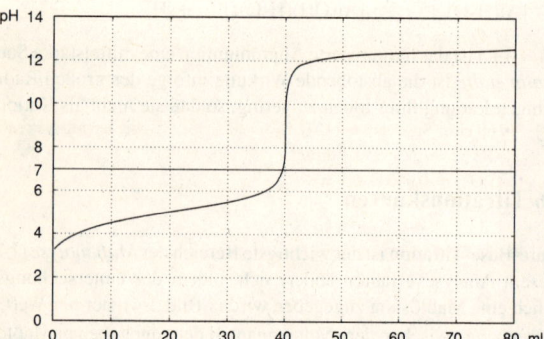
Bild 6-2: Titration einer mittelstarken Säure mit einer sehr starken Base

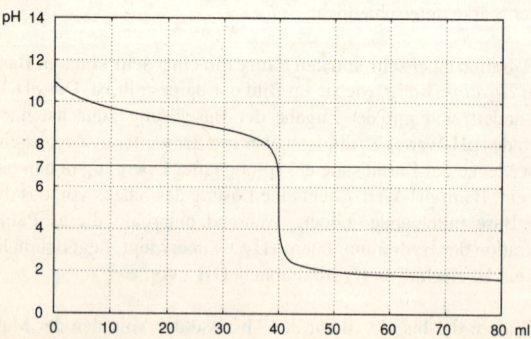
Bild 6-3: Titration einer mittelstarken Base mit einer sehr starken Säure

6.3 Säure-Base-Reaktionen

Um die pH-*Werte* für eine *Titrationskurve* zu ermitteln, ist zunächst aus den Ausgangskonzentrationen $C(H_3O^+)$ bzw. $C(OH^-)$ und den Volumina v(Säure) bzw. v(Base) der vorgelegten Untersuchungslösung und der zugegebenen Maßlösung zu berechnen, welche Hydroniumionenkonzentration $c(H_3O^+)$ oder Hydroxidionenkonzentration $c(OH^-)$ die dabei entstandene Gesamtlösung hat[1]. Das geschieht in folgenden Schritten:

– Stoffmenge $n(H_3O^+)$ der vorgelegten Säure:
$n(H_3O^+) = v(\text{Säure}) \cdot C(H_3O^+)$

– Stoffmenge $n(OH^-)$ der zugegebenen Base:
$n(OH^-) = v(\text{Base}) \cdot C(OH^-)$

– Ermittlung der *überschüssigen* Stoffmenge eines dieser Ionen und der Konzentration dieses Ions:

$$c(H_3O^+) = \frac{n(H_3O^+)}{v(\text{Gesamt})} \quad \text{oder} \quad c(OH^-) = \frac{n(OH^-)}{v(\text{Gesamt})}$$

und daraus des pH-Wertes.

Beispiel: 40 ml einer Salzsäure mit $C(H_3O^+) = 0{,}1 \text{ mol} \cdot l^{-1}$ werden mit Natronlauge mit $C(OH^-) = 0{,}1 \text{ mol} \cdot l^{-1}$ titriert:
$n(H_3O^+) = 0{,}040 \, l \cdot 0{,}1 \text{ mol} \cdot l^{-1}$
$n(H_3O^+) = 4 \cdot 10^{-3} \text{ mol}$

Nach Zugabe von 20 ml Natronlauge ergibt sich:
$n(OH^-) = 0{,}020 \, l \cdot 0{,}1 \text{ mol} \cdot l^{-1}$
$n(OH^-) = 2 \cdot 10^{-3} \text{ mol}$
Es liegt ein Überschuß von $2 \cdot 10^{-3}$ mol Hydroniumionen vor.

$$c(H_3O^+) = \frac{2 \cdot 10^{-3} \text{ mol}}{0{,}060 \, l}$$
$c(H_3O^+) = 3{,}3 \cdot 10^{-2} \text{ mol} \cdot l^{-1}; \text{ pH} = 1{,}48$

Nach Zugabe von 39 ml Natronlauge:
$n(OH^-) = 3{,}9 \cdot 10^{-3} \text{ mol}$
$$c(H_3O^+) = \frac{0{,}1 \cdot 10^{-3} \text{ mol}}{0{,}079 \, l}$$
$c(H_3O^+) = 1{,}3 \cdot 10^{-3} \text{ mol} \cdot l^{-1}; \text{ pH} = 2{,}90$

Nach Zugabe von 39,9 ml Natronlauge:
$n(OH^-) = 3{,}99 \cdot 10^{-3} \text{ mol}$
$$c(H_3O^+) = \frac{0{,}01 \cdot 10^{-3} \text{ mol}}{0{,}0799 \, l}$$
$c(H_3O^+) = 1{,}25 \cdot 10^{-4} \text{ mol} \cdot l^{-1}; \text{ pH} = 3{,}90$

---

1) Für genaue Berechnungen ist wiederum von den Ionenaktivitäten auszugehen (↑ 6.3.2.7).

Nach Zugabe von 40,1 ml Natronlauge:
$n(OH^-) = 4{,}01 \cdot 10^{-3}$ mol

$$c(OH^-) = \frac{0{,}01 \cdot 10^{-3} \text{ mol}}{0{,}0801 \text{ l}}$$

$c(OH^-) = 1{,}25 \cdot 10^{-4}$ mol $\cdot$ l^{-1}; pOH = 3,90; pH = 10,1

Durch den Zusatz von nur 0,2 ml Natronlauge tritt also an dieser Stelle eine sprunghafte Änderung des pH-Wertes ein (↑ Bild 6-1).

Bei der Titration einer Natronlauge mit Salzsäure ist analog zu verfahren. Im Bild 6-1 treten dabei die pH-Werte an der Ordinate in der umgekehrten Reihenfolge auf.

Für die Titration **mittelstarker Säuren** (Bild 6-2) und **mittelstarker Basen** (Bild 6-3) ergeben sich andere Titrationskurven. Zur Titration einer mittelstarken Säure (z.B. Essigsäure) wird eine sehr starke Base (z.B. Natronlauge), zur Titration einer Ammoniaklösung, die schon als starke Base gilt (↑ Tabelle 6-6), wird eine sehr starke Säure (z.B. Salzsäure) als Titrationsmittel eingesetzt. Nur auf diese Weise ergeben sich Titrationskurven mit sprunghaftem Übergang zwischen saurem und basischem Bereich, und das muß vorausgesetzt werden, um den Äquivalenzpunkt am Farbumschlag eines Indikators erkennen zu können.[1]

Im Äquivalenzpunkt liegt eine Lösung des Salzes vor, das aus der Säure und der Base resultiert (im Beispiel: Natriumacetat). Während der Titration gehen die zu Beginn vorliegenden Säuremoleküle allmählich in die korrespondierende Base bzw. in das aus ihr resultierende Salz über:

$$\text{Essigsäuremolekül} \rightleftarrows \text{Acetation} + \text{Proton}$$

Die Ermittlung der pH-Werte für die fortschreitende Zugabe des Titrationsmittels erfolgt in diesem Falle nach der Gleichung:[2]

$$pH = pK_S + \lg \frac{c(\text{Base})}{c(\text{Säure})} \qquad (6\text{-}18)$$

c(Säure) ist die Konzentration der vorgelegten Säure,
c(Base) die Konzentration der mit ihr korrespondierenden Base, die gleich der Konzentration des daraus resultierenden Salzes ist: c(Base) = c(Salz).

Diese Gleichung leitet sich wie folgt aus Gleichung (6-5) her:

$$K_S = \frac{c(\text{Base}) \cdot c(H_3O^+)}{c(\text{Säure})}$$

---
[1] Umsetzungen zwischen mittelstarken und zwischen schwachen Protolyten sind für Titrationen nicht geeignet, da der sprunghafte Übergang fehlt.
[2] Bekannt als HENDERSON-HASSELBACHsche Gleichung; der Nordamerikaner HENDERSON erkannte (1908) diese Gesetzmäßigkeit; der Däne HASSELBACH führte (1916) die heute gebräuchliche logarithmische Gleichung ein.

6.3 Säure-Base-Reaktionen

$$c(H_3O^+) = K_S \cdot \frac{c(\text{Säure})}{c(\text{Base})}$$

und nach Übergang zu den negativen dekadischen Logarithmen:

$$\text{pH} = pK_S - \lg \frac{c(\text{Säure})}{c(\text{Base})}$$

$$\text{pH} = pK_S + \lg \frac{c(\text{Base})}{c(\text{Säure})}$$

Der Anwendung dieser Gleichung gehen folgende Schritte voraus:

− Stoffmenge der vorgelegten Säure:
$n(\text{Säure}) = v(\text{Säure}) \cdot C(\text{Säure})$

− Stoffmenge der zugegebenen Base:
$n(\text{Base}) = v(\text{Base}) \cdot C(\text{Base})$

− Konzentration der Säure im Gleichgewichtszustand:
$$c(\text{Säure}) = \frac{n(\text{Säure})}{v(\text{Gesamt})}$$

− Konzentration der korrespondierenden Base im Gleichgewichtszustand:

$$c(\text{Base}) = \frac{n(\text{Base})}{v(\text{Gesamt})}$$

Dabei wird vorausgesetzt, daß durch jedes zugegebene Hydroxidion ein Säuremolekül zu einem Ion der korrespondierenden Base umgesetzt wird:

$$\text{Säure} + OH^- \rightarrow \text{Base} + H_2O$$

Beispiel: 40 ml einer Essigsäure mit $C(CH_3COOH) = 0,1$ mol $\cdot l^{-1}$ werden mit Natronlauge mit $C(NaOH) = 0,1$ mol $\cdot l^{-1}$ titriert.

$n(CH_3COOH) = v(CH_3COOH) \cdot C(CH_3COOH)$
$n(CH_3COOH) = 0,040\, l \cdot 0,1$ mol $\cdot l^{-1}$
$n(CH_3COOH) = 4 \cdot 10^{-3}$ mol

$n(NaOH) = v(NaOH) \cdot C(NaOH)$

Nach Zugabe von 10 ml Natronlauge ergibt sich:
$n(NaOH) = 0,010\, l \cdot 0,1$ mol $\cdot l^{-1}$
$n(NaOH) = 1 \cdot 10^{-3}$ mol; $n(NaOH) = n(CH_3COO^-)$

Für jedes entstehende Acetation wird ein Essigsäuremolekül verbraucht, daher verbleibt die Stoffmenge
$n(CH_3COOH) = 4 \cdot 10^{-3}$ mol $- 1 \cdot 10^{-3}$ mol
$n(CH_3COOH) = 3 \cdot 10^{-3}$ mol

Es liegen dann folgende Konzentrationen vor:

$$c(CH_3COOH) = \frac{3 \cdot 10^{-3} \text{ mol}}{0{,}050 \text{ l}} \quad ; \quad c(CH_3COOH) = 6 \cdot 10^{-2} \text{ mol} \cdot \text{l}^{-1}$$

$$c(CH_3COO^-) = \frac{1 \cdot 10^{-3} \text{ mol}}{0{,}050 \text{ l}} \quad ; \quad c(CH_3COO^-) = 2 \cdot 10^{-2} \text{ mol} \cdot \text{l}^{-1}$$

Werden diese in die Gleichung (6-18) eingesetzt, ergibt das den pH-Wert:

$$pH = pK_S(CH_3COOH) + \lg \frac{c(CH_3COO^-)}{c(CH_3COOH)}$$

$$pH = 4{,}75 + \lg \frac{2 \cdot 10^{-2}}{6 \cdot 10^{-2}} \quad ; \quad pH = 4{,}75 + \lg 0{,}333$$

$$pH = 4{,}75 - 0{,}48; \quad\quad pH = 4{,}27$$

Nach Zugabe von 20 ml Natronlauge ist die *Hälfte* der Essigsäuremoleküle zu Acetationen umgesetzt. Deren Konzentrationen sind dann einander gleich:

$$c(CH_3COOH) = \frac{2 \cdot 10^{-3} \text{ mol}}{0{,}060 \text{ l}} \quad ; \quad c(CH_3COOH) = 3{,}33 \cdot 10^{-2} \text{ mol} \cdot \text{l}^{-1}$$

$$c(CH_3COO^-) = \frac{2 \cdot 10^{-3} \text{ mol}}{0{,}060 \text{ l}} \quad ; \quad c(CH_3COO^-) = 3{,}33 \cdot 10^{-2} \text{ mol} \cdot \text{l}^{-1}$$

Damit wird der pH-Wert der Lösung nach Gleichung (6-18) gleich dem pK_S-Wert der Essigsäure

$pH = 4{,}75 + \lg 1; \quad pH = 4{,}75.$

Nach Zugabe von 39 ml Natronlauge stehen der Stoffmenge $n(CH_3COO^-) = 3{,}9 \cdot 10^{-3}$ mol nur noch $n(CH_3COOH) = 0{,}1 \cdot 10^{-3}$ mol gegenüber. Die Konzentrationen sind dann

$$c(CH_3COOH) = \frac{0{,}1 \cdot 10^{-3} \text{ mol}}{0{,}079 \text{ l}} \quad ; \quad c(CH_3COOH) = 1{,}3 \cdot 10^{-3} \text{ mol} \cdot \text{l}^{-1}$$

$$c(CH_3COO^-) = \frac{3{,}9 \cdot 10^{-3} \text{ mol}}{0{,}079 \text{ l}} \quad ; \quad c(CH_3COO^-) = 4{,}9 \cdot 10^{-2} \text{ mol} \cdot \text{l}^{-1}$$

$$pH = 4{,}75 + \lg \frac{4{,}9 \cdot 10^{-2}}{1{,}3 \cdot 10^{-3}} \quad ; \quad pH = 4{,}75 + 1{,}58; \quad pH = 6{,}33$$

Nach Zugabe von 40 ml Natronlauge sind die Essigsäuremoleküle vollständig zu Natriumacetat umgesetzt. Es liegt dann eine wäßrige Lösung von Natriumacetat vor. Bei weiterer Zugabe von Natronlauge ergeben die überschüssigen Hydroxidionen eine rasche Erhöhung des pH-Wertes. Dieser Teil der Titrationskurve (↑ Bild 6-2) stimmt mit dem in Bild 6-1 wiedergegebenen überein.

Zur Bestimmung des Äquivalenzpunktes muß ein *Indikator* gewählt werden, dessen Umschlagsbereich in den senkrecht verlaufenden Bereich der Titrationskurve fällt. Für die Titration einer schwachen Säure mit einer starken Base ist das z.B. Phenolphthalein (↑ Bild 6-4 und Tabelle 6-5, S. 216).

Die Titration einer *schwachen Base* mit einer *starken Säure* verläuft analog. Zur Titration einer Ammoniaklösung wird meist Salzsäure verwendet. Dabei

6.3 Säure-Base-Reaktionen

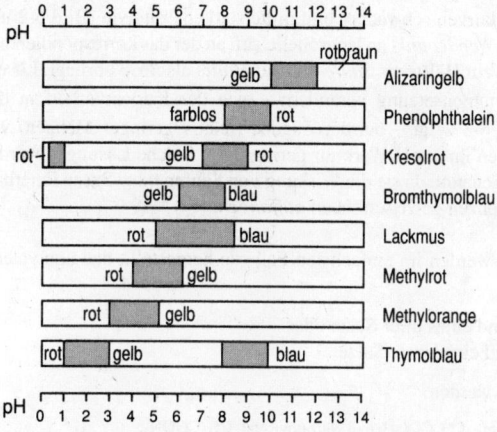

Bild 6-4: Umschlagbereiche und Farbänderungen einiger wichtiger Säure-Base-Indikatoren

ergibt sich die im Bild 6-3 dargestellte Titrationskurve. Während der Titration gehen die vorliegenden Basemoleküle (im Beispiel: NH_3) in die korrespondierende Säure (im Beispiel: NH_4^+) über:

$$\text{Ammoniakmolekül} + \text{Proton} \rightleftarrows \text{Ammoniumion}$$

Die Gleichung (6-18) erhält in diesem Falle die Form:

$$\text{pH} = \text{p}K_S + \lg \frac{c(\text{Säure})}{c(\text{Base})} \qquad (6\text{-}18a)$$

$c(\text{Base})$ ist hier die Konzentration der vorgelegten Base,
$c(\text{Säure})$ die Konzentration der mit ihr korrespondierenden Säure, die gleich der Konzentration des entstehenden Salzes ist: $c(\text{Säure}) = c(\text{Salz})$.

Auch in dieser Titrationskurve ist der pH-Wert gleich dem $\text{p}K_S$-Wert des korrespondierenden Säure-Base-Paares, wenn die *Hälfte* der Base zur korrespondierenden Säure umgesetzt ist.

Beispiel: 40 ml einer Ammoniaklösung mit $C(NH_3) = 0{,}1 \text{ mol} \cdot l^{-1}$ werden 20 ml Salzsäure mit $C(HCl) = 0{,}1 \text{ mol} \cdot l^{-1}$ zugesetzt. Die Konzentrationen der Base $c(NH_3)$ und der korrespondierenden Säure $c(NH_4^+)$ sind dann einander gleich:

$$c(NH_3) = \frac{2 \cdot 10^{-3} \text{ mol}}{0{,}060 \text{ l}} \; ; \; c(NH_3) = 3{,}33 \cdot 10^{-2} \text{ mol} \cdot l^{-1}$$

Der pH-Wert ist an dieser Stelle der Titrationskurve gleich dem $\text{p}K_S$-Wert des Ammoniumions $\text{p}K_S(NH_4^+)$:

$$\text{pH} = 9{,}25 + \lg \frac{3{,}33 \cdot 10^{-2}}{3{,}33 \cdot 10^{-2}} \; ; \; \text{pH} = 9{,}25$$

In den Titrationskurven schwacher und mittelstarker Protolyte (Bild 6-2 und Bild 6-3) tritt ein *Wendepunkt* an jener Stelle auf, an der das korrespondierende Säure-Base-Paar zur Hälfte als *Säure* und zur *Hälfte* als *Base* vorliegt. Lösungen dieser Zusammensetzung verändern – wie der Kurvenverlauf in den Bildern 6-2 und 6-3 zeigt – bei der Zugabe (relativ geringer Mengen) von Säuren oder Basen ihren pH-Wert nur geringfügig. Solche Lösungen werden *Pufferlösungen* genannt, da sie die Wirkung von Säuren bzw. Basen innerhalb bestimmmter Grenzen gewissermaßen *auffangen*.

Pufferlösungen werden im einfachsten Falle so hergestellt, daß äquivalente Mengen

– einer Säure und eines ihrer Salze oder
– einer Base und eines ihrer Salze

in Wasser gelöst werden.

Beispiele: Essigsäure, CH_3COOH, und Natriumacetat, CH_3COONa; Ammoniak, NH_3, und Ammoniumchlorid, NH_4Cl.

In einer *Essigsäure-Natriumacetat-Pufferlösung* tritt das Wassermolekül gegenüber dem Essigsäuremolekül, CH_3COOH, als *Base*, gegenüber dem Acetation, CH_3COO^-, als *Säure* auf:

$$CH_3COOH + H_2O \rightleftarrows CH_3COO^- + H_3O^+$$
$$S_1 \quad + B_2 \quad \rightleftarrows \quad B_1 \quad + S_2$$

$$CH_3COOH + OH^- \rightleftarrows CH_3COO^- + H_2O$$
$$S_1 \quad + B_2 \quad \rightleftarrows \quad B_1 \quad + S_2$$

Bei Zugabe einer geringen Menge *Säure* wird dieses Gleichgewicht nach *links* verschoben. Die zugesetzten Hydroniumionen setzen sich soweit mit Acetationen um, daß der Wert der Säurekonstante $K_S(CH_3COOH)$ wieder erreicht wird:

$$\frac{c(CH_3COO^-) \cdot c(H_3O^+)}{c(CH_3COOH)} = 1{,}78 \cdot 10^{-5} \text{ mol} \cdot l^{-1}$$

Solange in der Pufferlösung Acetationen vorhanden sind, erhöht sich daher die Hydroniumionenkonzentration $c(H_3O^+)$ bei Zugabe einer *Säure* nur geringfügig, und dementsprechend nimmt der pH-Wert nur wenig ab. Erst wenn alle Acetationen in der Pufferlösung verbraucht sind, nimmt der pH-Wert stark ab.

Umgekehrt wird das obige Gleichgewicht bei Zugabe einer geringen Menge *Base* nach *rechts* verschoben. Solange in der Pufferlösung Essigsäuremoleküle vorhanden sind, erhöht sich daher die Hydroxidionenkonzentration $c(OH^-)$ nur geringfügig, und der pH-Wert steigt nur geringfügig an. Erst wenn alle Essigsäuremoleküle verbraucht sind, nimmt der pH-Wert stark zu. Die *Pufferkapazität* einer solchen Lösung ist demnach um so größer, je höher die *Konzentration* ist.

Pufferlösungen spielen in den lebenden Organismen eine wichtige Rolle. Das menschliche Blut hat einen pH-Wert von 7,4. Es wirken mehrere Puffersysteme, die den pH-Wert des Blutes konstant halten. Schon eine Abweichung um ± 0,4 pH-Einheiten ist lebensbedrohlich.

Viele *technische Verfahren* erfordern es, bestimmte pH-Werte einzubehalten (z.B. in Galvanotechnik, Textilveredlung und Lederbearbeitung). Früher wurde nach empirisch gefundenen Rezepten gearbeitet; heute sind zahlreiche Puffersysteme wissenschaftlich untersucht. So ist es heute möglich, Pufferlösungen mit ganz bestimmten pH-Werten herzustellen.[1]

6.3.2.7 Ionenaktivität

In den vorangegangenen Abschnitten wurde wiederholt darauf hingewiesen, daß für genaue Berechnungen anstelle der *Konzentrationen c* die *Aktivitäten a* zugrunde gelegt werden müssen. Durch die Wechselwirkung zwischen den gelösten Teilchen, insbesondere zwischen entgegengesetzt geladenen Ionen, wird nach außen eine *geringere* Anzahl Teilchen vorgetäuscht, als tatsächlich in der Lösung enthalten sind. Selbst in den Lösungen echter Elektrolyte, d.h. von Stoffen, die schon im festen Zustand als Ionen vorliegen, entspricht die elektrische Leitfähigkeit niemals einer 100%igen Dissoziation.

Zwischen der tatsächlichen Ionenkonzentration c und der nach außen wirksamen Ionenkonzentration, die Ionenaktivität a genannt wird, besteht die Beziehung:

$$c \cdot f = a \qquad (6\text{-}19)$$

Der Proportionalitätsfaktor f wird *Aktivitätskoeffizient* genannt. Als Quotient aus Aktivität a und Konzentration c ist er stets kleiner als 1:

$$f = \frac{a}{c} \qquad (6\text{-}19a)$$

Mit den Maßeinheiten der Aktivität a und des Aktivitätskoeffizienten f wird unterschiedlich verfahren:

– Wird der Aktivität a die gleiche Maßeinheit $mol \cdot l^{-1}$ zugeordnet wie der Konzentration c, so erhält der Aktivitätskoeffizient f die Maßeinheit 1.

– Da meist mit dem Logarithmus der Aktivität gerechnet wird, ist es vorteilhaft, wenn die Aktivität a die Maßeinheit 1 erhält. Das wird nach Gleichung

---

[1] Siehe Tabellenbücher, z.B.:
  – Tabellenbuch Chemie, R. KALTOFEN,
  – Chemische Tabellen und Rechentafeln für die analytische Praxis. K. RAUSCHER u.a.,
  – Chemisch-technische Stoffwerte, O. REGEN u.a.
  alle: Verlag Harri Deutsch, Thun und Frankfurt/Main.

(6-19) erreicht, wenn man dem Aktivitätskoeffizienten f die reziproke Maßeinheit der Konzentration c, also $l \cdot mol^{-1}$, zuordnet.

Der *Aktivitätskoeffizient f* wird mit *zunehmender Verdünnung größer.*

Beispiele:

	NaCl	KOH	HNO_3
$c = 1$ mol·l^{-1}	0,65 l·mol^{-1}	0,76 l·mol^{-1}	0,73 l·mol^{-1}
$c = 0,1$ mol·l^{-1}	0,76 l·mol^{-1}	0,80 l·mol^{-1}	0,79 l·mol^{-1}
$c = 0,01$ mol·l^{-1}	0,92 l·mol^{-1}	0,90 l·mol^{-1}	0,91 l·mol^{-1}

In sehr verdünnten Lösungen kommt daher nach Gleichung (6-19) der Zahlenwert der Aktivität a dem der Konzentration c nahe. Soweit es nicht um genaue Berechnungen geht, kann daher statt der Aktivität a die Konzentration c verwendet werden.

6.4 Komplexreaktionen

Komplexverbindungen (↑ 5.4) liegen – je nach ihrer Zusammensetzung – in wäßrigen Lösungen mit komplexen Kationen oder komplexen Anionen vor. Charakteristisch für diese *Komplexionen* ist ihre mehr oder weniger hohe *Stabilität.* Die Komplexionen zerfallen in wäßriger Lösung nur in sehr geringem Maße in ihre Bestandteile:

$$\text{Komplexion} \xrightleftharpoons[\text{Komplexassoziation}]{\text{Komplexdissoziation}} \text{Metallion} + \text{Liganden}$$

Komplexdissoziation und *Komplexassoziation* stehen sich als Hin- und Rückreaktion gegenüber. Das Gleichgewicht liegt weit auf der *linken* Seite dieser Gleichung.

Werden Komplexreaktionen analog den Redoxreaktionen und Säure-Base-Reaktionen als *Teilchenübergangsreaktionen* betrachtet, so handelt es sich hier bei den übertragenen Teilchen um die *Liganden.*

- **Die Komplexdissoziation ist eine Abgabe von Liganden.**
- **Die Komplexassoziation ist eine Aufnahme von Liganden.**

In Analogie zu den Redoxpaaren und Säure-Base-Paaren treten uns hier korrespondierende Paare »*Komplexion – Metallion*« gegenüber.

Beispiel: $[Ag(CN)_2]^- \rightleftarrows Ag^+ + 2\,CN^-$

6.4 Komplexreaktionen

Die Abgabe und Aufnahme der Liganden erfolgt allerdings schrittweise, so daß sich in einem korrespondierenden Paar auch *zwei Komplexe* gegenüberstehen können, von denen der eine *einen Liganden mehr* enthält als der andere.

Beispiel: $[Ag(CN)_2]^- \rightleftarrows [Ag(CN)] + CN^-$

$[Ag(CN)] \rightleftarrows Ag^+ + CN^-$

Wie das Beispiel zeigt, können auch *ungeladene Komplexe* auftreten. Sie werden im Unterschied zu den Anionkomplexen und Kationkomplexen *Molekülkomplexe* genannt.[1] Wenn statt von Komplexionen allgemeiner von Komplexen die Rede ist, wird dem Rechnung getragen.

In der Stabilität der Komplexe gibt es erhebliche Unterschiede, so daß zwischen starken und schwachen Komplexen unterschieden wird. *Starke Komplexe unterliegen in geringerem Maße der Dissoziation als schwache Komplexe.*[2] Die Komplexreaktionen sind dementsprechend von der Tendenz geprägt, aus den in der Lösung vorhandenen Metallionen und Liganden den jeweils *stärksten* Komplex zu bilden.

Bei den **Ligandenübergangsreaktionen** gehen die Liganden aus dem *schwächeren* Komplex in den *stärkeren* Komplex über. Mit anderen Worten: Zu einer Ligandenübergangsreaktion kommt es, wenn
- der schwächere Komplex in Richtung der Komplexdissoziation (des Komplexzerfalls) und
- der stärkere Komplex in Richtung der Komplexassoziation (der Komplexbildung)

reagiert.

Beispiel: Das Tetracyanocupration, $[Cu(CN)_4]^{2-}$, ist ein stärkerer Komplex als das Tetracyanonickelation, $[Ni(CN)_4]^{2-}$.

Wird einer Nickel(II)-salzlösung wenig Kaliumcyanidlösung zugegeben, so bildet sich der Nickelkomplex:

$Ni^{2+} + 4\ CN^- \rightleftarrows [Ni(CN)_4]^{2-}$

Wird der so entstandenen Lösung eine Kupfer(II)-salzlösung zugesetzt, so zerfällt der Nickelkomplex, während sich der Kupferkomplex bildet:

$[Ni(CN)_4]^{2-} \rightleftarrows Ni^{2+} + 4\ CN^-$ 1. Halbsystem

$Cu^{2+} + 4\ CN^- \rightleftarrows [Cu(CN)_4]^{2-}$ 2. Halbsystem

---

$[Ni(CN)_4]^{2-} + Cu^{2+} \rightleftarrows 2\ Ni^{2+} + [Cu(CN)_4]^{2-}$

---

[1] Zu den Wertigkeitsverhältnissen in Komplexionen ↑ 5.5.3.2 u. 5.4
[2] Die Verwendung der Begriffe *stark* und *schwach* ist hier der bei den Protolyten (↑ 6.3) gerade entgegengesetzt: Starke Protolyte unterliegen in stärkerem Maße der Protolyse als schwache Protolyte.

Für solche *Ligandenübergangsreaktionen* kann folgende Symbolik[1] verwendet werden:

[Me1 Lig$_n$]	$\rightleftarrows$ Me1 + n Lig	1. Halbsystem
Me2 + n Lig	$\rightleftarrows$ [Me2 Lig$_n$]	2. Halbsystem

$$[\text{Me1 Lig}_n] + \text{Me2} \rightleftarrows \text{Me1} + [\text{Me2 Lig}_n] \qquad (6\text{-}20)$$

Dabei steht **Me** für die *beiden* beteiligten Metallionen, **Lig** für den in beiden Halbsystemen *gleichen* Liganden. **Me1** ist das Metall, das den *schwachen* Komplex bildet, **Me2** das Metall, das den *starken* Komplex bildet. Die vorstehende allgemeine Gleichung (6-20) drückt demnach aus:

Die Liganden gehen aus dem schwachen Komplex in den starken Komplex über.

Diese Darstellung des Ligandenüberganges läßt allerdings unberücksichtigt, daß die beteiligten Metallionen in wäßriger Lösung nicht nur *hydratisiert* sind, sondern als *Aquakomplexe* vorliegen (Beispiel: Tetraaquakupfer(II)-ion; ↑ Bild 6-5). Während die Wassermoleküle der Hydrathülle einem ständigen Austausch mit benachbarten Wassermolekülen unterliegen, sind die Wassermoleküle in den Aquakomplexen relativ fest gebunden. So betrachtet, handelt es sich bei den Komplexreaktionen um **Ligandenaustauschreaktionen.**

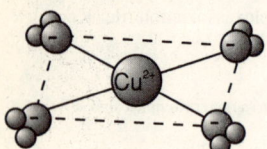

Bild 6-5: Tetraaquakupfer(II)-ion

Beispiel: Die Umsetzung des Nickelkomplexes zum Kupferkomplex (↑ obiges Beispiel) ist dann wie folgt zu formulieren:

$$[\text{Ni(CN)}_4]^{2-} + [\text{Cu(H}_2\text{O})_4]^{2+} \rightleftarrows \text{Ni(H}_2\text{O})_4]^{2+} + [\text{Cu(CN)}_4]^{2-}$$

Diese Komplexreaktion ergibt sich – durch Addition – aus den beiden Teilreaktionen:

$$[\text{Ni(CN)}_4]^{2-} + 4\,\text{H}_2\text{O} \rightleftarrows [\text{Ni(H}_2\text{O})_4]^{2+} + 4\,\text{CN}^- \qquad (6\text{-}21\text{a})$$

$$[\text{Cu(H}_2\text{O})_4]^{2+} + 4\,\text{CN}^- \rightleftarrows [\text{Cu(CN)}_4]^{2-} + 4\,\text{H}_2\text{O} \qquad (6\text{-}21\text{b})$$

An beiden als Zentralionen auftretenden Metallionen werden die *Liganden gegen andere Liganden ausgetauscht*. Dabei treten jeweils *zwei korrespondierende Paare »Komplexion – Metallion«* miteinander in Beziehung.

---

[1] Die Wertigkeitsverhältnisse werden bei dieser Symbolik außer Betracht gelassen.

Beispiel: Die Gleichung (6-21a) resultiert aus den Paaren:

$[Ni(CN)_4]^{2-} \rightleftarrows Ni^{2+} + 4\,CN^{-}$ und

$Ni^{2+} + 4\,H_2O \rightleftarrows [Ni(H_2O)_4]^{2+}$;

die Gleichung (6-21b) aus den Paaren:

$[Cu(H_2O)_4]^{2+} \rightleftarrows Cu^{2+} + 4\,H_2O$ und

$Cu^{2+} + 4\,CN^{-} \rightleftarrows [Cu(CN)_4]^{2-}$

Diese Darstellung ist insofern noch stark vereinfacht, als sämtliche Komplexreaktionen *schrittweise* ablaufen, was am Beispiel des Dicyanoargentatkomplexes schon angedeutet wurde (↑ S. 243). Im Bild 6-6 ist der schrittweise Ligandenaustausch vom Tetraaquakupferion $[Cu(H_2O)_4]^{2+}$ zum Tetraamminkupferion $[Cu(NH_3)_4]^{2+}$ dargestellt. In Abhängigkeit von der Konzentration des Ammoniaks in der Lösung liegen die verschiedenen Komplexionen in unterschiedlichen Stoffmengenanteilen vor.

Beispiel: Bei $c(NH_3) = 0{,}001\,mol \cdot l^{-1}$ liegen etwa gleiche Anteile $[Cu(NH_3)_3(H_2O)]^{2+}$ und $[Cu(NH_3)_2(H_2O)_2]^{2+}$ vor und daneben geringe Anteile $[Cu(NH_3)_4]^{2+}$ und $[Cu(NH_3)(H_2O)_3]^{2+}$.

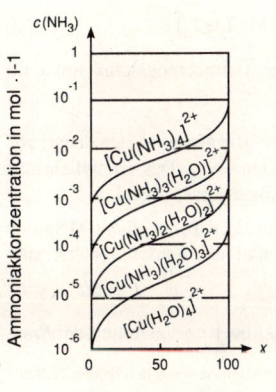

Bild 6-6: Schrittweiser Ligandenaustausch vom Tetraaquakupferkomplex zum Tetraamminkupferkomplex

Die einzelnen Schritte einer Ligandenaustauschreaktion verlaufen mit unterschiedlicher *Reaktionsgeschwindigkeit*. Der langsamste Schritt bestimmt die Reaktionsgeschwindigkeit der Gesamtreaktion. Komplexreaktionen verlaufen im allgemeinen wesentlich langsamer als Ionenreaktionen.

In wäßrigen Lösungen spielen die Wassermoleküle stets eine Rolle als Liganden. Im Blickfeld steht aber mehr der Austausch zwischen *anderen* Liganden.

Beispiel: In einer wäßrigen Lösung, die Silberionen und Ammoniakmoleküle enthält, bilden sich Diamminsilberionen:

$$Ag^+ + 2\,NH_3 \rightleftarrows [Ag(NH_3)_2]^+$$

Wird dieser Lösung etwas Kaliumcyanidlösung zugegeben, so werden die Ammoniakmoleküle durch Cyanidionen ausgetauscht:

$[Ag(NH_3)_2]^+$	$\rightleftarrows Ag^+ + 2\,NH_3$	1. Halbsystem
$Ag^+ + 2\,CN^-$	$\rightleftarrows [Ag(CN)_2]^-$	2. Halbsystem

$$[Ag(NH_3)_2]^+ + 2\,CN^- \rightleftarrows 2\,NH_3 + [Ag(CN)_2]^-$$

Hierin zeigt sich, daß der Cyankomplex *stärker* ist als der Amminkomplex.

Allgemein läßt sich für die *Ligandenaustauschreaktionen* folgende Symbolik verwenden:

[Me Lig1$_n$]	$\rightleftarrows$ **Me + n Lig1**
Me + n Lig2	$\rightleftarrows$ **[Me Lig2$_n$]**

$$[Me\,Lig1_n] + n\,Lig2 \rightleftarrows n\,Lig1 + [Me\,Lig2_n] \qquad (6\text{-}22)$$

Die Gleichungen (6-20) und (6-22) geben zwei Betrachtungsstandpunkte für Komplexreaktionen wieder:

- Bei den **Ligandenübergangsreaktionen** (6-20) geht eine Ligandenart von einem Metallion zu einem anderen Metallion über. (Das ermöglicht den Vergleich mit Redoxreaktionen und Säure-Base-Reaktionen.)
- Bei den **Ligandenaustauschreaktionen** (6-22) wird an einem Metallion die Ligandenart durch eine andere Ligandenart ausgetauscht (ersetzt, substituiert).

Die *quantitative* Behandlung von Komplexreaktionen erfolgt mittels der *Komplexbildungskonstante* K_B (↑ 8.5.3).

6.5 Lösungs- und Fällungsreaktionen

Der *Abbau und Aufbau von Ionengittern* tritt in Lösungen in Form von Lösungsreaktionen und Fällungsreaktionen in Erscheinung. Diese Vorgänge laufen unter dem Einfluß des *Lösungsmittels* ab, wobei außer dem – am besten geeigneten – *Wasser* auch andere Flüssigkeiten mit Dipolmolekülen in Betracht kommen, z.B. flüssiges *Ammoniak*.

Die elektrostatischen Anziehungskräfte zwischen den positiven und negativen Ionen sind im *Innern* des Ionenkristalls abgesättigt. An der *Oberfläche* eines Ionenkristalls wirken diese Kräfte teilweise nach außen. Daher lagern sich Dipolmoleküle des Wassers mit ihrer negativen Seite an Kationen, mit ihrer positiven Seite an Anionen der Kristalloberfläche an. Indem Wassermoleküle zwischen die Kationen und Anionen des Kristalls eindringen (Bild 6-7), werden die Anziehungskräfte zwischen diesen Ionen auf einen Bruchteil

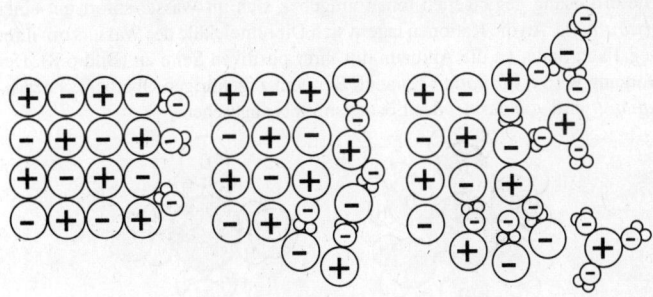

Bild 6-7: Abbau eines Ionengitters unter der Wirkung der Dipolmoleküle des Wassers

vermindert. Auf diese Weise löst sich schließlich der ganze Kristall auf.

Ein Maß für diese – die Anziehungskräfte herabsetzende – Wirkung von Lösungsmitteln ist die **relative Dielektrizitätskonstante** ε_0. In der COULOMBschen Gleichung[1], die für die Anziehungskräfte F zwischen den Ionen eines Ionengitters gilt, steht die relative Dielektrizitätskonstante im Nenner:

$$F = \frac{1}{4\pi\varepsilon_0} \frac{q_+ \cdot q_-}{r^2} \tag{6-23}$$

q_+ und q_- sind die Ladungen des Kations und des Anions. r ist der Abstand zwischen den Mittelpunkten der Ionen.

Beispiele für relative Dielektrizitätskonstanten:

Flüssiger Fluorwasserstoff	$\varepsilon_0 = 84$
Wasser	$\varepsilon_0 = 81$
Ethanol (Ethylalkohol)	$\varepsilon_0 = 16$
Propanon (Aceton)	$\varepsilon_0 = 21$
flüssiges Ammoniak	$\varepsilon_0 = 15$
flüssiges Schwefeldioxid	$\varepsilon_0 = 14$
Benzen (Benzol)	$\varepsilon_0 = 2$

[1] Der Franzose CHARLES DE COULOMB erkannte (1785): Die Kräfte, die zwischen zwei elektrischen Ladungen wirken, sind dem Produkt dieser Ladungen $q_+ \cdot q_-$ proportional und dem Quadrat des Abstandes dieser Ladungen r^2 umgekehrt proportional.

Nach Gleichung (6-23) werden demnach die Anziehungskräfte zwischen den Ionen beim Eindringen von Wassermolekülen auf den 81. Teil herabgesetzt. Die besonders hohe kraftmindernde Wirkung von Wasser und Fluorwasserstoff beruht darauf, daß diese beiden Stoffe mittels Wasserstoffbrückenbindungen (↑ 5.1.11) *Molekülaggregate* bilden, also mit relativ großen Teilchen in das Ionengitter eindringen.

Die in Lösung gegangenen Ionen umgeben sich im Wasser sofort mit einer *Hydrathülle*. An die Kationen lagern sich Dipolmoleküle des Wassers mit ihrer negativen Seite, an die Anionen mit ihrer positiven Seite an (Bild 6-8). Der Vorgang wird *Hydratation* genannt. Bei dem zugehörigen Oberbegriff *Solvatation*[1] wird von der *Art* des Lösungsmittels abgesehen.

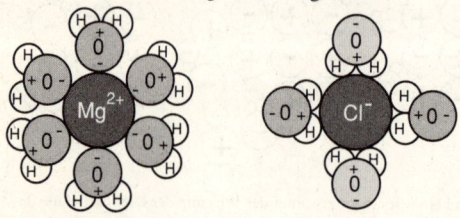

Bild 6-8: Schematische Darstellung hydratisierter Ionen (In Wirklichkeit sind die Dipolmoleküle räumlich um das Ion angeordnet.)

Den Lösungsreaktionen von Ionensubstanzen stehen als Rückreaktion die *Fällungsreaktionen* gegenüber:

$$K^+A^- \underset{\text{Fällungsreaktion}}{\overset{\text{Lösungsreaktion}}{\rightleftarrows}} K^+_{aq} + A^-_{aq}$$

(Ionengitter)   (hydratisierte Ionen)

Fällungsreaktionen treten ein, wenn zur Lösung einer Ionensubstanz weitere Ionen zugegeben werden, die mit einem der in der Lösung enthaltenen Ionen eine *schwerlösliche* Ionensubstanz bilden. Diese Substanz *fällt* dann aus der Lösung *aus;* sie bildet einen *Niederschlag*, der sich – je nach seiner Art schnell oder langsam – als *Bodenkörper* absetzt.

Beispiel: Einer Silbernitratlösung, $AgNO_3$, werden Chloridionen, Cl^-, (in Form von Salzsäure oder eines leichtlöslichen Chlorids, z.B. Natriumchlorid, NaCl,) zugegeben. Es entsteht ein Niederschlag des schwerlöslichen Silberchlorids, AgCl:
$Ag^+ + Cl^- \rightarrow AgCl\downarrow$
Diese Reaktion dient einerseits zum *Nachweis* von *Silberionen*, andererseits zum Nachweis von *Chloridionen*.

---

[1] *solvere* (lat.) lösen

6.5 Lösungs- und Fällungsreaktionen

Weitere bekannte Fällungsreaktionen beruhen auf der Schwerlöslichkeit von *Bariumsulfat*, $BaSO_4$, und von *Schwermetallhydroxiden*.

$Ba^{2+} + SO_4^{2-} \rightarrow BaSO_4\downarrow$

$Fe^{3+} + 3\,OH^- \rightarrow Fe(OH)_3\downarrow$

Die Fällung von Bariumsulfat kann sowohl zum *Nachweis* von *Sulfationen* (mittels Bariumchloridlösung) als auch zum Nachweis von *Bariumionen* (mittels Schwefelsäure) dienen.

Die zur Fällung von Schwermetallhydroxiden erforderlichen *Hydroxidionen* können in Form von Natronlauge, NaOH, oder Kalilauge, KOH, aber auch in Form einer wäßrigen Ammoniaklösung zugefügt werden, die infolge der Protolyse

$NH_3 + H_2O \rightleftarrows NH_4^+ + OH^-$

gleichfalls Hydroxidionen enthält.

Die quantitative Behandlung von Lösungs- und Fällungsreaktionen erfolgt mittels der *Löslichkeitskonstante* K_L (↑ 8.5.2).

Zwischen den Lösungs- und Fällungsreaktionen und den Komplexreaktionen (↑ 6.4) bestehen enge Beziehungen. So kommt es vielfach im Anschluß an *Fällungsreaktionen* zu *Komplexreaktionen*.

Beispiel: Kupfer(II)-sulfat löst sich im Wasser unter *Abbau* des Ionengitters zu einer hellblauen Lösung:

$CuSO_4 \rightleftarrows Cu^{2+} + SO_4^{2-}$

Nach Zugabe weniger Tropfen wäßriger Ammoniaklösung fällt ein hellblauer Niederschlag von Kupfer(II)-hydroxid, $Cu(OH)_2$, aus. Hier handelt es sich um den *Aufbau* eines neuen *Ionengitters*:

$Cu^{2+} + 2\,OH^- \rightarrow Cu(OH)_2\downarrow$

Wird nun wäßrige Ammoniaklösung im Überschuß zugesetzt, so löst sich dieser Niederschlag unter Komplexbildung wieder auf:

$Cu(OH)_2 + 4\,NH_3 \rightleftarrows [Cu(NH_3)_4]^{2+} + 2\,OH^-$

Der Tetraamminkupfer(II)-komplex ist löslich; er färbt die Lösung tiefblau.

Da zwischen hydratisierten Ionen und Aquakomplexen (↑ S. 244) keine strenge Grenze gezogen werden kann und auch zwischen den Löslichkeitskonstanten und den Komplexbildungskonstanten enge Beziehungen bestehen (↑ S. 302, 340), wird mitunter der Abbau und Aufbau von Ionengittern überhaupt den Komplexreaktionen zugeordnet, so daß dann nur drei anorganische Reaktionstypen unterschieden werden.

7 Thermochemie

Bei chemischen Reaktionen ändert sich die innere Energie der beteiligten Stoffe. Dies geschieht durch

- Abgabe oder Aufnahme von *Wärme* und durch
- Abgabe oder Aufnahme von *Arbeit*.

In diesem Abschnitt wird vorrangig die Umsetzung von *Wärme* bei chemischen Reaktionen behandelt. Dieses Teilgebiet der chemischen Wissenschaft wird *Thermochemie* genannt.

Soweit es sich um Gasreaktionen handelt, spielt die Arbeit in Form von *Volumenarbeit* eine wichtige Rolle. Bei Reaktionen, die in elektrochemischen Zellen ablaufen, tritt *elektrische Arbeit* auf. All das ordnet sich in die umfassendere *chemische Thermodynamik* ein, die nur ausschnittsweise Gegenstand dieses Taschenbuchs sein kann.

Eine exakte mathematische Behandlung der mit chemischen Reaktionen einhergehenden energetischen Vorgänge ist nur mittels der Differential- und Integralrechnung möglich. Das ist Gegenstand der physikalischen Chemie innerhalb der Hochschulausbildung von Chemikern. In den meisten Studienrichtungen mit Chemie als Grundlagenfach geht es mehr um eine *beschreibende* Behandlung der Thermochemie. Soweit dabei Berechnungen zur Veranschaulichung der energetischen Vorgänge herangezogen werden, ist das meist nur eine quasi-quantitative Behandlung. Dieser bedient sich auch das vorliegende Taschenbuch.

7.1 Grundbegriffe der Thermodynamik

Die klassische Thermodynamik untersucht beobachtbare und meßbare Vorgänge im *makroskopischen* Bereich. Wie diese Vorgänge mit Vorgängen im atomaren und molekularen Bereich zusammenhängen, ist Untersuchungsgegenstand der *statistischen Thermodynamik,* der gegenüber die Thermodynamik, mit der wir uns in diesem Taschenbuch befassen, auch als *phänomenologische Thermodynamik* bezeichnet wird.

Die *chemische Thermodynamik* ist deren Anwendung auf chemische Reaktionen. Sie liefert Aussagen darüber, ob eine bestimmte chemische Reaktion überhaupt *möglich* ist und unter welchen Bedingungen (Druck, Temperatur, Zusammensetzung des reagierenden Systems). Die *Zeit* geht in thermodynamische Berechnungen nicht ein. Die chemische Thermodynamik kann daher nichts darüber aussagen, ob eine an sich mögliche Reaktion mit einer für die

7.1 Grundbegriffe der Thermodynamik

praktische Durchführung hinreichenden *Reaktionsgeschwindigkeit* (↑ S. 302) abläuft. Das ist Gegenstand der *chemischen Kinetik.*[1]

Der Untersuchungsgegenstand wird in der Thermodynamik allgemein *System* genannt. Dabei kann es sich z.B. um eine Portion eines reinen Stoffes oder um eine Portion eines Reaktionsgemischs handeln. Ein solches System wird stets in den Beziehungen zu seiner *Umgebung* betrachtet. Untersucht werden die Energieänderungen, die durch Austausch von Wärme und Arbeit zwischen dem System und seiner Umgebung auftreten. Es werden folgende Systeme unterschieden:

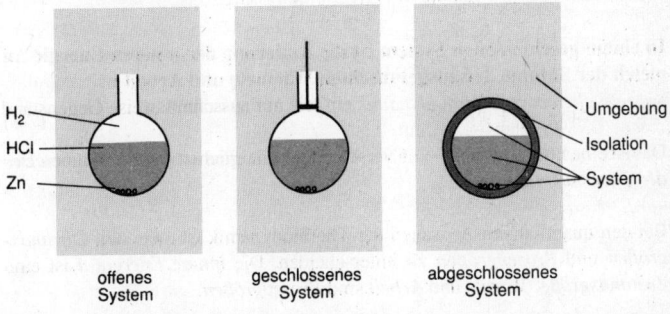

Bild 7-1: Unterscheidung von offenen, geschlossenen und abgeschlossenen (isolierten) Systemen

- **Offene Systeme**

  Es ist sowohl ein Austausch von *Wärme* und *Arbeit* als auch ein *Stoffaustausch* mit der Umgebung möglich (Bild 7-1a).

  Beispiel: In einem offenen Gefäß reagiert Zink mit Salzsäure:
  $Zn + 2\,HCl \rightarrow ZnCl_2 + H_2\uparrow$
  Der entstehende Wasserstoff entweicht aus dem Gefäß. Bei der Reaktion steigt die Temperatur etwas an. Es wird dann Wärme an die Umgebung abgegeben, bis System und Umgebung wieder die gleiche Temperatur haben.

- **Geschlossene Systeme**

  Es ist nur ein Austausch von *Wärme* und *Arbeit*, aber kein Stoffaustausch mit der Umgebung möglich (Bild 7-1b).

  Beispiel: In einem Gefäß, das mit einem beweglichen Kolben verschlossen ist, drückt der entstehende Wasserstoff den Kolben nach außen. Auch hier wird Wärme an die Umgebung abgegeben, bis der Temperaturausgleich zwischen System und Umgebung erreicht ist. Ein Stoff kann aber nicht entweichen.

[1] Lehre von den Bewegungen der Atome und Moleküle, von *kinein* (griech.) bewegen

- **Isolierte (abgeschlossene) Systeme**
  Es ist weder ein Stoffaustausch noch ein Austausch von Wärme oder Arbeit zwischen System und Umgebung möglich (Bild 7-1c).

  Beispiel: In einem Druckbehälter mit Wärmeisolierung erhöht sich durch den entstehenden Wasserstoff der Druck. Die während der Reaktion angestiegene Temperatur kann nicht durch Abgabe von Wärme ausgeglichen werden.

In einem isolierten (abgeschlossenen) System ist die innere Energie u konstant.

Das ist der von dem deutschen Physiker und Physiologen HERMANN VON HELMHOLTZ (1847) erkannte *Energieerhaltungssatz*.

In einem geschlossenen System ist die Änderung der inneren Energie Δu gleich der Summe der ausgetauschten Wärme q und Arbeit w.

$$\Delta u = q + w \tag{7-1}$$

Das ist eine Formulierung – von verschiedenen möglichen – des *1. Hauptsatzes der Thermodynamik*.

Bei den quantitativen Aussagen der Thermodynamik ist zwischen *Zustandsgrößen* und *Prozeßgrößen* zu unterscheiden. Die *innere Energie u* ist eine *Zustandsgröße*, *Wärme* und *Arbeit* sind *Prozeßgrößen*.

Zustandsgrößen kennzeichnen den Zustand eines Systems. Zu den Zustandsgrößen gehören die *extensiven Größen*

- *Masse m,*
- *Stoffmenge (Objektmenge) n,*
- *Volumen v* und
- *innere Energie u.*

(Bei extensiven Größen halbieren sich die Zahlenwerte, wenn das betrachtete System halbiert wird; ↑ S. 36.)

Zu den Zustandsgrößen gehören weiterhin die *intensiven Größen*

- *Temperatur T,*
- *Druck p* und
- *Dichte ρ.*

(Bei intensiven Größen bleibt der Zahlenwert unverändert, wenn das betrachtete System geteilt wird; ↑ S. 36.)

Die *Zustandsgrößen* sind unabhängig von dem *Weg*, auf dem der Zustand erreicht wurde.

7.1 Grundbegriffe der Thermodynamik

Beispiel: Kohlendioxid hat – gleiche Temperatur und gleichen Druck vorausgesetzt – die gleiche Dichte, unabhängig davon, ob es durch Verbrennen von Kohlenstoff oder von Kohlenmonoxid gewonnen wurde.

Jede Zustandsgröße eines Systems ist von anderen Zustandsgrößen dieses Systems abhängig, die in diesem Falle *Zustandsvariable* genannt werden.

Beispiel: Das Volumen v ist eine Funktion der Zustandsvariablen Druck p, Temperatur T, und Stoffmenge (Objektmenge) n:

$$v = f(p,T,n).$$

Die *allgemeine Zustandsgleichung der idealen Gase* (↑ 2.11)

$$v \cdot p = n \cdot R \cdot T$$

gibt den Zusammenhang zwischen den Zustandsgrößen Volumen v, Druck p, Stoffmenge (Objektmenge) n und Temperatur T wieder. Der Proportionalitätsfaktor R ist als allgemeine Gaskonstante bekannt ($R = 8,31451$ J · mol^{-1} · K^{-1}).

Die **Prozeßgrößen** (auch Austauschgrößen oder Weggrößen genannt) geben die *Änderung des Zustandes* eines Systems an.

Die Prozeßgrößen *Arbeit w* und *Wärme q* haben die gleiche SI-Einheit Joule (Einheitenzeichen J) wie die Zustandsgröße Energie.[1] Es gilt die Vereinbarung, daß Arbeit w und Wärme q

– *negatives* Vorzeichen tragen, wenn die *innere Energie* des Systems *abnimmt*,
– *positives* Vorzeichen tragen, wenn die *innere* Energie des Systems *zunimmt*.

Mit anderen Worten:
Die *Wärme q* hat *negatives* Vorzeichen, wenn das System *Wärme abgibt*, *positives* Vorzeichen, wenn dem System *Wärme zugeführt* wird.
Die *Arbeit* hat *negatives* Vorzeichen, wenn das *System Arbeit verrichtet*, *positives* Vorzeichen, wenn *am System Arbeit verrichtet* wird.

Die **innere Energie** u eines Systems ist nicht meßbar, sondern nur die *Änderung* der inneren Energie, also die Differenz, die zwischen den inneren Energien zweier Zustände des Systems besteht. Um der vorstehenden Vorzeichenvereinbarung zu entsprechen, ist dabei die Differenz

$$\Delta u = u_2 - u_1 \tag{7-2}$$

zu bilden. u_1 ist die innere Energie des Systems im *Ausgangszustand* der Veränderung, u_2 dessen innere Energie im *Endzustand* der Veränderung.

---

[1] nach dem englischen Physiker JAMES PRESCOTT JOULE (1818-1889); 1 Joule = 1 Newtonmeter = 1 Wattsekunde

Zur inneren Energie eines Systems gehören im wesentlichen
- die *thermische Energie*,
- die *chemische Energie* und
- die *Kernenergie*.

Die thermische Energie ist die Bewegungsenergie der Teilchen. Die chemische Energie beruht darauf, daß chemische Bindungen unter Abgabe von Wärme und Arbeit in andere chemische Bindungen übergehen können, Kernenergie darauf, daß Atomkerne unter Abgabe von Wärme und Arbeit in andere Atomkerne übergehen können.

Nicht zur inneren Energie gehören (es könnte hier auch von *äußerer* Energie gesprochen werden)

- die *potentielle Energie* des gesamten Systems (Energie der Lage im Gravitationsfeld) und
- die *kinetische Energie* (Bewegungsenergie) des gesamten Systems.

Bei chemischen Reaktionen, aber auch bei Phasenumwandlungen (Änderungen des Aggregatzustandes) erstrecken sich die Energieänderungen sowohl auf die chemische Energie als auch auf die thermische Energie. Eine Trennung nach den Energiearten ist dabei nicht möglich.

Die **Zustandsänderungen** können unter unterschiedlichen Bedingungen ablaufen. Danach werden unterschieden

- *isobare* Zustandsänderungen (unter konstantem Druck),
- *isochore* Zustandsänderungen (unter konstantem Volumen),
- *isotherme* Zustandsänderungen (unter konstanter Temperatur) und
- *adiabatische* Zustandsänderungen (ohne Wärmeaustausch).

Die weitaus meisten chemischen Reaktionen laufen unter *konstantem Druck* ab. Sollen Gasreaktionen unter *konstantem Volumen* ablaufen, müssen sie in Druckbehältern durchgeführt werden. Bei Reaktionen, an denen nur Flüssigkeiten und Feststoffe beteiligt sind, spielen Volumenänderungen eine untergeordnete Rolle.
Isotherme Zustandsänderungen und *adiabatische* Zustandsänderungen sind Grenzfälle. Wenn nicht besondere technische Vorkehrungen getroffen werden, verlaufen chemische Reaktionen weder isotherm noch adiabatisch, sondern es findet zwischen System und Umgebung ein allmählicher Wärmeübergang (jeweils vom wärmeren zum kälteren Bereich) statt. In diesem Falle wird von *polytropen* Zustandsänderungen gesprochen. Im allgemeinen verlaufen chemische Reaktionen polytrop.

7.2 Reaktionsenergie und Reaktionsenthalpie

Wenn in einem System eine chemische Reaktion abläuft, ändert sich im allgemeinen – durch Aufnahme oder Abgabe von Wärme bzw. Arbeit – die innere Energie u dieses Systems. Die Energieänderung wird in diesem Falle *Reaktionsenergie* genannt (Formelzeichen $\Delta_R u$, auch $\Delta_r u$, Δu_R oder Δu_r):

$$\Delta_R u = u_2 - u_1 \qquad (7\text{-}2a)$$

(Diese Gleichung gilt für offene und geschlossene Systeme, nicht aber für isolierte Systeme, in denen $\Delta u = 0$ ist.)

In der Regel verlaufen chemische Reaktionen nicht vollständig. Nur in den – seltenen – Fällen, in denen bei chemischen Reaktionen die Ausgangsstoffe praktisch vollständig zu den Endprodukten umgesetzt werden (z.B. Wasserstoff und Sauerstoff zu Wasser in der Knallgasreaktion), kann Gleichung (7-2a) die Form annehmen:

$$\Delta_R u = u_E - u_A, \qquad (7\text{-}2b)$$

wobei u_A die innere Energie der Ausgangsstoffe und u_E die innere Energie der Endprodukte ist.

Für die Reaktionsenergie $\Delta_R u$ können sich unterschiedliche Zahlenwerte ergeben, je nachdem, ob die Reaktion *isochor* (unter konstantem Volumen) oder *isobar* (unter konstantem Druck) abläuft. Es wird danach unterschieden zwischen $\Delta_R u_v$ und $\Delta_R u_p$. Ein Unterschied zwischen diesen beiden Reaktionsgrößen besteht bei allen Gasreaktionen, die unter *Volumenänderung* verlaufen. Formal ist das daran erkennbar, daß die Summe der *Stöchiometriezahlen* ν (griech. ny) in der Reaktionsgleichung von Null verschieden ist:

$$\sum \nu_i \neq 0 \qquad i = 1, 2, 3, ..., k$$

dabei sind die Stöchiometriezahlen der Ausgangsstoffe mit *negativem*, die der Reaktionsprodukte mit *positivem* Vorzeichen einzusetzen. Der Index i (*Laufindex* genannt) steht für alle einzelnen Reaktionsteilnehmer.

Beispiel: Ammoniaksynthese

$$N_2 + 3\,H_2 \rightleftarrows 2\,NH_3$$

$$\sum \nu_i = \nu(N_2) + \nu(H_2) + \nu(NH_3)$$
$$\sum \nu_i = (-1) + (-3) + (+2)$$
$$\sum \nu_i = -2$$

Wassergaskonvertierung

$$CO + H_2O \rightleftarrows CO_2 + H_2$$

$$\sum \nu_i = (-1) + (-1) + (+1) + (+1)$$

$$\sum \nu_i = 0$$

$\Delta_R u_v$ und $\Delta_R u_p$ unterscheiden sich bei der Ammoniaksynthese, nicht aber bei der Wassergaskonvertierung.

Bei Reaktionen zwischen *Feststoffen* und zwischen *Flüssigkeiten* sind die Volumenänderungen so gering, daß $\Delta_R u_v$ und $\Delta_R u_p$ näherungsweise gleich sind.

Wenden wir die Gleichung (7-1)

$$\Delta u = q + w$$

auf $\Delta_R u_v$ und $\Delta_R u_p$ an, so ergibt sich folgender Unterschied:

Für *konstantes Volumen*:

$$\Delta_R u_v = q_v \qquad (7\text{-}1a)$$

Die Änderung der inneren Energie Δu_v ist gleich der *Reaktionswärme* q_v. In diesem Falle ist $w = 0$, da das System keine Arbeit zu verrichten hat. (Galvanische Zellen, in denen elektrische Arbeit auftritt, bleiben hier außer Betracht; ↑9.3).

Für *konstanten Druck*:

$$\Delta_R u_p = q_p + w_p \qquad (7\text{-}1b)$$

Die Änderung der inneren Energie $\Delta_R u_p$ ist gleich der *Summe* von *Reaktionswärme* q_p und *Reaktionsarbeit* w_p. Die Arbeit tritt hier als *Volumenarbeit* $w_{vol,p}$ auf. Das ist die Arbeit, die bei der *Expansion* vom System gegen den äußeren Druck bzw. bei der *Kompression* vom äußeren Druck am System verrichtet wird. Die Volumenarbeit ist das Produkt aus Druck p und Volumenänderung Δv_p:

$$\boxed{w_{vol,\,p} = -p \cdot \Delta v_p} \qquad (7\text{-}3)$$

In dem *negativen* Vorzeichen drückt sich aus, daß

- bei Volumen*verminderung* (Kompression; $\Delta v < 0$) *am System Arbeit verrichtet*, dem System also *Arbeit zugeführt* wird,
- bei Volumen*vergrößerung* (Expansion; $\Delta v > 0$) *das System Arbeit verrichtet*, also *Arbeit abgibt*.

7.2 Reaktionsenergie und Reaktionsenthalpie

In Gleichung (7-1b) eingesetzt, ergibt sich für *konstanten Druck*:

$$\Delta_R u_p = q_p - p \cdot \Delta v_p \qquad (7\text{-}1c)$$

Die meisten chemischen Reaktionen in Labor und Technik, aber auch in lebenden Organismen laufen unter *konstantem Druck* ab ($\approx$ 1 bar; $\approx$ 100 kPa).

Um chemische Reaktionen unter *konstantem* Volumen ablaufen zu lassen, müssen sie in Druckgefäßen durchgeführt werden. (Wenn auf einen Index p oder v an den Reaktionsgrößen verzichtet wird, sind in der Regel die Reaktionsgrößen unter konstantem Druck gemeint.)

Die *Reaktionswärme* bei konstantem Druck q_p liefert Aussagen darüber, ob bei einer Reaktion

- *Wärme abgegeben* ($q_p < 0$; exotherm) oder
- *Wärme aufgenommen* ($q_p > 0$; endotherm)

wird. Allerdings handelt es sich bei der *Reaktionswärme* q um eine *Prozeßgröße* (↑ 7.1). Sie ist als solche vom *Weg* der Reaktion abhängig.

Um über den Wärmeumsatz bei *isobaren* Reaktionen Aussagen treffen zu können, die vom Weg der Reaktion unabhängig sind, wurde von dem Nordamerikaner JOSIAH WILLARD GIBBS (1872) eine neue Zustandsgröße eingeführt, die unter dem vom Niederländer HEIKE KAMERLINGH-ONNES vorgeschlagenen Namen **Enthalpie**[1] (Formelzeichen h) bekannt ist.

Zwischen *innerer Energie* u und *Enthalpie* h besteht die Beziehung

$$h = u + p \cdot v$$

(Das Glied $p \cdot v$, *Volumenenergie* genannt, darf nicht mit der Volumenarbeit $p \cdot \Delta v$ verwechselt werden, die ja mit einer *Änderung* des Volumens einhergeht.)

Der absolute Betrag der Enthalpie h ist ebensowenig meßbar wie der absolute Betrag der inneren Energie u. Meßbar ist dagegen wiederum die Differenz zwischen der Enthalpie in einem Ausgangszustand h_1 und einem Endzustand h_2:

$$\Delta h = h_2 - h_1$$

Auf chemische Reaktionen bezogen, wird diese Enthalpiedifferenz *Reaktionsenthalpie* genannt. Formelzeichen $\Delta_R h$, auch $\Delta_r h$, Δh_R oder Δh_r. Da sich die Reaktionsenthalpie $\Delta_R h$ hier und im folgenden stets auf Reaktionen bezieht, die unter konstantem Druck ablaufen, wird auf den Index p verzichtet. Mitunter wird auch der Index $_R$ bzw. $_r$ weggelassen, solange neben der Reaktionsenthalpie andere Enthalpiearten nicht auftreten.

---

[1] *thalpos* (griech.) Wärme; *h* von *heat* (engl.) Wärme

Die Reaktionsenthalpie $\Delta_R h$ ist gleich der Reaktionswärme q_p bei konstantem Druck

$$\Delta_R h = q_p \tag{7-1d}$$

und kann für diese in die Gleichung (7-1c) eingesetzt werden:

$$\Delta_R u = \Delta_R h - p \cdot \Delta_R v \tag{7-4}$$

Für die Reaktionsenthalpie $\Delta_R h$ ergibt sich daraus

$$\Delta_R h = \Delta_R u + p \cdot \Delta_R v \tag{7-4a}$$

Bei Zunahme des Volumens ($\Delta v_p > 0$) ist demnach $\Delta h > \Delta u$, bei Abnahme des Volumens ($\Delta v < 0$) ist $\Delta h < \Delta u$.

Nach Gleichung (7-4) ist die Reaktionsenthalpie $\Delta_R h$ jener Anteil der Reaktionsenergie $\Delta_R u$, der als *Wärme*, nicht als Arbeit, abgegeben oder aufgenommen wird.

7.3 Molare Reaktionsgrößen

7.3.1 Molare Reaktionsenthalpie

Anstelle der (extensiven) Reaktionsgrößen $\Delta_R u$ und $\Delta_R h$ werden für allgemeine Aussagen und Berechnungen über energetische Vorgänge bei chemischen Reaktionen die ihnen entsprechenden (intensiven) *molaren Reaktionsgrößen* herangezogen.

Die **molare Reaktionsenthalpie** $\Delta_R H$ ist gleich dem *Quotienten* aus der *Reaktionsenthalpie* $\Delta_R h$ und der *Objektmenge der Formelumsätze* ξ

$$\Delta_R H = \frac{\Delta_R h}{\xi} \tag{7-5}$$

Zur Veranschaulichung wird mitunter gesagt: Die molare Reaktionsenthalpie ist die Reaktionsenthalpie je Mol. Das darf aber nicht zu der Vorstellung führen, es handle sich um die Größenart Energie. Vielmehr handelt es sich um den Quotienten aus den Größenarten Energie und Stoffmenge (Objektmenge): $\frac{[\text{Energie}]}{[\text{Stoffmenge}]}$. Die SI-Einheit der molaren Reaktionsenthalpie $\Delta_R H$ ist $J \cdot mol^{-1}$.

Bei der *Objektmenge der Formelumsätze* bezieht sich die Einheit Mol nicht auf die Teilchen (Moleküle, Ionen, Atome) *eines Stoffes,* sondern auf die von einer *Reaktionsgleichung* mit ihren Formeln und Stöchiometriezahlen wiedergegebenen Teilchen *aller* Reaktionsteilnehmer. Als *Zähleinheit* nach der Mol-

7.3 Molare Reaktionsgrößen

Definition (↑ 2.5) dient also hier der **Formelumsatz** laut Reaktionsgleichung. Ein Mol Formelumsätze[1] bedeuten demnach, daß die in der Reaktionsgleichung durch Formeln und Stöchiometriezahlen angegebenen *Teilchen* $6 \cdot 10^{23}$ mal umgesetzt werden.

Beispiel: Ammoniaksynthese; Objektmenge der Formelumsätze $\xi = 1$ mol

$$N_2 + 3 H_2 \rightleftarrows 2 NH_3$$

$6 \cdot 10^{23}$ N_2-Moleküle reagieren mit $18 \cdot 10^{23}$ H_2-Molekülen unter Bildung von $12 \cdot 10^{23}$ NH_3-Molekülen.

Das Synonym **Objektmenge** ist in diesem Falle treffender als *Stoffmenge*. Zur Unterscheidung von der Stoffmenge n der Teilchen wird für die Objektmenge der Formelumsätze das Formelzeichen ξ (griech. *xi*) verwendet. Die Bezeichnung *Objektmenge der Formelumsätze* wird oft mit der anschaulicheren Bezeichnung *Reaktionsfortschritt* umschrieben. DIN 32 642 (Januar 1992) bezeichnet die Größe ξ als *Umsatzvariable*. (Auch »Reaktionslaufzahl« ist im Gebrauch, wogegen aber einzuwenden ist, daß es sich nicht um eine Zahl handelt, da diese Größe eine Einheit hat.)

Die *Objektmenge der Formelumsätze* ξ stellt die Beziehung her zwischen den *Stoffmengen* n der Teilchen und den *Stöchiometriezahlen* ν der Reaktionsgleichung. Für einen beliebigen Reaktionsteilnehmer b ist das Produkt aus der Stöchiometriezahl ν_b (mit der dieser Reaktionsteilnehmer in der Reaktionsgleichung auftritt) und der Objektmenge der Formelumsätze ξ gleich der Stoffmenge n_b, mit der dieser Reaktionsteilnehmer umgesetzt wird,

$$n_b = \nu_b \cdot \xi$$

Beispiel: Beträgt bei der Ammoniaksynthese

$$N_2 + 3 H_2 \rightleftarrows 2 NH_3$$

die Objektmenge der Formelumsätze $\xi = 10$ mol, so werden 30 mol Wasserstoff umgesetzt.

Für die Reaktion gilt dementsprechend:

$$\Delta n = \sum \nu_i \cdot \xi$$

$\sum \nu_i$ ist die Summe der Stöchiometriezahlen der Reaktionsgleichung, wobei die der Ausgangsstoffe *negatives*, die der Reaktionsprodukte *positives* Vorzeichen hat.

Beispiel: Bei der Ammoniaksynthese ist die Summe der Stöchiometriezahlen

$$\sum \nu_i = \nu(N_2) + \nu(H_2) + \nu(NH_3)$$
$$\sum \nu_i = (-1) + (-3) + (+2)$$
$$\sum \nu_i = -2$$

---

[1] Mitunter wird dafür in der Literatur auch von »einem Mol Formelumsatz« (Singular) gesprochen. Das drückt den gleichen Sachverhalt aus. »Formelumsatz« tritt hier aber nicht als Zähleinheit im Sinne der Moldefinition auf; als solche muß dann die Summe aller in der Reaktionsgleichung angegebenen Teilchen samt ihren Stöchiometriezahlen aufgefaßt werden.

Beträgt die Objektmenge der Formelumsätze ξ = 10 mol, so ist die Änderung der Summe der Stoffmengen:

$\Delta n = (-2) \cdot 10$ mol
$\Delta n = -20$ mol

Die **molare Reaktionsenthalpie** $\Delta_R H$ ist die Reaktionsgröße, mit der *Wärmeumsetzungen* bei chemischen Reaktionen unter *konstantem* Druck quantitativ behandelt werden. Wenn in diesem Zusammenhang von *exothermen endothermen*[1] *Reaktionen* gesprochen wird, ist zu beachten, daß alle umkehrbaren chemischen Reaktionen in der einen Richtung exotherm und in der anderen Richtung endotherm verlaufen. Eine *Einteilung* in exotherme und endotherme Reaktionen ist daher nicht möglich. Ob eine chemische Reaktion exotherm oder endotherm verläuft, hängt von den Bedingungen (Temperatur, Druck, Zusammensetzung des Reaktionsgemischs) ab (↑ Abschn. 8).

- **Der exotherme Verlauf einer Reaktion ist durch das negative Vorzeichen der molaren Reaktionsenthalpie $\Delta_R H$ gekennzeichnet.**
  Darin kommt zum Ausdruck, daß die *innere Energie u* des Systems *abnimmt*. Innere Energie wird dabei zu *Wärme q* umgesetzt, die teilweise die Umgebung *abgegeben* wird.

- **Der endotherme Verlauf einer Reaktion ist durch das positive Vorzeichen der molaren Reaktionsenthalpie $\Delta_R H$ gekennzeichnet.**
  Darin kommt zum Ausdruck, daß die *innere Energie u* des Systems *zunimmt*. Wärme q wird dabei in innere Energie umgesetzt. Diese *Wärme* wird teilweise aus der Umgebung *aufgenommen*.

So ist es zu verstehen, wenn im Zusammenhang mit chemischen Reaktionen von der *Abgabe* oder *Aufnahme* von *Wärme* gesprochen wird.

Wird der Wärmeaustausch zwischen dem reagierenden System und der Umgebung verhindert, man spricht dann von einer *adiabatischen Zustandsänderung*, so gelten folgende Zusammenhänge:

- Bei *exothermem* Verlauf der Reaktion kann die durch Umsetzung innerer Energie *u* entstandene Wärme *q* nicht aus dem System entweichen, was sich in einer *Temperaturerhöhung* des Reaktionsgemischs zeigt.

- Bei *endothermem* Verlauf der Reaktion kann die zur Umsetzung in innere Energie *u* erforderliche Wärme *q* nicht aus der Umgebung aufgenommen werden, was sich in einer *Temperaturerniedrigung* des Reaktionsgemisch zeigt.

Hier wird der *Unterschied* und zugleich der *Zusammenhang* zwischen der *Zustandsgröße Temperatur* und der *Prozeßgröße Wärme* deutlich.

---
[1] *exo* (griech.) heraus; *endo* (griech.) hinein
[2] Der Wärmeübergang zwischen System und Umgebung kommt zum Stillstand, sobald beide die gleiche Temperatur haben.

7.3 Molare Reaktionsgrößen

Für die mit einer chemischen Reaktion einhergehende Wärmeumsetzung wird auch noch der historische Begriff *Wärmetönung* [1] verwendet.

Reaktionsgleichungen, die neben dem Formelumsatz auch die molare Reaktionsenthalpie enthalten, werden *thermochemische Reaktionsgleichungen* genannt.

Beispiele: Die Umsetzung von glühendem Koks mit Wasserdampf zur Erzeugung von Wassergas verläuft endotherm:

$$C + H_2O \rightleftarrows CO + H_2 \qquad \Delta_R H^\ominus = +131 \text{ kJ} \cdot \text{mol}^{-1}$$

Sie würde durch Abkühlung des Kokses zum Stillstand kommen, wenn nicht durch Zufuhr von Luft (gleichzeitig oder abwechselnd) die exotherm verlaufende Reaktion

$$2C + O_2 \rightleftarrows 2CO \qquad \Delta_R H^\ominus = -222 \text{ kJ} \cdot \text{mol}^{-1}$$

durchgeführt würde.

Das Zeichen $\ominus$ drückt aus, daß es sich hier um *Standardreaktionsenthalpien* (↑ S. 270) handelt.

Jede Gleichgewichtsreaktion verläuft in der einen Richtung *endotherm,* in der anderen Richtung *exotherm.*

Beispiel: Beim BOUDOUARD-Gleichgewicht verläuft die Bildung von Kohlenmonoxid, CO, endotherm, dessen Zerfall in Kohlendioxid, CO_2, und Kohlenstoff exotherm:

$$CO_2 + C \rightarrow 2CO \qquad \Delta_R H^\ominus = +172 \text{ kJ} \cdot \text{mol}^{-1}$$
$$2CO \rightarrow CO_2 + C \qquad \Delta_R H^\ominus = -172 \text{ kJ} \cdot \text{mol}^{-1}$$

Mit der Umkehrung der Reaktionsgleichung zwischen *Hinreaktion* und *Rückreaktion kehrt sich* auch das *Vorzeichen* der molaren Reaktionsenthalpie $\Delta_R H$ *um*.

Im Prinzip sind alle chemischen Reaktionen *umkehrbar.* Wenn von exothermen bzw. endothermen Reaktionen gesprochen wird, sind Reaktionen gemeint, die – unter bestimmten Bedingungen – exotherm bzw. endotherm verlaufen.

Mitunter wird in der Literatur statt der molaren Reaktionsenthalpie $\Delta_R H$ die *molare Reaktionswärme* Q_p verwendet, die allerdings als Prozeßgröße vom Weg der Reaktion abhängig ist.

---

[1] Der Begriff *Wärmetönung* wurde nach 1850 von dem Dänen HANS PETER THOMSEN eingeführt. Wo er in der Literatur verwendet wird, ist besonders auf die Vorzeichensetzung zu achten. Meist ist sie der bei der molaren Reaktionsenthalpie $\Delta_R H$ gerade entgegengesetzt:
– *Positive Wärmetönung* haben die *exothermen* Reaktionen.
– *Negative Wärmetönung* haben die *endothermen* Reaktionen.
Die Wärmetönung wird hier auf die *Temperaturänderung* des Reaktionsgemischs bei adiabatischer Durchführung der Reaktion bezogen.

Nach einer *älteren Darstellungsweise* wurde die molare *Reaktionswärme* Q_p als *Summand* in die Reaktionsgleichung eingesetzt.

Beispiele: Die *abgegebene* molare Reaktionswärme steht auf der *rechten* Seite der Gleichung, auf der Seite der *Reaktionsprodukte*:

$$2\,C + O_2 \rightleftarrows 2\,CO + 222\,kJ \cdot mol^{-1},$$

die *aufgenommene* Reaktionswärme auf der *linken* Seite, der Seite der *Ausgangsstoffe*:

$$C + H_2O + 131\,kJ \cdot mol^{-1} \rightleftarrows CO + H_2$$

oder auch

$$C + H_2O \rightleftarrows CO + H_2 - 131\,kJ \cdot mol^{-1}$$

Bei dieser Darstellungsweise erscheint also die molare Reaktionswärme Q_p auf der *rechten* Seite der Gleichung.

- bei *exothermem* Verlauf der Reaktion mit *positivem* Vorzeichen,
- bei *endothermem* Verlauf der Reaktion mit *negativem* Vorzeichen.

Der Wärmeaustausch wird in diesem Falle nicht vom Standpunkt des reagierenden Systems betrachtet, sondern vom Standpunkt der *Umgebung*, die sich bei *positivem* Vorzeichen *erwärmt* und bei *negativem* Vorzeichen *abkühlt*. Das Vorzeichen, das die molare Reaktionswärme auf der rechten Seite der Reaktionsgleichung erhält, ist also dem Vorzeichen gerade entgegengesetzt, das die molare Reaktionsenthalpie trägt, wenn sie – wie es sich in der Literatur weitgehend durchgesetzt hat – gesondert hinter die Reaktionsgleichung geschrieben wird. (Vgl. vorstehend die analogen Beispiele.)

7.3.2 Molare Reaktionsenergie und molare Reaktionsvolumenarbeit

Mit der molaren Reaktionsenthalpie $\Delta_R H$ stehen andere molare Reaktionsgrößen in engem Zusammenhang. Da sich *alle* folgenden Überlegungen auf Reaktionen beziehen, die unter *konstantem Druck* verlaufen, wird auf den Index p verzichtet.

Die **molare Reaktionsenergie** $\Delta_R U$ ist der Quotient aus der Reaktionsenergie $\Delta_R u$ und der Objektmenge der Formelumsätze ξ:

$$\Delta_R U = \frac{\Delta_R u}{\xi} \tag{7-5a}$$

Das **molare Reaktionsvolumen** $\Delta_R V$ ist der Quotient aus dem Reaktionsvolumen $\Delta_R v$ und der Objektmenge der Formelumsätze ξ:

$$\Delta_R V = \frac{\Delta_R v}{\xi} \tag{7-5b}$$

Die **molare Reaktionsvolumenarbeit** W_{vol} ist, der Gleichung (7-3) entsprechend, das Produkt aus molarem Reaktionsvolumen $\Delta_R V$ und Druck p:

$$W_{vol} = -p \cdot \Delta_R V \tag{7-3a}$$

7.3 Molare Reaktionsgrößen

Die molare Reaktionsvolumenarbeit $p \cdot \Delta_R V$ hat mit $J \cdot mol^{-1}$ die gleiche SI-Einheit wie die molare Reaktionsenergie $\Delta_R U$ und die molare Reaktionsenthalpie $\Delta_R H$. Das wird verständlich durch eine Analyse der Größenarten:

$$\Delta_R V = \frac{[\text{Volumen}]}{[\text{Stoffmenge}]} ; \qquad p = \frac{[\text{Kraft}]}{[\text{Fläche}]} ;$$

$$p \cdot \Delta_R V = \frac{[\text{Kraft}] \cdot [\text{Weg}]}{[\text{Stoffmenge}]} = \frac{[\text{Energie}]}{[\text{Stoffmenge}]}$$

Werden in die Gleichung (7-1) statt der extensiven Größen – wie in Gleichung (7-4) – die vorstehend genannten molaren Größen eingesetzt, so ergibt sich (wieder auf *konstanten Druck* bezogen):

| $\Delta_R U = \Delta_R H + W_{vol}$ | bzw. | (7-6) |
| $\Delta_R U = \Delta_R H - p \cdot \Delta_R V$ | | (7-6a) |

Für die *molare Reaktionsenthalpie* $\Delta_R H$ gilt dann:

$$\Delta_R H = \Delta_R U - W_{vol} \qquad \text{bzw.} \qquad (7\text{-}6b)$$

$$\Delta_R H = \Delta_R U + p \cdot \Delta_R V \qquad (7\text{-}6c)$$

Die molare Reaktionsenthalpie $\Delta_R H$ wird (mittels Kalorimeter) experimentell ermittelt bzw. aus experimentell gewonnenen Tabellenwerten berechnet (↑ 7.4).

Das *molare Reaktionsvolumen* $\Delta_R V$ ergibt sich als Produkt aus der Summe der Stöchiometriezahlen $\sum \nu_i$ und dem molaren Volumen V:

$$\Delta_R V = \left(\sum \nu_i\right) \cdot V \qquad (7\text{-}7)$$

Für Näherungsrechnungen wird meist das molare Volumen eines idealen Gases zugrunde gelegt: $V_0 = 22,4141 \ l \cdot mol^{-1}$.

Beispiel (1) für eine Reaktion mit Volumenabnahme:

Bei der Ammoniaksynthese

$$N_2 + 3 H_2 \rightleftarrows 2 NH_3 \qquad \Delta_R H^\ominus = -92,4 \ kJ \cdot mol^{-1}$$

nimmt das Volumen ab. Das ist aus der Summe der Stöchiometriezahlen $\sum \nu_i = -2$ ersichtlich (↑ Beispiel S.).

Das molare Volumen $V_0 = 22,4141 \ l \cdot mol^{-1}$ gilt für 273,15 K und 101,325 kPa. Es muß mittels der allgemeinen Zustandsgleichung der Gase auf Bedingungen umgerechnet werden, unter denen die Ammoniaksynthese technisch durchgeführt wird (z.B. 30 MPa und 500 °C).

$$\Delta_R V = \sum \nu \cdot \frac{V_0 \cdot T \cdot p_0}{T_0 \cdot p}$$

$$\Delta_R V = (-2) \cdot \frac{22,414 \ l \cdot mol^{-1} \cdot 773,15 \ K \cdot 0,101 \ MPa}{273,15 \ K \cdot 30 \ MPa}$$

$$\Delta_R V = (-2) \cdot 0,214 \ l \cdot mol^{-1} ; \qquad \Delta_R V = -0,428 \ l \cdot mol^{-1}$$

Die molare Reaktionsvolumenarbeit $W_{vol} = -p \cdot \Delta_R V$ beträgt demnach:

$$W_{vol} = -[30 \cdot 10^6 \text{ Pa} \cdot (-0,428 \cdot 10^{-3} \text{ m}^3 \cdot \text{mol}^{-1})]$$

$$W_{vol} = 12840 \text{ J} \cdot \text{mol}^{-1}$$

Nach Gleichung (7-6) ist die molare Reaktionsenergie $\Delta_R U$ um etwa 13 kJ · mol^{-1} *höher* als die molare Reaktionsenthalpie $\Delta_R H$.

$$\Delta_R U = (-92,4 \text{ kJ} \cdot \text{mol}^{-1}) + 12,8 \text{ kJ} \cdot \text{mol}^{-1}$$

$$\Delta_R U = -79,6 \text{ kJ} \cdot \text{mol}^{-1}$$

(Diese Näherungsrechnung läßt unberücksichtigt, daß auch die molare Reaktionsenthalpie selbst etwas temperaturabhängig ist.)

Der *Abnahme* der inneren Energie *u* durch die *Abgabe von Wärme* steht bei dieser (exothermen) Reaktion eine *Zunahme* der inneren Energie *u* durch die vom äußeren Druck am System *verrichtete Volumenarbeit* gegenüber (Bild 7-2).

Beispiel (2) für eine Reaktion mit Volumenzunahme:
Beim BOUDOUARD-Gleichgewicht

$$C + CO_2 \rightleftarrows 2 \text{ CO} \qquad \Delta_R H^\ominus = 172 \text{ kJ} \cdot \text{mol}^{-1},$$

das im Hochofenprozeß eine entscheidende Rolle spielt, nimmt das Volumen zu. Die Summe der Stöchiometriezahlen $\sum \nu_i = 1$. Nehmen wir für den Hochofenprozeß eine Temperatur von 1366,75 K an (das Fünffache der Normtemperatur), so erhalten wir das *molare Reaktionsvolumen* $\Delta_R V$ wie folgt:

$$\Delta_R V = \sum \nu \cdot \frac{V_0 \cdot T}{T_0}$$

$$\Delta_R V = 1 \cdot \frac{22,414 \text{ l} \cdot \text{mol}^{-1} \cdot 1366,75 \text{ K}}{273,15 \text{ K}}$$

$$\Delta_R V = 112,15 \text{ l} \cdot \text{mol}^{-1}$$

Bei normalem Luftdruck ($p_0 = 101,325$ kPa) ergibt sich daraus eine molare Reaktionsvolumenarbeit $W_{vol} = -p \cdot \Delta_R V$ von

$$W_{vol} = -101,325 \cdot 10^3 \text{ Pa} \cdot 112,15 \cdot 10^{-3} \text{ m}^3 \cdot \text{mol}^{-1}$$

$$W_{vol} = -11364 \text{ J} \cdot \text{mol}^{-1}$$

Die molare Reaktionsenergie $\Delta_R U$ ist also nach Gleichung (7-6) um etwa 11 kJ · mol^{-1} niedriger als die molare Reaktionsenthalpie $\Delta_R H$, die das System aufnimmt.

$$\Delta_R U = 172 \text{ kJ} \cdot \text{mol}^{-1} - 11,4 \text{ kJ} \cdot \text{mol}^{-1}$$

$$\Delta_R U = 160,6 \text{ kJ} \cdot \text{mol}^{-1}$$

(Auch hier ist unberücksichtigt geblieben, daß die molare Reaktionsenthalpie selbst temperaturabhängig ist.)

Der *Zunahme* der inneren Energie *u* durch die *Aufnahme von Wärme* steht bei dieser (endothermen) Reaktion eine *Abnahme* der inneren Energie durch die gegen den äußeren Druck *zu verrichtende Volumenarbeit* gegenüber (Bild 7-2).

7.3 Molare Reaktionsgrößen

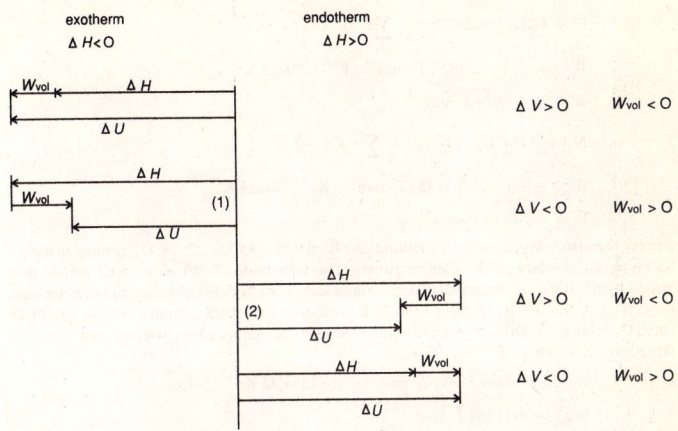

Bild 7-2: Beziehungen zwischen molarer Reaktionsenergie ΔU, molarer Reaktionsenthalpie ΔG und molarer Volumenarbeit W_{vol}. (1) und (2) verweisen auf die Beispiele

Die *molare Reaktionsenergie* $\Delta_R U$ und die *molare Reaktionsenthalpie* $\Delta_R H$ werden (nach der Gleichung 7-6) einander *gleich*, wenn bei einer Reaktion *keine Volumenarbeit* auftritt ($\Delta v = 0$):

$$\Delta_R H = \Delta_R U$$

Bei *Volumenabnahme* $\Delta v < 0$ ist $\Delta_R H < \Delta_R U$ (Beispiel 1),
bei *Volumenzunahme* $\Delta v > 0$ ist $\Delta_R H > \Delta_R U$ (Beispiel 2).

Die molare Reaktionsvolumenarbeit $W_{vol} = -p \cdot \Delta_R V$ ist – wenn man von den Unterschieden im molaren Volumen (Tabelle 7-1) absieht – unabhängig von der *Art* des Gases. So kann, ausgehend von der allgemeinen Zustandsgleichung der Gase $p \cdot v = n \cdot R \cdot T$ (↑ 2.11), für die molare Reaktionsvolumenarbeit $p \cdot \Delta_R V$ in Gleichung (7-3a) auch das Produkt $\sum \nu_i \cdot R \cdot T$ eingesetzt werden:

$$W_{vol} = -\sum \nu_i \cdot R \cdot T \tag{7-3b}$$

R ist die allgemeine Gaskonstante ($R = 8{,}31451 \text{ J} \cdot \text{mol}^{-1} \cdot \text{K}^{-1}$), T die absolute Temperatur, $\sum \nu_i$ die Summe der Stöchiometriezahlen (der gasförmigen Reaktionsteilnehmer) nach der Reaktionsgleichung.

Gleiche Temperatur T vorausgesetzt, ist nach Gleichung (7-3b) die molare Reaktionsvolumenarbeit $W_{vol,p} = -\sum \nu_i \cdot R \cdot T$ nur von der Summe der Stöchiometriezahlen $\sum \nu_i$ abhängig.

Ist $\sum \nu_i < 0$, so ist $W_{vol} = -\sum \nu_i \cdot R \cdot T > 0$,
ist $\sum \nu_i > 0$, so ist $W_{vol} = -\sum \nu_i \cdot R \cdot T < 0$.

Beispiele: Für die Standardtemperatur $T = 298{,}15$ K ergibt sich:

$$C + CO_2 \rightleftarrows 2\,CO; \quad \sum \nu_i = 1$$

$W_{vol} = -1 \cdot 8{,}31451 \text{ J} \cdot \text{mol}^{-1} \cdot \text{K}^{-1} \cdot 298{,}15 \text{ K}$

$W_{vol} = -2479 \text{ J} \cdot \text{mol}^{-1}$

$$N_2 + 3\,H_2 \rightleftarrows 2\,NH_3; \quad \sum \nu_i = -2$$

$W_{vol} = -(-2) \cdot 8{,}31451 \text{ J} \cdot \text{mol}^{-1} \cdot \text{K}^{-1} \cdot 298{,}15 \text{ K}$

$W_{vol} = 4958 \text{ J} \cdot \text{mol}^{-1}$

Bei der Standardtemperatur läuft allerdings die Reaktion $C + CO_2 \rightleftarrows 2\,CO$ gar nicht in dieser Richtung ab, sondern in der Gegenrichtung. Die Gleichung (7-3b) bietet aber gerade den Vorteil, daß mit ihr die molare Reaktionsvolumenarbeit für beliebige Temperaturen berechnet werden kann. Mit der Temperatur 1366,75 K erhalten wir für die Reaktion $C + CO_2 \rightleftarrows 2\,CO$ nach Gleichung (7-3b) die gleiche molare Reaktionsvolumenarbeit wie in dem früheren Beispiel (↑ S. 264):

$W_{vol} = -1 \cdot 8{,}31451 \text{ J} \cdot \text{mol}^{-1} \cdot \text{l}^{-1} \cdot 1366{,}75 \text{ K}$

$W_{vol} = -11364 \text{ J} \cdot \text{mol}^{-1}$

Tabelle 7-1: *Dichte und molares Volumen von Gasen*
(bei 273,15 K und 101,325 kPa)

Name	Formel	Dichte $g \cdot l^{-1}$	Molares Volumen $l \cdot mol^{-1}$
Wasserstoff	H_2	0,08987	22,43
Sauerstoff	O_2	1,42895	22,393
Stickstoff	N_2	1,25046	22,402
Luft (trocken)		1,2928	22,40
Helium	He	0,1785	22,42
Neon	Ne	0,8999	22,42
Argon	Ar	1,7839	22,394
Fluor	F_2	1,696	22,40
Chlor	Cl_2	3,214	22,06
Chlorwasserstoff	HCl	1,6392	22,243
Bromwasserstoff	HBr	3,6443	22,202
Iodwasserstoff	HI	5,789	22,10
Schwefeldioxid	SO_2	2,9262	21,894
Schwefelwasserstoff	H_2S	1,5385	22,153
Stickstoffmonoxid	NO	1,3402	22,389
Distickstoffmonoxid	N_2O	1,9780	22,25
Ammoniak	NH_3	0,7714	22,08
Kohlenmonoxid	CO	1,2500	22,408
Kohlendioxid	CO_2	1,9769	22,262
Methan	CH_4	0,7168	22,38
Ethan	C_2H_6	1,356	22,16
Propan	C_3H_8	2,0037	22,00
Ethen (Ethylen)	C_2H_4	1,2605	22,24
Ethin (Acetylen)	C_2H_2	1,1709	22,22

7.4 Molare Standardreaktionsgrößen

7.4.1 Molare Standardbildungsenthalpie

Die molare Reaktionsenthalpie jener Reaktion, die zur *Bildung einer Verbindung aus den Elementsubstanzen* (in ihrem stabilen Zustand) führt, wird *molare Bildungsenthalpie* dieser Verbindung genannt (Formelzeichen: $\Delta_B H$; auch $\Delta_b H$; ΔH_B; ΔH_b; $\Delta_f H$; ΔH_f). Die molare Bindungsenthalpie bezieht sich stets auf eine Reaktionsgleichung, in der die betrachtete Verbindung mit der Stöchiometriezahl $\nu = 1$ auftritt, die also die Bildung von *einem* Molekül (einer Formeleinheit) der Verbindung wiedergibt.

Beispiele: Aus der molaren Reaktionsenthalpie für die Ammoniaksynthese

$$N_2 + 3 H_2 \rightleftarrows 2 NH_3 \qquad \Delta_R H^\ominus = -92{,}4 \text{ kJ} \cdot \text{mol}^{-1}$$

ergibt sich über die Bildungsgleichung für *ein* Ammoniakmolekül

$$\tfrac{1}{2} N_2 + \tfrac{3}{2} H_2 \rightleftarrows NH_3 \qquad \Delta_B H^\ominus = -46{,}2 \text{ kJ} \cdot \text{mol}^{-1}$$

die molare Bildungsenthalpie des Ammoniaks $\Delta_B H^\ominus (NH_3) = -46{,}2 \text{ kJ} \cdot \text{mol}^{-1}$. Das heißt, während der Bildung von 1 mol Ammoniak gibt das reagierende System 45,9 kJ Wärme ab.

Aus der molaren Reaktionsenthalpie für die Bildung von Stickstoffdioxid

$$N_2 + 2 O_2 \rightleftarrows 2 NO_2 \qquad \Delta_R H^\ominus = +66{,}2 \text{ kJ} \cdot \text{mol}^{-1}$$

ergibt sich über die Bildungsgleichung von 1 mol Stickstoffdioxid

$$\tfrac{1}{2} N_2 + O_2 \rightleftarrows NO_2 \qquad \Delta_B H^\ominus = +33{,}1 \text{ kJ} \cdot \text{mol}^{-1}$$

die molare Bildungsenthalpie des Stickstoffdioxids $\Delta_B H^\ominus (NO_2) = +33{,}1 \text{ kJ} \cdot \text{mol}^{-1}$. Das heißt, während der Bildung von 1 mol Stickstoffdioxid nimmt das reagierende System 33,1 kJ Wärme auf.

Früher wurden Verbindungen mit negativer molarer Bildungsenthalpie auch *exotherme Verbindungen* (Beispiel: Ammoniak) und Verbindungen mit positiver molarer Bildungsenthalpie auch *endotherme Verbindungen* (Beispiel: Stickstoffdioxid) genannt.

Die molaren Bildungsenthalpien $\Delta_B H$ (die Bildungswärmen bei konstantem Druck Q_p) werden aus experimentell gewonnenen Daten errechnet. Um zu vergleichbaren Zahlenwerten zu kommen, werden dabei Standardzustände zugrunde gelegt. Die so gewonnenen Reaktionsgrößen sind als **molare Standardbildungsenthalpien** $\Delta_B H^\ominus$ bekannt. Sie tragen als oberen Index das Standardzeichen $^\ominus$.

Am häufigsten werden folgende **Standardzustände** herangezogen:

- Für feste und flüssige Stoffe – auch als Komponente von Mischungen und als Lösungsmittel – gilt der *Standardzustand des reinen Stoffes* in seiner stabilen Form.
- Für Gase gilt der *Standardzustand des idealen Gases*, bei dem von Wechselwirkungen zwischen Gasmolekülen abgesehen wird.
- Bei *Lösungen* bezieht sich der Standardzustand auf eine *fiktive ideale Lösung*, in der der reine gelöste Stoff im reinen Lösungsmittel mit der Aktivität $a = 1$ vorliegt (↑ 6.3.2.7), wobei aber hinsichtlich der Wechselwirkung zwischen den Teilchen zugleich unendliche Verdünnung angenommen wird.

Eine weitere Unterscheidung von Standardzuständen ergibt sich daraus, auf welcher Zusammensetzungsgröße die Aktivität fußt, ob die Stoffmengenanteilaktivität (Molenbruchaktivität) a_x, die Konzentrationsaktivität a_c oder die Molalitätsaktivität a_b (oder a_m) zugrunde gelegt wird.

Die molaren Standardbildungsenthalpien $\Delta_B H^\ominus$ sind für viele Verbindungen in Tabellen[1] zusammengestellt (↑ Tabelle 7-2). Soweit nichts anderes angegeben ist, beziehen sie sich auf die *Standardbedingungen* (auch *Tabellierungsbedingungen* genannt) $T = 298{,}15$ K und $p = 101{,}325$ kPa.

Elementsubstanzen haben die molare Standardbildungsenthalpie Null. Bei Elementen, die mehrere Elementsubstanzen bzw. mehrere Modifikationen bilden, gilt das für die in der Natur stabilste Form.

Beispiele: *Kohlenstoff*
Graphit $\Delta_B H^\ominus = 0$ kJ·mol^{-1}
Diamant $\Delta_B H^\ominus = 1{,}9$ kJ·mol^{-1}

Die Umwandlung von Graphit in Diamant verläuft also endotherm, die Umwandlung von Diamant in Graphit exotherm.

Schwefel
Schwefel, rhombisch $\Delta_B H^\ominus = 0$ kJ·mol^{-1}
Schwefel, monoklin $\Delta_B H^\ominus = 0{,}3$ kJ·mol^{-1}

Bei der Umwandlung von rhombischem in monoklinen Schwefel nimmt das System bei einem Reaktionsfortschritt $\xi = 1$ mol 0,3 kJ Wärme auf.

---

[1] Siehe z.B. Chemisch-technische Stoffwerte – eine Datensammlung. ALTMANN, R.; BRANDES, G.; REGEN, O.; SCHNEIDER, J.; im gleichen Verlag

Tabelle 7-2: *Molare Standardbildungsenthalpien $\Delta_B H^\ominus$ und molare freie Standardbildungsenthalpien $\Delta_B G^\ominus$*
(bei 101,325 kPa und 298,15 K)

Formel	$\Delta_B H^\ominus$ in kJ·mol^{-1}	$\Delta_B G^\ominus$ in kJ·mol^{-1}	Formel	$\Delta_B H^\ominus$ in kJ·mol^{-1}	$\Delta_B G^\ominus$ in kJ·mol^{-1}
AgCl f	− 127	− 109	FeSO$_4$ f	− 927	− 821
AgNO$_3$ f	− 125	− 29,7	FeS$_2$ f	− 178	− 166,5
Ag$_2$O f	− 30,6	− 10,8	HCN fl	+ 105,5	+ 121,3
AlCl$_3$ f	− 704	− 629	HCl g	− 92,3	− 95,3
Al$_2$O$_3$ f	−1676	−1582	HI g	+ 25,9	+ 1,22
Al$_2$(SO$_4$)$_3$ f	−3442	−3100	HNO$_3$ fl	− 173	− 79,9
BaCO$_3$ f	−1216	−1139	H$_2$O fl	− 285,8	− 236,2
Ba(NO$_3$)$_2$ f	− 982	− 796	H$_2$O g	− 241,8	− 228,6
BaO f	− 559	− 528	H$_2$O$_2$ fl	− 188	− 120
BaSO$_4$ f	−1446	−1352	H$_3$PO$_4$ f	−1267	−1119
Br$_2$ g	+ 31,9	+ 3,1	H$_2$S g	− 20,4	− 33,6
C (Diamant)	+ 1,9	+ 2,9	H$_2$SO$_4$ fl	− 814	− 690
CCl$_4$ fl	− 135	− 69,3	HgCl$_2$ f	− 228	− 181
CH$_4$ g	− 74,8	− 50,9	Hg$_2$Cl$_2$ f	− 265	− 211
CO g	− 111	− 137	I$_2$ g	+ 62,2	+ 19,2
CO$_2$ g	− 393,5	− 394,5	KCl f	− 436	− 408
CS$_2$ fl	+ 88,7	+ 63,4	KClO$_3$ f	− 391	− 290
C$_2$H$_2$ g	+ 227	+ 209	KClO$_4$ f	− 433	− 304
C$_2$H$_4$ g	+ 52,3	+ 68,2	KCN f	− 113	− 104
C$_2$H$_6$ g	− 84,7	− 32,6	K$_2$CO$_3$ f	−1150	−1060
C$_6$H$_6$ fl	+ 49	+ 124	K$_2$O f	− 363	− 322
CH$_3$OH fl	− 239	− 166,3	KOH f	− 425	− 380
C$_2$H$_5$OH fl	− 278	− 174,7	KMnO$_4$ f	− 813	− 714
HCHO g	− 116	− 110	KNO$_3$ f	− 494	− 393
CH$_3$CHO g	− 166	− 133	K$_2$SO$_4$ f	−1437	−1316
HCOOH fl	− 417	− 359,6	MgCl$_2$ f	− 642	− 592
CH$_3$COOH fl	− 485	− 390,3	MgCO$_3$ f	−1112	−1029
CH$_3$COOC$_2$H$_5$ fl	− 469,5	− 323,2	MgO f	− 601	− 569
CH$_3$COCH$_3$ fl	− 218	− 153	MgSO$_4$ f	−1278	−1163
CaCl$_2$ f	− 786	− 740,5	NH$_3$ g	− 46,2	− 16,6
CaCO$_3$ f	−1207	−1129	NH$_4$Cl f	− 314	− 204
CaO f	− 635	− 604	NO g	+ 90,3	+ 86,7
Ca(OH)$_2$ f	− 987	− 897	NO$_2$ g	+ 33,3	+ 51,5
CaSO$_4$ f	−1433	−1320	N$_2$O g	+ 82,1	+ 104,2
CuCl f	− 137	− 120	N$_2$O$_4$ g	+ 9,37	+ 98,0
CuCl$_2$ f	− 206	− 171	NaCl f	− 411	− 384
CuSO$_4$ f	− 771	− 663	NaClO$_3$ f	− 365	− 275
FeCl$_2$ f	− 342	− 302	NaClO$_4$ f	− 383	− 254
FeCl$_3$ f	− 399	− 334	Na$_2$CO$_3$ f	−1133	−1048
FeO f	− 265	− 244	NaHCO$_3$ f	− 948	− 852
Fe$_2$O$_3$ f	− 822	− 740	NaNO$_3$ f	− 468	− 366
Fe$_3$O$_4$ f	−1117	−1014	Na$_2$O f	− 418	− 377

Formel	$\Delta_B H^\ominus$ in kJ·mol^{-1}	$\Delta_B G^\ominus$ in kJ·mol^{-1}	Formel	$\Delta_B H^\ominus$ in kJ·mol^{-1}	$\Delta_B G^\ominus$ in kJ·mol^{-1}
Na$_2$O$_2$ f	− 513	− 451	PbSO$_4$ f	− 921	− 813
NaOH f	− 426	− 381	SO$_2$ g	− 297	− 300
Na$_2$SO$_4$ f	−1391	−1267	SO$_3$ fl	− 439	− 370
O$_3$ g	+ 143	+ 163	SiCl$_4$ fl	− 577	− 510
PCl$_3$ fl	− 320	− 272	SnCl$_2$ f	− 350	− 491
PCl$_5$ f	− 375	− 305	SnCl$_4$ fl	− 545	− 474
P$_4$O$_{10}$ f	−3096	−2965	SnO f	− 286	− 257
PbCl$_2$ f	− 360	− 314	SnO$_2$ f	− 581	− 520
PbO f	− 216	− 188	ZnCl$_2$ f	− 416	− 387
PbO$_2$ f	− 277	− 217	ZnO f	− 351	− 321
Pb$_3$O$_4$ f	− 723	− 601	ZnSO$_4$ f	− 978	− 873

Die Ermittlung von Bildungsenthalpien und freien Bildungsenthalpien wird unter unterschiedlichen Bedingungen vorgenommen (dabei spielen unter anderem auch unterschiedliche Kristallstrukturen der beteiligten Stoffe eine Rolle). Die gewonnenen Werte werden dann auf Standardbedingungen umgerechnet. Diesen Umständen entsprechend, treten in Tabellenbüchern zum Teil unterschiedliche Werte für den gleichen Stoff auf. Wer reproduzierbare Werte benötigt, muß die Originalarbeiten zu Rate ziehen, in denen die zugrunde liegenden Bedingungen angegeben sind.

7.4.2 Molare Standardreaktionsenthalpie

Von den molaren Standardbildungsenthalpien $\Delta_B H^\ominus$ der beteiligten Verbindungen ausgehend, läßt sich für jede chemische Reaktion anhand der Reaktionsgleichung die molare Standardreaktionsenthalpie $\Delta_R H^\ominus$ berechnen:

Die *molare Standardreaktionsenthalpie* $\Delta_R H^\ominus$ *einer chemischen Reaktion ergibt sich als Differenz aus der stöchiometrischen Summe der molaren Standardbildungsenthalpien der Endprodukte* $\sum \Delta_B H^\ominus_E$ *und der stöchiometrischen Summe der molaren Standardbildungsenthalpien der Ausgangsstoffe* $\sum \Delta_B H^\ominus_A$.

Die vielfach verwendete Gleichung

$$\Delta_R H^\ominus = \sum \Delta_B H^\ominus_{E_i} - \sum \Delta_B H^\ominus_{A_i} \qquad (7\text{-}8)$$

gilt nur für Reaktionen, bei denen alle Reaktionsteilnehmer in der Reaktionsgleichung mit der Stöchiometriezahl $\nu = 1$ auftreten.

Beispiel: Wassergaskonvertierung

$$CO + H_2O_g \rightleftarrows CO_2 + H_2$$

7.4 Molare Standardreaktionsgrößen

Nach der Aussage, daß *stöchiometrische* Summen zugrunde zu legen sind, müssen die *Stöchiometriezahlen* berücksichtigt werden. Dadurch erhält die Gleichung (7-8) die Form

$$\Delta_R H^\ominus = \sum |\nu_i| \Delta_B H^\ominus_{E_i} - \sum |\nu_i| \Delta_B H^\ominus_{A_i} \qquad (7\text{-}8a)$$

$|\nu|$ sind die *Beträge* der Stöchiometriezahlen, das heißt, die Stöchiometriezahlen werden hier ohne Vorzeichen eingesetzt.

Der Gleichung (7-8) bzw. (7-8a) liegt die Erkenntnis zugrunde:
Die bei der Zerlegung einer Verbindung in die Elementsubstanzen umgesetzte Wärme ist der bei der Bildung einer Verbindung aus den Elementsubstanzen umgesetzten Wärme umgekehrt (mit entgegengesetztem Vorzeichen) gleich.
(LAVOISIER und LAPLACE 1780; mitunter als erstes thermochemisches Gesetz[1] bezeichnet.)
Das läuft auf die Modellvorstellung hinaus, daß die als Ausgangsstoffe vorliegenden Verbindungen zunächst in die Elementsubstanzen aufgespalten werden müssen, damit sich die als Endprodukte angestrebten Verbindungen bilden können.

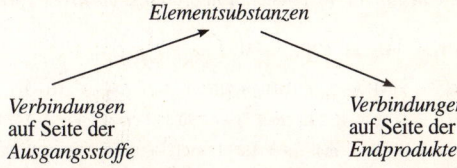

Vorschrift zur Berechnung der molaren Standardreaktionsenthalpie

1. Die Reaktionsgleichung wird aufgestellt.

   Beispiel: Katalytische Oxidation von Ammoniak

   $$4\,NH_3 + 5\,O_2 \rightleftarrows 4\,NO + 6\,H_2O_g$$

2. Die stöchiometrische Summe der molaren Standardbildungsenthalpien der Endprodukte ist zu ermitteln (Werte aus Tab. 7-2).

   Beispiel: $4\,\Delta_B H^\ominus(NO)$ $4(+90{,}3\,\text{kJ}\cdot\text{mol}^{-1})$ $= +361{,}2\,\text{kJ}\cdot\text{mol}^{-1}$

   $6\,\Delta_B H^\ominus(H_2O\,g)$ $6(-242\,\text{kJ}\cdot\text{mol}^{-1})$ $= -1452\,\text{kJ}\cdot\text{mol}^{-1}$

   $$\sum |\nu_i| \Delta_B H^\ominus_{E_i} = -1090{,}8\,\text{kJ}\cdot\text{mol}^{-1}$$

---

[1] später eingegangen in den 1. Hauptsatz der Thermodynamik, den Energieerhaltungssatz

3. Die stöchiometrische Summe der molaren Standardbildungenthalpien der Ausgangsstoffe ist zu ermitteln.

Beispiel: $4 \Delta_B H^\ominus(NH_3)$ $4(-46{,}2 \text{ kJ} \cdot \text{mol}^{-1}) = -184{,}8 \text{ kJ} \cdot \text{mol}^{-1}$
$5 \Delta_B H^\ominus(O_2)$ $= 0 \text{ kJ} \cdot \text{mol}^{-1}$

$$\sum |\nu_i| \Delta_B H^\ominus_{A_i} = -184{,}8 \text{ kJ} \cdot \text{mol}^{-1}$$

4. Als Differenz ergibt sich daraus die molare Standardreaktionsenthalpie.

Beispiel: $\Delta_R H^\ominus = -1090{,}8 \text{ kJ} \cdot \text{mol}^{-1} - (-184{,}8 \text{ kJ} \cdot \text{mol}^{-1})$
$\Delta_R H^\ominus = -906{,}0 \text{ kJ} \cdot \text{mol}^{-1}$

Die molare Standardreaktionsenthalpie $\Delta_R H^\ominus$ kann auch mittels der Gleichung

$$\Delta_R H^\ominus = \sum \nu_i \cdot \Delta_B H^\ominus_i \tag{7-8b}$$

berechnet werden. Die Stöchiometriezahlen sind hier vorzeichenbehaftet: Ausgangsstoffe *negatives* Vorzeichen. Endprodukte *positives* Vorzeichen.

Beispiel:

$4 NH_3 + 5 O_2 \rightleftarrows 4 NO + 6 H_2O$

$\Delta_R H^\ominus = \nu(NH_3) \cdot \Delta_B H^\ominus(NH_3) + \nu(NO) \cdot \Delta_B H^\ominus(NO) + \nu(H_2O) \cdot \Delta_B H^\ominus(H_2O_g)$
$\Delta_R H^\ominus = (-4) \cdot (-46{,}2 \text{ kJ} \cdot \text{mol}^{-1}) + 4 \cdot 90{,}3 \text{ kJ} \cdot \text{mol}^{-1} + 6 \cdot (-242 \text{ kJ} \cdot \text{mol}^{-1})$
$\Delta_R H^\ominus = 184{,}8 \text{ kJ} \cdot \text{mol}^{-1} + 361{,}2 \text{ kJ} \cdot \text{mol}^{-1} + (-1452 \text{ kJ} \cdot \text{mol}^{-1})$
$\Delta_R H^\ominus = -906{,}0 \text{ kJ} \cdot \text{mol}^{-1}$

Molare Standardbildungsenthalpien, die sich experimentell nicht ermitteln lassen (z.B. die des Kohlenmonoxids, neben dem beim Verbrennen von Kohlenstoff stets auch Kohlendioxid entsteht), können auf Grund des *Satzes der konstanten Wärmesummen*[1] berechnet werden (GERMAN HENRI HESS, 1840; auch HESSscher Satz oder zweites thermochemisches Gesetz genannt). Eine moderne Formulierung lautet:

Die Summe der molaren Standardreaktionsenthalpien von zwei oder mehr Teilreaktionen, die von einem Ausgangszustand A zu einem Endzustand E führen, ist gleich der molaren Standardreaktionsenthalpie der Reaktion, die direkt vom Ausgangszustand A zum Endzustand E führt.

---

[1] später eingegangen in den 1. Hauptsatz der Thermodynamik, den Energieerhaltungssatz

Beispiel: **Zustand A**   **Zustand E**

$$2\,C + 2\,O_2 \xrightarrow{\Delta_R H^\ominus = -788\,\text{kJ}\cdot\text{mol}^{-1}} 2\,CO_2$$

$$2\,C + O_2 \xrightarrow{\Delta_R H^\ominus = x} 2\,CO + O_2 \xrightarrow{\Delta_R H^\ominus = -566\,\text{kJ}\cdot\text{mol}^{-1}} 2\,CO_2$$

$$x + (-566\,\text{kJ}\cdot\text{mol}^{-1}) = -788\,\text{kJ}\cdot\text{mol}^{-1}$$
$$x = -788\,\text{kJ}\cdot\text{mol}^{-1} - (-566\,\text{kJ}\cdot\text{mol}^{-1})$$
$$x = -222\,\text{kJ}\cdot\text{mol}^{-1}$$

Das ist die molare Standardreaktionsenthalpie $\Delta_R H^\ominus$ für die Reaktion

$$2\,C + O_2 \rightarrow 2\,CO \qquad \Delta_R H^\ominus = -222\,\text{kJ}\cdot\text{mol}^{-1}$$

Die molare Standard*bildungs*enthalpie $\Delta_B H^\ominus$ bezieht sich stets auf die Reaktionsgleichung, in der die betrachtete Verbindung mit der Stöchiometriezahl $\nu = 1$ auftritt:

$$C + \tfrac{1}{2}O_2 \rightarrow CO \qquad \Delta_B H^\ominus = -111\,\text{kJ}\cdot\text{mol}^{-1}$$

Aus den molaren Standardreaktionsenthalpien $\Delta_R H^\ominus$, die bei der *Verbrennung* von Kohlenstoff, C, und von Kohlenmonoxid, CO, auftreten, kann demnach die molare Standard*bildungs*enthalpie $\Delta_B H^\ominus$ des Kohlenmonoxids berechnet werden.

7.4.3 Molare Standardverbrennungsenthalpie

Die *molare Standardverbrennungsenthalpie* (Formelzeichen $\Delta_C H^\ominus$) einer Verbindung (oder einer Elementsubstanz) ist die bei deren vollständiger Verbrennung in reinem Sauerstoff auftretende molare Standardreaktionsenthalpie $\Delta_R H^\ominus$. Dabei ist eine Reaktionsgleichung zugrunde zu legen, in der die zu verbrennende Verbindung (oder Elementsubstanz) mit der Stöchiometriezahl $\nu = -1$ auftritt.

Beispiel. Aus der molaren Standardreaktionsenthalpie $\Delta_R H^\ominus$ für die Reaktion

$$2\,CO + O_2 \rightarrow 2\,CO_2 \qquad \Delta_R H^\ominus = -566\,\text{kJ}\cdot\text{mol}^{-1}$$

ergibt sich demnach die molare Standardverbrennungsenthalpie des Kohlenmonoxids $\Delta_R H^\ominus(CO)$ nach der Gleichung

$$CO + \tfrac{1}{2}O_2 \rightarrow CO_2 \qquad \Delta_C H^\ominus = -283\,\text{kJ}\cdot\text{mol}^{-1}$$

Die molare Standard*verbrennungs*enthalpie $\Delta_C H^\ominus$ einer *Elementsubstanz* läßt sich aus der molaren Standard*bildungs*enthalpie $\Delta_B H^\ominus$ des bei der Verbrennung entstehenden *Oxids* berechnen, und zwar als *Quotient* aus der molaren Standardbildungsenthalpie $\Delta_B H^\ominus$ des Oxids und der Teilchenstöchiometriezahl (dem Index), mit der (dem) das Element in der Summenformel des Oxids auftritt.

Beispiele: Molare Standardverbrennungsenthalpie des Phosphors

$$\Delta_C H^\ominus (P) = \frac{\Delta_B H^\ominus (P_2O_5)}{2}$$

$$\Delta_C H^\ominus (P) = \frac{-1548 \text{ kJ} \cdot \text{mol}^{-1}}{2}$$

$$\Delta_C H^\ominus (P) = -774 \text{ kJ} \cdot \text{mol}^{-1}$$

Molare Standardverbrennungsenthalpie des Kohlenstoffs

$$\Delta_C H^\ominus (C) = \frac{\Delta_B H^\ominus (CO_2)}{1}$$

$$\Delta_C H^\ominus (C) = -394 \text{ kJ} \cdot \text{mol}^{-1}$$

Tritt das Element in der Summenformel des Oxids (wie im letzten Beispiel) mit der Teilchenstöchiometriezahl 1 (also *ohne* Index am Elementsymbol) auf, so ist die molare Standardverbrennungsenthalpie $\Delta_C H^\ominus$ der Elementsubstanz *gleich* der molaren Standardbildungsenthalpie $\Delta_B H^\ominus$ des bei der Verbrennung entstehenden Oxids.

Es ist zu beachten:
Die molare Standard*bildungs*enthalpie $\Delta_B H^\ominus$ und die molare Standard*verbrennungs*enthalpie $\Delta_C H^\ominus$ der *gleichen* Verbindung beziehen sich auf zwei *verschiedene* Reaktionen.

Beispiel: Die molare Standard*bildungs*enthalpie des Kohlenmonoxids $\Delta_B H^\ominus$ (CO) gilt für die Reaktionsgleichung:

$$C + \frac{1}{2} O_2 \rightarrow CO \qquad \Delta_B H^\ominus (CO) = -111 \text{ kJ} \cdot \text{mol}^{-1}$$

Die molare Standard*verbrennungs*enthalpie des Kohlenmonoxids $\Delta_C H^\ominus (CO)$ gilt für die Reaktionsgleichung:

$$CO + \frac{1}{2} O_2 \rightarrow CO_2 \qquad \Delta_C H^\ominus (CO) = -283 \text{ kJ} \cdot \text{mol}^{-1}$$

Beim Umgang mit dem Enthalpiebegriff ist zu beachten, daß er in den Bezeichnungen von fünf verschiedenen Größenarten auftritt (Tabelle 7-3).

Tabelle 7-3: *Zum Enthalpiebegriff*

Formelzeichen[1]	Bezeichnungen	Erläuterungen
h	Enthalpie	extensive Größe (wie die innere Energie u nicht meßbar)
Δh	Enthalpieänderung z.B. Reaktionsenthalpie $\Delta_R h$	extensive Größe Einheit: Joule
H	molare Enthalpie	intensive Größe (nicht meßbar,) kaum verwendet
ΔH	molare Enthalpieänderung, z.B. molare Reaktionsenthalpie $\Delta_R H$ molare Bildungsenthalpie $\Delta_B H$	intensive Größe molare Größe Einheit: J · mol^{-1}
$\Delta H^\ominus$	molare Standardenthalpieänderung z.B. molare Standardreaktionsenthalpie $\Delta_R H^\ominus$ molare Standardbildungsenthalpie $\Delta_B H^\ominus$	intensive Größe molare Größe Einheit: J · mol^{-1} Stoffe im Standardzustand
g	freie Enthalpie	extensive Größe (nicht meßbar)
Δg	Änderung der freien Enthalpie z.B. freie Reaktionsenthalpie $\Delta_R g$	extensive Größe Einheit: Joule
G	molare freie Enthalpie	intensive Größe, auch als *chemisches Potential* (Formelzeichen μ) bekannt (↑ 7.5.6) (nicht meßbar)
ΔG	Änderung der molaren freien Enthalpie z.B. molare freie Reaktionsenthalpie $\Delta_R G$ molare freie Bildungsenthalpie $\Delta_B G$	intensive Größe molare Größe Einheit: J · mol^{-1} auch als *maximale molare elektrische Arbeit* $W_{el,max}$ bekannt (↑ 9.8)
$\Delta G^\ominus$	Änderung der molaren freien Standardenthalpie z.B. molare freie Standardreaktionsenthalpie $\Delta_R G^\ominus$ molare freie Standardbildungsenthalpie $\Delta_B G^\ominus$	intensive Größe molare Größe Einheit: J · mol^{-1} Stoffe im Standardzustand

[1] In diesem Taschenbuch werden die molaren thermodynamischen Größen mit Großbuchstaben, die ihnen entsprechenden extensiven Größen mit Kleinbuchstaben bezeichnet. Mitunter werden in der Literatur auch für die extensiven Größen Großbuchstaben verwendet.

7.5 Freie Reaktionsenthalpie

7.5.1 Enthalpie und freie Enthalpie

Die *molare Reaktionsenthalpie* $\Delta_R H$ sagt mit ihrem Vorzeichen aus, ob die chemische Reaktion bei konstantem Druck

- unter *Wärmeabgabe*, also *exotherm* (*negatives* Vorzeichen), oder
- unter *Wärmeaufnahme*, also *endotherm* (*positives* Vorzeichen),

vonstatten geht.[1]

Der Däne JULIUS THOMSEN und der Franzose MARCELIN BERTHELOT vertraten Mitte des 19. Jahrhunderts die Auffassung, nur exotherme Reaktionen verliefen freiwillig. Tatsächlich können aber auch schwach endotherme Reaktionen freiwillig ablaufen.

Um zu Aussagen darüber zu kommen, ob eine chemische Reaktion
- *freiwillig* (spontan) oder
- nur *unter äußerem Zwang* (z.B. elektrischer Arbeit in einer elektrochemischen Zelle)

abläuft, muß eine weitere Reaktionsgröße herangezogen werden, die als *molare freie Reaktionsenthalpie* $\Delta_R G$ bekannt ist.

Die *freie Enthalpie g* wurde durch den Nordamerikaner JOSIAH WILLARD GIBBS (1872) neben der *Enthalpie h* als weitere Zustandsgröße eingeführt. Beide haben die SI-Einheit Joule.

Zwischen der *Enthalpie h* und der *freien Enthalpie g* besteht die Beziehung:

$$h = g + T \cdot s \tag{7-9}$$

T ist die absolute Temperatur, s ist eine weitere Zustandsgröße, die *Entropie*[2] genannt wird. Nach Gleichung (7-9) ergibt sich für die Entropie die SI-Einheit Joule/Kelvin ($J \cdot K^{-1}$).

Für die *Änderung* der drei Zustandsgrößen gilt:

$$\Delta h = \Delta g + T \cdot \Delta s \tag{7-9a}$$

---

1) Das gilt unter der Voraussetzung, daß das System nicht gleichzeitig elektrische Arbeit austauscht, was in elektrochemischen Zellen der Fall ist.
2) von griech. *trepein*, wenden; hier auf die Umwandlung von Energie bezogen. Von der *Entropie* sind anschauliche Vorstellungen nur schwer zu gewinnen (↑ 7.5.7). Solche sind aber auch nicht Voraussetzung, um mit Zustandsgrößen der Thermodynamik rechnen zu können.

7.5 Freie Reaktionsenthalpie

Diese Gleichung drückt aus, daß sich jede Enthalpieänderung Δh aus *zwei* Anteilen ergibt:

- der *Änderung der freien Enthalpie* Δg und
- dem *Produkt* aus der *Änderung der Entropie* Δs und der *absoluten Temperatur T*.

Die Änderung der freien Enthalpie Δg ist der Anteil, der vom reagierenden System sowohl als *Wärme* als auch als *Arbeit* aufgenommen oder abgegeben werden kann.

Das Produkt $T \cdot \Delta s$ ist der Anteil, der nur als *Wärme* aufgenommen oder abgegeben werden kann.

Die freie Enthalpie Δg ist also in diesem Sinne *frei verfügbar,* das Produkt $T \cdot \Delta s$ ist das nicht.

Bei der hier betrachteten Arbeit geht es *nicht* um die Volumenarbeit $w_{vol} = -p \cdot \Delta v$, weshalb in diesem Zusammenhang auch von *Nicht-Volumenarbeit* gesprochen wird. Die wichtigste Nicht-Volumenarbeit ist die *elektrische Arbeit* w_{el}, deren Austausch zwischen System und Umgebung in elektrochemischen Zellen vonstatten geht. Auch wenn bei einer chemischen Reaktion *Licht* abgegeben oder aufgenommen wird, handelt es sich um Nicht-Volumenarbeit.

Zu einem tieferen Verständnis führen Überlegungen, die an Bekanntes anknüpfen. In Gleichung (7-1) kam zum Ausdruck, daß die Änderung der inneren Energie Δu durch Austausch von Wärme q und/oder Arbeit w erfolgen kann. Die elektrische Arbeit wurde dabei zunächst außer Betracht gelassen. Wird zwischen Volumenarbeit und elektrischer Arbeit unterschieden, so ergibt sich:

$$\Delta u = q + w_{vol} + w_{el}$$

Für w_{vol} kann nach Gleichung (7-3) $-p \cdot \Delta v$ eingesetzt werden:

$$\Delta u = q - p \cdot \Delta v + w_{el}$$

für Δu nach Gleichung (7-4) weiterhin $\Delta h - p \cdot \Delta v$. Das ergibt:

$$\Delta h - p \cdot \Delta v = q - p \cdot \Delta v + w_{el}$$

$$\Delta h = q + w_{el}$$

In dieser Gleichung stellt q jenen Anteil der Enthalpieänderung Δh dar, der nur als *Wärme* – nicht als Arbeit – zwischen System und Umgebung ausgetauscht werden kann. Es gilt also

$$q = T \cdot \Delta s$$

w_{el} entspricht demnach dem Glied Δg der Gleichung (7-9a), der freien Reaktionsenthalpie.

$$\Delta g = w_{el}$$

Die freie Reaktionsenthalpie Δg ist gleich der *elektrischen Arbeit* w_{el}, die das System verrichten kann, wenn die Reaktion (bei konstantem Druck und konstanter Temperatur) in einer galvanischen Zelle durchgeführt wird[1].

7.5.2 Molare freie Reaktionsenthalpie

Werden in die Gleichung (7-9a) statt der extensiven Größen die molaren Größen eingesetzt, so ergibt sich:

$$\Delta_R H = \Delta_R G + T \cdot \Delta_R S \quad \text{bzw.} \qquad (7\text{-}10)$$

$$\Delta_R G = \Delta_R H - T \cdot \Delta_R S \qquad (7\text{-}10a)$$

Es stehen also nebeneinander

- die *molare Reaktionsenthalpie* $\Delta_R H$, die die mit der Reaktion einhergehende *Wärmeumsetzung* angibt, und
- die *molare freie Reaktionsenthalpie* $\Delta_R G$. Diese gibt die *Richtung* an, in der die Reaktion freiwillig verlaufen kann.

Zwischen beiden Zustandsgrößen besteht in der Herleitung ein wichtiger Unterschied.

- Die *molare Reaktionsenthalpie* $\Delta_R H$ kann (in guter Näherung) als Quotient aus der extensiven Enthalpieänderung Δh und der Objektmenge der Formelumsätze ξ definiert werden (Gleichung 7-5).

- Die *molare freie Reaktionsenthalpie* $\Delta_R G$ kann nur mittels der Infinitesimalrechnung, und zwar als *partielle molare Größe*, definiert werden, da sie sich im Verlauf der Reaktion mit der Zusammensetzung des Systems ständig ändert. Da diese Herleitung nicht in jedem Falle Voraussetzung ist, um molare freie Reaktionsenthalpien zu berechnen und Aussagen daraus abzuleiten, wird in einem gesonderten Abschnitt darauf eingegangen (7.5.5).

Die *Zustandsgrößen*, die in den Gleichungen (7-10) bzw. (7-10a) auftreten, sind tabelliert[2], und zwar als

- *molare Standardbildungsenthalpien* $\Delta_B H^\ominus$,
- *molaren freie Standardbildungsenthalpien* $\Delta_B G^\ominus$ und
- *molare Standardentropien* $S^\ominus$

$\Delta_B H^\ominus$ und $\Delta_B G^\ominus$ beziehen sich auf die *Bildungsreaktion* des betrachteten Stoffes, das heißt, auf die Reaktion, die zur Bildung der Verbindung aus den

---

[1] Dabei wird angenommen, es handle sich um einen *reversiblen Vorgang*, bei dem infinitesimale (verschwindend kleine) Änderungen stattfinden, die sich ohne Verluste an Arbeit oder Wärme jederzeit umkehren können.
[2] Siehe Fußnote S. 268

7.5 Freie Reaktionsenthalpie

Elementsubstanzen führt. Die Elementsubstanzen selbst haben (in ihrem stabilen Zustand) den Wert Null.

$S^{\ominus}$ bezieht sich auf den betrachteten *Stoff* selbst, nicht auf dessen Bildungsreaktion. Auch den Elementsubstanzen kommt eine Standardentropie zu.

Wie schon im Abschnitt 7.1 gesagt wurde, liefert die chemische Thermodynamik nur Aussagen darüber, ob und unter welchen Bedingungen eine chemische Reaktion *möglich* ist. Sie sagt nichts darüber aus, ob die Reaktion mit einer für ihre praktische Durchführung hinreichenden *Reaktionsgeschwindigkeit* abläuft (↑ S. 302) und ob sie beim Zusammengeben der Ausgangsstoffe von selbst in Gang kommt.

Beispiel: Eine Mischung aus 2 Volumenteilen Wasserstoff und 1 Volumenteil Sauerstoff (bekannt als Knallgas) reagiert erst bei Temperaturerhöhung, dann aber explosionsartig und stark exotherm.

Wie das Beispiel zeigt, können Reaktionen, die aus thermodynamischer Sicht *freiwillig* (es wird auch gesagt: spontan) verlaufen, *kinetisch gehemmt* sein. *Spontan* ist also nicht so zu verstehen, daß die Reaktion in jedem Falle von selbst in Gang kommt.

Wie die molare Reaktionsenthalpie $\Delta_R H$, so bezieht sich auch die *molare freie Reaktionsenthalpie* $\Delta_R G$ stets auf eine bestimmte *Reaktionsgleichung*. Aus dem *Vorzeichen* der molaren freien Reaktionsenthalpie kann auf die Richtung geschlossen werden, in der die Reaktion *freiwillig* verlaufen kann.

$\Delta_R G < 0$ *freiwillig* von *links* nach *rechts*
$\Delta_R G = 0$ *Gleichgewichtszustand*
$\Delta_R G > 0$ mit *Zwang* von *links* nach *rechts*

Jede chemische Reaktion, die in der einen Richtung freiwillig verläuft, verläuft in der Gegenrichtung unter Zwang.

Beispiel: Wasserstoff und Sauerstoff reagieren *freiwillig* unter Bildung von Wasser:

$H_2 + \frac{1}{2} O_2 \rightarrow H_2O \qquad \Delta_R G < 0$

Die Reaktion in der *Gegenrichtung*, die Zerlegung von Wasser in Wasserstoff und Sauerstoff, kann in einer *Elektrolysezelle* durch *elektrische Arbeit erzwungen* werden:

$H_2O \rightarrow H_2 + \frac{1}{2} O_2 \qquad \Delta_R G > 0$

Bei Hinreaktion und Rückreaktion hat demnach die molare freie Reaktionsenthalpie $\Delta_R G$ – ebenso wie die molare Reaktionsenthalpie $\Delta_R H$ – *entgegengesetzte Vorzeichen*. Mitunter werden Reaktionen

- mit *negativem* $\Delta_R G$ *exergonische* Reaktionen und solche
- mit *positivem* $\Delta_R G$ *endergonische* Reaktionen

genannt.

Die molare freie Reaktionsenthalpie $\Delta_R G$ wird vielfach als Ausdruck für die »*Triebkraft*« der chemischen Reaktionen betrachtet, da aus ihrem Vorzeichen hervorgeht, ob die Reaktion freiwillig verlaufen kann oder nicht. Diese Betrachtungsweise hat aber den Nachteil, daß die »Triebkraft« *abnimmt*, wenn die molare freie Reaktionsenthalpie $\Delta_R G$ (von negativen Werten ausgehend) *zunimmt* (↑ S.). Als Ausdruck für die »Triebkraft« einer chemischen Reaktion eignet sich daher besser die **Affinität** A. *Die* Affinität A ist bei entgegengesetztem Vorzeichen gleich der molaren freien Reaktionsenthalpie $\Delta_R G$;

$$A = -\Delta_R G.$$

Aus der Affinität kann daher wie folgt auf die Richtung geschlossen werden, in der die Reaktion freiwillig verlaufen kann:

$A > 0$ *freiwillig* von *links* nach *rechts*
$A = 0$ *Gleichgewichtszustand*
$A < 0$ *mit Zwang* von *links* nach *rechts*

(Im Bild 7-4 *nimmt* die Affinität A von links nach rechts *ab*, bis sie beim Minimum der freien Enthalpie g den Wert 0 erreicht.)

7.5.3 Molare freie Standardreaktionsenthalpie

Die Berechnung der molaren freien Reaktionsenthalpie $\Delta_R G$ (7.5.4) geht von den *molaren freien Standardbildungsenthalpien* $\Delta_B G^\ominus$ aus, die – wie die molaren Standardbildungsenthalpien $\Delta_B H^\ominus$ – tabelliert sind (↑ Tab. 7-2). Die freie molare Standard*bildungs*enthalpie $\Delta_B G^\ominus$ einer Verbindung ist die freie molare Standard*reaktions*enthalpie ihrer *Bildungsreaktion*, in der die entstehende Verbindung mit der Stöchiometriezahl $\nu = 1$ auftritt.

Beispiel: $H_2 + \frac{1}{2} O_2 \rightarrow H_2O_g$ $\Delta_B G^\ominus = -228{,}6 \text{ kJ} \cdot \text{mol}^{-1}$

Die Elementsubstanzen haben in ihrem stabilen Zustand die molare freie Standardbildungsenthalpie $\Delta_B G^\ominus = 0$.

7.5 Freie Reaktionsenthalpie

Beispiel: Graphit $\Delta_B G^\ominus = 0$
Diamant $\Delta_B G^\ominus = 3 \text{ kJ} \cdot \text{mol}^{-1}$

Die *molare freie Standardreaktionsenthalpie* $\Delta_R G^\ominus$ ergibt sich als Differenz der (stöchiometrischen) Summen der molaren freien Standardbildungsenthalpien der Endprodukte $\Delta_B G_E^\ominus$ und der Ausgangsstoffe $\Delta_B G_A^\ominus$

$$\Delta_R G^\ominus = \sum \Delta_B G_E^\ominus - \sum \Delta_B G_A^\ominus \qquad (7\text{-}11)$$

In dieser einfachen Form gilt die Gleichung allerdings nur, wenn alle Reaktionsteilnehmer mit der Stöchiometriezahl $|\nu| = 1$ auftreten, also für die Reaktionen vom Typ $A + B \rightarrow C + D$.

Für beliebige Reaktionen gelten die Gleichungen

$$\Delta_R G^\ominus = \sum |\nu_i| \Delta_B G_{E_i}^\ominus - \sum |\nu_i| \Delta_B G_{A_i}^\ominus \qquad (7\text{-}11a)$$

mit den Beträgen der Stöchiometriezahlen $|\nu_i|$ oder

$$\Delta_R G^\ominus = \sum \nu_i \, \Delta_B G_i^\ominus \qquad (7\text{-}11b)$$

mit vorzeichenbehafteten Stöchiometriezahlen ν_i.

Wie alle *Reaktionsgrößen* gelten $\Delta_R G$ und $\Delta_R G^\ominus$ stets für eine bestimmte *Reaktionsgleichung*.

Beispiel: Ammoniakoxidation (↑ S. 271)
$4 \, NH_3 + 5 \, O_2 \rightarrow 4 \, NO + 6 \, H_2O_g$

Nach Gleichung (7-11a)
$4 \, \Delta_B G^\ominus(NO) = 4 \cdot 87 \text{ kJ} \cdot \text{mol}^{-1}$ $= 348 \text{ kJ} \cdot \text{mol}^{-1}$
$6 \, \Delta_B G^\ominus(H_2O_g) = 6(-229 \text{ kJ} \cdot \text{mol}^{-1})$ $= -1374 \text{ kJ} \cdot \text{mol}^{-1}$

$\sum \Delta_B G_E^\ominus = -1026 \text{ kJ} \cdot \text{mol}^{-1}$

$4 \, \Delta_B G^\ominus(NH_3) = 4(-17 \text{ kJ} \cdot \text{mol}^{-1})$ $= -68 \text{ kJ} \cdot \text{mol}^{-1}$
$5 \, \Delta_B G^\ominus(O_2) =$ $= 0 \text{ kJ} \cdot \text{mol}^{-1}$

$\sum \Delta_B G_A^\ominus = -68 \text{ kJ} \cdot \text{mol}^{-1}$

$\Delta_R G^\ominus = (-1026 \text{ kJ} \cdot \text{mol}^{-1}) - (-68 \text{ kJ} \cdot \text{mol}^{-1})$
$\Delta_R G^\ominus = -958 \text{ kJ} \cdot \text{mol}^{-1}$

Das ist die molare freie Standardreaktionsenthalpie $\Delta_R G^\ominus$ der Ammoniakoxidation.

Für die Rückreaktion
4 NO + 6 H$_2$O$_g$ → 4 NH$_3$ + 5 O$_2$
ergäbe sich die molare freie Standardreaktionsenthalpie $\Delta_R G^\ominus$ = +958 kJ · mol^{-1}.

Die *molare freie Standardreaktionsenthalpie* $\Delta_R G^\ominus$ gilt unter der *Annahme*, daß alle Reaktionsteilnehmer in ihrem *Standardzustand* vorliegen (↑ S.). Da das praktisch nie der Fall ist, kann aus dem Vorzeichen der molaren freien *Standard*reaktionsenthalpie $\Delta_R G^\ominus$ nicht unmittelbar darauf geschlossen werden, ob eine Reaktion freiwillig verlaufen kann oder nicht. Dazu muß die *molare freie Reaktionsenthalpie* $\Delta_R G$ herangezogen werden, die sich während der Reaktion ändert. Zwischen den Reaktionsgrößen $\Delta_R G$ und $\Delta_R G^\ominus$ ist streng zu unterscheiden.

Dagegen sind die Unterschiede zwischen der molaren Reaktionsenthalpie $\Delta_R H$ und der molaren Standardreaktionsenthalpie $\Delta_R H^\ominus$ relativ geringfügig, so daß aus dem Vorzeichen der molaren Standardreaktionsenthalpie $\Delta_R H^\ominus$ auch unmittelbar darauf geschlossen werden kann, ob die Reaktion unter Abgabe oder Aufnahme von Wärme abläuft (S.).

7.5.4 Berechnung der molaren freien Reaktionsenthalpie

Die molare freie Reaktionsenthalpie $\Delta_R G$ ändert sich im Verlauf der Reaktion ständig mit der sich verändernden *Zusammensetzung* des Reaktionsgemischs. Das wird mathematisch erfaßt durch die Gleichung:

$$\Delta_R G = \Delta_R G^\ominus + R \cdot T \cdot \ln \frac{a_C \cdot a_D}{a_A \cdot a_B} \quad (7\text{-}12)$$

Diese Gleichung ist als VAN'T HOFFsche *Reaktionsisotherme* bekannt. In dieser Gleichung ist zwischen dem *Standardglied* $\Delta_R G^\ominus$ und dem *Überführungsglied* $R \cdot T \cdot \ln \frac{a_C \cdot a_D}{a_A \cdot a_B}$ zu unterscheiden. R ist die allgemeine Gaskonstante, T die absolute Temperatur. a sind die *Aktivitäten* der Reaktionsteilnehmer.

Bei den *Aktivitäten* (↑ 6.3.2.7) wird nach den zugrunde liegenden Zusammensetzungsgrößen (↑ 2.14) unterschieden:

- Die *Stoffmengenanteilaktivität (Molenbruchaktivität)* a_x entspricht dem Stoffmengenanteil (Molenbruch) x:
  $a_x = f_x \cdot x$
- Die *Konzentrationsaktivität* a_c entspricht der Stoffmengenkonzentration c:
  $a_c = f_c \cdot c$
- Die *Molalitätsaktivität* a_m (auch a_b) entspricht der Molalität m (auch b):
  $a_m = f_m \cdot m$.

7.5 Freie Reaktionsenthalpie

In dieser einfachen Form gilt die Gleichung (7-12) nur für Reaktionen vom Typ A + B → C + D, bei dem alle Reaktionsteilnehmer mit der Stöchiometriezahl $|\nu| = 1$ auftreten. Die allgemeinere Form für beliebige Reaktionen

$$|\nu_A|\ A\ +\ |\nu_B|\ B\ +\ ...\ \rightleftarrows\ |\nu_C|\ C\ +\ |\nu_D|\ D\ +\ ...$$

lautet:

$$\Delta_R G = \Delta_R G^\ominus + R \cdot T \cdot \ln \frac{a_C^{|\nu_C|} \cdot a_D^{|\nu_D|} \cdot ...}{a_A^{|\nu_A|} \cdot a_B^{|\nu_B|} \cdot ...} \tag{7-12a}$$

Die Beträge der Stöchiometriezahlen $|\nu|$ der Reaktionsgleichung treten in dem Quotienten als *Exponenten* der Aktivitäten auf (vgl. hierzu S. 319).

Der Quotient der Gleichung (7-12a) wird *Aktivitätenquotient* (oder auch allgemeiner *Reaktionsquotient*) genannt. Er wird häufig durch das Formelzeichen Q wiedergegeben[1]).

$$\Delta_R G = \Delta_R G^\ominus + R \cdot T \cdot \ln Q \tag{7-12b}$$

Wird die Gleichung mit vorzeichenbehafteten Stöchiometriezahlen ν formuliert, so tritt an die Stelle des *Quotienten* der Aktivitäten das *Produkt* der Aktivitäten:

$$\Delta_R G = \Delta_R G^\ominus + R \cdot T \cdot \ln \prod_i a_i^{\nu_i} \tag{7-12c}$$

Die molare freie Reaktionsenthalpie $\Delta_R G$ und die molare freie Standardreaktionsenthalpie $\Delta_R G^\ominus$ beziehen sich jeweils auf eine bestimmte Reaktionsgleichung. Das wirkt sich auch auf den Aktivitätenquotienten aus.

Beispiel: Ammoniaksynthese
a) $N_2 + 3\,H_2 \rightarrow 2\,NH_3$

$$\Delta_R G = \Delta_R G^\ominus + R \cdot T \cdot \ln \frac{a^2(NH_3)}{a(N_2) \cdot a^3(H_2)}$$

$$\Delta_R G^\ominus = 2\,\Delta_B G^\ominus(NH_3)$$

$$\Delta_R G^\ominus = 2\,(-17\,kJ \cdot mol^{-1})\,; \qquad \Delta_R G^\ominus = -34\,kJ \cdot mol^{-1})$$

b) $\frac{1}{2} N_2 + \frac{3}{2} H_2 \rightarrow NH_3$

$$\Delta_R G = \Delta_R G^\ominus + R \cdot T \cdot \ln \frac{a(NH_3)}{a^{\frac{1}{2}}(N_2) \cdot a^{\frac{3}{2}}(H_2)}$$

$$\Delta_R G^\ominus = \Delta_B G^\ominus(NH_3)\,; \qquad \Delta_R G^\ominus = -17\,kJ \cdot mol^{-1}$$

---

1) Die Unterscheidung gegenüber dem Formelzeichen Q für molare Reaktionswärme ist aus dem Zusammenhang möglich.

Bei b) ist die Reaktionsgleichung gegenüber a) durch 2 dividiert. Dadurch wird der Aktivitätenquotient bei b) die Quadratwurzel von a).

$$\sqrt{\frac{a^2(NH_3)}{a(N_2) \cdot a^3(H_2)}} = \frac{a(NH_3)}{a^{\frac{1}{2}}(N_2) \cdot a^{\frac{3}{2}}(H_2)}$$

Die Darstellung b), bei der das Reaktionsprodukt mit der Stöchiometriezahl $\nu = 1$ auftritt, wird vor allem für die Bildung von Verbindungen aus den Elementsubstanzen angewandt.

Bei Gasreaktionen wird als Zusammensetzungsgröße statt der Stoffmengenaktivität (Molenbruchaktivität) häufig der **Partialdruck** (↑ S. 71) bevorzugt. Der Partialdruck hat die SI-Einheit Pascal. Um zu Zahlenwerten zu kommen, die logarithmiert werden können, wird der Partialdruck jedes bestimmten Reaktionsteilnehmers p_b durch den Tabellierungsdruck $p_t = 101{,}325$ kPa dividiert. Der Quotient

$$\frac{p'_b}{p_t} = p''_b$$

stellt eine Verhältnisgröße dar, die ebenso einfach handhabbar ist wie der Molenbruch. Diese Verhältnisgröße kann als normierter Partialdruck bezeichnet werden, mitunter wird sie mit $\dot{p}$ (sprich: p Punkt) gekennzeichnet und Druckfaktor genannt.

Beispiel: Wassergaskonvertierung

$$\Delta_R G = \Delta_R G^\ominus + R \cdot T \cdot \ln \frac{\dot{p}(CO_2) \cdot \dot{p}(H_2)}{\dot{p}(CO) \cdot \dot{p}(H_2O_g)}$$

Der Reaktionsquotient Q tritt hier als Partialdruckquotient auf.

Die *Berechnung der molaren freien Reaktionsenthalpie* $\Delta_R G$ sei an einer bekannten Gleichgewichtsreaktion aus der organischen Chemie dargestellt.

Beispiel: Bildung von Essigsäureethylester aus Ethanol und Essigsäure

$$CH_3COOH + C_2H_5OH \rightleftarrows CH_3COOC_2H_5 + H_2O \qquad \Delta_R G^\ominus = 5{,}6 \text{ kJ} \cdot \text{mol}^{-1}$$

$\Delta_B G^\ominus = -174{,}7 \qquad -390{,}3 \qquad\qquad -323{,}2 \qquad -236{,}2 \text{ kJ} \cdot \text{mol}^{-1}$

Wir gehen von einem Reaktionsgemisch aus, in dem die Ausgangsstoffe Essigsäure und Ethanol im Stoffmengenverhältnis 1:1 vorliegen. Ist 1% des Gemischs nach der Reaktionsgleichung zu Essigsäureethylester und Wasser umgesetzt, so ergibt sich die molare freie Reaktionsenthalpie wie folgt:

7.5 Freie Reaktionsenthalpie

$$\Delta_R G = \Delta_R G^\ominus + R \cdot T \cdot \ln \frac{a_x(CH_3COOC_2H_5) \cdot a_x(H_2O)}{a_x(CH_3COOH) \cdot a_x(C_2H_5OH)}$$

$\Delta_R G = 5{,}6 \text{ kJ} \cdot \text{mol}^{-1} + 0{,}0083145 \text{ kJ} \cdot \text{mol}^{-1} \cdot \text{K}^{-1} \cdot 298{,}15 \text{ K} \cdot \ln \dfrac{0{,}005 \cdot 0{,}005}{0{,}495 \cdot 0{,}495}$

$\Delta_R G = 5{,}6 \text{ kJ} \cdot \text{mol}^{-1} + 2{,}479 \text{ kJ} \cdot \text{mol}^{-1} \cdot \ln 0{,}000102$
$\Delta_R G = 5{,}6 \text{ kJ} \cdot \text{mol}^{-1} + 2{,}479 \text{ kJ} \cdot \text{mol}^{-1} \cdot (-9{,}190)$
$\Delta_R G = 5{,}6 \text{ kJ} \cdot \text{mol}^{-1} + (-22{,}78 \text{ kJ} \cdot \text{mol}^{-1})$
$\Delta_R G = -17{,}18 \text{ kJ} \cdot \text{mol}^{-1}$

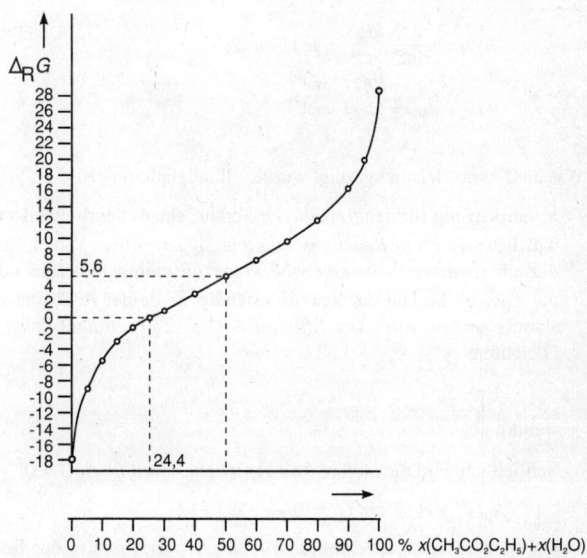

Bild 7-3: Molare freie Reaktionsenthalpie der Gleichgewichtsreaktion zur Bildung von Essigsäureethylester

Für den weiteren Verlauf der Reaktion (Bild 7-3) werden im folgenden nur einige Eckdaten wiedergegeben.

10 %: $\ln \dfrac{0{,}05 \cdot 0{,}05}{0{,}45 \cdot 0{,}45} = \ln 0{,}01235 = -4{,}394$

$\Delta_R G = 5{,}6 \text{ kJ} \cdot \text{mol}^{-1} + 2{,}479 \text{ kJ} \cdot \text{mol}^{-1} \cdot (-4{,}394)$
$\Delta_R G = 5{,}6 \text{ kJ} \cdot \text{mol}^{-1} + (-10{,}89 \text{ kJ} \cdot \text{mol}^{-1})$
$\Delta_R G = -5{,}294 \text{ kJ} \cdot \text{mol}^{-1}$

24,4 %: $\ln \dfrac{0{,}122 \cdot 0{,}122}{0{,}378 \cdot 0{,}378} = \ln \mathbf{0{,}10417} = -2{,}262$

$\Delta_R G = 5{,}6 \text{ kJ} \cdot \text{mol}^{-1} + 2{,}479 \text{ kJ} \cdot \text{mol}^{-1} \cdot (-2{,}262)$
$\Delta_R G = 5{,}6 \text{ kJ} \cdot \text{mol}^{-1} + (-5{,}6 \text{ kJ} \cdot \text{mol}^{-1})$
$\Delta_R G = 0$

50 %: $\ln \dfrac{0{,}25 \cdot 0{,}25}{0{,}25 \cdot 0{,}25} = \ln 1 = 0$

$\Delta_R G = 5{,}6 \text{ kJ} \cdot \text{mol}^{-1} + 0$
$\Delta_R G = 5{,}6 \text{ kJ} \cdot \text{mol}^{-1}$

Was an diesem Beispiel gezeigt wurde, gilt allgemein (↑ Bild 7-3):

– Voraussetzung für den *freiwilligen* Verlauf einer chemischen Reaktion ist, daß die *molare freie Reaktionsenthalpie* $\Delta_R G$ *negatives* Vorzeichen hat. Von diesem negativen Wert ausgehend, *nimmt* die molare freie Reaktionsenthalpie $\Delta_R G$ im Verlauf der Reaktion ständig *zu,* da der Reaktionsquotient Q ständig größer wird. Die *Affinität A* (↑ S. 280) nimmt dabei nach der Gleichung

$A = -\Delta_R G$

ständig ab.

– Schließlich wird die *molare freie Reaktionsenthalpie* $\Delta_R G = 0$.

$$\Delta_R G^\ominus + R \cdot T \cdot \ln Q = 0 \tag{7-12d}$$

Damit wird auch die *Affinität* $A = 0$. Die »Triebkraft« der Reaktion ist erloschen. Das ist der Fall, wenn das *Überführungsglied* $R \cdot T \cdot \ln Q$ bei entgegengesetzten Vorzeichen den gleichen Zahlenwert hat wie die *molare freie Standardreaktionsenthalpie*:

$$\Delta_R G^\ominus = -R \cdot T \cdot \ln Q_{gl} \tag{7-12e}$$

Im Beispiel trifft das zu, wenn sich 24,4% der Ausgangsstoffe in die Reaktionsprodukte umgesetzt haben; ↑ Bild 7-3.

Es ist dann der **Gleichgewichtszustand** erreicht:
- *Kinetisch* betrachtet, haben Hinreaktion und Rückreaktion die gleiche Geschwindigkeit angenommen.
- *Thermodynamisch* betrachtet, ist die Reaktion zum Stillstand gekommen.

Der *Reaktionsquotient* (Aktivitätenquotient, Partialdruckquotient) *im Gleichgewichtszustand* Q_{gl} (auch Q_{eq}) spielt eine zentrale Rolle bei der thermodynamischen Ableitung des *Massenwirkungsgesetzes* (↑ 8.4.3). Er tritt uns dort als *Gleichgewichtskonstante K* entgegen:

$$Q_{gl} = K \tag{7-12f}$$

In Gleichung (7-12e) eingesetzt, ergibt das eine der wichtigsten Gleichungen der chemischen Thermodynamik:

$$\boxed{-\Delta_R G^\ominus = R \cdot T \cdot \ln K} \tag{7-13}$$

Im Beispiel ergibt sich die Gleichgewichtskonstante $K = 0{,}104$.

Die Behandlung der Gleichgewichtskonstante K erfolgt im Abschnitt 8.4.3.

- In der im Bild 7-3 wiedergegebenen Kurve gibt es einen weiteren bemerkenswerten Punkt. Wenn der Reaktionsquotient Q den Wert 1 erreicht, nimmt das Überführungsglied $R \cdot T \cdot \ln Q$ den Wert 0 an. Damit wird die molare freie Reaktionsenthalpie $\Delta_R G$ nach Gleichung (7-12) gleich der molaren freien Standardreaktionsenthalpie $\Delta_R G^\ominus$, die sich definitionsgemäß auf die Aktivität $a = 1$ bezieht.

$$\Delta_R G = \Delta_R G^\ominus \qquad (a = 1)$$

Wenn bis dahin – wie im Beispiel – gerade 50% der Ausgangsstoffe in die Reaktionsprodukte übergegangen sind, so gilt das für Reaktionen vom Typ A + B → C + D und allgemein für Reaktionen, bei denen sich die Summe der Stöchiometriezahlen zwischen Ausgangsstoffen und Reaktionsprodukten nicht ändert.

Bei der als Beispiel gewählten Reaktion wird dieser Punkt der Kurve allerdings nicht freiwillig erreicht, da die molare freie Reaktionsenthalpie $\Delta_R G$ dann – wie die molare freie Standardreaktionsenthalpie $\Delta_R G^\ominus$ – positives Vorzeichen hat.

7.5.5 Partielle molare Größen

Die molare freie Reaktionsenthalpie $\Delta_R G$ (↑ S. 278) ist eine *partielle molare Größe*. Darunter werden *partielle Differentialquotienten* von (extensiven) Zustandsgrößen nach Objektmengen (Stoffmengen) verstanden, wobei konstanter Druck und konstante Temperatur vorausgesetzt werden.

Beispiel: partielle molare freie Reaktionsenthalpie

$$\Delta_R G = \left(\frac{\partial g}{\partial \xi}\right)_{p,T}$$

Das ist der partielle Differentialquotient der freien Enthalpie g nach der Objektmenge der Formelumsätze ξ.

Partielle molare Größen werden in der physikalischen Chemie benötigt, um die Eigenschaften der *Komponenten* (Teilchenarten) von Mischungen anzugeben. Mitunter wird in diesem Zusammenhang statt von Mischungen von *Mischphasen* gesprochen, wodurch ausgedrückt wird, daß es sich um *homogene* Bereiche eines Systems handelt. Für die *heterogenen* Gemenge gelten die hier getroffenen Aussagen nicht (vgl. 1.3).

Eine der anschaulichen Vorstellung zugängliche partielle molare Größe ist das *partielle molare Volumen* einer Komponente einer Flüssigkeitsmischung.

$$V_1 = \left(\frac{v_1}{n_1}\right)_{p,\,T,\,n_2,\,\ldots}$$

Die Indizes drücken aus, daß neben konstantem Druck und konstanter Temperatur auch konstante Stoffmengen der übrigen Komponenten vorausgesetzt werden.

Die partiellen molaren Volumina der Komponenten einer Flüssigkeitsmischung sind infolge der Wechselwirkungen zwischen den unterschiedlichen Molekülen voneinander abhängig. Werden zwei Flüssigkeiten miteinander gemischt, so ergibt sich das Gesamtvolumen der Mischung durchaus nicht als Summe jener Volumina, die die beiden Komponenten vor dem Mischen einnahmen.

Beispiel: Werden 50 cm^3 Ethanol (Ethylalkohol) mit 50 cm^3 Wasser gemischt, so entsteht eine Lösung, die nur ein Volumen von etwa 97 cm^3 hat.

Zu einer Vorstellung vom partiellen molaren Volumen gelangen wir auf folgendem Wege: Wird einer großen Menge einer Lösung eine geringe Menge einer Komponente zugesetzt, so nimmt das Volumen der Lösung je mol der zugesetzten Teilchenart um ein bestimmtes Volumen zu. Diese Volumenänderung wird partielles molares Volumen genannt.

Das Volumen einer Lösung kann bei der Zugabe einer Substanz (z.B. eines Salzes) auch *abnehmen*. In diesem Falle hat das partielle molare Volumen *negatives* Vorzeichen.

Diese Überlegungen lassen sich auf die *partielle molare freie Enthalpie G* einer Komponente einer Mischung übertragen,

$$G_1 = \left(\frac{\partial g_1}{\partial n_1}\right)_{p,\,T,\,n_2,\,\ldots} \tag{7-14}$$

für die eine solche Veranschaulichung leider nicht möglich ist.

Weitere partielle molare Größen sind

– die *partielle molare Enthalpie H* einer Komponente einer Mischung

$$H_1 = \left(\frac{\partial h_1}{\partial n_1}\right)_{p,\,T,\,n_2,\,\ldots} \quad \text{und}$$

7.5 Freie Reaktionsenthalpie

- die *partielle molare Entropie S* einer Komponente einer Mischung

$$S_1 = \left(\frac{\partial s_1}{\partial n_1}\right)_{p,\,T,\,n_2,\,\ldots}$$

Die vorstehenden partiellen molaren Größen beziehen sich auf die *Teilchenarten*, daher wurde nach der Stoffmenge n differenziert.

Davon zu unterscheiden sind die partiellen molaren *Reaktions*größen, die nach der *Objektmenge der Formelumsätze* ξ differenziert werden. Sie beziehen sich jeweils auf eine bestimmte *Reaktionsgleichung*.

$$\Delta_R G = \left(\frac{\partial g}{\partial \xi}\right)_{p,T}$$

$$\Delta_R H = \left(\frac{\partial h}{\partial \xi}\right)_{p,T}$$

$$\Delta_R S = \left(\frac{\partial s}{\partial \xi}\right)_{p,T}$$

Die *partielle molare freie Reaktionsenthalpie*

$$\Delta_R G = \left(\frac{\partial g}{\partial \xi}\right)_{p,T} \tag{7-15}$$

ändert sich im Verlauf einer chemischen Reaktion ständig, da sich ständig die Zusammensetzung des Systems ändert (↑). Für den partiellen Differentialquotienten $\left(\frac{\partial g}{\partial \xi}\right)_{p,T}$, ergibt sich nach den beteiligten Größenarten $\frac{[\text{Energie}]}{[\text{Objektmenge}]}$ die SI-Einheit $J \cdot mol^{-1}$ bzw. $kJ \cdot mol^{-1}$.

Im Bild 7-4 ist die *Abhängigkeit* der *freien Enthalpie g* von der *Objektmenge der Formelumsätze* ξ dargestellt. Der Differentialquotient $\left(\frac{\partial g}{\partial \xi}\right)_{p,T}$ gibt den *Anstieg der Kurve* wieder. Er hat für jeden Punkt der Kurve einen anderen Wert. Dabei handelt es sich um die *Tangente* an diesem Punkt der Kurve. Für jeden Punkt der Kurve wird eine *differentielle*[1] *Änderung* der freien Enthalpie g sowie der Objektmenge der Formelumsätze ξ angenommen, die jederzeit umkehrbar ist. Die Zusammensetzung des Systems bleibt bei einem solchen differentiellen Vorgang konstant.

Die *freie Enthalpie g* hat ein *Minimum* (↑ Bild 7-4). *Links* davon hat die molare freie Reaktionsenthalpie $\Delta_R G = \left(\frac{\partial g}{\partial \xi}\right)_{p,T}$ *negatives* Vorzeichen, was notwendige Voraussetzung für einen *freiwilligen* Verlauf der Reaktion ist. *Rechts* vom Minimum der freien Enthalpie g hat die molare freie Reaktionsenthalpie $\Delta_R G = \left(\frac{\partial g}{\partial \xi}\right)_{p,T}$ *positives* Vorzeichen. Das heißt, über das Minimum der freien Enthalpie g hinaus kann die Reaktion nur mit *Zwang* (Zufuhr elektrischer Arbeit) fortgeführt werden.

---

[1] Leser, die mit der Differentialrechnung nicht vertraut sind, können sich das als *unendlich kleine* Änderung vorstellen.

Die molare freie Reaktionsenthalpie $\Delta_R G = \left(\dfrac{\partial g}{\partial \xi}\right)_{p,T}$ *nimmt* von links (A) nach rechts (E) *zu*. Von den negativen Werten ausgehend, erreicht sie beim Minimum der Enthalpie g den Wert 0 und nimmt dann (bei äußerem Zwang) positive Werte an, die (in Richtung E) ständig steigen. Sobald

$$\Delta_R G = \left(\dfrac{\partial g}{\partial \xi}\right)_{p,T} = 0, \tag{7-15a}$$

ist das *chemische Gleichgewicht* erreicht (↑ S. u. Abschn. 8.4).

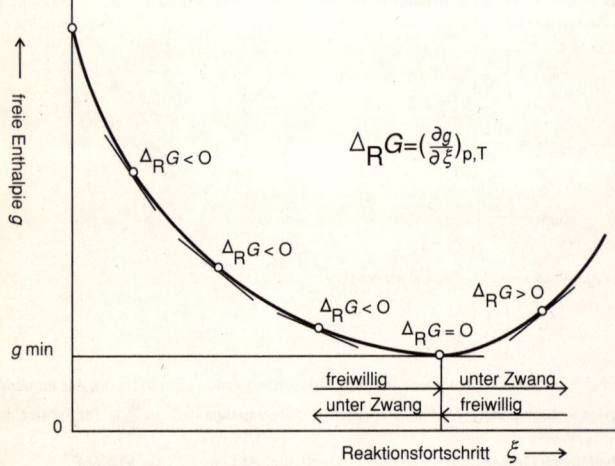

Bild 7-4: Verlauf einer Gleichgewichtsreaktion.
Die molare freie Reaktionsenthalpie $\Delta_R G$ nimmt – von negativen Werten ausgehend – zu, bis $\Delta_R G = 0$. An diesem Punkt hat die freie Reaktionsenthalpie g ein Minimum. Die Reaktion verläuft sowohl von links (Ausgangsstoffe) als auch von rechts (Reaktionsprodukte) freiwillig bis zu diesem Punkt, darüber hinaus nur unter Zwang (elektrische Arbeit)

7.5.6 Chemisches Potential

Chemisches Potential und *thermodynamisches Potential* sind zwei weitere Begriffe, die, vom Bild 7-4 ausgehend, veranschaulicht werden können. In Analogie zur *Mechanik* kann die *Kurve* als *Mulde* aufgefaßt werden. Rollt ein Körper vom Rand der Mulde in die Mulde hinab, so verliert er potentielle Energie. Am Boden der Mulde erreicht seine *potentielle Energie* ein *Minimum*. Aus dieser Sicht wird die *freie Enthalpie g* auch als *thermodynamisches Potential* betrachtet. Sie erreicht im tiefsten Punkt der Kurve ihr Minimum.

Das *chemische Potential* (Formelzeichen μ) leitet sich daraus durch folgende Überlegungen ab:
Wenn die *freie Enthalpie g* als *thermodynamisches Potential* betrachtet wird, kann die *partielle molare freie Enthalpie G* einer Komponente einer Mischphase auch als deren *partielles molares*

thermodynamisches Potential aufgefaßt werden, und dafür wurde der Begriff *chemisches Potential* eingeführt:

$$G_i \equiv \mu_i$$

Aus Gleichung (7-14) ergibt sich daher:

$$\mu_1 = \left(\frac{\partial g_1}{\partial n_1}\right)_{p,\,T,\,n_2,\,\ldots} \tag{7-14a}$$

Das chemische Potential μ einer Komponente (Teilchenart) in einer Mischphase ist der partielle Differentialquotient des thermodynamischen Potentials (der freien Enthalpie) g nach der Stoffmenge n dieser Teilchenart bei konstantem Druck, konstanter Temperatur und konstanten Stoffmengen aller anderen Komponenten.

Die *molare freie Reaktionsenthalpie* $\Delta_R G$ ergibt sich dann als *stöchiometrische Summe* der chemischen Potentiale aller Komponenten einer Mischphase:

$$\Delta_R G = \sum \nu_i \mu_i \tag{7-16}$$

ν sind die Stöchiometriezahlen der Reaktionsgleichung, die der *Endprodukte* haben *positives*, die der *Ausgangsstoffe negatives* Vorzeichen.

Mit den Beträgen der Stöchiometriezahlen $|\nu|$ ergibt sich die molare freie Reaktionsenthalpie als *Differenz* aus den stöchiometrischen Summen der chemischen Potentiale der Endprodukte und der chemischen Potentiale der Ausgangsstoffe:

$$\Delta_R G = \sum |\nu_i| \mu_{i_E} - \sum |\nu_i| \mu_{i_A} \tag{7-16a}$$

Im *Gleichgewichtszustand* wird die stöchiometrische Summe der chemischen Potentiale aller Komponenten einer Mischphase gleich 0:

$$\sum \nu_i \mu_i = 0 \tag{7-17}$$

Das gilt dann selbstverständlich auch für die Differenz zwischen den stöchiometrischen Summen der Endprodukte und der Ausgangsstoffe:

$$\sum |\nu_i| \mu_{i_E} - \sum |\nu_i| \mu_{i_A} = 0 \tag{7-17a}$$

7.5.7 Entropie

Die Entropie (Formelzeichen s) ist – wie die innere Energie u, die Enthalpie h und die freie Enthalpie g – eine *Zustandsgröße* (↑ 7.5.1). Der Begriff *Entropie* wurde von dem Deutschen RUDOLF CLAUSIUS (1865) eingeführt. Einer anschaulichen Vorstellung ist die Entropie nur schwer zugänglich. Immerhin kann gesagt werden: Ein *Körper hat* neben Masse und innerer Energie auch *Entropie*. Bei einer Zustandsänderung ändert sich – wie die anderen Zustandsgrößen – in der Regel auch die Entropie s.

Die Entropieänderung Δs ergibt sich als Differenz aus der Entropie s_E im Endzustand und der Entropie s_A im Ausgangszustand:

$$\Delta s = s_E - s_A \tag{7-18}$$

Die Entropieänderung Δs ist der Quotient aus der – vom System abgegebenen oder aufgenommenen – Wärme q und der Temperatur T (wobei konstante Temperatur vorausgesetzt wird).

$$\Delta s = \left(\frac{q}{T}\right)_T \qquad (7\text{-}19)$$

Für die Entropieänderung Δs und damit (nach Gleichung 7-18) auch für die Entropie s ergibt sich, dem Quotienten der Größenarten $\frac{[\text{Energie}]}{[\text{Temperatur}]}$ entsprechend, die SI-Einheit $J \cdot K^{-1}$.

Im Unterschied zur inneren Energie u läßt sich die Entropie s aus experimentellen Daten berechnen. Die *molaren Standardentropien* $S^\ominus$ sind für die wichtigsten reinen Stoffe tabelliert.[1] Nach dem Quotienten der Größenarten $\frac{[\text{Energie}]}{[\text{Temperatur}] \cdot [\text{Stoffmenge}]}$ haben sie die SI-Einheit $J \cdot K^{-1} \cdot mol^{-1}$. Sie gelten für die Standardzustände (↑ S.) und für die Tabellierungsbedingungen $p = 101,325$ kPa und $T = 298,15$ K. Wie andere Standardgrößen werden die molaren Standardentropien unter experimentell gut handhabbaren Bedingungen ermittelt und dann auf die Tabellierungsbedingungen umgerechnet.

Die *Entropie* spielt nicht nur bei chemischen Reaktionen, sondern vor allem auch bei Phasenumwandlungen eine Rolle. Ein reiner Stoff hat in jedem Aggregatzustand eine andere molare Standardentropie:

Beispiel: – Wasser $\qquad\qquad S^\ominus = 70\ J \cdot K^{-1} \cdot mol^{-1}$
  – Wasserdampf $\qquad S^\ominus = 189\ J \cdot K^{-1} \cdot mol^{-1}$

Die molare Standardentropie des Wasserdampfs ist wesentlich höher als die des flüssigen Wassers. Beim Verdampfen von Wasser tritt eine Entropieänderung auf:

$$\Delta S^\ominus = 189\ J \cdot K^{-1} \cdot mol^{-1} - 70\ J \cdot K^{-1} \cdot mol^{-1}$$
$$\Delta S^\ominus = 119\ J \cdot K^{-1} \cdot mol^{-1}$$

Diese Entropieänderung wird in den Wärmekraftmaschinen (Dampfmaschinen) technisch genutzt, was Gegenstand der *technischen Thermodynamik* ist.

Weitere *Beispiele:*
  – Schwefel (rhombisch) $\qquad S^\ominus = 32\ J \cdot K^{-1} \cdot mol^{-1}$
  – Schwefeldampf $\qquad\qquad S^\ominus = 168\ J \cdot K^{-1} \cdot mol^{-1}$

  – Quecksilber, flüssig $\qquad\ \ S^\ominus = 76\ J \cdot K^{-1} \cdot mol^{-1}$
  – Quecksilberdampf $\qquad\quad S^\ominus = 175\ J \cdot K^{-1} \cdot mol^{-1}$

Allgemein weist ein reiner Stoff

– im *gasförmigen* Zustand eine *höhere* Entropie auf als im *flüssigen* Zustand und

– im *flüssigen* Zustand eine *höhere* Entropie als im *festen* Zustand.

Die Entropie nimmt mit abnehmender Temperatur ab. *Ein idealer Kristall würde am absoluten Nullpunkt die Entropie Null haben.* Das ist eine Formulierung des *3. Hauptsatzes der Thermodynamik.* (Der absolute Nullpunkt ist allerdings nicht erreichbar, da eine absolute Wärmeisolierung eines Systems gegenüber seiner Umgebung nicht möglich ist.)

Von diesen Tatsachen ausgehend, wird vielfach versucht, für die *Entropie* eine anschauliche Erklärung zu geben. Am *absoluten Nullpunkt* würde ein idealer Kristall die größtmögliche

---
[1] Siehe Fußnote S. 268.

7.5 Freie Reaktionsenthalpie

»*Ordnung*« aufweisen. Es gäbe keine Möglichkeit für die thermische Bewegung der Teilchen. Mit zunehmender Temperatur nehmen die Möglichkeiten für die thermische Bewegung der Teilchen zu, so können diese im festen Zustand Schwingungen um die Ruhelage im Kristall ausführen. Ein sprunghafter Zuwachs an Möglichkeiten der thermischen Bewegung erfolgt beim Übergang vom festen in den flüssigen Zustand und vom flüssigen in den Gaszustand. Dabei nimmt die »Ordnung« des betrachteten Systems ab. Es wird auch gesagt: Die »Unordnung« (besser: die »Ungeordnetheit«) des Systems nimmt zu. Nach diesen Vorstellungen erweist sich die Entropie als ein Maß der »*Ungeordnetheit*«.

Ein erheblicher Unterschied in den Möglichkeiten der thermischen Bewegung besteht auch zwischen den Molekülen im *Gaszustand* und Molekülen in *wäßriger Lösung*. In der wäßrigen Lösung sind diese Möglichkeiten erheblich eingeschränkt, so daß sich eine niedrigere molare Standardentropie $S^\ominus$ ergibt. Im Gaszustand ist die »Ungeordnetheit« wesentlich größer als in der wäßrigen Lösung.

Beispiele: –Chlorgas $\quad S^\ominus = 223 \text{ J} \cdot \text{K}^{-1} \cdot \text{mol}^{-1}$
  –Chlor in wäßriger Lösung $\quad S^\ominus = 121 \text{ J} \cdot \text{K}^{-1} \cdot \text{mol}^{-1}$

  –Chlorwasserstoffgas $\quad S^\ominus = 187 \text{ J} \cdot \text{K}^{-1} \cdot \text{mol}^{-1}$
  –Chlorwasserstoff in wäßriger Lösung $\quad S^\ominus = 56 \text{ J} \cdot \text{K}^{-1} \cdot \text{mol}^{-1}$

Die Entropie kann in einem abgeschlossenen (isolierten) System nur zunehmen oder gleich bleiben, aber niemals abnehmen:

$$\Delta s \geq 0$$

Das ist eine der möglichen Formulierungen des 2. *Hauptsatzes der Thermodynamik*.

Beispiel: Berühren sich zwei Körper (z.B. zwei Kupferwürfel) von unterschiedlicher Temperatur, die gegenüber der Umgebung isoliert sind, so geht Wärme von dem Körper mit der höheren Temperatur auf den Körper mit der niedrigeren Temperatur über, bis beide Körper die gleiche Temperatur haben. Die vom kälteren Körper aufgenommene Wärme q_k ist dabei dem Betrag nach gleich der vom wärmeren Körper abgegebenen Wärme q_w:

$$|q_k| = |q_w|$$

Sie haben aber entgegengesetzte Vorzeichen, und ihre Summe ist daher gleich Null:

$$q_k + (-q_w) = 0$$

Da die Temperatur des wärmeren Körpers T_w größer ist als die Temperatur des kälteren Körpers T_k

$$T_w > T_k \, ,$$

ist die Entropie*abnahme* des wärmeren Körpers $\Delta s_w = \dfrac{-q_w}{T_w}$ kleiner als die Entropie*zunahme* des kälteren Körpers $\Delta s_k = \dfrac{q_k}{T_k}$. Die Entropieänderung Δs für den Gesamtvorgang des Wärmeübergangs vom wärmeren zum kälteren Körper ergibt sich als Summe:

$$\Delta s = \Delta s_k + \Delta s_w$$

$$\Delta s = \frac{q_k}{T_k} - \frac{q_w}{T_w}$$

$$\Delta s > 0$$

Der Vorgang verläuft also unter *Entropiezunahme*. Er ist *irreversibel*. Es widerspräche unseren Erfahrungen, wenn Wärme freiwillig von einem Körper mit niedriger Temperatur auf einen Körper mit höherer Temperatur überginge.

Was hier zur Entropiezunahme für den einfachen Fall des Wärmeüberganges zwischen zwei Körpern gesagt wurde, gilt auch für chemische Reaktionen, die ja praktisch immer mit einem Wärmeübergang zwischen System und Umgebung einhergehen. Bildet ein geschlossenes System mit seiner Umgebung ein – übergeordnetes – abgeschlossenes (isoliertes) System[1], so ist die Summe der Entropieänderung des Systems und der Entropieänderung der Umgebung bei freiwillig verlaufenden Reaktionen größer als Null:

$$\Delta s = \Delta s_{Syst} + \Delta s_{Umg} > 0$$

Die **molaren Standardentropien** $S^\ominus$, die für viele Stoffe tabelliert sind[2], beziehen sich auf den betrachteten *Stoff selbst*, nicht auf dessen *Bildungsreaktion*, wie es bei den molaren Standardbildungsenthalpien $\Delta_R H^\ominus$ und molaren freien Standardbildungsenthalpien $\Delta_R G^\ominus$ der Fall ist. Dementsprechend kommt auch den Elementsubstanzen in ihrer stabilen Form eine molare Standardentropie zu, während für diese $\Delta_R H^\ominus$ und $\Delta_R G^\ominus$ definititionsgemäß Null ist.

Aus den molaren Standardentropien der Ausgangsstoffe und denen der Endprodukte einer chemischen Reaktion läßt sich deren molare Standardreaktionsentropie $\Delta_R S^\ominus$ berechnen.

Die **molare Standardreaktionsentropie** $\Delta S^\ominus$ ist die *Differenz* zwischen der stöchiometrischen Summe der molaren Standardentropien der Reaktionsprodukte $S_E^\ominus$ und der stöchiometrischen Summe der molaren Standardentropien der Ausgangsstoffe $S_A^\ominus$:

$$\Delta_R S^\ominus = \sum |\nu_i| \cdot S_{i_E}^\ominus - \sum |\nu_i| \cdot S_{i_A}^\ominus \tag{7-20}$$

$|\nu_i|$ sind die *Beträge* der Stöchiometriezahlen der Reaktionsgleichung. Mit vorzeichenbehafteten Stöchiometriezahlen ergibt sich die molare Standardreaktionsentropie als *stöchiometrische Summe* der molaren Standardentropien aller Reaktionsteilnehmer:

$$\Delta_R S^\ominus = \sum \nu_i \cdot S_i^\ominus \tag{7-20a}$$

Wie alle Reaktionsgrößen bezieht sich die molare Standardreaktionsentropie immer auf eine bestimmte *Reaktionsgleichung*.

Beispiel: Bildung von Chlorwasserstoff aus Wasserstoff und Chlor. Für die Reaktionsgleichung $H_2 + Cl_2 \to 2\ HCl$ ergibt sich die molare Standardreaktionsentropie $\Delta_R S^\ominus$ wie folgt:

$S^\ominus (H_2)\ \ = 131\ J \cdot K^{-1} \cdot mol^{-1}$

$S^\ominus (Cl_2)\ = 223\ J \cdot K^{-1} \cdot mol^{-1}$

$S^\ominus (HCl) = 187\ J \cdot K^{-1} \cdot mol^{-1}$

$\Delta_R S^\ominus\ \ = 2 \cdot 187\ J \cdot K^{-1} \cdot mol^{-1} - 131\ J \cdot K^{-1} \cdot mol^{-1} - 223\ J \cdot K^{-1} \cdot mol^{-1}$

$\Delta_R S^\ominus\ \ = 20\ J \cdot K^{-1} \cdot mol^{-1}$

---

[1] In der Literatur wird dieses übergeordnete System vielfach als »Weltall« oder als »Universum« bezeichnet, da theoretisch die *Umgebung* eines Systems als der *Rest* des Weltalls (Universums) aufgefaßt werden kann. Es gilt dann: System + Umgebung = Weltall.
[2] Siehe Fußnote S. 268.

7.6 Molare Phasenumwandlungsenthalpien

Für die Chemie sind nicht nur die energetischen Vorgänge bedeutsam, die mit chemischen Reaktionen verbunden sind, sondern auch solche, die mit physikalischen Vorgängen, wie den Phasenumwandlungen, einhergehen. So ändert sich die innere Energie eines Systems beim Schmelzen und beim Verdampfen. Bei *konstantem Druck* betrachtet, handelt es sich dabei wiederum um *Enthalpieänderungen* Δh. In der Chemie wird mit

- der **molaren Schmelzenthalpie** $\Delta_S H$
  (auch als molare Schmelzwärme Q_S bekannt) und
- der **molaren Verdampfungsenthalpie** $\Delta_V H$
  (auch als *molare Verdampfungswärme* Q_V bekannt)

gerechnet, die für viele reine Stoffe tabelliert sind[1].

Beim Schmelzen und Verdampfen *nimmt* das System *Wärme* aus der Umgebung *auf*. Die molare Schmelzenthalpie und die molare Verdampfungsenthalpie haben daher *positive* Vorzeichen.

Beispiele: Wasser: $\Delta_S H^\ominus(H_2O) = 6 \text{ kJ} \cdot \text{mol}^{-1}$; $\Delta_V H^\ominus(H_2O) = 40 \text{ kJ} \cdot \text{mol}^{-1}$
Ammoniak: $\Delta_S H^\ominus(NH_3) = 5{,}7 \text{ kJ} \cdot \text{mol}^{-1}$; $\Delta_V H^\ominus(NH_3) = 23 \text{ kJ} \cdot \text{mol}^{-1}$
Brom: $\Delta_S H^\ominus(Br_2) = 9{,}5 \text{ kJ} \cdot \text{mol}^{-1}$; $\Delta_V H^\ominus(Br_2) = 29{,}5 \text{ kJ} \cdot \text{mol}^{-1}$

Bei den entgegengesetzten Vorgängen *Kondensieren* und *Erstarren* wird *Wärme* an die Umgebung *abgegeben*. Die Größen erhalten dann *negative* Vorzeichen. Es wird in diesem Falle von *molarer Kondensationsenthalpie* (-wärme) und von molarer *Erstarrungsenthalpie* (-wärme) oder *molarer Kristallisationsenthalpie* (-wärme) gesprochen.

Die **molare Sublimationsenthalpie** $\Delta_{Sub} H$ gilt für die Phasenumwandlung unmittelbar von *fest* nach *gasförmig*. Sie hat *positives* Vorzeichen, da bei der Sublimation das System Wärme aufnimmt.

Beispiele: Schwefel: $\Delta_{Sub} H^\ominus(S) = 102 \text{ kJ} \cdot \text{mol}^{-1}$
Iod: $\Delta_{Sub} H^\ominus(I_2) = 62 \text{ kJ} \cdot \text{mol}^{-1}$

Die molare Standardsublimationsenthalpie $\Delta_{Sub} H^\ominus$ ist die Summe von molarer Standardschmelzenthalpie $\Delta_S H^\ominus$ und molarer Standardverdampfungsenthalpie $\Delta_S H^\ominus$:

$$\Delta_{Sub} H^\ominus = \Delta_S H^\ominus + \Delta_V H^\ominus \tag{7-21}$$

---

[1] Siehe Fußnote S. 268.

Beispiel: Die molare Standardsublimationsenthalpie $\Delta_{Sub}H^\ominus$ des Wassers ergibt sich wie folgt:

$\Delta_{Sub}H^\ominus(H_2O) = \Delta_S H^\ominus(H_2O) + \Delta_V H^\ominus(H_2O)$
$\Delta_{Sub}H^\ominus(H_2O) = 6 \text{ kJ} \cdot \text{mol}^{-1} + 40 \text{ kJ} \cdot \text{mol}^{-1}$
$\Delta_{Sub}H^\ominus(H_2O) = 46 \text{ kJ} \cdot \text{mol}^{-1}$

Im Zusammenhang mit den Phasenumwandlungsenthalpien spielt eine weitere physikalische Größe eine wichtige Rolle, die **Wärmekapazität** c. Während des Schmelzvorganges wie auch während des Siedevorganges bleibt die *Temperatur* des betrachteten Systems trotz ständiger Wärmezufuhr *konstant*. Die zugeführte Wärme schlägt sich nicht in einer Erhöhung der Temperatur, sondern in einer Erhöhung der inneren Energie des Systems nieder. (Sie wird daher auch als *latente Wärme* bezeichnet.)

Ist der Schmelzvorgng (oder der Siedevorgang) abgeschlossen, liegt also das betrachtete System im flüssigen (bzw. gasförmigen) Zustand vor, so führt die weitere Wärmezufuhr zur Erhöhung der Temperatur des Systems. Dabei ist die Temperaturerhöhung ΔT der zugeführten Wärme q proportional:

$$q \sim \Delta T$$
$$q = c \cdot \Delta T \tag{7-22}$$

Der Proportionalitätsfaktor c wird *Wärmekapazität* genannt. Er hat nach den Größenarten $\frac{[\text{Energie}]}{[\text{Temperatur}]}$ die SI-Einheit $\text{J} \cdot \text{K}^{-1}$.

In der *Physik* wird in der Regel mit der *spezifischen Wärmekapazität* c_{sp} gerechnet. Das ist der Quotient aus der Wärmekapazität c und der *Masse m* des betrachteten Systems.

$$c_{sp} = \frac{c}{m}$$

Für die spezifische Wärmekapazität gilt nach den Größenarten $\frac{[\text{Energie}]}{[\text{Temperatur}] \cdot [\text{Masse}]}$ die SI-Einheit $\text{J} \cdot \text{K}^{-1} \cdot \text{kg}^{-1}$. Als *spezifische Größen* werden allgemein die *massenbezogenen Größen* bezeichnet.

In der *Chemie* werden *stoffmengenbezogene Größen* bevorzugt, in diesem Falle die *molare Wärmekapazität C* (früher auch *Molwärme* genannt). Das ist der Quotient aus Wärmekapazität c und Stoffmenge n des betrachteten Systems (der Stoffportion; ↑2.5).

$$C = \frac{c}{n} \tag{7-23}$$

Für die molare Wärmekapazität C gilt nach den Größenarten $\frac{[\text{Energie}]}{[\text{Temperatur}] \cdot [\text{Stoffmenge}]}$ die SI-Einheit $\text{J} \cdot \text{K}^{-1} \cdot \text{mol}^{-1}$.

Es ist zwischen der molaren Wärmekapazität bei *konstantem Volumen* C_v und der molaren Wärmekapazität bei *konstantem Druck* C_p zu unterscheiden. Bei Flüssig-

7.6 Molare Phasenumwandlungsenthalpien

keiten und Feststoffen ist der Unterschied im allgemeinen gering (er hängt vom Ausdehnungskoeffizienten und von der Kompressibilität jedes Stoffes ab). Bei Gasen ist er beträchtlich, da sich Gase beim Erwärmen stark ausdehnen, wobei Volumenarbeit w_{vol} zu verrichten ist. Beim idealen Gas ist die molare Wärmekapazität C_p die Summe aus der molaren Wärmekapazität C_v und dem Quotienten $\frac{p \cdot v}{n \cdot T}$, der als *molare Gaskonstante* $R = 8{,}3145 \, \text{J} \cdot \text{mol}^{-1} \cdot \text{K}^{-1}$ bekannt ist

$$C_p = C_v + \frac{p \cdot v}{n \cdot T} \qquad C_p = C_v + R \qquad (7\text{-}24)$$

Jeder reine Stoff hat eine andere molare Wärmekapazität. Tabelliert[1] sind in der Regel die *molaren Standardwärmekapazitäten* $C_p^{\ominus}$ für den Druck $p = 101{,}325 \, \text{kPa}$ und die Temperatur $T = 298{,}15 \, \text{K}$ (25 °C).

Beispiel: Wasser $\quad C_p^{\ominus} = 75 \, \text{J} \cdot \text{K}^{-1} \cdot \text{mol}^{-1}$

Das besagt: Um die Temperatur von Wasser um 1 K zu erhöhen, müssen ihm je Mol 75 J zugeführt werden. Die Wärmekapazität ist zwar selbst etwas temperaturabhängig, näherungsweise kann aber angenommen werden, daß für die Erwärmung eines Mols Wasser von 0 °C auf 100 °C 7500 J zugeführt werden müssen. Um *Eis* von 0 °C in *Wasserdampf* von 100 C zu überführen, müssen dem System (unter Standarddruck) demnach zugeführt werden:

– die molare Schmelzenthalpie $\Delta_S H^{\ominus}(H_2O)$ $\qquad\qquad\qquad$ 6 kJ · mol^{-1}

– entsprechend der molaren Wärmekapazität
$C_p^{\ominus}(H_2O) = 75 \, \text{J} \cdot \text{K}^{-1} \cdot \text{mol}^{-1}$
$\qquad\qquad 100 \, \text{K} \cdot 75 \, \text{J} \cdot \text{K}^{-1} \cdot \text{mol}^{-1} =$ $\qquad$ 7,5 kJ · mol^{-1}

– die molare Verdampfungsenthalpie $\Delta_V H^{\ominus}(H_2O)$ $\qquad$ 40 kJ · mol^{-1}

$\qquad\qquad\qquad\qquad\qquad\qquad\qquad\qquad\qquad\qquad$ 53,5 kJ · mol^{-1}

Beim entgegengesetzten Vorgang, der Phasenumwandlung von Wasserdampf über Wasser zu Eis, *gibt* das System *Wärme* ab. Die Zahlenwerte erhalten also *negative* Vorzeichen.

Auch **Mischungsvorgänge** sind mit Wärmeumsetzungen verbunden. Dabei spielen die *Lösungsvorgänge,* bei denen *Ionensubstanzen* (Salze) in *Wasser* gelöst werden, eine besondere Rolle. Aus Sicht der Chemie können sie als *Reaktionstyp* (↑ 6.5) aufgefaßt werden. Diese Lösungsvorgänge können – je nach Art der Ionensubstanz – unter *Erwärmung* oder *Abkühlung* verlaufen. Als Maß dient die **Lösungsenthalpie** $\Delta_L h$, das ist die Lösungswärme unter konstantem Druck. Tabelliert sind die *molaren Standardlösungsenthalpien* $\Delta_L H^{\ominus}$:

Beispiele:
Natriumchlorid	$\Delta_L H^{\ominus}(\text{NaCl})$	$= 5{,}4 \, \text{kJ} \cdot \text{mol}^{-1}$
Kaliumchlorid	$\Delta_L H^{\ominus}(\text{KCl})$	$= 20 \, \text{kJ} \cdot \text{mol}^{-1}$
Ammoniumnitrat	$\Delta_L H^{\ominus}(\text{NH}_4\text{NO}_3)$	$= 26 \, \text{kJ} \cdot \text{mol}^{-1}$
Calciumhydroxid	$\Delta_L H^{\ominus}(\text{Ca(OH)}_2)$	$= -13 \, \text{kJ} \cdot \text{mol}^{-1}$
Natriumcarbonat	$\Delta_L H^{\ominus}(\text{Na}_2\text{CO}_3)$	$= -23 \, \text{kJ} \cdot \text{mol}^{-1}$
Magnesiumchlorid	$\Delta_L H^{\ominus}(\text{MgCl}_2)$	$= -154 \, \text{kJ} \cdot \text{mol}^{-1}$

[1] ↑ Fußnote S. 268

Es gibt demnach Lösungsvorgänge, die endotherm verlaufen, und solche, die exotherm verlaufen.

- Bei einem *endothermen* Lösungsvorgang ($\Delta_L H^\ominus > 0$) ist die innere Energie der Mischung *größer* als die innere Energie der Komponenten. Das System *nimmt Wärme* auf, die dem Reaktionsgemisch (und der Umgebung) entzogen wird. Es tritt eine *Abkühlung* ein.
- Bei einem *exothermen* Lösungsvorgang ($\Delta_L H^\ominus < 0$) ist die innere Energie der Mischung kleiner als die innere Energie der Komponenten. Das System *gibt Wärme ab*. Es kommt zu einer *Erwärmung* des Reaktionsgemischs (und der Umgebung).

Die molaren Standardlösungsenthalpien $\Delta_L H^\ominus$ beziehen sich auf eine unendliche Verdünnung, also auf einen Idealzustand, der nur in unseren Vorstellungen existiert. Die molare Lösungsenthalpie $\Delta_L H$ ist konzentrationsabhängig. Die *Differenz* zwischen den molaren Lösungsenthalpien bei *unterschiedlicher Konzentration* der entstehenden Lösungen ist als **molare Verdünnungsenthalpie** $\Delta_{Verd} H$ bekannt:

$$\Delta_{Verd} H = \Delta_L H_2 - \Delta_L H_1$$

Eine solche Enthalpieänderung tritt unter anderem auf, wenn einer *Lösung* weitere Anteile des *Lösungsmittels* zugesetzt werden.

Die *Lösungsenthalpie* $\Delta_L h$ setzt sich aus zwei Komponenten zusammen, der *Gitterenthalpie* $\Delta_G h$ und der *Solvatationsenthalpie* $\Delta_{Solv} h$; dafür steht – wenn Wasser als Lösungsmittel dient – die *Hydratationsenthalpie* $\Delta_H h$. Die Chemie bedient sich wiederum der *molaren Enthalpien* ($\Delta_G H$; $\Delta_{Solv} H$; $\Delta_H H$) und tabelliert sind die molaren Standardenthalpien[1]

Die **molare Gitterenthalpie** $\Delta_G H$ hat beim Lösungsvorgang *positives* Vorzeichen[2]. Darin drückt sich aus, daß der *Gitterabbau* unter *Zunahme* der *inneren Energie* durch *Aufnahme* von *Wärme* verläuft. Die molare Standardgitterenthalpie einer Ionensubstanz bezieht sich auf die Zustandsänderung vom *Ionengitter* zu den Ionen im *Gaszustand*, sie entspricht also der Sublimationsenthalpie.

Die **molare Hydratationsenthalpie** $\Delta_H H$ hat negatives Vorzeichen. Bei der Hydratation, das heißt, bei der Anlagerung von Dipolmolekülen des Wassers an die in Lösung befindlichen Ionen wird *Wärme abgegeben*. Ein Mol Ionen im *Gaszustand* hat demnach eine *höhere* innere Energie sowohl gegenüber einem Mol Ionen im *Kristallgitter* als auch gegenüber einem Mol *hydratisierter Ionen*.

---

1) ↑ Fußnote S.268
2) Soweit Gitterenthalpien mit negativem Vorzeichen tabelliert sind, beziehen sie sich nicht auf den Zerfall des Kristallgitters, sondern auf dessen Aufbau.

7.6 Molare Phasenumwandlungsenthalpien

Der Abbau des Ionengitters und die Hydratation der Ionen verlaufen Hand in Hand. Die bei der Hydratation freiwerdende Wärme steht für den weiteren Abbau des Ionengitters zur Verfügung. Ob der Lösungsvorgang insgesamt endotherm oder exotherm verläuft, das heißt, ob die molare Lösungsenthalpie positives oder negatives Vorzeichen hat (↑ nachstehende Beispiele), ergibt sich daraus, ob die molare Gitterenthalpie oder die molare Hydratationsenthalpie den größeren Zahlenwert hat.

Die *molare* Standardlösungsenthalpie $\Delta_L H^\ominus$ ist die (*stöchiometrische*) *Summe* aus der *molaren* Standardgitterenthalpie $\Delta_G H^\ominus$ und der molaren *Standardhydratationsenthalpie* $\Delta_H H^\ominus$:

$$\Delta_L H^\ominus = \Delta_G H^\ominus + \Delta_H H^\ominus \tag{7-25}$$

Beispiele: Calciumchlorid, $CaCl_2$, in Wasser

$\Delta_G H^\ominus (CaCl_2)$ = +2231 kJ · mol^{-1}
$\Delta_H H^\ominus (Ca^{2+})$ = –1615 kJ · mol^{-1}
$\Delta_H H^\ominus (Cl^-)$ = –351 kJ · mol^{-1}

$\Delta_L H^\ominus (CaCl_2)$ = $\Delta_G H^\ominus (CaCl_2) + \Delta_H H^\ominus (Ca^{2+}) + 2\ \Delta_H H^\ominus (Cl^-)$
$\Delta_L H^\ominus (CaCl_2)$ = 2231 kJ · mol^{-1} + (–1615 kJ · mol^{-1}) + 2(–351 kJ · mol^{-1})
$\Delta_L H^\ominus (CaCl_2)$ = –86 kJ · mol^{-1}

Das Auflösen von (kristallwasserfreiem) Calciumchlorid verläuft *exotherm*. Das Gemisch *erwärmt* sich.

Ammoniumnitrat, NH_4NO_3, in Wasser
$\Delta_G H^\ominus (NH_4NO_3)$ = +662 kJ · mol^{-1}
$\Delta_H H^\ominus (NH_4^+)$ = –326 kJ · mol^{-1}
$\Delta_H H^\ominus (NO_3^-)$ = –310 kJ · mol^{-1}

$\Delta_L H^\ominus (NH_4NO_3)$ = $\Delta_G H^\ominus (NH_4NO_3) + \Delta_H H^\ominus (NH_4^+) + \Delta_H H^\ominus (NO_3^-)$
$\Delta_L H^\ominus (NH_4NO_3)$ = 662 kJ · mol^{-1} + (–326 kJ · mol^{-1}) + (–310 kJ · mol^{-1})
$\Delta_L H^\ominus (NH_4NO_3)$ = 26 kJ · mol^{-1}

Der Lösungsvorgang verläuft *endotherm*. Das Gemisch *kühlt* sich *ab*.

Bei diesen Berechnungen wurde die geringe molare Enthalpie, die zum Trennen der durch Wasserstoffbrückenbindungen assoziierten Wassermoleküle erforderlich ist, vernachlässigt.

Zu beachten ist: *Kristallwasserfreie* und *hydratisierte* Salze haben unterschiedliche molare Standardlösungsenthalpien.

Beispiel: Calciumsulfat
$\Delta_L H^\ominus (CaSO_4)$ = –21,5 kJ · mol^{-1}
$\Delta_L H^\ominus (CaSO_4 \cdot 2\ H_2O)$ = + 1,3 kJ · mol^{-1}

Im Verhältnis zu den bei *wäßrigen Lösungen* auftretenden Hydratationsenthalpien $\Delta_H h$ sind die bei *unpolaren Lösungsmitteln* (z.B. Aceton, Benzen) auftretenden *Solvatationsenthalpien* $\Delta_{Solv}h$ sehr gering. Sie reichen nicht aus, die für den Abbau des Kristallgitters von Ionensubstanzen erforderliche Gitterenthalpie $\Delta_G h$ aufzubringen. Daher sind Salze in solchen Lösungsmitteln nahezu unlöslich.

Da Lösungen ein spezieller Fall von Mischungen sind (↑ 1.9), gibt es für die Lösungsenthalpie $\Delta_L h$ den Oberbegriff **Mischungsenthalpie** $\Delta_M h$. Er wird vor allem für *Gasmischungen* angewandt. Für die Komponenten einer Gasmischung gelten wiederum *partielle molare Größen* (↑ 7.5.5). Die partielle molare Mischungsenthalpie der Komponente A, $\Delta_M H_A$, ist die *Differenz* zwischen der partiellen molaren Enthalpie dieser Komponente in der Mischung H_A und der molaren Enthalpie des *reinen Stoffes* A, die hier mit H_A^0 gekennzeichnet wird:

$$\Delta_M H_A = H_A - H_A^0 \tag{7-26}$$

In differentieller Betrachtungsweise handelt es sich um den partiellen Differentialquotienten:

$$\Delta_M H_A = \left(\frac{\partial_M h_A}{\partial n_A}\right)_{T, p, n_j} \tag{7-26a}$$

n_j drückt aus, daß neben Temperatur und Druck auch die Stoffmengen aller anderen Komponenten des Gasgemischs konstant bleiben.

Für die Gesamtmischung läßt sich eine *mittlere molare Mischungsenthalpie* $\Delta_M \overline{H}$ ermitteln:

$$\Delta_M \overline{H} = \sum x_i (H_i - H_i^0) \tag{7-26b}$$

x_i steht für die Stoffmengenanteile (Molenbrüche) aller Komponenten.

Beim *Mischen idealer Gase* ist die mittlere molare Mischungsenthalpie

$$\Delta_M \overline{H} = 0$$

Das zeigt sich darin, daß dieser Mischungsvorgang weder exotherm noch endotherm, also *ohne Wärmeaustausch*, verläuft.

Nach der Gleichung (7–10) steht mit der molaren Mischungsenthalpie $\Delta_M H$ die freie molare Mischungsenthalpie $\Delta_M G$ in Beziehung, die die *Triebkraft* des Mischungsvorganges angibt:

$$\Delta_M H = \Delta_M G + T \cdot \Delta_M S \tag{7-27}$$

Da sich Gase, die z.B. aus zwei getrennten Gefäßen in ein gemeinsames Gefäß geleitet werden, spontan mischen, muß die *freie molare Mischungsenthalpie* $\Delta_M G$ *negatives* Vorzeichen haben (↑ S. 279). Nach Gleichung (7-27) kommt demnach der *molaren Mischungsentropie* $\Delta_M S$ (wenn $\Delta_M H = 0$) *positives* Vorzeichen zu. Das entspricht der Vorstellung, daß beim Mischen zweier Gase die *Unordnung* (↑ S. 293) zunimmt.

8 Chemisches Gleichgewicht und Massenwirkungsgesetz

8.1 Gleichgewichtsreaktionen

Bei chemischen Reaktionen wird im allgemeinen zwischen *Ausgangsstoffen* (Edukten) und *Reaktionsprodukten* unterschieden (↑ 1.8). Damit verbindet sich die Vorstellung, daß die chemische Reaktion in einer bestimmten Richtung, nämlich von den Ausgangsstoffen zu den Reaktionsprodukten, abläuft. In Wirklichkeit können aber chemische Reaktionen in beiden Richtungen ablaufen.

Chemische Reaktionen sind im Prinzip umkehrbar.

Beispiel: $2\,Hg + O_2 \rightarrow 2\,HgO$
$2\,HgO \rightarrow 2\,Hg + O_2$

Zu einer Gleichung zusammengefaßt:

$2\,Hg + O_2 \rightleftarrows 2\,HgO$

Die Umkehrbarkeit einer chemischen Reaktion wird mit einem *Doppelpfeil* $\rightleftarrows$ gekennzeichnet.

Die beiden einander entgegengesetzten Reaktionen werden als *Hinreaktion* und *Rückreaktion* bezeichnet:

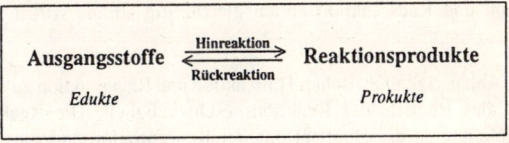

Die Bezeichnungen Hinreaktion und Rückreaktion beziehen sich stets auf eine bestimmte Reaktionsgleichung. Dabei verläuft die *Hinreaktion* immer von *links nach rechts,* die *Rückreaktion* immer von *rechts nach links*.

Beispiel: Magnesiumcarbonat, $MgCO_3$, zerfällt beim Erhitzen in Magnesiumoxid und Kohlendioxid. Umgekehrt vereinigt sich Magnesiumoxid, MgO, mit Kohlendioxid leicht zu Magnesiumcarbonat. Je nachdem, von welchem Stoff man ausgeht, ergeben sich dafür die Gleichungen:

$Mg_2CO_3 \rightleftarrows MgO + CO_2$ (Hinreaktion/Rückreaktion)

$MgO + CO_2 \rightleftarrows Mg_2CO_3$ (Hinreaktion/Rückreaktion)

Da es sich um eine umkehrbare Reaktion handelt, drücken beide Gleichungen das gleiche aus.

8 Chemisches Gleichgewicht und Massenwirkungsgesetz

Die Richtung, in der eine chemische Reaktion abläuft, hängt von den Reaktionsbedingungen (Temperatur, Druck, Konzentration) ab.

Viele Reaktionen laufen *praktisch nur in einer Richtung* ab, da für den Ablauf in der entgegengesetzten Richtung extreme Reaktionsbedingungen nötig wären. Bei diesen Reaktionen kommt es zu einer vollständigen Umsetzung der Ausgangsstoffe zu den Endprodukten.

Beispiel: Wasserstoff, H_2, und Sauerstoff, O_2, setzen sich (bei der Knallgasreaktion) vollständig zu Wasser, H_2O, um:

$$2\,H_2 + O_2 \rightarrow 2\,H_2O$$

Ein freiwilliger Zerfall des Wassers – im Sinne einer Rückreaktion – findet nicht statt, er kann nur auf elektrochemischem Wege erzwungen werden (↑ 9.10).

Bei chemischen Reaktionen, die in beiden Richtungen abzulaufen vermögen, kommt es dagegen in der Regel nicht zu einer restlosen Umsetzung. Das trifft vor allem für homogene Systeme (Gasreaktionen, Lösungen) zu.

Beispiel: Ein Gasgemisch aus Stickstoff und Wasserstoff setzt sich unter geeigneten Bedingungen teilweise unter Bildung von Ammoniak um (Hinreaktion):

$$N_2 + 3\,H_2 \underset{\text{Rückreaktion}}{\overset{\text{Hinreaktion}}{\rightleftarrows}} 2\,NH_3$$

Bei 20 MPa (200 bar) und 400 °C können maximal 36% Ammoniak im Gasgemisch vorliegen. Bei höherer Temperatur zerfällt das Ammoniak wieder in Stickstoff und Wasserstoff (Rückreaktion).

Hinreaktion und Rückreaktion laufen gleichzeitig ab, sie wirken einander entgegen.

Um diese Abhängigkeit zwischen Hinreaktion und Rückreaktion zu erläutern, bedarf es des Begriffs der Reaktionsgeschwindigkeit. Die **Reaktionsgeschwindigkeit** v ist der Quotient aus der Konzentrationsänderung und der Zeitänderung (Zeitdauer):

$$\textbf{Reaktionsgeschwindigkeit} = \frac{\textbf{Konzentrationsänderung}}{\textbf{Zeitänderung}}$$

Exakt mathematisch auszudrücken ist das durch den Differentialquotienten:

$$v = -\frac{dc_A}{dt} \quad \text{bzw.} \quad v = \frac{dc_B}{dt},$$

in dem c_A die Konzentration eines Ausgangsstoffes, c_B die Konzentration eines Reaktionsproduktes und t die Zeit darstellen (Näheres zur Reaktionsgeschwindigkeit ↑ 8.3).

Die Geschwindigkeit einer chemischen Reaktion ist unter anderem abhängig von der Anzahl der zur Verfügung stehenden reagierenden Teilchen. Zu Beginn einer umkehrbaren Reaktion sind nur Teilchen der *Ausgangsstoffe* vorhanden (im vorigen Beispiel: N_2 und H_2). Daher setzt zunächst nur die *Hinreaktion* ein, und zwar mit *relativ hoher Geschwindigkeit*. Sobald sich aber die ersten *Reaktionsprodukte* gebildet haben (im vorigen Beispiel: NH_3), beginnt auch schon die *Rückreaktion,* allerdings zunächst mit *sehr geringer Geschwindigkeit*.

Mit fortschreitender Hinreaktion entstehen immer mehr Reaktionsprodukte (NH_3), die für die Rückreaktion zur Verfügung stehen. Damit wird die *Geschwindigkeit der Rückreaktion* immer *größer*. Gleichzeitig nimmt aber die Anzahl der für die Hinreaktion zur Verfügung stehenden Teilchen der Ausgangsstoffe (N_2, H_2) ständig ab. Damit wird auch die *Geschwindigkeit der Hinreaktion* immer *geringer*.

Schließlich wird ein Zustand erreicht, in dem die *Geschwindigkeit der Rückreaktion gleich der Geschwindigkeit der Hinreaktion ist* (↑ Bild 8-1). Damit ist die Reaktion, von außen betrachtet, zum Stillstand gekommen. Dieser Zustand wird **Gleichgewichtszustand** genannt.

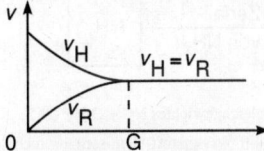

Bild 8-1: Veränderung der Geschwindigkeit der Hinreaktion und der Geschwindigkeit der Rückreaktion bis zum Erreichen des Gleichgewichtszustandes

Da Hinreaktion und Rückreaktion weiterhin ablaufen, handelt es sich um ein *dynamisches Gleichgewicht*. Alle Reaktionen, bei denen sich ein solcher Gleichgewischtszustand einstellt, werden als **Gleichgewichtsreaktionen** bezeichnet.

> **Bei allen Gleichgewichtsreaktionen nimmt**
> - **die Geschwindigkeit der Hinreaktion ab,**
> - **die Geschwindigkeit der Rückreaktion zu,**
>
> **bis beide Geschwindigkeiten gleich sind und damit ein Gleichgewichtszustand erreicht ist.**

Die Zusammensetzung, in der die *Reaktionsteilnehmer* (Ausgangsstoffe und Reaktionsprodukte) im Gleichgewichtszustand vorliegen, wird **Lage des Gleichgewichts** genannt.

Beispiel: Im Dissoziationsgleichgewicht des Wassers ist der Anteil der Moleküle, die dissoziiert sind, außerordentlich gering (↑ S. 214). Man sagt daher: Das Gleichgewicht liegt weit auf der Seite der undissoziierten Moleküle. Das kann durch einen längeren Pfeil ausgedrückt werden:

$H_2O \rightleftarrows H^+ + OH^-$

Wird der gleiche Vorgang als Autoprotolyse des Wassers betrachtet, gilt das sinngemäß:

$H_2O + H_2O \rightleftarrows H_3O^+ + OH^-$

Jede chemische Reaktion hat eine andere Lage des Gleichgewichts. Für eine bestimmte Reaktion ist die Lage des Gleichgewichts von den Reaktionsbedingungen (Temperatur, Druck, Konzentration) abhängig.

Beispiel: Bei 400 °C und 20 MPa (200 bar) stehen 36 Vol.-% Ammoniak mit Stickstoff und Wasserstoff im Gleichgewicht.

Die den jeweiligen Reaktionsbedingungen entsprechende Lage des Gleichgewichts stellt sich unabhängig davon ein, von welchen Reaktionspartnern ausgegangen wurde (↑ Bild 8-2).

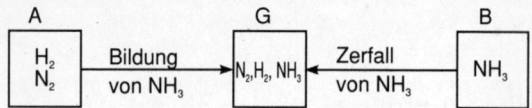

Bild 8-2: Der Gleichgewichtszustand G des Ammoniakgleichgewichtes $N_2 + 3 H_2 \rightleftarrows 2$ NH_3 stellt sich sowohl vom Ausgangszustand A (Stickstoff-Wasserstoff-Gemisch) als auch vom Ausgangszustand B (Ammoniak) her ein

Für die ökonomische Nutzung der den Gleichgewichtsreaktionen zugrunde liegenden Naturgesetze interessiert vor allem, wie durch Änderung der Reaktionsbedingungen die Lage eines chemischen Gleichgewichts in der gewünschten Richtung verschoben werden kann (↑ 8.2 und 8.4).

8.2 Prinzip des kleinsten Zwanges

Die Lage eines chemischen Gleichgewichts hängt ab von

- **Temperatur**
- **Druck** und
- **Konzentration**

Der Einfluß, den diese Faktoren auf die Lage eines chemischen Gleichgewichts ausüben, unterliegt einer allgemeinen Gesetzmäßigkeit, die um 1885 von dem französischen Chemiker HENRY LE CHATELIER und dem deutschen Physiker

KARL FERDINAND BRAUN erkannt wurde und daher als **Prinzip von LE CHATE-
LIER und BRAUN**, oft aber als **Prinzip des kleinsten Zwangs** bekannt ist:

> **Wird auf ein im Gleichgewichtszustand befindliches System durch Änderung der äußeren Bedingungen ein Zwang ausgeübt, so verschiebt sich die Lage des Gleichgewichts derart, daß der äußere Zwang vermindert wird.**

Kurz gesagt:

Ein im Gleichgewicht befindliches System weicht einem äußeren Zwange aus.

8.2.1 Einfluß der Temperatur auf die Lage eines chemischen Gleichgewichts

Alle chemischen Reaktionen sind mit Energieumsetzungen verbunden (↑ Abschn. 7). Bei jeder Gleichgewichtsreaktion verläuft eine der Teilreaktionen (Hinreaktion, Rückreaktion) *exotherm,* die andere *endotherm.*

Beispiel: Ammoniak-Gleichgewicht

$$N_2 + 3H_2 \underset{\text{endotherm}}{\overset{\text{exotherm}}{\rightleftarrows}} 2NH_3 \qquad \Delta_R H^\ominus = -91,8 \text{ kJ} \cdot \text{mol}^{-1}$$

Für den Einfluß, den eine Temperaturänderung auf die Lage eines chemischen Gleichgewichts ausübt, gelten folgende Beziehungen:

> • **Eine Temperaturerhöhung begünstigt die endotherme Reaktion.**

Bei jeder endothermen Reaktion wird Wärme verbraucht. Das reagierende System weicht so dem äußeren Zwang der Temperaturerhöhung aus, bis wieder ein Gleichgewichtszustand erreicht ist.

> • **Eine Temperaturerniedrigung begünstigt die exotherme Reaktion.**

Bei jeder exothermen Reaktion wird Wärme frei. Das reagierende System weicht dem äußeren Zwang der Temperaturerniedrigung aus, bis wieder ein Gleichgewichtszustand erreicht ist.

Beispiel: Im Ammoniak-Gleichgewicht begünstigt eine niedrige Temperatur die Bildung von Ammoniak, eine hohe Temperatur den Zerfall des Ammoniaks. Bei 20 MPa (200 bar) hängt der Ammoniakgehalt im Gleichgewicht mit Stickstoff und Wasserstoff wie folgt von der Temperatur ab:

300 °C	63 Vol.-% NH_3
400 °C	36 Vol.-% NH_3
500 °C	18 Vol.-% NH_3
600 °C	8 Vol.-% NH_3
700 °C	4 Vol.-% NH_3

Das Gleichgewicht liegt also bei niedrigen Temperaturen auf der Seite des Ammoniaks, bei hohen Temperaturen auf der Seite des Stickstoff-Wasserstoff-Gemischs.

Die *quantitative* Behandlung des Einflusses der Temperatur auf die Lage des chemischen Gleichgewichts erfolgt im Abschn. 8.4.3.

8.2.2 Einfluß des Druckes auf die Lage eines chemischen Gleichgewichts

Bei allen Gasreaktionen, bei denen sich das *Volumen ändert,* weil die *Summe der Stoffmengen* (in mol) der *Reaktionsprodukte* von der Summe der Stoffmengen der *Ausgangsstoffe verschieden* ist, hat auch der *Druck* einen Einfluß auf die Lage des chemischen Gleichgewichts.

> - **Durch Druckerhöhung wird das Gleichgewicht nach der Seite der Stoffe mit dem geringeren Volumen verschoben.**
>
> - **Durch Druckminderung wird das Gleichgewicht nach der Seite der Stoffe mit dem größeren Volumen verschoben.**

In beiden Fällen weicht das reagierende System dem äußeren Zwange aus, bis wieder ein Gleichgewichtszustand erreicht ist.

Beispiel: Bei der Ammoniaksynthese entstehen aus 1 mol Stickstoff und 3 mol Wasserstoff 2 mol Ammoniak:

$$N_2 + 3 H_2 \rightleftarrows 2 NH_3$$

Bei vollständiger Umsetzung würden aus vier Volumenteilen der Ausgangsstoffe zwei Volumenteile des Reaktionsproduktes entstehen. Das Gesamtvolumen würde sich auf die Hälfte vermindern:

$$\boxed{N_2} + \boxed{H_2} + \boxed{H_2} + \boxed{H_2} \rightleftarrows \boxed{NH_3} + \boxed{NH_3}$$

4 Volumenteile   2 Volumenteile

Je höher der Druck ist, um so mehr wird das Ammoniak-Gleichgewicht in Richtung dieser Volumenverminderung, also in Richtung der Ammoniakbildung, verschoben. Bei 400 °C hängt der Ammoniakgehalt im Gleichgewicht mit Stickstoff und Wasserstoff wie folgt vom Druck ab:

0,1 MPa	(1 bar)	≈ 0,4 Vol.-% NH_3
10 MPa	(100 bar)	≈ 26 Vol.-% NH_3
20 MPa	(200 bar)	≈ 36 Vol.-% NH_3
30 MPa	(300 bar)	≈ 46 Vol.-% NH_3
60 MPa	(600 bar)	≈ 66 Vol.-% NH_3
100 MPa	(1000 bar)	≈ 80 Vol.-% NH_3

Das Gleichgewicht liegt also bei hohen Drücken auf der Seite des Ammoniaks, bei niedrigen Drücken auf der Seite des Stickstoff-Wasserstoff-Gemischs.

Die *quantitative* Behandlung des Einflusses des Druckes auf die Lage des chemischen Gleichgewichts erfolgt im Abschn. 8.4.4.2.

8.2.3 Einfluß der Zusammensetzung des Reaktionsgemischs auf die Lage eines chemischen Gleichgewichts

Auch durch Veränderung der Stoffmengenanteile (Molenbrüche) der Reaktionsteilnehmer kann die Lage eines chemischen Gleichgewichts verschoben werden.

- **Wird der Stoffmengenanteil eines Ausgangsstoffes erhöht, so wird das Gleichgewicht in Richtung zu den Reaktionsprodukten verschoben.**

Das hat zur Folge, daß der *andere* Ausgangsstoff (bzw. die anderen Ausgangsstoffe) *weitgehend verbraucht* wird (werden).

Beispiel: Beim Schwefelsäure-Kontaktverfahren kommt es auf eine möglichst weitgehende Umsetzung des Schwefeldioxids zu Schwefeltrioxid an:

$2 SO_2 + O_2 \rightleftarrows 2 SO_3$

Einerseits erhöht das die Ausbeute an Schwefelsäure, andererseits belastet Schwefeldioxid, das mit den Abgasen entweicht, außerordentlich die Umwelt. Es wird daher mit einem Überschuß von sauerstoffangereicherter Luft gearbeitet, was für die vorstehende Gleichgewichtsreaktion auf eine Erhöhung der Konzentration des Sauerstoffs hinausläuft. In der chemischen Produktion werden solche Einflüsse der Konzentrationsverhältnisse vielfältig genutzt.

- **Wird der Stoffmengenanteil eines Reaktionsproduktes erhöht, so wird das Gleichgewicht in Richtung zu den Ausgangsstoffen verschoben.**

Beispiel: In einer gesättigten Bariumsulfatlösung liegen infolge der elektrolytischen Dissoziation

$BaSO_4 \rightleftarrows Ba^{2+} + SO_4^{2-}$

geringe Anteile an Bariumionen und Sulfationen vor. Wird dieser Lösung Schwefelsäure zugesetzt, so erhöht sich der Stoffmengenanteil der Sulfationen und das Gleichgewicht wird in Richtung zum undissoziierten Bariumsulfat verschoben. Es entsteht ein Niederschlag von Bariumsulfat.

Die quantitative Behandlung des Einflusses der Zusammensetzung des Reaktionsgemischs auf die Lage des chemischen Gleichgewichts erfolgt in den Abschnitten 8.4.4.1, 8.5.1 und 8.5.2.

8.3 Einflüsse auf die Geschwindigkeit von Gleichgewichtsreaktionen

Bei den Gleichgewichtsreaktionen vergeht eine unterschiedlich lange Zeit, bis sich der Gleichgewichtszustand eingestellt hat. Bei Ionenreaktionen geschieht das praktisch momentan. Bei Gasreaktionen und allgemein bei Reaktionen der organischen Chemie vergehen beträchtliche Zeiten, bis der Gleichgewichtszustand erreicht ist. Es gibt aber auch Reaktionen, bei denen sich der Gleichgewichtszustand bei 20 °C nie einstellt.

Beispiel: Auch die Umsetzung von Wasserstoff und Sauerstoff zu Wasser:

$$2 H_2 + O_2 \rightleftarrows 2 H_2O$$

kann als Gleichgewichtsreaktion aufgefaßt werden. Dabei liegt das Gleichgewicht bei Zimmertemperatur ganz auf der Seite des Wassers, so daß es nicht zu einem Zerfall in Wasserstoff und Sauerstoff kommt. Andererseits setzt sich aber ein Gemisch aus Wasserstoff und Sauerstoff bei Zimmertemperatur selbst im Verlauf von Jahren nicht zu Wasser um, da die Reaktionsgeschwindigkeit hierfür extrem gering ist. Die Knallgasreaktion wird erst durch Zufuhr von Wärme ausgelöst.

Durch zwei Faktoren kann erreicht werden, daß sich ein chemisches Gleichgewicht beschleunigt einstellt:

- durch **Temperaturerhöhung** und
- durch **Katalysatoren.**

8.3.1 Einfluß der Temperatur

Für den Einfluß der Temperatur auf chemische Reaktionen gilt allgemein:

Chemische Reaktionen verlaufen bei höheren Temperaturen schneller als bei niedrigen Temperaturen.

8.3 Einflüsse auf die Geschwindigkeit

Für den Zusammenhang zwischen *Temperatur* und *Reaktionsgeschwindigkeit* gilt als grobe Regel:

Eine Temperaturerhöhung um 10 Kelvin (z.B. von 20 °C auf 30 °C) *beschleunigt die Geschwindigkeit einer Reaktion auf das Doppelte.*

Die *Temperatur* ist ein Maß für die *kinetische Energie* (Bewegungsenergie) der kleinsten Teilchen (Atome, Moleküle, Ionen) der Stoffe. Je rascher sich die Teilchen bewegen, um so häufiger stoßen sie mit anderen Teilchen zusammen, mit denen sie reagieren können.

Die Bewegungsenergie der Teilchen nimmt mit abnehmender Temperatur ab. Beim absoluten Nullpunkt (0 K $\triangleq$ –273,15 °C) würde die Bewegung der Teilchen ganz aufhören, so daß dann auch keinerlei chemische Reaktionen mehr abliefen. Der absolute Nullpunkt ist aber nicht erreichbar. Da sich eine absolute Wärmeisolierung nicht verwirklichen läßt, ist nur eine asymptotische (unendliche) Annäherung an den absoluten Nullpunkt möglich (Dritter Hauptsatz der Thermodynamik; WALTER NERNST 1906).

Für *Gleichgewichtsreaktionen* gilt:

> **Je höher die Temperatur, um so schneller wird der Gleichgewichtszustand erreicht.**

Zu beachten ist, daß die Temperatur gleichzeitig auf die *Lage des Gleichgewichts* einwirkt (↑ 8.2.1): Eine *Temperaturerhöhung* bewirkt nicht nur, daß sich das Gleichgewicht schneller einstellt, sie *verschiebt* gleichzeitig die *Lage des Gleichgewichts in Richtung der endothermen Reaktion.*

Beispiele: Bei vielen technisch genutzten Gleichgewichtsreaktionen ist die Hinreaktion *exotherm:*

$$N_2 + 3H_2 \rightleftarrows 2NH_3 \qquad \Delta_R H^\ominus = -91,8 \text{ kJ} \cdot \text{mol}^{-1}$$

$$2SO_2 + O_2 \rightleftarrows 2SO_3 \qquad \Delta_R H^\ominus = -184 \text{ kJ} \cdot \text{mol}^{-1}$$

Der erwünschte Einfluß der Temperaturerhöhung (Erhöhung der Reaktionsgeschwindigkeit) ist hier untrennbar mit einem unerwünschten Einfluß (Verschlechterung der Gleichgewichtslage; Verschiebung in Richtung der Ausgangsstoffe) verbunden. In solchen Fällen wird eine mittlere Temperatur gewählt, bei der die Reaktionsgeschwindigkeit hinreichend, die Gleichgewichtslage aber noch nicht allzu ungünstig ist. Vielfach gelingt es aber nur mit Hilfe von *Katalysatoren*, solche Verfahren wirtschaftlich zu gestalten.

8.3.2 Einfluß von Katalysatoren

Viele technisch-chemische Reaktionen lassen sich nur mit Hilfe von *Katalysatoren* wirtschaftlich durchführen.

> **Katalysatoren sind Stoffe, die die Geschwindigkeit einer chemischen Reaktion erhöhen und dadurch bewirken, daß sich das chemische Gleichgewicht schneller einstellt.**

Die Katalysatoren werden dabei nicht verbraucht.

Der von den Katalysatoren ausgelöste Vorgang wird als **Katalyse** bezeichnet.

Die Katalysatoren beeinflussen – im Gegensatz zur Temperatur – die *Lage* des chemischen Gleichgewichts *nicht*. Auf ein bereits im Gleichgewichtszustand befindliches System übt ein Katalysator *keinen* Einfluß aus, da er Hinreaktion und Rückreaktion gleichermaßen beschleunigt.

Durch einen geeigneten Katalysator wird die *Temperatur,* bei der eine chemische Reaktion mit *hinreichender Geschwindigkeit abläuft, herabgesetzt.* Dadurch können auch exotherme Reaktionen bei einer verhältnismäßig günstigen Gleichgewichtslage durchgeführt werden (↑ voriges Beispiel). Der Einsatz von Katalysatoren kann auch dadurch notwendig werden, daß Reaktionsteilnehmer gegenüber höheren Temperaturen empfindlich sind.

Beispiele für großtechnische Verfahren, die mit Hilfe von Katalysatoren durchgeführt werden:

  Ammoniaksynthese   (↑ 15.2.3)
  Ammoniakoxidation   (↑ 15.2.6)
  Schwefelsäure-Kontaktverfahren   (↑ 16.3.7)
  Hochdruckhydrierung von Erdöl und Teer   (↑ 29.1.4)
  Polyethylensynthese   (↑ 42.1.4.1)
  Butadien-Gewinnung für Synthesekautschuk   (↑ 29.2.3)
  Fetthärtung   (↑ 40.2)

Über die katalytische Reinigung von Kraftfahrzeug-Abgasen ↑ Kap. 27.6

Bei den *Katalysatoren* handelt es sich um Stoffe von sehr unterschiedlichem Charakter: Metalle, Metalloxide, Nichtmetalloxide, Basen, Säuren, aber auch organische Stoffe. Besonders gute katalytische Wirkungen zeigen bestimmte Stoffgemenge (sog. *Mischkatalysatoren*).

Viele Katalysatoren besitzen eine *spezifische* Wirkung, d.h., sie beschleunigen nur eine ganz bestimmte chemische Reaktion. Dadurch wird verhütet, daß unerwünschte Nebenreaktionen gleichfalls beschleunigt werden. Andererseits ist es möglich, mit Hilfe verschiedener Katalysatoren aus den gleichen Ausgangsstoffen verschiedene Reaktionsprodukte zu gewinnen, indem von mehreren möglichen Reaktionen jeweils eine andere beschleunigt wird (z.B. entstehen aus Wassergas mit *Kobaltoxid* Kohlenwasserstoffe, mit *Zinkoxid* und *Chromoxid* Methanol).

8.3 Einflüsse auf die Geschwindigkeit

Nach den *Aggregatzuständen,* in denen die reagierenden Stoffe und der Katalysator vorliegen, wird unterschieden:

- **Homogene Katalyse**
  Der Katalysator bildet mit den reagierenden Stoffen ein homogenes Gemenge (Gasgemenge, Lösung).

- **Heterogene Katalyse**
  Reaktionsgemenge und Katalysator bilden verschiedene Phasen. Die Katalyse findet an einer *Phasengrenzfläche* statt.

Die wichtigste Art der heterogenen Katalyse ist die *Kontaktkatalyse,* bei der das (gasförmige oder flüssige) Reaktionsgemisch über einen fest angeordneten Katalysator strömt. Die Reaktionsbeschleunigung erfolgt hier bei der Berührung des Reaktionsgemischs mit der Oberfläche des Katalysators, der daher in diesem Falle auch als *Kontakt* bezeichnet wird.

Die *Wirkungsweise* der Katalysatoren ist sehr unterschiedlich. Es gibt Katalysatoren, die mit den Stoffen, deren Reaktion sie beschleunigen, *Zwischenprodukte* bilden. Nach der Reaktion liegen diese Katalysatoren wieder in ihrer ursprünglichen Form vor. Mitunter übertragen die Katalysatoren einen anderen Stoff auf das reagierende System (z.B. Sauerstoff beim Schwefelsäure-Kontaktverfahren). Vielfach beruht aber die katalytische Wirkung eines Stoffes weniger auf dessen chemischen Eigenschaften als vielmehr auf dessen Oberflächenbeschaffenheit. Dabei können sowohl besondere Kristallstrukturen als auch an der Oberfläche auftretende freie Valenzen (Wertigkeiten) wirksam sein.

Auch in den Stoffwechselvorgängen der lebenden Organismen spielen Katalysatoren, die in diesem Falle als *Biokatalysatoren* bezeichnet werden, eine wichtige Rolle. Dabei handelt es sich um die *Enzyme*[1] (auch Fermente genannt), *Vitamine* und *Hormone.*

Neben der positiven Katalyse, durch die Reaktionen beschleunigt werden, gibt es auch die **negative Katalyse** oder *Antikatalyse,* durch die der Ablauf einer Reaktion gehemmt wird. Stoffe, die bestimmte Reaktionen hemmen, werden *Inhibitoren*[2], *Antikatalysatoren, Passivatoren* oder *Stabilisatoren* genannt. Die Inhibitoren sind in ihrer Wirkungsweise ähnlich vielfältig wie die Katalysatoren.

Beispiele. *Korrosionsinhibitoren* bilden auf der behandelten Metalloberfläche teils durch Adsorption, teils durch chemische Reaktion äußerst dünne Schutzschichten. *Oxidationsinhibitoren* hemmen die Oxidation von Fetten und Schmierölen. *Stabilisatoren* verhindern den vorzeitigen Zerfall wenig beständiger (metastabiler) Substanzen und gewährleisten für zahlreiche technisch-chemische Produkte (z.B. Anstrichstoffe) überhaupt erst die notwendige Lagerfähigkeit.

---

[1] *fermentum* (lat.) Sauerteig; *zyme* (grch.) Sauerteig, *en* (grch.) in. Die Bezeichnungen Ferment und Enzym sind also gleichbedeutend. Die Wirkung von Sauerteig und Hefe beruht auf dem Vorhandensein solcher Biokatalysatoren.
[2] *inhibere* (lat.) anhalten, hemmen

8.4 Massenwirkungsgesetz

8.4.1 Gleichgewichtskonstante

Die *quantitative* Behandlung von *Gleichgewichtsreaktionen* wird durch eine Gesetzmäßigkeit ermöglicht, die 1867 von dem norwegischen Chemiker PETER WAAGE und dem norwegischen Mathematiker CATO MAXIMILIAN GULDBERG erkannt und als Massenwirkungsgesetz bezeichnet wurde.

Die chemische Wirkung eines Stoffes ist seiner aktiven Masse proportional.

Unter *aktiver Masse* verstanden GULDBERG und WAAGE die Konzentration, also den Quotienten aus Masse und Volumen; man sagt auch, die Masse je Volumeneinheit. Sie haben damit das vorweggenommen, was wir heute unter *Aktivität,* d.h. *wirksamer Konzentration,* verstehen (↑ 6.3.2.7). Bei sehr geringen Konzentrationen ist die wirksame Konzentration praktisch gleich der tatsächlichen. Bei der Ableitung des Massenwirkungsgesetzes wird daher meist von den Konzentrationen ausgegangen, während für genaue Berechnungen die Aktivitäten eingesetzt werden müssen.

In moderner Formulierung lautet das **Massenwirkungsgesetz** (oft kurz als **MWG** bezeichnet):

> **Eine chemische Reaktion befindet sich im Gleichgewichtszustand, wenn der Quotient aus**
>
> • **dem Produkt der Konzentrationen der Reaktionsprodukte und**
> • **dem Produkt der Konzentrationen der Ausgangsstoffe**
>
> **einen für diese Reaktion charakteristischen – bei gegebener Temperatur konstanten – Wert erreicht hat.**

Für Reaktionen von Typ

$$A + B \rightleftarrows C + D, \tag{8-1}$$

das heißt für Reaktionen, bei denen aus je einem Mol zweier Ausgangsstoffe je ein Mol zweier Reaktionsprodukte entstehen, gilt für das Massenwirkungsgesetz folgende mathematische Formulierung (sog. Massenwirkungsgleichung[1]):

$$\frac{[C] \cdot [D]}{[A] \cdot [B]} = K \tag{8-2}$$

---

[1] Im Abschnitt 8.4.2 wird für diese Gleichung eine kinetische Ableitung gegeben. Mittels der Massenwirkungsgleichung auszuführende Berechnungen sind aber nicht von dieser kinetischen Ableitung abhängig, die in vielen Fällen gar nicht möglich ist.

8.4 Massenwirkungsgesetz

K wird *Gleichgewichtskonstante* genannt. Die in eckige Klammern gesetzten Symbole der an der Reaktion beteiligten Stoffe geben *Zusammensetzungsgrößen* für diese Stoffe wieder. Als Zusammensetzungsgrößen können verwendet werden:

- die **Stoffmengenkonzentration** c (früher Molarität; mol · l^{-1}; ↑ 2.14.4);

- der **Stoffmengenanteil** x (früher Molenbruch; ↑ 2.14.1);

- der **Partialdruck** (↑ 8.4.4.2)

Je nachdem, welche Zusammensetzungsgrößen in die Massenwirkungsgleichungen eingesetzt werden, erhält die Gleichgewichtskonstante[1] einen Index.

Wird die *Stoffmengenkonzentration* c verwendet, was vor allem bei Lösungen der Fall ist, so gilt:

$$\frac{c(C) \cdot c(D)}{c(A) \cdot c(B)} = K_c \qquad (8\text{-}2a)$$

Für genaue Berechnungen sind dafür die *Aktivitäten* a einzusetzen (↑ 6.3.2.7):

$$\frac{a(C) \cdot a(D)}{a(A) \cdot a(B)} = K_a \qquad (8\text{-}2b)$$

Werden die *Stoffmengenanteile* x verwendet, was vor allem bei Gasgemischen geschieht, so gilt:

$$\frac{x(C) \cdot x(D)}{x(A) \cdot x(B)} = K_x \qquad (8\text{-}2c)$$

Dafür können auch die *Partialdrücke* eingesetzt werden:

$$\frac{p(C) \cdot p(D)}{p(A) \cdot p(B)} = K_p \qquad (8\text{-}2d)$$

Beispiel: Für das Gleichgewicht

$$CO + H_2O \rightleftarrows CO_2 + H_2 \qquad \Delta_R H^\ominus = -41 \text{ kJ} \cdot \text{mol}^{-1},$$

das sich bei der Konvertierung von Wassergas einstellt, gilt die Massenwirkungsgleichung:

$$\frac{x(CO_2) \cdot x(H_2)}{x(CO) \cdot x(H_2O)} = K_x$$

Wenn sich das Gleichgewicht, ausgehend von einem Kohlendioxid-Wasserdampf-Gemisch mit dem Stoffmengenverhältnis (und Volumenverhältnis) 1:1, eingestellt

---

[1] Diese auf die *Zusammensetzungsgrößen* bezogenen Gleichgewichtskonstanten werden auch *konventionelle Gleichgewichtskonstanten* genannt und von den *thermodynamischen Gleichgewichtskonstanten* (↑ S.320) unterschieden.

hat, so liegen bei 800 K neben je 1 mol der Ausgangsstoffe je 2 mol der Reaktionsprodukte vor (↑ Bild 8-3):
Ausgangszustand   Gleichgewichtszustand:
$3\,CO + 3\,H_2O \rightarrow CO + H_2O + 2\,CO_2 + 2\,H_2$

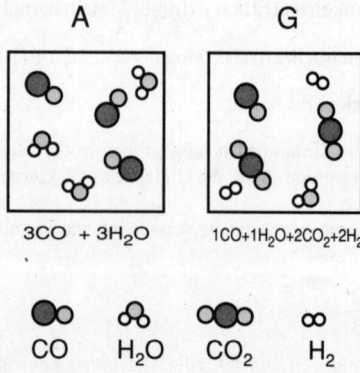

Bild 8-3: Gleichgewicht der Wassergaskonvertierung. Ausgangszustand A und Gleichgewichtszustand G bei 800 K (Gleichgewichtskonstante $K = 4$)

Der Stoffmengenanteil des Wasserstoffs $x(H_2)$ beträgt im Gleichgewichtszustand:

$$x(H_2) = \frac{n(H_2)}{\sum n}$$

$\sum n$ steht hier für die Summe der Stoffmengen aller Komponenten, wofür exakter zu schreiben ist $\sum_{i=1}^{k} n_i$.

$$x(H_2) = \frac{2\,mol}{6\,mol}; \qquad x(H_2) = \frac{1}{3}.$$

Werden die Stoffmengenanteile aller Komponenten des Wassergasgemischs im Gleichgewichtszustand in die Massenwirkungsgleichung (8-2c) eingesetzt, so ergibt sich (für 800 K) die Gleichgewichtskonstante K_x:

$$K_x = \frac{\frac{1}{3} \cdot \frac{1}{3}}{\frac{1}{6} \cdot \frac{1}{6}}; \qquad K_x = 4$$

Die *Reaktionsstöchiometriezahlen* (Koeffizienten) der chemischen Gleichungen treten in den Massenwirkungsgleichungen als *Exponenten* der Zusammensetzungsgrößen auf.

8.4 Massenwirkungsgesetz

Beispiel: Für das Ammoniak-Gleichgewicht

$$N_2 + 3\,H_2 \rightleftarrows 2\,NH_3 \qquad \text{bzw.}$$

$$N_2 + H_2 + H_2 + H_2 \rightleftarrows NH_3 + NH_3$$

gilt die Massenwirkungsgleichung

$$\frac{x(NH_3) \cdot x(NH_3)}{x(N_2) \cdot x(H_2) \cdot x(H_2) \cdot x(H_2)} = K_x$$

$$\frac{x^2(NH_3)}{x(N_2) \cdot x^3(H_2)} = K_x$$

Eine Erläuterung hierzu ↑ 8.4.2.

Die **Gleichgewichtskonstante K** hat für jede chemische Reaktion andere Werte. Für eine bestimmte Reaktion ändert sich der Wert der Gleichgewichtskonstante mit der Temperatur (↑ 8.4.3). Die Werte der Gleichgewichtskonstanten lassen sich auf Grund experimentell gewonnener Daten berechnen. Sie sind für viele Reaktionen in Tabellenbüchern zusammengestellt.

Da die *Zusammensetzungsgrößen* (c, a, x, p) *der Reaktionsprodukte* in den Massenwirkungsgleichungen *im Zähler* stehen und die *Zusammensetzungsgrößen der Ausgangsstoffe im Nenner*, gilt folgendes:

- **Je größer die Gleichgewichtskonstante K, um so mehr überwiegen im Gleichgewichtszustand die Reaktionsprodukte.**
- **Je kleiner die Gleichgewichtskonstante K, um so mehr überwiegen im Gleichgewichtszustand die Ausgangsstoffe.**

Für Reaktionen vom Typ

$$A + B \rightarrow C + D$$

und alle anderen Reaktionen, bei denen die Summe der Stoffmengen der Reaktionsprodukte gleich der Summe der Stoffmengen der Ausgangsstoffe ist, sich also die Summe der Stöchiometriezahlen nicht ändert (Beispiel: Gleichgewicht der Wassergaskonvertierung), gilt für den Gleichgewichtszustand:

$K > 1$ Reaktionsprodukte überwiegen
$K = 1$ gleiche Anteile von Reaktionsprodukten und Ausgangsstoffen
$K < 1$ Ausgangsstoffe überwiegen

Zu beachten ist: Es gibt auch Literatur, in der bei den Massenwirkungsgleichungen die *Ausgangsstoffe* im *Zähler* und die *Reaktionsprodukte* im *Nenner* erscheinen. In diesem Falle erhält die Gleichgewichtskonstante K den *reziproken Wert*.

Die vorstehenden Ausführungen gelten für Reaktionen vom Typ A + B → C + D. Für beliebige Reaktionen

$$\nu_A A + \nu_B B + \ldots \rightarrow \nu_M M + \nu_N N + \ldots$$

gilt bei Verwendung der Beträge der Stöchiometriezahlen $|\nu|$

$$K = \frac{a_M^{|\nu_M|} \cdot a_N^{|\nu_N|} \cdot \ldots}{a_A^{|\nu_A|} \cdot a_B^{|\nu_B|} \cdot \ldots} \quad \text{bzw.} \tag{8-3}$$

$$K = \frac{\Pi a_{i,E}^{|\nu|}}{\Pi a_{i,A}^{|\nu|}} \tag{8-3a}$$

Bei Verwendung vorzeichenbehafteter Stöchiometriezahlen ν vereinfacht sich die Gleichung (8-3a) zu:

$$K = \Pi a_i^{\nu_i} \tag{8-4}$$

Die Formeln (8-3a) und (8-4) werden in diesem Taschenbuch nicht angewandt. Sie werden aber den Einstieg in weiterführende Literatur erleichtern.

8.4.2 Kinetische Ableitung des Massenwirkungsgesetzes

Von der kinetischen[1] Gastheorie ausgehend, läßt sich für das Massenwirkungsgesetz eine anschauliche Ableitung geben. Die kinetische Gastheorie führt den Ablauf chemischer Reaktionen auf die Bewegungsenergie (kinetische Energie) der Moleküle zurück. Zwischen den in ständiger Bewegung befindlichen Gasmolekülen kommt es ständig zu Zusammenstößen. Zusammenstöße von hinreichender Heftigkeit (die sog. *Aktivierungsenergie* muß überschritten werden) führen zu einer Umsetzung zwischen den beteiligten Molekülen. Da gleichzeitige Zusammenstöße von drei oder mehr Molekülen sehr selten sind, lassen sich diese Überlegungen zunächst nur auf Reaktionen vom Typ

$$A + B \underset{\text{Rückreaktion}}{\overset{\text{Hinreaktion}}{\rightleftarrows}} C + D \tag{8-5}$$

anwenden.

Die Wahrscheinlichkeit eines Zusammenstoßes zwischen einem Molekül des Stoffes A und einem Molekül des Stoffes B steigt sowohl mit der Konzentration des Stoffes A als auch mit der Konzentration des Stoffes B. Befinden sich in einem bestimmten Volumen nur ein Molekül A und ein Molekül B, so ist die Wahrscheinlichkeit eines Zusammenstoßes äußerst gering. Sie steigt auf das Zehnfache, wenn die Zahl der Moleküle des Stoffes A auf das Zehnfache erhöht wird. Sie steigt auf das Hundertfache, wenn auch die Zahl der Moleküle des Stoffes B auf das Zehnfache erhöht wird (↑ Bild 8-4).

---

[1] *kinein* (grch.) bewegen

8.4 Massenwirkungsgesetz

Mit der Zahl der Zusammenstöße A + B erhöht sich zugleich die *Reaktionsgeschwindigkeit* (↑ 8.1).

Die Reaktionsgeschwindigkeit v steigt mit zunehmender Konzentration[1] der Reaktionspartner.

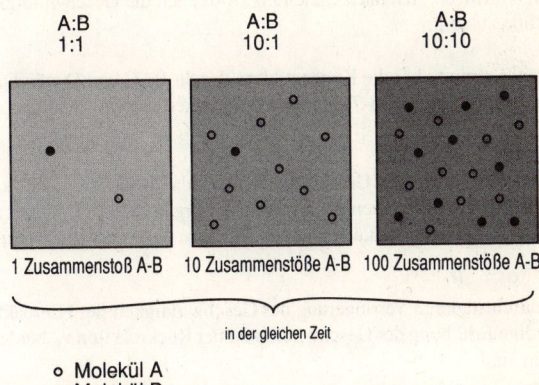

○ Molekül A
● Molekül B

Bild 8-4: Die Wahrscheinlichkeit des Zusammenstoßes zweier Teilchen hängt von der Konzentration beider Teilchen ab.

Für die Geschwindigkeit der Hinreaktion v_H gilt demnach:

$$v_H = k_H \cdot [A] \cdot [B], \tag{8-6}$$

für die Geschwindigkeit der Rückreaktion:

$$v_R = k_R \cdot [C] \cdot [D] \tag{8-7}$$

Die Reaktionsgeschwindigkeit ist also dem Produkt aus den Konzentrationen der Reaktionspartner proportional. Die Proportionalitätsfaktoren k_H und k_R werden als **Geschwindigkeitskonstanten** bezeichnet. Sie besitzen für jede Reaktion einen anderen Wert. Für eine bestimmte Reaktion *steigt der Wert der Geschwindigkeitskonstante k mit zunehmender Temperatur*. (In der steigenden Temperatur kommt die zunehmende Bewegungsenergie der Moleküle zum Ausdruck, die zu einer größeren Anzahl und zu größerer Heftigkeit der Zusammenstöße und damit zu einer Erhöhung der Reaktionsgeschwindigkeit führt.)

---

[1] Der Begriff *Konzentration* wird hier in einem allgemeineren Sinne verwendet als im Abschnitt 2.14. Den Berechnungen nach dem MWG können außer den *Konzentrationsgrößen* (2.14.3; 2.14.4; 2.14.6) auch andere Zusammensetzungsgrößen zugrunde gelegt werden, wie in den vorangegangenen Beispielen die Stoffmengenanteile.

Unmittelbar nach Beginn der Umsetzung ist die Geschwindigkeit der Hinreaktion v_H sehr viel größer (von anderer Größenordnung) als die Geschwindigkeit der Rückreaktion v_R:

$$v_H \gg v_R$$

Da durch die Hinreaktion die Konzentration der Stoffe A und B ständig abnimmt, verringert sich nach Gleichung (8-6) auch die Geschwindigkeit der Hinreaktion ständig.

Gleichzeitig nimmt aber die Konzentration der Stoffe C und D ständig zu, so daß sich nach Gleichung (8-7) die Geschwindigkeit der Rückreaktion ständig erhöht.

Die Geschwindigkeit der Gesamtreaktion v_G, das heißt, die nach außen in Erscheinung tretende Reaktionsgeschwindigkeit, ergibt sich als *Differenz* aus der Geschwindigkeit der Hinreaktion und der Geschwindigkeit der Rückreaktion:

$$v_G = v_H - v_R \tag{8-8}$$

Sobald durch ständige Verringerung der Geschwindigkeit der Hinreaktion v_H und ständige Erhöhung der Geschwindigkeit der Rückreaktion v_R beide gleich geworden sind:

$$v_H = v_R, \tag{8-9}$$

nimmt die Geschwindigkeit der Gesamtreaktion nach Gleichung (8-8) den Wert Null an:

$$v_G = 0 \tag{8-10}$$

Die Umsetzung ist damit nach außen zum Stillstand gekommen, da Hinreaktion und Rückreaktion einander kompensieren. Damit ist der *Gleichgewichtszustand* erreicht. Die Konzentrationen der beteiligten Stoffe ändern sich nicht mehr.

Durch Einsetzen der Gleichungen (8-6) und (8-7) in die Gleichung (8-9) ergibt sich eine Beziehung zwischen den Konzentrationen der Ausgangsstoffe und den Konzentrationen der Reaktionsprodukte:

$$k_H \cdot [A] \cdot [B] = k_R \cdot [C] \cdot [D] \tag{8-11}$$

$$\frac{[C] \cdot [D]}{[A] \cdot [B]} = \frac{k_H}{k_R} \tag{8-11a}$$

Der Quotient aus den Konstanten k_H und k_R ergibt eine neue Konstante K:

$$\frac{[C] \cdot [D]}{[A] \cdot [B]} = K \tag{8-11b}$$

Auf diese Weise gelangt man zur Massenwirkungsgleichung der Reaktionen vom Typ A + B $\rightleftarrows$ C + D (↑ Gleichung 8-2).

8.4 Massenwirkungsgesetz

Auf Reaktionan anderen Typs läßt sich diese kinetische Ableitung des Massenwirkungsgesetzes *nur formal* übertragen. Das Ammoniakgleichgewicht $N_2 + 3\,H_2 \rightleftarrows 2\,NH_3$ gehört zum Typ

$$A + 3\,B \rightleftarrows 2\,C$$

Es wäre aber falsch, daraus zu schließen, für die Hinreaktion sei ein gleichzeitiger Zusammenstoß von vier Molekülen erforderlich. Derartige Reaktionen setzen sich aus Teilreaktionen zusammen, die als *Elementarreaktionen* bezeichnet werden und erst zu einem kleinen Teil erforscht sind.

Um das Zustandekommen der Massenwirkungsgleichungen auch für solche Reaktionen verständlich zu machen, bei denen – wie im Ammoniakgleichgewicht – manche Reaktionsteilnehmer mit mehr als einem Molekül an dem Formelumsatz laut Reaktionsgleichung beteiligt sind, kann von folgender Vorstellung ausgegangen werden.

Für eine Reaktion vom Typ

$$A + B + C \rightleftarrows M + N + O$$

würde die Massenwirkungsgleichung lauten

$$\frac{[M]\cdot[N]\cdot[O]}{[A]\cdot[B]\cdot[C]} = K$$

Dabei soll angenommen werden, daß die Buchstaben A, B, C, M, N, O jeweils ein Molekül verschiedener Stoffe symbolisieren. Tritt nun an die Stelle des Moleküls des Stoffes C ein weiteres Molekül des Stoffes B und an die Stelle der Moleküle der Stoffe N und O je ein weiteres Molekül des Stoffes M, so ergibt sich eine Reaktion vom Typ

$$A + B + B \rightleftarrows M + M + M \quad \text{bzw.} \quad A + 2\,B \rightleftarrows 3\,M$$

Die Massenwirkungsgleichung für eine Reaktion von diesem Typ lautet

$$\frac{[M]\cdot[M]\cdot[M]}{[A]\cdot[B]\cdot[B]} = K \quad \text{bzw.} \quad \frac{[M]^3}{[A]\cdot[B]^2} = K$$

Damit ist anschaulich erklärt, weshalb die *Koeffizienten* (Teilchenstöchiometriezahlen) der Reaktionsgleichungen in den Massenwirkungsgleichungen als *Exponenten* der Zusammensetzungsgrößen auftreten.

8.4.3 Thermodynamische Ableitung des Massenwirkungsgesetzes

Eine mathematisch exakte Ableitung des Massenwirkungsgesetzes ist nur aus thermodynamischen Größen möglich. Das ist allerdings viel weniger anschaulich als die kinetische Ableitung.

Ein chemisches System (ein Reaktionsgemisch) befindet sich im *Gleichgewichtszustand*, wenn dessen freie molare Reaktionsenthalpie $\Delta_R G = 0$ und damit auch dessen Affinität $A = 0$ sind (↑ S.). Die »Triebkraft« der Reaktion ist dann erloschen.

Im Gleichgewichtszustand ist der *Reaktionsquotient* (Aktivitätenquotient, Partialdruckquotient) Q der VAN'T HOFFschen *Reaktionsisotherme* [Gleichung (7-12); ↑ S. 282].

$$D_R G = \Delta_R G^\ominus + R \cdot T \cdot \ln Q_{gl}$$

gleich der *Gleichgewichtskonstante* K der betrachteten Reaktion:

$$Q_{gl} = K$$

Mit der im Abschnitt 7.5.4 aus der VAN'T HOFFschen Reaktionsisotherme abgeleiteten Gleichung (7-13) (↑ S. 287)

$$-\Delta_R G^\ominus = R \cdot T \cdot \ln K \qquad (8\text{-}12)$$

ergibt sich die Möglichkeit, die *Gleichgewichtskonstante* K einer chemischen Reaktion aus deren *molaren freien Standardreaktionsenthalpie* $\Delta_R G^\ominus$ zu berechnen. Die so errechneten Gleichgewichtskonstanten werden *thermodynamische* Gleichgewichtskonstanten genannt und mitunter mit K^+ oder $K^\dagger$ besonders gekennzeichnet[1].

Die thermodynamische Ableitung des Massenwirkungsgesetzes ist also schon im Abschnitt 7.5.4 gegeben. Dort befindet sich auch ein durchgerechnetes Beispiel (↑ S. 284). Hier geht es um die weitere Anwendung.

Das Rechnen mit natürlichen Logarithmen ist heute durch die Taschenrechner unproblematisch geworden. Wird der dekadische Logarithmus verwendet, erhält die Gleichung (8-12) die Form:

$$-\Delta_R G^\ominus = R \cdot T \cdot 2{,}303 \lg K \qquad (8\text{-}12a)$$

---

[1] Im Falle des idealen Verhaltens der Reaktionsteilnehmer werden die *konventionellen* Gleichgewichtskonstanten (↑ 8.4.1) gleich den thermodynamischen Gleichgewichtskonstanten.

8.4 Massenwirkungsgesetz

Die Gleichgewichtskonstante K ergibt sich wie folgt:

$$\ln K = \frac{-\Delta_R G^\ominus}{R \cdot T} \quad \text{bzw.} \tag{8-13}$$

$$\lg K = \frac{-\Delta_R G^\ominus}{R \cdot T \cdot 2{,}303} \tag{8-13a}$$

$$K = e^{\frac{-\Delta_R G^\ominus}{R \cdot T}} \tag{8-14}$$

$$K = 10^{\frac{-\Delta_R G^\ominus}{R \cdot T \cdot 2{,}303}} \tag{8-14a}$$

Diese Gleichungen gelten für den Standardzustand des idealen Gases.

Eine im Zusammenhang mit der Erforschung des Massenwirkungsgesetzes besonders gründlich untersuchte Gleichgewichtsreaktion ist das *Iodwasserstoffgleichgewicht:*

$$H_2 + I_2 \rightleftarrows 2\,HI \qquad \Delta_R H^\ominus = -10{,}4\,\text{kJ} \cdot \text{mol}^{-1}$$

Beispiel: Die molare freie Standardreaktionsenthalpie $\Delta_R G^\ominus$ für die Bildung von Iodwasserstoff, HI, aus Wasserstoff, H_2, und gasförmigem Iod, I_2, ergibt sich wie folgt aus den molaren freien Standardbildungsenthalpien $\Delta_B G^\ominus$:

$$\Delta_B G^\ominus (I_{2,\,g}) = 19{,}2\,\text{kJ} \cdot \text{mol}^{-1}; \qquad \Delta_B G^\ominus (HI) = 1{,}2\,\text{kJ} \cdot \text{mol}^{-1}$$

$$\Delta_R G^\ominus = 2\,\Delta_B G^\ominus (HI) - \Delta_B G^\ominus (I_{2,\,g})$$

$$\Delta_R G^\ominus = 2 \cdot 1{,}2\,\text{kJ} \cdot \text{mol}^{-1} - 19{,}2\,\text{kJ} \cdot \text{mol}^{-1}$$

$$\Delta_R G^\ominus = -16{,}8\,\text{kJ} \cdot \text{mol}^{-1}$$

Die Gleichgewichtskonstante K ergibt sich für 298,15 K wie folgt:

$$\ln K = -\frac{-16{,}8\,\text{kJ} \cdot \text{mol}^{-1}}{0{,}0083145\,\text{kJ} \cdot \text{K}^{-1} \cdot \text{mol}^{-1} \cdot 298{,}15\,\text{K}}$$

$$\ln K = 6{,}777; \qquad K = 877{,}4$$

Das Gleichgewicht liegt demnach weit auf der Seite des Iodwasserstoffs.
Ob Iodwasserstoff auch bei wesentlich höheren Temperaturen beständig ist, kann mittels der Gleichung (8-13) nur *abgeschätzt* werden, da die molare freie Standardreaktionsenthalpie $\Delta_R G^\ominus$ selbst *temperaturabhängig* ist.

$$\ln K = -\frac{-16{,}8\,\text{kJ} \cdot \text{mol}^{-1}}{0{,}0083145\,\text{kJ} \cdot \text{K}^{-1} \cdot \text{mol}^{-1} \cdot 773{,}15\,\text{K}}$$

$$\ln K = 2{,}61; \qquad K = 13{,}6$$

Wie das Beispiel zeigt, wird die Gleichgewichtskonstante K mit steigender Temperatur *kleiner*. Die *Beständigkeit* des Iodwasserstoffs *nimmt* also mit steigender Temperatur *ab*. Da sich für 500 °C $K > 1$ ergibt, kann abgeschätzt werden, daß das Gleichgewicht bei dieser Temperatur noch auf der Seite des Iodwasserstoffs liegt.

Was an diesem Beispiel gezeigt wurde, gilt allgemein:

Die Gleichgewichtskonstante K einer chemischen Reaktion hat bei jeder Temperatur einen anderen Zahlenwert. Darin kommt zum Ausdruck, daß bei jeder Temperatur eine andere Gleichgewichtslage besteht.

> **Die Gleichgewichtskonstante K wird mit zunehmender Temperatur**
> - **bei exothermen Reaktionen kleiner** (Beispiel 1),
> - **bei endothermen Reaktionen größer** (Beispiel 2).

Das entspricht der Aussage des *Prinzips des kleinsten Zwanges,* wonach *mit steigender Temperatur*

- bei exothermen Reaktionen der *Anteil der Ausgangsstoffe,*
- bei endothermen Reaktionen der *Anteil der Reaktionsprodukte*

größer wird.

Beispiel 1: Bei der Konvertierung von Wassergas

$$CO + H_2O \rightleftarrows CO_2 + H_2 \qquad \Delta_R H^\ominus = -41 \text{ kJ} \cdot \text{mol}^{-1}$$

verläuft die Hinreaktion *exotherm.* Die Gleichgewichtskonstante K_x

$$\frac{x(CO_2) \cdot x(H_2)}{x(CO) \cdot x(H_2O)} = K_x$$

wird mit zunehmender Temperatur *kleiner*:

T:	300 K	400 K	600 K	800 K	1000 K	2000 K
t:	27 °C	127 °C	327 °C	527 °C	727 °C	1727 °C
K_x:	8700	1670	24,2	4,05	1,39	0,20

Beispiel 2: Die Synthese von Stickstoffmonoxid aus den Elementsubstanzen

$$N_2 + O_2 \rightleftarrows 2\,NO \qquad \Delta_R H^\ominus = 180 \text{ kJ} \cdot \text{mol}^{-1}$$

verläuft *endotherm.* Die Gleichgewichtskonstante K_x

$$\frac{x^2(NO)}{x(N_2) \cdot x(O_2)} = K_x$$

wird in diesem Falle mit zunehmender Temperatur *größer*:

T:	1000 K	2000 K	3000 K	4000 K
t:	727 °C	1727 °C	2727 °C	3727 °C
K_x:	$6{,}8 \cdot 10^{-9}$	$4{,}6 \cdot 10^{-4}$	$1{,}7 \cdot 10^{-2}$	$8{,}3 \cdot 10^{-2}$

Erst bei sehr hohen Temperaturen und damit sehr hohem Energieaufwand ist eine technische Gewinnung von Stickstoffmonoxid aus der Luft möglich.

Aus den Gleichgewichtskonstanten kann darauf geschlossen werden, ob und unter welchen Bedingungen bestimmte chemische Reaktionen wirtschaftlich durchführbar sind.

8.4.4 Weitere Anwendungen der Gleichgewichtskonstante

Die Gleichgewichtskonstante K bleibt konstant, wenn sich
- die *Zusammensetzung* des Reaktionsgemischs und
- bei Gasreaktionen der *Druck*

ändern. Dabei wird jeweils konstante Temperatur vorausgesetzt.

8.4.4.1 Änderung der Zusammensetzung des Reaktionsgemischs

Wird in einem Reaktionsgemisch, das sich im Gleichgewichtszustand befindet, der *Anteil eines Reaktionsteilnehmers verändert,* so wird der Gleichgewichtszustand gestört. Die Geschwindigkeiten der Hinreaktion und der Rückreaktion sind dann nicht mehr gleich. Die Gesamtreaktion kommt also wieder in Gang und läuft so lange, bis die Geschwindigkeiten der Hinreaktion und der Rückreaktion wieder gleich sind:

$$v_H = v_R$$

Es hat sich dann ein *neuer Gleichgewichtszustand* eingestellt, der sich in seiner Lage von dem ursprünglichen Gleichgewichtszustand unterscheidet. Der Wert der *Gleichgewichtskonstante K* bleibt dabei *konstant,* wenn die Temperatur konstant gehalten wurde.

Vom Standpunkt des Massenwirkungsgesetzes betrachtet, gilt dafür folgende Aussage:

Wird der Stoffmengenanteil (Molenbruch) eines Reaktionsteilnehmers verändert, so wird das Gleichgewicht derart verschoben, daß der Quotient aus

- **dem Produkt der Stoffmengenanteile der Endprodukte und**
- **dem Produkt der Stoffmengenanteile der Ausgangsstoffe**

wieder den Wert der Gleichgewichtskonstante K annimmt.

Beispiel: Wird bei der Konvertierung von Wassergas der Anteil des Wasserdampfs erhöht, so wird der Gleichgewichtszustand gestört. In der Massenwirkungsgleichung

$$\frac{x(CO_2) \cdot x(H_2)}{x(CO) \cdot x(H_2O)} = K_x$$

erhält der Nenner durch die Erhöhung des Anteils des Wasserdampfes vorübergehend einen höheren Wert. Dadurch wird der Wert des Quotienten kleiner als K_x.

8 Chemisches Gleichgewicht und Massenwirkungsgesetz

Der Wert der Gleichgewichtskonstante K_x kann nur dadurch wieder erreicht werden, daß sich Ausgangsstoffe (im Beispiel: CO und H_2O) weiter zu Reaktionsprodukten (im Beispiel: CO_2 und H_2) umsetzen (↑Bild 8-3). Dadurch wird der Nenner kleiner und der Zähler größer, so daß der Wert des Quotienten steigt. Sobald er den Wert der Gleichgewichtskonstante K_x erreicht hat, kommt die Gesamtreaktion wieder zum Stillstand. Es ist ein neuer Gleichgewichtszustand erreicht, der weiter in Richtung der Reaktionsprodukte liegt als der ursprüngliche.

Da es bei dem als Beispiel gewählten technischen Verfahren um eine hohe Ausbeute an Wasserstoff geht, wird mit einem *Überschuß* an *Wasserdampf* gearbeitet.

Es ist aber zu beachten:

Der *prozentuale Anteil der Reaktionsprodukte* an dem im Gleichgewichtszustand vorliegenden Reaktionsgemisch ist stets dann *am größten, wenn* die *Ausgangsstoffe im stöchiometrischen Verhältnis* eingesetzt werden. Das wird dadurch erklärlich, daß durch den Überschuß des einen Ausgangsstoffs die Gesamtmenge (das Gesamtvolumen) größer wird. Das stöchiometrische Gemisch (im Beispiel: 1 mol H_2O pro 1 mol CO) wird also durch den Überschuß des einen Ausgangsstoffes gewissermaßen *verdünnt*.

Beispiel: Im Gleichgewicht der Wassergaskonvertierung liegen die Reaktionspartner im Gleichgewichtszustand (bei 800 K) in Abhängigkeit von der Zusammensetzung des Ausgangsgemischs in folgenden unterschiedlichen Stoffmengenanteilen x vor:

Ausgangsstoffe CO und H_2O im Stoffmengenverhältnis 1:1 (stöchiometrisches Verhältnis)	Ausgangsstoffe CO und H_2O im Stoffmengenverhältnis 1:2 (Wasserdampf im Überschuß)
$x(CO)$ = 0,167	$x(CO)$ = 0,1053
$x(H_2O)$ = 0,167	$x(H_2O)$ = 0,2481
$x(CO_2)$ = 0,333	$x(CO_2)$ = 0,3233
$x(H_2)$ = 0,333	$x(H_2)$ = 0,3233
Σx = 1,000	Σx = 1,000

Der Überschuß an Wasserdampf hat also zur Folge, daß im Gleichgewichtszustand der Anteil des nicht umgesetzten *Kohlenmonoxids* wesentlich *geringer* ist als beim stöchiometrischen Verhältnis der Ausgangsstoffe, und auf dessen weitgehende Umsetzung unter Bildung von *Wasserstoff* kommt es hier an. Vergleichen wir nicht die Stoffmengenanteile, sondern die *Volumina*, so ergibt sich folgendes:

Bei Einsatz der *gleichen Menge* von 100 m³ des wertvollen Zwischenprodukts *Kohlenmonoxid* liegen im Gleichgewichtszustand, der allerdings technisch nicht erreicht wird, vor:

beim stöchiometrischen Verhältnis (1:1)	beim Überschuß von Wasserstoff (1:2)
in 200 m³ Reaktionsgemisch 66,67 m³ Wasserstoff	in 300 m³ Reaktionsgemisch 97,0 m³ Wasserstoff.

Die *Ausbeute an Wasserstoff* wird also *erhöht*, wobei allerdings zugleich größere Gasmengen technisch zu bewältigen sind.

8.4.4.2 Einfluß von Druckänderungen

Zwischen Druck und Stoffmengenanteil besteht ein Zusammenhang, der sich für Gasreaktionen sehr leicht erfassen läßt. Dabei ist von folgender Gesetzmäßigkeit auszugehen:

> **Der Gesamtdruck eines Gasgemischs ist die Summe der Partialdrücke (Teildrücke) der einzelnen Gase** (DALTON*sches Gesetz*).

Der *Partialdruck* eines Gases ist der Druck, der herrschen würde, wenn sich dieses Gas *allein* in dem betrachteten Gefäß befände.

In einem Gasgemisch sind die Partialdrücke der einzelnen Gase der Anzahl der Moleküle proportional, mit der diese Gase in einem bestimmten Volumen enthalten sind.

Damit ist der *Partialdruck eines Gases* zugleich *ein Maß für dessen Stoffmengenanteil*. Die Partialdrücke können daher anstelle der Stoffmengenanteile in die Massenwirkungsgleichungen eingesetzt werden.

Beispiel: Für die Konvertierung des Wassergases gilt dann:

$$\frac{p(CO_2) \cdot p(H_2)}{p(CO) \cdot p(H_2O)} = K_p$$

Wird der Druck auf das Doppelte erhöht, so steigen auch die Partialdrücke auf das Doppelte:

Beispiel:

$$\frac{2\,p(CO_2) \cdot 2\,p(H_2)}{2\,p(CO) \cdot 2\,p(H_2O)} = K_p$$

Der Wert des Quotienten ändert sich dabei *nicht*. Die Druckerhöhung hat also in diesem Falle keinen Einfluß auf die Lage des Gleichgewichts.

Was an diesem Beispiel gezeigt wurde, gilt allgemein:

Bei Gleichgewichtsreaktionen, die ohne Änderung des Gesamtvolumens ablaufen, hat der Druck keinen Einfluß auf die Lage des Gleichgewichts.

Das ist bei allen Reaktionen der Fall, bei denen die Summe der Stöchiometriezahlen der Reaktionsgleichung gleich Null ist:

$\Sigma \nu_i = 0$.

Bei dieser Summenbildung haben die Stöchiometriezahlen der Reaktionsprodukte *positives*, die der Ausgangsstoffe *negatives* Vorzeichen.

Beispiel: Für die Konvertierung von Wassergas

$$CO + H_2O \rightleftarrows CO_2 + H_2$$

ist die Summe der Stöchiometriezahlen

$$\sum \nu = \nu(CO) + \nu(H_2O) + \nu(CO_2) + \nu(H_2)$$
$$\sum \nu = (-1) + (-1) - (+1) + (+1)$$
$$\sum \nu = 0$$

Bei so einfachen Gleichgewichtsreaktionen ist schon anhand der Reaktionsgleichung überschaubar, daß keine Volumenänderung eintritt.

Andere Gleichgewichtsreaktionen verlaufen unter *Änderung des Gesamtvolumens*.

Beispiel: Bei der Ammoniaksynthese entstehen aus 4 mol Ausgangsstoffen jeweils 2 mol Reaktionsprodukte:

$$N_2 + 3 H_2 \rightleftarrows 2 NH_3$$

Da 1 mol jedes Gases unter gleichen Bedingungen (näherungsweise) das gleiche Volumen einnimmt, würde sich also das Volumen bei vollständiger Umsetzung zu Ammoniak auf die Hälfte verringern. Die Summe der Stöchiometriezahlen ist:

$$\sum \nu = \nu(N_2) + \nu(H_2) + \nu(NH_3)$$
$$\sum \nu = (-1) + (-3) + (+2)$$
$$\sum \nu = -2$$

Ist die Summe der Stöchiometriezahlen einer Gasreaktion *positiv*, kommt es zu einer *Volumenzunahme*. Ist diese Summe *negativ*, kommt es zu einer *Volumenabnahme*.

Bei Gleichgewichtsreaktionen, die mit einer Änderung des Gesamtvolumens einhergehen, wird mit jeder Veränderung des Druckes die Lage des Gleichgewichts verschoben.

Qualitativ läßt sich die Richtung, in der ein solches Gleichgewicht bei Druckveränderung verschoben wird, aus dem Prinzip des kleinsten Zwanges ableiten (↑ 8.2.2). *Quantitativ* geschieht das über die Massenwirkungsgleichung.

Beispiel: Für das Ammoniakgleichgewicht gilt:

$$\frac{p^2(NH_3)}{p(N_2) \cdot p^3(H_2)} = K_p$$

8.4 Massenwirkungsgesetz

Wird der Gesamtdruck auf das Doppelte erhöht, erhöhen sich auch alle Partialdrücke auf das Doppelte:

$$\frac{[2\,p(NH_3)]^2}{[2\,p(N_2)] \cdot [2\,p(H_2)]^3} = \frac{1}{4} K_p$$

Der Quotient hat damit nur noch ein Viertel des Wertes der Gleichgewichtskonstante.

Was hier an einem Beispiel gezeigt wurde, gilt allgemein:

Bei Gleichgewichtsreaktionen, die unter *Änderung des Gesamtvolumens* verlaufen, ändert sich mit jeder *Druckänderung* der Wert des Quotienten aus dem Produkt der Partialdrücke der Reaktionsprodukte und dem Produkt der Partialdrücke der Ausgangsstoffe. Das System befindet sich dadurch *nicht mehr im Gleichgewicht*. Es stellt sich dann ein neuer Gleichgewichtszustand ein, wobei sich die *Partialdrücke* der Reaktionsteilnehmer so *verändern*, daß der *Quotient wieder* den *Wert der Gleichgewichtskonstante* K_p annimmt.

Diese Veränderung der Partialdrücke spiegelt eine Veränderung der *Stoffmengenanteile* der Reaktionsteilnehmer am Reaktionsgemisch wider, das heißt eine Verschiebung der Lage des Gleichgewichts:

Wird der Wert des Quotienten durch die Druckänderung

- **kleiner als** K_p,
  so wird das **Gleichgewicht in Richtung der Reaktionsprodukte** verschoben, deren *Partialdrücke im Zähler* stehen,

- **größer als** K_p,
  so wird das **Gleichgewicht in Richtung der Ausgangsstoffe** verschoben, deren *Partialdrücke im Nenner* stehen.

Beispiel: Im Ammoniakgleichgewicht wird nach einer Druckerhöhung (↑ voriges Beispiel) der Wert für K_p wieder erreicht, indem sich der (im Zähler stehende) Partialdruck des Ammoniaks erhöht. Druckerhöhung verschiebt also die Lage des Gleichgewichts in Richtung des Reaktionsprodukts Ammoniak.

Umgekehrt würde bei *Gleichgewichtsreaktionen,* die unter *Zunahme des* Gesamtvolumens verlaufen, die *Druckerhöhung* den Quotienten *größer* als K_p werden lassen. Es würde sich ein neuer Gleichgewichtszustand einstellen, indem sich die (im Nenner stehenden) *Partialdrücke der Ausgangsstoffe* erhöhen. Deshalb kommt bei der technischen Durchführung solcher Gleichgewichtsreaktionen eine Druckerhöhung nicht in Betracht.

Die auf die Partialdrücke bezogene Gleichgewichtskonstante K_p besitzt für Gasreaktionen *mit Volumenänder*ung einen anderen Wert als die auf die Stoffmengenanteile bezogene Gleichgewichtskonstante K_x. Zwischen den beiden Konstanten besteht folgende Beziehung:

$$K_x(R \cdot T)^{\Sigma \nu} = K_p$$

$\Sigma\nu$ ist die Summe der Stöchiometriezahlen der Reaktionsgleichung; beim Ammoniakgleichgewicht ist $\Sigma\nu = -2$ (↑ S. 326).

8.5 Anwendung des Massenwirkungsgesetzes auf Ionenreaktionen

8.5.1 Dissoziationsgleichgewicht

In wäßrigen Lösungen von Elektrolyten stellt sich ein *Dissoziationsgleichgewicht* ein. Für das Gleichgewicht

$$AB \rightleftarrows A^+ + B^-$$

gilt die Massenwirkungsgleichung

$$\frac{c(A^+) \cdot c(B^-)}{c(AB)} = K_D$$

In diese Gleichung können, allerdings nur bei sehr verdünnten Lösungen schwacher oder sehr schwacher Elektrolyte, die (tatsächlichen) Stoffmengenkonzentrationen c eingesetzt werden. Sonst muß mit den Aktivitäten, mit den nach außen wirksamen Ionenkonzentrationen, gerechnet werden (↑ 6.3.2.7):

$$\frac{a(A^+) \cdot a(B^-)}{a(AB)} = K_D$$

Bei starken Elektrolyten besteht infolge interionischer Wechselwirkungen (Anziehung zwischen entgegengesetzt geladenen Ionen u.a.) ein sehr erheblicher Unterschied zwischen der tatsächlichen und der nach außen wirksamen Ionenkonzentration. Dadurch wird sogar bei Salzen, die schon im festen Zustand in Ionen vorliegen, das Vorhandensein undissoziierter Moleküle vorgetäuscht. So verhalten sich 0,1normale Lösungen (↑ 2.14.5) folgender Salze so, als seien sie nur zu den angegebenen Prozentsätzen dissoziiert:

Natriumchlorid: 83%; Kaliumsulfat: 75%; Magnesiumsulfat: 40%

Die **Dissoziationskonstante** K_D ist eine für jeden Elektrolyten charakteristische Größe. Wie jede Gleichgewichtskonstante ist sie *temperaturabhängig*.

Jede Dissoziation ist ein *endothermer Vorgang* (↑). Daher wird nach dem Prinzip des kleinsten Zwanges die Lage eines Dissoziationsgleichgewichtes durch *Temperaturerhöhung in Richtung der Ionen,* also in Richtung der Wärmeaufnahme, verschoben.

> **Mit steigender Temperatur nimmt die Dissoziation zu.**

8.5 Anwendung des Massenwirkungsgesetzes

Das drückt sich auch in einer *Zunahme des Wertes der Dissoziationskonstante* aus, wenn – wie es in der Regel geschieht – in die Massenwirkungsgleichung

- die *Konzentrationen* (Aktivitäten) der *Ionen* in den *Zähler*,
- die *Konzentrationen* (Aktivitäten) der *undissoziierten Moleküle* in den *Nenner*

gesetzt werden.

Beispiel: Die Essigsäure (Ethansäure) dissoziiert nach der Gleichung

$$CH_3COOH \rightleftarrows H^+ + CH_3COO^-$$

Hierfür gilt die Massenwirkungsgleichung:

$$\frac{c(H^+) \cdot c(CH_3COO^-)}{c(CH_3COOH)} = 1{,}76 \cdot 10^{-5} \text{ mol} \cdot l^{-1} \quad (\text{bei } 25\,°C)$$

Mittels der Massenwirkungsgleichung läßt sich zeigen, welchen Einfluß **Konzentrationsänderungen** auf die Lage des Dissoziationsgleichgewichts ausüben.

- Wird die **Konzentration der undissoziierten Moleküle erhöht,** erhält der Quotient einen *zu kleinen Wert.* Da Ionenreaktionen praktisch momentan verlaufen, stellt sich aber sofort wieder ein Gleichgewichtszustand ein, indem so viele *Moleküle dissoziieren,* daß der Quotient wieder den Wert der Dissoziationskonstante K_D annimmt.

- Wird die **Konzentration eines der beiden Ionen erhöht,** so erhält der Quotient einen *zu großen Wert.* Es stellt sich aber sofort ein neuer Gleichgewichtszustand ein, indem so viele *Ionen zu undissoziierten Molekülen zusammentreten,* daß der Quotient wieder den Wert der Dissoziationskonstante K_D annimmt.

Beispiel: In einer Essigsäurelösung ist nur ein geringer Teil der Moleküle dissoziiert. Dagegen liegt Natriumacetat, CH_3COONa, das Natriumsalz der Essigsäure, in wäßriger Lösung praktisch vollständig in Form von Ionen vor:

$$CH_3COONa \rightleftarrows Na^+ + CH_3COO^-$$

Wird einer Essigsäurelösung etwas Natriumacetatlösung zugefügt, so erhöht sich dadurch die Konzentration der Acetationen ganz beträchtlich. Es muß sich ein neuer Gleichgewichtszustand einstellen, indem sich Wasserstoffionen und Acetationen zu undissoziierten Essigsäuremolekülen vereinigen. Das Gleichgewicht wird also in Richtung der undissoziierten Moleküle verschoben. Die Zugabe von Acetationen hat demnach zur Folge, daß die Konzentration der Wasserstoffionen *abnimmt.*

Was an diesem Beispiel gezeigt wurde, gilt allgemein:

Wird der Lösung einer *schwachen Säure* ein Salz dieser Säure zugesetzt, so wird – da beide Elektrolyte das gleiche Säurerestion haben – die *Dissoziation* der Säure *zurückgedrängt.*

Das gilt umgekehrt auch für *schwache Basen*.

Beispiel: Wird einer wäßrigen Ammoniaklösung

$$NH_3 + H_2O \rightleftarrows NH_4^+ + OH^-$$

$$\frac{c(NH_4^+) \cdot c(OH^-)}{c(NH_3) \cdot c(H_2O)} = K_D$$

Ammoniumchlorid, NH_4Cl, zugesetzt, so wird durch die Erhöhung der Konzentration der Ammoniumionen die Dissoziation zurückgedrängt. Dadurch nimmt die Konzentration der Hydroxidionen ab.

Allgemein gilt:

> **Gleichionige Zusätze drängen die elektrolytische Dissoziation schwacher Elektrolyte zurück.**

Die **Dissoziationskonstante** K_D ist ein **Maß für die Stärke der Elektrolyte**, das heißt für deren Tendenz, in verdünnten wäßrigen Lösungen in Ionen zu zerfallen. Als Grenze zwischen schwachen und starken Elektrolyten gilt im allgemeinen eine Dissoziationskonstante mit einem Zahlenwert von 10^{-4}.

- **Schwache Elektrolyte haben eine Dissoziationskonstante mit einem Zahlenwert $<10^{-4}$.**

Beispiele:
Essigsäure, CH_3COOH	$K_D = 1,8 \cdot 10^{-5}$ mol $\cdot$ l^{-1}
Kohlensäure, H_2CO_3	$K_D = 4,3 \cdot 10^{-7}$ mol $\cdot$ l^{-1}
Hydrogencarbonation, HCO_3^-	$K_D = 5,6 \cdot 10^{-11}$ mol $\cdot$ l^{-1}
Schwefelwasserstoff, H_2S	$K_D = 9,1 \cdot 10^{-8}$ mol $\cdot$ l^{-1}
Hydrogensulfidion, HS^-	$K_D = 1,1 \cdot 10^{-12}$ mol $\cdot$ l^{-1}
Blausäure, HCN	$K_D = 4,8 \cdot 10^{-10}$ mol $\cdot$ l^{-1}
Ammoniaklösung, $NH_3 \cdot H_2O$	$K_D = 1,8 \cdot 10^{-5}$ mol $\cdot$ l^{-1}
Hydroxylamin, $NH_2OH \cdot H_2O$	$K_D = 1,1 \cdot 10^{-8}$ mol $\cdot$ l^{-1}

- **Starke Elektrolyte haben eine Dissoziationskonstante mit einem Zahlenwert $>10^{-4}$.**

Beispiele:
Phosphorsäure, H_3PO_4	$K_D = 7,5 \cdot 10^{-3}$ mol $\cdot$ l^{-1}
Dihydrogenphosphation, $H_2PO_4^-$	$K_D = 6,2 \cdot 10^{-8}$ mol $\cdot$ l^{-1}
Hydrogenphosphation, HPO_4^{2-}	$K_D = 3,5 \cdot 10^{-13}$ mol $\cdot$ l^{-1}
Schweflige Säure, H_2SO_3	$K_D = 1,5 \cdot 10^{-2}$ mol $\cdot$ l^{-1}
Hydrogensulfidion, HSO_3^-	$K_D = 1,0 \cdot 10^{-7}$ mol $\cdot$ l^{-1}

Die angegebenen Zahlenwerte gelten für Zimmertemperatur.

Der **Dissoziationsgrad** α ist im Unterschied zur Dissoziationskonstante K_D – außer von der Temperatur – auch von der *Konzentration abhängig*.

$$\text{Dissoziationsgrad} = \frac{\text{Anzahl der dissoziierten Moleküle}}{\text{Gesamtzahl der Moleküle}}$$

8.5 Anwendung des Massenwirkungsgesetzes

Zwischen dem Dissoziationsgrad und der Dissoziationskonstante besteht ein Zusammenhang, der sich mathematisch formulieren läßt und als OSTWALD-sches Verdünnungsgesetz bekannt ist (↑ 6.3.2.4).

Für Reaktionen vom Typ AB $\rightleftarrows$ A$^+$ + B$^-$ gilt:

$$\frac{\alpha^2}{1-\alpha} c = K_D \tag{8-15}$$

Daraus geht hervor, daß mit zunehmender Verdünnung, das heißt mit abnehmender Konzentration c, der Wert des Quotienten $\frac{\alpha^2}{1-\alpha}$ und dementsprechend auch der Dissoziationsgrad α größer wird. Das heißt:

| Mit zunehmender Verdünnung steigt der Dissoziationsgrad. |

8.5.2 Löslichkeitskonstante

Ein Sonderfall eines Dissoziationsgleichgewichts liegt in den *gesättigten Lösungen* vor.

Als gesättigt wird eine Lösung bezeichnet, die bei der gegebenen Temperatur von dem gelösten Stoff nichts mehr zu lösen vermag.

Eine Lösung, die mit dem einen Stoff gesättigt ist, kann in der Regel noch *andere* Stoffe lösen.

Die Stoffmengenkonzentration der gesättigten Lösung eines Stoffes wird als **Löslichkeit** dieses Stoffes bezeichnet (↑ 2.13). Wird die Löslichkeit eines Stoffes überschritten, so bleibt ein Teil dieses Stoffes ungelöst und setzt sich als sog. *Bodenkörper* im Lösegefäß ab. Zwischen dem *Bodenkörper* und dem *gelösten Stoff* stellt sich ein *Gleichgewichtszustand* ein, bei dem die *Konzentration der gelösten undissoziierten Moleküle konstant* ist. (Dabei wird vorausgesetzt, daß es sich um einen schwachen Elektrolyten handelt und die Temperatur konstant bleibt.) Dieser konstante Wert für c_{AB} kann mit der Dissoziationskonstante K_D zu einer neuen Konstante vereinigt werden, die als **Löslichkeitskonstante** (Formelzeichen K_L) oder kurz als **Löslichkeitsprodukt** (Formelzeichen L) bezeichnet wird:

$$\frac{c(A^+) \cdot c(B^-)}{c(AB)} = K_D$$

$$c(A^+) \cdot c(B^-) = K_D \cdot c(AB)$$

$$c(A^+) \cdot c(B^-) = K_L(AB) \tag{8-16}$$

Bei starken Elektrolyten müssen in diese Gleichung die Aktivitäten (↑ 6.3.2.7) anstelle der Konzentrationen eingesetzt werden:

$$a(A^+) \cdot a(B^-) = K_L(AB) \qquad (8\text{-}17)$$

Die Löslichkeitskonstante K_L ist das Produkt der Konzentrationen (Aktivitäten) der Kationen und der Anionen eines Elektrolyten in einer gesättigten wäßrigen Lösung.

Wird in einer Lösung die Löslichkeitskonstante eines Elektrolyten überschritten, so fällt die überschüssige Menge dieses Elektrolyten als Niederschlag aus.

Wie die Dissoziationskonstante ist auch die Löslichkeitskonstante *temperaturabhängig*.

Die Löslichkeitskonstante wird mit zunehmender Temperatur größer.

Das stimmt mit der Erfahrung überein, daß die Löslichkeit fester Stoffe in Wasser beim Erwärmen im allgemeinen zunimmt. (Ausnahmen sind z.B. Calciumsulfat und Lithiumcarbonat.)

Praktische Bedeutung besitzen vor allem die Löslichkeitskonstanten schwerlöslicher Salze und schwerlöslicher Basen (↑ Tab. 8-1).

Zwischen der **Löslichkeitskonstante K_L** und der **Löslichkeit C_s** eines starken Elektrolyten besteht ein Zusammenhang, der sich mathematisch erfassen läßt. In der gesättigten Lösung eines Elektrolyten AB ist die Konzentration der Kationen gleich der Konzentration der Anionen:

$$c(A^+) = c(B^-) \qquad (8\text{-}18)$$

Ist dieser Elektrolyt praktisch vollständig dissoziiert, so ist die Konzentration jedes der beiden Ionen gleich der Löslichkeit C_s, das heißt, der Konzentration der gesättigten Lösung, dieses Elektrolyten:

$$c(A^+) = C_s(AB) \qquad (8\text{-}19)$$

$$c(B^-) = C_s(AB) \qquad (8\text{-}19a)$$

Aus Gleichung (8-16) folgt dann

$$C_s(AB) = \sqrt{K_L(AB)} \qquad (8\text{-}20)$$

8.5 Anwendung des Massenwirkungsgesetzes

Beispiel: Die Löslichkeitskonstante K_L des Silberchlorids beträgt $1{,}6 \cdot 10^{-10} \, \text{mol}^2 \cdot l^{-2}$, seine Löslichkeit C_s

$$C_s(\text{AgCl}) = \sqrt{K_L(\text{AgCl})}$$

$$C_s(\text{AgCl}) = \sqrt{1{,}6 \cdot 10^{-10} \, \text{mol}^2 \cdot l^{-2}}$$

$$C_s(\text{AgCl}) = 1{,}26 \cdot 10^{-5} \, \text{mol} \cdot l^{-1}$$

Die Löslichkeit des Silberchlorids ist also sehr gering.

Gleichung (8-20) gilt nur für Elektrolyte vom Typ AB, also für Elektrolyte, die in zwei Ionen dissoziieren. Für Elektrolyte vom Typ A_2B bzw. AB_2 [z.B. Ag_2CO_3 und $Ca(OH)_2$] gilt:

$$C_s = \sqrt[3]{\frac{K_L}{4}} \tag{8-21}$$

Für Elektrolyte vom Typ A_mB_n gilt allgemein:

$$C_s = \sqrt[m+n]{\frac{K_L}{m^m \cdot n^n}} \tag{8-22}$$

Beispiel: Eisen(III)-hydroxid (↑ Tab. 8-1)

$$C_s = \sqrt[1+3]{\frac{4 \cdot 10^{-38} \, \text{mol}^4 \cdot l^{-4}}{1^1 \cdot 3^3}}$$

$$C_s = \sqrt[4]{\frac{4 \cdot 10^{-38} \, \text{mol}^4 \cdot l^{-4}}{27}}$$

$$C_s = \sqrt[4]{1{,}48 \cdot 10^{-39} \, \text{mol}^4 \cdot l^{-4}}$$

$$C_s = 1{,}96 \cdot 10^{-10} \, \text{mol} \cdot l^{-1}$$

Konzentrationsänderungen haben *Einfluß auf die Löslichkeit* von Elektrolyten. Das läßt sich mit Hilfe der Löslichkeitskonstante berechnen. Wird in einer gesättigten Lösung die *Konzentration eines Ions erhöht*, so muß sich nach Gleichung (8-16) die *Konzentration des anderen Ions verringern*. Das kann nur in der Weise geschehen, daß ein Teil der Ionen zu *undissoziierten Molekülen* zusammentritt bzw. als *Niederschlag* aus der Lösung ausfällt.

Beispiel: Kaliumchlorat, $KClO_3$, dissoziiert nach der Gleichung

$$KClO_3 \rightleftarrows K^+ + ClO_3^-.$$

Für die Löslichkeitskonstante gilt demnach:

$$c(K^+) \cdot c(ClO_3^-) = K_L(KClO_3)$$

Wird zu einer gesättigten Kaliumchloratlösung *Natriumchlorat*, $NaClO_3$, zugegeben, so erhöht sich die Konzentration der *Chlorationen*. Dadurch wird die Löslichkeitskonstante des Kaliumchlorats überschritten, und es fällt Kaliumchlorat aus der Lösung aus.

Wird zu einer gesättigten Kaliumchloratlösung *Kaliumchlorid,* KCl, zugegeben, so erhöht sich die Konzentration der *Kaliumionen.* Dadurch wird die Löslichkeitskonstante des Kaliumchlorats gleichfalls überschritten, so daß ebenfalls Kaliumchlorat ausfällt.

Wird dagegen ein anderes Salz zugesetzt, das kein Ion mit dem Kaliumchlorat gemeinsam hat (z.B. Natriumchlorid, NaCl), so tritt kein Niederschlag auf, da sich weder die Konzentration der Kaliumionen noch die der Chlorationen erhöht.

Was an diesem Beispiel gezeigt wurde, gilt allgemein:

> **Gleichionige Zusätze setzen die Löslichkeit von Elektrolyten herab.**

Am größten ist die Löslichkeit eines Elektrolyten, wenn die Ionen *im stöchiometrischen Verhältnis* vorliegen. Wird die Konzentration eines Ions erhöht, so nimmt die Löslichkeit des Elektrolyten ab.

Die Herabsetzung der Löslichkeit durch einen gleichionigen Zusatz wird in der *analytischen Chemie* vielfältig genutzt. Soll *ein Ion* möglichst *quantitativ,* das heißt vollständig, aus einer Lösung *ausgefällt* werden, so setzt man ein Ion, das mit dem auszufällenden Ion eine *schwerlösliche Verbindung* bildet, im Überschuß zu.

Beispiel: Aus einer Lösung sollen die Silberionen möglichst vollständig ausgefällt werden, um deren Menge recht genau bestimmen zu können. Der Lösung wird Salzsäure im Überschuß zugesetzt. Wird dabei die Konzentration der Chloridionen auf $0{,}5 \text{ mol} \cdot l^{-1}$ erhöht, so geht die Konzentration der Silberionen auf einen äußerst geringen Wert zurück.

$$c(Ag^+) \cdot c(Cl^-) = K_L(AgCl)$$

$$c(Ag^+) \cdot 0{,}5 \text{ mol} \cdot l^{-1} = 1{,}6 \cdot 10^{-10} \text{ mol}^2 \cdot l^{-2}$$

$$c(Ag^+) = \frac{1{,}6 \cdot 10^{-10} \text{ mol}^2 \cdot l^{-2}}{5 \cdot 10^{-1} \text{ mol} \cdot l^{-1}}$$

$$c(Ag^+) = 3{,}2 \cdot 10^{-10} \text{ mol} \cdot l^{-1}$$

Durch den Überschuß an Salzsäure ist also die Konzentration der Silberionen von $1{,}26 \cdot 10^{-5} \text{ mol} \cdot l^{-1}$ (↑ Beispiel S. 332) auf $3{,}2 \cdot 10^{-10} \text{ mol} \cdot l^{-1}$, also weniger als den zehntausendsten Teil, herabgesetzt worden. Diese außerordentlich geringe Menge kann bei den meisten analytischen Untersuchungen vernachlässigt werden.

Allerdings kann ein gleichioniger Zusatz auch zur Bildung *leichtlöslicher Komplexsalze* führen, wodurch eine Erhöhung der Löslichkeit vorgetäuscht wird.

Beispiel: Wird eine Blei(II)-nitratlösung, $Pb(NO_3)_2$, mit Natronlauge versetzt, so bildet sich ein weißer Niederschlag von Blei(II)-hydroxid, $Pb(OH)_2$:

8.5 Anwendung des Massenwirkungsgesetzes

$Pb(NO_3)_2 + 2\,NaOH \rightleftarrows Pb(OH)_2\downarrow + 2\,NaNO_3$

Bei Zugabe weiterer Natronlauge, also bei einem gleichionigen Zusatz, löst sich dieser Niederschlag von Blei(II)-hydroxid wieder auf, da sich die leichtlösliche Komplexverbindung Natrium-tetrahydroxo-plumbat(II) bildet:

$Pb(OH)_2 + 2\,NaOH \rightleftarrows Na_2[Pb(OH)_4]$

Hier wird also nicht die Löslichkeit des Blei(II)-hydroxids erhöht, wie es den Anschein hat, sondern es findet – infolge des amphoteren Charakters des Bleihydroxids – eine chemische Umsetzung zu einer viel leichter löslichen Verbindung statt.

Tabelle 8-1: *Löslichkeitskonstanten einiger schwerlöslicher Salze und Hydroxide*

Formel	Bezeichnung	K_L (bei 25 °C)
AgBr	Silberbromid	$7{,}7 \cdot 10^{-13}\,mol^2 \cdot l^{-2}$
AgCN	Silbercyanid	$2 \cdot 10^{-12}\,mol^2 \cdot l^{-2}$
Ag_2CO_3	Silbercarbonat	$6{,}2 \cdot 10^{-12}\,mol^3 \cdot l^{-3}$
AgCl	Silberchlorid	$1{,}6 \cdot 10^{-10}\,mol^2 \cdot l^{-2}$
AgI	Silberiodid	$1{,}5 \cdot 10^{-16}\,mol^2 \cdot l^{-2}$
Ag_2S	Silbersulfid	$1 \cdot 10^{-51}\,mol^3 \cdot l^{-3}$
Ag_2SO_4	Silbersulfat	$7{,}7 \cdot 10^{-5}\,mol^3 \cdot l^{-3}$
$BaCO_3$	Bariumcarbonat	$8 \cdot 10^{-9}\,mol^2 \cdot l^{-2}$
$BaSO_4$	Bariumsulfat	$1{,}1 \cdot 10^{-10}\,mol^2 \cdot l^{-2}$
$CaCO_3$	Calciumcarbonat	$4{,}8 \cdot 10^{-9}\,mol^2 \cdot l^{-2}$
$CaSO_4$	Calciumsulfat	$6{,}1 \cdot 10^{-5}\,mol^2 \cdot l^{-2}$
$Ca(OH)_2$	Calciumhydroxid	$3{,}1 \cdot 10^{-5}\,mol^3 \cdot l^{-3}$
CdS	Cadmiumsulfid	$1 \cdot 10^{-29}\,mol^2 \cdot l^{-2}$
$CuCO_3$	Kupfercarbonat	$1{,}4 \cdot 10^{-10}\,mol^2 \cdot l^{-2}$
CuS	Kupfersulfid	$4 \cdot 10^{-28}\,mol^2 \cdot l^{-2}$
$Fe(OH)_2$	Eisen(II)-hydroxid	$4{,}8 \cdot 10^{-16}\,mol^3 \cdot l^{-3}$
$Fe(OH)_3$	Eisen(III)-hydroxid	$4 \cdot 10^{-38}\,mol^4 \cdot l^{-4}$
FeS	Eisen(II)-sulfid	$4 \cdot 10^{-19}\,mol^2 \cdot l^{-2}$
$MgCO_3$	Magnesiumcarbonat	$1 \cdot 10^{-5}\,mol^2 \cdot l^{-2}$
$Mg(OH)_2$	Magnesiumhydroxid	$5 \cdot 10^{-12}\,mol^3 \cdot l^{-3}$
$PbCl_2$	Blei(II)-chlorid	$1{,}7 \cdot 10^{-5}\,mol^3 \cdot l^{-3}$
PbS	Blei(II)-sulfid	$1 \cdot 10^{-29}\,mol^2 \cdot l^{-2}$
$PbSO_4$	Blei(II)-sulfat	$2 \cdot 10^{-8}\,mol^2 \cdot l^{-2}$
SnS	Zinn(II)-sulfid	$1 \cdot 10^{-28}\,mol^2 \cdot l^{-2}$
$SrCO_3$	Strontiumcarbonat	$1 \cdot 10^{-9}\,mol^2 \cdot l^{-2}$
$SrSO_4$	Strontiumsulfat	$2{,}8 \cdot 10^{-7}\,mol^2 \cdot l^{-2}$
ZnS	Zinksulfid	$1{,}1 \cdot 10^{-24}\,mol^2 \cdot l^{-2}$
$Zn(OH)_2$	Zinkhydroxid	$1{,}3 \cdot 10^{-17}\,mol^3 \cdot l^{-3}$

Anmerkung: Die Zahlenwerte zweier Löslichkeitskonstanten K_L sind nur dann unmittelbar vergleichbar, wenn sie die gleiche Einheit haben.

8.5.3 Komplexbildungskonstante

Zur quantitativen Behandlung von *Komplexreaktionen* (↑ 6.4) wird eine Konstante herangezogen, die der *Löslichkeitskonstante* K_L analog ist. Dazu wird der *elektrolytischen Dissoziation*

$$KA \rightleftarrows K^+ + A^-$$

die *Komplexdissoziation* gegenübergestellt

$$[Me(Lig)_n] \rightleftarrows Me + n \, Lig \qquad (8\text{-}23)$$

Während in dieser allgemeinen Gleichung auf die Darstellung der Wertigkeitsverhältnisse verzichtet wird, sind diese aus den nachfolgenden Beispielen ersichtlich.

Beispiel: Tetraamminkupfer(II)-ion

$$[Cu(NH_3)_4]^{2+} \rightleftarrows Cu^{2+} + 4\,NH_3$$

Im Gleichgewichtszustand gilt dafür nach dem Massenwirkungsgesetz:

$$\frac{c(Cu^{2+}) \cdot c^4(NH_3)}{c([Cu(NH_3)_4]^{2+})} = K_D$$

Diese Konstante wird **Komplexdissoziationskonstante** (oder *Komplexzerfallskonstante*) genannt. Die Zahlenwerte dieser Konstante sind – wie die der Löslichkeitskonstanten K_L schwerlöslicher Salze – *sehr klein*.

Beispiel: Tetraamminkupfer(II)-ion $K_D([Cu(NH_3)_4]^{2+}) = 5 \cdot 10^{-14}$ mol$^4 \cdot$ l^{-4}

Darin drückt sich aus, daß die Komplexe *sehr stabil* sind, also nur in sehr geringem Maße nach der Gleichung (8-23) dissoziieren. Da solche Zahlenwerte schwer handhabbar sind, wird anstelle der Komplexdissoziationskonstante K_D auch deren negativer dekadischer Logarithmus **pK_D-Wert** verwendet (vgl. pK_S-Wert, S. 222).

$$pK_D = -\lg \frac{K_D}{mol^2 \cdot l^{-2}} \qquad (8\text{-}24)$$

(Im Nenner ist stets jene Einheit einzusetzen, die die Konstante trägt, um zu einem Zahlenwert zu kommen, der logarithmiert werden kann.)

Beispiel: $pK_D([Cu(NH_3)_4]^{2+}) = -\lg 5 \cdot 10^{-14}$
$pK_D([Cu(NH_3)_4]^{2+}) = 13{,}3$

Tabellenbücher bedienen sich statt der Komplexdissoziationskonstante K_D meist der Komplexbildungskonstante K_B.

8.5 Anwendung des Massenwirkungsgesetzes

Die **Komplexbildungskonstante** K_B ist die *reziproke* Größe zur Komplexdissoziationskonstante K_D:

$$K_B = \frac{1}{K_D} \tag{8-25}$$

Dabei kehrt sich auch die *Einheit* um.

Beispiel: Tetraamminkupfer(II)-ion

$$K_B([Cu(NH_3)_4]^{2+}) = \frac{1}{K_D([Cu(NH_3)_4]^{2+})}$$

$$K_B([Cu(NH_3)_4]^{2+}) = \frac{1}{5 \cdot 10^{-14} \, mol^4 \cdot l^{-4}}$$

$$K_B([Cu(NH_3)_4]^{2+}) = 2 \cdot 10^{13} \, l^4 \cdot mol^{-4}$$

Der Komplexbildungskonstante K_B liegt die Umkehrung der allgemeinen Gleichung (8-23) zugrunde.

$$Me + n \, Lig \rightleftarrows [Me(Lig)_n] \tag{8-26}$$

Beispiel: Tetraamminkupfer(II)-ion

$$Cu^{2+} + 4 \, NH_3 \rightleftarrows [Cu(NH_3)_4]^{2+}$$

Nach dem Massenwirkungsgesetz ergibt das:

$$\frac{c([Cu(NH_3)_4]^{2+})}{c(Cu^{2+}) \cdot c^4(NH_3)} = K_B$$

Hohe Zahlenwerte der Komplexbildungskonstante K_B lassen erkennen, daß das Gleichgewicht weit auf der rechten Seite der Gleichung (8-26) liegt, der Komplex also sehr *stabil* ist. Dementsprechend wird die Komplexbildungskonstante K_B auch *Komplexstabilitätskonstante* oder *Komplexbeständigkeitskonstante* genannt.

Aus Gleichung (8-25) ergibt sich, daß die Komplexbildungskonstante wie folgt mit dem pK_D-Wert in Beziehung steht:

$$pK_D = \lg \frac{K_B}{l^2 \cdot mol^{-2}} \tag{8-27}$$

Der pK_D-Wert ist der (positive) Logarithmus des Zahlenwertes der Komplexbildungskonstante K_B.

Beispiel: $pK_D([Cu(NH_3)_4]^{2+}) = \lg 2 \cdot 10^{13}$
$pK_D([Cu(NH_3)_4]^{2+}) = 13,3$

8 Chemisches Gleichgewicht und Massenwirkungsgesetz

Je nach ihrer Stabilität[1] wird zwischen starken und schwachen Kom*plexen* unterschieden:

- **Starke Komplexe** sind *besonders stabil.*
- **Schwache Komplexe** sind *weniger stabil.*

Liegen in einer Lösung Teilchen vor, aus denen sich *verschiedene* Komplexe bilden können, so entsteht der *stärkste* dieser Komplexe.

Das drückt sich wie folgt in den vorstehend behandelten Größen aus:

Komplexe sind um so stärker (stabiler)

- **je größer der pK_D-Wert ist,**
- **je kleiner die Komplexdissoziationskonstante K_D ist und**
- **je größer die Komplexbildungskonstante K_B ist.**

Ein unmittelbarer Vergleich von Zahlenwerten ist allerdings nur möglich, wenn ihnen die gleiche Einheit zugrunde liegt.

Beispiel: Die Stabilität nachstehender Komplexe nimmt in der angegebenen Rangfolge zu:

$[Cd(NH_3)_4]^{2+}$ $K_B = 1 \cdot 10^7 \; l^4 \cdot mol^{-4}$ $pK_D = 7$
$[Ni(NH_3)_4]^{2+}$ $K_B = 1 \cdot 10^8 \; l^4 \cdot mol^{-4}$ $pK_D = 8$
$[Zn(NH_3)_4]^{2+}$ $K_B = 4 \cdot 10^9 \; l^4 \cdot mol^{-4}$ $pK_D = 9{,}6$
$[Cu(NH_3)_4]^{2+}$ $K_B = 2 \cdot 10^{13} \; l^4 \cdot mol^{-4}$ $pK_D = 13{,}3$

$[Ag(NH_3)_2]^{+}$ $K_B = 1{,}3 \cdot 10^7 \; l^2 \cdot mol^{-2}$ $pK_D = 7{,}1$
$[Ag(CN)_2]^{-}$ $K_B = 1 \cdot 10^{21} \; l^2 \cdot mol^{-2}$ $pK_D = 21$

Für **Ligandenaustauschreaktionen** (↑ 6.4) kann mittels der Komplexbildungskonstanten K_B die *Gleichgewichtskonstante K* berechnet werden. Eine Reaktionsgleichung, bei der das Gleichgewicht auf der *rechten* Seite liegt, ergibt sich, wenn der Komplex mit der *kleineren* Komplexbildungskonstante als *1. Halbsystem* und der Komplex mit der *größeren* Komplexbildungskonstante als 2. *Halbsystem* eingesetzt werden.

Beispiel:
$[Ag(NH_3)_2]^{+} \rightleftarrows Ag^{+} + 2\,NH_3$ $K_B = 1{,}3 \cdot 10^7 \; l^2 \cdot mol^{-2}$

$Ag^{+} + 2\,CN^{-} \rightleftarrows [Ag(CN)_2]^{-}$ $K_B = 1 \cdot 10^{21} \; l^2 \cdot mol^{-2}$

$[Ag(NH_3)_2]^{+} + 2\,CN^{-} \rightleftarrows [Ag(CN)_2]^{-} + 2\,NH_3$

Die Gleichgewichtskonstante K ergibt sich durch *Multiplikation*

- der *Komplexbildungskonstante K_B des 2. Halbsystems,* das in Richtung der Komplex*bildung* reagiert, mit
- der *Komplexdissoziationskonstante K_D des 1. Halbsystems,* das in Richtung der Komplex*dissoziation* reagiert.

---

[1] Diese Stabilität ist genauer als thermodynamische Stabilität zu bezeichnen. Von ihr ist die kinetische Stabilität zu unterscheiden, die sich in einer geringen Reaktionsgeschwindigkeit zeigt.

8.5 Anwendung des Massenwirkungsgesetzes

Beispiel: $K_B([Ag(CN)_2]^-) \cdot K_D([Ag(NH_3)_2]^+) = K$

Nach Gleichung (8-25) ergibt sich daraus

$$\frac{K_B([Ag(CN)_2]^-)}{K_B([Ag(NH_3)_2]^+)} = K$$

$$\frac{1 \cdot 10^{21} \ l^2 \cdot mol^{-2}}{1{,}3 \cdot 10^7 \ l^2 \cdot mol^{-2}} = 7{,}7 \cdot 10^{13}$$

Bei dieser hohen Gleichgewichtskonstante liegt das Gleichgewicht sehr weit auf der Seite der Dicyanoargentationen. Diamminsilberionen sind daneben kaum noch vorhanden.

Allgemein gilt:

Die *Gleichgewichtskonstante K* einer *Ligandenaustauschreaktion* ist der *Quotient* aus der Komplexbildungskonstante K_B des sich *bildenden* Komplexes und der Komplexbildungskonstante K_B des *zerfallenden* Komplexes.

Erhält man eine Gleichgewichtskonstante $K < 1$, so liegt das Gleichgewicht auf der *linken* Seite der Reaktionsgleichung, das heißt, die beiden Halbsysteme wurden verkehrt angeordnet.

Die Ligandenaustauschreaktionen erfolgen *stufenweise* (↑ S. 242). Die vorstehend verwendeten Komplexbildungskonstanten sind *Bruttobildungskonstanten* für die *Gesamtreaktion*. Diese ergeben sich als *Produkt* aus den Bildungskonstanten der einzelnen Schritte.

Zwischen den *Komplexreaktionen* und den *Lösungs- und Fällungsreaktionen* besteht ein enger Zusammenhang. Liegt in einer wäßrigen Lösung neben einem schwerlöslichen Salz zugleich ein Ligandenbildner vor, kann es

– zur Ausfällung des *schwerlöslichen Salzes,* aber auch
– zur Bildung eines *leichtlöslichen Komplexes*

kommen.

Ist neben der Komplexbildungskonstante K_B des Komplexes die *Löslichkeitskonstante* K_L des Salzes bekannt, kann ermittelt – oder zumindest abgeschätzt – werden,

– ob sich ein *Niederschlag* eines schwerlöslichen Salzes *unter Komplexbildung auflöst* oder
– ob ein *Niederschlag entsteht,* indem ein löslicher *Komplex zerstört* wird.

Das läuft auf die Fragestellung hinaus, ob in einer Reaktion, in der Lösungs-Fällungs-Reaktion und Komplexreaktion miteinander gekoppelt sind, das Gleichgewicht auf der Seite des schwerlöslichen Salzes oder des leichtlöslichen

Komplexes liegt. Dazu muß die *Gleichgewichtskonstante K* ermittelt werden. Sie ergibt sich als Produkt aus der Löslichkeitskonstante und der Komplexbildungskonstante:

$$K_L \cdot K_B = K \tag{8-28}$$

Beispiel: In eine wäßrige Lösung, die einen Niederschlag von Silberbromid enthält, wird Ammoniak eingeleitet:

$AgBr \rightleftarrows Ag^+ + Br^-$ $\qquad K_L = 5 \cdot 10^{-13} \, mol^2 \cdot l^{-2}$

$Ag^+ + 2\,NH_3 \rightleftarrows [Ag(NH_3)_2]^+$ $\qquad K_B = 1{,}3 \cdot 10^7 \, l^2 \cdot mol^{-2}$

$AgBr + 2\,NH_3 \rightleftarrows [Ag(NH_3)_2]^+ + Br^-$

$K_L(AgBr) \cdot K_B([Ag(NH_3)_2]^+) = K$

$5 \cdot 10^{-13} \, mol^2 \cdot l^{-2} \cdot 1{,}3 \cdot 10^7 \, l^2 \cdot mol^{-2} = 6{,}5 \cdot 10^{-6}$

Die Gleichgewichtskonstante ist *viel kleiner* als 1. Das Gleichgewicht liegt demnach weit auf der *linken* Seite der Reaktionsgleichung. Silberbromid läßt sich durch Zugabe von Ammoniak *nicht* auflösen. Dazu muß ein Ligandenbildner eingesetzt werden, der zu einem Komplex mit wesentlich höherer Komplexbildungskonstante führt. Als solcher erweist sich Natriumthiosulfat, $Na_2S_2O_3$, bzw. das Thiosulfation, $S_2O_3^{2-}$:

$K_L(AgBr) \cdot K_B([Ag(S_2O_3)_2]^{3-}) = K$

$5 \cdot 10^{-13} \, mol^2 \cdot l^{-2} \cdot 3 \cdot 10^{13} \, l^2 \cdot mol^{-2} = 15$

Da die Gleichgewichtskonstante $K > 1$, liegt das Gleichgewicht auf der *rechten* Seite der Reaktionsgleichung:

$AgBr + 2\,Na_2S_2O_3 \rightleftarrows Na_3[Ag(S_2O_3)_2] + NaBr$

Das Silberbromid wird aufgelöst. Darauf beruht es, daß Natriumthiosulfat in der Schwarz-Weiß-Fotografie als Fixiersalz verwendet wird.

Diese Berechnungen gelten unter der Voraussetzung, daß die Ausgangsstoffe in *stöchiometrischen Proportionen* vorliegen, das heißt, in einem Stoffmengenverhältnis, das den Stöchiometriezahlen der Reaktionsgleichung entspricht. Wird der *Ligandenbildner* im Überschuß eingesetzt, so wird nach dem Massenwirkungsgesetz das Gleichgewicht weiter nach rechts verschoben.

Beispiel: Obwohl die Gleichgewichtskonstante für die Reaktion

$AgCl + 2\,NH_3 \rightleftarrows [Ag(NH_3)_2]^+ + Cl^-$

mit $K = 2{,}1 \cdot 10^{-3}$ *kleiner* als 1 ist, gelingt es durch einen *Überschuß* an Ammoniak, einen Niederschlag von Silberchlorid aufzulösen. Beim Silberbromid mit $K = 6{,}5 \cdot 10^{-6}$ (↑ obiges Beispiel) ist das nicht mehr möglich.

9 Elektrochemie

Die Elektrochemie befaßt sich als besonderer Zweig der Chemie mit jenen chemischen Reaktionen, die unter Aufnahme oder Abgabe von elektrischer Arbeit ablaufen und daher als *elektrochemische Reaktionen* bezeichnet werden.

Bei den elektrochemischen Reaktionen findet eine wechselseitige Umwandlung von – in den Stoffen vorhandener – chemischer Energie und elektrischer Energie statt.

Elektrochemische Reaktionen sind seit Anfang des 19. Jahrhunderts bekannt.

9.1 Geschichtliches

Der italienische Physiker ALESSANDRO VOLTA hatte 1793 die elektrochemische Spannungsreihe der Metalle aufgestellt (↑ 9.2). Er war dazu angeregt worden durch die zufällige Beobachtung des italienischen Arztes LUIGI GALVANI, daß frische Froschschenkel, die er mit Kupferhaken an ein Eisengitter gehängt hatte, Zuckungen ausführten, sobald sie das Eisengitter berührten. Mittels der 1800 von VOLTA entwickelten ersten brauchbaren Spannungsquelle (VOLTAsche Säule; ↑ 9.3) gelang es dem schwedischen Chemiker JÖNS JACOB BERZELIUS 1802, wäßrige Salzlösungen, dem englichen Chemiker HUMPHRY DAVY 1807, Salzschmelzen elektrolytisch zu zerlegen. Diese elektrochemischen Reaktionen setzten voraus, daß während ihres Ablaufs in den Lösungen und Schmelzen elektrisch geladene Teilchen vorhanden waren.

Der Engländer MICHAEL FARADAY, ein Schüler DAVYS, erkannte 1834 die Zusammenhänge zwischen der bei einer elektrochemischen Reaktion abgeschiedenen Stoffmenge und der dafür aufgewandten Elektrizitätsmenge (FARADAYsche Gesetze; ↑ 9.12). Klarheit über den Charakter der elektrisch geladenen Teilchen konnte aber erst 1884 der schwedische Chemiker SVANTE ARRHENIUS gewinnen. Bei Untersuchungen über das Verhalten von Salzlösungen war festgestellt worden, daß diese stets bedeutend mehr kleinste Teilchen enthielten, als ihrer Konzentration entsprach. ARRHENIUS deutete das so, daß die Salze in ihren Lösungen nicht in Form von Molekülen, sondern in Form kleinerer positiv und negativ elektrisch geladener Teilchen, der *Ionen*, vorliegen (elektrolytische Dissoziation; ↑ 5.2.2).

Die Ionentheorie stieß zunächst auf Widerspruch, da man sich nicht vorstellen konnte, daß z.B. in einer Kochsalzlösung freie Natriumteilchen und freie Chlorteilchen enthalten seien. Wieso Ionen ganz andere Eigenschaften haben als die ungeladenen Atome, konnte erst begründet werden, nachdem der *Bau der Atome* aufgeklärt und der Zusammenhang zwischen der Besetzung der Elektronenhüllen und den chemischen Eigenschaften erkannt worden war. Damit wurde dann zugleich die Herkunft der Ionenladungen aufgeklärt. Die Ionentheorie fand also mit der Erforschung des Atombaus ihre Bestätigung.

9.2 Elektrochemische Spannungsreihe der Metalle

Der Charakter eines Metalls wird weitgehend davon bestimmt, wie leicht es sich *oxidieren,* d.h. in positiv geladene Ionen überführen, läßt.

- **Metalle, die sich leicht oxidieren lassen, werden als unedle Metalle bezeichnet.**

Beispiele: Natrium, Aluminium, Eisen

- **Metalle, die sich schwer oxidieren lassen, werden als edle Metalle bezeichnet.**

Beispiele: Kupfer, Silber, Gold

Werden die Metalle nach ihrer *Oxidierbarkeit,* d.h. nach ihrer Tendenz, positiv geladene Ionen zu bilden, geordnet, so ergibt sich die **Spannungsreihe der Metalle** (↑ auch S. 383).

Cs K Ca Na Mg Al Mn Cr Zn Fe Co Ni Sn Pb [H] Cu Ag Pt Au
unedle Metalle   edle Metalle
chemisch aktiv   chemisch passiv
Tendenz, in den Ionenzustand überzugehen, nimmt ab ⟶

Jedes Metall verdrängt die in der Spannungsreihe rechts von ihm stehenden Metalle aus den Lösungen ihrer Salze.

Beispiel: Auf einem Zinkblech, das in eine Kupfersulfatlösung taucht, scheidet sich elementares Kupfer ab, während gleichzeitig Zink in Lösung geht:

$$CuSO_4 + Zn \rightarrow ZnSO_4 + Cu$$

Es handelt sich um eine Redoxreaktion (↑ 6.2):

$$Zn \rightarrow Zn^{2+} + 2\,e^- \quad \text{Oxidation}$$
$$Cu^{2+} + 2\,e^- \rightarrow Cu \quad \text{Reduktion}$$
$$\overline{Zn + Cu^{2+} \rightarrow Zn^{2+} + Cu}$$

Das unedle Metall Zink ist in Ionenform in Lösung gegangen, das edle Metall Kupfer, das in Ionenform vorlag, wurde elementar (atomar) abgeschieden.

Solche *Redoxreaktionen* laufen immer dann ab, wenn ein unedleres Metall in die Lösung eines Salzes eines edleren Metalls taucht, das heißt, wenn

- das *unedlere Metall elementar,*
- das *edlere Metall in Ionenform*

vorliegt. Das unedlere Metall wird dann oxidiert, das edlere Metall reduziert.

9.2 Elektrochemische Spannungsreihe der Metalle

unedleres Metall (links stehend)		**edleres Metall** (rechtsstehend)
Atom Zn (ungeladen)	$\xrightarrow[2\,e^-]{\text{Elektronenübergang}}$	**Ion** Cu^{2+} (positiv geladen)
wird oxidiert zum Ion Zn^{2+} (positiv geladen)		**wird reduziert zum Atom** Cu (ungeladen)

Das unedlere Metall wirkt dabei als *Reduktionsmittel*, die Ionen des edleren Metalls wirken als *Oxidationsmittel*. Ob ein bestimmtes Metall (bzw. seine positiv geladenen Ionen) als Reduktionsmittel oder als Oxidationsmittel auftritt, hängt vom *Reaktionspartner* ab.

Beispiel: Kupfer wirkt gegenüber Silberionen als Reduktionsmittel:
$Cu + 2\,Ag^+ \rightarrow Cu^{2+} + 2\,Ag$

Kupfer(II)-ionen wirken gegenüber Zink als Oxidationsmittel:
$Zn + Cu^{2+} \rightarrow Zn^{2+} + Cu$

Allgemein gilt:

> **Jedes Metall wirkt gegenüber den Ionen aller Metalle, die in der Spannungsreihe *rechts* von ihm stehen, als Reduktionsmittel.**
>
> **Die Ionen eines Metalls wirken gegenüber allen Metallen, die in der Spannungsreihe *links* von ihm stehen, als Oxidationsmittel.**

Von einem *Metallpaar* strebt jeweils das in der Spannungsreihe *links* stehende den *Ionenzustand* an, das in der Spannungsreihe *rechts* stehende den *elementaren Zustand*. Liegt das edlere Metall bereits im elementaren Zustand, das unedlere bereits im Ionenzustand vor, so tritt keine Redoxreaktion ein.

Beispiel: Ein Kupferblech reagiert nicht mit einer Zinksulfatlösung.

Der Wasserstoff wurde in die Spannungsreihe der Metalle aufgenommen, da er – wie alle Metalle – *Kationen* bildet. Was für die Metalle gesagt wurde, kann sinngemäß auch auf den Wasserstoff angewendet werden:

> **Alle Metalle, die in der Spannungsreihe links vom Wasserstoff stehen, verdrängen den Wasserstoff aus verdünnten Säuren.**

Beispiele: $Zn + 2\,H^+ \rightleftarrows Zn^{2+} + H_2\uparrow$

$Fe + 2\,H^+ \rightleftarrows Fe^{2+} + H_2\uparrow$

Dagegen reagiert Kupfer, das rechts vom Wasserstoff steht, nicht mit verdünnten Säuren.

Auch hier handelt es sich um Redoxreaktionen:

Alle Metalle, die in der Spannungsreihe links vom Wasserstoff stehen, wirken gegenüber den Wasserstoffionen als Reduktionsmittel.

Obwohl die Wasserstoffionen, H^+, in wäßrigen Lösungen stets als Hydroniumionen, H_3O^+, hydratisiert vorliegen, werden solche Reaktionen häufig vereinfacht mit Wasserstoffionen, H^+, formuliert.

Für die in der Spannungsreihe widergespiegelte Tendenz der Metalle, sich oxidieren zu lassen und dabei in positiv elektrisch geladene Ionen überzugehen, gibt es ein Maß, das als *Standardelektrodenpotential* (↑ 9.5) bekannt ist.

Taucht ein Metall in die wäßrige Lösung eines seiner Salze (z.B. Kupfer in eine Kupfer(II)-sulfatlösung oder Zink in eine Zinksulfatlösung), so sind zwei einander entgegengesetzte elektrochemische Vorgänge möglich (Bild 9-1a):

● Es können Metallatome als Kationen in Lösung gehen:

$$Me \rightarrow Me^{z+} + z\,e^- \qquad (9-1)$$

Die freiwerdenden Elektronen bleiben auf dem Metall zurück und verursachen hier einen *Elektronenüberschuß*.

● Es können Kationen aus der Salzlösung auf dem Metall abgeschieden werden:

$$Me^{z+} + z\,e^- \rightarrow Me \qquad (9-2)$$

Da zur Entladung dieser Ionen Elektronen erforderlich sind, tritt dabei auf dem Metall ein *Elektronenmangel* ein.

Die Tendenz, nach Gleichung (9-1) zu reagieren, hängt von der *Art des Metalls* ab. Sie ist beim Zink wesentlich größer als beim Kupfer. Man sagt auch: Zink hat einen höheren *Lösungsdruck* als Kupfer.

Die Tendenz, nach Gleichung (9-2) zu reagieren, hängt von der *Konzentration der Salzlösung* ab. Sie wächst mit zunehmender Konzentration. Man sagt auch: Mit zunehmender Konzentration einer Lösung steigt deren *osmotischer Druck.*[1]

Beispiel: Gleiche Konzentration der Lösungen vorausgesetzt, gibt ein Zinkblech mehr Kationen an die Lösung ab als ein Kupferblech.

Lösungdruck und osmotischer Druck wirken einander entgegen (Bild 9-1b). (Diese Vorstellungen über die Vorgänge an der Phasengrenzfläche zwischen Metall und Elektrolytlösung entwickelte um 1889 der deutsche Physikochemiker WALTER NERNST.)

---

[1] Der osmotische Druck ist ein Maß für die Tendenz von Lösungen, sich zu verdünnen. (Osmotische Vorgänge sind vor allem von den lebenden Organismen her bekannt.)

9.2 Elektrochemische Spannungsreihe der Metalle

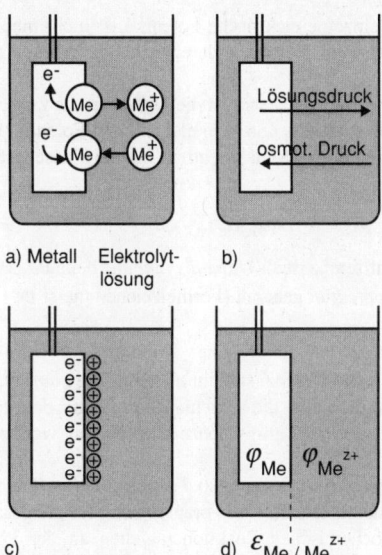

Bild 9-1: Vorgänge an einer Phasengrenzfläche Metall/Elektrolytlösung
a) Oxidation und Reduktion; b) Lösungsdruck und osmotischer Druck; c) elektrochemische Doppelschicht; d) Elektrodenpotential (Galvanispannung) als Differenz der elektrischen Potentiale in den beiden Phasen

An der Phasengrenzfläche zwischen Metall und Elektrolytlösung bildet sich eine *elektrochemische Doppelschicht*, indem die in Lösung gehenden Kationen durch die im Metall zurückbleibenden Elektronen durch elektrostatische Anziehung zurückgehalten werden (Bild 9-1c). An dieser Doppelschicht tritt eine *Potentialdifferenz* auf.

Zu solchen Potentialdifferenzen kommt es prinzipiell an allen Phasengrenzflächen. Jede Phase hat ein elektrisches Potential. Das *elektrische Potential* φ ergibt sich als *Quotient* aus der *elektrischen Arbeit* w_{el} und der *elektrischen Ladung* q:

$$\varphi = \frac{w_{el}}{q}$$

Dabei handelt es sich um jene elektrische Arbeit w_{el}, die umgesetzt wird, wenn die elektrische Ladung q von einem unendlich entfernten Punkt zu einem Punkt in der betrachteten Phase bewegt wird (und zwar in sehr langsamer, nicht beschleunigter Bewegung und ohne Einwirkung anderer Ladungen und anderer Stoffe). Das einzelne elektrische Potential ist nicht meßbar, sondern nur seine Differenz gegenüber einem anderen – als Bezug festgelegten – Potential.

Für die Elektrochemie bedeutsam ist die *Differenz,* die zwischen dem elektrischen Potential des Metalls und dem elektrischen Potential der Elektrolytlösung, die Kationen dieses Metalls enthält, an der Phasengrenzfläche auftritt (Bild 9-1d):

$$\varphi_{Me} - \varphi_{Me^{z+}} = \Delta\varphi_{Me/Me^{z+}}$$

Diese Potentialdiffferenz ist als *Galvanispannung* bekannt. Meist wird sie aber kurz *Elektrodenpotential* genannt (Formelzeichen meist $\mathcal{E}$):

$$\Delta\varphi_{Me/Me^{z+}} = \mathcal{E}_{Me/Me^{z+}}$$

Auch diese Potentialdifferenz ist nicht meßbar. Ihre *quantitative* Behandlung wird dadurch möglich, daß die verschiedenen Elektrodenpotentiale mit dem Elektrodenpotential einer *Bezugselektrode* verglichen werden (↑ 9.5).

Die hier betrachteten Anordnungen, bei denen ein *Metall* in eine *Elektrolytlösung* (oder -schmelze) taucht, sind Voraussetzung für die gesamte Elektrochemie. Bei elektrochemischen Reaktionen gehen an der Phasengrenzfläche zwischen Leitern 1. Klasse und Leitern 2. Klasse elektrische Ladungen über.

Leiter 1. Klasse sind alle Metalle und Legierungen, Graphit und metallisch leitende Oxide. Die Ladungsträger sind hier *Elektronen.*

Leiter 2. Klasse sind Schmelzen und Lösungen von Elektrolyten. Die Ladungsträger sind hier *Ionen.*

In diesem Zusammenhang wird der **Begriff Elektrode** in zweierlei Bedeutung verwendet:

- *im engeren Sinne:*
  Eine Elektrode ist ein elektronenleitender Festkörper (Leiter 1. Klasse), an dessen Oberfläche elektrische Ladungen mit einer Elektrolytlösung (oder -schmelze; Leiter 2. Klasse) ausgetauscht werden[1].

  Beispiel: Das DANIELL-Element hat demnach eine Kupferelektrode und eine Zinkelektrode.

- *im weiteren Sinne:*
  Eine Elektrode ist die Kombination von elektronenleitendem Festkörper und Elektrolytlösung (oder -schmelze), an deren Phasengrenzfläche elektrische Ladungen ausgetauscht werden.

---

[1] Als Elektroden werden auch elektronenleitende Festkörper bezeichnet, an deren Oberfläche der Übergang elektrischer Ladungen zwischen diesem Festkörper und einem *Gas* erfolgt; z.B. in Quecksilberdampflampen.

Beispiel: Das DANIELL-Element besteht aus einer Cu/Cu^{2+}-Elektrode und einer Zn/Zn^{2+}-Elektrode.

Da *zwei* dieser Elektroden (im weiteren Sinne) ein galvanisches Element (eine galvanische Zelle) ergeben, werden sie auch *Halbelemente* (Halbzellen) genannt.

9.3 Galvanische Elemente – galvanische Zellen

Tauchen *zwei verschiedene Metalle* in eine Elektrolytlösung, so besteht zwischen diesen Metallen eine *elektrische Spannung* (eine Potentialdifferenz). Eine solche Anordnung aus zwei Metallen und (mindestens) einer Elektrolytlösung wird aus historischer Sicht **galvanisches Element** genannt. Heute wird von *galvanischen Ketten* gesprochen, wenn die Anordnung der Phasen mit ihren Phasengrenzflächen gemeint ist, im einfachsten Falle:

Metall I / Elektrolytlösung / Metall II

Unter *galvanischen Zellen* wird die gesamte Anordnung einschließlich Gefäß verstanden.

An die Stelle der Metalle können auch andere Stoffe mit Elektronenleitfähigkeit treten (z.B. Graphit).

Die zwischen den beiden Metallen auftretende *Potentialdifferenz* ist auf die unterschiedliche Tendenz der Metalle zurückzuführen, Kationen an die Elektrolytlösung abzugeben (also auf den unterschiedlichen *Lösungsdruck*). An jedem der Metalle bildet sich eine elektrochemische Doppelschicht aus (↑ Bild 9-1c), die zunächst ein Abwandern der Kationen in die Lösung verhindert. Werden die beiden Metalle jedoch durch einen metallischen Leiter (*Elektronenleitung*) verbunden, so entsteht, da ja auch die Elektrolytlösung leitfähig ist (*Ionenleitung*), ein elektrischer Stromkreis (Bild 9-2). Die Richtung des Stromes wird dadurch bestimmt, daß das unedlere Metall (das Metall mit dem größten Lösungsdruck) nun ständig Kationen in die Lösung abgibt, während die freiwerdenden Elektronen durch den metallischen Leiter zum edleren Metall wandern. Das edlere Metall wird somit gegenüber der Lösung negativ aufgeladen. Dadurch werden Kationen aus der Lösung elektrostatisch angezogen und durch die Elektronen entladen. An den beiden Metallen laufen also entgegengesetzte elektrochemische Reaktionen ab:

unedleres Metall	**edleres Metall**
hoher Lösungsdruck	niedriger Lösungdruck
Oxidation	**Reduktion**
Elektronenabgabe	Elektronenaufnahme
Entstehung von Kationen	Entladung von Kationen

Beispiel: Im DANIELL-Element taucht Zink in eine Zinksulfatlösung und Kupfer in eine Kupfersulfatlösung (↑ Bild 9-3):

Zn/ZnSO$_4$/CuSO$_4$/Cu.

Es handelt sich also um eine galvanische Kette.

Metall I/Elektrolytlösung I/Elektrolytlösung II/Metall II.

Sobald der Stromkreis geschlossen ist, laufen folgende Elektrodenvorgänge ab:

$$Zn \rightarrow Zn^{2+} + 2\,e^- \qquad \text{Oxidation}$$
$$Cu^{2+} + 2\,e^- \rightarrow Cu \qquad \text{Reduktion}$$

$$Zn + Cu^{2+} \rightarrow Zn^{2+} + Cu \qquad \text{Redoxreaktion}$$

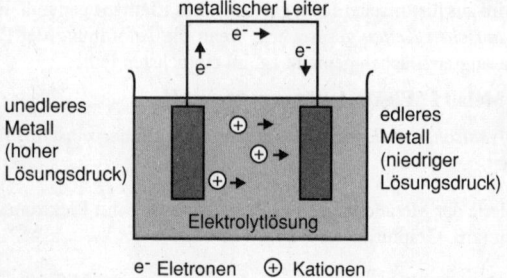

Bild 9-2: Elektronenleitung und Ionenleitung in einem galvanischen Element

Jedes galvanische Element setzt sich aus *zwei Halbelementen* zusammen, von denen das eine Elektronen abgibt, das andere Elektronen aufnimmt. Dabei entsteht an dem einen Metall *Elektronenüberschuß* (im Beispiel: Zink), am anderen *Elektronenmangel* (im Beispiel: Kupfer). Dementsprechend wird zwischen *Minuspol* und *Pluspol* eines galvanischen Elements unterschieden.

- **Minuspol ist das unedlere Metall, an dem Elektronenüberschuß herrscht.**
- **Pluspol ist das edlere Metall, an dem Elektronenmangel herrscht.**

9.3 Galvanische Elemente – galvanische Zellen

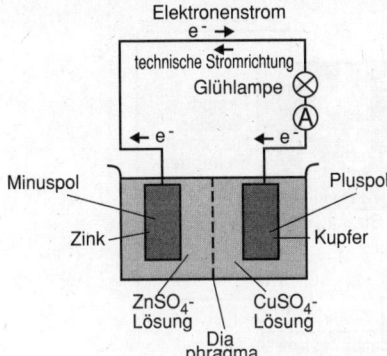

Bild 9-3: Schematische Darstellung zum DANIELL-Element

Die Elektronen fließen im äußeren Stromkreis vom Minuspol zum Pluspol[1] (↑ Bild 9-3).

In den *galvanischen Zellen* laufen *freiwillig Redoxreaktionen* ab, wobei *elektrische Arbeit* verrichtet wird. Im Gegensatz dazu werden in den *Elektrolysezellen* (↑ 9.10.1) mittels *elektrischer Arbeit* Redoxreaktionen *erzwungen*.

Oberbegriff für galvanische Zelle und Elektrolysezelle ist *elektrochemische Zelle*. Die in elektrochemischen Zellen ablaufenden Redoxreaktionen weisen – gegenüber anderen Redoxreaktionen – die Besonderheit auf, daß Oxidation und Reduktion *räumlich* voneinander *getrennt* stattfinden.

Die Elektrode, an der die Oxidation erfolgt, wird Anode genannt, die Elektrode, an der die Reduktion erfolgt, Katode.

Bei allen elektrochemischen Vorgängen stehen sich demnach gegenüber

- eine **anodische Oxidation** und
- eine **katodische Reduktion.**

Zwischen dem Begriffspaar *Anode* und *Katode* und dem Begriffspaar *Minuspol* und *Pluspol* ergibt sich zwischen

– den *freiwillig* verlaufenden Vorgängen in der *galvanischen Zelle* und
– den *erzwungenen* Vorgängen in der *Elektrolysezelle*

eine *entgegengesetzte Zuordnung* (↑ Bild 9-4).

---

[1] Die heute noch gebräuchliche *technische Stromrichtung* ist dem Elektronenstrom entgegengesetzt. Das ist historisch dadurch bedingt, daß vom Fließen einer »positiven Elektrizität« ausgegangen wurde, solange die Elektronen als Träger negativer Ladungen noch nicht bekannt waren.

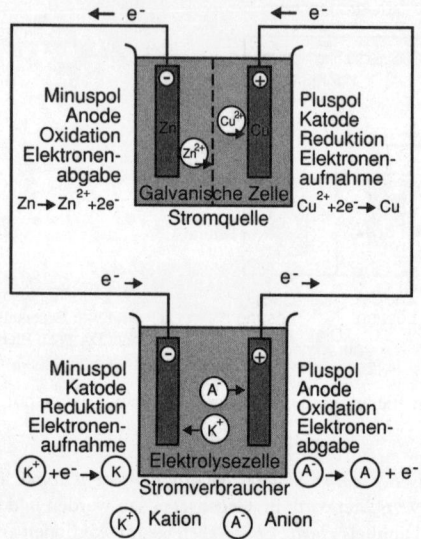

Bild 9-4: Gegenüberstellung von galvanischer Zelle und Elektrolysezelle

Die galvanischen Zellen werden durch **Zellsymbole** gekennzeichnet, die sich aus den beiden Elektroden (Halbsystemen) zusammensetzen.

Steht im Zellsymbol[1]

links die **Anode**   und   *rechts* die **Katode**

Me_A/Me_A^{z+} // Me_K^{z+}/Me_K,

so verläuft die *Stoffumwandlung* von *links* nach *rechts*

$Me_A \rightarrow Ma_A^{z+}$ $Me_K^{z+} \rightarrow Me_K$

und ebenso der *Elektronenstrom im äußeren Stromkreis* (Bild 9-5).

Beispiel: DANIELL-Element

$Zn/Zn^{2+}//Cu^{2+}/Cu$

Der Doppelstrich symbolisiert das Diaphragma.

---

[1] In der Literatur wird auch die entgegengesetzte Anordnung des Zellsymbols verwendet.

9.3 Galvanische Elemente – galvanische Zellen

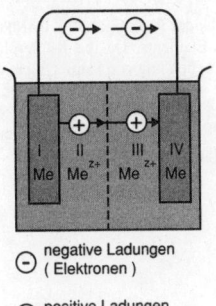

Bild 9-5: Anordnung der Phasen für das Zellsymbol

Von den beiden Metallen einer galvanischen Zelle geht, sobald der Stromkreis geschlossen ist (↑ Bild 9-2), das *unedlere* in Form von Ionen in Lösung und wird dabei allmählich zerstört (↑ auch elektrolytische Korrosion; 9.4). Die aus dem unedleren Metall bestehende Elektrode wird daher auch *Lösungselektrode* genannt. Da die Lösungselektrode verbraucht wird, haben galvanische Zellen eine sehr begrenzte Lebensdauer.

Galvanische Zellen wirken allein auf Grund ihres *Aufbaus* aus Elektroden mit unterschiedlichem Elektrodenpotential als Stromquelle. Sie werden daher als *Primärzellen* (Primärelemente) den *Sekundärzellen* (Sekundärelementen; Akkumulatoren; ↑ 9.9) gegenübergestellt, die erst durch *Laden* (Zufuhr elektrischer Arbeit) zu Stromquellen werden, aber auf Grund ihrer Ladbarkeit eine sehr viel längere Lebensdauer haben.

Bekannte *galvanische Zellen* sind (im Kleindruck solche, die nur noch historische Bedeutung haben):

- Das VOLTA-Element, bei dem eine Kupferplatte und eine Zinkplatte in verdünnte Schwefelsäure tauchten (Bild 9-6a). Infolge der dabei an der Kupferplatte eintretenden Wasserstoffabscheidung (↑ Polarisation; 9.11) hat das VOLTA-Element keine konstante Spannung. Der Italiener VOLTA hatte aber um 1800 als erster beträchtliche Spannungen erzielt, indem er Kupferplatten, Zinkplatten und mit Schwefelsäure getränkte Filzplatten im Wechsel übereinanderschichtete (VOLTA*sche Säule*; Bild 9-6b).

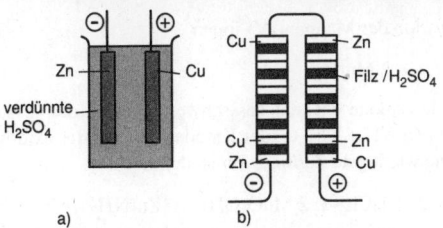

Bild 9-6: VOLTA-Element (a) und VOLTAsche Säule (b) (Prinzipskizzen)

- Das DANIELL-Element, das 1836 von dem Engländer JOHN FREDERIC DANIELL erfunden wurde, ist eine Weiterentwicklung des VOLTA-Elements. Da die Kupferplatte in eine Kupfersulfatlösung taucht, kommt es hier zur Abscheidung von Kupfer, nicht von Wasserstoff. Die Kupfersulfatlösung befindet sich in einem porösen Tonzylinder, der in ein größeres Gefäß mit Zinksulfatlösung eintaucht (↑ Bild 9-7). Durch die poröse Scheidewand, ein sog. Diaphragma, wird eine leitende Verbindung zwischen beiden Lösungen gewährleistet. Das DANIELL-Element hat eine Spannung von etwa 1,1 Volt.

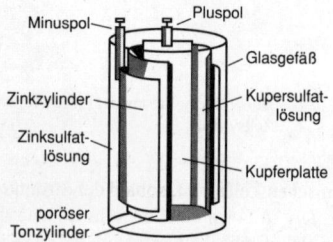

Bild 9-7: DANIELL-Element (zum Teil im Schnitt)

- Das LECLANCHÉ-Element (nach seinem französischen Erfinder benannt) hat in seiner modernen Form als sog. *Trockenelement* große praktische Bedeutung für Taschenlampen und netzunabhängige elektrische und elektronische Geräte (z.B. Unterhaltungselektronik). Es handelt sich um die galvanische Kette

    $Zn/NH_4Cl/MnO_2/Graphit$

Das *Zink*, das meist zugleich als Gefäß dient, bildet den *Minuspol*, ein *Graphitstab* den *Pluspol* dieser galvanischen Zelle (Bild 9-8). Als Elektrolyt dient eine gelatinierte Ammoniumchloridlösung, die infolge Hydrolyse *sauer* reagiert. Das Mangan(IV)-oxid umhüllt in einem Gazebeutel die Graphitelektrode. Da das Mangan(IV)-oxid als Mineral *Braunstein* auftritt, ist das LECLANCHÉ-Element auch als *saure Zink-Braunstein-Zelle* bekannt. Seine Zellspannung beträgt etwa 1,6 V, die Klemmenspannung etwa 1,2 V (↑ 9.6). Die Elektrodenvorgänge sind vielfältig. Als wesentlich gilt heute, daß der *anodischen Oxidation* des Zinks

$$Zn \rightarrow Zn^{2+} + 2\,e^-$$

eine *katodische Reduktion* der Mangan(IV)-ionen

$$2\,Mn^{4+} + 2\,e^- \rightarrow 2\,Mn^{3+}$$

gegenübersteht. An der Anode entsteht das schwerlösliche Komplexsalz Diamminzinkchlorid $[Zn(NH_3)_2]Cl_2$, an der Katode Mangan(III)-oxid-hydroxid $MnO(OH)$. Die wichtigste *Zellreaktion* ist demnach:

$$Zn + 2\,MnO_2 + 2\,NH_4Cl \rightarrow 2\,MnO(OH) + [Zn(NH_3)_2]Cl_2$$

9.3 Galvanische Elemente – galvanische Zellen

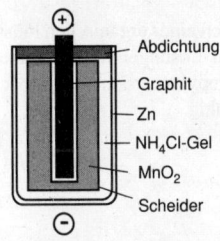
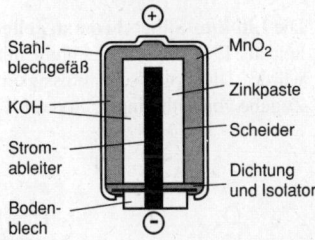

Bild 9-8: LECLANCHÉ-Element (Zink-Braunstein-Zelle mit saurem Elektrolyt)

Bild 9-9: Zink-Braunstein-Zelle mit alkalischem Elektrolyt

- Die **alkalische Zink-Braunstein-Zelle** enthält als Elektrolyt *Kalilauge* (Bild 9-9). Der höheren Leitfähigkeit der Kalilauge wegen tritt hier ein geringerer Spannungsabfall ein. Die Aggressivität der Kalilauge erfordert aber einen höheren Aufwand für die Abdichtung der Zelle. Die wichtigste *Zellreaktion* ist:

$$Zn + 2\ MnO_2 + 2\ H_2O \rightarrow Zn(OH)_2 + 2\ MnO(OH)$$

Die Zellspannung beträgt etwa 1,6 V, die Klemmenspannung etwa 1,3 V.

- Die **alkalische Zink-Silberoxid-Zelle** wird vor allem als Knopfzelle für Armbanduhren und Taschenrechner verwendet (Bild 9-10). Als wichtigste Zellreaktion gilt:

$$Zn + Ag_2O + H_2O \rightarrow Zn(OH)_2 + 2\ Ag$$

Die Zellspannung liegt bei 1,8 V, die Klemmenspannung bei 1,5 V.

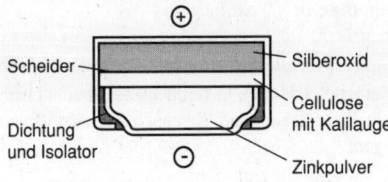

Bild 9-10: Zink-Silber-Knopfzelle

- Die **Lithium-Silberchromat-Zelle** bedient sich einer organischen Flüssigkeit als Elektrolyt, da Lithium mit wäßrigen Lösungen sofort reagieren würde. Die organische Flüssigkeit, z.B. Propylencarbonat, wird durch Zugabe von Lithiumperchlorat, $LiClO_4$, leitfähig.

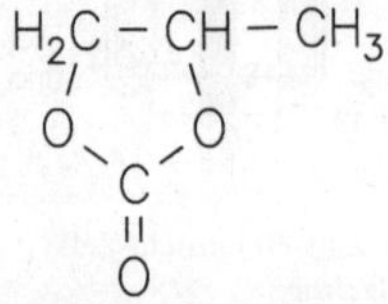

```
    H₂C – CH – CH₃
     /       \
    O         O        Propylen-
     \       /         carbonat
       C
       ‖
       O
```

Eine der Zellreaktionen ist:

$$2\,Li + Ag_2CrO_4 \rightarrow Li_2CrO_4 + 2\,Ag$$

Mit etwa 3,3 V weisen solche Zellen eine besonders hohe Zellspannung auf, Klemmenspannung bis zu 3,2 V. Infolge der geringen Leitfähigkeit des Elektrolyten eignen sie sich aber nur für sehr geringe Belastungen, wie sie z.B. in Herzschrittmachern auftreten.

- Die **Brennstoffzellen** unterscheiden sich von den herkömmlichen galvanischen Zellen dadurch, daß die Elektrodenmaterialien ständig ergänzt werden. Dadurch ist
  - im Unterschied zu den Primärzellen, bei denen das Anodenmaterial verbraucht wird, und
  - im Unterschied zu den Sekundärzellen (↑ 9.9), die zwischenzeitlich geladen werden müssen,

ein kontinuierlicher Langzeitbetrieb möglich.

Die Bezeichnung Brennstoffzelle geht darauf zurück, daß es sich um einen Verbrennungsvorgang handelt, bei dem unter räumlicher Trennung
- ein *Reduktionsmittel* (ein *Brennstoff*) *oxidiert* und
- ein *Oxidationsmittel reduziert*

werden. Als Brennstoffe kommen vor allem Wasserstoff, Hydrazin, H_2N-NH_2, Methanal, $H-CHO$, und Methanol, CH_3OH, in Betracht, als Oxidationsmittel neben reinem Sauerstoff auch der Luftsauerstoff, aber auch Wasserstoffperoxid, Salpetersäure und die Halogene.

Bei der *Wasserstoff-Sauerstoff-Zelle* wird die stark exotherme Reaktion

$$2\,H_2 + O_2 \rightarrow 2\,H_2O \qquad \Delta_R H^{\ominus} = -572\ kJ \cdot mol^{-1}$$

so durchgeführt, daß anstelle der Wärme elektrische Arbeit abgegeben wird. Im Prinzip besteht eine Wasserstoff-Sauerstoff-Zelle aus einer Wasserstoffelektrode und einer Sauerstoffelektrode, zwischen denen eine Elektrolytlösung (z.B. Kalilauge) eine ionenleitende Verbindung

9.3 Galvanische Elemente – galvanische Zellen

herstellt (↑ Bild 9-11a). Die Elektrodenvorgänge finden in den Elektrodenplatten statt, die jeweils Gasraum und Elektrolytraum trennen. Sie bestehen aus gesintertem Metallpulver (z.B. Nickel) oder gesintertem Kohlepulver und sind porös. Im Inneren dieser Elektrodenplatten bildet sich eine Drei-Phasen-Grenzfläche (fest/flüssig/gasförmig) aus (Bild 9-11b). Durch eine hydrophile und eine hydrophobe[1] Schicht in der Elektrodenplatte sowie durch genaue Regelung der Druckverhältnisse wird verhindert, daß die Elektrolytlösung in den Gasraum eindringt oder Gas in den Elektrolytraum. Eine solche Elektrode wird *Gasdiffusionselektrode* genannt.

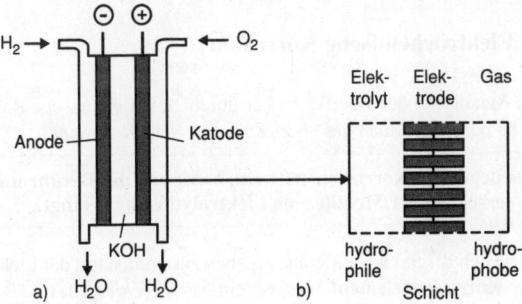

Bild 9-11: Wasserstoff-Sauerstoff-Brennstoffzelle
 a) Prinzipskizze
 b) Drei-Phasen-Grenzfläche in einer Gasdiffusionselektrode

Die Elektrodenreaktionen verlaufen über Zwischenstufen. Im Prinzip handelt es sich um eine anodische Oxidation des Wasserstoffs und eine katodische Reduktion des Sauerstoffs, die wie folgt wiedergegeben werden können:
– mit *alkalischem* Elektrolyt (z.B. Kalilauge)

$$2\,H_2 + 4\,OH^- \rightarrow 4\,H_2O + 4\,e^-$$
$$O_2 + 2\,H_2O + 4\,e^- \rightarrow 4\,OH^-$$
$$\overline{2\,H_2 + O_2 \quad \rightarrow 2\,H_2O}$$

– mit *saurem* Elektrolyt (z.B. Phosphorsäure)

$$2\,H_2 \rightarrow 4\,H^+ + 4\,e^-$$
$$O_2 + 4\,H^+ + 4\,e^- \rightarrow 2\,H_2O$$
$$\overline{2\,H_2 + O_2 \quad \rightarrow 2\,H_2O}$$

---

[1] hydrophil, wasseranziehend; hydrophob, wasserabweisend

Die Elektrodenreaktionen werden durch Temperaturerhöhung (≈ 200 °C) sowie katalytisch (Nickel, Platin, Wolframcarbid) beschleunigt. Die Zellspannung von Wasserstoff-Sauerstoff-Zellen liegt unter 1 V, sie werden daher in Form von *Batterien* verwendet. Diese werden z.B. in der Raumfahrt eingesetzt, wobei auch das entstehende Wasser genutzt wird. Beim Einsatz als Stromquelle in schwer zugänglichen Gegenden kann der Wasserstoff an Ort und Stelle aus Lithiumhydrid und Wasser gewonnen werden:

$$LiH + H_2O \rightarrow LiOH + H_2$$

Mehrere Jahre wartungsfrei sind *Methanol-Luftsauerstoff-Batterien*. In Entwicklung sind auch *Hochtemperaturbrennstoffzellen* (> 800 °C), in denen Salzschmelzen (z.B. Natriumcarbonat) als Elektrolyt dienen und unter anderem Kohlenmonoxid als Brennstoff verwendet werden kann.

9.4 Elektrochemische Korrosion

Wird ein Metall von der Oberfläche her durch elektrochemische Reaktionen zerstört, so bezeichnet man das als *elektrochemische Korrosion*.

> **Elektrochemische Korrosion tritt ein, wenn an die Berührungsstelle zweier verschiedener Metalle eine Elektrolytlösung gelangt.**

Die beiden sich berührenden Metalle ergeben zusammen mit der Elektrolytlösung ein **Korrosionselement,** das ist ein *kurzgeschlossenes galvanisches Element*.

Beim *anodischen Vorgang* handelt es sich stets um eine *Oxidation* des *unedleren Metalls*:

$$Me \rightarrow Me^{z+} + ze^-$$

Als *katodischer Vorgang* kann dem gegenüberstehen die *Reduktion* von *Sauerstoff*:

$$\tfrac{1}{2} O_2 + H_2O + 2\,e^- \rightarrow 2\,OH^- \quad (Sauerstoffkorrosion)$$

oder die *Reduktion* von *Wasserstoffionen* (Hydroniumionen)

$$2\,H^+ + 2\,e^- \rightarrow H_2 \quad\quad\quad (Wasserstoffkorrosion)$$

Sauerstoffkorrosion tritt in neutraler oder alkalischer Lösung auf, Wasserstoffkorrosion in saurer Lösung (pH ≤ 4).

> **Bei der elektrochemischen Korrosion wird stets das unedlere Metall zerstört, indem es oxidiert wird.**

Elektrochemische Korrosion droht überall dort, wo sich zwei metallische Leiter berühren. Dazu genügen schon *Fremdeinschlüsse* an der Metalloberfläche (hier bilden sich *Lokalelemente*; das sind kurzgeschlossene galvanische Elemente). Als Elektrolyt reicht bereits der Wasserfilm aus, der sich in der Atmosphäre an jeder Metalloberfläche ausbildet. Die Geschwindigkeit der elektrochemischen Korrosion hängt unter anderem von der Leitfähigkeit des Elektrolyten ab. Hierzu trägt schon das aus der Luft aufgenommene Kohlendioxid bei, das sich im Wasser teilweise zu Kohlensäure umsetzt. Da die Abgase von Industrieanlagen stets etwas Schwefeldioxid enthalten (vor allem aus dem Schwefelgehalt der Kohle), ist infolge der Bildung von Schwefliger Säure

$$H_2O + SO_2 \rightleftarrows 2\,H^+ + SO_3^{2-}$$

die Korrosionsgefahr in Industriegebieten besonders hoch.

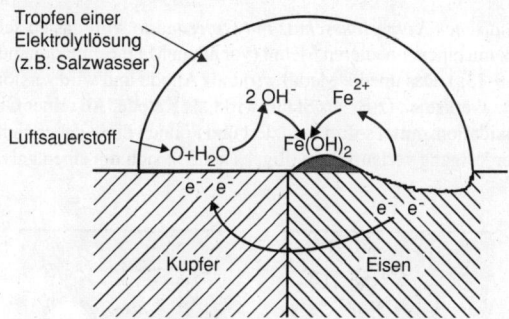

Bild 9-12: Elektrolytische Korrosion an einer Berührungsstelle von Eisen und Kupfer

Beispiel: An der Berührungsstelle von Eisen und Kupfer befindet sich ein Wassertropfen, der Luftsauerstoff enthält (↑ Bild 9-12). Das Eisen wird zu Eisen(II)-ionen, Fe^{2+}, oxidiert, die in Lösung gehen. Die am Eisen zurückbleibenden Elektronen wandern zum Kupfer und reduzieren hier Sauerstoff zu Hydroxidionen, OH^-:

$$\begin{aligned} Fe &\rightarrow Fe^{2+} + 2\,e^- \\ \tfrac{1}{2}O_2 + H_2O + 2\,e^- &\rightarrow 2\,OH^- \\ \hline Fe + \tfrac{1}{2}O_2 + H_2O &\rightarrow Fe^{2+} + 2\,OH^- \end{aligned}$$

Es entsteht also Eisen(II)-hydroxid, $Fe(OH)_2$, das unter dem Einfluß von Luft und Wasser Rost bildet, der unter anderem Eisen(III)-oxidhydroxid, $FeO(OH)$, enthält.

Siehe auch *Konzentrationskorrosion* (↑ S. 367).

Beim **Korrosionsschutz,** dem außerordentlich große volkswirtschaftliche Bedeutung zukommt, sind grundsätzlich drei Möglichkeiten zu unterscheiden:

- **Eine elektrochemische Korrosion wird verhindert, wenn nur gleiche oder elektrochemisch ähnliche Metalle bzw. Legierungen miteinander verbunden werden.**

Das ist aber in der Praxis nicht immer möglich.

- **Eine elektrochemische Korrosion wird verhindert, wenn von der Berührungsstelle zweier verschiedener Metalle Elektrolytlösungen ferngehalten werden.**

Dazu dienen Schutzüberzüge verschiedener Art, vor allem Lacke und metallische Überzüge.

- **Eine elektrochemische Korrosion wird verhindert, indem man ihr auf elektrochemischem Wege entgegenwirkt.**

Beim *katodischen Korrosionsschutz mit Opferanode* wird das zu schützende Werkstück mit einem unedleren Metall (vor allem Magnesium) leitend verbunden (Bild 9-13a). Das unedle Metall wirkt als Anode und wird zerstört, das zu schützende Werkstück (z.B. aus Stahl) wirkt als Katode. An seiner Oberfläche werden Oxidationsmittel sofort reduziert und können diese daher nicht angreifen. Dieser Vorgang verläuft freiwillig, es handelt sich um einen galvanischen Vorgang.

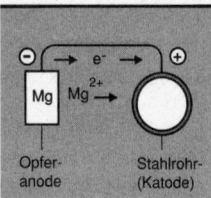 

Bild 9-13: Katodischer Korrosionsschutz
a) mit Opferanode, ein galvanischer Vorgang
b) mit Fremdstrom, ein elektrolytischer Vorgang

Beim *katodischen Korrosionsschutz mit Fremdstrom* wird das zu schützende Werkstück mit dem Minuspol einer Gleichspannungsquelle verbunden (Bild 9-13b). Dadurch wird es zur Katode, so daß hier Oxidationsmittel gleichfalls nicht angreifen können. An der Anode, die z.B. aus Graphit bestehen kann, werden Wassermoleküle oder Hydroxidionen zu Sauerstoff oxidiert. Da dieser Vorgang mit Fremdstrom, also unter Zwang verläuft, handelt es sich um einen elektrolytischen Vorgang.

Auch ein *anodischer Korrosionsschutz mit Fremdstrom* wird angewandt, und zwar für Metalle, die eine schützende Oxidschicht ausbilden können (z.B. Aluminium, Nickel und Chrom). In diesem Falle wird das zu schützende Werkstück als Anode geschaltet, also mit dem Pluspol der Gleichspannungsquelle verbunden (Bild 9-14b). Auch das ist ein elektrolytischer Vorgang.

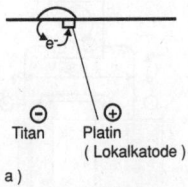 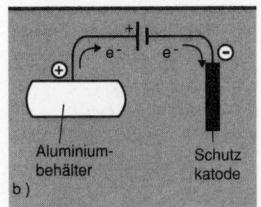

Bild 9-14: Anodischer Korrosionsschutz
a) mit Lokalkatoden,
  ein galvanischer Vorgang
b) mit Fremdstrom,
  ein elektrolytischer Vorgang

Ein *anodischer Korrosionsschutz ohne Fremdstrom,* also ein galvanischer Vorgang, wird erreicht, wenn geringe Mengen eines Edelmetalls (z.B. Platin) einem weniger edlen Metall (z.B. Titan) zulegiert werden (Bild 9-14a). Das Edelmetall bildet dann *Lokalkatoden,* die bewirken, daß es an der Oberfläche des zu schützenden Metalls zu der erwünschten anodischen Oxidation kommt.

9.5 Standardelektrodenpotentiale

Die an der Phasengrenzfläche zwischen elektronenleitendem Festkörper und Elektrolytlösung (oder -schmelze), also in einer Elektrode (im weiteren Sinne) bzw. einem Halbelement, auftretende elektrische Spannung (hier auch als *Galvanispannung* bezeichnet) kann nicht direkt gemessen werden. Dagegen ist es möglich, die Differenz zu messen, die zwischen den Galvanispannungen zweier solcher Halbelemente besteht.

Als Bezugssystem dient dabei nach einem Vorschlag des deutschen Physikochemikers WALTER NERNST das Halbelement Wasserstoff/Salzsäure, das auf Grund des Elektrodenvorganges

$$H_2 \rightleftarrows 2\,H^+ + 2\,e^-$$

als *Wasserstoffelektrode* bezeichnet wird. Die Wasserstoffelektrode besteht aus einem Platinblech, das in Salzsäure taucht und ständig von gasförmigem Wasserstoff umspült wird. Die Wasserstoffelektrode kann mit Hilfe eines *Stromschlüssels* leitend mit jedem anderen Halbelement verbunden werden (↑ Bild 9-15). (Als Stromschlüssel dient ein Glasrohr, das mit der Lösung eines Elektrolyten gefüllt ist, dessen Kationen und Anionen annähernd die gleiche Beweglichkeit besitzen, z.B. Kaliumchlorid.) Die Spannung des auf diese Weise entstehenden galvanischen Elements wird – mit Hilfe einer sog. Kompensationsschaltung – in stromlosem Zustand gemessen.

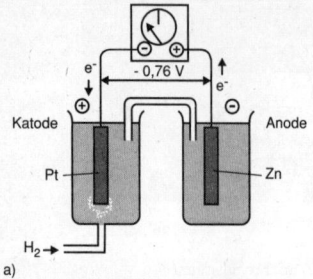 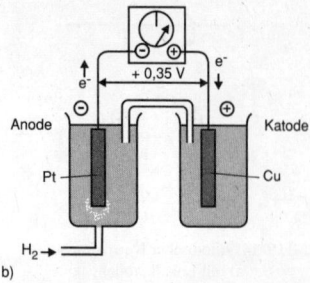

Bild 9-15: Standardelektrodenpotential
a) des Zinks   b) des Kupfers

Um zu vergleichbaren Werten für die verschiedenen Metalle zu kommen, muß unter *Standardbedingungen* gearbeitet werden. Als solche wurden festgelegt: Temperatur 25 °C, Druck 101,325 kPa (= 1 atm), Ionenaktivität (wirksame Konzentration; ↑ 6.3.2.7) der Kationen $a = 1$. Bei der als Bezugsbasis dienenden **Standard-Wasserstoffelektrode** beträgt die Wasserstoffionenaktivität der Salzsäure $a(H^+) = 1$ und der Druck des Wasserstoffgases 101,325 kPa.

> **Die Spannung (Potentialdifferenz) zwischen der Standard-Wasserstoffelektrode und einem Halbelement Metall/Salzlösung (unter Standardbedingungen) wird als Standardelektrodenpotential $\varepsilon^\ominus$ dieses Metalls bezeichnet.**
> **Das Standardpotential der Standard-Wasserstoffelektrode wird willkürlich auf Null festgesetzt.**

Da es sich um Potentialdifferenzen, also um Spannungen handelt, sind die Bezeichnungen *Standardspannung* bzw. *Standardgalvanispannung* konsequenter, sie sind aber weniger gebräuchlich.

Anstelle von ε wird in der Literatur auch das Formelzeichen E verwendet und anstelle des Standardzeichens $\ominus$ auch eine hoch- oder tiefgestellte Null ε^0, ε_0.
Die ältere Bezeichnung *Normalpotential* bezog sich statt auf die Ionenaktivität auf die Ionenkonzentration $1\,mol \cdot l^{-1}$. Standardpotential und Normalpotential werden heute aber zum Teil auch als Synonyme verwendet, zumal der Unterschied nur für genaue Berechnungen bedeutsam ist.

Da Wasserstoffelektroden schwer handhabbar sind und die Standard-Wasserstoffelektrode experimentell gar nicht exakt realisierbar ist, werden die Messungen heute mit anderen Bezugselektroden durchgeführt (z.B. der Kalomelelektrode $Hg/Hg_2Cl_2/Cl^-$) und dann auf die Standard-Wasserstoffelektrode umgerechnet.

9.5 Standardelektrodenpotentiale

Die **Standardelektrodenpotentiale** (kurz auch *Standardpotentiale* genannt) der wichtigsten Metalle sind in Tabelle 9-1 angegeben. Sie beziehen sich jeweils auf einen bestimmten Elektrodenvorgang, z B. $Cu \rightleftarrows Cu^{2+} + 2\,e^-$. Es handelt sich dabei um *Redoxhalbsysteme*, wie sie auch in Tabelle 6-1 (↑ S. 197) zusammengestellt sind.

Je nachdem, ob sich ein Metall gegenüber der Standard-Wasserstoff-Elektrode *negativ* oder *positiv* auflädt, trägt das Standardelektrodenpotential dieses Metalls ein *negatives* oder ein *positives* Vorzeichen.

Beispiel: Zwischen dem Halbelement Zink/Zinksulfatlösung (unter Standardbedingungen) und der Standard-Wasserstoffelektrode besteht eine Spannung (Potentialdifferenz) von 0,76 V. Dabei ist das Zink der Minuspol, die Wasserstoffelektrode der Pluspol (↑ Bild 9-15a). Das Standardelektrodenpotential des Zinks beträgt also –0,76 V.

Zwischen dem Halbelement Kupfer/Kupfersulfatlösung (unter Standardbedingungen) und der Standard-Wasserstoffelektrode besteht eine Spannung (Potentialdifferenz) von 0,35 V. Dabei ist das Kupfer Pluspol, die Wasserstoffelektrode Minuspol (↑ Bild 9-15b). Das Standardelektrodenpotential des Kupfers beträgt also +0,35 V.

Von den beiden Metallen eines galvanischen Elements ist – annähernd gleiche Konzentration der Elektrolytlösungen vorausgesetzt – das mit dem *negativeren* Standardelektrodenpotential der *Minuspol*, das mit dem *positiveren* Standardelektrodenpotential der *Pluspol*.

Beispiel: In einem galvanischen Element aus Zink und Blei ist *Zink* mit dem Standardelektrodenpotential –0,76 V der *Minuspol*, *Blei* mit dem Standardelektrodenpotential –0,12 V der *Pluspol*. Das Standardelektrodenpotential des Bleis ist *positiver* als das des Zinks.

Tabelle 9-1: *Spannungsreihe der Metalle (mit Standardelektrodenpotentialen)*

Metall/Kation	$\varepsilon^{\ominus}$ (in Volt)	Metall/Kation	$\varepsilon^{\ominus}$ (in Volt)
Lithium/Li$^+$	–3,01	Zink/Zn^{2+}	–0,76
Rubidium/Rb$^+$	–2,98	Eisen/Fe^{2+}	–0,44
Caesium/Cs$^+$	–2,92	Cadmium/Cd^{2+}	–0,40
Kalium/K$^+$	–2,92	Indium/In^{3+}	–0,34
Barium/Ba^{2+}	–2,92	Thallium/Tl$^+$	–0,34
Strontium/Sr^{2+}	–2,89	Cobalt/Co^{2+}	–0,27
Calcium/Ca^{2+}	–2,84	Nickel/Ni^{2+}	–0,23
Natrium/Na$^+$	–2,71	Zinn/Sn^{2+}	–0,14
Magnesium/Mg^{2+}	–2,38	Blei/Pb^{2+}	–0,13
Beryllium/Be^{2+}	–1,70	Kupfer/Cu^{2+}	+0,34
Aluminium/Al^{3+}	–1,66	Quecksilber/Hg$_2^{2+}$	+0,80
Titan/Ti^{2+}	–1,63	Silber/Ag$^+$	+0,80
Mangan/Mn^{2+}	–1,18	Gold/Au^{3+}	+1,42
Chrom/Cr^{2+}	–0,91		

9.6 Zellspannung

Die Spannung einer galvanischen Zelle ist um so größer, je mehr sich die beiden Metalle in ihren Elektrodenpotentialen (Galvanispannungen) unterscheiden.

Zellspannung (Formelzeichen U, auch U_z) wird die Spannung genannt, die eine galvanische Zelle *im stromlosen Zustand* aufweist. Wird ein Voltmeter an die beiden Pole (Klemmen) einer galvanischen Zelle angeschlossen, so zeigt es nicht die Zellspannung an, sondern die **Klemmenspannung** U_k. Die Klemmenspannung ist infolge des inneren Widerstandes R_i der galvanischen Zelle kleiner als die Zellspannung. Je nach der Stromstärke I führt der innere Widerstand zu einem mehr oder weniger großen *Spannungsabfall* $R_i \cdot I$:

Zwischen Zellspannung U und Klemmenspannung U_k besteht demnach folgende Beziehung:

$$U = U_k + R_i \cdot I \tag{9-3}$$

Die Zellspannung läßt sich (mittels einer sog. Kompensationsschaltung) im stromlosen Zustand messen, aber in guter Näherung auch mittels eines besonders hochohmigen Voltmeters im nahezu stromlosen Zustand ermitteln.

Für Standardbedingungen (25 °C; 101,325 kPa; Ionenaktivität[1] der Elektrolytlösung $a = 1$) läßt sich die Zellspannung aus den tabellierten Standardelektrodenpotentialen (Tab. 9-1) berechnen:

Die Standardzellspannung $U^{\ominus}$ einer galvanischen Zelle ist gleich der Differenz zwischen dem Standardelektrodenpotential des Pluspols (der Katode) und dem Standardelektrodenpotential des Minuspols (der Anode):

$$U^{\ominus} = \varepsilon^{\ominus}_{\text{Pluspol}} - \varepsilon^{\ominus}_{\text{Minuspol}} \tag{9-4}$$

$$U^{\ominus} = \varepsilon^{\ominus}_{K} - \varepsilon^{\ominus}_{A} \tag{9-4a}$$

Es ist also das Standardelektrodenpotential des unedleren Metalls vom Standardelektrodenpotential des edleren Metalls zu subtrahieren:

Beispiel: Zwischen *Zink* und *Kupfer*, die in Lösungen ihrer Salze mit der Ionenaktivität $a = 1$ tauchen, besteht eine Standardzellspannung von

$$U^{\ominus} (\text{Zn/Cu}) = \varepsilon^{\ominus} (\text{Cu}) - \varepsilon^{\ominus} (\text{Zn})$$

$$U^{\ominus} (\text{Zn/Cu}) = 0,35 \text{ V} - (-0,76 \text{ V})$$

$$U^{\ominus} (\text{Zn/Cu}) = 1,11 \text{ V}$$

---

[1] ↑ 6.3.2.7

9.6 Zellspannung

Eine viel höhere Standardzellspannung ergäbe sich zwischen Lithium und Kupfer:

$U^{\ominus}$ (Li/Cu) = $\varepsilon^{\ominus}$ (Cu) − $\varepsilon^{\ominus}$ (Li)

$U^{\ominus}$ (Li/Cu) = 0,35 V − (−3,05 V)

$U^{\ominus}$ (Li/Cu) = 3,40 V

Bei den im stromlosen Zustand gemessenen Zellspannungen handelt es sich um *Gleichgewichtszellspannungen* (Formelzeichen U_{gl} oder U_{eq}, soweit zur Unterscheidung notwendig).

Wie für *ungeladene* Teilchen im Gleichgewichtszustand die *chemischen Potentiale* μ (↑ S. 291) in sich berührenden Phasen einander *gleich* sein müssen, so gilt das bei *geladenen* Teilchen für die *elektrochemischen Potentiale* (Formelzeichen $\tilde{\mu}$; sprich: my tilde).

Ein **elektrochemisches Gleichgewicht** liegt vor, wenn die reagierenden Teilchen in benachbarten Phasen der Zelle das *gleiche* elektrochemische Potential haben:

$\tilde{\mu}_I = \tilde{\mu}_{II}$

An jeder *elektrochemischen Doppelschicht* (↑ Bild 9-1c; S. 344) stellt sich ein elektrochemisches Gleichgewicht ein. Daher befindet sich auch eine *offene* galvanische Zelle (keine elektronenleitende Verbindung zwischen den Polen) im Zustand des elektrochemischen Gleichgewichts. Es läuft keine Zellreaktion ab.

In einer *geschlossenen* galvanischen Zelle (elektronenleitende Verbindung zwischen den Polen) läuft die Zellreaktion ab, solange sich die elektrochemischen Potentiale der reagierenden Teilchen in den benachbarten Phasen unterscheiden:

$\tilde{\mu}_I < \tilde{\mu}_{II}$ oder $\tilde{\mu}_I > \tilde{\mu}_{II}$

Sie kommt zum Stillstand, sobald die molare freie Reaktionsenthalpie $\Delta_R G = 0$ ist (↑ S.). Dann sind auch die elektrochemischen Potentiale $\tilde{\mu}$ der reagierenden Teilchen in den benachbarten Phasen einander gleich. Die galvanische Zelle ist nicht mehr in der Lage, elektrischen Strom zu liefern; sie ist »leer«.

Das *elektrochemische Potential* $\tilde{\mu}$ steht mit dem *chemischen Potential* μ in folgender Beziehung:

$\tilde{\mu} = \mu + z \cdot F \cdot \varphi$

z ist die Reaktionsladungszahl (hier die Ionenwertigkeit), F die FARADAY-Konstante, φ das elektrische Potential.

Das chemische Potential μ der reagierenden Teilchen ist auch bekannt als deren (partielle) molare freie Enthalpie G (↑ S. 291), es hat die SI-Einheit $J \cdot mol^{-1}$ = $W \cdot s \cdot mol^{-1}$, die auch für das elektrochemische Potential $\tilde{\mu}$ gilt. Die gleiche SI-Einheit ergibt sich für das Überführungsglied $z \cdot F \cdot \varphi$ aus $A \cdot s \cdot mol^{-1} \cdot V = W \cdot s \cdot mol^{-1}$.

Nach der vorstehenden Gleichung gilt:

Bei *gleichem elektrochemischem Potential $\tilde{\mu}$*, also im Zustand des elektrochemischen Gleichgewichts, *unterscheiden* sich benachbarte Phasen – infolge unterschiedlicher chemischer Potentiale μ – in der Regel in ihren *elektrischen Potentialen φ*.

9.7 NERNSTsche Gleichung

9.7.1 NERNSTsche Gleichung für Elektrodenpotentiale

Die Standardelektrodenpotentiale $\varepsilon^{\ominus}$ beziehen sich auf 25 °C, 101,325 kPa und die Ionenaktivität des Elektrolyten $a = 1$. In Lösungen von anderer Ionenaktivität (↑ 6.3.2.7) und anderer Temperatur ergeben sich an den Elektroden andere Potentiale. Diese Elektrodenpotentiale ε (auch Einzelpotentiale oder *Realpotentiale* genannt) lassen sich mit Hilfe der NERNSTschen Gleichung aus den Standardelektrodenpotentialen $\varepsilon^{\ominus}$ berechnen.

$$\varepsilon = \varepsilon^{\ominus} + \frac{R \cdot T}{z \cdot F} \ln a(Me^{z+}) \qquad (9\text{-}5)$$

R ist die molare Gaskonstante $8{,}3145 \, J \cdot mol^{-1} \cdot K^{-1}$
T die absolute Temperatur in K
z ist die Reaktionsladungszahl[1]; bei Elektrodenvorgängen vom Typ Me/Me^{z+} ist es die Ionenwertigkeit.
F ist die FARADAY-Konstante $96485 \, A \cdot s \cdot mol^{-1}$
a ist die Ionenaktivität (↑ 6.3.2.7) der Elektrolytlösung

Auf der rechten Seite der Gleichung (9-5) wird zwischen dem *Standardglied* $\varepsilon^{\ominus}$ und dem *Überführungsglied* $\frac{R \cdot T}{z \cdot F} \ln a(Me^{z+})$ unterschieden.

---

[1] Die *Reaktionsladungszahl* ist die Anzahl der *Elementarladungen*, die bei dem Elektrodenvorgang je *Formelumsatz* ausgetauscht werden, das heißt, die Anzahl der übergehenden Elektronen.

9.7 NERNSTsche Gleichung

Da R und F allgemeine Naturkonstanten sind, können sie zusammengefaßt werden:

$$\frac{8{,}3145 \text{ J} \cdot \text{mol}^{-1} \cdot \text{K}^{-1}}{96485 \text{ A} \cdot \text{s} \cdot \text{mol}^{-1}} = 8{,}6174 \cdot 10^{-5} \text{ V} \cdot \text{K}^{-1}$$

$$\varepsilon = \varepsilon^\ominus + 8{,}6174 \cdot 10^{-5} \text{ V} \cdot \text{K}^{-1} \cdot \frac{T}{z} \ln a(\text{Me}^{z+})$$

Wird zu den geläufigeren dekadischen Logarithmen übergegangen, so gilt:

$$\varepsilon = \varepsilon^\ominus + 8{,}6174 \cdot 10^{-5} \text{ V} \cdot \text{K}^{-1} \cdot \frac{T}{z} \cdot 2{,}3026 \lg a(\text{Me}^{z+})$$

$$\varepsilon = \varepsilon^\ominus + 1{,}9842 \cdot 10^{-4} \text{ V} \cdot \text{K}^{-1} \cdot \frac{T}{z} \lg a(\text{Me}^{z+})$$

Eine sehr praktikable Form der NERNSTschen Gleichung ergibt sich, wenn noch die *Temperatur* in den Zahlenwert des Überführungsgliedes einbezogen wird. Für die Standardtemperatur 25 °C = 298,15 K gilt:

$$\varepsilon = \varepsilon^\ominus + \frac{1{,}9842 \cdot 10^{-4} \text{ V} \cdot \text{K}^{-1} \cdot 298{,}15 \text{ K}}{z} \lg a(\text{Me}^{z+})$$

$$\boxed{\varepsilon = \varepsilon^\ominus + \frac{0{,}05916 \text{ V}}{z} \lg a(\text{Me}^{z+})} \quad (9\text{-}6)$$

Für einfache Berechnungen genügt es, folgende Zahlenwerte zu verwenden:

bei	0 °C	5 °C	10 °C	15 °C	20 °C	25 °C	30 °C
	0,054	0,055	0,056	0,057	0,058	0,059	0,060

Beispiele: Welches Elektrodenpotential ε hat eine Kupferelektrode, die in eine Kupfersulfatlösung mit der Ionenaktivität $a = 1{,}5$ und der Temperatur 25 °C taucht?

$\varepsilon = 0{,}35 \text{ V} + \dfrac{0{,}059 \text{ V}}{2} \lg 1{,}5$

$\varepsilon = 0{,}35 \text{ V} + 0{,}0295 \text{ V} \cdot 0{,}176$

$\varepsilon = 0{,}35 \text{ V} + 0{,}005 \text{ V}$

$\varepsilon = 0{,}355 \text{ V}$

Welches Elektrodenpotential ε hat eine Zinkelektrode, die in eine Zinksulfatlösung mit der Ionenaktivität $a = 0{,}0015$ und der Temperatur 25 °C taucht?

$\varepsilon = -0{,}76 \text{ V} + \dfrac{0{,}059 \text{ V}}{2} \lg 0{,}0015$

$\varepsilon = -0{,}76 \text{ V} + 0{,}0295 \text{ V} \cdot (-2{,}824)$

$\varepsilon = -0{,}76 \text{ V} - 0{,}083$

$\varepsilon = -0{,}843 \text{ V}$

Wie sich aus der Gleichung (9-4) die *Standardzellspannung* $U^\ominus$ ergibt, so ergibt sich die *Zellspannung* U für beliebige Ionenaktivitäten der beiden Elektrolyte nach der Gleichung

$$U = \varepsilon_{\text{Pluspol}} - \varepsilon_{\text{Minuspol}}$$
$$U = \varepsilon_K - \varepsilon_A \qquad (9\text{-}4a)$$

Beispiel: Ein DANIELL-Element, in dem die beiden Elektrolytlösungen die in den vorstehenden Beispielen genannten Ionenaktivitäten aufweisen, hat die Zellspannung

$$U = 0{,}355 \text{ V} - (-0{,}843 \text{ V})$$
$$U = 1{,}198 \text{ V}$$

Diese Zellspannung ist also höher als die Standardzellspannung des DANIELL-Elements $U^\ominus = 1{,}11$ V.

Es gilt allgemein:

Die *Zellspannung* einer galvanischen Zelle ist *um so höher, je größer* die *Ionenaktivität am Pluspol* und *je geringer* die *Ionenaktivität am Minuspol* ist.

9.7.2 NERNSTsche Gleichung für die Zellspannung

Die *Zellspannung* U für beliebige Ionenaktivitäten der Elektrolyte und für beliebige Temperaturen kann mittels der NERNSTschen Gleichung auch direkt aus der *Standardzellspannung* $U^\ominus$ berechnet werden. Dazu ist die NERNSTsche Gleichung statt auf die einzelne *Elektrodenreaktion* auf die *Zellreaktion* anzuwenden:

$$\text{Me}_K^{z+} + z\,e^- \rightarrow \text{Me}_K \qquad \text{katodische Reduktion}$$
$$\text{Me}_A \rightarrow \text{Me}_A^{z+} + z\,e^- \qquad \text{anodische Oxidation}$$

$$\text{Me}_K^{z+} + \text{Me}_A \rightarrow \text{Me}_K + \text{Me}_A^{z+} \quad \text{Zellreaktion} \qquad (9\text{-}7)$$

Beispiel: DANIELL-Element

$$\text{Cu}^{2+} + 2\,e^- \rightarrow \text{Cu}$$
$$\text{Zn} \rightarrow \text{Zn}^{2+} + 2\,e^-$$

$$\text{Cu}^{2+} + \text{Zn} \rightarrow \text{Cu} + \text{Zn}^{2+}$$

Wird Gleichung (9-6) in Gleichung (9-4a) eingesetzt, ergibt sich:

$$U = [\varepsilon^\ominus + \frac{0{,}059 \text{ V}}{z} \lg a(\text{Me}_K^{z+})] - [\varepsilon^\ominus + \frac{0{,}059 \text{ V}}{z} \lg a(\text{Me}_A^{z+})]$$

9.7 NERNSTsche Gleichung

und nach den Logarithmengesetzen:

$$U = U^\ominus + \frac{0{,}059\,\text{V}}{z} \lg a(\text{Me}_\text{K}^{z+}) + \frac{0{,}059\,\text{V}}{z} \lg \frac{1}{a(\text{Me}_\text{A}^{z+})}$$

$$U = U^\ominus + \frac{0{,}059\,\text{V}}{z} \lg \frac{a(\text{Me}_\text{K}^{z+})}{a(\text{Me}_\text{A}^{z+})} \tag{9-8}$$

Beispiel: DANIELL-Element mit $a(\text{Cu}^{2+}) = 1{,}5$ und $a(\text{Zn}^{2+}) = 0{,}0015$

$$U = 1{,}11\,\text{V} + \frac{0{,}059\,\text{V}}{2} \lg \frac{a(\text{Cu}^{2+})}{a(\text{Zn}^{2+})}$$

$$U = 1{,}11\,\text{V} + \frac{0{,}059\,\text{V}}{2} \lg \frac{1{,}5}{0{,}0015}$$

$$U = 1{,}198\,\text{V}$$

Die gleiche Zellspannung wurde als Differenz aus den Elektrodenpotentialen ermittelt (↑ S.).

Für das Auftreten einer galvanischen Kette sind nicht in jedem Falle *zwei verschiedene* Metalle erforderlich. Eine galvanische Kette kann sich auch ausbilden, wenn *ein* Metall in eine Elektrolytlösung taucht, in der ein Konzentrations*gefälle* vorliegt. Da die Elektrodenpotentiale von der Konzentration (Ionenaktivität) der Elektrolytlösung abhängig sind, treten dann zwischen verschiedenen Bereichen des metallischen Leiters Potentialdifferenzen auf. Es liegt eine galvanische Kette vor, die **Konzentrationskette** (oder *Konzentrationselement*) genannt wird:

(–) Metall/Elektrolyt/Elektrolyt/Metall (+)

$(a_1) \qquad (a_2)$

$a_1 < a_2$

Auch in diesem Falle kommt es zu einer elektrochemischen Korrosion. Sie kann schon eintreten, wenn das gleiche Metallteil an verschiedenen Stellen von Lösungen unterschiedlicher Konzentration berührt wird. Es wird dann von *Konzentrationskorrosion* gesprochen.

Beispiel: Wasserleitungsrohre verrosten, wo sie die Erde verlassen, *unterhalb* der Erdoberfläche. Der Sauerstoff weist in dem Wasserfilm, der das Rohr benetzt, außerhalb des Erdreichs eine höhere Konzentration auf. Das fördert die katodische Reduktion des Sauerstoffs gemäß $O_2 + 2\,H_2O + 4\,e^- \rightarrow 4\,OH^-$, während es im Erdreich zur anodischen Oxidation von Eisen gemäß $2\,Fe \rightarrow 2\,Fe^{2+} + 4\,e^-$ kommt.

Die NERNSTsche Gleichung wird auch in einer allgemeineren Form verwendet. Sie gilt dann allgemein für *Redoxreaktionen*. Jedes Redoxpaar (↑ 6.2.2) tritt in einer reduzierten Form (oft kurz Red-Form genannt) und in einer oxidierten Form (oft kurz Ox-Form genannt) auf.

Red → Ox + e$^-$

Die *Red-Form* entsteht durch Reduktion und kann als Reduktionsmittel wirken.

Die *Ox-Form* entsteht durch Oxidation und kann als Oxidationsmittel wirken.

In den bisherigen Beispielen trat als Red-Form jeweils ein *Metall* Me, als Ox-Form ein Metallion Me^{z+} auf. Bei den *Nichtmetallen* ist das – hier negativ geladene – Ion NM^{z-} die Red-Form, das Nichtmetall NM die Ox-Form.

Red-Form		Ox-Form		
Me	→	Me^{z+}	+	z e$^-$
NM^{z-}	→	NM	+	z e$^-$

Beispiel: $2\,Cl^- \rightarrow Cl_2 + 2\,e^-$

Die *Zellreaktion* läßt sich mittels Red-Form und Ox-Form so allgemein formulieren, daß sie sowohl für Metalle als auch für Nichtmetalle gilt, wobei auf die Angabe von Ionenladungen verzichtet werden muß.

Ox$_K$ + z e$^-$	→	Red$_K$	katodische Reduktion
Red$_A$	→	Ox$_A$ + z e$^-$	anodische Oxidation
Ox$_K$ + Red$_A$	→	Red$_K$ + Ox$_A$	Zellreaktion (9-7a)

Für diese Zellreaktion gilt das allgemeine *Zellsymbol* (↑ S. 349)

Red$_A$/Ox$_A$//Ox$_K$/Red$_K$

Dieser Zellreaktion entspricht die NERNSTsche Gleichung in der Form:

$$U = U^\ominus + \frac{0{,}0592\,\text{V}}{z} \lg \frac{a(\text{Ox}_K) \cdot a(\text{Red}_A)}{a(\text{Red}_K) \cdot a(\text{Ox}_A)} \quad (9\text{-}9)$$

Diese Gleichung ist gegenüber der Gleichung (9-8) die *allgemeinere* Fassung der NERNSTschen Gleichung. Ein Vergleich der zugehörigen Zellreaktionen (9-7a) und (9-7) verdeutlicht:

- Die Aktivitäten der *Ox-Form* $a(\text{Ox})$ treten in Gleichung (9-8) als Aktivitäten der *Metallionen* $a(\text{Me}^{z+})$ auf.

- Bei den Aktivitäten der *Red-Form* $a(\text{Red})$ handelt es sich bei der Zellreaktion (9-7) um die Aktivitäten der *reinen Metalle* $a(\text{Me})$. Diese erscheinen nicht im Aktivitätenquotienten der Gleichung (9-8), da sie gleich 1 gesetzt werden.

9.7.3 Standardzellspannung und Gleichgewichtskonstante

Die NERNSTsche Gleichung wird vielfach auch in der Form verwendet:

$$U = U^\ominus - \frac{0{,}0592 \text{ V}}{z} \lg \frac{a(\text{Red}_K) \cdot a(\text{Ox}_A)}{a(\text{Ox}_K) \cdot a(\text{Red}_A)} \quad (9\text{-}9a)$$

Gegenüber der Gleichung (9-9) hat hier der Aktivitätenquotient den reziproken Wert, wodurch sich (nach den Logarithmengesetzen) das Vorzeichen des Überführungsgliedes umkehrt. In diesem Falle stehen die Aktivitäten der *Reaktionsprodukte* – nach der Zellreaktion (9-7a) – im *Zähler* und die Aktivitäten der *Ausgangsstoffe* im *Nenner*. In dieser Form wird der Aktivitätenquotient üblicherweise beim *Massenwirkungsgesetz* (↑ 8.4.1) verwendet. Der Aktivitätenquotient Q

$$\frac{a(\text{Red}_K) \cdot a(\text{Ox}_A)}{a(\text{Ox}_K) \cdot a(\text{Red}_A)} = Q$$

ist im *Gleichgewichtszustand* gleich der Gleichgewichtskonstante K:

$$Q_{gl} = K$$

Die **Gleichgewichtskonstante** K einer Zellreaktion läßt sich daher aus der Standardzellspannung $U^\ominus$ berechnen.

$$U = U^\ominus - \frac{0{,}0592 \text{ V}}{z} \lg K \quad (9\text{-}10)$$

Bei Entnahme elektrischer Arbeit nimmt die Zellspannung U einer galvanischen Zelle ständig ab. Schließlich wird $U = 0$; dann ist der *Gleichgewichtszustand* erreicht. (Es wird dann gesagt, die Zelle sei »leer«.)

$$U^\ominus - \frac{0{,}0592 \text{ V}}{z} \lg K = 0 \quad (9\text{-}10a)$$

Das Überführungsglied ist dann gleich der Standardzellspannung $U^\ominus$:

$$U^\ominus = \frac{0{,}0592 \text{ V}}{z} \lg K \quad (9\text{-}10b)$$

Durch Auflösen dieser Gleichung nach lg K erhalten wir die Gleichgewichtskonstante K:

$$\lg K = \frac{z \cdot U^{\ominus}}{0{,}0592 \text{ V}} \tag{9-10c}$$

$$K = 10^{\frac{z \cdot U^{\ominus}}{0{,}0592 \text{ V}}} \tag{9-10d}$$

Da die Standardzellspannung $U^{\ominus}$ nach Gleichung (9-4) aus tabellierten Standardelektrodenpotentialen $\mathcal{E}^{\ominus}$ berechnet werden kann, ist die Gleichgewichtskonstante K auf diesem Wege auch dann zugänglich, wenn die zugrunde liegende Redoxreaktion nicht in einer galvanischen Zelle realisiert werden kann.

Beispiel: Die Gleichgewichtskonstante K ist zu berechnen für die Redoxreaktion:

$$Pb^{2+} + 2\,e^- \rightleftarrows Pb$$
$$Sn \rightleftarrows Sn^{2+} + 2\,e^-$$
$$\overline{Pb^{2+} + Sn \rightleftarrows Pb + Sn^{2+}}$$

$U^{\ominus} = \mathcal{E}^{\ominus}(Pb^{2+}) - \mathcal{E}^{\ominus}(Sn^{2+})$
$U^{\ominus} = -1{,}3 \text{ V} - (-1{,}4 \text{ V})$
$U^{\ominus} = 0{,}1 \text{ V}$

$\lg K = \dfrac{2 \cdot 0{,}1 \text{ V}}{0{,}0592 \text{ V}}$; $\lg K = 3{,}378$

$K = 10^{3{,}378}$; $K = 2{,}39 \cdot 10^3$

Da die Gleichgewichtskonstante $K > 1$, läuft die Redoxreaktion von links nach rechts ab.

9.7.4 Standardzellspannung und molare freie Standardreaktionsenthalpie

Die NERNSTsche Gleichung resultiert aus der *chemischen Thermodynamik*. Für *Zellreaktionen* nimmt die VAN'T HOFFsche Reaktionsisotherme (Gleichung 7-12) folgende Form an:

$$\Delta_R G = \Delta_R G^{\ominus} + R \cdot T \cdot \ln \frac{a(\text{Red}_K) \cdot a(\text{Ox}_A)}{a(\text{Ox}_K) \cdot a(\text{Red}_A)} \tag{9-11}$$

Im *Gleichgewichtszustand* ist

– die *molare freie Reaktionsenthalpie* $\Delta_R G^{\ominus} = 0$ und

– der *Aktivitätenquotient* Q_{gl} gleich der *Gleichgewichtskonstante* $Q_{gl} = K$.

9.7 NERNSTsche Gleichung

Die Gleichung (9-11) geht daher über in:

$$\Delta_R G^\ominus + R \cdot T \cdot \ln K = 0 \quad \text{und}$$

$$\Delta_R G^\ominus = -R \cdot T \cdot \ln K \tag{9-12}$$

Für die *Zellspannung U* gilt

$$U = U^\ominus - \frac{R \cdot T}{z \cdot F} \ln \frac{a(\text{Red}_K) \cdot a(\text{Ox}_A)}{a(\text{Ox}_K) \cdot a(\text{Red}_A)} \tag{9-13}$$

Diese allgemeine Größengleichung entspricht der zugeschnittenen Größengleichung (9-9a).

Im *Gleichgewichtszustand* ist $U = 0$ und $Q_{gl} = K$. Gleichung (9-13) geht daher über in:

$$U^\ominus - \frac{R \cdot T}{z \cdot F} \ln K = 0 \quad \text{und}$$

$$U^\ominus = \frac{R \cdot T}{z \cdot F} \ln K \tag{9-14}$$

Durch Umstellung erhalten wir

$$U^\ominus \cdot z \cdot F = R \cdot T \cdot \ln K \tag{9-14a}$$

Die rechte Seite dieser Gleichung ist bei umgekehrtem Vorzeichen gleich der rechten Seite der Gleichung (9-12). Durch Gleichsetzen ergibt sich:

$$\Delta_R G^\ominus = -U^\ominus \cdot z \cdot F \tag{9-15}$$

Diese Gleichung stellt die Beziehung her zwischen

– der VAN'T HOFFschen Reaktionsisotherme (9-11) und
– der NERNSTschen Gleichung (9-13).

Die molare freie Standardreaktionsenthalpie $\Delta_R G^\ominus$ einer Zellreaktion kann mit dieser Gleichung aus der Standardzellspannung $U^\ominus$ berechnet werden.

Beispiel: Die molare freie Standardreaktionsenthalpie $\Delta_R G^\ominus$ für die Zellreaktion der DANIELL-Zelle:

$$\Delta_R G^\ominus = -1{,}11 \text{ V} \cdot 2 \cdot 96485 \text{ A} \cdot \text{s} \cdot \text{mol}^{-1}$$
$$\Delta_R G^\ominus = -214197 \text{ W} \cdot \text{s} \cdot \text{mol}^{-1}$$
$$\Delta_R G^\ominus = -214{,}2 \text{ kJ} \cdot \text{mol}^{-1}$$

9.8 Elektrische Arbeit

Wie die Gleichung (9-15) für *Standardgrößen* gilt, so gilt für Zellreaktionen bei *beliebiger* Zusammensetzung des reagierenden Systems, das heißt, bei beliebigen Ionenaktivitäten a, die Gleichung:

$$\Delta_R G = -U \cdot z \cdot F \qquad (9\text{-}15a)$$

Die *molare freie Reaktionsenthalpie* $\Delta_R G$ und die *Zellspannung* U sind einander – bei entgegengesetzten Vorzeichen – proportional.

In einer elektrochemischen Zelle verläuft die Zellreaktion

- *freiwillig*, wenn $\Delta_R G < 0$ und $U > 0$,
- nur *unter Zwang*, wenn $\Delta_R G > 0$ und $U < 0$,
- während bei $\Delta_R G = 0$ und $U = 0$ *Gleichgewicht* herrscht.

Danach können *elektrochemische Zellen*

- als *galvanische Zellen* – Zellreaktion verläuft freiwillig – oder
- als *Elektrolysezellen* – Zellreaktion verläuft unter Zwang – auftreten.

Eine *galvanische Zelle* gibt bei geschlossenem Stromkreis *elektrische Arbeit* w_{el} *ab*, wobei die innere Energie u des reagierenden Redoxsystems abnimmt.

Einer *Elektrolysezelle* wird *elektrtische Arbeit* w_{el} *zugeführt*, wodurch die innere Energie u des reagierenden Redoxsystems zunimmt.

Die Gleichung (9-15a) ermöglicht es, eine etwas anschaulichere Vorstellung von der molaren freien Reaktionsenthalpie $\Delta_R G$ zu gewinnen:

Es entspricht unserer Erfahrung, daß die *Zellspannung* U einer galvanischen Zelle bei Entnahme elektrischer Arbeit *abnimmt*. Zugleich *nimmt* die *molare freie Reaktionsenthalpie* $\Delta_R G$ (von negativen Werten ausgehend) *zu*. Das entspricht dem *unterschiedlichen Vorzeichen* der Überführungsglieder in den Gleichungen (9-13) und (9-11). Wenn mit fortschreitender Redoxreaktion der Aktivitätenquotient größer wird (weil die Aktivitäten der Reaktionsprodukte zunehmen und die Aktivitäten der Ausgangsstoffe abnehmen), so wirkt sich das demnach auf Zellspannung U und molare freie Reaktionsenthalpie $\Delta_R G$ entgegengesetzt aus.

Bei der *elektrischen Arbeit* ist besonders auf die *Vorzeichensetzung* zu achten. Die Prozeßgröße *Wärme* q und damit die *molare Reaktionsenthalpie* $\Delta_R H$

9.8 Elektrische Arbeit

haben *negatives* Vorzeichen, wenn das System *Wärme* abgibt, und *positives* Vorzeichen, wenn das System *Wärme* aufnimmt.

In Analogie dazu erhält die elektrische Arbeit *negatives* Vorzeichen, wenn *das System Arbeit verrichtet*, und *positives* Vorzeichen, wenn am System *Arbeit verrichtet wird*. In der Literatur werden aber auch die entgegengesetzten Vorzeichen verwendet, also positives Vorzeichen für die elektrische Arbeit, die eine galvanische Zelle verrichtet. Eine saubere Unterscheidung wird erreicht, wenn neben

- der vom System her betrachteten elektrischen Arbeit w_{el}
- eine von der Umgebung her betrachtete elektrische Arbeit w'_{el}

verwendet wird.

$$w_{el} = -w'_{el}$$

Die molare freie Reaktionsenthalpie $\Delta_R G$ gibt die *molare elektrische Arbeit* an, die ein System höchstens verrichten kann[1]:

$$\Delta_R G = W_{el} \quad \text{bzw.} \tag{9-16}$$

$$\Delta_R G = -W'_{el} \tag{9-16a}$$

Die molare freie Reaktionsenthalpie $\Delta_R G$ wird aus dieser Sicht auch als *maximale molare elektrische Arbeit* betrachtet. Da die molare freie Reaktionsenthalpie $\Delta_R G$ bei freiwillig verlaufenden Reaktionen, also auch für galvanische Zellen, immer *negatives* Vorzeichen hat, gibt die Gleichung (9-16a) den Sachverhalt adäquat wieder, da in diesem Falle die *maximale* molare elektrische Arbeit W'_{el} *positives* Vorzeichen erhält. (Diesem Maximum entspricht nach Gleichung (9-16) ein Minimum an molarer elektrischer Arbeit W_{el}.)

Die Änderung der inneren Energie Δu eines Systems erfolgt durch Austausch von Wärme q und Arbeit w (↑ Gleichung (7-1), S. 252).
Wird nur elektrische Arbeit w_{el}, keine Volumenarbeit w_{vol}, ausgetauscht, so gilt:

$$\Delta u = q + w_{el}$$

Der Anteil der *elektrischen Arbeit* ist um so *größer*, je *geringer* die *Stromstärke* ist. Mit zunehmender Stromstärke wächst der Anteil der Wärme. Bei einem Kurzschluß wird nur noch Wärme abgegeben und keine elektrische Arbeit mehr verrichtet.

---

[1] Dabei wird angenommen, es handle sich um einen *reversiblen* Vorgang, bei dem infinitesimale (verschwindend kleine) Änderungen stattfinden, die sich ohne Verluste an Arbeit oder Wärme jederzeit umkehren können.

9.9 Akkumulatoren

Akkumulatoren sind galvanische Zellen, in denen auf Grund umkehrbarer elektrochemischer Vorgänge Energie gespeichert werden kann, indem elektrische Arbeit zugeführt und wieder abgegeben wird.

Die Akkumulatoren werden als *Sekundärzellen* (Sekundärelemente) den *Primärzellen* (Primärelementen) (↑ 9.3) gegenübergestellt. *Sekundär*zellen heißen sie, da sie erst durch Laden zu galvanischen Zellen werden.

Die in eine Elektrolytlösung tauchenden Elektroden eines Akkumulators werden durch *Laden*, d.h. durch *Zufuhr elektrischer Arbeit, polarisiert*. (Unter Polarisation wird jede durch Stromfluß bewirkte Änderung eines Elektrodenpotentials verstanden; ↑ 9.11.)

Bei *Entnahme elektrischer Arbeit* aus einem Akkumulator geht die Polarisation der Elektroden allmählich zurück. Dieser Vorgang wird *Entladen* genannt.

Laden und Entladen eines Akkumulators sind einander entgegengesetzte elektrochemische Vorgänge.

Beim Laden erhöht sich die innere Energie des elektrochemischen Systems, beim Entladen nimmt sie ab. Auf dieser Möglichkeit, Energie zu speichern, beruht die Bezeichnung *Akkumulator*[1] bzw. Sammler.

Die bekanntesten Akkumulatoren sind der Bleiakkumulator und der Nickel-Cadmium-Akkumulator.

Beim **Bleiakkumulator** dienen Blei (am Minuspol) und Blei(IV)-oxid (am Pluspol) als Elektrodenmaterial und Schwefelsäure als Elektrolyt:

$(-)Pb/H_2SO_4/PbO_2(+)$

Die Elektrodenplatten bestehen aus einem Bleigitter, das am Minuspol mit einer porösen Masse aus Blei, am Pluspol mit einer porösen Masse aus Blei(IV)-oxid ausgefüllt ist. Zwischen den Platten verhindern *Scheider* aus perforiertem Plastmaterial Kontakte, während die Ionenleitfähigkeit gewährleistet wird (Bild 9-16).

Bei Entnahme elektrischer Arbeit gehen sowohl das Blei als auch das Blei(IV)-oxid in Blei(II)-sulfat über. Dieses ist schwerlöslich, es bleibt daher im Blei bzw. im Blei(IV)-oxid verteilt, was Voraussetzung für die Umkehrung der Elektrodenvorgänge ist.

---

[1] *accumulare* (lat.) anhäufen

9.9 Akkumulatoren

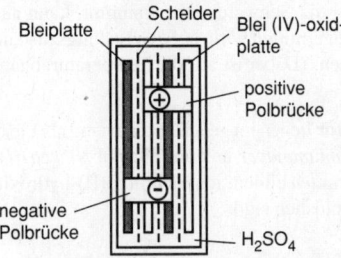

Bild 9-16: Zelle eines Bleiakkumulators (Prinzipskizze)

Der Gesamtvorgang des Entladens und des Ladens läßt sich unter Verwendung von Oxidationszahlen (↑ 5.5.3) wie folgt darstellen:

$$\overset{0}{Pb} + \overset{+4}{PbO_2} + 2\,H_2SO_4 \underset{\text{Laden}}{\overset{\text{Entladen}}{\rightleftarrows}} 2\,\overset{+2}{PbSO_4} + 2\,H_2O$$

Beim Entladen verlaufen die Elektrodenvorgänge freiwillig, der Akkumulator wirkt als galvanische Zelle.

Beim Laden verlaufen die Elektrodenvorgänge unter äußerem Zwang, unter Zufuhr elektrischer Arbeit.

Die Elektrodenvorgänge sind kompliziert, und es gibt dazu noch unterschiedliche Auffassungen. Als sicher gilt, daß beim Entladen am *Minuspol* durch anodische Oxidation Blei(II)-ionen entstehen:

$$Pb \rightarrow Pb^{2+} + 2\,e^-$$

Da freie Blei(IV)-ionen nicht nachgewiesen werden können, wird angenommen, daß am *Pluspol* die katodische Reduktion unter Beteiligung von Wasserstoffionen H^+ (bzw. Hydroniumionen H_3O^+) der Schwefelsäure abläuft:

$$PbO_2 + 4\,H^+ + 2\,e^- \rightarrow Pb^{2+} + 2\,H_2O$$

Die bei der Dissoziation bzw. Protolyse der Schwefelsäuremoleküle in der Elektrolytlösung zurückbleibenden Hydrogensulfationen, HSO_4^-

$$H_2SO_4 \rightleftarrows HSO_4^- + H^+ \quad \text{bzw.}$$

$$H_2SO_4 + H_2O \rightleftarrows HSO_4^- + H_3O^+$$

bilden dann in einer – nicht elektrochemischen – Folgereaktion mit den Blei(II)-ionen schwerlösliches Bleisulfat:

$$Pb^{2+} + HSO_4^- \rightarrow PbSO_4 + H^+$$

Diese Folgereaktion wird beim Laden des Akkumulators ebenfalls umgekehrt.

Da beim Entladen die Konzentration der Schwefelsäure abnimmt, kann aus deren Dichte, die mit einem Aräometer ermittelt wird, auf den Ladungszustand des Akkumulators geschlossen werden. (Dabei ist auf die Temperaturabhängigkeit der Dichte zu achten.)

Beim **Nickel-Cadmium-Akkumulator** liegen im geladenen Zustand als Elektrodenmaterialien am Minuspol *Cadmiumpulver* und am Pluspol *Nickel(III)-oxidhydroxid* NiO(OH) vor. *Beim Entladen* bilden sich Cadmium(II)-hydroxid und Nickel(II)-hydroxid, die beide unlöslich sind.

$$\text{Minuspol: } \overset{0}{\text{Cd}} + 2\,\text{OH}^- \rightarrow \overset{+2}{\text{Cd(OH)}_2} + 2\,\text{e}^- \quad \text{anodische Oxidation}$$

$$\text{Pluspol: } 2\,\overset{+3}{\text{NiO(OH)}} + 2\,\text{H}_2\text{O} + 2\,\text{e}^- \rightarrow 2\,\overset{+2}{\text{Ni(OH)}_2} + 2\,\text{OH}^-$$

$$\text{katodische Reduktion}$$

Durch Addition ergibt sich für den Gesamtvorgang des Entladens und des Ladens:

$$2\,\text{NiO(OH)} + \text{Cd} + 2\,\text{H}_2\text{O} \underset{\text{Laden}}{\overset{\text{Entladen}}{\rightleftarrows}} 2\,\text{Ni(OH)}_2 + \text{Cd(OH)}_2$$

Als Elektrolyt dient Kalilauge. Das Kaliumhydroxid nimmt aber an den Elektrodenvorgängen nicht teil, es bewirkt nur die elektrische Leitfähigkeit. (Dementsprechend läßt sich der Ladungszustand eines Nickel-Cadmium-Akkumulators nicht über die Dichte der Kalilauge ermitteln.) Das Zellsymbol lautet:

(−) Cd/KOH/NiO(OH) (+)

Die Elektrodenmaterialien befinden sich in flachen Taschen aus perforiertem veredeltem Stahlblech. Zwischen den Elektroden befinden sich auch bei diesem Akkumulator Scheider aus Plastmaterial (Bild 9-17).

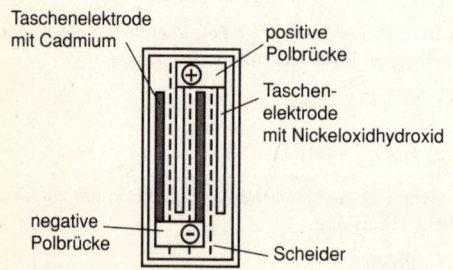

Bild 9-17: Zelle eines Nickel-Cadmium Akkumulators (Prinzipskizze)

9.9 Akkumulatoren

Beim **Nickel-Eisen-Akkumulator** wird am *Minuspol* statt des Cadmiumpulvers *Eisenpulver* verwendet. Der Elektrodenvorgang ist:

$$\text{Fe} + 2\,\text{OH}^- \rightarrow \text{Fe(OH)}_2 + 2\,\text{e}^- \qquad \text{anodische Oxidation}$$

Da für beide Akkumulatoren vorwiegend Gefäße aus Stahlblech verwendet werden, sind sie auch unter der Bezeichnung *Stahlsammler* bekannt.

Bei gleicher Kapazität[1] sind die Nickelakkumulatoren viel leichter als Bleiakkumulatoren und weniger anfällig gegen ein Aufbewahren im ungeladenen Zustand, aber des Nickels wegen auch wesentlich kostspieliger. Sie werden daher vor allem dort verwendet, wo es besonders auf geringe Masse ankommt (Flugwesen, Raumfahrt, Motorräder, Grubenlampen) oder wo die Materialkosten wenig ins Gewicht fallen (aufladbare Knopfzellen, z.B. für elektronische Hörgeräte; Bild 9-18).

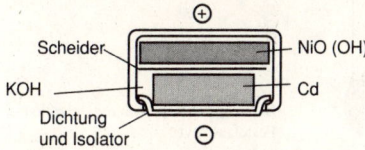

Bild 9-18: Nickel-Cadmium-Knopfzelle

Die **Natrium-Schwefel-Zelle** ist die aussichtsreichste Entwicklung einer umweltfreundlichen alternativen Stromquelle für Straßenfahrzeuge. Der Rahmen bisheriger Vorstellungen über Akkumulatoren wird hier völlig gesprengt. Die Elektrodenmaterialien *Natrium* und *Schwefel* und die sich bildenden *Natriumpolysulfide* befinden sich in schmelzflüssigem Zustand, und der *Elektrolyt* ist ein *Feststoff* (Bild 9-19). Die Betriebstemperatur liegt bei 350 °C. Da weder der Siedepunkt des Schwefels überschritten noch der Schmelzpunkt der Polysulfide unterschritten werden darf, ist nicht nur eine sehr anspruchsvolle Wärmeisolierung, sondern auch eine aufwendige Temperaturregelung erforderlich.

Natrium bildet den *Minuspol, Schwefel* den *Pluspol.* Als *Festelektrolyt* dient gesintertes *Aluminiumoxid,* Al_2O_3. Natrium ist selbst elektronenleitend. Das Aluminiumoxid wird durch Natriumionen ionenleitend, der Schwefel wird durch Zugabe von Graphitpulver elektronenleitend. Als Zellsymbol kann angegeben werden:

$$(-)\text{Na}/\text{Na}^+(\text{Al}_2\text{O}_3)/\text{Na}_2\text{S}_x/\text{S}(\text{Graphit})(+).$$

---

[1] die in Amperestunden gemessen wird

Beim Entladen kommt es an der *Natriumelektrode* zur *anodischen Oxidation:*

$$Na \rightarrow Na^+ + e^-$$

und an der *Schwefelelektrode* zur *katodischen Reduktion:*

$$S + 2\,e^- \rightarrow S^{2-}$$

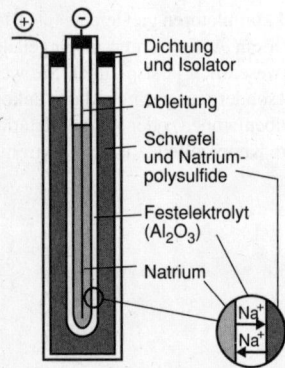

Bild 9-19: Natrium-Schwefelzelle mit Festelektrolyt

Neben diesen beiden grundlegenden Elektrodenvorgängen spielen auch andere eine Rolle. So nehmen die sich bildenden Natriumpolysulfide, Na_2S_x ($x = 2,3,4,5$), an den Vorgängen an der Schwefelelektrode teil, z.B. $2\,Na_2S_3 + 2\,Na^+ + 2\,e^- \rightleftarrows 3\,Na_2S_2$. Auch solche Elektrodenvorgänge sind umkehrbar und daher in der Sekundärzelle nutzbar. Auf Grund der Verschiedenartigkeit der Elektrodenvorgänge kann keine Standardzellspannung ermittelt werden, die nutzbare Zellspannung liegt bei 2 V. Durch Reihenschaltung von 90 Zellen wird im Versuchsbetrieb eine Spannung von 180 V erreicht.

Mit einer angestrebten Fahrstrecke von 200 km je Batterieladung kommt der Einsatz von Natrium-Schwefel-Akkumulatoren zunächst für den innerstädtischen Verkehr in Betracht. Damit wäre in Ballungsgebieten eine Reduzierung der Schadstoffemission zu erreichen. Allerdings tritt nur eine territoriale Verlagerung ein, wenn der zum Laden der Natrium-Schwefel-Batterien notwendige elektrische Strom aus Kraftwerken stammt, die auf Basis fossiler Brennstoffe arbeiten.

9.10 Elektrolyse

9.10.1 Elektrodenvorgänge

Während die *Metalle* (Leiter 1. Klasse) beim Stromdurchgang unverändert bleiben, ist der Stromdurchgang durch eine Schmelze oder eine Lösung eines *Elektrolyten* (Leiter 2. Klasse) stets mit *stofflichen Veränderungen* verbunden.

Wird an die Schmelze eines Elektrolyten eine Gleichspannung angelegt, so wandern

- **die Kationen zur Katode,**
- **die Anionen zur Anode**

und werden dort entladen.

Dadurch wird der *Elektrolyt zersetzt*. (Von der Möglichkeit, daß auch Veränderungen an der Anode eintreten, wird hier abgesehen; ↑ 9.10.3).

Beispiel: Aus einer Natriumchloridschmelze werden an der (mit dem Minuspol der Spannungsquelle verbundenen) *Katode* die *Natriumionen,* an der (mit dem Pluspol der Spannungsquelle verbundenen) *Anode* die *Chloridionen* entladen:

Katode:		$2\,Na^+ + 2\,e^- \rightleftarrows 2\,Na$	Reduktion
Anode:	primär:	$2\,Cl^- \rightleftarrows 2\,Cl + 2\,e^-$	Oxidation
	sekundär:	$2\,Cl \rightleftarrows Cl_2$	

An der Anode folgt auf den *primären* elektrochemischen Vorgang ein *sekundärer* Vorgang, der nicht elektrochemischer Natur ist. Das Natriumchlorid wird also durch den elektrischen Strom in elementares Natrium und elementares Chlor zerlegt.

Eine solche Zerlegung wird *Elektrolyse* genannt:

> **Eine Elektrolyse ist eine unter Ionenentladung ablaufende Zerlegung einer chemischen Verbindung mittels des elektrischen Stromes.**

Bei jeder Elektrolyse sind zwei Teilvorgänge zu unterscheiden, der *Katodenvorgang* und der *Anodenvorgang*.

- An der **Katode** werden von den Ionen **Elektronen aufgenommen,** es handelt sich um eine **Reduktion.**
- An der **Anode** werden von den Ionen **Elektronen abgegeben,** es handelt sich um eine **Oxidation.**

Die Elektrolyse ist ein Redoxvorgang, bei dem Oxidation und Reduktion räumlich voneinander getrennt ablaufen.

Die beiden Teilvorgänge einer Elektrolyse werden **anodische Oxidation** und **katodische Reduktion** genannt.

Die Vorgänge in einer Elektrolysezelle sind denen in einer galvanischen Zelle *entgegengesetzt* (↑ Bild 9-4; S. 350).

Die galvanische Zelle gibt elektrische Arbeit ab; man sagt auch: *sie liefert elektrischen Strom.*

Die Elektrolysezelle nimmt elektrische Arbeit auf; man sagt auch: *sie verbraucht elektrischen Strom.*

In einer *galvanischen Zelle* wird *chemische Energie in elektrische Energie* übergeführt. Die *innere Energie* der entstehenden Stoffe ist *geringer* als die der Ausgangsstoffe.

In einer *Elektrolysezelle* wird *elektrische Energie in chemische Energie* übergeführt. Die *innere Energie* der entstehenden Stoffe ist *höher* als die der Ausgangsstoffe.

In einer *galvanischen Zelle* laufen die elektrochemischen Vorgänge – sobald der Stromkreis geschlossen ist – von *selbst* ab.

Eine *Elektrolyse* läuft dagegen nur dann ab, wenn eine äußere Spannung angelegt wird, das heißt, wenn ein *äußerer Zwang* besteht.

Zu beachten ist:

- **In der galvanischen Zelle**
  ist Minuspol = Anode   Pluspol = Katode

- **In der Elektrolysezelle**
  ist Minuspol = Katode   Pluspol = Anode

Die Bezeichnungen **Pluspol** und **Minuspol** beziehen sich stets auf die beiden *Pole einer Spannungsquelle*. Wird bei einer Elektrolysezelle von einem Pluspol und einem Minuspol gesprochen, so bezieht sich das auf die Pole der Spannungsquelle, an die die Elektrolysezelle angeschlossen ist.

Sowohl für galvanische Zellen als auch für Elektrolysezellen gilt:

- **Am Minuspol herrscht stets Elektronenüberschuß.**
- **Am Pluspol herrscht stets Elektronenmangel.**

9.10 Elektrolyse

Die Bezeichnungen **Katode** und **Anode** beziehen sich stets auf die *Richtung des Elektronenstroms in den Elektroden*.

- Die **Katode** ist stets der Pol, zu dem der **Elektronenstrom** im Metall **hinfließt**. Die reagierenden Teilchen werden hier (durch Elektronenaufnahme) *reduziert*.
- Die **Anode** ist stets der Pol, von dem der **Elektronenstrom** im Metall **wegfließt**. Die reagierenden Teilchen werden hier (durch Elektronenabgabe) *oxidiert*.

In der *Elektrolysezelle* (↑ Bild 9-4; S. 349) findet am Minuspol (Katode) eine Reduktion statt,

Beispiel: $Na^+ + e^- \rightarrow Na$

am Pluspol (Anode) eine Oxidation.

Beispiel: $2\,Cl^- \rightarrow Cl_2 + 2\,e^-$

In der *galvanischen Zelle* (↑ Bild 9-4; S. 349) findet am Pluspol (Katode) eine Reduktion statt,

Beispiel: $Cu^{2+} + 2\,e^- \rightarrow Cu$

am Minuspol (Anode) eine Oxidation.

Beispiel: $Zn \rightarrow Zn^{2+} + 2\,e^-$

9.10.2 Elektrolyse wäßriger Lösungen

Bei der Elektrolyse wäßriger Lösungen kann außer dem gelösten Elektrolyten auch das *Wasser* an den Elektrodenvorgängen beteiligt sein. Dabei entsteht

- an der **Katode** **Wasserstoff**,
- an der **Anode** **Sauerstoff**.

Das läßt sich am einfachsten so erklären, daß die im Wasser enthaltenen Wasserstoffionen, H^+ (bzw. Hydroniumionen, H_3O^+), zur Katode wandern und dort entladen werden

$$H^+ + e^- \rightarrow H \quad \text{bzw.} \quad H_3O^+ + e^- \rightarrow H + H_2O,$$

während die gleichfalls vorhandenen Hydroxidionen, OH^-, zur Anode wandern und dort entladen werden:

$$2\,OH^- \rightarrow O + H_2O + 2\,e^-$$

Der atomare Wasserstoff und der atomare Sauerstoff, die bei diesen Elektrodenvorgängen entstehen, treten in sekundären Vorgängen, die nicht elektrochemischer Natur sind, zu molekularem Wasserstoff und molekularem Sauerstoff zusammen:

$$2\,H \rightarrow H_2 \qquad 2\,O \rightarrow O_2,$$

die gasförmig entweichen. Da bei jeder elektrochemischen Reaktion die Anzahl der abgegebenen und aufgenommenen Elektronen gleich sein muß, ergibt sich folgende Gesamtreaktion:

Katode:	$4\,H^+ + 4\,e^-$	$\rightarrow 2\,H_2\uparrow$	Reduktion
Anode:	$4\,OH^-$	$\rightarrow O_2\uparrow + 2\,H_2O + 4\,e^-$	Oxidation
	$4\,H^+ + 4\,OH^-$	$\rightarrow 2\,H_2\uparrow + O_2\uparrow + 2\,H_2O$	

Da im Wasser und in neutralen wäßrigen Lösungen Wasserstoffionen, H^+, und Hydroxidionen, OH^-, nur in sehr geringer Konzentration ($c = 10^{-7}$ mol $\cdot$ l^{-1}) enthalten sind, müssen diese ständig durch elektrolytische Dissoziation von Wassermolekülen

$$H_2O \rightleftarrows H^+ + OH^-$$

nachgeliefert werden.

Da aus diesem Gleichgewicht an der Katode ständig Wasserstoffionen, an der Anode ständig Hydroxidionen entzogen werden, kommt es in der Nähe der Katode zu einer Anreicherung von Hydroxidionen, in der Nähe der Anode zu einer Anreicherung von Wasserstoffionen, was mit Hilfe von Lackmusfarbstoff oder anderen Indikatoren nachgewiesen werden kann. Diese Ionen wandern, solange eine Spannung anliegt, in Richtung der entgegengesetzt geladenen Elektroden und vereinigen sich in dem Maße, in dem eine Vermischung eintritt, wieder zu Wassermolekülen.

Bei der elektrolytischen Zerlegung von Wasser in Wasserstoff und Sauerstoff sind aber auch *Wassermoleküle* unmittelbar an Elektrodenvorgängen beteiligt. Es kommt bei hinreichender Spannung zur *katodischen Reduktion* und *anodischen Oxidation* von *Wassermolekülen*:

Katode:	$4\,H_2O + 4\,e^-$	$\rightarrow 2\,H_2\uparrow + 4\,OH^-$	Reduktion
Anode:	$2\,H_2O$	$\rightarrow O_2\uparrow + 4\,H^+ + 4\,e^-$	Oxidation
(bzw:	$6\,H_2O$	$\rightarrow O_2\uparrow + 4\,H_3O^+ + 4\,e^-$	Oxidation)
	$6\,H_2O$	$\rightarrow 2\,H_2\uparrow + O_2\uparrow + 4\,H^+ + 4\,OH^-$	
(bzw.	$10\,H_2O$	$\rightarrow 2\,H_2\uparrow + O_2\uparrow + 4\,H_3O^+ + 4\,OH^-$)	

An den Gleichungen ist direkt abzulesen, daß es auch bei diesem Reaktionsmechanismus in der Nähe der Katode zu einer Anreicherung von Hydroxidionen und in der Nähe der Anode zu einer Anreicherung von Wasserstoffionen kommt.

9.10 Elektrolyse

Da sich die Wasserstoffionen und die Hydroxidionen wieder zu Wassermolekülen vereinigen:

$$H^+ + OH^- \rightarrow H_2O,$$

läuft die Elektrolyse des Wassers auch nach diesem Reaktionsmechanismus auf die Reaktion

$$2\,H_2O \rightarrow 2\,H_2 + O_2$$

hinaus.

Stehen bei einer Elektrolyse für die katodische Reduktion bzw. für die anodische Oxidation *zwei oder mehr Kationen bzw. Anionen* zur Verfügung, so werden jeweils *jene Teilchen abgeschieden,* für deren Entladung die *niedrigste Spannung* ausreicht. (Das gilt – wie oben gezeigt – sinngemäß auch für die Wassermoleküle, die sowohl der katodischen Reduktion [zu Wasserstoff] als auch der anodischen Oxidation [zu Sauerstoff] unterliegen können.)

Für die wichtigsten **Kationen** ergibt sich folgende **Reihe der Entladbarkeit:**

---

sehr unedle Metalle　　**mäßig unedle Metalle**　　**edle Metalle**

K^+ Na^+ Mg^{2+} Al^{3+} H^+ Zn^{2+} Fe^{2+} Ni^{2+} Sn^{2+} Pb^{2+} Cu^{2+} Ag^+ Au^{3+}

schwer entladbar $\longleftarrow$————————$\longrightarrow$ leicht entladbar

Aus wäßriger Lösung werden abgeschieden:

nur Wasserstoff　　　**Metall und Wasserstoff**　　　**nur Metall**

Weshalb der Wasserstoff in der Entladbarkeitsreihe der Kationen weiter links steht als in der Spannungsreihe der Metalle (↑ 9.2), läßt sich mittels der NERNSTschen Gleichung (↑ 9.7) erklären:

Das Standardelektrodenpotential des Wasserstoffs, aus dem sich seine Stellung in der Spannungsreihe der Metalle ergibt, ist auf eine Salzsäure mit der Ionenaktivität (wirksamen Ionenkonzentration) $a = 1$ bezogen; das entspricht dem pH-Wert 0. Eine wäßrige Salzlösung hat in der Regel, d.h. wenn keine Hydrolyse auftritt, den pH-Wert 7. Die Ionenaktivität der Wasserstoffionen ist hier sehr viel geringer; sie beträgt $a = 10^{-7}$. Nach der NERNSTschen Gleichung ist das Elektrodenpotential des Wasserstoffs (bei 25 °C) für eine wäßrige Salzlösung mit dem pH-Wert 7 wie folgt zu berechnen:

$$\varepsilon = 0 + \frac{0{,}0592\text{ V}}{1}\,\lg 10^{-7}$$
$$\varepsilon = 0 + 0{,}0592\text{ V}\cdot(-7)$$
$$\varepsilon = -0{,}414\text{ V}$$

Taucht ein Metall in die neutrale wäßrige Lösung eines seiner Salze mit der Ionenaktivität $a = 1$ und der Temperatur 25 °C, so ist das Elektrodenpotential ε dieses Metalls gleich dessen Standardelektrodenpotential $\varepsilon^{\ominus}$ und das Elektrodenpotential des Wasserstoffs $\varepsilon(H_2)$ = – 0,41 V. Demnach müssen sich aus solchen wäßrigen Lösungen alle Metalle elektrolytisch abscheiden lassen, deren Standardelektrodenpotential positiver ist als –0,41 V. Das trifft außer für die Metalle, die in der Spannungsreihe rechts vom Wasserstoff stehen (*Kupfer, Silber* usw.), auch für die Metalle *Blei, Zinn* und *Nickel* zu, die in der Spannungsreihe links vom Wasserstoff stehen. In einer neutralen Salzlösung wird also – infolge der geringeren Konzentration der Wasserstoffionen – der Wasserstoff in der Spannungsreihe gewissermaßen nach links verschoben.

In der Praxis lassen sich allerdings die in der Spannungsreihe noch weiter links stehenden Metalle *Eisen, Chrom* und *Zink* ebenfalls elektrolytisch aus wäßrigen Lösungen abscheiden. Das beruht darauf, daß die in diesem Falle an sich zu erwartende Wasserstoffabscheidung an der Katode durch Überspannungserscheinungen (↑ 9.11) gehemmt wird.

Besonders hoch ist die Überspannung an Quecksilber, so daß sich an Quecksilberelektroden sogar die sehr unedlen Metalle, wie Natrium, abscheiden lassen, wobei sie mit dem Quecksilber sofort ein Amalgam bilden (↑ Quecksilberverfahren; Kap. 11.3.4).

Für die wichtigsten **Anionen** ergibt sich folgende **Reihe der Entladbarkeit:**

Komplexe Anionen (SO_4^{2-}, NO_3^- u.a.) OH^- Cl^- Br^- I^-

schwer entladbar ←──────────────→ leicht entladbar

Aus den beiden Reihen der Entladbarkeit läßt sich ablesen, was aus den wäßrigen Lösungen verschiedener Elektrolyte abgeschieden wird.

Beispiele: Es werden abgeschieden:	an der Katode	an der Anode
aus Salzsäure, HCl	H_2	Cl_2
aus Schwefelsäure, H_2SO_4	H_2	O_2
aus Salpetersäure, HNO_3	H_2	O_2
aus Natronlauge, NaOH	H_2	O_2
aus Kupferchloridlösung, $CuCl_2$	Cu	Cl_2
aus Kupfersulfatlösung, $CuSO_4$	Cu	O_2
aus Nickelsulfatlösung, $NiSO_4$	Ni + H_2	O_2
aus Natriumchloridlösung, NaCl	H_2	Cl_2
aus Natriumsulfatlösung, Na_2SO_4	H_2	O_2

↑ dazu die Bilder 9-20 bis 9-23.

9.10 Elektrolyse

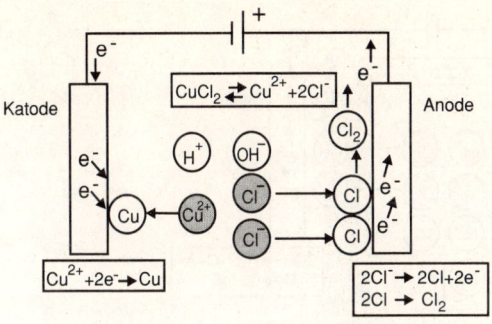

Bild 9-20: Elektrolyse einer wäßrigen Kupfer(II)-chloridlösung

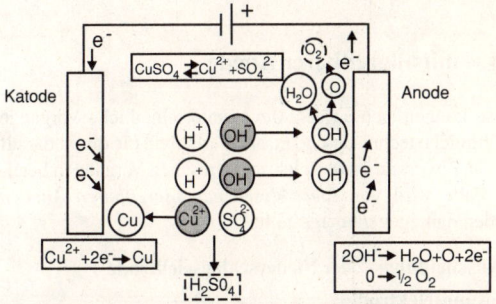

Bild 9-21: Elektrolyse einer wäßrigen Kupfer(II)-sulfatlösung

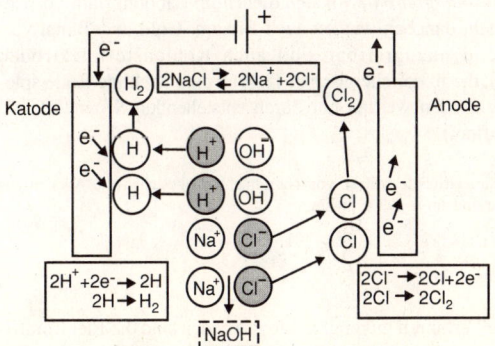

Bild 9-22: Elektrolyse einer wäßrigen Natriumchloridlösung

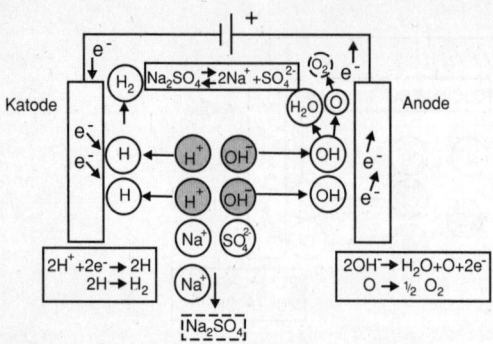

Bild 9-23: Elektrolyse einer wäßrigen Natriumsulfatlösung

9.10.3 Elektrolyse mit angreifbarer Anode

Bei einer Elektrolyse können sich an der *Anode* unterschiedliche Vorgänge abspielen. Es gibt zahlreiche technisch-chemische Verfahren, die direkt darauf beruhen, daß das *Anodenmaterial* an den elektrochemischen Vorgängen beteiligt ist. In diesem Falle wird von *Elektrolysen mit angreifbaren Anoden* gesprochen. Es werden dann gegenübergestellt:

- die **Katode** als **Abscheidungs-** oder **Niederschlagselektrode**
- die **Anode** als **Lösungselektrode**

In den Abschnitten 9.10.1 und 9.10.2 wurde stets vorausgesetzt, daß die Anode unangreifbar ist. Als *unangreifbare Anoden* dienen im Laboratorium vorwiegend *Platinelektroden*, daneben werden auch Iridium, Gold und Tantal verwendet. Weitgehend unangreifbar sind auch Kohlenstoffelektroden (Graphitelektroden), die in der chemischen Technik eine wichtige Rolle spielen. (Kohlenstoffelektroden werden nur durch entstehenden Sauerstoff und durch Fluor angegriffen.)

Beispiel: Bei der Schmelzflußelektrolyse von Natriumchlorid bestehen die Anoden aus Graphit. Sie sind am Anodenvorgang

$$2\,Cl^- \rightarrow 2\,Cl + 2\,e^-; \quad 2\,Cl \rightarrow Cl_2$$

nicht beteiligt.

Wichtige technische Verfahren mit angreifbaren Anoden sind die Elektroraffination von Metallen, die Galvanotechnik, das Eloxieren und das Elysieren.

9.10 Elektrolyse

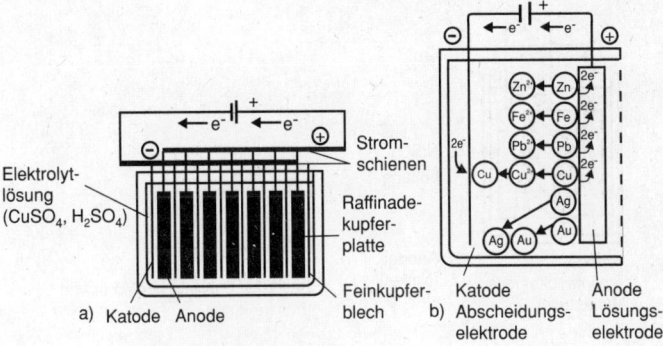

Bild 9-24: Elektroraffination des Kupfers (Prinzipskizzen)
a) Elektrolysezelle, b) Elektrodenvorgänge

- Bei der **Elektroraffination des Kupfers** werden Raffinadekupferplatten (99% Cu) als Anoden und Feinkupferbleche als Katoden in eine Elektrolytlösung eingehängt, die neben Kupfer(II)-sulfat Schwefelsäure enthält (Bild 9-24). Bei Stromdurchgang laufen folgende Elektrodenvorgänge ab:

Anode: $Cu_{roh} \rightarrow Cu^{2+} + 2\,e^-$ Oxidation

Katode: $Cu^{2+} + 2\,e^- \rightarrow Cu_{rein}$ Reduktion

An der Anode geht Kupfer in Form von Kupfer(II)-ionen in Lösung (anodische Oxidation), während die gleiche Anzahl Kupfer(II)-ionen aus der Lösung an der Katode elementar abgeschieden wird (katodische Reduktion). (Der Unterschied gegenüber einer Elektrolyse mit unangreifbarer Anode wird deutlich, wenn man bedenkt, daß an dieser Wassermoleküle zu Sauerstoff entladen würden [↑ 9.10.2].)

Die *edleren Metalle* (Silber, Gold u.a.) werden bei der Elektroraffination des Kupfers an der Anode *nicht oxidiert* und bleiben daher ungelöst. Sie werden aus dem *Bodenschlamm* der Elektrolysezellen gewonnen. Die unedleren Metalle (Blei, Eisen, Zink u.a.) werden zwar an der Anode oxidiert, aber an der Katode *nicht reduziert,* da zur Entladung ihrer Ionen eine höhere Spannung erforderlich wäre als zur Entladung der Kupferionen. Die unedlen Metalle bleiben also in der Lösung zurück, so daß es gelingt, *Elektrolytkupfer* mit einer Reinheit von 99,97% zu gewinnen.

- Bei der **Galvanotechnik**[1] werden auf elektrolytischem Wege metallische Überzüge erzeugt. Dabei wird unterschieden zwischen
  - *Galvanostegie*[2], bei der die Überzüge dem Korrosionsschutz und dekorativen Zwecken dienen, und
  - *Galvanoplastik,* bei der es um die Nachbildung plastischer Gegenstände geht.

---

1) Bei der Galvanotechnik handelt es sich in der Regel *nicht* um galvanische Vorgänge, sondern um elektrolytische Vorgänge, da sie nicht freiwillig, sondern nur mit äußerem Zwang verlaufen (↑ 9.8).
2) *stego* (griech.) bedecken

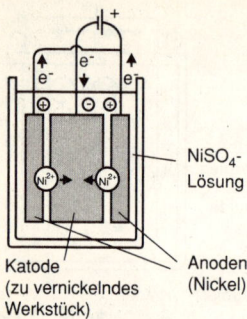

Bild 9-25: Galvanisches Vernickeln (Prinzipskizze)

Nicht alle, aber die meisten Verfahren der Galvanotechnik arbeiten mit angreifbaren Anoden. Die elektrolytische Erzeugung der Metallüberzüge beruht auf katodischer Reduktion. Das zu überziehende Werkstück wird als Katode (Abscheidungselektrode) in die Elektrolysezelle eingebracht. Die Anode besteht – von Ausnahmen, z.B. der Verchromung, abgesehen – aus dem Metall, das als Überzug dienen soll (Bild 9-25). Das hat den Vorteil, daß die Konzentration der Elektrolytlösung annähernd konstant bleibt, da die Anzahl an Metallionen, die an der Katode entladen wird, gleichzeitig an der Anode in Lösung geht.

Beispiel: Beim galvanischen Versilbern besteht die Anode (Lösungselektrode) aus Silber. Das zu versilbernde Werkstück wird als Katode (Abscheidungselektrode) in die Lösung eines Silbersalzes eingehängt. Es laufen folgende Elektrodenvorgänge ab:

Anode: $Ag \rightarrow Ag^+ + e^-$ Oxidation
Katode: $Ag^+ + e^- \rightarrow Ag$ Reduktion

Auch auf nichtmetallischen Werkstücken kann ein metallischer Überzug erzeugt werden. Dazu werden die Werkstücke vorher durch Graphitpulver elektrisch leitfähig gemacht.

- Das **Eloxieren** (auch *Aloxidieren* genannt; ↑ 13.3.2), das zur Erzeugung einer Oxidschutzschicht auf Aluminium angewandt wird, beruht auf *anodischer Oxidation*. Das zu schützende Werkstück wird dazu als Anode in eine geeignete Elektrolytlösung (z.B. verdünnte Schwefelsäure) eingebracht (Bild 9-26). An den Elektroden erfolgt eine elektrolytische Zersetzung des Wassers (↑9.10.2). Während der an der Katode entstehende Wasserstoff gasförmig entweicht, reagiert der Sauerstoff mit dem Aluminium der Anode:

$$2\,Al + 3\,O \rightarrow Al_2O_3$$

Auf diese Weise wird die das Metall schützende natürliche Oxidschicht des Aluminiums künstlich verstärkt.

9.10 Elektrolyse

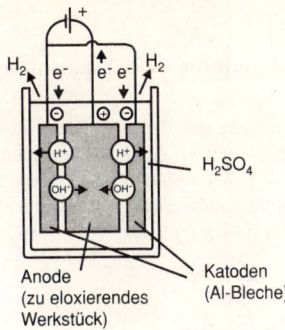

Bild 9-26: Eloxieren (Prinzipskizze)

- Das **Elysieren** ist ein modernes Verfahren der Metallbearbeitung, insbesondere für schwer spanbare Werkstoffe, wie hochlegierte Stähle und Hartmetalle. Das Elysieren kann die Aufgaben des Bohrens, Schneidens, Drehens, Senkens und Schleifens übernehmen.

Beim Elysieren wird das zu bearbeitende Werkstück an den Pluspol einer Gleichspannungsquelle angeschlossen, das Werkzeug an den Minuspol. Eine Elektrolytlösung (z.B. Salzsäure) stellt in dem schmalen Spalt (< 0,5 mm) zwischen Werkstück und Werkzeug eine ionenleitende Verbindung her (Bild 9-27). Am Werkstück kommt es dann zu einer *anodischen Oxidation,* das Werkstück ist bei diesem elektrolytischen Vorgang *Lösungselektrode*. Am Werkzeug (Katode) wird Wasserstoff abgeschieden. Die in Lösung gegangenen Metallionen werden durch die rasch strömende Elektrolytlösung weggeführt.

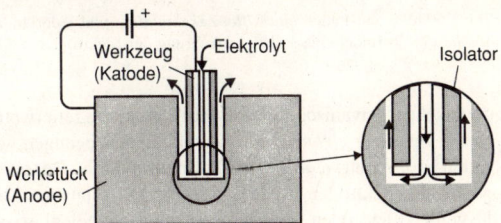

Bild 9-27: Elysierbohren
Der Isolator verhindert an den Flanken des Werkzeugs eine anodische Oxidation

Beim Elysieren werden sehr gute Oberflächenqualitäten und hohe Fertigungsgeschwindigkeiten erreicht. Aber die Anlagen sind kostspielig und die Aufarbeitung der mit Schwermetallionen belasteten Abwässer ist schwierig.

9.11 Polarisation - Zersetzungsspannung - Überspannung

Die *Elektrodenvorgänge* in einer *Elektrolysezelle* sind denen in einer *galvanischen Zelle entgegengesetzt*. Wird an eine galvanische Zelle eine entgegengesetzte äußere Spannung angelegt, so *kehren sich* die *Elektrodenvorgänge um*, sobald die äußere Spannung höher ist als die Zellspannung der galvanischen Zelle. Damit wird die *galvanische Zelle* zur *Elektrolysezelle*.

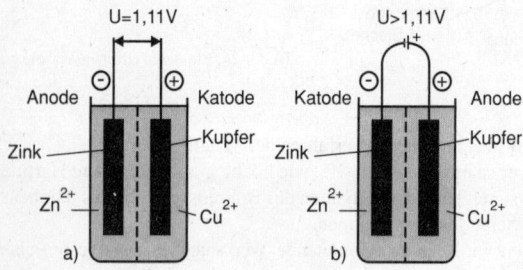

Bild 9-28: Umkehrbarkeit von Elektrodenvorgängen
  a) galvanische Zelle b) Elektrolysezelle

Beispiel: In einer DANIELL-Zelle kann durch eine Spannung $U > 1{,}11$ V erzwungen werden, daß sich Zink abscheidet und Kupfer in Lösung geht (Bild 9-28):

$Zn^{2+} + 2\,e^- \rightarrow Zn$ katodische Reduktion
$Cu \rightarrow Cu^{2+} + 2\,e^-$ anodische Oxidation

Auch beim Entladen und Laden eines *Blei-Akkumulators* und jeder anderen *Sekundärzelle* (↑ 9.9) findet eine solche Umkehrung der Elektrodenvorgänge statt.

Die Beziehungen zwischen galvanischer Zelle und Elektrolysezelle werden noch deutlicher, wenn von einer *elektrochemischen Zelle* ausgegangen wird, zwischen deren beiden Elektroden *keine* Potentialdifferenz besteht. Das ist z.B. der Fall, wenn zwei Platinelektroden in verdünnte Salzsäure tauchen (Bild 9-29a). Wird an die beiden Elektroden eine äußere Spannung angelegt, so wird die elektrochemische Zelle zur *Elektrolysezelle* (Bild 9-29b). Die mit dem *Minuspol* der äußeren Spannungsquelle verbundene Platinelektrode ist hier *Katode*, die mit dem *Pluspol* verbundene *Anode*. An der Katode werden Wasserstoffionen reduziert, an der Anode werden Chloridionen oxidiert:

$2\,H^+ + 2\,e^- \rightarrow H_2$ katodische Reduktion

$2\,Cl^- \rightarrow Cl_2 + 2\,e^-$ anodische Oxidation

9.11 Polarisation - Zersetzungsspannung - Überspannung

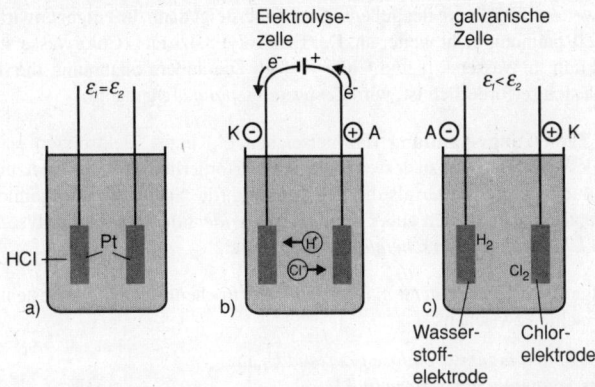

Bild 9-29: Chemische Polarisation

Der entstehende Wasserstoff und das entstehende Chlor werden zunächst an den Platinelektroden adsorbiert. Dadurch wird die eine Elektrode zur *Wasserstoffelektrode*, die andere zur *Chlorelektrode*. Beide Elektroden haben nun unterschiedliche Elektrodenpotentiale ε. Die eine der beiden Platinelektroden ist zum *Minuspol* geworden, die andere zum *Pluspol*. Dieser Vorgang wird Polarisation genannt, in diesem Falle genauer *chemische Polarisation*, da sie auf chemischen Vorgängen an den Elektroden beruht.

Unter **Polarisation** wird im Zusammenhang mit der Elektrolyse allgemein die *Änderung von Elektrodenpotentialen durch Stromfluß* verstanden.

Quantitativ ist die *Polarisation* die *Differenz* zwischen dem Elektrodenpotential unter Stromfluß ε_I und dem Elektrodenpotential im stromlosen Zustand ε_0 (auch Ruhepotential ε_R genannt):

$$\Delta\varepsilon = \varepsilon_I - \varepsilon_0$$

Durch die Polarisation hat sich zwischen den beiden Platinelektroden eine Zellspannung aufgebaut, die der äußeren Spannung entgegenwirkt.
Wird die äußere Spannung *abgeschaltet*, so liegt nun eine galvanische Zelle vor (Bild 9-29c), die in Umkehrung der oben angeführten Elektrodenvorgänge so lange elektrischen Strom liefern kann, bis die adsorbierten Gase Wasserstoff und Chlor verbraucht sind. Die Polarisation ist also *reversibel*.

Wird dagegen die äußere Spannung erhöht (Bild 9-29b), so wächst damit auch die ihr entgegenwirkende Zellspannung, bis schließlich der Partialdruck des Wasserstoffs bzw. des Chlors den herrschenden Luftdruck übersteigt. Es bilden sich dann Gasbläschen von Wasserstoff und Chlor, die aus der Elektrolytlösung entweichen.

Bei weiterer Erhöhung der äußeren Spannung steigt dann die entgegenwirkende Zellspannung nicht weiter an. Der Elektrolyt Salzsäure (Chlorwasserstoff) wird nun in Wasserstoff und Chlor zerlegt. Die äußere Spannung, die dazu mindestens erforderlich ist, wird *Zersetzungsspannung* genannt.

Die **Zersetzungsspannung** (Formelzeichen U_z) eines Elektrolyten ist die Mindestspannung, die zu dessen Elektrolyse erforderlich ist. Die Zersetzungsspannung ist stets *höher* als die Zellspannung (die Spannung im stromlosen Zustand). Dabei spielen außer dem *inneren Widerstand* der Elektrolysezelle noch *Überspannungserscheinungen* eine Rolle.

Infolge des *inneren Widerstandes* R_i jeder elektrochemischen Zelle besteht ein Unterschied zwischen

– der *Spannung im stromlosen Zustand* U_0 und
– der *Spannung unter Stromfluß* U_I.

In der galvanischen Zelle ist $U_I < U_0$;

in der Elektrolysezelle ist $U_I > U_0$.

Die *Spannungsdifferenz* zwischen dem stromdurchflossenen Zustand und dem stromlosen Zustand

$$\Delta U = U_I - U_0$$

hat

– in einer *galvanischen Zelle*

$$\Delta U = U_k - U_0 \qquad negatives \text{ Vorzeichen,}$$

– in einer *Elektrolysezelle*

$$\Delta U = U_e - U_0 \quad bzw.$$

$$\Delta U = U_z - U_0 \qquad positives \text{ Vorzeichen.}$$

Bei der *galvanischen Zelle* ist U_0 als Zellspannung bekannt und U_I als *Klemmenspannung* U_k (↑ 9.6).

Bei der *Elektrolysezelle* kann bei U_I unterschieden werden zwischen

– Elektrolysespannung U_e und
– Zersetzungsspannung U_z.

Die *Elektrolysespannung* U_e ist das Minimum, bei dem eine Elektrolyse gerade noch aufrechterhalten wird.

Die *Zersetzungsspannung* U_z ist das Minimum, bei der eine chemische Verbindung gerade noch elektrolytisch zerlegt wird.

9.11 Polarisation - Zersetzungsspannung - Überspannung

Der Begriff Elektrolysespannung schließt den Begriff Zersetzungsspannung ein. Es gibt aber Elektrolysen, bei denen es nicht um die »Zersetzung« einer chemischen Verbindung geht.

Beispiel: Für die Elektrolyse einer Kupfer(II)-sulfatlösung zwischen unangreifbaren Elektroden (z.B. Graphit), bei der an der Anode Sauerstoff abgeschieden wird, wird die Zersetzungsspannung $U_z = 1,49$ V angegeben.

Bei der Kupferraffination, die auf angreifbaren Anoden beruht, steht dem *katodischen Abscheidungspotential* $\varepsilon = 0,35$ V das *anodische Auflösungspotential* $\varepsilon = -0,35$ V gegenüber. Die (theoretische) Elektrolysespannung ergibt sich als Summe aus dem Abscheidungspotential und dem Auflösungspotential:

$$U_e = \varepsilon_{Absch} + \varepsilon_{Aufl}; \quad 0,35 \text{ V} + (-0,35 \text{ V}) = 0$$

Praktisch sind (des inneren Widerstandes wegen) mindestens 0,1 V erforderlich, technisch wird mit 0,3 V gearbeitet.

Wie die Zellspannung einer galvanischen Zelle die Differenz aus den beiden Elektrodenpotentialen ist (↑ Gleichung 9-4a), so ergibt sich auch die *Zersetzungsspannung* als *Differenz* aus zwei Elektrodenpotentialen, die in diesem Falle *Abscheidungspotentiale* genannt werden:

$$U_z = \varepsilon_A - \varepsilon_K \tag{9-17}$$

Unter den Bedingungen, für die die Standardelektrodenpotentiale tabelliert sind (25 °C; 101,325 kPa, Ionenaktivität $a = 1$), sind die Abscheidungspotentiale gleich den Standardelektrodenpotentialen.

Beispiel: Elektrolyse von Kupfer(II)-chlorid in wäßriger Lösung (↑ Bild 9-20)

$\varepsilon^{\ominus}(Cu/Cu^{2+}) = 0,35$ V ; $\quad \varepsilon^{\ominus}(Cl^-/Cl_2) = 1,36$ V

$U_z^{\ominus} = \varepsilon^{\ominus}(Cl^-/Cl_2) - \varepsilon^{\ominus}(Cu/Cu^{2+})$

$U_z^{\ominus} = 1,36$ V $- 0,35$ V ; $\quad U_z^{\ominus} = 1,01$ V

Es ist eine Zersetzungsspannung von mindestens 1,01 V erforderlich.

Liegen in einer wäßrigen Lösung mehrere Kationen bzw. mehrere Anionen vor, so werden zunächst jene Ionen entladen, für die sich die *niedrigste* Zersetzungsspannung ergibt.

Beispiel: In einer wäßrigen Lösung sind enthalten Kupfer(II)-chlorid, $CuCl_2$, und Eisen(II)-bromid, $FeBr_2$.

$\varepsilon^{\ominus}(Fe/Fe^{2+}) = -0,44$ V ; $\quad \varepsilon^{\ominus}(Br^-/Br_2) = 1,07$ V

$\varepsilon^{\ominus}(Cu/Cu^{2+}) = 0,35$ V ; $\quad \varepsilon^{\ominus}(Cl^-/Cl_2) = 1,36$ V

Es werden zunächst Kupfer und Brom abgeschieden, da sich für deren Ionen die niedrigste Zersetzungsspannung ergibt:

$U_z = \varepsilon^{\ominus}(Br^-/Br_2) - \varepsilon^{\ominus}(Cu/Cu^{2+})$

$U_z = 1,07$ V $- 0,35$ V ; $\quad U_z = 0,72$ V

Sobald eines dieser Ionen verbraucht ist, *erhöht* sich die Zersetzungsspannung, und es wird das andere Kation bzw. Anion abgeschieden (↑ Entladbarkeitsreihen; S. 383/384).

Die von den Standardelektrodenpotentialen $\mathcal{E}^\ominus$ ausgehenden Beispiele gelten für die Ionenaktivität $a = 1$. Für beliebige Ionenaktivitäten müssen zunächst die dafür geltenden Elektrodenpotentiale $\mathcal{E}$ – nach der NERNSTschen Gleichung – errechnet werden.

Zu beachten ist:

Der Begriff **Abscheidungspotential** wird

- sowohl für das *Elektrodenpotential* verwendet, das sich nach der NERNSTschen Gleichung aus der vorliegenden Ionenaktivität ergibt (im Bild 9-30 Formelzeichen $\mathcal{E}'$)
- als auch für die *Summe* aus diesem *Elektrodenpotential*, dem *Spannungsabfall* $I \cdot R_i$ und der *Überspannung* η (im Bild 9-30 Formelzeichen $\mathcal{E}''$).

$$\mathcal{E}'' = \mathcal{E}' + I \cdot R_i + \eta \qquad (9\text{-}18)$$

Das Produkt aus Stromstärke I und dem inneren Widerstand R_i wird allgemein *Spannungsabfall* genannt, in diesem Falle aber auch *Widerstandspolarisation*.

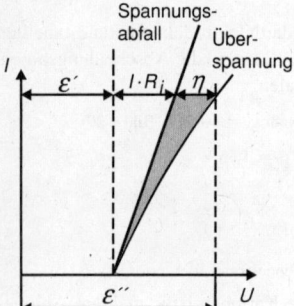

Bild 9-30: Überspannung und Abscheidungspotential

Unter dem Begriff **Überspannung** wird ein ganzer Komplex von – vielfach gleichzeitig wirkenden – Einflußfaktoren zusammengefaßt, zu deren Überwindung eine *erhöhte* Spannung erforderlich ist.

Quantitativ wird unter *Überspannung* (Formelzeichen η, griech. *eta*) die *Differenz* zwischen dem *Elektrodenpotential unter Stromfluß* ε_I und dem *Elektrodenpotential im Gleichgewichtszustand* ε_{gl} verstanden:

$$\eta = \varepsilon_I - \varepsilon_{gl}$$

9.11 Polarisation - Zersetzungsspannung - Überspannung

Die verschiedenen Arten von Überspannungserscheinungen überlagern sich zum Teil, so daß deren quantitative Behandlung schwierig ist. Im folgenden werden die wichtigsten Arten kurz charakterisiert:

- **Konzentrationsüberspannung:** Während einer Elektrolyse kommt es in der Nähe der Elektroden zu *Konzentrationsänderungen* des Elektrolyten; z.B. nimmt bei der Kupferraffination die Konzentration der Kupfer(II)-ionen an der Katode ab (da solche hier entladen werden), an der Anode zu (da solche hier in Lösung gehen). Es kommt zu einer der Elektrolysespannung entgegengesetzten Polarisation, die durch eine Überspannung überwunden werden muß. Diese *Konzentrationspolarisation* ist zumindest teilweise *reversibel;* nach Abschalten der äußeren Spannung wirkt die Elektrolysezelle als galvanische Zelle (hier *Konzentrationszelle* genannt), bis die Konzentrationsunterschiede durch Umkehrung der Elektrodenvorgänge ausgeglichen sind.

Andere Überspannungserscheinungen beruhen darauf, daß den Elektrodenvorgängen andere Vorgänge vor- oder nachgelagert sind. Wenn diese langsamer verlaufen als die Elektrodenvorgänge selbst, kommt es zu *Hemmungen,* die durch eine Überspannung überwunden werden müssen. Diese Vorgänge sind *nicht reversibel.*

- **Durchtrittsüberspannung:** Sie beruht auf Hemmungen, die beim Durchtritt der Ladungsträger (Ionen, Elektronen) durch die elektrochemische Doppelschicht an den Elektroden auftreten.

- **Diffusionsüberspannung:** Sie beruht auf Hemmungen, die beim Transport der Ionen zwischen der Phasengrenzfläche der Elektroden und dem Inneren der Elektrolytlösungen auftreten.

- **Reaktionsüberspannung:** Sie beruht darauf, daß den Elektrodenvorgängen Reaktionen – nicht elektrochemischer Natur – vorangehen oder folgen (z.B. Hydratisierung oder Dehydratisierung von Ionen, Bildung von Gasmolekülen, Zerfall oder Bildung von Komplexionen).

- **Kristallisationsüberspannung:** Sie beruht darauf, daß beim Einbau abgeschiedener Atome in das Kristallgitter der metallischen Phase der Elektrode Hemmungen auftreten.

Solche Überspannungserscheinungen sind einerseits unerwünscht, da ein Teil der elektrischen Arbeit als Wärme verlorengeht. Andererseits können durch Nutzung der zugrunde liegenden Naturgesetze erwünschte Elektrodenvorgänge hervorgerufen werden, die ohne die Überspannungserscheinungen gar nicht möglich wären. Technisch bedeutsam sind vor allem die Überspannungen, die sich an verschiedenen Elektrodenmaterialien für *Wasserstoff* und für *Sauerstoff* ergeben (Tabelle 9-2).

Beispiel: Die Standardelektrodenpotentiale für Eisen $\varepsilon^{\ominus}(\text{Fe}/\text{Fe}^{2+}) = -0{,}44$ V und Zink $\varepsilon^{\ominus}(\text{Zn}/\text{Zn}^{2+}) = -0{,}76$ V sind negativer als das Elektrodenpotential des Wasserstoffs in neutralen Lösungen $\varepsilon(\text{H}_2/\text{H}^+) = -0{,}414$ V (↑ S. 383). Werden Überspannungserscheinungen und Konzentrationsverhältnisse zielgerichtet genutzt, lassen sich Eisen und Zink dennoch elektrolytisch abscheiden[1].

Tabelle 9-2: *Überspannungen des Wasserstoffs und des Sauerstoffs an verschiedenen Elektroden*
(Mindestüberspannungen, die sich bei der Mindeststromdichte ergeben, bei der die Elektrolyse gerade noch aufrechterhalten wird.)

Wasserstoff		Sauerstoff	
Platin (platiniert)	0 V	Nickel	+0,12 V
Palladium	0 V	Cobalt	+0,13 V
Gold	–0,02 V	Platin (platiniert)	+0,24 V
Platin	–0,08 V	Eisen	+0.24 V
Silber	–0,10 V	Kupfer	+0,25 V
Nickel	–0,14 V	Blei	+0,30 V
Graphit	–0,14 V	Silber	+0,40 V
Eisen	–0,17 V	Cadmium	+0,42 V
Kupfer	–0,19 V	Palladium	+0,42 V
Cadmium	–0,39 V	Platin	+0,44 V
Blei	–0,40 V	Gold	+0,52 V
Zink	–0,48 V		
Quecksilber	–0,57 V		

Treten *Überspannungen* auf, so wird

– das *Elektrodenpotential der Katode* nach der Seite der *negativeren* Werte,
– das *Elektrodenpotential der Anode* nach der Seite der *positiveren* Werte

verschoben.

Die *Zersetzungsspannung* wird daher beim Vorliegen von Überspannungen *größer*. Wie der Begriff Abscheidungspotential (↑ S. 394), so wird auch der Begriff Zersetzungsspannung mit zweierlei Bedeutung angewandt. Ausgehend von Gleichung (9-18) kann das so formuliert werden:

– Ohne Berücksichtigung von Spannungsabfall und Überspannung ergibt sich eine (theoretische) Zersetzungsspannung

$$U'_z = \varepsilon'_A - \varepsilon'_K \tag{9-17a}$$

---

[1] In der Entladbarkeitsreihe der Kationen wurde das berücksichtigt. Anderenfalls stünde der Wasserstoff rechts vom Eisen.

- Mit Berücksichtigung von Spannungsabfall und Überspannung ergibt sich die (praktische) Zersetzungsspannung:

$$U''_z = \varepsilon''_A - \varepsilon''_E \qquad (9\text{-}17b)$$

Beispiel: Zwischen zwei Platinelektroden wird eine wäßrige Natriumchloridlösung [mit $a(\text{NaCl}) = 1$] einer Elektrolyse unterzogen. Die Standardelektrodenpotentiale der Ionen des Salzes sind:
$\varepsilon^{\ominus}(\text{Na}^+) = -2{,}71 \text{ V}; \qquad \varepsilon^{\ominus}(\text{Cl}^-) = +1{,}36 \text{ V}$

Für die Ionen des Wassers gelten in neutraler Lösung:
$\varepsilon(\text{H}^+) = -0{,}41 \text{ V}; \qquad \varepsilon(\text{OH}-) = +0{,}81 \text{ V}$

Ohne Überspannungserscheinungen ergäbe sich die niedrigste Zersetzungsspannung für die Abscheidung von *Wasserstoff* und *Sauerstoff*:
$U_z = 0{,}81 \text{ V} - (-0{,}41 \text{ V}); \qquad U_z = 1{,}22 \text{ V}$

Für die anodische Abscheidung von *Chlor* wäre eine höhere Zersetzungsspannung notwendig:
$U_z = 1{,}36 \text{ V} - (-0{,}41 \text{ V}); \qquad U_z = 1{,}77 \text{ V}$

Werden die Mindestüberspannungen am Platin (↑ Tab. 9-2) berücksichtigt, ergibt sich für die Abscheidung von Wasserstoff und Sauerstoff die Zersetzungsspannung:
$U_z = [0{,}81 \text{ V} + 0{,}44 \text{ V}] - [-0{,}41 \text{ V} + (-0{,}08 \text{ V})]; \qquad U_z = 1{,}74 \text{ V}$

Diese Zersetzungsspannung wäre immer noch niedriger als die für die Abscheidung von Chlor. Das gilt aber (nach Tab. 9-2) für die Mindeststromdichte (hier $\approx 0{,}1 \text{ mA} \cdot \text{cm}^{-2}$), bei der die Elektrolyse gerade noch in Gang gehalten wird (sichtbar an der Bildung von Gasblasen). Wird mit einer Stromdichte von $100 \text{ mA} \cdot \text{cm}^{-2}$ gearbeitet, so entsteht an der Anode nur *Chlor*, da die *Überspannung des Sauerstoffs mit steigender Stromdichte zunimmt.*

Manche technische Verfahren, z.B. die *Verchromung*, werden überhaupt nur durch Nutzung von Überspannungserscheinungen möglich. Mittels Quecksilberelektroden, an denen der Wasserstoff eine besonders hohe Überspannung aufweist, gelingt es sogar, das sehr unedle Metall Natrium katodisch abzuscheiden (↑ *Quecksilberverfahren*, Kap. 11.3.4).

9.12 FARADAYsche Gesetze

9.12.1 Erstes FARADAYsches Gesetz

Zwischen der bei einer Elektrolyse aufgewandten Elektrizitätsmenge und der Masse der an den Elektroden abgeschiedenen Stoffe besteht ein Zusammenhang, der zuerst (1833/34) von dem Engländer MICHAEL FARADAY erkannt wurde und heute als **erstes FARADAYsches Gesetz** bekannt ist:

> Die Masse m des bei einer Elektrolyse an einer Elektrode abgeschiedenen Stoffes ist der Elektrizitätsmenge Q proportional, die durch den Elektrolyten geflossen ist.

$$m \sim Q \tag{9-19}$$

$$m = k \cdot Q \tag{9-19a}$$

Da die Elektrizitätsmenge das Produkt aus Stromstärke I und Zeit t ist:

$$Q = I \cdot t,$$

kann das erste FARADAYsche Gesetz auch formuliert werden:

$$\boxed{m = k \cdot I \cdot t} \tag{9-19b}$$

Der *Proportionalitätsfaktor k* ist wie die molare Masse M eine *stoffspezifische Konstante*, die wie folgt mit der molaren Masse zusammenhängt:

$$k = \frac{M}{z \cdot F} \tag{9-20}$$

F ist die *FARADAY-Konstante* 96 485 A · s · mol^{-1}. z ist die *Reaktionsladungszahl*, das heißt, die Anzahl an Elektronen, die je Formelumsatz aufgenommen oder abgegeben werden. Im einfachsten Falle handelt es sich um die *Ionenwertigkeit* des zu entladenden Ions, weshalb im folgenden auch kurz von *Wertigkeit* gesprochen wird. Aus den Größenarten für die molare Masse $\frac{[Masse]}{[Stoffmenge]}$ und für die FARADAY-Konstante $\frac{[Stromstärke] \cdot [Zeit]}{[Stoffmenge]}$ ergibt sich für den Proportionalitätsfaktor k $\frac{[Masse] \cdot [Stoffmenge]}{[Stoffmenge] \cdot [Stromstärke] \cdot [Zeit]} = \frac{[Masse]}{[Stromstärke] \cdot [Zeit]}$ und damit die SI-Einheit $\frac{g}{A \cdot s} = g \cdot A^{-1} \cdot s^{-1}$.

Beispiel: Das Kupfer(II)-ion, Cu^{2+}, hat den Proportionalitätsfaktor:

$$k(Cu^{2+}) = \frac{63{,}55 \text{ g} \cdot \text{mol}^{-1}}{2 \cdot 96485 \text{ A} \cdot \text{s} \cdot \text{mol}^{-1}}$$

$$k(Cu^{2+}) = 3{,}293 \cdot 10^{-4} \text{ g} \cdot A^{-1} \cdot s^{-1}$$

Der Proportionalitätsfaktor k ist auch als *elektrochemisches Äquivalent* (Formelzeichen $Ä_e$) bekannt.

Wird Gleichung (9-20) in Gleichung (9-19b) eingesetzt, ergibt sich die Gleichung (9-21), mit der alle Berechnungen zum ersten FARADAYschen Gesetz ausgeführt werden können:

9.12 FARADAYsche Gesetze

$$m = \frac{M \cdot I \cdot t}{z \cdot F} \qquad (9\text{-}21)$$

Beispiel: Welche Masse Kupfer wird von 100 A in einer Stunde abgeschieden?

$$m(\text{Cu}) = \frac{M(\text{Cu}) \cdot I \cdot t}{z(\text{Cu}) \cdot F}$$

$$m(\text{Cu}) = \frac{63{,}55 \text{ g} \cdot \text{mol}^{-1} \cdot 100 \text{ A} \cdot 3600 \text{ s}}{2 \cdot 96485 \text{ A} \cdot \text{s} \cdot \text{mol}^{-1}}$$

$$m(\text{Cu}) = 118{,}56 \text{ g}$$

Sind mehrere Berechnungen zur gleichen Elektrolyse auszuführen, so ist mittels des einmal berechneten Proportionalitätsfaktors k von der Gleichung (9-19b) auszugehen.

Beispiel: Welche Masse Kupfer wird
a) von 200 A in einer Stunde,
b) von 100 A in zwei Stunden
abgeschieden?
$m(\text{Cu}) = k(\text{Cu}^{2+}) \cdot I \cdot t$

a) $m(\text{Cu}) = 3{,}293 \cdot 10^{-4} \text{ g} \cdot \text{A}^{-1} \cdot \text{s}^{-1} \cdot 200 \text{ A} \cdot 3600 \text{ s}$
$m(\text{Cu}) = 237{,}1 \text{ g}$

b) $m(\text{Cu}) = 3{,}293 \cdot 10^{-4} \text{ g} \cdot \text{A}^{-1} \cdot \text{s}^{-1} \cdot 100 \text{ A} \cdot 7200 \text{ s}$
$m(\text{Cu}) = 237{,}1 \text{ g}$

Die Masse m des abgeschiedenen Stoffes erhöht sich proportional der Stromstärke I und proportional der Zeit t.

9.12.2 Zweites FARADAYsches Gesetz

FARADAY erkannte weiterhin, daß zwischen den *Massen verschiedener Stoffe*, die von der *gleichen Elektrizitätsmenge* abgeschieden werden, eine bestimmte Beziehung besteht. Diese Erkenntnis ist als *zweites FARADAYsches Gesetz* bekannt. Zu einer einfachen Formulierung dieses Gesetzes kommt man, wenn statt von der Masse m von der *Stoffmenge n* (↑ 2.5) ausgegangen wird:

Die von der gleichen Elektrizitätsmenge Q abgeschiedenen Stoffmengen n verschiedener Stoffe sind den Wertigkeiten z dieser Stoffe umgekehrt proportional.

$$n_\text{A} : n_\text{B} = z_\text{B} : z_\text{A} \qquad (9\text{-}22)$$

Beispiel: Zwei Elektrolysezellen mit wäßrigen Lösungen von Kupfer(II)-sulfat und Silbernitrat sind in Reihe geschaltet (↑ Bild 9-31). An den Katoden werden Cu^{2+}-Ionen ($z = 2$) und Ag^+-Ionen ($z = 1$) entladen. Welche Stoffmenge Kupfer werden von der Elektrizitätsmenge Q abgeschieden, die 1 mol Silber abscheidet?

$$n(Ag^+) : n(Cu^{2+}) = z(Cu^{2+}) : z(Ag^+)$$

$$n(Cu^{2+}) = \frac{n(Ag^+) \cdot z(Ag^+)}{z(Cu^{2+})}$$

$$n(Cu^{2+}) = \frac{1 \text{ mol} \cdot 1}{2}$$

$$n(Cu^{2+}) = \frac{1}{2} \text{ mol}$$

Es wird $\frac{1}{2}$ mol Kupfer(II)-Ionen abgeschieden.

Die in Gleichung (9-22) wiedergegebene Proportion

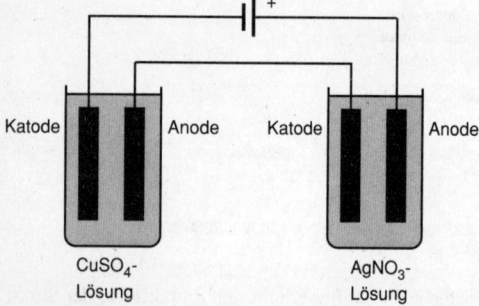

Bild 9-31: Elektrolyse einer Kupfer(II)-sulfatlösung und einer Silbernitratlösung in Reihenschaltung

drückt aus, daß 1 mol
($6 \cdot 10^{23}$) Elektronen
   1 mol einwertige Ionen,
   $^1/_2$ mol zweiwertige Ionen,
   $^1/_z$ mol z-wertige Ionen
entlädt.

Einfacher ist das zweite FARADAYsche Gesetz zu fassen, wenn statt
– der *Stoffmenge n*, die sich hier auf die *Ionen* bezieht,
– die *Stoffmenge der Äquivalente* n_{eq} (auch kurz – aber nicht eindeutig – *Äquivalentmenge* genannt)
zugrunde gelegt wird.

9.12 FARADAYsche Gesetze

Die gleiche Elektrizitätsmenge Q scheidet von verschiedenen Stoffen die gleiche Stoffmenge der Äquivalente n_{eq} ab.

Das *Äquivalent* (↑ 2.7) tritt hier als der *Bruchteil eines Ions* auf, der *eine Ionenladung* trägt. Das Äquivalent kann als *Teilchen* im Sinne der Moldefinition (↑ 2.5) aufgefaßt werden, weshalb auch von *Äquivalentteilchen* gesprochen wird.

Beispiele: Ein Äquivalent(teilchen) des zweiwertigen Kupfers ist ein halbes Kupfer(II)-ion, $\frac{1}{2} Cu^{2+}$.

Ein Äquivalent(teilchen) des Aluminiums ist ein Drittel des Aluminiumions, $\frac{1}{3} Al^{3+}$.

Ein Äquivalent(teilchen) des Silbers ist ein Silberion, Ag^+.

Jedes Äquivalentteilchen trägt eine elektrische Elementarladung.

Bei den einwertigen Ionen sind Äquivalentteilchen und Ion identisch.

Die *Stoffmenge der Äquivalente*[1] n_{eq} (auch n_{ev}) ist das *Produkt* aus der *Stoffmenge n* und der *Wertigkeit z*.

$$n_{eq} = z \cdot n \tag{9-23}$$

Beispiele: Der Stoffmenge $n(Cu^{2+}) = 1$ mol entspricht die Stoffmenge der Äquivalente $n_{eq}(Cu^{2+}) = 2$ mol.
Der Stoffmenge $n(Al^{3+}) = 2$ mol entspricht die Stoffmenge der Äquivalente $n_{eq}(Al^{3+}) = 6$ mol.
Beim einwertigen Silberion ist $n_{eq}(Ag^+) = n(Ag^+)$

Nach einer anderen Schreibweise wird nicht der Index eq (bzw. ev) verwendet, sondern es wird der *Äquivalenzfaktor* (↑ 2.7)

$$f_{eq} = \frac{1}{z},$$

(also der reziproke Wert der Wertigkeit) vor das Symbol des Ions in die Klammer gesetzt.

Beispiel: $n_{eq}(Cu^{2+}) = n(\frac{1}{2} Cu^{2+})$
$n_{eq}(Al^{3+}) = n(\frac{1}{3} Al^{3+})$

Mit der *Stoffmenge der Äquivalente* formuliert, ist das zweite FARADAYsche Gesetz besonders leicht handhabbar. In Elektrolysezellen, die in Reihe geschaltet sind (Bild 9-31), wird von jedem Ion – unabhängig von dessen Wertigkeit – die *gleiche Stoffmenge der Äquivalente* abgeschieden.

---

[1] Als Synonym tritt auf: Objektmenge der Äquivalente.

Beispiel: Von der Elektrizitätsmenge, die die Stoffmenge der Äquivalente $n_{eq}(Ag^+) = 5$ mol abscheidet, wird zugleich die Stoffmenge der Äquivalente $n_{eq}(Cu^{2+}) = n(\frac{1}{2} Cu^{2+})$ = 5 mol abgeschieden.

Auf die *Masse* der abgeschiedenen Stoffe bezogen, lautet das zweite FARADAYsche Gesetz:

Die von der gleichen Elektrizitätsmenge Q abgeschiedenen Massen m verschiedener Stoffe verhalten sich zueinander wie die Quotienten aus molarer Masse M und Wertigkeit z.

$$m_A : m_B = \frac{M_A}{z_A} : \frac{M_B}{z_B} \qquad (9\text{-}24)$$

Diese Gleichung leitet sich aus Gleichung (9-22) ab, indem zunächst für die Stoffmenge n der Quotient aus Masse m und molarer Masse M (Gleichung (2-5); ↑ S. 36):

$$n = \frac{m}{M}$$

eingesetzt und dann umgestellt wird.

Beispiel: In welchem Massenverhältnis werden Silber und Kupfer abgeschieden?

$M(Ag^+) = 107{,}9 \text{ g} \cdot \text{mol}^{-1}$; $M(Cu^{2+}) = 63{,}55 \text{ g} \cdot \text{mol}^{-1}$

$z(Ag^+) = 1$; $z(Cu^{2+}) = 2$

$m(Ag) : m(Cu) = \dfrac{107{,}9 \text{ g} \cdot \text{mol}^{-1}}{1} : \dfrac{63{,}55 \text{ g} \cdot \text{mol}^{-1}}{2}$

$m(Ag) : m(Cu) = 107{,}9 \text{ g} \cdot \text{mol}^{-1} : 31{,}775 \text{ g} \cdot \text{mol}^{-1}$

Die abgeschiedenen Massen von Silber und Kupfer stehen im Verhältnis 107,9 : 31,775.

9.12.3 FARADAY-Konstante

Die Elektrizitätsmenge Q, die genau *1 mol einwertiger Ionen* oder *1 mol Äquivalente* (Äquivalentteilchen) entlädt, wurde mit 96 485 Coulomb (Amperesekunden) ermittelt. Das sind 26,8 Amperestunden. Das ist die Elektrizitätsmenge, die einem Mol ($\approx 6 \cdot 10^{23}$) elektrischer Ladungen (Elementarladungen) entspricht.

Der Quotient aus Elektrizitätsmenge Q und Stoffmenge (hier besser Objektmenge) n der elektrischen Ladungen ist eine universelle Konstante (d.h. eine von der Art des Stoffes unabhängige Konstante). Sie wird FARADAY-Konstante genannt.

9.12 FARADAYsche Gesetze

$$\frac{\text{Elektrizitätsmenge}}{\text{Stoffmenge}} = \text{FARADAY-Konstante} \quad \frac{Q}{n} = F \quad (9\text{-}25)$$

Aus den Größenarten $\frac{[\text{Stromstärke}] \cdot [\text{Zeit}]}{[\text{Stoffmenge}]}$ ergibt sich die SI-Einheit
$A \cdot s \cdot mol^{-1}$; daneben wird auch $A \cdot h \cdot mol^{-1}$ verwendet.

Als genauer Wert der FARADAY-Konstante gilt heute

$$F = 96\,485{,}309\ A \cdot s \cdot mol^{-1},$$

wobei auf den beiden letzten Stellen eine Unsicherheit von ±29 besteht.

Wird die FARADAY-Konstante F durch die Anzahl der in einem Mol enthaltenen Ionen, also durch die AVOGADRO-Konstante[1] N_A, dividiert, so erhalten wir die Ladung eines einwertigen Ions, also die elektrische Elementarladung e (↑ 3.2).

$$\frac{\text{FARADAY-Konstante}}{\text{AVOGADRO-Konstante}} = \text{Elementarladung} \quad \frac{F}{N_A} = e \quad (9\text{-}26)$$

$$\frac{9{,}6485309 \cdot 10^4\ A \cdot s \cdot mol^{-1}}{6{,}0221367 \cdot 10^{23}\ mol^{-1}} = 1{,}6021773 \cdot 10^{-19}\ A \cdot s$$

Andererseits ergibt sich die FARADAY-Konstante als Produkt aus AVOGADRO-Konstante und Elementarladung:

AVOGADRO-Konstante · Elementarladung = FARADAY-Konstante

$$N_A \cdot e = F \quad (9\text{-}27)$$

$6{,}0221367 \cdot 10^{23}\ mol^{-1} \cdot 1{,}6021773 \cdot 10^{-19}\ A \cdot s = 9{,}6485309 \cdot 10^4$

---

[1] In der deutschsprachigen Literatur zum Teil LOSCHMIDT-Konstante genannt; ↑ 2.5

ANORGANISCHE CHEMIE

Die Hauptgruppenelemente und ihre Verbindungen

10 Wasserstoff

10.1 Allgemeines

Symbol: H [*hydrogenium* (grch.-lat.) Wasserbildner]; **Wertigkeiten:** +1, selten −1.

Isotope: ^{1}H Protium (leichter Wasserstoff ; 99,985 Atom-%)
^{2}H Deuterium (schwerer Wasserstoff; 0,015 Atom-%); Symbol D
^{3}H Tritium (überschwerer Wasserstoff; Spuren); Symbol T

Vorkommen: häufigstes Element des Weltalls (Fixsterne, interstellare Materie; auch die großen Planeten, z.B. Jupiter und Saturn, bestehen überwiegend aus Wasserstoff). Die Zusammensetzung des uns zugänglichen Teiles des Weltalls wird auf 63 % H, 36 % He und 1 % übrige Elemente geschätzt. Auf der Erde kommt Wasserstoff fast nur chemisch gebunden vor (Wasser, Erdöl, Erdgas, Kohle, Organismen, einige Minerale), frei in den höchsten Stratosphärenschichten, hier z.T. ionisiert. In der Erdkruste bis 17 km Tiefe ist H mit 1,4 Massen-% bzw. etwa 17 Atom-% massenmäßig das zehnt-, atomzahlmäßig das dritthäufigste Element.

10.2 Elementarer Wasserstoff

Formel: H_2; *Struktur* H:H.

Entdeckung: 1766 durch HENRY CAVENDISH (England); als Element erkannt 1783 von ANTOINE-LAURENT LAVOISIER.

Darstellung:

- aus verdünnten Säuren und Metallen (außer Kupfer und Edelmetallen); z.B. $Zn + 2\ HCl \rightarrow ZnCl_2 + H_2$.

  Ionengleichung: $Zn + 2\ H^+ \rightarrow Zn^{2+} + H_2$; d.h. die Zn-Atome geben an je 2 H^+-Ionen 2 Elektronen ab; sie reduzieren die H^+-Ionen und werden selbst oxidiert.

- aus verdünnten Laugen und amphoteren Metallen, z.B. Aluminium (↑S. 443), auch Silicium;

- durch Reduktion von Wasser mit sehr unedlen Metallen: *Flüssiges Wasser* reagiert mit Alkali- und einigen Erdalkalimetallen, z.B.
  $2\ Na + 2\ H_2O \rightarrow 2\ NaOH + H_2$, oder $Ca + 2\ H_2O \rightarrow Ca(OH)_2 + H_2$.

Natrium und Kalium reagieren sehr heftig, wobei sich der freiwerdende Wasserstoff bei Kalium stets, bei Natrium meist entzündet; oft kommt es zu Knallgasreaktionen. Mit Calcium erfolgt eine nur mäßig heftige Umsetzung.
Heißer Wasserdampf wird u.a. auch von Magnesium, Zink und Eisen reduziert.

- durch Elektrolyse wäßriger Lösungen von Säuren, Basen oder Salzen unedler Metalle an der Katode (katodische Reduktion):

$$H^+ + e^- \rightarrow H; \quad 2H \rightarrow H_2.$$

Technische Herstellung: durch (z.T. katalytische) Reduktion von Wasserdampf mit verschiedenen »Kohlenstoffträgern« (Koks, Kohle, Erdöldestillationsrückstände, Heizöle, Benzine, Raffinerierestgase, Erdgas, Methan) bei höheren Temperaturen. Gasförmige und leicht verdampfbare Stoffe werden im *Dampfreformierverfahren* (↑S. 476) umgesetzt, hochsiedende Flüssigkeiten durch *Öldruckvergasung* (↑S. 476), Koks und Kohle durch Vergasung bei erhöhtem (*Druckvergasung;* ↑S. 453) oder normalem Druck (*Wassergasprozeß*). Reineren Wasserstoff gewinnt man durch elektrolytische Verfahren, z.B. bei der Alkalichloridelektrolyse (↑S. 416).

- **Wassergasprozeß:** Aus sauerstoffangereichertem[1] Wasserdampf und Kohle- oder Kokspulver bildet sich, z.B. im kontinuierlich arbeitenden Wirbelbettreaktor, bei etwa 1000 °C **Wassergas** (Wasserstoff + Kohlenmonoxid). Hauptreaktion:

$$H_2O + C \rightarrow H_2 + CO; \quad \Delta_R H^\ominus = +118{,}1 \text{ kJ} \cdot \text{mol}^{-1}$$

Wassergas dient als Heizgas, als Ausgangsstoff für chemische Synthesen (Ammoniak, Methanol, höhere Alkanole u.a.) sowie zur Gewinnung von Wasserstoff.

Gewinnung von Wasserstoff aus Wassergas:

1. Stufe: *Konvertierung,* z.B. als Tieftemperaturkonvertierung bei 200 bis 300 °C durchgeführt. Hierbei setzt sich das im Wassergas enthaltene Kohlenmonoxid katalytisch mit Wasserdampf um:
   $CO + H_2O \rightarrow CO_2 + H_2; \quad \Delta_R H^\ominus = -42{,}7 \text{ kJ} \cdot \text{mol}^{-1}$
2. Stufe: Auswaschen des Kohlendioxids mit heißer Kaliumcarbonatlösung unter Druck; ↑S. 423.
3. Stufe: Feinreinigung von restlichem CO u.a. Gasen; s.a. S. 423.

Physikalische Eigenschaften: farb- , geruch- und geschmackfreies Gas; F −259,2 °C; Kp −252,8 °C (nächst Helium am zweitschwersten zu verflüssigen); Dichte 0,0899 g · l^{-1} bei 0 °C und 1,013 bar (rund 14mal leichter als Luft und damit leichtestes Gas überhaupt); in Wasser sehr wenig löslich, reichlich dagegen in manchen Metallen (Palladium, Platin); im Stahl bewirkt er die beim Beizen mit Säuren oft auftretende »Wasserstoffsprödigkeit«.

---

[1] Der Sauerstoff verbrennt einen Teil des Kohlenmonoxids; durch diese exotherme Reaktion wird der Wassergasprozeß autotherm, d.h. unabhängig von äußerer Wärmezufuhr.

Chemische Eigenschaften: bei normaler Temperatur sehr beständig; an der Luft und in Chlorgas brennbar: $2\,H_2 + O_2 \rightarrow 2\,H_2O$; $\Delta_R H^\ominus = -484\,kJ \cdot mol^{-1}$ (schwach blaue, fast unsichtbare Flamme) bzw. $H_2 + Cl_2 \rightarrow 2\,HCl$; $\Delta_R H^\ominus = -183{,}3\,kJ \cdot mol^{-1}$. Gemische mit Luft, Sauerstoff oder Chlor sind explosiv (*Knallgas* bzw. *Chlorknallgas*). Auch mit anderen Nichtmetallen vereinigt er sich beim Erhitzen, z.B. $H_2 + S \rightarrow H_2S$; $\Delta_R H^\ominus = -20{,}1\,kJ \cdot mol^{-1}$. Mit Alkali- und Erdalkalimetallen entstehen in der Hitze Hydride (s.u.). - Heißer Wasserstoff reduziert viele Metalloxide, z.B. $WO_3 + 3\,H_2 \rightarrow W + 3\,H_2O$ (techn. Wolframherstellung). - *Hydrierung* ist die Anlagerung, *Dehydrierung* die Abspaltung von Wasserstoff.

Verwendung: für technische Hydrierungen und Synthesen (Ammoniak, Methanol, Chlorwasserstoff, Benzin durch Hydrospaltung von Erdöl und Teer, Sorbit aus Glucose, Fettalkohole aus Fettsäuren, Fetthärtung u.a.); als Ballongas; zur Erzeugung hoher Temperaturen im Knallgasgebläse (z.B. für synthetische Edelsteine). Wasserstoff ist Bestandteil von *Stadt-*, *Fern-*, *Kokerei-* und *Wassergas*. Er kommt in Stahlflaschen (rote Kennzeichnung; Linksgewinde) mit 150 bar Druck in den Handel.

Monowasserstoff: Im Zustande des Entstehens (»in statu nascendi«) ist Wasserstoff atomar und deshalb besonders reaktionsfähig. Leitet man z.B. Wasserstoff durch Nitrobenzen, so findet keine Reaktion statt; bringt man dagegen Nitrobenzen mit Eisen und Salzsäure zusammen, so wird es durch den »naszierenden« Wasserstoff zu Anilin reduziert. - Auch in Metallen löst sich Wasserstoff atomar; daher wirken Palladium, Platin und Nickel als Hydrierungskatalysatoren (Fetthärtung); an Platinschwamm entzündet sich Wasserstoff an der Luft von selbst (DOEBEREINERs Feuerzeug).

Wasserstoffionen: »H^+-Ionen« in wäßriger Lösung sind in Wirklichkeit H_3O^+-Ionen (»*Hydroniumionen*«; primäre Hydratation), die ihrerseits durch Wasserstoffbrücken weitere Wassermoleküle locker binden (sekundäre Hydratation), so daß der Komplex $H_9O_4^+$ entsteht. *Nichthydratisierte Wasserstoffionen* (Atomkerne des Wasserstoffs) heißen *Protonen*; sie bilden (neben knapp 20% α-Teilchen) etwa 80% der primären kosmischen Strahlung.

10.3 Hydride

Hydride sind binäre Verbindungen des Wasserstoffs. Man unterscheidet:

Salzartige (ionische) Hydride: Sie enthalten das Wasserstoff-Anion (Hydridion), H^-. Hierzu gehören Alkali- und Erdalkalihydride, z.B. Calciumhydrid, CaH_2, sog. »fester Wasserstoff«; 1 kg ergibt mit Wasser etwa 1000 l Wasserstoff: $CaH_2 + 2\,H_2O \rightarrow Ca(OH)_2 + 2\,H_2$.

Komplexe Hydride: Sie enthalten das Hydridion als Ligand, z.B. **Natriumtetrahydridoaluminat** (*Natriumalanat*), $Na[AlH_4]$, oder **Natriumtetrahydridoborat** (*Natriumboranat*), $Na[BH_4]$: feste, weiße Salze, die als starke Reduktionsmittel dienen.

Flüchtige (molekulare) Hydride: Sie enthalten Wasserstoff in homöopolarer Bindung. Hierzu gehören die *Nichtmetallhydride*, z.B. Halogenwasserstoffe, Kohlenwasserstoffe, Schwefelwasserstoff, Ammoniak, Wasser, Silane.

Metallische Hydride: Das Elektron des H-Atoms nimmt am Elektronengas des Metalls teil. Die metallischen Hydride verhalten sich somit wie Metallegierungen und haben keine einfachen chemischen Formeln, z.B. *Palladium-* und *Platinwasserstoff*.

10.4 Wasser

Formel: H_2O; die Moleküle sind über Wasserstoffbrücken assoziiert: $(H_2O)_x$; hierauf beruht der höhere Schmelz- und Siedepunkt im Vergleich zu den nicht assoziierten Verbindungen H_2S, H_2Se und H_2Te.

Reines Wasser: geruch- und geschmackfrei, in über 5 m dicken Schichten deutlich blau; unter normalem Luftdruck bei 100 °C siedend; bei 0 °C unter Ausdehnung um $1/11$ seines Volumens zu *Eis* erstarrend; größte Dichte (1 g · cm^{-3}) bei +4 °C; sehr geringe elektrische Leitfähigkeit.

Natürliches Wasser ist stets verunreinigt. *Regenwasser* und *Schnee* enthalten Staub, Sauerstoff, Stickstoff, Kohlendioxid und Spuren von Ammoniumnitrat; *Quell-, Fluß-* und *Grundwasser* enthalten 0,01 bis 0,2 % gelöste Stoffe, z.B. Calcium- und Magnesiumsalze (»Härtebildner«, ↑S. 435). Im *Meerwasser* sind etwa 3,5 % Salze gelöst (Ostsee 1 %, Totes Meer 30 %). Die Reinhaltung der Gewässer durch spezielle Behandlung von Abwässern ist eine der vordringlichsten Aufgaben der Industriegesellschaft. Große Wasserflächen wirken klimatisch ausgleichend, da zur Erwärmung von Wasser um 1 K mehr Wärme erforderlich ist und umgekehrt beim Abkühlen mehr Wärme abgegeben wird als bei anderen Stoffen. 71 % der Erdoberfläche sind mit Wasser und Eis bedeckt. 97,2 % des Wassers sind im Weltozean, 2,15% bilden Gletscher und Eisfelder, und nur 0,63 % befinden sich auf dem Festland. Der menschliche Organismus besteht zu 60 bis 70 % aus Wasser.

Trinkwasser soll klar, farb- und geruchlos, sauerstoffreich sowie frei von schädlichen Chemikalien (z.B. Nitraten) und krankheitserregenden Bakterien sein. Der Gehalt an Kolibakterien soll 10 je ml unterschreiten (diese Bakterien sind an sich harmlos, zeigen jedoch fäkale Verunreinigungen an).

Entkeimung: durch Einblasen von Chlorgas (Chlorung) oder ozonreichem Sauerstoff (Ozonierung); durch Filtration über Kies, der mit einem Bakterienrasen bedeckt ist.

Enteisenung: durch Versprühen unter Zuführung von viel Luft, evtl. nach Zugabe von Kalkmilch: $4\ Fe(HCO_3)_2 + O_2 + 2\ H_2O \rightarrow 4\ Fe(OH)_3\downarrow + 8\ CO_2$. Das in Flocken ausfallende braune Eisen(III)-hydroxid wird durch Kiesfiltration entfernt.

Entmanganung: erfolgt gleichzeitig mit der Enteisenung; es fällt Mangan(IV)-oxidhydrat, $MnO_2 \cdot xH_2O$, aus.

Entsäuerung (von überschüssiger Kohlensäure, die Rohrleitungen angreift): durch Filtration über Marmorkalk oder ein Gemisch aus $MgO + CaCO_3$.

Desodorierung (Entfernung unangenehmer Geruchs- und Geschmacksstoffe): durch Filtration über Aktivkohle.

Fluoridierung: wird mancherorts zur Bekämpfung der Zahnkaries durchgeführt; Zugabe von Natriumhexafluorosilicat, $Na_2[SiF_6]$, oder Natriumfluorid, NaF.

Kristallwasser ist komplex gebundenes Wasser (Aquakomplexe); beim Erhitzen entweicht es; man berücksichtigt es in chemischen Gleichungen nur nach Bedarf.

Beispiele: Kupfersulfatpentahydrat (Kupfersulfat-5-Wasser), $CuSO_4 \cdot 5H_2O$; Tricadmiumsulfat-octahydrat (3-Cadmiumsulfat-8-Wasser), $3CdSO_4 \cdot 8H_2O$. (Der Punkt wird nicht „mal", sondern „mit" gelesen.)

Nachweis: durch Blaufärbung entwässerten Kupfersulfats.

10.5 Wasserstoffperoxid

(Hydrogenperoxid, Wasserstoffsuperoxid)

Formel: H_2O_2; **Struktur** H–O–O–H.

Herstellung:

- aus Bariumperoxid und Schwefelsäure:

$$BaO_2 + H_2SO_4 \rightarrow BaSO_4\downarrow + H_2O_2;$$

- technisch z.B. nach dem *Anthrachinonverfahren*:
Anthrachinon (meist in Form von Alkylderivaten) wird katalytisch zu Anthrahydrochinon hydriert (I; An = alkyliertes Anthrachinon); letzteres reagiert mit Luftsauerstoff zu Anthrachinon und Wasserstoffperoxid (II):

$$\text{I} \quad An\!=\!O + H_2 \longrightarrow An\!\!<\!\!\begin{array}{l}H\\OH\end{array}$$

$$\text{II} \quad An\!\!<\!\!\begin{array}{l}H\\OH\end{array} + O_2 \longrightarrow An\!=\!O + H_2O_2$$

- Nach älterem Verfahren wird Schwefelsäure mit hohen anodischen Stromdichten elektrolysiert, wobei sich das Peroxodisulfation bildet:
$2\,SO_4^{2-} - 2e^- \rightarrow S_2O_8^{2-}$. Beim Erhitzen der entstandenen Peroxodischwefelsäurelösung im Vakuum destilliert Wasserstoffperoxid ab:
$H_2S_2O_8 + 2\,H_2O \rightarrow H_2O_2\uparrow + 2\,H_2SO_4$.

Eigenschaften: in wasserfreiem Zustand blaßblau, ölig, sehr explosibel; die im Handel befindlichen 30%igen (»Perhydrol«) und 3%igen Lösungen werden durch Licht und durch Katalysatoren (Staub, Blut, Braunstein, Platin, Katalase) leicht zersetzt: $2\,H_2O_2 \rightarrow 2\,H_2O + O_2$; die Zersetzung wird durch Phosphorsäure oder Carbamid verzögert (Stabilisatoren). Starkes Oxidationsmittel; 30%iges H_2O_2 erzeugt auf der Haut weiße Flecke von starker Reizwirkung, die nach einiger Zeit wieder verschwinden.

Verwendung: als Bleich- (Haare, Baumwolle) und Desinfektionsmittel; zur Herstellung von Natriumperborat.

Percarbamid *(Carbamid-peroxidhydrat)*, $OC(NH_2)_2 \cdot H_2O_2$, setzt beim Auflösen in Wasser Wasserstoffperoxid frei (»Wasserstoffperoxidtabletten«).

10.6 Deuterium, schweres Wasser, Tritium

Deuterium, *schwerer Wasserstoff,* Symbol D [to deuteron (grch.) das Zweite] oder ^2H, hat die Massenzahl 2 (Atommasse 2,0147). Freies Deuterium, D_2, ist doppelt so schwer wie $^1H_2$; der Volumenanteil in gewöhnlichem Wasserstoff beträgt 0,02%. Es geht die gleichen Reaktionen ein, jedoch meist mit geringerer Geschwindigkeit.

Schweres Wasser, *Deuteriumoxid,* D_2O, das in natürlichem Wasser im Massenverhältnis 1 : 5500[1] enthalten ist, reichert sich bei wasserstoffentwickelnden Elektrolysevorgängen im Rückstand an, ist auf Grund verminderter Lösefähigkeit giftig und wird als Moderator in Kernreaktoren verwendet; F +3,8 °C, Kp 101,4 °C, Dichte 1,105 g · cm^{-3} - *Halbschweres Wasser* ist HDO; F 2,23 °C, Kp 101,76 °C.

Tritium, *überschwerer Wasserstoff,* Symbol T oder ^3H, ist im Gegensatz zu Deuterium radioaktiv, wird in Kernreaktoren aus ^6Li hergestellt (↑S. 412), entsteht in der Hochatmosphäre durch die Höhenstrahlung und zerfällt unter β-Strahlung (Halbwertszeit etwa 12 Jahre) zu ^3He.
Tritiumoxid, *überschweres Wasser,* hat den berechneten Schmelzpunkt 4,5 °C.

Kernfusion: Bei etwa 100 Millionen °C reagieren die Atomkerne von Tritium und Deuterium gemäß D + T → ^4He + n zu Helium, wobei etwa der millionenfache Betrag der bei chemischen Reaktionen frei werdenden Energie abgegeben wird. Die technische Beherrschung dieser oder ähnlicher Reaktionen wird die Energieversorgung der Menschheit entscheidend beeinflussen; s.a. Kernsynthesebombe, ↑S. 412. – In der Sonne werden pro Sekunde 300 Millionen t Wasserstoff in Helium umgewandelt. Bisher sind 20% des Wasserstoffvorrates der Sonne verbraucht; der Rest reicht noch für Milliarden von Jahren aus.

11 Elemente der I. Hauptgruppe (Alkalimetalle)

11.1 Allgemeines

Elemente: Lithium (Li), Natrium (Na), Kalium (K), Rubidium (Rb), Caesium (Cs) und Francium (Fr).

Eigenschaften der Alkalimetalle[2]**:** sehr leicht, sehr weich (mit Ausnahme des Lithiums mit dem Messer schneidbar); von allen Metallen am reaktionsfähigsten. Ihr sehr starker Silberglanz verschwindet an der Luft sofort; Rb und Cs entzünden sich an der Luft von selbst. Wasser wird in stark exothermer Reaktion sofort zersetzt, z.B. 2 K + 2 H$_2$O → 2 KOH + H$_2$; der frei werdende Wasserstoff entzündet sich bei Na oft, bei K, Rb und Cs stets. Aufbewahrung unter luftabschirmenden, halogenfreien Schutzflüssigkeiten (Petroleum, Paraffinöl); mit Halogenkohlenwasserstoffen (Tetrachlormethan u.a.) können bereits beim Fall aus 1 m Höhe heftigste Reaktionen erfolgen, z.B. gemäß CCl$_4$ + 4 Na → 4 NaCl + C.

Alle Alkalimetalle (auch Erdalkalimetalle) lösen sich in flüssigem Ammoniak, wobei die Lösungen mit zunehmender Konzentration erst hellblau, dann tiefblau, schwarz, goldbraunbronzefarben und schließlich kupfern-metallglänzend aussehen; die konzentrierten Lösungen leiten den elektrischen Strom etwa so gut wie Eisen.

---

1) Bei dieser Angabe wird vereinfacht angenommen, daß alles Deuterium als D$_2$O vorliegt; in Wirklichkeit verteilt es sich auf D$_2$O und HDO.
2) außer Francium; ↑S. 411

11.1 Allgemeines

Alkalimetallionen: Diese, z.B. Na^+ oder K^+, sind farblos, demzufolge auch die Alkaliverbindungen, sofern kein farbiges Anion (wie MnO_4^-, CrO_4^{2-}, $Cr_2O_7^{2-}$) vorhanden ist. Sie können durch Elektrolyse wäßriger Lösungen nur an Hg-Katoden entladen werden; anderenfalls sind nichtwäßrige Lösungsmittel oder Schmelzflußelektrolyse anzuwenden.

Die **Alkalihydroxide** sind starke Basen und sehr leicht in Wasser löslich. Die Basenstärke nimmt von LiOH bis CsOH zu.

Nachweis: Flammenfärbungen, Spektralanalyse.

Francium, 1939 von der französischen Forscherin MARGUERITE PEREY entdeckt, ist radioaktiv; Halbwertszeit Fr 223: 21 min. F 20 °C, Kp 617 °C, Dichte 2,2 g · cm^{-3}. Es kommt nur spurenweise vor und wird im folgenden nicht berücksichtigt.

Tabelle 11-1: *Alkalimetalle*

	Lithium	Natrium	Kalium	Rubidium	Caesium
Symbol	Li	Na	K	Rb	Cs
Kernladung	3	11	19	37	55
Relative Atommasse	6,941	22.9898	39.0983	85.4678	132.9054
Schmelzpunkt (in °C)	179,0	97,8	63,5	39,0	28,5
Siedepunkt (in °C)	1340	883	760	696	708
Dichte (in g · cm^{-3} bei 20 °C)	0,534	0,971	0,862	1,532	1,873
Häufigkeit (Erdrinde; %)	$6,0 \cdot 10^{-3}$	2,63	2,41	$2,9 \cdot 10^{-2}$	$6,5 \cdot 10^{-4}$
Härte	weich	abnehmend $\longrightarrow$			
Wertigkeit	+1	+1	+1	+1	+1
Reaktionsfähigkeit	zunehmend $\longrightarrow$				
Basenstärke	zunehmend $\longrightarrow$				
Flammenfärbung	karminrot	gelb	blauviolett	blauviolett	blauviolett
Schwerlösliche Salze	LiF Li_2CO_3 Li_3PO_4	Na [Sb(OH)$_6$] Na-Uranylacetat	KClO$_4$ K$_2$[PtCl$_6$] K[B(C$_6$H$_5$)$_4$]	RbClO$_4$ Rb$_2$[PtCl$_6$]	CsClO$_4$ Cs$_2$[PtCl$_6$]

11.2 Lithium und Lithiumverbindungen

Symbol: Li [*lithos* (grch.) Stein]; **Wertigkeit:** +1.

Vorkommen: in Gesteinen (nicht in Salzlagern) verbreitet, doch nur in geringen Mengen; in einigen Mineralwässern (*Lithiumwässer*, z.B. in Bad Dürkheim); in Pflanzenasche (Tabakasche bis 0,5 %).

Entdeckung: 1817 durch JOHAN AUGUST ARVEDSON (Schweden); *Erstherstellung* 1855 durch ROBERT BUNSEN und AUGUSTUS MATTHIESSEN.

Minerale:
Amblygonit .... $LiAl(PO_4)F$
Spodumen .... $Li[AlSi_2O_6]$
Lepidolith (Lithionglimmer) .... K-, OH-, F-haltiges Li-Al-Silicat
Zinnwaldit .... $KLiFeAl(F,OH)_2[AlSi_3O_{10}]$

Herstellung: Aufschluß der Minerale mit Schwefelsäure; aus der entstandenen Li_2SO_4-Lösung wird mit Natriumcarbonat Li_2CO_3 gefällt; hieraus werden mit Säuren andere Salze hergestellt. Li-Metall gewinnt man durch Elektrolyse einer LiCl/KCl-Schmelze; auch aus einer LiCl-Lösung in Pyridin läßt sich Li elektrolytisch abscheiden.

Eigenschaften (s.a. S. 411): leichtestes Metall; unter Petrolether aufzubewahren (schwimmt auf Benzin!), da es an der Luft oxidiert wird; verbrennt bei 180 °C zu weißem *Lithiumoxid*: $4\ Li + O_2 \rightarrow 2\ Li_2O$; verbindet sich als einziges Element bereits bei Raumtemperatur allmählich mit Stickstoff zu *Lithiumnitrid*: $6\ Li + N_2 \rightarrow 2\ Li_3N$; reagiert mit Wasser ohne Entzündung des entwickelten Wasserstoffs.

Verwendung: als Legierungszusatz für Achslagermetalle; zur Herstellung metallorganischer Katalysatoren. Galvanische »Lithiumzellen« (3 V Spannung) enthalten z.B. als Elektroden Li (Anode) und MnO_2 (Katode) mit *Lithiumperchlorat*, $LiClO_4$, als Elektrolyt in speziellen wasserfreien Lösungsmitteln, z.B. Dimethoxyethan, $CH_3-O-CH_2-CH_2-O-CH_3$.

Lithiumverbindungen: meist farblos und wasserlöslich (schwerlöslich LiF, Li_2CO_3, Li_3PO_4); intensiv karminrote Flammenfärbung (*Nachweis!*).– **Lithiumcarbonat**, Li_2CO_3, verwendet für Emails und Glasuren; **Lithiumfluorid**, LiF, F 870 °C, für ultraviolettdurchlässiges Glas und zur Vergütung optischer Linsen; **Lithiumhydrid**, LiH, als leicht transportabler »fester Wasserstoff«, da es sich mit Wasser gemäß $2\ Li + 2\ H_2O \rightarrow 2\ LiOH + H_2$ zersetzt. **Lithiumchlorid**, LiCl, F 613 °C, ist hygroskopisch und löst sich im Gegensatz zu den anderen Alkalichloriden auch in Ethanol und Aceton. **Lithiumstearat**, $C_{17}H_{35}COOLi$, und **-hydroxystearat** dienen als verdickender Zusatz zu Schmierölen; die so erzeugten »Lithiumfette« erlauben eine Anwendung zwischen –50 °C und +180 °C. **Lithiumhydroxid**, LiOH, F 471°C, ist in Wasser weniger löslich als die übrigen Alkalihydroxide; die Lösung reagiert jedoch stark alkalisch.

Kernchemie: Lithium 6 dient zur Herstellung von Tritium im Kernreaktor, da es durch langsame Neutronen gemäß

$$^{6}_{3}Li + ^{1}_{0}n \rightarrow ^{4}_{2}He + ^{3}_{1}T$$

zerlegt wird. - Die Kernsynthesebombe (»Wasserstoffbombe«) enthält als thermonuklearen Sprengstoff **Lithiumdeuterid-(^{6}Li)** der Formel ^6LiD. Die Neutronen einer »gewöhnlichen« Atombombe lösen die Reaktion

$$^{6}_{3}Li + ^{1}_{0}n \rightarrow ^{4}_{2}He + ^{3}_{1}T$$

aus. Bei den durch die Atombombe erzeugten Temperaturen reagiert das entstehende Tritium mit dem Deuterium gemäß

$$^3_1T + {}^2_1D \rightarrow {}^4_1He + {}^1_0n,$$

wodurch wieder Neutronen für die Zerlegung des Lithiums geliefert werden. Hierbei wird erneut Tritium frei, so daß eine Kettenreaktion vor sich gehen kann und der gesamte thermonukleare Sprengstoff Lithiumdeuterid-(^{6}Li) unter Abgabe gewaltiger Energiemengen in Helium übergeht. - Eine besonders intensive Neutronenstrahlung und damit eine Erhöhung des Wirkungsgrades erzielt man durch Zusatz von **Lithiumtritid-(^{6}Li)**, ^{6}LiT (»Neutronenbombe«).

(In den angegebenen *kernchemischen Gleichungen* bedeutet die obere Zahl die *Massenzahl*, die untere die *Kernladungszahl;* die Summe der Massenzahlen einerseits und die Summe der Kernladungszahlen andererseits müssen auf der linken und rechten Seite der Gleichung übereinstimmen.)

11.3 Natrium und Natriumverbindungen

11.3.1 Allgemeines

Symbol: Na [*neter* (hebr.) Soda]; **Wertigkeit:** +1.

Vorkommen: sechsthäufigstes Element der Erdkruste; kommt nur gebunden vor; in Mineralen (z.B. in Salzlagern), Gewässern und in Organismen. 1 l Meerwasser enthält 10,6 g Na$^+$-Ionen.

Minerale:
Steinsalz (*Halit*) .... NaCl
Natronsalpeter (*Chilesalpeter*) .... NaNO$_3$
Kryolith (*Eisstein*) .... Na$_3$[AlF$_6$]
Natronfeldspat (*Albit*) .... Na[AlSi$_3$O$_8$]

Entstehung der Salzlager: Die an der Erdoberfläche befindlichen unlöslichen alkalihaltigen Silicatgesteine, z.B. Feldspäte, verwittern allmählich unter Wasseraufnahme zu Tonen und löslichen Alkaliverbindungen. Letztere werden durch Bäche und Flüsse ins Meer getragen. Bei der Verdunstung abflußloser oder abgeschnittener Meeresteile reichern sich die Salze an (Totes Meer!) und kristallisieren schließlich in Reihenfolge zunehmender Löslichkeit aus. Bei den entstehenden Salzschichten liegen also die schwerstlöslichen Stoffe zuunterst. Bei Überlagerung mit Tonen, Sandstein usw., erneutem Meereseinbruch und erneutem Auskristallisieren entstehen mehrere Schichtenfolgen übereinander. Die mitteldeutschen Salzlager sind vor 200 bis 300 Millionen Jahren aus dem Zechsteinmeer entstanden.

Zusammensetzung der Salzlager: Die unterste Schicht besteht jeweils aus Anhydrit (CaSO$_4$); dann folgen starke Steinsalzschichten (NaCl); darüber befinden sich, falls nicht ausgewaschen, die am leichtesten löslichen Kalium- und Magnesiumsalze (»Abraumsalze«, »Edelsalze«).

Gewinnung der Salze:

- durch Sprengung,
- durch Aussolen (Lösen unter Tage, Hochpumpen der Salzsole und Eindampfen).

11 Elemente der I. Hauptgruppe (Alkalimetalle)

Nachweis: intensiv gelbe Flammenfärbung, die durch ein Cobaltglas verschluckt (absorbiert) wird.

Physiologie: Na^+-Ionen sind für Tiere und einen Teil der Pflanzen lebensnotwendig. Im Gegensatz zu den K^+-Ionen befinden sie sich fast durchweg außerhalb der Zellen und regeln dort osmotisch deren Wassergehalt.

11.3.2 Metallisches Natrium

Erstherstellung: 1807 von HUMPHRY DAVY (England) durch Elektrolyse geschmolzenen Natriumhydroxids mit VOLTAschen Säulen.

Herstellung: durch Schmelzelektrolyse von Natriumhydroxid oder von Natriumchlorid + Calciumchlorid.

Die Katode besteht aus Eisen oder flüssigem Blei; aus der Pb-Schmelze wird das Na herausdestilliert.

Eigenschaften (s.a. S. 411): stark silberglänzendes, weiches, mit dem Messer schneidbares Metall (Dampf purpurfarben), das an der Luft unter Bildung von Natriumhydroxid und -carbonat rasch anläuft. Mit Wasser reagiert es heftig zu Natronlauge und Wasserstoff: $2\,Na + 2\,H_2O \rightarrow 2\,NaOH + H_2$.

Das Metall schwimmt dabei auf dem Wasser, schmilzt zu einer Kugel und bewegt sich wegen der Gasentwicklung zischend umher. Oft entzündet sich der Wasserstoff (gelbe Natriumflamme) und löst örtliche Knallgasexplosionen aus, besonders wenn sich das Metall an einer Stelle festsetzt (Wärmestau!). *Vorsicht* vor verspritzender Natronlauge! Schutzbrille!

Mit Alkoholen erfolgt weniger heftige Reaktion (Verwendung zur Beseitigung von Natriumresten) unter Bildung von Natriumalkoholat, z.B. $2\,Na + 2\,C_2H_5OH \rightarrow 2\,C_2H_5ONa + H_2$. – An der Luft erhitzt, verbrennt Na mit gelber Flamme zu Natriumperoxid, in Chlorgas zu Natriumchlorid: $2\,Na + O_2 \rightarrow Na_2O_2$ bzw. $2\,Na + Cl_2 \rightarrow 2\,NaCl$. Mit Quecksilber entsteht unter Feuererscheinung Natriumamalgam. Über die Löslichkeit in flüssigem Ammoniak ↑S. 410.

Verwendung: für Natriumdampflampen; als Wärmetransportflüssigkeit in Kernreaktoren; zur Herstellung von Natriumcyanid, -peroxid und Indigo; als Trockenmittel für Ether und andere halogenfreie organische Flüssigkeiten.

11.3.3 Natriumchlorid, NaCl

Vorkommen: als Steinsalz (Halit) in Salzlagern; in Salzsolen; im Meerwasser zu rund 2,7 %; in Salzkohle; in Organismen.

Gewinnung:

- aus Salzlagern durch Sprengung oder Aussolen (Lösen unter Tage, Hochpumpen der Sole und Eindampfen);
- aus Salzsolen durch Eindampfen in Siedepfannen oder durch Gradieren.

11.3 Natrium und Natriumverbindungen

Beim *Gradieren* tropft die Salzsole in Gradierhäusern über Dornenreisig, wobei so viel Wasser verdunstet, daß sich die schwerer löslichen Salze, z.B. Gips, als »Dornstein« abscheiden. Durch wiederholtes Überpumpen wird die Lösung bis auf 20 % konzentriert und dann in flachen Eisenpfannen oder in Vakuumverdampfern eingedampft («Siedesalz«).

- aus Meerwasser durch Verdunsten oder Ausfrieren (»Seesalz«).

Man grenzt Meeresteile ab und läßt das Wasser in den so entstehenden »Salzgärten« verdunsten; in kalten Ländern läßt man es gefrieren, wobei unter reinem Eis eine konzentrierte Salzlösung verbleibt.

Reinigung: ist für chemische Zwecke meist erforderlich. Natriumcarbonatlösung fällt Ca^{2+} und Mg^{2+}, Calciumhydroxid SO_4^{2-} aus.

Eigenschaften: farblose Kristallwürfel (F 801 °C, Kp 1440 °C), die in heißem wie in kaltem Wasser nahezu gleich gut löslich sind (daher keine Reinigung durch Umkristallisation möglich). 100 g Wasser lösen bei 20 °C 35,8 g NaCl; die Lösung ist dann 26,4 %ig. Die gesättigte Lösung siedet bei 109 °C. Bei mäßigem Erhitzen knistern die Kristalle, wobei sich ausdehnende Mutterlauge (kein Kristallwasser!) oder eingeschlossene Gase die Kristalle zersprengen. - NaCl ist nicht hygroskopisch, während Speisesalz infolge eines geringen Gehalts an Magnesiumchlorid leicht feucht wird (Vermeidung durch Zusatz von Natriumphosphat, das unlösliches Magnesiumphosphat bildet). - Schwerer flüchtige Säuren, z.B. Schwefelsäure, reagieren mit NaCl unter Bildung von Chlorwasserstoff: $2\,NaCl + H_2SO_4 \rightarrow Na_2SO_4 + 2\,HCl$.

Verwendung: Rohstoff für die Herstellung fast aller Natrium- und Chlorverbindungen.

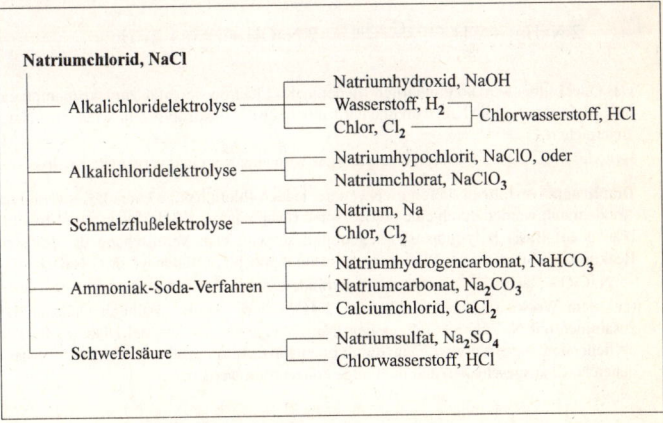

Weitere Verwendung: als Konservierungs- (Pökelsalz) und Würzmittel; als Tausalz und Kühlsolensalz; zum Aussalzen von Seife und organischen Farbstoffen; zum Glasieren von Keramik; als Zusatz zu Aluminiumbeizen und Nickelelektrolyten; als sprengkraftmindernder

Bestandteil von Wettersprengstoffen. - »Viehsalz« ist durch Beimengung von rotem Eisen(III)-oxid denaturiertes, unversteuertes NaCl. - Mischungen mit Eis im Verhältnis 3,5 : 1 ergeben Kältemischungen bis -21 °C.

Physiologie: Der Mensch enthält in Blut und Gewebesäften 150 bis 300 g NaCl; täglich sind 10 bis 15 g zu ergänzen. Übermäßiger Salzgenuß ist gesundheitsschädlich (kochsalzfreie Diätkost); akut toxische Dosis: etwa 5 g/kg. Blut enthält 0,9 % NaCl; gleich konzentriert ist die »physiologische Kochsalzlösung«, die als zeitweiliger Ersatz für Blutplasma verwendet wird.

11.3.4 Natriumhydroxid, NaOH

Trivialnamen: NaOH = Ätznatron; wäßrige Lösung = Natronlauge.

Technische Herstellung:

- aus Natriumchloridlösung durch Elektrolyse (»Alkalichloridelektrolyse«). 2 Verfahren:

Quecksilberverfahren (*Amalgamverfahren;* liefert reine, chloridfreie Lauge): Über den schwach geneigten Boden eines geschlossenen Elektrolysiergefäßes (z.B. 12 m lang, 1,20 m breit) fließt mit etwa 15 cm · s^{-1} katodisch geschaltetes Quecksilber als zusammenhängende Schicht; platinmetalloxidbeschichtete[1] Titananoden ragen von oben in die 60 bis 80 °C warme Natriumchloridlösung hinein.

–Katode: wegen der großen Überspannung, die zur Entladung von H$^+$-Ionen an Hg erforderlich ist, werden Na$^+$-Ionen reduziert: Na$^+$ + e$^-$ → Na. Natrium löst sich im Quecksilber zu Natriumamalgam, NaHg$_x$ (bis 0,2 % Na); dies fließt ständig in einen mit Graphitblöcken gefüllten *Zersetzer,* in dem durch katalytische Reaktion mit Wasser konzentrierte Natronlauge entsteht:

$$2 \text{ NaHg}_x + 2 \text{ H}_2\text{O} \xrightarrow{\text{Graphit}} 2 \text{ NaOH} + \text{H}_2\uparrow + 2x \text{ Hg}$$

Das Quecksilber wird kontinuierlich wieder in das Elektrolysiergefäß zurückgepumpt; die Sole fließt ebenfalls im Kreislauf und wird außerhalb der Elektrolysezelle wieder mit NaCl angereichert.
–Anode: 2 Cl$^-$ - 2 e$^-$ → Cl$_2\uparrow$. Das Chlorgas wird abgeleitet und verwertet; ↑S. 464.

Diaphragmaverfahren (liefert preiswertere, jedoch chloridhaltige Lauge): Katoden- und Anodenraum werden durch eine poröse Wand (Diaphragma, z.B. Ionenaustauschermembranen auf Basis Polyfluorcarbon) getrennt; so wird eine Vermischung der gelösten Reaktionsprodukte, die zur Bildung von Natriumhypochlorit führen würde (2 NaOH + Cl$_2$ → NaClO + NaCl + H$_2$O), weitgehend verhindert. An der Eisen-Katode werden H$^+$-Ionen (aus dem Wasser stammend) reduziert: 2 H$^+$ + 2 e$^-$ → H$_2$. Dadurch bleiben OH$^-$ zusammen mit Na$^+$ zurück, d.h. es liegt Natronlauge vor. Die aus der Diaphragmazelle abfließende Lauge ist etwa 12%ig; durch Einengen kann der größte Teil des noch vorhandenen NaCl ausgeschieden und die Lauge konzentriert werden.

---

[1] Die Beschichtung setzt die Überspannung der Chlorabscheidung herab, ist also energiesparend und verhindert die gleichzeitige Abscheidung von Sauerstoff.

11.3 Natrium und Natriumverbindungen

- aus Natriumcarbonat durch »Kaustifizierung«. Ältestes, auch heute noch angewandtes Verfahren. Nach der Gleichung $Na_2CO_3 + Ca(OH)_2 \rightarrow$ 2 NaOH + $CaCO_3$ entsteht mit Ätzkalk ein Niederschlag von Calciumcarbonat, welcher abfiltriert wird. Das Filtrat ist Natronlauge (früher als »kaustifizierte Soda« bezeichnet).

Eigenschaften: weiße, kristalline, hygroskopische, stark ätzende Masse (Brocken, Stangen, Schuppen, Plätzchen; F 322 °C, Kp 1390 °C), die aus der Luft CO_2 bindet und daher verschlossen aufbewahrt werden muß. In Wasser unter starker Erwärmung sehr leicht löslich (Vorsicht! Verspritzende Lauge gefährdet das Augenlicht!); die entstehende Natronlauge reagiert sehr stark alkalisch. Sie muß in Flaschen mit Gummistopfen aufbewahrt werden, da Glas festbäckt. Auch in Methanol und Ethanol löst sich NaOH leicht. NaOH macht schwächere und flüchtige Basen aus ihren Salzen frei, z.B. NaOH + NH_4Cl $\rightarrow NH_3 + H_2O + NaCl$. Aluminium und Zink werden leicht, Blei und Zinn schwerer, die meisten übrigen Metalle nicht angegriffen.

Verwendung: zur Herstellung vieler Natriumsalze (Nitrat, Nitrit, Sulfit, Phosphate, Hypochlorit bzw. Natronbleichlauge, Silicat bzw. Wasserglas, Fluorid, Chromat, Stannat, organische Salze); zur Gewinnung von Zellstoff aus Holz (Sulfatverfahren); zur Herstellung von Viskoseseide und Zellwolle, Seife, waschaktiven Substanzen, Netz- und Emulgiermitteln, Farbstoffen, von Aluminiumoxid aus Bauxit, von Phenolen aus Mineralölen; zur Bereitung von Brünierbädern, Metallentfettungsmitteln und einigen galvanischen Elektrolyten (Zinn, Zink); als Beizmittel für Aluminium (z.B. vor dem Eloxieren).

11.3.5 Natriumcarbonat, Na_2CO_3

Trivialnamen: Na_2CO_3 = wasserfreie (kalzinierte) Soda[1]; $Na_2CO_3 \cdot 10H_2O$ = Kristallsoda (Natriumcarbonat-decahydrat; 63 % Kristallwasser).

Vorkommen: in Sodaseen (Ägypten, Ostafrika, Kalifornien, Mexiko); das Salz liegt teilweise auskristallisiert vor.

Technische Herstellung:

- aus Natriumchlorid und Calciumcarbonat nach dem **Ammoniak-Soda-Verfahren** (Solvay-Verfahren); seit 1863.

Durch Einleiten von Ammoniak und Kohlendioxid (durch Brennen von Kalkstein erzeugt) in gesättigte Natriumchloridlösung fällt Natriumhydrogencarbonat aus:

$$\underbrace{NH_3 + H_2O + CO_2}_{NH_4HCO_3} + NaCl \longrightarrow NaHCO_3\downarrow + NH_4Cl$$

Durch Erhitzen in Drehrohröfen entsteht daraus Natriumcarbonat:

$$2 NaHCO_3 \rightarrow Na_2CO_3 + H_2O + CO_2$$

---

[1] In Getränken bedeutet „Soda" jedoch *Kohlensäure*.

Da Kohlendoxid in den Prozeß zurückgeführt und auch Ammoniak gemäß

$$2\,NH_4Cl + Ca(OH)_2 \rightarrow CaCl_2 + 2\,NH_3 + 2\,H_2O$$

zurückgewonnen wird, ist der Prozeß sehr wirtschaftlich.

Schema des Ammoniak-Soda-Verfahrens:

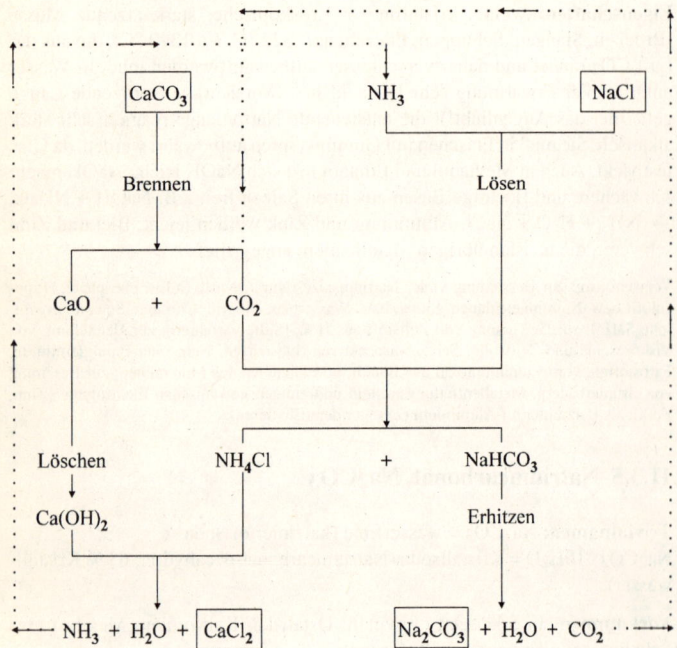

- Das ältere LEBLANC-Verfahren (seit 1791), das als Rohstoffe Natriumchlorid, Schwefelsäure und Kohle benötigt und neben Soda Chlorwasserstoff und Calciumsulfid liefert, wird nicht mehr durchgeführt, ist aber von historischer Bedeutung, da mit diesem Prozeß die Entwicklung der chemischen Großindustrie beginnt.

- Ferner wird Soda noch gewonnen: aus der Asche von Meerespflanzen; aus Natronlauge und Kohlendioxid.

Eigenschaften: wasserfrei weißes Pulver (F 853 °C); wasserhaltig farblose Kristalle, die an der Luft »verwittern« (Kristallwasser abgeben) und sich bei 32 °C durch Abspalten von Kristallwasser verflüssigen. Beide Formen lösen sich in Wasser zu einer infolge Hydrolyse alkalischen Flüssigkeit. - Bei Einwirkung fast aller anderen Säuren geht Soda in deren Natriumsalze über, wobei unter Aufbrausen CO_2 entweicht.

Beispiele: $Na_2CO_3 + 2\ HNO_3 \rightarrow 2\ NaNO_3 + CO_2\uparrow + H_2O$
$Na_2CO_3 + 2\ CH_3COOH \rightarrow 2\ CH_3COONa + CO_2\uparrow + H_2O$

Verwendung: zur Herstellung von Glas, Wasserglas, waschaktiven Substanzen, verschiedenen anderen Natriumverbindungen, Email und Ultramarin; zur Wasserenthärtung; zur Metallentfettung in Abkochlaugen; zur Entschwefelung von Roheisen.

11.3.6 Natriumsulfat, Na₂SO₄

Trivialnamen: Na_2SO_4 = wasserfreies (kalziniertes) »Sulfat«;
$Na_2SO_4 \cdot 10H_2O$ Glaubersalz.

Vorkommen: in Lagerstätten am Kaspischen Meer und in Kanada.

Eigenschaften: Aus wäßriger Lösung kristallisiert Na_2SO_4 oberhalb 32,4 °C wasserfrei (F 884 °C), darunter als $Na_2SO_4 \cdot 10H_2O$. Entsprechend »schmilzt« $Na_2SO_4 \cdot 10H_2O$ bei 32,4 °C »in seinem Kristallwasser«, d.h., es setzt das Wasser frei und löst sich darin auf.

Technische Herstellung:

- aus Rückständen der Kaliindustrie bei −5°C gemäß $MgSO_4 + 2\ NaCl \rightarrow Na_2SO_4 + MgCl_2$;
- aus Natriumchlorid und Schwefelsäure.

Verwendung: zur Herstellung von Glas, Natriumsulfid, Ultramarin, Zellstoff (Sulfatverfahren) und pharmazeutischen Präparaten; in Färbereien zum Auftreiben des Farbstoffs auf den Faserstoff; in Wasch- und Spülmitteln; wasserfreies Natriumsulfat im Labor zum Trocknen von organischen Lösungsmitteln..

11.3.7 Weitere Natriumverbindungen

Natriumoxid, Na_2O: weißes, hygroskopisches Pulver; (F 920 °C); entsteht aus Natriumperoxid oder Natriumhydroxid und metallischem Natrium, z.B. gemäß $2\ NaOH + 2\ Na \rightarrow 2\ Na_2O + H_2\uparrow$.

Natriumperoxid, Na_2O_2: blaßgelbes Pulver; technisch hergestellt durch Verbrennung von Natrium in Drehrohröfen; entflammt Watte, Papier und Aluminiumpulver in Gegenwart geringer Mengen Wasser. *Verwendung* für Bleichlösungen und für Atmungspatronen (Aufnahme von Kohlendioxid, dafür Abgabe von Sauerstoff: $2\ Na_2O_2 + CO_2 \rightarrow 2\ Na_2CO_3 + O_2$).

Natriumsulfid, $Na_2S \cdot 9H_2O$: farblose, wasserlösliche Kristalle, die infolge Reaktion mit dem Kohlendioxid der Luft nach Schwefelwasserstoff riechen; hergestellt durch Glühen von Natriumsulfat mit Kohle: $Na_2SO_4 + 4\ C \rightarrow Na_2S + 4\ CO$. *Verwendung* in der Gerberei; zur Herstellung von und zur Färbung mit Schwefelfarbstoffen; als Enthaarungsmittel; als Flotationsmittel.

Natriumsulfit, Na_2SO_3; **Natriumhydrogensulfit,** $NaHSO_3$; **Natriumdisulfit,** $Na_2S_2O_5$: farblose Salze, die aus Natriumhydroxid- oder -carbonatlösung durch Einleiten von Schwefeldioxid entstehen; mit Säuren ergeben sie wieder SO_2, z.B. $NaHSO_3 + HCl \rightarrow NaCl + H_2O + SO_2\uparrow$. Natriumsulfit kristallisiert unterhalb 37 °C als $Na_2SO_3 \cdot 7H_2O$. *Verwendung* als Bleich-, Desinfektions- und Konservierungsmittel; als Zusatz zu fotografischen Entwicklern und Fixierbädern; als Reduktionsmittel chromsaurer Abwässer.

Natriumthiosulfat, *Fixiernatron,* $Na_2S_2O_3 \cdot 5H_2O$: farblose Kristalle, deren Lösungen beim Abkühlen zur Übersättigung neigen.

Herstellung:

- durch Kochen von Natriumsulfitlösung mit Schwefel:

$$Na_2SO_3 + S \rightarrow Na_2S_2O_3;$$

- durch Einleiten von Röstgasen in die mit Natriumcarbonat versetzten Mutterlaugen der Natriumsulfidproduktion:

$$Na_2CO_3 + 2 Na_2S + 4 SO_2 \rightarrow 3 Na_2S_2O_3 + CO_2.$$

Beim Ansäuern der Lösung entsteht kolloidaler Schwefel: $Na_2S_2O_3 + 2 HCl \rightarrow 2 NaCl + (H_2S_2O_3)$; $(H_2S_2O_3) \rightarrow H_2O + SO_2 + S$. Silberchlorid und andere schwerlösliche Silbersalze werden durch Thiosulfat komplex gelöst; daher Anwendung als wirksamer Bestandteil der fotografischen Fixierbäder (↑S. 529). *Weitere Verwendung:* als »Antichlor« nach der Chlorbleiche (Papierindustrie); in der Maßanalyse zur Titration von Iod: $2 Na_2S_2O_3 + I_2 \rightarrow Na_2S_4O_6$ (Natriumtetrathionat) + 2 NaI.

Natriumnitrat, *Natronsalpeter,* $NaNO_3$: weiße, hygroskopische, in Wasser leicht lösliche Kristalle (F 311 °C), die sich bei 380 °C zu Nitrit und Sauerstoff zersetzen: $2 NaNO_3 \rightarrow 2 NaNO_2 + O_2$. Beim Erhitzen mit konz. Schwefelsäure destilliert Salpetersäure: $2 NaNO_3 + H_2SO_4 \rightarrow Na_2SO_4 + 2 HNO_3\uparrow$.
Natriumnitrat kommt in großen Mengen im Chilesalpeter (»Caliche«) vor, wird in Europa jedoch aus Salpetersäure und Natriumhydroxid oder -carbonat erzeugt. *Verwendung:* als Düngesalz; als Bestandteil von Explosivstoffen; als Oxidationsmittel in Glas- und Emailschmelzen.

Natriumnitrit, $NaNO_2$: farblose, giftige, sehr leicht wasserlösliche Kristalle (*F* 271 °C); technisch neben Natriumnitrat durch Absorption nitroser Gase mittels Natronlauge gewonnen $(N_2O_4 + 2 NaOH \rightarrow NaNO_2 + NaNO_3 + H_2O)$. Säuren setzen nitrose Gase frei. *Verwendung:* für Azofarbstoffe und Brünierbäder ($NaOH + NaNO_3 + NaNO_2$).

Natriumamid, $NaNH_2$: aus $Na + NH_3$ herstellbare, farblose Kristalle (*F* 206 °C), die mit Wasser heftig explodieren und auch mit Luft allmählich gelbe, explosible Produkte bilden; verwendet für organisch-chemische Synthesen (z.B. Indigo) sowie zur Herstellung von **Natriumazid,** NaN_3; ↑S. 483.

Natriumhydrogencarbonat, $NaHCO_3$ (früher »doppeltkohlensaures Natron«): weißes, nicht hygroskopisches, mäßig wasserlösliches Kristallpulver, das bei 300 °C in Carbonat und Kohlendioxid zerfällt: $2 NaHCO_3 \rightarrow Na_2CO_3 + H_2O + CO_2$. Kohlendioxid entsteht auch durch Einwirkung von Säuren. *Herstellung* ↑Natriumcarbonat; S. . *Verwendung:* für Waschmittel, Feuerlöscher, Back- und Limonadenpulver (z.B. im Gemisch mit Wein- oder Zitronensäure); Mittel gegen Magenübersäuerung.

Sonstige Natriumverbindungen: aufgeführt bei den betreffenden Säuren.

11.4 Kalium und Kaliumverbindungen

11.4.1 Allgemeines

Symbol: K [al kalja (arab.) Pflanzenasche]; **Wertigkeit:** +1.

Vorkommen: siebenthäufigstes Element der Erdkruste; gebunden in Mineralen, im Meerwasser und in Organismen.

1 l Meerwasser enthält 0,38 g K^+-Ionen; dieser im Vergleich zu Na^+ wesentlich geringere Gehalt (etwa $1/40$) beruht darauf, daß die K^+-Ionen, die durch Gesteinsverwitterung entstehen, vom Erdboden stärker adsorbiert werden als Na^+-Ionen.

Minerale:

Sylvin .... KCl
Carnallit .... $KCl \cdot MgCl_2 \cdot 6H_2O$
Kainit .... $KCl \cdot MgSO_4 \cdot 3H_2O$
Schönit .... $K_2SO_4 \cdot MgSO_4 \cdot 6H_2O$
Polyhalit .... $K_2SO_4 \cdot MgSO_4 \cdot 2CaSO_4 \cdot 2H_2O$
Orthoklas (*Kalifeldspat*) .... $K[AlSi_3O_8]$

Radioaktivität: Das im Kalium zu 0,01% vorhandene Isotop ^{40}K ist schwach radioaktiv; es geht unter β-Strahlung in ^{40}Ca über und ist (neben ^{238}U und ^{232}Th) für die Erdwärme von Bedeutung.

Nachweis: blauviolette Flammenfärbung (auch in der gelben Natriumflamme durch Cobaltglas sichtbar). *Fällungsreagenzien:* Natriumtetraphenylboranat (»Kalignost«), $Na[B(C_6H_5)_4]$ (→ weiße Fällung des K-Salzes); Perchlorsäure (→ weißes Kaliumperchlorat).

Physiologie: K ist für Pflanzen und Tiere lebensnotwendig (Kalidünger!). K^+-Ionen befinden sich im Gegensatz zu den Na^+-Ionen *innerhalb* der Zellen; der menschliche Körper enthält etwa 175 g; täglich sind etwa 4 g zu ergänzen.

11.4.2 Metallisches Kalium

Erstherstellung: 1807 durch H. DAVY (England).

Herstellung:

- durch Schmelzelektrolyse von Kaliumhydroxid;
- durch Erhitzen von Kaliumfluorid mit Calciumcarbid:

$$2 KF + CaC_2 \rightarrow 2 K\uparrow + 2 C + CaF_2$$

Eigenschaften (s.a. S.411)**:** reaktionsfähiger als Natrium. Wird K auf Wasser gebracht, entzündet sich der entwickelte Wasserstoff sofort und verbrennt mit hellvioletter Flamme; meist kommt es zu Knallgasexplosionen. An der Luft erhitzt, verbrennt Kalium zu orangefarbenem *Kaliumhyperoxid*, KO_2. K-Dampf sieht blaugrün aus. Kaliumreste beseitigt man am besten mit Pentanol (Amylalkohol): $2 C_5H_{11}OH + 2 K \rightarrow 2 C_5H_{11}OK + H_2$. Über die Löslichkeit in flüssigem Ammoniak ↑S. 410.

Legierung: Eine Na-K-Legierung mit 67 Atom-% K schmilzt bereits bei –12,5 °C.

11.4.3 Kaliumhydroxid, KOH

Trivialnamen: KOH = Ätzkali; KOH-Lösung = Kalilauge.

Herstellung: analog NaOH durch Elektrolyse von KCl-Lösung nach dem Quecksilber- oder Diaphragmaverfahren.

Eigenschaften: weiße, kristalline, hygroskopische, stark ätzende Masse (F 360 °C, Kp 1327 °C), die aus der Luft CO_2 bindet. KOH löst sich sehr leicht unter Erwärmung in Wasser (Vorsicht vor Verspritzen!). Die entstehende Kalilauge reagiert sehr stark alkalisch; sie setzt schwächere und flüchtige Basen, z.B. NH_3, aus ihren Salzen frei. - »*Alkoholische Kalilauge*« ist eine Lösung von KOH in Ethanol.

Verwendung: zur Herstellung anderer Kaliumsalze sowie von weicher Seife und von Farbstoffen; als Ätzmittel in der Chirurgie; als Elektrolyt in Nickel-Cadmium-Akkumulatoren; alkoholische Kalilauge zur Erzeugung von Flotationshilfsmitteln (Xanthogenate). Im allgemeinen bevorzugt man die preiswertere Natronlauge.

11.4.4 Kaliumnitrat, KNO_3

Trivialname: Salpeter (Kalisalpeter).

Vorkommen: vereinzelt in kleinen Lagern und in Salpeterwüsten.

Herstellung:

- aus Kaliumhydroxid oder -carbonat und Salpetersäure;
- durch »Konversion« gemäß

$$NaNO_3 + KCl \rightarrow NaCl + KNO_3$$

Aus heißgesättigter Natriumnitratlösung fällt bei Zugabe von Kaliumchlorid das schwerer lösliche Natriumchlorid aus; beim Abkühlen des Filtrats scheidet sich der »Konversionssalpeter« ab.

Eigenschaften: farblose, kühlend-bitter schmeckende, nicht hygroskopische Kristalle (F 339 °C), die sich in der Hitze reichlich, in der Kälte wesentlich weniger in Wasser lösen. Oberhalb des Schmelzpunktes zersetzt sich das Salz zu Nitrit und Sauerstoff: $2\ KNO_3 \rightarrow 2\ KNO_2 + O_2$. Schwefel und Holz verbrennen in geschmolzenem KNO_3 sehr lebhaft.

Verwendung: seit dem Mittelalter für *Schwarzpulver* (75% Kaliumnitrat + 15% Holzkohle + 10% Schwefel), das heute nur noch zur Sprengung weicher Minerale (Salze, Schiefer) benutzt wird; weiter in der Feuerwerkerei, bei der Glasherstellung und in Düngesalzen.

11.4.5 Kaliumcarbonat, K_2CO_3

Trivialname: Pottasche (das Salz wurde früher durch Auslaugen von Holzasche und Eindampfen in eisernen »Pötten« gewonnen).

Herstellung:

- aus Kalilauge und Kohlendioxid;
- nach dem *Formiat-Pottasche-Verfahren:* Kaliumsulfat wird in Gegenwart von Calciumhydroxid bei 230°C und 15 bar mit dem Kohlenmonoxid von Generatorgas zu Kaliumformiat umgesetzt (I), das isoliert und unter Luftzufuhr geglüht wird (II):

I $K_2SO_4 + Ca(OH)_2 + 2\ CO \rightarrow 2\ HCOOK + CaSO_4$

II $2\ HCOOK + O_2 \rightarrow K_2CO_3 + CO_2 + H_2O$.

Eigenschaften: weißes, hygroskopisches, sehr leicht in Wasser lösliches Pulver (F 894 °C); die Lösung reagiert infolge Hydrolyse alkalisch. Mit Säuren entstehen unter Kohlendioxidentwicklung die entsprechenden Kaliumsalze.

Verwendung: zur Herstellung von Kaligläsern, Seifen, Kaliumpolysulfid, fotografischen Entwicklern; als Lockerungsmittel für Backwaren (Lebkuchen). Die heiße Lösung dient zur Entfernung von CO_2 aus technischen Gasen: $K_2CO_3 + CO_2 + H_2O \rightleftarrows 2\ KHCO_3$ (*Kaliumhydrogencarbonat*).

11.4.6 Weitere Kaliumverbindungen

Kaliumchlorid, KCl: farblose, scharf salzig schmeckende, wasserlösliche Kristalle (F 770 °C), hergestellt aus Kalirohsalz durch Flotation oder durch Löse- und Kristallisationsprozesse; Rohstoff für fast alle anderen K-Verbindungen; wesentlicher Bestandteil vieler Kalidüngesalze.

Kaliumbromid, KBr: farblose, würfelförmige Kristalle (F 742 °C); leichter löslich als KCl. *Herstellung* aus Kaliumcarbonat und Eisenbromid ($4\ K_2CO_3 + Fe_3Br_8 \rightarrow 8\ KBr + 4\ Fe_3O_4 + 4\ CO_2$) oder aus Kalilauge, Brom und Ammoniak ($6\ KOH + 3\ Br_2 + 2\ NH_3 \rightarrow 6\ KBr + 6\ H_2O + N_2$). *Verwendung:* als verzögerndes und schleierverhinderndes Mittel in fotografischen Entwicklern; als Beruhigungsmittel; zur Herstellung von Silberbromid.

Kaliumiodid, KI: farblose, sehr leicht lösliche Kristallwürfel (F 682 °C); die Lösung löst Iod mit brauner Farbe zu KI · I_2 (»Iodiodkaliumlösung«). - *Herstellung* aus Kaliumcarbonat und Eiseniodid ($4\ K_2CO_3 + Fe_3I_8 \rightarrow 8\ KI + Fe_3O_4 + 4\ CO_2$); aus Kalilauge und Iod ($6\ KOH + 3\ I_2 \rightarrow 5\ KI + KIO_3 + 3\ H_2O$) und nachfolgendes Glühen des entstehenden Iodid-Iodat-Gemisches mit Kohle ($2\ KIO_3 + 3\ C \rightarrow 2\ KI + 3\ CO_2$). - *Verwendung:* zur Herstellung von Silberiodid; zum Iodieren von Speisesalz; für Pharmaka.

Kaliumsulfat, K_2SO_4: farblose, leicht lösliche Kristalle (F 1074 °C); hergestellt aus Kaliumchlorid und Magnesiumsulfat; Verwendung für Düngesalze, Kaliwasserglas und Alaune.

Kaliumpolysulfid, K_2S_2 bis K_2S_6, ist in der sog. »*Schwefelleber*« enthalten, die aus einem Kaliumcarbonat-Schwefel-Gemisch bei 250 °C entsteht. Schwefelleber dient zum dekorativen Braun- und Schwarzfärben von Kupfer, Messing und Silber, wobei die Metalloberflächen in Sulfide umgewandelt werden.

Sonstige Kaliumverbindungen: aufgeführt bei den entsprechenden Säuren.

11.4.7 Kalidüngemittel

In Deutschland wird der weitaus überwiegende Teil der Kalirohsalze zu Kalidünger verarbeitet. Deren Nährstoffgehalt wird in »% K_2O« angegeben, indem die K^+-Ionen auf K_2O umgerechnet werden. 100 g (bzw. %) KCl $\rightarrow$ 63,2 g (bzw. %) K_2O.

Kalirohsalze sind:

Sylvinit ....NaCl mit 15 bis 35% KCl und 2 bis 18% Ton
Hartsalz......NaCl mit 10 bis 25% KCl und 6 bis 30% Kieserit ($MgSO_4 \cdot H_2O$) oder Anhydrit ($CaSO_4$)
Carnallitit ..NaCl mit 40 bis 70% Carnallit, bis 16% Kieserit, Rest u.a. Anhydrit.

Kalidünger sind:

K 40:	(»40er Kalidünger« mit 40% »K_2O«) enthält 60 bis 65% KCl, etwa 25% NaCl, Rest $MgCl_2$, $MgSO_4$, $CaSO_4$ u.a.
K 50, K 60:	entsprechend höherer KCl-Gehalt.
Schwefelsaures Kali:	89 bis 96% K_2SO_4, 4% $MgSO_4$, maximal 2,5% Cl (für chloridempfindliche Pflanzen).
Magnesiumhaltige Kalidünger:	(mit 30 bis 40% »K_2O«) sind chloridarm und enthalten 10 bis 16% $MgSO_4$.
Misch- und Volldünger:	↑S. 489 und S. 483.

11.5 Rubidium, Caesium und ihre Verbindungen

Symbole: Rb [*rubidus* (lat.) dunkelrot]; Cs [*caesius* (lat.) himmelblau]; benannt nach Spektrallinien; **Wertigkeit:** +1.

Entdeckung: 1860/61 durch ROBERT BUNSEN und GUSTAV ROBERT KIRCHHOFF mittels Spektralanalyse im Dürkheimer Mineralwasser.

Vorkommen: Begleiter des Kaliums in Mineralquellen, Salzlagern und Gesteinen, jedoch nur in geringer Menge. Carnallit enthält 0,015 bis 0,040% Rb; der Cs-Gehalt ist noch geringer. Ein Cs-Mineral ist der sehr seltene *Pollucit*, $2Cs[AlSi_2O_6] \cdot H_2O$.

Herstellung: aus den Chloriden oder Dichromaten durch Erhitzen mit Calcium oder Zirconium im Vakuum (die Metalle destillieren ab) sowie durch Schmelzelektrolyse.

Eigenschaften (s.a. S. 411): reaktionsfähigste Metalle! An der Luft entsteht sofort eine graue Oxidhaut; selbst bei großen Stücken tritt nach wenigen Sekunden Selbstentzündung ein. Mit Wasser erfolgt explosionsartige Reaktion unter Aufglühen. Cs hat von allen beständigen Elementen das größte Atomvolumen. Rb und Cs strahlen bei Lichteinwirkung Elektronen aus (»fotoelektrischer Effekt«).

Verwendung: Rb für wissenschaftliche Zwecke; Cs für Fotozellen (z.B. in den Kombinationen $Ag/Ag_2O/Cs$ oder Cs_2O/Sb-Cs-Legierung) und spezielle Infrarotstrahler. Das Nuklid Caesium 137 dient ähnlich dem Cobalt 60 als medizinische Strahlenquelle.

Verbindungen: starke Ähnlichkeit mit K-Verbindungen; geringe Anwendung.

12 Elemente der II. Hauptgruppe (Berylliumgruppe)

12.1 Allgemeines

Elemente: Beryllium (Be), Magnesium (Mg), Calcium (Ca), Strontium (Sr), Barium (Ba) und Radium (Ra); letzteres ist radioaktiv.
Unter »Erdalkalimetallen« versteht man nur Ca, Sr, Ba und Ra.

Allgemeine Eigenschaften: etwas schwerer, härter, höher schmelzend und weniger reaktionsfähig als die Alkalimetalle. Gegenüber kaltem Wasser sind Be und Mg beständig, während die übrigen vom Ca bis zum Ra mit zunehmender Heftigkeit reagieren; das gleiche Verhalten zeigt sich gegenüber Sauerstoff. Be steht in seinem Verhalten dem Al näher als den übrigen Elementen seiner eigenen Gruppe.

Tabelle 12-1: *Berylliumgruppe*

	Beryllium	Magnesium	Calcium	Strontium	Barium	Radium
Symbol	Be	Mg	Ca	Sr	Ba	Ra
Kernladungszahl	4	12	20	38	56	88
Relative Atommasse	9,01218	24,3051	40,078	87,62	137,327	226,0254
Schmelzpunkt (in °C)	1280	650	851	770	710	700
Siedepunkt (in °C)	2967	1102	1437	1365	1637	1140
Dichte (in g·cm^{-3} bei 20 °C)	1,86	1,75	1,55	2,64	3,61	6
Häufigkeit (Erdrinde, %)	$5,3 \cdot 10^{-4}$	1,95	3,38	$1,4 \cdot 10^{-2}$	$2,6 \cdot 10^{-2}$	$9,5 \cdot 10^{-11}$
Härte	abnehmend ————————————————————————————————>					
Wertigkeit	+2	+2	+2	+2	+2	+2
Reaktionsfähigkeit	zunehmend ————————————————————————————————>					
Basenstärke	zunehmend ————————————————————————————————>					
Löslichkeit der Hydroxide	zunehmend ————————————————————————————————>					
Löslichkeit der Sulfate	abnehmend	sehr schwer löslich ————————————————————>				
Zerfallstemperatur der Carbonate	zunehmend ————————————————————————————————>					
Flammenfärbung	–	–	orange	zinnoberrot	hellgrün	karminrot

Hydroxide: schwächere Basen als die entsprechenden Hydroxide der I., jedoch stärkere Basen als die der III. Hauptgruppe. Dementsprechend werden sie ebenso wie die Salze mit flüchtigen Säureanhydriden (Carbonate, Sulfite, Sulfate) beim Erhitzen leichter zersetzt als die analogen Alkaliverbindungen.

Ionen: farblos. Aus wäßrigen Lösungen sind sie durch Elektrolyse nur an Hg-Katoden abscheidbar; anderweitige Entladung der Ionen ist nur aus nichtwäßrigen Lösungsmitteln oder aus Schmelzen möglich.

Löslichkeiten von Salzen:

leicht löslich:	Chloride, Bromide, Iodide, Sulfide, Nitrate, Nitrite, Cyanide, Acetate;
schwer löslich:	Fluoride (außer Be), Sulfate (außer Be und Mg), Phosphate, Carbonate, Silicate, Borate.

12.2 Beryllium und Berylliumverbindungen

Symbol: Be [nach dem Edelstein *Beryll*]; **Wertigkeit:** +2.

Entdeckung: 1798 entdeckte LOUIS NICOLAS VAUQUELIN (Paris) das Oxid; das Metall wurde erstmals 1828 durch FRIEDRICH WÖHLER dargestellt.

Vorkommen: sehr selten; nur gebunden. *Wichtigstes Mineral:* **Beryll** = $Be_3Al_2[Si_6O_{18}]$, farblos. **Smaragd** ist ein durch 0,3% Cr_2O_3 grün, **Aquamarin** ein durch Fe-Verbindungen hellblaugrün gefärbter Beryll.

Herstellung: z.B. durch Schmelzelektrolyse von Berylliumhalogeniden oder durch Erhitzen von BeF_2 mit Ca im Vakuum.

Eigenschaften (s.a. S. 425): silberweißes, hartes, in nicht extrem reinem Zustand sprödes Metall; löslich in verdünnten Säuren und konzentrierten Alkalien; Salpetersäure löst beim Erwärmen.

Verwendung: als Reflektormaterial für Neutronen in Atomreaktoren; als Legierungsmetall, z.B. mit Kupfer legiert für funkenfreie Werkzeuge (*Berylliumbronze*); für Röntgenfenster (Be läßt Röntgenstrahlen besser durch als Al).

Berylliumverbindungen: meist farblos, giftig, z.T. von süßem Geschmack. - **Berylliumoxid,** BeO, herstellbar durch Erhitzen des Hydroxids, Carbonats oder Nitrats, ist unlöslich in Wasser, in geglühtem Zustand auch in Säuren; man verwendet es als hochfeuerfesten Werkstoff (F 2570 °C), z.B. für Verbrennungskammern in Raketen. - **Berylliumhydroxid,** $Be(OH)_2$, fällt aus Be-Salzlösungen durch Alkalilaugen als weißer, gallertartiger Niederschlag von amphoterem Charakter; frisch gefällt löst es sich in Säuren zu Be-Salzen, in Alkalilaugen zu **Beryllaten,** z.B. **Natriumberyllat,** $Na_2[Be(OH)_4]$. Säuren fällen aus Beryllatlösungen wieder das Hydroxid aus. - **Berylliumchlorid,** $BeCl_2$, bildet farblose, hygroskopische, leicht sublimierbare Kristallnadeln (F 405 °C, Kp 488 °C). Es hat polymere Struktur und löst sich auch in Ethanol und Diethylether. - Auch **Berylliumfluorid,** BeF_2, **Berylliumsulfat,** $BeSO_4 \cdot 4H_2O$, und **Berylliumnitrat,** $Be(NO_3)_2 \cdot 3H_2O$, sind leicht wasserlöslich. - **Berylliumcarbonat,** $BeCO_3$, fällt aus Be-Salzlösungen durch Alkalihydrogencarbonat (normale Carbonate ergeben Hydroxidcarbonatfällungen) als weißer, sich in Alkalicarbonat zu Doppelsalzen lösender Niederschlag aus.

12.3 Magnesium und Magnesiumverbindungen

12.3.1 Allgemeines

Symbol: Mg [von *Magnesia*, Stadt in Kleinasien]; **Wertigkeit:** +2.

Vorkommen: achthäufigstes Element der Erdkruste, auch im Erdinnern reichlich vorhanden (»Sima«-Schicht[1]), chemisch gebunden in Mineralen, Meerwasser und Organismen. Im Wasser wirken Mg^{2+}-Ionen als Härtebildner. 1 l Meerwasser enthält 1,27 g Mg^{2+}. Auch das Chlorophyll der grünen Pflanzen ist eine Magnesiumverbindung.

Minerale:

Carbonate:	Dolomit..................	$CaCO_3 \cdot MgCO_3$ (gebirgsbildend)
	Magnesit.................	$MgCO_3$
Silicate:	Talk, Meerschaum, Asbest, Olivin, Serpentin u.a.	
Sulfate:	Kieserit...................	$MgSO_4 \cdot H_2O$ ⎫ in Abraum–
	Kainit.....................	$KCl \cdot MgSO_4 \cdot 3H_2O$ ⎭ salzen
	Epsomit (Bittersalz).....	$MgSO_4 \cdot 7H_2O$ in Mineralwässern
Chloride:	Carnallit..................	$KCl \cdot MgCl_2 \cdot 6H_2O$ in Abraumsalzen

Nachweis: keine Flammenfärbung! Nach Abtrennung der Schwermetalle, des Aluminiums und der Erdalkalimetalle entsteht durch Zugabe von NH_3 + NH_4Cl + Na_2HPO_4 eine weiße, kristalline Fällung von *Magnesiumammoniumphosphat*, $Mg(NH_4)PO_4 \cdot 6H_2O$. Organische Reagenzien: *Titangelb* (→ feuerroter Niederschlag in alkalischer Lösung), *8-Hydroxy-chinolin* (»Oxin«; → grünlich-gelber Niederschlag in schwach alkalischer Lösung).

Physiologie: für höhere Pflanzen und Tiere lebensnotwendig; zentrale Rolle des Chlorophylls bei der CO_2-Assimilation der grünen Pflanzen; Magnesiumdüngung von Kulturböden; für den Menschen sind täglich 0,2 bis 0,5 g notwendig (für Knochenbildungsprozesse, den Muskelstoffwechsel und die Aktivierung von Fermenten).

---

[1] *Sial-Schicht:* 10 bis 25 km tief reichender, hauptsächlich chemisch gebundenes Si und Al enthaltender Teil der Erdkruste;
Sima-Schicht: sich an das Sial nach innen anschließende, bis 50 km tief reichende, hauptsächlich aus chemisch gebundenem Si und Mg bestehende Schicht.

12.3.2 Metallisches Magnesium

Erstherstellung: 1808 elektrolytisch als Amalgam durch HUMPHRY DAVY (England).

Herstellung:

- *elektrolytisch:* aus einer $MgCl_2$-Schmelze (mit Zusatz anderer Chloride) bei 740 °C mit Stahlkatoden und Graphitanoden; das entstandene Mg schwimmt auf der Schmelze. Katodische Reduktion: $Mg^{2+} + 2\,e^- \rightarrow Mg$.
- *elektrothermisch:* aus einem MgO-C-Gemisch bei ca. 2000 °C gemäß $MgO + C \rightarrow Mg\uparrow + CO\uparrow$; der entstandene Dampf wird abgeschreckt.

Eigenschaften: (s.a. S. 425): silberweiß, sehr leicht, weich und dehnbar; schlecht gieß- und schweißbar, nicht lötbar; durch Legierung mechanisch beständiger. An der Luft Oxidschutzschicht; beim Erhitzen Verbrennung mit sehr hellem, weißem, ultraviolettreichem Licht zum Oxid MgO.

Die Verbrennung kann bereits durch unsachgemäße spanende Bearbeitung ausgelöst werden. Mg-Brände nicht mit Wasser oder feinem Sand, sondern am besten mit Graugußspänen oder Abdecksalzen löschen, da Wasserdampf und Sand gemäß $Mg + H_2O \rightarrow MgO + H_2$ bzw. $2\,Mg + SiO_2 \rightarrow 2\,MgO + Si$ reduziert werden.

Entzündetes Mg brennt unter Wasser weiter, wobei sich Wasserstoff entwickelt; Mg reagiert auch mit siedendem Wasser: $Mg + 2\,H_2O \rightarrow Mg(OH)_2 + H_2$. Beim Glühen in sauerstoffarmer Luft oder Stickstoff entsteht grünlichgelbes *Magnesiumnitrid*, Mg_3N_2. In Säuren, auch schwachen, löst sich Mg leicht, dagegen nicht in Alkalilaugen (Gegensatz zu Al). Organische Halogenverbindungen reagieren mit Mg in wasserfreiem Ether zu GRIGNARD-*Verbindungen*, z.B. $Mg + C_2H_5Br \rightarrow C_2H_5MgBr$, Ethylmagnesiumbromid; ↑ S. 640. - Mg ist sehr unedel und kann aus wäßriger Lösung elektrolytisch nur an Hg-Katoden abgeschieden werden.

Legierungen: Knet- und Gußlegierungen vom Typ MgAlZn (bis 10% Al und 3% Zn); für sehr leichte Bauteile.

Verwendung: legiert als Konstruktionsmaterial im Flug- und Fahrzeugbau (leichtestes Gebrauchsmetall!); für Al-Legierungen; für Opfer-Anoden beim elektrochemischen Korrosionsschutz; rein für Leuchtkugeln u.a. pyrotechnische Zwecke sowie für organisch-chemische Synthesen.

12.3.3 Magnesiumverbindungen

Magnesiumoxid, MgO, »Magnesia«. Weißes Pulver oder gesinterte weiße Masse; $F \approx 2800\,°C$; hergestellt durch Glühen von Magnesiumcarbonat oder aus Magnesiumchlorid und heißem Wasserdampf. *Verwendung*: für feuerfeste Steine und Geräte (z.B. Magnesiastäbchen im Labor); als mildes Neutralisationsmittel (z.B. für Magensäure); für Magnesiabinder.

Magnesiabinder entsteht durch Verrühren von MgO mit konzentrierter $MgCl_2$-Lösung; der Brei erstarrt nach wenigen Stunden unter Wasserbindung zu einer festen, marmorharten, weißen Masse aus *Magnesium-hydroxidchlorid*. Füllstoffhaltiger Magnesiabinder (mit Holzmehl, -spänen u. dgl.) wird für Leichtbauplatten und Steinholzfußböden verwendet.

Magnesiumsulfat, $MgSO_4$, kristallisiert aus warmem Wasser als **Kieserit,** $MgSO_4 \cdot H_2O$, aus kaltem Wasser als **Bittersalz,** $MgSO_4 \cdot 7H_2O$; beide schmecken bitter und sind im Gegensatz zu den eigentlichen Erdalkalisulfaten leicht wasserlöslich. - Kieserit ist Rohstoff für Mg-Düngesalze; Bittersalz findet medizinische Anwendung.

Magnesiumhydroxid, $Mg(OH)_2$: weißes, in Wasser kaum lösliches Pulver; fällt als flockiger Niederschlag aus Mg-Salzlösungen durch Natronlauge aus ($MgSO_4 + 2\ NaOH \rightarrow Mg(OH)_2 + Na_2SO_4$); Ammoniumsalze verhindern die Fällung.

Magnesiumcarbonat, $MgCO_3$, kommt als *Magnesit* vor; ergibt bei etwa 540°C Magnesiumoxid. **Magnesiumhydroxidcarbonat,** Formel etwa $4MgCO_3 \cdot Mg(OH)_2 \cdot 4H_2O$, ein weißes, lockeres, sehr leichtes Pulver, wird durch Fällung von $MgSO_4$-Lösung mit Na_2CO_3 hergestellt und für Puder und Wundstreupulver, Metallputzmittel u.ä. sowie als Füllstoff für Papier und Kautschuk verwendet.

Magnesiumchlorid kristallisiert aus wäßriger Lösung als $MgCl_2 \cdot 6H_2O$. Weißes, sehr hygroskopisches Kristallpulver. Wasserfreies $MgCl_2$ entsteht aus Magnesit durch Brennen und nachfolgendes Erhitzen des Oxids mit Kohlenstoff im Chlorstrom: $MgO + C + Cl_2 \rightarrow MgCl_2 + CO$. *Verwendung*: zur Herstellung von Magnesium, Magnesiabinder, Kältemischungen. - **Carnallit,** $KCl \cdot MgCl_2 \cdot 6H_2O$, wird auch künstlich hergestellt und als Staubbinde-, Auftau- und Badesalz verwendet.

Über **Magnesiumsilicate** (z.B. Talk, Asbest) ↑S.464.

Magnesiumdünger: Der Mg-Bedarf der Kulturpflanzen wird durch Anwendung von magnesiumhaltigem Kali-, Phosphor- und Kalkdünger gedeckt, z.B. *Magnesiumphosphat*, $Mg_3(PO_4)_2 + CaSO_4$, *dolomitischer Kalk*, $CaCO_3 + MgCO_3$; s.a. Kalidüngemittel, S. 423.

12.4 Calcium und Calciumverbindungen

12.4.1 Allgemeines

Symbol: Ca [*calx* (lat.) Kalkstein; Stein]; **Wertigkeit:** +2.

Vorkommen: fünfthäufiges Element der Erdkruste; in Gesteinen, Böden, Organismen und Gewässern weitverbreitet. 1 l Meerwasser enthält 0,4 g Ca^{2+}, Ca^{2+}-Ionen wirken im Wasser als Härtebildner.

Minerale:

Carbonate:	Calcit (*Kalkspat, Kalkstein, Marmor, Kreide*)	$CaCO_3$
	Dolomit	$CaCO_3 \cdot MgCO_3$
Sulfate:	Anhydrit	$CaSO_4$
	Selenit (*Gips*)	$CaSO_4 \cdot 2H_2O$
Fluoride:	Fluorit (*Flußspat*)	CaF_2
Silicate:	Anorthit (*Kalkfeldspat*)	$CaAl_2Si_2O_8$ und viele andere
Phosphate:	Apatite: *Hydroxylapatit* (*Phosphorit*)	$3Ca_3(PO_4)_2 \cdot Ca(OH)_2$ $\triangleq Ca_5(PO_4)_3(OH)$
	Apatit	$3Ca_3(PO_4)_2 \cdot Ca(F,Cl)_2$ [1] $\triangleq Ca_5(PO_4)_3(F,Cl)$

Nachweis: Flammenfärbung orangerot, falls die Verbindungen bei Flammentemperatur flüchtig sind. Ammoniumoxalat fällt aus ammoniakalischer oder schwach essigsaurer Lösung weißes Calciumoxalat, $(COO)_2Ca$.

Physiologie: für Tiere und Pflanzen lebensnotwendig. Der erwachsene Mensch enthält etwa 2% Ca, davon 99% in Form verschiedener Apatite in Knochen und Zähnen; auch für die Blutgerinnung und Nerventätigkeit sind Ca^{2+}-Ionen nötig. Tägliche Ergänzung: 1 g Ca^{2+}; Ca-Mangel führt zu Knochenerweichung und -brüchigkeit sowie zu Übererregbarkeit des Nervensystems. Vitamin-D-Mangel bewirkt infolge gestörten Kalk- und Phosphorstoffwechsels Rachitis. - $CaCO_3$ bildet das Gerüstmaterial von Korallen, Muscheln, Foraminiferen u.a.

12.4.2 Metallisches Calcium

Erstherstellung: 1808 elektrolytisch durch HUMPHRY DAVY (England).

Herstellung: durch Schmelzelektrolyse von Calciumchlorid mit KCl bei 850 °C an Eisenkatoden.

Eigenschaften (s.a. S. 425): silberweiß, zäh, nicht mit dem Messer schneidbar; läuft an der Luft infolge Bildung von Hydroxid und Carbonat rasch an; verbrennt beim Erhitzen mit hellroter Flamme zu Oxid und Nitrid (Ca_3N_2). Mit Wasser gemäßigt-lebhafte Reaktion: $Ca + 2 H_2O \rightarrow Ca(OH)_2 + H_2$; das entstehende Kalkwasser trübt sich, sobald es gesättigt ist. Da Ca schwerer flüchtig ist als K, Rb und Cs, verdrängt es diese Metalle beim Erhitzen mit entsprechenden Verbindungen, z.B. $2\ CsCl + Ca \rightarrow CaCl_2 + 2\ Cs\uparrow$.

Verwendung: als Legierungsbeimengung, z.B. für Bahnlagermetall (Pb mit 0,73% Ca, 0,55% Na und 0,04% Li); zur Herstellung seltener Metalle; als Absorptionsmittel für Sauerstoff und Stickstoff bei der Edelgasgewinnung.

12.4.3 Calciumcarbonat, $CaCO_3$

Vorkommen: Sehr rein als **Kalkspat** (z.B. durchsichtiger *isländischer Doppelspat*, »Islandspat«, spaltet Licht in 2 polarisierte Strahlen auf; weniger rein, meist mit Ton vermengt, als **Kalkstein** (gebirgsbildend; Kalk im Boden); als **Marmor** und **Kreide**. Kalkstein und Kreide sind aus Meeresorganismen entstanden, Marmor aus Kalkstein durch Umbildung unter Kristallvergrößerung (»Kontaktmetamorphose«). **Kalktuff** (*Travertin*) entsteht mit Hilfe von Pflanzenwuchs aus kalkhaltigem Wasser. - **Mergel** = Kalkstein + Ton.

---

1) Diese Schreibweise bedeutet, daß sich Cl und F beliebig ersetzen können.

12.4 Calcium und Calciumverbindungen

Verwitterung: durch Wasser und Kohlendioxid (Regen-, Sickerwasser) entsteht allmählich lösliches Calciumhydrogencarbonat: $CaCO_3 + H_2O + CO_2 \rightleftarrows Ca(HCO_3)_2$; daher sind Kalkgebirge zerklüftet und höhlenreich, auch wasserarm, da das Regenwasser ins Innere abfließt. Wenn das kalkhaltige (»harte«) Wasser verdunstet, scheidet sich infolge Störung des chemischen Gleichgewichts wieder Kalkstein ab, z.B. als *Tropfstein* (»Stalaktiten« von oben, »Stalagmiten« von unten). Die ins Meer gelangenden Ca^{2+}-Ionen werden dort von Organismen aufgenommen und in Form von Muschelschalen, Korallenriffs usw. wieder ausgeschieden.

Eigenschaften: rein farblos oder weiß, sehr schwer löslich; zerfällt bei etwa 900 °C in Calciumoxid und Kohlendioxid: $CaCO_3 \rightarrow CaO + CO_2$, $\Delta_R H^\ominus = +178$ kJ · mol^{-1}; reagiert mit Säuren unter CO_2-Entwicklung und Bildung der betreffenden Calciumsalze.

Verwendung:

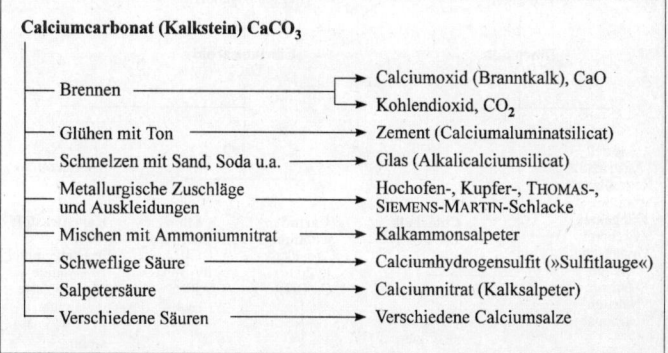

Weitere Verwendung: **Doppelspat** zur Erzeugung polarisierten Lichts in NICOLschen Prismen: **Kalkstein** und **-tuff** (*Travertin*) als Baustein, Schotter, Betonzuschlag, zur Rauchgasentschwefelung, **Solnhofener Schiefer** für Drucksteinplatten; **Marmor** für Säulen, Standbilder usw. sowie zur Kohlendioxiderzeugung im Labor; **Schlämmkreide** in der Anstrichtechnik sowie für Glaserkitt (85% $CaCO_3$ + 15% Firnis). Schreibkreide ist meist Gips! **Gefälltes $CaCO_3$** ist in Putzmitteln, Zahnpasten, auch als Füllstoff in Papieren enthalten. Ferner: Dünge- und Futterkalk.

12.4.4 Calciumoxid, CaO

Trivialnamen: Branntkalk, Ätzkalk (letzterer Name auch für $Ca(OH)_2$ gebräuchlich!).

Herstellung: durch Glühen von Calciumcarbonat (technisch: Kalkbrennen); Gleichung s.o. Stückiger Kalkstein wird mit Koks oder durch Heizgas unter Luftzufuhr in Schacht-, Ring- oder Drehrohröfen auf etwa 1100 °C erhitzt.

12 Elemente der II. Hauptgruppe (Berylliumgruppe)

Eigenschaften: weißes, bei etwa 2600 °C schmelzendes Pulver; sendet beim Glühen sehr helles, weißes Licht aus. Branntkalk: graue bis braune, poröse Stücke. Mit Wasser entsteht unter starker Wärmeentwicklung (»Kalklöschen«) Calciumhydroxid: $CaO + H_2O \rightarrow Ca(OH)_2$; $\Delta_R H^\ominus = -63{,}6 \text{ kJ} \cdot \text{mol}^{-1}$; hierbei verdampft ein Teil des Wassers.

Verwendung:

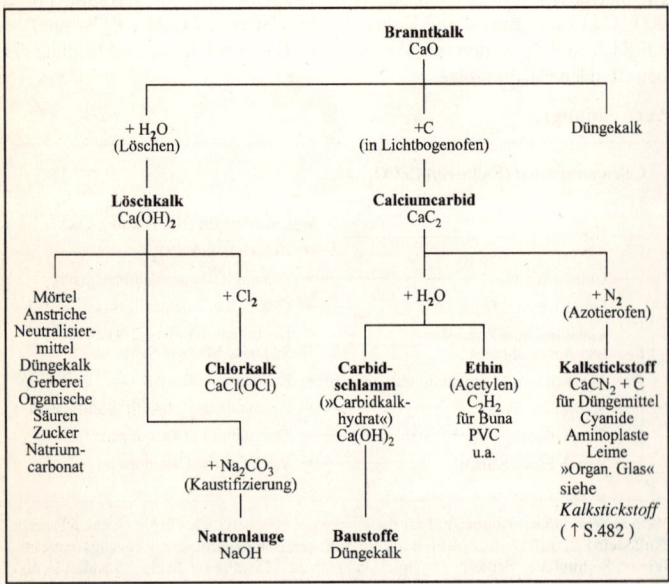

Wiener Kalk: gebrannter, reiner Dolomit; $CaO + MgO$; Verwendung zum Glänzen und Entfetten von Metalloberflächen, z.B. in der Galvanotechnik.

12.4.5 Calciumhydroxid, $Ca(OH)_2$

Trivialnamen: Löschkalk, Ätzkalk, Kalkhydrat. *Kalkbrei* ist eine dicke, *Kalkmilch* eine dünne Aufschlämmung mit Wasser; *Kalkwasser* ist die klare wäßrige Lösung.

Herstellung: durch Löschen von Branntkalk (↑S. 432).

Eigenschaften: weißes Pulver; in Wasser nur wenig löslich (0,16 g in 100 g Wasser). Kalkwasser reagiert alkalisch und trübt sich an der Luft infolge Ausfällung von Calciumcarbonat: $Ca(OH)_2 + CO_2 \rightarrow CaCO_3 + H_2O$. - Beim Einleiten von CO_2 in Kalkwasser löst sich der anfangs ausfallende Niederschlag unter Bildung von Hydrogencarbonat wieder auf: $CaCO_3 + CO_2 + H_2O \rightleftarrows Ca(HCO_3)_2$; beim Erwärmen dieser Lösung scheidet sich $CaCO_3$ wieder ab (Umkehrung der Reaktion).

12.4 Calcium und Calciumverbindungen

Verwendung: für Kalkmörtel, Chlorkalk, verschiedene Calciumverbindungen, Pflanzenschutzmittel, Schwefel- und Kupferkalkbrühe); zur Kaustifizierung von Soda und Pottasche zu Alkalihydroxiden; zur Wasserenthärtung; in der Gerberei; zur Neutralisation saurer Abwässer; zur Rauchgasentschwefelung; als Anstrichmittel; zur Isolierung organischer Säuren aus Pflanzensäften, wobei die ausfallenden unlöslichen Calciumsalze durch verdünnte Schwefelsäure wieder zerlegt werden.

Mörtel: streichbarer, weicher Brei zum Verbinden und Verputzen von Ziegelsteinen und anderen Baumaterialien. Zusammensetzung: Sand + Bindemittel + Wasser. *Luftmörtel* erhärten an der Luft, *Wassermörtel* (hydraulische Mörtel) auch unter Wasser. Erhärten = Abbinden.

- **Luftmörtel.** Als Bindemittel kommen in Frage:

  Löschkalk. Kalkmörtel wird aus 10% CaO, 15% H_2O und 75% Sand bereitet, indem man den Kalkbrei mit 3 Teilen Sand vermengt. Das Abbinden erfolgt chemisch durch Aufnahme von Kohlendioxid aus der Luft; $Ca(OH)_2 + CO_2 \rightarrow CaCO_3 + H_2O$. Da Wasser frei wird, sind Neubauten zunächst feucht.

  Gips. Gipsmörtel wurde bereits vor drei- bis viertausend Jahren beim Bau von Pyramiden verwendet. Das Abbinden erfolgt chemisch durch Bindung von Wasser; s.u.

  Ton. Lehm ist ein natürlicher Luftmörtel. Das Abbinden erfolgt physikalisch; Wasser verdunstet, Sandkörnchen werden durch den Ton verklebt.

- **Wassermörtel.** Bindemittel sind

  Zement. Zementmörtel binden chemisch ab; Bindung von Wasser (↑S. 466).

  Hydraulischer Kalk (entsteht beim Brennen tonhaltigen Kalksteins unterhalb der Sintergrenze); bindet chemisch vorwiegend durch Wasseraufnahme ab.

  Mischbinder (entstehen durch Vermischen oder Vermahlen hydraulischer Stoffe mit Anregern, z.B. Zement, Gips oder Anhydrit); binden durch Aufnahme von Wasser ab; stehen bezüglich der Festigkeit zwischen hydraulischem Kalk und Zement.

12.4.6 Calciumsulfat, $CaSO_4$

Vorkommen: wasserfrei als **Anhydrit**, z.B. unterhalb von Salzlagerstätten; wasserhaltig ($CaSO_4 \cdot 2H_2O$) als **Gipsstein, Alabaster** (schneeweiß, körnig), **Marienglas** (durchsichtig), **Fasergips** (Platten mit Faserung senkrecht zur Plattenebene). Gips ist eines der verbreitetsten Minerale.

Eigenschaften: weißes, in Wasser schwer lösliches Kristallpulver (0,2 g in 100g Wasser; die Löslichkeit nimmt beim Erhitzen ab!). Aus $CaSO_4 \cdot 2H_2O$ entsteht beim Erhitzen das »Halbhydrat« (Semihydrat) $CaSO_4 \cdot \frac{1}{2} H_2O$ (auch $2CaSO_4 \cdot H_2O$ geschrieben), bei weiterem Erhitzen Anhydrit. Bei Temperaturen über 1000 °C erfolgt Zersetzung in CaO und SO_3.

Gebrannter Gips (Stuckgips) wird technisch bei 150 °C hergestellt. Mit Wasser bindet er nach kurzer Zeit in exothermer Reaktion ab: $CaSO_4 \cdot H_2O + 1\frac{1}{2} H_2O \rightarrow CaSO_4 \cdot 2H_2O$. Bei längerem Erhitzen über 200 °C wird der Gips »totgebrannt«; der entstehende Anhydrit nimmt dann nur noch sehr langsam Wasser auf.

Hochgebrannter Gips (Estrichgips), technisch bei über 1000 °C hergestellt, besteht aus einer festen Lösung von CaO in CaSO$_4$, er bindet langsamer ab als Stuckgips, jedoch schneller als Kalkmörtel.

Verwendung: zur Herstellung von Schwefelsäure und Ammoniumsulfat; als Mörtelbindemittel; gebrannter Gips für Gipsabdrücke, -wände, -verbände usw. Estrichgips und Anhydrit dienen (oft gefärbt) zur Herstellung fugenloser Fußböden (Estriche).

12.4.7 Calciumcarbid, CaC$_2$

Struktur: Calciumcarbid ist als Calciumverbindung des Ethins, H–C≡C–H, aufzufassen.

Herstellung: technisch aus Branntkalk und Koks bei 1800 bis 2200 °C im Lichtbogenofen (100 bis 200 V; etwa 100 kA): CaO + 3 C → CaC$_2$ + CO; $\Delta_R H^\ominus = +462$ kJ · mol^{-1}. Der Prozeß benötigt sehr viel elektrische Energie. Das entstehende *Carbidabgas* (82% CO, 8 bis 10% H$_2$, Rest N$_2$) wird als Synthese- oder Brenngas genutzt.

Eigenschaften: in reinem Zustand farblos, technisch graue bis braune Stücke mit 80 bis 85% CaC$_2$ (Rest: CaO, Ca$_3$P$_2$, CaS, Ca$_3$N$_2$, SiC u.a.). Mit Wasser entsteht Ethin (Acetylen): CaC$_2$ + 2 H$_2$O → C$_2$H$_2$ + Ca(OH)$_2$; dieses riecht infolge Verunreinigung durch PH$_3$, NH$_3$ und H$_2$S unangenehm. Verschlossen aufbewahren, da auch mit dem Wasserdampf der Luft Reaktion erfolgt.

Verwendung: Zur Herstellung von Ethin, Kalkstickstoff und deren Folgeprodukten.

12.4.8. Weitere Calciumverbindungen

Calciumfluorid, CaF$_2$: weißes, unlösliches Pulver (F 1403 °C; bildet mit Schwefelsäure Fluorwasserstoff: CaF$_2$ + H$_2$SO$_4$ → CaSO$_4$ + 2 HF. Kommt in der Natur als **Flußspat** (*Fluorit*) vor: große, farblose Kristalle, durch Beimengungen oft gelb, grün, violett. Ausgangssubstanz für die »Fluorchemie«; weitere Verwendung: als Flußmittel[1] in Stahlgießereien und Metallschmelzereien.

Calciumchlorid, CaCl$_2$: sehr hygroskopisch, sehr leicht (auch in niederen Alkoholen) löslich; F 772 °C; kristallisiert aus wäßriger Lösung bei Zimmertemperatur als CaCl$_2$ · 6H$_2$O. CaCl$_2$ · 6H$_2$O löst sich unter Abkühlung, CaCl$_2$ unter Erwärmung in Wasser (beim Auflösen von wasserfreiem CaCl$_2$ wird die Gitterenergie durch die Hydratationsenergie überkompensiert). CaCl$_2$ ist Nebenprodukt der Sodafabrikation und dient im Labormaßstab als Trockenmittel für Flüssigkeiten und Gase.

Calciumsulfid, CaS: durch Glühen von Calciumsulfat mit Kohle; Enthaarungsmittel in der Gerberei. - **Calciumpolysulfid,** CaS$_2$ bis CaS$_5$, ist in der »Schwefelkalkbrühe« enthalten (gegen Mehltau, Milben u.a.), die bei längerem Kochen von Kalkmilch mit Schwefel entsteht.

---

1) Flußmittel erniedrigen den Schmelzpunkt (z.B. von Schlacken).

Calciumnitrat, $Ca(NO_3)_2 \cdot 4H_2O$; *Kalksalpeter, Mauersalpeter*: weiß, hygroskopisch; bildet sich z.B. an Kalkwänden in Viehställen, indem das aus Eiweißstoffen und Carbamid (Harnstoff) frei werdende Ammoniak durch Nitratbakterien zu Salpetersäure oxidiert wird, die mit dem Kalk Mauersalpeter ergibt.

Weitere Ca-Salze siehe die betreffenden Säuren.

12.4.9 Calciumdüngemittel

Reine Kalkdünger sind:

Kalksteinmehl, Kalkmergel	$CaCO_3$
Löschkalk, Kalkhydrat, Bunakalk	$Ca(OH)_2$
Branntkalk	CaO
Mischkalk	$CaO + CaCO_3$

Diese Kalke führen der Pflanze nicht nur Ca^{2+}-Ionen zu (»Erhaltungskalkung«), sondern binden Bodensäure (setzen den pH-Wert herauf; »Gesundungskalkung«), wodurch die Bodenstruktur verbessert und die Bakterientätigkeit angeregt wird. Durch Kalkung von Wäldern dämmt man die Schäden durch »sauren Regen« ein; ↑S. 501).

Weitere Calciumdüngemittel sind Kalkstickstoff (ebenfalls basisch), Kalkammonsalpeter, Superphosphat, Thomasphosphat (Thomasmehl).

12.4.10 Wasserhärte

Ursachen: »Härtebildner« sind Ca^{2+}- und Mg^{2+}-Ionen. Je mehr davon natürliches Wasser aus Erdboden und Gesteinen aufgenommen hat (aus Kalkgebirgen, kalk- und gipshaltigen Böden), desto härter ist es. Wasser, das aus Urgesteinen oder anderen wenig verwitterten Silicatgesteinen entspringt, ist »weich«, ebenso Regenwasser und das Kondenswasser industrieller Anlagen.

Härtegrade: Zur Angabe von Härtegraden werden der Ca^{2+}- und Mg^{2+}-Gehalt auf CaO umgerechnet. 1 dH (= 1 Grad deutscher Härte) bedeutet einen Gehalt von 10 mg CaO in 1 l Wasser. Dies entspricht 7,19 mg Ca^{2+} bzw. 4,34 mg Mg^{2+}.

Man nennt Wasser mit den Härtegraden

0 bis 4:	sehr weich	12 bis 18:	ziemlich hart
4 bis 8:	weich	18 bis 30:	hart
8 bis 12:	mittelhart	über 30:	sehr hart

Einteilung:

Gesamthärte =	temporäre	+ permanente Härte
oder	vorübergehende	+ bleibende Härte
oder	Carbonat-	+ Nichtcarbonathärte

- *Temporäre Härte:* verschwindet beim Erhitzen (Gleichung ↑S.); sie beruht auf dem Gehalt an Calcium- und Magnesiumhydrogencarbonat, $Ca(HCO_3)_2$ und $Mg(HCO_3)_2$, also auf dem Anteil Ca^{2+} und Mg^{2+}, der dem Gehalt des Wassers an HCO_3^- entspricht.

- *Permanente Härte:* bleibt beim Erhitzen bestehen; sie beruht auf dem restlichen Gehalt an Ca^{2+} und Mg^{2+}. Als zugehörige Anionen betrachtet man willkürlich die im Wasser vorhandenen Sulfationen, SO_4^{2-}, so daß dieser Teil der Härte auf den Gehalt an $CaSO_4$ und $MgSO_4$ beruht und auch »Sulfathärte« genannt wird.

Auswirkungen:

- *Wassersteinbildung:*

  In Dampfkesseln und Rohrleitungen setzt sich fester, harter Wasserstein (»Kesselstein«) ab, vornehmlich Calciumcarbonat und -sulfat. Da dieser die Wärme schlecht leitet, tritt Überhitzung (Glühen) der Wände ein, welche dadurch rascher korrodieren. Wenn sich der Stein von den überhitzten Stellen löst, kommt Wasser mit der glühenden Wand in Berührung und verdampft explosionsartig rasch, wodurch der Kessel zerstört werden kann.

- *Kalkseifebildung:*

  Hartes Wasser erfordert einen erheblichen Mehrverbrauch an Seife (für 100 l Wasser von 10 dH etwa 150 g), da diese von den Härtebildnern als unlösliche Kalk- bzw. Magnesiumseife ausgefällt und daher waschunwirksam wird:

  $$2\ C_{17}H_{35}COONa + Ca(HCO_3)_2 \rightarrow (C_{17}H_{35}COO)_2Ca\downarrow + 2\ NaHCO_3$$

  Die Kalkseife setzt sich auf dem Textilgut ab, adsorbiert den Schmutz, vergilbt und verschmiert die Wäsche und verleiht ihr einen muffigen Geruch. Erst wenn alle Härtebildner ausgefällt worden sind, schäumt das Wasser mit Seife und entfaltet Waschwirkung. Synthetische waschaktive Substanzen bilden keine unlöslichen Ca- und Mg-Salze und waschen deshalb auch in hartem Wasser.

- *Sonstige Wirkungen:*

  Hülsenfrüchte können in hartem Wasser nicht weichgekocht werden, da die Pektine in den Zellwänden der Früchte mit den Härtebildnern unlösliche Verbindungen eingehen.

Enthärtung (Entfernung der Ca^{2+} und Mg^{2+}):

- durch Erhitzen. Hierbei wird nur die Carbonathärte beseitigt: $Ca(HCO_3)_2 \rightarrow CaCO_3\downarrow + H_2O + CO_2$;

- durch Zusatz niederschlagbildender Chemikalien (Soda, Kalk + Soda, Trinatriumphosphat, Borax), z.B.

  $$Ca(HCO_3)_2 + Ca(OH)_2 \rightarrow 2\ CaCO_3\downarrow + 2\ H_2O$$
  $$CaSO_4 + Na_2CO_3 \rightarrow CaCO_3\downarrow + Na_2SO_4$$
  $$3\ CaSO_4 + 2\ Na_3PO_4 \rightarrow Ca_3(PO_4)_2\downarrow + 3\ Na_2SO_4$$

  Da Calciumphosphat schwerer löslich ist als -carbonat, erzielt man durch Trinatriumphosphat eine weitgehendere Enthärtung als durch Soda.
  Die Niederschläge werden filtriert, oder man läßt sie in Klärbecken absetzen.

- durch Ionenaustauscher (Natriumwofatit, -zeolith). Das Wasser durchläuft ein Rohr, das mit den Na-Salzen von Ionenaustauscher-Kunstharzen oder Zeolithen gefüllt ist; dabei werden die Härtebildner gegen Na^+-Ionen ausgetauscht: Na_2-Austauscher + $Ca^{2+} \rightarrow$ Ca-Austauscher + $2\ Na^+$. Von Zeit zu Zeit werden die Austauscher durch konzentrierte Kochsalzlösung regeneriert (Umkehrung der Reaktion nach dem Massenwirkungsgesetz). Die Zeolithe entfalten auch in Waschmitteln ihre Austauscher-Aktivität.

Vollentsalzung: für Kesselspeisewasser; für Trinkwasser aus Meerwasser; zur Wiedergewinnung von Chemikalien aus Spülwässern. 2 Möglichkeiten:

- durch Destillation;
- durch hintereinandergeschaltete H^+- und OH^--Ionenaustauscher. H^+-Austauscher ersetzen Metallionen durch H^+, OH^--Austauscher ersetzen Säurerestionen durch OH^-, so daß schließlich reines H_2O verbleibt. Die Austauscher werden durch verdünnte Schwefelsäure bzw. Natronlauge regeneriert.

12.5 Strontium, Barium und ihre Verbindungen

Symbole: Sr [von *Strontian*: schottischer Ort]; Ba [*barys* (grch.) schwer]; **Wertigkeit:** +2.

Minerale:

Strontianit	$SrCO_3$	Witherit	$BaCO_3$
Cölestin	$SrSO_4$	Baryt (*Schwerspat*)	$BaSO_4$

Nachweis: *Flammenfärbungen* (Sr zinnoberrot, Ba hellgrün); *Fällungsreaktionen:* Sulfate und Schwefelsäure fällen auch in Gegenwart von Salzsäure weiße, sehr feinpulvrige Niederschläge von $SrSO_4$ bzw. $BaSO_4$ aus.

Physiologie: Sr-Verbindungen sind mäßig giftig, lösliche Ba-Verbindungen dagegen sehr (Erbrechen, Darmkoliken, Arterienkrämpfe, Lähmungen; bereits 500 bis 800 mg können tödlich wirken).

Strontium- und Bariummetall (s.a. S. 425): Ersthestellung 1808 durch HUMPHRY DAVY (England). Darstellung durch Erhitzen der Oxide mit Calcium oder Aluminium im Vakuum oder durch Verdampfen des Quecksilbers aus den Amalgamen, die bei der Elektrolyse von Sr- und Ba-Salzlösungen mit Hg-Katoden entstehen. Die Metalle ähneln dem Calcium, sind aber reaktionsfähiger. Barium dient als Gettermetall in der Vakuumtechnik, d.h. es bindet die zurückgebliebenen Spuren von Luft zu Oxid und Nitrid, wodurch das notwendige Hochvakuum erreicht wird.

Strontiumverbindungen: Strontiumnitrat, $Sr(NO_3)_2$, und **-chlorat,** $Sr(ClO_3)_2$, für Rotfeuer; **Strontiumhydroxid,** $Sr(OH)_2$, und **-carbonat,** $SrCO_3$, zur Entzuckerung von Melasse; **Strontiumsulfid,** SrS, für Nachleuchtfarben (blaugrünes Licht); **Strontiumsulfat,** $SrSO_4$, für selbstregulierende (konstanter SO_4^{2-}-Gehalt) Chrom-Elektrolyte.

Radiostrontium: Das durch Kernwaffenexplosion entstehende radioaktive Isotop ^{90}Sr (Halbwertszeit 27 Jahre, β-Strahler) ist dadurch besonders gefährlich, daß es wie Calcium von den Organismen aufgenommen, in Knochen und anderen Organen gespeichert wird, auch in die Milch übergeht und dort seine schädliche Strahlung aussendet.

Bariumhydroxid, »*Ätzbaryt*«, $Ba(OH)_2 \cdot 8H_2O$: farblose Kristalle, in Wasser mäßig löslich zu relativ stark alkalischem *Barytwasser* (Reagens auf Kohlendioxid; ↑S. 455).

Bariumperoxid, BaO_2: weißes, schwer lösliches Pulver; bildet sich aus Bariumoxid bei 500°C an der Luft und zerfällt bei stärkerem Erhitzen wieder ($2 BaO + O_2 \rightleftarrows 2 BaO_2$). Mit verdünnter Schwefelsäure entsteht Wasserstoffperoxid ($BaO_2 + H_2SO_4 \rightarrow BaSO_4\downarrow + H_2O_2$).

Bariumsulfat, $BaSO_4$: weißes, äußerst schwer lösliches Pulver. Als natürlicher *Schwerspat* Rohstoff für andere Ba-Verbindungen. Aufschluß durch Glühen mit Kohle zu *Bariumsulfid*, BaS. Gefälltes $BaSO_4$ dient als »blanc fixe« (*Permanentweiß*) für Malerfarben, ist auch im *Lithoponeweiß* ($BaSO_4$ + ZnS) enthalten. Weitere Verwendung: Füllstoff für Papier und Kautschuk; Substrat für organische Farbpigmente; Röntgenkontrastmittel (ungiftig, da in den Körperflüssigkeiten unlöslich).

Weitere Bariumverbindungen: Bariumoxid, BaO, wird zur Herstellung von Ferriten verwendet. - **Bariumnitrat**, Ba(NO$_3$)$_2$, und **-chlorat**, Ba(ClO$_3$)$_2$, für Grünfeuer. –**Bariumchlorid**, BaCl$_2$ · 2H$_2$O, dient als Nachweismittel für Sulfate; es fällt auch in salzsaurer Lösung ein weißer, feinpulvriger Niederschlag von Bariumsulfat: MgSO$_4$ + BaCl$_2$ → BaSO$_4$↓ + MgCl$_2$.
– **Bariumchromat**, BaCrO$_4$, ist das Farbpigment *Barytgelb*.

12.6 Radium und Radiumverbindungen

Radium [*radius* (lat.) Strahl], Symbol Ra, wurde 1898 von MARIE und PIERRE CURIE in der Joachimsthaler Pechblende entdeckt. Es bildet sich über mehrere Zwischenprodukte durch radioaktiven Zerfall von Uran 238 und ist deshalb in geringen Mengen (1 : 3·10^{-7}) in Uranerzen enthalten. Es zerfällt unter α-Strahlung zunächst in Radon und schließlich in Blei, ^{206}Pb.

Ra-Verbindungen leuchten ständig und sind ein wenig wärmer als ihre Umgebung. Radium ähnelt chemisch sehr dem Barium (s.a. S. 425); das gleiche gilt auch für die Verbindungen. Die frühere Verwendung in der Medizin ist seit Einführung künstlicher Radionuklide stark zurückgegangen.

13 Elemente der III. Hauptgruppe (Borgruppe)

13.1 Allgemeines

Elemente: Bor (B), Aluminium (Al), Gallium (Ga), Indium (In) und Thallium (Tl).

Wertigkeit: hauptsächlich +3; die Wertigkeit +1 wird vom Al bis zum Tl beständiger; Tl(I)-Verbindungen sind stabiler als Tl(III)-Verbindungen.

Metallischer Charakter: nimmt von B zum Tl zu.

- *Elementverbindungen:* kristallisiertes B ist nichtmetallisch mit schwachen Halbleitereigenschaften; Al und die übrigen Elemente sind typische Metalle.

- *Hydroxide:* B(OH)$_3$ = H$_3$BO$_3$ ist eine schwache Säure; die Element(III)-hydroxide von Al, Ga und In sind amphoter; Tl(OH)$_3$ ist eine schwache, TlOH dagegen eine starke Base. Verglichen mit den entsprechenden Verbindungen der II. Hauptgruppe haben alle Element(III)-hydroxide schwächer basischen bzw. stärker sauren Charakter.

Löslichkeiten:

leicht löslich: Chloride, Sulfate, Nitrate der Metalle; Alkaliborate;
schwer löslich: Fluoride, Phosphate, Hydroxide, Oxide der Metalle; alle Borate außer Alkaliboraten.

Die Tl(I)-Verbindungen nehmen bezüglich der Löslichkeit eine Sonderstellung ein; ↑S. 447.
Beständigkeit: *unbeständig* sind die Carbonate [außer von Tl(I)]; sie existieren nur bei niedrigen Temperaturen und zerfallen bereits bei gewöhnlicher Temperatur in Metalloxid und Kohlendioxid, z.B. gemäß $Al_2(CO_3)_3 \rightarrow Al_2O_3 + 3\,CO_2$.

Ionen: farblos; aus wäßrigen Lösungen sind durch Elektrolyse nur Ga, In und Tl abscheidbar.

Tabelle 13-1: *Borgruppe*

	Bor	Aluminium	Gallium	Indium	Thallium
Symbol	B	Al	Ga	In	Tl
Kernladungszahl	5	13	31	49	81
Relative Atommasse	10,811	26,9815	69,723	114,818	204,383
Schmelzpunkt (in °C)	≈2400	660	29,8	156	305
Dichte (in $g \cdot cm^{-3}$)	2,33	2,70	5,91	7,31	11,84
Wertigkeit beständig	+3	+3	+3	+3	+1, (+3)
unbeständig	–	+1	+1, +2	+1, +2	
Reaktionsfähigkeit	mäßig	stark abnehmend ————————————————————>			
Häufigkeit (Erdrinde, %)	$1,6 \cdot 10^{-3}$	7,57	$1,4 \cdot 10^{-3}$	$1 \cdot 10^{-5}$	$3 \cdot 10^{-5}$
Element(III)-hydroxide	H_3BO_3 schwach sauer	$Al(OH)_3$ amphoter	$Ga(OH)_3$ amphoter	$In(OH)_3$ amphoter	$Tl(OH)_3$ schwach basisch
Salzname der Anionen	Borat	Aluminat	Gallat	Indat	–
Element(I)-hydroxide	–	–	–	–	TlOH
Charakter	–	–	–	–	stark basisch
Löslichkeit	–	–	–	–	leicht löslich

13.2 Bor und Borverbindungen

13.2.1 Allgemeines

Symbol: B [*boron* (lat.), von *buraq* (arab.) Salpeter]; **Wertigkeit:** +3.

Vorkommen: nur chemisch gebunden; relativ selten. Borsäure findet sich gelöst in heißen vulkanischen Quellen, z.B. den Fumarolen Toskanas.

Minerale:

Boracit (Staßfurtit).................. $MgCl_2 \cdot 5MgO \cdot 7B_2O_3$ (bildet im
Staßfurter Carnallit weiße Knollen)
Borax....................................... $Na_2B_4O_7 \cdot 10H_2O$ ⎫ in Lagerstätten
Kernit.....................................$Na_2B_4O_7 \cdot 4H_2O$ ⎭ und Boraxseen

Nachweis: grüne Flammenfärbung nach Überführen in Borsäure und deren Methylester; ↑S. 441.

Physiologie: B ist ein Mikronährstoff für höhere Pflanzen; Mangel verursacht z.B. die Herz- und Trockenfäule bei Rüben.

13.2.2 Elementares Bor

Erstherstellung: 1808 durch JOSEPH-LOUIS GAY-LUSSAC und LOUIS-JACQUES THÉNARD (Paris) als stark verunreinigtes Produkt.

Herstellung: »amorphes Bor« durch Reduktion von B_2O_3 mit Mg-Pulver (mit Al entsteht sog. »quadratisches Bor«, AlB_{12}); kristallisiertes Bor durch Schmelzelektrolyse von $KBF_4 + H_3BO_3 + KCl$.

Eigenschaften: (s.a. S. 439) »**Amorphes Bor**« ist ein braunes, geruchloses, unlösliches Pulver: verbrennt an der Luft oberhalb 700 °C zu B_2O_3; ergibt mit konz. Salpetersäure Borsäure. - **Kristallisiertes Bor** bildet sehr harte, grauschwarze, glänzende Kristalle, die chemisch widerstandsfähiger sind als amorphes Bor; die sehr geringe elektrische Leitfähigkeit nimmt beim Erhitzen stark zu.

Verwendung: als **Ferrobor** (Eisen mit 10 bis 20% B) in der Stahlindustrie.

13.2.3 Borsäure, H_3BO_3

Herstellung: aus Borax und Schwefelsäure:
$$Na_2B_4O_7 + H_2SO_4 + 5\,H_2O \rightarrow 4\,H_3BO_3 + Na_2SO_4$$

Eigenschaften: weiße, geruchlose Schuppen; mit sehr schwach saurer Reaktion in kaltem Wasser schwer, in heißem leicht löslich. Bereits 5 g können tödlich wirken; kleinere Mengen führen bei ständiger Zuführung zu Abmagerung.

Verwendung: Zur Herstellung von Email und temperaturwechselbeständigen Gläsern (Jenaer Glas); als Puffersäure (z.b. in galvanischen Nickelelektrolyten); zur Bordüngung.

Salze: Die *Borate* leiten sich meist von wasserärmeren Säuren ab, *Tetraborate* z.B. von *Tetraborsäure*, $H_2B_4O_7$, *Metaborate* von *Metaborsäure*, HBO_2.

Nachweis: Durch Übergießen von Borsäure oder Boraten mit Methanol und Schwefelsäure entsteht **Trimethylborat**, $B(OCH_3)_3$, das nach Anzünden mit charakteristisch grüner Flamme brennt. *Trimethylborat (Borsäuretrimethylester)* ist eine farblose Flüssigkeit; *Kp* 68,8 °C.

13.2.4 Weitere Borverbindungen

Natriumtetraborat, *Borax,* $Na_2B_4O_7 \cdot 10H_2O$: weißes Kristallpulver, in kaltem Wasser mäßig, in heißem sehr leicht löslich (alkalische Reaktion). Beim Erhitzen entsteht *wasserfreier Borax* (*F* 878 °C), dessen Schmelze unter Bildung von Boraten Metalloxide auflöst (Boraxperle in der analytischen Chemie; Löten). *Verwendung:* zur Herstellung von Spezialglas, Glasuren und Email; zum Löten; in speziellen Düngesalzen.

Perborate: Die sog. »Perborate« enthalten Kristallwasserstoffperoxid. Wichtig sind *Perborax*, $Na_2B_4O_7 \cdot H_2O_2 \cdot 9H_2O$, und »*Natriumperborat*«, $NaBO_2 \cdot H_2O_2 \cdot 3H_2O$, als sauerstoffabgebende Bleichmittel, z.B. in Waschmitteln.

Borane sind gasförmige, flüssige oder feste, übelriechende und giftige *Borwasserstoffe* der allg. Formeln B_nH_{n+4} und B_nH_{n+6}, z.B. B_2H_6 (*Diboran*), B_5H_9, B_6H_{10}; B_4H_{10}, B_5H_{11}. Sie zersetzen sich an der Luft sofort (z.T. Selbstentzündung) und reagieren mit Wasser unter Wasserstoffentwicklung, z.B. $B_2H_6 + 6 H_2O \to 2 H_3BO_3 + 6 H_2$.

Borfluorid, BF_3: farbloses, stechend riechendes Gas; *Kp* –101 °C. – **Borchlorid,** BCl_3: farblose, an der Luft stark rauchende Flüssigkeit; *Kp* 12 °C.

Tetrafluoroborsäure, *Borflußsäure,* $H[BF_4]$: starke, nur in wäßriger Lösung beständige Säure; entsteht aus Borsäure + Flußsäure: $H_3BO_3 + 4 HF \to H[BF_4] + 3 H_2O$. - Die Salze heißen *Tetrafluoroborate*; sie sind meist extrem leicht löslich und werden in der Galvanotechnik verwendet.

Boroxid, B_2O_3, durch Verbrennen von Bor oder Entwässern von Borsäure erhalten, ist ein weißes, hygroskopisches Pulver; *F* 577 °C.

Borazin, *Borazen,* »*anorganisches Benzen*«, $B_3N_3H_6$, hat die Elektronenanordnung des Benzens und ähnelt diesem in physikalischen und chemischen Eigenschaften; *Kp* 55 °C; ↑S. 663.

$$\begin{array}{c} H \\ | \\ B \\ HN \diagup \quad \diagdown NH \\ \| \qquad \quad | \\ HB \diagdown \quad \diagup BH \\ N \\ | \\ H \end{array}$$

Borazin

Borcarbid, B_4C: schwarze, glänzende, diamantharte Kristalle; *F* 2350 °C

Bornitrid, $(BN)_x$, entsteht beim Erhitzen von Bor in Stickstoff; es existiert in einer amorphen, einer weißen, graphitartig-weichen und zwei grauschwarzen, diamantartig-harten Modifikationen. Alle Arten haben einen sehr hohen Schmelzpunkt (etwa 3000 °C) und werden daher als Hochtemperaturwerkstoffe, z.B. in Raketen, verwendet. Bornitrid ist in allen Formen chemisch sehr beständig.

13.3 Aluminium und Aluminiumverbindungen

13.3.1 Allgemeines

Symbol: Al [*alumen* (lat.) Alaun; *lumen* (lat.) Licht; Alaun wurde zum Färben verwendet]; **Wertigkeit:** +3.

Vorkommen: dritthäufigstes Element (häufigstes Metall) der Erdkruste; ist auch im Erdinneren reichlich vorhanden (Sial-Schicht *siehe Fußnote S.427*); kommt nur gebunden vor, meist in Form von Alumosilicaten.

Minerale:

Silicate: *Feldspäte* (in Granit, Porphyr, Basalt, Gneis, Schiefer); *Glimmer*. Verwitterungsprodukte dieser Gesteine und Minerale sind die *Tone*. Reiner Ton = *Kaolin*; unreine Tone: *Mergel, Letten, Lehm* (↑S. 464).
Hydroxid: *Bauxit*, $Al(OH)_3$ bis $AlO(OH)$ (verunreinigt); *Hydrargillit* ist reines $Al(OH)_3$
Oxid: *Tonerde, Korund*, Al_2O_3. Unreiner Korund ist *Schmirgel*. Reines Oxid mit färbenden Beimengungen sind die Edelsteine: *Rubin* (mit 0,3% Cr_2O_3); *Saphir* (mit 0,2% Ti_2O_3 und wenig Fe_2O_3). - Der Halbedelstein *Spinell* ist $MgAl_2O_4$ (auch $MgO \cdot Al_2O_3$ geschrieben; statt Mg auch Zn oder Fe, statt Al auch Cr oder Fe).
Fluorid: *Kryolith* (Eisstein), $Na_3[AlF_6]$.

Nachweis:

- Gefälltes $Al(OH)_3$ gibt mit Alizarin-S-Lösung einen roten Farblack-Niederschlag.
- Glühen des Hydroxids mit verdünnter Cobaltnitratlösung ergibt blaues Cobaltaluminat (THÉNARDs Blau, $CoO \cdot Al_2O_3$).

13.3.2 Metallisches Aluminium

Erstherstellung: 1825 durch JOHANN CHRISTIAN OERSTED (Kopenhagen; aus Aluminiumchlorid und Kaliumamalgam); da die Herstellung nicht sicher erwiesen ist, wird oft FRIEDRICH WÖHLER, der das Metall aus Aluminiumchlorid und metallischem Kalium erhielt (1827), als Entdecker angesehen. Kompaktes Al wurde erstmals 1845 hergestellt.

13 Elemente der III. Hauptgruppe (Borgruppe)

Herstellung: technisch seit 1886 nach dem Kryolith-Tonerde-Verfahren (Schmelzelektrolyse).

- Eine 10%ige Lösung von Al_2O_3 (hergestellt z.b. nach dem BAYER-Verfahren; S. 444) in geschmolzenem Kryolith (Na_3AlF_6) wird elektrolysiert. Die Temperatur von 950 °C wird durch die Stromwärme aufrechterhalten.

- *Katode:* Kohle-Auskleidung des Behälters; Vorgang: $2\ Al^{3+} + 6\ e^- \rightarrow 2\ Al$. Al sammelt sich flüssig am Boden an und wird z.b. alle 2 Tage in Chargen von etwa 1 t mittels eines Saugrohrs entnommen.

- *Anoden:* Kohle (z.B. SÖDERBERG-Elektroden). *Vorgang* (vereinfacht):
  $3\ O^{2-} - 6\ e^- \rightarrow 1\frac{1}{2}\ O_2$; der Sauerstoff vergast die Anoden langsam zu CO und CO_2.

- *Spannung:* etwa 6 bis 7 V; *Stromstärke:* 15 bis 30 kA.

- Das entstehende 99,75%ige Hüttenaluminium kann in einer Dreischichten-Schmelzelektrolyse zu »Vierneuner-Aluminium« (99,99% Al) raffiniert werden.

- Der benötigte Kryolith (Vorkommen nur in Grönland) wird künstlich aus Natriumaluminat und Flußsäure hergestellt.

Physikalische Eigenschaften (s.a.S. 439): silberweißes, stark glänzendes Leichtmetall. Der Glanz läßt an der Luft rasch nach, da sich eine dünne Oxidhaut bildet; durch Glanzeloxierung bleibt er erhalten. Al ist sehr weich und dehnbar, läßt sich zu dünnsten Folien auswalzen (Blattaluminium), leitet den elektrischen Strom sehr gut (62% der Leitfähigkeit des Cu); bei Rotglut schmilzt es.

Chemische Eigenschaften: sehr unedel; läßt sich aus wäßriger Lösung elektrolytisch nicht abscheiden; auch die Reduktion des Oxids mit Kohle gelingt nicht, daher die Herstellung durch Schmelzelektrolyse.

Al ist an der Luft nur wegen der Existenz einer dünnen Oxidhaut beständig. Wird deren Ausbildung z.B. durch Amalgamierung (Einbringen in $HgCl_2$-Lösung) verhindert, so wachsen beobachtbar rasch weiße Al_2O_3-Fasern aus der Masse. Al-Amalgam reagiert auch mit Wasser:
$Al(Hg) + 3\ H_2O \rightarrow Al(OH)_3 + Hg + 1\frac{1}{2}\ H_2$.

Al reagiert heftig mit Salzsäure und Natronlauge, weniger heftig mit Schwefelsäure, während es sich in der Kälte gegenüber Salpetersäure passiv verhält. Die Reaktion mit Natronlauge (amphoterer Charakter!) führt gemäß der Gleichung

$$Al + NaOH + 3\ H_2O \rightarrow Na[Al(OH)_4] + 1\frac{1}{2}\ H_2$$

zu Na-Aluminat.

Legierungen: Durch Legierung wird die Festigkeit meist erhöht, die Korrosionsbeständigkeit dagegen erniedrigt. Die Legierungen enthalten meist 90% Al. Wichtigste Legierungsmetalle: Cu, Mg, Si, Mn, auch Ni, Zn.

Man unterscheidet Al-Knet- und -Gußlegierungen; letztere enthalten bis 10% Si. Al-Mg-Legierungen (bis 5% Mg) sind seewasserbeständig. Manche Legierungen, z.B. das frühere *Dural* (Duraluminium; dur = hart; bis 5% Cu und 2% Mg), erfahren durch Glühen, Abschrecken und Aushärten (Lagern während mehrerer Tage) eine wesentliche Erhöhung der Festigkeitseigenschaften.

Aluminiumbronze, goldfarben, ist Cu mit 5 bis 10% Al; dient als Münzmetall und für Anstrichfarben. (Unter »Aluminiumbronze« versteht man auch das aus reinem Aluminium bestehende silberfarbene Pigment für Anstrichstoffe.)

Verwendung: legiert als Konstruktionsmaterial, besonders im Fahrzeug- und Flugzeugbau; reinst als Leiter in der Elektrotechnik; Reinaluminium für Apparateteile und Gebrauchsgegenstände; Al-Grieß zum Thermitschweißen und zur aluminothermischen Metallgewinnung, auch zur Herstellung aluminiumorganischer Katalysatoren für die Erzeugung von Plasten (Niederdruck-Polyethylen); Al-Pulver zur Bereitung von Schaumbeton (H_2-Entwicklung mit der alkalischen Betonmischung) sowie für pyrotechnische Zwecke; Al-Schuppen für Anstrichmittel; Al-Folie als Verpackungsmaterial.

Aluminothermie: Al-Grieß reduziert nach Zündung (Zündgemisch z.B. aus Mg-Pulver + BaO_2) viele Metalloxide, z.B. $Cr_2O_3 + 2 Al \rightarrow 2 Cr + Al_2O_3$ oder $3 V_2O_5 + 10 Al \rightarrow 6 V + 5 Al_2O_3$. Hierdurch entstehen sehr reine, insbesondere kohlenstofffreie Metalle (Fe, Cr, Ni, Co, V, Ti, Mn u.a.). Infolge der stark exothermen Reaktion schmelzen die Metalle und sammeln sich unter der Al_2O_3-Schlacke am Boden des Gefäßes als »Regulus«.
Thermit (Thermogen-Schweißgemisch) = Fe_3O_4 + Al; Gleichung $3 Fe_3O_4 + 8 Al \rightarrow 4 Al_2O_3 + 9 Fe$; $\Delta_R H^\ominus = -3396$ kJ · mol^{-1}; das bei der Zündung entstehende flüssige Eisen verschweißt Schienen u. dgl.

Eloxal-Verfahren = **el**ektrolytische **Ox**idation des **Al**uminiums): Verfahren zur Erhöhung der Oberflächenhärte sowie der Korrosions- und Verschleißfestigkeit von Al durch anodisches Einbringen der Gegenstände in 25%ige Schwefelsäure oder Oxalsäure (5%) bei etwa 13 V Spannung und Temperaturen unter 25 °C. Hierdurch wird die natürliche Oxidschicht des Al von 0,2 auf 20 μm verstärkt. *Glanzeloxierung* erreicht man durch vorheriges *elektrolytisches Polieren* (anodisch in 75%iger Phosphorsäure + Chrom(VI)-oxid). Die Schichten können unmittelbar nach der Erzeugung durch Tauchen eingefärbt werden; Goldton entsteht durch Ammonium-trioxalato-ferrat(III), $(NH_4)_3[Fe(C_2O_4)_3]$ · $3H_2O$, die übrigen Farbtöne durch organische Beizenfarbstoffe.

Aluminierung von Stahl erfolgt durch Glühen in Al-Pulver (*Alitieren*) oder nach Verzinnung durch Tauchen in eine Al-Schmelze. - Eine *elektrolytische Aluminierung* ist bei 100 °C unter Luftabschluß mit Al-Anode und einer Schmelze von z.B. $Na[Al(C_2H_5)_3F] \cdot Al(C_2H_5)_3$ (Natrium-triethylofluoro-aluminat-Triethylaluminium) möglich.

13.3.3 Aluminiumoxid, Al_2O_3

Trivialnamen: *Tonerde* (pulvrig); *Korund* (grobkristallin).

Herstellung: Da die Gewinnung aus Ton noch nicht wirtschaftlich ist, stellt man Al_2O_3 aus Bauxit her.

- **Nasser Aufschluß** (BAYER-Verfahren):
  - Aufschluß von Bauxit mit Natronlauge (40%ig); etwa 5 bar; 160 °C; 6 bis 8 h. Produkte: *Aluminatlauge:* $Al(OH)_3 + NaOH \rightarrow Na[Al(OH)_4]$; *Rotschlamm* [unlöslicher Rückstand, hauptsächlich $Fe(OH)_3$], Verarbeitung auf TiO_2, Verwendung zum Entschwefeln von Stadtgas.
  - Ausfällung von Aluminiumhydroxid (»Tonerdehydrat«): Impfen der verdünnten Aluminatlauge mit kristallinem $Al(OH)_3$ (*Hydrargillit*), dann ständiges Rühren. Da kristallines $Al(OH)_3$ schwerer löslich ist als amorphes, erfolgt Umkehrung des Lösevorganges; Gleichung: $Na[Al(OH)_4] \rightarrow Al(OH)_3\downarrow + NaOH$. Produkte: *Aluminiumhydroxid*, $Al(OH)_3$; *Restlauge*. Diese, noch schwach aluminathaltig, wird nach Eindampfen erneut zum Bauxitaufschluß benutzt. Aus der Restlauge können Vanadium(V)-oxid und Gallium gewonnen werden.
  - Glühen des Aluminiumhydroxids zu »Tonerde«. Drehrohröfen; 1300 °C; $2 Al(OH)_3 \rightarrow Al_2O_3 + 3 H_2O$.

- **Trockener Aufschluß** (für kieselsäurereiche Bauxite): Glühen mit Na_2CO_3 und $CaCO_3$ in Drehrohröfen; Auslaugen des erzeugten Aluminats mit Wasser; daraus Fällen des Hydroxids mit Kohlendioxid.

Eigenschaften: weißes Pulver oder sehr harte, farblose Kristalle; F 2046 °C; nach Glühen in Säuren und Basen unlöslich.

Verwendung: zur Herstellung von Aluminium; als Poliermittel für Metalle (»Poliertonerde«); als Katalysator und Katalysatorträger; als Adsorptionsmittel für die chromatografische Analyse; als Schleifmittel (*Elektrokorund,* seltener natürlicher *Korund;* unrein als *Schmirgel*).

Künstliche Aluminiumoxid-Edelsteine: Reinstes Al_2O_3-Pulver, vermischt mit farbgebenden Metalloxiden, wird im Knallgasgebläse geschmolzen; die Schmelze tropft auf einen Schamottestift, wo sie kristallin erstarrt (künstliche *Rubine, Saphire* und andere). Verwendung z.B. für Achslager in Uhren; für Laser; als Schmucksteine.

13.3.4 Aluminiumhydroxid, Al(OH)₃

Trivialname: Tonerdehydrat.

Herstellung und **Eigenschaften:** fällt aus Al-Salzlösungen durch Ammoniak oder wenig Natronlauge als weißes, wasserhaltiges Gel aus:

$$AlCl_3 + 3\ NaOH \rightarrow Al(OH)_3\downarrow + 3\ NaCl$$

Im Überschuß von Natronlauge (nicht Ammoniak) tritt Lösung zu Natriumaluminat ein:

$$Al(OH)_3 + NaOH \rightarrow Na[Al(OH)_4]$$

Aus Aluminatlösung fällt durch Säure wieder das Hydroxid aus und löst sich im Säureüberschuß zu Aluminiumsalz.

$$\text{Aluminiumsalz} \underset{\text{Säure}}{\overset{\text{Base}}{\rightleftarrows}} Al(OH)_3 \underset{\text{Säure}}{\overset{\text{Base}}{\rightleftarrows}} \text{Aluminat}$$

Das ausgefällte Aluminiumhydroxid-Gel geht beim Erwärmen oder bei längerem Stehen (»Altern«) unter Wasserabgabe in reines, kristallines $Al(OH)_3$ (Hydrargillit) über.

Verwendung: Zwischenprodukt bei der Al-Herstellung; zur Erzeugung organischer Farblacke (↑S. 707); medizinisch gegen Magenübersäuerung (Sodbrennen).

13.3.5 Aluminiumsulfat und Alaun

Aluminiumsulfat, $Al_2(SO_4)_3 \cdot 18H_2O$: farblos, wasserlöslich (infolge Hydrolyse saure Reaktion); wichtigstes Al-Salz. Verwendung als Flockungsmittel zur Wasserreinigung (hierbei hüllt das mit dem im Wasser vorhandenen Calciumhydrogencarbonat gemäß der Gleichung $Al_2(SO_4)_3 + 3\ Ca(HCO_3)_2 \rightarrow 3\ CaSO_4\downarrow + 2\ Al(OH)_3\downarrow + 6\ CO_2\uparrow$ ausfallende Aluminiumhydroxid Schwebeteilchen ein); weiterhin zum Leimen von Papier (zusammen mit Harzseife); zur Beizenfärberei.

Kaliumaluminiumsulfat, »*Alaun*«, KAl(SO$_4$)$_2$ · 12H$_2$O, auch verdoppelt als K$_2$SO$_4$·Al$_2$(SO$_4$)$_3$·24H$_2$O geschrieben; farbloses, gut kristallisierendes Doppelsalz. Verwendung wie Aluminiumsulfat, auch zum Blutstillen. Über *Alaune* ↑S. 505.

13.3.6 Sonstige Aluminiumverbindungen

Aluminiumacetat, (CH$_3$-COO)$_3$Al, sowie -hydroxidacetate werden in wäßriger Lösung als »*essigsaure Tonerde*« zu entzündungswidrigen Umschlägen sowie zum Wasserdichtmachen von Geweben verwendet.

Aluminiumchlorid, AlCl$_3$, ist weiß, kristallisiert, stark hautätzend; es raucht an der Luft durch Reaktion mit Wasserdampf, reagiert sehr heftig mit Wasser und sublimiert bei 183 °C; Anwendung als Katalysator z.B. für die FRIEDEL-CRAFTS-Synthese (↑S. 667). Aus salzsaurer wäßriger Lösung kristallisiert Aluminiumchlorid-hexahydrat, AlCl$_3$ · 6H$_2$O.

Alanate sind Aluminiumhydridkomplexe, z.B. **Lithiumalanat,** Li[AlH$_4$], ein sehr starkes Reduktionsmittel.

Aluminiumnitrid, AlN, eine sehr harte, in reinem Zustand farblose, kristalline Substanz (*F* etwa 2200°C) bildet sich bei Ausschluß von Wasserdampf gemäß 2 Al + N$_2$ → 2 AlN bei höherer Temperatur aus den Elementen. Mit Wasser zersetzt es sich gemäß AlN + 3 H$_2$O → Al(OH)$_3$ + NH$_3$.

Aluminiumtriethyl, Al(C$_2$H$_5$)$_3$, flüssig, *Kp* 194 °C, an der Luft selbstentzündlich, aus Aluminium, Wasserstoff und Ethen hergestellt, reagiert explosionsartig heftig mit Wasser. Als Komplex mit z.B. Titan(IV)-chlorid, TiCl$_4$, dient es als »ZIEGLER-Katalysator« für die Herstellung von Niederdruck-Polyethylen.

Alumosilicate ↑S. 464 und S. 466.

13.4 Gallium, Indium, Thallium und ihre Verbindungen

Gallium, Ga [von »Gallien« = Frankreich]; entdeckt 1875 durch PAUL-EMILE LECOQ DE BOISBAUDRAN (Frankreich); vorausgesagt 1871 durch DIMITRIJ MENDELEJEW. Sehr selten; wesentlich teurer als Gold. Herstellung aus Bauxiten durch Elektrolyse alkalischer Lösungen an Hg-Katoden. Silberglänzend; neigt stark zur Unterkühlung; Verwendung zur Herstellung von Halbleitersubstanzen (Galliumarsenid u.a.) und zum Dotieren von Halbleitern; es eignet sich wegen seines niedrigen Schmelzpunktes (30 °C; schmilzt in der Hand) und hohen Siedepunktes (2403 °C) auch als Thermometerflüssigkeit (Quarz–instrumente); Ga-Al-Legierungen mit wenig Al sind flüssig und reagieren mit Wasser ähnlich heftig wie Natrium. Physikalische Eigenschaften ↑S. 439.

Galliumverbindungen: meist farblos. - **Gallium(III)-chlorid,** GaCl$_3$ (*F* 78 °C, *Kp* 201 °C), hydrolysiert stark mit Wasser und bildet an feuchter Luft HCl-Nebel. - **Gallium(III)-oxid,** Ga$_2$O$_3$, weiß (*F* 1725 °C), wird wie Al$_2$O$_3$ beim Glühen säureunlöslich. - **Gallium(III)-hydroxid,** Ga(OH)$_3$, fällt als weißes, amphoteres Oxidhydrat aus Ga-Salzlösungen durch Alkalien; in deren Überschuß löst es sich zu **Gallaten** , z.B. **Natriumgallat,** Na[Ga(OH)$_4$] Beim Erhitzen geht Ga(OH)$_3$ in Galliumoxid über.- **Gallium(III)-sulfid,** Ga$_2$S$_3$, synthetisch hergestellt, ist gelb und reagiert wie Al$_2$S$_3$ mit Wasser unter H$_2$S-Abspaltung.

13 Elemente der III. Hauptgruppe (Borgruppe)

Galliumarsenid, GaAs, ist der Prototyp einer *III-V-Verbindung*, d.h. einer Verbindung zwischen Elementen der III. und der V. Hauptgruppe mit Halbleitereigenschaften. Ga und As liefern ebenso viele Valenzelektronen (3 + 5 = 8) wie zwei Atome des dazwischen in der IV. Hauptgruppe befindlichen Germaniums (4 + 4 = 8), und da die Kristallgitter übereinstimmen, resultieren analoge Eigenschaften hinsichtlich der elektrischen Leitfähigkeit. Weitere III-V-Verbindungen sind z.B. *Aluminiumantimonid* (AlSb), *Galliumphosphid* (GaP), *Galliumantimonid* (GaSb), *Indiumphosphid* (InP), *Indiumantimonid* (InSb) u.a. Die III-V-Verbindungen werden aus extrem vorgereinigten Elementen erschmolzen, durch Zonenschmelzen gereinigt und gezielt mit Spuren anderer Elemente (z.B. Magnesium, Tellur) dotiert.

Indium, In [von *Indigo*; benannt nach indigoblauer Spektrallinie]: entdeckt 1863 von FERDINAND REICH und THEODOR HIERONYMUS RICHTER in der Freiberger Zinkblende. Sehr selten; Herstellung aus Zink- und Bleierzen. Silberweiß, stark glänzend, sehr weich (mit dem Messer schneidbar), niedrig schmelzend. Verwendung zur Herstellung von halbleitenden III-V-Verbindungen (s.o.) und zum Dotieren von Halbleitern, eingeschmolzene galvanische Indiumüberzüge auf Blei für Gleitlager, z.B. in Flugzeugmotoren. Physikalische Eigenschaften ↑S. 439.

Indiumverbindungen: meist farblos. - **Indium(III)-chlorid,** $InCl_3$, sublimiert beim Erhitzen und kristallisiert aus wäßrig-salzsaurer Lösung als $InCl_3 \cdot 4H_2O$.- Aus In-Salzlösungen fällen Alkalien weißes, amphoteres **Indium(III)-hydroxid,** $In(OH)_3$, das sich in überschüssigem Alkalihydroxid zu *Indaten*, z.B. $Na_3[In(OH)_6]$, löst. - Durch Erhitzen geht $In(OH)_3$ in hellgelbes **Indium(III)-oxid,** In_2O_3, über. - **Indium(III)-sulfid,** In_2S_3, fällt im Gegensatz zu Ga_2S_3 aus schwach sauren In(III)-Salzlösungen durch H_2S als gelber Niederschlag aus, der beim Glühen bleibend rot wird. Über InP und InSb s.o.!

Thallium, Tl [von *thallos* (grch.) grüner Zweig; benannt nach grüner Spektrallinie]: entdeckt 1861 durch den Engländer WILLIAM CROOKES im Bleikammerschlamm einer Harzer Schwefelsäurefabrik. Herstellung aus Pyrit oder Kupferschiefer. Bleiähnliches, schweres, weiches Metall, das im Gegensatz zu Ga und In an der Luft rasch anläuft; in HNO_3 leicht, in H_2SO_4 etwas schwerer löslich; technisch praktisch noch ohne Bedeutung. Aus seinen Lösungen läßt sich Tl (Standardpotential $\varepsilon_0 = -0{,}34$ Volt) durch Zn ($\varepsilon_0 = -0{,}76$ Volt) in schönen Kristallen abscheiden, z.B. gemäß $Tl_2SO_4 + Zn \rightarrow ZnSO_4 + Tl$. Physikalische Eigenschaften ↑S.439.

Thallium(I)-verbindungen: stark giftig; beständiger als Tl(III); sie vereinigen in sich die Eigenschaften von Alkali-, Silber- und Bleiverbindungen. **Thallium(I)-oxid,** Tl_2O, schwarz (*F* 300 °C; gelbe Schmelze), löst sich in Wasser farblos zur starken Base **Thallium(I)-hydroxid,** TlOH, einer im festen Zustand gelben Substanz, die bei 100 °C das Oxid rückbildet. Auch das farblose **Thallium(I)-carbonat,** Tl_2CO_3, *F* 272 bis 273 °C, ist mit alkalischer Reaktion löslich. - **Thallium(I)-fluorid,** TlF (farblos, *F* 327 °C), löst sich sehr leicht in Wasser, während **Thallium(I)-chlorid,** TlCl (farblos, *F* 430 °C), **Thallium(I)-bromid,** TlBr (schwach gelb, *F* 456 °C), und **Thallium(I)-iodid,** TlI (gelbe und rote Modifikation, *F* 440 °C) wie die entsprechenden Ag-Salze nur sehr schwer löslich sind. - **Thallium(I)-sulfat,** Tl_2SO_4 (farblos, *F* 632 °C), löst sich nur mäßig, während die Löslichkeit von **Thallium(I)-nitrat,** $TlNO_3$ (farblos, *F* 206 °C) beim Erwärmen außerordentlich stark zunimmt.

Thallium(III)-verbindungen: ebenfalls stark giftig. **Thallium(III)-oxid,** Tl_2O_3, dunkelbraun bis schwarz, gibt beim Erhitzen Sauerstoff ab. Es ist wie das rotbraune Thallium(III)-oxidhydrat, $Tl_2O_3 \cdot xH_2O$, nur schwach basisch, so daß Tl(III)-Lösungen schwach sauer reagieren.

Nachweis der Tl-Verbindungen: intensiv grüne Flammenfärbung.

14 Elemente der IV. Hauptgruppe (Kohlenstoffgruppe)

14.1 Allgemeines

Elemente: Kohlenstoff (C), Silicium (Si), Germanium (Ge), Zinn (Sn), Blei (Pb).

Wertigkeit: +4 und +2, seltener −4. Die Beständigkeit der +4wertigen Stufe nimmt von C zum Pb ab, die der +2wertigen Stufe zu. Pb(II)-Verbindungen sind beständiger als Pb(IV)-Verbindungen.

Elementverbindungen: Der metallische Charakter nimmt von C zu Pb zu. C kommt elementar in einer nichtmetallischen (Diamant) und einer halbmetallischen Form (Graphit) vor. Si und Ge sind in physikalischer Hinsicht Metalle, verhalten sich dagegen in ihren Verbindungen überwiegend nichtmetallisch.

Element(IV)-hydroxide: sind bei C und Si zunehmend schwache Säuren [$C(OH)_4$ geht spontan unter H_2O-Abspaltung in H_2CO_3 über], bei Ge, Sn und Pb sind es amphotere Stoffe mit überwiegend saurem Charakter; die Hydroxide sind saurer als die entsprechenden Verbindungen der III. Hauptgruppe. - Die *Metall(II)-hydroxide*, nur von Ge, Sn und Pb bekannt, sind stärker basisch als die der 4wertigen Metalle, jedoch durchweg noch amphoter.

Wasserstoffverbindungen: Die Beständigkeit nimmt von C zum Pb ab. Da sich C-Atome praktisch unbegrenzt miteinander verbinden können, existiert eine ebenso unbegrenzte Anzahl von Kohlenwasserstoffen; Siliciumwasserstoffe (Silane) gibt es nur wenige. Die Zahl nimmt zum Pb hin weiter ab. Die Kohlenwasserstoffe sind neutral; vom Si zum Pb nimmt der saure Charakter der Wasserstoffverbindungen zu, ist jedoch nur schwach ausgeprägt.

14.2 Kohlenstoff und Kohlenstoffverbindungen

14.2.1 Allgemeines

Symbol: C [*carboneum*; *carbo* (lat.) Kohle]; **Wertigkeit:** +4, seltener −4; vereinzelt auch Oxidationsstufe 2.

Geschichte: Kohlenstoff wurde um 1775 von ANTOINE LAURENT LAVOISIER (Paris) als Element erkannt.

Verbindungsfähigkeit: C-Atome können sich im Gegensatz zu anderen Atomen in praktisch unbegrenztem Maße zu Ketten und Ringen verbinden. Daher sind weit mehr C-Verbindungen (etwa 12 Millionen) bekannt als C-freie

Verbindungen (etwa 400 000). Die jährliche Zuwachsrate an C-Verbindungen beträgt gegenwärtig etwa 500 000. Die Vielzahl der C-Verbindungen wird in der organischen Chemie behandelt. Lediglich C selbst sowie einige seiner einfachsten Verbindungen (Oxide, Sulfide, Kohlensäure, Carbonate, Carbide und einfache Cyanverbindungen) rechnet man willkürlich zur anorganischen Chemie.

Tabelle 14-1: *Kohlenstoffgruppe*

	Kohlenstoff	Silicium	Germanium	Zinn	Blei
Symbol	C	Si	Ge	Sn	Pb
Kernladungszahl	6	14	32	50	82
Relative Atommasse	12,011	28,0855	72,61	118,710	207,2
Schmelzpunkt (in °C)	3850 subl.	1423	959	232	327
Dichte (in g·cm^{-3})	Diam. 3,51 Gr. 2,22	2,33	5,35	7,28	11,34
Wertigkeit	+4 −4	+2	Beständigkeit abnehmend → Beständigkeit zunehmend →		
Häufigkeit (Erdrinde, %)	$8{,}7 \cdot 10^{-2}$	25,8	$5{,}6 \cdot 10^{-4}$	$3{,}5 \cdot 10^{-3}$	$1{,}8 \cdot 10^{-3}$
Element(IV)- hydroxide	H_2CO_3	$SiO_2 \cdot xH_2O$	$Ge(OH)_4$	$Sn(OH)_4$	$Pb(OH)_4$
	schwache[1] Säure	sehr schwache Säure	amphoter saurer als $Me(OH)_2$		
Element(II)- hydroxide	–	–	$Ge(OH)_2$	$Sn(OH)_2$	$Pb(OH)_2$
			amphoter basischer als $Me(OH)_4$		
Salzname der Anionen	Carbonat	Silicat	IV: Germanat(IV) II: Germanat(II)	Stannat(IV) Stannat(II)	Plumbat(IV) Plumbat(II)

---

[1] Kohlensäure erscheint nur deshalb schwach, weil im Gleichgewicht mit CO_2 und H_2O nur sehr wenige H_2CO_3-Moleküle vorhanden sind; die H_2CO_3-Moleküle ihrerseits sind, einer mittelstarken Säure entsprechend, mittelstark dissoziiert.

14 Elemente der IV. Hauptgruppe (Kohlenstoffgruppe)

Vorkommen: C ist Bestandteil aller Organismen; dennoch ist es in der Erdkruste (einschließlich Atmo- und Hydrosphäre) nur das dreizehnthäufigste Element. Außerhalb der Organismen kommt C teils frei (Diamant, Graphit), teils gebunden vor (Kohlendioxid, Carbonate, Kohle, Erdöl, Erdgas, Schieferöl, Bitumen). Die in der Luft in Form von CO_2 vorhandene Kohlenstoffmenge (schätzungsweise $6,0 \cdot 10^{11}$ t ist nur etwa doppelt so groß wie die in den Organismen gebundene; Meerwasser enthält etwa die hundertfache Menge.

Carbonat-Minerale:

$CaCO_3$ .... Calcit; Kalkstein, Kalkspat, Kreide, Marmor

$CaCO_3 \cdot MgCO_3$ .... Dolomit $\quad MgCO_3$ .... Magnesit

$SrCO_3$ .... Strontianit $\quad BaCO_3$ .... Witherit

$ZnCO_3$ .... Smithsonit, $\quad FeCO_3$ .... Siderit, Eisenspat,
Zinkspat $\quad\quad\quad\quad\quad\quad\quad\quad\quad\quad\quad\quad\quad\quad\quad\quad\quad$ Spateisenstein

$PbCO_3$ .... Cerussit, $\quad CuCO_3 \cdot Cu(OH)_2$ .... Malachit
Weißbleierz

$MnCO_3$ .... Rhodochrosit, Manganspat, Himbeerspat

14.2.2 Elementarer Kohlenstoff

Modifikationen: Diamant und **Graphit**. Die früher als »amorpher Kohlenstoff« bezeichneten Formen Ruß, Retortengraphit, Aktivkohle usw. sind feinkristalline Abarten des Graphits, deren Eigenschaften oft stark von denen des grobkristallinen Graphits abweichen.

Eigenschaften: (s.a. S. 449 und Tab. 14-2): C ist in allen Formen geruch- und geschmackfrei. Bei gewöhnlicher Temperatur ist er sehr reaktionsträge; feinverteilter »schwarzer Kohlenstoff« wird lediglich von Fluor (Bildung von Tetrafluormethan, CF_4) und einem Gemisch aus $KMnO_4$ + konz. H_2SO_4 (enthält Mn_2O_7) unter Aufglühen angegriffen. - Mit genügend Sauerstoff verbrennt C (auch als Diamant) zu Kohlendioxid, CO_2, anderenfalls zu Kohlenmonoxid, CO; in Luft aufgewirbelter Kohlenstoff kann explosionsartig verbrennen. - Mit vielen Metallen entstehen beim Erhitzen Carbide; Schwefeldampf ergibt Kohlendisulfid. Viele Metalloxide werden bei höherer Temperatur durch Kohlenstoff zu den Metallen reduziert.

Tabelle 14-2: *Eigenschaften von Diamant und Graphit*

Eigenschaften	Diamant	Graphit
Farbe	farblos	grauschwarz
Härte	härtester Stoff	sehr weich
Kristallgitter	regulär	hexagonal
Dichte (in $g \cdot cm^{-3}$)	3,51	2,22
Elektr. Leitfähigkeit	Nichtleiter	Leiter
Verhalten beim Erhitzen	geht bei 1500 °C in Graphit über	sublimiert oberhalb 3800 °C

14.2 Kohlenstoff und Kohlenstoffverbindungen

Diamant: Edelstein; härtester natürlicher Stoff, nur in seinem eigenem Pulver schleifbar. In reinem Zustand farblos, klar durchsichtig, stark farbstreuend; durch geeigneten Schliff (*Brillanten*) besonders gutes Farbenspiel. 1 k (Karat; Masse eines Johannisbrotkerns) = 200 mg. Weniger reine Diamanten sind farbig und trüb, z.B. Bord (bleigrau), Carbonados (tiefschwarz). *Vorkommen:* Südafrika, Zaire, Sibirien, Brasilien, Ostindien. *Technische Verwendung:* für Bohrerspitzen, Glasschneider, Drahtziehösen, Achsenlager für Präzisionsinstrumente. Seit 1955 künstliche Herstellung aus Graphit bei 2000 °C und 53000 bar Druck in Größen von wenigen Karat.

Graphit: besteht aus ebenen C-Schichten, die miteinander nur lose verbunden und daher gegeneinander verschiebbar sind (Schichtengitter; Bild 14-1); ist daher sehr weich, in Blättchen spaltbar, abfärbend; kann aus Kohle auch künstlich gewonnen werden.

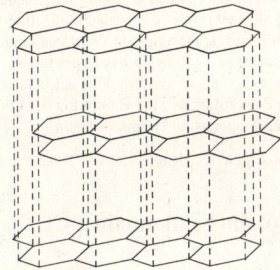

Bild 14-1: *Kristallgitter des Graphits*

Die C-Schichten stellen im Idealfall jeweils ein einziges System kondensierter aromatischer Benzen-Sechsringsysteme dar; s.a. S. 664.

Verwendung: für Schreibstiftminen (mit Ton gepreßt), Graphittiegel (mit Ton gebrannt), Schmiermittel, Rostschutzanstrich; als Moderator in Kernreaktoren; für Kohlebürsten in Elektromotoren.

Ruß: feinste Graphitkriställchen; entsteht bei der unvollständigen Verbrennung von Kohlenstoffverbindungen (technisch aus Ethin oder Naphthalen). *Verwendung:* wertverbessernder Füllstoff für Gummi (erhöht die Abriebfestigkeit in Autoreifen; etwa $\frac{1}{4}$ der Reifenmasse besteht aus Ruß), für Trockenbatterien, Druckerschwärze, Schuhkrem, Tusche u.a.

Kohlenstoff-Werkstoffe: enthalten mehr oder weniger ausgedehnte Bereiche mit Graphitstruktur. Sie entstehen durch gesteuerte Hitzezersetzung (Pyrolyse) von (z.T. vorgeformtem) organischem Ausgangsmaterial (*Graphitierung*), wobei deren C-Skelette unter Aromatisierung in Graphitschichten übergehen.

Kohlenstoff-Fasern werden durch Graphitierung von Cellulose, Polyacrylnitril u.a. organischen Faserstoffen gewonnen; sie sind von geringer Dichte, elastisch, biegsam, dabei stahlähnlich zugfest sowie chemisch und thermisch sehr beständig. Durch Pyrolyse von Geweben, Filzen, Garn, Zwirn und anderen Textilien lassen sich entsprechende Erzeugnisse aus C-Fasern herstellen.

Pyrographit, gewonnen durch thermische Zersetzung gas- oder dampfförmiger C-Verbindungen bei etwa 2000 °C und Nachbehandlung bei 3000 °C, kommt in seiner Struktur Graphit-Einkristallen nahe und zeichnet sich durch extreme Richtungsabhängigkeit der Wärmeleitung aus; Anwendung z.B. für Raketendüsen und Wiedereintauchspitzen von Weltraumfahrzeugen.

Graphitfolien, aus sog. Graphitoxid[1]) hergestellt, sind biegsam, dicht und als Flächenheizleiter sowie für Dichtungen und Strahlungsschirme auch bei höchsten Temperaturen anwendbar.

Glaskohlenstoff, durch Graphitierung räumlich vernetzter Makromoleküle (z.B. Phenoplaste) gewonnen, bricht wie Glas, ist sehr hart (nur mit Diamant bearbeitbar) und von geringer Dichte; z.B. für Tiegel in der Metallurgie verwendet.

Schaumkohlenstoff, durch Graphitierung organischer Schaumstoffe erzeugt, ist äußerst leicht, von extrem großer Wärmeisolierung und bei O_2-Ausschluß bis über 3000 °C verwendbar.

Aktivkohle: aus organischem Material (Holz, Knochen, Zucker, Blut, Nußschalen) durch Tränken mit Zinkchlorid- oder Kaliumcarbonatlösung und nachfolgendes Erhitzen unter Luftabschluß hergestellte, äußerst poren- und deshalb grenzflächenreiche Kohle (je Gramm bis 800 m^2 Grenzfläche!). Infolge der großen Grenzfläche adsorbiert sie viele Gase und gelöste Stoffe. *Verwendung:* zur Reinigung, Isolierung und Wiedergewinnung von Gasen und Dämpfen, z.B. von Benzen aus Leuchtgas, von Xylen aus Druckfarben, von Kohlendisulfid in der Viskosefaserstoffindustrie, von Lösungsmitteln in der Lackindustrie, ferner für Atemschutzmasken; zur Entfärbung von Zuckerdicksaft; zur Reinigung des Ethanols von Fuselalkoholen; als medizinische Kohle gegen Magen- und Darmstörungen.

Anthrazit, Stein- und *Braunkohle, Koks* ↑Kap. 31.

14.2.3 Kohlenmonoxid (Kohlenoxid), CO

Struktur: vereinfacht :C:::O:, wobei ein bindendes Elektronenpaar ausschließlich vom Sauerstoff geliefert wird.

Herstellung:

- durch Verbrennung von Kohlenstoff und -verbindungen (z.B. Koks, Kohle, Benzin) oberhalb 1000 °C oder bei Sauerstoffmangel:

$$2\,C + O_2 \rightarrow 2\,CO; \qquad \Delta_R H^\ominus = -222 \text{ kJ} \cdot \text{mol}^{-1}$$

Kohlenmonoxid kommt deshalb in Auspuffgasen von Kraftfahrzeugen und im »Kohlendunst« schlecht ziehender Öfen vor (Vergiftungsgefahr!); auch im Tabakrauch ist es zu 4% enthalten.

- durch Reduktion von Kohlendioxid mit glühendem Koks (BOUDOUARD-Gleichgewicht, z.B. im Hochofen):

$$CO_2 + C \rightleftarrows 2\,CO; \qquad \Delta_R H^\ominus = +172 \text{ kJ} \cdot \text{mol}^{-1}$$

- durch Reduktion von Wasserdampf mit glühendem Koks oder anderen »Kohlenstoffträgern« (Erdöldestillate, Erdgas u.a.; s.a. S.476):

$$C + H_2O \rightarrow CO + H_2; \qquad \Delta_R H^\ominus = +131 \text{ kJ} \cdot \text{mol}^{-1}$$

- im Labormaßstab durch Wasserentzug aus Methansäure beim Erhitzen mit konz. Schwefelsäure:

$$H\text{-}COOH - H_2O \xrightarrow{H_2SO_4} CO$$

---

1) Im sog. **Graphitoxid**, einer gelbgrünen Substanz, die sich bei Einwirkung eines Chlorat-Salpetersäure-Schwefelsäure-Gemisches auf Graphit bildet, sind unter starker Aufweitung des Schichtenabstands O-Brücken und OH-Gruppen an C-Atome gebunden.

14.2 Kohlenstoff und Kohlenstoffverbindungen

Eigenschaften: farb- und geruchloses, sehr giftiges Gas; in Wasser nur wenig löslich; mit blauer Flamme brennbar; fast ebenso schwer wie Luft; nur bei sehr niedrigen Temperaturen verflüssigbar (Kp −192 °C); durch Aktivkohle nicht adsorbierbar, wohl aber durch I_2O_5-haltige Filtermassen. Sehr reaktionsträge, vereinigt sich jedoch katalytisch mit Wasserstoff zu Kohlenwasserstoffen (FISCHER-TROPSCH -Synthese) oder Alkoholen (u.a. Methanolsynthese). Mit feinverteilten Metallen entstehen flüssige oder feste, flüchtige, giftige, brennbare *Carbonyle*, z.B $Ni(CO)_4$, $Co_2(CO)_9$, $Fe(CO)_5$, $Cr(CO)_6$.

Physiologie: bereits 0,2% in der Luft sind tödlich. CO wird vom Hämoglobin des Blutes fester gebunden als Sauerstoff und blockiert daher den Sauerstofftransport; Kopfschmerz, Bewußtlosigkeit, Atemlähmung, Tod; kirsch- bis scharlachrotes Blut (»Kohlenoxidhämoglobin«).

Technische kohlenmonoxidhaltige Gase:

- **Luftgas, Generatorgas:** $CO + 2 N_2$; entsteht in exothermer Reaktion durch Vergasung von Kohle oder Koks mit Luft in Generatoren: $2 C + O_2 + 4 N_2 \rightarrow 2 CO + 4 N_2$.
  Verwendung als Heizgas und zur Ammoniaksynthese.

- **Wassergas:** $CO + H_2$; ↑S. 406.

- **Mischgas:** CO, H_2, N_2; entsteht durch Vergasung von Kohlepulver mit einem Gemisch aus Wasserdampf und sauerstoffangereicherter Luft, z.B. in WINKLER-Generatoren (s.u.). Ähnliche Gase werden auch durch *Dampfreforming* von Kohlenwasserstoffen (↑S. 476) und durch *Öldruckvergasung* flüssiger Kohlenwasserstoffe (↑S. 476) gewonnen. Verwendung für die Ammoniaksynthese.

Winkler-Generatoren bestehen aus einem hohen Schacht (bis 15 m), in den von unten das Vergasungsmittel (Sauerstoff-Wasserdampf-Gemische u. dgl.) eingeblasen wird. Seitlich über den Winddüsen wird durch eine Förderschnecke laufend der feste, pulverförmige Brennstoff (Trockenbraunkohle) eingeführt. Das Vergasungsmittel vergast den in Schwebe wirbelnden, glühenden Brennstoff (*Wirbelschichtverfahren*). Das erzeugte Gas wird anschließend entstaubt.

- **Kokerei- und Stadtgas:** H_2, CH_4, CO u.a.: entsteht durch Entgasung (Verkokung) von Kohle. Durch *Druckvergasung* (22 bar) von Braunkohle mit Wasserdampf und Sauerstoff bildet sich ein ähnliches, jedoch methanärmeres **Druckgas,** das vielfach als *Ferngas* in Verbundnetze eingespeist wird. Verwendung: zu Heiz- und Beleuchtungszwecken.

- Sonstige Gase: Braunkohlenschwelgas; Gichtgas (Hochofen); Kraftfahrzeugabgase ↑S. 580.

14.2.4 Kohlendioxid, CO_2

Vorkommen: Luft (0,03 Vol.-%); natürliches Wasser, reichlich in bestimmten Mineralwässern (Sprudel, Säuerlinge); Vulkangase; technische Verbrennungsgase.

Die Venusatmosphäre besteht zu etwa 95% aus CO_2.

Herstellung:

- durch vollständige Verbrennung von Koks:

    $C + O_2 \rightarrow CO_2;$ $\Delta_R H^\ominus = -395{,}5 \text{ kJ} \cdot \text{mol}^{-1}$

    Reinigung durch K_2CO_3-Lösung, die CO_2 in der Kälte aufnimmt ($KHCO_3$-Bildung) und in der Hitze wieder abgibt;

- als Nebenprodukt beim Kalkbrennen:

    $CaCO_3 \rightarrow CaO + CO_2;$ $\Delta_R H^\ominus = +178 \text{ kJ} \cdot \text{mol}^{-1}$

    Kohlendioxid entsteht allgemein durch Hitzezersetzung von Carbonaten; s.S. 456.

- aus Carbonaten und Säuren, z.B. aus Marmor:

    $CaCO_3 + 2 \text{ HCl} \rightarrow CaCl_2 + H_2O + CO_2$

- als Nebenprodukt bei der alkoholischen Gärung.

    $C_6H_{12}O_6 \rightarrow 2 \text{ } C_2H_5OH + 2 \text{ } CO_2$

Physikalische Eigenschaften: farbloses Gas von schwach säuerlichem Geruch und Geschmack; 1,5mal so schwer wie Luft (läßt sich aus Gefäßen umgießen); sammelt sich am Boden von Gärkellern und Brunnen, auch in Höhlen (Hundsgrotte Neapel); nicht brennbar (erstickt eine eingeführte Flamme); in kaltem Wasser reichlich löslich, besonders unter Druck.

Flüssiges und festes Kohlendioxid: bei 20 °C läßt sich CO_2 durch einen Druck von 50 bar verflüssigen; in dieser Form kommt es in grauen Stahlflaschen in den Handel. Bei Entnahme von CO_2-Gas verdampft eine entsprechende Menge Flüssigkeit, und der Druck bleibt so lange konstant, wie noch flüssiges CO_2 vorhanden ist. Daher kann der Verbrauch nicht am Manometer abgelesen, sondern muß durch Wägung ermittelt werden.

Läßt man *flüssiges* CO_2 ausströmen, z.B. aus einer geneigten Stahlflasche, so tritt infolge der sofortigen Verdampfung so starke Abkühlung ein, daß ein Teil zu einer schneeartigen Masse erstarrt. Dieser »Kohlendioxidschnee« kommt gepreßt als »*Trockeneis*« in den Handel; es schmilzt nicht, sondern sublimiert bei -78 °C. Durch Mischen mit Aceton erreicht man Kältegrade von -90 °C.

Chemische Eigenschaften: mit Wasser entsteht Kohlensäure; mit Basen bilden sich Carbonate und Hydrogencarbonate (Abbinden von Kalkmörtel!). Reduktion zu schwarzem, flockigem Kohlenstoff gelingt durch Einführen brennenden Magnesiums: $CO_2 + 2 \text{ Mg} \rightarrow C + 2 \text{ MgO}$.

Nachweis: durch Trübung von Baryt- oder Kalkwasser (Tropfen am Glasstab oder Hindurchleiten des Gases): $Ba(OH)_2 + CO_2 \rightarrow BaCO_3 + H_2O$.

Verwendung: zur technischen Herstellung von Carbamid, Melamin, Salicylsäure u.a.; in Feuerlöschern; als Schutzgas zur Lagerung feuergefährlicher Stoffe sowie zum »CO_2-Schweißen«; in Gießereien zum Härten wasserglashaltigen Formsandes; für Getränke; zum Bierausschank; Trockeneis zum Kühlhalten von Lebensmitteln.

Physiologie: CO_2 wird in Anwesenheit von Chlorophyll (Blattgrün) unter Aufnahme von Lichtenergie von den grünen Pflanzen zu organischer Substanz (über verschiedene Zwischenstufen zunächst zu Glucose) gebunden (»assimiliert« = angeglichen; Photosynthese); hierbei wird Sauerstoff frei:

$$6\ CO_2 + 6\ H_2O \xrightleftharpoons[\text{Abbau; Abgabe von Wärme- und mechanischer Energie}]{\text{Aufbau; »Fotosynthese«; Aufbau von Lichtenergie}} C_6H_{12}O_6 + 6\ O_2\uparrow;$$

$$\Delta_R H^\ominus = +2717\ \text{kJ} \cdot \text{mol}^{-1}.$$

Die aufgenommene Energie wird bei der Atmung (»Dissimilation«) der Tiere und Pflanzen wieder frei und dient den Lebensprozessen. Der bei der Atmung aufgenommene Sauerstoff oxidiert die organische Substanz in Gegenwart von Atmungsfermenten zu Kohlendioxid und Wasser. Von der auf die Erde einfallenden Sonnenenergie werden 0,12% von den Pflanzen fotochemisch aufgenommen, davon 65% durch Meeresplankton. Je m² grüner Blattfläche wird von der Sonne je Stunde etwa 1 g Zucker aus CO_2 gebildet. Pro Tag setzen die grünen Pflanzen etwa $13{,}75 \cdot 10^{10}$ t Kohlendioxid zu Glucose um, wobei 10^{11} t Sauerstoff frei werden. Vom Menschen ausgeatmete Luft enthält 4% CO_2. Reines CO_2 wirkt auf den Menschen infolge Sauerstoffmangels rasch tödlich; auch Luft mit über 15% CO_2 erzeugt Schwindel, Bewußtlosigkeit und schließlich Tod.

Klimabeeinflussung: Das Vorhandensein von H_2O-Dampf und CO_2 in der Troposphäre (Atmosphäre bis 12 km Höhe) ruft einen sog. »Treibhauseffekt« hervor. Die Einstrahlung von Sonnenenergie wird durch diese »Treibhausgase« nur wenig, die von der Erdoberfläche erfolgende Rückstrahlung langwelliger (infraroter) Wärmestrahlung hingegen stark behindert. Ein Teil der Rückstrahlung wird absorbiert, wodurch sich eine bestimmte Temperaturverteilung einstellt. Der *natürliche Treibhauseffekt* bewirkt, daß die mittlere Temperatur der Erdoberfläche statt −18 °C tatsächlich +15 °C beträgt. Während der H_2O-Anteil der Troposphäre praktisch konstant geblieben ist, hat sich der CO_2-Gehalt insbesondere durch die Energieerzeugung aus fossilen Brennstoffen von etwa 0,028[1] auf 0,035 Vol-%, also um rund 25%, erhöht. Dies bedeutet eine Zunahme des Treibhauseffektes[2] (↑S. 642), d.h. einen Temperaturanstieg. Dessen Ausmaß und Folgen sind umstritten: Abschmelzen polarer Eismassen, Anstieg des Meeresspiegels, Veränderung warmer und kalter Meeresströmungen, klimatische Wandlungen mit Auswirkungen auf die Vegetation, Unwetterkatastrophen.

---

1) Die frühen Werte sind durch Analyse von Luftbläschen in Eisbohrkernen zugänglich.
2) In geringem Maße sind an der Zunahme des Treibhauseffektes auch troposphärisches Ozon (O_3; aus fotochemischen Reaktionen von Kraftfahrzeugabgasen), Distickstoffmonoxid (N_2O; durch mikrobielle Zersetzung von mineralischem Dünger) und Methan (CH_4; aus Viehhaltung, Mülldeponie und Reissümpfen) beteiligt. Einen starken Einfluß haben auch die Fluorchlorkohlenwasserstoffe (FCKW).

14.2.5 Kohlensäure, H_2CO_3

Kohlensäure ist nur in wäßriger Lösung beständig; hier steht sie sowohl im Gleichgewicht mit ihrem Anhydrid CO_2 als auch mit ihren elektrischen Dissoziationsprodukten:

$$CO_2 + H_2O \rightleftarrows H_2CO_3 \rightleftarrows H^+ + HCO_3^- \rightleftarrows 2\,H^+ + CO_3^{2-}$$

Da das Gleichgewicht fast völlig auf seiten von CO_2 und H_2O liegt (nur etwa 1% CO_2 ist an H_2O gebunden), sind nur wenige H^+-Ionen vorhanden, und Kohlensäure wirkt als sehr schwache Säure. Da sie in Form ihres Anhydrids zudem leicht flüchtig ist, wird sie durch fast alle anderen Säuren aus ihren Salzen in Freiheit gesetzt. Sie selbst vermag lediglich Kieselsäure, Blausäure, Phenole und ähnlich schwach saure Stoffe aus den Salzen zu verdrängen.

14.2.6 Carbonate

Allgemeines: Carbonate sind Salze (und Ester) der Kohlensäure; bei den Hydrogencarbonaten (früher »Bicarbonate« genannt) sind die H-Atome der Säure nur zum Teil durch Metall ersetzt.

Trivialnamen (s.a. die Minerale S. 450):

Na_2CO_3 .... Soda[1]
$NaHCO_3$ .... »Natron« (doppeltkohlensaures)
K_2CO_3 .... Pottasche
NH_4HCO_3 .... Hirschhornsalz
$2PbCO_3 \cdot Pb(OH)_2$ ... Bleiweiß

Verhalten beim Erhitzen: Zerfall in Metalloxid + Kohlendioxid, z.B. $CuCO_3 \rightarrow CuO + CO_2$. Je stärker die Base, desto höher ist die Zersetzungstemperatur. *Aluminiumcarbonat*, $Al_2(CO_3)_3$, zerfällt bereits bei gewöhnlicher Temperatur.

Verhalten gegenüber Säuren: Da Kohlensäure in Form ihres Anhydrids leicht flüchtig ist, werden Carbonate durch nahezu alle Säuren unter Kohlendioxidentwicklung zersetzt, z.B. $Na_2CO_3 + 2\,HCl \rightarrow 2\,NaCl + H_2O + CO_2$.

Nachweis: Das durch Säuren unter Aufbrausen entstehende CO_2 wird mit Barytwasser nachgewiesen; ↑S. 455.

14.2.7 Carbide

Carbide sind Verbindungen zwischen Kohlenstoff und einem elektropositiveren (stärker metallischen) Element.

- Manche Carbide ergeben mit Wasser oder Säuren *Kohlenwasserstoffe;* **Calciumcarbid,** CaC_2, ergibt Ethin (Acetylen); **Aluminiumcarbid,** Al_4C_3, ergibt Methan.

---

[1] »Soda« in Getränken bedeutet Kohlensäure bzw. Kohlendioxid

14.2 Kohlenstoff und Kohlenstoffverbindungen

- Andere Carbide *explodieren* beim Erhitzen, z.B. **Silber- und Kupfer(I)-carbid,** Ag_2C_2 bzw. Cu_2C_2; hierbei zerfallen sie in die Elemente.
- Durch besondere *Härte* zeichnen sich aus: **Borcarbid,** B_4C, **Siliciumcarbid,** SiC, und **Wolframcarbid,** W_2C.
- Im *Stahl* tritt auf: **Eisencarbid,** *Zementit,* Fe_3C.

14.2.8 Derivate der Kohlensäure

Übersicht:

Phosgen..$COCl_2$
Kohlendisulfid (*Schwefelkohlenstoff*)..............CS_2
Kohlenoxidsulfid..COS
Carbamid (*Harnstoff*)....................................$CO(NH_2)_2$

Phosgen, *Kohlenoxidchlorid,* $COCl_2$, das Chlorid der Kohlensäure, ist ein farbloses, sehr giftiges Gas (*Kp* 8 °C) von schwach heuähnlichem Geruch. Lungenschädigender Kampfstoff im 1. Weltkrieg! *Herstellung* katalytisch aus Kohlenmonoxid und Chlor; *Verwendung* zur Gewinnung der Isocyanatkomponenten für Polyurethane und zur Herstellung von Polycarbonat.

Kohlendisulfid, *Schwefelkohlenstoff,* CS_2

- *Herstellung*

   – aus Methan (auch Erdgas) und Schwefeldampf katalytisch bei 600 °C:
   $CH_4 + 4\ S \rightarrow CS_2 + 2\ H_2S$;

   – aus Koks (auch Braunkohlenschwelkoks) und Schwefeldampf bei 900 °C:
   $C + 2\ S \rightarrow CS_2$; $\quad\quad\quad\quad \Delta_R H^\ominus = +21{,}5\ kJ \cdot mol^{-1}$

- *Physikalische Eigenschaften:* farblose, giftige, wasserunlösliche, stark farbstreuende, nach Rettich riechende Flüssigkeit; F –109 °C, Kp +46 °C; verdunstet bereits bei gewöhnlicher Temperatur sehr rasch; löst Fette, Harze, Kautschuk, Phosphor, Schwefel, Iod.

- *Chemische Eigenschaften:* äußerst feuergefährlich; bei der Verbrennung (blaue Flamme) entstehen Schwefel- und Kohlendioxid: $CS_2 + 3\ O_2 \rightarrow CO_2 + 2\ SO_2$. Bei ungenügender Luftzufuhr bildet sich Elementarschwefel, der z.B. beim Einbringen einer Porzellanfläche in die Flamme als gelber Belag sichtbar wird. Mit alkoholischer Kalilauge entsteht gelbes *Kaliumxanthogenat:* $C_2H_5OH + KOH + CS_2 \rightarrow SC(OC_2H_5)(SK) + H_2O$.

- *Verwendung:* zur Herstellung von Viskosefaserstoffen, Flotationshilfsmitteln (Xanthogenate), Tetrachlormethan; zur Bodendesinfektion.

Kohlenoxidsulfid, COS, ein farb- und geruchloses, brennbares Gas (*Kp* –50,2 °C), entsteht z.B. bei der Herstellung von Synthesegas durch Öldruckvergasung (↑S. 476) als Nebenprodukt.

Carbamid, *Harnstoff,* $CO(NH_2)_2$, ist das Diamid der Kohlensäure. Das Monoamid $CO(OH)(NH_2)$ ist die im freien Zustand nicht bekannte *Carbaminsäure;* von dieser leiten sich als Ester *Urethane* der Formel $CO(OR)(NH_2)$, auch $NH_2–CO–OR$ geschrieben, ab.

- *Geschichtliches:* 1773 Entdeckung im Harn; 1828 Herstellung (FRIEDRICH WÖHLER) durch Umlagerung von Ammoniumcyanat beim Erhitzen: $NH_4CNO \rightarrow CO(NH_2)_2$; diese Reaktion gilt als erste Synthese einer organischen Verbindung aus anorganischem Material und damit als Widerlegung der »Lebenskrafttheorie«, nach der hierfür eine besondere »Lebenskraft« erforderlich sein sollte.

- *Herstellung:* aus Ammoniak und Kohlendioxid in flüssiger Phase bei 150 bis 200 °C und 100 bis 200 bar: $2 NH_3 + CO_2 \rightleftarrows CO(NH_2)_2 + H_2O$

  Nach Entspannung wird das Carbamid-Wasser-Gemisch eingedampft; die entstehende Carbamidschmelze wird versprüht. Nicht umgesetztes Ausgangsmaterial wird dem Reaktor erneut zugeführt.

- *Eigenschaften:* farb- und geruchlos; kristallisiert (F 133 °C); bitter schmeckend; leicht wasser- und ethanollöslich; bildet trotz neutraler Reaktion der wäßrigen Lösung mit starken Säuren Salze, z.B. das schwer lösliche Carbamidnitrat, $[H_2N–CO–NH_3]^+NO_3^-$. Carbamid geht beim Erhitzen zunächst in *Biuret,* $H_2N–CO–NH–CO–NH_2$, bei 350 bis 400 °C in *Melamin* (↑S. 687) über. Mit unverzweigten Alkanen (ab C_{10}) bildet Carbamid kristallisierte Einschlußverbindungen.[1]

- *Verwendung:* als Stickstoffdünger und Viehfutterzusatz; zur Herstellung von Melamin- und Carbamidharzen (Harnstoffharze); zur Isolierung unverzweigter Alkangemische mit mehr als 10 C-Atomen aus Erdölprodukten (insbes. für die Waschmittelindustrie).

- *Physiologie:* Carbamid ist das Endprodukt des Stickstoff-Stoffwechsels von Mensch und Säugetier; der Mensch scheidet täglich 25 bis 30 g aus. Bakterien im Pansen von Wiederkäuern vermögen das Carbamid mit Cellulose zu Eiweiß umzusetzen, das über die Verdauung schließlich in Fleisch-, Milch- u.a. Eiweiß umgewandelt wird.

14.2.9 Cyan und Cyanverbindungen

Cyan, *Dicyan,* $(CN)_2$, Struktur $N\equiv C–C\equiv N$. Farbloses, giftiges Gas; Kp –21,4 °C; entsteht durch Erhitzen von Quecksilber(II)-cyanid, $Hg(CN)_2$. Es verbrennt mit rotvioletter, sehr heißer Flamme[2] (mit O_2 bei Normaldruck bis 4500 °C): $(CN)_2 + O_2 \rightarrow 2 CO_2 + N_2$

---

1) In **Einschlußverbindungen** lagern sich Moleküle bestimmter Abmessungen (z.B. n-Alkane) regelmäßig in Hohlräume des Kristallgitters anderer Verbindungen (z.B. Carbamid) ein, ohne echt chemisch gebunden zu werden.

2) Die heißeste chemische Flamme (etwa 6000 K) wurde durch Verbrennung von **Kohlenstoffsubnitrid** (*Dicyanoethin*), C_4N_2, $NC–C\equiv C–CN$ in Ozon bei 40 bar erhalten.

14.2 Kohlenstoff und Kohlenstoffverbindungen

Cyan ist ein »*Pseudohalogen*«, d.h., es verhält sich in seinen Verbindungen ähnlich den Halogenen.

Cyanwasserstoff, *Blausäure*, HCN: farblose, bereits bei 25,6 °C siedende, leicht wasserlösliche, äußerst giftige Flüssigkeit von charakteristischem, fischig-mandelartigem Geruch. 50 mg wirken in wenigen Sekunden tödlich, da HCN die Atmungsfermente blockiert. Blausäure ist eine sehr schwache Säure. Sie entsteht aus Cyaniden durch Säuren; die technische Herstellung erfolgt durch Umsetzung von Methan, Ammoniak und Luft an Pt-Rh-Netzen bei 800 bis 1000 °C (ANDRUSSOW-Verfahren); $CH_4 + NH_3 \rightarrow HCN + 3 H_2$ (endotherm); Wasserstoff verbrennt und liefert die nötige Wärmeenergie. Blausäure ist Zwischenprodukt bei der Herstellung von »organischem Glas« und Polyacrylnitrilfaserstoffen, dient auch als Schädlingsbekämpfungsmittel. Sie addiert sich an ungesättigte organische Verbindungen sowie an Aldehyde und Ketone zu Nitrilen, die zu Carbonsäuren verseift werden können.

Cyanide: Salze der Blausäure, z.B. **Natriumcyanid**, NaCN, oder **Kaliumcyanid** (früher »Cyankali«), KCN, beide leicht lösliche, sehr giftige Salze (tödliche Dosis: 150 mg), die bereits durch Luftkohlensäure zersetzt werden und deshalb nach Blausäure riechen): $2 KCN + H_2O + CO_2 \rightarrow K_2CO_3 + 2 HCN$. Verwendung: für galvanische Elektrolyte; zur Cyanidlaugerei (Gold- und Silbergewinnung); zur Erzeugung von Blausäure, Blutlaugensalzen, Berliner Blau und anderen Cyaniden.

Komplexe Cyanide:

$K_4[Fe(CN)_6]$ = Kaliumhexacyanoferrat(II) = Gelbes Blutlaugensalz
$K_3[Fe(CN)_6]$ = Kaliumhexacyanoferrat(III) = Rotes Blutlaugensalz
$Fe_4[Fe(CN)_6]_3$ = Eisen(III)-hexacyanoferrat(II)
= Berliner Blau[1] (↑S.572)
$Na_2[Fe(CN)_5(NO)] \cdot 2H_2O$ = Natriumpentacyanonitrosylferrat(III)
= Nitroprussidnatrium

In der Galvanotechnik werden verwendet:

$Na_3[Cu(CN)_4]$ = Natriumtetracyanocuprat(I), $Na_2[Zn(CN)_4]$ = Natriumtetracyanozinkat,
$Na_2[Cd(CN)_4]$ = Natriumtetracyanocadmat, $K[Ag(CN)_2]$ = Kaliumdicyanoargentat,
$K[Au(CN)_2]$ = Kaliumdicyanoaurat(I).

Thiocyan- (Rhodan-)verbindungen: Freies **Thiocyan** (*Rhodan*), $(SCN)_2$, farblose Kristalle bildend, ist ein sehr unbeständiges Pseudohalogen. **Thiocyanate** (*Rhodanide*) sind die Salze der **Thiocyanwasserstoffsäure** (*Rhodanwasserstoffsäure*), HSCN; sie entstehen durch Kochen von Cyanidlösungen mit Schwefel: $KCN + S \rightarrow KSCN$. **Kaliumthiocyanat**, *Kaliumrhodanid*, KSCN, farblos, leicht wasserlöslich, ist ein Reagens auf Fe^{3+}-Ionen [ergibt blutrote Färbung von **Eisen(III)-thiocyanat**, *Eisen*(III)-*rhodanid*, $Fe(SCN)_3$].

Weitere Cyanverbindungen:

- **Cyansäure**, HOCN, vereinfachte Struktur[2] $H-O-C\equiv N$; Salze: *Cyanate*.
- **Isocyansäure**, HNCO, vereinfachte Struktur[2] $O=C=NH$; Salze und Ester: *Isocyanate*.
- **Fulminsäure**, *Knallsäure* [fulmen = Blitz], HCNO[2] Fulminsäure ist ein farbloses, sehr giftiges Gas von blausäureartigem, äußerst starkem Geruch. Salze: *Fulminate*, z.B. der Initialzündstoff **Knallquecksilber**, *Quecksilber(II)-fulminat*, $Hg(CNO)_2$, ein feinkristallines weißes Pulver.
- **Cyanamid**, $N\equiv C-NH_2$, farblos, kristallisiert (*Kp* 43 °C), hygroskopisch, entsteht aus **Kalkstickstoff**, $CaCN_2$ (↑S. 482) durch Kohlendioxid und Wasser: $CaCN_2 + CO_2 + H_2O \rightarrow NC-NH_2 + CaCO_3$. – Mit Alkali bildet Cyanamid das für Aminoplaste verwendete **Dicyandiamid** (»Didi«), $HN=C(NH_2)-NH-CN$. – Ammoniak führt Cyanamid in **Guanidin**, $HN=C(NH_2)_2$, über.

---

1) TURNBULLS Blau
2) In Wirklichkeit liegen mesomere Strukturen vor.

14.3 Silicium und Siliciumverbindungen

14.3.1 Allgemeines

Symbol: Si [silex (lat.) Kieselstein]; **Wertigkeit:** +4, (−4).

Vorkommen: zweithäufigstes Element der Erdkruste (16,3 Atom-%); kommt chemisch gebunden in den meisten Gesteinen und deren Verwitterungsprodukten vor, und zwar als Oxid und in Form von Silicaten (↑ 14.3.5); beide machen zusammen fast 90% der Erdkruste aus.

14.3.2 Elementares Silicium

Entdeckung: 1822 durch JÖNS JACOB BERZELIUS (Schweden).

Herstellung: im Labormaßstab aluminothermisch: $3\,SiO_2 + 4\,Al \rightarrow 3\,Si + 2\,Al_2O_3$; technisch gewinnt man *Roh-Si* (98% Si, Rest Fe u.a.) aus Quarzsand und Koks in Gegenwart von Fe (verhindert SiC-Bildung) im Elektroofen: $SiO_2 + 2\,C \rightarrow Si + 2\,CO$.

Zur Herstellung von *Reinst-Si* wird Roh-Si in der Hitze hydrochloriert; aus dem (z.B. gemäß $Si + 3\,HCl \rightarrow SiHCl_3 + H_2$) entstehenden Gemisch chlorierter Silane wird *Trichlorsilan*, $SiHCl_3$, isoliert, insbes. zur Entfernung von B- und P-Spuren fraktioniert destilliert und schließlich bei ≈ 1000 °C in Gegenwart von Wasserstoff an Si-Stäben unter Abscheidung von polykristallinem Reinst-Si zersetzt (Umkehrung der Bildungsreaktion), womit ein weiterer Reinigungseffekt verbunden ist. Das Produkt wird durch Zonenschmelzen weiter gereinigt und auch zu Einkristallen mit $< 10^{-9}$% Verunreinigungen verarbeitet.

Eigenschaften (s.a. S. 449): dunkelgraue, schwach metallisch glänzende, harte, spröde, an der Luft beständige Kristalle; Halbleiter; in Säuren unlöslich (nur feinverteiltes, sog »amorphes« Si löst sich in Flußsäure); mit warmen Alkalilaugen entstehen unter Wasserstoffentwicklung Silicate: $Si + 2NaOH + H_2O \rightarrow Na_2SiO_3 + 2H_2$

In Gegenwart von Cu-Pulver reagiert Silicium mit Monochlormethan, CH_3Cl, bzw. -ethan, C_2H_5Cl, zu *Dialkyldichlorsilanen*, z.B. gemäß $Si + 2\,CH_3Cl \rightarrow (CH_3)_2SiCl_2$ zu *Dimethyldichlorsilan*, das z.T. in *Monomethyltrichlorsilan*, $(CH_3)SiCl_3$, und *Trimethylmonochlorsilan*, $(CH_3)_3SiCl$, disproportioniert. Diese Verbindungen sind Zwischenprodukte für *Silicone* (↑S. 745).

Verwendung: zur Herstellung von Siliconen; extrem rein in der Halbleitertechnik (z.B. Mikroelektronik) und für Solarzellen, mit Eisen legiert als »Ferrosilicium« für Siliciumstähle.

14.3.3 Siliciumdioxid, SiO$_2$

Vorkommen:

- kristallin als **Quarz**, der den Hauptbestandteil des Granits, der Gneise, des Seesands und des Sandsteins bildet;
- gutausgebildete Quarzkristalle, häufig mit färbenden Beimengungen, sind: **Bergkristall** (farblos), **Rauchquarz = Rauchtopas** (grau bis braun), **Rosenquarz** (rosa), **Amethyst** (violett), **Citrin** (gelb);
- erdig als **Kieselgur**[1] (Infusorien-, Diatomeenerde aus den Panzern von Kieselalgen);
- schwach wasserhaltig als **Opal, Chalcedon** (**Achat, Karneol, Jaspis**) und **Feuerstein;**
- in manchen Organismen in Form feinster Kriställchen als Stützsubstanz (Gräser, Getreide, Rohr, Bambus, Kieselschwämme und Kieselalgen).

Herstellung: Große Quarzkristalle werden künstlich durch »Hydrothermalzüchtung« gewonnen: Umkristallisation aus überkritischem Wasser mit speziellen Salzzusätzen bei 300 bis 400 °C und 1000 bis 2000 bar Druck.

Eigenschaften: weißes Pulver oder farblose Kristalle; schmilzt je nach Modifikation (*Quarz, Tridymit, Cristobalit*) zwischen 1500 und 1705 °C; die Schmelze erstarrt zu einem amorphen Glas **(Quarzglas)**. Als einzige Säure greift Flußsäure an (Bildung von SiF$_4$ und H$_2$[SiF$_6$]); in geschmolzenen Alkalihydroxiden und -carbonaten löst es sich leicht zu Silicaten.

Verwendung: Quarzsand für Quarzglas (durchsichtig) und Quarzgut (durchscheinend), Glas, Wasserglas, Porzellan, Mörtel; als Formsand in Gießereien; zur Herstellung von Silicium. - **Bergkristall** als Schmuckstein und für optische Instrumente; **Kieselgur** infolge ihres Saugvermögens als Verpackungsmaterial. **Quarz**kristalle auch für Quarzuhren sowie zur Erzeugung von Ultraschall.

Quarzglas: temperatur-, temperaturwechsel- und chemikalienbeständiger als gewöhnliches Glas; ist im Gegensatz zu diesem auch durchlässig für Ultraviolettstrahlung; Verwendung für chemische Geräte und UV-Lampen (Höhensonnen, Elektronenblitzgeräte).

14.3.4 Kieselsäuren und Silicate

Herstellung nicht aus SiO$_2$ und H$_2$O möglich, sondern:

- aus Alkalisilicatlösungen (z.B. Wasserglaslösung) durch Säuren;
- aus Siliciumtetrachlorid durch Wasser: $SiCl_4 + 4\ H_2O \rightarrow H_4SiO_4 + 4\ HCl$.

Formeln und Eigenschaften: Orthokieselsäure, H$_4$SiO$_4$ = Si(OH)$_4$ = SiO$_2 \cdot$ 2H$_2$O, ist nicht beständig; ihre Moleküle treten spontan unter Wasserabspaltung und Bildung von –Si–O–Si–O– -Ketten zu höhermolekularen, schließlich kolloiden Aggregaten zusammen; es entstehen Molekülnetzwerke, die viel Wasser absorbieren und einschließen. Ein Gemisch aus verdünnter Wasserglaslösung und Salzsäure, in dem zunächst gemäß Na$_2$SiO$_3$ + 2 HCl + H$_2$O $\rightarrow$ Si(OH)$_4$ + 2 NaCl Orthokieselsäure gebildet wird, wird dabei immer viskoser (dickflüssiger) und erstarrt schließlich zu einer farblosen Gallerte (»Kieselgel«) der allgemeinen Formel SiO$_2 \cdot n$H$_2$O. Beim Stehen an der Luft bilden sich unter weiterer Wasserabgabe (n wird stetig kleiner) trübe, weiße, äußerst poröse Massen (»*Silicagel*«), die wie Aktivkohle als Adsorpti-

---

[1] Genus: *die* Kieselgur

onsmittel Verwendung finden. Bei starkem Glühen hinterbleibt schließlich nach Auswaschen des Natriumchlorids feinstes, weißes Siliciumdioxid, SiO_2.

Salze: Die Salze leiten sich formal von Kieselsäuren der allgemeinen Formel $mSiO_2 \cdot nH_2O$ (m und n ganzzahlig) ab, z.B. von

$SiO_2 \cdot 2H_2O$	= H_4SiO_4	= **Orthokieselsäure:**	Orthosilicate
$SiO_2 \cdot H_2O$	= H_2SiO_3	= **Metakieselsäure:**	Metasilicate
$2SiO_2 \cdot 3H_2O$	= $H_6Si_2O_7$	= **Ortho-dikieselsäure:**	Orthodisilicate

Metakieselsäure usw. sind polymere Entwässerungsstufen der Orthokieselsäure.

Struktur der Silicate: *Orthosilicate* enthalten als Anion ein SiO_4^{4-} - Tetraeder, z.B. *Olivin*, $Mg_2[SiO_4]$. In den *Orthodisilicaten* sind zwei derartige Tetraeder über eine neutrale Sauerstoffbrücke (gemeinsame Spitze der Tetraeder) zu einem Doppeltetraeder der Formel $Si_2O_7^{6-}$ verbunden, z.B. im *Thortveitit*, $Sc_2[Si_2O_7]$. Die Zahl der miteinander verbundenen Tetraeder kann noch größer sein, und es gibt auch Ringstrukturen, wofür der *Beryll*, $Be_3Al_2[Si_6O_{18}]$, mit dem ringförmigen $Si_6O_{18}^{12-}$ - Anion ein Beispiel ist; ↑Bild 14-2.

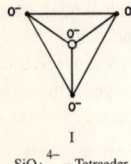

I
SiO_4^{4-} – Tetraeder

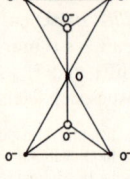

II
$Si_2O_7^{6-}$ – Doppeltetraeder

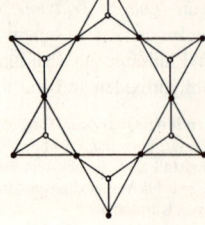

III
$Si_6O_{18}^{12-}$ – Ringstruktur

Bild 14-2: *Silicatstrukturen mit begrenzter Anionengröße*

(Die SiO_4-Tetraeder sind von oben gesehen; das O-Atom an der Spitze des Tetraeders ist durch O^-, das genau darunter befindliche Si-Atom durch einen Hohlkreis wiedergegeben).

Neben den bisher angeführten Silicaten mit *begrenzter* Anionengröße existiert eine weitaus größere Anzahl mit *unbegrenzter* Anionengröße. In diesen sind die Tetraeder zu negativ geladenen *Ketten, Bändern, Blättern* und *Raumnetzstrukturen* prinzipiell unbegrenzter Ausdehnung verbunden, die durch die positiven Metallionen zusammengehalten werden; ↑Bild 14-3; S. 463.

Silicate mit Ketten- und Bandstruktur bilden leicht Fasern (*Asbest*), solche mit Blattstruktur sind oft gut in Blättchen spaltbar (*Glimmer*); teilweise können sich unter Aufquellung Wassermoleküle zwischen die Schichten lagern (*Tone*); Raumnetzstrukturen haben das Siliciumdioxid und viele Aluminat-silicate (Alumosilicate). In letzteren ist ein Teil der Si-Atome durch Al-Atome ersetzt, wodurch, da Al nur dreiwertig ist, die negative Ladung der betreffenden Stelle um eine Einheit erhöht wird und eine entsprechend größere Zahl von Kationen vorhanden sein muß. Als chemische Formel wird die jeweils kleinste vollständige Gruppierung angegeben, z.B. für *Orthoklas* (Kalifeldspat) $K[AlSi_3O_8]$, ohne daß ein solches für sich abgeschlossenes Molekül existiert. Derartige Aluminat-silicat-Raumnetze enthalten die Metallionen gewöhnlich käfigartig eingeschlossen.

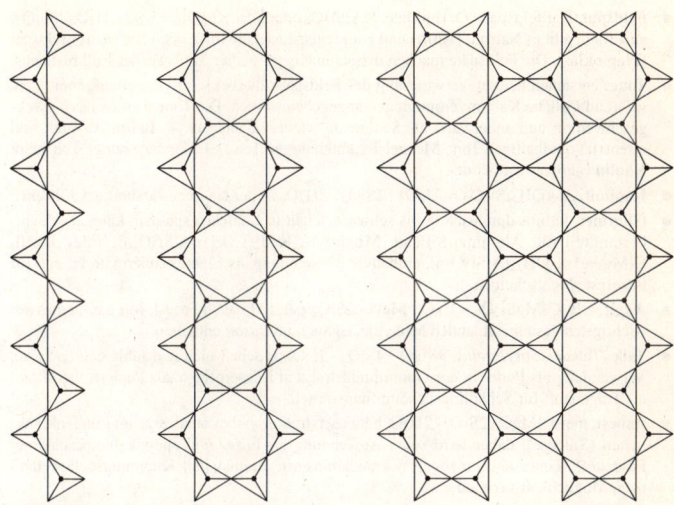

Bild 14-3: *Silicatstrukturen mit unbegrenzter Anionengröße*

14.3.5 Natürliche Silicate

Vorkommen: Silicate, hauptsächlich von K, Na, Ca, Mg, Al und Fe, bilden die Hauptmasse der Gesteine und ihrer festen Verwitterungsprodukte.

Gesteine und Minerale: Gesteine bestehen stets aus mehreren, meist bereits mit bloßem Auge unterscheidbaren Mineralen. Ein **Mineral** ist jeder chemisch einheitliche, feste, auf der Erde natürlich entstandene Stoff.

- **Petrographie** = Gesteinskunde
- **Mineralogie** = Mineralkunde
- **Geologie** = Lehre von Aufbau und Geschichte der Erdkruste
- **Geochemie** = Lehre von der chemischen Zusammensetzung und Veränderung des Erdkörpers

Beispiele für Silicatgesteine:

- **Granit** = Feldspat + Quarz + Glimmer (Hauptbestandteile!)
- **Gneis** = Feldspat + Quarz + Glimmer mit meist streifigem, schiefrigem Gefüge (durch Belastungsdruck umgewandelter Granit)
- **Basalt** = Augit + Plagioklas + Magnetit u.a.
- **Porphyr** = Gesteine von sehr verschiedener Zusammensetzung mit oft purpurbeeinflußtem Farbton, bei denen größere Kristalle in einer einheitlicheren, bisweilen glasigen Grundmasse eingesprengt sind.

14 Elemente der IV. Hauptgruppe (Kohlenstoffgruppe)

Wichtige Silicatminerale: (die Summenformeln werden oft zu den übersichtlicheren »Oxidformeln« auseinandergezogen)

- **Feldspat** (Kalifeldspat = **Orthoklas**): $KAlSi_3O_8$ oder $K_2Al_2Si_6O_{16} = K_2O \cdot Al_2O_3 \cdot 6SiO_2$; außerdem gibt es Natron- (**Albit**) und Kalkfeldspäte (**Anorthit**), auch Kalknatronfeldspat (**Plagioklas**). Die Feldspäte machen massenmäßig 60% aller Minerale der Erdkruste aus.
- **Tone:** entstehen bei der Verwitterung des Feldspats; hierbei wird Wasser aufgenommen, während lösliche Kaliumverbindungen abgegeben werden. Die Tone werden häufig weggeschwemmt und anderwärts als Sedimente wieder abgelagert. — **Lehm** ist sand- und eisen(III)-oxidhaltiger Ton; **Mergel** ist kalkhaltiger Ton. - Besonders reiner Ton heißt **Kaolin** (»Porzellantonerde«).
- **Kaolinit**, $Al_2(OH)_4Si_2O_5 = Al_2O_3 \cdot 2SiO_2 \cdot 2H_2O$, ist der Hauptbestandteil des *Kaolins*.
- **Glimmer**, farblos durchsichtig bis schwarz, leicht in Blättchen spaltbar, kann als Hauptbestandteil die Aluminat-Silicate **Muskovit**, $KAl_2(F,OH)_2[AlSi_3O_{10}]$, oder **Biotit**, $K(Mg,Fe)_3(F,OH)_2[AlSi_3O_{10}]$, enthalten; Verwendung als Elektroisoliermaterial und für hitzefeste Sichtscheiben.
- **Augit**, z.B. $CaMgSi_2O_6 = CaO \cdot MgO \cdot 2SiO_2$ (statt Mg auch Fe, Al, Mn u.a.), eines der wichtigsten gesteinsbildenden Minerale, ist auch im *Basalt* enthalten.
- **Talk** (*Talkum, Speckstein*), $3MgO \cdot 4SiO_2 \cdot H_2O$, ist sehr weich und fühlt sich fettig an. Verwendung als Puder in der Gummiindustrie und Körperpflege, als Papierfüllstoff und als Trägerstoff für Schädlingsbekämpfungsmittel.
- **Asbest**, meist $3MgO \cdot 2SiO_2 \cdot 2H_2O$, hat Faserstruktur. Asbeststaub erzeugt Lungenkrankheiten (Silicose); daher wird seine Anwendung als hitze- und chemikalienbeständiger Faserstoff (Feuerschutzanzüge, Wärmedämmstoff, Brems- und Kupplungsbeläge u.a.) nach Möglichkeit vermieden.
- **Zeolithe** sind natürliche und synthetische Aluminat-silicate, z.B. $Na[AlSi_2O_6] \cdot H_2O$, bei denen in röhrenartigen Hohlräumen des Kristallgitters Wassermoleküle und Metallionen relativ frei beweglich eingelagert sind. Anwendung als Ionenaustauscher (z.B. für Wasserenthärtung an Stelle von Phosphaten in Waschmitteln), als Molekülsiebe (z.B. nach Austreiben des Wassers zur Abtrennung von n-Paraffinen, die in die Porenräume eindringen, von verzweigtkettigen Paraffinen, die ausgeschlossen bleiben) und als Adsorptionsmittel.
- **Weitere Silicate** sind z.B. Hornblende, Olivin, Meerschaum, Topas, Granat, Beryll, Smaragd, Zirkon, Serpentin, Ultramarin.

14.3.6 Künstliche Silicate

Übersicht:

Wasserglas .... Alkalisilicat (meist Na-Silicat)
Glas und *Email* .... Alkali-calcium-silicat (oft mit weiteren Bestandteilen)
Silicatkeramik .... Aluminiumsilicat mit Zusätzen
Zement und Beton .... Calcium-aluminat-silicat
Ultramarin .... schwefelhaltiges Natrium-aluminat-silicat
Synthet. Zeolithe .... Alkali-aluminat-silicate

Wasserglas: Gemisch verschiedener Natrium- oder Kaliumsilicate (»Natron-« bzw. »Kaliwasserglas«). Graue, glasartige Stücke, die beim Erhitzen mit Wasser unter Druck zähflüssige Lösungen ergeben; hergestellt durch Schmelzen von Quarzsand mit Soda bzw. Pottasche. –

Verwendung von Wasserglaslösung: Flammschutzmittel für Holz und Gewebe; Klebstoff für Porzellan, Glas und andere Silicate; Kernbindemittel in Metallgießereien; Zusatz zu Anstrichfarben und Waschmitteln.

Glas: aus dem Schmelzfluß amorph erstarrtes Gemisch verschiedener Silicate, hauptsächlich Alkali-calcium-silicate.

Amorphe (»gestaltlose«) Stoffe wie Glas weisen im Gegensatz zu kristallinen Stoffen keine oder eine nur auf kleine Bereiche beschränkte innere Ordnung der Moleküle oder Ionen auf (»unterkühlte Flüssigkeiten«); sie haben deshalb keinen festen Schmelzpunkt, sondern erweichen allmählich.

»Entglasung« = Übergang aus dem amorphen in den kristallinen Zustand.

Chemische Eigenschaften: sehr widerstandsfähig; wird nur von Flußsäure und Alkalihydroxidschmelzen rasch angegriffen. Zum Glasätzen dienen Flußsäure, Fluorwasserstoff und Hydrogenfluoride.

Herstellung: durch Zusammenschmelzen der Rohstoffe, im einfachsten Fall Quarzsand, Kalk ($CaCO_3$) und Soda, in Glashäfen oder Wannenöfen. Die Reaktionen sind vom Typus $Na_2CO_3 + SiO_2 \rightarrow Na_2SiO_3 + CO_2$; es findet also Gasentwicklung statt.

Formung: durch Blasen, Gießen, Walzen, Ziehen (z.B. für Glasseide), Pressen, Verdüsen (für Glasfaser). Wichtig ist i.allg. eine gleichmäßige, langsame Abkühlung zur Vermeidung innerer Spannungen.

Wichtige Glasarten:

- **Natron-Kalk-Glas:** aus Quarzsand, Kalk und Soda (oder statt Soda auch Natriumsulfat + Kohle). Preiswertes, leicht schmelzbares »Normalglas«, z.B. für Fenster; Flaschenglas wird aus noch preiswerteren (weniger reinen) Rohstoffen erschmolzen und enthält daher auch Eisen- (Grünfärbung!) und Aluminiumsilicat.

- **Kali-Kalk-Glas:** aus Quarzsand, Kalk und Pottasche. Schwerer schmelzbar; »böhmisches Kristallglas«, »Kronglas« für optische Zwecke.

- **Kali-Blei-Glas:** aus Quarzsand, Mennige und Pottasche. Schwer schmelzbar, stark farbstreuend. Optisches Glas; als sog. »*Bleikristall*« (jedoch amorph!) Schmuckglas; als »Straß« (gefärbt) Edelsteinimitation.

- **Borat-Aluminat-Glas:** ein Teil des SiO_2 ist durch B_2O_3 und Al_2O_3 (in die Schmelze eingeführt als Borsäure oder Borax bzw. Kaolin oder Feldspat) ersetzt, z.B. *Jenaer Glas*, für Chemie und Haushalt; sehr temperaturwechselbeständig.

- **Verschiedene Spezialgläser,** z.B. Thermometerglas; ultraviolettdurchlässiges Glas; blaues Cobaltglas (Co_3O_4 in der Schmelze). *Milchglas* enthält TiO_2 als Trübungsmittel. *Glasuren* sind leicht schmelzbare Gläser. Es gibt auch völlig silicatfreies Glas (Phosphat, Borat). »Organisches Glas« ist Polymethylmethacrylat (↑S. 735).

- **Sicherheitsglas** gibt beim Zertrümmern keine scharfkantigen Scherben. Bei *Einscheibensicherheitsglas* erzeugt man durch Abschrecken (*Härten*) an der Oberfläche Druck- und im Inneren Zugspannungen. *Mehrscheibensicherheitsglas* enthält einen Kern aus Plastfolie.

- **Fototropes Glas:** wird um so dunkler, je mehr Licht einstrahlt; es enthält *Silberchlorid*, AgCl, und geringe Mengen Cu^{2+} bzw. Cu^+. Bei Belichtung scheidet sich kolloidales Silber aus. Im Gegensatz zum fotografischen Prozeß (↑S. 529) ist der Vorgang völlig reversibel; Anwendung für Sonnenschutzgläser.

- **Pyrokeram** ist Glas, das nach dem Erstarren durch gesteuerte Wärmebehandlung zu einer gezielten Mikrokristallisation gebracht wurde. Es enthält spezielle Keimbildner, z.B. TiO_2, Cr_2O_3, Fluoride u.a. und ist undurchsichtig, sehr abriebfest, sehr temperaturwechselbeständig und von hoher Festigkeit.

14 Elemente der IV. Hauptgruppe (Kohlenstoffgruppe)

Email (das »Email« oder die »Emaille«): auf Metalle aufgeschmolzenes, meist getrübtes, oft farbiges, leicht schmelzbares Glas; meist auf Eisen als Korrosionsschutz, seltener auf Edelmetallen, Kupfer oder Tombak als Schmuckemail (auch für Plaketten und Abzeichen). Die Haftung auf dem Metall wird durch »Haftoxide« (Nickel- und Cobaltoxide) in der Schmelze des Grundemails begünstigt.

Silicatkeramik [*keramos* (grch.) Ton]: durch Brennen (Erhitzen von geformtem feuchtem Ton, evtl. mit Zuschlägen von Quarzsand und Feldspat, bis zum Sintern (nicht Schmelzen) erzeugte Materialien, die in der Hauptsache aus Aluminiumsilicat (**Mullit**, $3Al_2O_3 \cdot 2SiO_2$) bestehen.

»Geschirr« = dünnwandige, »Baustoffe« = dickwandige Erzeugnisse. Je nach dem Grade der Sinterung unterscheidet man:

- **Irdengut (Tongut)**
  Brenntemperatur niedrig (900 bis 1200 °C); Scherben porös (klebt an der Zunge), wasserdurchlässig (durch Glasur wasserdicht), nicht durchscheinend, durch Stahl leicht ritzbar.
  - **Ziegelware:** Mauer-, Dachziegel, Drainrohre. Die rote Farbe mancher Ziegel beruht auf Fe_2O_3. Stärker, bis zur Sinterung gebrannter Ziegel = *Klinker*.
  - **Feuerfeste Baustoffe:** Schamotte.
  - **Gemeines Geschirr:** Blumentöpfe, Töpfergeschirr, Ofenkacheln.
  - **Weißes Geschirr: Steingut**, z.B. Waschbecken, Sanitärkeramik, Wandplatten; aus reineren Rohstoffen; doppelter Brand, dazwischen Glasur und evtl. Färbung.

- **Sintergut (Tonzeug)**
  Brenntemperatur hoch (1200 °C bis 1500 °C); Scherben dicht, wasserundurchlässig, mit Stahl kaum ritzbar.
  - **Steinzeug:** Scherben nicht durchscheinend; aus Ton, Kaolin, Quarz und Feldspat, z.B. Ausgußbecken, Kanalisationsrohre, Fliesen; doppelter Brand; Zwischenglasur.
  - **Porzellan:** Scherben durchscheinend, weiß, hart, klingend. Edelstes keramisches Erzeugnis; auch als Elektroisoliermaterial verwendet. In China bereits im 6. Jahrhundert, in Europa seit 1709 (FRIEDRICH BÖTTGER, Meißen) hergestellt. Ausgangsstoffe: reiner geschlämmter Kaolin, Quarzsand und Feldspat (2:1:1). Nach einer gewissen Lagerung wird die Masse auf der Drehscheibe oder durch Gießen in Gips geformt, langsam getrocknet, in Porzellanöfen bei 900 °C rohgebrannt, in Glasurflüssigkeit (Aufschlämmung von Kalk + Feldspat + Kaolin) getaucht und dann bei 1400 °C gargebrannt (glattgebrannt). Schmelzfarben werden unter oder auf die Glasur gebracht; Unterglasurfarben sind besonders haltbar; s.a.S. 472. beim Brennen tritt *Schwindung* ein, d.h., die Ausmaße verkleinern sich.

Zement: graues, seltener weißes Pulver aus Calcium-aluminat-silicat, das angefeuchtet unter chemischer Bindung von Wasser zu einer steinharten Masse erstarrt. Da hierbei kein Kohlendioxid benötigt wird, kann Zement auch unter Wasser verwendet werden.

- **Portlandzement:** bezüglich der Festigkeitseigenschaften am hochwertigsten; hergestellt durch Brennen feingemahlener Gemenge aus Kalkstein und Ton bei 1450 °C in Drehrohröfen; die zu Zementklinkern gesinterte Masse wird feingemahlen. — Auch beim Gipsschwefelsäureverfahren entsteht ein dem Portlandzement ähnliches Produkt.
- **Eisenportlandzement:** mind. 70% Portlandzementklinker + granulierte, abgeschreckte Hochofenschlacke, gemeinsam vermahlen.
- **Hochofenzement:** desgl. mit weniger als 70% Portlandzement.
- **Sulfathüttenzement:** Hochofenschlacke + Gips, gemeinsam vermahlen.
- **Zementmörtel** = Zement + Sand + Wasser.
- **Beton** = Zementmörtel mit grobem Kies und Steinsplitt. *Eisenbeton* enthält Stahlstäbe, -bleche, -gitter; *Schaumbeton* ist sehr porös. Beton ist ein wichtiger Baustoff; er ist empfindlich gegenüber sauren, auch stark kohlensauren Wässern. Auch von Sulfationen wird er angegriffen (»Sulfattreiben«).

Ultramarin: leuchtend blaues, ungiftiges Farbpigment; schwefelhaltiges Natriumaluminatsilicat; hergestellt durch Erhitzen von Kaolin, Quarz, Natriumsulfat und Kohle auf 730 °C; in der Natur als *Lasurit*.

Porzellanfarbenfritte: besteht aus *Bleisilicat;* ↑S. 472.

14.3.7 Weitere Siliciumverbindungen

Silane, *Siliciumhydride,* z.B. **Monosilan,** SiH_4; **Disilan,** Si_2H_6; **Trisilan,** Si_3H_8 usw.: Sie entsprechen im Aufbau den Alkanen, sind aber viel unbeständiger und z.T. an der Luft selbstentzündlich. Die niederen Glieder sind Gase; SiH_4 hat einen schwachen, dumpfen Geruch.

Silicide: Verbindungen zwischen Metallen und Silicium, z.B. **Magnesiumsilicid,** Mg_2Si, hergestellt durch Erhitzen von Quarzsand mit Magnesiumpulver; ergibt mit Salzsäure Silane, die an der Luft mit lautem Knall verpuffen.

Siliciumtetrafluorid, SiF_4: farbloses Gas; bildet sich aus Silicaten durch Flußsäure; entsteht als Nebenprodukt beim Aufschluß von (silicathaltigen) Apatiten mit Schwefelsäure zur Superphosphatherstellung. Mit überschüssiger Flußsäure entsteht die nur in wäßriger Lösung bekannte **Hexafluorokieselsäure,** $H_2[SiF_6]$, eine starke, Glas nicht ätzende Säure. Ihre Salze heißen **Hexafluorosilicate;** das Na-, K-, Ca- und Ba-Salz sind schwer löslich; Verwendung als Holzschutzmittel und Trübungsmittel für Email. Lösliche Fluorosilicate dienen zur Härtung und Dichtung kalkhaltiger Baustoffe (*Fluatieren*); das entstehende Calciumfluorosilicat, $CaSiF_6$, verstopft hierbei die Poren.

Tetrachlorsilan, *Siliciumtetrachlorid,* $SiCl_4$: farblose, an der Luft stark rauchende Flüssigkeit (*Kp* 56,7 °C), die mit Wasser zu Kiesel- und Salzsäure zerfällt.

Trichlorsilan, »*Siliciumchloroform*«, $SiHCl_3$ (*Kp* 31,8 °C), ist Zwischenprodukt bei der Herstellung von Reinst-Silicium.

Siliciumcarbid, *Carborundum,* SiC: sehr harte, farblose, jedoch meist graue, trübe Kristalle (*F* 2600 °C), hergestellt aus Kohle und Sand im elektrischen Ofen. Verwendung als Schleif- und Poliermittel sowie als elektrischer Heizwiderstand (Silitstäbe).

Silicone enthalten . . . $-\underset{|}{\overset{|}{Si}} - O - \underset{|}{\overset{|}{Si}} - O - $ . . . -Ketten und -Netze, wobei die restlichen Valenzen des Si durch organische Reste (Alkylgruppen u.dgl.) abgesättigt sind (↑S. 745).

14.4 Germanium und Germaniumverbindungen

Symbol: Ge [von *Germania* = Deutschland]; **Wertigkeit:** +4, (+2).

Entdeckung: von DMITRI IWANOWITSCH MENDELEJEW 1871 als »Ekasilicium« vorausgesagt; von CLEMENS WINKLER 1885 in Freiberg/Sa. im Silbererz **Argyrodit,** Ag_8GeS_6, entdeckt.

Vorkommen: weit verbreitet, jedoch in sehr geringer Konzentration; fast immer als Begleiter anderer Minerale (Zinkblende, Kupferschiefer), auch in Steinkohlenflugasche.

Elementares Germanium (s.a. S. 449): sprödes, silberglänzendes Metall; elektrischer Halbleiter; an der Luft sehr beständig; wird von Salpetersäure, heißer konzentrierter Schwefelsäure und alkalischer Wasserstoffperoxidlösung angegriffen. Verwendung in der Halbleitertechnik; das hierfür verwendete Ge muß extrem rein sein (Reinheitsstufe 9 = 99,999 999 9%ig).

Germaniumverbindungen: Germanium(IV)-oxid, GeO_2: weißes, sandiges Pulver; F 1115 °C. – **Germanium(IV)-chlorid,** $GeCl_4$: farblose, bei 83 °C siedende Flüssigkeit. - Germaniumhydride heißen **Germane.** – Ge(II)-Verbindungen sind unbeständig.

14.5 Zinn und Zinnverbindungen

14.5.1 Allgemeines

Symbol: Sn [*stannum* (lat.); vgl. Stanniol]; **Wertigkeit:** +2, +4.

Vorkommen: relativ selten; nur chemisch gebunden. Einziges wichtiges Mineral ist *Zinnstein* (Kassiterit), SnO_2.

Nachweis: »Leuchtprobe«. Die Probe wird mit Zink und Salzsäure versetzt, ein teilweise mit Wasser gefülltes Reagenzglas in das flüssige Gemisch getaucht und anschließend in die Bunsenbrennerflamme eingebracht. Ein blaues Leuchten am Glas, herrührend von $SnCl_2$, zeigt die Anwesenheit von Zinn an.

14.5.2 Elementares Zinn

Entdeckung: seit dem Altertum bekannt (Bronzezeit).

Herstellung:

- technisch aus Zinnstein durch Erhitzen mit Kohle im Flammofen bei 1000 °C; $SnO_2 + 2\ C \rightarrow Sn + 2\ CO$. Das Rohzinn wird elektrolytisch oder durch Seigern gereinigt.
  (*Seigern* = Ablaufenlassen geschmolzenen Metalls auf einer geneigten Eisenplatte. Reines Metall rinnt ab, während schwerer schmelzbare Legierungen, insbesondere mit Eisen, körnig zurückbleiben.)
- aus Zinnsalzen durch Elektrolyse oder durch Einwirkung unedler Metalle, z.B. Zink, in schönen Kristallen (»Zinnbaum«); $SnCl_2 + Zn \rightarrow ZnCl_2 + Sn$ bzw. $Sn^{2+} + Zn \rightarrow Zn^{2+} + Sn$.
- Wichtigster *Sekundärrohstoff* ist Weißblechabfall.

Modifikationen:

- α-Zinn, *graues Zinn* (unterhalb 13 °C beständig): graues Pulver; »Zinnpest« = Umwandlung des metallischen normalen Zinns (β-Zinn) in α-Zinn bei niedrigen Temperaturen; die Gegenstände zerfallen dabei langsam zu grauem Pulver, vermeidbar durch Einlegieren von Bismut.)

- β-Zinn (13 °C bis 161 °C): stark silberglänzend, sehr weich, jedoch härter als Blei. »Zinngeschrei« beim Biegen.

- »γ-Zinn«: Oberhalb 161 °C wird Zinn sehr spröde und leicht pulverisierbar. Man schrieb dies früher einer Modifikation »γ-Zinn« zu, jedoch haben neuere Forschungen ergeben, daß die beobachtete Eigenschaftsänderung auf Spuren von Verunreinigungen zurückzuführen ist.

Eigenschaften (s.a. S. 449)**:** gut gieß- und lötbar; an der Luft sehr beständig; in Salz- und Schwefelsäure langsam zu Zinn(II)-salzen löslich; mit Salpetersäure entsteht weiße, unlösliche »Zinnsäure«; mit warmer Natronlauge Natriumstannat(II) und -stannat(IV). Zinn ist umweltneutral.

Verwendung: für Weißblech (verzinntes Eisen, z.B. für Konservendosen, da Zinn schwer angegriffen wird und Zinnverbindungen unschädlich sind); für sonstige Verzinnung; für Weichlot und andere Legierungen; früher auch für Zinngeschirr u.dgl.

Legierungen:

Weichlot = 2 bis 90% Zinn + 98 bis 10% Pb (Schmelzbereich 185 bis 310 °C)
Britanniametall = 70 bis 90% Sn + Cu + Sb
Zinnbronze = 80 bis 90% Cu + 20 bis 10% Sn; ferner Rotguß, Schriftmetalle, Lagermetalle

Verzinnen:

Feuerverzinnen: Tauchen in geschmolzenes Zinn.

Galvanisches Verzinnen:
- in *sauren Elektrolyten* aus Zinn(II)-sulfat, Phenolsulfonsäure und Gelatine oder aus Zinn(II)-fluoroborat und Fluoroborsäure;
- in heißen, *alkalischen Elektrolyten* aus Natriumstannat(IV) und -hydroxid.

14.5.3 Zinnverbindungen

Allgemeines: Zinn(II)-verbindungen gehen leicht in Zinn(IV)-verbindungen über; sie wirken dadurch reduzierend. Die meisten Zinnverbindungen sind farblos.

Zinn(II)-chlorid, $SnCl_2 \cdot 2H_2O$: weiße Kristalle, die nur in Gegenwart freier Säure in Wasser klar löslich sind, anderenfalls Niederschläge von Hydroxidsalzen, z.B. Sn(OH)Cl, ergeben; löst sich bei 40,5 °C im frei werdenden Kristallwasser; scheidet Gold und Silber aus ihren Lösungen aus, z.B. $2 H[AuCl_4] + 3 SnCl_2 \rightarrow 2 Au + 3 SnCl_4 + 2 HCl$.

Zinn(IV)-chlorid, $SnCl_4$: farblose, an der Luft rauchende Flüssigkeit; *Kp* 113,9 °C, entsteht aus Zinn + Chlor, z.B. bei der Entzinnung von Weißblechabfällen; ergibt mit Salzsäure **Hexachlorozinn(IV)-säure,** $H_2[SnCl_6]$, deren Ammoniumsalz **Ammoniumhexachlorostannat(IV),** $(NH_4)_2[SnCl_6]$, sehr beständig ist und in der Färberei als Beize (»Pinksalz«; pink = rosa bis rotviolett) Anwendung findet.

Zinnoxide: Zinn(II)-oxid, SnO, blauschwarzes Pulver; **Zinn(IV)-oxid,** SnO_2, weißes Pulver; sublimiert oberhalb 1800 °C.

Stannate(II), früher **Stannite,** entstehen aus dem amphoteren Zinn(II)-hydroxid oder aus Zinn durch Auflösen in Natronlauge, z.B. **Natriumstannat(II),** $Na_2[Sn(OH)_4]$.

Stannate(IV) entstehen ebenso aus Zinn(IV)-hydroxid bzw. Zinnsäure, z.B. **Natriumstannat(IV),** $Na_2[Sn(OH)_6]$.

Zinnsäure ist $SnO_2 \cdot xH_2O$; oft vereinfacht als H_2SnO_3 formuliert. Weiße unlösliche Flocken oder weißes Pulver; entsteht aus Sn + HNO_3; bildet mit Säuren Zinn(IV)-salze, mit Alkalien Stannate(IV).

Zinnsulfide: SnS braun; SnS_2 gelb; beide fallen durch H_2S aus schwach saurer Lösung aus. SnS_2 löst sich in Ammoniumsulfid zu **Ammoniumthiostannat(IV),** $(NH_4)_2SnS_3$.

14.6 Blei und Bleiverbindungen

14.6.1 Allgemeines

Symbol: Pb [*plumbum* (lat.); daher auch »*Plombe*«]; **Wertigkeit:** +2, +4.

Geschichte: seit dem Altertum bekannt.

Minerale:
Bleiglanz (*Galenit*) .... PbS (meist Ag-haltig!)
Weißbleierz (*Cerussit*) .... $PbCO_3$

Physiologie: Blei und seine Verbindungen sind sehr giftig; bei dauernder Aufnahme kleiner Bleimengen (auch durch die Haut) kommt es zu chronischen Vergiftungen.
Symptome: Abmagerung, Bleikoliken, Nierenschädigungen, Muskelschwäche, schwarzgrauer »Bleisaum« (PbS) am Zahnfleisch.

14.6.2 Metallisches Blei

Herstellung:

- *Röstreduktionsverfahren:*

    Nach Anreicherung durch Flotation wird Bleiglanz an der Luft geröstet ($2PbS + 3 O_2 \rightarrow 2 PbO + 2 SO_2$). Durch Reduktion des Oxids im Schachtofen mit Koks und Kohlenmonoxid ($PbO + CO \rightarrow Pb + CO_2$) entsteht »Werkblei«, das entsilbert sowie von Cu, Fe, Sn, As und Sb befreit wird; Bi beläßt man meist im Blei. Besonders reines Blei entsteht durch elektrolytische Raffination mit Fluorosilicatelektrolyten.

- *Röstreaktionsverfahren:*

    Besonders reine Erze röstet man nur teilweise ab; dann erfolgt beim Erhitzen die Reaktion:
    $PbS + 2 PbO \rightarrow 3 Pb + SO_2$.

- aus Pb-Salzen durch Elektrolyse oder durch Einwirkung von Zink (»Bleibaum«-Bildung):
    $Pb(NO_3)_2 + Zn \rightarrow Zn(NO_3)_2 + Pb$; auch durch Erhitzen von Bleioxid im Wasserstoffstrom:
    $PbO + H_2 \rightarrow Pb + H_2O$.

- Wichtigster *Sekundärrohstoff* ist Akkumulatorenschrott.

Eigenschaften (s.a. S. 449): schweres, bläulich-weißes, sehr weiches Metall; gut gieß-, schweiß-, löt- und walzbar; an der Luft, in hartem Wasser und in Schwefelsäure sehr beständig (Ausbildung unlöslicher Oxid-, Carbonat- bzw. Sulfatdeckschichten), nicht dagegen in weichem Wasser mit viel CO_2 [Bildung von löslichem *Bleihydrogencarbonat*, $Pb(HCO_3)_2$]. Leicht löslich in Salpetersäure: $3 Pb + 8 HNO_3 \rightarrow 3 Pb(NO_3)_2 + 2 NO + 4 H_2O$; auch lufthaltige Essigsäure greift ziemlich rasch an.

14.6 Blei und Bleiverbindungen

Verwendung: für Kabelmäntel, Akkumulatoren, Verchromungsanoden, Wasserrohre, Bleiauskleidungen als Schutz gegen Schwefelsäure; zur Herstellung von Tetraethylblei und anderen Bleiverbindungen; für Lot-, Schrift-, Lagermetalle und andere Legierungen; als Strahlenschutzmaterial.

Legierungen:
- **Hartblei:** Pb mit 1 bis 12% Sb (Akkumulatorenplatten enthalten 9% Sb.);
- **Weichlot:** Pb mit 20 bis 80% Sn;
- **Graphische Legierungen** (Schriftmetalle): Pb mit 12 bis 28% Sb und 3 bis 9% Sn;
- **Lagermetalle** (Weißmetalle): Pb mit 5 bis 80% Sn, < 20% Sb, wenig Cd oder Cu;
- **Bleibronzen:** Cu mit bis 40% Pb, dazu Sn oder andere Metalle.

Verbleien: durch Aufschweißen von Bleiblechen oder galvanisch in Elektrolyten aus Bleiphenolsulfonat und Gelatine; auch *Blei(II)-hexafluorosilicat*, $Pb[SiF_6]$, wird verwendet. (Unter »Verbleien« versteht man auch das Versetzen von Benzin mit Tetraethylblei; s.u.!)

14.6.3 Bleiverbindungen

Allgemeines: Blei(IV)-verbindungen gehen leicht in die beständigeren Blei(II)-verbindungen über. Pb^{2+}-Ionen sind farblos; manche Verbindungen sind jedoch farbig. Schwer löslich sind: Bleicarbonat, -sulfat, -phosphat (weiß),; -chromat, -iodid (gelb); -sulfid (schwarz). PbO sieht gelb oder rot, Pb_3O_4 rot, PbO_2 dunkelbraun aus.

Bleioxide: Blei(II)-oxid, *Bleiglätte*, PbO, bildet sich auf geschmolzenem Blei an der Luft; gelbes Pulver, auch in einer roten Form erhältlich; F 884 °C; dient zur Herstellung von Mennige. — **Blei(II,IV)-oxid,** *Tribleitetroxid, Bleimennige*, Pb_3O_4: hochrotes Pulver; aus PbO an der Luft bei 500 °C; Verwendung für Rostschutzanstriche, Schmelzfarben und Bleiglas. — **Blei(IV)-oxid,** PbO_2, dunkelbraun, bildet sich beim Aufladen von Blei-Akkumulatoren auf den positiven Platten.

Blei(II)-hydroxid, $Pb(OH)_2$, fällt aus Bleisalzlösungen durch Alkalilaugen als weißer Niederschlag; im Überschuß der Lauge zu **Plumbat(II)** löslich: $Pb(OH)_2 + 2\ NaOH \rightarrow Na_2[Pb(OH)_4]$.

Bleinitrat; $Pb(NO_3)_2$, farblos, leicht löslich, zerfällt beim Erhitzen gemäß $2\ Pb(NO_3)_2 \rightarrow 2\ PbO + 4\ NO_2 + O_2$.

Bleisulfat, $PbSO_4$, ist schwer löslich und fällt beim Auflösen von Bleisalzen in Leitungswasser als Trübung aus. Analytisch wichtig ist seine Löslichkeit in Ammoniumtartratlösung (Gegensatz zu den Sulfaten von Ba, Sr und Ca).

Bleiacetat, »Bleizucker«, $Pb(CH_3COO)_2$, schmeckt süß; mit Bleiacetat getränktes Papier (»Bleipapier«) zeigt Schwefelwasserstoff durch Schwärzung (PbS) an.

Blei(II)-chlorid, $PbCl_2$, farblos, ist in der Hitze leicht, in der Kälte schwer löslich; F 498 °C.

Blei(IV)-chlorid, $PbCl_4$, ist eine schwere, schwach gelbe Flüssigkeit, Dichte 3,18 g · cm^{-3}, die an der Luft raucht und sich bei 105 °C explosionsartig zersetzt.

Blei(II)-iodid, PbI_2, leuchtend gelb, kristallisiert, wenig wasserlöslich; F 412 °C; löst sich auf Zusatz von KI fast farblos in Aceton zu **Kaliumtriiodoplumbat,** $K[PbI_3]$. Damit getränktes und getrocknetes Papier dient als Nachweis für *Wasser* (Gelbfärbung durch Ausscheidung von PbI_2).

Tetraethylblei, *Bleitetraethyl,* $Pb(C_2H_5)_4$, farblose, sehr giftige, brennbare Flüssigkeit von süßlichem Geruch; dient noch als Antiklopfmittel zum »Verbleien« von Benzin (bis 0,04%) es wird aus einer Blei-Natrium-Legierung durch Monochlorethan hergestellt: $PbNa_4$ + 4 $C_2H_5Cl \rightarrow Pb(C_2H_5)_4$ + 4 NaCl. Wegen Umweltschädigung geht die Anwendung verbleiten Benzins stark zurück und soll schließlich völlig eingestellt werden.

Bleisilicat, aus Mennige und Quarzsand erschmolzen, dient als *Fritte* zur Herstellung von *Schmelzfarben* für Porzellan und andere Silicatkeramik. Die Schmelzfarbe entsteht durch einen erneuten Schmelzprozeß aus der Fritte und farbgebenden Metallverbindungen, z.B. Chrom(III)-oxid, Cobaltcarbonat u.a. Die pulverisierte Schmelzfarbe wird auf oder unter die Glasur gemalt, gedruckt oder in Form von Abzieh- bzw. Schiebebildern aufgebracht; ein erneutes Brennen bewirkt die Verbindung mit dem keramischen Grundkörper.

Bleiazid, $Pb(N_3)_2$, und **Bleitrinitroresorcinat** (↑S. 678) sind Initialzündstoffe.

Bleihaltige Pigmente:

- **Bleimennige** = Blei(II,IV)-oxid, Pb_3O_4; rot;
- **Bleiweiß** = Bleihydroxidcarbonat, etwa $2PbCO_3 \cdot Pb(OH)_2$; am besten deckendes Weißpigment; dunkelt jedoch an der Luft nach (Bildung von PbS);
- **Chromgelb** = Bleichromat, $PbCrO_4$; fällt als leuchtend gelber Niederschlag beim Vermischen von Bleisalz- und Chromatlösungen aus;
- **Chromrot** = Bleioxidchromat, etwa $PbO \cdot PbCrO_4$.

15 Elemente der V. Hauptgruppe (Stickstoffgruppe)

15.1 Allgemeines

Elemente: Stickstoff (N), Phosphor (P), Arsen (As), Antimon (Sb), Bismut (Bi).

Wertigkeit: +5, +3, −3. Die Beständigkeit der +5- und −3wertigen Stufe nimmt von N zu Bi ab, die der +3wertigen dagegen zu. Bi(III)-Verbindungen sind weitaus beständiger als Bi(V)-Verbindungen.

Elementverbindungen: Der metallische Charakter nimmt von N zu Bi zu. P, As und Sb existieren in metallischen und nichtmetallischen Modifikationen, während N nur als Nichtmetall, Bi nur als Metall vorkommt.

15.1 Allgemeines

Tabelle 15-1: *Stickstoffgruppe*

	Stickstoff	Phosphor	Arsen	Antimon	Bismut (*Wismut*)
Symbol	N	P	As	Sb	Bi
Kernladungszahl	7	15	33	51	83
Relative Atommasse	14,00674	30,97376	74,92159	121,757	208,98037
Schmelzpunkt (in °C)	–210	weiß: 44,1	817[1]	631	271
Siedepunkt (in °C)	–196	weiß: 280	613	1380	1560
Dichte (in g·cm^{-3} bei 20 °C)	(0,81)[2]	weiß: 1,82	5,72	6,68	9,80
Häufigkeit (Erdrinde, %)	$3 \cdot 10^{-2}$	$9 \cdot 10^{-2}$	$5,5 \cdot 10^{-4}$	$6,5 \cdot 10^{-5}$	$2 \cdot 10^{-5}$
Wertigkeiten	+5	Beständigkeit abnehmend ———————————————————>			
	+3	Beständigkeit zunehmend ———————————————————>			
	–3	Beständigkeit abnehmend ———————————————————>			
Charakter	Nichtmetall	Nichtmetall	zunehmend metallisch ————————>		Metall
Element(V)-hydroxide	HNO$_3$ schwache Säure	H$_3$PO$_4$	H$_3$AsO$_4$	H$_3$SbO$_4$	(HBiO$_3$)
		Säurestärke abnehmend ———————————————————>			
Salze	Nitrat	Phosphat	Arsenat	Antimonat(V)	Bismutat
Element(III)-hydroxide	HNO$_2$ schwache Säure	H$_3$PO$_3$	As(OH)$_3$	Sb(OH)$_3$	Bi(OH)$_3$ Base
		Säurestärke abnehmend ———————————————————>			
			amphoter	amphoter	
Salze	Nitrit	Phosphit	Arsenit	Antimonat(III)	–
Hydride	NH$_3$ Ammoniak basisch	PH$_3$ Phosphin	AsH$_3$ Arsin	SbH$_3$ Stibin	BiH$_3$ Bismutin
		zunehmend sauer ———————————————————>			
Salze	Nitrid	Phosphid	Arsenid	Stibid (Antimonid)	–

1) Bei Normaldruck sublimiert As bei 613 °C; unter rund 40 bar schmilzt As bei 817 °C.
2) bezieht sich auf flüssigen Stickstoff

Hydroxide: Die **Element(V)-hydroxide** sind in wasserärmeren Formen durchweg Säuren, deren Stärke von HNO_3 über H_3PO_4, H_3AsO_4, H_3SbO_4 zu $HBiO_3$ abnimmt. Die **Element(III)-hydroxide** sind schwächer sauer bzw. stärker basisch als die entsprechenden (V)-Verbindungen; HNO_2 und H_3PO_3 sind schwache Säuren. $As(OH)_3$ und $Sb(OH)_3$ sind amphoter, und $Bi(OH)_3$ ist eine Base. Verglichen mit den entsprechenden Verbindungen der IV. Hauptgruppe haben alle Hydroxide der V. Gruppe stärker sauren, verglichen mit denen der VI. Hauptgruppe schwächer sauren Charakter.

Hydride: Die Beständigkeit der Wasserstoffverbindungen nimmt von N zu Bi ab. NH_3 ergibt mit Säuren Ammoniumsalze, PH_3 unbeständigere Phosphoniumsalze; andererseits lassen sich die H-Atome der Hydride unter Bildung von Nitriden, Phosphiden usw. vom N zum Bi zunehmend leichter durch Metall ersetzen; der saure Charakter nimmt also zu.

15.2 Stickstoff und Stickstoffverbindungen

15.2.1 Allgemeines

Symbol: N [*nitrogenium* (grch.-lat.) Salpeterbildner]; **Wertigkeiten** (*Oxidationsstufen*): +1 bis +5; −3.

Vorkommen:

- *frei* als Hauptbestandteil der Luft (78,1 Vol.-%);

- *anorganisch gebunden* im **Natronsalpeter** ($NaNO_3$; Vorkommen als *Chilesalpeter*) und **Kalisalpeter** (KNO_3) sowie im **Ammoniak** (Fäulnisprodukt);

- *organisch gebunden* in allen Organismen: in **Eiweißstoffen** (*Proteine* und *Proteide*), **Nucleinsäuren** und den Stoffwechselendprodukten **Carbamid** (*Harnstoff*) und **Harnsäure.**

Biologische Bedeutung: Stickstoff ist als Bestandteil der Eiweißstoffe und Nucleinsäuren für alle Organismen lebensnotwendig. Jedoch vermögen nur bestimmte Bakterien den Luftstickstoff (mit Hilfe Mo-haltiger Biokatalysatoren) unmittelbar zu binden; alle anderen Organismen sind auf Zufuhr von Stickstoffverbindungen angewiesen. Die Pflanzen entnehmen dem Boden anorganisch gebundenen Stickstoff (Nitrate; Ammoniumverbindungen); die Tiere verwerten den organisch gebundenen Stickstoff ihrer tierischen oder pflanzlichen Nahrung.

Bei der Verwesung der Organismen entsteht aus den Eiweißstoffen hauptsächlich Ammoniak. Endprodukt des Stickstoff-Stoffwechsels der höheren Organismen ist Carbamid (Harnstoff), seltener (bei Vögeln und Reptilien) Harnsäure.

15.2.2 Elementarer Stickstoff

Formel: N_2; **Struktur:** :N⋮⋮N: ($N\equiv N$)

Entdeckung: in der 2. Hälfte des 18. Jahrhunderts; die Existenz wurde erstmals 1772 durch CARL WILHELM SCHEELE (Schweden) und DANIEL RUTHERFORD (Schottland) beschrieben.

Herstellung:

- *chemisch rein* durch Erhitzen von Ammoniumnitrit: $NH_4NO_2 \rightarrow N_2$ + 2 H_2O; entsteht auch bei der Diazospaltung (↑S. 681) als Nebenprodukt.

- als »*Luftstickstoff*« (edelgashaltig)
  - physikalisch nach dem LINDE-Verfahren (fraktionierte Kondensation und Destillation von Luft bei tiefen Temperaturen);
  - chemisch durch Bindung des Luftsauerstoffs an Koks (↑Luftgas, S. 453), glühendes Kupfer, Eisenpulver oder alkalische Pyrogallollösung.

Eigenschaften (s.a. S. 473): farb-, geruch- und geschmackloses Gas; im Gegensatz zu Sauerstoff auch in flüssigem und festem Zustand farblos. Stickstoff ist sehr reaktionsträge; er verbindet sich bei gewöhnlicher Temperatur nur mit Lithium, bei höherer auch mit einigen anderen Elementen, wie Ca und Mg, zu *Nitriden*, z.B. gemäß $3\ Mg + N_2 \rightarrow Mg_3N_2$.

Technische Bindung des Luftstickstoffs: Wegen der Seltenheit N-haltiger Minerale und anderer N-Quellen (Gaswasser der Kohleentgasung; tierische und pflanzliche Produkte; Teere) ist der Luftstickstoff trotz seiner Reaktionsträgheit Ausgangsstoff für die Herstellung fast aller wichtigen Stickstoffverbindungen. 2 Verfahren:

- Bindung an *Wasserstoff*: Ammoniaksynthese nach HABER-BOSCH (weitaus wichtigstes Verfahren);

- Bindung an *Calciumcarbid*: Kalkstickstoffsynthese nach FRANK-CARO ; ↑S. 482.

Durch die Technik werden der Atmosphäre jährlich etwa 10^6 t Stickstoff entnommen; die Gesamtmenge beträgt etwa $3 \cdot 10^{13}$ t.

Verwendung: N_2 kommt mit 150 bar in grün gekennzeichneten Stahlflaschen in den Handel. Schutzgas für Lagerung, Transport und chemische Umsetzungen feuergefährlicher oder sauerstoffempfindlicher Stoffe, z.B. beim Schmelzspinnen von Polyamidfaserstoffen.

15.2.3 Ammoniak, NH_3

Vorkommen: Verwesungsprodukt organischer Stoffe.

Herstellung:

- durch »Verdrängen« aus Ammoniumsalzen mit weniger flüchtigen Basen, z.B. Alkalihydroxiden: $NH_4Cl + KOH \rightarrow KCl + H_2O + NH_3$, oder durch Erhitzen von Ammoniakwasser und Trocknen des Gases durch »Natronkalk« (NaOH + CaO);

- technisch in sehr großen Mengen durch Synthese ($N_2 + 3\,H_2 \rightleftarrows 2\,NH_3$; $\Delta_R H^\ominus = -91{,}8$ kJ $\cdot$ mol^{-1}) nach dem HABER-BOSCH-Verfahren; in kleinen Mengen aus dem Gaswasser der Kokereien.

Die technische Ammoniaksynthese:

- *Geschichte:* 1905 bis 1910 von FRITZ HABER theoretisch begründet, wurde das Verfahren von 1913 an durch CARL BOSCH in Oppau bei Ludwigshafen praktisch erprobt und seit 1916 in den eigens dafür erbauten Leunawerken großtechnisch durchgeführt.

- *Theorie:* Die Bildung von NH_3 gemäß der Gleichung $N_2 + 3\,H_2 \rightleftarrows 2\,NH_3$ ist exotherm und verläuft nach A. AVOGADRO unter Volumenverkleinerung (1 Vol. N_2 + 3 Vol. H_2 ergeben 2 Vol. NH_3). Deshalb wird die Ausbeute an NH_3 nach LE CHATELIER durch erhöhten Druck und niedrige Temperatur verbessert (↑S. 305ff.). Reaktionshemmungen bei niedrigen Temperaturen werden durch Katalysatoren erst oberhalb 450 °C wirksam beseitigt. Man erzielt bei 500 °C und 250 bar Druck in Anwesenheit von Eisen-Alkalihydroxid-Tonerde-Katalysatoren Ausbeuten von etwa 15%. Weitgehender Umsatz wird dadurch erreicht, daß man das erzeugte NH_3 aus dem Gleichgewicht entfernt und das Restgas, ergänzt durch Frischgas, erneut durch den Reaktor leitet. Durch ständige Entfernung des NH_3 und Kreislaufführung des Restgases erzielt man einen praktisch vollständigen Stoffumsatz.

- Praxis:
  - *Erzeugung von Synthesegas*
    1. aus **festen Einsatzprodukten** (Braun- und Steinkohlenkoks, Trockenbraunkohle) durch **Feststoffvergasung** mit Wasserdampf, Sauerstoff und Luft in Gasgeneratoren; ↑Luftgas (S. 453), ↑Mischgas (S. 453), ↑Wassergas (S. 406). Es entstehen Gemische aus N_2, H_2, CO und wenig CO_2, die entschwefelt, konvertiert, vom CO_2 befreit und feingereinigt werden.
    2. aus **flüssigen Einsatzprodukten** (Heizöle, Rückstandsöle der Erdöldestillation) durch **Öldruckvergasung**. Das am Kopf eines Stahlzylinders zerstäubte Öl reagiert in einer Flammzone bei 30 bis 60 bar und 1200 bis 1600 °C mit Sauerstoff und Wasserdampf. Das Produkt (im wesentlichen CO und H_2) gelangt über einen Rußabscheider und einen COS-Reaktor (katalytische Umsetzung mit Wasserdampf gemäß $COS + H_2O \rightleftarrows CO_2 + H_2S$) zur Entschwefelung, Konvertierung und Feinreinigung; schließlich wird noch N_2 beigefügt.
    3. aus **gasförmigen** oder **leicht verdampfbaren Einsatzprodukten** (Erdgas, Methan, Flüssiggas, Raffineriegase, Benzin) durch das **Dampfreformierverfahren** (*Dampfreforming*). Die entschwefelten Gase bzw. verdampften Flüssigkeiten werden in einem gas- oder ölbeheizten Röhrenreaktor bei etwa 30 bar in endothermer Reaktion katalytisch mit Wasserdampf umgesetzt, z.B. $CH_4 + H_2O \rightleftarrows CO + 3\,H_2$; $C_nH_{2n+2} + n\,H_2O \rightleftarrows n\,CO + (2n+1)\,H_2$.

15.2 Stickstoff und Stickstoffverbindungen

Während man für die Methanolsynthese und zur Wasserstoffgewinnung bei 900 °C arbeitet, führt man die Reaktion für die Ammoniaksynthese bei 700 °C unvollständig durch und setzt den Rest unter Luftbeigabe (Einführung von N_2!) in einem Sekundärreformer exotherm um.

Das Produkt (z.B. 32 Vol.-% N_2, 48% H_2, 25% CO, 5% CO_2, edelgashaltig) gelangt über Konvertierung, Kohlendioxidwäsche und Feinreinigung zur Synthese.

- *Entschwefelung* (beim Dampfreformieren vor der Gaserzeugung, bei Feststoff- und Öldruckvergasung vor der Konvertierung). Nach Überführung organischer S-Verbindungen sowie von COS in H_2S erfolgen wahlweise oder nacheinander;

  1. *Naßentschwefelung* durch Lösungen, die H_2S aufnehmen und beim Erwärmen wieder abgeben, z.B. nach dem *Sulfosolvan-Verfahren* mit Natriumsarcosinat[1], $CH_3-NH-CH_3-COONa$, oder anderen Aminoverbindungen, auch mit tiefgekühltem Methanol (*Rectisol-Verfahren*).

  2. *Trockenentschwefelung* durch katalytisch wirkende Aktivkohle nach Zusatz von Luft (2 H_2S + O_2 → 2 H_2O + 2 S) oder, besonders wirksam, durch Zinkoxid (ZnO + H_2S → ZnS + H_2O).

- *Konvertierung:* durch katalytische Reaktion mit Wasserdampf gemäß CO + H_2O ⇌ CO_2 + H_2 ($\Delta_R H^\ominus$ = −41 kJ · mol^{-1}) wird weiterer Wasserstoff gewonnen und zugleich das schwer entfernbare CO in leicht auswaschbares CO_2 übergeführt. Man arbeitet bei 350 bis 400 °C und erzielt durch anschließende *Tieftemperaturkonvertierung* bei 200 bis 250 °C eine besonders weitgehende Umsetzung; letztere erfordert eine zwischengeschaltete Feinentschwefelung.

- *Auswaschen des Kohlendioxids:* durch Gegenstromberieselung mit Wasser oder heißer Kaliumcarbonatlösung bei etwa 3 MPa Druck gemäß K_2CO_3 + CO_2 + H_2O ⇌ 2 $KHCO_3$

- *Feinreinigung:* Durch katalytische Umwandlung des Kontaktgiftes Kohlenmonoxid (etwa 0,2 bis 0,5% des Gasgemisches) in das Inertgas[2] Methan bei etwa 30 bar und 100 bis 150 °C gemäß CO + 3 H_2 ⇌ CH_4 + H_2O (»Methanisierung«); zugleich werden Reste an CO_2 und O_2 umgesetzt; das entstandene Wasser wird durch Tiefkühlung entfernt.

- *Stickstoffzugabe:* Dem Gas wird N_2 beigefügt, bis das Volumenverhältnis N_2 : H_2 = 1 : 3 beträgt.

- *Synthese des Ammoniaks:* Im Ammoniakreaktor, einem z.B. 60 m hohen, wasserstoffdruckfesten Sonderstahlrohr, durchläuft das Synthesegas bei 250 bis 350 bar und 450 bis 550 °C mehrere Katalysatorschichten (Fe_3O_4 mit K_2O und Al_2O_3), zwischen denen es jeweils durch Zufuhr von kaltem Synthesegas wieder auf optimale Reaktionstemperatur gekühlt wird.

- *Isolierung des Ammoniaks* aus dem erzeugten Gasgemisch (15% NH_3; 85% [N_2 und H_2] erfolgt durch Tiefkühlung (−10 °C; ergibt flüssiges NH_3) oder Auswaschen mit Wasser (ergibt Ammoniakwasser); das Restgas wird, ergänzt durch Frischgas, im Kreislauf erneut den Reaktoren zugeführt. Aus dem Kreislaufgas wird *Argon* (für Schweißzwecke) gewonnen.

- *Bedeutung für die chemische Technik:* Mit der Ammoniaksynthese begann 1913 die chemische Hochdrucktechnik; auf den Erfahrungen mit der Ammoniaksynthese bauten 1923 die Methanolsynthese, 1927 die Kohlehydrierung nach BERGIUS und seitdem noch viele weitere Hochdruckverfahren auf (z.B. Polyethylen aus Ethen, Fettalkohole aus Fettsäuren bzw. Fettsäureestern, Sorbit aus Glucose).

---

1) *Sarcosin* = Methylamino-ethansäure, $CH_3-NH-CH_2-COOH$
2) Ein *Inertgas* beteiligt sich nicht an einer chemischen Reaktion.

Eigenschaften: farbloses, stechend riechendes, außerordentlich leicht wasserlösliches, hygroskopisches Gas; F $-77{,}8\,°C$, Kp $-33{,}4\,°C$; es ist wesentlich leichter als Luft und läßt sich bei 20 °C durch 8,5 bar Druck verflüssigen. NH_3 brennt nur in reinem Sauerstoff oder beim Einblasen in eine andere Flamme. Gemische mit Luft (15,5 bis 27,5 Vol.-% NH_3) sind explosibel. NH_3 bildet mit Wasser Ammoniumhydroxid (↑S. 479), mit Säuren Ammoniumsalze (z.B. $NH_3 + HCl \rightarrow NH_4Cl$), mit manchen Metallsalzen Amminkomplexe, z.B. $CuSO_4 + 4\,NH_3 \rightarrow [Cu(NH_3)_4]SO_4$.

Flüssiges Ammoniak ist ein wasserähnliches Lösungsmittel; in ihm haben Ammoniumsalze den Charakter von Säuren (»Ammonosäuren«), Amide den Charakter von Basen (»Ammonobasen«). Die »Neutralisiation« besteht dann in der Reaktion $NH_4^+ + NH_2^- \rightarrow 2\,NH_3$ (analog $OH_3^+ + OH^- \rightarrow 2\,H_2O$ im »Aquosystem«). Auch Alkali- und Erdalkalimetalle lösen sich in flüssigem Ammoniak; ↑S. 410).

Nachweis: durch Bläuung angefeuchteten Lackmuspapiers; durch Salmiakrauchbildung mit konz. Salzsäure (z.B. am Glasstab); durch Bildung eines braunen, flockigen Niederschlages mit »NESSLERs Reagens«, $K_2[HgI_4]$.

Verwendung: für chemische Synthesen, z.B. von Salpetersäure und deren Folgeprodukten (Düngesalze, Explosivstoffe, Farbstoffe usw.), von Ammoniumsalzen, Carbamid, Blausäure, Acrylnitril, Aminen (Methylamin u.a.) und Amiden (Formamid, Dimethylformamid u.a.); s.a. das Ammoniaksodaverfahren. NH_3 dient weiterhin als Umlaufstoff in Kühlanlagen und als hochwertiges Stickstoffdüngemittel.

Metallderivate des Ammoniaks: In *Amiden* (z.B. Natriumamid, $NaNH_2$) ist 1, in *Imiden* (z.B. Calciumimid, $CaNH$) sind 2, in *Nitriden* (z.B. Lithiumnitrid, Li_3N) sind 3 H-Atome durch Metall ersetzt. Es gibt jedoch auch Nitride, die sich nicht von Ammoniak ableiten (metallische Nitride, z.B. Eisennitrid, Fe_2N).

15.2.4 Ammoniumverbindungen

Allgemeines: Ammoniumverbindungen enthalten das farblose Ion NH_4^+ (*Ammoniumion*). Die NH_4^+-Salze ähneln stark den K-Salzen, zersetzen sich jedoch beim Erhitzen unter Bildung von Ammoniak (z.B. $(NH_4)_3PO_4 \rightarrow 3\,NH_3\uparrow + H_3PO_4$); auch mit Alkalilaugen wird Ammoniak frei (z.B. $3\,NaOH + (NH_4)_3PO_4 \rightarrow Na_3PO_4 + 3\,NH_3\uparrow + 3\,H_2O$). Die weitaus meisten Ammoniumsalze sind wasserlöslich.

Nachweis: Auftreten von NH_3-Geruch (oder Bläuung von Lackmuspapier in der Gasphase) beim Verreiben mit festem $NaOH$, $Ca(OH)_2$ oder MgO; in alkalischer Lösung durch NEßLERs Reagens (↑NH_3; Nachweis S. 538).

Freies Ammonium ist nur in Form einer Quecksilberlegierung (*Ammoniumamalgam*) bekannt, die aus Natriumamalgam und Ammoniumsalzen entsteht und bei gewöhnlicher Temperatur binnen weniger Minuten in Quecksilber, Ammoniak und Wasserstoff zerfällt.

Ammoniakwasser, *Salmiakgeist:* Lösung von NH_3 in Wasser. In der Lösung besteht folgendes Gleichgewicht:

$$NH_3 + H_2O \rightleftarrows NH_4^+ + OH^-$$

Ammoniakwasser enthält also (in 1-molarer Lösung bei 18 °C entsprechend 0,4 %iger Umsetzung) die Ionen des als Molekül nicht existenzfähigen

Ammoniumhydroxids, NH4OH, und wirkt als schwache Base, von der sich die *Ammoniumsalze* ableiten. *Verwendung:* zum Neutralisieren von Säuren; als CuO-lösende Mittel in flüssigen Metallputzmitteln; als Düngemittel.

Ammoniumchlorid, *Salmiak, Salmiaksalz,* NH4Cl: entsteht aus Ammoniak und Salzsäure; zerfällt beim Erhitzen (»thermische Dissoziation«) in Umkehrung der Bildungsreaktion gemäß NH4Cl → NH3 + HCl; beim Abkühlen erfolgt die rückläufige Reaktion, so daß eine Sublimation vorgetäuscht wird. Verwendung als Lötsalz (wandelt das Metalloxid in leichtflüchtiges Chlorid um, so daß das Lot haften kann); für galvanische Trockenelemente (LECLANCHÉ-Element = Zink-Salmiak-Kohle-Element); als Düngemittel; in der Medizin als schleimlösendes Mittel.

Ammoniumsulfat, $(NH_4)_2SO_4$: in großen Mengen hergestelltes Düngesalz (»schwefelsaures Ammoniak«); auch verwendet als N-Quelle bei der Fabrikation von Backhefe und als Flammschutzmittel für Papier. Herstellung durch Einleiten von CO_2 in eine ammoniakalische Aufschlämmung von Gips oder Anhydrit:

I. $2 NH_3 + CO_2 + H_2O \rightarrow (NH_4)_2CO_3$
II. $(NH_4)_2CO_3 + CaSO_4 \rightarrow (NH_4)_2SO_4 + CaCO_3\downarrow$

Das ausfallende Calciumcarbonat wird abfiltriert, die Sulfatlösung eingedampft.

Ammoniumnitrat, *Ammonsalpeter,* NH_4NO_3; hergestellt aus Ammoniak und Salpetersäure; ergibt beim Erhitzen »Lachgas«, N_2O. Verwendung in Düngesalzen und Explosivstoffen, z.B. besteht die **Donarit** aus 55% NH_4NO_3, 22% Sprengöl (Glycoldinitrat), 10% Trinitrotoluen, 10% $NaNO_3$, 1% Kollodiumwolle (Cellulosedinitrat), Rest: Holzmehl und Fe_2O_3.

Ammoniumhydrogencarbonat, NH_4HCO_3, ist neben *Ammoniumcarbaminat,* Formel $NH_2-CO-ONH_4$, im *Hirschhornsalz* enthalten. Letzteres wurde früher aus Hirschgeweih erzeugt, heute jedoch aus $NH_3 + CO_2 + H_2O$ synthetisiert. Hirschhornsalz zersetzt sich an der Luft allmählich gemäß $NH_4HCO_3 \rightarrow NH_3 + H_2O + CO_2$ und ist deshalb in verschlossenen Gefäßen aufzubewahren. Verwendung als Backtriebmittel.

Weitere Ammoniumsalze sind bei den betreffenden Säuren aufgeführt.

15.2.5 Oxide des Stickstoffs

Allgemeines: In den Oxiden hat Stickstoff die Oxidationsstufen +1, +2, +3, +4 und +5. - Nur N_2O_3 und N_2O_5 sind Säureanhydride; N_2O_4 verhält sich wie ein »gemischtes« Säureanhydrid aus N_2O_3 und N_2O_5. – Unter »nitrosen Gasen« versteht man NO, NO_2 und N_2O_4.

Distickstoffmonoxid, *»Lachgas«,* N_2O: farblos, schwach angenehm (leicht süßlich) riechend; *Kp* –88,5 °C; in Wasser mäßig löslich; entsteht in exothermer Reaktion durch Erhitzen von Ammoniumnitrat: $NH_4NO_3 \rightarrow N_2O + 2 H_2O$. Rauschartige Zustände beim Einatmen; dient als Sprühflaschengas für Lebensmittel (Schlagsahne) und im Gemisch mit Sauerstoff als Narkosemittel (»Lachgasnarkose«). - In N_2O erfolgen Verbrennungen ähnlich lebhaft wie in Sauerstoff; sie sind jedoch wegen der größeren Beständigkeit schwieriger einzuleiten. – N_2O entsteht auch durch mikrobielle Zersetzung mineralischer N-Dünger und ist, wenn auch schwach, an der Zunahme des atmosphärischen »Treibhauseffektes« beteiligt (↑S. 455.)

Stickstoffmonoxid, NO: farbloses, in Wasser unlösliches Gas (*Kp* –152 °C), das an der Luft in braunes NO_2 übergeht: $2 NO + O_2 \rightarrow 2 NO_2$. Es entsteht aus Salpetersäure und Metallen, z.B. Cu, sowie auch beim Durchschlag elektrischer Funken durch Luft, z.B. bei Gewittern.

NO ist Zwischenprodukt bei der technischen Herstellung von Salpetersäure; s.a. S. 480.

Distickstofftrioxid, N_2O_3: Anhydrid der Salpetrigen Säure; tiefblaue Flüssigkeit; zerfällt oberhalb 0 °C in NO + NO_2; ergibt mit Wasser Salpetrige Säure und mit Basen Nitrite.

Stickstoffdioxid, NO_2: rotbraunes, eigenartig riechendes, sehr giftiges Gas; kondensiert bei 21,2 °C zu einer rotbraunen Flüssigkeit und erstarrt bei −10,2 °C zu farblosen Kristallen. NO_2 ist Hauptbestandteil der »nitrosen Gase«, die bei der Einwirkung von Salpetersäure auf Metalle, beim Erhitzen von Schwermetallnitraten, bei der Zersetzung von Nitriten durch Säuren und z.B. auch beim autogenen Schweißen und beim »Glanzbrennen« von Kupfer und Messing entstehen. Die schweren Vergiftungserscheinungen (Lungenödem) treten meist erst nach 5 bis 25 Stunden auf. NO_2 ergibt mit Laugen Nitrit + Nitrat; $2 NO_2 + 2 KOH \rightarrow KNO_2 + KNO_3 + H_2O$.
NO_2 steht stets im Gleichgewicht mit farblosem **Distickstofftetr(a)oxid**, N_2O_4 (gemäß $2 NO_2 \rightleftarrows N_2O_4$); bei 64 °C ist etwa die Hälfte des N_2O_4 zerfallen, bei höheren Temperaturen mehr.

Distickstoffpent(a)oxid, *Stickstoff(V)-oxid*, N_2O_5: Anhydrid der Salpetersäure; farblose, explosible Kristalle (F 30 °C), die mit Wasser stürmisch Salpetersäure ergeben und aus dieser durch Einwirkung von P_2O_5 gewonnen werden können: $2 HNO_3 + P_2O_5 \rightarrow 2 HPO_3 + N_2O_5$.

Stickoxide und Umwelt: In Kraftfahrzeugmotoren und Hochtemperaturverbrennungsanlagen bildet sich NO, das beim Abkühlen an der Luft in NO_2 und N_2O_3 übergeht Diese meist mit NO_x bezeichneten Stickoxide sind Luftschadstoffe, die z.B. bei starker Sonneneinstrahlung Ozonbildung verursachen und zusammen mit SO_2 zu »saurem Regen« führen; s.a. S. 501.

15.2.6 Salpetersäure und Nitrate

Formel: HNO_3; rationelle Formel: $HO-NO_2$; in wäßriger Lösung liegen vorwiegend H^+- und NO_3^--Ionen vor.

Herstellung:

- durch katalytische Oxydation von Ammoniak (OSTWALD-Verfahren; seit 1915 großtechnisch verwirklicht).
  Ein Ammoniak-Luft-Gemisch wird rasch ($^1/_{5000}$ s Berührungszeit) durch heiße Platin-Rhodium-Netzkatalysatoren (bis 2000 Maschen je cm^2) geleitet. Bei 800 °C entsteht gemäß $4 NH_3 + 5 O_2 \rightleftarrows 4 NO + 6 H_2O$ ($\Delta_R H^\ominus = -913,2$ kJ · mol^{-1}) Stickstoffmonoxid, das beim Abkühlen mit weiterem Sauerstoff gemäß $2 NO + O_2 \rightleftarrows 2 NO_2$ zu Stickstoffdioxid und dann bei 5 bis 10 bar in Absorptionstürmen mit Wasser (bzw. verdünnter Säure) gemäß der summarischen Gleichung $4 NO_2 + O_2 + 2 H_2O \rightarrow 4 HNO_3$ zu etwa 60%iger Salpetersäure reagiert. Einzelreaktionen: $3 NO_2 + H_2O \rightarrow 2 HNO_3 + NO$; $2 NO + O_2 \rightarrow 2 NO_2$ usw.

- aus Chilesalpeter durch Erhitzen mit Schwefelsäure:
  $2 NaNO_3 + H_2SO_4 \rightarrow Na_2SO_4 + 2 HNO_3\uparrow$

Eigenschaften: Wasserfreie Salpetersäure ist eine farblose, infolge geringfügiger Zersetzung meist gelb gefärbte, rauchende Flüssigkeit, die bei 86 °C siedet. »Rote rauchende Salpetersäure« enthält überschüssige Stickoxide (N_2O_4, NO_2, N_2O_5). Die handelsübliche »konzentrierte Salpetersäure« ist 68%ig und siedet bei 122 °C (azeotropes Gemisch). Konzentrierte Salpetersäure wirkt (wegen ihres Gehalts an nichtdissoziierten HNO_3-Molekülen) unter Bildung nitroser Gase stark oxidierend, z.B. auf Stroh, Holz, Phosphor und viele Metalle, darunter auch Kupfer, Quecksilber und Silber,
z.B. $3 Cu + 8 HNO_3 \rightarrow 3 Cu(NO_3)_2 + 2 NO + 4 H_2O$.

15.2 Stickstoff und Stickstoffverbindungen

Keine Reaktion tritt ein mit Gold und Platin; diese werden jedoch durch **Königswasser** (HCl und HNO_3 im Volumenverhältnis 3:1) angegriffen. Infolge »Passivierung« verhalten sich auch Aluminium und Eisen gegenüber kalter, Chrom auch gegenüber heißer Salpetersäure resistent.

Stark verdünnte Salpetersäure enthält nur wenige Moleküle und greift deshalb Kupfer und edlere Metalle nicht an; wegen ihres Gehaltes an H^+-Ionen löst sie unter Wasserstoffentwicklung unedle Metalle zu Nitraten auf,
z.B. $Zn + 2\ HNO_3\ \rightarrow\ Zn(NO_3)_2 + H_2$

Konzentrierte Säure wirkt auf Kohlenwasserstoffe (besonders aromatische) und deren Derivate *nitrierend* (Bildung von *Nitroverbindungen* mit der *Nitrogruppe* $-NO_2$), auf Alkohole *veresternd* (Bildung von *Nitraten* mit der *Nitratgruppe* $-O-NO_2$) ein; meist wird für diese Zwecke *Nitriersäure* verwendet (konz. HNO_3 + konz. H_2SO_4). Eine Nitrierung ist auch die »*Xanthoproteinreaktion*«: Eiweißstoffe, z.B. auch die Haut, werden durch HNO_3 gelb gefärbt.

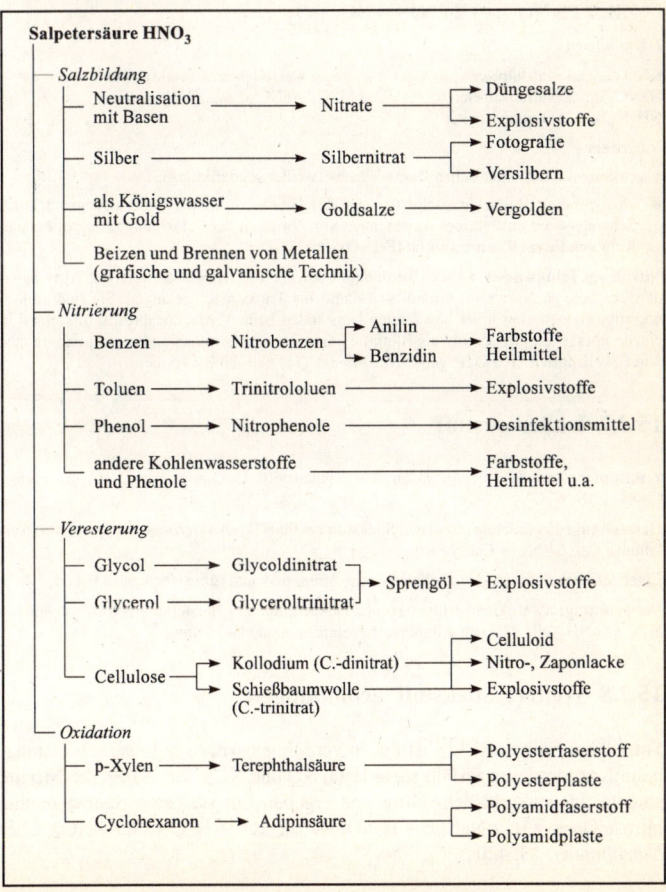

Verwendung: Salpetersäure ist einer der wichtigsten Grundstoffe der chemischen Industrie. Etwa 75% werden zur Herstellung von Düngemitteln, 15% für Explosivstoffe und 10% für andere Zwecke verwendet; ↑Übersicht S. 481.

Nitrate: Salze (und Ester; ↑S. 645) der Salpetersäure. Alle Metallnitrate sind leicht löslich.

Verhalten der Salze beim Erhitzen:

- *Alkalinitrate* ergeben Nitrit und Sauerstoff: $2\ KNO_3 \rightarrow 2\ KNO_2 + O_2$.
- Ammoniumnitrat ergibt Distickstoffmonoxid (↑S. 479) und Wasser: $NH_4NO_3 \rightarrow N_2O + 2\ H_2O$.
- Die *übrigen Nitrate* ergeben Metalloxid, Stickstoffdioxid und Sauerstoff, z.B. $2\ Pb(NO_3)_2 \rightarrow 2\ PbO + 4\ NO_2 + O_2$.

Trivialnamen:

KNO_3............Kalisalpeter	$Ca(NO_3)_2$.........Kalksalpeter
$NaNO_3$..........Natronsalpeter	$AgNO_3$............Höllenstein
NH_4NO_3........Ammonsalpeter	

Nachweis:

- Fällung mit der organischen Base »*Nitron*« (weißer Niederschlag);
- »*Ringprobe*«: Beim Unterschichten der mit $FeSO_4$ versetzten Probelösung mit konz. Schwefelsäure entsteht bei Anwesenheit von Nitrat an der Schichtengrenze ein brauner Ring von Eisen(II)-nitrososulfat $[Fe(NO)SO_4]$.

Nitrate im Trinkwasser: Durch Überdüngung sowohl mit Handels- als auch mit Wirtschaftsdüngern können Nitrate ins Grund- und damit ins Trinkwasser gelangen. Sie sind an sich ungiftig, können aber unter bestimmten Umständen beim Verdauungsprozeß mikrobiell in Nitrite übergehen, die sowohl als Blutgifte wirken als auch mit sekundären Aminogruppen von Eiweißstoffen krebserzeugende *Nitrosamine* (↑S. 680) bilden können.

15.2.7 Kalkstickstoff

Zusammensetzung: Calciumcyanamid + Kohlenstoff. Calciumcyanamid hat die Formel $Ca=N-C\equiv N$, $CaCN_2$.

Herstellung: aus Calciumcarbid und Stickstoff bei 900 °C (»*Azotierung*«, FRANK-CARO-Verfahren): $CaC_2 + N_2 \rightarrow CaCN_2 + C$.

Eigenschaften: graues, meist schwach nach Ammoniak und Ethin riechendes Pulver.

Verwendung: als Unkrautvertilgungs- und Düngemittel; zur Herstellung von *Dicyandiamid*, $H_2N-C(=NH)-NH-CN$ (für Aminoplast-Preßmassen und Holzleime).

15.2.8 Weitere Stickstoffverbindungen

Salpetrige Säure, HNO_2, ist nur in verdünnter wäßriger Lösung beständig; beim Konzentrieren zerfällt sie in H_2O, NO und NO_2. Ihre Salze, die **Nitrite**, sind leicht wasserlöslich, giftig und ergeben mit stärkeren Säuren braune nitrose Gase, z.B. $2\ NaNO_2 + H_2SO_4 \rightarrow Na_2SO_4 + H_2O + NO + NO_2$. Über *Natriumnitrit* ↑S. 420.

Stickstoffwasserstoffsäure, HN_3, $H-N=N\equiv N$; farblose, giftige, scharf riechende, explosible Flüssigkeit, deren Dämpfe durch Anschwellung der Schleimhaut die Nasenatmung verhindern; Kp 35,7 °C; Salze: *Azide*. - **Natriumazid**, NaN_3, bildet farblose, explosible Kristalle und entsteht gemäß $NaNH_2 + N_2O \rightarrow NaN_3 + H_2O$ durch Einleiten von Distickstoffmonoxid in eine Natriumamidschmelze. Es dient zur Herstellung des Initialzündstoffs **Bleiazid**, $Pb(N_3)_2$, dessen farblose Kristalle bereits beim Zerbrechen heftigst explodieren können.

Hydrazin, N_2H_4, H_2N-NH_2: farblose Flüssigkeit von schwach aminartigem Geruch; kommt auch als Hydrazinhydrat, $N_2H_4 \cdot H_2O$, in den Handel; bildet wie Ammoniak mit Säuren Salze, z.B. *Hydraziniumchlorid*, $[N_2H_5]Cl$; *Hydraziniumdichlorid*, $[N_2H_6]Cl_2$; *Hydraziniumsulfat*, $[N_2H_6]SO_4$. Hydrazin und seine Methylderivate, insbesondere **N,N-Dimethylhydrazin**, $H_2N-N(CH_3)_2$, werden als Raketentreibstoffe verwendet.

Hydroxylamin, NH_2OH: farblose, hygroskopische Plättchen, die beim Erhitzen explodieren. Beständiger ist das salzsaure Salz **Hydroxylammoniumchlorid**, $[NH_3OH]Cl$.

Stickstofftrichlorid, NCl_3: dunkelgelbes, sehr explosibles Öl; **Iodstickstoff**, $NI_3 \cdot nNH_3$, entsteht aus Iodlösung und konzentrierter Ammoniaklösung als grauschwarzer Niederschlag, der in trockenem Zustand bei der leisesten Berührung explodiert.

Nitrosylverbindungen enthalten die *Nitrosylgruppe* –NO, z.B. **Nitrosylchlorid**, $NOCl$: gelbes Gas (Kp –5,8 °C), nicht explosiv, bildet sich aus NO und Cl_2 und zerfällt bei höherer Temperatur in Umkehrung der Reaktion. - *Nitrosylschwefelsäure* ↑S. 503.

15.2.9 Stickstoffdüngemittel

Handelsformen:

Ammoniak flüssig..................... NH_3 Carbamid (Harnstoff)................ $CO(NH_2)_2$
Ammonsulfat............................. $(NH_4)_2SO_4$
Ammonsulfatsalpeter................. $(NH_4)_2SO_4 + NH_4NO_3$
Kalkammonsalpeter................... NH_4NO_3 (60%) + $CaCO_3$ (20 bis 35%)
sowie verschiedene Misch- (Kaliammonsalpeter) und Volldünger (Pikaphos).

Aufnahme durch die Pflanze: in Form von Nitrationen, NO_3^-; Ammoniak, Ammoniumsalze und Carbamid (Harnstoff) werden durch Bodenbakterien auf dem Wege über Nitritionen in Nitrationen umgewandelt (»Nitrifikation«).

Gründüngung: Anbau von Leguminosen und Umpflügen. Die Knöllchenbakterien an den Wurzeln der Leguminosen (Hülsenfrüchtler, z.B. Erbse, Linse, Luzerne) binden den atmosphärischen Stickstoff.

Allgemeine Düngelehre: Die Pflanzen entziehen dem Boden anorganische Nährstoffe. Werden diese dem Boden nicht durch Verwesung wieder zugeführt, z.B. bei Kulturpflanzen, die abgeerntet werden, ist Ersatz dieser Nährstoffe durch Düngung erforderlich. Da *Wirtschaftsdünger* (Jauche, Gülle, Stallmist) hierfür nicht ausreicht, ist zusätzlich Anwendung von *Handelsdünger* nötig. Nach JUSTUS VON LIEBIG (1840) benötigt die Pflanze die 10 Elemente C, O, H, N, P, S, K, Ca, Mg und Fe. Hierzu treten noch die nur in sehr geringen Mengen benötigten *Mikronährstoffe* B, Mn, Cu, Mo, Zn und Co (von Pflanze zu Pflanze verschieden).

Bei den **Handelsdüngern** unterscheidet man insbesondere Kali-, Stickstoff- und Phosphordüngemittel. In zunehmendem Maße werden Misch- und Volldünger angewandt. *Mischdünger* entstehen durch Mischen mehrerer Einnährstoffdünger; *Volldünger* enthalten die drei Hauptnährstoffe in jedem Korn.

Die **Wirtschaftsdünger** versorgen den Boden zusätzlich mit humusbildenden Substanzen, wodurch die physikalische Bodenbeschaffenheit verbessert wird.

Überdüngung ist zu vermeiden, da sie zu Eutrophierung und Hypertrophierung von Gewässern führt; ↑S. 487.

15.3 Phosphor und Phosphorverbindungen

15.3.1 Allgemeines

Symbol: P [*phosphorus* (grch.) Lichtträger]; **Wertigkeiten:** +5, +3, −3.

Vorkommen: chemisch gebunden in Organismen und Mineralen. Die Organismen enthalten P in Form von Phosphatiden (z.B. Lecithin in Nerven- und Gehirnsubstanz), Phosphorproteiden (Fermente), verschiedenen Phosphorsäureestern und Calciumphosphat (in Knochen und Zähnen). - Aus Vogelexkrementen bildet sich der *Guano*.

Minerale:

Phosphorit............$3Ca_3(PO_4)_2 \cdot Ca(OH)_2$
Monazit................$CePO_4$
Apatit..................$3Ca_3(PO_4)_2 \cdot Ca(F,Cl,OH)_2$

Phosphate sind auch in manchen Eisenerzen enthalten.

Physiologie: P-Verbindungen sind für alle Organismen lebensnotwendig; ↑Vorkommen.

15.3.2 Elementarer Phosphor

Entdeckung: *weißer Phosphor* wurde 1669 durch den deutschen Alchimisten HENNIG BRAND bei starkem Glühen eingedampften Harns entdeckt; ANTOINE LAURENT LAVOISIER wies 1775 die Elementnatur nach. Die Elementnatur des *roten Phosphors* wurde 1847 von ANTON VON SCHRÖTTER (Österreich) bewiesen; roter Phosphor wurde bis dahin für ein niederes Phosphoroxid gehalten.

Modifikationen: weißer, roter, violetter und schwarzer Phosphor.

Umwandlungen der Modifikationen ineinander:

- P *weiß* in P *rot:* sehr langsam bei Raumtemperatur; rasch beim Erhitzen im geschlossenen Gefäß auf 260 °C.

- P *weiß* / P *rot* in P *violett:* längeres Erhitzen im geschlossenen Gefäß auf 450 bis 550 °C.

- P *weiß* in P *schwarz:* bei 1200 bar und 200 °C im geschlossenen Gefäß; auch bei Normaldruck und 380 °C katalytisch mit feinverteiltem Quecksilber.

- P *rot* / P *violett* in P *weiß:* oberhalb 280 °C destilliert bei Normaldruck P *weiß* ab.

15.3 Phosphor und Phosphorverbindungen

Eigenschaften (s.a.S. 473)

Tabelle 15-2: *Phosphor*

Eigenschaft	P weiß	P rot / P violett	P schwarz
Farbe	weiß	rot / violett	grauschwarz
Kristallinität	kristallisiert	rot: amorph violett: kristallisiert	kristallisiert
Charakter	nichtmetallisch	nichtmetallisch	metallisch
Schmelzpunkt	44 °C	alle drei nur unter Druck schmelzbar; oberhalb 280 °C Übergang in gasförmigen weißen Phosphor.	
Härte	wachsweich	hart	ziemlich weich
Dichte (20 °C)	1,82 g·cm^{-3}	rot: 2,2 g·cm^{-3} violett: 2,36 g·cm^{-3}	2,70 g·cm^{-3}
Reaktionsfähigkeit	stark	gering	mittel
Geruch	knoblauchartig	geruchlos	geruchlos
Giftigkeit	sehr giftig	ungiftig	ungiftig
Lumineszenz	vorhanden	–	–
Entzündungstemperatur	≈ 60 °C	oberhalb 400 °C	oberhalb 400 °C
Löslichkeit	in Wasser schwer in CS$_2$ leicht	unlöslich	unlöslich

Weißer Phosphor:

- *Herstellung:* aus Rohphosphat durch Erhitzen mit Sand und Koks: $Ca_3(PO_4)_2 + 3\ SiO_2 + 5\ C \rightarrow 3\ CaSiO_3 + 2\ P + 5\ CO$. Der gasförmig entweichende Phosphor wird unter Wasser kondensiert.

- **Eigenschaften:** ↑Tabelle 15-2. P *weiß* besteht aus Molekülen P$_4$. Das grünliche, im Dunkeln wahrnehmbare Leuchten an der Luft beruht auf langsamer Oxidation zu P$_2$O$_3$; die dabei entwickelte Wärme bringt den Phosphor zum Schmelzen und an der Luft zur Entzündung (daher unter Wasser aufbewahren!). Beim Verbrennen entsteht ein weißer Rauch von Phosphor(V)-oxid: $P_4 + 5\ O_2 \rightarrow 2\ P_2O_5$. Brennenden Phosphor nicht mit Wasser löschen, sondern mit Sand abdecken! P *weiß* reagiert (disproportioniert) im Gegensatz zu P *rot* und P *violett* mit heißer Alkalilauge zu Hypophosphit und Phosphin: $P_4 + 3\ KOH + 3\ H_2O \rightarrow 3\ KPO_2H_2 + PH_3$.

- **Verwendung:** zur Herstellung von P *rot*, P *violett*, Phosphorsäuren und Phosphaten; früher als militärisches Brandmittel.

- **Giftigkeit:** tödliche Dosis 50 bis 500 mg; kann durch Mund, Wunden und auch intakte Haut in den Körper gelangen. Chronische Vergiftung führt zu Knochenschädigungen und Verfettung.

Roter Phosphor: stabiler als P *weiß*. An sich ungiftig; jedoch kann ein im Handelsphosphor vorhandener Gehalt an P *weiß* Giftigkeit bewirken. *Verwendung:* für Zündholzreibflächen; als Gettersubstanz für Glühlampen.

Violetter Phosphor: weniger reaktionsfähig als P *rot*. *Verwendung* zur Herstellung halbleitender Phosphide (GaP, InP).

Zündhölzer: Die Reibflächen enthalten P rot mit Glaspulver und Dextrin, die Zündköpfe Kaliumchlorat und z.B. Antimon(V)-sulfid. Beim Reiben oxidiert das Chlorat den Phosphor unter Entzündung des Antimonsulfids und des mit Paraffin getränkten Holzes. *Überallzünder* enthalten im Zündkopf Kaliumchlorat und Tetraphosphortrisulfid, P_4S_3.

Schwarzer Phosphor: hat wie Graphit ein Schichtengitter; leitet den elektrischen Strom.

15.3.3 Phosphorsäuren und Phosphate

Phosphor(V)-oxid, *Diphosphorpent(a)oxid,* P_2O_5 (genauer P_4O_{10}); Anhydrid der Phosphorsäure; hygroskopisches, weißes Pulver, das bei 359 °C sublimiert und sich unter Zischen mit Wasser zu verschiedenen Säuren vereinigt (s.u.). *Verwendung:* als Trockenmittel.

Phosphorsäuren: P_2O_5 vereinigt sich mit verschiedenen Mengen Wasser zu

- **Metaphosphorsäure:** $P_2O_5 + H_2O \rightarrow 2\ HPO_3$
  [genauer $(HPO_3)_x$]
- **Diphosphorsäure:** $P_2O_5 + 2\ H_2O \rightarrow H_4P_2O_7$
- **Orthophosphorsäure:** $P_2O_5 + 3\ H_2O \rightarrow 2\ H_3PO_4$

Diphosphorsäure wurde früher auch als *Pyrophosphorsäure* bezeichnet.

Alle diese Säuren bilden Salze: *Meta-, Di- (Pyro-)* und *Orthophosphate;* »Phosphorsäure« schlechthin ist die Orthosäure.

Orthophosphorsäure, *Phosphorsäure,* H_3PO_4: farblose Kristalle; bereits mit wenig Wasser entstehen sirupartige, ungiftige Lösungen von rein saurem Geschmack.

Verwendung: zur Herstellung von Phosphaten; zum Phosphatieren von Eisen und Zink; für elektrolytische und chemische Polierlösungen für Metalle (mit Schwefel- oder Chromsäure); als Säuerungsmittel für Getränke; zur Herstellung von Pharmaka.

Nachweis: Beim Eingießen einer Orthophosphorsäure- oder -phosphatlösung in eine stark salpetersaure Ammoniummolybdatlösung entsteht beim Erwärmen ein gelber, pulvriger Niederschlag von Ammoniummolybdatophosphat (↑S. 553).

Orthophosphate, *Phosphate:*

Durch stufenweise Neutralisation von Phosphorsäure bilden sich folgende *Natriumsalze:*
- Natriumdihydrogenphosphat NaH_2PO_4 (primäres Phosphat)
- Dinatriumhydrogenphosphat Na_2HPO_4 (sekundäres Phosphat)
- Trinatriumphosphat Na_3PO_4 (tertiäres Phosphat)

Die *Calciumsalze* haben die Formeln:
- Calciumdihydrogenphosphat $Ca(H_2PO_4)_2$ (wasserlöslich)
- Calciummonohydrogenphosphat $CaHPO_4$ (zitronensäurelöslich, wasserunlöslich)
- Tricalciumphosphat $Ca_3(PO_4)_2$ (in Wasser und Zitronensäure unlöslich)

15.3 Phosphor und Phosphorverbindungen

Löslichkeit: Leicht in Wasser löslich sind:
- die tertiären Phosphate der Alkalimetalle und des Ammoniums (außer Li);
- die sekundären Phosphate der Alkalimetalle und des Ammoniums;
- die primären Phosphate der Alkalimetalle, des Ammoniums und einiger zweiwertiger Schwermetalle.

Alle übrigen Phosphate sind unlöslich.

Verwendung: als Düngesalz (↑S. 488), Wasserenthärtungsmittel (Na_3PO_4), Flammschutzmittel [$(NH_4)_2HPO_4$]; für pharmazeutische und kosmetische Präparate; für Hefenährsalz und Käseschmelzsalz (verhindert das Absondern von Molke und Fett); zum Phosphatieren (s.u.); s.a. Phosphate und Umwelt, S. 487.

Diphosphate (*Pyrophosphate*) entstehen durch Erhitzen von sekundären Phosphaten, z.B. $2\ Na_2HPO_4 \to Na_4P_2O_7 + H_2O$.

Kondensierte Phosphate enthalten als Anionen

$$\ldots -\underset{\underset{O}{\|}}{\overset{\overset{O}{\|}}{P}}-O-\underset{\underset{O}{\|}}{\overset{\overset{O}{\|}}{P}}-O- \ldots \text{-Ketten}$$

und -Ringe. **Metaphosphate** der genauen Formel $Me^I_n(PO_3)_n$ ($n = 3, 4$ und weitere) enthalten niedermolekulare Ringe, z.B. *Natriumtrimetaphosphat*, $Na_3P_3O_9$. – **Polyphosphate** der angenäherten Formel $Me^I_n(PO_3)_n$ enthalten nieder- oder hochmolekulare Ketten; **Ultraphosphate** sind räumlich vernetzt. - Hochmolekulares **Natriumpolyphosphat** entsteht in Form des wasserlöslichen GRAHAMschen Salzes (neben kleinen Mengen Meta- und Ultraphosphaten) durch Wasserabspaltung aus Natriumdihydrogenphosphat beim Schmelzen. Das Salz, fälschlich auch als *Natriumhexametaphosphat* bezeichnet, vermag in Lösung Ca^{2+} und Mg^{2+} nach Art eines Ionenaustauschers zu binden und wurde deshalb (wie auch niedermolekulare Polyphosphate, z.B. **Pentanatriumtripolyphosphat**, $Na_5P_3O_{10}$) als Enthärtungs- und gut schmutztragendes Waschhilfsmittel verwendet; angenäherte Formel:

$$(NaPO_3)_x \cdot Na_2O = Na^+O^--\underset{\underset{Na^+}{O^-}}{\overset{\overset{O}{\|}}{P}}-O-\underset{\underset{Na^+}{O^-}}{\overset{\overset{O}{\|}}{P}}-O-\underset{\underset{Na^+}{O^-}}{\overset{\overset{O}{\|}}{P}}-\ldots-O-\underset{\underset{Na^+}{O^-}}{\overset{\overset{O}{\|}}{P}}-O^-Na^+$$

Ester der Phosphorsäuren ↑S. 645.

Phosphatieren: Umwandlung von Metalloberflächen (Eisen, Zink, Aluminium) in Phosphate als begrenzter Korrosionsschutz oder als Haftgrund für nachfolgende Anstriche. Die Metalle werden in Lösungen erhitzt, die Zink- oder Mangan(II)-dihydrogenphosphat, $Zn(H_2PO_4)_2$ bzw. $Mn(H_2PO_4)_2$, neben freier Phosphorsäure und evtl. beschleunigend wirkenden Zusätzen (z.B. Nitrite) enthalten.

Phosphate und Umwelt: In natürlichen Gewässern wird das Wachstum von Phytoplankton, Fadenalgen und höheren Pflanzen in den meisten Fällen durch die vorhandene Phosphatkonzentration begrenzt (Minimumfaktor); die übrigen Nährstoffe sind in der Regel in ausreichender Menge vorhanden. Werden solchen Gewässern z.B. durch Überdüngung oder durch Abwässer mit phosphathaltigen Waschmitteln ständig weitere Phosphate zugeführt, so tritt verstärktes Wachstum ein. Hierbei kann ein Stadium (**Eutrophierung**) erreicht werden, bei dem der Sauerstoffgehalt der Gewässer nicht mehr ausreicht, um abgestorbene Pflanzensubstanz oxidativ zu zersetzen. Abgestorbene Biomasse sinkt auf den Seeboden, wo sie schließlich durch anaerob[1] wirkende Bakterien in Faulschlamm übergeht. Hierbei entstehen Schwefelwasserstoff und Ammoniak; Fische und andere höhere Lebewesen werden vergiftet (**Hypertrophierung**). – Als Ersatz der Phosphate in Waschmitteln eignen sich insbesondere die Zeolithe; (↑S. 464).

---

[1] anaerob = ohne Sauerstoffverbrauch

15.3.4 Weitere Phosphorverbindungen

Säuren und Salze:

$H_2[PO_3H] = H_3PO_3$ **Phosphorige Säure** Salze: **Phosphite**
$H[PO_2H_2] = H_3PO_2$ **Hypophosphorige Säure** Salze: **Hypophosphite**

Phosphorige Säure ist eine zwei-, Hypophosphorige Säure eine einwertige Säure.

Natriumhypophosphit, $Na[PO_2H_2]$, kristallisiert mit 1 H_2O, entsteht aus heißer Natronlauge und weißem Phosphor und dient zum stromlosen Vernickeln (↑S. 576) und Vercobalten.

Phosphorhydride:

- **Phosphin,** PH_3; farbloses, fischig-knoblauchartig riechendes, sehr giftiges Gas; Kp −87,7 °C; entsteht rein aus Phosphiden und Wasser, z.B. $Ca_3P_2 + 6\ H_2O \rightarrow 3\ Ca(OH)_2 + 2\ PH_3$.

- **Diphosphin,** P_2H_4, flüssig, Kp 5,7 °C, ist selbstentzündlich und bewirkt die Entzündung des aus heißer Alkalilauge und weißem Phosphor hergestellten Phosphins.

Phosphide werden synthetisch hergestellt; *Aluminium-* und *Zinkphosphid,* AlP bzw. Zn_3P_2, dienen als Vorratsschutzmittel gegen Ratten. *Galliumphosphid,* GaP, und *Indiumphosphid,* InP, sind Halbleiterwerkstoffe.

Phosphorchloride:

- **Phosphortrichlorid,** PCl_3: farblose, an feuchter Luft stark rauchende Flüssigkeit; Kp 74,5 °C; ergibt mit Wasser *Phosphorige Säure:* $PCl_3 + 3\ H_2O \rightarrow H_3PO_3 + 3\ HCl$.

- **Phosphorpentachlorid,** PCl_5: weißer Feststoff; ergibt mit wenig Wasser *Phosphoroxidchlorid* ($PCl_5 + H_2O \rightarrow POCl_3 + 2\ HCl$), mit viel Wasser *Phosphorsäure* ($PCl_5 + 4\ H_2O \rightarrow H_3PO_4 + 5\ HCl$).

15.3.5 Phosphordüngemittel

Aufschluß der Rohphosphate: *Apatit* und *Phosphorit* werden durch *nassen* oder *trockenen Aufschluß* in eine lösliche und damit durch die Pflanze verwertbare Form gebracht. – Bei der Angabe des Nährstoffgehaltes wird der Gehalt an verwertbarem P als P_2O_5 umgerechnet.

- **Superphosphat** (16 bis 20% P_2O_5): entsteht durch Aufschluß mit 60%iger Schwefelsäure; enthält etwa 35% $Ca(H_2PO_4)_2$ + 50% $CaSO_4$ + 8% H_3PO_4 + 7% weitere Bestandteile. Aufschlußgleichung vereinfacht[1]:

    $Ca_3(PO_4)_2 + 2\ H_2SO_4 \rightarrow Ca(H_2PO_4)_2 + 2\ CaSO_4$

- **Doppelsuperphosphat** (46 bis 49% P_2O_5): entsteht durch Aufschluß mit 40%iger Phosphorsäure; enthält neben $Ca(H_2PO_4)_2$ nur wenig $CaHPO_4$ und ist frei vom Ballaststoff $CaSO_4$. Aufschlußgleichung vereinfacht[1]:

    $Ca_3(PO_4)_2 + 4\ H_3PO_4 \rightarrow 3\ Ca(H_2PO_4)_2$

- **Mg-Schmelzphosphat** (20% P_2O_5): entsteht durch Schmelzen der Rohphosphate mit Kieserit ($MgSO_4 \cdot H_2O$) und Sand (SiO_2); enthält neben Ca-Phosphaten $Mg_3(PO_4)_2$ und $CaSO_4$.

---

[1] In der Regel wird Apatit, $3Ca_3(PO_4)_2 \cdot CaF_2$, eingesetzt, so daß zusätzlich *Fluorwasserstoff,* HF, entsteht, der mit SiO_2 gasförmiges *Siliciumtetrafluorid,* SiF_4, bildet.

- **Alkali-Sinterphosphat** (25% P_2O_5): entsteht durch Sintern der Rohphosphate mit Soda und Sand bei 1100 bis 1200 °C; enthält als wesentlichen Bestandteil $CaNaPO_4$; Aufschlußgleichung vereinfacht:
$$Ca_3(PO_4)_2 + Na_2CO_3 + SiO_2 \rightarrow 2\ CaNaPO_4 + 2\ Ca_2SiO_4 + CO_2\uparrow.$$

Thomasphosphat ist gemahlene Thomasschlacke; ↑S. 569.

Volldünger (NPK-Dünger) enthalten die Hauptelemente etwa im Massenverhältnis N:P:K = 1:0,85:1,7. Zur Herstellung wird beispielsweise Rohphosphat mit Salpetersäure aufgeschlossen, mit Ammoniumsulfat versetzt, nach dem Abfiltrieren des Calciumsulfats mit Ammoniak neutralisiert und schließlich Kaliumchlorid oder -sulfat zugefügt.

15.4 Arsen und Arsenverbindungen

Symbol: As [von *Arsenik; arsen* (grch.) männlich, gewaltig];

Wertigkeit: +5, +3, −3.

Entdeckung: seit dem Mittelalter bekannt (ALBERTUS MAGNUS, um 1250).

Vorkommen: selten frei (»*Scherbenkobalt*«), meist sulfidisch gebunden. Arsen begleitet viele Metallsulfide; daher sind aus sulfidischen Erzen gewonnene Metalle meist arsenhaltig; z.B. Zink, Blei, Bismut. In höheren Organismen üben Arsenverbindungen lebenswichtige Funktionen aus; der Mensch enthält 0,2 bis 0,3 mg Arsen je kg Körpermasse.

Minerale:
Arsenkies (*Arsenopyrit*)............FeAsS
Realgar (rot).............................As_4S_4
Auripigment (gelb).................As_2S_3
Rotnickelkies........................... NiAs

Modifikationen:

- **Gelbes Arsen:** sehr unbeständig, nichtmetallisch, phosphorähnlich, löslich in Kohlendisulfid.

- **Graues Arsen** (s.a. S. 473): beständig, stahlgraue, metallisch glänzende, spröde Kristalle, die beim Erhitzen an der Luft zu einem weißen Rauch von Arsen(III)-oxid verbrennen; hierbei tritt ein charakteristischer Knoblauchgeruch auf. Anwendung zur Herstellung von Halbleitermaterialien, z.B. *Galliumarsenid*, GaAs.

- **Schwarzes Arsen:** glasige, amorphe Masse, nichtmetallisch, sehr hart und spröde.

Arsen(III)-oxid, *Arsenik*, As_2O_3: weißes Pulver, farblose, glasige oder porzellanartige, weiße Masse; *F* 310 °C; in Wasser mäßig löslich; sehr giftig (0,1 g tödlich). *Verwendung:* zur Herstellung anderer Arsenverbindungen (Schädlingsbekämpfungsmittel und Pharmazeutika); in der Galvanotechnik als Glanzzusatz für Messingelektrolyte.

Weitere Arsenverbindungen: Arsenige Säure, H_3AsO_3; vorwiegend saurer Charakter; Salze: *Arsenite*. **Arsensäure**, H_3AsO_4, bildet als Salze *Arsenate*, z.B. **Calciumarsenat,** $Ca_3(AsO_4)_2 \cdot 3H_2O$, wirksamer Bestandteil einiger Pflanzenschutzmittel. - Die **Arsensulfide** As_2S_3 und As_2S_5 fallen aus sauren arsenhaltigen Lösungen durch Schwefelwasserstoff als intensiv gelbe, in Ammoniumsulfidlösung zu *Thioarseniten* bzw. *-arsenaten* lösliche Niederschläge aus. **Arsenhydrid,** *Arsin, Arsenwasserstoff,* AsH_3, ist ein sehr giftiges, farbloses brennbares Gas von unangenehmem, knoblauchartigem Geruch.

Nachweis: MARSHsche Probe. Die Substanz wird mit Zink und Salzsäure (beide arsenfrei!) versetzt; der entstehende AsH_3-haltige Wasserstoff ergibt beim Durchleiten durch ein erhitztes Glasrohr einen braunschwarzen, glänzenden, in Hypochloritlösung löslichen Arsenspiegel.

15.5 Antimon und Antimonverbindungen

Symbol: Sb [*stibium* (lat.) schwarze Schminke aus Grauspießglanz];
Wertigkeiten: +5, +3, –3.

Entdeckung: bereits seit dem Altertum bekannt.

Vorkommen: fast immer chemisch gebunden, häufig als Begleiter von Blei-, Kupfer- und Silbererzen.

Minerale:
Grauspießglanz (*Antimonit*).. Sb_2S_3
Weißspießglanz (*Antimonblüte; Valentinit*)...................... Sb_2O_3

Herstellung: z.B. durch Erhitzen von Grauspießglanz mit Eisenpulver: $Sb_2S_3 + 3\ Fe \rightarrow 2\ Sb + 3\ FeS$.

Modifikationen:

- **Metallisches Antimon** (*graues Antimon*): beständigste Modifikation (s.u.).

- **Schwarzes Antimon:** entsteht aus Antimondampf durch Abschrecken an kalten Flächen; amorph; sehr reaktionsfähig; wandelt sich beim Erhitzen in metallisches Antimon um.

- **Explosives Antimon:** entsteht elektrolytisch; geht beim Ritzen unter Aufglühen und Versprühen explosionsartig in metallisches Antimon über.

- Das *gelbe Antimon* ist keine besondere Modifikation, sondern ein hochpolymeres, wasserstoffhaltiges Produkt.

Metallisches Antimon (s.a.S. 473): glänzend silberweiß, spröde, an der Luft beständig; verbrennt bei starkem Erhitzen zu Antimon(III)-oxid, Sb_2O_3; vereinigt sich unter Feuererscheinung mit Chlor; ist in Salz- und Schwefelsäure unlöslich; mit Salpetersäure entstehen (ähnlich wie bei Zinn) unlösliche Antimon(III)- und Antimon(V)-oxidhydrate.

Verwendung: Sb-Elektroden dienen zur pH-Messung; das meiste Sb-Metall wird als Legierungszusatz verwendet; es erhöht die Härte von Blei. Auch dient es zur Herstellung und zur Dotierung von Halbleitern. *Legierungen* sind: Hartblei, Schriftmetall, Britanniametall, Lagermetalle.

Antimonhydrid, *Stibin, Antimonwasserstoff,* SbH_3, ähnelt – auch in der Giftigkeit – stark dem Arsenhydrid.

Antimon(III)-verbindungen: Antimon(III)-oxid, Sb_2O_3, ist ein in der Kälte weißes, in der Hitze gelbes Pulver von amphoterem Verhalten; F 656 °C. **Antimon(III)-hydroxid** (genauer: -oxidhydrat), *Antimonige Säure*, $Sb(OH)_3$, ist amphoter; mit Alkalien entstehen **Antimonate(III)**, z.B $Na_3[Sb(OH)_6]$, mit Säuren **Antimon(III)-salze**. Die Antimon(III)-salze bilden mit wenig Wasser oder in Gegenwart freier Säuren klare Lösungen; mit viel Wasser hydrolysieren sie unter Bildung von **Antimonylsalzen** (*Antimonyl* = SbO), z.B. $SbCl_3 + H_2O \rightarrow SbOCl + 2\ HCl$. – **Antimon(III)-chlorid**, *Antimonbutter,* $SbCl_3$, ist eine farblose, butterweiche, an der Luft rauchende Masse. – **Kaliumantimonotartrat**, *Brechweinstein*, Formel $K[C_4H_2O_6Sb(OH)_2] \cdot \frac{1}{2}H_2O$, ruft bereits in geringen Mengen Erbrechen hervor. – **Antimon(III)-sulfid**, Sb_2S_3, fällt aus Antimon(III)-lösungen durch Schwefelwasserstoff als orangeroter Niederschlag aus; eine graue Form bildet den natürlichen *Grauspießglanz*.

Antimon(V)-verbindungen: Antimonsäure, $Sb_2O_5 \cdot xH_2O$, bildet mit Alkalien **Antimonate(V)**, z.B. das schwerlösliche **Natrimantimonat(V)**, $Na[Sb(OH)_6]$. - **Bleiantimonat**, »*Neapelgelb*«, vereinfacht $Pb(SbO_3)_2$, dient in der Kunst- und Keramikmalerei als Farbpigment. - **Antimon(V)-sulfid**, Sb_2S_5, orangerot, brennbar, ist in manchen Zündholzköpfen enthalten. Es löst sich in Natriumsulfid zu **Natriumthioantimonat(V)**, $Na_3SbS_4 \cdot 9H_2O$, »*Schlippesches Salz*«; Verwendung zum »*Schlippen*«; (Braunfärben von Messing).

Nachweis: MARSHsche Probe wie bei Arsen; im Gegensatz zu Arsen ist der erzeugte Antimonspiegel nicht in Hypochloritlösung löslich.

15.6 Bismut und Bismutverbindungen

Symbol: Bi [1][*bismutum* (lat.); der deutsche Name *Wismut* rührt wahrscheinlich von »Wiesenmutung« her (Wiesen = erzgebirgischer Flurname; Mutung = Anspruch auf bergmännische Erzschürfung)]; **Wertigkeiten:** +3, (+5), (-3).

Entdeckung: Bi ist seit etwa 1500 bekannt.

Vorkommen: sehr selten, meist chemisch gebunden. Oft begleitet Wismut Bleierze in geringen Mengen; deshalb ist das handelsübliche Blei meist wismuthaltig.

Minerale:
Bismutglanz (*Bismutin*)........... Bi_2S_3
Bismutocker (*Bismit*).............. Bi_2O_3

Herstellung: Oxidische Erze werden mit Kohle reduziert, sulfidische mit Eisen verschmolzen; Reinigung durch elektrolytische Raffination (Elektrolyte aus $BiCl_3 + HCl$). Bismut läßt sich durch Zink leicht aus seinen Salzlösungen abscheiden (Spannungsreihe!); auch läßt sich das Oxid im Wasserstoffstrom reduzieren.

Eigenschaften (s.a.S. 473); rötlich-silberglänzendes, bereits bei 271 °C schmelzendes, diamagnetisches Metall. Es ist edler als Wasserstoff und löst sich demnach nicht in verdünnter Salz- und Schwefelsäure, leicht dagegen in Salpetersäure unter Stickoxidentwicklung.

Verwendung: Bismut-Elektroden dienen zur pH-Messung; fast das gesamte übrige Bismut wird zur Herstellung von Verbindungen (besonders für die Pharmazie) und niedrigschmelzenden Legierungen verwendet.

---

1) ursprünglich deutsch *Wismut* bzw. *Wismutverbindungen*

Niedrigschmelzende Bismutlegierungen (die Zahlenangaben bedeuten Massenteile):

WOODsches Metall (F 70 °C) .... 7 bis 8 Bi + 4 Pb + 2 Sn + 1 bis 2 Cd
LIPOWITZsches Metall (F 60 °C) .... 15 Bi + 8 Pb + 4 Sn + 3 Cd
ROSEsches Metall (F 94 °C) .... 2 Bi + 1 Sn + 1 Pb

Bismutverbindungen: Bismutoxid, Bi_2O_3: gelbes Pulver; in der Hitze rotbraun; F 817 °C. – **Bismuthydroxid**, $Bi(OH)_3$: weiß, nicht amphoter. - **Bismutnitrat**, $Bi(NO_3)_3 \cdot 5H_2O$: farblose, leicht lösliche Kristalle. Beim Verdünnen der Lösung fällt **Bismutoxidnitrat**, *Bismutylnitrat*, $BiONO_3$, als weißes Pulver aus; Verwendung als ungiftige weiße Schminke. – **Bismutoxidgallat** (»basisch gallussaures Bismut«) wird für Wund- und Brandpuder verwendet. **Bismutsulfid**, Bi_2S_3, fällt aus mäßig sauren Bismutsalzlösungen durch Schwefelwasserstoff als brauner Niederschlag aus.

16 Elemente der VI. Hauptgruppe (Chalkogene)

16.1 Allgemeines

Elemente: Sauerstoff (O), Schwefel (S), Selen (Se), Tellur (Te), Polonium (Po). (»Chalkogene« = Erzbildner)

Wertigkeit: Sauerstoff tritt nur −2wertig auf; die übrigen Elemente sind hauptsächlich +6-, +4- und −2wertig. Die Beständigkeit der +6wertigen Stufe nimmt von S bis Po ab, die der +4wertigen zu; vom Po existiert außerdem noch die unbeständige Wertigkeit +2.

Metallischer Charakter: nimmt vom O bis Po zu. O und S sind Nichtmetalle; Se existiert metallisch und nichtmetallisch; beim Te ist die nichtmetallische Form nur im Gaszustand bekannt; Po ist ein Metall.

Hydroxide: Die **Element(VI)-hydroxide** sind – z.T. in wasserärmeren Formen – durchweg Säuren, deren Stärke von H_2SO_4 über H_2SeO_4 zu H_6TeO_6 abnimmt; eine entsprechende Po-Verbindung ist nicht bekannt. Die **Element(IV)-hydroxide** sind (als wasserärmere Formen) von H_2SO_3 über H_2SeO_3 zu H_2TeO_3 ebenfalls Säuren abnehmender Stärke, jedoch schwächer als die (VI)-Verbindungen. $Po(OH)_4$ ist bereits eine Base; $Po(OH)_2$ eine stärkere Base.

Verglichen mit den entsprechenden Verbindungen der V. Hauptgruppe haben alle Hydroxide der VI. Hauptgruppe stärker sauren, verglichen mit denen der VII. Hauptgruppe schwächer sauren Charakter.

Hydride: Die Beständigkeit der Chalkogenwasserstoffe (H_2O, H_2S usw bis H_2Po) nimmt von O zu Po ab, die Säurestärke dagegen zu; H_2O ist neutral; die Stärke von H_2Te entspricht etwa der der Phosphorsäure. Die Chalkogenwasserstoffe sind stärker sauer als die entsprechenden Verbindungen der V., jedoch schwächer sauer als die der VII. Gruppe.

Tabelle 16-1: *Chalkogene*

	Sauerstoff	Schwefel	Selen	Tellur	Polonium
Symbol	O	S	Se	Te	Po
Kernladungszahl	8	16	34	52	84
Relative Atommasse	15,9994	32,066	78,96	127,60	208,982
Schmelzpunkt (in °C)	–219	119	217	450	254
Siedepunkt (in °C)	–183	445	685	1390	962
Dichte (in g/cm^3 bei 20 °C)	(1,27)[1]	2,1	4,8[2]	6,2	9,4
Häufigkeit (Erdrinde, %)	49,50	$4,8 \cdot 10^{-2}$	$8 \cdot 10^{-5}$	$1 \cdot 10^{-6}$	$2,1 \cdot 10^{-14}$
Wertigkeiten:					
+6	–	Beständigkeit abnehmend ────────────────────>			
+4	–	Beständigkeit zunehmend ────────────────────>			
–2	Beständigkeit abnehmend ────────────────────>				
Element(VI)-hydroxide	–	H_2SO_4	H_2SeO_4	H_6TeO_6	–
Säuren	–	sehr stark	stark	schwach	–
Salze	–	Sulfat	Selenat	Tellurat(VI)	–
Element(IV)-hydroxide	–	H_2SO_3	H_2SeO_3	H_2TeO_3	$Po(OH)_4$
Säuren	–	mittel	schwach	sehr schwach	Base
Salze	–	Sulfit	Selenit	Tellurat(IV)	–
Hydride	H_2O	H_2S	H_2Se	H_2Te	H_2Po
Säurestärke	neutral	schwache Säure	zunehmend ────────────────────>		
Beständigkeit	zunehmend ────────────────────────────────────>				
Siedepunkt (in °C)	+100	–60,8	–41,5	–1,8	+37
Salze	(Oxid)	Sulfid	Selenid	Tellurid	Polonid

---

1) fester Sauerstoff beim Schmelzpunkt
2) metallisches Selen

16.2 Sauerstoff und Sauerstoffverbindungen

16.2.1 Allgemeines

Symbol: O [*oxygenium* (grch.-lat.) Säurebildner]; **Wertigkeit:** −2.

Vorkommen: häufigstes Element der Erdkruste (55,1 Atom-%). Freier Sauerstoff findet sich in Luft (etwa $1,2 \cdot 10^{15}$ t) und natürlichem Wasser (die biochemische Selbstreinigung natürlicher Gewässer erfolgt unter Verbrauch von Sauerstoff); der weitaus meiste Sauerstoff ist in Form von Wasser, Silicaten, Quarz und anderen Mineralen sowie in Organismen gebunden.

Modifikationen:

- **Disauerstoff**, *gewöhnlicher Sauerstoff*, O_2
- **Trisauerstoff**, *Ozon*, O_3

Physiologie: Alle organischen Stoffe sind Sauerstoffverbindungen; freier Sauerstoff ist für nahezu alle Lebewesen (Ausnahme z.B. anaerobe Bakterien) lebensnotwendig. Über Atmung und Assimilation ↑S. 455.

Beim Menschen geht der eingeatmete Sauerstoff durch die Lungenbläschen ins Blut über, wo er vom Farbstoff *Hämoglobin* in den roten Blutkörperchen als *Oxyhämoglobin* locker gebunden und den Zellen zugeführt wird. Dort oxidiert er in Gegenwart von Fermenten vornehmlich den ebenfalls vom Blut transportierten Traubenzucker (Glucose) zu Kohlendioxid und Wasser; die dabei frei werdende Energie dient zur Erhaltung der Lebensvorgänge (Muskelarbeit, Körperwärme usw.).

Luft: Die atmosphärische Luft (Gesamtmenge $5,5 \cdot 10^{15}$ t) ist bis in Höhen von 100 km ein Gemisch aus

Stickstoff	78,09 Vol.-%	75,510 Massen-%
Sauerstoff	20,95 Vol.-%	23,150 Massen-%
Argon	0,93 Vol.-%	1,280 Massen-%
Kohlendioxid	0,03 Vol.-%	0,046 Massen-%

ferner: H_2O (bei 25 °C maximal 3 Vol.-%; durchschnittlich 0,27 Vol.-%), Ne, He, CH_4, Kr, Stickoxide, Xe, O_3, Spuren weiterer Stoffe.

Die Dichte der Luft beträgt bei 0 °C und 1,0133 bar : $1,293 \text{ g} \cdot l^{-1}$. Die Lufthülle der Erde absorbiert schädliche Strahlungen und verhindert das Auftreten extremer Temperaturen. – Über flüssige Luft ↑S. 496.

16.2.2 Disauerstoff (*Gewöhnlicher Sauerstoff*)

Formel: O_2; **Struktur:** :Ö::Ö: bzw. O=O.

Geschichte: Entdeckung um 1770 unabhängig voneinander durch CARL WILHELM SCHEELE (Schweden) und JOSEPH PRIESTLEY (England) (»Salpeterluft«, »Feuerluft«). Die Rolle des Sauerstoffs bei der Verbrennung klärte ANTOINE LAURENT LAVOISIER 1775; seine Theorie löste die Phlogistonhypothese (GEORG ERNST STAHL, 1697) ab.

16.2 Sauerstoff und Sauerstoffverbindungen

Herstellung:

- technisch aus Luft durch fraktionierte Kondensation und Destillation (LINDE-Verfahren);
- durch Erhitzen sauerstoffreicher Salze, z.B.
  - von Chloraten ($2 KClO_3 \rightarrow 2 KCl + 3 O_2$, am besten mit Braunstein als Katalysator);
  - von Nitraten ($2 KNO_3 \rightarrow 2 KNO_2 + O_2$);
  - von Permanganaten ($2 KMnO_4 \rightarrow K_2MnO_4 + MnO_2 + O_2$, oder bei höherer Temperatur: $4 KMnO_4 \rightarrow 2 K_2O + 4 MnO_2 + 3 O_2$);
  - von Peroxiden ($2 BaO_2 \rightarrow 2 BaO + O_2$);
- durch katalytische Zersetzung von Wasserstoffperoxid z.B. mit Braunstein: $2 H_2O_2 \rightarrow 2 H_2O + O_2$;
- durch Elektrolyse von Hydroxid- oder Sulfatlösungen an unangreifbaren Anoden (Platin) unter Entladung von OH^--Ionen: $4 OH^- - 4 e^- \rightarrow 2 H_2O + O_2$; ↑S. 381;
- aus Alkaliperoxiden durch Kohlendioxid (Atemgeräte): $2 Na_2O_2 + 2 CO_2 \rightarrow 2 Na_2CO_3 + O_2$.

Physikalische Eigenschaften (s.a.S. 493): farb-, geruch- und geschmackloses Gas; in Wasser mäßig löslich, jedoch reichlicher als Stickstoff, daher enthält in Wasser gelöste Luft 36 Vol.-% Sauerstoff. Flüssiger und fester Sauerstoff sehen hellblau aus. Sauerstoff ist paramagnetisch; hierauf beruhen technisch-analytische Bestimmungsverfahren.

Chemische Eigenschaften: bei gewöhnlicher Temperatur verhältnismäßig reaktionsträge; bei höherer sehr reaktionsfähig. Die chemische Vereinigung mit Sauerstoff heißt *Oxygenierung*, wird aber gewöhnlich als *Oxidation* bezeichnet; sie kann verschieden schnell erfolgen. Langsame Oxidationen sind z.B. das Rosten des Eisens, der Abbau der Nahrungsmittel im Organismus, die Verwesung organismischer Stoffe, das Altern des Gummis, das Festwerden von Ölfarbe. Rasche, unter Flammenerscheinung verlaufende Oxidationen werden *Verbrennungen* genannt. In reinem (auch flüssigem) Sauerstoff brennen die Stoffe wesentlich intensiver als in der Luft, z.B. flammt ein glimmender Holzspan auf. Durch Oxidation entstehen aus Elementsubstanzen und zahlreichen Verbindungen *Oxide*, z.B. $S + O_2 \rightarrow SO_2$; $2 H_2S + 3 O_2 \rightarrow 2 H_2O + 2 SO_2$.

Es gibt jedoch Verbrennungen auch ohne Sauerstoff, z.B. brennt Wasserstoff in Chlorgas oder Bromdampf weiter, wobei sich Chlor- bzw. Bromwasserstoff bilden.

Nachweis: durch die *Glimmspanprobe,* d.h. das Aufflammen eines glimmenden Holzspans (bei einem Gehalt von über 30% Sauerstoff); durch Braunfärbung alkalischer Pyrogallollösung.

Verwendung: O_2 kommt unter 150 bar Druck in blau gekennzeichneten Stahlflaschen in den Handel (metallische Teile wegen Entzündungs- und Explosionsgefahr nicht fetten!). Verwendung zum Schweißen und Schneiden von Metallen, für Atemgeräte, zum Raketenantrieb, für viele chemisch-technische Prozesse. Man verwendet für zahlreiche metallurgische Verfahren und andere Prozesse sauerstoffangereicherte Luft.

Flüssige Luft: *Herstellung* nach dem LINDE-Verfahren. Luft wird komprimiert und die dabei frei werdende Wärme abgeführt; bei nachfolgender Expansion tritt Abkühlung ein. Durch mehrfache Wiederholung unter Anwendung von Vorkühlung erfolgt bei etwa –190 °C Verflüssigung. – *Eigenschaften:* hellblaue Flüssigkeit, die allmählich verdampft (Aufbewahrung in Thermosgefäßen, die nicht fest verschlossen werden dürfen). Die Farbtiefe nimmt beim Stehen zu, da der farblose Stickstoff rascher verdampft. – Gemische aus flüssiger Luft mit Aktivkohle, Holzmehl u. dgl. sind explosibel.

16.2.3 Trisauerstoff *(Ozon)*, O_3

Entstehung: Ozon bildet sich in Sauerstoff oder Luft durch Funkenüberschlag, stille elektrische Entladungen oder Einwirkung ultravioletter Strahlen (künstl. Höhensonne) gemäß $3 O_2 \rightarrow 2 O_3$. Auch der bei der Elektrolyse von verdünnter Schwefelsäure anodisch entwickelte Sauerstoff enthält, wenn mit hohen Stromdichten gearbeitet wird, Ozon.

Eigenschaften: hellblaues, beim Erhitzen explodierendes Gas von intensivem, »elektrischem« Geruch [*ozo* (grch.) ich rieche]. Stärkstes Oxidationsmittel; ergibt z.B. mit Silber schwarzes Silberperoxid, Ag_2O_2, und entzündet Ether und Ethanol sofort. In höheren Konzentrationen wirkt Ozon lungenschädigend.

Verwendung: zur Desinfektion von Trinkwasser und Krankenhausluft, zur Entgiftung industrieller Abwässer.

Ozon in der Atmosphäre: In der *Stratosphäre* (15 bis 50 km Höhe) erzeugt die Sonnenstrahlung geringe Mengen Ozon (»Ozonschicht«), die jedoch ausreichen, um den lebensfeindlichen Ultraviolettanteil der Strahlung weitgehend zu absorbieren. Die Ozonschicht schützt somit das Leben auf der Erde. Die gegenwärtig zu beobachtende Verringerung der O_3-Konzentration über den Polen der Erde (sog. »Ozonloch«) wird wahrscheinlich in erster Linie durch bestimmte Halogenkohlenwasserstoffe, insbes. Fluorchlorkohlenwasserstoffe, hervorgerufen. Ein weitgehender Abbau der Ozonschicht führt schließlich zu katastrophalen Schädigungen aller Lebewesen und zu schwer kalkulierbaren klimatischen Veränderungen. – In der *Troposphäre* (Atmosphäre bis 15 km Höhe) nimmt hingegen, örtlich sehr verschieden, die O_3-Konzentration zu. Ursache hierfür ist in erster Linie die durch Stickoxide katalysierte fotochemische Oxidation von Kraftfahrzeugabgasen (CO, C_mH_n), die bei schlechten Windverhältnissen zu *Fotosmog* (»Smog[1] vom Los-Angeles-Typ«) führen kann.

16.2.4 Oxide und Hydroxide

Herstellung der Oxide:

- durch Reaktion von Elementen mit Sauerstoff («Oxygenierung«, »Oxydation«), z.B. bei der Verbrennung;
- durch Erhitzen von Hydroxiden (und Oxidhydraten), z.B. $Cu(OH)_2 \rightarrow CuO + H_2O$;
- durch Erhitzen von Salzen mit flüchtigem Säureanhydrid (Carbonate, Sulfate, Sulfite, Nitrate u.a.), z.B. $CuCO_3 \rightarrow CuO + CO_2$; $2 Cu(NO_3)_2 \rightarrow 2 CuO + 4 NO_2 + O_2$.

---

1) Smog = **sm**oke-f**og**, »Rauchnebel«

16.2 Sauerstoff und Sauerstoffverbindungen

Eigenschaften der Oxide: Die meisten *Nichtmetalloxide* (Ausnahmen: CO, NO, N$_2$O) sind Säureanhydride, d.h. sie ergeben mit Wasser Säuren, z.B. SO$_3$ + H$_2$O → H$_2$SO$_4$. Auch die *Metalloxide mit 5- bis 7wertigem Metall* sind Säureanhydride, z.B. CrO$_3$ + H$_2$O → H$_2$CrO$_4$ (Chromsäure). – *Metalloxide mit 1- bis 4wertigem Metall* sind Basenanhydride, z.B. CaO + H$_2$O → Ca(OH)$_2$.

Die meisten derartigen Oxide reagieren allerdings meist nicht unmittelbar mit Wasser, sondern lassen sich auf dem Umweg über die Salze in die Hydroxide überführen, z.B.

$$CuO + 2\,HCl \rightarrow CuCl_2 + H_2O$$
$$CuCl_2 + 2\,NaOH \rightarrow Cu(OH)_2 + 2\,NaCl$$

Die basenbildenden Oxide ergeben mit Säuren, die säurebildenden mit Basen Salze. Amphotere Oxide (meist von 2- bis 4wertigen Metallen) ergeben sowohl mit Säuren als auch mit Basen Salze.

Hydroxide: Hydroxide enthalten die Gruppe –O–H. Je nach Bindung an Metall (hier als Ion OH$^-$) oder Nichtmetall liegt eine Base, eine Säure oder ein amphoterer Stoff vor.

Die meisten **Metallhydroxide** fallen aus, wenn man eine Salzlösung mit einer Alkalilauge versetzt, z.B. CuSO$_4$ + 2 NaOH → Cu(OH)$_2$↓ + Na$_2$SO$_4$. Sie bilden dann schleimige oder flockige, oft farbige Niederschläge, die meist mehr Wasser gebunden enthalten, als ihrer Formel entspricht, und dann als **Oxidhydrate** bezeichnet werden.

Farben einiger schwerlöslicher Oxidhydrate:

weiß: Al(OH)$_3$, Zn(OH)$_2$, Cd(OH)$_2$, Pb(OH)$_2$, Sn(OH)$_2$, Bi(OH)$_3$, Mg(OH)$_2$, Ca(OH)$_2$;
hellgrün bis weiß: Fe(OH)$_2$ [an der Luft *braun* werdend infolge Bildung von Fe(OH)$_3$];
hellbraun bis weiß: Mn(OH)$_2$ [an der Luft *dunkelbraun* werdend infolge Übergangs in Mn(OH)$_4$];
apfelgrün: Ni(OH)$_2$;
graugrün: Cr(OH)$_3$;
blau: Cu(OH)$_2$;
blau oder rosa: Co(OH)$_2$;
rostbraun: Fe(OH)$_3$.

Unbeständig sind Silber- und Quecksilber(II)-hydroxid, die spontan in Oxid und Wasser zerfallen. Die übrigen Hydroxide erleiden beim Erhitzen den gleichen Zerfall; ↑S. 496.

Hydroxidionen, OH$^-$, bewirken die *alkalische Reaktion* wäßriger Lösungen, sofern sie sich gegenüber H$^+$- bzw. H$_3$O$^+$-Ionen im Überschuß befinden (s.a. S. 213).

16.2.5 Peroxide

Peroxide leiten sich vom Wasserstoffperoxid H–O–O–H ab, enthalten also die *Disauerstoffkette* –O–O–. Wichtig sind **Natrium- und Bariumperoxid,** Na_2O_2 bzw. BaO_2.

Liegt keine –O–O– -Kette vor, darf ein Oxid nicht als Peroxid bezeichnet werden; beispielsweise sind für PbO_2 nur die Namen Blei(IV)-oxid und Bleidioxid statthaft. Organische Peroxide sind als Polymerisationskatalysatoren wichtig.
Hyperoxide enthalten das einwertige Ion O_2^-, z.B. das beim Verbrennen von Kalium entstehende **Kaliumhyperoxid,** KO_2.

16.3 Schwefel und Schwefelverbindungen

16.3.1 Allgemeines

Symbol: S [*sulfur* (lat.)]; **Wertigkeiten:** +6, +4, –2.

Vorkommen: teils frei, teils chemisch gebunden in Sulfiden und Sulfaten, in Kohle, Erdöl und den Eiweißstoffen (besonders im Keratin der Haare, Federn und Häute).

Minerale:

- **Sulfide** (*Kiese:* hell, metallisch glänzend; *Glanze:* dunkel, metallisch glänzend; *Blenden:* dunkel, nichtmetallisch glänzend, oft auch hell, durchscheinend):

Pyrit (*Schwefelkies, Eisenkies*)........	FeS_2
Kupferkies...	$CuFeS_2$
Arsenkies...	FeAsS
Bleiglanz..	PbS
Kupferglanz.......................................	Cu_2S
Molybdänglanz..................................	MoS_2
Silberglanz...	Ag_2S
Grauspießglanz..................................	Sb_2S_3
Zinkblende..	ZnS
Zinnober..	HgS
Realgar...	As_4S_4

- **Sulfate:**

Gips...	$CaSO_4 \cdot 2H_2O$
Anhydrit...	$CaSO_4$
Kieserit..	$MgSO_4 \cdot H_2O$
Kainit..	$KCl \cdot MgSO_4 \cdot 3H_2O$
Schwerspat (*Baryt*)..........................	$BaSO_4$
Cölestin..	$SrSO_4$

Physiologie: Schwefel ist in gebundener Form für alle höheren Organismen lebensnotwendig (Bestandteil vieler Eiweißstoffe); er wird auch in Form verschiedener Sulfatdünger dem Ackerboden zugeführt (Ammonsulfat, Superphosphat).

16.3.2 Elementarer Schwefel

Geschichte: als Ausscheidung heißer Quellen seit dem 2. Jahrtausend v.u.Z. bekannt.

Herstellung:

- durch Ausschmelzen gediegenen Schwefels aus Gestein, z.B. mit Wasserdampf; Reinigung des Rohschwefels durch Destillation; bei rascher Abkühlung der Dämpfe entsteht sublimierter Schwefel als feines Pulver (*Schwefelblume, Schwefelblüte*).

- durch Entschwefelung der Ver- und Entgasungsprodukte der Kohle (Wasser-, Luft-, Leuchtgas), z.B. mit Luft und katalytisch wirkender Aktivkohle: $2 H_2S + O_2 \rightarrow 2 H_2O + 2 S$, oder mit $Fe(OH)_3$-haltigen Gasreinigungsmassen.

- Schwefel entsteht auch bei unvollständiger Verbrennung von Schwefelwasserstoff ($2 H_2S + O_2 \rightarrow 2 H_2O + 2 S$), beim Ansäuern von Thiosulfatlösung ($Na_2S_2O_3 + 2 HCl \rightarrow 2 NaCl + H_2SO_3 + S$) und als Rückstand bei der Destillation von Ammoniumpolysulfidlösung [z.B. $(NH_4)_2S_5 \rightarrow (NH_4)_2S + 4 S$].

Modifikationen: Da Schwefel in verschiedenen Molekülgrößen existiert (S_∞, S_{12}, S_8, S_6, S_2 u.a.) und die Moleküle unterschiedlich angeordnet sein können, gibt es eine Vielzahl von Modifikationen.

Bei gewöhnlicher Temperatur ist α-**Schwefel** (*rhombisch*) in Form gelber (bei Flüssiglufttemperatur weißer), spröder, geruch- und geschmackfreier Kristalle beständig, die sich nicht in Wasser, dagegen leicht in Kohlendisulfid lösen (s.a. S. 493). Oberhalb 96 °C erfolgt langsame Umwandlung in β-**Schwefel** (*monoklin*), der fast farblose Kristallnadeln bildet. α-S schmilzt bei 113 °C, β-S bei 119 °C zu gelbem, dünnflüssigem, wie die festen Schwefelarten aus ringförmigen S_8-Molekülen bestehendem λ-**Schwefel**. Bei weiterem Erhitzen spalten sich die Ringe zu Ketten auf, und es entsteht rotbrauner, zähflüssiger μ-**Schwefel**, der bei höherer Temperatur dunkelbraun und wieder dünnflüssig wird und schließlich bei 444,6 °C siedet. Beim Abschrecken einer Schwefelschmelze durch Eingießen in Wasser entsteht als unterkühlte Schmelze gelbbrauner, gummiartiger, durchscheinender **plastischer Schwefel** (Gemisch aus λ- und μ-Schwefel), der an der Luft binnen weniger Minuten wieder gelb, trüb und spröde wird.

Chemische Eigenschaften: S verbrennt beim Erhitzen an der Luft mit blauer Flamme zu Schwefeldioxid, SO_2, und kleinen Mengen Schwefeltrioxid, SO_3. Bei hoherer Temperatur reagiert er mit Metallen zu Sulfiden, mit Wasserstoff (und Paraffin) zu Schwefelwasserstoff, H_2S. In Ammoniumsulfidlösung löst er sich zu gelben bis roten Polysulfiden; beim Erhitzen mit Sulfitlösungen entstehen Thiosulfate, mit Cyanidlösungen Thiocyanate (Rhodanide).

Verwendung: zur Herstellung von Kohlendisulfid, Schwefelsäure, Natriumthiosulfat, Schwefelfarbstoffen, Ultramarinblau; zur Vulkanisation des Kautschuks; gegen Hautkrankheiten; im Pflanzenschutz als »Schwefelkalkbrühe« gegen Rebenmehltau.

Physiologie: S ist für den Menschen ungiftig; kleine Mengen wirken abführend. Feinverteilter Schwefel wird auf der Haut chemisch verändert; auf den Umwandlungsprodukten beruht seine Wirkung bei Hautkrankheiten.

16.3.3 Schwefelwasserstoff, *Monosulfan*, H2S

Vorkommen: in Schwefelquellen, Vulkan- und Erdgasen; Fäulnisprodukt von Eiweißstoffen.

Herstellung:

- in der Technik durch Isolierung aus Wasser-, Stadt-, Kokerei- und rohem Synthesegas, z.B. nach dem *Alkazid-Verfahren:* Lösungen aminosaurer Natriumsalze nehmen H_2S in der Kälte auf und geben es in der Wärme wieder ab. Beim *Rectisol-Verfahren* dient tiefgekühltes Methanol zur Aufnahme von H_2S.

- im Labormaßstab
  - aus Eisen(II)-sulfid und Salzsäure: $FeS + 2\,HCl \rightarrow FeCl_2 + H_2S$;
  - aus Paraffin und Schwefel beim Erhitzen;
  - synthetisch aus Wasserstoff und flüssigem Schwefel;

Eigenschaften: farbloses, nach faulen Eiern riechendes Gas (F –85,6 °C, Kp –61 °C), das mit blauer Flamme verbrennt; $2\,H_2S + 3\,O_2 \rightarrow 2\,H_2O + 2\,SO_2$. Ein in die Flamme gehaltener kalter Gegenstand beschlägt mit gelbem Schwefel, da dann das Gas unvollständig verbrennt: $2\,H_2S + O_2 \rightarrow 2\,H_2O + 2\,S$; dieser Vorgang entspricht dem Rußen von brennendem Ethin. H_2S ist in Wasser nur mäßig löslich; das »*Schwefelwasserstoffwasser*« trübt sich an der Luft allmählich infolge Ausscheidung von Schwefel durch Oxidation; es ist eine sehr schwache Säure (Salze: *Sulfide*).

Nachweis: Schwarzbraunfärbung von »Bleipapier« (mit Bleisalzlösung getränktes und getrocknetes Papier; PbS-Bildung); metallisches Silber läuft schwarz an (Ag_2S-Bildung).

Verwendung: als Trennmittel in der anorganisch-chemischen Analyse; zur Herstellung von Schwefel.

Physiologie: Sehr giftig! In der Atemluft wirken bereits 0,08 Vol.-% nach 5 bis 10 min tödlich; Schwefelwasserstoff blockiert wie Blausäure lebenswichtige Atmungsfermente. Mit H_2S darf in Laboratorien nur in gut ziehenden Abzügen gearbeitet werden.

Sulfide: Salze des Schwefelwasserstoffs. *Schwermetallsulfide* sind wichtige Erze (↑S. 498f.); sie werden vor ihrer Verhüttung durch »Rösten« (Erhitzen unter Luftzufuhr) in Oxide umgewandelt, z.B. gemäß $2\,PbS + 3\,O_2 \rightarrow 2\,PbO + 2\,SO_2$. Nur die *Alkali-* und *Erdalkalisulfide* sowie *Ammoniumsulfid* sind in Wasser löslich; die übrigen werden aus den Metallsalzlösungen durch Ammoniumsulfidlösung, einige extrem schwerlösliche sogar durch Schwefelwasserstoff aus saurer Lösung als charakteristisch gefärbte Niederschläge ausgefällt. Beispiele: $FeSO_4 + (NH_4)_2S \rightarrow FeS\downarrow + (NH_4)_2SO_4$; $2\,BiCl_3 + 3\,H_2S \rightarrow Bi_2S_3\downarrow + 6\,HCl$.

Fällungen durch Schwefelwasserstoff und Ammoniumsulfid:

durch H_2S aus saurer Lösung		auch durch $(NH_4)_2S$ aus ammoniakalischer Lösung	
schwarz:	HgS, Ag_2S, PbS, CuS	schwarz:	FeS, NiS, CoS
braun:	SnS, Bi_2S_3	rosa:	MnS
orange:	Sb_2S_3, Sb_2S_5	weiß:	ZnS
gelb:	$As_2S_3, As_2S_5, SnS, CdS$		

In $(NH_4)_2S$ zu *Thiosalzen* löslich sind:		Als Hydroxide fallen durch $(NH_4)_2S$	
$SnS_2, Sb_2S_3, Sb_2S_5, As_2S_3, As_2S_5$ ferner MoS_3, WS_3, V_2S_5		weiß:	$Al(OH)_3$
		braun:	$Fe(OH)_3$
		graugrün:	$Cr(OH)_3$

16.3.4 Schwefeldioxid, SO_2

Vorkommen: in Vulkangasen; in Abgasen von Kohlefeuerungen.

Herstellung:

- durch Verbrennen von Schwefel oder Schwefelwasserstoff;
- aus Sulfiten durch stärkere Säuren:

    $Na_2SO_3 + 2\ HCl \rightarrow 2\ NaCl + H_2O + SO_2;$

- technisch durch Rösten sulfidischer Erze, z.B. von Pyrit:

    $4\ FeS_2 + 11\ O_2 \rightarrow 2\ Fe_2O_3 + 8\ SO_2;$

- technisch durch reduktive thermische Zersetzung von Gips oder Anhydrit, ↑S. 503

Eigenschaften: farbloses, schweres, stechend riechendes, hustenreizendes Gas, das bereits bei $-10\ °C$ flüssig wird, nicht brennbar ist und sich sehr leicht in Wasser löst. SO_2 wirkt bleichend auf viele Farbstoffe; im Gegensatz zur Chlorbleiche wird in manchen Fällen beim Ansäuern der Farbstoff zurückgebildet.

Verwendung: als Zwischenprodukt zur Herstellung von Schwefelsäure, Sulfiten und anderen S-Verbindungen; zum Bleichen von Papier, Stroh und Wolle; zum Ausschwefeln von Weinfässern; für die Sulfochlorierung von Paraffinkohlenwasserstoffen; flüssig zum Reinigen von Erdöl.

Schwefeldioxid und Umwelt:

- »*Saurer Regen*«: Vor allem beim Verbrennen S-reicher Brennstoffe (Kohle, insbes. Braunkohle) werden große Mengen SO_2 an die Luft abgegeben und führen dort zusammen mit Stickoxiden (aus Kraftfahrzeugabgasen und Hochtemperaturverbrennungsanlagen; meist als NO_x angegeben), z.T. in Form des »*sauren Regens*«, zu erheblichen Schädigungen an

Pflanzen (u.a. »Waldsterben«), Tieren, Mikroorganismen, Gewässern und Sachgütern. Da SO_2 und NO_x an feuchter Luft leicht oxidiert werden, enthält der saure Regen Schwefelsäure und Salpetersäure. Der pH-Wert unbelasteten Regenwassers liegt bei 5,6; der Durchschnittswert 1989 in der BRD betrug 4,1; saurer Regen erreicht Spitzenwerte bis 2,4. Der saure Regen wirkt sowohl unmittelbar als auch über den Waldboden auf Bäume ein. An der direkten Einwirkung ist auch Ozon, O_3, verantwortlich, das photochemisch aus NO_x gebildet wird. Im Boden setzt saurer Regen aus Kalkböden und Tonen Ca^{2+}- und Mg^{2+}-Ionen frei und spült sie weg, so daß Nährstoffmangel entsteht; freigesetzte Al^{3+}-Ionen wirken giftig auf die Pflanzen; ebenfalls freigesetzte Schwermetallionen schädigen im Boden Mikroorganismen und können ins Grundwasser gelangen.

Der Versauerung von Waldböden kann durch Kalkung entgegengewirkt werden; langfristig vorzuziehen sind gemahlene basische, phosphathaltige Schlacken der Eisenverhüttung.

SO_2 ist auch die Ursache von *saurem Smog* (»Smog vom London-Typ«), der sich bei ungünstigen Windverhältnissen ausbilden kann. Dabei wird SO_2 an Nebeltröpfchen mit schwermetallhaltigen Ruß- und Staubteilchen katalytisch zu Schwefelsäure oxidiert, die Schädigungen der Atemwege hervorruft.

- *Rauchgasentschwefelung:* Es existieren viele, meist mehrstufige Verfahren, SO_2 aus den Rauchgasen zu entfernen und möglichst in verwertbare Produkte (Gips, Schwefelsäure) umzuwandeln, z.B. Besprühen mit Kalkmilch, Einblasen von Kalkstaub (auch direkt in Feuerungsanlagen), kalkhaltiger Asche u.a., Vermischen des Brennstoffs mit gemahlenem Kalkstein. Primär bildet sich meist *Calciumsulfit*, $CaSO_3$, das durch Restsauerstoff teilweise oder ganz zu Calciumsulfat, $CaSO_4$, oxidiert wird.

16.3.5 Schweflige Säure und Sulfite

Schweflige Säure, H_2SO_3, steht stets im Gleichgewicht mit ihren Zerfallsprodukten ($SO_2 + H_2O \rightleftarrows H_2SO_3$) und ist daher nur in wäßriger Lösung existenzfähig. Schwache bis mittelstarke Säure; Salze: *Sulfite*. Die Säure geht leicht in Schwefelsäure über, wobei sie andere Stoffe, z.B. Kaliumpermanganat oder elementaren Sauerstoff, reduziert.

Sulfite: In Wasser leicht löslich sind nur die Alkalisulfite; sie gehen beim Kochen mit Schwefel in Thiosulfate über. Alle Sulfite werden durch stärkere oder weniger flüchtige Säuren unter Schwefeldioxidentwicklung zersetzt. Wichtige Sulfite sind: **Natriumsulfit**, Na_2SO_3 (↑S. 419), und **Natriumhydrogensulfit**, $NaHSO_3$. Eine Lösung von **Calciumhydrogensulfit**, $Ca(HSO_3)_2$, aus Kalkstein, Schwefeldioxid und Wasser gewonnen, dient als »Sulfitlauge« zum Herauslösen des Lignins aus Holz bei der Zellstoffgewinnung.

Disulfite leiten sich von der in freiem Zustand nicht bekannten *Dischwefligen Säure*, $H_2S_2O_5$, ab; die Salze (früher *Pyrosulfite* und *Metabisulfite* genannt) entstehen durch Erhitzen von Hydrogensulfiten, z.B. $2\ KHSO_3 \rightarrow K_2S_2O_5 + H_2O$. **Kaliumdisulfit** (früher »Kaliummetabisulfit«) wird in fotografischen Entwicklern und Fixierbädern verwendet.

16.3.6 Schwefeltrioxid, SO_3

Herstellung:

- durch Erhitzen von Disulfaten, z.B. $Na_2S_2O_7 \rightarrow Na_2SO_4 + SO_3\uparrow$;
- durch katalytische Oxidation von Schwefeldioxid (↑S. 503);
- durch Abdestillieren aus hochprozentigem Oleum.

Eigenschaften: farblose, eisartig durchscheinende, an der Luft stark rauchende Masse (F 16,85 °C, Kp 44,8 °C), die mit Wasser explosionsartig heftig zu Schwefelsäure reagiert: $SO_3 + H_2O \rightarrow H_2SO_4$; $\Delta_R H^\ominus = -95{,}6 \text{ kJ} \cdot \text{mol}^{-1}$. Neben dieser früher als γ-SO_3 bezeichneten Substanz haben sich die α- und die β-Form als Polyschwefelsäuren erwiesen.

16.3.7 Schwefelsäure, H_2SO_4

16.3.7.1 Herstellung

Allgemeines: Die Herstellung aus den Salzen (Sulfaten) durch Verdrängen mittels schwerer flüchtiger oder stärkerer Säuren ist nicht möglich, da Schwefelsäure zu stark ist und sich oberhalb 300 °C zersetzt. Nach allen heute üblichen Verfahren stellt man zunächst Schwefeldioxid her, oxidiert es zu Schwefeltrioxid und setzt dieses mit Wasser um.

I. Reaktionsstufe: *Herstellung von Schwefeldioxid*

3 Hauptmöglichkeiten:

- *Rösten sulfidischer Erze*, z.B. von Pyrit: $4 FeS_2 + 11 O_2 \rightarrow 2 Fe_2O_3 + 8 SO_2$. Hierzu dienen Drehrohr-, Etagen- oder Wirbelschichtreaktoren. Buntmetallhütten haben infolge Anfalls von SO_2 beim Rösten der Erze stets Schwefelsäureanlagen.

- *Erzeugung aus Gips oder Anhydrit* (Gipsschwefelsäureverfahren, MÜLLER-KÜHNE-Verfahren). Besonders wichtig, da wertvoller Zement als Nebenprodukt entsteht.
  Gips oder Anhydrit wird im Drehrohrreaktor (z.B. 80 m lang, 2 bis 3 m Durchmesser) mit Koksgrus, Sand und Ton durch Kohlenstaubverbrennung auf etwa 1400 °C erhitzt:

$$2 CaSO_4 + C \xrightarrow{1400 \text{ °C}} 2 CaO + 2 SO_2 + CO_2$$

$$CaO + \underset{(SiO_2)}{\text{Sand}} + \underset{(Al-Silicat)}{\text{Ton}} \rightarrow \underset{(Ca-Al-Silicat)}{\text{Zement}}$$

- *Verbrennen von Schwefel:* $S + O_2 \rightarrow SO_2$.

II. Reaktionsstufe: *Oxidation des Schwefeldioxids*

2 Möglichkeiten:

- *Kontaktverfahren:* etwa 80-90% der Weltproduktion; seit etwa 1900; liefert konzentrierte Säure. Schwefeldioxid, das durch Waschprozesse und Elektrofiltration von Kontaktgiften (z.B. As-Verbindungen aus sulfidischen Erzen) und Flugstaub befreit wurde, wird bei 450 °C mit sauerstoffangereicherter Luft über Katalysatoren aus Vanadium(V)-oxid, V_2O_5, oder Platinasbest geleitet. Gemäß $2 SO_2 + O_2 \rightleftarrows 2 SO_3$ ($\Delta_R H^\ominus = -184 \text{ kJ} \cdot \text{mol}^{-1}$) entstehen mit 99 %iger Ausbeute weiße Nebel von *Schwefeltrioxid*. Diese werden in Rieseltürmen von konz. Schwefelsäure zu *Dischwefelsäure* gebunden: $SO_3 + H_2SO_4 \rightarrow H_2S_2O_7$. Hieraus entsteht durch vorsichtiges Verdünnen reine, wasserfreie *Schwefelsäure:* $H_2S_2O_7 + H_2O \rightarrow 2 H_2SO_4$.

- *Nitroseverfahren (Turmverfahren;* Weiterentwicklung des »Bleikammerverfahrens«): etwa 10-20% der Weltproduktion; geht in den Anfängen auf 1750 zurück; liefert verdünnte Säure. Lufthaltiges SO_2 strömt bei etwa 100 °C im *Denitrierturm* einer aus dem Prozeß (dem Nitrierturm) stammenden stickoxidhaltigen Schwefelsäure [*nitrose Säure;* enthält **Nitrosylschwefelsäure**, $SO_2(OH)(O-NO)$] entgegen und entbindet aus dieser Stickstoffdioxid, NO_2. Die abfließende, etwa 80 %ige Schwefelsäure ist Handelsprodukt. Das Gemisch aus NO_2, SO_2 und Luft durchläuft mehrere mit Schamottefüllkörpern versehene, steinerne *Produktionstürme*, denen gleichzeitig nitrose Säure zugeführt wird. Vereinfachte Reaktionsfolge: $SO_2 + NO_2 \rightarrow SO_3 + NO$; $NO + \frac{1}{2}O_2 \rightarrow NO_2$; NO_2 reagiert wieder mit SO_2 usw.; SO_3 löst sich im Wasser der nitrosen Säure zu H_2SO_4. Das verbleibende Gas (NO_2, N_2), die soeben produzierte Säure sowie ein Teil der 80%igen Säure des Denitrierturms werden einem System von *Nitriertürmen* zugeführt, in denen das NO_2 zu nitroser Säure gebunden wird. Diese gelangt zum kleineren Teil in einen Produktionsturm, zum wesentlichen Teil jedoch in den Denitrierturm, wo sie, wie bereits beschrieben, von den nitrosen Gasen befreit wird. Zum Ausgleich von Verlusten an nitrosen Gasen führt man dem Denitrierturm Salpetersäure zu.

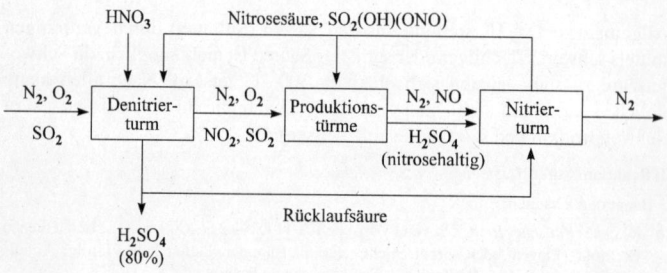

Bild 16-1: Schema des Nitroseverfahrens

16.3.7.2 Eigenschaften und Verwendung

Physikalische Eigenschaften: farblose, ölige, geruchlose Flüssigkeit (Dichte 1,84 g·cm^{-3} bei 20 °C), die bei 338 °C unter Bildung hustenreizender SO_3-Nebel siedet. Sie ist sehr hygroskopisch und eignet sich daher zum Trocknen von Gasen (nicht von Ammoniak!). Beim Verdünnen tritt starke Erwärmung auf (Hydratbildung, z.B. zu $H_2SO_4 \cdot H_2O$), die zum Verspritzen führen kann, deshalb:

Verdünnungsregel für Schwefelsäure:

> Stets unter Umrühren Säure zu Wasser gießen, nie umgekehrt!

Chemische Eigenschaften: sehr starke, zweiwertige Säure (Salze: *Sulfate*); schon bei mäßiger Verdünnung ist sie in der 1. Stufe praktisch vollständig dissoziiert; vereinfacht $H_2SO_4 \rightleftarrows H^+ + HSO_4^-$; die Hydrogensulfationen sind in wesentlich geringerem Ausmaß weiter dissoziiert: $HSO_4^- \rightarrow H^+ + SO_4^{2-}$. Auch $H_3SO_4^+$- und $HS_2O_7^-$-Ionen treten auf. Da die Säure schwer flüchtig und sehr stark ist, verdrängt sie viele andere Säuren aus ihren Salzen. Beispiele:
$$CaF_2 + H_2SO_4 \rightarrow CaSO_4 + 2\,HF$$
$$2\,CH_3COONa + H_2SO_4 \rightarrow Na_2SO_4 + 2\,CH_3COOH$$

Verdünnte Säure entwickelt mit Metallen, die unedler als Wasserstoff sind, Wasserstoff.

Im Gegensatz zu verdünnter Säure greift die aus Molekülen bestehende *konzentrierte Säure* Metalle erst beim Erhitzen an; sie wirkt dann wie HNO_3 oxidierend (auch auf Cu, Hg und Ag) und wird dabei zu Schwefliger Säure bzw. Schwefeldioxid reduziert:

$$Cu + 2\ H_2SO_4 \rightarrow CuSO_4 + SO_2 + 2\ H_2O$$

Konzentrierte Säure entzieht vielen organischen Stoffen die Elemente O und H in Form von Wasser; sie wird deshalb bei Veresterungen, Veretherungen, Nitrierungen u.a. als wasserentziehender Hilfsstoff verwendet. Kohlenhydrate wie Zucker, Stärke, auch Papier und einige Textilfaserstoffe werden unter Freisetzung von Kohlenstoff zerstört. Auf Kohlenwasserstoffe (besonders aromatische) und Phenole wirkt konzentrierte Säure *sulfonierend* (Bildung von *Sulfonsäuren* mit der *Sulfonsäuregruppe* $-SO_2OH$), auf Alkohole *veresternd* (Bildung von *Sulfaten* mit der *Sulfatgruppe* $-O-SO_2OH$).

Nachweis: konz. Säure wird am einfachsten durch Verkohlung eines eingetauchten Holzstabes von anderen Säuren unterschieden.
SO_4^{2-}-Ionen geben auch in salzsaurer Lösung mit $BaCl_2$-Lösung einen weißen, feinpulvrigen Niederschlag von Bariumsulfat: $H_2SO_4 + BaCl_2 \rightarrow BaSO_4\downarrow + 2\ HCl$.

Verwendung: H_2SO_4 gehört zu den wichtigsten technischen Grundchemikalien. Sie dient zur Erzeugung von Chemiefaserstoffen (Viskoseseide und -zellwolle, Polyamidfaserstoff), Düngesalzen (Superphosphat), Explosivstoffen, Wasch-, Netz- und Emulgiermitteln, Teerfarbstoffen, Arzneimitteln, Sulfaten, Ethern, Estern, Säuren (Flußsäure, Weinsäure u.a.), zur Raffination von Mineralölen, zum Beizen von Metallen, für galvanische Elektrolyte (Verchromung, Eloxierung u.a.), für Blei-Akkumulatoren und für viele andere Zwecke.

16.3.7.3 Rauchende Schwefelsäure (»*Oleum*«)

Rauchende Schwefelsäure enthält überschüssiges Schwefeltrioxid, das z.T. in Form von **Dischwefelsäure** (*Pyroschwefelsäure*), $H_2S_2O_7$, gebunden ist. Die **Disulfate** (*Pyrosulfate*) entstehen durch Erhitzen von Hydrogensulfaten: $2\ NaHSO_4 \rightarrow Na_2S_2O_7 + H_2O$. $x\%$iges Oleum ist eine $x\%$ige Lösung von SO_3 (hauptsächlich als $H_2S_2O_7$ gebunden) in H_2SO_4. Die reine, 100%ige Schwefelsäure wird in diesem Zusammenhang oft als »Monohydrat« (genauer: Schwefeltrioxid-monohydrat, $SO_3 \cdot H_2O$) bezeichnet. Die Dischwefelsäure gehört zu den *Polyschwefelsäuren* der Formel $H_2S_nO_{3n+1}$.

16.3.8 Sulfate

Übersicht:

Wichtige Sulfate sind:

Glaubersalz.....................	$Na_2SO_4 \cdot 10H_2O$	ferner die *Minerale:*
Bittersalz........................	$MgSO_4 \cdot 7H_2O$	Gips, Anhydrit, Kieserit,
Ammonsulfat.................	$(NH_4)_2SO_4$	Schwerspat, Cölestin

- **Vitriole** sind kristallwasserhaltige Sulfate 2wertiger Metalle:

  Eisenvitriol................ $FeSO_4 \cdot 7H_2O$ (grün)
  Kupfervitriol.............. $CuSO_4 \cdot 5H_2O$ (blau)
  Nickelvitriol............... $NiSO_4 \cdot 7H_2O$ (smaragdgrün)
  Cobaltvitriol.............. $CoSO_4 \cdot 7H_2O$ (himbeerrot)
  Zinkvitriol.................. $ZnSO_4 \cdot 7H_2O$ (farblos)

- **Alaune** sind Doppelsulfate der Formel $Me^I_2SO_4 \cdot Me^{III}_2(SO_4)_3 \cdot 24H_2O$
  (Me^I = 1wertiges Metall: K, NH_4, Rb, Cs)
  [Me^{III} = 3wertiges Metall: Cr, Al, Fe, V(III)]
  Beispiele:

»Alaun«	= Kaliumaluminiumsulfat	$K_2SO_4 \cdot Al_2(SO_4)_3 \cdot 24H_2O$
»Chromalaun«	= Kaliumchromsulfat	$K_2SO_4 \cdot Cr_2(SO_4)_3 \cdot 24H_2O$
»Eisenalaun«	= Kaliumeisen(III)-sulfat	$K_2SO_4 \cdot Fe_2(SO_4)_3 \cdot 24H_2O$

- »**Mohrsches Salz**« ist kein Alaun, sondern: $(NH_4)_2SO_4 \cdot FeSO_4 \cdot 6H_2O$.

Löslichkeit: Die Sulfate von Pb, Ca, Sr und Ba sind in Wasser schwer löslich bis praktisch unlöslich; die meisten übrigen lösen sich leicht.

Nachweis: ↑S. 438.

16.3.9 Weitere Schwefelverbindungen

Thioschwefelsäure, $H_2S_2O_3$: nur bei sehr tiefen Temperaturen beständig. Ihre Salze, die **Thiosulfate,** bilden sich beim Kochen von Sulfitlösungen mit Schwefel: $Na_2SO_3 + S \rightarrow Na_2S_2O_3$.

Peroxodischwefelsäure (»*Perschwefelsäure*«), $H_2S_2O_8$, ist frei sehr unbeständig. Ihre Salze sind sehr starke Oxidationsmittel, z.B. **Kaliumperoxodisulfat** (»*Kaliumpersulfat*«), $K_2S_2O_8$.
Peroxomonoschwefelsäure, H_2SO_5, heißt auch CAROsche Säure.

Dithionige Säure, $H_2S_2O_4$, ist in freiem Zustand nicht bekannt. Wichtig ist **Natriumdithionit**, $Na_2S_2O_4$: sehr starkes Reduktionsmittel, das in der Küpenfärberei, im Ätzdruck und in Entfärbern verwendet wird. – *Herstellung:* Zinkstaub, Schwefeldioxid und Wasser ergeben Zinkdithionit: $Zn + 2 SO_2 \rightarrow ZnS_2O_4$; hieraus entsteht durch Natriumcarbonat das Na-Salz.

Dithionsäure, $H_2S_2O_6$ (Salze: *Dithionate*), und **Tetrathionsäure,** $H_2S_4O_6$ (Salze: *Tetrathionate*), sind nur in verdünnter wäßriger Lösung bekannt. *Mangan(II)-dithionat* bildet sich aus Braunstein und Schwefliger Säure gemäß $MnO_2 + 2 SO_2 \rightarrow MnS_2O_6$, *Natriumtetrathionat* aus Natriumthiosulfat und Iod gemäß $2 Na_2S_2O_3 + I_2 \rightarrow Na_2S_4O_6 + 2 NaI$.
Weitere Sauerstoffsäuren des Schwefels sind **Sulfoxylsäure,** H_2SO_2 (Salze: *Sulfoxylate*), **Thioschweflige Säure,** $H_2S_2O_2$ (Salze: *Thiosulfite*), **Tri-**, **Penta-** und **Hexathionsäure,** $H_2S_3O_6$, $H_2S_5O_6$ und $H_2S_6O_6$ (Salze: *Tri-, Penta-* und *Hexathionate*).

Dischwefeldichlorid (»*Chlorschwefel*«), S_2Cl_2, *Kp* 138 °C, entsteht aus den Elementen beim Erhitzen. Orangegelbe, an feuchter Luft rauchende, charakteristisch erstickend riechende Flüssigkeit. *Verwendung:* zum Vulkanisieren von Kautschuk.

Schwefelhexafluorid, SF_6, ein farb- und geruchloses, reaktionsträges Gas, wird technisch als (gasförmiger!) elektrischer Isolator verwendet.

Sulfurylchlorid, SO_2Cl_2 (*F* –54,1 °C, *Kp* 69,3 °C) ist das Chlorid der Schwefelsäure, **Thionylchlorid,** $SOCl_2$ (*F* –104,5 °C, *Kp* 76 °C) das Chlorid der Schwefligen Säure. Beide Substanzen sind farblose, stark hustenreizende, an der Luft weiße Nebel bildende Flüssigkeiten, die mit Wasser heftig gemäß

$$SO_2Cl_2 + 2 H_2O \rightarrow H_2SO_4 + 2 HCl$$
bzw. $SOCl_2 + 2 H_2O \rightarrow H_2SO_3 + 2 HCl$

reagieren.

Säurechloride leiten sich von den Säuren durch Ersatz von OH-Gruppen durch Cl ab.

$SO_2(OH)_2$	= Schwefelsäure	$PO(OH)_3$	= Phosphorsäure
SO_2Cl_2	= Sulfurylchlorid	$POCl_3$	= Phosphorylchlorid

Die bei der Schwefelsäure existierende Zwischenstufe $SO_2(OH)Cl = HSO_3Cl$ heißt **Chloroschwefelsäure** (früher *Chlorsulfonsäure*). Sie ist eine farblose, stechend riechende Flüssigkeit (F –80°C, Kp 152 °C), die mit Wasser unter Zischen zu Schwefelsäure und Chlorwasserstoff reagiert und z.B. mit Alkoholen Schwefelsäureester ergibt.

Über **Kohlendisulfid, Xanthogenate, Thiocyanate (Rhodanide)** ↑S. 457, 457, 459.

16.4 Selen und Selenverbindungen

Symbol: Se [*selene* (grch.) Mond; benannt nach der Vergesellschaftung mit Tellur; *tellus* (lat.) Erde]; **Wertigkeiten:** +6, +4, –2.

Entdeckung: 1817 durch JÖNS JACOB BERZELIUS (Schweden).

Vorkommen: selten; begleitet in geringen Mengen (zusammen mit Tellur) den Schwefel in Sulfiden; eigene Erze sind nur sporadisch vorhanden.

Physiologie: für höhere Organismen lebensnotwendig; der Mensch enthält 12 bis 15 mg Selen. Selenverbindungen sind sehr giftig; bei akuter Vergiftung riecht die Atemluft intensiv nach Knoblauch.

Herstellung: aus Röstgasen sulfidischer Erze; aus dem Anodenschlamm der Kupferraffination. Der Schlamm wird alkalisch ausgelaugt; Schwefeldioxid fällt das Se wieder aus; Reinigung durch Destillation.

Wichtigste Modifikationen (s.a. S. 493):

- **Graues (metallisches) Selen:** graue, schwach glänzende Masse, deren elektrischer Widerstand mit zunehmender Belichtung abnimmt. In Kohlendisulfid unlöslich.
- **Rotes Selen:** rote, nichtmetallische, in CS_2 mit gelber Farbe lösliche Kristalle. Unbeständigere Modifikation.

Beide Formen ergeben eine rotbraune bis schwarze Schmelze und einen dunkelgelben Dampf; sie verbrennen beim Erhitzen an der Luft mit blauer Flamme und rettichartigem Geruch zu einem weißen Rauch von Selendioxid, SeO_2. Rotes Selen entsteht aus grauem durch Auflösen in heißer, konzentrierter Schwefelsäure und Eingießen der grünen Lösung in viel Wasser.

Verwendung: für Fotozellen (z.B. fotoelektrische Belichtungsmesser) und Gleichrichter.

Selenverbindungen ähneln oft den entsprechenden Schwefelverbindungen:

- **Selenwasserstoff,** H_2Se: farbloses, unangenehm stechend riechendes Gas; noch giftiger als H_2S; F –60,4 °C, Kp –41,5 °C; verbrennt mit blauer Flamme zu Selendioxid (bei ungenügender Luftzufuhr, z.B. beim Einbringen einer Porzellanplatte, scheidet sich, dem Rußen kohlenstoffreicher Kohlenwasserstoffe vergleichbar, rotes Selen ab). – Die Salze heißen **Selenide;** Schwermetallselenide sind z.T. intensiv farbig (**Cadmiumselenid,** CdSe, rot).
- **Selenige Säure,** H_2SeO_3: farblose, nadelförmige Kristalle; bildet sich aus Selendioxid und Wasser oder durch Oxidation von Selen mit konz. Salpetersäure; spaltet beim Erwärmen Wasser ab. – Die Salze heißen **Selenite. Natriumselenit,** $Na_2SeO_3 \cdot 5H_2O$, farblos, leicht wasserlöslich, dient als Glanzbildner bei der galvanischen Versilberung. – **Selendioxid,** SeO_2, farblose Kristallnadeln, sublimiert bei 315 °C; wird als selektives Oxidationsmittel zur Synthese organischer Verbindungen verwendet.
- **Selensäure,** H_2SeO_4: farblose, leicht wasserlösliche Kristalle; F 58 °C; bildet mit wenig Wasser ähnlich viskose Lösungen wie konz. Schwefelsäure und wirkt wie diese auf Holz u.a. organische Substanzen verkohlend. Selensäure ist eine sehr starke Säure, wirkt jedoch stärker oxidierend und ist darum unbeständiger als Schwefelsäure; sie spaltet z.B. beim Erhitzen Sauerstoff ab und löst im Gemisch mit Salzsäure (analog Königswasser) Gold und Platin auf. - Ihre Salze (**Selenate**) ähneln den Sulfaten. So gibt es analoge Vitriole und

Doppelsalze; **Bariumselenat** ist sehr schwer löslich, jedoch etwas löslicher als Bariumsulfat, so daß aus Bariumselenat und Schwefelsäure gemäß $BaSeO_4 + H_2SO_4 \rightarrow H_2SeO_4 + BaSO_4$ Selensäure rein erhalten werden kann. – Das Anhydrid der Selensäure, **Selentrioxid**, SeO_3, farblos, kristallisiert (F 113 °C), reagiert analog Schwefeltrioxid unter Zischen mit Wasser zu Selensäure.

- Weitere Selenverbindungen: **Selenhexafluorid**, SeF_6, farbloses Gas. – **Selentetrachlorid**, $SeCl_4$, farblose Kristalle. – **Diselendichlorid**, Se_2Cl_2, bräunlichgelbe Flüssigkeit; **Selentetrabromid**, $SeBr_4$, gelbes Pulver.

16.5 Tellur und Tellurverbindungen

Tellur (Symbol Te) [von *tellus* (lat.) Erde; vgl. Selen] begleitet Selen und Schwefel in Sulfiden, ist jedoch seltener als Selen. Entdeckt 1782 durch FRANZ JOSEF MÜLLER VON REICHENSTEIN in siebenbürgischen Golderzen. - Te bildet silberweiß-metallische, weiche, jedoch spröde Kristalle mit Halbleitereigenschaften (s.a. S. 493); goldgelber Dampf; aus Lösungen (z.B. von H_2Te) schlägt es sich als braunes Pulver nieder; Herstellung aus dem Anodenschlamm der elektrolytischen Kupferraffination (bis 4% Gehalt) und aus den Röstgasen sulfidischer Erze; verbrennt mit blaugrüner Flamme zu TeO_2; wird auch durch konzentrierte Salpetersäure zu TeO_2 oxidiert. Te und seine Verbindungen sind sehr giftig; im menschlichen Körper bildet sich **Dimethyltellur**, $(CH_3)_2Te$, das Atemluft und Schweiß einen langanhaltenden, penetranten Knoblauchgeruch verleiht.

Tellurwasserstoff, H_2Te: farbloses, sehr giftiges, zersetzliches Gas; verbrennt mit blaugrüner Flamme zu einem Rauch von TeO_2; ist als Säure stärker, jedoch gegen Luftsauerstoff weit unbeständiger als Selenwasserstoff. Die Salze heißen **Telluride**. **Bismuttellurid**, Bi_2Te_3, **Blei(II)-tellurid**, PbTe, und **Antimontellurid**, Sb_2Te_3, sind in der Raumfahrttechnik für die thermoelektrische Stromerzeugung wichtig geworden; **Quecksilber-cadmium-tellurid** ist in fotoempfindlichem Material für Wärmebildkameras enthalten.

Tellurige Säure, H_2TeO_3 (Salze: **Tellurite**), ist sehr schwach und spaltet leicht Wasser ab. Ihr Anhydrid, **Tellurdioxid**, TeO_2, F 733 °C, ist weiß, fest und in Wasser nur wenig löslich; es ist amphoter mit überwiegend saurem Charakter und löst sich sowohl in Alkalilaugen zu **Telluriten** als auch in Säuren zu kompliziert gebauten Tellur(IV)-verbindungen.

Tellursäure, H_6TeO_6, eine im Gegensatz zu Selen- und Schwefelsäure nur sehr schwache Säure, bildet farblose, wasserlösliche Kristalle. Da bereits die 1. Dissoziationsstufe sehr klein ist und die letzte (6.) demnach verschwindend gering, existieren die meisten Salze (**Tellurate**) nur als Hydrogentellurate; es existiert jedoch **Silbertellurat**, Ag_6TeO_6. – Das Anhydrid der Tellursäure, **Tellurtrioxid**, TeO_3, ist ein gelbes Kristallpulver.

16.6 Polonium und Poloniumverbindungen

Polonium (Symbol Po) [benannt nach *Polen*] wurde 1898 von PIERRE und MARIE CURIE (Frankreich) in der Uranpechblende entdeckt. Es ist radioaktiv, äußerst selten und wird künstlich durch Bestrahlung von Bismut in Kernreaktoren gewonnen; längstlebiges Isotop Po 209 (Halbwertszeit 102 Jahre). Silberweißes, glänzendes Metall (s.a.S. 493), das ständig blaues Licht aussendet. Auch in den Verbindungen verhält sich Polonium wie ein typisches Metall.

17 Elemente der VII. Hauptgruppe (Halogene)

17.1 Allgemeines

Elemente: Fluor (F), Chlor (Cl), Brom (Br), Iod (I), Astat (At). (»Halogene« = Salzbildner)

Tabelle 17-1: *Halogene*[1]

	Fluor	Chlor	Brom	Iod[2]
Symbol	F	Cl	Br	I
Kernladungszahl	9	17	35	53
Relative Atommasse	18,9984	35,4527	79,904	126,905
Schmelzpunkt (in °C)	−219,6	−102,0	−7,3	+113,5
Dichte (flüssig) (in g·cm^{-3})	1,11[3]	1,57[3]	3,14[4]	4,94[4]
Farbe (gasförmig)	schwach gelblich-grün	gelblich-grün	rotbraun	violett
Farbintensität	schwach	(zunehmend) ────────────────────────────>		
Löslichkeit			(abnehmend)	
in Wasser	Reaktion	schwach	────────────────────>	
in Kohlendisulfid	Reaktion	löslich	löslich	löslich
Häufigkeit (Erdrinde, %)	$2,8 \cdot 10^{-2}$	$1,9 \cdot 10^{-1}$	$6 \cdot 10^{-4}$	$6 \cdot 10^{-6}$
Wertigkeiten	−1	−1	−1	−1
		+7, +5	+5, +3	+7, +5
		+3, +1	+1	+3, +1
Reaktionsfähigkeit gegenüber H und Metallen	sehr stark	(abnehmend) ────────────────────────────>		
gegenüber O	sehr schwach	(zunehmend) ────────────────────────────>		
Halogenwasserstoffe	HF	HCl	HBr	HI
Säurestärke	mittel	stark	(zunehmend) ──────────>	
Beständigkeit	stark	(abnehmend) ────────────────────────────>		
Siedepunkt (in °C)	+19,5	−85,1	−66,7	−35,4
in Wasser schwerlösliche Salze	CaF$_2$, SrF$_2$	AgCl	AgBr	AgI, TlI
	BaF$_2$, MgF$_2$	TlCl	TlBr	PbI$_2$
	LiF, (NaF)	(PbCl$_2$)	PbBr$_2$	Hg$_2$I$_2$
	AlF$_3$, PbF$_2$	Hg$_2$Cl$_2$	Hg$_2$Br$_2$	HgI$_2$, BiI$_3$

1) ohne Astat
2) deutsche Schreibweise: *Jod*
3) für die flüssige Phase beim Siedepunkt
4) bei 20 °C und Normaldruck

Wertigkeit: F tritt nur −1wertig auf; die übrigen Elemente sind hauptsächlich −1- und +7wertig. Zunehmend unbeständiger sind die Wertigkeitsstufen +5, +3 und +1.

Metallischer Charakter: Die Elemente sind durchweg Nichtmetalle, doch machen sich in Richtung zum At zunehmend metallische Eigenschaften bemerkbar.

Hydroxide: Die Element(VII)-hydroxide sind (in wasserärmeren Formen) nur von Cl, Br und I bekannt. Analog zu den Verhältnissen in der VI. Gruppe nimmt die Säurestärke von Cl zum I ab: Während $HClO_4$ [= $Cl(OH)_7 - 3\ H_2O$] die stärkste Sauerstoffsäure ist, ist H_5IO_6 nur schwach sauer. - Mit abnehmender positiver Wertigkeit nimmt auch ihre Säurestärke ab; so sinkt sie z.B. in der Reihenfolge $HClO_4$, $HClO_3$, $HClO_2$, $HClO$. - Verglichen mit den entsprechenden Verbindungen der VI. Gruppe haben alle Säuren der VII. Gruppe stärker sauren Charakter.

Hydride: Die wäßrigen Lösungen der Halogenwasserstoffe sind Säuren; ihre Stärke nimmt von HF (mittel) bis HI (sehr stark) zu (HAt ist noch zu wenig untersucht); dagegen nimmt ihre Beständigkeit gegenüber Oxidation von HF zu HI ab. Die Halogenwasserstoffsäuren sind stärker sauer als die Chalkogenwasserstoffsäuren.

Verdrängungsreaktionen: Die Reaktionsfähigkeit der Halogene gegenüber Metallen und Wasserstoff nimmt von F zu I ab; gegenüber Sauerstoff nimmt sie zu. Entsprechend verdrängt das jeweils reaktionsfähigere Halogen das weniger reaktionsfähige aus seiner Verbindung, z.B. $2\ KI + Cl_2 \rightarrow 2\ KCl + I_2$ (Ionengleichung: $2\ I^- + Cl_2 \rightarrow I_2 + 2\ Cl^-$); andererseits gegenüber Sauerstoff: $2\ KClO_3 + I_2 \rightarrow 2\ KIO_3 + Cl_2$.

Farbe der Halogenide: Die Halogenid-Ionen (F^-, Cl^-, Br^-, I^-) sind farblos; dennoch sind einige Verbindungen mit an sich ebenfalls farblosen Kationen farbig, und zwar mit sehr kleinen und hochgeladenen Kationen, die in der Lage sind, die Elektronenhülle sehr großer Halogenid-Ionen (bes. I^-) stark zu »deformieren«, d.h. zu sich herüberzuziehen; ↑S. 518. (Die gleichen Verhältnisse liegen bei Telluriden, Seleniden, Sulfiden und Oxiden vor).

Interhalogenverbindungen: durch Synthese herstellbare, sehr reaktionsfähige Verbindungen zwischen den Halogenen. - **Chlormonofluorid,** ClF, und **Chlortrifluorid,** ClF_3, sind farblose Gase; Glaswolle fängt in ClF_3 Feuer. **Bromtrifluorid,** BrF_3, ist eine fahlgelbe, **Brompentafluorid,** BrF_5, eine farblose Flüssigkeit. **Iodmonochlorid,** ICl, kristallisiert in Form rubinroter, **Iodtrichlorid,** ICl_3, in Form gelber Nadeln, während **Iodheptafluorid,** IF_7, ein farbloses, äußerst reaktionsfähiges Gas darstellt.

17.2 Fluor und Fluorverbindungen

17.2.1 Allgemeines

Symbol: F [*fluere* (lat.) fließen; von Flußspat, der als »Flußmittel« zur Erniedrigung des Schmelzpunktes von Schlacken verwendet wird];

Wertigkeit: -1.

Vorkommen: nur chemisch gebunden, hauptsächlich in den Mineralen:

Flußspat (*Fluorit*)...................... CaF_2
Eisstein (*Kryolith*)...................... Na_3AlF_6
Fluorapatit................................. $3Ca_3(PO_4)_2 \cdot CaF_2 \triangleq Ca_5(PO_4)_3F$

Physiologie: Fluorapatit kommt in kleinen Mengen in Knochen und Zähnen vor. Bei fluoridarmem Trinkwasser tritt die Zahnkaries häufiger auf. - Lösliche Fluoride sind giftig; organische F-Verbindungen sind teils völlig ungiftig (z.B. Fluorkohlenwasserstoffe wie CF_2Cl_2), teils außerordentlich giftig (z.B. Fluorethansäure $CH_2F-COOH$).

17.2.2 Elementares Fluor, F_2

Erstherstellung: 1886 durch HENRI MOISSAN (Frankreich).

Herstellung:

- durch Elektrolyse von KF in flüssigem Fluorwasserstoff mit Spezial-Kohle- oder Nickel-Anoden in Geräten aus Mg oder Cu (bilden Fluoridschutzschicht);
- durch Erhitzen solcher Fluoride, in denen das Metall in höheren als den normalen Wertigkeitsstufen auftritt, z.B. Cobalt(III)-fluorid: $2\ CoF_3 \rightarrow 2\ CoF_2 + F_2$.

Eigenschaften (s.a. S. 509): schwach gelblich-grünes Gas mit durchdringend chlorähnlichem Geruch. Reaktionsfähigstes Nichtmetall; verbindet sich mit fast allen anderen Elementen (auch einigen Edelgasen) zu Fluoriden; reagiert mit H_2 selbst unterhalb $-200\ °C$ noch explosionsartig; verdrängt die übrigen Halogene und auch Sauerstoff aus ihren Verbindungen mit Wasserstoff und den Metallen, zersetzt z.B. Wasser gemäß $2\ H_2O + 2\ F_2 \rightarrow 4\ HF + O_2$. Flüssiges Fluor wird in Gefäßen aus Kupfer oder Monelmetall (↑S. 575) transportiert.

Verwendung: zur Herstellung von Schwefelhexafluorid, SF_6, und von Uranhexafluorid, UF_6 (für die Isotopentrennung des Urans); weiter zur Erzeugung sehr heißer Flammen, z.B. werden im Wasserstoff-Fluor-Gebläse 3700 °C erreicht.

17.2.3 Fluorverbindungen

Fluorwasserstoff, HF: farbloses, an feuchter Luft Nebel bildendes, giftiges Gas von stechend-saurem Geruch, das bei −19,6 °C flüssig wird. Unterhalb 90 °C ist Fluorwasserstoff assoziiert, z.B. H_2F_2. *Herstellung:* aus Fluoriden (technisch Flußspat) durch konz. Schwefelsäure: $CaF_2 + H_2SO_4 \rightarrow CaSO_4 + 2\,HF$; auch als Nebenprodukt bei der Superphosphatherstellung aus Apatit (↑S. 488). Fluorwasserstoff ätzt Glas und andere Silicate unter Bildung des gasförmigen SiF_4: $SiO_2 + 4\,HF \rightarrow SiF_4 + 2\,H_2O$. *Verwendung:* zum Mattätzen von Glas und zur Herstellung anderer F-Verbindungen, z.B. von Fluorcarbonen und Polyfluorcarbonen.

Flußsäure ist die wäßrige Lösung von HF bzw. H_2F_2 (handelsübliche Konzentrationen: 72 %ig, 50 %ig, 40 %ig). Mittelstarke Säure; Salze: *Fluoride*. Aufbewahrung in Polyethylen- oder PVC-Flaschen. Flußsäure ist giftig und besonders schädlich für Schleimhäute und verletzte Haut. *Verwendung:* zum Blankätzen von Glas, zum Beizen von Gußeisen, zur Herstellung anderer F-Verbindungen.

Fluoride: Salze der Flußsäure. **Natriumfluorid,** NaF, ist giftig (F 922 °C), schützt Holz vor Fäulnis und dient in kleinen Dosen zum Fluoridieren von Trinkwasser zur Vorbeugung gegen Zahnkaries. - **Calciumfluorid,** CaF_2, in der Natur als »*Flußspat*« vorkommend, ist im Gegensatz zu den übrigen Ca-Halogeniden schwer löslich (F 1403 °C) und dient in der Metallurgie als Flußmittel. - **Natriumhexafluoroaluminat,** $Na_3[AlF_6]$, »*Kryolith*«, kommt in der Natur vor, wird auch künstlich hergestellt und dient geschmolzen als Lösungsmittel für Al_2O_3 bei der Al-Gewinnung. - Von den Alkalimetallen und Ammonium exisitieren auch komplexe **Hydrogenfluoride,** z.B. $K[HF_2]$. Über *Edelgasfluoride* ↑S. 520.

Nachweis der Fluoride z.B. durch die Benetzungsprobe: Beim Erhitzen der trockenen Substanz mit konzentrierter H_2SO_4 in einem trockenen Reagenzglas benetzt beim Schütteln die Säure das Glas nicht mehr und läuft ab wie Wasser an einer fettigen Unterlage.

Komplexe Fluorosäuren:

Tetrafluoroborsäure (Salze: *Tetrafluoroborate*), $H[BF_4]$; ↑S. 441.
Hexafluorokieselsäure (Salze: *Hexafluorosilicate*), $H_2[SiF_6]$; ↑S. 467.

17.3 Chlor und Chlorverbindungen

17.3.1 Allgemeines

Symbol: Cl [*chloros* (grch.) gelbgrün]; **Wertigkeiten:** −1; +7; +5; +3; +1; (+4).

17.3 Chlor und Chlorverbindungen

Vorkommen: nur gebunden, besonders im Meerwasser (enthält 2% Cl^--Ionen) und den daraus entstandenen Salzlagern; elfthäufigstes Element der Erdkruste.

Minerale:

Steinsalz (Halit)	$NaCl$
Sylvin	KCl
Carnallit	$KCl \cdot MgCl_2 \cdot 6H_2O$
Kainit	$KCl \cdot MgSO_4 \cdot 3H_2O$

Physiologie: Cl^--Ionen sind für die tierischen Organismen lebensnotwendig (z.B. für die Magensaftbildung und den Wasserhaushalt des Organismus).

17.3.2 Elementares Chlor, Cl_2

Entdeckung: 1774 durch CARL WILHELM SCHEELE (Schweden).

Herstellung:

- durch Oxidation von Salzsäure mit Kaliumpermanganat, Mangan(IV)-oxid, Chlorkalk u.a.:
  $2 KMnO_4 + 16 HCl \rightarrow 2 KCl + 2 MnCl_2 + 8 H_2O + 5 Cl_2$
  $MnO_2 + 4 HCl \rightarrow MnCl_2 + 2 H_2O + Cl_2$
  $CaCl(OCl) + 2 HCl \rightarrow CaCl_2 + H_2O + Cl_2;$

- technisch durch Alkalichloridelektrolyse (↑S. 416) und durch Elektrolyse von »Abfallsalzsäure« (z.B. bei der Chlorierung organischer Verbindungen);

- technisch auch durch Oxidation von Chlorwasserstoff mit Luft in Gegenwart von Kupfer- oder Eisen(III)-chlorid (DEACON-Prozeß):
  $4 HCl + O_2 \rightarrow 2 Cl_2 + 2 H_2O.$

Eigenschaften (s.a. S. 509): gelbgrünes, nicht brennbares, stechend riechendes Gas; 2,5mal so schwer wie Luft; in Wasser mäßig löslich zu Chlorwasser. Chlor ist sehr reaktionsfähig, verdrängt Brom und Iod aus ihren Wasserstoff- und Metallverbindungen und verbindet sich mit vielen anderen Elementen zu Chloriden.

So glühen z.B. Antimon-, Arsen- und erhitztes Eisenpulver auf, wenn sie in Chlorgas eingeworfen werden. z.B. $2 Fe + 3 Cl_2 \rightarrow 2 FeCl_3$. Unechtes Blattgold (*Tombak*) entflammt in Chlor, doch wird auch echtes Gold angegriffen (Bildung von $AuCl_3$).

Gemische aus Chlor und Wasserstoff (*Chlorknallgas*) explodieren bei Zufuhr von Wärme oder Licht (Sonnen- oder Mg-Licht): $H_2 + Cl_2 \rightarrow 2 HCl$. Mit Natronlauge entstehen Hypochlorit und Chlorid: $2 NaOH + Cl_2 \rightarrow NaClO + NaCl + H_2O$. Mit Kohlenwasserstoffen bilden sich durch Substitution oder Addition Chlorderivate, z.B. $CH_4 + Cl_2 \rightarrow CH_3Cl + HCl$; Terpentinöl entzündet sich in Chlor. Feuchtes Chlor bleicht viele Farbstoffe, da sich, besonders im Sonnenlicht, mit Wasser allmählich Monosauerstoff bildet; $H_2O + Cl_2 \rightarrow 2 HCl + (O)$; daher ist Chlorwasser in braunen Flaschen aufzubewahren.

17 Elemente der VII. Hauptgruppe (Halogene)

Toxizität: Chlorgas ätzt stark die Schleimhäute der Atmungsorgane und zerstört die Lungengewebe. Bereits 0,05% wirken nach 1 bis 2 Std. tödlich. Chlor war der erste chemische Kampfstoff (Ypern, 1915).

Verwendung: Chlor gehört zu den wichtigsten Grundchemikalien der chemischen Industrie. - Flüssiges, trockenes Chlor kann in Kesselwagen und Stahlrohrleitungen transportiert werden; es kommt in Stahlflaschen mit Rotgußventil (grauer Anstrich mit Totenkopfsymbol) in den Handel.

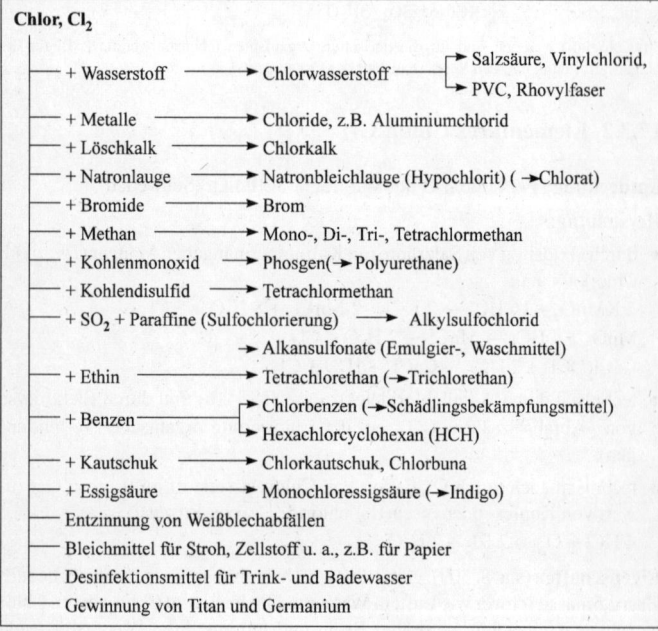

17.3.3 Chlorwasserstoff, HCl, und Salzsäure

Herstellung:

- durch Synthese (Verbrennung von Wasserstoff in Chlor): $H_2 + Cl_2 \rightarrow 2\,HCl$;
- aus Chloriden (Kochsalz) und konz. Schwefelsäure
  bei niedriger Temperatur: $NaCl + H_2SO_4 \rightarrow NaHSO_4 + HCl$
  bei höherer Temperatur: $NaCl + NaHSO_4 \rightarrow Na_2SO_4 + HCl$

  Gesamtreaktion: $2\,NaCl + H_2SO_4 \rightarrow Na_2SO_4 + 2\,HCl$;

- als Nebenprodukt bei der Chlorierung organischer Verbindungen, z.B. von Benzen: $C_6H_6 + Cl_2 \rightarrow C_6H_5Cl + HCl$.

Eigenschaften: farbloses, stechend riechendes, hygroskopisches Gas, das an feuchter Luft weiße Nebel bildet. In Wasser löst es sich begierig zu *Salzsäure*, wobei elektrolytische Dissoziation bzw. Protolyse eintritt: $HCl \rightarrow H^+ + Cl^-$ (bzw. $HCl + H_2O \rightarrow H_3O^+ + Cl^-$). Mit Ammoniak entsteht ein dichter, weißer Rauch von festem Ammoniumchlorid: $NH_3 + HCl \rightarrow NH_4Cl$. An Ethin wird HCl in Gegenwart von Katalysatoren zu Monochlorethen (Vinylchlorid) addiert: $CH \equiv CH + HCl \rightarrow CH_2 = CHCl$.

Verwendung: zur Herstellung von Salzsäure, Chloriden und Vinylchlorid (für PVC und Rhovylfaserstoff).

Salzsäure: farblose Flüssigkeit, die ständig um so mehr HCl abgibt, je konzentrierter sie ist, und dann an der Luft stark raucht. Die handelsübliche konzentrierte Säure ist etwa 38%ig (Dichte 1,19 $g \cdot cm^{-3}$). Magensaft enthält 0,4 bis 0,5% HCl. Salzsäure löst die unedlen Metalle (nicht z.B. Kupfer) unter H_2-Entwicklung zu Chloriden, z.B. $2 Al + 6 HCl \rightarrow 2 AlCl_3 + 3 H_2$. Starke Oxidationsmittel, z.B. $KMnO_4$, setzen Chlor in Freiheit.

Salzsäure-%-Dichte-Regel: Die Dichte der Salzsäure in $g \cdot cm^{-3}$ ergibt sich in guter Näherung aus der %-Angabe, indem die halbierte %-Zahl als Nachkommastelle hinter »1,« geschrieben wird. Eine 26%ige Salzsäure hat demnach die Dichte 1,13 $g \cdot cm^{-3}$, eine 18%ige Säure die Dichte 1,09 $g \cdot cm^{-3}$.

Verwendung: zum Beizen von Metallen; für Lötwasser (Zn + HCl); zum Lösen von Metallen aus Erzen; zur Herstellung von Chloriden und Chlor.

Nachweis: ↑S. 515

17.3.4 Chloride

Trivialnamen und mineralogische Namen:

NaCl............. Halit, Steinsalz, Kochsalz
KCl............... Sylvin
NH_4Cl.......... Salmiak
$HgCl_2$................. Sublimat
Hg_2Cl_2............... Kalomel
$(NH_4)_2SnCl_6$....... Pinksalz

Löslichkeit: meist in Wasser leicht löslich. Ausnahmen: AgCl, CuCl, Hg_2Cl_2, TlCl; $PbCl_2$ ist in der Kälte schwer löslich.

Nachweis: eine Cl^--haltige Lösung ergibt auch nach dem Ansäuern mit Salpetersäure mit $AgNO_3$-Lösung einen weißen, flockigen, am Licht nachdunkelnden, in Ammoniakwasser löslichen Niederschlag von AgCl.

17.3.5 Sauerstoffsäuren des Chlors und ihre Salze

Übersicht:
Tabelle 17-2: *Chlorsauerstoffsäuren*

Formel	Name	Anhydrid	Name der Salze
$HClO_4$	Perchlorsäure	Cl_2O_7	Perchlorat
$HClO_3$	Chlorsäure	–	Chlorat
$HClO_2$	Chlorige Säure	–	Chlorit
$HClO$	Hypochlorige Säure	Cl_2O	Hypochlorit

Perchlorsäure, $HClO_4$, (früher: *Überchlorsäure*), ist die stärkste Sauerstoffsäure. Wasserfrei leichtbeweglich und explosiv, nimmt sie bei mäßiger Verdünnung ölige Konsistenz an und ist wesentlich beständiger; 72%ige Säure siedet azeotrop bei 203 °C. $HClO_4$ fällt aus K-Salzlösungen weißes **Kaliumperchlorat,** $KClO_4$, aus und dient deshalb als analytisches Reagens.

Chlorsäure, $HClO_3$, ist nur verdünnt (bis 40%) beständig. Die **Chlorate** bilden sich aus Chlor und heißer Alkalilauge: $6\ NaOH + 3\ Cl_2 \rightarrow NaClO_3 + 5\ NaCl + 3\ H_2O$. Sie sind starke Oxidationsmittel, z.B. explodieren Gemische von Kaliumchlorat und Schwefel beim Verreiben (entsprechende Versuche mit Phosphor sind lebensgefährlich!); ein Stück Holz, in geschmolzenes Chlorat gebracht, verbrennt mit heftig rauschender Flamme. Beim Erhitzen geben die Chlorate (leichter als Perchlorate) ihren Sauerstoff ab; die Zersetzung wird durch Braunstein katalytisch beschleunigt: $2\ KClO_3 \rightarrow 2\ KCl + 3\ O_2$. - **Kaliumchlorat,** $KClO_3$, F 368 °C, wird für Zündhölzer, Explosivstoffe und Feuerwerkskörper verwendet, **Natriumchlorat,** $NaClO_3$, F 255 °C, zur Unkrautbekämpfung.

Chlorige Säure, $HClO_2$, ist nur verdünnt bekannt und auch dann sehr unbeständig. **Natriumchlorit,** $NaClO_2$, ist ein Bleichmittel.

Hypochlorige Säure, $HClO$, (früher: *Unterchlorige Säure*), ist ebenfalls nur verdünnt existenzfähig; die Säure besitzt einen chlorähnlichen, jedoch deutlich davon abweichenden Geruch und ist wie ihre Salze, die **Hypochlorite,** ein starkes Oxidationsmittel. Ihre Anwesenheit im Chlorwasser geht auf die Reaktion $Cl_2 + H_2O \rightarrow HCl + HClO$ zurück. - **Natrium-** und **Kaliumhypochlorit,** $NaClO$ bzw. $KClO$, sind in den z.B. gemäß $2\ KOH + Cl_2 \rightarrow KCl + KClO + H_2O$ aus Alkalilaugen und Chlor erhältlichen *Bleichlaugen* (Natron- bzw. Kalibleichlauge) enthalten. Die Bleichlaugen riechen infolge Hydrolyse nach Hypochloriger Säure (nicht nach Chlor!); sie geben leicht Sauerstoff ab und dienen als Bleich-, Desinfektions- und Entgiftungsmittel (z.B. zur Entgiftung galvanischer cyanidischer Abwässer). - **Chlorkalk,** vereinfacht $CaCl(ClO)$, *Calciumchloridhypochlorit*, entsteht aus Chlor und Löschkalk und dient ebenfalls zum Bleichen und Desinfizieren. - **Calciumhypochlorit,** $Ca(ClO)_2$, ist noch wirksamer als Chlorkalk und wurde zur Entgiftung chemischer Kampfstoffe eingesetzt.

17.3.6 Weitere Chlorverbindungen

Dichlorhept(a)oxid, Cl_2O_7, Anhydrid der Perchlorsäure, ist eine farblose, flüchtige, ölige, sehr explosible Flüssigkeit, die durch Wasserentzug aus Perchlorsäure mittels P_2O_5 entsteht: $2\ HClO_4 + P_2O_5 \rightarrow Cl_2O_7 + 2\ HPO_3$.

Chlordioxid, ClO_2, ein gelbes, beim Erhitzen explodierendes Gas von scharfem, charakteristischem Geruch, entsteht aus Kaliumchlorat und konzentrierter Schwefelsäure:
$3\ KClO_3 + 3\ H_2SO_4 \rightarrow 3\ KHSO_4 + HClO_4 + H_2O + 2\ ClO_2$.

Dichlormonoxid, Cl_2O, ist ein braunes, explosibles Gas, das mit Wasser Hypochlorige Säure bildet: $Cl_2O + H_2O \rightarrow 2\ HClO$.

17.4 Brom und Bromverbindungen

Symbol: Br [*bromos* (grch.) Gestank]; **Wertigkeiten:** −1; +5, +3, +1.

Vorkommen: Br begleitet Cl in dessen Vorkommen; im Meerwasser ist das Verhältnis $Br^- : Cl^- = 1 : 300$.

Entdeckung: 1826 im Meerwasser durch ANTOINE JÉRÔME BALARD (Frankreich).

Herstellung:

- technisch aus Bromiden, z.B. bromidhaltigen Endlaugen der Kaliindustrie, durch Chlor: $MgBr_2 + Cl_2 \rightarrow MgCl_2 + Br_2$;
- aus Bromiden, Mangan(IV)-oxid und Schwefelsäure:
  $4 KBr + MnO_2 + 2 H_2SO_4 \rightarrow 2 K_2SO_4 + MnBr_2 + 2 H_2O + Br_2$.

Physikalische Eigenschaften (s.a. S. 509): intensiv schwarzrote Flüssigkeit, die unter Bildung brauner, stechend riechender, schwerer Dämpfe rasch verdunstet; in Chloroform, Kohlendisulfid und Benzen leicht, in Wasser nur wenig löslich (»*Bromwasser*«).

Chemische Eigenschaften: wirkt stark ätzend auf Haut und Atmungsorgane, zerstört auch Holz, Kork, Gummi rasch; verbindet sich mit vielen Elementen zu Bromiden, verdrängt Iod aus Iodiden und wird seinerseits durch Chlor und Fluor aus Bromiden verdrängt. Mit Kohlenwasserstoffen bilden sich durch Substitution oder Addition Bromderivate.

Verwendung: zur Herstellung von Bromiden sowie organischen Bromverbindungen, z.B. dem roten Farbstoff *Eosin*, bromhaltigen Pharmazeutika und auch *Bromethan*, C_2H_5Br, und *1,2-Dibromethan*, $C_2H_4Br_2$, die verbleitem Benzin zugesetzt wurden, um das Blei in flüchtiges Blei(II)-bromid, $PbBr_2$, überzuführen.

Bromverbindungen: ähneln stark den Chlorverbindungen.

Bromwasserstoff, HBr, ist wie HCl ein farbloses, an feuchter Luft rauchendes, stechend riechendes Gas; es ist jedoch unbeständiger, so daß es aus Bromiden und Schwefelsäure nicht rein erhalten werden kann. HBr entsteht analog HI (↑S. 518) rein aus Brom und feuchtem rotem Phosphor. Die wäßrige Lösung, **Bromwasserstoffsäure**, ähnelt der Salzsäure; im Handel ist 48%ige Säure (Dichte 1,49 g · cm^{-3}) als bei 126 °C siedendes azeotropes Gemisch. **Silberbromid**, AgBr, sieht gelblich-weiß aus und löst sich im Gegensatz zum Chlorid nur wenig in Ammoniak. Bromide und organische Bromverbindungen dienen als Beruhigungsmittel.

Hypobromige Säure, HBrO, ähnelt der Hypochlorigen Säure, sie riecht angenehm aromatisch; hierauf ist der Geruch der aus Brom und Natronlauge entstehenden **Natriumhypobromit**-Lösung zurückzuführen. - **Bromite**, die Salze der **Bromigen Säure**, HBrO$_2$, sind erst seit 1959 bekannt. - Die Existenz von **Perbromaten**, den Salzen der **Perbromsäure**, HBrO$_4$, wurde erstmals 1968 nachgewiesen. Die freie *Perbromsäure* ist nur in wäßriger Lösung (bis 55%) beständig. - **Bromsäure**, HBrO$_3$, ähnelt sehr stark der Chlorsäure; ihre Salze, die **Bromate**, entsprechen weitgehend den Chloraten. **Kaliumbromat**, KBrO$_3$, F 434 °C, wird in der Maßanalyse verwendet (*Bromatometrie*).

17.5 Iod[1] und Iodverbindungen

Symbol: I [*ioeides* (grch.) violett]; **Wertigkeiten:** − 1; +7, +5, +3, +1.

Entdeckung: 1811 durch BERNARD COURTOIS (Frankreich) in Seetangasche.

Vorkommen: wesentlich seltener als die übrigen Halogene (außer Astat); findet sich angereichert im Chilesalpeter (als Natriumiodat, NaIO3) und in Meeresalgen, Tangen und Schwämmen (organische Iodverbindungen).

---
1) frühere, praktischere Schreibweise: Jod (Symbol J)

Physiologie: für Menschen, Tiere und Pflanzen lebensnotwendiger Mikronährstoff; bei Iodmangel kann sich in der Schilddrüse das iodhaltige Hormon *Thyroxin* nicht bilden, und es treten Schilddrüsenstörungen (Kropf u.a.) auf. Deshalb wird mitunter das Speisesalz mit NaI »iodiert«.

Herstellung:

- aus dem Iodat des Chilesalpeters durch Natriumhydrogensulfit:
  $2 NaIO_3 + 5 NaHSO_3 \rightarrow 2 Na_2SO_4 + 3 NaHSO_4 + H_2O + I_2$;
- aus der iodidhaltigen Asche von Meerespflanzen durch Chlor;
- aus Iodid + Mangan(IV)-oxid + Schwefelsäure (analog der Bromherstellung, S. 517)

Physikalische Eigenschaften (s.a. S. 509): grauschwarze, metallisch glänzende, scharf riechende Kristalle, die an der Luft allmählich verdampfen. Bei langsamem Erhitzen sublimiert Iod; der Dampf sieht intensiv violett aus. Bei raschem Erhitzen oder beim Erhitzen im geschlossenen Gefäß läßt sich Iod schmelzen (schwarze Flüssigkeit). I_2 löst sich leicht mit brauner Farbe in Ethanol (»*Iodtinktur*«), mit violetter Farbe in Kohlendisulfid und Chloroform, mit roter Farbe in Benzen. In Wasser ist Iod nur sehr wenig löslich, leicht dagegen auf Zusatz von Kaliumiodid mit brauner Farbe (»*Iodiodkaliumlösung*«), enthält Anlagerungsverbindungen vom Typus $KI \cdot I_2$). Aus den wäßrigen Lösungen läßt sich Iod durch die genannten wasserunlöslichen organischen Lösungsmittel »ausschütteln«.

Chemische Eigenschaften: reaktionsträger als Fluor, Chlor und Brom; wird von diesen Elementen aus Iodiden verdrängt, z.B. $2 NaI + Br_2 \rightarrow 2 NaBr + I_2$ ($2 I^- + Br_2 \rightarrow 2 Br^- + I_2$). Dennoch ist es sehr aggressiv, bildet mit vielen Elementen Iodide, zerstört auch Kork, Gummi u.dgl. Mit Natriumthiosulfat entstehen Iodid und Natriumtetrathionat: $2 Na_2S_2O_3 + I_2 \rightarrow Na_2S_4O_6 + 2 NaI$ (für die »Iodometrie«, ein Titrationsverfahren, von Bedeutung).

Nachweis: Freies Iod ergibt mit Stärke intensiv blaue *Iodstärke;* Iodverbindungen reagieren mit Stärke nicht.

Verwendung: Pharmazie, chemische Analytik, Halogenlampen.

Iodwasserstoff, HI, ist noch zersetzlicher als HBr. Er bildet sich aus Iod und feuchtem rotem Phosphor: $2 P + 3 I_2 \rightarrow 2 PI_3$; $PI_3 + 3 H_2O \rightarrow 3 HI + H_3PO_3$. Die wäßrige Lösung, **Iodwasserstoffsäure**, ist eine sehr starke Säure.

Iodide: ähneln den Bromiden, sind jedoch häufig intensiver farbig: AgI hellgelb, TlI gelb, PbI_2 intensiv gelb, HgI_2 zinnoberrot, BiI_3 schwarzbraun. Die genannten Iodide sind zugleich unlöslich in Wasser. AgI ist schwerer, KI leichter löslich als das jeweilige Bromid.

Iodsauerstoffsäuren: Hypoiodige Säure, HIO (Salze: **Hypoiodite**), nur in wäßriger Lösung existent, riecht safranartig. **Iodsäure**, HIO_3 (Salze: **Iodate**); **Periodsäure**, H_5IO_6 (Salze: **Periodate**). Iod- und Periodsäure bilden farblose, wasserlösliche Kristalle.

Diiodpent(a)oxid, I_2O_5; farblose Kristalle, Anhydrid der Iodsäure; zerfällt beim Erhitzen in die Elemente und vermag Kohlenmonoxid zu Kohlendioxid zu oxidieren: $I_2O_5 + 5 CO \rightarrow I_2 + 5 CO_2$.

17.6 Astat und Astatverbindungen

Astat, *Astatin*, Symbol: At [*astaton* (grch.) das Unbeständige], ist ein kurzlebiges, radioaktives Element (Halbwertszeit von At 210: 9,3 Stunden). Es wurde zuerst 1940 durch EMILIO SEGRÈ (Italien) in den USA künstlich hergestellt, tritt jedoch auch als Glied natürlicher radioaktiver Zerfallsreihen auf. In seinem chemischen Verhalten ähnelt es einerseits dem Iod, andererseits dem Polonium; $F \approx 300\ °C$, $Kp \approx 370\ °C$. Die Erdkruste enthält insgesamt nur etwa 30g At.

18 Elemente der VIII. Hauptgruppe (Edelgase)

Elemente: Helium (He), [*helios* (grch.) Sonne], Neon (Ne) [*neos* (grch.) neu], Argon (Ar) [*argos* (grch.) träge], Krypton (Kr) [*kryptos* (grch.) verborgen], Xenon (Xe) [*xenos* (grch.) fremd], Radon (Rn) [*radius* (lat.) Strahl; von seiner radioaktiven Strahlung].

Entdeckung: He wurde 1868 von PIERRE-JULES-CÉSAR JANSSEN spektralanalytisch als Bestandteil der Sonne nachgewiesen, auf der Erde erstmals 1895 durch WILLIAM RAMSAY (England) im Mineral Cleveit. Die übrigen beständigen Edelgase entdeckte RAMSAY 1894 (Argon) bis 1898 (Krypton, Neon, Xenon) im »Luftstickstoff«; die verschiedenen Rn-Isotope (damals »Emanationen« genannt) wurden im folgenden Jahrzehnt bekannt.

Vorkommen: in der Luft; 100 l Luft enthalten 933 ml Ar, 1,6 ml Ne, 0,46 ml He, 0,11 ml Kr und 0,008 ml Xe. - Rn findet sich in radioaktiven Quellwässern (Brambach). He kommt auch in manchen Erdgasen und in radioaktiven Mineralen vor; 15% der Sonnenatome (36 Massen-%) sind He-Atome bzw. deren Kerne.

Gewinnung: aus Luft durch fraktionierte Kondensation und Destillation, kombiniert mit Adsorption an Aktivkohle oder Silicagel. Argon reichert sich im Kreislaufgas der Ammoniaksynthese an und wird daraus isoliert.

Physikalische Eigenschaften: farb-, geruch- und geschmacklose, in Wasser mäßig lösliche Gase; s. S. 520. ^{3}He und ^{4}He sind die einzigen auch bei sehr starker Annäherung an den absoluten Nullpunkt noch flüssigen Stoffe.

Chemische und physiologische Eigenschaften: Die Edelgase sind äußerst reaktionsträge. Relativ am leichtesten reagieren die schweren Edelgase, und zwar mit Fluor. Krypton ruft, im Gemisch mit Sauerstoff eingeatmet, tiefe Bewußtlosigkeit hervor.

Verwendung: Die leichten Edelgase (He, Ne, Ar) sind Füllgase für Leuchtröhren und Glimmlampen, die mittleren (Kr, Ar) erhöhen in Glühlampen die Lichtausbeute (normale Glühlampen enthalten etwa 90% Ar und 10% N_2). He-Ne-Gemische werden in Gas-Lasern verwendet. Xenon ist in fotografischen Elektronenblitzlampen enthalten (sonnenähnliches Licht). - Helium wird außerdem für Ballonfüllungen und für »Taucherluft« (80 Vol.-% He + 20 Vol.-% O_2) verwendet, Argon als Schutzgas beim Schweißen und bei der Herstellung von Titan und Zirconium, Neon als Kältemittel in der Tieftemperaturphysik.

18 Elemente der VIII. Hauptgruppe (Edelgase)

Tabelle 18-1: *Edelgase*

	Helium	Neon	Argon	Krypton	Xenon	Radon
Symbol	He	Ne	Ar	Kr	Xe	Rn
Kernladungszahl	2	10	18	36	54	86
Relative Atommasse	4,00260	20,1797	39,948	83,80	131,29	222,018
Schmelzpunkt (in °C)	$-272^{1)}$	$-248,6$	$-189,4$	$-157,2$	$-111,8$	$-71,0$
Siedepunkt (in °C)	$-268,9$	$-246,1$	$-185,9$	$-153,4$	$-108,1$	$-62,0$
Dichte (in $g \cdot l^{-1}$) bei Normbedingungen	0,18	0,90	1,78	3,74	5,89	9,96
Häufigkeit (Erdrinde, %)	$4,2 \cdot 10^{-7}$	$5 \cdot 10^{-7}$	$3,6 \cdot 10^{-4}$	$1,9 \cdot 10^{-8}$	$2,4 \cdot 10^{-9}$	$6,2 \cdot 10^{-16}$
Wertigkeit	0	0	0	0; 2; 4	0; 2; 4; 6; 8	0; ?

Helium ist das am schwersten zu verflüssigende Gas, Flüssiges He existiert in 2 *Modifikationen:* Während sich **Helium I** wie eine gewöhnliche Flüssigkeit verhält, ist **Helium II** suprawärmeleitend und suprafluid. Es leitet die Wärme zehnmillionenmal besser als Helium I (1000mal besser als Silber!) und besitzt praktisch keine Zähigkeit, fließt also rasch durch engste Kapillaren und überkriecht spontan Gefäßwände als dünner Film. Die He-Atome im superfluiden He verhalten sich weitgehend wie die Elektronen in einem Supraleiter. - **Neon** hat von allen Gasen die höchste Zähigkeit; flüssiges Neon weist gegenüber Helium und Argon eine besonders hohe Dichte auf. - Das beständigste **Radon**-Nuklid ist Rn 211 (Halbwertzeit 16 h).

Edelgasverbindungen: seit 1962 bekannt. Die schweren Edelgase (Kr, Xe, Rn) reagieren unter geeigneten Bedingungen mit Fluor und bilden in den Wertigkeitsstufen 2, 4, 6 und 8 Fluoride. Aus diesen können durch Substitution Sauerstoffverbindungen gewonnen werden. **Xenon(II)-fluorid**, XeF_2, entsteht aus den Elementen unter der Einwirkung stiller elektrischer Entladungen. Es bildet farblose Kristalle, schmilzt bei 129 °C und zerfällt beim Erhitzen gemäß $2\ XeF_2 \rightarrow Xe + XeF_4$ unter Bildung von **Xenon(IV)-fluorid** (XeF_4; farblose Kristalle). **Xenon(VI)-fluorid**, XeF_6, bildet sich durch mehrstündiges Erhitzen eines Xe-F_2-Gemisches bei 6 MPa auf 300 °C und kann auch aus XeF_4 und O_2F_2 erhalten werden. Es ist ein weißer, fester Stoff, der bei 49,5 °C zu einer hellgelben Flüssigkeit schmilzt. Aus den Fluoriden lassen sich Oxide herstellen, z.B. entsteht **Xenon(VI)-oxid** gemäß $6\ XeF_4 + 12\ H_2O \rightarrow 4\ Xe + 3\ O_2 + 2\ XeO_3 + 24\ HF$. Xenon(VI)-oxid, ein hochexplosives Gas, ist ein Säureanhydrid; **Bariumxenat(VI)**, Ba_3XeO_6, bildet schwerlösliche Kristalle. Auch **Natriumxenat(VIII)**, *Natriumperxenat*, $Na_4XeO_6 \cdot 8H_2O$, ist bekannt; es gibt bei 100 °C das Kristallwasser ab und zersetzt sich erst bei 360 °C. **Xenon(VIII)-oxid**, XeO_4, ist gelb, fest und auch bei tiefen Temperaturen äußerst explosibel. - **Xenon(II)-chlorid**, $XeCl_2$, bildet farblose, bei Ausschluß von Wasser bis 80 °C beständige Kristalle.

α-Teilchen: Die von radioaktiven Stoffen ausgesandten α-Teilchen bestehen aus Heliumkernen (He^{2+}); diese bilden auch etwa 20% der primären kosmischen Strahlung.

---

1) bei 25 bar

Die Nebengruppenelemente und ihre Verbindungen

19 Allgemeines

Wertigkeit: Die Nebengruppenelemente zeichnen sich durch eine große Mannigfaltigkeit an Wertigkeitsstufen aus; doch tritt mit Ausnahme bestimmter Komplexverbindungen nur positive Wertigkeit auf. Wie bei den Hauptgruppen stimmt die maximale positive Wertigkeit im allgemeinen mit der Gruppennummer überein; es gibt jedoch *2 Ausnahmen:*

- I. Nebengruppe:
  Bei allen drei Elementen überschreitet die maximale Wertigkeit die Gruppennummer, da nicht nur das Elektron des äußersten Energieniveaus an der chemischen Bindung beteiligt ist.

- *VIII. Nebengruppe:*
  Hier wird die Wertigkeitsstufe +8 nur von 2 Elementen erreicht (Ru und Os); die übrigen Elemente treten nur in niedrigen Wertigkeitsstufen auf.

Chemisches Verhalten: Die Nebengruppenelemente ähneln um so mehr den jeweiligen Hauptgruppenelementen, je näher sie den Trennlinien zwischen beiden (II./III. Gruppe) stehen.

Am ähnlichsten sind den Hauptgruppenelementen die Elemente der II. und III. Nebengruppe; von der IV. bis zur VII. Nebengruppe nimmt die Ähnlichkeit stark ab, um bei der VIII. Nebengruppe völlig zu verschwinden und von der I. zur II. Nebengruppe wieder zuzunehmen.

Die Nebengruppenelemente sind ohne Ausnahme Metalle. Die Oxide in den höheren Wertigkeitsstufen (+5 bis +7) bilden jedoch mit Wasser Säuren (z.B. Chrom-, Vanadium-, Molybdän-, Permangansäure). Die Verbindungen der Nebengruppenelemente sind vielfach farbig.

20 Elemente der I. Nebengruppe (Kupfergruppe)

Tabelle 20-1: *Kupfergruppe*

	Kupfer	Silber	Gold
Symbol	Cu	Ag	Au
Kernladungszahl	29	47	79
Relative Atommasse	63,546	107,868	196,967
Schmelzpunkt (in °C)	1083	961	1063
Dichte (in g·cm^{-3} bei 20 °C)	8,95	10,54	19,32
Häufigkeit (Erdrinde, %)	$1,0 \cdot 10^{-2}$	$1 \cdot 10^{-5}$	$5 \cdot 10^{-7}$
Wertigkeit	1; 2	1; (2)	1; 3

20.1 Kupfer und Kupferverbindungen

20.1.1 Allgemeines

Symbol: Cu [*cuprum* (lat.); benannt nach der Insel Zypern]; **Wertigkeiten:** +2, +1. Iodid, Cyanid und Thiocyanat existieren nur in der +1wertigen Stufe; im allgemeinen ist jedoch die Oxidationsstufe +2 beständiger.

Vorkommen: selten gediegen, meist als Sulfid, z.B. in Kupferschiefer. *Kupferschiefer* ist kein Erz, sondern ein bituminöser Mergel, in dem viele Erze feinverteilt eingelagert sind.

Kupfer ist ein für Warmblüter und Pflanzen wichtiger Mikronährstoff; der Mensch benötigt täglich etwa 2 mg. - In Mollusken kommt der Cu-haltige Blutfarbstoff *Hämocyanin* vor.

Minerale:

Kupferkies (Chalkopyrit).........$CuFeS_2$
Buntkupferkies (*Bornit*)...........Cu_5FeS_4
Kupferglanz (*Chalkosin*)......... Cu_2S
Rotkupfererz (*Cuprit*)..............Cu_2O
Malachit....................................$CuCO_3 \cdot Cu(OH)_2$
Azurit.......................................$2CuCO_3 \cdot Cu(OH)_2$

20.1.2 Metallisches Kupfer

Herstellung:

- Oxidische Erze werden mit Koks reduziert.

- Aus kupferkieshaltigem Rohstoff (z.B. Kupferschiefer) wird in Kupferschachtöfen zunächst »Kupferstein« (Cu_2S, FeS und andere Sulfide wie NiS und Ag_2S) erschmolzen. Im Konverter entsteht aus dessen Schmelze durch seitliches Einblasen von Luft *Schwarzkup-*

fer ($Cu_2S + O_2 \rightarrow 2\ Cu + SO_2$; Schwefeldioxid → Schwefelsäure). Dieses wird oxidativ (→ *Garkupfer*) und für die meisten Zwecke noch elektrolytisch raffiniert (→ *Elektrolytkupfer*, Nebenprodukte: Silber, Selen, Arsen, auch Gold, Nickelsulfat u.a.); ↑S. 387.

- Beim *nassen Verfahren* laugt man feingemahlene Erze mit Schwefelsäure aus; aus der entstandenen Kupfersulfatlösung fällt man das Cu mit Eisenschrott als feinverteiltes Zementkupfer.
- Viele Kupfererze werden vor der Verhüttung durch Flotation aufbereitet, evtl. auch von anderen Erzen getrennt.
  Flotation (Schwimmaufbereitung): Verfahren zur Trennung feingemahlener Stoffgemische auf Grund verschiedener Benetzbarkeit der Bestandteile. Das feingemahlene Gemisch (z.B. Erz + taubes Gestein) wird in Wasser aufgeschlämmt, in dem Flotationshilfsmittel (*Sammler* und *Schäumer*) aufgelöst sind. Die Sammler werden von der Oberfläche der einen Komponente, meist des Erzes, adsorbiert und machen diese dadurch hydrophob (wasserabweisend). Beim Durchblasen von Luft durch die Aufschlämmung entsteht ein Schaum, in welchem sich der hydrophob gemachte Bestandteil sammelt; der andere Bestandteil setzt sich am Boden ab. Als Sammler dienen oft Xanthogenate, als Schäumer grenzflächenaktive Stoffe. Durch gezielten Zusatz von »drückenden« (hydrophil machenden) und dann »wiederbelebenden« (wieder hydrophob machenden) Mitteln läßt sich eine Trennung auch sehr ähnlicher Erze herbeiführen.
- Cu-Pulver entsteht aus Kupfersalzlösungen durch unedlere Metalle, z.B. Zink, Eisen oder Aluminium: $CuSO_4 + Zn \rightarrow ZnSO_4 + Cu$; Ionengleichung: $Cu^{2+} + Zn \rightarrow Cu + Zn^{2+}$.

Physikalische Eigenschaften (s.a. S. 522): rotglänzendes, zähes, weiches Metall (wird durch Hämmern hart, durch Abschrecken wieder weich); ist nächst Silber der beste Leiter für Elektrizität und Wärme. Kupfer ist gut lötbar, jedoch wegen Sauerstoffaufnahme schlecht schweiß- und gießbar.

Chemische Eigenschaften: beim Glühen an der Luft entsteht schwarzes, abblätterndes Kupfer(II)-oxid; die grüne »*Patina*« auf Kupferdächern besteht meist aus Hydroxidsulfat. Kupfer ist elektropositiver (edler) als Wasserstoff und löst sich demnach nur in oxidierenden Säuren: in HNO_3 unter Entwicklung nitroser Gase, in heißer konzentrierter Schwefelsäure unter Bildung von Schwefeldioxid. Auch in $FeCl_3$- und $CuCl_2$-Lösung löst sich Kupfer auf, z.B. gemäß $Cu + 2\ FeCl_3 \rightarrow CuCl_2 + 2\ FeCl_2$. Durch Polysulfidlösungen wird Kupfer braun bis schwarz gefärbt (»*Altkupferfärbung*«).

Verwendung: als Leiter in der Elektrotechnik; für Heiz- und Kühlrohre; als Gefäßmaterial (z.B. in Brauereien); als Legierungsmetall; für Anoden zum Verkupfern.

Legierungen

- **Messing:** Cu (60 bis 90%, meist 65%) + Zn. Messing mit über 80% Cu wurde früher als **Tombak** bezeichnet.
- **Bronzen:** Cu mit 1 oder mehreren (*Mehrstoffbronzen*) Legierungsmetallen. **Zinnbronze** (»Bronze« i.e.S.; bis 10% Sn), **Aluminiumbronze** (bis 11% Al), **Bleibronze** (8 bis 25% Pb, 5 bis 10% Sn), **Berylliumbronze** (bis 5% Be) sowie auch *Mangan*- und *Silicium-Mehrstoffbronzen*. »Phosphorbronze« = mit Phosphor desoxidierte Bronze; enthält < 5% P.
- **Rotguß:** Cu + Sn (bis 11%) + Zn (bis 5%)
- **Neusilber, Alpaka:** Cu (45 bis 67%) + Zn (12 bis 45%) + Ni (10 bis 26%)
- **Hartlot** (für Arbeitstemperaturen zwischen 600 und 1000 °C): Cu + Ag (10 bis 70%)
- **DEVARDAsche Legierung:** Cu(50%) + Al (45%) + Zn (5%); dient als Reduktionsmittel im Laboratorium.

- **Widerstandslegierungen** (elektrischer Widerstand nahezu temperaturunabhängig):
  Manganin: Cu (82 bis 84%) + Mn (12 bis 15%) + Ni (2 bis 4%)
  Konstantan: Cu (57%) + Ni (41%) + Fe (1%) + Mn (1%)
  Nickelin: Cu (56%) + Ni (31%) + Zn (13%)

Die **werkstofftechnische Kennzeichnung** der Nichteisenmetallegierungen (Eisenwerkstoffe ↑S. 564) erfolgt im allgemeinen nach dem Schema

CuNi20Mn20   Kupfer mit durchschnittlich 20% Nickel und 20% Mangan.
AlMg1   Aluminium mit durchschnittlich 1% Magnesium.

Vorangestellte Symbole weisen auf besondere Anwendungs- oder Herstellungsformen hin:
G Gußlegierung, Lg Lagermetall, L Lotmetall, E elektrolytisch hergestellt bzw. raffiniert u.a.

Beispiele:

G-AlSi6Cu   Aluminium-Gußlegierung mit durchschnittlich 6% Silicium und kleinen Mengen (höchstens 6%) Kupfer;
LSn63   Bleilot mit 63% Zinn (bei Weichloten entfällt das Zeichen Pb).

Zu beachten ist, daß die Zahlenwerte nicht immer den Prozentgehalt an Legierungsmetall bedeuten. In manchen Fällen (Eisenwerkstoffe) errechnet sich dieser durch Anwendung eines Multiplikationsfaktors, in anderen kennzeichnen die Zahlenwerte die Größe bestimmter Eigenschaften. Es ist daher nötig, sich bei jeder Legierungsgruppe speziell zu informieren.

Verkupfern: galvanisch, meist als Zwischenschicht vor dem Vernickeln, jedoch auch für galvanoplastische, z.B. drucktechnische Zwecke.

Elektrolyte:

- Sulfatelektrolyt: Kupfersulfat + Schwefelsäure
- Cyanidelektrolyt: Natriumcyanocuprat(I) + Natriumcyanid + Natriumcarbonat + wenig Natriumthiosulfat

Vermessingen: galvanisch, meist zur dekorativen Verschönerung, z.B. in der Beleuchtungskörperindustrie. Die Elektrolyte enthalten Natriumcyanocuprat, Natriumcyanozinkat, Natriumcyanid und Natriumcarbonat, dazu wenig Arsen(III)-oxid als Glanzbildner.

20.1.3 Kupferverbindungen

Kupfer(I)-verbindungen: Cu(I)-Verbindungen sind relativ unbeständig; sie gehen an der Luft meist in Cu(II)-Verbindungen über. Beständig sind **Kupfer(I)-cyanid** (weiß), CuCN; **Kupfer(I)-thiocyanat** (*Kupfer(I)-rhodanid*, weiß), CuSCN; **Kupfer(I)-iodid** (weiß), CuI; **Kupfer(I)-sulfid** (schwarz), Cu_2S, und **Kupfer(I)-oxid** (rot), Cu_2O.

Kupfer(I)-oxid, Cu_2O, F 1232 °C, fällt bei der Reduktion alkalischer Cu(II)-Lösungen (z.B. aus FEHLINGscher Lösung; s.u.) als zunächst gelber, dann unter Teilchenvergrößerung rot werdender Niederschlag aus; es dient zur Herstellung von Gleichrichtern und zum Färben von Glas und Email. - **Kupfer(I)-hydroxid,** CuOH, ist unbeständig und zerfällt gemäß $2\ CuOH \rightarrow Cu_2O + H_2O$ unter Bildung von Kupfer(I)-oxid.

Kupfer(I)-chlorid, CuCl, F 432 °C, $Kp \approx$ 1490 °C, fällt aus $CuCl_2$-Lösung durch Reduktion mit Cu-Pulver oder Schwefliger Säure als weißer, pulvriger Niederschlag aus. Seine Lösung in konz. Salzsäure, u.a. den Komplex $H[CuCl_2]$ enthaltend, absorbiert bei niedriger Temperatur Kohlenmonoxid; die entstehende Verbindung $CuCl \cdot CO$ gibt das CO bei höherer Temperatur wieder ab.

Kupfer(I)-cyanid, CuCN, F 475 °C, bildet sich als weißes Pulver, wenn Cu(II)-Lösungen mit Cyanidlösungen versetzt werden,; das primär ausfallende, braungelbe **Kupfer(II)-cyanid** zerfällt spontan unter Entwicklung von Cyangas. Reaktionsfolge z.B.

I $\quad$ $CuSO_4 + 2\ KCN \rightarrow Cu(CN)_2\downarrow + K_2SO_4$

II $\quad$ $2\ Cu(CN)_2 \rightarrow 2\ CuCN + (CN)_2\uparrow$

Analog entstehen **Kupfer(I)-thiocyanat**, CuSCN, und **Kupfer(I)-iodid**, CuI.

Kupfer(II)-verbindungen: Die kristallwasserhaltigen Salze (Aquakomplexe) sehen blau, blaugrün oder grün aus, die wasserfreien meist weiß (Oxid, Sulfid, Selenid schwarz). Iodid und Cyanid sind nicht beständig und gehen spontan in Cu(I) über, z.B. gemäß $2\ CuI_2 \rightarrow 2\ CuI + I_2$; Zerfall des Cyanids s.o..
Aus Cu(II)-Salzlösungen fällen insbes. Zink und Eisen rotbraunes Kupferpulver aus.

Kupfer(II)-oxid, CuO, F 1336 °C, ein schwarzes, amorphes oder kristallines Pulver, entsteht als Zunder beim Glühen von Kupfer an der Luft und verbleibt als Rückstand beim Erhitzen von Kupfer(II)-nitrat oder -carbonat, z.B. gemäß $Cu(NO_3)_2 \rightarrow CuO + 2\ NO_2 + \frac{1}{2}O_2$. Bei der *organischen Elementaranalyse* dient CuO als Oxidationsmittel. Die Dämpfe der zu analysierenden Substanz werden über erhitztes CuO geleitet, wobei die H-Atome zu H_2O und die C-Atome zu CO_2 oxidiert werden; beide Produkte werden anschließend quantitativ bestimmt.

Kupfer(II)-hydroxid, $Cu(OH)_2$, fällt als hellblaues, voluminöses Oxidhydrat beim Versetzen einer Cu(II)-Lösung mit Alkalihydroxidlösungen aus. Beim Erhitzen des Niederschlages unter Wasser entsteht unter Wasserabspaltung braunschwarzes Kupfer(II)-oxid, CuO. Abfiltriertes und ausgewaschenes $Cu(OH)_2$ löst sich in Ammoniakwasser zu intensiv blauem **Tetramminkupfer(II)-hydroxid**[1], $[Cu(NH_3)_4](OH)_2$, das als »SCHWEIZERS Reagens« (auch *Cuoxam* genannt) in der Lage ist, Cellulose reversibel zu lösen; s.a. Cuoxamfaserstoff; S. 744.

Kupfer(II)-chlorid, $CuCl_2$, bildet wasserfrei eine braune, hygroskopische Masse (F 498 °C); die konzentrierte braune Lösung wird beim Verdünnen erst grün, dann bei weiterer Verdünnung blau. Die grüne Lösung enthält Autokomplexe vom Typ $Cu[CuCl_4]$, die blaue Lösung hydratisierte Cu^{2+}-Ionen (*Tetraquokupfer(II)-ionen*[1]), $[Cu(OH_2)_4]^{2+}$. Aus der blauen Lösung kristallisiert grünlichblaues $CuCl_2 \cdot 2H_2O$.

---

1) neuerdings auch *Tetraamin(II)-hydroxid* bzw. *Tetraaquokupfer(II)-ionen*

Kupfer(II)-sulfat, $CuSO_4$, ist wasserfrei ein weißes Pulver, das mit Wasser in blaues **Kupfer(II)-sulfat-pentahydrat** (»Kupfervitriol«) $CuSO_4 \cdot 5H_2O$, übergeht. Die Reaktion kann zum Nachweis von Wasser, z.B. in organischen Flüssigkeiten, verwendet werden. *Kupfervitriol* bildet blaue, wasserlösliche, mäßig giftige Kristalle. Das Kristallwasser ist unterschiedlich gebunden: 4 H_2O als blauer Tetr(a)aquakomplex, $[Cu(OH_2)_4]^{2+}$, 1 H_2O per Wasserstoffbrücken an das Sulfation, $SO_4^{2-} \cdot H_2O$. Entsprechend wird es beim Erhitzen stufenweise abgegeben; völlige Entwässerung findet oberhalb 200 °C unter Entfärbung statt. Zu starkes Erhitzen führt unter Schwarzfärbung zur Zersetzung gemäß $CuSO_4 \rightarrow CuO + SO_3\uparrow$. Kupfervitriollösung ergibt mit Ammoniakwasser zunächst hellblaues Kupfer(II)-hydroxid, das sich im Überschuß des Fällungsmittels zu intensiv ultramarinblauem **Tetr(a)amminkupfer(II)-sulfat,** $[Cu(NH_3)_4]SO_4$, löst. Zusatz von verdünnter Schwefelsäure fällt wieder $Cu(OH)_2$, weiterer Zusatz löst zu hellblauer $CuSO_4 \cdot 5\,H_2O$-Lösung:

$$CuSO_4 \cdot 5H_2O \underset{H_2SO_4}{\overset{NH_3}{\rightleftharpoons}} Cu(OH)_2 \underset{H_2SO_4}{\overset{NH_3}{\rightleftharpoons}} [Cu(NH_3)_4]SO_4$$

hellblaue Lösung; enthält $[Cu(OH_2)_4]^{2+}$-Ionen   hellblauer Niederschlag;   tiefblaue Lösung; enthält $[Cu(NH_3)_4]^{2+}$-Ionen

Verwendung: Zur Herstellung anderer Cu-Verbindungen, zum Verkupfern, als Schädlingsbekämpfungsmittel (mit Kalkmilch »Kupferkalkbrühe« gegen Reblaus), für FEHLINGsche Lösung (s.u.).

Weitere Kupfer(II)-verbindungen: Kupfer(II)-nitrat, im Handel meist als $Cu(NO_3)_2 \cdot 3\,H_2O$, bildet tiefblaue, äußerst leicht wasserlösliche Kristalle; *F* 114,5 °C; Verwendung für künstliche Patinierung von Kupfer. Wasserfreies $Cu(NO_3)_2$ ist blaugrün und sublimiert bereits bei 200 °C. - **Kupfer(II)-carbonat** ist nur in Form von *Hydroxidcarbonaten* existent, in der Natur z.B. als smaragdgrüner *Malachit,* $CuCO_3 \cdot Cu(OH)_2$, und als blauer *Azurit,* $2CuCO_3 \cdot Cu(OH)_2$; über *Patina* s.o. - **Kupfer(II)-carbonat, -phosphat** und **-arsenit** (SCHEELES Grün) fallen als Hydroxidsalze aus Cu(II)-Lösungen durch Zusatz entsprechender Alkalisalze aus. **Kupfer(II)-sulfid,** CuS, wird aus mäßig sauren Cu(II)-Lösungen durch Schwefelwasserstoff als schwarzer Niederschlag gefällt; es zerfällt bei 200 °C gemäß $2\,CuS \rightarrow Cu_2S + S$. CuS entsteht bei der Altkupferfärbung; s.o. - **»Grünspan«** ist *Kupfer(II)-hydroxidacetat* wechselnder Zusammensetzung; er entsteht aus Kupfer und Essig(säure) an der Luft.

FEHLINGsche Lösung dient zum Nachweis reduzierender Substanzen (Aldehyde, reduzierende Zucker, Hydrazine u.a.). »Fehling I« (Kupfervitriollösung) und »Fehling II« (Lösung von Seignettesalz und Natriumhydroxid) werden kurz vor der Anwendung gemischt. Nach Zugabe zur Untersuchungslösung entsteht bei positiver Reaktion ein zunächst gelber, dann rot werdender Niederschlag von Kupfer(I)-oxid, Cu_2O.

Nachweis: Cu-Verbindungen färben, besonders nach Anfeuchten mit Salzsäure, die Flamme intensiv blau oder grün. - Cu(II)-Salze ergeben mit Ammoniakwasser eine intensiv blaue Färbung (Bildung von $[Cu(NH_3)_4]^{2+}$-Ionen). - Mit Kaliumhexacyanoferrat(II) fällt braunes **Kupfer(II)-hexacyanoferrat(II),** $Cu_2[Fe(CN)_6]$, unlöslich in verdünnten Säuren, löslich in Ammoniakwasser unter Bildung des blauen Tetr(a)amminkomplexes.

20.2 Silber und Silberverbindungen

20.2.1 Allgemeines

Symbol: Ag [*argentum* (lat.)]; **Wertigkeiten:** +1, (+2).

Vorkommen: selten gediegen, meist an Schwefel gebunden als Begleiter von Bleiglanz und Kupferkies.

Minerale: Silberglanz (*Argentit*), Ag_2S; ferner die **Rotgültigerze**, Ag_3SbS_3 und Ag_3AsS_3.

20.2.2 Metallisches Silber

Herstellung:

- aus Silbererzen durch »Cyanidlaugerei« mittels NaCN-Lösung: $Ag_2S + 4\ NaCN \rightarrow 2\ Na[Ag(CN)_2] + Na_2S$. Aus der Komplexsalzlösung fällt man das Silber durch Zinkpulver: $2\ Na[Ag(CN)_2] + Zn \rightarrow Na_2[Zn(CN)_4] + 2\ Ag$. Reinigung durch elektrolytische Raffination (in Silbernitratelektrolyten).

- aus silberhaltigem »Werkblei« durch Zinkentsilberung (»*Parkesierung*«). Flüssiges Zink extrahiert das Silber aus dem Blei; nach Abdestillation des Zinks aus dem abgeschöpften Zinkschaum wird das restliche Blei in einem Flammofen durch Oxidation entfernt, bis die letzte Haut Bleiglätte reißt und der »Silberblick« sichtbar wird.

- aus den Anodenschlämmen der elektrolytischen Kupfer-, Nickel- und Bleiraffination durch Schmelzen und elektrolytische Raffination in Silbernitratlösung.

- nahezu die Hälfte des Weltbedarfs durch Rückgewinnung aus verbrauchten fotografischen Fixier- und Bleichbädern mittels Zn-Pulver.

Eigenschaften (s.a. S. 522): »silber«weißes, weiches, sehr dehnbares Edelmetall; hat von allen Metallen die beste Leitfähigkeit für Elektrizität und Wärme. Durch Schwefelwasserstoff wird es geschwärzt; hierauf beruht auch das Nachdunkeln an der Luft: $4\ Ag + 2\ H_2S + O_2 \rightarrow 2\ Ag_2S + 2\ H_2O$. Das Nachdunkeln kann durch eine dünne Rhodinierung (galvanisches Überziehen mit Rhodium) verhindert werden. - Infolge seines edlen Charakters wird Silber nur von oxidierenden Säuren (Salpetersäure; heiße konz. Schwefelsäure) gelöst, z.B. $6\ Ag + 8\ HNO_3 \rightarrow 6\ AgNO_3 + 2\ NO + 4\ H_2O$.

Verwendung: als Schmuck- und Münzmetall (mit bis 10% Cu); für Spiegel, elektrische Kontakte, chemische Gefäße; als Anoden zum Versilbern; zur Herstellung von Silbersalzen (besonders für fotografische Zwecke).

Legierungen: Da reines Silber zu weich ist, wird es für viele Zwecke, z.B. Schmuck, mit Kupfer legiert. »Feingehalt 1000« bedeutet: reines Silber; »Feingehalt 900« 90%iges Silber. - **Silberlote** bestehen aus Kupfer, Zink und Silber. - **Silberamalgam**, meist noch Palladium enthaltend (»Sipal«), wird für Zahnfüllungen verwendet.

Versilbern: Metalle werden galvanisch in Elektrolyten aus Natriumdicyanoargentat ($Na[Ag(CN)_2]$), Natriumcyanid, Natriumcarbonat und glanzbildenden organischen Schwefelverbindungen (auch Natriumselenit) versilbert. »Silberauflage 90« (*schwere Versilberung*) heißt: 12 genormte Eßlöffel und -gabeln erhalten zusammen 90 g Silber aufgebracht; das entspricht einer durchschnittlichen Schichtdicke von 36,7 μm.

Verspiegeln: ist das Überziehen nichtmetallischer Werkstoffe (Glas, Plaste) mit Silber, z.B. für Spiegel oder zur Herstellung einer Silberleitschicht für eine nachfolgende Galvanisierung. Die Verspiegelung der entfetteten Oberflächen erfolgt durch Erwärmen in einem Gemisch aus Glucose- oder Formaldehydlösung und »ammoniakalischer Silbersalzlösung« (s.u.) oder durch gleichzeitiges Aufbringen der erwärmten Lösungen aus einer Spezialspritzpistole.
Reaktion mit Formaldehyd:
HCHO + 2 [Ag(NH$_3$)$_2$]NO$_3$ + H$_2$O → HCOOH + 2 Ag + 2 NH$_4$NO$_3$ + 2 NH$_3$.

20.2.3 Silberverbindungen

Allgemeines: meist farblos und lichtempfindlich (Aufbewahrung in braunen Flaschen); Lichteinwirkung bewirkt allmähliche Dunkelfärbung unter Ausscheidung von feinverteiltem, dunkelviolettem bis schwarzem Silber. Unedlere Metalle, auch Quecksilber, fällen das Silber aus den Salzlösungen als schwarzen Schlamm oder in Form schöner, langer Kristalle aus. Auf der Haut bilden Silbersalze schwarze, schwer entfernbare Flecke aus elementarem Silber (Entfernung durch mehrfach nacheinander angewandte Behandlung mit Iodlösung und Thiosulfat).

Silbernitrat, *Höllenstein*, AgNO$_3$, entsteht aus Silber und Salpetersäure gemäß 6 Ag + 8 HNO$_3$ → 6 AgNO$_3$ + 2 NO + 4 H$_2$O. Es bildet farblose, sehr leicht wasserlösliche Kristalle; auch in Ethanol ist es etwas löslich. Silbernitratlösung dient als Reagens auch gelöste Chloride, Bromide und Iodide sowie die entsprechenden Halogenwasserstoffsäuren (Ausfällung von AgCl, AgBr und AgI; s.u.). *Verwendung:* zur Herstellung nahezu aller anderen Ag-Verbindungen, insbes. für die Fotoindustrie, sowie als medizinisches Ätzmittel.

Silberchlorid, -bromid und **-iodid**, AgCl, AgBr und AgI, fallen als »käsige« Niederschläge aus Silbersalz- und entsprechenden Halogenid- bzw. Halogenwasserstofflösungen aus: AgCl weiß, AgBr gelblich weiß, AgI hellgelb; die Löslichkeit in Wasser ist bereits beim Chlorid sehr gering und sinkt bis zum Iodid noch weiter ab. In Ammoniakwasser löst sich AgCl (unter Bildung von *Diamminsilberchlorid*, [Ag(NH$_3$)$_2$]Cl) leicht, AgBr nur wenig, AgI praktisch nicht. Alle drei Salze lösen sich jedoch leicht in Natriumthiosulfatlösung, z.B. zu *Natriumdithiosulfatoargentat,* Na$_3$[Ag(S$_2$O$_3$)$_2$]. Schmelzpunkte: AgCl 455 °C (Schmelze gelb), AgBr 432 °C (Schmelze orangefarben), AgI 552 °C (Schmelze rot). - AgCl, AgBr und AgI finden in den lichtempfindlichen Schichten der Fotografie Anwendung.

Silberfluorid, AgF, F 435 °C, löst sich sehr leicht in Wasser.

Silberoxid, Ag$_2$O, fällt aus Silbersalzlösungen durch Alkalilaugen als dunkelbrauner Niederschlag; das primär entstehende **Silberhydroxid**, AgOH, ist nicht beständig und zerfällt sofort. Die mit Ammoniak erhaltene Fällung löst sich im Überschuß zu Diamminsalzen; aus Silbernitratlösung entsteht z.B. **Diamminsilbernitrat,** [Ag(NH$_3$)$_2$]NO$_3$. Diese »ammoniakalische Silbersalzlösung« wird z.B. zur Verspiegelung (s.o.) und für die Silberspiegelreaktion (Nachweis von Aldehyden und reduzierenden Zuckern, z.B. Glucose) verwendet. Sie darf jedoch

auf keinen Fall längere Zeit aufbewahrt werden, da sich hochexplosive schwarze Flocken von
»*Knallsilber*«[1] (*Silbernitrid* der ungefähren Formel Ag_3NL; ↑S. 459!) abscheiden. Die
Unterschätzung dieser Tatsache hat schon zu schweren Unfällen geführt.

Silbersulfid, Ag_2S, fällt aus Silbersalzlösungen durch Schwefelwasserstoff als schwarzer,
flockiger Niederschlag aus; es bildet sich auch auf Ag-Oberflächen an der Luft durch
spurenweise vorhandenes H_2S allmählich aus und wird bei der »*Altsilberfärbung*« mittels
Kaliumpolysulfidlösung auf Silber künstlich erzeugt. Man beseitigt Silbersulfid auf Silbergegenständen durch schwefelsaure Thiocarbamidlösung, wobei sich unter H_2S-Entwicklung ein
löslicher Silber-Thiocarbamid-Komplex bildet. Auf elektrochemischem Wege läßt sich Ag_2S
entfernen, wenn man den Silbergegenstand in einer Natriumcarbonatlösung mit Aluminium
(Folie oder kompaktes Metall) berührt. In der vorliegenden galvanischen Kette ist Silber als
edleres Metall Katode; der sich dort abscheidende Wasserstoff reduziert Ag_2S (unter H_2S-Entwicklung) zu metallischem Silber.

Weitere Silberverbindungen: Silbersulfat, Ag_2SO_4, $F\ 660°\ C$, farblos, wenig wasserlöslich,
bildet sich beim Erhitzen von Silber mit konz. Schwefelsäure gemäß $2\ Ag + 2\ H_2SO_4 \rightarrow Ag_2SO_4 + SO_2\uparrow + 2\ H_2O$. - **Silbercyanid**, $AgCN$, extrem schwerlöslich, fällt aus Silbersalzlösungen durch Kaliumcyanid als weißer, flockiger Niederschlag, der sich im Überschuß des
Fällungsmittels zu **Kaliumdicyanoargentat**, $K[Ag(CN)_2]$, löst; Anwendung zum Versilbern.
- **Silbercarbonat**, Ag_2CO_3, fällt als hellgelber, **Silberphosphat**, Ag_3PO_4, als gelber Niederschlag beim Versetzen von Silbersalzlösungen mit Alkalicarbonat bzw. -phosphat.

Nachweis: Lösliche Silbersalze ergeben auch in salpetersaurer Lösung mit Cl^--Ionen (z.B.
Salzsäure, Natriumchlorid) eine weiße Fällung von Silberchlorid.

Schwarzweißfotografie:

Bei der *Schwarzweißfotografie* bildet in Gelatine eingebettetes Silberhalogenid (Bromid oder
Chlorid) die lichtempfindliche Schicht; gleichzeitig vorhandene organische »Sensibilisatoren« machen die an sich nur blau- und violettempfindliche Schicht auch für grünes, gelbes und
rotes Licht empfindlich.
Bei der *Belichtung* entsteht infolge spurenweiser Zersetzung des Silbersalzes ein unsichtbares
»latentes« (verborgenes) Bild.
Dies wird im Dunkeln *entwickelt*, d.h. sichtbar gemacht. Beim Tauchen in den *Entwickler*
(alkalische Lösungen von Hydrochinon, 4-Aminophenol u.dgl., ↑S. 674), wird an den vorher
vom Licht getroffenen Stellen, d.h. dort, wo bereits Spuren von Silber vorhanden sind
(katalytische Wirkung), das Silberhalogenid zu schwarzem Silber reduziert, z.B. gemäß der
vereinfachten Gleichung

$$HO-\langle\bigcirc\rangle-OH + 2\ AgBr + 2\ NaOH$$
$$\longrightarrow O=\langle\bigcirc\rangle=O + 2\ NaBr + 2\ H_2O + 2\ Ag$$

(Aus Aminogruppen $-NH_2$ entstehen analog Iminogruppen $=NH$.)

Zur Entfernung des noch unbelichteten Silberhalogenids wird das Bild nach einer Zwischenwässerung *fixiert*, d.h. im Dunkeln mit hydrogensulfit- oder disulfithaltigen Natriumthiosulfatlösungen (*Fixierbad*) behandelt. Hierbei löst sich das Silbersalz gemäß $AgBr + 2\ Na_2S_2O_3 \rightarrow Na_3[Ag(S_2O_3)_2] + NaBr$. Silber wird aus gebrauchten Fixierbädern durch Fällung mit
Zinkstaub wiedergewonnen.
Nach dem Fixieren kann das Bild dem Tageslicht wieder ausgesetzt werden; gründliches
Wässern verhindert ein Nachgilben. Das Bild ist ein Negativ der Vorlage; indem man das
Negativ seinerseits als Bildvorlage benutzt, lassen sich beim *Kopieren* negative Negative, d.h.
Positive, erzeugen.

---

[1] nicht verwechseln mit dem ebenfalls als »Knallsilber« bezeichneten *Silberfulminat*, $AgCNO$;

Farbfotografie: Die drei lichtempfindlichen Schichten des Aufnahmematerials enthalten neben Silberbromid *Farbbildner* und z.T. *Sensibilisatoren*. Die oberste (sensibilisatorfreie) Schicht spricht nur auf blaues Licht an, während die mittlere und die untere Schicht für grünes bzw. rotes Licht sensibilisiert sind. Eine Gelbfilterschicht (mit kolloidalem Silber als farbgebender Substanz) zwischen der oberen und der mittleren Schicht schirmt die beiden unteren Schichten vor blauem Licht ab.

Beim Entwickeln (z.B. mit p-Diethylamino-anilin; ↑S. 674) entsteht an den vom Licht getroffenen Stellen ein schwarzes Silberbild und zugleich ein Entwickleroxidationsprodukt. Dies »kuppelt« an der betreffenden Stelle mit dem jeweiligen Farbbildner in der oberen Schicht zu einem gelben, in der mittleren zu einem purpurfarbenen und in der unteren Schicht zu einem blaugrünen organischen Farbstoff.

Führt man nun im *Bleichbad*, das als wesentlichen Bestandteil Kaliumhexacyanoferrat(III), $K_3[Fe(CN)_6]$, enthält, das schwarze Silber sowie das Silber der Gelbfilterschicht in weißes Silberhexacyanoferrat(II) über ($4\,Ag + 4\,K_3[Fe(CN)_6] \rightarrow 3\,K_4[Fe(CN)_6] + Ag_4[Fe(CN)_6]$) und entfernt dies im anschließenden *Fixierbad* zusammen mit nichtbelichtetem Silberbromid durch Thiosulfat, erhält man ein Farbnegativ in den Komplementärfarben.

Wurde z.B. mit blaugrünem Licht belichtet, entsteht in der oberen Schicht ein gelbes, in der mittleren ein purpurfarbenes Bild; beide ergeben zusammen in der Durchsicht (subtraktive Farbmischung) ein reines Rot.

Mit Hilfe des entstandenen Farbnegativs lassen sich analog zur Schwarzweißfotografie Positive erzeugen, bei denen dann jeweils die zur Komplementärfarbe komplementäre Farbe, also der ursprüngliche Farbton, entsteht.

Soll (beim *Umkehrfilm*) sogleich ein Positiv entstehen, entwickelt man zunächst mit einem normalen Schwarzweißentwickler, so daß an den belichteten Stellen ein schwarzes Silberbild ohne Farbstoff entsteht. Dann belichtet man mit genau dosiertem weißem Licht, entwickelt mit einem Farbentwickler, bleicht und fixiert. Die Farben entstehen folglich an den bei der Aufnahme nicht belichteten Stellen und sind darum original. Wurde z.B. mit blaugrünem Licht belichtet, so kann bei der Zwischenbelichtung nur noch die untere Schicht angeregt werden, die bei der Farbentwicklung ein blaugrünes Bild liefert. (Beim Umkehrfilm müssen Farbstoffe mit speziellen spektralen Eigenschaften verwendet werden, so daß sich der Negativfilm nicht für eine farbtreue Umkehrentwicklung eignet.)

20.3 Gold und Goldverbindungen

Symbol: Au [*aurum* (lat.); vgl. *aurora* (lat.) Morgenröte]; **Wertigkeiten:** +3, +1.

Vorkommen: meist gediegen. *Berggold* findet sich auf primärer Lagerstätte, *Seifengold* (Waschgold) auf sekundärer Lagerstätte in Flußsanden. Meerwasser enthält nur 10 mg·m^{-3} Gold, so daß die Gewinnung nicht lohnt.

Gewinnung:

- durch *Schlämmen* (»Goldwäscherei«);
- durch das *Amalgamationsverfahren*: Quecksilber löst das Gold zu Goldamalgam; beim Erhitzen desselben verdampft Quecksilber und hinterläßt das Gold;
- durch *Cyanidlaugerei* mit lufthaltiger Natriumcyanidlösung:
  $4\,Au + 8\,NaCN + 2\,H_2O + O_2 \rightarrow 4\,Na[Au(CN)_2] + 4\,NaOH$; anschließend wird das Gold mit Zinkstaub gefällt und elektrolytisch (in Elektrolyten aus $H[AuCl_4]^- + HCl$) raffiniert.

20.3 Gold und Goldverbindungen

Eigenschaften (s.a. S. 522): gelbglänzendes, weiches Edelmetall mit sehr guter Leitfähigkeit für Elektrizität und Wärme. Die elektrische Leitfähigkeit beträgt etwa $\frac{2}{3}$ von der des Silbers. Es ist das dehnbarste (duktilste) Metall und läßt sich z.B. zu grün durchscheinenden, in der Aufsicht jedoch immer noch golden aussehenden Blättchen von 0,1 µm Dicke (kleiner als die Wellenlänge des sichtbaren Lichts!) auswalzen. An der Luft absolut beständig, wird es von Chlor, Brom, Selensäure und Königswasser leicht angegriffen; letzteres löst zu Tetrachlorogold(III)-säure, $H[AuCl_4]$.

Verwendung: als Schmuckmetall; als Goldbarren zur Deckung von Papiergeld; in Zahntechnik, Porzellan- und Glasmalerei; zur Goldprägung auf Büchern; für elektrische Kontakte, z.B. in fotografischen Kameras und Mikroelektronik; zur Herstellung von Goldverbindungen, z.B. für das Vergolden. Als Schmuckmetall wird es wegen seiner Weichheit mit Silber und Kupfer legiert. Der Goldgehalt (»Feingehalt«) wird in Bruchteilen von Tausend (früher in Karat) angegeben. Reines Gold (1000 fein) entspricht 24 Karat; 333er Gold also 8 Karat.

Vergolden: durch Aufwalzen (Golddoublé), Tauchvergolden oder Galvanisieren in cyanidischen Lösungen, enthaltend Kaliumdicyanoaurat(I), $K[Au(CN)_2]$, und Kaliumcyanid.

Kolloide Goldlösungen sind relativ stabil und weisen intensive Färbungen (meist purpurfarben, seltener grün) auf. - *CASSIUSscher Goldpurpur* entsteht als intensiv rotviolettes Sol, wenn sehr verdünnte Lösungen von Goldsalzen mit Zinn(II)-chlorid reduziert werden; das bei der Umsetzung entstehende Zinnsäuregel wirkt zusätzlich stabilisierend. - Bei der Herstellung des tiefroten *Goldrubinglases* findet durch Temperierung der mit einer Goldverbindung versehenen Glasschmelze eine Vergrößerung der ausgeschiedenen Goldteilchen statt; hierbei färbt sich die ursprünglich blaßgelbe Schmelze bei Erreichen der erforderlichen Teilchengröße schlagartig intensiv rot. Die Temperierung muß dann abgebrochen werden; anderenfalls entstehen mißfarbene Trübungen.

Goldverbindungen: Gold(III)-verbindungen sind meist beständiger als Gold(I)-verbindungen. Einfache Goldsalze existieren kaum; zumindest in wäßriger Lösung sind nahezu alle Verbindungen stark komplex. Auf der Haut erzeugen Goldverbindungen eine intensiv purpurrote Färbung, herrührend von kolloidem Gold. - **Gold(III)-chlorid,** $AuCl_3$, entsteht bei Einwirkung von Chlorgas auf Gold; es bildet dunkelrote, hygroskopische, leicht sublimierende Kristallnadeln, die sich in Wasser unter Bildung der braunen *Trichlorhydroxogoldsäure*, $H[Au(OH)Cl_3]$, lösen. Alkalien fällen hieraus ockerfarbenes **Gold(III)-hydroxid,** $Au(OH)_3$, auch AuO(OH), das sich im Überschuß von Alkali zu *Auraten(III)*, in Säuren zu komplexen Gold(III)-salzen, z.B. Tetrachlorogold(III)-säure, löst. - **Tetrachlorogold(III)-säure,** $H[AuCl_4] \cdot 3\,H_2O$, bildet hellgelbe, hygroskopische Nadeln (Salze: *Tetrachloroaurate*). Das gelbe, kristalline »*Goldsalz*« ist **Natriumtetrachloroaurat(III),** $Na[AuCl_4] \cdot 2\,H_2O$. - Schwefelwasserstoff fällt schwarzes **Gold(III)sulfid,** Au_2S_3, das rasch in Au_2S und S zerfällt. - Das explosible **Knallgold** entsteht bei längerer Einwirkung von Ammoniak auf Gold(III)-hydroxid in Form dunkelgelber Massen, die hauptsächlich aus $Au_2O_3 \cdot 3\,NH_3$ bestehen. - **Goldresinat,** das Reaktionsprodukt aus geschwefelten (= mit Schwefel erhitzten) ätherischen Koniferenölen (»Schwefelbalsam«) und Kaliumchloroaurat(III), $K[AuCl_4]$, dient zur Porzellanvergoldung, da es beim »Brennen« glänzendes, gut haftendes Gold hinterläßt.

21 Elemente der II. Nebengruppe (Zinkgruppe)

Tabelle 21-1: *Zinkgruppe*

	Zink	Cadmium	Quecksilber
Symbol	Zn	Cd	Hg
Kernladungszahl	30	48	80
Relative Atommasse	65,39	112,411	200,59
Schmelzpunkt (in °C)	419,5	320,9	−38,9
Siedepunkt (in °C)	908	765	356,95
Dichte (in g·cm^{-3} bei 20 °C)	7,14	8,65	13,53
Häufigkeit (Erdrinde, %)	$1,2 \cdot 10^{-2}$	$3 \cdot 10^{-5}$	$4 \cdot 10^{-5}$
Wertigkeit	2	2	1; 2
Hydroxide	weiß, amphoter	weiß amphoter	unbeständig
Oxide	weiß	braun	gelb und rot
Sulfide	weiß	gelb	schwarz und rot

21.1 Zink und Zinkverbindungen

21.1.1 Allgemeines

Symbol: Zn [*zincum* (lat.); benannt nach der »zinkigen« = zackigen äußeren Gestalt einiger Erze]; **Wertigkeit:** +2.

Entdeckung: in Europa seit Ende des Mittelalters bekannt, im Orient früher.

Minerale:

Zinkblende (*Sphalerit*; *Wurtzit*).....................................ZnS
Zinkspat (*edler Galmei*; *Smithsonit*).............................ZnCO$_3$
Kieselzinkerz (*gemeiner Galmei*; *Hemimorphit*)..........Zn$_4$(OH)$_2$Si$_2$O$_7$ · H$_2$O

Physiologie: Mehrere Enzyme sind Zn-Verbindungen; Zn ist daher ein für alle höheren Organismen lebensnotwendiger Mikronährstoff. Zn-Salze wirken giftig (Verätzungen der Schleimhäute; Erbrechen); Lebensmittel dürfen nicht in verzinkten Gefäßen aufbewahrt werden!

21.1.2 Metallisches Zink

Herstellung:

- *Nasses* (*elektrolytisches*) *Verfahren:* Geröstete Zinkblende oder carbonatisches Zinkerz wird mit Schwefelsäure ausgelaugt; nach Reinigung der entstehenden Zinksulfatlösung mittels Zinkpulvers (Ausfällung von Cu, Cd u.a.) erfolgt Elektrolyse (Abscheidung an Al-Katoden).

21.1 Zink und Zinkverbindungen

- *Trockenes (chemisches) Verfahren* (wird immer mehr vom nassen abgelöst): Aus Zinkerzen durch Rösten (2 ZnS + 3 O_2 → 2 ZnO + 2 SO_2) oder Brennen (ZnCO$_3$ → ZnO + CO_2) hergestelltes Zinkoxid wird in Muffeln (kleinen Retorten, die in einem Muffelofen erhitzt werden) mit Kohle reduziert (ZnO + C → Zn + CO); das Zink destilliert in luftgekühlte Vorlagen über, in denen es sich flüssig ansammelt.

Eigenschaften (s.a. S. 532): bläulich-weißes Metall, das sich walzen, schweißen, löten und gießen läßt. Zwischen 100 °C und 150 °C ist Zink weich, dehn- und walzbar; unter- und oberhalb dieser Temperaturen ist es spröde. An der Luft bildet sich allmählich »Weißrost« (Zinkhydroxidcarbonat) aus, welcher das darunter befindliche Zink ziemlich gut schützt. Beim Erhitzen an der Luft, auch z.B. beim Gießen von Messing, verbrennt Zink mit grüner Flamme zu einem weißen Rauch von Zinkoxid, ZnO. - Zink löst sich leicht in Säuren, langsam auch in Alkalilaugen unter Wasserstoffentwicklung; mit den Laugen bildet sich Zinkat: Zn + 2 NaOH + 2 H_2O → Na_2[Zn(OH)$_4$] + H_2. Infolge seines relativ unedlen Charakters (stark negativen Normalpotentials) verdrängt Zink viele edlere (elektropositivere) Metalle aus ihren Salzlösungen.

Sehr reines Zink wird bei gewöhnlicher Temperatur wegen der sehr hohen Überspannung, die die Wasserstoffabscheidung an Zink benötigt, von Säuren praktisch nicht angegriffen. Bei Berührung mit Kupfer oder Platin setzt die Auflösung sofort ein, wobei sich der Wasserstoff am Cu bzw. Pt entwickelt. Im entstehenden galvanischen Element ist Zn als unedleres Metall Anode und damit Lösungselektrode; Cu bzw. Pt bilden die Katode (Niederschlags- bzw. Abscheidungselektrode). Technisches Zink löst sich rasch in Säuren, da es Verunreinigungen enthält, die als Katode wirken. Durch Amalgamierung wird die Ausbildung von Korrosionselementen verhindert, so daß z.B. im Zink-Salmiak-Kohle-Element der spontanen Auflösung von Zink entgegengewirkt wird. Aus Gründen des Umweltschutzes wird jedoch neuerdings auf die Anwendung amalgamierten Zinks verzichtet.

Verwendung: zum Verzinken von Eisen und Stahl; als Legierungsmetall; als Konstruktionsmaterial (mit 1 bis 6% Al und 1% Cu); für Druckplatten; für Anoden galvanischer Elektrolyte und galvanischer Ketten (Zink-Salmiak-Kohle-Elemente in sog. Trockenelementen bzw. -batterien).

Verzinken:

- *Feuerverzinkung:* Der gereinigte und gebeizte Stahlgegenstand wird durch einen oxidlösenden »Fluß« aus einer Zinkchlorid-Ammoniumchlorid-Schmelze in eine Zinkschmelze getaucht.

- *Galvanische Verzinkung* erfolgt in Elektrolyten aus Natriumzinkat, -cyanozinkat, -hydroxid und -cyanid mit Zink-Anoden; als Glanzbildner eignen sich Heliotropin, Vanillin u.dgl.

- *Diffusionsverzinkung (Sherardisieren):* Erhitzen in Zinkpulver.

- *Spritzverzinkung:* Aufspritzen geschmolzenen Zinks mit Spritzpistole.

Legierungen: Messing und **Neusilber** enthalten Zn in Mengen unter 50% - *Zink-Knet-* und *-Spritzgußlegierungen* enthalten neben einem Zn-Gehalt über 90% kleine Mengen Cu, Al und Mg.

21.1.3 Zinkverbindungen

Allgemeines: meist farblos oder weiß, auch Oxid und Sulfid; farbig sind nur Chromat und andere Verbindungen mit farbigem Anion.

Zinkoxid, ZnO: weißes, in der Hitze gelbes Pulver, sublimiert oberhalb 1700 °C; es entsteht durch Verbrennen von Zinkdampf an der Luft, durch Glühen des Hydroxids, Carbonats oder Nitrats oder durch Rösten des Sulfids. *Verwendung:* als Malerfarbe (»Zinkweiß«), als Zusatz bei der Vulkanisation von Kautschuk, als Bestandteil pharmazeutischer Zinksalben und -pasten.

Zinkhydroxid, $Zn(OH)_2$, fällt als weißer, schleimiger Niederschlag[1] aus Zinksalzlösungen durch Alkalilaugen ($ZnCl_2 + 2\, NaOH \rightarrow Zn(OH)_2 + 2\, NaCl$) und löst sich in deren Überschuß zu **Zinkat** ($Zn(OH)_2 + 2\, NaOH \rightarrow Na_2[Zn(OH)_4]$). Durch Säuren wird aus Zinkatlösungen das Hydroxid wieder ausgeschieden ($Na_2[Zn(OH)_4] + 2\, HCl \rightarrow Zn(OH)_2 + 2\, H_2O + 2\, NaCl$). Zinkhydroxid hat also *amphoteren* Charakter.

Zinkchlorid, $ZnCl_2$, hergestellt durch Erhitzen von Zink im Chlorwasserstoffstrom, bildet ein weißes, äußerst hygroskopisches, sehr leicht in Wasser, gut z.B. auch in Alkoholen und Aceton lösliches Pulver; F 318 °C, Kp 730 °C. Zinkchlorid ist in dem aus Zink und Salzsäure bereiteten *Lötwasser* enthalten. Gemische aus konzentrierter Zinkchloridlösung, Phosphorsäure und Zinkoxid erhärten rasch zu einem festen, harten »Zement« und werden als sog. »Fletcher« für Zahnfüllungen verwendet. - *Weitere Verwendung:* als oxidlösendes Flußmittel beim Feuerverzinken und -verzinnen; zur Herstellung von Aktivkohle und Vulkanfiber.

Zinksulfid, ZnS, fällt aus Zinksalzlösungen durch Alkalisulfid als weißer Niederschlag. Mit Spuren bestimmter Schwermetalle (Cu, Mn) geglüht, sendet es nach Belichtung grünes Licht aus; es strahlt auch beim Auftreffen von Röntgen- und α-Strahlen mit grünem Licht (SIDOT-Blende) und wird z.B. im Gemisch mit radioaktiven Stoffen für selbstleuchtende Zifferblattbeschriftung und, mit Ag^+ dotiert als Blauleuchtstoff, mit Cu^+, Al^{3+} und Au^+ dotiert, als Grünleuchtstoff für Farbfernsehbildschirme verwendet. - ZnS ist Bestandteil des *Lithoponeweiß* ($ZnS + BaSO_4$), das aus Zinksulfatlösung durch Bariumsulfid ausfällt.

Weitere Zinkverbindungen: Zinksulfat kristallisiert aus wäßrigen Lösungen als **Zinkvitriol,** $ZnSO_4 \cdot 7\, H_2O$; farblose Kristalle, die zur Herstellung von Lithopone, als Zusatz zu Fällbädern für Viskosefaserstoff und zur galvanischen Drahtverzinkung angewendet werden. **Zinkcarbonat,** $ZnCO_3$, fällt als weißer Niederschlag aus Zn-Lösungen durch Alkalihydrogencarbonat; beim Fällen mit Alkalicarbonat bilden sich Hydroxidcarbonate, wie sie auch im »Weißrost« enthalten sind. - **Zinkphosphat,** $Zn_3(PO_4)_2$, und **Zinkmonohydrogenphosphat,** $ZnHPO_4$, sind in den beim Phosphatieren von Eisen, Zink und Aluminium (↑S. 487) erhaltenen Schutzschichten enthalten; die hierzu verwendeten Lösungen enthalten u.a. **Zinkdihydrogen-**

---

1) Der Niederschlag enthält mehr Wasser gebunden, als der angegebenen Formel entspricht, und ist daher besser als *Zinkoxidhydrat* zu bezeichnen.

phosphat, $Zn(H_2PO_4)_2$. - **Zinkgelb** ist *Zinkchromat*, **Zinkgrün** ein Gemisch aus *Zinkgelb* und *Berliner Blau*.

Nachweis: Glühen des Hydroxids mit verdünnter Cobaltnitratlösung ergibt grünes Cobaltzinkat (RINMANNs Grün).

21.2 Cadmium und Cadmiumverbindungen

Symbol: Cd (*kadmia* = Galmei: bereits im alten Griechenland bekanntes Zinkmineral; Namengebung auf Grund seines häufigen Vorkommens in diesem Mineral); **Wertigkeit:** +2.

Entdeckung: 1817 durch FRIEDRICH STROMEYER und CARL HERMANN.

Vorkommen: Cd begleitet Zn in dessen Erzen; reine Cd-Minerale sind sehr selten.

Physiologie: Cd-Verbindungen sind giftig (Leber- und Nierenschäden).

Metallisches Cadmium: zinnweißes Metall; weicher, leichter schmelzbar, besser lötbar und an der Luft beständiger als Zink; Cd-Dampf verbrennt an der Luft mit roter Flamme zu einem braunen Rauch von Cadmiumoxid, CdO; s.a. S. 532. - *Herstellung:* als Nebenprodukt der Zinkgewinnung durch Fällung aus den Zinksulfatlaugen mit Zinkstaub und elektrolytischer Raffination (in $CdSO_4$-Elektrolyten). - Aus Cd-Salzlösungen läßt sich das Metall durch Zink oder Aluminium kristallin abscheiden. *Verwendung:* für Anoden zur galvanischen Vercadmung; für Nickel-Cadmium-Akkumulatoren; für niedrig schmelzende Legierungen. Cadmium, besonders das Isotop Cd 113, absorbiert sehr stark Neutronen und eignet sich daher für Steuerstäbe in Kernreaktoren.

Vercadmen: wirksamer Korrosionsschutz für Eisen und Stahl. Vercadmet wird galvanisch in Elektrolyten aus Natrium-tetracyanocadmat, $Na_2[Cd(CN)_4]$, Natriumcyanid, -carbonat und Dextrin unter Verwendung löslicher Cadmiumanoden.

Cadmiumverbindungen: Cadmiumoxid, CdO, ein braunes Pulver, entsteht aus Cadmiumhydroxid, -carbonat und -nitrat beim Erhitzen und sublimiert oberhalb 700 °C. - **Cadmiumhydroxid,** $Cd(OH)_2$, fällt als weißer Niederschlag aus Cd-Salzlösungen durch Alkalilaugen; es ist im Gegensatz zu Zinkhydroxid nicht amphoter, bildet aber mit Ammoniak und Ammoniumsalzen lösliche Komplexe. - **Cadmiumcarbonat,** $CdCO_3$, ist weiß und unlöslich; **Cadmiumchlorid,** $CdCl_2 \cdot H_2O$, **Cadmiumnitrat,** $Cd(NO_3)_2 \cdot 4H_2O$, und **Cadmiumsulfat,** $3CdSO_4 \cdot 8H_2O$, sind farblose, wasserlösliche Salze. - **Cadmiumsulfid,** CdS, wird als gelber Niederschlag durch Schwefelwasserstoff aus Cd-Salzlösungen gefällt und technisch durch Erhitzen von Cadmiumcarbonat mit Schwefelpulver hergestellt; unter dem Namen »*Cadmiumgelb*« dient es als Malerfarbe sowie als Pigment für Kunststoffe. »*Cadmiumrot*« enthält das tiefrote **Cadmiumselenid,** CdSe. Aus Gründen der Umweltschonung geht die Anwendung der Cadmiumpigmente zurück.

21.3 Quecksilber und Quecksilberverbindungen

21.3.1 Allgemeines

Symbol: Hg [*hydrargyrum* (grch.-lat.) flüssiges Silber]; **Wertigkeiten:** +2,+1.

Geschichte: seit dem Altertum bekannt.

Vorkommen: teils gediegen (Tröpfchen im Gestein), teils als rotes Mineral **Zinnober** (*Cinnabarit*), HgS.

Physiologie: Metallisches Quecksilber und seine löslichen Verbindungen sind sehr giftig. Verschüttetes Quecksilber ist restlos aufzulesen (Quecksilberzange; Zink- oder Kupferpulver; Iodkohle), da der Dampf zu chronischen Vergiftungen führt (Unruhe, Kopfschmerz, Nachlassen der Merkfähigkeit, schwarzer Quecksilbersaum (HgS) am Zahnfleisch, Nierenschädigungen, allmählicher Verfall). Lösliche Quecksilberverbindungen bewirken in Dosen von 0,2 bis 1 g schwerste Vergiftungserscheinungen, die binnen einem Tage zum Tode führen. Zahnfüllungen aus Silberamalgam gelten dagegen als unschädlich. Quecksilber und seine Verbindungen sind extrem umweltschädigend (Fischsterben u.a.); sie sind daher stets einer Weiterverwendung zuzuführen.

21.3.2 Metallisches Quecksilber

Herstellung: durch Abrösten von Zinnober: $HgS + O_2 \rightarrow Hg + SO_2$

Eigenschaften (s.a. S. 532): flüssiges, silberglänzendes, an der Luft beständiges Metall, das bereits bei gewöhnlicher Temperatur langsam verdampft. Es ist recht edel, wird deshalb durch unedlere Metalle, z.B. Cu, aus seinen Lösungen verdrängt und löst sich nur in Salpetersäure, Königswasser und heißer, konzentrierter Schwefelsäure.

An Quecksilberkatoden besitzt Wasserstoff eine derart hohe »Überspannung«, daß sich durch Elektrolyse aus wäßriger Lösung auch Alkali- und Erdalkalimetalle (als Amalgame) abscheiden lassen.

Verwendung: für Thermometer, Barometer, Normal-Elemente und andere wissenschaftliche Geräte, z.B. Polarographen; für Quecksilberdampflampen zur Erzeugung von ultraviolettem Licht (künstliche Höhensonnen); für Quecksilberdampfpumpen zur Erzeugung hoher Vakua; für Quecksilbersalben; für das Quecksilberverfahren zur Gewinnung von Natronlauge; für das Amalgamverfahren zur Gewinnung von Gold und Silber; zur Herstellung von Knallquecksilber.

Amalgame: Quecksilber löst viele Metalle (nicht z.B. Fe, Co, Ni) zu Legierungen, die Amalgame genannt werden. Sie sind häufig flüssig oder sehr weich, in manchen Fällen jedoch auch hart; manche erhärten nach einer gewissen Zeit.

Silberamalgam wird für Zahnfüllungen verwendet. **Natriumamalgam** entsteht aus den Elementen in stark exothermer Reaktion (Feuererscheinung, Verspritzen) oder bei der Elektrolyse von Na-Salzlösungen an Hg-Katoden. Mit Ammoniumchlorid entsteht daraus lockeres, voluminöses **Ammoniumamalgam** [Na(Hg) + NH$_4$Cl → NH$_4$(Hg) + NaCl], das binnen weniger Minuten in Quecksilber, Ammoniak und Wasserstoff zerfällt. - **Aluminiumamalgam** ↑S. 443.

Reinigung des Quecksilbers von anderen Metallen erfolgt durch Destillation oder durch mehrfaches Durchtropfen durch salpetersaure Quecksilber(II)-nitratlösung.

21.3.3 Quecksilber(I)-verbindungen

Die Quecksilber(I)-verbindungen enthalten das Ion $^+Hg-Hg^+$ (auch Hg_2^{2+} geschrieben). Sie lassen sich in den meisten Fällen durch Reaktion zwischen Quecksilber(II)-verbindungen und elementarem Quecksilber (»Komproportionierung«)[1] herstellen. Hg(I)-Verbindungen sind meist farblos und schwerlöslich; leicht löslich sind insbes. Nitrat und Perchlorat.

Quecksilber(I)-chlorid: *Kalomel*, Hg_2Cl_2, ein weißes, unlösliches, bei etwa 380 °C sublimierendes Pulver, fällt aus Hg(I)-Lösungen durch Cl^--Ionen (Chloride, Salzsäure) und wird auch durch Sublimation eines Gemisches aus Hg + $HgCl_2$ grobkristallin erhalten. Im Gegensatz zu analog ausfallendem Silberchlorid färbt es sich mit Ammoniak tiefschwarz [kalon melas (grch.) schönes Schwarz], wobei sich gemäß $Hg_2Cl_2 + 2\ NH_3 \rightarrow Hg(NH_2)Cl + Hg + NH_4Cl$ neben weißem Quecksilber(II)-aminochlorid schwarzes, feinverteiltes Quecksilber bildet (»Disproportionierung«)[2]. - *Verwendung:* insbes. für Kalomel-Elektroden.

Quecksilber(I)-nitrat, $Hg_2(NO_3)_2 \cdot 2\ H_2O$, hergestellt durch Schütteln einer Quecksilber(II)-nitratlösung mit Quecksilber gemäß $Hg(NO_3)_2 + Hg \rightarrow Hg_2(NO_3)_2$, ist ein farbloses, sehr leicht wasserlösliches Salz. Beim Verdünnen bildet sich ein gelber Niederschlag von *Quecksilber(I)-hydroxidnitrat*, $Hg_2(OH)NO_3$, der bei Zusatz von Salpetersäure unter Rückbildung von Quecksilber(I)-nitrat wieder verschwindet. - Mit Alkalilaugen entsteht eine schwarze Fällung aus Hg + HgO.

21.3.4 Quecksilber(II)-verbindungen

Quecksilber(II)-verbindungen sind in der Regel farblos; Ausnahmen sind u.a. Oxid, Sulfid, Iodid sowie die Verbindungen mit farbigem Anion (Chromat u.a.). Die löslichen Verbindungen (u.a. Chlorid, Nitrat, Sulfat, Fluorid, Cyanid) sind in Lösung z.T. nur wenig in Ionen aufgespalten, so daß oft nicht alle Reaktionen des Hg^{2+}-Ions eintreten.

Quecksilber(II)-oxid, HgO: je nach Feinkörnigkeit gelbes oder (grobkörniger) rotes Pulver; bildet sich bei 300 °C aus dem Metall an der Luft und zerfällt bei 400 °C wieder in die Elementsubstanzen.

$$2\ HgO \xrightleftharpoons[300\ °C]{400\ °C} 2\ Hg + O_2$$

Aus Quecksilber(II)-salzlösungen fällt es durch Alkalilaugen als gelber Niederschlag, da das primär entstandene Hydroxid nicht beständig ist: $Hg(NO_3)_2 + 2\ KOH \rightarrow HgO + H_2O + 2\ KNO_3$.

Quecksilber(II)-chlorid, *Sublimat*, $HgCl_2$: weißes, in Wasser mäßig lösliches, bei etwa 280 °C sublimierendes, sehr giftiges Salz, das in wäßriger Lösung nur wenig dissoziiert. Verwendung als Desinfektions- und Sterilisationsmittel (nicht für amalgambildende Metalle!). Mit Ammoniak fällt »weißes Präzipitat« (*Quecksilberaminochlorid*), $Hg(NH_2)Cl$, das in Salben gegen Hautkrankheiten verwendet wird.

Quecksilber(II)-sulfid, HgS, »Zinnober«, kommt in einer schwarzen und einer roten Modifikation vor. Es ist extrem schwer löslich (daher ungiftig) und fällt deshalb auch aus stark sauren Quecksilbersalzlösungen durch Schwefelwasserstoff in schwarzer Form aus. Die rote Form entsteht daraus durch mehrtägige Behandlung mit Natriumpolysulfidlösung. Verwendung als Malfarbe.

---

1) *Komproportionierung:* Bildung einer mittleren Wertigkeitsstufe aus zwei anderen
2) *Disproportionierung:* Aufspaltung einer Wertigkeitsstufe in eine höhere und eine niedrigere

Quecksilber(II)-cyanid, Hg(CN)$_2$, farblos, leicht wasserlöslich, ist in Lösung praktisch nicht dissoziiert. Die Lösung enthält daher kaum Hg^{2+}-Ionen und spricht daher auf die für diese Ionen typischen Fällungsreagenzien nicht an; lediglich Schwefelwasserstoff fällt HgS wegen dessen extremer Schwerlöslichkeit aus. Beim Erhitzen spaltet Quecksilber(II)-cyanid gemäß Hg(CN)$_2$ → Hg + (CN)$_2$↑ freies Cyangas ab. - *Verwendung:* für Quickbeizen in der galvanischen Technik; Ni-haltige Cu-Legierungen müssen vor dem Versilbern »verquickt« werden.

Weitere Quecksilber(II)-verbindungen: Quecksilber(II)-nitrat, Hg(NO$_3$)$_2$ · H$_2$O, farblos, leicht wasserlöslich, wird wie das Cyanid für Quickbeizen verwendet. Beim Verdünnen fallen, wie auch bei **Quecksilber(II)-sulfat**, HgSO$_4$, basische Salze (Hydroxid- und Oxidsalze) aus, die beim Sulfat von intensiv gelber Farbe sind. - **Quecksilber(II)-iodid**, HgI$_2$, ein leuchtend rotes (oberhalb 126 °C gelbes), schwerlösliches Pulver (F 259 °C, Kp 354 °C), fällt aus Hg(II)-Lösungen (sofern sie genügend Hg^{2+}-Ionen enthalten) durch Kaliumiodid aus. Es löst sich im Überschuß des Fällungsmittels zu blaßgelbem **Kaliumtetraiodomercurat(II)**, K$_2$[HgI$_4$], dessen alkalische Lösung als »NEßLERs *Reagens*« zum Nachweis von Ammoniak (↑S. 478) verwendet wird; bei der Reaktion entsteht die braune Verbindung [NHg$_2$]I · H$_2$O. Über *Knallquecksilber* ↑S. 459.

Nachweis: beim Glühen der mit Natriumcarbonat verriebenen Probe kondensieren silberglänzende Quecksilberkügelchen an der Innenwand des Glühröhrchens. - Ein Cu- oder Messingblech (Münze!) überzieht sich in einer Quecksilbersalzlösung mit einem grauen Quecksilberbelag, der beim Verreiben durch Amalgambildung hochglänzend wird.

22 Elemente der III. Nebengruppe (Scandiumgruppe)

22.1 Allgemeines

Elemente: Die III. Nebengruppe (»Scandiumgruppe«) besteht aus den Elementen Scandium (Sc), Yttrium (Y), Lutetium (Lu) und Lawrencium (Lr). Weiterhin gehören zur III. Nebengruppe die **Lanthanoide**[1] **und die Actinoide**[1], je 14 Elemente, die im Periodensystem vor dem Lutetium bzw. Lawrencium einzuordnen sind und mit dem Lanthan bzw. Actinium beginnen.

Diese Einordnung weicht von der in Europa allgemein üblichen (Lanthanoide = Cer bis Lutetium, auf das Lanthan folgend; und Actinoide = Thorium bis Lawrencium, auf das Actinium folgend) ab, findet sich aber in ausländischer Literatur und hat den Vorteil, daß bezüglich des Atombaues (↑S. 107) weniger »Ausnahmen« auftreten.

Wertigkeit: Bei den Lanthanoiden und Actinoiden werden mit steigender Kernladung in der Regel jeweils die drittäußersten Schalen mit Elektronen aufgefüllt (4f- bzw. 5f-Elektronen), so daß die Atome im allgemeinen 3 Valenzelektronen (Elektronen auf den beiden äußersten Energieniveaus) aufweisen und folglich +3wertig sind; sie gehören demnach auch in die III. Gruppe. Allerdings können sich, besonders bei den Actinoiden, auch einige Elektronen der drittäußersten Schale an einer chemischen Bindung beteiligen, so daß auch höhere Wertigkeitsstufen als +3 möglich sind.

---

[1] auch *Lanthaniden* oder *Lanthanide* bzw. *Actiniden* oder *Actinide* genannt

22.2 Scandium, Yttrium, Lutetium und Lawrencium

Scandium (Sc) [von *Skandinavien*], **Yttrium** (Y) [nach dem schwedischen Ort *Ytterby*], **Lutetium** (Lu) [*Lutetia* = alter Name für Paris] und **Lawrencium** (Lr) [nach ERNEST ORLANDO LAWRENCE, dem Erfinder des Zyklotrons] haben zur Zeit nur geringe praktische Bedeutung. Mit Ausnahme des nur künstlich herstellbaren Lr begleiten sie die Lanthanoide in ihren Erzen. *Häufigkeit* (%, Erdrinde): Sc $5,1 \cdot 10^{-4}$, Y $2,6 \cdot 10^{-3}$, Lu $7,0 \cdot 10^{-5}$. Sc kommt meist als *Thortveitit*, $Sc_2Si_2O_7$, vor. Die Elemente lassen sich durch Elektrolyse aus Chloridschmelzen herstellen. Sie bilden silberglänzende, an der Luft anlaufende, ziemlich unedle Metalle; Y zersetzt Wasser unter Wasserstoffentwicklung und Bildung des Hydroxids. Die Hydroxide sind relativ starke Basen; die Salze sehen meist farblos aus. Chloride, Sulfate und Nitrate sind leicht, Fluoride, Carbonate, Phosphate und Oxalate schwer löslich. Mit Eu^{3+}-Ionen dotiertes **Yttriumdioxidsulfid**, Y_2O_2S, dient als Rotleuchtstoff für Farbfernsehbildschirme.

22.3 Die Lanthanoide

Zusammen mit Scandium, Yttrium und Lutetium werden diese Elemente auch als »*Seltenerdmetalle*« bezeichnet. Die »*Seltenerden*« (»seltenen Erden«) sind die Oxide.

Man teilt sie ein in:

		Oxide von
Ceriterden:		Ce, La, Pr, Nd, Sm
Yttererden:	● Ytthererde:	Y
	● Terbinerden:	Eu, Gd, Tb
	● Erbinerden:	Dy, Ho, Er, Tm
	● Ytterbinerden:	Yb, Lu

Tabelle 22-1: Die Lanthanoide

Kernladungszahl	Symbol	Name	Kernladungszahl	Symbol	Name
57	La	Lanthan	64	Gd	Gadolinium
58	Ce	Cer	65	Tb	Terbium
59	Pr	Praseodym	66	Dy	Dysprosium
60	Nd	Neodym	67	Ho	Holmium
61	Pm	Promethium	68	Er	Erbium
62	Sm	Samarium	69	Tm	Thulium
63	Eu	Europium	70	Yb	Ytterbium

Promethium ist ein seit 1947 bekanntes, künstliches, radioaktives Element; längste Halbwertszeit (Pm 145) 18 Jahre. Pm 147 entsteht in relativ großen Mengen in Kernreaktoren.

Geschichtliches: Ytthererde wurde 1794 von JOHAN GADOLIN (Finnland), Ceriterde 1803 von JÖNS JACOB BERZELIUS (Schweden) entdeckt. Nach 1839 wurden die Erden weiter zerlegt, z.B. gelang es 1885 CARL AUER VON WELSBACH (Österreich), das bis dahin für einheitlich gehaltene *Didym* in Praseodym und Neodym zu trennen.

540 22 Elemente der III. Nebengruppe (Scandiumgruppe)

Namen: La [*lanthanein* (grch.) verborgen sein]; Ce [*Ceres* altrömische Göttin]; Pr [*prasios* (grch.) lauchgrün]; Nd [*neos* (grch.) neu; Neodym = neuer Zwilling]; Pm [nach der Sagengestalt *Prometheus*]; Sm [nach dem Mineral *Samarskit*, das nach einem russischen Bergingenieur benannt wurde]; Eu [Europa], Gd [nach dem finnischen Mineralogen JOHAN GADOLIN]; Tb, Er und Yb sind wie Y nach dem schwedischen Ort *Ytterby* benannt; Dy [*dysprosodos* (grch.) unzugänglich]; Ho [nach Stock*holm*]; Tm [nach *Thule*, dem sagenhaften Nordland].

Häufigkeit (Erdrinde, %): Ce $4,3 \cdot 10^{-3}$, Nd $2,2 \cdot 10^{-3}$, La $1,7 \cdot 10^{-3}$, Sm $6,0 \cdot 10^{-4}$, Gd $5,9 \cdot 10^{-4}$, Pr $5,2 \cdot 10^{-4}$, Dy $4,2 \cdot 10^{-4}$, Yb $2,5 \cdot 10^{-4}$, Er $2,3 \cdot 10^{-4}$, Ho $1,1 \cdot 10^{-4}$, Eu $9,9 \cdot 10^{-5}$, Tb $8,5 \cdot 10^{-5}$, Tm $1,9 \cdot 10^{-5}$. Die »Seltenerdmetalle« sind somit häufiger als z.B. Quecksilber, Bismut, Silber und Iod. Cer ist häufiger als Blei, Bor und Brom.

Vorkommen: Die Lanthanoide finden sich stets vergesellschaftet, und zwar als Silicate oder Phosphate. Wichtige Minerale:

Gadolinit (*Ytterbit*).........Ytthererdmetall-Eisen-Berylliumsilicat
Cerit...............................wasserhaltiges Ce-Silicat mit La und Dy
Monazit..........................$CePO_4$ mit Ceriterden und etwa 5% ThO_2

Gewinnung: Trennung schwierig (Ionenaustauscher, fraktionierte Kristallisation); Darstellung der Metalle durch Schmelzelektrolyse der Chloride.

Eigenschaften: silberglänzende, an der Luft anlaufende und z.T. unbeständige Metalle, La zersetzt warmes Wasser unter Wasserstoffentwicklung und Bildung des Hydroxids, $La(OH)_3$. Die Dichten betragen 5 bis 10 g · cm^{-3}. Gd ist unterhalb 17 °C ferromagnetisch. Alle Lanthanoide sind +3wertig; Ce und Tb kommen auch +4-, Eu, Sm und Yb auch +2wertig vor. Die dreiwertigen Ionen und damit die meisten Salze sind z.T. farbig: La und Ce farblos, Pr gelbgrün, Nd rotviolett, Pm rot, Sm tiefgelb, Eu hellrosa, Er tiefrosa, Tm blaßgrün, Yb farblos. - Die Hydroxide der dreiwertigen Metalle sind starke Basen; der basische Charakter sinkt vom La zum Yb etwas ab, da auch der Ionenradius in dieser Reihenfolge abnimmt und die OH^--Ionen dadurch fester gebunden werden. Chloride, Nitrate und Sulfate sind leicht, Fluoride, Carbonate, Phosphate und Oxalate schwer wasserlöslich.

Cer ist silberglänzend, weich, dehnbar und läuft an der Luft rasch an; F 815 °C, Dichte 6,77 g · cm^{-3}; Gewinnung durch Schmelzelektrolyse von Cer(III)-chlorid, $CeCl_3$. Für die meisten praktischen Zwecke kann rohes Cer verwendet werden, wie es bei der Aufarbeitung des Monazitsandes primär anfällt. Dieses **Cer-Mischmetall** besteht aus rund 50% Cer, 25% Lanthan, 15% Neodym, 4% Praseodym; Rest: übrige Seltenerdmetalle und bis zu 5% Eisen. Es ist Hilfsstoff bei der Bereitung von Stählen, insbes. Sonderstählen, und wird mit Eisen im Verhältnis 1:1 zu **Zündmetall** (sog. »Feuerstein«) legiert. Dieses gibt beim Reiben an harten, rauhen Flächen sehr heiße Funken und wird daher für Feuerzeuge und Gasanzünder verwendet. **Cer(III)-nitrat**, $Ce(NO_3)_3 \cdot 6\ H_2O$, findet zum Tränken von Gasglühkörpern (↑S. 542) Anwendung.

Neodym schmilzt bei 1024 °C; Dichte 7,0 g · cm^{-3}; mit dem hellblauen, rötlich fluoreszierenden **Neodymoxid**, Nd_2O_3, werden Neodymgläser für die Lasertechnik erschmolzen. – **Europium**, bei 826 °C schmelzend, Dichte 5,24 g · cm^{-3}, findet in der Kernenergietechnik Anwendung. **Samarium-Cobalt-Legierungen** bilden Dauermagnete extrem hoher Feldstärke.

22.4 Die Actinoide

22.4.1 Allgemeines

Tabelle 22-2: *Die Actinoide*

Kernladungszahl	Symbol	Name	Kernladungszahl	Symbol	Name
89	Ac	Actinium	96	Cm	Curium
90	Th	Thorium	97	Bk	Berkelium
91	Pa	Protactinium	98	Cf	Californium
92	U	Uran	98	Es	Einsteinium
93	Np	Neptunium	100	Fm	Fermium
94	Pu	Plutonium	101	Md	Mendelevium
95	Am	Americium	102	No	Nobelium

Als *Transurane* bezeichnet man die auf das Uran folgenden Elemente. Die auf die Actinoide folgenden Elemente 103 (nach herkömmlicher Begriffsbestimmung 104) und weitere heißen *Transactinoide*; vom Element 104 an gehören sie nicht mehr in die III. Gruppe des Periodensystems.

Radioaktivität: Alle Actinoide sind radioaktiv. Die Elemente bis Nr. 94 finden sich in der Natur; die Transurane sind seit 1940 durch Atomkernumwandlung in Kernreaktoren oder Teilchenbeschleunigern hergestellt worden. Relativ langlebig sind Th- und U-Isotope (Halbwertszeit von T 232: $1{,}40 \cdot 10^{10}$ Jahre, U 238: $4{,}47 \cdot 10^{9}$ Jahre, U 235: $7{,}1 \cdot 10^{8}$ Jahre, U 236: $2{,}39 \cdot 10^{7}$ Jahre). Weitere Beispiele: Pu 244 ($8{,}3 \cdot 10^{7}$ Jahre), Cm 247 ($1{,}6 \cdot 10^{7}$ Jahre), Np 237 ($2{,}1 \cdot 10^{6}$ Jahre), Am 243 (7400 Jahre), Bk 247 (1400 Jahre), Cf 251 (898 Jahre), Ac 227 (21,7 Jahre), Es 252 (400 Tage), Fm 257 (100 Tage), Md 258 (55 Tage), No 259 (58 min). Die Halbwertszeiten von *Transactinoiden* betragen: Lr 260 (3 min), Ku 261 (65 s), Ha 262 (40 s), Sg 259 (7 ms), Ns 261 (etwa 2 ms), Hs 265 (1,8 ms), Mt 266 (5 ms).

22.4.2 Thorium und Thoriumverbindungen

Thorium (Th) [nach dem germanischen Gott *Thor* benannt] wurde 1828 als Oxid von JÖNS JACOB BERZELIUS (Schweden) entdeckt; es findet sich hauptsächlich im Monazit (↑S. 540); Häufigkeit in der Erdrinde: $1{,}1 \cdot 10^{-3}$ %. Das bei 1847 °C schmelzende, weiche Metall hat bei 20 °C die Dichte 11,7 g·cm^{-3}, löst sich nur in rauchender Salzsäure und Königswasser und kommt in seinen Verbindungen nahezu ausschließlich +4wertig vor. Chlorid, Sulfat und Nitrat lösen sich leicht, Fluorid, Carbonat und Phosphat schwer in Wasser. In Alkalicarbonatlösungen lösen sich viele schwerlösliche Th-Verbindungen komplex, z.B. zu **Natriumpentacarbonatothorat,** $Na_6[Th(CO_3)_5]$, auf; diese Reaktion dient zur Abtrennung des Thoriums von den Seltenerdmetallen bei der Aufarbeitung des Monazitsandes.

Thoriumoxid, ThO_2, ist ein weißes, in geglühtem Zustand in Säuren praktisch unlösliches Pulver der Dichte 9,87 g·cm^{-3}, F 3390 °C. Es entsteht beim Erhitzen des nicht amphoteren **Thoriumoxidhydrats,** $ThO_2 \cdot xH_2O$, das als schleimiger Niederschlag durch Ammoniak oder Alkalihydroxide aus Th-Salzlösungen gefällt wird.

Thoriumnitrat, Th(NO$_3$)$_4$ · 5 H$_2$O, ist sehr leicht löslich und dient im Gemisch mit etwa 1% Cernitrat zum Tränken von Gasglühkörpern (»Glühstrümpfen«); durch Anzünden vor dem ersten Gebrauch entsteht aus dem Nitrat ein Oxidgemisch aus ThO$_2$ und wenig Ce$_2$O$_3$, das beim Glühen ein sehr helles, leicht grünlich-gelbes Licht aussendet[1].

Das **Nuklid Th 232** bildet in Brutreaktoren spaltbares U 233; auf diese Weise kann auch Thorium zur Gewinnung von Kernenergie beitragen.

22.4.3 Uran und Uranverbindungen

Symbol: U [benannt nach dem Planeten *Uranus*]; **Wertigkeiten:** +6, +4.

Entdeckung: als Oxid 1789 durch MARTIN HEINRICH KLAPROTH (Deutschland); das Metall wurde erstmals 1841 von EUGÈNE MELCHIOR PÉLIGOT (Frankreich) hergestellt.

Vorkommen: oft zusammen mit Seltenerdmetallen, z.B. im Monazitsand. **Häufigkeit** (Erdrinde): $2,9 \cdot 10^{-4}$%.

Minerale: Uranpechblende (*Uraninit*) ..... mUO$_2$ · nUO$_3$
                      Carnotit .... KUO$_2$VO$_4$ · $1\frac{1}{2}$H$_2$O

Eigenschaften: silberweißes, an der Luft allmählich anlaufendes, ziemlich weiches Metall; Dichte 19,0 g · cm^{-3} bei 20 °C; schmilzt bei 1132 °C und löst sich in verdünnten Säuren leicht zu Uran(IV)-salzen. U 235 ist kernspaltbar.

Herstellung: technisch durch Schmelzelektrolyse von *Kaliumuran(IV)-fluorid*, K[UF$_5$], oder *Natriumuran(IV)-chlorid*, Na$_2$[UCl$_6$]; auch durch aluminothermische Reduktion von beiden ist es erhältlich.

Verwendung: fast ausschließlich - meist mit U 235 angereichert - als Spaltstoff[2] in Kernreaktoren.

Kernkettenreaktion: Uran 235 ist durch langsame Neutronen spaltbar, wobei unter Energieabgabe Elemente mittlerer Kernladungszahl entstehen und 2 bis 3 Neutronen frei werden. Da diese wieder auf U-235-Atomkerne einwirken, findet eine Kettenreaktion statt. In den Kernreaktoren wird ein lawinenartiges Anschwellen der Reaktion, wie sie in der Atombombe erfolgt, durch neutronenabsorbierende Materialien, z.B. Cadmium, das beliebig weit in den Reaktor eingeführt werden kann, vermieden. Die *kritische Masse* von reinem U 235 (d.h. die Masse, oberhalb derer es spontan durch Kernkettenreaktion explodiert) wird mit 15 bis 20 kg angegeben; dies entspricht einer Kugel von 12 cm Durchmesser. In Kernkraftwerken ist U 235 nur auf 3 bis 4% angereichert, so daß theoretisch selbst beim Schmelzen des Reaktorkerns keine kritische Masse zustandekommt. - Die Sprengkraft der 1945 über Hiroshima abgeworfenen Atombombe beruhte auf der ungeregelten Spaltung von U 235.

Uranverbindungen: Am beständigsten sind in der Regel die Uran(VI)-verbindungen, insbes. die **Uranylverbindungen** mit dem Kation UO$_2^{2+}$ und die **Diuranate** mit dem Anion U$_2$O$_7^{2-}$. Abnehmende Wertigkeit hat zunehmende Unbeständigkeit zur Folge, was z.B. so weit geht, daß sich eine rote Lösung von *Uran(III)-chlorid*, UCl$_3$, unter Wasserstoffentwicklung und Bildung einer U(IV)-Verbindung grün färbt.

Uranhexafluorid, UF$_6$, synthetisch gewonnen, ist farblos, kristallisiert und stark hygroskopisch; es sublimiert bereits bei 56 °C und dient zur Trennung der U-Isotope unter Ausnutzung der unterschiedlichen Diffusionsgeschwindigkeiten.

---

1) Infolge der Schwerflüchtigkeit speichert ThO$_2$ die Wärme, die zur Anregung des intensiven Leuchtens des Ce$_2$O$_3$ erforderlich ist.
2) In Kernreaktoren dienen *Spaltstoffe* unmittelbar zur Energiegewinnung, während aus *Brutstoffen* Spaltstoffe entstehen. Aus Brutstoffen, z.B. Th 232, kann demnach indirekt Atomkernenergie gewonnen werden.

Uranoxide: Uran(VI)-oxid, UO_3, ein je nach Herstellung gelbes bis ziegelrotes Pulver, entsteht bei nicht zu starkem Erhitzen von Uranylnitrat, -carbonat oder -oxalat; es geht, wie auch das braunschwarze **Uran(IV)-oxid,** UO_2, beim Glühen in das grüne bis schwarze **Triuranoct(a)oxid,** U_3O_8, über, das sich in der Natur als *Uranpechblende* findet.

Uranylverbindungen sind meist gelb mit grüner Fluoreszenz. **Uranylnitrat,** Formel $UO_2(NO_3)_2 \cdot 6 H_2O$, löst sich leicht, **Uranylacetat,** $(CH_3COO)_2UO_2$, schwerer in Wasser. - Natronlauge fällt aus Uranylsalzlösungen gelbes **Natriumdiuranat,** $Na_2U_2O_7$; die ebenfalls gelbe Fällung mit Ammoniak (»*Ammoniumdiuranat*«) hat eine kompliziertere Zusammensetzung. Mit Zusatz von $Na_2U_2O_7$ bereitetes »*Uranglas*« ist gelb mit intensiv grüner Fluoreszenz. **Uranylsulfid,** UO_2S, fällt aus Uranylsalzen durch Ammoniumsulfidlösung als brauner, im Überschuß des Fällungsmittels unlöslicher, in Essigsäure löslicher Niederschlag aus.

22.4.4 Sonstige Actinoide

Namen: Ac [*actinoeis* (grch.) strahlend, nach der Radioaktivität benannt], entdeckt 1899 durch ANDRÉ LOUIS DEBIERNE (Frankreich); Pa [Protactinium; steht »*vor* dem Actinium« in der radioaktiven Zerfallsreihe]; entdeckt 1913 durch KASIMIR FAJANS (USA); Np [nach dem Planeten *Neptun*]; Pu [nach dem noch weiter von der Sonne entfernten Planeten *Pluto*]; Am [nach Amerika]; Cm [nach dem Forscherehepaar CURIE]; Bk [*Berkeley*, kalifornische Universitätsstadt]; Cf [nach Kalifornien]; Es [nach ALBERT EINSTEIN]; Fm [nach ENRICO FERMI, dem Konstrukteur des ersten Atomreaktors]; Md [nach DIMITRIJ MENDELEJEW]; No [nach ALFRED NOBEL].

Plutonium, Pu, ist ein silberglänzendes, an der Luft rasch anlaufendes Metall; F 639 °C, Dichte 19,81 g · cm^{-3}. Das Isotop Pu 239 (Halbwertszeit 24 390 Jahre) entsteht aus Uran 238 durch Einwirkung langsamer Neutronen gemäß

$$U\ 238 + n \rightarrow U\ 239 \xrightarrow[\tau\ =\ 23\ \text{min}]{\beta\ -\ \text{Strahlung}} Np\ 239 \xrightarrow[\tau\ =\ 2{,}3\ \text{Tage}]{\beta\ -\ \text{Strahlung}} Pu\ 239 \quad (\tau = \text{Halbwertszeit})$$

und reichert sich daher in Kernbrennstäben an. Da es wie U 235 durch langsame Neutronen spaltbar ist, dient es zur Erzeugung von Kernenergie und wird in speziellen »*Brutreaktoren*« hergestellt. Die kritische Masse beträgt etwa 20 kg; die Sprengkraft der 1945 auf Nagasaki abgeworfenen Atombombe beruhte auf der ungeregelten Kernkettenreaktion von Pu 239. -

Das längstlebige Pu-Isotop ist Pu 244; Halbwertszeit $8{,}3 \cdot 10^7$ Jahre.

23 Elemente der IV. Nebengruppe (Titangruppe)

Tabelle 23-1: *Titangruppe*

	Titan	Zirconium	Hafnium
Symbol	Ti	Zr	Hf
Kernladungszahl	22	40	72
Relative Atommasse	47,88	91,22	178,49
Schmelzpunkt (in °C)	1677	1855	2222
Dichte (in g·cm^{-3} bei 20 °C)	4,49	6,51	13,35
Häufigkeit (Erdrinde, %)	$4{,}1 \cdot 10^{-1}$	$2{,}1 \cdot 10^{-2}$	$4{,}2 \cdot 10^{-4}$
Wertigkeit	3; 4	4	4

Kurtschatovium, Symbol Ku, Kernladungszahl 104, wurde als *Transactinoidenelement* der IV. Nebengruppe erstmals 1964 in Dubna bei Moskau hergestellt und zu Ehren des sowjetischen Atomforschers IGOR WASSILEWITSCH KURTSCHATOW benannt. Halbwertszeit des Nuklids Ku 261: 65 s. Von US-amerikanischer Seite wurden 1968 weitere Nuklide nachgewiesen, während die Entdeckung KURTSCHATOWS nicht nachvollzogen werden konnte. Die US-Forscher schlugen daher für das Element 104 den Namen **Rutherfordium**[1] (Symbol Rf) vor. Bis zur endgültigen Namensgebung kann es auch als *Unnilquadium* (Symbol Unq) bezeichnet werden.

23.1 Titan und Titanverbindungen

Symbol: Ti [*Titanen* = Götter oder Riesen der griechischen Sage]; **Wertigkeiten:** +4, +3.

Erstherstellung: 1825 durch JÖNS JACOB BERZELIUS (Schweden).

Vorkommen: neunthäufigstes Element der Erdrinde. Sehr verbreitet, jedoch nur selten in größeren Lagerstätten (*Titansande* an den Küsten von Indien, Sri Lanka, Australien). Fast jeder Ackerboden enthält 0,5% chemisch gebundenes Ti.

Minerale:
Rutil..............................TiO_2
Ilmenit...........................$FeO \cdot TiO_2$

Herstellung: Aus Ilmenit erzeugt man zunächst (nach Abtrennung des Eisens) durch Chlorierung mit Kohle gemäß $TiO_2 + 2\,C + 2\,Cl_2 \rightarrow TiCl_4 + 2\,CO$ Titan(IV)-chlorid, das durch Destillation gereinigt und mit flüssigem Magnesium unter Argonatmosphäre reduziert wird: $TiCl_4 + 2\,Mg \rightarrow Ti + 2\,MgCl_2$ (KROLL-Verfahren). Der entstehende Titanschwamm wird im elektrischen Lichtbogenofen zum kompakten Metall zusammengeschmolzen.

Eigenschaften (s.a.Tab.!): leichtes, stahlähnlich aussehendes, bei Rotglut schmiedbares Metall, das bei gewöhnlicher Temperatur an der Luft und auch gegen feuchtes Chlor beständig ist, sich jedoch beim Erhitzen (z.B. beim Schmelzen) mit Sauerstoff und Stickstoff verbindet und daher im Hochvakuum (< 0,1 Pa) geschmolzen werden muß. Leicht löslich in Flußsäure, beim Erhitzen auch in Salzsäure zu violetten Ti(III)-Salzen; Salpetersäure ergibt unlösliche, weiße »*Titansäure*«, $TiO_2 \cdot xH_2O$.

Verwendung: leichter und korrosionsfester Spezialwerkstoff für Chemie- und Energieanlagenbau, Luftfahrt-, Raketen- und Satellitentechnik, Schiffsbau, medizinische Instrumente und Geräte, Endoprothesen, Galvanotechnik. Titanstähle (mit weniger als 0,8% Ti) sind sehr fest und elastisch. *Ferrotitan* enthält 10 bis 25% Ti.

Titanverbindungen: Die meist violetten Ti(III)-Verbindungen sind sehr starke Reduktionsmittel und gehen sehr leicht (auch bereits an der Luft) in Ti(IV)-Verbindungen über. Diese neigen stark zur Hydrolyse, wobei u.a. Titan(IV)-oxidverbindungen mit dem Ion TiO^{2+} (sog. »Titanylverbindungen«) entstehen.

Titan(III)-chlorid, $TiCl_3$, bildet rotviolette, wasserlösliche Kristalle; die Lösungen werden an der Luft allmählich unter Entfärbung und Ausscheidung von weißem Titan(IV)-oxidhydrat oxidiert. - **Titan(IV)-chlorid**, $TiCl_4$, ist eine farblose Flüssigkeit (F –23 °C, Kp 136,5 °C, Dichte 1,76 g $\cdot$ cm^{-3}), die an feuchter Luft infolge Reaktion mit Wasserdampf stark raucht: $TiCl_4 + 4\,H_2O \rightarrow Ti(OH)_4 + 4\,HCl$. Mit Alkoholen entstehen analog Titansäureester, z.B. *Tetraethylorthotitanat*, $Ti(OC_2H_5)_4$.

Titan(IV)-oxid, *Titandioxid*, TiO_2, ein weißes, unlösliches, ungiftiges Pulver, wird technisch u.a. durch Verbrennen von $TiCl_4$ in reinem Sauerstoff gemäß $TiCl_4 + O_2 \rightarrow TiO_2 + 2\,Cl_2$ hergestellt und als gut deckendes Weißpigment »*Titanweiß*« für Anstriche (meist mit $CaSO_4$

---

[1] nach ERNEST RUTHERFORD (England)

oder $BaSO_4$ gestreckt) verwendet; es dient auch zur Herstellung von Milchglas, als Mattierungsmittel für Polyamidfaserstoffe und ist auch in Kosmetika und Pharmazeutika enthalten.

Titan(IV)-oxidsulfat (sog. »*Titanylsulfat*«), $TiOSO_4$, weiß und wasserlöslich, bildet sich beim Abrauchen von Titan(IV)-oxid mit konzentrierter Schwefelsäure. Aus der Lösung fällen Alkalilaugen und Ammoniak gallertartiges **Titan(IV)-oxidhydrat** (sog. »*Titansäure*«), $TiO_2 \cdot xH_2O$, während mit Wasserstoffperoxid unter Bildung des Peroxotitanyl-Ions, $[TiO_2]^{2+}$, eine orangerote Färbung entsteht (Nachweisreaktion für Titan bzw. Wasserstoffperoxid).

Bariumtitanat, $BaTiO_3$, ist stark ferroelektrisch[1]; Mischkristalle mit $SrTiO_3$ und $CaTiO_3$ finden als hochwirksame Dielektrika, als elektroakustische Wandler (z.B. zur Erzeugung von Ultraschall) und als Elektrete[1] Anwendung.

23.2 Zirconium, Hafnium und ihre Verbindungen

Zirconium (*Zirkon;* Zr) [benannt nach dem Edelstein Zirkon] wurde erstmals 1824 von JÖNS JACOB BERZELIUS (Schweden) hergestellt. Hafnium (Hf) [*Hafnia:* Kopenhagen] ist dem Zirconium so ähnlich, daß es erst 1923 durch GYÖRGY VON HEVESY und DIRK COSTER (Holland) aus den bis dahin für einheitlich gehaltenen Zr-Verbindungen isoliert wurde, obwohl es häufiger ist als z.B. Zinn oder Brom. Zr und Hf sind weit verbreitet, finden sich jedoch nur selten in größeren Lagern. Wichtige Minerale sind: **Zirkonerde** (*Baddeleyit*), ZrO_2, und **Zirkon**, $ZrSiO_4$. Hf ist in allen Zr-Mineralen enthalten.

Zr und Hf sind stahlglänzende, weiche, an der Luft relativ beständige Metalle (s.a. S. 543), die von kalter Luft, Wasser, Alkalilaugen und verdünnten Säuren nicht angegriffen werden; leicht lösen Königswasser, Flußsäure und geschmolzene Alkalihydroxide. Dünner Zr-Draht verbrennt (ähnlich Mg) mit intensiv weißer Flamme zu ZrO_2. Für Uranstabumhüllungen in Kernreaktoren dient eine Legierung mit etwa 5% Niob. Eine Hf-Ta-Legierung, beständig bis 2200 °C, wird für Raketenantriebsaggregate verwendet.

Verbindungen: i.allg. farblos, zu Hydrolyse neigend; schwer löslich sind u.a. Fluorid, Oxid, Phosphat, Oxalat, leicht löslich u.a. Nitrat, Oxidchlorid, -sulfat und -perchlorat. - **Zirconiumchlorid,** $ZrCl_4$, F 437 °C, ist fest, kristallin und bildet an feuchter Luft weiße HCl-Nebel. Diese Hydrolyse führt auch mit flüssigem Wasser zu **Zirconiumoxidchlorid** (»*Zirconylchlorid*«), $ZrOCl_2 \cdot 8\ H_2O$, als farblosem, wasserlöslichem Salz. Das ähnliche, ebenfalls lösliche **Zirconiumoxidsulfat**, $ZrOSO_4$, entsteht beim Abrauchen des Oxids mit konzentrierter Schwefelsäure. Aus den Lösungen fällt durch Alkalien und Ammoniak **Zircondioxidhydrat,** $ZrO_2 \cdot xH_2O$, als weißer, schleimiger, im Überschuß der Fällungsmittel unlöslicher Niederschlag aus. - **Zirconium(IV)-oxid,** *Zirconiumdioxid,* ZrO_2, $F \approx 2700$ °C, findet (im Gemisch mit MgO) als feuerfestes Material Anwendung. - **Zirconiumsilicat,** $ZrSiO_4$, kommt in der Natur als *Zirkon* vor, goldgelb und glasklar als *Hyazinth*; gut ausgebildete, farblose Zirkonkristalle werden wegen ihres dem Diamanten nahekommenden Lichtbrechungsvermögens als Schmucksteine verwendet (»*Zirkonia*«).

Hafniumverbindungen sind den Zirconiumverbindungen so ähnlich, daß eine Trennung schwierig ist.

---

[1] *Ferroelektrische Stoffe* lassen sich im elektrischen Feld besonders stark polarisieren (extrem hohe Dielektrizitätskonstante); die den Dauermagneten entsprechenden *Elektrete* weisen ein permanentes elektrisches Feld auf.

24 Elemente der V. Nebengruppe (Vanadiumgruppe)

24.1 Allgemeines

Tabelle 24-1: *Vanadiumgruppe*

	Vanadium	Niob	Tantal
Symbol	V	Nb	Ta
Kernladungszahl	23	41	73
Relative Atommasse	50,9415	92,9064	180,948
Schmelzpunkt (in °C)	1890	2470	3010
Dichte (in g·cm^{-3} bei 20 °C)	5,98	8,56	16,69
Wertigkeit	5 (4; 3; 2)	5 (4; 3)	5 (4; 3)
Häufigkeit (Erdrinde, %)	$1,4 \cdot 10^{-2}$	$1,9 \cdot 10^{-3}$	$8 \cdot 10^{-4}$
Säuren	HVO$_3$	HNbO$_3$	HTaO$_3$
Salze	Vanadate	Niobate	Tantalate

Die **Element(V)-oxide** sind Säureanhydride; Vanadium-, Niob- und Tantalsäure werden auch als »*Erdsäuren*« bezeichnet.

Hahnium, Symbol Ha, Kernladungszahl 105, wurde als *Transactinoidenelement* der V. Nebengruppe erstmals 1974 in Dubna (UdSSR) hergestellt; die Halbwertszeit des längstlebigen Isotops (Ha 262) beträgt 40 s.

24.2 Vanadium[1] und Vanadiumverbindungen

Symbol: V [*Vanadis:* Beiname der nordischen Göttin Freyja]; **Wertigkeiten:** +5, seltener +4, +3, +2.

Entdeckung: 1830 durch NIELS SEFSTRÖM (Schweden); Ersterstellung des Metalls 1867 durch HENRY ROSCOE (England).

Vorkommen: in kleinen Mengen sehr verbreitet; findet sich chemisch gebunden z.B. in den meisten Bauxiten, Brauneisenerzen und in Kupferschiefer. In Tunikaten (Manteltiere; Meeresbewohner) ist V blutfarbstoffbildendes Metall.

Minerale:

Patronit.......................... VS$_4$
Carnotit.......................... KUO$_2$VO$_4 \cdot \frac{1}{2}$H$_2$O (statt K auch Na, Ca, Cu, Pb)
Vanadinit........................Pb$_5$Cl(VO$_4$)$_3$

Herstellung: aluminothermisch gemäß: 3 V$_2$O$_5$ + 10 Al → 6 V + 5 Al$_2$O$_3$; das Vanadium(V)-oxid wird aus Erzen oder V-haltigen Schlacken gewonnen. Bei Anwesenheit von Eisenoxiden entsteht »*Ferrovanadium*« (meist mit 30% V).

Eigenschaften: s.a.Tab. 24-1; stahlgraues, gewöhnlich hartes und sprödes Metall; reinstes V ist jedoch dehnbar und geschmeidig. Es ist an der Luft beständig; von den Säuren greifen nur Salpetersäure, Flußsäure und Königswasser an.

---

[1] auch Schreibweise *Vanadin* üblich

Verwendung: zur Herstellung der harten und zähen Vanadiumstähle (bis 1% V).

Vanadiumverbindungen: Die meisten Verbindungen sind, insbes. in wäßriger Lösung, stark komplex. Niedrigere Wertigkeitsstufen gehen leicht in die 5wertige Stufe über. Vanadium(V)-oxid hat überwiegend sauren Charakter; entsprechende Salze sind die *Vanadate* (s.u.); Vanadium(IV)-oxid ist amphoter, Vanadium(III)- und -(II)-oxid sind basisch. Bei der Reduktion gelöster V(V)-Verbindungen mit Zink und Salzsäure entstehen nacheinander blaue V(IV)-, grüne V(III)- und blaßviolette V(II)-Salzlösungen. Der nur sehr schwach ausgeprägte basische Charakter von V(V) zeigt sich in der Existenz von *Vanadylverbindungen* mit dem *Dioxovanadium(V)-ion*, VO_2^+, oder dem *Oxovanadium(V)-ion*, VO^{3+}, die durch Wasser weitgehend hydrolysiert werden.

Vanadium(V)-oxid, *Vanadiumpent(a)oxid,* V_2O_5: orangegelbes, giftiges, in Wasser nur wenig lösliches Pulver; *F* 658 °C; Verwendung als sauerstoffübertragender Katalysator bei Oxygenierungen, z.B. bei der Herstellung von Schwefeltrioxid (bzw. Schwefelsäure), Phthalsäureanhydrid, Anthrachinon u.a. - Alkalien und Ammoniak lösen unter Bildung farbloser, je nach pH-Wert unterschiedlich stark kondensierter Vanadat-Komplexe; das bekannteste Salz ist **Ammonium(meta)vanadat,** NH_4VO_3; es ist weiß, wenig wasserlöslich und hinterläßt beim Glühen reines V_2O_5. - Beim Ansäuern färben sich Vanadatlösungen infolge Bildung von **Vanadiumsäuren** verschiedener Zusammensetzung zunehmend gelb bis orange; weiterer Säurezusatz bewirkt Aufhellung infolge Bildung von Vanadylverbindungen. - Aus Vanadium(V)-lösungen fallen weder durch Schwefelwasserstoff, noch durch Ammoniumsulfid Niederschläge aus; letzteres färbt die Lösung braun bis violett, wobei Thiosalze, z.B. das rotviolette **Ammoniumthiovanadat,** $(NH_4)_3VS_4$, entstehen. Beim Ansäuern der Thiovanadatlösungen fällt braunes **Vanadiumpentasulfid,** V_2S_5. - **Vanadiumoxidtrichlorid,** $VOCl_3$, eine hellgelbe Flüssigkeit (*Kp* 127 °C), und **Vanadiumdioxidchlorid,** VO_2Cl, orangefarben kristallisierend, werden durch Wasser weitgehend zu Vanadiumsäure bzw. -pentoxid zersetzt. - **Vanadium(IV)-oxidsulfat,** $VOSO_4 \cdot 5\ H_2O$, bildet kräftig blaue, wasserlösliche, beständige Kristalle.

Nachweis: Phosphorsalzperle reduktiv grün, oxidativ schwach gelb bis gelbbraun. - Schweflige Säure und Oxalsäure färben saure Vanadium(V)-lösungen blau, wobei sich durch Reduktion VO^{2+}-Ionen bilden. - Fällung von Vanadaten: *Erdalkalivanadate* weiß, *Silbervanadat* orangerot, *Quecksilber(I)-vanadat* weiß, *Bleivanadat* gelb, *Eisen(III)-vanadat* rotbraun.

24.3 Niob und Niobverbindungen

Niob[1] (Nb) [*Niobe*: griechische Sagengestalt, Tochter des Tantalos], 1844 von HEINRICH ROSE entdeckt, relativ selten, kommt in der Natur (vergesellschaftet mit Ta) als **Niobit** (*Columbit*), $Fe(NbO_3)_2$, vor; physikal. Eigenschaften ↑S. 546.

Das silberweiße, luftbeständige, gut walz- und schweißbare Metall wird von Flußsäure, heißer konzentrierter Salz- und Schwefelsäure sowie von Alkalihydroxidschmelzen angegriffen. - *Herstellung:* aus Niobcarbid und -oxid bei ca. 2000 °C im Hochvakuum gemäß Nb_2O_5 + 5 NbC → 7 Nb + 5 CO; aluminothermisch entsteht eine Nb-Al-Legierung, aus der das Al entfernt werden muß. - *Verwendung:* für technische Speziallegierungen, in der Kerntechnik z.B. zur Umhüllung von Brennelementen, für Rohrleitungen zum Transport flüssigen Natriums u.a. - *Ferroniob* (50 bis 70% Nb) dient zur Herstellung der sehr festen, korrosionsbeständigen *Niobstähle*.

---

1) auch Schreibweise *Niobium* üblich

Niobverbindungen: Nb(V)-Verbindungen sind am beständigsten; die Trennung von Tantalverbindungen ist schwierig.

Niob(V)-oxid, *Niobpent(a)oxid,* Nb_2O_5, weiß, wasserlöslich, F 1460 °C, hat stark überwiegend sauren Charakter. Die Salze *(Niobate)*, z.B. das wasserlösliche **Natrium(meta)niobat,** $NaNbO_3$, werden am besten durch Zusammenschmelzen entsprechender Oxide bzw. Hydroxide mit Nb_2O_5 hergestellt. Bei Zusatz von Säure fällt aus Niobatlösung weißes, gelatinöses **Niob(V)-oxidhydrat,** $Nb_2O_5 \cdot xH_2O$, aus, das sich in Alkalien wieder zu Niobaten, in konzentrierten starken Säuren zu i.allg. farblosen NbO^{3+}-Verbindungen, z.B. *Nioboxidtrichlorid,* $NbOCl_3$, löst.

Niob(V)-chlorid, *Niobpentachlorid,* $NbCl_5$, synthetisch herstellbar, bildet gelbe, nadelförmige Kristalle; F 204 °C, Kp 254 °C (gelber Dampf); es wird durch Wasser unter Bildung von Niobsäure hydrolytisch zersetzt, löst sich jedoch in organischen Lösungsmitteln. - Vom farblosen **Niob(V)-fluorid,** NbF_5 (F 80 °C, Kp 235 °C), leitet sich das komplexe **Kaliumheptafluoroniobat,** $K_2[NbF_7]$ ab, in dem Niob die seltene Koordinationszahl 7 betätigt.

Niobcarbid, NbC, graubraun bis schwarz, F etwa 3500 °C, entsteht aus den Elementen oder aus Nb_2O_5 und Kohlenwasserstoffdämpfen bei sehr hoher Temperatur.

24.4 Tantal und Tantalverbindungen

Tantal (Ta) [benannt nach der Sagengestalt *Tantalos,* um »auf die Unfähigkeit des Elements, mitten in einem Überschuß von Säure etwas davon an sich zu reißen und sich damit zu sättigen, eine Anspielung zu machen«]. 1802 von ANDERS GUSTAF EKEBERG (Schweden) entdeckt; ähnlich selten wie Niob, kommt meist mit diesem zusammen als **Tantalit,** $Fe(TaO_3)_2$, vor; physikal. Eigenschaften ↑S. 546 Das platinfarbene, sehr hoch schmelzende Metall ist ziemlich hart, doch sehr dehnbar; es widersteht allen Säuren außer Flußsäure und wird auch von Alkalihydroxidlösungen nicht gelöst; selbst Alkalihydroxidschmelzen wirken nur allmählich korrodierend. Das außerordentlich korrosionsbeständige Metall wird als Material für chemische Apparaturen (z.B. Spinndüsen für Chemiefaserstoffe), medizinische Instrumente, Heizschlangen und Analysenwägestücke verwendet.

Tantalverbindungen: Ta(V)-Verbindungen sind am weitaus beständigsten; die Reduktion zu niedrigeren Wertigkeitsstufen verläuft schwieriger als bei Nb-Verbindungen. Die Trennung von Ta und Nb gelingt durch Extraktionsverfahren oder durch fraktionierte Kristallisation komplexer Fluoride.

Tantal(V)-oxid, *Tantalpent(a)oxid,* Ta_2O_5, ein weißes, sehr inertes, nur in Flußsäure lösliches Pulver (F 1470 °C unter Zersetzung), hat sauren Charakter; *Tantalate,* z.B. wasserlösliches **Natriumtantalat** von sehr komplexer Zusammensetzung (z.B. $Na_7[Ta_5O_{16}]$), lassen sich jedoch nur durch Schmelzreaktionen herstellen. Aus Tantalatlösungen fällen Säuren weißes, gelatinöses **Tantal(V)-oxidhydrat** (»*Tantalsäure*«), $Ta_2O_5 \cdot xH_2O$, aus.

Tantal(V)-chlorid, $TaCl_5$ (F 221 °C, Kp 241,6 °C), und *Tantal(V)-fluorid,* TaF_5 (F 96,8 °C; Kp 229 °C) sind farblos; das Fluorid bildet wie die entsprechende Niobverbindung Fluorokomplexe mit der seltenen Koordinationszahl 7, z.B. das schwerlösliche **Kaliumheptafluorotantalat,** $K_2[TaF_7]$.

25 Elemente der VI. Nebengruppe (Chromgruppe)

25.1 Allgemeines

Tabelle 25-1: *Chromgruppe*

	Chrom	Molybdän	Wolfram
Symbol	Cr	Mo	W
Kernladungszahl	24	42	74
Relative Atommasse	51,9961	95,94	183,85
Schmelzpunkt (in °C)	1890	2620	3410
Dichte (in g·cm^{-3} bei 20 °C)	7,2	10,2	19,3
Häufigkeit (Erdrinde, %)	$1,9 \cdot 10^{-2}$	$1,4 \cdot 10^{-3}$	$6,4 \cdot 10^{-3}$
Wertigkeit	6; 3 (2)	6 (5; 4; 3)	6 (5; 4; 3; 2)

Säuren und Polysäuren: Die Element(VI)-oxide sind Säureanhydride. **Chromsäure** (H_2CrO_4; Salze: *Chromate*), **Molybdänsäure** (H_2MoO_4: *Molybdate*) und **Wolframsäure** (H_2WO_4: *Wolframate*) kommen auch in Form von Polysäuren mit mehreren Metallatomen vor, z.B. **Dichromsäure**; $H_2Cr_2O_7$ (*Dichromate*).

Heteropolysäuren: Die Element(VI)-oxide von Mo und W können sich mit weiteren Säureanhydriden (und Wasser) zu sehr beständigen Komplexen (»Heteropolysäuren«) vereinigen, z.B. *Phosphorwolframsäure*, $H_3[P(W_3O_{10})_4]$.

Clusterverbindungen: Während in Poly- und Heteropolysäuren Metallatome stets über O-Atome verknüpft sind, liegen in Clusterverbindungen Substanzen vor, in denen Atome von Nebengruppenelementen (insbes. Nb, Ta, Mo, W, Tc und Re) unmittelbar miteinander kovalent zu *Clustern*[1] verbunden sind. So ist *Wolfram(II)-chlorid,* WCl_2, eigentlich als $[W_6Cl_8]Cl_4$ zu formulieren, wobei der Komplex einen sechskernigen Wolfram-Cluster in Form eines Oktaeders enthält, so daß jedes W-Atom mit vier anderen verbunden ist. Die acht Cl-Atome sind nur über die W-Atome miteinander verknüpft; sie stehen an den Ecken eines Würfels, in den das W-Oktaeder so eingeschlossen ist, daß die W-Atome auf die Flächenmitten des Würfels treffen; s. Bild 25-1.

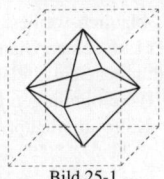

Bild 25-1
Wolfram-Cluster im $W_6Cl_8^{4+}$ - Ion

Die miteinander verknüpften W-Atome bilden einen oktaedrischen Cluster; die (nicht miteinander verbundenen) Cl-Atome besetzen die Ecken eines Würfels, der den W-Cluster einschließt.

Element 106, auch *Unnilhexium* (Symbol Unh) genannt, wurde als *Transactinoidenelement* der VI. Nebengruppe erstmals 1974 etwa gleichzeitig in Dubna (UdSSR) und Berkeley (USA) hergestellt; als Name ist **Seaborgium** (Symbol Sg) im Gespräch. Halbwertszeit des Nuklids 259: 7 ms; Zerfall durch Spontanspaltung.

---

1) (engl.) Gruppe, Haufen, Bündel, Traube

25.2 Chrom und Chromverbindungen

25.2.1 Allgemeines

Symbol: Cr [*chroma* (grch.) Farbe; benannt nach der Vielfarbigkeit seiner Verbindungen]; **Wertigkeiten:** +6, (+4), +3, (+2).

Entdeckung: 1797 durch LOUIS NICOLAS VAUQUELIN (Frankreich).

Vorkommen: nur chemisch gebunden, mitunter als Begleiter des Aluminiums, z.B. sind im Rubin und Smaragd Al-Atome zu einem kleinen Teil durch Cr ersetzt.

Minerale:

Chromeisenstein (*Chromit*)....... $FeO \cdot Cr_2O_3$
Rotbleierz (*Krokoit*).................$PbCrO_4$

Toxizität: Lösliche Cr-Verbindungen sind giftig; Chromsäurenebel schädigen Nasenscheidewand und Atemwege; Chromate und Dichromate bewirken auf der Haut Geschwüre und Ekzeme; oft tritt Allergie (Überempfindlichkeit) ein.

25.2.2 Metallisches Chrom

Herstellung:

- *Reines Chrom* wird aluminothermisch erzeugt: $Cr_2O_3 + 2\,Al \rightarrow Al_2O_3 + 2\,Cr$; das erforderliche Chrom(III)-oxid gewinnt man aus Chromeisenstein;

- »*Ferrochrom*« entsteht durch Reduktion von Chromeisenstein mit Koks im Elektroofen: $FeO \cdot Cr_2O_3 + 4\,C \rightarrow Fe + 2\,Cr + 4\,CO$.

Eigenschaften (s.a. S. 549): bläulich-weißes, glänzendes, sehr hartes und sprödes Metall, das an feuchter Luft seinen Glanz beibehält. Es löst sich leicht in Salzsäure, schwerer in verdünnter Schwefelsäure zu Chrom(II)-salzen, die jedoch meist spontan in Cr(III)-Verbindungen übergehen. Salpetersäure und Königswasser wirken in der Kälte überhaupt nicht, beim Sieden nur sehr langsam ein (»Passivität«).

Verwendung: als Überzug auf Metallen; für Edelstähle. Bereits kleine Mengen Cr erteilen dem Stahl hohe mechanische Beanspruchbarkeit. Stahllegierungen mit über 12% Cr sind edelmetallähnlich korrosionsbeständig, z.B. Stähle mit 18% Cr und 8% Ni, die auch Mo, V und Ti enthalten können.

Verchromen: Bei der sog. »*Hartverchromung*« (als Verschleiß- und zugleich Korrosionsschutz) werden relativ dicke Cr-Schichten (bis 500 µm) direkt auf Stahl, bei der *Dekorverchromung* (zur Verschönerung) dünne Schichten (0,3 µm) auf eine korrosionsschützende Nickel- oder Kupfer-Nickel-Zwischenschicht galvanisch aufgetragen. Die Verchromung erfolgt in Elektrolyten aus Chromsäure und 1% (bezogen auf den CrO_3-Gehalt) Schwefelsäure unter Verwendung unlöslicher Hartbleianoden.

25.2.3 Chromverbindungen

Allgemeines: Kristallwasserhaltige Cr(III)-Verbindungen sehen in der Regel grün oder violett aus und sind meist stark komplex. Durch Hypochlorit werden sie in die gelben bis roten Cr(VI)-Verbindungen überführt, durch naszierenden Wasserstoff in blaue, sehr unbeständige Cr(II)-Verbindungen.

Chrom(II)-verbindungen sind kristallwasserhaltig meist von himmelblauer Farbe, z.B. **Chrom(II)-chlorid,** $CrCl_2 \cdot 4\,H_2O$. Sie werden durch Reduktion von Cr(III)-Lösungen mit Zn + HCl hergestellt und gehen an der Luft leicht wieder in Cr(III)-Verbindungen über; insbesondere bei höherer Temperatur erfolgt die Oxidation zu Cr(III) auch ohne Sauerstoff, z.B. gemäß $2\,CrCl_2 + 2\,HCl \rightarrow 2\,CrCl_3 + H_2$. - Wasserfreies Chrom(II)-chlorid bildet farblose, sehr hygroskopische Kristallnadeln; F 824 °C.

Chrom(III)-oxid, Cr_2O_3, z.B. durch Reduktion von Dichromaten mit Kohlepulver hergestellt, ist in grobkristallinem Zustand schwarz und metallisch glänzend, als durch Zerreiben der Kristalle oder auf chemischem Wege hergestelltes Pulver jedoch grün; F 2265 °C. Es ist unlöslich in Wasser und in geglühtem Zustand auch unlöslich in Säuren und Alkalien. Der Aufschluß gelingt durch Erhitzen mit $KNO_3 + Na_2CO_3$ (»Soda-Salpeter-Schmelze«) gemäß $Cr_2O_3 + 3\,KNO_3 + 2\,Na_2CO_3 \rightarrow 2\,Na_2CrO_4 + 3\,KNO_2 + 2\,CO_2$ unter Bildung von Chromat; Kaliumbromatlösung löst beim Erhitzen gemäß $5\,Cr_2O_3 + 6\,KBrO_3 + 2\,H_2O \rightarrow 3\,K_2Cr_2O_7 + 2\,H_2Cr_2O_7 + 3\,Br_2$ zu Dichromat und Dichromsäure. - *Verwendung:* als sehr temperatur-, oxidations- und wetterbeständiges Pigment für Anstrichstoffe, als Malerfarbe (»*Chromoxidgrün*«), zum Färben von Glas und Porzellan, als Poliermittel für harte Metalle (z.B. Chrom), zur aluminothermischen Gewinnung von Chrom.

Chrom(III)-oxidhydrat, $Cr_2O_3 \cdot xH_2O$, fällt aus Cr(III)-Salzlösungen durch Alkalilaugen als bläulich-graugrünes Gel und wird oft vereinfacht als **Chrom(III)-hydroxid,** $Cr(OH)_3$, angesehen. Es ist amphoter und löst sich in überschüssiger Lauge mit intensiv grüner Farbe zu **Chromiten** [*Hydroxochromaten(III)*] vom Typ $Na_3[Cr(OH)_6]$. Säuren fällen hieraus wieder das Oxidhydrat und lösen im Überschuß zu Chrom(III)-salzen.

Chrom(III)-chlorid, $CrCl_3$, bildet wasserfrei pfirsichblütenfarbene Kristalle; F 1152 °C. An sich unlöslich, löst es sich bei Zusatz von kleinster Mengen Cr^{2+}-Ionen unter Erwärmung in Wasser auf. Die dunkelgrüne Lösung färbt sich bei längerem Stehen allmählich hellblaugrün und schließlich violett; beim Erwärmen findet der umgekehrte Farbwechsel statt. In der dunkelgrünen Lösung kann nur $\frac{1}{3}$ des Cl mit $AgNO_3$-Lösung nachgewiesen werden, in der hellblaugrünen $\frac{2}{3}$; in der violetten liegt sämtliches Cl in Form frei beweglicher Cl^--Ionen vor. Aus allen drei Lösungen lassen sich Kristalle der Formel $CrCl_3 \cdot 6\,H_2O$ gewinnen. Dabei handelt es sich um folgende Verbindungen:

dunkelgrün......... $[Cr(OH_2)_4Cl_2]Cl \cdot 2\,H_2O$,.... *Dichloro-tetraaqua-chrom(III)-chlorid*[1]
hellblaugrün........ $[Cr(OH_2)_5Cl]Cl_2 \cdot H_2O$....... *Monochloro-pentaaqua-chrom(III)-chlorid*[1]
violett................ $[Cr(OH_2)_6]Cl_3$..................... *Hexaaqua-chrom(III)-chlorid*[1]

Allgemein gilt: Die *violetten* Cr(III)-Lösungen enthalten das Hexaaquachrom(III)-ion, $[Cr(OH_2)_6]^{3+}$; in den *grünen* sind Säurerestionen auch komplex gebunden.

Chrom(III)-sulfat, $Cr_2(SO_4)_3 \cdot 12\,H_2O$, und **Kaliumchrom(III)-sulfat** (»*Chromalaun*«), $KCr(SO_4)_2 \cdot 12\,H_2O$, bilden violette Kristalle, deren Lösungen je nach Temperatur, Konzentration und Schichtdicke dunkelrot, violett oder grün aussehen; Verwendung zum Gerben (»*Chromleder*«).

---

1) Statt -*tetraaqua*-, -*pentaaqua*-, -*hexaaqua*- auch -*tetraqua*-, -*pentaqua*-, -*hexaqua*-

Chrom(IV)-oxid, *Chromdioxid,* CrO_2, ist ein schwarzes, ferromagnetisches Pulver, das als Bild- und Tonträger auf Magnetbändern verwendet wird. Es entsteht z.B., wenn ein Chromylchlorid-Wasserstoff-Gemisch durch ein glühendes Rohr geleitet wird.

Chrom(VI)-oxid, *Chromtrioxid,* CrO_3, oft fälschlich »Chromsäure« genannt, bildet rote, sehr hygroskopische, giftige Kristalle, die sich aus Dichromatlösungen bei Zusatz von viel konz. Schwefelsäure abscheiden; F 197 °C. Es wirkt sehr stark oxidierend und ätzt organisches Material (Hautkontakt vermeiden!); Methanol und viele andere organische Substanzen entzünden sich bei Berührung. Oberhalb des Schmelzpunktes zersetzt es sich unter Sauerstoffabspaltung zu Chrom(III)-oxid gemäß $4\ CrO_3 \rightarrow 2\ Cr_2O_3 + 3\ O_2\uparrow$.

Chromsäuren und Chromate: Chromsäure, H_2CrO_4, und **Dichromsäure,** $H_2Cr_2O_7$, entstehen aus CrO_3 durch viel bzw. wenig Wasser. Chromsäure und die meisten **Chromate** sehen gelb aus, Dichromsäure und **Dichromate** orangefarben. Chromate gehen durch Ansäuern in Dichromate, letztere durch Zusatz von Alkali in Chromate über:

$$\text{Chromat (gelb)} \underset{\text{alkalisch}}{\overset{\text{sauer}}{\rightleftarrows}} \text{Dichromat (orange)}$$

Gleichungen:

$$2\ Na_2CrO_4 + H_2SO_4 \rightarrow Na_2Cr_2O_7 + H_2O + Na_2SO_4$$

bzw.

$$Na_2Cr_2O_7 + 2\ NaOH \rightarrow 2\ Na_2CrO_4 + H_2O$$

Kalium- und Natriumdichromat, $K_2Cr_2O_7$ und $Na_2Cr_2O_7 \cdot 2\ H_2O$, bilden orangerote, leicht lösliche Kristalle; das Na-Salz ist hygroskopisch. *Verwendung:* als Oxidationsmittel (z.B. bei der technischen Herstellung von Anthrachinon aus Anthracen); zur Herstellung von Chrompigmenten, Chrom(VI)-oxid und anderen Cr-Verbindungen.

Ammoniumdichromat, $(NH_4)_2Cr_2O_7$, zersetzt sich bereits bei Berührung mit einem heißen Stab heftig gemäß $(NH_4)_2Cr_2O_7 \rightarrow Cr_2O_3 + N_2 + 4\ H_2O$ unter Versprühung von grünem, voluminösem Chrom(III)-oxid; hierbei oxidiert das Dichromation den Stickstoff des Ammoniumions. Durch *Chromatieren* (Tauchen in schwefelsaure Natriumdichromatlösung) werden galvanische Zink- und Cadmiumüberzüge zur Verbesserung des Aussehens mit einer goldgelben Chromatschicht versehen. - »**Chromschwefelsäure«,** ein Gemisch aus Dichromat [oder Chrom(VI)-oxid)] und konz. Schwefelsäure, wird zur Entfettung und Reinigung von Glasgegenständen benutzt. - »**Dichromatgelatine«,** eine mit Dichromatlösung im Dunkeln getränkte Gelatine, ist lichtempfindlich; die vom Licht getroffenen Stellen werden gehärtet und dadurch wasserunlöslich; hierauf beruht ihre Verwendung in der Reproduktionstechnik.

Chromylchlorid, CrO_2Cl_2, blutrote, rotbraune Dämpfe abgebende Flüssigkeit; F –96,5 °C, Kp 117 °C; destilliert beim Erhitzen eines Dichromat-Chlorid-Gemisches mit konz. Schwefelsäure ($K_2Cr_2O_7 + 4\ KCl + 3\ H_2SO_4 \rightarrow 2\ CrO_2Cl_2 + 3\ K_2SO_4 + 3\ H_2O$); ist ähnlich aggressiv wie CrO_3. Mit Wasser entsteht Chromsäure ($CrO_2Cl_2 + 2\ H_2O \rightarrow H_2CrO_4 + 2\ HCl$); Alkalien ergeben Chromate.

Chromperoxid, CrO_5, bildet sich beim Versetzen einer sauren Chromat- oder Dichromatlösung mit Wasserstoffperoxid gemäß $K_2Cr_2O_7 + 4\ H_2O_2 + H_2SO_4 \rightarrow 2\ CrO_5 + K_2SO_4 + 5\ H_2O$; die sehr zersetzliche Verbindung kann mit Diethylether ausgeschüttelt werden, wobei eine intensiv blaue Lösung entsteht.

Chrompigmente:

Chromgelb.....................Bleichromat, $PbCrO_4$
Chromrot.......................Bleioxidchromat, etwa $PbO \cdot PbCrO_4$
Chromgrün...................Bleichromat + Berliner Blau
Chromoxidgrün..............Chrom(III)-oxid, Cr_2O_3
Chromoxidhydratgrün.....Chrom(III)-oxidhydrat, $2\,Cr_2O_3 \cdot 3\,H_2O$
Zinkgelb........................Zinkchromat (wechselnde Zusammensetzung)
Zinkgrün.......................Zinkchromat + Berliner Blau

Nachweis: Cr-Verbindungen ergeben beim Schmelzen mit einem Soda-Salpeter-Gemisch gelbes Chromat, das, in Wasser gelöst, auf Zusatz von Bleisalzen einen tiefgelben Niederschlag von *Bleichromat* bildet: $Na_2CrO_4 + Pb(NO_3)_2 \rightarrow PbCrO_4\downarrow + 2\,NaNO_3$. Auch die Bildung von Chromylchlorid sowie die Chromperoxidreaktion (s.o.) können zum Nachweis genutzt werden.

25.3 Molybdän und Molybdänverbindungen

Symbol: Mo [*molybdos* (grch.) Blei]; **Wertigkeiten:** +6, (+5, +4, +3).

Erstherstellung: 1872 durch PETER JACOB HJELM (Schweden) auf Anregung von CARL WILHELM SCHEELE.

Vorkommen: relativ selten, doch weitverbreitet, z.B. im Kupferschiefer. Für viele Pflanzen ist Mo ein lebensnotwendiger Mikronährstoff; es gibt molybdänhaltige Enzyme. Im Azotobacter an den Wurzeln von Leguminosen sind Mo-Verbindungen für die Bindung des Luftstickstoffs von essentieller Bedeutung.

Minerale: Molybdänglanz (*Molybdänit*)..............................MoS_2
Gelbbleierz (*Wulfenit*)...$PbMoO_4$

Herstellung: Durch Rösten von Molybdänglanz erhaltenes MoO_3 wird aluminothermisch oder mit Wasserstoff reduziert: $MoO_3 + 2\,Al \rightarrow Mo + Al_2O_3$; bzw. $2\,MoO_3 + 3\,H_2 \rightarrow 2\,Mo + 3\,H_2O$.

Eigenschaften (s.a. S. 549): silberweißes, glänzendes, luftbeständiges, bei höherer Temperatur schmied- und schweißbares Metall, das von Säuren nur schwer angegriffen wird. Am raschesten lösen mäßig konz. Salpetersäure, Königswasser und siedende konz. Schwefelsäure.

Verwendung: als »*Ferromolybdän*« (mit 60 bis 80% Mo) für Molybdänstähle; reines Mo wird wegen seiner Hochtemperatur- und Korrosionsfestigkeit für Glühfadenhalterungen, Widerstandsdrähte u.a. verwendet.

Molybdänverbindungen: Molybdän(VI)-oxid, *Molybdäntrioxid*, MoO_3, z.B. durch Rösten von Molybdänsulfiden hergestellt, ist ein weißes, in der Hitze gelbes, in Wasser praktisch unlösliches Kristallpulver; F 795 °C, jedoch setzt schon bei niederer Temperatur Sublimation ein. Es hat überwiegend sauren Charakter und löst sich in Alkalilaugen und Ammoniak zu **Molybdaten**, die jedoch nur bei starkem Alkaliüberschuß vom Typ Na_2MoO_4 sind; in der Regel liegen Salze von Polysäuren vor. Bei Zusatz von Säure fällt weißes **Molybdän(VI)-oxidhydrat** (»Molybdänsäure«), $MoO_3 \cdot xH_2O$, als flockiger Niederschlag aus, der sich in überschüssiger Säure zu *Molybdänylverbindungen* (mit dem Kation MoO_2^{2+}) löst. - **Ammonium(hepta)molybdat**, $(NH_4)_6[Mo_7O_{24}] \cdot 4\,H_2O$, farblos, kristallisiert, wasserlöslich, ist ein Reagens auf Phosphate; beim Eingießen der salpetersauren Analysenlösung in die Reagenslösung bildet sich nach wenigen Minuten ein gelber, feinkristalliner Niederschlag von **Ammoniummolybdatophosphat**, $(NH_4)_3[P(Mo_3O_{10})_4] \cdot 6\,H_2O$. - Freie »**Phosphormolybdänsäure**«, $H_3[P(Mo_{12}O_{40})]$, entsteht beim Kochen von Molybdän(VI)-oxid mit Phosphorsäure; die starke Heteropolysäure bildet leuchtend gelbe, sehr leicht wasserlösliche Kristalle. - **Molybdän(VI)-fluorid**, MoF_6, farblos, ist im Gegensatz zu CrF_6 bei gewöhnlicher Temperatur beständig; F 17 °C, Kp 35 °C. - Aus sauren Lösungen fällt Schwefelwasserstoff (unvollständig, da ein Teil des Mo(VI) zu *Molybdänblau* (s.u.) reduziert wird) braunschwarzes **Molybdän(VI)-sulfid**, MoS_3, löslich in Ammoniumsulfid zu **Ammoniumthiomolybdat**, $(NH_4)_2MoS_4$, das in Form dunkelroter Kristalle isoliert werden kann. - **Molybdän(IV)-sulfid**, *Molybdändisulfid*, MoS_2, bildet graue, graphitartig abfärbende Blättchen und wird als Schmiermittel verwendet; es hat wie Graphit ein Schichtengitter. - Die seltene Koordinationszahl 8 liegt in **Kaliumoctacyanomolybdat(IV)**, $K_4[Mo(CN)_8]$, einer gelben, kristallinen, wasserlöslichen Substanz, vor.

Nachweis: Eine angesäuerte Molybdatlösung ergibt mit $SnCl_2$ oder H_2SO_3 eine intensiv blaue Färbung (Fällung oder kolloide Lösung); »**Molybdänblau**« ist ein Oxid mit gleichzeitig +5- und +6-wertigem Mo. Es ist auch im Filtrat der H_2S-Fällung enthalten und bildet sich auch beim Abrauchen molybdänhaltiger Substanz mit konz. H_2SO_4.

25.4 Wolfram und Wolframverbindungen

Symbol: W [»Wolf«; Schimpfwort, da das Metall in einer Zinnschmelze Verschlackung des Zinns bewirkt; es »frißt wie der Wolf das Schaf«]; **Wertigkeiten:** +6, (+5, +4, +3, +2).

Erstherstellung: 1783 durch die Gebrüder FAUSTO und JUAN JOSÉ D'ELHUYAR (Spanien); Erze sind bereits seit dem Mittelalter bekannt.

Minerale:
Wolframit..........................$FeWO_4$ mit $MnWO_4$
Scheelit (*Tungstein*).........$CaWO_4$
Stolzit (*Scheelbleierz*).....$PbWO_4$

Metallisches Wolfram (s.a. S. 549): graues Pulver, hergestellt durch Reduktion von WO_3 oder WF_6 mit Wasserstoff. Im kompakten Zustand silberweiß, glänzend, schwer, bis 400 °C luftbeständig und sehr widerstandsfähig gegen Säuren; ein Gemisch $HNO_3 + HF$ löst langsam. Da es den höchsten Schmelzpunkt aller Metalle hat, wird es für Glühlampenfäden, elektrische Kontakte (z.B. Zündunterbrecher), Röntgenröhrenanoden und Glühkatoden beim Elektronenstrahl- und Plasmaschweißen benutzt; die Verarbeitung erfolgt pulvermetallurgisch. »*Ferrowolfram*« mit 80% W dient zur Herstellung harter, elastischer und zugfester Wolframstähle. *Wolfram-Schnellarbeitsstahl* (mit 15 bis 18% W, 2 bis 5% Cr und 0,6 bis 0,8% C) erweicht auch bei Rotglut nicht.

Wolframverbindungen: Die Wertigkeitsstufe +6 ist die bei weitem beständigste. - **Wolfram(VI)-oxid**, *Wolframtrioxid*, WO_3, durch Entwässern von Oxidhydraten herstellbar, ist ein je nach Zerteilungsgrad zitronen- bis weingelbes Kristallpulver, das beim Erwärmen reversibel orangefarben wird; F etwa 1200 °C. Es löst sich praktisch nicht in Wasser, leicht dagegen in Alkalilaugen zu *Wolframaten*. **Natriumwolframat**, $Na_2WO_4 \cdot 2 H_2O$, bildet farblose, leicht wasserlösliche Kristalle. Säuren fällen aus der Lösung bei Normaltemperatur einen weißen, bei höherer Temperatur einen gelben Niederschlag von **Wolfram(VI)oxidhydrat**, $WO_3 \cdot 2 H_2O$ bzw. $WO_3 \cdot H_2O$ (sog. »*Wolframsäuren*«); die Niederschläge sind im Unterschied zur entsprechenden Mo-Verbindung in nicht zu großem Säureüberschuß unlöslich. - Wie beim Molybdän, existieren viele Heteropolysäuren, z.B. »*Phosphorwolframsäure*«, $H_3[P(W_3O_{10})_4]$, »*Kieselwolframsäure*«, $H_4[Si(W_3O_{10})_4]$, u.a. - **Wolfram(VI)-fluorid**, *Wolframhexafluorid*, WF_6, ist farblos; F 2 °C, Kp 17 °C; es entsteht z.B. bei elektrisch angeregter Explosion von Wolframdrähten in Schwefelhexafluorid und dient zur Herstellung hochreinen Wolframs für die Mikroelektronik. - Im Gegensatz zur analogen Mo-Verbindung ist auch **Wolfram(VI)-chlorid**, *Wolframhexachlorid*, WCl_6, in Form dunkelvioletter bis schwarzer Kristalle beständig. - Schwefelwasserstoff bewirkt in Wolframatlösungen keine Fällungen; in alkalischem Milieu bilden sich rotbraune, wasserlösliche *Thiowolframate*, z.B. **Natriumthiowolframat**, Na_2WS_4, die bei Säurezusatz braunes **Wolfram(VI)sulfid**, *Wolframtrisulfid*, WS_3, ausscheiden. - Analog zur Mo-Verbindung betätigt auch Wolfram im **Kaliumoctacya-**

nowolframat(IV), $K_4[W(CN)_8]$, einem gelben Kristallpulver, die seltene Koordinationszahl 8. - Reduktionsmittel ($SnCl_2$, nascierender Wasserstoff) färben Wolframatlösungen intensiv blau (»**Wolframblau**«); wie beim Mo liegen Mischoxide mit 5- und 6-wertigem W vor.
- **Wolframcarbid**, W_2C. *F* 2750 °C, grau, sehr hart, wird, mit Cobaltpulver gesintert, für Hartmetalle (»*Widia*« = wie Diamant), rein für Glühfadenziehsteine verwendet.

Wolframbronzen entstehen durch Reduktion geschmolzener Wolframate mit Zinn oder Wasserstoff als gut kristallisierende, sehr schön farbig-metallisch glänzende, reaktionsträge, nichtstöchiometrische Verbindungen der Formel Na_xWO_3 (x = 1 bis 0,3). Mit abnehmendem Alkalimetallgehalt ändert sich die Farbe von gelb über goldgelb, orange, rot, purpur und violett nach blau. In ihrem Kristallgitter bleiben Na^+-Gitterplätze unbesetzt, so daß bewegliche Elektronen vorhanden sind, die die physikalisch-metallischen Eigenschaften hervorrufen. Die Alkalimetallionen können auch durch andere Ionen ersetzt sein.

26 Elemente der VII. Nebengruppe (Mangangruppe)

26.1 Allgemeines

Tabelle 26-1: *Mangangruppe*

	Mangan	Technetium	Rhenium
Symbol	Mn	Tc	Re
Kernladungszahl	25	43	75
Relative Atommasse	54,9380	98[1]	186,207
Schmelzpunkt (in °C)	1244	2200	3180
Dichte (in $g \cdot cm^{-3}$ bei 20 °C)	7,4	11,49	21,0
Häufigkeit (Erdrinde, %)	$8,5 \cdot 10^{-2}$	$6 \cdot 10^{-17}$	$1 \cdot 10^{-7}$
Wertigkeit	7; 6; (5); **4**; 3; **2**; 1	7 und niedriger	7(6; 5; 4; 3)

Säuren: Die Element(VII)-oxide sind Anhydride starker Säuren:

Permangansäure ....$HMnO_4$	(Salze: **Permanganate**)
Pertechnetiumsäure ....$HTcO_4$	(Salze: *Pertechnate*)
Perrheniumsäure ....$HReO_4$	(Salze: **Perrhenate**)

Vom Mangan kennt man außerdem noch Salze der **Mangan(VI)-säure**; H_2MnO_4 [Salze: *Manganate(VI)*], und der **Mangan(V)-säure**, H_3MnO_4 [Salze: *Manganate(V)*]. Die in der V. und VI. Nebengruppe ausgeprägte Tendenz zur Bildung von Poly- und Heteropolysäuren ist in der VII. Nebengruppe nicht vorhanden.

Nielsbohrium (Element 107), Ns, auch *Unnilseptium* (Symbol Uns) genannt, wurde erstmals 1975 in Dubna (UdSSR) als Nuklid der Massenzahl 261 durch Beschuß von Bismut 209 mit Chrom 54 hergestellt; Halbwertszeit 2 ms. Kernreaktion:

$$^{209}_{83}Bi + ^{54}_{54}Cr \rightarrow ^{261}_{107}Ns + 2\,^{1}_{0}n.$$

---

1) Massenzahl des beständigsten Nuklids

26.2 Mangan und Manganverbindungen

26.2.1. Allgemeines

Symbol: Mn [von *magnesia nigra*, einer schwarzen, bei der kleinasiatischen Stadt Magnesia gefundenen Erde (Braunstein)], **Wertigkeiten:** +7, +6, (+5), +4, +3, +2, (+1).

Vorkommen: Mn ist das vierzehnthäufigste Element und nach dem Eisen das zweithäufigste Schwermetall der Erdkruste. Es begleitet das Eisen in vielen Erzen, doch kommen auch reine Manganerzlagerstätten vor.
Sehr große Manganvorräte bilden die aus Mangan- und Eisenoxiden bestehenden *Manganknollen* auf dem Grunde mancher Gebiete des Weltmeeres.

Minerale:

Braunstein (*Pyrolusit*).................................... MnO_2
Braunmanganerz (*Manganit*).......................... $MnO(OH)$
Braunit.. $3Mn_2O_3 \cdot MnSiO_3$
Hausmannit... Mn_3O_4
Manganspat (*Himbeerspat; Rhodochrosit*)...... $MnCO_3$

Physiologie: Mangan ist ein für höhere Pflanzen und Tiere unentbehrlicher Mikronährstoff; wichtig für Fortpflanzungsfähigkeit, Blut- und Antikörperbildung.

26.2.2 Metallisches Mangan

Erstherstellung: 1774 durch JOHAN GOTTLIEB GAHN (Schweden).

Herstellung:

- Reines Mangan wird aluminothermisch aus Mn_3O_4 (entsteht durch Glühen von Braunstein auf etwa 600 °C) erzeugt: $3\ Mn_3O_4 + 8\ Al \rightarrow 9\ Mn + 4\ Al_2O_3$.

- In der Technik erzeugt man meist »*Ferromangan*« (mit 80% Mn) durch Reduktion eisenhaltiger Manganoxide mit Koks.

Eigenschaften (s.a. S. 555): eisenfarbenes, hartes, sprödes, unedles Metall, das an der Luft unter Bildung einer schützenden Deckschicht grau, manchmal bunt anläuft, bereits durch heißes Wasser merklich angegriffen wird und sich leicht in Säuren zu Mangan(II)-salzen löst.

Verwendung: zur Herstellung von Legierungen; als *Ferromangan* und *Spiegeleisen* in der Eisen- und Stahlmetallurgie.

Legierungen:

Ferromangan: 80% Mn + 20% Fe
Spiegeleisen: Fe mit 6 bis 20% Mn, 4 bis 6% C und bis 1% Si
Manganstähle enthalten 1 bis 2%, *Manganhartstahl* 10 bis 15% Mn. Mn ist in kleinen Mengen auch in manchen Al-Legierungen enthalten.

HEUSLERsche Legierungen: z.B. 59% Cu + 26 %Mn + 14,4% Al (ferromagnetisch ohne ferromagnetische Elemente!)

Manganin ↑S. 524.

26.2.3 Manganverbindungen

Allgemeines: Mn tritt in den Wertigkeitsstufen +2 bis +4 als basenbildendes, in den Stufen +4 bis +7 als säurebildendes Element auf. Beständigste Oxidationsstufen:

in **saurem** Milieu:	+2 und +7
in **alkalischem** Milieu:	+4 und +6

Mangan(II)-verbindungen: kristallwasserhaltig meist rosa, z.B. **Mangan(II)-chlorid**, $MnCl_2 \cdot 4\,H_2O$, leicht lösliche Kristalle. - **Mangan(II)-sulfat**, $MnSO_4 \cdot H_2O$, wird Pflanzendüngern und Viehfutter als Mikronährstoff beigegeben. - **Mangan(II)-hydroxid**, $Mn(OH)_2$, fällt aus Mn(II)-Lösungen durch Alkalilaugen als nicht amphoterer, weißer, sich bei Luftzutritt infolge Oxidation zu Mn(III)- und Mn(IV)-oxidhydraten rasch bräunender Niederschlag. - **Mangan(II)-oxid**, MnO, ist ein graugrünes Pulver; F 1780 °C. - **Mangan(II)-sulfid**, MnS, fällt als fleischfarbener, seltener grüner, bereits in Essigsäure löslicher Niederschlag aus Mn(II)-Lösungen durch Ammoniumsulfid. - **Mangan(II)-nitrat**, $Mn(NO_3)_2 \cdot 4\,H_2O$, rosafarben, löst sich sehr leicht in Wasser. - **Manganstearat**, $(C_{17}H_{35}COO)_2Mn$, ist in Sikkativen für Leinölfirnis enthalten.

Mangan(III)-verbindungen: Mangan(III)-oxidhydrat, $Mn_2O_3 \cdot xH_2O$, ist eine schwarzbraune Malerfarbe (»*Manganbraun*«). **Umbra** ist ein kastanienbraunes Pigment, das durch Brennen natürlicher Gemische von Mangan(III)-, Eisen(III)- und Aluminiumoxidhydraten entsteht. Reines **Mangan(III)-oxid**, Mn_2O_3, ist ein braunschwarzes Pulver. **Mangan(III)-phosphate** sind z.T. violett; hierauf beruht die Färbung der Phosphorsalzperle in der Oxidationsflamme.

Mangan(IV)-verbindungen: Am beständigsten ist **Mangan(IV)-oxid**, *Braunstein*, MnO_2, ein grauschwarzes Pulver, das bei 530 °C Sauerstoff abspaltet: $3\,MnO_2 \rightarrow Mn_3O_4 + O_2$. *Verwendung:* als Depolarisator in galvanischen Trockenelementen und -batterien sowie als Entfärbungsmittel für Glasschmelzen (»Glasmacherseife«).

Mangan(VII)-verbindungen: Mangan(VII)-oxid, Mn_2O_7, entsteht als schwarzviolettes, explosibles Öl aus Permanganat und Schwefelsäure; F 5,9 °C. Es wirkt extrem stark oxidierend, z.B. verbrennt Ruß, in ein Gemisch aus Permanganat und konzentrierte Schwefelsäure gebracht, unter Funkensprühen. Mit Wasser bildet sich gemäß $Mn_2O_7 + H_2O \rightarrow 2\,HMnO_4$ die tiefviolette **Permangansäure**, $HMnO_4$, eine sehr starke Säure, die indes nicht wasserfrei erhältlich ist, sondern nur bis zu einer etwa 20%igen Lösung konzentriert werden kann. Ihr wichtigstes Salz ist **Kaliumpermanganat**, $KMnO_4$. Dieses bildet braunviolette Kristalle, die sich in Wasser mit intensiv violetter Farbe lösen und beim Erhitzen stufenweise Sauerstoff abgeben:

$$2\,KMnO_4 \rightarrow K_2MnO_4 + MnO_2 + O_2$$
$$2\,K_2MnO_4 \rightarrow 2\,MnO_2 + 2\,K_2O + O_2$$
$$3\,MnO_2 \rightarrow Mn_3O_4 + O_2$$

Permangansäure bzw. Permanganationen entstehen aus sauren Mn(II)-Lösungen (Sulfat, Nitrat, *nicht Chlorid!*) durch Ammoniumperoxodisulfat, $(NH_4)_2S_2O_8$, Kaliumperiodat, KIO_4, und ähnlich starke Oxidationsmittel; die praktisch farblosen Lösungen färben sich hierbei intensiv violett. - In der Technik stellt man Kaliumpermanganat her, indem man Braunstein, MnO_2, in heißer, hochkonzentrierter Kalilauge durch Luftsauerstoff zu Kaliummanganat(VI) oxidiert, das durch Kristallisation isoliert, in verdünnter Kalilauge gelöst und anodisch oxidiert wird.

Als sehr starkes Oxidationsmittel oxidiert Permanganat, z.B. Salzsäure gemäß $2 KMnO_4 + 16 HCl \rightarrow 2 KCl + 2 MnCl_2 + 8 H_2O + 5 Cl_2$ unter Freisetzung von Chlor. *Verwendung:* zur chemischen Analyse, als Desinfektionsmittel (z.B. des Mund- und Rachenraums) und als Entgiftungsmittel für Cyanide und chemische Kampfstoffe.

Die durch $KMnO_4$ auf der Haut hervorgerufenen Braunsteinflecken lassen sich durch Schweflige Säure (bzw. Sulfit + Salzsäure) entfernen (Bildung von *Mangan(II)-dithionat;* ↑S. 506).

Mangan(VI)- und -(V)-verbindungen: Die grünen **Manganate(VI)** entstehen durch Schmelzen von Mangan(IV)-oxid mit Natriumnitrat und -carbonat ($MnO_2 + NaNO_3 + Na_2CO_3 \rightarrow Na_2MnO_4 + NaNO_2 + CO_2$) oder aus Permanganatlösung durch viel Alkalihydroxid ($4 KMnO_4 + 4 KOH \rightarrow 4 K_2MnO_4 + 2 H_2O + O_2$). In noch stärker alkalischem Milieu bilden sich die blauen **Manganate(V)**, z.B. K_3MnO_4. - Beim Ansäuern gehen alle Manganate bei Abwesenheit von Chloriden unter Braunsteinabscheidung in Permanganate über z.B. gemäß $3 K_2MnO_4 + 2 H_2SO_4 \rightarrow 2 KMnO_4 + MnO_2 + 2 K_2SO_4 + 2 H_2O$.

Nachweis: Mn-Verbindungen ergeben beim Schmelzen mit einem Soda-Salpeter-Gemisch eine grüne Manganat(VI)-schmelze, deren Lösung sich unter Abscheidung brauner Flocken (Mangan(IV)-oxidhydrat) und Bildung von Permanganat tief violett färbt.

26.3 Technetium und Technetiumverbindungen

Technetium (Tc) [*techne* (grch.) Kunst] ist ein in der Natur nur spurenweise vorkommendes, künstlich hergestelltes, radioaktives Element, entdeckt 1937 von EMILIO SEGRÈ und CARLO PERRIER (beide Italien) als Ergebnis gezielt durchgeführter Experimente. Das Isotop Tc 99 (Halbwertszeit $2 \cdot 10^5$ Jahre) bildet sich in Kernreaktoren (mehrere Gramm je Reaktor je Tag) und wird aus verbrauchten Brennelementen gewonnen. Das längstlebige Isotop ist Tc 98 (Halbwertszeit $4 \cdot 10^6$ Jahre). Tc, ein silberweißes, in Salpetersäure lösliches Metall (s.a. S. 555), ist in seinen Verbindungen bevorzugt +7- und +6wertig. Das im Gegensatz zu Mn_2O_7 nicht explosible **Technetium(VII)-oxid**, Tc_2O_7, bildet hellgelbe, hygroskopische Kristalle; F 119,5 °C; Kp 311 °C; es löst sich in Wasser zu **Pertechnetiumsäure**, $HTcO_4$, deren konzentrierte Lösungen tiefrot aussehen, während die Salze (*Pertechnate*) in der Regel farblos sind. - Tc-Verbindungen ähneln sehr stark denen des Rheniums.

26.4 Rhenium und Rheniumverbindungen

Allgemeines: Rhenium (Re) [benannt nach dem Rhein (lat. *rhenus*)] ist eines der seltensten Elemente und wurde nach systematischer Suche erst 1925 in Deutschland durch WALTER und IDA NODDACK (geb. TACKE) entdeckt. Um 1 g reines Re darzustellen, mußten ein Jahr 1928 660 kg Molybdänglanz aufgearbeitet werden. Heute gewinnt man Re aus Mo- und Pt-Erzen; auch im Kupferschiefer kommt es vor.

Rheniummetall: Re ist ein platinähnliches, silberweißes, luftbeständiges, nächst Wolfram höchstschmelzendes Metall (s.a. S. 555), das von konz. Salpetersäure und Alkalihydroxidschmelzen gelöst wird. Man stellt es durch Reduktion von Re-Oxiden oder -Sulfiden her und verwendet es für Thermoelemente, Katalysatoren und als Überzug auf Glühlampenfäden.

Rheniumverbindungen: Am beständigsten ist die Wertigkeitsstufe +7. - **Rhenium(VII)-oxid**, Re_2O_7, ist im Gegensatz zu Mn_2O_7 sehr stabil. Es entsteht beim Verbrennen von Re in reinem Sauerstoff; die gelbe, kristallisierte Substanz sublimiert bereits unterhalb des Schmelzpunktes; F 301 °C, Kp 362 °C. Re_2O_7 ist hygroskopisch und löst sich leicht in Wasser unter Bildung der farblosen **Perrheniumsäure**, $HReO_4$, einer starken Säure, die auch durch Auflösen von Re in Salpetersäure erhältlich ist. Perrheniumsäure und ihre meist farblosen Salze

(*Perrhenate*) sind sehr beständig; **Kaliumperrhenat**, $KReO_4$, löst sich nur wenig in Wasser.
- **Rhenium(VII)-sulfid**, Re_2S_7, fällt aus sauren Perrhenatlösungen durch Schwefelwasserstoff als schwarzer, in Salzsäure und Ammoniumsulfid unlöslicher Niederschlag aus. - Im Gegensatz zu den analogen Fluoriden von Mn und Tc ist **Rhenium(VII)-fluorid**, ReF_7 (gelbe Kristalle; F 48,3 °C, Kp 73,7 °C) sehr beständig.

27 Elemente der VIII. Nebengruppe

27.1 Allgemeines

Untergruppen: Die VIII. Nebengruppe besteht aus drei Untergruppen jeweils dreier im Periodensystem benachbarter Elemente:

- *Eisengruppe:*   Eisen, Cobalt, Nickel
- *Leichte Platinmetalle:*   Ruthenium, Rhodium, Palladium
- *Schwere Platinmetalle:*   Osmium, Iridium, Platin

Wertigkeit: Nur Ruthenium und Osmium erreichen die Wertigkeitsstufe +8. Die Element(VIII)-oxide sind im Gegensatz zu den entsprechenden Verbindungen der V., VI. und VII. Nebengruppe keine Säureanhydride.

Ferromagnetismus: Eisen, Cobalt und Nickel sind (neben Gadolinium) die einzigen ferromagnetischen Elementsubstanzen.

Tabelle 27-1: *Eisengruppe*

	Eisen	Kobalt	Nickel
Symbol	Fe	Co	Ni
Kernladungszahl	26	27	28
Relative Atommasse	55,847	58,9332	58,69
Schmelzpunkt (in °C)	1535	1490	1455
Dichte (in g·cm^{-3} bei 20 °C)	7,87	8,90	8,91
Häufigkeit (Erdrinde, %)	4,70	$3,7 \cdot 10^{-3}$	$1,5 \cdot 10^{-2}$
Wertigkeit	2; 3; (6)	2; (3)	2; (3; 4)

Tabelle 27-2: *Leichte Platinmetalle*

	Ruthenium	Rhodium	Palladium
Symbol	Ru	Rh	Pd
Kernladungszahl	44	45	46
Relative Atommasse	101,07	102,906	106,42
Schmelzpunkt (in °C)	2427	1967	1555
Dichte (in g·cm^{-3} bei 20 °C)	12,45	12,41	12,02
Häufigkeit (Erdrinde, %)	$2 \cdot 10^{-6}$	$1 \cdot 10^{-7}$	$1 \cdot 10^{-6}$
Wertigkeit	8; 4; (2; 3; 6; 7)	3; 4; (1; 2; 6)	2; 4; (3)

Tabelle 27-3: *Schwere Platinmetalle*

	Osmium	Iridium	Platin
Symbol	Os	Ir	Pt
Kernladungszahl	76	77	78
Relative Atommasse	190,2	192,22	195,08
Schmelzpunkt (in °C)	2967	2454	1769
Dichte (in g·cm^{-3} bei 20 °C)	22,61	22,65	21,45
Häufigkeit (Erdrinde, %)	$1 \cdot 10^{-6}$	$1 \cdot 10^{-7}$	$5 \cdot 10^{-7}$
Wertigkeit	8; 6; (2; 3; 4)	3; 4; (1; 2; 6)	2; 4; (1; 3; 6)

Elemente 108, 109 und 110:

- **Element 108:** Für dieses bisher als *Unniloctium* (Symbol Uno) bezeichnete Element wurde der Name **Hassium** (Symbol Hs; hassia (lat.) Hessen) vorgeschlagen. Es wurde erstmals 1984 etwa gleichzeitig in Darmstadt (BRD) und Dubna (UdSSR) in Form der Isotope 263 bis 265 hergestellt, z.B. durch Beschuß von Blei 207 mit Eisen-58-Ionen gemäß

  $$^{207}_{82}Pb + ^{58}_{26}Fe \rightarrow ^{265}_{108}Hs \, ;$$

  Halbwertszeit Hs 265: 1,8 ms.

- **Element 109:** Hierfür, bisher als *Unnilennium* (Symbol Une) bezeichnet, wurde der Name **Meitnerium** (Symbol Mt; nach LISE MEITNER) in Vorschlag gebracht. Die Herstellung wurde zuerst 1984 aus Darmstadt gemeldet, und zwar durch Beschuß von Bismut 209 mit Eisen-58-Ionen gemäß

  $$^{209}_{83}Bi + ^{58}_{26}Fe \rightarrow ^{266}_{109}Mt + ^{1}_{0}n \, ;$$

  Halbwertszeit Mt 266: 5 ms.

- **Element 110:** 40 Atome dieses Elements, vorläufig als *Ununnilium* (Symbol Uun) bezeichnet, sollen 1987 in Dubna (UdSSR) durch Beschuß von Thorium mit hochbeschleunigten Ca-Kernen erhalten worden sein, Halbwertszeit 10 ms. Die Existenz dieses Elements konnte noch nicht bestätigt werden.

Daß die Halbwertszeiten bestimmter Nuklide der genannten Elemente mit der Kernladungszahl zuzunehmen scheinen, hat möglicherweise darin seinen Grund, daß gemäß theoretischer Voraussage *Element 114* relativ stabil sein wird.

27.2 Eisen und Eisenverbindungen

27.2.1 Allgemeines

Symbol: Fe [*ferrum* (lat.)]; **Wertigkeiten:** +3, +2, (+6).

Geschichte: Eisen gehört zu den am längsten bekannten Metallen (»Eisenzeit«; Beginn etwa 1000 v.u.Z.).

Vorkommen: vierthäufigstes Element (4,70%) und häufigstes Schwermetall der Erdkruste. Ob der Erdkern aus einer Eisen-Nickel-Legierung besteht, ist noch nicht mit Sicherheit erwiesen. Eisen findet sich, abgesehen von Meteoren, nur chemisch gebunden, auch in Organismen. Die gelbe, braune oder rote Farbe des Erdbodens rührt meist von Eisenoxiden und -oxidhydraten her. Im Grundwasser ist es als Eisen(II)-sulfat, $FeSO_4$, und Eisen(II)-hydrogencarbonat, $Fe(HCO_3)_2$, gelöst. »*Stahlquellen*« enthalten 10 mg Fe/l.

Minerale:

Oxide:	Magnetit............	*Magneteisenstein, -erz*...............	Fe_3O_4
	Hämatit...............	*Roteisenstein, -erz*.......................	Fe_2O_3
	Limonit...............	*Brauneisenstein, -erz*...................	FeO(OH)
	(Abarten: Raseneisenerz, gelber Ocker)		
Carbonate:	Siderit..................	*Spateisenstein, -erz*......................	$FeCO_3$
Sulfide:	Pyrit, Markasit....	*Eisenkies, Schwefelkies*................	FeS_2
	Magnetopyrit......	*Magnetkies*...................................	FeS
Silicate:	Olivin		$(Mg,Fe)_2SiO_4$
	und andere		

Nachweis:

Fe(III)-Salzlösungen ergeben:

- mit Kaliumthiocyanat eine intensiv rote Färbung. ↑S. 459;
- mit Kaliumcyanoferrat(II) einen intensiv blauen Niederschlag (Berliner Blau); ↑S. 572.

Fe(II)-Salzlösungen ergeben:

- mit Kaliumcyanoferrat(III) einen intensiv blauen Niederschlag (TURNBULLs Blau); ↑S. 572.

Physiologie: Eisenverbindungen sind für alle Organismen lebensnotwendig. Pflanzen bilden bei Eisenmangel kein Chlorophyll, können deshalb das CO_2 nicht assimilieren und gehen infolge »Chlorose« ein. Mittels des roten Blutfarbstoffs *Hämoglobin*, einer Fe-Verbindung, wird der Sauerstoff aus den Lungen in die Körperzellen befördert; das WARBURGsche Atmungsferment (*Eisen-Oxygenase*), ebenfalls eine Fe-Verbindung, vermittelt im Zusammenwirken mit weiteren, teils eisenhaltigen (*Zytochrome*), teils eisenfreien Fermenten die Oxidation der biologischen »Brennstoffe« (Glucose) innerhalb der Zellen. Auch die Fermente *Katalase* und *Peroxidase* sind Eisenverbindungen. Der erwachsene Mensch enthält etwa 4 bis 5 g Fe, davon 65% im Blut. In Leber, Knochenmark und Milz wird Fe als *Ferritin* und *Hämosiderin* gespeichert; das Blutplasma enthält *Transferrin*.

27.2.2 Metallisches Eisen

27.2.2.1 Reineisen

Herstellung:
- durch Reduktion von Eisenoxiden mit Aluminium (Thermitverfahren) oder Wasserstoff: $Fe_2O_3 + 2\ Al \rightarrow 2\ Fe + Al_2O_3$
  bzw. $Fe_2O_3 + 3\ H_2 \rightarrow 2\ Fe + 3\ H_2O$;
- durch thermische Zersetzung von Eisenpentacarbonyl:
  $Fe(CO)_5 \rightarrow Fe + 5\ CO$.

Physikalische Eigenschaften (s.a. S. 559): silberweißes, zähes, ziemlich weiches Metall, das bei Rotglut stärker erweicht und in diesem Zustand schmied-, walz- und schweißbar ist. Unterhalb 768 °C ist es ferromagnetisch; es läßt sich im Gegensatz zu kohlenstoffhaltigem Eisen ohne wesentlichen Energieverlust magnetisieren und verliert bei Entfernung der magnetisierenden Erregung den Magnetismus sofort wieder (wichtig für Elektrotechnik).

Chemische Eigenschaften: An feuchter Luft *rostet* Eisen, wobei sich Eisen(III)-oxidhydrat, etwa FeO(OH), bildet. Infolge Porosität schützt Rost das Grundmetall nicht vor weiterem Angriff. - Beim Glühen an der Luft entsteht eine hauptsächlich aus Fe_3O_4 bestehende Zunderschicht. - Eisen ist ziemlich unedel und bildet mit verdünnten Säuren Eisen(II)-salze; in konz. Salpetersäure wird Fe passiv, löst sich jedoch in der Hitze unter Entwicklung von Stickstoffdioxid (NO_2) sehr heftig zu Eisen(III)-nitrat. - Gegen Alkalilaugen ist Fe in der Kälte beständig; in der Siedehitze wird es von genügend konzentrierten Laugen oberflächlich unter Oxidbildung angegriffen (*Brünieren, Schwarzoxidieren;* ↑S. 565).

Verwendung: für Eisenkerne von Transformatoren und Elektromagneten sowie für Sonderlegierungen.

27.2.2.2 Kohlenstoffhaltiges Eisen

Allgemeines: Fast alles technisch verwendete Eisen ist kohlenstoffhaltig. Je nach Vor-, insbesondere Wärmebehandlung kann der Kohlenstoff
- im Eisen gelöst,
- mit Eisen zu Eisencarbid (*Zementit*), Fe_3C, verbunden,
- als Graphit ausgeschieden

vorliegen. Bei maximalem C-Gehalt (6,67%) liegt alles Fe als Zementit vor.

27.2 Eisen und Eisenverbindungen

Eigenschaften:

Mit steigendem C-Gehalt
- sinkt die *Zähigkeit;*
- steigen *Härte* und *Sprödigkeit;*
- durchläuft die *Elastizität* ein Maximum;
- durchläuft die *Schmelztemperatur* ein Minimum (1145 °C bei 4,28% C);
- sinken *Schmied-*, *Walz-* und *Schweißbarkeit* (beruhen auf Erweichen bereits vor Erreichen des Schmelzpunkts);
- durchläuft die *Gießbarkeit* (beruht auf niedrigem Schmelzpunkt und sofortiger Dünnflüssigkeit nach Überschreiten desselben) ein Maximum;
- wird die *Magnetisierbarkeit* zunehmend remanent.

Die Eigenschaften sind jedoch auch bei gleichem C-Gehalt je nach der thermischen Vorbehandlung verschieden.

Einteilung:

- 0,02 bis 2,06% C: **Unlegierter Stahl.** Härter, elastischer, zugfester, weniger zäh, niedriger schmelzend als Reineisen; bei C > 0,2% durch Abschrecken härtbar; gut schmied-, walz- und schweißbar; nur bei relativ hohen Temperaturen gut gießbar (*Stahlguß;* der hierfür geeignete Werkstoff heißt *Gußstahl*).

- 2,06% C: Derartiges Eisen liegt im **Roh-** und **Gußeisen** vor; zugleich enthalten diese Stoffe weitere Beimengungen. Sehr hart und spröde, bricht bei Biegung, Stoß oder Schlag; sehr druckfest; ist bis etwa 4,5 %C niedriger schmelzend als unlegierter Stahl; gut gießbar, jedoch nicht schmied- und walzbar.

Einfluß weiterer Bestandteile:

- *Nichtmetallische Beimengungen* (S, P, N, H, zu viel C, meist auch Si), wie sie herstellungsbedingt als »Eisenbegleiter« auftreten (H bei der Säurebeize), wirken sich meist nachhaltig aus. P begünstigt die Gießbarkeit (ergibt besonders dünnflüssige Schmelze).

- *Metallische Beimengungen* (besonders Mn, Ni, Cr, ferner V, Mo, W, Ti, Co, auch Si und andere) verbessern in legierten Stählen sowie legiertem Gußeisen bestimmte Gebrauchseigenschaften; ↑S. 564.

- *Einfluß auf die Bindung des Kohlenstoffs:*

    Si: begünstigt beim Abkühlen die Ausscheidung des C als *Graphit* (graues Roheisen, Grauguß).

    Mn: begünstigt beim Abkühlen die Ausscheidung des C als *Zementit,* Fe_3C, (weißes Roheisen, Hartguß).

27.2.2.3 Stahl

Definition: Stahl ist jede Eisenlegierung außer Roheisen, Gußeisen und Temperguß mit einem Kohlenstoffgehalt von 0,02 bis 2,06%.

Einteilung:

- *Unlegierter Stahl* enthält neben 0,02 bis 2,06% C kleine Mengen herstellungsbedingte Begleitstoffe (< 0,5% Si, < 0,8% Mn, < 0,09% P, < 0,06% S). Einsatz vorwiegend als allgemeine Baustähle. Es gibt auch unlegierte Einsatz- und Vergütungsstähle (s.u.).

- *Niedriglegierter Stahl* enthält zusätzlich bis 5% Legierungselemente. Einsatz z.B. als Werkzeugstähle (Arbeitsstähle), Federstähle u.a.

- *Hochlegierter Stahl* enthält neben Kohlenstoff über 5% Legierungselemente. Einsatz für Schnellarbeitsstähle (für Zerspanungswerkzeuge), korrosionsbeständige Stähle u.a.).

Herstellung: ↑S. 569 ff.; s.a. Übersicht S. 567.

Thermische Behandlung:

- *Glühen* bezweckt Beseitigung innerer Spannungen und Homogenisierung des Gefüges.

- *Abschreckhärtung:* Erhöhung von Härte und Verschleißfestigkeit durch Abschrecken glühenden Stahles in Wasser oder Öl. Elastizität und Zähigkeit gehen hierbei zurück. Glühtemperatur, Abschreckungsgeschwindigkeit und Kühltemperatur beeinflussen die Eigenschaften.

- *Anlassen:* teilweise Rückgängigmachung der durch Härtung erzielten Eigenschaften, also Verminderung von Härte und Sprödigkeit zugunsten von Elastizität und Zähigkeit durch Erwärmen des gehärteten Stahls auf bestimmte Temperaturen (erkennbar durch »Anlaßfarben«) zwischen 200 und 300 °C.

- *Vergüten:* Abschrecken und Anlassen auf relativ hohe Temperatur (450 bis 700 °C); hierbei erhöhen sich zugleich Zugfestigkeit und Härte. Besonders geeignet hierfür sind unlegierte oder niedrig legierte *Vergütungsstähle*.

- *Einsetzen* (Einsatzhärten): Oberflächenhärten (bei zäh bleibendem Kern) durch 2- bis 8stündiges Glühen in einem kohlenstoffabgebenden Medium (z.B. Gemisch aus Holzkohlepulver und Bariumcarbonat); hierbei wird die Randzone aufgekohlt. Besonders geeignet hierfür sind (unlegierte oder niedriglegierte) *Einsatzstähle* mit einem C-Gehalt <2%.

- *Nitrieren* (Nitrierhärten): Oberflächenhärten durch Erhitzen in Ammoniak bei 500 °C; hierbei bilden sich in der Randzone sehr harte Nitride.

Einfluß von Legierungsmetallen:

Cr: erhöht Härte, Zug- und Verschleißfestigkeit, Warmfestigkeit und Korrosionsbeständigkeit; oberhalb 12,5 % Cr ist Stahl rostbeständig.
Ni: erhöht Zähigkeit, Zugfestigkeit und Härte.
Mn: erhöht Durchhärtbarkeit, Verschleißfestigkeit und Schmiedbarkeit.

27.2 Eisen und Eisenverbindungen

Kennzeichnung:

- *Allgemeine Baustähle:* Symbol St, daran angeschlossen die Mindestzugfestigkeit in Zehntel MPa.
  St 42 = Baustahl mit Mindestzugfestigkeit 420 MPa (42 kp · mm^{-2}).

- *Unlegierte Einsatz- und Vergütungsstähle:* werden durch den 100fachen prozentualen Kohlenstoffgehalt gekennzeichnet:
  C 15 = unlegierter Vergütungs- bzw. Einsatzstahl mit 0,15% Kohlenstoff.

- *Niedriglegierte Stähle:* Das Symbol C wird nicht angegeben. Für die einzelnen Legierungselemente gelten gemäß der Beziehung.

$$\boxed{\text{\%-Gehalt} \cdot \text{Faktor} = \text{Kennzahl}}$$

folgende Faktoren:

100 bei C,
 10 bei Al, Cu, Mo, Ti, V, B, Be, Nb, Pb, Ta, Zr,
  4 bei Cr, Mn, Ni, Co, Si, W.

Beispiel: 10 CrMo 9.10 = niedriglegierter Stahl mit

$\frac{10}{100}\% = 1\%$ C, $\frac{9}{4}\% = 2,25\%$ C und $\frac{10}{10}\% = 1,0\%$ Mo

- Hochlegierte Stähle: Kennzeichnung durch vorgesetztes X; für C gilt der Faktor 100; bei allen übrigen Legierungselementen werden die Prozentzahlen unmittelbar angegeben; Beispiel: X 40 MnCr 22.4 = hochlegierter Stahl mit 0,4% C, 22% Mn und 4% Cr.

- *Stahlguß:* erhält den Vorsatz GS-; danach erfolgt Kennzeichnung nach den angeführten Regeln:

  GS-45:   unlegierter Stahlguß mit Mindestzugfestigkeit 450 MPa (45 kp · mm^{-2})

  GS-20 MoV 8,4:   niedriglegierter Stahlguß mit 0,2% C, 0,8% Mo und 0,4% V
  GS-X 130 Cr 29:   hochlegierter Stahlguß mit 1,3% C und 29% Cr

27.2.2.4 Rostschutz

durch metallische Überzüge:

- galvanisch erzeugte Schichten von Nickel, Zink, Cadmium, Zinn, Chrom;
- Feuerverzinken oder Feuerverzinnen (Tauchen in Zink- oder Zinnschmelze);

durch nichtmetallische Überzüge: Email, Lacke, Öle, Fette;

durch Umwandlung der Oberfläche in Schutzschichten (für nicht zu starke Korrosionsbeanspruchung):

- *Brünieren (Schwarzoxidieren)* mittels siedender, nitrat- oder nitrithaltiger konzentrierter Natronlauge; hierbei entsteht Trieisentetr(a)oxid, Fe_3O_4.
- *Phosphatieren:* Erzeugung eisenhaltiger Zink- und Manganphosphatschichten; ↑S. 487.

Elektrochemischer Korrosionsschutz: metallisch leitende Verbindung mit einer *Opferanode* aus Zink oder Magnesium (Schiffskörper, Benzintank, Erdölleitungen). In der entstehenden galvanischen Kette ist das Eisen Katode (Niederschlagselektrode), wodurch seiner Auflösung entgegengewirkt wird; ↑S. 358.

27.2.3 Die Eisenmetallurgie

27.2.3.1 Übersicht (s. S. 567)

27.2.3.2 Die Erzeugung von Roheisen

Aufbereitung der Erze:

- weitgehende Entfernung der Erzbegleitstoffe (»Gangart«) auf trockenem, nassem oder magnetischem Wege;

- Überführung nichtoxidischer Erze in Oxide durch Rösten:

  Pyrit: $\qquad 4\, FeS_2 + 11\, O_2 \rightarrow 2\, Fe_2O_3 + 8\, SO_2$
  Eisenspat: $\qquad 6\, FeCO_3 + O_2 \rightarrow 2\, Fe_3O_4 + 6\, CO_2$

- Schaffung der günstigsten Stückgröße (Zerkleinerung oder Brikettierung)

Übersicht über die Verfahren:

- Hochofenprozeß (für alle Roheisensorten);
- Drehrohrofenprozeß; KRUPP-Rennverfahren (für Stahleisen).

Der Hochofenprozeß (Bild 27-1; S. 568):

- Gegenstrom: Die feste Beschickung durchläuft den Ofen langsam von oben nach unten; die Gase strömen von unten nach oben.

- *Erzeugung von Kohlenmonoxid:* erfolgt im unteren Teil der Schmelzzone. Heißluft (»Heißwind«) von etwa 800 °C, in COWPERschen Winderhitzern aufgeheizt, evtl. mit Sauerstoff angereichert, wird durch Windformen eingeblasen. Sie verbrennt den Koks unvollständig (Koksüberschuß!) zu Kohlenmonoxid, CO. Dieses strömt nach oben.

- *Reduktion der Eisenerze:* erfolgt stufenweise durch Kohlenmonoxid (*indirekte Reduktion*) und feinverteilten Kohlenstoff (*direkte Reduktion*). Es entsteht zunächst festes, schwammiges Eisen.

- *Regenerierung des Kohlenmonoxids:* Das bei der Reduktion der Eisenerze entstehende Kohlendioxid wird durch den Koks teilweise wieder zu Kohlenmonoxid reduziert; dieses vermag erneut auf Eisenerze einzuwirken.

- *Kohlung des Eisens:* Das schwammige Eisen katalysiert die Einstellung des BOUDOUARD-Gleichgewichtes ($2\, CO \rightleftarrows CO_2 + C$); der am Eisen entstehende feinverteilte Kohlenstoff dringt in dasselbe ein und erniedrigt den Schmelzpunkt um fast 400 K auf etwa 1150 °C.

- *Schmelzen und Abstich des Roheisens:* Oberhalb 1150 °C schmilzt das kohlenstoffhaltige Eisen und sammelt sich im untersten Teil des Gestells. Der »Abstich« erfolgt alle 4 bis 6 Stunden.

- *Bildung und Abstich der Schlacke:* Die Schlacke bildet sich in der Schmelzzone aus den noch vorhandenen Erzbegleitstoffen (der Gangart) und den Zuschlägen. Letztere führen die schwer schmelzbare Gangart in niedrig schmelzende Schlacke über.

27.2 Eisen und Eisenverbindungen

Übersicht über die Eisenmetallurgie

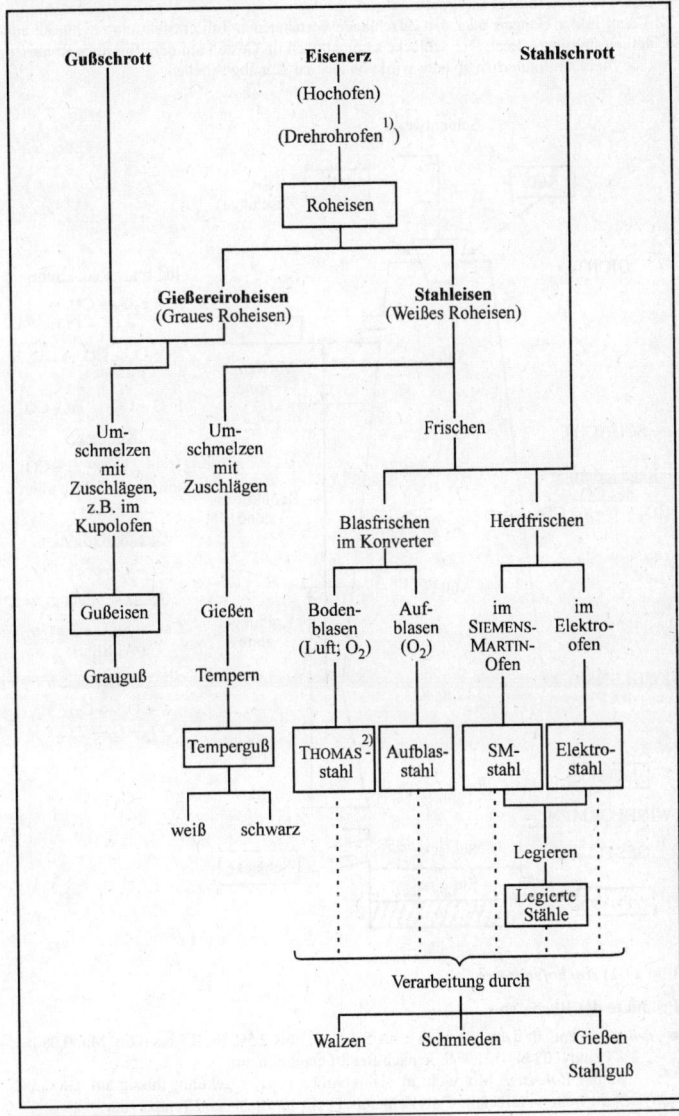

1) Drehrohröfen liefern Stahleisen
2) bei P-armen Roheisen: BESSEMER-Stahl

»Saure Erze« (SiO$_2$-reich) erfordern »basische Zuschläge« (CaCO$_3$). »Basische Erze« (CaCO$_3$-reich) erfordern »saure Zuschläge« (SiO$_2$).
Mit dem in der Gangart oder den Zuschlägen vorhandenen Ton entsteht eine Schlacke aus Calcium-aluminat-silicat. Die Schlacke sammelt sich im Gestell auf dem flüssigen Roheisen an; sie fließt kontinuierlich ab oder wird von Zeit zu Zeit abgestochen.

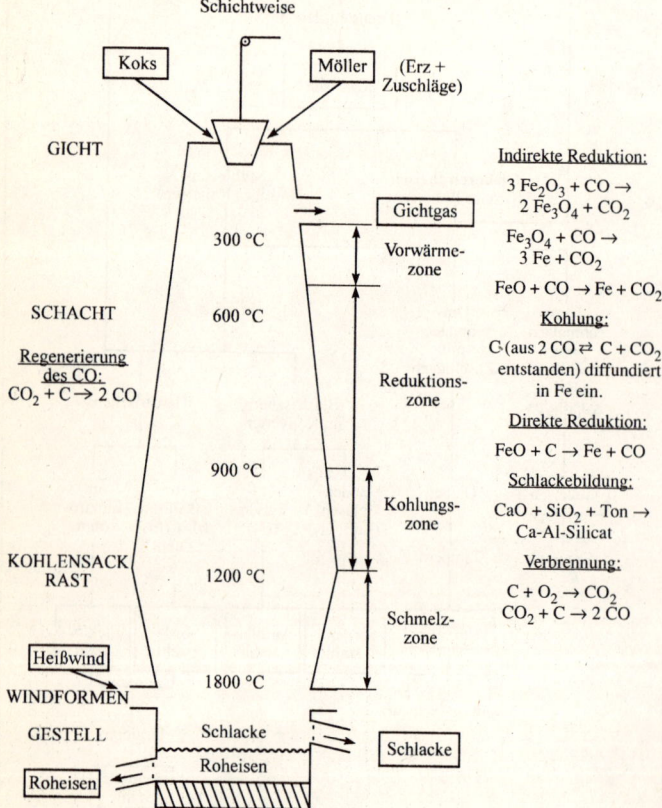

Bild 27-1: *Hochofenprozeß*

Produkte des Hochofens:

- *Roheisen:* enthält neben Fe etwa 3 bis 5% C, 0,3 bis 2,5% Si, 0,5 bis 6,0% Mn, 0,08 bis 2,2% P und 0,03 bis 0,12% S. Je nach Bedarf erzeugt man:
  - *Weißes Roheisen:* Mn-reich; in Stahlkokillen rasch abgekühlt; flüssig auf THOMAS-Stahl weiterverarbeitet; C als Zementit, Fe$_3$C; für Stahl- und Temperguß.
  - *Graues Roheisen:* Si-reich; in Masselbetten aus Sand langsam abgekühlt; C als Graphit; für Gußeisen.

27.2 Eisen und Eisenverbindungen

- *Hochofenschlacke:* besteht aus Ca-Al-Silicat. Verwendung für Straßen- und Gleisschotter; als Splitt und Schlackensand für die Betonbereitung; als Hüttenbims (geschäumt) für Leichtbeton; als Schlackenwolle (mit Luft verdüst) zur Wärmeisolation; abgeschreckt und gemahlen für Hochofen- und Eisenportlandzement.
- *Gichtgas:* etwa 60 Vol.-% N_2 + 30 Vol.-% CO + 10 Vol.-% CO_2 + viel Staub. Nach Entstaubung *Verwendung* zum Aufheizen der Winderhitzer, zur Erzeugung von Elektroenergie sowie als Heizgas.

Krupp-Rennverfahren: In Drehrohröfen wird ein Gemisch aus zerkleinertem Erz und Kohlenstaub mittels Kohlenstaubfeuerung erhitzt; es entstehen C-arme »*Luppen*«, die meist auf Stahl verarbeitet werden.

27.2.3.3 Glühfrischen (Tempern)

Weißer Temperguß: Weißes Roheisen wird in Formen gegossen; die geformten Gegenstände werden in ein Fe_2O_3/Fe_3O_4-Gemisch fest eingepackt und 5 bis 6 Tage lang bei 950 bis 1000 °C geglüht. Dabei erfolgt von der Oberfläche her Entkohlung, wodurch das Roheisen stahlähnlich wird. Anwendung für dünnwandige Massenartikel (Schlüssel, Hebel, Kettenglieder usw.).

Schwarzer Temperguß: Einbettmittel sind Sand oder Asche, dabei scheidet sich Kohlenstoff als »*Temperkohle*« in der Masse aus. Glühen 3 bis 4 Tage.

27.2.3.4 Die Erzeugung von Thomas-Stahl (Blasfrischen, Windfrischen)

Geschichte: seit 1854 BESSEMER-Verfahren (nur geeignet für P-armes Roheisen); seit 1878 THOMAS-Verfahren (auch für P-reiches Roheisen durch Einführung eines basischen Futters für den Konverter).

Prinzip: Entfernung von S, P und Si sowie Verminderung des C-Gehaltes des Roheisens durch Oxidation.

Durchführung: In »*Konvertern*« (sog. »*Thomasbirnen*«) bläst man kalte, oft sauerstoffangereicherte Luft von unten durch flüssiges Roheisen. In exothermer Reaktion bilden sich gasförmige (CO_2, SO_2) und andere (SiO_2, P_2O_5) Oxide; letztere werden durch Kalkzuschläge und Kalkauskleidung in *Thomasschlacke* umgewandelt; vereinfacht
$4\ CaO + P_2O_5 \rightarrow CaO \cdot Ca_3(PO_4)_2$, und $2\ CaO + SiO_2 \rightarrow Ca_2SiO_4$.
Die gemahlene Schlacke dient als Phosphordüngemittel (»*Thomasmehl*«, »*Thomasphosphat*«).
Da beim Frischprozeß auch C restlos entfernt wird, ist nach dem Blasen und dem Schlackenabguß Aufkohlung durch berechneten Zusatz kohlenstoffreichen »*Spiegeleisens*« (↑S. 556) erforderlich.

27.2.3.5 Das Sauerstoffaufblasverfahren

Beim Sauerstoffaufblasverfahren (seit 1951) bläst man mit 7 bis 10 bar reinen *Sauerstoff* durch ein wassergekühltes Rohr auf das Metallbad und vermeidet so Qualitätsminderungen, die insbes. beim THOMAS-Verfahren durch Stickstoffaufnahme entstehen. Die höheren Temperaturen (über 2000 °C) erlauben es, bis zu 40% Schrott mit einzuschmelzen; zudem ist der Durchsatz sehr hoch. Man kann beliebiges Roheisen einsetzen.

27.2.3.6 Die Erzeugung von Siemens-Martin-Stahl (Herdfrischen)

Beim SM-Verfahren (seit 1864) finden grundsätzlich die gleichen Vorgänge statt wie beim THOMAS-Verfahren. Sie verlaufen langsamer, gestatten aber dadurch eine bessere Überwachung und Regulierung. Da im Gegensatz zum THOMAS-Verfahren eine äußere Heizung vorhanden ist, kann viel (oder ausschließlich) Alteisen (Schrott) eingeschmolzen werden. Aufkohlung ist nicht erforderlich.

In einer flachen Mulde (»Herd«) werden Schrott und Roheisen durch brennendes Generatorgas (vorgewärmt durch die heißen Abgase; Prinzip der SIEMENSschen *Regenerativfeuerung*) niedergeschmolzen. Nach Zusatz von Kalkzuschlägen erfolgt das Frischen, indem mehr Luft schräg auf die Schmelze geblasen wird, als zum gleichzeitigen Verbrennen des Gases erforderlich ist. Da die Oxidation von S usw. nur von der Oberfläche her erfolgt, dauert ein Frischprozeß mehrere Stunden. Die SM-Schlacke ist phosphorarm und wird nur wenig verwertet.

27.2.3.7 Das Elektrostahlverfahren

In Lichtbogen- oder Induktionsöfen werden (seit 1880) aus SM-Stahl und (oder) Schrott unter Zusatz von Nickel, Ferrochrom, Ferrovanadium usw. hochwertige *legierte Stähle* erschmolzen; Frischprozesse erfolgen meist mit reinem Sauerstoff, da der Luftstickstoff oft schädlich ist.

27.2.3.8 Elektronenstrahlschmelzen

Ultrareine Stähle mit besonders hervorragenden Eigenschaften werden durch *Elektronenstrahlschmelzen* gegossener oder verformter Abschmelzstäbe bei etwa 10^{-6} bar hergestellt. Das durch Aufprallen eines Elektronenstrahls abschmelzende Gut wird von einer wassergekühlten Kupferkokille mit absenkbarem Boden aufgefangen und ist frei von gebundenen Gasen und Schlackeneinschlüssen.

27.2.4 Eisenverbindungen

Allgemeines: *Eisen(II)-verbindungen* (kristallwasserhaltig meist von grüner Farbe) gehen, besonders in alkalischem Milieu, an der Luft leicht in Eisen(III)-verbindungen (meist gelb) über. Auch durch Wasserstoffperoxid, heiße Salpetersäure und andere Oxidationsmittel geht Fe(II) in Fe(III) über. Umgekehrt lassen sich *Fe(III)-Verbindungen* z.B. durch Schütteln mit Eisenpulver wieder in Fe(II)-Verbindungen rückverwandeln, z.B. 2 $FeCl_3$ + Fe → 3 $FeCl_2$. - *Eisen(VI)-verbindungen* sind sehr unbeständig.

Eisenoxide: Eisen(II)-oxid, FeO, z.B. durch Erhitzen von Eisen(II)-oxalat unter Luftabschluß hergestellt, ist ein schwarzes Pulver; F 1360 °C. - **Eisen(II,III)-oxid,** *Trieisentetr(a)oxid,* Fe_3O_4 (= FeO · Fe_2O_3), kommt als *Magnetit* in der Natur vor, entsteht als *Hammerschlag* beim Schmieden sowie beim Verbrennen von Eisenfeilspänen an der Luft und bildet die Hauptmasse des *Glühzunders* von Eisen und Stahl; beim *Schwarzoxidieren (Brünieren)* von Eisenwerkstoffen wird es künstlich erzeugt; F 1590 °C. Es ist ferromagnetisch und leitet den elektrischen Strom; Verwendung zum Thermitschweißen und zur Herstellung von γ-Eisen(III)-oxid. - **Eisen(III)-oxid,** Fe_2O_3, kommt in der Natur als *Hämatit* (Ausbildungsformen u.a. Blutstein, Eisenglimmer, Rötel) vor. Als Pulver ist es je nach Korngröße hellrot (feinkörnig) bis tief rotviolett; größere Kristalle sind grau bis schwarz, ergeben jedoch auf rauhem Porzellan einen roten Strich. Fe_2O_3 verbleibt beim Erhitzen von Eisen(III)-oxidhydrat, -sulfat oder -nitrat als Rückstand; durch Glühen wird es (wie Al_2O_3 und Cr_2O_3) resistent gegenüber Säuren. Oberhalb 1200 °C geht es unter Sauerstoffabgabe gemäß $3\ Fe_2O_3 \rightarrow 2\ Fe_3O_4 + \frac{1}{2} O_2$ in Eisen(II,III)-oxid über. Verwendung als Farbpigment (»Englischrot«) und als Poliermittel (»*Polierrot*«) für Stahl und Glas.

Neben dem gewöhnlichen, paramagnetischen, hexagonal kristallisierenden α-Fe_2O_3 existiert eine ferromagnetische, kubisch kristallisierende Modifikation γ-**Eisen(III)-oxid.** Es wird durch vorsichtige Oxidation von Fe_3O_4 hergestellt; durch geeignete Reaktionsführung gelingt es, kleinste Nädelchen (Länge : Breite = mindestens 5:1) zu erhalten, die, eingebettet in Kunststoff (Polyester), als Bild- und Tonträger auf Magnetbändern verwendet werden. Bereits oberhalb 350 °C wandelt sich γ-Fe_2O_3 in α-Fe_2O_3 um.

Ferrite sind eisen(III)-oxidhaltige Doppeloxide, die keramisch gebrannt und teilweise als magnetische Werkstoffe verwendet werden, z.B. **Bariumferrit** (*Maniperm*), $BaO \cdot 6\ Fe_2O_3$.

Eisenoxidhydrate: Aus Eisen(II)- und Eisen(III)-salzlösungen fallen durch Alkalilaugen oder Ammoniak flockige, gelartige Niederschläge der Zusammensetzung $FeO \cdot xH_2O$ bzw. $Fe_2O_3 \cdot xH_2O$, die oft vereinfacht als Hydroxide $Fe(OH)_2$ bzw. $Fe(OH)_3$ angesehen werden. Die Fe(II)-Verbindung sieht, aus luftfreier Lösung gefällt, weiß aus; bei Luftzutritt färbt sie sich zunächst schmutzig grün (Zwischenprodukt, II- + III-wertig) und schließlich infolge Bildung von Eisen(III)-oxidhydrat rostbraun. Die Eisenoxidhydrate lösen sich leicht in Säuren; Alkalilaugen lösen nur in hochkonzentriertem Zustand zu *Ferraten(III)*.

Eisenpentacarbonyl, $Fe(CO)_5$: blaßgelbe, bei 103 °C siedende, wasserunlösliche, giftige, brennbare Flüssigkeit; entsteht aus feinverteiltem Eisen und Kohlenmonoxid bei höherer Temperatur und höherem Druck; bei starkem Erhitzen zerfällt es.

Komplexe Eisen-Cyan-Verbindungen:

- **Kaliumhexacyanoferrat(II),** *Kaliumcyanoferrat(II)*, *gelbes Blutlaugensalz*, Formel $K_4[Fe(CN)_6] \cdot 3\ H_2O$: gelbe, wasserlösliche Kristalle; hergestellt aus Gasreinigungsmasse oder aus der aus Kalkstickstoff erzeugten Cyanidschmelze. Eisen(II)-sulfat ergibt mit Kaliumcyanidlösung braunes, unlösliches Eisen(II)-cyanid, das sich im Überschuß der Cyanidlösung zum Cyanoferrat löst. - *Verwendung* für Berliner Blau und Kaliumhexacyanoferrat(III).

- **Kaliumhexacyanoferrat(III),** *Kaliumcyanoferrat(III)*, *rotes Blutlaugensalz*, Formel $K_3[Fe(CN)_6]$: rote, in Wasser mit gelbgrüner Farbe lösliche Kristalle; entsteht aus Cyanoferrat(II) und Chlor gemäß $2\ K_4[Fe(CN)_6] + Cl_2 \rightarrow 2\ K_3[Fe(CN)_6] + 2\ KCl$. Da es feinverteiltes Silber in *Silbercyanoferrat(II)*, $Ag_4[Fe(CN)_6]$, umwandelt, das sich in Natriumthiosulfat bzw. Fixierbad löst, wird es in der Farbfotografie als »*Bleichsalz*« und in der Schwarzweißfotografie als »*Abschwächer*« verwendet.

- **Berliner Blau** und **TURNBULLS Blau** fallen aus Eisen(III)-lösung durch Cyanoferrat(II) bzw. aus Eisen(II)-lösung durch Cyanoferrat(III) als Niederschläge wechselnder Zusammensetzung aus. Im Berliner Blau ist z.B. Eisen(III)-hexacyanoferrat(II), $Fe_4[Fe(CN)_6]_3$, enthalten, doch sind die Niederschläge oft auch K-haltig. Verwendung als Blaupigment.

- **Nitroprussidnatrium**, *Natriumprussiat*, *Natriumpentacyanonitrosylferrat(III)*, Formel $Na_2[Fe(CN)_5NO] \cdot 2H_2O$, dunkelrote, wasserlösliche Kristalle; entsteht aus Kaliumcyanoferrat(II), Salpetersäure und nachfolgende Umsetzung mit Natriumcarbonat. Nachweismittel für gelöste Sulfide (Violettfärbung). - **Prusside** (*Prussiate*) enthalten als Liganden 5 CN-Gruppen und eine andersartige Gruppe.

Weitere Eisen(II)-verbindungen: Eisen(II)-sulfat, $FeSO_4$, wasserfrei ein weißes Pulver, kristallisiert aus wäßriger Lösung als Heptahydrat **Eisenvitriol**, $FeSO_4 \cdot 7 H_2O$. Dies bildet grüne, an der Luft durch Oxidation unter Braunfärbung allmählich verwitternde Kristalle; Verwendung für pharmazeutische Eisenpräparate, Eisen(gallus)tinte, Berliner Blau, gelbes und rotes Blutlaugensalz. Luftbeständiger ist **Ammoniumeisen(II)-sulfat** (»*MOHRsches Salz*«), $(NH_4)_2SO_4 \cdot FeSO_4 \cdot 6 H_2O$; blaßgrüne Kristalle. $FeSO_4$-Lösung absorbiert Stickstoffmonoxid, NO, zu dunkelbraunem *Nitrosyleisen(II)-sulfat*, $[Fe(NO)]SO_4$, worauf ein Nachweis von Nitraten beruht. - **Eisen(II)-chlorid**, $FeCl_2$, ist wasserfrei weiß und hygroskopisch, auch ethanollöslich,; aus wäßriger Lösung kristallisiert es als $FeCl_2 \cdot 4 H_2O$ in Form bläulich grüner Kristalle. - **Eisen(II)-carbonat**, $FeCO_3$, fällt aus Fe(II)-Lösungen durch Alkalicarbonat als weißer Niederschlag aus, der sich in CO_2-haltigem Wasser unter Bildung von **Eisen(II)-hydrogencarbonat**, $Fe(HCO_3)_2$, löst. In dieser Form ist Eisen in manchen Quellwässern enthalten; Zutritt von Luftsauerstoff bewirkt allmähliche Oxidation unter Abscheidung von Eisen(III)-oxidhydrat. - **Eisen(II)-sulfid**, FeS, fällt als schwarzer Niederschlag aus Fe(II)-Lösungen durch Ammoniumsulfid, kann auch durch Synthese gewonnen werden; dient im Labor zur Bereitung von Schwefelwasserstoff: $FeS + H_2SO_4 \rightarrow FeSO_4 + H_2S$.

Weitere Eisen(III)-verbindungen: Eisen(III)-chlorid, $FeCl_3$, bildet wasserfrei braune, in der Durchsicht granatrote, das Licht grün metallisch reflektierende, hygroskopische und auch in Ethanol lösliche Kristalle, die beim Erhitzen sublimieren; F um 300 °C, Kp 317 °C. Aus wäßriger Lösung läßt sich $FeCl_3 \cdot 6 H_2O$ als gelbe, hygroskopische Masse abscheiden; Verwendung zum Ätzen von Kupfer in der Reproduktionstechnik ($2 FeCl_3 + Cu \rightarrow 2 FeCl_2 + CuCl_2$) sowie für blutstillende Watte. - **Eisen(III)-sulfat**, $Fe_2(SO_4)_3$, bildet Alaune; besonders gut kristallisiert das farblose, durch Spuren von Mangan(III)-sulfat oft schwach violett gefärbte **Ammoniumeisen(III)-sulfat**, (»*Ammoniumeisenalaun*«), $(NH_4)_2SO_4 \cdot Fe_2(SO_4)_3 \cdot 24 H_2O$ bzw. $NH_4Fe(SO_4)_2 \cdot 12 H_2O$; Verwendung als Beize in der Färberei. - **Eisen(III)-thiocyanat** (*Eisen(III)-rhodanid*), $Fe(SCN)_3$, bildet wasserfrei violette Kristalle; die beim Nachweis von Eisen mit Kaliumthiocyanat auftretende blutrote Färbung ist auf das komplexe Ion $[Fe(SCN)(OH_2)_5]^{2+}$ zurückzuführen.

Eisen(VI)-verbindungen: Fe(VI)-Verbindungen enthalten das Eisen im Ferrat(VI)-Anion, FeO_4^{2-}. Beim Einbringen von Fe-Spänen in eine KNO_3-Schmelze findet unter Aufglühen lebhafte Oxidation statt. Aus der wäßrigen Lösung der Schmelze läßt sich das tiefrote **Kaliumferrat(VI)**, K_2FeO_4, isolieren; Bariumchlorid fällt karmoisinrotes **Bariumferrat(VI)**, $BaFeO_4$. **Ferrate(VI)** sind noch stärkere Oxidationsmittel als Permanganate.

Eisenoxidpigmente:

Eisengelb..................(*Eisenoxidgelb*, *Ferritgelb*, *Marsgelb*)...............Eisen(III)-oxidhydroxid, $FeO(OH)$		
Eisenrot...........................(*Eisenoxidrot*)............................Eisen(III)-oxid, Fe_2O_3		
Eisenschwarz..................(*Eisenoxidschwarz*)..................Trieisentetr(a)oxid, Fe_3O_4		
Eisenmennige...natürliches Eisenoxidrot		
Ocker...natürliches Gemenge aus Limonit, [$FeO(OH)$], Ton u.a.		

27.3 Cobalt[1] und Cobaltverbindungen

Symbol: Co [von »*Kobold*«, da man die früher nicht verhüttbaren Co-Erze für von Kobolden verzaubert hielt; vgl. Nickel, S. 529; **Wertigkeiten:** +2, seltener +3.

Erstherstellung: 1735 durch GEORG BRANDT (Schweden).

Vorkommen: nur gebunden, meist mit Nickel vergesellschaftet.

Minerale:

Speiscobalt (*Smaltit*) .... $CoAs_3$
Glanzcobalt (*Cobaltit*) .... CoAsS
Cobaltnickelkies (*Linnéit*) .... $(Co,Ni)_3S_4$

Physiologie: Co ist ein für Menschen und höhere Organismen lebensnotwendiger Mikronährstoff. Vitamin B 12 (*Cobalamin*) ist eine Cobaltverbindung. Bei Co-Mangel entsteht perniziöse Anämie (schwere, gefährliche Blutarmut).

Herstellung des Metalls: aus den bei der Verhüttung anderer Metalle anfallenden »Speisen« (Arsenide von Co und Ni) durch Rösten, Lösen der entstandenen Oxide in Säure, Trennung von Ni durch Ausfällung mit Natriumhypochloritlösung bei pH 3,9 bis 4,2 unter Einblasen von Luft, Überführung ins Oxid und Reduktion desselben mit Kohle, Aluminium oder Wasserstoff.

Eigenschaften des Metalls (s.a. S. 559): silberweißes, schwach rötliches, bis 1115 °C ferromagnetisches Metall; zäher, härter und fester als unlegierter Stahl; an der Luft bei gewöhnlicher Temperatur beständig; in Säuren leicht, in Alkalien nicht löslich.

Verwendung des Metalls: für Legierungen (z.B. (Schnellarbeitsstähle) und Hartmetalle (Co-Pulver mit W_2C gesintert).

Cobaltverbindungen: Co(II)-Verbindungen sind am beständigsten, Co(III)-Verbindungen nur in Form von Komplexen stabil. Co(II)-Salze sehen wasserhaltig meist rosa bis rot, wasserfrei oft blau aus. - **Cobalt(II)-chlorid**, $CoCl_2$, bildet wasserfrei blaßblaue, leicht sublimierende, hygroskopische, in Wasser mit rosaroter, in Ethanol mit blauer Farbe lösliche Kristalle. Aus der wäßrigen Lösung läßt sich bei Raumtemperatur das Hexahydrat, $CoCl_2 \cdot 6\,H_2O$, in Form roter Kristalle gewinnen, die beim Erhitzen, auch in wäßriger Lösung, in blaue, wasserärmere Verbindungen übergehen, beim Erkalten wieder rot werden und deshalb für Geheimtinten und Luftfeuchtigkeitsanzeiger verwendet werden können. - **Cobalt(II)-hydroxid**, $Co(OH)_2$, fällt aus Co(II)-Lösungen durch Alkalilaugen je nach Wassergehalt als blauer bis rosaroter, nicht amphoterer, beim Stehen an der Luft in braunes $Co_2O_3 \cdot xH_2O$ übergehender Niederschlag. - **Cobalt(II)-oxid**, CoO, hinterbleibt beim Erhitzen von Cobalt(II)-hydroxid, -carbonat oder -nitrat als meist olivgrünes, je nach Zerteilungsgrad auch braungelbes bis schwarzes, in Säuren leicht lösliches Pulver. - **Cobalt(II)-sulfat** kristallisiert aus wäßriger Lösung als himbeerrotes **Cobaltvitriol**, $CoSO_4 \cdot 7\,H_2O$, **Cobalt(II)-nitrat** als leicht wasserlösliches Hexahydrat, $Co(NO_3)_2 \cdot 6\,H_2O$. - **Cobalt(II)-carbonat**, $CoCO_3$, fällt aus Co(II)-Lösungen durch Alkalicarbonat als rotvioletter Niederschlag, der auch Hydroxidcarbonate enthält; es dient, wie auch das schwarze Cobalt(III)-oxid, Co_2O_3, zum Blaufärben von Glas, Porzellan und Email. - **Cobalt(II)-sulfid**, CoS, scheidet sich aus Co(II)-Lösungen durch Ammoniumsulfid als schwarzer, nach kurzem Stehen in verdünnter Salzsäure unlöslicher Niederschlag ab. - **Cobaltglas** ist K-Co-Silicat; es dient gemahlen unter dem Namen »Smalte« (= Schmelze) als Blaupigment. - **Cobalt(II)-stearat**, Formel $(C_{17}H_{35}COO)_2Co$, ist in Sikkativen für Leinölfirnis enthalten. - **Cobalt(III)-fluorid**, CoF_3, ein hellbraunes Pulver, spaltet bei etwa 300 °C elementares Fluor ab: $2\,CoF_3 \rightarrow 2\,CoF_2 + F_2$.

---

[1] ursprünglich deutsch: Kobalt

Cobalt(III)-amminkomplexe sind in der Regel sehr stabil, z.B. das orangefarbene, wasserlösliche **Hex(a)ammincobalt(III)-chlorid**, [Co(NH$_3$)$_6$]Cl$_3$, in dem die NH$_3$-Liganden durch die verschiedensten anderen ersetzt werden können. Genannt seien das rote *Aquapent(a)ammincobalt(III)-chlorid*, [(H$_2$O)Co(NH$_3$)$_5$]Cl$_3$, und das purpurfarbene *Chloropent(a)ammincobalt(III)-chlorid*, [Co(NH$_3$)$_5$Cl]Cl$_2$. – Beim *Dichlorotetr(a)ammincobalt(III)-chlorid*, [Co(NH$_3$)$_4$Cl$_2$]Cl, liegt die in der anorganischen Chemie sehr seltene **cis-trans-Isomerie** vor. Die 6 Liganden bilden die Ecken eines Oktaeders, und je nachdem, ob die Cl-Atome benachbart sind oder einander diagonal gegenüberstehen,

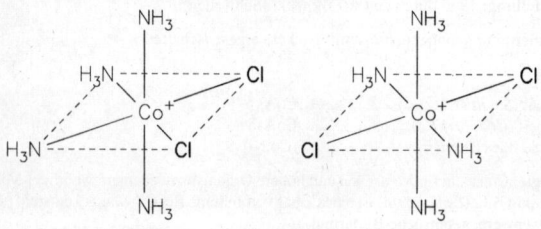

Bild 27-2:
cis-   trans-
Dichloro - tetr(a)ammin - cobalt(III) - chlorid
(komplexes Ion)

liegen die blauviolette *cis-* oder die grüne *trans-*Verbindung vor. – Bei 2zähligen Liganden, z.B. 1,2-Diaminoethan (»Ethylendiamin«, gekürzt »en«), H$_2$N–CH$_2$–CH$_2$–NH$_2$, kann es zur **Spiegelbildisomerie** kommen; *Dichloro-diethylendiamino-cobalt(III)-chlorid*, Formel [Co(en)$_2$Cl$_2$]Cl, existiert in 2 optischen Antipoden:

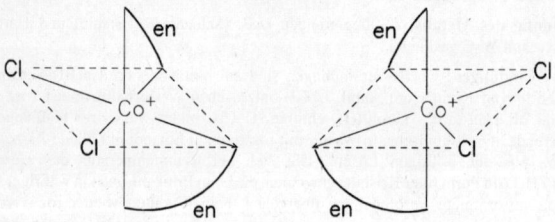

Bild 27-3:
Dichloro - diethylendiamino - cobalt(III) - chlorid
(optische Antipoden des komplexen Ions)

Cobaltfarben:

Cobaltblau, *THÉNARDs Blau*.....................Cobaltaluminat, CoAl$_2$O$_4$
Cobaltblau, *Cölestinblau*..........................Cobaltstannat(IV), CoSnO$_3$
Cobaltgrün, *RINMANNs Grün*...................Cobaltzinkoxid, CoO · xZnO
Cobaltgelb, *Aureolin*................................Kaliumhexanitritocobaltat(III), K$_3$[Co(NO$_2$)$_6$]
Smalte, *Cobaltglas*....................................Cobalt(II)-kalium-silicat

Radiocobalt: Das künstlich hergestellte, radioaktive Nuklid Co 60 dient als Strahlenquelle zur Krebsbekämpfung; Halbwertszeit $5\frac{1}{4}$ Jahre.

Nachweis: Die Phosphorsalz- und Boraxperle werden durch Cobaltverbindungen intensiv blau gefärbt.

27.4 Nickel und Nickelverbindungen

Symbol: Ni [von »*Nickel*«, einem männlichen Berggeist, dem Gegenstück zu *Nixe;* ↑Cobalt; S. 573]; **Wertigkeiten:** +2, (+3), (+4).

Erstherstellung: 1751 durch AXEL FREDRIK CRONSTEDT (Schweden); bereits im alten China waren nickelhaltige Legierungen bekannt.

Vorkommen: elementar in Eisenmeteoriten (durchschnittlich 8% Ni); sonst nur chemisch gebunden, meist mit Co, oft mit As und Sb vergesellschaftet; auch in Kupferschiefer.

Minerale:

Rotnickelkies.......................... NiAs
Weißnickelkies (*Chloanthit*).... (Ni,Co,Fe)As$_3$

für die Gewinnung wichtiger:
Garnierit................................. (Ni,Mg)$_6$(OH)$_6$Si$_4$O$_{11}$ · H$_2$O und andere Ni-Silicate
Magnetkies............................. (Fe,Cu,Ni)S

Herstellung: sehr verschieden, z.B. werden silicatische Erze nach dem *Rennverfahren* in Drehrohröfen mit Kohlenstaub zu Nickel-Eisen-Luppen (mit 5 bis 8% Nickel) reduziert. Diese werden entschwefelt, geröstet und ammoniakalisch ausgelaugt. Aus saurer Lösung wird dann Nickel elektrolytisch rein abgeschieden.

Nach dem »*Carbonylverfahren*« (MOND-Verfahren) erzeugt man erst einen »Nickelkupferstein«, bestehend aus Sulfiden, und behandelt diesen bei höheren Drücken mit Kohlenmonoxid. Das hierbei entstehende flüchtige Nickeltetracarbonyl, Ni(CO)$_4$, zerfällt beim Erhitzen in Nickel und Kohlenmonoxid, das in den Prozeß zurückkehrt.

Aluminothermisch entsteht Nickel aus Nickeloxid und Aluminiumgrieß:
3 NiO + 2 Al → 3 Ni + Al$_2$O$_3$.

Eigenschaften (s.a. S. 559): schwach gelblich-silberweißes, bis 356 °C ferromagnetisches Metall, sehr zäh und dehnbar; gut schmied-, schweiß- und walzbar; an der Luft sehr beständig; in Säuren langsam, in Alkalien, auch in Alkalihydroxidschmelzen, nicht löslich.

Verwendung: für Legierungen (z.B. Sonderstähle), Anodenplatten zum galvanischen Vernickeln, Laborgeräte, Münzen, Thermoelemente, Nickel-Cadmium-Akkumulatoren; als Hydrierungskatalysator (z.B. für die Fetthärtung).

Legierungen:

Monelmetall (warmfest bis 500 °C, sehr korrosionsfest):
     65 bis 67% Ni + 30 bis 32% Cu + 1% Mn

Nichrom (für Heizdrähte von Elektroöfen):
     60% Ni + 40% Cr

Muniperm (hohe magnetische Permeabilität bei sehr geringen Hysteresisverlusten):
     76% Ni + 17% Fe + 5% Cu + 2% Cr

Invar (dehnt sich beim Erwärmen fast nicht aus):
     65% Fe + 35% Ni

ferner: *Nickel-* und *Chromnickelstähle*, *Neusilber* (↑S. 523) und die »Widerstandslegierungen« *Konstantan, Nickelin* und *Manganin* (↑S. 524).

Vernickeln: erfolgt galvanisch in Elektrolyten aus Nickelsulfat, Natriumchlorid, Borsäure, Netzmitteln und Glanzbildnern (Saccharin, Natriumnaphthalentrisulfonat, Eiweißhydrolysate) unter Verwendung löslicher Nickelanoden zu Zwecken des Korrosionsschutzes (meist 12 bis 36 μm Ni-Auflage); Glanzbeständigkeit erzielt man durch nachfolgendes Verchromen (0,3 μm). - *Stromloses Vernickeln* ist in Lösungen von Nickelchlorid, Natriumhypophosphit und Natriumnitrat bei 95 °C und pH 4 bis 6 möglich: $NiCl_2 + NaH_2PO_2 + H_2O \rightarrow Ni + NaH_2PO_3 + 2\,HCl$; die Reaktion setzt ein, wenn der zu vernickelnde Gegenstand in der Lösung mit einem Stück Zink berührt wird (Bildung einer galvanischen Kette), und schreitet dann selbständig fort. (Analog ist auch stromloses *Vercobalten* möglich.)

Nickelverbindungen: Nickel(II)-oxid, NiO, entsteht als graugrünes, kristallines Pulver beim Erhitzen von Nickel(II)-hydroxid, -carbonat oder -nitrat; F 1960 °C. Es löst sich leicht in Säuren und läßt sich durch Wasserstoff oder aluminothermisch zum Metall reduzieren. - **Nickel(II)-hydroxid**, $Ni(OH)_2$, fällt aus Ni(II)-Lösungen durch Alkalihydroxid als nicht amphoterer, voluminöser, apfelgrüner Niederschlag, der sich in Ammoniakwasser mit hellblauer Farbe unter Bildung von **Hex(a)amminnickel(II)-salzen**, z.B. $[Ni(NH_3)_6]Cl_2$, löst. - Auf Zusatz von Hypochlorit oder Brom (bzw. Hypobromit) bilden sich unter Schwarzfärbung verschiedene **Nickel(III)-oxidhydrate**, $Ni_2O_3 \cdot xH_2O$; wichtig ist **Nickel(III)-oxidhydroxid**, NiO(OH), als potentialbildendes Material im Nickel-Cadmium-Akkumulator; ↑S. 376. Beim Erhitzen mit Säuren gehen alle höheren Oxidhydrate unter Bildung von Nickel(II)-salzen in Lösung.

Nickel(II)-chlorid, $NiCl_2$, bildet wasserfrei goldgelbe, leicht sublimierende, in Wasser und Ethanol lösliche Kristalle. Aus der wäßrigen Lösung läßt sich das Hexahydrat, $NiCl_2 \cdot 6\,H_2O$, in Form grasgrüner Kristalle gewinnen. - **Nickel(II)-sulfat** kristallisiert aus wäßriger Lösung als schön smaragdgrünes **Nickelvitriol**, $NiSO_4 \cdot 7\,H_2O$; Verwendung zum Vernickeln. - Das ebenfalls smaragdgrüne **Nickel(II)-nitrat**, $Ni(NO_3)_2 \cdot 6\,H_2O$, ist sehr leicht in Wasser löslich. - **Nickel(II)-carbonat**, $NiCO_3$, wird als blaßgrüner, feinkristalliner Niederschlag aus Ni(II)-Lösungen durch Alkalihydrogencarbonat gefällt; Alkalicarbonate ergeben Nickel(II)-hydroxidcarbonate. - **Nickel(II)sulfid**, NiS, scheidet sich aus Ni(II)-Lösungen durch Ammoniumsulfid als schwarzer, nach kurzem Stehen in verdünnter Salzsäure unlöslicher Niederschlag ab.

Nickeltetracarbonyl, $Ni(CO)_4$, eine farblose, brennbare, giftige, bei 43 °C siedende Flüssigkeit, entsteht aus feinverteiltem Nickel und Kohlenmonoxid bei 50 bis 100 °C; bei 200 °C zersetzt es sich in Umkehrung der Bildungsreaktion, wobei an den Gefäß- oder Rohrwänden ein glänzender Nickelspiegel entsteht.

Nachweis: Eine ethanolische Lösung von *Diacetyldioxim* (Dimethylglyoxim), Formel $CH_3-C(=N-OH)-C(=N-OH)-CH_3$, bildet mit ammoniakalischer Ni(II)-Lösung einen scharlachroten, kristallinen Niederschlag eines Komplexsalzes.

27.5 Die leichten Platinmetalle

27.5.1 Ruthenium und Rutheniumverbindungen

Ruthenium, Ru [von *Ruthenia* = Rußland], als seltenstes Platinmetall erst 1845 durch CARL ERNST CLAUS (Rußland) im »Osmiridium« entdeckt, findet sich gediegen als Begleiter von Platin. - Ru ist silberweiß, sehr hart, spröde und schwer schmelzbar (s.a. S. 559). Es wird bei Abwesenheit von Sauerstoff von keiner Säure, auch nicht von Königswasser, angegriffen, löst sich aber in Gegenwart von Sauerstoff in heißer Salzsäure langsam zu komplexen Ruthenium(III)-chloriden; oxidierende alkalische Schmelzen (z.B. von $KOH + KClO_3$, KNO_3 oder Na_2O_2) ergeben Ruthenate(VI). - Feinverteiltes Ru eignet sich, da es leicht Wasserstoff und Sauerstoff aufnimmt und wieder abgibt, als Hydrier- und Oxidationskatalysator.

Rutheniumverbindungen: Ru ist neben Os das einzige achtwertig auftretende Metall; daneben existieren verschiedene niedere Oxidationsstufen (+6, +4, +3; aber auch +7 und +5). **Ruthenium(VIII)-oxid**, RuO_4, bildet gelbe, intensiv ozonartig riechende, in Wasser, aber auch in Tetrachlormethan (CCl_4) lösliche Kristalle, die bereits bei normaler Temperatur allmählich verdampfen und bei 25 °C zu einer orangefarbenen Flüssigkeit schmelzen; bei 108 °C erfolgt sehr heftige Zersetzung in schwarzes **Ruthenium(IV)-oxid**, RuO_2, und Sauerstoff. Durch Schmelzen von Ru-Pulver mit KOH und KNO_3 (oder $KClO_3$) bildet sich in Analogie zu Mn-Verbindungen eine tiefgrüne, **Kaliumruthenat(VII)** (*Kaliumperruthenat*), $KRuO_4$, enthaltende Schmelze, die sich in Wasser mit orangeroter Farbe unter Bildung von **Kaliumruthenat(VI)**, K_2RuO_4, löst, das in Form grün schillernder, dunkelrot durchscheinender Kristalle als $K_2RuO_4 \cdot H_2O$ auskristallisiert werden kann. - Das höchste Fluorid ist **Ruthenium(V)-fluorid**, RuF_5, eine dunkelgrüne Masse; *F* 101 °C, *Kp* 250 °C. - **Ruthenium(IV)-sulfid**, RuS_2, fällt aus Ru-Lösungen durch Schwefelwasserstoff als schwarzbrauner Niederschlag.

27.5.2 Rhodium und Rhodiumverbindungen

Rhodium, Rh [rhodeos (grch.) rosenrot, nach der Farbe vieler Rh-Verbindungen], entdeckt 1803 von WILLIAM HYDE WOLLASTON, findet sich gediegen als Begleiter von Platin und auch Gold; s.a. S. 560. - Rh zeigt außerordentlich hohe Lichtreflexion; es ist silberweiß, stark glänzend, anlaufbeständig und im kompakten Zustand unlöslich in allen Säuren einschließlich Königswasser; feinverteiltes »Rhodiumschwarz« wird jedoch von letzterem angegriffen. Rh ist auch sehr widerstandsfähig gegenüber Fluor. Relativ leicht löst sich Rh in geschmolzenem Kaliumhydrogensulfat zu Rhodium(III)-sulfat. Verwendet wird Rh für Thermoelemente und in Legierung mit Platin als Katalysator zur technischen Ammoniakoxidation (↑Salpetersäure) und zur Reinigung von Kraftfahrzeugabgasen (↑Platin). Man erzeugt es auch als galvanischen Niederschlag auf Silber (»*Rhodinieren*« aus Sulfatelektrolyten mit unlöslichen Anoden), um dessen Dunkelwerden zu verhindern.

Rhodiumverbindungen: Rh ist bevorzugt +3-wertig; es neigt wie das homologe Element Cobalt sehr stark zur Bildung von Komplexen. - **Rhodium(III)-chlorid**, $RhCl_3$, ist wasserfrei ein rotes, wasserunlösliches Pulver, das bei 440 °C wieder in die Elemente zerfällt; als $RhCl_3 \cdot 4H_2O$ bildet es eine rote, hygroskopische Masse. - **Rhodium(III)-sulfat**, $Rh_2(SO_4)_3$, existiert in einer gelben und einer roten Form; in letzterer liegen Sulfatokomplexe vor; beide Formen sind wasserlöslich. Das gelbe Sulfat dient zum Rhodinieren; es bildet auch *Alaune*, z.B. **Kaliumrhodiumalaun**, $KRh(SO_4)_2 \cdot 12 H_2O$. - **Rhodium(III)-oxidhydrat**, Formel $Rh_2O_3 \cdot 5 H_2O$, fällt aus Rh(III)-Lösungen durch Alkalilaugen als zitronengelber Niederschlag, der sich leicht wieder in Säuren löst und beim Erhitzen schwarzes **Rhodium(III)-oxid**, Rh_2O_3, hinterläßt. - Das höchste Fluorid, **Rhodium(VI)-fluorid**, RhF_6, ist schwarz, äußerst unbeständig und reagiert ähnlich aggressiv wie freies Fluor.

27.5.3 Palladium und Palladiumverbindungen

Palladium, Pd, [benannt nach dem Planetoiden *Pallas*], entdeckt 1803 von WILLIAM HYDE WOLLASTON (England), findet sich gediegen als Begleiter von Platin und Gold. - Pd ist silberweiß, von starker Lichtreflexion, in der Hitze schweiß- und schmiedbar, etwas härter und zäher als Platin; s.a. S. 560. Es absorbiert viel Wasserstoff (kompaktes Pd das 600fache, feinverteiltes Pd das 850fache Volumen), wobei es spröde und rissig wird. Ein heißes Pd-Blech ist für Wasserstoff praktisch völlig durchlässig. Pd ist an der Luft sehr beständig, löst sich jedoch leicht in konz. Schwefelsäure zu Palladium(II)-nitrat. Man verwendet Pd (auch in kolloider Lösung) als Hydrierungskatalysator, als Legierungsmetall für Silber (verhindert dessen Anlaufen), z.B. als **Sipal** (»*Silberpalladium*«) für die Zahntechnik.

Palladiumverbindungen: Pd ist in seinen Verbindungen hauptsächlich +2wertig, seltener +4wertig. **Palladium(II)-oxid**, PdO, ist schwarz, unlöslich und zerfällt bei stärkerem Erhitzen in die Elemente. - **Palladium(II)-oxidhydrat**, $PdO \cdot xH_2O$, fällt aus Pd(II)-Lösungen durch Alkalilaugen als brauner, amphoterer Niederschlag, der sich in frischem Zustand in Säuren zu den verschiedensten Pd-Salzen löst, jedoch beim Stehen »altert« und sich dann immer schwerer löst. - **Palladium(II)-nitrat**, $Pd(NO_3)_2$, entsteht beim Auflösen des Metalls in konz. Salpetersäure und bildet gelbbraune, hygroskopische Kristalle. - Hygroskopisch sind auch das dunkelrotbraune **Palladium(II)-chlorid**, $PdCl_2 \cdot 2\,H_2O$, und das rotbraune **Palladium(II)-sulfat**, $PdSO_4 \cdot 2\,H_2O$. Palladium(II)-chloridlösung wird durch Kohlenmonoxid, Methan u.a. unter Schwarzfärbung zum Metall reduziert, z.B. gemäß $PdCl_2 + CO + H_2O \rightarrow Pd + CO_2 + 2\,HCl$. - **Palladium(II)-sulfid**, PdS, fällt aus Pd(II)-Lösungen durch Schwefelwasserstoff als schwarzbrauner, in Säuren unlöslicher Niederschlag.

27.6 Die schweren Platinmetalle

27.6.1 Osmium und Osmiumverbindungen

Osmium, Os, [*osmeo* (grch.) ich rieche; da das Metall stets schwach nach dem Oxid riecht], entdeckt 1804 durch SMITHSON TENNANT (England), kommt in Platinerzen als königswasserunlösliche Iridiumlegierung (»*Osmiridium*« mit z.B. 52% Ir, 27% Os, 10% Pt, 6% Ru und 1,5% Rh) vor. - Os ist bläulich silberglänzend, hochschmelzend, sehr hart, spröde und nächst Iridium das zweitschwerste Metall; ↑S. 560. In kompaktem Zustand an der Luft beständig, neigt feinverteiltes Os stark zur Bildung von flüchtigem Osmium(VIII)-oxid, so daß es ständig danach riecht. Os-Pulver wird auch von konzentrierter Salpetersäure, Natriumhypochloritlösung und oxidierenden Schmelzen ($KOH + KNO_3$ oder $KClO_3$) angegriffen. Os findet nur wenig praktische Anwendung.

Osmiumverbindungen: Die Hauptwertigkeiten sind +8, +6 und +4, jedoch treten auch andere Wertigkeiten auf. Die Existenz der +8wertigen Stufe hat es mit Ru und Xe gemeinsam, doch sind die Os(VIII)-Verbindungen wesentlich beständiger; es besteht sogar eine stark ausgeprägte Tendenz zur Bildung von Os(VIII)-Oxid. - **Osmium(VIII)-oxid**, *Osmiumtetr(a)oxid*, OsO_4, bildet blaßgelbe, fast farblose, bereits bei gewöhnlicher Temperatur allmählich verdampfende, durchdringend nach Chlordioxid riechende Kristalle; F 40,6 °C; Kp 130 °C. Es ist im Gegensatz zu RuO_4 unzersetzt destillierbar. Die Dämpfe sind sehr giftig, reizen unter Schwarzfärbung (OsO_2) die Schleimhäute und sind insbesondere für die Augen sehr gefährlich. OsO_4 löst sich leicht in CCl_4, C_2H_5OH u.a. organischen Lösungsmitteln; in Wasser löst es sich allmählich mit neutraler Reaktion. OsO_4 entsteht aus Os-Metall spontan, aus vielen Os-Verbindungen beim Erhitzen an der Luft. Mit konzentrierter Kalilauge bilden sich wenig stabile Komplexe, z.B. *Kaliumtetr(a)oxodihydroxoosmat(VIII)*, $K_2[OsO_4(OH)_2]$; Ethanol fällt aus diesen Lösungen violettes, kristallines **Kaliumosmat(VI)**, $K_2OsO_4 \cdot 2\,H_2O$. - **Osmium(IV)-oxid**, OsO_2, ist schwarz und geht beim Erhitzen an der Luft in OsO_4 über; beim Erhitzen unter Luftabschluß disproportioniert es in Os + OsO_4. - Das höchste bei Raumtemperatur stabile Fluorid ist **Osmium(VI)-fluorid**, OsF_6; es bildet zitronengelbe Kristalle; F 32,1 °C; Kp 59,8 °C; bei sehr tiefen Temperaturen ist auch OsF_7 beständig; das Fluorid OsF_8 ist entgegen früheren Annahmen nicht beständig.

27.6.2 Iridium und Iridiumverbindungen

Iridium, Ir [*irideios* (grch.) regenbogenfarbig, nach der Vielfarbigkeit seiner Verbindungen], entdeckt 1804 durch SMITHSON TENNANT (England), findet sich als »*Osmiridium*« (s.o.) in Platinerzen. - Ir ist das schwerste Metall (↑S. 560); es ist silberweiß, sehr hart und spröde; als chemisch widerstandsfähigstes aller Platinmetalle widersteht es Königswasser ebenso wie geschmolzenen Alkalihydroxiden. Fein verteiltes Ir wird von oxidierenden Schmelzen unter Bildung von löslichen und unlöslichen »*Iridaten*« angegriffen. Man verwendet Ir vor allem als härtendes Legierungsmetall für Platin, ferner für elektrische Kontakte und Füllfederspitzen.

Iridiumverbindungen: Bevorzugt werden die Wertigkeitsstufen +3 und +4; in Analogie zu den homologen Elementen Cobalt und Rhodium existiert eine Vielzahl von Komplexverbindungen. - **Iridium(III)-oxid,** Ir_2O_3, ein schwarzes Pulver, eignet sich, da es oberhalb 1000 °C unter Bildung feinverteilten Iridiums zerfällt, zur Erzeugung schwarzer Färbungen auf Porzellan. - **Iridium(IV)-oxid,** IrO_2, ist ebenfalls ein schwarzes, beim starken Glühen in die Elemente zerfallendes Pulver. - Beim Erhitzen von Ir-Pulver mit Kaliumchlorid im Chlorstrom erhält man **Kaliumhexachloroiridat(IV),** $K_2[IrCl_6]$, in Form dunkelroter, wasserlöslicher Kristalle; analog erhält man das leicht wasserlösliche **Natriumhexachloroiridat(IV),** $Na_2[IrCl_6]$. Das hieraus durch Ammoniumsalze in Form tief dunkelroter, schwer löslicher Kristalle fällbare **Ammoniumhexachloroiridat(IV),** $(NH_4)_2[IrCl_6]$, heißt auch »*Iridiumsalmiak*«. - Durch Reduktion mit Schwefelwasserstoff läßt sich z.B. aus Chloroiridat(IV)-lösungen olivgrünes **Natriumhexachloroiridat(III),** $Na_3[IrCl_6] \cdot 12\ H_2O$, gewinnen. - Das höchste Fluorid ist **Iridium(VI)-fluorid,** IrF_6, als goldgelbe, sehr hygroskopische, glasige Masse; F 44,4 °C, Kp 53 °C.

27.6.3 Platin und Platinverbindungen

Symbol: Pt [*platina* (span.) kleines Silber].

Entdeckung: im 17. Jhdt. durch kolumbianische Goldsucher; erstmals 1748 erwähnt durch ANTONIO DE ULLOA (Spanien); in Europa bekanntgemacht 1750 durch WILLIAM WATSON (England).

Vorkommen: meist elementar und mit anderen Platinmetallen legiert in »Platinerzen«, oft in Flußsanden.

Herstellung: Aus einer Lösung von Rohplatin in Königswasser fällt man nach Reinigung mit Kalkmilch durch Ammoniak das Hexachloroplatinat(IV), das beim Glühen reinen Platinschwamm hinterläßt (s.u.).

Eigenschaften: (s.a. S. 560) silberweißes, ziemlich weiches, dehnbares, zähes, in der Hitze gut schmied- und schweißbares Metall, dessen Schmelze (wie Silber) leicht Sauerstoff aufnimmt und beim Abkühlen unter Verspritzen wieder abgibt. Durch Zulegieren von Iridium wird es härter und noch zäher.

Pt ist gegenüber den meisten Säuren beständig, löst sich jedoch leicht in Königswasser zu Hexachloroplatin(IV)-säure, wird jedoch auch von vielen Schmelzen (Alkalihydroxide, Peroxide, Nitrate, Cyanide u.a.) sowie von Ruß allmählich angegriffen, was beim Umgang mit Platintiegeln zu beachten ist (keine leuchtende Flamme anwenden, stets in der Oxidationszone der Flamme erhitzen!).

Ähnlich dem Palladium, nur in etwas geringerem Maße, absorbiert auch Platin (besonders in feinverteilter Form als »Platinschwarz« und »Platinmohr« Wasserstoff; ein rotglühendes Platinblech ist für Wasserstoff praktisch durchlässig. Da auch Sauerstoff absorbiert wird und im Platin wie Wasserstoff in aktiviertem Zustand enthalten ist, eignet sich Pt sowohl als Oxygenierungs- als auch als Hydrierungs- und Dehydrierungskatalysator. Es ist jedoch zu beachten, daß Pt-Katalysatoren leicht »vergiftet« werden.

Verwendung: für Laborgeräte (Tiegel, Elektroden u.a.), Schmuckwaren und als Katalysator, z.B. für Kraftfahrzeugabgase (s.u.).

Platinverbindungen: Die Hauptwertigkeiten sind +4 und +2; es existieren viele Komplexverbindungen. Wichtig ist **Hexachloroplatin(IV)-säure,** $H_2[PtCl_6]$, die beim Auflösen von Pt in salzsäurereichem Königswasser gemäß der summarischen Gleichung 3 Pt + 18 HCl + 4 HNO_3 → 3 $H_2[PtCl_6]$ + 4 NO + 8 H_2O entsteht und aus der gelben Lösung in Form rotbrauner, hygroskopischer, auch in Ethanol löslicher Kristalle als $H_2[PtCl_6] \cdot 2\ H_2O$ erhalten werden kann. Während sich das orangegelbe Natriumsalz, $Na_2[PtCl_6] \cdot 6\ H_2O$, sehr leicht in

Wasser löst, fallen **Ammonium-** und **Kaliumhexachloroplatinat(IV)**, $(NH_4)_2[PtCl_6]$ und $K_2[PtCl_6]$, beim Eingießen der gelösten Säure in NH_4- bzw. K-Salzlösungen als zitronengelbe, kristalline, schwer lösliche Niederschläge aus. Das Ammoniumsalz, auch »*Platinsalmiak*« genannt, hinterläßt beim Glühen gemäß $3\ (NH_4)_2[PtCl_6] \rightarrow 3\ Pt + 2\ N_2 + 18\ HCl + 2\ NH_3$ reinen *Platinschwamm*. - Beim Auslaugen einer Schmelze aus Platinschwamm und Kaliumhexacyanoferrat(II) erhält man eine Lösung, aus der das in der Hitze leicht, in der Kälte schwerer lösliche **Kaliumtetracyanoplatinat(II)**, $K_2[Pt(CN)_4] \cdot 3\ H_2O$, abgeschieden werden kann. Das Salz zeigt »Pleochroismus«, indem es je nach Blickrichtung relativ zur Kristallachse in der Durchsicht unterschiedliche Färbungen zeigt: in Achsenrichtung blau, quer dazu gelb. Das ebenfalls pleochroitische (gelbgrün-violettblau) **Bariumtetracyanoplatinat(II)**, $Ba[Pt(CN)_4] \cdot 4\ H_2O$, fluoresziert beim Auftreffen von Röntgenstrahlen sowie den Strahlen radioaktiver Stoffe intensiv grün und findet daher für »Bariumplatincyanür«-Leuchtschirme[1], z.B. von Röntgendurchleuchtungen, Anwendung. - **Platin(IV)-sulfid**, PtS_2, fällt aus Pt(IV)-Lösungen durch Schwefelwasserstoff als schwarzer, sehr säurebeständiger Niederschlag, der sich in Polysulfidlösungen zu Thiosalzen, z.B. *Ammoniumthioplatinat(IV)*, $(NH_4)_2[PtS_3]$, löst. - Das höchste Fluorid, **Platin(VI)-fluorid**, PtF_6, bildet intensiv dunkelrote, flüchtige Kristalle; $F\ 61{,}3\ °C, Kp\ 69{,}1\ °C$. Es ist ein noch stärkeres Oxidationsmittel als elementares Fluor, so daß es mit Xenon zu **Xenonhexafluoroplatinat(V)** (orangegelbe Kristalle), $Xe[PtF_6]$, und mit molekularem Sauerstoff zu **Dioxygenylhexafluoroplatinat(V)**(dunkelrote Kristalle), $O_2[PtF_6]$, reagiert.

Katalytische Abgasreinigung von Kraftfahrzeugen: Die wesentlichen Schadstoffe in den Abgasen von Otto-Motoren (Kohlenwasserstoffe, insbes. Benzen; Kohlenmonoxid; Stickstoffmonoxid) können durch platinmetallhaltige Katalysatoren weitgehend beseitigt werden. Die »Kats« bestehen aus poröser Keramik (meist *Cardierit*, $2\ MgO \cdot 2\ Al_2O_3 \cdot 5\ SiO_2$), deren innere Oberfläche mit γ-Al_2O_3 und feinverteilten Platinmetallen (hauptsächlich Pt und Rh im Verhältnis 5:1 bis 10:1, insgesamt etwa 3g) beschichtet ist. Ein sog. »3-Wege-Kat« ermöglicht 3 Reaktionswege:

I $\quad C_mH_n + \frac{4m+n}{4} O_2 \rightarrow mCO_2 + \frac{n}{2} H_2O$

II $\quad CO + \frac{1}{2} O_2 \rightarrow CO_2$

III $\quad NO + CO \rightarrow \frac{1}{2} N_2 + CO_2$

Hierbei katalysiert das Rh die NO-Umsetzung; zudem wirkt es als puffernder O_2-Speicher. Weitestgehende Umsetzung (bis 98% Schadstoffbeseitigung) ermöglicht ein »geregelter 3-Wege-Kat«. Bei diesem wird der O_2-Gehalt der Abgase vor Eintritt in den Kat gemessen (sog. λ-Sonde) und durch Rückwirkung auf die Menge der Verbrennungsluft konstant gehalten. Kats erfordern bleifreien Kraftstoff, da sie anderenfalls »vergiftet« werden.

---

[1] Mit der Endung *-ür* charakterisierte man früher niedrigere Wertigkeitsstufen von Anionen binärer Verbindungen.

ORGANISCHE CHEMIE

28 Theoretische Grundlagen

28.1 Allgemeines

Definition: Die organische Chemie ist die *Chemie der Kohlenstoffverbindungen*.

Lediglich *Kohlensäure, Carbonate, Carbide*, die *Oxide des Kohlenstoffs* sowie *Metallcarbonyle* werden der anorganischen Chemie zugerechnet. Es gehören der organischen Chemie nicht nur Naturstoffe an, die Pflanzen oder Tiere durch ihre Lebensvorgänge produzieren, sondern es ist dem heutigen Chemiker möglich, sehr viele Naturstoffe und darüber hinaus viele andere Verbindungen herzustellen, deren struktureller Aufbau ähnlich dem der Naturstoffe ist.

Elemente: Im allgemeinen sind am Aufbau der organischen Moleküle nur wenige Elemente beteiligt, neben C vor allem H, O, N, S, Halogene, P. Prinzipiell bilden jedoch mit Ausnahme der Edelgase auch die übrigen Elemente organische Verbindungen.

Anzahl der organischen Verbindungen: Trotz der geringen Anzahl der beteiligten Elemente liegt die Zahl der organischen Verbindungen wesentlich höher als die der anorganischen. Man kennt bisher 12 Millionen organische Verbindungen; s.a. S. 448.

Bindungsart: Die Elemente sind im allgemeinen durch Atombindung (*homöopolare Bindung*) miteinander verknüpft. Die meisten organischen Verbindungen sind aus Molekülgittern aufgebaut, deren Bindungsenergie durch die schwachen VAN-DER-WAALSschen Kräfte gegeben ist (niedriger Siedepunkt, aber hohe Verbrennungswärme). In vielen Fällen ist die Bindung polarisiert ↑S. 146; nur bei organischen Salzen tritt auch Ionenbindung auf.

Bindungszustand am C-Atom: Das C-Atom ist vierbindig. Bei der Einfachbindung steht das Kohlenstoffatom im Mittelpunkt eines regelmäßigen Tetraeders, in dessen Ecken die vier sp^3-Hybridorbitale gerichtet sind (↑S. 140). Bei der Doppelbindung findet eine sp^2-Hybridisation und bei der Dreifachbindung eine sp-Hybridisation statt.

Kohlenstoffketten und -ringe: Die C-Atome können sich sowohl zu Ketten als auch zu Ringen verbinden. Bei den Ringverbindungen unterscheidet man *aromatische Verbindungen* mit Ringen vom Benzentyp und *alicyclische Verbindungen* mit jeder anderen Art von C-Ringbildung. Außerdem gibt es Ringe, in denen ein oder mehrere C-Atome durch N, O, S oder andere Atome ausgetauscht sind (*heterocyclische Verbindungen*).

Homologe Reihen: Darunter versteht man Reihen von Verbindungen, bei denen sich aufeinanderfolgende Glieder durch die Atomgruppierung $-CH_2-$ unterscheiden.

Formeln einiger homologer Kohlenwasserstoffe	CH_4		C_2H_6		C_3H_8		C_4H_{10}
Differenz		CH_2		CH_2		CH_2	

Innerhalb jeder homologen Reihe ändern sich die physikalischen Eigenschaften mit zunehmender Kettenlänge regelmäßig; ↑S. 604.

28.2 Isomerie

Definition: Unter Isomerie versteht man die Tatsache, daß Moleküle mit gleicher Summenformel, jedoch verschiedener Struktur oder verschiedener räumlicher Anordnung der Atome existieren. Ihre chemischen und physikalischen Eigenschaften zeigen mehr oder weniger weitgehende Unterschiede.

28.2.1 Strukturisomerie

Die Strukturisomerie beruht auf der unterschiedlichen Anordnung der Atome in den Molekülen.

Man unterscheidet:

- **Kettenisomerie**

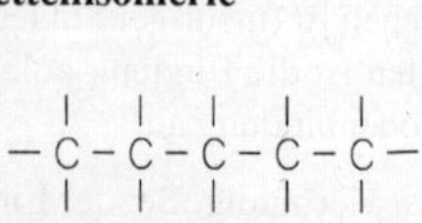

Normal-Verbindungen
(enthalten unverzweigte C-Ketten)

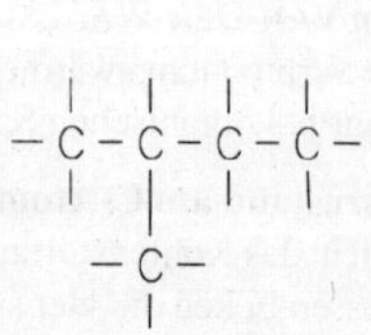

Iso-Verbindungen
(enthalten verzweigte C-Ketten)

- **Stellungsisomerie**

Die Stellungsisomerie beruht auf unterschiedlicher Stellung von Substituenten an einem Kohlenstoffgerüst:

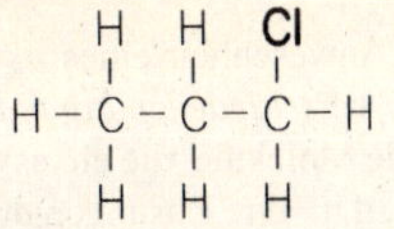

1-Chlorpropan 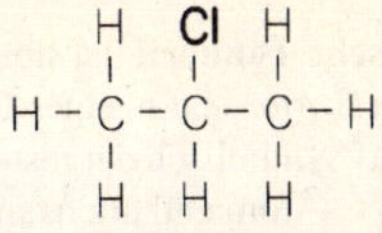   2-Chlorpropan

Über die *Nomenklatur* der Verbindungen ↑Kap. 44.

- **Tautomerie**

Die Tautomerie (*Desmotropie*) beruht auf dem Ortswechsel eines H-Atoms bzw. Protons innerhalb eines Moleküls.

Beispiele:

1.) $CH_3-CO-CH_2-COOC_2H_5 \rightleftarrows CH_3-C(OH)=CH-COOC_2H_5$

Acetessigsäureethylester   (Ethanoyl-ethylethanat)
Ketoform   **Enolform**

2.)

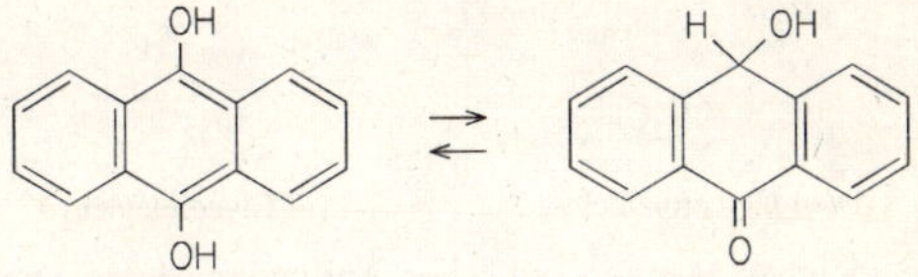

Anthrahydrochinon   Oxanthron

28.2.2 Stereoisomerie

Die **Stereoisomerie** (*Raumisomerie*) entsteht durch verschiedene räumliche Anordnung der Liganden am gleichen C-Atom.

Cis-trans-Isomerie tritt nur bei ungesättigten Verbindungen auf. Infolge der Doppelbindung ist die freie Drehbarkeit der C–C-Einfachbindung aufgehoben, und die Substituenten kommen in einer Ebene zu liegen. Man spricht von der *cis-Form*, wenn die Substitutionspaare benachbart liegen, dagegen von der *trans-Form*, wenn sie einander diametral gegenüber liegen.

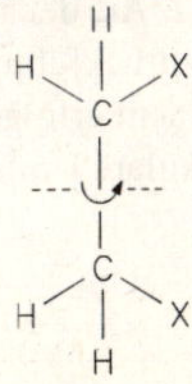

wegen der angedeuteten Drehung tritt keine Isomerie auf

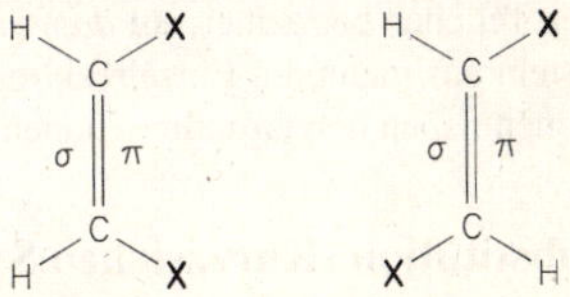

cis-Form   trans-Form
cis-trans-Isomerie
(X: verallgemeinerter Substituent, z.B. für eine Alkylgruppe oder ein Halogenatom)

- **Optische Isomerie** ist abhängig von der Anwesenheit eines *asymmetrischen C-Atoms*, d.h. eines C-Atoms mit *vier verschiedenen Liganden*, nach Bedarf symbolisch dargestellt durch C^*. Alle Moleküle, die ein asymmetrisches C-Atom enthalten, sind *optisch aktiv*, d.h., ihre Lösungen drehen die Schwingungsebene des polarisierten Lichtes.

    Die optisch isomeren Verbindungen nennt man *Enantiomere*. Sie können mit ihrem Spiegelbild nicht zur Deckung gebracht werden.

    Die Drehrichtung (*gegen* die Lichtquelle gesehen) wird bei rechtsdrehenden Stoffen mit (+), bei linksdrehenden mit (−) angegeben.

    Unabhängig von der Drehrichtung hat man für die Benennung der optischen Antipoden als Bezugsstoffe die isomeren Moleküle des Glycerolaldehyds zugrunde gelegt und bezeichnet die Enantiomeren (unabhängig von der Drehrichtung!) als D- bzw. L-Verbindungen:

    $$\begin{array}{cc} \text{CHO} & \text{CHO} \\ | & | \\ \text{H}-\text{C}^*-\text{OH} & \text{OH}-\text{C}^*-\text{H} \\ | & | \\ \text{CH}_2\text{OH} & \text{CH}_2\text{OH} \end{array}$$

    D(+)-Glycerolaldehyd   L(−)-Glycerolaldehyd

    Gemische gleicher Mengen optischer Antipoden, deren Drehrichtungen sich gegenseitig aufheben, heißen **Racemate**. Bei Synthesen entstehen in der Regel derartige Racemate, ↑ Traubensäure; S.639.

    Nach neueren Festlegungen werden optische Antipoden (außer bei Zuckern und Aminosäuren) auch durch die Bezeichnungen R- (von *rectus*, richtig) und S- (von *sinister*, links) voneinander unterschieden. Diese Bezeichnungen richten sich nicht nach dem Glycerolaldehyd, sondern entsprechen bestimmten Auswahlregeln bezüglich Reihenfolge und räumlicher Lage der vier Substituenten. Sie sind folglich *nicht* mit den früheren Bezeichnungen identisch; ↑S. 764.

28.3 Reaktionsarten

Die organischen Reaktionen lassen sich, wenn man die Art der miteinander reagierenden Teilchen betrachtet, auf *drei Grundarten* zurückführen. Ihr Chemismus besteht aus mehreren Einzelreaktionen. Außerdem erfolgen bei einigen Reaktionen neben den Grundreaktionen intramolekulare Umlagerungen.

28.3.1 Substitution (Kurzzeichen S)

> Unter *Substitution* versteht man den *Ersatz* eines Atoms oder einer Atomgruppe durch ein anderes Atom oder eine andere Atomgruppe. Es entstehen dabei stets *zwei* Reaktionsprodukte.

28.3 Reaktionsarten

Halogenierung (substitutiv): Substitution (in der Regel von Wasserstoff) durch Halogene (S_R; ↑S. 597); Beispiele s. S. 730.

Fluor reagiert mit den meisten organischen Stoffen explosionsartig; deshalb wählt man für Fluoride andere Herstellungsverfahren. Bei Iod ist eine direkte Substitution aus energetischen Gründen nicht möglich.

Reaktionsbedingungen der Substitution von Wasserstoff durch Halogen
- *am aliphatischen Kohlenstoff:* Aktivierung durch energiereiches Licht;
- *am aromatischen Kohlenstoff:* Beschleunigung durch Katalysatoren.

Kondensation: Substitution unter Abspaltung einfacher Moleküle (S_N; ↑S. 598). *Beispiele:*

- *Veresterung* (S_N):

    Alkohol + Säure ⇄ Ester + Wasser (↑S. 646).

- *Bildung von Alkylhalogeniden* aus Alkohol und Halogenwasserstoff oder Halogeniden des Phosphors oder Schwefels (↑S. 640).

- *Polykondensation* (↑S. 725):
  Reaktion kleiner Moleküle, der sog. Monomeren, die zwei oder mehr funktionelle Gruppen tragen, zu Makromolekülen (Riesenmolekülen) unter Abspaltung niedermolekularer Moleküle (meist H_2O).

Esterspaltung (S_N):

- *Esterhydrolyse* (durch Säuren katalysiert)

    Ester + Wasser ⇄ Alkohol + Säure

- *Verseifung* (mit Alkalihydroxid)

    Ester + Alkalihydroxid ⇄ Alkohol + Alkalisalz (der im Ester gebundenen Säure)

Ammonolyse (S_N)

   Säurehalogenid + Ammoniak ⇄ Säureamid + Ammoniumhalogenid (↑S. 650).

28.3.2 Addition (Kurzzeichen A)

Unter *Addition* versteht man die *Anlagerung* eines anorganischen oder organischen Moleküls an eine organische Verbindung, deren Mehrfachbindung aufgespalten wird. Dabei werden die Doppelbindungen in Einfachbindungen oder die Dreifachbindungen in Doppel- oder Einfachbindungen übergeführt.

Hydrierung (A_N): Katalytische Anlagerung von Wasserstoff

Beispiel: $CH_2=CH_2 + H_2 \rightleftarrows CH_3-CH_3$
　　　　　Ethen　　　　　Ethan

Als Katalysator wurden früher vor allem Platinschwarz und Palladium verwendet. Heute nimmt man meist Mischkatalysatoren, z.B. Cr_2O_3 + Cu, oder fein verteiltes Nickel.

Hydratisierung (A_E): Anlagerung von Wasser

Beispiel:

$$CH_2=CH_2 + H_2O \underset{H_3PO_4 \text{ als Kat.}}{\xrightarrow{300\,°C;\ 70\,bar}} CH_3-CH_2(OH)$$

Ethen   Ethanol

Hydrohalogenierung (A_E): Anlagerung von Halogenwasserstoff

Beispiel: $CH_3-CH=CH_2 + HX \rightleftarrows CH_3-CHX-CH_3$
            Propen   2-Halogenpropan

Bei Halogenen mit mehr als zwei C-Atomen tritt das Halogen an das H-ärmere C-Atom (Regel von MARKOWNIKOW).

Halogenierung (A_R): Anlagerung von Halogenen (Cl_2; Br_2; I_2)
Reaktionsbedingungen der additiven Halogenierung:

- am aliphatischen C-Atom durch Feuchtigkeitsspuren oder Halogenwasserstoff katalytisch beschleunigt;

- am aromatischen C-Atom ohne Katalysator mit energiereichem Licht.

Epoxidierung (A_E): Anlagerung von Sauerstoff an 2 benachbarte C-Atome durch sauerstoffabgebende Mittel wie Persäuren oder Wasserstoffperoxid, oder katalytisch mit molekularem Sauerstoff.

Beispiel:

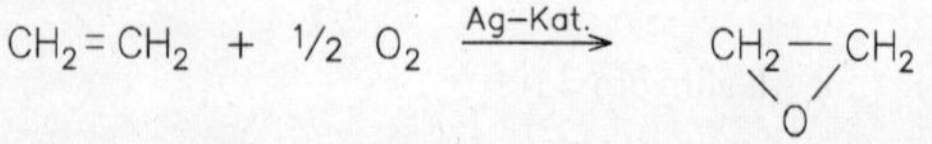

$$CH_2=CH_2 + 1/2\ O_2 \xrightarrow{Ag-Kat.} \underset{O}{CH_2—CH_2}$$

         Ethen   Ethylenoxid (Epoxyethan)
Hydrolyse des Epoxyethans ↑S. 625.

Addition von Hypohalogenigen Säuren (A_E):

Beispiel: $CH_2=CH_2 + HOCl \rightarrow CH_2(OH)-CH_2Cl$
         Ethen   2-Chlorethan-1-ol
                           (Ethylenchlorhydrin)

Bei nachfolgender Abspaltung von Halogenwasserstoff entstehen *Epoxide*.

Addition von Cyanwasserstoff, Carbonsäuren und Alkanolen (↑S. 611):

Polymerisation (A_R oder A_E): Verknüpfung gleicher (*Isopolymerisation*) oder verschiedener (*Kopolymerisation, Mischpolymerisation*) ungesättigter Moleküle (der *Monomeren*) zu einem Makromolekül (dem *Polymeren*); ↑S. 724ff.

Jede Polymerisation verläuft in 3 Schritten:

1. Schritt: Startreaktion
2. Schritt: Kettenwachstum
3. Schritt: Abbruchreaktion

28.3 Reaktionsarten

Je nach dem Reaktionstyp sind die Aktivierungsenergien, die Initiatoren, die die Reaktion einleiten, und die Bedingungen, die die Kettenlänge regeln, verschieden.

Beispiel: Polymerisation von Vinylchlorid zu Polyvinylchlorid (radikalische Polymerisation):

1. Startreaktion

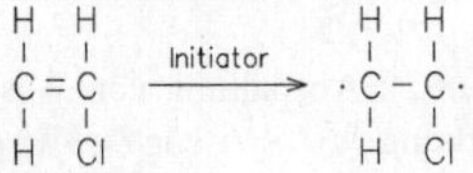

$$\underset{\substack{\text{Vinylchlorid}\\\text{(Chlorethen)}}}{\underset{H\ \ Cl}{\overset{H\ \ H}{C=C}}} \xrightarrow{\text{Initiator}} \underset{H\ \ Cl}{\overset{H\ \ H}{\cdot C-C\cdot}}$$

2. Kettenwachstum

(n = Polymerisationsgrad)

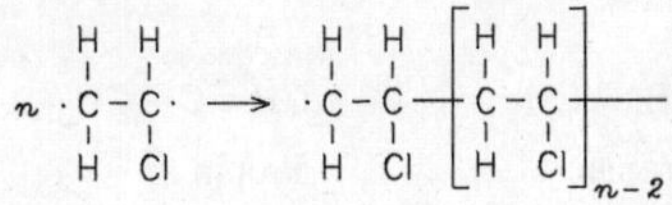

$$n \cdot \overset{H\ \ H}{\underset{H\ \ Cl}{C-C}} \cdot \longrightarrow \cdot \overset{H\ \ H}{\underset{H\ \ Cl}{C-C}} - \left[\overset{H\ \ H}{\underset{H\ \ Cl}{C-C}}\right]_{n-2} \overset{H\ \ H}{\underset{H\ \ Cl}{C-C}} \cdot$$

3. Abbruchreaktion

$$\cdot \overset{H\ \ H}{\underset{H\ \ Cl}{C-C}} - \left[\overset{H\ \ H}{\underset{H\ \ Cl}{C-C}}\right]_{n-2} \overset{H\ \ H}{\underset{H\ \ Cl}{C-C}} \cdot \longrightarrow H - \overset{H\ \ H}{\underset{H\ \ Cl}{C-C}} - \left[\overset{H\ \ H}{\underset{H\ \ Cl}{C-C}}\right]_{n-2} \overset{H\ \ H}{\underset{\ \ Cl}{C=C}}$$

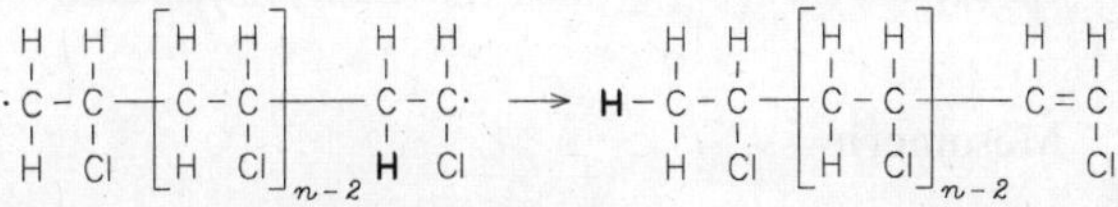

Der *Kettenabbruch* kann verschiedenartig erfolgen:

Bei *radikalischer Polymerisation*
- Bildung einer Doppelbindung durch Wanderung eines H-Atoms; (s. Beispiel)
- Ringbildung

Bei *ionischer Polymerisation*
- Anlagerung von Gegenionen.

Polyaddition (↑S. 725): Sie ist eine besondere Art der Additionsreaktion, da hier keine Mehrfachbindungen zwischen C-Atomen aufgespalten werden. Es reagieren zwei unterschiedliche funktionelle Gruppen, die sich entweder am gleichen Molekül oder an zwei verschiedenen Molekülen befinden, ohne Abspaltung niedermolekularer Verbindungen. Die Addition erfolgt an eine C=N- oder C=O-Bindung.

Beispiel: Reaktion zwischen Isocyanat- und Hydroxylgruppen bei der Bildung eines Polyurethans (s.a. S. 725):

... + O = C = N – R' – N = C = O + HO – R'' – OH + ... →
... + O = C – NH – R' – **N**H – CO – OR'' – OH + ...

28.3.3 Eliminierung (Kurzzeichen E)

> Unter *Eliminierung* versteht man die *Abspaltung* von Atomen oder Atomgruppen aus einem Molekül unter anschließender Ausbildung einer Mehrfachbindung. Sie ist die Umkehrung der Addition.

Dehydrierung (E_E, ↑S. 602): Abspaltung von Wasserstoff durch Oxidation oder durch Wärmeeinwirkung (*pyrolytische Dehydrierung*).

Dehydratisierung (E_N; ↑S. 600): Abspaltung von Wasser.

Dehydrohalogenierung (E_N; ↑S. 600): Abspaltung von Halogenwasserstoffen aus Dihalogenalkanen zu Alkinen oder halogenierten Alkenen durch starke Basen, z.B.

$$CH_2Br - CHBr - CH_3 \xrightarrow{-2\,HBr} CH \equiv C - CH_3$$
1,2-Dibrompropan   Propin

$$CH_2Cl - CH_2Cl \xrightarrow{-HCl} CH_2 = CHCl$$
1,2-Dichlorethan   Monochlorethen (Vinylchlorid)

28.4 Mesomerie

Doppelbindungen im Molekül:

- Kumulierte *Doppelbindungen* folgen unmittelbar aufeinander:

Penta-1,2-dien $CH_2=C=CH-CH_2-CH_3$

- *Konjugierte Doppelbindungen* schließen eine Einfachbindung ein:

Penta-1,3-dien $CH_2=CH-CH=CH-CH_3$

- *Isolierte Doppelbindungen* schließen mehr als eine Einfachbindung ein:

Penta-1,4-dien $CH_2=CH-CH_2-CH=CH_2$

Die hier für Doppelbindungen geprägten Begriffe gelten auch für Dreifachbindungen.

Strukturelle Voraussetzungen für Mesomerie: Mesomerie tritt z.B. auf

- zwischen konjugierten Mehrfach-, insbesondere Doppelbindungen (auch unter Einbeziehung mehrfach gebundener Heteroatome):

$...-C=C-C=C-...$ $...-C=C-C=\overline{\underline{O}}-$ $...-C=C-C\equiv N|$

28.4 Mesomerie

- bei der Konjugation einer Doppelbindung mit einem »einsamen« (ungebundenen) Elektronenpaar:

$$\ldots -C=C-\overline{\underline{C}l}\,|$$

Räumliche Bedingung für das Auftreten von Mesomerie ist, daß das betroffene Bindungssystem in einer Ebene liegt.

Wesen der Mesomerie: Die π-Elektronen (↑S. 143) *konjugierter Doppelbindungen* befinden sich nicht streng zwischen den doppelt miteinander verbundenen C-Atomen, sondern verteilen sich mehr oder weniger gleichmäßig über das gesamte mesomere Bindungssystem (*Delokalisierung*). Hierbei wird die *Mesomerieenergie* frei, so daß das mesomere Bindungssystem energiearm und somit relativ stabil ist. Analog verhalten sich die übrigen angeführten Bindungssysteme.

Beispiel: Bei dem Versuch, das stark ungesättigte *Cyclohexatrien* herzustellen, dessen Moleküle ein ringgeschlossenes System dreier konjugierter Doppelbindungen enthalten (Formeln I und II), erhält man statt dessen das relativ gesättigte und entsprechend beständige *Benzen* (Benzol), die Stammsubstanz der aromatischen Verbindungen. Die sechs π-Elektronen des Cyclohexatriens verteilen sich unter starker Energieabgabe gleichmäßig über das gesamte Ringsystem (Delokalisierung)[1] (s.a. ↑S. 144f.):

(I) ⟶ (M) ⟵ (II)

Es bildet sich das mesomere (in diesem Fall *aromatische*) Bindungssystem (M)[2].

Grenzstrukturen: Die wahre Struktur des Benzens liegt also *zwischen* den Strukturen I und II. Sie kann durch diese herkömmlichen (»klassischen«) Strukturformeln nicht wiedergegeben werden, sondern nur *eingegrenzt* werden. Man bezeichnet daher die Formeln I und II als *Grenzstrukturen* (Grenzformeln) und verknüpft sie durch den *Mesomeriepfeil* ↔:

Der *Mesomeriepfeil* ↔ darf nicht mit den Gleichgewichtspfeilen ⇄ (auch mit „Widerhaken" als Pfeilspitzen dargestellt) verwechselt werden. In einem mesomeren Bindungssystem herrscht kein chemisches Gleichgewicht zwischen verschiedenartigen Molekülen, sondern es existiert nur eine einzige Molekülart, deren Struktur durch die Grenzformeln eingegrenzt wird.

---
1) Das Bindungsorbital der π-Elektronen besteht aus je einem Torus (räumlicher Ring) ober- und unterhalb der Molekülebene.
2) Im *Cyclooctatetraen*, einem ringgeschlossenen System von 4 konjugierten Doppelbindungen, ist *keine Mesomerie* vorhanden, da das Molekül nicht eben gebaut ist, sondern »Wannenform« aufweist.

Polare Grenzformeln:

- Die wahre Struktur des **Vinylchlorids** liegt zwischen der unpolaren Grenzstruktur (I) und der polaren Grenzstruktur (II) (Zur Symbolik ⊕ und ⊖ vgl. Fußnote auf S. 596.)

$$CH_2 = CH - \underline{\overline{Cl}}| \quad \longleftrightarrow \quad \overset{\ominus}{CH_2} - CH = \overset{\oplus}{\underline{Cl}}| \qquad CH_2 = CH - \underline{\overline{Cl}}|$$

$$\quad (I) \qquad\qquad\qquad (II) \qquad\qquad\qquad (III)$$

Die polare Grenzformel entsteht aus der unpolaren, indem das Cl-Atom 1 Elektron an das benachbarte C-Atom abgibt und somit aus einem nichtbindenden Elektronenpaar ein bindendes entsteht (III). Durch die Elektronenabgabe erhält das Cl-Atom eine positive Ladung. Der »Elektronendruck« (+M-Effekt; ↑S. 594) setzt sich jenseits des C-Atomes fort, so daß am endständigen C-Atom eine negative Ladung auftritt(II).

- Im **Buta-1,3-dien** verteilen sich die vier π-Elektronen der beiden Doppelbindungen über das gesamte konjugierte Bindungssystem. Der tatsächliche Bindungszustand wird durch die unpolare Grenzformel (I) (»klassische« Strukturformel des Butadiens) sowie durch die beiden polaren Grenzformeln (II) und (III) eingegrenzt:

$$CH_2 = CH - CH = CH_2$$
$$(I)$$

$$\overset{\oplus}{CH_2} - CH = CH - \overset{\ominus}{CH_2} \quad \longleftrightarrow \quad \overset{\oplus}{CH_2} - \overset{\ominus}{CH} - CH = CH_2$$
$$(II) \qquad\qquad\qquad\qquad (III)$$

- Die Strukturen der **Nitrogruppe** und des **Carboxylat-Anions** werden beschrieben durch:

$$-\overset{\oplus}{N} \overset{\overline{\underline{O}}|}{\underset{\overline{\underline{O}}|}{\ominus}} \quad \longleftrightarrow \quad -N \overset{\overset{\ominus}{\overline{\underline{O}}|}}{\underset{\overline{\underline{O}}|}{}} \qquad bzw. \qquad -C \overset{\overline{\underline{O}}|}{\underset{\overline{\underline{O}}|}{\ominus}} \quad \longleftrightarrow \quad -C \overset{\overset{\ominus}{\overline{\underline{O}}|}}{\underset{\overline{\underline{O}}|}{}}$$

Beweglichkeit der π-Elektronen mesomerer Systeme: Die π-Elektronen sind im Gegensatz zu den σ-Elektronen längs des mesomeren Bindungssystemes verschiebbar. Beispielsweise kann sich beim Vollzug einer chemischen Reaktion die tatsächliche Struktur unter dem Einfluß eines polaren Reaktionspartners einer der Grenzstrukturen annähern.

28.5 Substituenteneffekte

28.5.1 Übersicht

Ein Substituent[1] übt

- auf Grund unterschiedlicher Elektronegativität (**I-Effekt,** *Induktionseffekt*)
- auf Grund der Beteiligung an einem mesomeren Bindungssystem (**M-Effekt,** *Mesomerieeffekt*)

einen

- elektronenziehenden (−I- und −M-Effekt) oder
- elektronendrückenden (+I- und +M-Effekt)

Einfluß auf das Kohlenstoffatom aus, an das er gebunden ist.

Von diesem C-Atom aus teilt sich der elektronenziehende oder -drückende Einfluß auf alle Bindungspartner und damit in sich ständig abschwächendem Maße auf alle weiteren C-Atome der Hauptkette und die daran gebundenen Substituenten mit. Hierdurch wird die Reaktivität der betreffenden C-Atome und funktionellen Gruppen, z.B. die Säurestärke einer Carboxylgruppe, beeinflußt; ↑S. 593.

Das *Vorzeichen* der Effekte stimmt mit der Ladung überein, die der Substituent (bzw. sein Schlüsselatom) durch die Elektronenverschiebung erhält. Elektronenzug bewirkt negative, Elektronendruck positive Ladung.

Übt ein Substituent *beide Effekte* aus, so können sie sich entsprechend ihren Vorzeichen in ihrer Wirkung sowohl verstärken (übereinstimmende Vorzeichen) als auch abschwächen (entgegengesetzte Vorzeichen). Beispielsweise sind Cl-Atome durch ihre hohe Elektronegativität elektronenziehend (−I-Effekt); beteiligen sie sich jedoch an einem mesomeren Bindungssystem, so wirken sie elektronendrückend (+M-Effekt). Bei den aromatischen Cl-Verbindungen überwiegt der elektronendrückende Effekt, so daß Cl ein Substituent I. Ordnung ist.

28.5.2 Der I-Effekt (*induktiver Effekt, Induktionseffekt*)

Polarität chemischer Bindungen: Während die C−H-Bindung näherungsweise als unpolar angesehen werden kann, bewirken andere Substituenten am

---

[1] Ein *Substituent* in diesem Sinne ist jedes Atom und jede Atomgruppe, die die Stelle eines oder mehrerer H-Atome eines Kohlenwasserstoffmoleküls einnehmen, z.B. −Cl, =O, >C=O, −OH, −NH$_2$, −COOH und auch −CH$_3$, −C$_2$H$_5$ usw. Das mit dem C-Atom unmittelbar verbundene Atom eines Substituenten wird als sein *Schlüsselatom* bezeichnet, z.B. ist N das Schlüsselatom der −NH$_2$-Gruppe.

C-Atom je nach ihrer Elektronegativität (↑S. 147) das Auftreten von Teilladungen δ+ und δ− zwischen Kohlenstoffatomen und ihren Bindungspartnern.

Beispiele:

$$\diagdown\!\!\!\!\!\!\overset{\delta+}{\underset{\diagup}{C}} - \overset{\delta-}{Cl} \qquad \diagdown\!\!\!\!\!\!\overset{\delta-}{\underset{\diagup}{C}} - \overset{\delta+}{Na}$$

−I-Effekt: Substituenten mit größerer Elektronegativität als C bzw. H üben auf ein Kohlenstoffatom einen *elektronenziehenden Einfluß* aus. Der Substituent (bzw. sein Schlüsselatom) wird partiell negativiert (δ−), das mit ihm verbundene C-Atom positiviert (δ+). Die positive Teilladung des C-Atoms wirkt nun ihrerseits in abgeschwächtem Maße anziehend auf die Bindungselektronen der mit ihm verbundenen Atome, so daß letztere ebenfalls, und zwar schwächer, positiviert werden (δδ+). Es besteht also ein Elektronenzug zum Substituenten hin, der sich mit zunehmender Entfernung vom Substituenten rasch abschwächt.

Beispiel: Wirkung eines Cl-Atoms (mit → wird die Richtung der Elektronenverschiebung, in diesem Falle des Elektronenzuges, angegeben):

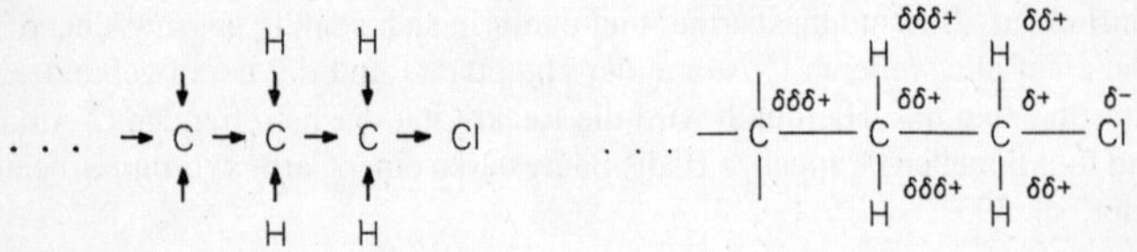

$$\ldots \rightarrow C \rightarrow C \rightarrow C \rightarrow Cl \qquad \ldots -\overset{\delta\delta\delta+}{\underset{}{C}}-\overset{\delta\delta+}{\underset{}{C}}-\overset{\delta+}{\underset{}{C}}-\overset{\delta-}{Cl}$$

Substituenten mit −I-Effekt: Die meisten Substituenten üben einen −I-Effekt aus. Hierzu gehören neben Atomen mit größerer Elektronegativität (−F, −Cl, −Br, −I, =O, =S), deren Wirkung sich mit ihrer Anzahl verstärkt (z.B. in den Gruppen −CF$_3$, −CCl$_3$, −CHCl$_2$), auch die Gruppen −OH, −NO$_2$, −NH$_2$, −C$_6$H$_5$, −OR, −CHO, −COOH, −COOR, −CN sowie auch alle ungesättigten Kohlenwasserstoffreste wie −CH=CH$_2$, −C≡CH und andere.

Eine eindeutige Reihenfolge bezüglich des Elektronenzuges läßt sich wegen eines zusätzlichen, evtl. entgegenwirkenden M-Effekts, der auch vom übrigen Molekül abhängt, nicht angeben.

+I-Effekt: Substituenten mit kleinerer Elektronegativität als C bzw. H üben einen *elektronendrückenden Einfluß* aus. Sie negativieren das mit ihnen verbundene C-Atom und in abgeschwächtem Maße alle weiteren damit verbundenen Atome.

Beispiel:

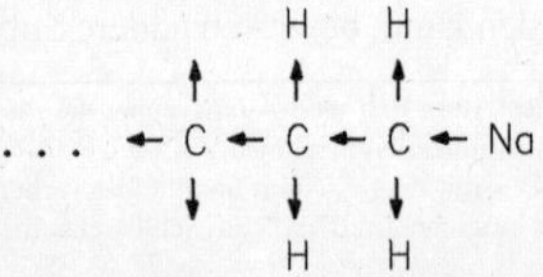

$$\ldots \leftarrow C \leftarrow C \leftarrow C \leftarrow Na$$

28.5 Substituenteneffekte

Substituenten mit +I-Effekt: Hierzu gehören alle *Metalle*, weiterhin die in salzartigen Stoffen vorhandenen geladenen Atome $-O^-$ und $-S^-$ sowie auch *Alkylgruppen*, wie $-CH_3$ und $-C_2H_5$, insbesondere wenn sie, wie in der *Tertiärbutylgruppe*, $-C(CH_3)_3$, gehäuft auftreten.

Auswirkung des I-Effekts auf die Stärke von Carbonsäuren: Carbonsäuren sind um so stärker, je leichter die –COOH-Gruppe ein H^+-Ion abspaltet, d.h., je weniger stark negativ (also je stärker durch Elektronenzug positiviert) das O-Atom der OH-Gruppe ist. Substituenten mit –I-Effekt im Kohlenwasserstoffrest verstärken also den Säurecharakter, Substituenten mit +I-Effekt schwächen ihn ab.

Beispiele: (je niedriger der pK_S-Wert, um so stärker die Säure; ↑S. 223):

1. **Je stärker der –I-Effekt, desto stärker ist die Säure.**

	pK_S		pK_S
CH_3-COOH	4,75	$CH_2Cl-COOH$	2,86
$CH_2I-COOH$	3,12	$CH_2F-COOH$	2,66
$CH_2Br-COOH$	2,86	$CH_2(NO_2)-COOH$	1,68

2. **Mit zunehmender räumlicher Annäherung eines Substituenten mit I-Effekt an die Carboxylgruppe steigt die Säurestärke an.**

	pK_S
$CH_2Cl-CH_2-CH_2-COOH$	4,52
$CH_3-CHCl-CH_2-COOH$	4,06
$CH_3-CH_2-CHCl-COOH$	2,84

3. **Je mehr Substituenten mit –I-Effekt, desto stärker ist die Säure.**

	pK_S
$CH_2Cl-COOH$	2,86
$CHCl_2-COOH$	1,29
CCl_3-COOH	0,89

4. **Substituenten mit +I-Effekt setzen die Säurestärke herab.**

	pK_S
$H-COOH$	3,77
CH_3-COOH	4,75
$(CH_3)_3C-COOH$	5,05

28.5.3 Der M-Effekt (*mesomerer Effekt, Mesomerieeffekt*)

–M-Effekt: Mehrfach gebundene Atome oder Atomgruppen (z.B. =O, ≡N, =NH) beteiligen sich dadurch an einem mesomeren Bindungssystem (↑S. 589), daß ein Elektronenpaar der Mehrfachbindung delokalisiert und sich derart zum Substituenten verschiebt, daß dort im mesomeren Grenzzustand ein ungebundenes (»einsames«) Elektronenpaar vorhanden ist:

$$\diagup\!\!\!\!\diagdown C = \underline{O}| \longleftrightarrow \diagup\!\!\!\!\diagdown \overset{\oplus}{C} - \underline{\overline{\underline{O}}}|^{\ominus} \qquad -C \equiv N| \longleftrightarrow -\overset{\oplus}{\overline{C}} = \underline{\overline{N}}|^{\ominus}$$

$$-N = \underline{O}| \longleftrightarrow -\overset{\oplus}{N} - \underline{\overline{\underline{O}}}|^{\ominus}$$

Das mehrfach gebundene Atom wird dadurch negativiert (Vorzeichen des Effektes!); es übt somit einen Elektronenzug auf das übrige Bindungssystem aus, dessen Elektronendichte dadurch erniedrigt wird.

Beispiel:

Acrolein
(Propenal)

$$CH_2 = CH - C\diagup\!\!\!\!\!\diagdown\overset{\underline{O}|}{\!\!\!\!\!\!\!\!\!\!\!\!H} \longleftrightarrow \overset{\oplus}{CH_2} - CH = C\diagup\!\!\!\!\!\diagdown\overset{\underline{\overline{\underline{O}}}|^{\ominus}}{\!\!\!\!\!\!\!\!\!\!\!\!H}$$

Substituenten mit –M-Effekt: Hierzu gehören –CHO, –COOH, –COOR, –CN, –SO₂OH, –NO₂. Bei entsprechenden Benzenderivaten werden sie als *Substituenten II. Ordnung* bezeichnet; ↑S. 665.

+M-Effekt: Substituenten mit einem ungebundenen (»einsamen«) Elektronenpaar (z.B. $-\underline{\overline{Cl}}|$, $-\underline{\overline{O}}-H$) beteiligen sich dadurch an einem mesomeren Bindungssystem, daß das ungebundene Elektronenpaar delokalisiert und sich derart verschiebt, daß im mesomeren Grenzzustand eine Doppelbindung vorhanden ist:

$$C - \underline{\overline{\underline{Cl}}}| \longleftrightarrow \overset{\ominus}{C} = \overset{\oplus}{\underline{Cl}}| \qquad C - \underline{\overline{O}} - H \longleftrightarrow \overset{\ominus}{C} = \overset{\oplus}{\underline{O}} - H$$

Der Substituent mit ungebundenem Elektronenpaar wird dadurch positiviert (Vorzeichen des Effektes!); er übt somit einen Elektronendruck auf das übrige Bindungssystem aus, dessen Elektronendichte dadurch erhöht wird.

Beispiel: Vinylchlorid (Monochlorethen)

$$CH_2 = CH - \underline{\overline{\underline{Cl}}}| \longleftrightarrow \overset{\ominus}{CH_2} - CH = \overset{\oplus}{\underline{Cl}}|$$

Substituenten mit +M-Effekt: Hierzu gehören –I, –Br, –Cl, –F, –OH, –NH₂, –O⁻. Bei entsprechenden Benzenderivaten werden sie als *Substituenten I. Ordnung* bezeichnet; ↑S. 665.

28.6 Reaktionstypen

28.6.1 Grundlagen

Substrat und Reagens: Obwohl eine chemische Reaktion zwischen zwei Substanzen stets eine vollkommene Wechselwirkung darstellt (Chlor greift nicht nur Methan an, sondern Methan greift zugleich auch Chlor an; Chlor ist nicht nur »aggressiv«, sondern in gleichem Sinne »leicht angreifbar«), unterscheidet man besonders bei organisch-chemischen Reaktionen Substrat und Reagens. Als *Substrat* wird in der Regel das größere, als *Reagens*[1] das kleinere, beweglichere Molekül betrachtet. Das ruhend gedachte Substrat wird vom beweglich gedachten Reagens angegriffen.

Die Unterscheidung zwischen Substrat und Reagens ist jedoch oft problematisch und von Willkür nicht frei. So pflegt man z.B. bei der *Veresterung* unabhängig von der Molekülgröße die Carbonsäure als Substrat und den Alkohol als Reagens zu betrachten.

Spaltung chemischer Bindungen: Im Verlaufe chemischer Reaktionen werden chemische Bindungen gespalten und geknüpft.

- *Homolytische Spaltung* (Homolyse): Das bindende Elektronenpaar wird aufgespalten: A:B → A· + ·B. Es entstehen (neutrale) *Radikale*.
- *Heterolytische Spaltung* (Heterolyse): Das bindende Elektronenpaar verbleibt an einem der beiden Atome: A:B → $A^{\oplus}$ + $:B^{\ominus}$. Es entstehen elektrisch geladene Spaltstücke.

Elektrophilität und Nukleophilität: Atome, Moleküle, Ionen und auch einzelne Molekülbereiche können nukleophile oder elektrophile Eigenschaften haben.

- **nukleophil**[2] heißt: auf Grund eines Elektronenüberschusses befähigt, ein Elektronenpaar zur Ausbildung einer homöopolaren Bindung (Atombindung) zur Verfügung zu stellen.
- **elektrophil**[3] heißt: auf Grund eines Elektronenmangels befähigt, durch Mitbenutzung eines fremden Elektronenpaares eine homöopolare Bindung (Atombindung) auszubilden.

Das Elektronenpaar wird also vom nukleophilen Reaktionspartner dem elektrophilen Partner zur *gemeinsamen* Bindung zur Verfügung gestellt. Hierbei kann das Elektronenpaar bereits als solches (als ungebundenes, »einsames« Elektronenpaar) vorhanden sein, oder aber es kann erst im Verlauf von Reaktionen in Molekülbereichen größerer Elektronendichte entstehen.

---

[1] Plural laut DUDEN: *Reagenzien;* üblich jedoch auch *Reagentien*
[2] *nukleophil* = »kernfreundlich«
[3] *elektrophil* = »elektronenfreundlich«

Übersicht:

nukleophil elektronenpaarliefernd	**elektrophil** elektronenpaarnehmend
1. Moleküle mit ungebundenem (»einsamem«) Elektronenpaar: H_2O, NH_3	1. Moleküle mit Elektronenpaarlücke(»Elektronensextett«): $AlCl_3$, BF_3
2. Negative Ionen (sind entweder vorhanden oder bilden sich erst bei der heterolytischen Spaltung): OH^-, Br^-, $NH_2^\ominus$ u.a. [1]	2. Positive Ionen (sind entweder vorhanden oder bilden sich erst bei der heterolytischen Spaltung): H^+, aber auch $Br^\oplus$, $I^\oplus$ u.a. [1]
3. C-Atome mit negativer Teilladung: $\overset{\delta-}{C}-Me$ (Me = metallischer Partner)	3. C-Atome mit positiver Teilladung: $\overset{\delta+}{C}-X$ (X = nichtmetallischer Partner)
4. Mehrfachbindungen und aromatische Bindungssysteme (↑S. 589): $\overset{}{>}C=C\overset{}{<}$	

Nukleophile und elektrophile Reaktionen: Die Bezeichnung der Reaktion richtet sich stets nach dem *Reagens:*

- *Nukleophile Reaktion* = nukleophiles Reagens + elektrophiles Substrat.
- *Elektrophile Reaktion* = elektrophiles Reagens + nukleophiles Substrat.

28.6.2 Übersicht über die Reaktionstypen

Die 3 Reaktionsarten

$\left\{\begin{array}{l} \text{Substitution (Symbol S)} \\ \text{Addition \quad (Symbol A)} \\ \text{Eliminierung (Symbol E)} \end{array}\right\}$ können $\left\{\begin{array}{l} \text{radikalisch(Index R)} \\ \text{elektrophil(Index E)} \\ \text{nukleophil(Index N)} \end{array}\right\}$

ablaufen.

Somit ergeben sich **9 Grundreaktionstypen:**

S_R	S_E	S_N
A_R	A_E	A_N
E_R	E_E	E_N

---

[1] Eingekreiste Ladungssymbole, z.B. beim Brom-Kation, $Br^\oplus$, bedeuten, daß die betreffenden Ionen als solche nicht beständig sind, sondern im Verlaufe chemischer Reaktionen als Übergangsformen auftreten. Die gleiche Symbolik wird bei den gleichfalls nicht frei existenten mesomeren Grenzformeln angewandt.

Einige dieser Reaktionstypen lassen sich hinsichtlich des **Reaktionsmechanismus**, d.h. des detaillierten Ablaufs, noch weiter unterteilen. So unterscheidet man z.B.

S_N1 bzw. E_N1 =   nukleophile Substitution bzw. Eliminierung nach dem *Stufenmechanismus;*

S_N2 bzw. E_N2 =   nukleophile Substitution bzw. Eliminierung nach dem *Synchronmechanismus.*

Die angeführten Reaktionstypen sind nicht immer rein ausgeprägt. Bereits zwischen homo- und heterolytischer Spaltung gibt es **Übergangsformen**. Es existieren auch Fälle, bei denen ein nukleophiler und ein elektrophiler Angriff von zwei Bereichen des Reagens gleichzeitig erfolgen. Häufig führen derartige Reaktionen zu zyklischen Übergangszuständen, indem sich zwei, drei oder (seltener) mehr Moleküle unter Ringbildung zusammenlagern (*Cycloaddition*); der zyklische Übergangszustand kann sich dann durch Elektronenverschiebung entweder stabilisieren oder aber (an anderen als den Knüpfungsstellen) wieder auseinanderbrechen.

28.6.3 Radikalische Reaktionen

Radikalische Substitution (S_R-Reaktion)

Das Reagens ist ein Radikal, z.B. ein ·Cl-Radikal, wie es aus Cl_2-Molekülen durch homolytische Spaltung, z.B. durch Licht, gebildet wird: $Cl_2 \xrightarrow{Licht}$ ·Cl + ·Cl. Diese *Startreaktion* leitet eine *Kettenreaktion* ein. Indem die ·Cl-Radikale auf Moleküle einwirken, entstehen neue Radikale (*Fortpflanzungsreaktionen*), bis jede Reaktionskette durch Reaktion zweier Radikale miteinander ihren Abbruch findet (*Abbruchreaktion*).

Beispiel: Chlorierung von Methan
Startreaktion: $Cl_2 \xrightarrow{Licht}$ ·Cl + ·Cl
Fortpflanzungsreaktionen: $H_3C–H$ + ·Cl → H_3C· + HCl
  H_3C· + Cl_2 → $H_3C–Cl$ + ·Cl
  ·Cl wirkt wieder auf CH_4 oder CH_3Cl ein usw.
Abbruchreaktion: H_3C· + ·C → H_3CCl
  (auch H_3C· + ·CH_3 → C_2H_6; Nebenprodukt!)

Radikalische Addition (A_R-Reaktion)

Das Reagens ist ein Radikal, das wie bei der S_R-Reaktion entsteht. Es addiert sich an eine ungesättigte Verbindung so, daß ein neues Radikal entsteht und somit eine Reaktionskette ausgelöst wird:

Beispiel: Chlorierung von Ethen

$$H_2C = CH_2 + ·Cl \longrightarrow H_2\overset{.}{C} - \underset{Cl}{CH_2}$$

Ethen

$$H_2\overset{.}{C} - \underset{Cl}{CH_2} + Cl_2 \longrightarrow \underset{Cl}{H_2C} - \underset{Cl}{CH_2} + ·Cl \quad usf.$$

1,2-Dichlorethan

Radikalische Eliminierung (E_R-Reaktion)

Bei der radikalischen Eliminierung entstehen Radikale als primäre Spaltstücke von Kohlenstoffverbindungen.

Beispiel: pyrolytische Spaltung (Cracken) von höheren Alkanen

$$R-CH_2-CH_2-CH_2-CH_2-R' \rightarrow R-CH_2-CH_2\cdot + \cdot CH_2-CH_2-R'$$
$$R-CH_2-CH_2\cdot \rightarrow R\cdot + CH_2=CH_2$$

Für den weiteren Verlauf bestehen sehr vielfältige Reaktionsmöglichkeiten.

28.6.4 Nukleophile Reaktionen

Bei nukleophilen Reaktionen greift ein nukleophiles Reagens einen elektrophilen Bereich im Substrat an.

Nukleophile Substitution (S_N-Reaktion)

Bei der S_N-Reaktion verdrängt ein nukleophiles Reagens ein Atom oder eine Atomgruppe aus dem Substrat, und zwar derart, daß der verdrängte Bindungspartner mitsamt dem ursprünglich bindenden Elektronenpaar abgespalten wird, während das Reagens ein Elektronenpaar für die neue Bindung zur Verfügung stellt:

$$\overset{\delta+}{>}C-\overset{\delta-}{X} + |Y^{\ominus} \rightarrow \overset{\delta+}{>}C-\overset{\delta-}{Y} + |X^{\ominus}$$

$\downarrow \qquad \downarrow$
elektro- nukleo-
phil phil

Beispiel: Reaktion zwischen Monochlorethan und Hydroxidionen (z.B. Alkalihydroxid)

$$CH_3-CH_2-\overset{\delta+}{\overline{Cl}|} + {}^{\ominus}|\overline{O}-H \rightarrow CH_3-CH_2-\overline{O}H + |\overline{Cl}|^{\ominus}$$

Hinsichtlich des *Mechanismus* kann die S_N-Reaktion auf 2 Arten ablaufen:

- S_N1 = **Stufenmechanismus:** Ablösung des einen und Bindung des anderen Substituenten erfolgen *nacheinander*.
- S_N2 = **Synchronmechanismus:** Ablösung des einen und Bindung des anderen Substituenten erfolgen *gleichzeitig*.

S_N1-Reaktion:

1. Schritt: Das Substrat *dissoziiert* unter Bildung eines Carbenium-Ions:[1]

$$\overset{\delta+}{>}C-\overset{\delta-}{X} \rightleftarrows \;>C^{\oplus} + |X^{\ominus}$$

2. Schritt: Das Carbenium-Ion *addiert* den nukleophilen Partner:

$$>C^{\oplus} + |Y^{\ominus} \rightarrow \overset{\delta+}{>}C-\overset{\delta-}{Y}$$

---

[1] auch Carbokation genannt

28.6 Reaktionstypen

Der 1. Schritt erfordert eine Aktivierungsenergie. Das Carbenium-Ion kann auch noch anderweitig reagieren (Protonenabspaltungen, Umlagerungen), so daß ungesättigte oder isomere Nebenprodukte entstehen. Die Protonenabspaltung führt zur konkurrierenden E_N1-Reaktion; ↑S. 600.

S_N2-Reaktion:

In dem Maße, wie sich das Reagens von der einen Seite her nähert, wird der Substituent auf der anderen Seite verdrängt:

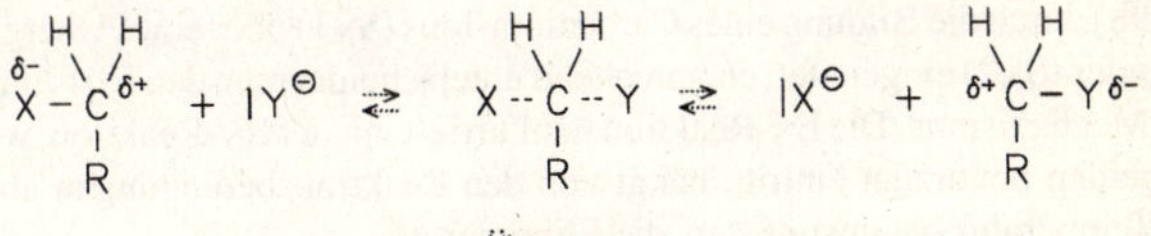

$$X^{\delta-}-\underset{R}{\overset{H\ H}{\underset{|}{C}}}{}^{\delta+} + |Y^{\ominus} \rightleftarrows X\cdots\underset{R}{\overset{H\ H}{\underset{|}{C}}}\cdots Y \rightleftarrows |X^{\ominus} + {}^{\delta+}\underset{R}{\overset{H\ H}{\underset{|}{C}}}-Y^{\delta-}$$

Übergangszustand

Hierbei erfolgt *Konfigurationsumkehr:* Die ursprünglich vom X-Atom abgewendeten Bindungspartner H bzw. R (Tetraedermodell!) richten sich im Übergangszustand senkrecht auf und neigen sich mit zunehmender Bindung des Y-Atoms, dem Umklappen eines Regenschirms vergleichbar, auf die dem Y-Atom abgewendete Seite. Aus einer optisch-aktiven D-Verbindung wird somit eine L-Verbindung und umgekehrt.

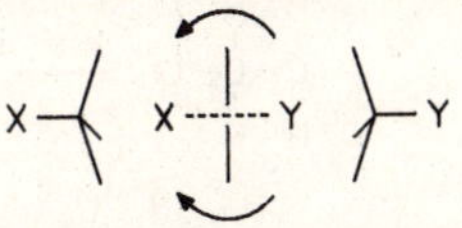

$$X \!-\!\!\!\prec \quad X\cdots\cdots Y \quad \succ\!\!\!- Y$$

Bild 28-1: Schematische Darstellung der Konfigurationsumkehr beim S_N2-Mechanismus

Bei der S_N2-Reaktion gibt es im Gegensatz zum S_N1-Mechanismus keine isomeren Nebenprodukte; jedoch können auch hier Protonenabspaltungen als Konkurrenzreaktionen ablaufen (E_N2-Reaktionen; ↑S. 600).

Nukleophile Addition (A_N-Reaktion)

Die Addition an C=C-Doppelbindungen verläuft in der Regel radikalisch (A_R) oder, da der Doppelbindungsbereich eine relativ hohe Elektronendichte aufweist, elektrophil (A_E). Nukleophil ist jedoch z.B. die Addition an die C=O-Bindung eines Aldehyds oder Ketons. Die größere Elektronegativität des O-Atoms positiviert das C-Atom und macht es dadurch einem nukleophilen Angriff zugänglich.

Beispiel: Addition von Cyanwasserstoff an einen Aldehyd.

Das HCN-Molekül ist gemäß $\overset{\delta+}{H}-\overset{\delta-}{CN}$ polar. Bei Annäherung an die ebenfalls polare CO-Gruppe des Aldyds verstärkt sich die Polarität, so daß im Übergangszustand das $CN^{\ominus}$-Ion als nukleophiles Reagens wirkt und am positivierten C-Atom angreift:

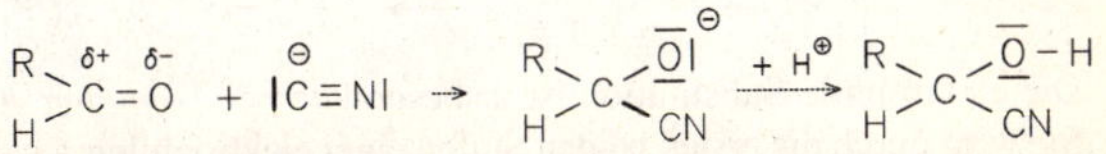

$$\underset{H}{\overset{R}{>}}\overset{\delta+}{C}=\overset{\delta-}{O} + |C\equiv N| \rightarrow \underset{H}{\overset{R}{>}}C\underset{CN}{\overset{\overline{O}|^{\ominus}}{<}} \xrightarrow{+H^{\oplus}} \underset{H}{\overset{R}{>}}C\underset{CN}{\overset{\overline{O}-H}{<}}$$

Dabei wird das ursprünglich ungebundene Elektronenpaar am C-Atom des CN^--Ions zum Bindungselektronenpaar, während sich gleichzeitig die zweite Bindung zwischen C und O (π-Bindung) unter Bildung eines ungebundenen Elektronenpaares zum O-Atom verlagert. Als Folge der dort entstehenden negativen Ladung lagert sich nun auch das H^+-Ion des ursprünglichen HCN-Moleküls an.

Nukleophile Eliminierung (E_N-Reaktion)

Die nukleophile Eliminierung wird wie die nukleophile Substitution (S_N; ↑S. 598) durch die Bildung eines Carbenium-Ions (S_N1) oder eines Übergangszustandes (S_N2) eingeleitet; entsprechend unterscheidet man den E_N1- und den E_N2-Mechanismus. Die E_N-Reaktion konkurriert mit der S_N-Reaktion; welche von beiden bevorzugt eintritt, hängt von den Reaktionsbedingungen ab. Höhere Temperatur begünstigt stets die Eliminierung.

Während bei der S_N-Reaktion im 2. Schritt die Bindung des nukleophilen Reagens erfolgt, wird bei der E_N-Reaktion wegen des Elektronenzuges (–I-Effekt), den das positive C-Atom ausübt, ein Proton abgestoßen, und zwar meist vom benachbarten C-Atom; zugleich wird die π-Bindung geknüpft.

Beispiel: (E_N1-Mechanismus): Dehydrohalogenierung unter dem Einfluß von Alkali

1. Schritt:

$$H-\underset{\underset{H}{|}}{\overset{\overset{H}{|}}{C}}-\underset{\underset{H}{|}}{\overset{\overset{H}{|}}{C}}-Cl \xrightarrow{OH^-} H-\underset{\underset{H}{|}}{\overset{\overset{H}{|}}{C}}-\underset{\underset{H}{|}}{\overset{\overset{H}{|}}{C}}^{\oplus} + Cl^-$$

2. Schritt:

$$H-\underset{\underset{H}{|}}{\overset{\overset{H}{|}}{C}}^{\delta+}-\underset{\underset{H}{|}}{\overset{\overset{H}{|}}{C}}^{\oplus} \longrightarrow H^+ + \underset{\underset{H}{|}}{\overset{\overset{H}{|}}{C}}=\underset{\underset{H}{|}}{\overset{\overset{H}{|}}{C}}$$

Zugleich vereinigt sich H^+ mit Cl^- zu HCl bzw., da alkalisches Milieu herrscht, mit OH^- zu H_2O. Im Endeffekt ist unter dem Einfluß des nukleophilen Reagens OH^- Chlorwasserstoff abgespalten worden.

28.6.5 Elektrophile Reaktionen

Bei elektrophilen Reaktionen greift ein elektrophiles Reagens einen nukleophilen Bereich im Substrat an.

Elektrophile Substitution (S_E-Reaktion)

Bei der S_E-Reaktion verdrängt ein elektrophiles Reagens ein Atom oder eine Atomgruppe aus dem Substrat, und zwar derart, daß der verdrängte Bindungspartner ohne das ursprünglich bindende Elektronenpaar abgespalten wird; an dieses Elektronenpaar bindet sich das elektrophile Reagens. Schema:

$$\overset{\delta+}{\underset{/}{\diagdown}}C-\overset{\delta-}{X} + Y^{\oplus} \longrightarrow \overset{\delta+}{\underset{/}{\diagdown}}C-\overset{\delta-}{Y} + X^{\oplus}$$

Die elektrophile Substitution ist insbesondere bei *Aromaten* von Bedeutung. Sie wird durch die ersten beiden Stufen einer elektrophilen Addition (↑S. 601) eingeleitet. Es bildet sich also zunächst ein π-*Komplex,* der sich in ein Carbenium-Ion, hier *Arenium-Kation* genannt, umlagert. Während aber die A_E-Reaktion durch Anlagerung eines nukleophilen Partners abgeschlossen wird, spaltet sich bei der S_E-Reaktion ein Proton (bzw. ein anderer Substituent) ab.

Die positive Ladung des Arenium-Kations ist nicht an ein bestimmtes C-Atom gebunden, sondern wegen des mesomeren Bindungssystems delokalisiert. Bei der Bildung des Arenium-Kations wird das aromatische Bindungssystem leicht deformiert; bei der Abspaltung des Protons stabilisiert es sich wieder.

Beispiel: Chlorierung von Benzen

Erforderlich ist ein Katalysator ($AlCl_3$, $FeCl_3$), der das Chlormolekül im Verlauf der Reaktion durch Komplexbildung heterolytisch spaltet:
$Cl - Cl + AlCl_3 \rightarrow Cl^{\oplus} + {}^{\ominus}Cl - AlCl_3$

1. Stufe: **Bildung des π-Komplexes:**

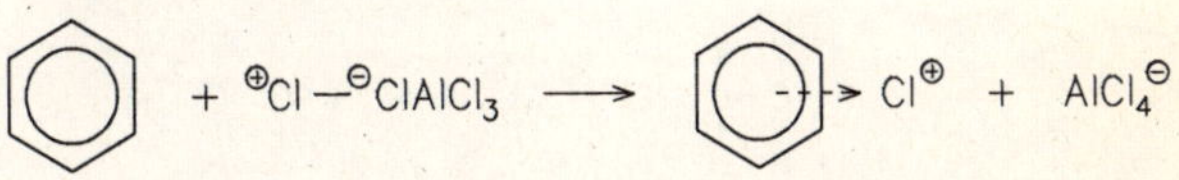

2. Stufe: **Umlagerung des π-Komplexes in ein Arenium-Kation:**

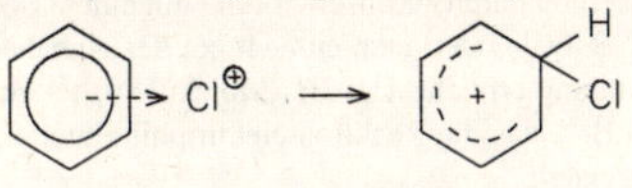

3. Stufe: **Abspaltung eines Protons:**

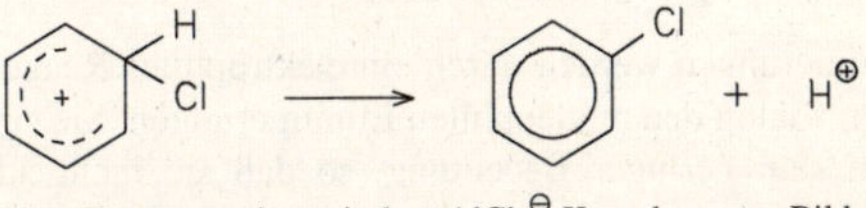

Das Proton reagiert mit dem $AlCl_4^{\ominus}$-Komplex unter Bildung von Chlorwasserstoff: $H^{\oplus} + AlCl_4^{\ominus} \rightarrow HCl + AlCl_3$. Das Aluminiumchlorid greift erneut in die Reaktion ein.

Elektrophile Addition (A_E-Reaktion)

Die elektrophile Addition wird durch ein elektrophiles Reagens eingeleitet. Sie verläuft über die Stufen eines π-*Komplexes* und eines *Carbenium-Ions* und wird durch ein nukleophiles Reagens abgeschlossen.

Die weitaus meisten Additionen an die C=C-Doppelbindung verlaufen elektrophil, da im Bereich der Bindung, bedingt durch die zwei Elektronenpaare, eine relativ hohe Ladungsdichte herrscht und die Elektronen der π-Bindung leicht verschiebbar sind.

Beispiel: Addition von Chlorwasserstoff an Ethen

1. Stufe: Im Chlorwasserstoff mit seiner polarisierten Bindung ist das positivierte H-Atom das elektrophile Reagens. In Wechselwirkung mit dem Substrat wird es als H^+-Ion heterolytisch abgespalten und bildet mit der Doppelbindung einen π-*Komplex:*

$$H-\underset{\underset{H}{|}}{C}=\underset{\underset{H}{|}}{C}-H \;+\; \overset{\delta+\;\;\delta-}{H-Cl} \longrightarrow H-\underset{\underset{H}{|}}{C}\overset{H^{\oplus}}{\updownarrow}\underset{\underset{H}{|}}{C}-H \;+\; Cl^{\ominus}$$

2. Stufe: Der π-Komplex lagert sich unter Aufnahme von Aktivierungsenergie in ein *Carbenium-Ion* um:

$$H-\underset{\underset{H}{|}}{C}\overset{H^{\oplus}}{\updownarrow}\underset{\underset{H}{|}}{C}-H \longrightarrow H-\underset{\underset{H}{|}}{\overset{H}{C}}-\overset{\oplus}{\underset{\underset{H}{|}}{C}}-H$$

Hierbei verlagern sich die beiden Elektronen der π-Bindung völlig in den Bereich des einen C-Atoms und bilden dort mit dem H$^{\oplus}$-Ion eine σ-Bindung aus. Das andere C-Atom erhält durch die Abgabe seines π-Elektrons eine positive Ladung.

3. Stufe: Das positive Carbenium-Ion lagert das durch heterolytische Spaltung des HCl-Moleküls entstandene (nukleophile) Cl$^{\ominus}$-Ion an:

$$H-\underset{\underset{H}{|}}{\overset{H}{C}}-\overset{\oplus}{\underset{\underset{H}{|}}{C}}-H \;+\; Cl^{\ominus} \longrightarrow H-\underset{\underset{H}{|}}{\overset{H}{C}}-\underset{\underset{H}{|}}{\overset{Cl}{C}}-H$$

Bei der *Addition eines freien Halogens*, z.B. eines Br_2-Moleküls, an eine Doppelbindung wird eine Polarisierung durch Wechselwirkung mit einem Lösungsmittel oder einem Katalysator (↑S. 601) oder auch einfach bei der Annäherung an die elektronegative Doppelbindung erreicht. Das Br_2-Molekül spaltet sich heterolytisch in ein Brom-Kation $Br^{\oplus}$, das die Reaktion elektrophil einleitet, und in ein $Br^{\ominus}$, das sie nukleophil beendet.

Elektrophile Eliminierung (E_E-Reaktion)

Elektrophile Eliminierungen werden durch ein elektrophiles Reagens eingeleitet; sie verlaufen analog den nukleophilen Eliminierungen. Sie sind jedoch in der Praxis von sehr geringer Bedeutung, so daß sie nicht ausführlich behandelt werden sollen.

28.7 Einteilung der organischen Verbindungen

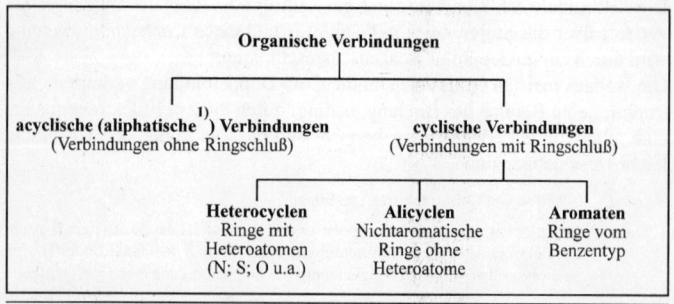

1) *aleiphatos* (grch.) Salböl

29 Acyclische (aliphatische) Kohlenwasserstoffe

29.1 Alkane (gesättigte aliphatische Kohlenwasserstoffe, Grenzkohlenwasserstoffe, Paraffine)

Kohlenwasserstoffe sind Verbindungen, deren Moleküle nur aus C- und H-Atomen bestehen. Die gesättigten acyclischen Kohlenwasserstoffe heißen *Alkane*; ihre Moleküle enthalten nur Einfachbindungen. S.a. Fußnote S. 602.

29.1.1 Konstitution und allgemeine Eigenschaften

Summenformel: C_nH_{2n+2}; es wurden bereits Alkane mit mehr als 100 C-Atomen synthetisiert ($n > 100$).

Strukturformel: Zur genaueren Kennzeichnung der Alkane verwendet man statt der Summenformeln die Strukturformeln, z.B.

$$\begin{array}{c} H \quad H \\ | \quad\, | \\ H-C-C-H \\ | \quad\, | \\ H \quad H \end{array}$$

Ethan

Rationelle Formel: Diese abgekürzte Strukturformel gibt ein übersichtlicheres Bild als eine Summenformel und hat gegenüber der Strukturformel den Vorteil, auf 1 Zeile geschrieben werden zu können, z.B. CH_3-CH_3 (Ethan).

Alkylgruppen (*Alkylradikale*[1]) entstehen formal durch Entzug eines H-Atoms aus einem Alkan.

Alkan	$-1H \rightarrow$	Alkylgruppe
C_nH_{2n+2}	$-1H \rightarrow$	$C_nH_{2n+1}-$
CH_3-CH_3	$-1H \rightarrow$	CH_3-CH_2-

---

[1] Ein Radikal ist eine unter normalen Bedingungen nicht existenzfähige Atomgruppierung mit freien Valenzen (ungebundenen Elektronen).

29 Acyclische (aliphatische) Kohlenwasserstoffe

Tabelle 29-1: *Homologe Reihe der Alkane*

Summen-Formel	Rationelle Formel	Systematischer Name	Physikalische Eigenschaften		Alkyl C_nH_{2n+1}
			Schmelzpunkt (in °C)	Siedepunkt (in °C)	
CH_4	CH_4	Methan	−182,5	−161,5	Methyl
C_2H_6	CH_3-CH_3	Ethan	−183,3	− 88,6	Ethyl
C_3H_8	$CH_3-CH_2-CH_3$	Propan	−187,1	− 42,2	Propyl
C_4H_{10}	$CH_3-(CH_2)_2-CH_3$	Butan	−138,3	− 0,5	Butyl
C_5H_{12}	$CH_3-(CH_2)_3-CH_3$	Pentan	−129,7	+ 36,0	Pentyl (Amyl)
C_6H_{14}	$CH_3-(CH_2)_4-CH_3$	Hexan	− 94,3	+ 68,7	Hexyl
C_7H_{16}	$CH_3-(CH_2)_5-CH_3$	Heptan	− 90,5	+ 98,4	Heptyl
C_8H_{18}	$CH_3-(CH_2)_6-CH_3$	Octan	− 56,8	+125,7	Octyl
C_9H_{20}	$CH_3-(CH_2)_7-CH_3$	Nonan	− 53,7	+150,7	Nonyl
$C_{10}H_{22}$	$CH_3-(CH_2)_8-CH_3$	Decan	− 29,7	+174,0	Decyl
⋮	⋮	⋮	⋮	⋮	⋮
$C_{15}H_{32}$	$CH_3-(CH_2)_{13}-CH_3$	Pentadecan	+ 10,0	+ 270	Pentadecyl
$C_{16}H_{34}$	$CH_3-(CH_2)_{14}-CH_3$	Hexadecan	+ 18,2	+ 287	Hexadecyl
$C_{17}H_{36}$	$CH_3-(CH_2)_{15}-CH_3$	Heptadecan	+ 22,5	+ 303	Heptadecyl
$C_{18}H_{38}$	$CH_3-(CH_2)_{16}-CH_3$	Octadecan	+ 27,0	+ 317	Octadecyl
⋮	⋮	⋮	⋮	⋮	⋮
$C_{20}H_{42}$	$CH_3-(CH_2)_{18}-CH_3$	Eicosan	+ 36,4	+ 345,1	Eicosyl
⋮	⋮	⋮	⋮	⋮	⋮
$C_{30}H_{62}$	$CH_3-(CH_2)_{28}-CH_3$	Triacontan	+ 66,0	−	Triacontyl
⋮	⋮	⋮	⋮	⋮	⋮
$C_{40}H_{82}$	$CH_3-(CH_2)_{38}-CH_3$	Tetracontan	+ 81,4	−	Tetracontyl
⋮	⋮	⋮	⋮	⋮	⋮
$C_{100}H_{202}$	$CH_3-(CH_2)_{98}-CH_3$	Hectan	+115	−	Hectyl
⋮	⋮	⋮	⋮	⋮	⋮

Bei den ersten Gliedern der homologen Reihe sind die Unterschiede in den physikalischen Eigenschaften größer als bei den höheren Gliedern.
Bei Normaltemperatur sind C_1 bis C_4 gasförmig, C_5 bis C_{17} flüssig, ab C_{18} fest.

Zur Nomenklatur der Alkane und davon abgeleiteter Verbindungen s.S. 752.

29.1.2 Chemische Eigenschaften

Die Alkane sind ziemlich reaktionsträge; daher werden sie auch *Paraffine* genannt [*parum affinis* (lat.) wenig verwandt].
Bei Zimmertemperatur sind sie gegen starke Säuren, Laugen und Luftsauerstoff beständig; sie sind jedoch nach Erreichen des Flammpunktes leicht

brennbar. Die Verbrennungsprodukte sind Kohlendioxid und Wasser. Mit Halogenen erfolgt *Substitution* unter Bildung von Halogenalkanen. Bei höheren Temperaturen reagieren besonders die höhermolekularen Alkane mit O_2 (*Paraffinoxidation*), $SO_2 + Cl_2$ (*Sulfochlorierung*), schwieriger mit konz. HNO_3 (*Nitrierung*).

29.1.3 Vorkommen und Verwendung

Allgemeines: Die Alkane sind die Hauptbestandteile der Erdöle, des Erdgases sowie der Destillationsprodukte des Braunkohlenteers.

Methan, CH_4, ist der Hauptbestandteil des *Erdgases,* des *Grubengases* (in Steinkohlenflözen) und des *Sumpfgases* (durch bakterielle Cellulosevergärung in Sümpfen). Zu etwa 25 Vol.-% kommt es im Leuchtgas vor. Die Explosionsgrenze liegt im Gemisch mit O_2 bei 6 bis 12 Vol.-% Methan.
Es wird als Heizgas, Motorentreibstoff und als Ausgansmaterial für petrolchemische Prozesse verwendet. Wichtige Produkte wie Ethin, Blausäure, chlorierte Methane (Lösungsmittel, Siliconherstellung), Kohlendisulfid und Fluorcarbone werden aus Methan hergestellt.

Ethan, C_2H_6, ist ein Bestandteil bestimmter Erdöle. Es wird technisch vorwiegend in Ethen umgewandelt.

Propan, C_3H_8, entsteht bei petrolchemischen Prozessen und beim *FISCHER-TROPSCH-Verfahren* (↑S. 606). Es wird als Heiz- und Leuchtgas verwendet und als sog. *Flüssiggas* in Stahlflaschen transportiert, in denen es bei 20 °C unter 8 bar Druck im flüssigen Aggregatzustand vorliegt (krit. Temp. 96,81 °C, krit. Druck 43 bar, Heizwert 46 892 $kJ \cdot kg^{-1}$).

Flüssige Alkane sind Bestandteile des Erdöls und Braunkohlenteers. Sie sind z.B. im Petroläther, Benzin, Dieselöl, Heizöl, Leuchtöl und Paraffinöl enthalten.

Feste Alkane (*Paraffin* im engeren Sinne) befinden sich im Erdöl. *Erdwachs* (*Ozokerit*; gereinigt *Ceresin*) ist ein natürlich vorkommendes festes Paraffin. Feste Alkane werden als Kerzenmaterial, zur Imprägnierung von Papier und Pappen, als Isoliermittel und zur Zündholzimprägnierung verwendet. Die bei der synthetischen Herstellung anfallenden Alkane mit 10 bis 30 C-Atomen werden zu Seifen, anderen waschaktiven Substanzen und Weichmachern verarbeitet.

29.1.4 Herstellung

Gasförmige Alkane gewinnt man aus den Abgasen der Rohöldestillation, der Erdölhydrierung und (früher) der Braunkohlenschwelung.

Flüssige und feste Alkane entstehen

- bei der *fraktionierten Destillation von Erdöl*;
- bei der katalytischen Hydrierung von Kohle, Teer oder Erdölfraktionen (BERGIUS-*Verfahren*).

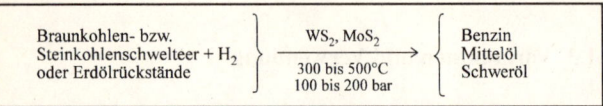

| Braunkohlen- bzw. Steinkohlenschwelteer + H_2 oder Erdölrückstände | $\xrightarrow[\text{300 bis 500°C}]{WS_2, MoS_2}$ 100 bis 200 bar | Benzin Mittelöl Schweröl |

- bei dem *Tieftemperatur-Hochdruck-Hydrierverfahren* (TTH-Verfahren). Während beim BERGIUS-Verfahren auch die Spaltung höhermolekularer in niedermolekulare Verbindungen stattfindet, ist das Ziel des TTH-Verfahrens eine hydrierende Raffination.

| Braunkohlenteer + H_2 | $\xrightarrow[\text{300 bar; 280 bis 380 °C}]{NiS/WS_2/Al_2O_3}$ | Benzin Mittelöl Schweröl |

Aus dem Schweröl gewinnt man TTH-Paraffin.

- bei der *FISCHER-TROPSCH*-Synthese (Kohlenmonoxidhydrierung):

$$n\,CO + (2n+1)H_2 \xrightarrow[\text{Normaldruck 160 bis 200 °C}]{Co/MgO/ThO_2/Kieselgur} C_n H_{2n+2} + n\,H_2O$$

Beispiel: $8\,CO + 17\,H_2 \rightarrow C_8H_{18} + 8\,H_2O$

Dabei entstehen etwa 15% Flüssiggase (Propan und Butane), 50% Benzin, 28% Kerosin (Dieselöl), 6% Weichparaffin (Paraffingatsch), 2% Hartparaffin. Mit anderen Katalysatoren und höheren Drücken entstehen vorwiegend Alkene (Olefine); ↑S. 607.

Um unabhängiger von Ölkrisen zu sein, gewinnt die FISCHER-TROPSCH-Synthese wieder an Bedeutung. In großem Umfang wird das Verfahren in Südafrika angewendet, da es dort große Kohlevorräte gibt.

- *Flugstaubsynthese* (Syntholverfahren oder KELLOGsynthese):
  Kohlenmonoxidhydrierung mit Fe-Schmelzkatalysator, 210 bis 240 °C, 20 bis 25 bar.

- *Flüssigphasensynthese* (Rheinpreußen-KOPPERS):
  Kohlenmonoxidhydrierung mit Fe (in Öl suspendiert) als Katalysator. Man erhält dabei 85% Benzin und Flüssiggase oder Weich- und Hartparaffin.

- KÖLBEL-ENGELHARD-*Verfahren:*

  $3\,n\,CO + n\,H_2O \rightarrow (-CH_2-)_n + 2\,n\,CO_2$

  Es entstehen ca 60% Kohlenwasserstoff und Gemische von Aldehyden, Säuren und anderen sauerstoffhaltigen Verbindungen.

- durch *Hydrierung von Alkenen* (↑S. 585).

- im *Labormaßstab* durch die Wurtzsche *Synthese* (aus Iodalkan und Natrium), ↑S. 640.
- bei der *Verschwelung von Braunkohle*[1]. Höhersiedende Fraktionen, wie die Schmierölfraktion, enthalten vor allem C_{10}- bis C_{30}-Alkane.

29.2 Alkene und Alkadiene

Alkene (*Alkylene, Olefine*) sind kettenförmige Kohlenwasserstoffe mit einer C=C-Bindung (Doppelbindung); *Summenformel:* C_nH_{2n}.

Alkadiene sind kettenförmige Kohlenwasserstoffe mit zwei C=C-Bindungen; *Summenformel:* C_nH_{2n-2}.

Entsprechende Bezeichnungen führen die Kohlenwasserstoffe mit mehr als zwei Doppelbindungen; z.B. **Alkatriene** (Kohlenwasserstoffe mit drei Doppelbindungen), C_nH_{2n-4}.

29.2.1 Gewinnung und Verwendung der Alkene

- *Mitteltemperaturpyrolyse* (MTP-Verfahren):
  Hitzezersetzung von Alkanen, vorwiegend Ethan, Propan, n-Butan. Zum Teil werden auch Leicht- und Schwerbenzin eingesetzt.

  $$\text{Alkan} \xrightarrow{> 700\ °C} \text{Alken + Wasserstoff}$$

  Die Alkane entnimmt man der Gasölfraktion des Erdöls. Neben den gasförmigen Alkenen (Ethen, Propen, Buten, Butadien) entsteht Pyrolysebenzin; (↑S. 667).

- *Hochtemperaturpyrolyse* (HTP-Verfahren):

  $$\text{Leichtbenzin} \xrightarrow[3000\ °C]{\text{Flammrohr}} \text{Ethen + Ethin} + (CH_4, H_2, CO)$$

- *Sandcrack-Verfahren:*
  Hierbei wird Leichtbenzin in einem Wirbelschichtreaktor mit feinem, heißem Sand als Wärmeträger auf etwa 850 °C erhitzt. Neben Ethen und Propen fallen flüssige Produkte verschiedener Zusammensetzung an.

- Fischer-Tropsch-*Verfahren* (Kohlenmonoxidhydrierung; ↑S. 606):
  bei 200 °C, ca. 35 bar und einem Fe-Cu-Katalysator entstehen etwa 30% Alkene. Je nach Verfahrensmodifizierung erhöht sich der als Fahrbenzin verwendbare Anteil bis auf 85%.

---

[1] Die Verschwelung der Braunkohle wird heute vorwiegend wegen starker Umweltbelastung nicht mehr durchgeführt.

- *Dehydratisierung von Alkanolen:*

$$\text{Alkanol} \xrightarrow[\text{Al}_2\text{O}_3 \text{ oder AlPO}_4]{360\,°C} \text{Alken} + \text{Wasser}$$

- Im Labormaßstab spaltet man aus Alkanolen Wasser unter anderen Bedingungen ab:

$$\text{Alkanol} \xrightarrow[\substack{\text{oder ZnCl}_2 \\ \text{oder H}_3\text{PO}_4}]{\text{konz. H}_2\text{SO}_4} \text{Alken} + \text{Wasser}$$

- *Dehydrohalogenierung von Halogenalkanen* (↑S. 600).

29.2.2 Chemische Eigenschaften

- *Additionsreaktionen* (↑S. 585);
- *Polymerisation* (↑S. 586 und 724).

29.2.3 Wichtige Alkene und Alkadiene

Ethen, *Ethylen,* $CH_2=CH_2$; farbloses, erdölartig riechendes Gas; $F -169,2\,°C$; $Kp -103,7\,°C$. *Verwendung:* Ganze Industriezweige sind heute von der Ethenproduktion abhängig. Ethen ist das wichtigste petrolchemische Zwischenprodukt. Man verwendet es z.B. zur Herstellung von Polyethylen, Propanol, Vinylchlorid, Styren, Glycol, Acrylnitril, Ethanol.

Propen, *Propylen,* $CH_2=CH-CH_3$; $F -185\,°C$; $Kp -47,7\,°C$. Propen hat sehr an Bedeutung gewonnen, nicht nur zur Herstellung von Polypropylen, sondern auch für Aceton, Acrylnitril, Propanol, klopffeste, bleifreie Vergaserkraftstoffe, Glycerol, Epichlorhydrin und Cumol (als Zwischenprodukt der Phenolsynthese; ↑S. 672).

Buten, *Butylen,* C_4H_8. Es existieren 4 Isomere. Der größte Teil der Butene wird zu Vergaserkraftstoffkomponenten (*Alkylatbenzine* usw.) weiterverarbeitet. Von nicht geringer Bedeutung ist aber auch die Polymerisation zu Elasten, wie Butylkautschuk, Isoprenkautschuk, Polyisobutylen.

Buta-1,3-dien, *Butadien-(1,3),* $CH_2=CH-CH=CH_2$, ein farbloses, leicht zu verflüssigendes Gas, ist das Ausgangsprodukt für die Synthesekautschukherstellung.

Herstellung von Butadien:

- *katalytische Dehydrierung* von n-Butan und n-Buten (*zweistufiges Verfahren*):

$$\underset{\text{n-Butan}}{CH_3-CH_2-CH_2-CH_3} \xrightarrow[620\,°C]{Cr_2O_3 / Al_2O_3} \underset{\text{n-Buten}}{CH_3-CH_2-CH=CH_2} + H_2$$

Das Buten wird vom nicht umgesetzten n-Butan durch Extraktivdestillation getrennt und anschließend der 2. Dehydrierstufe zugeführt:

29.2 Alkene und Alkadiene

$$CH_3-CH_2-CH=CH_2 \xrightarrow[620\,°C]{Cr_2O_3\,/\,Al_2O_3} CH_2=CH-CH=CH_2 + H_2$$
n-Buten   Buta-1,3-dien

Einstufiges Verfahren:

$$CH_3-CH_2-CH_2-CH_3 \xrightarrow[\substack{Cr_2O_3-Al_2O_3-Kat.\\660\,°C}]{\text{modifizierter}} CH_2=CH-CH=CH_2 + 2\,H_2$$

- *Mitteltemperaturpyrolyse* von flüssigen Erdölkohlenwasserstoffen, die nach der Pyrolyse durch Tieftemperatur-Druckdestillation fraktioniert werden. Die C$_4$-Fraktion enthält ca 40% Butadien. Dieses Verfahren ist das wirtschaftlichste.

- *Vierstufenverfahren:*

$$2\,CH\equiv CH \xrightarrow[\substack{\text{Hg-Verb. als}\\\text{Katalysator}}]{+H_2O} 2\,CH_3-CHO$$
Ethin   Ethanal

$$\xrightarrow{\text{Aldolreaktion}} CH_3-CH(OH)-CH_2-CHO$$
Acetaldol (3-Hydroxy-butanal)

$$\xrightarrow[\substack{110\,°C;\,30\,MPa\\Ni-Kat.}]{+H_2} CH_3-CH(OH)-CH_2-CH_2(OH)$$
Butan-1,3-diol

$$\xrightarrow[\substack{(NaPO_3)_n-Kat.\\270\,°C}]{-H_2O} CH_2=CH-CH=CH_2$$
Buta-1,3-dien

2-Methyl-buta-1,3-dien, *2-Methyl-butadien-(1,3), Isopren,* $CH_2=C(CH_3)-CH=CH_2$. Isoprenmoleküle sind die Baugruppen lebenswichtiger Stoffe, wie Carotinoide (z.B. β-Carotin = Provitamin A) und Phytol (im Chlorophyll). Auch die Terpene bauen sich aus Isoprenresten auf. Isopren ist das Monomere des Naturkautschuks; seine Synthese gewinnt an Bedeutung.

- Eine butadienfreie C$_4$-Fraktion der Mitteltemperaturpyrolyse (s.o.), die Isobuten bzw. Propen enthält, ist die Grundlage der beiden *Synthesearten*.

$$2\,CH_3-CH=CH_2 \xrightarrow{Al(C_3H_7)_3} CH_2=\underset{\underset{CH_3}{|}}{C}-CH_2-CH_2-CH_3$$

Propen   2-Methylpent-1-en

$$\xrightarrow{H^+} CH_3-\underset{\underset{CH_3}{|}}{C}=CH-CH_2-CH_3$$

2-Methylpent-2-en

$$\xrightarrow{HBr} CH_2=\underset{\underset{CH_3}{|}}{C}-CH=CH_2 \;+\; CH_4$$

Isopren

Der *1. Schritt* ist eine Dimerisierung, da sich 2 Moleküle miteinander verbinden (s. Polymerisation). Der *2. Schritt* ist eine Isomerisierung (Verlagerung der Doppelbindung) und der *3. Schritt* eine Crackung.

29.3 Alkine (*Acetylene, Acetylenkohlenwasserstoffe*)

Alkine enthalten eine C≡C-Bindung; die allgemeine Formel der homologen Reihe der Alkine (*Ethin*, C_2H_2, *Propin*, C_3H_4, *Butin*, C_4H_6 usw.) lautet C_nH_{2n-2}. Die Alkine sind ähnlich reaktionsfähig wie die Alkene.

Ethin, *Acetylen,* CH≡CH, ist die wichtigste Verbindung dieser Reihe.

Physikalische Eigenschaften: Ethin ist ein farbloses Gas von ätherischem Geruch; *Kp* −83,3 °C. Der unangenehme Geruch des aus Carbid erzeugten Ethins rührt von Verunreinigungen, vor allem von Phosphorwasserstoff, her; *Kp* −83 °C.

In einem Liter Wasser lösen sich bei 20 °C und 1 bar 1,21 g Ethin.

Acetylenflaschen: Stahlflaschen für Ethin sind mit Kieselgur gefüllt, die mit Aceton (Propanon) gesättigt wurde. Diese Vorsichtsmaßnahme ist notwendig, da reines Ethin beim Komprimieren explodiert:

$$CH\equiv CH \xrightarrow[\text{Ruß}]{\text{Druck}} 2\,C + H_2$$

In einem Liter Aceton lösen sich bei 12,4 bar 350 g Ethin.

Kennzeichnung der Flaschen: Gelber Anstrich, nahtloser, gewindeloser Bügelverschluß. Die Ventile dürfen kein Kupfer enthalten, um die Bildung des explosiven Kupfer(I)-acetylids, Cu_2C_2, auszuschließen.

Die Herstellung aliphatischer Fertig- oder Zwischenprodukte erfolgte früher fast ausschließlich aus Ethin. Aus wirtschaftlichen Gründen verwendet man heute weitestgehend Alkene, die vorwiegend aus Erdöl und Erdgas gewonnen werden.

- **Hochtemperaturpyrolyse (HTP)**

$$\text{Leichte oder mittlere Erdölfraktionen oder Erdgas} \xrightarrow{2000\ °C} \text{Ethin-Ethen-Gemisch}$$

- Nach der Pyrolyse wird das entstandene Gasgemisch schnell unter 200 °C abgekühlt (gequencht[1]), damit das Ethin sich nicht wieder zersetzt.
  Die Wärmeübertragung beim HTP-Verfahren kann verschieden erfolgen. Das modernste Verfahren ist die *Wasserstoff-Lichtbogen-Pyrolyse*, bei der H_2 im Lichtbogen bei 2500 °C in atomaren Wasserstoff umgewandelt wird. In dieses Gas bringt man dann das Kohlenwasserstoffgemisch ein. Ein älteres, noch häufiges Verfahren ist die *Lichtbogen-Pyrolyse*, bei der das Kohlenwasserstoffgemisch direkt in den Lichtbogen gebracht wird.

- Das **SACHSSE-Verfahren** beruht auf der partiellen Oxidation von Methan. Die dabei frei werdende Wärme wird für die Pyrolyse niederer Alkane verwendet. Erdgas wird mit Sauerstoff im Verhältnis 5:3 gemischt, auf 600 °C vorgeheizt, dann in Spezialbrennern kurzfristig (höchstens 0,01 s) auf 1500 °C erhitzt und sofort abgeschreckt. Man gewinnt 9 Vol.-% Ethin, 55 Vol.-% H_2 und 24 Vol.-% CO. H_2 und CO können in der FISCHER-TROPSCH-Synthese (↑S.606) weiterverarbeitet werden.

---

[1] quenchen = durch Einsprühen von Wasser in das Reaktionsgemisch abkühlen

29.3 Alkine (*Acetylene, Acetylenkohlenwasserstoffe*)

- **Herstellung auf carbochemischer Basis**
  Aus Kalk und Kohle wird in kombinierten Lichtbogen- und Widerstandsöfen, die sehr viel Elektroenergie verbrauchen, Calciumcarbid hergestellt, das anschließend mit Wasserdampf umgesetzt wird.

  I. $3\,C + CaO \rightarrow CaC_2 + CO$
      gebr. Calcium-
      Kalk   carbid

  II. $CaC_2 + 2\,H_2O(\text{Dampf}) \rightarrow CH\equiv CH + Ca(OH)_2$
                                                                                                          Ethin   Löschkalk

Dieses Verfahren wird wegen des hohen Stromverbrauchs kaum noch durchgeführt.

Chemische Eigenschaften und Verwendung:

Ethin verbrennt mit heißer, i.allg. stark rußender Flamme zu Kohlendioxid und Wasserdampf:

$$2\,C_2H_2 + 5\,O_2 \rightarrow 4\,CO_2 + 2\,H_2O; \qquad \Delta_R H^\ominus = -1308\ \text{kJ}\cdot\text{mol}^{-1}$$

Die hohe Verbrennungsenthalpie nutzt man beim autogenen Schweißen aus.

- *Addition von Chlorwasserstoff* (Hydrochlorierung)

  $$CH\equiv CH + HCl \xrightarrow[\text{140...200 °C}]{HgCl_2 + \text{Aktivkohle}} CH_2=CHCl$$
                                                                                                                       Vinylchlorid
                                                                                                                       (*Chlorethen*)

Chlorethen ist das Monomere des Polyvinylchlorids; ↑S. 607.

- *Addition von Cyanwasserstoff:*

  $$CH\equiv CH + HCN \xrightarrow[\text{80 °C}]{CuCl,\ NH_4Cl} CH_2=CH-CN$$
                                                                                                                     Acrylnitril (*Acryl-*
                                                                                                                     säurenitril, Propennitril)

Acrylnitril ist das Monomere des Polyacrylnitrilfaserstoffs (↑S. 742); Butadien + Acrylnitril gibt ein Mischpolymerisat (ölfesten Synthesekautschuk); ↑S. 739.

- *Addition von Ethansäure:*

  $$CH_3COOH + CH\equiv CH \xrightarrow[\substack{\text{Aktivkohle}\\ \text{170...200 °C}}]{Zn(CH_3COO)_2} 2\,CH_3-CO-O-CH=CH_2$$
  Essigsäure   Vinylacetat (Ethansäure-
  (*Ethansäure*)   ethenylester)

Vinylacetat wird zu *Polyvinylacetat* polymerisiert, das zur Herstellung von Klebstoffen, Spachtelmassen für Fußbodenbeläge und von Anstrichmitteln (»Latexfarben«) verwendet wird.

- *Addition von Alkanol:*

  $$CH\equiv CH + ROH \xrightarrow{\text{Alkalihydroxid}} CH_2=CHOR$$
                                                                                                                 Alkylvinylether (*Alkoxyethen*)

Polyvinylether, durch Polymerisation von Vinylethern entstanden, sind Kleb- und Lackrohstoffe.

29 Acyclische (aliphatische) Kohlenwasserstoffe

- **REPPE-Synthesen**
  Der deutsche Chemiker WALTER REPPE hat die Acetylenchemie um neuartige Synthesen bereichert (»REPPE-Chemie«). Voraussetzung dafür war die Entwicklung von Methoden zur gefahrlosen Handhabung des Ethins unter Druck.

  Die REPPE-Chemie kennt *vier verschiedene Reaktionstypen:*

- **Vinylierung:** Durch Addition von Alkoholen R–OH, Carbonsäuren R–COOH usw. geht das Ethinmolekül in eine Vinylgruppe, –CH=CH$_2$, über, z.B.

  $$CH\equiv CH + RO-H \rightarrow RO-CH=CH_2$$
  Vinylether

  $$CH\equiv CH + R-COO-H \rightarrow R-COO-CH=CH_2$$
  Vinylester

- **Ethinylierung:**

  Ethin + Alkanale ⟶ Alkinole R–CH(OH)–C≡CH
  ⟶ Alkindiole R–CH(OH)–C≡C–CH(OH)–R;

  als Katalysator verwendet man Kupfer(I)-acetylid, Cu$_2$C$_2$.
  Aus den Alkinolen bzw. Alkindiolen lassen sich durch Hydrierung, Oxidation und Dehydratisierung wichtige Stoffe herstellen, wie z.B. Glycerol, Isopren, Adipinsäure, 1,6-Diaminohexan (Polyamidsynthese).

- **Cyclisierung:**

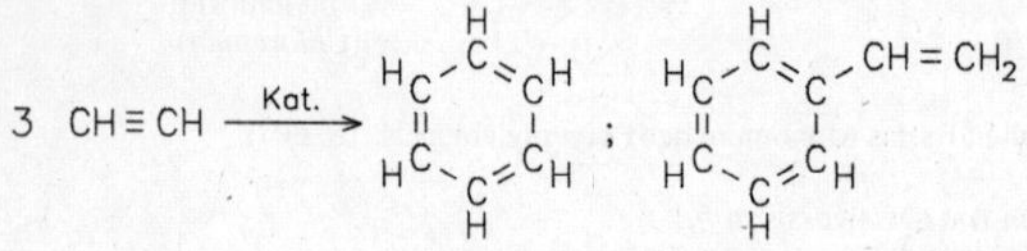

  $$3\ CH\equiv CH \xrightarrow{Kat.}$$

  Benzen (80%)   Styren (Styrol)
  als Nebenprodukt

  Bei der Cyclisierung können unter geeigneten Bedingungen auch andere Ringsysteme entstehen, z.B.

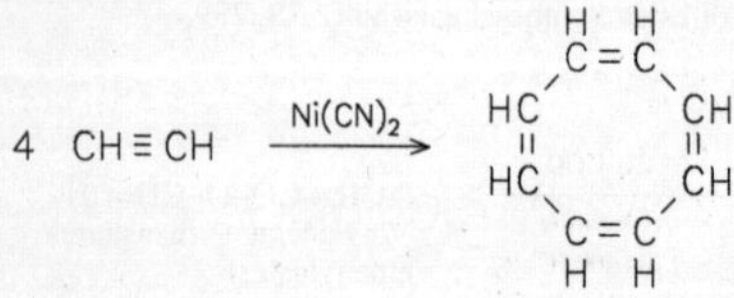

  $$4\ CH\equiv CH \xrightarrow{Ni(CN)_2}$$ Cyclooctatetraen

- **Carbonylierung:**

  $$CH\equiv CH + CO + H_2O \xrightarrow{Metallcarbonyle} CH_2=CH-COOH$$
  Acrylsäure
  (*Propensäure*); ↑S. 636.

  $$CH\equiv CH + CO + R-OH \rightarrow CH_2=CH-COOR$$
  Acrylsäureester
  (*Propensäureester*)

  $$CH\equiv CH + CO + R-NH_2 \rightarrow CH_2=CH-CO-NH-R$$
  Acrylsäureamid
  (*Propensäureamid*)

30 Erdöl

30.1 Arten und Entstehung

Arten:

- *Paraffinbasisches*[1] *Erdöl* besteht vorwiegend aus unverzweigten Alkanen (USA, Kanada, Kuwait, Europa).

- *Naphthenbasisches Erdöl* setzt sich überwiegend aus cyclischen, nichtaromatischen Kohlenwasserstoffen (Cycloalkanen, Naphthenen, ↑S. 661) zusammen (Baku, Rumänien, USA).

- *Gemischtbasisches Erdöl* kommt am häufigsten vor.

In allen Erdölsorten befinden sich kleinere Mengen N- und S-haltiger Verbindungen, in einigen auch aromatische Kohlenwasserstoffe (39% im Borneoöl).

Nimmt man die *Erdölreserven*, also Ölquellen und Ölsande zusammen, so wird auf eine Verfügbarkeit von etwa 100 Jahren geschätzt, das entspricht ca. 600 Mrd. t.

Die z.Z. gewonnenen Vorräte verteilen sich etwa so:
57% Nahost; 12% GUS und Südamerika; 7% Afrika; 5% USA und Kanada; 3% Westeuropa und Fernost.

Erdgasvorräte befinden sich vorwiegend in der GUS, China, Nahost.

Entstehung: Mit größter Wahrscheinlichkeit sind die Erdöle aus tierischen und pflanzlichen Meeresorganismen entstanden. Gleichzeitig mit den absterbenden Lebewesen sanken mineralische Bestandteile zu Boden. Sie dienten als Katalysator der Verwesung, die durch anaerobe Bakterien[2] hervorgerufen wurde. Durch tektonische Bewegungen entstand ein ölhaltiges Gestein. Über undurchlässigen Schichten sammelte sich das Erdöl in abbauwürdigen Lagern.

30.2 Gewinnung und Verarbeitung

Gewinnung: Die Bohrung erfolgt heute meist im *Turbinenbohrverfahren*. Dabei wird während des Bohrens das zerbohrte Gestein kontinuierlich herausgespült. Das Öl kommt entweder von selbst durch eigenen Gasdruck (über dem Öl befindet sich eine mehr oder weniger hohe Gasschicht) an die Erdoberfläche, oder es wird zur Erhöhung des Druckes Luft, Gas oder Wasser hineingepumpt. Bei zu geringem Druck werden Tiefpumpen eingesetzt.

Verarbeitung: Die chemische Behandlung des Erdöls wird unter dem Namen »*Petrolchemie*« zusammengefaßt. Der eigentlichen chemischen Behandlung gehen jedoch verschiedene physikalische Verfahren voraus. Zuerst wird das Wasser samt den gelösten Salzen und sonstigen Beimengungen durch Trennung in großen Absetzbehältern beseitigt. Die restlichen Schwebetröpfchen werden in einem elektrischen Wechselfeld bei 4000 V Spannung entfernt.
Die Trennung von Erdgasen, die durch Druck im Erdinneren gelöst wurden, erfolgt in sog. Rohrkopfseparatoren mit Unterdruck.
Das Erdöl wird in Tankschiffen, Rohrleitungen und Kesselwagen der Eisenbahn transportiert. In dieser Reihenfolge steigen auch die Beförderungskosten.

---

1) Basisch hier von Basis = Grundlage
2) Anaerobe Bakterien sind Bakterien, die unter Luftabschluß leben.

Fraktionierte Destillation: Die fraktionierte Destillation erfolgt in Fraktionierkolonnen, die entweder Glockenböden oder Füllkörper (z.b. Raschigringe) enthalten. Dabei kommt der aufsteigende Dampf intensiv mit dem zurückfließenden Kondensat in Berührung, wodurch die Trennwirkung wesentlich erhöht wird.
Da bei Temperaturen über 400 °C die höhermolekularen Verbindungen zur Pyrolyse (Zerfall in kleinere Moleküle) neigen, wird bis 400 °C unter Atmosphärendruck destilliert.

Dabei enstehen: *Verwendung:*

Benzin { bis 100°C Leichtbenzin
          bis 180°C Schwerbenzin   Reforming und Synthesegaserzeugung
C_6 bis C_{11}

Kerosin (Leuchtöl) 180...240°C   Flugturbinentreibstoff,
C_{10} bis C_{14} Rohstoff für Crackprozesse

Gasöl 240...360°C   Dieseltreibstoff, Heizöl,
C_{11} bis C_{20} Rohstoff für Crackprozesse

Die höhersiedenden Fraktionen werden unter Vakuum destilliert.
Vakuumdestillate   Motorenöle, Maschinenöle
                                           Schmieröle (aus denen Paraffin extrahiert wird)
                                           Rohstoffe für Crackprozesse
Vakuumdestillationsrückstände   Schmiermittel, Industrieheizöle, Bitumen

Schmieröle: Die durch Erdöldestillation gewonnenen Schmieröle werden *mineralische Schmieröle* genannt, im Gegensatz zu den *synthetischen Ölen*, die Kohlenwasserstofföle oder Nichtkohlenwasserstofföle (z.B. Silicone) sind.

Eigenschaften der Schmieröle: Gute Schmieröle müssen einen hohen Viskositäts-Temperatur-Index haben, d.h., die Viskosität darf im Gebrauchstemperaturintervall keine starken Schwankungen aufweisen. Die Schmieröle müssen außerdem ein hohes Schmutztragevermögen haben und in der Lage sein, sauer reagierende Verbrennungsprodukte (SO_2, CO_2) zu neutralisieren. Man setzt deshalb den Schmierölen sog. »*Additives*« zu, kompliziert gebaute organische Verbindungen mit schmierölverbessernden Eigenschaften. Schmieröle werden heute in hohem Maße Crackprozessen zugeführt.

Bitumen ist eine dunkelfarbige, springharte, schmelzbare Masse mit hoher Klebfähigkeit. Im Unterschied zu Teer enthalten Bitumina keine Phenole.

30.3 Octanzahl

Das Klopfen des Motors ist auf Unregelmäßigkeiten des Zündvorganges zurückzuführen und ist abhängig von der Qualität des Benzins. Das Maß für die Klopffestigkeit ist die Octanzahl (OZ). Sie gibt an, einer wievielprozentigen Mischung (Vol.-%) von *Isooctan* (OZ 100) und n-Heptan (OZ 0) der betreffende Kraftstoff in bezug auf seine Klopffestigkeit gleichwertig ist. Die Octanzahl steigt von den Alkanen über die Alkene, Cycloalkane, Isoalkane bis zu den aromatischen Kohlenwasserstoffen an.

Beispiele:

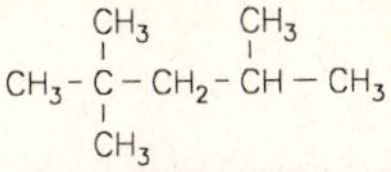

$$CH_3-\underset{\underset{CH_3}{|}}{\overset{\overset{CH_3}{|}}{C}}-CH_2-\overset{\overset{CH_3}{|}}{CH}-CH_3 \qquad \text{Isooctan; 2,2,4-Trimethylpentan}$$
$$OZ = 100$$

$$CH_3-CH_2-CH_2-CH_2-CH_2-CH_2-CH_3 \quad \text{n-Heptan}$$
$$OZ = 100$$

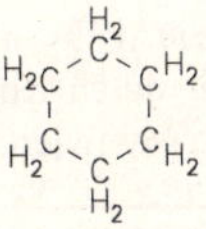

Cyclohexan
OZ = 77

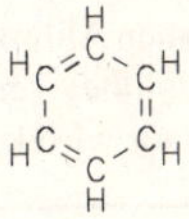

Benzen
OZ > 100

30.4 Crackverfahren (Spaltverfahren)

30.4.1 Thermisches Cracken

- **Tieftemperaturpyrolyse**
Dieses Verfahren dient zur Herabsetzung der Viskosität hochsiedender Fraktionen.

$$\left\{\begin{array}{l}\text{Vakuumdestillationsrückstände;}\\ \text{atmosphärische Destillationsrück-}\\ \text{stände; hochsiedende Fraktionen}\end{array}\right\} \xrightarrow[\text{10 bis 15 bar}]{\text{450 bis 570°C}} \text{destillierte Öle + Koks}$$

Die entstandenen destillierbaren Öle können anschließend dem katalytischen Cracken zugeführt werden.

- **Mitteltemperaturpyrolyse** = Cracken bei mittleren Temperaturen (MTP)

$$\left\{\begin{array}{l}\text{Flüssiggas (Ethan, Propan,}\\ \text{n-Butan)}\\ \text{Leichtbenzin}\\ \text{Schwerbenzin}\end{array}\right\} \xrightarrow{\text{750 bis 950°C}} \text{Olefine, Diolefine, Aromaten}$$

Die Trennung des entstandenen Reaktionsgemisches geschieht durch Tieftemperatur-Druckdestillation.
Nach Waschen mit Natronlauge unter Druck, um saure Bestandteile (CO_2, H_2S) zu entfernen, und anschließendem Trocknen werden die Spaltgase durch Kompression und Kühlung getrennt.

- **Hochtemperaturpyrolyse** (HTP; ↑S. 607)
Durch Temperaturen um 2000 °C entstehen nur niedermolekulare ungesättigte Verbindungen. Man führt die HTP vor allem zur Herstellung von Ethin durch..

30.4.2 Katalytisches Cracken

Durch geeignete Katalysatoren geht beim Crackprozeß eine Isomerisierung und Ringbildung der Kohlenwasserstoffe vor sich. Dadurch wird die Octanzahl und damit die Qualität des Benzins erhöht.

Als Katalysatoren werden Aluminiumsilicate $mAl_2O_3 \cdot nSiO_2$ oder neuerdings Ionenaustauscher (Zeolithe) verwendet. Der durch Koksabscheidung rasch desaktivierte Katalysator wird kontinuierlich reaktiviert.

$$\text{Hochsiedende Fraktionen des Erdöls} \xrightarrow[600°C]{\text{Katalysator}} \text{Benzin mit hoher OZ}$$

Hydrocracken

Das Hydrocracken ist ein katalytisches Cracken unter Zufuhr von Wasserstoff. Es dient zur Herstellung niedrigsiedender Produkte aus hochsiedenden Erdölfraktionen. Als Katalysator verwendet man NiO/WO_3 oder CoO/MoO_3, aufgetragen auf Zeolithe oder amorphe Al-Silicate.

$$\text{Gasölfraktion} + H_2 \xrightarrow[100 \text{ bis } 200 \text{ bar}]{320 \text{ bis } 420°C} \begin{cases} \text{Flüssiggase} \\ \text{Benzin} \\ \text{Dieselölkomponenten} \\ \text{Flugturbinentreibstoffe} \\ \text{Schmierölrohstoffe} \end{cases}$$

30.5 Katalytisches Reformieren

Dieses Verfahren dient weniger der Herstellung niedrig siedender Produkte, sondern es sollen tiefgreifende Strukturänderungen vonstatten gehen, die die Octanzahl des Benzins verbessern. Destillatbenzin mit OZ 30 bis 45 wird in Reformatbenzin mit OZ 85 bis 95 umgewandelt. Aus dem Reformatbenzin gewinnt man auch Benzen und andere Arene; ↑S. 667.

$$\text{Destillatbenzin} + H_2 \xrightarrow[\substack{500°C \\ \text{Katalysator}}]{10 \text{ bis } 50 \text{ bar}} \text{Reformatbenzin}$$

Pt mit einem Re-Zusatz, aber auch Gemische aus $MoO_3/CoO/Cr_2O_3$, aufgetragen auf Al_2O_3 oder Al-Silicaten, haben hydrierende, dehydrierende und isomerisierende Eigenschaften. Folgende chemische Reaktionen laufen bei den Reforming-Prozessen ab:

- **Dehydrierung**

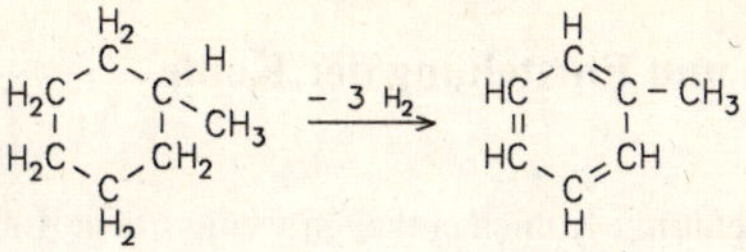

Methylcyclohexan → (− 3 H$_2$) → Toluen

- **Cracken und gleichzeitiges Hydrieren:**

$$CH_3-[CH_2]_5-CH_2-CH_2-[CH_2]_4-CH_3 + H_2$$
Tridecan

$$\rightarrow CH_3-[CH_2]_5-CH_3 + CH_3-[CH_2]_4-CH_3$$
n-Heptan n-Hexan

- **Isomerisierung:**

$$CH_3-CH_2-CH_2-CH_2-CH_2-CH_2-CH_3 \rightarrow CH_3-CH_2-CH_2-CH_2-CH_2-CH-CH_3$$
n-Heptan iso-Heptan |
  CH$_3$

oder

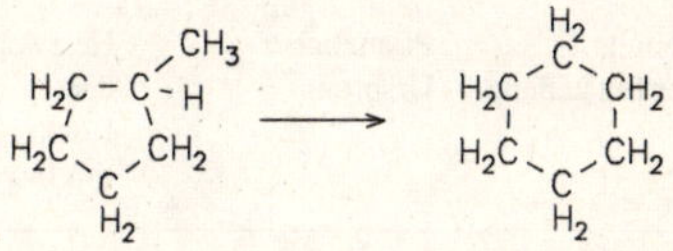

Methylcyclopentan → Cyclohexan

- **Cyclisierung:**

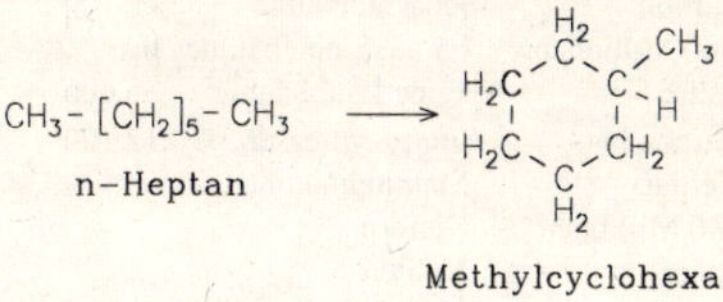

$$CH_3-[CH_2]_5-CH_3$$
n-Heptan

→ Methylcyclohexan

Meist erfolgt bei der Cyclisierung gleichzeitig eine *Dehydrierung*, so daß ein großer Teil des Methylcyclohexans in *Toluen* übergeht.

31 Kohle

Die Kohlevorräte der Erde sind etwa 10mal so groß wie die Erdölvorräte. Kohle ist preiswerter und gleichmäßiger auf der Erde verteilt. Sie wird im Gegensatz zum Erdöl noch weit über das Jahr 2050 hinaus in ausreichender Menge vorhanden sein. Aus diesen Gründen gewinnt die Kohle, auch für die chemische Umsetzung, wieder mehr an Bedeutung (»Carbochemie«).

31.1 Arten und Entstehung der Kohle

- **Zusammensetzung:** Kohlen enthalten wenig freien Kohlenstoff (10% bei der Steinkohle, wenige Prozente bei der Braunkohle), komplizierte, meist ringförmige Verbindungen, die außer C, H, O, N auch S enthalten, anorganische Stoffe (Asche) und Wasser.

- **Entstehung:** Die Kohlen sind durch bakterielle Zersetzung unter Luftabschluß vorwiegend aus Pflanzen entstanden. Dieser sich über eine sehr lange Zeit erstreckende Prozeß wird *Inkohlung* genannt. Der Inkohlungsgrad nimmt vom Anthrazit über die Steinkohle bis zur Braunkohle ab.

  Die Ursprungspflanzen bestimmen weitgehend die Art der Kohle, jedoch wirken hierbei noch andere Faktoren mit. So unterlag die Steinkohle geologischen Veränderungen unter hohen Drücken und hohen Temperaturen, was bei der Braunkohle nicht der Fall war.

Tabelle 31-1: *Kohlearten*

	Zeitalter der Entstehung	Pflanzlicher Ursprung	Heizwert der Rohkohle in kJ/kg	Wassergehalt
Anthrazit	Karbon 300 Millionen Jahre	Bärlappgewächse Schachtelhalme	35 600	1%
Steinkohle	Karbon 300 Millionen Jahre	Schachtelhalme Farne, Siegelbäume keine Laubbäume	25 100 bis 35 600	1 bis 4%
Braunkohle	Karbon bis Tertiär (40 Millionen Jahre)	Sumpfzypressen, Mammutbäume, Kiefern, Fichten	12 100	50 bis 60%

31.2 Veredlung der Kohle

31.2.1 Brikettierung

- *Steinkohlenbriketts* werden durch Pressen von Steinkohlenstaub unter Beimengung des Bindemittels Steinkohlenteerpech hergestellt. *Heizwert:* 25 bis 36 MJ·kg^{-1}.

- Braunkohlenbriketts
  Rohkohle wird zerkleinert und gesiebt. Die Anteile mit einem Durchmesser von 2 bis 4 mm werden bei ≈100 °C getrocknet; dabei sinkt der Wassergehalt von 50 bis 60% auf 10 bis 20%. Nach Kühlung auf 40 °C erfolgt Pressen ohne Bindemittel.
  Heizwert: 17 bis 21 MJ·kg^{-1}.

31.2.2 Entgasung (Trockendestillation, Zersetzungsdestillation)

Unter *Entgasung* versteht man die chemische Zersetzung von Kohle durch Erhitzen unter Luftabschluß. Es bleibt *Koks* zurück, während sich aus den gasförmigen Produkten beim Abkühlen *Teere* niederschlagen.

Man unterscheidet:
- **Verschwelung** (bei ≈500 °C)
- **Verkokung** (bei ≈1000 °C)

Verschwelung der Steinkohle

Die Hauptaufgabe der Schwelung ist die Gewinnung flüssiger Produkte (hier vorwiegend Kohlenwasserstoffe zur Benzinherstellung); Schwelgase und Schwelkoks sind Nebenprodukte. Der Schwelkoks eignet sich nicht als Hüttenkoks, kann aber in der heute unmodernen, da zu energieaufwendigen Carbidproduktion und in der Vergasung eingesetzt werden.
Bei der Schwelung muß eine Temperatur von 450 bis 600 °C eingehalten werden, denn oberhalb 600 °C entstehen durch Dehydrierungs- und Polymerisationsreaktionen aromatische Verbindungen, und es bildet sich wesentlich weniger Teer.

Aus einer Tonne Kohle erhält man etwa 110 m^3 Gas, 750 bis 800 kg Koks und 8 kg Teer.

Verschwelung der Braunkohle

Die Verschwelung der Braunkohle wird aus Gründen des Umweltschutzes nicht mehr durchgeführt.
Das Ziel der Braunkohlenschwelung war, wie bei der Steinkohle, in erster Linie die Erzeugung von Schwelteer.

Bei der meist durchgeführten *Spülgasschwelung* werden Braunkohlenbriketts im Gegenstrom von hocherhitztem Abgas auf Entgasungstemperaturen (600 bis 700 °C) gebracht.

Produkte der Braunkohlenschwelerei:
- 15% **Schwelgase** (zum Heizen der Schwelöfen, mit Wassergas vermischt als Stadtgas)
- 5 bis 10% **Braunkohlenteer** - wird durch fraktionierte Destillation in 3 Fraktionen zerlegt:
  Leichtöl (Benzin, Solaröl als Putz- und Motorenöl)
  Mittelöl (Dieselkraftstoff, phenolhaltig)
  Rückstand (Paraffin, Pech)
- 25 bis 30% **Grudekoks** (Heizwert 25 bis 30 MJ·kg^{-1})
- 50 bis 60% **Schwelwasser**

Braunkohlenschwelteer ist wesentlich verschieden vom Steinkohlenteer, da er vorwiegend kettenförmige Verbindungen enthält, während aus der Steinkohle einfache und kondensierte Ringverbindungen entstehen.

Verkokung der Steinkohle

Die Verkokung, die für die Steinkohle eine wesentlich größere Bedeutung hat als die Verschwelung, wird in *Kokereien* oder in *Gasanstalten* durchgeführt. Sie erfolgt in gleichartigen Anlagen, nur daß in den Gasanstalten *Gaskohle* (mit 35 bis 40% flüchtigen Bestandteilen) und in den Kokereien *Fettkohle* (mit 20 bis 30% flüchtigen Bestandteilen) entgast wird.
Die Zersetzung geschieht in dicht abgeschlossenen, 30 bis 40 t Kohle fassenden Kammeröfen, die mit feuerfesten Silicatsteinen ausgemauert sind. Zwischen den Kammern befinden sich Heizkanäle, in denen ein Teil der Abgase der Verkokung, mit vorgewärmter Luft vermischt, verbrannt wird. Die Wärme der Verbrennungsgase wird zum Vorwärmen der Luft ausgenutzt.

Produkte der Kokereien bzw. Gasanstalten

- **Rohgas**
  Durch eine Gaswäsche mit einer Teerölfraktion erhält man Rohbenzen. Der Rest wird zum Heizen der Kammern verwendet und in die Ferngasleitung eingespeist.

- **Kokereiwasser**
  Nach Versetzen mit Kalkmilch wird aus den gelösten Ammoniumsalzen Ammoniak ausgetrieben. Phenole werden durch Benzen extrahiert.

- **Steinkohlenteer**
  Der Teer wird durch Destillation in *Leichtöl, Mittelöl, Schweröl* und *Anthracenöl* aufgetrennt. Diese Öle bestehen vorwiegend aus Arenen, Phenolen und Pyridinbasen; sie sind wertvolle Rohstoffe zur Herstellung von Lösungsmitteln, Farbstoffen, Pharmaka, Explosivstoffen, Riechstoffen, Pestiziden u.a.; s.a.S. 666. Als Destillationsrückstand verbleibt *Pech,* das im Straßenteer und als Dichtungsmittel Anwendung findet.

- **Koks**
  Aus der Fettkohle erhält man einen großstückigen, festen Koks, der ein ausgezeichneter Hüttenkoks ist. Der Koks, der aus der Gaskohle entsteht, wird für den Hausbrand, in der Synthesegaserzeugung und bei der Calciumcarbidherstellung verwendet.

31.2.3 Vergasung

Bei der Vergasung werden Braunkohle oder Steinkohlenkoks vollständig zu Generator- und Wassergas umgesetzt, so daß nur Asche zurückbleibt.

- **Vergasung im Drehrostgenerator**
  In Drehrostgeneratoren wird durch eine etwa 3 m dicke Koksschicht von unten her abwechselnd Luft (*Heißblasen*) und Wasserdampf (*Kaltblasen*) zugeführt.

  Heißblasen (exothermer Vorgang):

  $$2\,C + O_2 \rightleftarrows 2\,CO \qquad \Delta_R H^\ominus = -222 \text{ kJ} \cdot \text{mol}^{-1}$$

  Da Luft zum Heißblasen verwendet wird, besteht das erzeugte Gas aus CO und N_2. Es wird **Generatorgas** oder **Luftgas** genannt. Heizwert: 4300 kJ·m^{-3}. Da dieser Heizwert sehr gering ist (Heizwert für Erdgas: 38 000 kJ·m^{-3}, kann es nur als Brennstoff für metallurgische Prozesse oder zum Aufheizen von Verkokungskammern verwendet werden.

  Kaltblasen (endothermer Vorgang):

  $$C + H_2O \rightleftarrows CO + H_2 \qquad \Delta_R H^\ominus = +131 \text{ kJ} \cdot \text{mol}^{-1}$$

  Das Gemisch (CO + H_2) nennt man **Wassergas**. Heizwert: 11 500 kJ·m^{-3}. Viele wichtige Synthesen werden mit Wassergas durchgeführt (z.B. Methanolsynthese, Ammoniaksynthese u.a.); auch S. 406.

- **Vergasung im Winkler-Generator** (↑S. 453)

31.2.4 Katalytische Hydrierung von Kohleprodukten

Das ursprüngliche **Bergius-Verfahren,** das gemahlene Kohle, vermischt mit Schweröl und Eisenoxidpulver als Katalysator, in zwei Stufen bei ≈300 bar hydrierte, ist wegen des hohen Wasserstoffverbrauchs nicht rentabel. Es wurde daher auf Braunkohlenschwelteer umgestellt, geriet mit dem Aufkommen der Erdölverarbeitung in den Hintergrund und wurde mit der Stillegung der Braunkohlenschwelereien völlig eingestellt.

Tieftemperatur-Hochdruck-Hydrierung (TTH-Verfahren)

$$\text{Teer} + H_2 \xrightarrow[\text{300 bar; 280 bis 380°C}]{\text{NiS/WS}_2/\text{Al}_2\text{O}_3} \left\{ \begin{array}{l} \text{Benzin} \\ \text{Mittelöl} \\ \text{Schweröl} \end{array} \right.$$

Aus dem Schweröl wird Paraffin isoliert, der Rest ist als Schmieröl geeignet. Durch hydrierende Raffination des Mittelöls gewinnt man Vergaser- und Dieseltreibstoffe.

32 Acyclische Sauerstoffverbindungen

32.1 Alkanole (*gesättigte acyclische Alkohole*)

Alkohole enthalten die funktionelle Gruppe[1] –OH (*Hydroxylgruppe*), gebunden an einem Kohlenwasserstoffrest.

Eine Ausnahme liegt vor, wenn die OH-Gruppe unmittelbar mit einem C-Atom eines *Benzenkerns* verbunden ist. Diese Verbindungen werden *Phenole* genannt (↑S. 671).

Alkanole sind gesättigte, acyclische Alkohole; allg. Formel $C_nH_{2n+1}OH$.

Einteilung

- nach *Anzahl* der OH-Gruppen:

  > **ein-, zwei-, drei- usw. -wertige Alkohole**

  Zu beachten ist, daß Verbindungen mit mehr als einer OH-Gruppe am *gleichen* C-Atom im allgemeinen unbeständig sind und spontan unter Wasserabspaltung in andere Verbindungsklassen übergehen (z.B. Aldehyde, Ketone).

- nach der *Stellung* der OH-Gruppen:

  primäre Alkohole $\quad\quad R-CH_2(OH)$

  sekundäre Alkohole $\quad R'-\underset{\underset{H}{|}}{C(OH)}-R''$

  tertiäre Alkohole $\quad\quad R'-\underset{\underset{R'''}{|}}{C(OH)}-R''$

- Bei einem *primären Alkohol* befindet sich die OH-Gruppe an einem *primären C-Atom*, d.h. einem solchen, das nur mit *einem* weiteren C-Atom verknüpft ist.

---

[1] Die funktionelle Gruppe bestimmt weitgehend das chemische Verhalten (die »chemische Funktion«) einer Verbindung.

- Bei einem *sekundären Alkohol* befindet sich die OH-Gruppe an einem *sekundären C-Atom*, d.h. einem solchen, das mit *zwei* weiteren C-Atomen verknüpft ist.

- Bei einem *tertiären Alkohol* befindet sich die OH-Gruppe an einem *tertiären C-Atom*, d.h. einem solchen, das mit *drei* weiteren C-Atomen verknüpft ist.

32.1.1 Darstellungsmethoden

- **Alkenhydratation** (*Olefinhydratation*)
  Die Hydratation läuft über Schwefelsäureester und anschließende Verseifung; ↑S. 624. Sie führt außer mit Ethylen immer zu sekundären bzw. tertiären Alkanolen.
  Summarische Reaktion: R–CH=CH$_2$ + H–OH → R–CH(OH)–CH$_3$; s.a.S. 585.

- **Hydroformylierung** (*Oxo-Synthese*)
  Primäre Alkohole von 2 bis 20 C-Atomen werden über die Aldehydstufe, in die der Co-Katalysator eingeht, aus Olefinen, CO und H$_2$ hergestellt.

$$R-CH=CH_2 + CO + 2\,H_2 \xrightarrow[\text{CoH(CO)}_4{}^{1)}]{150\,°C;\ 200\ bar} R-CH_2-CH_2-CH_2OH^{1)}$$

- **Hydrolyse von Epoxidverbindungen**
  Dieses Verfahren wird zur Herstellung mehrwertiger Alkohole verwendet (↑S. 625.)

- **Oxidation von Aluminiumtrialkylen**
  Diese Methode dient vor allem zur Herstellung von unverzweigten geradzahligen Alkoholen mit 4 bis 20 C-Atomen aus Ethylen und Aluminiumtriethyl unter Druck und Wärme:

$$Al[(CH_2)_n-CH_2-CH_3]_3 \xrightarrow{+1{,}5\,O_2} Al[O-(CH_2)_n-CH_2-CH_3]_3$$
$$\xrightarrow{+3\,H_2O} 3\,CH_3-CH_2-(CH_2)_n-OH + Al(OH)_3$$

- **Labormethoden**
- Verseifung von Halogenalkanen (↑S. 640);
- mit Hilfe der GRIGNARD-Reaktion aus Aldehyden und Ketonen (↑S. 641).

32.1.2 Eigenschaften

Aggregatzustand: Schmelz- und Siedepunkte der Alkanole steigen mit zunehmender Kohlenstoffzahl an. Die niederen Alkanole sind bei gewöhnlicher Temperatur flüssig, die höheren fest.

Löslichkeit in Wasser: Je länger der *hydrophobe* (»wasserfeindliche«) Kohlenwasserstoffrest, desto weniger lösen sich die Alkanole in Wasser. Je mehr *hydrophile* (»wasserfreundliche«) OH-Gruppen im Molekül, desto leichter lösen sich die Alkanole in Wasser.

---

[1] CoH(CO)$_4$ ist *Cobaltcarbonylwasserstoff* (bei der angegebenen Reaktion Zwischenprodukt).

32.1 Alkanole (*gesättigte acyclische Alkohole*)

Alkoholatbildung: Die Alkohole verhalten sich praktisch neutral. Lediglich mit Alkalimetallen bilden sie salzartige **Alkoholate,** wobei das H-Atom der OH-Gruppe durch Metall ersetzt wird:

$$R-OH + Na \rightarrow R-ONa + {}^1/_2 H_2$$
$$\text{Natriumalkoholat}$$

Die *Alkoholate* bilden mit Wasser *Alkohole* zurück (vollständige *Hydrolyse*):

$$R-ONa + H_2O \rightarrow R-OH + NaOH$$
$$\text{Alkoholat} \qquad \text{Alkohol}$$

Veresterung: Alkohole bilden sowohl mit anorganischen als auch mit organischen Säuren *Ester*; ↑S. 643.

Oxidation:

- *Primäre* Alkohole lassen sich zu *Aldehyden* und weiter zu *Carbonsäuren* oxidieren; ↑S. 628 u.634.
- *Sekundäre* Alkohole lassen sich zu *Ketonen* oxidieren; ↑S. 632.
- *Tertiäre* Alkohole lassen sich nur unter Spaltung des Moleküls oxidieren.

32.1.3 Einwertige Alkanole

Methanol, *Methylalkohol, Carbinol, Holzgeist,* CH_3OH. *Kp* 64,6 °C; Dichte bei 20 °C 0,7913 $g \cdot cm^{-3}$; farblose Flüssigkeit von typischem Geruch. Methanol ist stark giftig (Erblindung und Tod).

Herstellung: aus teilweise konvertiertem Wassergas durch die »Methanol-Niederdruck-Synthese«:

$$CO + 2 H_2 \xrightarrow[\substack{60 \text{ bar;} \\ 250 \text{ bis } 300°C}]{CuO/Cr_2O_3} CH_3OH$$

Die Reaktionsöfen ähneln denen der NH_3-Synthese. Sie bestehen aber aus Sonderstählen mit hohem Chrom- und Nickelgehalt, wodurch die Bildung von Methan unterdrückt wird.

Verwendung: Methanol ist eines der wichtigsten Produkte der chemischen Industrie (Herstellung von Formaldehyd, Kunststoffen auf Acrylsäurebasis, Essigsäure; Lösungsmittel für Lacke und Farben). Außerdem wird CH_3OH zur Methylierung und zur Denaturierung von Ethanol verwendet.

Ethanol, *Ethylalkohol, Spiritus, Weingeist,* C_2H_5OH: farblose, brennbare Flüssigkeit von typischem Geruch und narkotischer Wirkung; *Kp* 78,3 °C; Dichte bei 20 °C 0,789 $g \cdot cm^{-3}$.

Herstellung:

- durch *alkoholische Gärung* von Zucker, der aus der Zuckerrübe, dem Zuckerrohr oder durch Umwandlung von Stärke aus Kartoffeln, Reis oder Mais gewonnen wird:

$$C_6H_{12}O_6 \xrightarrow{\text{Zymase}} 2\ C_2H_5OH + 2\ CO_2$$

Zucker   Ethanol

Zymase ist ein Ferment (Enzym, Biokatalysator) der Hefe; sie wirkt unabhängig von der lebenden Hefezelle.

- durch *Olefinhydratation* (Alkene aus den Crackgasen)
  Direktes Verfahren:

$$CH_2=CH_2 + H_2O \xrightarrow[\text{70 bar}]{300\ °C} CH_3-CH_2OH$$

Als Katalysator verwendet man Phosphorsäure, auf Silikagel oder Aktivkohle aufgetragen.

Indirektes Verfahren:

$$CH_2=CH_2 + H_2SO_4 \xrightarrow[\text{35 bar}]{80...90\ °C} CH_3-CH_2-OSO_2OH$$

98%ig   Ethylhydrogensulfat

$$CH_3-CH_2-OSO_2OH + H_2O \rightarrow CH_3-CH_2OH + H_2SO_4$$

Gleichzeitig verläuft als Nebenreaktion die Bildung von Diethylether.

Verwendung: Genuß-, Konservierungs- und Lösungsmittel; in der chemischen Industrie als Veresterungskomponente.

Propanol, *Propylalkohol,* C_3H_7OH. 2 Isomere:

- **Propan-1-ol,** *Propanol-(1), n-Propanol, normal-Propylalkohol,* $CH_3-CH_2-CH_2OH$; *Kp* 97,2 °C.
- **Propan-2-ol,** *Propanol-(2), Isopropylalkohol,* $CH_3-CHOH-CH_3$; *Kp* 80,4 °C.

Herstellung:

- durch *Hydratation von Propen:*

$$CH_3-CH=CH_2 \xrightarrow[20\ °C]{+H_2O} CH_3-CH_2-CH_2OH$$

- durch fraktionierte *Destillation* des *Fuselöls,* das bei der alkoholischen Gärung des aus der Kartoffelstärke hergestellten Zuckers aus den Eiweißstoffen der Kartoffel entsteht.
- durch *Oxidation eines Propan-Butan-Gemisches:*

$$\text{Propan-Butan-Gemisch} + \text{reines } O_2 \rightleftharpoons \begin{matrix} \text{Methanol} \\ \text{Propanole} \\ \text{Butanole} \end{matrix}$$

Verwendung: Lösungsmittel in der Filmindustrie, in der Pharmazie und in der Kosmetik als preiswerter Ersatz für Ethanol; hier wird Propan-2-ol vorgezogen, da es dem Ethanol ähnlicher ist. Zur Herstellung von Aceton und zur Veresterung.

32.1 Alkanole (*gesättigte acyclische Alkohole*)

Höhere einwertige Alkanole

Ähnliche Bedeutung wie Propanol haben die **Butanole** und **Pentanole** (*Amylalkohol*), die ebenfalls im Fuselöl enthalten sind.

Weitere Alkanole:

Hexadecanol (*Cetylalkohol*), $C_{16}H_{33}OH$, im Walrat;
Octadecanol (*Stearylalkohol*), $C_{18}H_{37}OH$, zur Herstellung neutraler Waschmittel;
Hexacosanol (*Cerylalkohol*), $C_{26}H_{53}OH$, im chinesischen Wachs;
Hentriacontanol (*Myricylalkohol*), $C_{31}H_{63}OH$, im Bienenwachs.

Alkanole mit 12 bis 20 C-Atomen (*Fettalkohole*) werden entweder aus einem durch Paraffinoxidation erzeugten Alkansäuregemisch durch Hochdruckhydrierung oder durch Oxidation von Aluminiumtrialkylen (↑S. 622) hergestellt. Aus ihnen gewinnt man Emulgatoren, Weichmacher, Grundstoffe für Kosmetika, Tenside (Detergenzien; grenzflächenaktive Stoffe).

32.1.4 Mehrwertige Alkanole

Ethylenglycol, *Ethan-1,2-diol, Ethandiol-(1,2)*, CH_2OH-CH_2OH,
Kp 197,8 °C, Dichte 1,113 g·cm^{-3}; farblose, viskose Flüssigkeit, die mit Wasser in beliebigem Verhältnis mischbar ist. Giftig!

Herstellung:

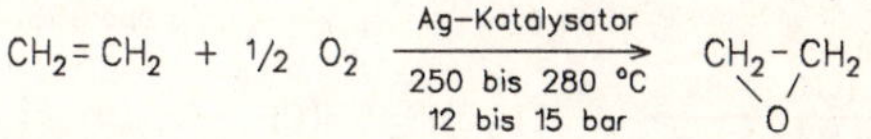

$$CH_2=CH_2 + \tfrac{1}{2}\,O_2 \xrightarrow[\substack{250 \text{ bis } 280\,°C \\ 12 \text{ bis } 15 \text{ bar}}]{\text{Ag-Katalysator}} \underset{\text{Ethylenoxid}}{CH_2\!-\!CH_2 \atop \diagdown O \diagup}$$

Ethen

$$\underset{}{CH_2\!-\!CH_2 \atop \diagdown O \diagup} + H_2O \xrightarrow[200\,°C]{H^+} \underset{\text{Ethylenglycol}}{\underset{OH \quad OH}{CH_2-CH_2}}$$

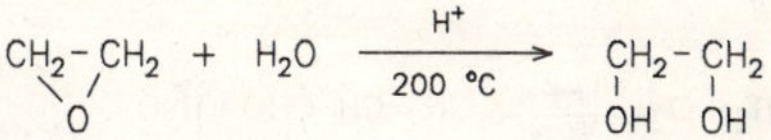

Verwendung: Gefrierschutzmittel für Motorkühlwasser; Weichmacher in der Plastindustrie; zur Herstellung von Polyesterfarbstoff und Explosivstoffen; als Bremsflüssigkeit.
Ein wichtiges Lösungsmittel für Lacke und Celluloseacetat ist **Dioxan**, das aus Ethylenglycol gewonnen wird:

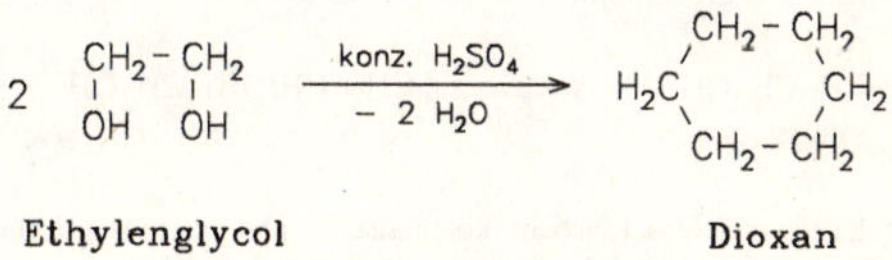

$$2\; \underset{\text{Ethylenglycol}}{\underset{OH \quad OH}{CH_2-CH_2}} \xrightarrow[-2\,H_2O]{\text{konz. } H_2SO_4} \underset{\text{Dioxan}}{H_2C{\diagup CH_2-CH_2 \diagdown \atop \diagdown CH_2-CH_2 \diagup}CH_2}$$

Glycerol, *Glycerin, Propan-1,2,3-triol, Propantriol-(1,2,3)*, $C_3H_5(OH)_3$, $CH_2(OH)-CH(OH)-CH_2(OH)$; farblose Flüssigkeit, viskos und süßschmeckend, mit Wasser und Ethanol in jedem Verhältnis mischbar; *F* 18 °C; *Kp* 290 °C.

32 Acyclische Sauerstoffverbindungen

Herstellung:

- durch *Verseifung von Fetten* (↑S. 695)
  Fett + NaOH → Glycerol + Na-Salz höherer Fettsäuren

- aus dem Propen der Crackgase (ältere Methode):

  1. Stufe:
  $$CH_2=CH-CH_3 + Cl_2 \xrightarrow{500\,°C} CH_2=CH-CH_2Cl + HCl$$
  Propen $\quad\quad\quad\quad\quad\quad\quad\quad$ 3-Chlor-prop-1-en

  2. Stufe:
  $$2\ CH_2=CH-CH_2Cl + 2\ HOCl \rightarrow CH_2OH-CHCl-CH_2Cl$$
  $\quad\quad\quad\quad\quad\quad\quad\quad\quad\quad\quad\quad$ 2,3-Dichlor-propan-1-ol
  $$+\ CH_2Cl-CH(OH)-CH_2Cl$$
  $\quad\quad\quad\quad\quad\quad\quad\quad\quad\quad\quad\quad$ 1,3-Dichlor-propan-2-ol

  3. Stufe:

  $$CH_2OH-CHCl-CH_2Cl \xrightarrow[\text{alkalisches Milieu}]{-\ HCl} \underset{O}{CH_2\overset{\diagdown\,\diagup}{}CH}-CH_2Cl$$

  $\quad\quad\quad\quad\quad\quad\quad\quad\quad\quad\quad\quad\quad\quad$ Epichlorhydrin
  $\quad\quad\quad\quad\quad\quad\quad\quad\quad\quad\quad\quad\quad\quad$ (3-Chlor-1-epoxy-propan)

  $$\xrightarrow[\text{Erhitzen im alkalischen Milieu}]{+\ 2\ H_2O\ -\ HCl} CH_2OH-CH(OH)-CH_2OH$$
  $\quad\quad\quad\quad\quad\quad\quad\quad\quad\quad\quad\quad\quad\quad$ Glycerol

- aus dem Propen der Crackgase (moderne Methode ohne Anwendung von Chlor)

  I $\quad CH_2=CH-CH_3 + O_2 \xrightarrow[\substack{350\,°C\\10\,\text{bar}}]{\text{Cu-Kat.}} CH_2=CH-CHO + H_2O$
  $\quad\quad\quad\quad\quad\quad\quad\quad\quad\quad\quad\quad\quad\quad$ Acrolein (Propenal)

  II $\quad CH_2=CH-CHO + CH_3-CH(OH)-CH_3 \xrightarrow{400\,°C}$
  $\quad\quad$ Acrolein $\quad\quad$ Isopropanol (Propan-2-ol)
  $\quad\quad\quad CH_2=CH-CH_2OH + CH_3-CO-CH_3$
  $\quad\quad\quad$ Allylalkohol $\quad\quad\quad\quad$ Aceton

  III $\quad CH_2=CH-CH_2OH + H_2O_2 \xrightarrow[70\,°C]{WO_3} CH_2-CH(OH)-CH_2OH$
  $\quad\quad$ Allylalkohol $\quad\quad\quad\quad\quad\quad\quad\quad\quad\quad\quad$ Glycerol

Verwendung: in der Papier-, Druckfarben-, kosmetischen und pharmazeutischen Industrie, als Appreturmittel, Bremsflüssigkeit, Weichmacher für Zellglas, zur Herstellung von Glyceroltrinitrat (»Nitroglycerin«), Alkydharzlacken und Epoxidharzen.

Diglycol (*Diethylenglycol*), $HO-CH_2-CH_2-O-CH_2-CH_2-OH$, **Triglycol** (*Triethylenglycol*), $HO-CH_2-CH_2-O-CH_2-CH_2-O-CH_2-CH_2-OH$, und höhere Kondensationsprodukte des Glycols sowie auch entsprechende Oligomere des **Propylenglycols**, $HO-CH_2-CH_2-CH_2-OH$, finden als nichtionogene Tenside, als Lösungsmittel für Aromaten und zur Herstellung von Polyurethanen Anwendung.

32.2 Acyclische Ether (*Alkoxy-alkane*)

Ether enthalten eine oder mehrere Sauerstoffbrücken –O– im Molekül.
Alkoxy-alkane sind gesättigte acyclische Ether.
Allgemeine Formel: $R^1\text{–O–}R^2$

Man kann die Ether als Anhydride der Alkohole auffassen:

$$\left.\begin{array}{l}R^1-OH\\R^2-OH\end{array}\right\} - H_2O \longrightarrow \begin{array}{l}R^1\\R^2\end{array}\!\!\diagdown\!\!\diagup O$$

Einteilung:

- **Einfache Ether:** die Sauerstoffbrücke verbindet zwei *gleiche* Alkylreste.
- **Gemischte Ether:** Die Sauerstoffbrücke verbindet zwei *verschiedene* Alkylreste.

Herstellung:

- durch Wasserentzug aus Alkoholen:
  $2\ R\text{–}CH_2OH \rightarrow R\text{–}CH_2\text{–}O\text{–}CH_2\text{–}R + H_2O$

- durch Reaktion zwischen Alkoholaten und Halogenalkanen (X = Halogen):
  $R^1\text{–}CH_2\text{–}ONa + X\text{–}CH_2\text{–}R^2 \rightarrow R^1\text{–}CH_2\text{–}O\text{–}CH_2\text{–}R^2 + NaX$

Diethylether, *Diethylether, Ethoxy-ethan,* $C_2H_5\text{–}O\text{–}C_2H_5$. Diethylether wird meist kurz als »Ether« bezeichnet.

Eigenschaften: farblose, ätherisch riechende, leichtbewegliche Flüssigkeit: *Kp* 34,6 °C. Ether ist mit Wasser nur in geringem Maße mischbar. Die Dämpfe sind leicht entflammbar und bilden mit Luft hochexplosive Gemische. Ether muß in braunen Flaschen aufbewahrt werden, da anderenfalls durch Lichteinwirkung explosive Peroxide entstehen.

Herstellung:

- durch Wasserentzug aus Ethanol:

  $$2\ C_2H_5OH \xrightarrow{H_2SO_4} C_2H_5\text{–}O\text{–}C_2H_5 + H_2O$$

- durch indirekte Hydratation von Ethen:

  Bei diesem Verfahren entstehen Ethanol und gleichzeitig Diethylether:

  1. Stufe: $CH_2\text{=}CH_2 + H_2SO_4 \rightarrow CH_3\text{–}CH_2\text{–}OSO_3H$
  Ethen $\qquad\qquad\qquad\qquad\qquad$ Ethylsulfat

  2. Stufe: $CH_3\text{–}CH_2\text{–}OSO_3H + H_2O \rightarrow CH_3\text{–}CH_2\text{–}OH + H_2SO_4$
  $\qquad\quad$ Ethylsulfat $\qquad\qquad\qquad\qquad$ Ethanol

  3. Stufe: $CH_2\text{=}CH_2 + CH_3\text{–}CH_2\text{–}OSO_3H \rightarrow (CH_3\text{–}CH_2\text{–}O)_2SO_2$
  Ethen $\qquad\qquad\qquad\qquad\qquad\qquad\qquad$ Diethylsulfat

  4. Stufe: $(CH_3\text{–}CH_2\text{–}O)_2SO_2 + CH_3\text{–}CH_2\text{–}OH$
  $\qquad\quad$ Diethylsulfat $\qquad\qquad$ Ethanol
  $\rightarrow CH_3\text{–}CH_2\text{–}OSO_3H + CH_3\text{–}CH_2\text{–}O\text{–}CH_2\text{–}CH_3$
  $\qquad$ Ethylsulfat $\qquad\qquad\qquad$ Diethylether

Verwendung: Lösungsmittel, früher als Narkosemittel; „Hoffmannstropfen" bestehen aus einem Teil Ether und drei Teilen Ethanol. Man benötigt Diethylether bei den GRIGNARD-Reaktionen (↑S. 640).

32.3 Acyclische Aldehyde (*Alkanale*)

32.3.1 Allgemeines

Aldehyde[1] haben die funktionelle Gruppe $-C\begin{smallmatrix}H\\\\O\end{smallmatrix}$; (einzeilig -CHO); (*Aldehydgruppe, Formylgruppe*). **Alkanale** sind *gesättigte*, **Alkenale** *einfach ungesättigte* acyclische Aldehyde.

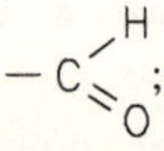

Allgemeine Formel der Alkanale: $C_nH_{2n+1}-C\begin{smallmatrix}H\\\\O\end{smallmatrix}$

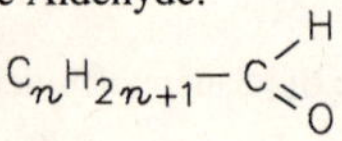

Herstellung:

- *Oxydation primärer Alkanole:*

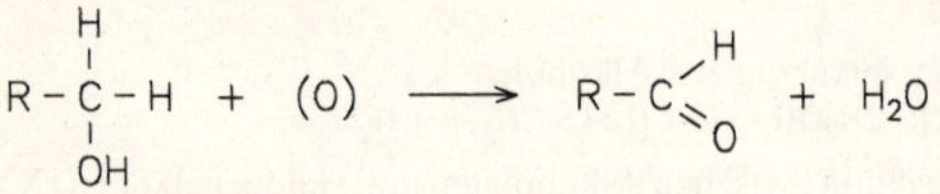

$$R-\underset{OH}{\underset{|}{\overset{H}{\overset{|}{C}}}}-H + (O) \longrightarrow R-C\begin{smallmatrix}H\\\\O\end{smallmatrix} + H_2O$$

- Erhitzen einer *Carbonsäure* mit *Ameisensäure:*

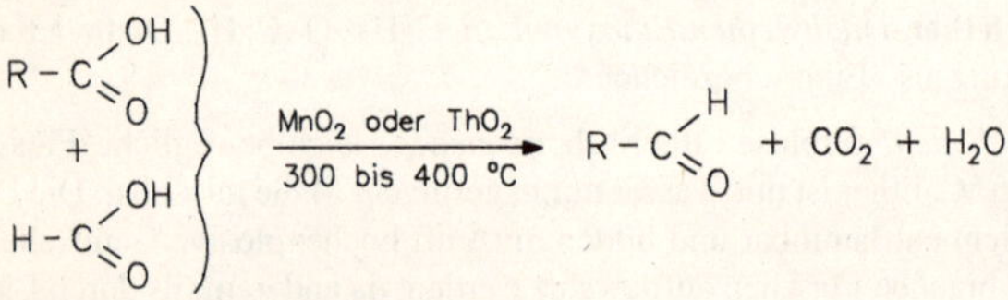

$$\left.\begin{array}{c}R-C\begin{smallmatrix}OH\\\\O\end{smallmatrix}\\+\\H-C\begin{smallmatrix}OH\\\\O\end{smallmatrix}\end{array}\right\} \xrightarrow[300\text{ bis }400\text{ °C}]{MnO_2\text{ oder }ThO_2} R-C\begin{smallmatrix}H\\\\O\end{smallmatrix} + CO_2 + H_2O$$

- Oxosynthese (Hydroformylierung)
  Katalytische Druckreaktion bei 50 bis 200 °C zwischen H_2, CO und Alkenen, z.B.

  $$CH_2=CH_2 + CO + H_2 \rightarrow CH_3-CH_2-CHO$$
  Propanal

- Oxidation von Alkenen

  $$R-CH2=CH2 + 1/2\ O2 \rightarrow R-CH2-CHO$$

Eigenschaften:

- *Reduktionswirkung:* Aldehyde wirken reduzierend; hierbei werden sie zu Carbonsäuren bzw. Alkansäuren oxidiert. Der *Nachweis* der Aldehyde mittels FEHLINGscher Lösung (Ausscheidung von rotem Cu_2O; ↑S. 526) oder ammoniakalischer Silbersalzlösung (Bildung eines Ag-Spiegels) beruht auf der Reduktionswirkung; ↑S. 528.

---

[1] von *alcool dehydrogenatus* (arab.) entwasserstoffter Alkohol

32.3 Acyclische Aldehyde (*Alkanale*)

- *Additionsreaktionen:*

$$R-C\overset{H}{\underset{O}{\lessgtr}} + H_2 \xrightarrow{Ni,Pd-Kat.} R-CH_2(OH)$$

Alkanal   Alkanol

$$R-C\overset{H}{\underset{O}{\lessgtr}} + HCN \longrightarrow R-\underset{OH}{\overset{H}{\underset{|}{C}}}-CN \longrightarrow R-\underset{OH}{\overset{H}{\underset{|}{C}}}-C\overset{O^-NH_4^+}{\underset{O}{\lessgtr}}$$

Alkanal   Hydroxy-   Ammonium-
             alkannitril   hydroxycarboxylat
             ("Cyanhydrin")

- Aldoladdition (*Aldolreaktion*) ist eine Aldehyddimerisation (Addition zweier Aldehyde):

$$CH_3-C\overset{H}{\underset{\boxed{OH}}{\lessgtr}} + CH_2-C\overset{H}{\underset{O}{\lessgtr}} \xrightarrow{Alkali} CH_3-\underset{OH}{\underset{|}{CH}}-CH_2-C\overset{H}{\underset{O}{\lessgtr}}$$

Ethanal   3-Hydroxy-butanal
(Acetaldehyd)   (Acetaldol)

Die Aldoladdition spielt bei biologischen Prozessen (Gärung) und organischen Synthesen eine große Rolle.

- CANNIZZARO-Reaktion (*Disproportionierung* oder *Dismutation* in die niedrigere und höhere Oxidationsstufe):

$$2\ R-C\overset{H}{\underset{O}{\lessgtr}} + NaOH \longrightarrow R-CH_2(OH) + R-C\overset{O^-Na^+}{\underset{O}{\lessgtr}}$$

Alkanal   Alkanol   Natrium-
                                     carboxylat

Aromatische Aldehyde reagieren leichter als aliphatische.

- Acetalbildung:
Die Addition von Alkohol an Aldehyde führt über das **Halbacetal** zum **Acetal**. Beide spielen bei der Synthese organischer Verbindungen eine Rolle, da die Aldehydgruppe gewissermaßen geschützt wird.

$$R^1-C\overset{H}{\underset{O}{\lessgtr}} + R^2-OH \longrightarrow R^1-\underset{OR^2}{\overset{H}{\underset{|}{C}}}-OH \xrightarrow[-H_2O]{+R^2OH} R^1-\underset{OR^2}{\overset{H}{\underset{|}{C}}}-OR^2$$

Halbacetal   Acetal

Durch verdünnte Säuren wird das Acetal wieder in Aldehyd und Alkanol gespalten.

32 Acyclische Sauerstoffverbindungen

- *Polymerisation*
  - *Methanal* (Formaldehyd) polymerisiert in leicht saurem oder alkalischem Milieu zu einem weißen Pulver, dem **Paraformaldehyd**. Bei wasserfreier Polymerisation im basischen Milieu entsteht **Polyoxymethylen**, ein höhermolekulares Polymerisat.

$$n\ H-CHO \rightarrow (-CH_2-O)_n$$
Methanal   Polyoxymethylen

  - *Ethanal* (Acetaldehyd) polymerisiert leicht zu **Paraldehyd** oder zu **Metaldehyd** (Hartspiritus »*Meta*«); hierbei verschwinden die reduzierenden Eigenschaften des Aldehyds:

$$3\ CH_3-C\overset{H}{\underset{O}{\lessgtr}} \xrightarrow[\text{konz. } H_2SO_4]{+ \text{ wenig}}$$

Paraldehyd: Kp 124°C; früher als Schlafmittel verwendet

$$4\ CH_3-C\overset{H}{\underset{O}{\lessgtr}} \xrightarrow[\text{bei 0 °C}]{\substack{+ \text{ wenig}\\ \text{konz. } H_2SO_4}}$$

kristalliner **Metaldehyd**; Sublimationspunkt 112 °C

- *Oxidation:* Alkanale werden durch Sauerstoff zu Alkansäuren oxidiert
$$R-CHO + {}^1\!/_2\ O_2 \rightarrow R-COOH$$

32.3.2 Spezielle Aldehyde

Formaldehyd, *Methanal,* H–CHO; stechend riechendes, wasserlösliches Gas; *Kp* –19,3 °C.

Herstellung:

- Oxidation von Methan:

$$CH_4 + O_2 \xrightarrow[\text{AlPO}_4\text{-Kat.}]{450\ °C;\ 10\ \text{bis}\ 20\ \text{bar}} H-CHO + H_2O$$

- Dehydrierung von Methanol:

$$CH_3OH + {}^1\!/_2\ O_2 \xrightarrow[\text{Ag-Kat.}]{500\ °C} H-CHO + H_2O$$

Verwendung: Der Hauptanteil des Formaldehyds wird gegenwärtig zur Herstellung von Duroplasten (Phenoplaste, Aminoplaste) und Thermoplasten (Polyformaldehyd) verwendet. Die 40%ige wäßrige Lösung des Formaldehyds, *Formalin* genannt, scheidet spontan als Niederschlag oligomeren *Paraformaldehyd* aus, der beim Erhitzen wieder in Formaldehyd übergeht. Formalin wird zur Härtung von Gelatine in der Fotografie und zur Konservierung biologischer Präparate angewandt. Seifenlösungen des Formaldehyds dienen als Desinfektionsmittel.

Acetaldehyd, *Ethanal,* CH_3-CHO; farblos, in Wasser löslich, riecht betäubend; Kp 20,4 °C.

Herstellung:

- Oxidation des Ethylens

$$CH_2=CH_2 + \tfrac{1}{2} O_2 \xrightarrow[\text{3 bar; 100 °C}]{PdCl_2/CuC_2} CH_3-CHO$$

- Wasseranlagerung an Acetylen

$$CH\equiv CH + H_2O \xrightarrow[\text{90 °C}]{H_2SO_4;\ HgSO_4} CH_3-CHO$$

Verwendung: Ethanal ist ein wichtiges Zwischenprodukt für die Herstellung von Essigsäure, Essigsäureanhydrid, Butadien (→ Synthesekautschuk), Pentaerythrit (→ Explosivstoffe, Weichmacher) u.a.

Chloral, *Trichlorethanal,* CCl_3-CHO. Wichtiger ist das **Chloralhydrat,** $CCl_3-CH(OH)_2$, das als Schlafmittel sowie zur Herstellung von Chloroform und DDT verwendet wird.

Acrolein, *Propenal,* $CH_2=CH-CHO$, Kp 52 °C, ist ein *Alkenal*. Farblose, langsam von selbst polymerisierende Flüssigkeit. Der scharfe, stechende Geruch des gebratenen Fettes entsteht durch Zersetzung des im Fett enthaltenen Glycerols zu Acrolein:

$$\underset{\text{Glycerol}}{CH_2(OH)-CH(OH)-CH_2OH} - 2\ H_2O \rightarrow \underset{\text{Acrolein}}{CH_2=CH-CHO}$$

Glyoxal, *Ethandial,* $OHC-CHO$, der einfachste zweiwertige Aldehyd, ist eine gelbe, stechend riechende Flüssigkeit (F 15 °C, Kp 50,4 °C), deren Dämpfe grün aussehen. Es wird zunehmend an Stelle von Formaldehyd verwendet.

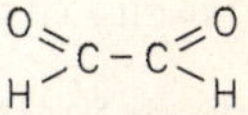

$$\underset{\text{Glyoxal}}{\overset{O}{\underset{H}{\diagdown}}C-C\overset{O}{\underset{H}{\diagup}}}$$

32.4 Alkanone (*gesättigte acyclische Ketone*)

Ketone enthalten die *funktionelle Gruppe* $\diagup C = O$ (*Keto-* oder *Carbonylgruppe*).

Man unterscheidet

einfache Ketone	gemischte Ketone
$R^1-\underset{\underset{O}{\parallel}}{C}-R^1$	$R^1-\underset{\underset{O}{\parallel}}{C}-R^2$

Monoketone haben eine Ketogruppe, **Diketone** zwei Ketogruppen.

Eigenschaften: Ketone mit niedriger C-Zahl sind mit Wasser mischbare Flüssigkeiten. Sie gehen, ähnlich wie die Aldehyde, Additions- und Kondensationsreaktionen ein. Gegen Oxidationsmittel sind sie im allgemeinen beständig; nur durch energische Oxidation wird das Ketonmolekül in zwei Carbonsäuremoleküle gespalten.

Herstellung:

- durch *Oxidation* bzw. *Dehydrierung sekundärer Alkohole:*

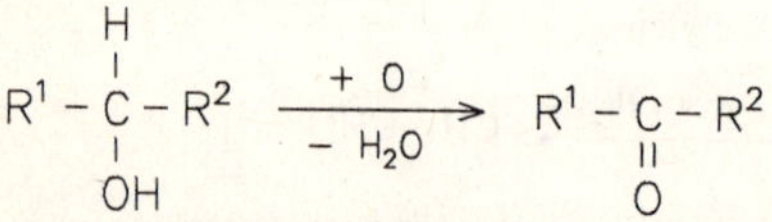

$$R^1 - \underset{\underset{OH}{|}}{\overset{\overset{H}{|}}{C}} - R^2 \xrightarrow[-H_2O]{+O} R^1 - \underset{\underset{O}{\|}}{C} - R^2$$

- durch *Destillation von Calciumsalzen der Carbonsäuren* (Labormethode):

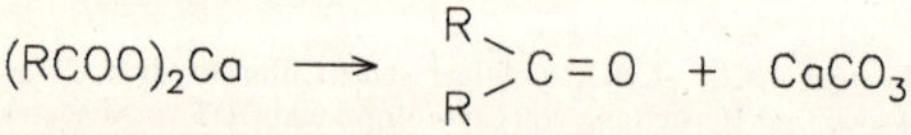

$$(RCOO)_2Ca \longrightarrow \underset{R}{\overset{R}{>}}C=O + CaCO_3$$

Aceton, *Propanon, Dimethylketon,* $CH_3-CO-CH_3$; farblose, obstartig riechende, mit Wasser, Alkohol und Ether mischbare Flüssigkeit; *Kp* 56,2 °C.

Herstellung:

- aus Ethin und Wasserdampf:

$$2 \; CH\equiv CH + 3 \; H_2O \xrightarrow{ZnO} CH_3-CO-CH_3 + CO_2 + 2 \; H_2$$

- technische Synthese:

$$CH_2=CH-CH_3 + \tfrac{1}{2} \; O_2 \xrightarrow[100°C;\; 10\;bar]{PdCl_2} CH_3-CO-CH_3$$

Propen \hspace{3cm} Aceton

- Nebenprodukt bei der Phenolsynthese nach dem Cumenverfahren (↑S. 672).

Verwendung: Aceton ist ein häufig gebrauchtes Lösungsmittel (z.B. für Lacke, Acetatseide, Acetylen). Als Gelatinierungsmittel von Cellulosenitraten spielt es in der Film- und Sprengstofftechnik eine Rolle.

Alkandione (*Diketone*). *Man unterscheidet:*

1,2-Diketone $R^1-CO-CO-R^2$
1,3-Diketone $R^1-CO-CH_2-CO-R^2$
1,4-Diketone $R^1-CO-CH_2-CH_2-CO-R^2$

Butan-2,3-dion, *Diacetyl, Dimethylglyoxal,* $CH_3-CO-CO-CH_3$, ist ein 1,2-Diketon. Das Butteraroma besteht im wesentlichen aus Diacetyl.

Diacetyldioxim, $CH_3-C(=N-OH)-C(=N-OH)-CH_3$, ist das Nickelreagens nach TSCHUGAEFF.

32.5 Acyclische Carbonsäuren und Hydroxycarbonsäuren

32.5.1 Allgemeines

Carbonsäuren enthalten die *funktionelle Gruppe* $-C{\lessgtr}{}^{O}_{OH}$ (*Carboxlgruppe*), auch –COOH geschrieben.

Eigenschaften:

Saurer Charakter: Die Carboxylgruppe verleiht dem Molekül *sauren Charakter*. Die Carbonsäuren *dissoziieren* in wäßriger Lösung gemäß der Gleichung:

$$R-C{\lessgtr}{}^{O}_{OH} + H_2O \rightleftarrows R-C{\lessgtr}{}^{O}_{O^-} + H_3O^+$$

Der Dissoziationsgrad ist relativ gering, so daß die Carbonsäuren im allgemeinen nur schwache Säuren sind. (Ausnahme z.B. *Trichlorethansäure*, CCl_3–COOH, die an Stärke der Schwefelsäure gleichkommt.)

Salze: Die Carbonsäuren bilden mit Basen, Basenanhydriden und Metallen Salze (*Carboxylate*).

Beispiele:
2 R–COOH + Mg(OH)$_2$ → (R–COO)$_2$Mg + 2 H$_2$O
2 R–COOH + MgO → (R–COO)$_2$Mg + H$_2$O
2 R–COOH + Mg → (R–COO)$_2$Mg + H$_2$

Da die Carbonsäuren schwache Säuren sind, reagieren die Lösungen ihrer *Alkalisalze* infolge Hydrolyse alkalisch.
Aus dem gleichen Grund lassen sie sich aus ihren Salzen durch stärkere Säuren wieder in Freiheit setzen.

Beispiel: 2 R–COONa + H$_2$SO$_4$ → 2 R–COOH + Na$_2$SO$_4$

Reduktion: Carbonsäuren lassen sich relativ schwer zu Alkoholen reduzieren, z.B. nach SCHRAUTH:

$$R-COOH \xrightarrow[+4H, -H_2O]{CuO, Cr_2O_3} R-CH2-(OH)$$

Veresterung: Carbonsäure + Alkohol ⇄ Ester + Wasser; ↑S. 646.

Anhydridbildung: Unter dem Einfluß wasserentziehender Mittel auf Carbonsäuren sowie auch aus *Carbonsäurechlorid + Na-Salz von Carbonsäuren* bilden sich *Carbonsäureanhydride*:

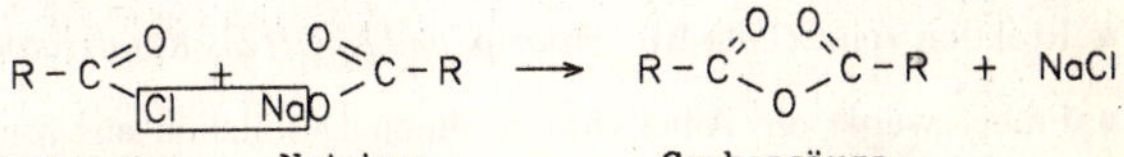

$$R-C{\lessgtr}{}^{O}_{\boxed{Cl}} + \boxed{NaO}{\gtrless}^{O}C-R \longrightarrow R-C{\lessgtr}{}^{O}_{O}{\gtrless}^{O}C-R + NaCl$$

Carbonsäure-   Natrium-   Carbonsäurechlorid   carboxylat   anhydrid

32.5.2 Alkanmonosäuren (*gesättigte acyclische Monocarbonsäuren, Fettsäuren*)

Alkansäuren sind gesättigte acyclische Carbonsäuren. Je nach der Zahl der vorhandenen Carboxylgruppen unterscheidet man **Alkanmono-, Alkandi-, Alkantri-** usw. **-säuren.**

Allgemeine Formel der Alkanmonosäuren: $C_nH_{2n+1}COOH$.

Herstellung:

- Oxidation von Alkanalen:

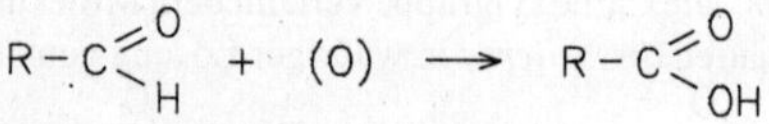

$$R-C\overset{O}{\underset{H}{\diagdown}} + (O) \longrightarrow R-C\overset{O}{\underset{OH}{\diagdown}}$$

- aus carbonsauren Salzen durch stärkere Säuren; s.o.
- Verseifung von Carbonsäureestern, z.B. von Fetten und fetten Ölen,
- GRIGNARD-Reaktion mit CO_2,
- »*Paraffinoxidation*«:

  In Gegenwart von Mn-Verbindungen wird Luft durch geschmolzenes Paraffin geblasen. Die Paraffinmoleküle werden bevorzugt in der Mitte, teilweise aber auch weiter von der Mitte entfernt gespalten, so daß ein Gemisch von Alkansäuren entsteht. Das Reaktionsgemisch wird als Weichmacher in der Plastindustrie, zur Seifenherstellung und zur Herstellung von Fettalkoholen für synthetische waschaktive Substanzen verwendet.

Ameisensäure, *Methansäure,* H–COOH.

Salze und Ester: **Formiate** (*Methanoate*).

Herstellung:

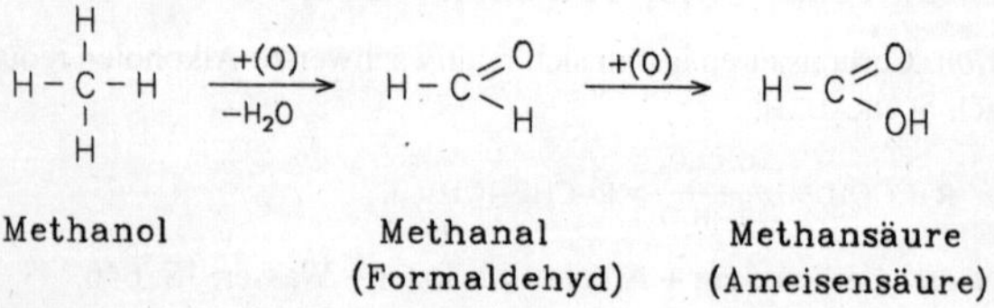

$$H-\underset{H}{\overset{H}{\underset{|}{\overset{|}{C}}}}-H \xrightarrow[-H_2O]{+(O)} H-C\overset{O}{\underset{H}{\diagdown}} \xrightarrow{+(O)} H-C\overset{O}{\underset{OH}{\diagdown}}$$

Methanol   Methanal   Methansäure
(Formaldehyd)   (Ameisensäure)

- Oxidation von *Methanol* bzw. *Methanal:*

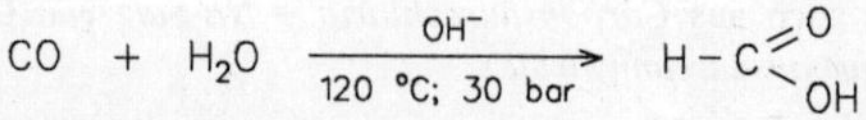

$$CO + H_2O \xrightarrow[120\ °C;\ 30\ bar]{OH^-} H-C\overset{O}{\underset{OH}{\diagdown}}$$

- Reaktion von *CO mit Wasserdampf und NaOH als Katalysator:*
- Früher wurde die Ameisensäure durch Destillation aus roten Ameisen hergestellt.

32.5 Acyclische Carbonsäuren

Eigenschaften: Ameisensäure ist eine stechend riechende Flüssigkeit (*Kp* 100,5 °C). Sie ist etwa 4mal stärker dissoziiert als Essigsäure gleicher Konzentration.
Da in ihrem Molekül die Aldehydgruppe HO–$C{\stackrel{O}{\underset{H}{\diagdown}}}$ auftritt, wirkt Methansäure wie Aldehyde reduzierend.

Verwendung: als Beize in der Wollfärberei, zur Konservierung von Fruchtsäften und Silofutter, zum Desinfizieren von Wein- und Bierfässern. In der Ledergerberei entkalkt man mit Methansäure.

Essigsäure, *Ethansäure, Methancarbonsäure,* CH_3COOH.

Salze und Ester: **Acetate** (*Ethanoate*).

Herstellung:

- *Umsetzung von Methanol mit Kohlenmonoxid:*
  Dieses Verfahren erhält wachsende Bedeutung.

$$CH_3OH + CO \xrightarrow[150\,°C]{Cobaltiodid} CH_3COOH$$

- *Oxidation von Ethanol* unter dem Einfluß von Essigbakterien

$$CH_3-CH_2OH + O_2 \text{ (Luft)} \rightarrow CH_3-COOH + H_2O$$

- Oxidation niederer Paraffine (Butan oder Leichtbenzin)

$$CH_3-CH_2-CH_2-CH_3 + 2\,^1/_2\,O_2 \xrightarrow[40...60\text{ bar}]{\text{Mn–Salze} \atop 150...180\,°C} 2\,CH_3\text{-COOH} + H_2O$$

- *Oxydation von Acetylen oder Ethylen* über die Zwischenstufe Acetaldehyd. Da Acetylen früher nur aus Calciumcarbid hergestellt wurde, wird dieser Essig auch »Carbidessig« genannt.

$$CH_3-CHO + ^1/_2\,O_2 \xrightarrow{\text{Mn–Acetat}} CH_3-COOH$$

Eigenschaften der Essigsäure: stechend riechende Flüssigkeit; *Kp* 118 °C im wasserfreien Zustand; 100%ige Essigsäure, die schon bei +16,6 °C zu eisartigen Kristallen erstarrt, wird **»Eisessig«** genannt.

Verwendung: Eisessig und **Essigsäureanhydrid,** CH_3-CO–O–CO–CH_3, werden bei vielen organischen Synthesen benötigt, z.B. zur Acetylierung (Einführung der Gruppe CH_3–CO- in ein organisches Molekül), oder zur Veresterung. Speiseessig enthält verdünnte 5 bis 10%ige Essigsäure. Verschiedene Acetate haben praktische Bedeutung, z.B. *Aluminiumacetat,* $(CH_3COO)_3Al$; ↑S. 446.

Seifen sind Salze höherer Fettsäuren, insbesondere Palmitin-, Stearin- und Ölsäure. Als *Waschseifen* dienen die Natrium-, aber auch die Kaliumsalze. Sie werden durch Neutralisation synthetischer Fettsäuren oder durch Verseifung von Fetten mit Natronlauge hergestellt. Als Nebenprodukt entsteht Glycerol. Werden billige Öle mit Natron- oder Kalilauge verseift und läßt man das Glycerol in der Masse, dann entstehen *Schmierseifen*.

Tabelle 32-1: *Höhere Alkanmonosäuren*

Alkansäure	Formel	F/°C	Kp/°C	Trivialname des Salzes	Vorkommen
Propansäure (*Propionsäure*)	CH_3-CH_2-COOH	−20	+141	Propionat	Holzteer, Schwelwasser
Butansäure (*Buttersäure*)	$CH_3-(CH_2)_2-COOH$	−5	+164	Butyrat	Butter
Pentansäure (*Valeriansäure*)	$CH_3-(CH_2)_3-COOH$	−35	+187	Valerianat	Baldrian
Hexansäure (*Capronsäure*)	$CH_3-(CH_2)_4-COOH$	−4	+205	Capronat	Butter, Öl
Decansäure (*Caprinsäure*)	$CH_3-(CH_2)_8-COOH$	+31	+270	Caprinat	Kokosfett
Hexadecansäure (*Palmitinsäure*)	$CH_3-(CH_2)_{14}-COOH$	+63	+271	Palmitat	Fette
Octadecansäure (*Stearinsäure*)	$CH_3-(CH_2)_{16}-COOH$	+69	+291	Stearat	Fette

32.5.3 Alkenmonosäuren

Acrylsäure, *Propensäure,* $CH_2=CH-COOH$, eine farblose Flüssigkeit, polymerisiert leicht zu einer glasartigen Masse.

Methacrylsäure, 2-*Methyl-propensäure,* $CH_2=C(CH_3)-COOH$; F 16 °C, Kp 163 °C. Der Methylester der Methacrylsäure, **Methacrylsäuremethylester,** *Methylmethacrylat,* $CH_2=C(CH_3)-CO-OCH_3$, ist das Monomer des Plastes Polymethylmethacrylat (PMMA); ↑S. 735.

Ölsäure, *Octadec-9-ensäure,* $C_{17}H_{33}COOH$; $CH_3-[CH_2]_7-CH=CH-[CH_2]_7-COOH$; F 16,3 °C. Farblose, geruchlose Flüssigkeit, die sich nicht in Wasser, aber in Ethanol löst. Ölsäure als Glycerolester ist der Hauptbestandteil fetter Öle und vieler Fette, ↑S. 695. Die Salze und Ester heißen **Oleate.**

Linolsäure, *Octadeca-*9,12-*diensäure,* $C_{16}H_{31}COOH$; $CH_3-[CH_2]_4-CH=CH-CH_2-CH=CH-[CH_2]_7-COOH$; F −5 °C. Linolsäure gehört zu den für die Ernährung wichtigen essentiellen Fettsäuren (»Vitamin F«). Sie ist im Mohnöl (62%), Sonnenblumenöl (52%), Sojabohnenöl (54%), Erdnußöl (31%), Maisöl (50%) und Leinöl (14%) enthalten.

Linolensäure, *Octadeca-*9,12,15-*triensäure,* $C_{17}H_{29}COOH$; $CH_3-CH_2-CH=CH-CH_2-CH=CH-CH_2-CH=CH-[CH_2]_7-COOH$; F −11 °C kommt ebenso wie die Linolsäure im Lein-, Nuß- und Mohnöl vor. Linol- und Linolensäure, vermischt mit Siccativen[1] (Mn-, Co- oder Pb-Salze); ergeben *Firnis.* Die Verharzung erfolgt durch Oxidation und Polymerisation; der Vorgang wird durch Sonnenlicht erheblich beschleunigt.

---

1) *Sikkative* beschleunigen die Trocknung (Verharzung) von Leinöl und damit bereiteten Anstrichmitteln (Ölfarben).

32.5.4 Alkandisäuren (acyclische Dicarbonsäuren)

Allgemeine Formel: HOOC–R–COOH

Eigenschaften: Kristalline Substanzen, die stärker sauer reagieren als die Alkanmonosäuren. Die Acidität wird mit wachsender C-Zahl geringer.

Oxalsäure, *Ethandisäure*, HOOC–COOH.
Eigenschaften: mittelstarke Säure, die wesentlich stärker dissoziiert als Essigsäure; F 189,5 °C.

Vorkommen: meist als saures K-Salz in zahlreichen Pflanzen, z.B im Klee, Spinat, Rhabarber und in der Tomate; auch in Nierensteinen.

Verwendung: Als Reagens in der quantitativen Analyse und als Beizmittel in der Zeugfärberei.

Salze und Ester: **Oxalate**.

Darstellung des Natriumsalzes:

$$2\ H\text{–}COONa \xrightarrow{360\ °C} NaOOC\text{–}COONa + H_2$$

Natriumformiat   Natriumoxalat
(Natriummethanat) (Natriummethandiat)

Malonsäure, *Propandisäure*, HOOC–CH$_2$–COOH, findet sich im Zuckerrübensaft und wird zur Herstellung von Barbiturat-Schlafmitteln verwendet. *Salze und Ester:* **Malonate**.

Bernsteinsäure, *Butandisäure*, HOOC–CH$_2$–CH$_2$–COOH, ist im Bernstein und anderen Harzen sowie in vielen Pflanzen, z.B. Algen, Tomaten, Rhabarber, unreifen Früchten, Pilzen und Flechten vorhanden. *Salze und Ester:* **Succinate**.

Adipinsäure, *Hexandisäure*, HOOC–[CH$_2$]$_4$–COOH, ist ein wichtiges Ausgangsprodukt für die Herstellung von Polyamid-6,6-Faserstoff sowie von glasfaserverstärkten Polyesterharzen; ↑S. 730. *Technische Darstellung:* Oxidation eines Gemisches aus Cyclohexanol und Cyclohexanon. Beide Produkte gewinnt man aus Phenol.

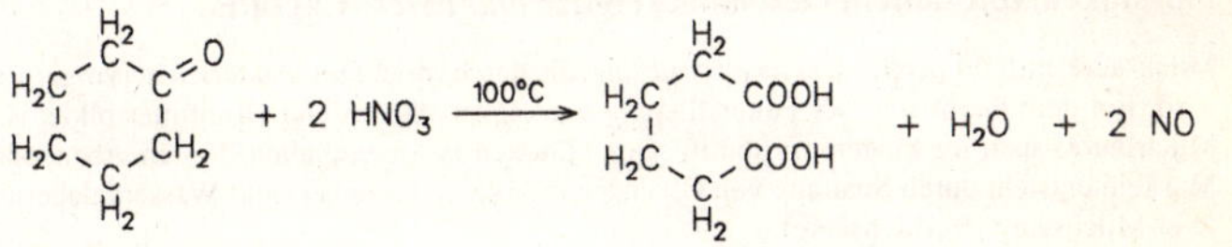

Cyclohexanon + 2 HNO$_3$ $\xrightarrow{100°C}$ Adipinsäure + H$_2$O + 2 NO

3 Cyclohexanol + 8 HNO$_3$ $\xrightarrow{100\ °C}$ 3 Adipinsäure + 7 H$_2$O + 8 NO

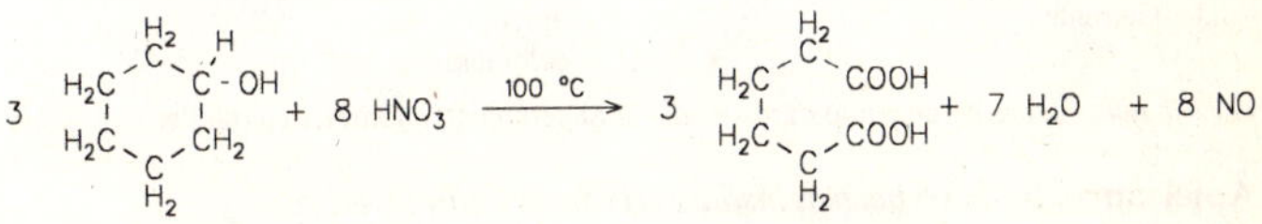

Maleinsäure, *cis-Buten-disäure,* HOOC–CH=CH–COOH, ist eine ungesättigte Dicarbonsäure. Die trans-Verbindung heißt **Fumarsäure.**

Herstellung:

$$C_6H_6 + 4\,^{1}/_{2}\,O_2 \xrightarrow[V_2O_5\text{-Kat.}]{3\text{ bar; }450\,°C} \begin{array}{c} H-C-C \\ \| \\ H-C-C \end{array}\!\!\!\!\!\!\!\begin{array}{c} \diagup\!\!\!O \\ \diagdown\!\!\!O \end{array}\!\!\!O + CO_2 + H_2O$$

Benzen   Maleinsäure-
                                        anhydrid

Unterhalb 160 °C setzt sich das Anhydrid mit Wasser zu Maleinsäure um. Sie wird zur Herstellung von Alkydharzen für die Lackindustrie verwendet.

32.5.6 Hydroxyalkansäuren (*gesättigte acyclische Hydroxycarbonsäuren*)

Hydroxycarbonsäuren enthalten sowohl die *Hydroxyl-* als auch die *Carboxylgruppe*, haben also gleichzeitig den Charakter von *Alkoholen* und *Carbonsäuren*. Die Hydroxycarbonsäuren sind feste, meist wasserlösliche Stoffe von saurem Geschmack.

Herstellung:

R–CH$_2$Br–COOH + KOH → R–CH$_2$(OH)–COOH + KBr
Bromalkansäure   Hydroxyalkansäure

Statt Alkalihydroxid kann auch feuchtes Silber(I)-oxid verwendet werden.

Milchsäure, *2-Hydroxypropansäure, αHydroxypropansäure,*
CH$_3$–CH(OH)–COOH, ist wasserfrei fest, technisch jedoch eine viskose Flüssigkeit von saurem Geschmack; *Salze und Ester:* **Lactate.**

Milchsäure entsteht bei der *Milchzuckergärung*, die durch Milchsäurebakterien hervorgerufen wird. Bei dem Gärprozeß der Futtersilierung von Rübenblättern und Grünfutter bildet sich Milchsäure; auch im Magensaft und in sauren Gurken ist sie enthalten. In den arbeitenden Muskeln entsteht durch Spaltung von Glycogen (Stärke in der Leber) und Wasseranlagerung L(+)-Milchsäure (S-Milchsäure).

Herstellung:

Stärke   Enzyme   35 bis 45 °C
(aus Kartoffeln ⎯⎯⎯⎯⎯→ Maltose ⎯⎯⎯⎯⎯⎯⎯→ Glucose → Milchsäure
oder Getreide)   Bacillus
                                            delbrücki

Verwendung: in Gerbereien und Färbereien; zur Säuerung alkoholfreier Getränke.

Äpfelsäure, *Hydroxybernsteinsäure, Hydroxy-butandisäure,*
HOOC–CH(OH)–CH$_2$–COOH; *F* 100,5 °C; *Salze* und *Ester:* **Malate.**

Äpfelsäure ist in unreifen Äpfeln, Stachelbeeren und Vogelbeeren enthalten.

32.5 Acyclische Carbonsäuren

Weinsäure, *Dihydroxy-bernsteinsäure, Dihydroxy-butandisäure,* Formel HOOC–CH(OH)–CH(OH)–COOH; *Salze* und *Ester:* **Tartrate.** F 179 °C; bereits beim Schmelzpunkt tritt Zersetzung auf.

Weinsäure existiert in drei isomeren Formen. Die **D-(+)-Weinsäure**[1)2)] kommt in vielen Früchten vor. Die beiden anderen Isomeren sind die **L-(−)-Weinsäure** und die **Mesoweinsäure**. Eine Mischung gleicher Teile D-(+)-Weinsäure und L-(−)-Weinsäure heißt **Traubensäure**.

```
      COOH              COOH              COOH              COOH
       |                 |                 |                 |
  H – C – OH        HO – C – H         H – C – OH       HO – C – H
       |                 |                 |                 |
  HO – C – H         H – C – OH        H – C – OH   =   HO – C – H
       |                 |                 |                 |
      COOH              COOH              COOH              COOH

 D-(+)-Weinsäure²⁾  L-(−)-Weinsäure²⁾          Mesoweinsäure
                                                  (inaktiv)
        └──────────┬──────────┘
              Traubensäure
```

Verwendung: in Färbereien, zur Bereitung von Backpulver, in Konditorwaren, zur Glasversilberung, zur Konservierung eiweißhaltiger Produkte wie Gelatine.

Kaliumhydrogentartrat, KOOC–CH(OH)–CH(OH)–COOH, das K-Salz der D-(+)-Weinsäure, ist der *Weinstein,* der sich bei der Weinbereitung abscheidet; **Kalium-natrium-tartrat,** KOOC–CH(OH)–CH(OH)–COONa, ist *Seignettesalz,* ein Bestandteil der FEHLINGschen Lösung; ↑S. 526.

Zitronensäure, *Citronensäure, 2-Hydroxy-1,2,3-tricarbonsäure; Salze und Ester:* **Citrate;** *Struktur:*

```
    H₂C – COOH
         |
   HO – C – COOH
         |
    H₂C – COOH
```

Zitronensäure kristallisiert aus wäßriger Lösung mit 1 Molekül Kristallwasser.

Vorkommen: in Zitronen, Orangen, Erdbeeren, Johannisbeeren, Ananas, Preiselbeeren und anderen Früchten, auch in der Milch und im Blut.

Herstellung: aus zuckerhaltigen Produkten (Melasse, Rübenschnitzel u.a.) durch Gärung mittels spezieller Schimmelpilze (»Zitronensäuregärung«).

Verwendung: zur Säuerung von Getränken und Speisen.

---

1) Die Bezeichnungen D- und L- werden in englischsprachiger Literatur bei Weinsäure, Äpfelsäure und anderen Verbindungen in umgekehrtem Sinne verwendet.
2) nach neuer Bezeichnung (2R,3R)-(+)- bzw. (2S,3S)-(−); s.a. S. 771

33 Acyclische Halogenverbindungen

33.1 Halogenalkane (*Alkylhalogenide*)

Allgemeines: *Halogenalkane* sind gesättigte acyclische Verbindungen, die ausschließlich aus C-, H- und Halogenatomen aufgebaut sind.
Herstellung:

- *Alkanol + Halogenwasserstoff*

$$R-OH + H-X \xrightleftharpoons[\text{Verseifung}]{\text{Veresterung}} R-X + H_2O$$

Vom HCl, HBr zum HI nimmt die Reaktionsfähigkeit zu. Fluoralkane lassen sich auf diesem Wege nicht herstellen.

- *Alkanol + Phosphorhalogenid:*

3 R–OH +	PX_3	→	3 R–X +	H_3PO_3
Alkanol	Phosphor- trihalogenid		Halogen- alkan	ortho- phosphorige Säure

- *Addition von Halogenwasserstoff an Alkene:*

R_1–CH=CH–R_2 +	H–X	→ R_1–CH_2–CH(X)–R_2
Alken	Halogen- wasserstoff	Halogenalkan

Diese Reaktion verläuft am besten mit Iodwasserstoff; dabei geht das Iod vorzugsweise an das H-ärmere C-Atom (MARKOWNIKOW-Regel):

$$CH_3-CH=CH_2 + HI \rightarrow CH_3-CH(I)-CH_3$$

Propen   2-Iodpropan

- *Halogenierung von Alkanen mit Cl_2 bzw. Br_2:*

  Eine direkte Iodierung ist nicht möglich. Die direkte Fluorierung der Alkane ist wegen explosionsartigen Verlaufs ebenfalls nicht möglich; als Fluorüberträger werden deshalb Metallfluoride genommen.

Synthesen mit Halogenalkanen:

- WURTZsche Synthese (*Darstellung höherer Alkane*):

  I.   R–CH_2–I + 2 Na → R–CH_2–Na + NaI
         Iodalkan   Alkylnatrium

  II.   R–CH_2–Na + I–CH_2–R → R–CH_2–CH_2–R + NaI
                                               Alkan

- *Reaktion mit Natriumhydroxid zu Alkanolen:*

$$R-CH_2-Cl + NaOH \rightarrow R-CH_2-OH + NaCl$$

- **GRIGNARD-Reaktionen**
  Die Grundlage für diese Reaktionen ist die Fähigkeit des Magnesiums, sich in Gegenwart wasserfreien Ethers mit Iodalkan zu Methylmagnesium-iodid (GRIGNARD-Reagens, »GR«) zu verbinden.

$$CH_3I + Mg \xrightarrow{\text{Ether}} CH_3MgI$$

(Im GRIGNARD-Reagens sind noch zwei Moleküle Ether komplex gebunden; der Übersicht halber läßt man sie in der Formel meist weg.)

33.1 Halogenalkane (*Alkylhalogenide*)

Die GRIGNARD-Reaktionen erfolgen in 2 Stufen:

- Addition des GRIGNARD-Reagens an ein Heteroatom (O, N) unter Aufspaltung einer Mehrfachbindung;
- hydrolytische Spaltung.

Beispiele für GRIGNARD-*Reaktionen:*

- **Methanal + GR → primäre Alkohole:**

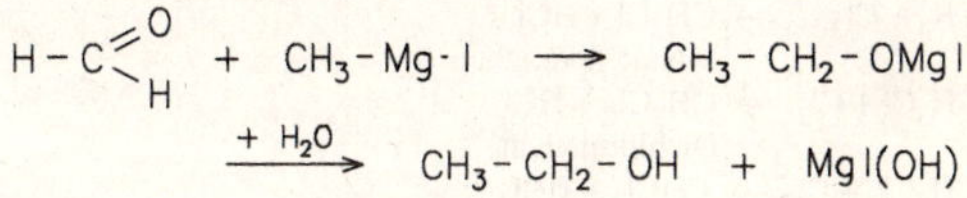

$$H-C{\overset{O}{\underset{H}{\lesseqgtr}}} + CH_3-Mg\cdot I \longrightarrow CH_3-CH_2-OMgI$$

$$\xrightarrow{+\ H_2O} CH_3-CH_2-OH + MgI(OH)$$

- **Aldehyde + GR → sekundäre Alkohole:**

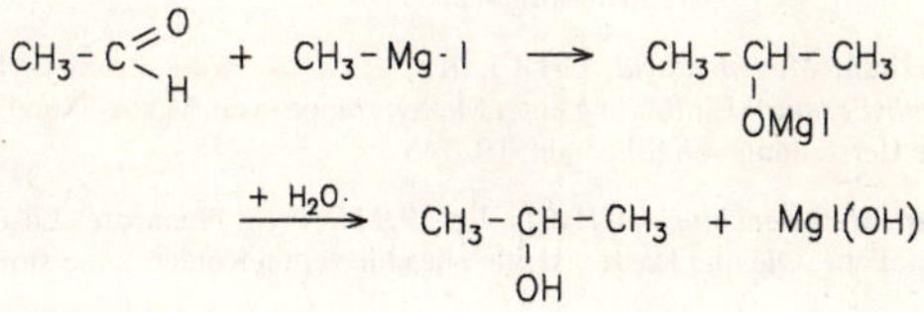

$$CH_3-C{\overset{O}{\underset{H}{\lesseqgtr}}} + CH_3-Mg\cdot I \longrightarrow CH_3-\underset{OMgI}{\overset{}{CH}}-CH_3$$

$$\xrightarrow{+\ H_2O} CH_3-\underset{OH}{\overset{}{CH}}-CH_3 + MgI(OH)$$

- **Ketone + GR → tertiäre Alkohole:**

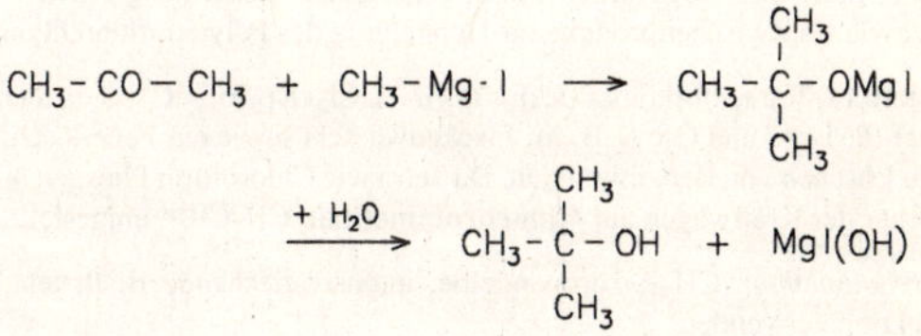

$$CH_3-CO-CH_3 + CH_3-Mg\cdot I \longrightarrow CH_3-\underset{CH_3}{\overset{CH_3}{C}}-OMgI$$

$$\xrightarrow{+\ H_2O} CH_3-\underset{CH_3}{\overset{CH_3}{C}}-OH + MgI(OH)$$

- **Nitrile + GR → Ketone:**

$$CH_3-C\equiv N + CH_3-Mg\cdot I \longrightarrow CH_3-\underset{N-MgI}{\overset{}{C}}-CH_3$$

$$\xrightarrow{+\ 2\ H_2O} CH_3\underset{O}{\overset{}{C}}-CH_3 + NH_3 + MgI(OH)$$

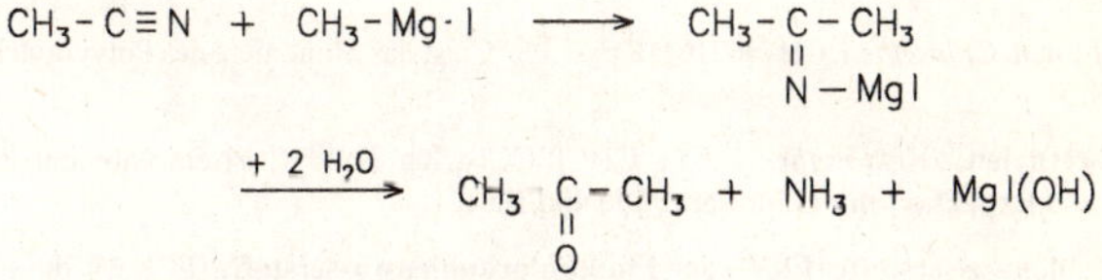

- **Kohlendioxid + GR → Carbonsäuren:**

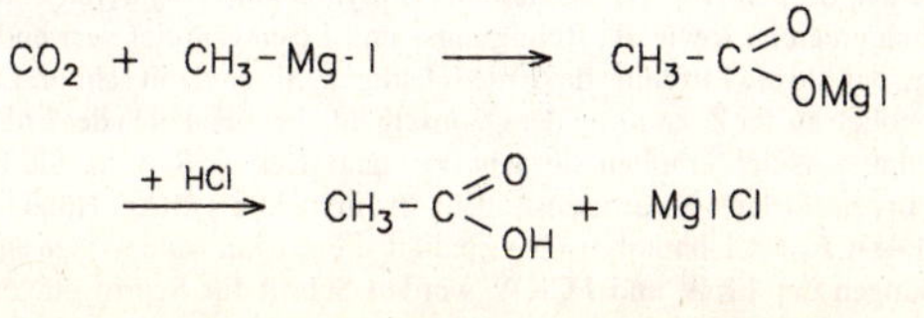

$$CO_2 + CH_3-Mg\cdot I \longrightarrow CH_3-C{\overset{O}{\lesseqgtr}}_{OMgI}$$

$$\xrightarrow{+\ HCl} CH_3-C{\overset{O}{\lesseqgtr}}_{OH} + MgICl$$

33.2 Wichtige Halogenalkane und -alkene

Die *Chlorierung von Methan* führt durch Ersatz (*Substitution*) der H-Atome durch Chlor zu den vier Reaktionsprodukten *Mono-, Di-, Tri und Tetrachlormethan*.

I $CH_4 + Cl_2 \rightarrow CH_3Cl + HCl$
  Monochlormethan
II $CH_3Cl + Cl_2 \rightarrow CH_2Cl_2 + HCl$
  Dichlormethan
III $CH_2Cl_2 + Cl_2 \rightarrow CHCl_3 + HCl$
  Trichlormethan
IV $CHCl_3 + Cl_2 \rightarrow CCl_4 + HCl$
  Tetrachlormethan

Monochlormethan, *Methylchlorid*, CH_3Cl: Kp −23,8 °C; wird als Methylierungsmittel verwendet *(Methylierung* = Einführung einer Methylgruppe in ein Molekül) und ist Ausgangsprodukt für die Herstellung von Siliconen; ↑S. 745.

Dichlormethan, *Methylenchlorid*, CH_2Cl_2: Kp 39,9 °C; nicht brennbares Lösungsmittel für Celluloseacetat, Fette, Öle und Harze; ist wie alle chlorierten Kohlenwasserstoffe toxisch.

Trichlormethan, *Chloroform*, $CHCl_3$: Kp 61,2 °C; eine farblose, nicht entzündliche, süßlich riechende Flüssigkeit, die beim Stehen an der Luft im Sonnenlicht das giftige Phosgen erzeugt; deshalb wird es nicht mehr als Narkosemittel verwendet. Verwendung als Fett- und Harzlösungsmittel sowie als Zwischenprodukt zur Herstellung des Polytetrafluorethylens.

Tetrachlormethan, Tetrachlorkohlenstoff, »Tetra«, CCl_4: Kp 76,7 °C; ist ein nicht brennbares Lösungsmittel für Fette und Öle (z.B. im Fleckenwasser) sowie ein Feuerlöschmittel (Tetra-Löscher) zum Löschen von Benzinbränden. Da Tetra wie Chloroform Phosgen bildet, hat man die Feuerlöscher der Kraftwagen auf **Chlorbrommethan,** CH_2ClBr, umgestellt.

Iodoform, *Triiodmethan*, CH_3I: zitronengelbe, intensiv riechende Blättchen. Es wird zur Wunddesinfektion verwendet.

Ethylchlorid, *Chlorethan*, CH_3-CH_2Cl: Kp 12,3 °C; dient zur zahnmedizinischen Anästhesierung durch »Vereisung«.

Vinylchlorid, *Chlorethen*, $CH_2=CHCl$: Kp −13,8 °C; ist das Monomere des Polyvinylchlorids (↑S. 728.)

Trichlorethylen, *Trichlorethen*, »Tri«, $CHCl=CCl_2$: Kp 87,2 °C; ist ein unbrennbares Lösungs- und Extraktionsmittel für Fette, Öle und Harze.

Fluorkohlenwasserstoffe (FKW) und **Fluorchlorkohlenwasserstoffe** (FCKW), die sich von Methan und Ethan ableiten, haben einen niedrigen Siedepunkt, sind ungiftig und chemisch sehr stabil, z.B. **Difluordichlormethan,** CF_2Cl_2, Kp −28,9 °C. Sie wurden bisher als Treibgase für Sprühflaschen, zur Kunststoffverschäumung (Polyurethan-, Polystyrenschaum), als Kältemittel in Kühlaggregaten sowie als Reinigungs- und Lösungsmittel verwendet. Es hat sich jedoch gezeigt, daß sie die Lufthülle der Erde schädigen. Sie sind mit sehr großer Wahrscheinlichkeit maßgeblich an der Zerstörung der Ozonschicht über den Polen der Erde (»Ozonloch«, S. 496) beteiligt; zugleich erhöhen sie den Treibhauseffekt (s.S. 455). Sie benötigen etwa 10 Jahre, um bis zur Stratosphäre aufzusteigen; erst in mehr als 20 km Höhe werden sie, z.B. gemäß $CF_3Cl \rightarrow \cdot CF_3 + \cdot Cl$, photolytisch gespalten; die .Cl-Radikale wirken auf das Ozon ein. Die Anwendungen der FKW und FCKW werden Schritt für Schritt eingeschränkt; Austauschstoffe für Sprühflaschengase sind z.B. Propan-Butan-Gemische, Dimethylether und Preßluft; für Kühlaggregate greift man ebenfalls auf Propan-Butan-Gemische zurück.

Tetrafluorethen, *Tetrafluorethen,* $CF_2=CF_2$: Kp 40,8 °C.

Trifluormonochlorethen, $CF_2=CFCl$: polymerisiert leicht und bildet im Gegensatz zum Polytetrafluorethen einen gut thermoplastisch zu verarbeitenden Plast, ↑S. 735.

Die **Fluoralkane** und **Fluoralkene** werden auch als **Fluorcarbone** bezeichnet.

33.3 Alkanoylhalogenide
(Carbonsäurehalogenide, Acylhalogenide)

Carbonsäurehalogenide enthalten die funktionelle Gruppe $-C\begin{smallmatrix}\nearrow O\\ \searrow X\end{smallmatrix}$ (X = Halogen).
Sie leiten sich von den Carbonsäuren durch Ersatz der
OH-Gruppe in der Carboxylgruppe durch –X ab. *Alkanoylhalogenide* sind die *gesättigten acyclischen* Carbonsäurehalogenide.

Allgemeine Formel der Alkanoylhalogenide: $C_nH_{2n+1}-CO(X)$.

Verwendung: In der organischen Synthese führt man mit Hilfe des Carbonsäurehalogenids den

Acylrest $\left(R-C\begin{smallmatrix}\nearrow O\\ \searrow\end{smallmatrix} \right)$ in ein organisches Molekül ein (*Acylierung*).

Acetylchlorid, *Ethanoylchlorid,* CH_3-COCl, ist das wichtigste Acylierungsmittel; Kp 52 °C. Farblose Flüssigkeit von stechendem Geruch, die an der Luft durch Reaktion mit Wasserdampf Chlorwasserstoffnebel bildet.

Darstellung:

$$3\ CH_3-C\begin{smallmatrix}\nearrow O\\ \searrow OH\end{smallmatrix} + PCl_3 \longrightarrow 3\ CH_3-C\begin{smallmatrix}\nearrow O\\ \searrow Cl\end{smallmatrix} + H_3PO_3$$

Ethansäure Phosphor-   Ethanoylchlorid Phosphorige
            trichlorid   Säure

Andere Chlorierungsmittel, außer PCl_3, sind PCl_5, $SOCl_2$ (*Thionylchlorid*) und SO_2Cl_2 (*Sulfurylchlorid*).

34 Acyclische Ester

34.1 Allgemeines

Die wichtigste Methode zur *Esterbildung* (Veresterung) ist die *Alkoholyse von Carbonsäuren.*
Dabei wird Wasser durch konz. H_2SO_4, HCl (wasserfrei), Sulfonsäuren oder stark saure Ionenaustauscher entzogen.

● Bei *sauerstoffhaltigen Säuren* erfolgt die Wasserbildung aus dem H-Atom der alkoholischen Hydroxylgruppe und der OH-Gruppe der Säure.

Beispiel:

$$R-O\boxed{H+HO}-NO_2 \underset{}{\overset{H_2SO_4}{\rightleftarrows}} R-O-NO_2 + H_2O$$

Alkohol   Salpetersäure   Salpetersäurealkylester (Alkylnitrat)

In diesen Estern ist das Zentralatom über eine Sauerstoffbrücke an den Alkylrest gebunden.

- Bei *sauerstofffreien Säuren* erfolgt die Wasserbildung aus einem H-Atom der Säure und einer OH-Gruppe des Alkohols.

Beispiel:

$$R-\boxed{OH+H}X \rightleftarrows R-X + H_2O$$
Alkohol Halogen-   Halogenalkan
         wasserstoff

Manche Autoren rechnen infolge des anderen Reaktionsverlaufs die aus sauerstofffreien Säuren entstehenden Verbindungen nicht zu den Estern. Sie weisen darauf hin, daß man z.B. die sich von H_2S, H_2Se usw. ableitenden Stoffe auch nicht »Ester« nennt.

Die *Veresterung* entspricht *formal* der *Neutralisation,* ist jedoch eine nukleophile Substitution (↑S. 598). Die *Umkehrung der Veresterung* heißt *Verseifung* (entsprechend der *Hydrolyse* als der Umkehrung der Neutralisation).

$$\boxed{\text{Alkohol + Säure} \underset{\text{Verseifung}}{\overset{\text{Veresterung}}{\rightleftarrows}} \text{Ester + Wasser}}$$

34.2 Acyclische Ester der Schwefelsäure *(Alkylsulfate)*

Allgemeine Herstellung:

$$R-OH + HO-SO_2OH \rightarrow R-O-SO_2OH + H_2O$$
Alkohol   Schwefelsäure   Alkylsulfat

oder

$$R-OH + Cl-SO_3H \rightleftarrows R-O-SO_3H + HCl$$
Alkohol   Chlorsulfon-   Alkylsulfat
          säure

Beispiele:

$$HO-\overset{\overset{O}{\|}}{\underset{\underset{O}{\|}}{S}}-OH + HO-CH_3 \rightleftarrows HO-\overset{\overset{O}{\|}}{\underset{\underset{O}{\|}}{S}}-O-CH_3 + H_2O$$

Schwefelsäure   Methanol   Monomethylsulfat
                           (Schwefelsäure-
                           monomethylester)

$$CH_3-O-\overset{\overset{O}{\|}}{\underset{\underset{O}{\|}}{S}}-OH + HO-CH_3 \rightleftarrows CH_3-O-\overset{\overset{O}{\|}}{\underset{\underset{O}{\|}}{S}}-O-CH_3 + H_2O$$

Dimethylsulfat
(Schwefelsäure-
dimethylester)

Unterschied gegenüber Sulfonsäuren:

R–O–SO$_3$H
Schwefelsäureester
(Alkyl- oder Arylsulfat)

R–SO$_3$H
Sulfonsäure
(Alkan- oder Arensulfonsäure)

Dimethylsulfat, (CH$_3$O)$_2$SO$_2$, ist ein wichtiges *Methylierungsmittel*. Es ist ein starkes Gift, das bei Berührung durch die Haut diffundiert (Vorsicht!).

Diethylsulfat ist entsprechend ein *Ethylierungsmittel*.

Die Schwefelsäuremonoester sind zur Salzbildung befähigt. Na-Salze der Schwefelsäuremonoester von Fettalkoholen (sog. »Fettalkoholsulfate«), z.B. **Natriumdodecylsulfat**, Formel C$_{12}$H$_{25}$–O–SO$_2$ONa, sind in Waschmitteln enthalten; ↑S. 632.

34.3 Ester der Salpetersäure *(Alkylnitrate)*

Allgemeine Herstellung:

R–OH + HO–NO$_2$ → R–O–NO$_2$ + H$_2$O
Alkohol Salpeter-   Alkylnitrat
         säure

Unterschied gegenüber Nitroverbindungen (↑S. 652):

R–O–NO$_2$
Salpetersäureester
(Alkylnitrat)

R–NO$_2$
Nitroalkan

Glyceroltrinitrat, *Propantrioltrinitrat*, fälschlich »Nitroglycerin«, ist keine Nitroverbindung, sondern ein Ester. Hochexplosive Flüssigkeit, die durch Aufquellung mit *Kollodium* handhabungssicher gemacht wird *(Sprenggelatine)*. Früher verwendete man hierfür Kieselgur (»*Dynamit*«; Erfinder: A. NOBEL).

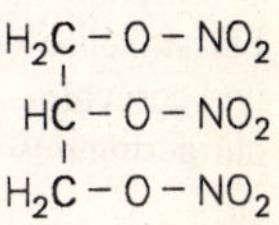

H$_2$C – O – NO$_2$
HC – O – NO$_2$
H$_2$C – O – NO$_2$

Cellulosenitrate (↑S. 660):
- **Schießbaumwolle** ist hochveresterte Cellulose (»*Cellulosetrinitrat*«).
- **Kollodium** ist niedrigveresterte Cellulose (»*Cellulosedinitrat*«).

34.4 Ester der Borsäure *(Alkylborate)*

In der Analytik wird zum Nachweis der Borsäure (↑S. 441) der flüchtige, mit grüner Flamme brennende Methylester hergestellt:

B(OH)$_3$ + 3 HO–CH$_3$ → B(OCH$_3$)$_3$ + 3 H$_2$O
Trimethylborat (Borsäuremethylester)

34.5 Ester der Phosphorsäure *(Alkylphosphate)*

Phosphorsäureester, insbesondere von Zuckern, sind für die Stoffwechselvorgänge in den Organismen von großer Bedeutung. Zu den Phosphorsäureestern zählen auch **Lecithin** (den *Fetten* verwandt; ↑S. 696) sowie die für die Vererbungsvorgänge bedeutsamen **Nucleinsäuren**(↑S. 697). Phosphorsäureester dienen zur Bekämpfung von Schadinsekten; auch gegenüber Warmblütern sind sie giftig.

Bestimmte kompliziert gebaute Phosphor- und Thiophosphorsäureester sind bereits in geringsten Konzentrationen tödlich wirkende Nervengifte und wurden z.T. als *chemische Kampfstoffe* mißbraucht (**V-Stoffe, Tabun, Soman, Sarin** u.a.).

Triarylphosphate dienen als Weichmacher für PVC.

34.6 Ester acyclischer Carbonsäuren *(Alkylcarboxylate)*

Allgemeine Herstellung:

$$R^1-C\underset{OH}{\overset{O}{\lessgtr}} + HO-R^2 \longrightarrow R^1-C\underset{OR^2}{\overset{O}{\lessgtr}} + H_2O$$

Carbonsäure   Alkohol   Carbonsäure-
                           alkylester

Eigenschaften: Die einfachen Ester sind niedrig siedende, farblose, brennbare Flüssigkeiten von obstartigem Geruch; die höheren Ester sind fest, wachsartig und geruchlos. Sie reagieren neutral, sind leichter als Wasser und mit Wasser nur gering mischbar.

Verwendung: Die niedrigmolekularen Ester werden als Lösungs- und Verdünnungsmittel für Lacke, Harze, Cellulosenitrat und dgl. sowie als Bestandteile von Fruchtaromen verwendet.

Beispiele: **Methylacetat** *(Methylethanoat, Essigsäuremethylester)*, $CH_3-CO-OCH_3$;
Ethylacetat, *(Ethylethanoat, Essigsäureethylester)*, $CH_3-CO-OC_2H_5$;
Butylacetat, *(Butylethanoat, Essigsäurebutylester)*, $CH_3-CO-OC_4H_9$,
dient zur Entphenolung von Schwelereiabwässern.

Fruchtester: **Isobutylacetat** (Isobutylethanoat, *Essigsäurebutylester*) ,Formel $CH_3-CO-O-CH_2-CH(CH_3)_2$, ist der Hauptbestandteil des Bananenaromas, **Methylbutyrat** *(Methylbutanoat, Essigsäurebutylester)*, $C_3H_7-CO-O-CH_3$, ebenso im Apfelaroma, **Ethylbutyrat**, (Ethylbutanoat, *Buttersäureethylester*), $C_4H_9-CO-O-C_2H_5$ im Ananasaroma, **Isoamylbutyrat,** (Isopentylbutanoat, *Buttersäureisoamylester*) ,Formel $C_3H_7-CO-O-CH_2-CH_2-CH(CH_3)_2$, im Birnenaroma.

Wachse: Die in der Natur vorkommenden **Wachse** sind Ester höherer einwertiger Alkanole mit höheren einwertigen Carbonsäuren, z.B. **Hentriacontyl-hexadecanat** (*Palmitinsäuremyricylester*), $C_{15}H_{31}-CO-OC_{31}H_{63}$, im *Bienenwachs,* und Hexadecyl-hexadecanat (*Palmitinsäure-cetylester*) $C_{15}H_{31}-CO-OC_{16}H_{33}$, im Walrat; s.a. S. 697.

Montanwachse sind Ester der Montansäure, $C_{27}H_{55}COOH$, und werden aus getrockneter Kohle extrahiert. Bei der trockenen Destillation der Braunkohle gehen sie in Paraffine über. Das technische Montanwachs ist ein Wachs-Harz-Gemisch vom Schmelzpunkt 80 bis 90 °C.

Fette und fette Öle: Alle Fette und fetten Öle sind Ester höherer acyclischer Monocarbonsäuren (Fettsäuren) mit Glycerol; s.S. 695.

Allgemeine Formel der Fette:

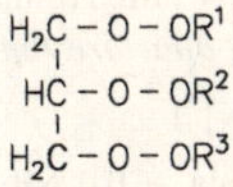

$$H_2C-O-OR^1$$
$$HC-O-OR^2$$
$$H_2C-O-OR^3$$

Fett
(allgemeine Formel)

Gemischter Glycerolester der Palmitin-, Stearin- und Ölsäure.

35 Acyclische Stickstoffverbindungen

35.1 Amine

- *Einteilung:* Je nach der Anzahl der Alkylreste, die mit dem Stickstoffatom verbunden sind, unterscheidet man *primäre, sekundäre* und *tertiäre Amine*.

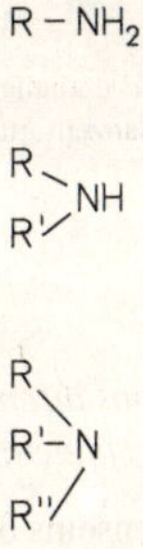

$$R-NH_2 \quad \text{primäres Amin}$$

$$\begin{array}{c} R \\ \diagdown \\ NH \\ \diagup \\ R' \end{array} \quad \text{sekundäres Amin}$$

$$\begin{array}{c} R \\ \diagdown \\ R'-N \\ \diagup \\ R'' \end{array} \quad \text{tertiäres Amin}$$

Die einwertige Gruppe $-NH_2$ heißt *Aminogruppe*, die zweiwertige Gruppe $-NH-$ heißt *Iminogruppe*.

- *Basischer Charakter:* Da das N-Atom wie im Ammoniak noch ein freies Elektronenpaar besitzt, ist es in der Lage, das Proton (H^+) einer Säure anzulagern. Es entstehen dabei **Alkylammoniumsalze:**

$$CH_3-NH_2 + HCl \rightarrow [CH_3-NH_3]^+Cl^-$$
Methylamin $\qquad\qquad$ Methylammoniumchlorid

Lagert das Amin das Proton des Wassers an, so entsteht eine **Alkylammoniumbase:**

$$CH_3-NH_2 + H-OH \rightarrow [CH_3-NH_3]^+OH^-$$

Methylammoniumhydroxid

Wäßrige Lösungen der Amine reagieren daher *basisch*.

Tetraalkylammoniumsalze: Tertiäre Amine bilden mit Alkylhalogeniden Tetraalkylammoniumsalze, sog. *quartäre Ammoniumsalze:*

$$R_3N + R'-I \rightarrow [R_3R'N]^+I^-$$

Methylamin, CH_3NH_2, **Dimethylamin,** $(CH_3)_2NH$, und **Trimethylamin,** $(CH_3)_3N$, sind farblose, brennbare Gase von fischartigem Geruch, z.B. verursacht *Trimethylamin* den Geruch der Heringslake. *Dimethylamin* ist Ausgangsprodukt für **Dimethylformamid,** Formel $H-CO-N(CH_3)_2$, ein wichtiges Extraktionsmittel für Butadien und Acetylen aus dem Pyrolysegas.

1,6-Diaminohexan, *Hexamethylendiamin,* $NH_2-[CH_2]_6-NH_2$, ist ein Ausgangsstoff für Polyamide (↑S. 732).

Hexamethylentetramin, *Urotropin,* $C_6H_{12}N_4$, eine cyclische Verbindung, dient zur Herstellung von Amino- und Phenoplasten (↑S. 729) und ist in Tablettenform auch als Trockenspiritus bekannt; es brennt mit rauchloser Flamme. In der Pharmazie wird es gegen infektiöse Prozesse der Harn- und Gallenwege verwendet.

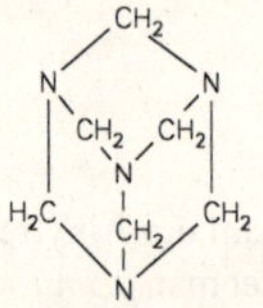

Urotropin

Cholin, $[(CH_3)_3N-CH_2-CH_2-OH]^+OH^-$, ist im *Lecithin* enthalten, das in allen lebenden Zellen vorkommt und aus Eigelb, aus dem Gehirn und Pflanzensamen isoliert wurde.

35.2 Aminosäuren

Definition: Aminosäuren (genauer: *Aminocarbonsäuren*) sind Stoffe, die sowohl *Aminogruppen,* $-NH_2$, als auch *Carboxylgruppen,* $-COOH$, enthalten.

Amphoterer Charakter: auf Grund des Vorhandenseins der basischen Aminogruppe und der sauren Carboxylgruppe bilden die Aminosäuren sowohl mit Säuren als auch mit Basen *Salze:*

- *Salzbildung mit Säuren:*

$$R-CH(NH_2)-COOH + HCl \rightarrow [R-CH(NH_3)-COOH]^+Cl^-$$

- *Salzbildung mit Basen:*

$$R-CH(NH_2)-COOH + NaOH \rightarrow [R-CH(NH_2)-COO]^-Na^+ + H_2O$$

35.2 Aminosäuren

Im freien Zustand liegen die Aminosäuren als »innere Salze« vor (Wanderung des Protons von der Carboxylgruppe zur Aminogruppe)

$$R - \underset{\underset{NH_3^+}{|}}{CH} - COO^-$$

Optische Aktivität: Alle α-Aminosäuren (2-Aminosäuren), ausgenommen Aminoethansäure, sind optisch aktiv, denn sie enthalten ein asymmetrisches C-Atom.

Kondensation: Verbinden sich zwei Aminosäuren so, daß sich aus dem OH der Carboxylgruppe und einem H der Aminogruppe H₂O abspaltet, so entsteht eine *Peptidbindung* (↑S. 690). **Dipeptide** sind aus zwei, **Tripeptide** aus drei und **Polypeptide** aus vielen Aminosäuremolekülen durch Kondensation entstanden. Die Eiweißstoffe (↑S. 690) bauen sich vornehmlich aus Polypeptidketten auf.

Beispiele: **Amino-ethansäure** (*Aminoessigsäure, Glycin, Glycocoll*)

$$\underset{\underset{NH_2}{|}}{CH_2} - COOH$$

Baugruppe des Leims und fast aller Eiweißstoffe. Mit Hilfe des Glycins baut die Zelle Adenosintriphosphorsäure (ATP) auf, die der Energielieferant im tierischen und menschlichen Körper ist.

2-Amino-propansäure (α-*Alanin*)

$$CH_3 - \underset{\underset{NH_2}{|}}{CH} - COOH$$

eine Baugruppe des Eiweißes.

3-Amino-propansäure (β-*Alanin*)

$$\underset{\underset{NH_2}{|}}{CH_2} - CH_2 - COOH$$

eine Baugruppe der Panthothensäure (Vitamin des B-Komplexes).

2-Amino-4-methyl-pentansäure (α-*Amino-isocapronsäure, Leucin*)

$$CH_3 - \underset{\underset{CH_3}{|}}{CH} - CH_2 - \underset{\underset{NH_2}{|}}{CH} - COOH$$

eine Baugruppe des Caseins und des Horns. Leucin hat wichtige Funktionen im Hormonhaushalt.

2-Amino-3-methyl-pentansäure (*Isoleucin*)

$$CH_3 - CH_2 - \underset{\underset{CH_3}{|}}{CH} - \underset{\underset{NH_2}{|}}{CH} - COOH$$

Leucin und Isoleucin gehen bei der alkoholischen Gärung in den Gärungsamylalkohol über, der im Fuselöl enthalten ist. Gärungsamylalkohol entsteht also aus dem in der Pflanze (Zuckerrohr, Zuckerrübe, Kartoffel) enthaltenen Eiweiß.

Weitere Aminosäuren ↑S. 692.

35.3 Säureamide

Definition: Die funktionelle Gruppe der Säureamide (genauer: Carbonsäureamide) ist $-C{\lower.5ex\hbox{$\overset{\displaystyle O}{\underset{\displaystyle NH_2}{}}$}}$; dabei ist die OH-Gruppe der Carbonsäure durch die Aminogruppe ersetzt.

Allgemeine Formel: R–CO–NH$_2$

Herstellung:

- aus Säurehalogenid + Ammoniak:

  R–CO–X + 2 NH$_3$ → R–CO–NH$_2$ + NH$_4$X
  Säure-   Ammoniak   Säureamid   Ammoniumhalogenid   halogenid

- durch Erhitzen einer Carbonsäure mit Harnstoff:

  R–CO–OH + OC(NH$_2$)$_2$ → R–CO–NH$_2$ + CO$_2$ + NH$_3$
  Carbonsäure   Harnstoff   Säureamid

Beispiele:

- **Dimethylformamid** (*Methansäuredimethylamid, Ameisensäure-dimethylamid*),

  H–CO–N(CH$_3$)$_2$; *Struktur:* H–C$\overset{\displaystyle O}{\underset{\displaystyle N(CH_3)_2}{}}$

  Kp 150 °C; Lösungsmittel für Polyacrylnitril bei der Herstellung von Polyacrylnitrilfaserstoff; Extraktionsmittel für Butadien aus den Pyrolysegasen.

- Harnstoff (*Kohlensäurediamid, Carbamid*); ↑S. 458.

35.4 Säureureide, (*Acylcarbamid, Acylharnstoff, Ureide*)

Definition: Säureureide (genauer: Carbonsäureureide) sind Stoffe, in denen die OH-Gruppe der Carboxylgruppe durch den *Carbamidrest* –NH–CO–NH$_2$ ersetzt ist:

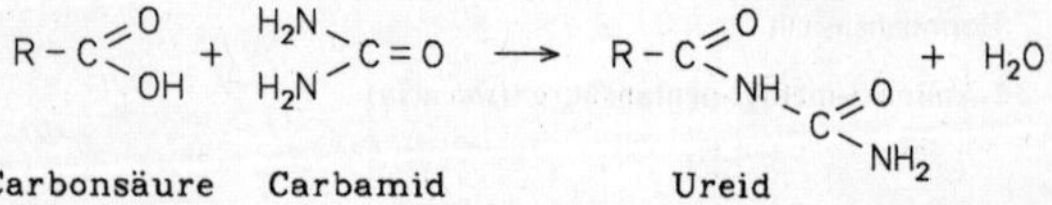

R–C(=O)–OH + H$_2$N–C(=O)–NH$_2$ → R–C(=O)–NH–C(=O)–NH$_2$ + H$_2$O

Carbonsäure   Carbamid   Ureid

Allgemeine Formel: R–CO–NH–CO–NH$_2$.

Verwendung: Die Ureide sind kristallisierte Verbindungen, die vorwiegend als Schlafmittel verwendet werden. Besondere Bedeutung haben die *cyclischen Ureide*, die bei der Umsetzung von Dicarbonsäureestern mit Carbamid entstehen. Der wichtigste Vertreter ist **Barbitursäure**.

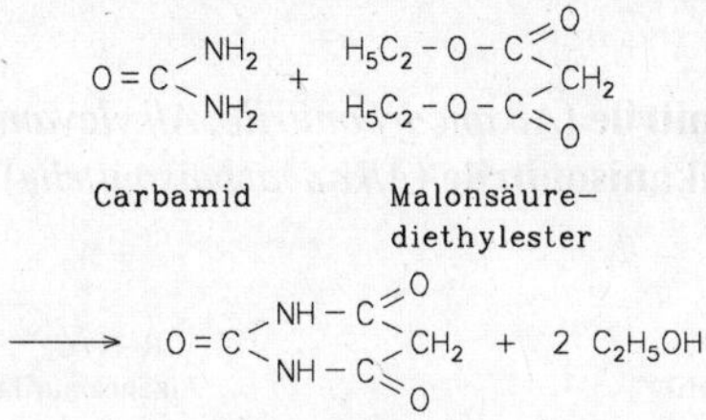

$$O=C\diagdown_{NH_2}^{NH_2} \quad + \quad \begin{array}{c} H_5C_2-O-C\diagup_{O}^{O} \\ H_5C_2-O-C\diagdown_{O}^{CH_2} \end{array}$$

Carbamid   Malonsäure–
diethylester

$$\longrightarrow \quad O=C\diagdown_{NH-C\diagdown O}^{NH-C\diagup O}CH_2 \quad + \quad 2\ C_2H_5OH$$

Barbitursäure
(Malonylcarbamid)

Dialkylbarbitursäuren, sog. **Barbiturate,** sind bekannte Schlafmittel, z.B. **Barbital** (5,5-*Diethyl-barbitursäure*) und das Narkosemittel **Evipan** (5-*Cyclohexenyl-5-methyl-N-methyl-barbitursäure*):

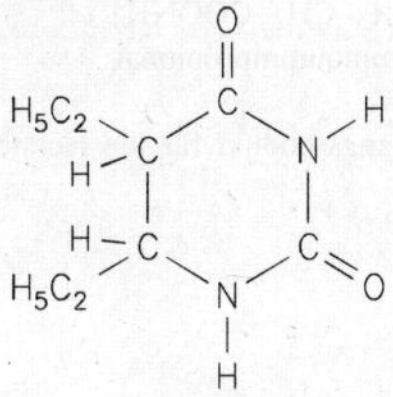

Barbital 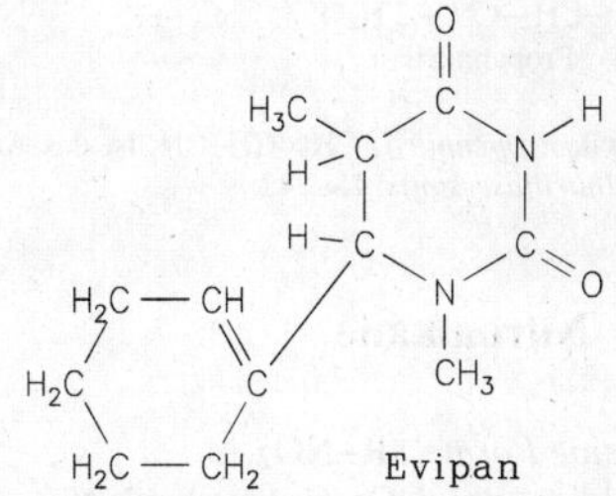   Evipan

35.5 Carbaminsäureester (Urethane)

Carbaminsäure, NH_2–CO–OH, das Monoamid der Kohlensäure, ist nur in Form von Salzen und Estern bekannt. Die Ester heißen **Urethane;** Formel NH_2–CO–OR.

Struktur:

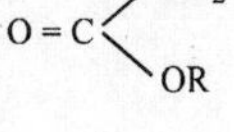

$$O=C\diagdown_{OR}^{NH_2}$$

Herstellung:

Cl–CO–OR + NH_3 → NH_2–CO–OR
Chlorkohlensäure-
ester

Verwendung: Beruhigungs- und Schlafmittel. Besondere Bedeutung haben die Urethane als Monomere der **Polyurethane,** die aus Diisocyanaten, O=C=N–R–N=C=O, und Dihydroxyverbindungen, HO–R–OH, hergestellt werden; ↑S. 734.

35.6 Alkannitrile (*Alkancarbonitrile, Alkylcyanide*) und Alkanisonitrile (*Alkancarboisonitrile*)

Allgemeine Formeln:

$R-C\equiv N$ $R-N=C$
Alkannitril   Alkanisonitril

Herstellung: aus Alken + Cyanwasserstoff, z.B.

$CH_2=CH_2 + HCN \rightarrow CH_3-CH_2-CN$ und CH_3-CH_2-NC
Ethen   Propannitril   Propanisonitril

Verwendung: Die Alkannitrile lassen sich zu Carbonsäuren (bzw. deren Ammoniumsalzen) verseifen, die um ein C-Atom reicher sind als das Ausgangsprodukt, z.B.

$CH_3-CH_2-CN + 2 H_2O \rightarrow CH_3-CH_2-COONH_4$
Propannitril   Ammoniumpropionat

Acrylnitril, *Propennitril,* $CH_2=CH-CN$, ist das Ausgangsprodukt für die Herstellung des *Polyacrylnitrilfaserstoffs*; ↑S. 742.

35.7 Nitroalkane

Allgemeine Formel: $R-NO_2$.
Die funktionelle $-NO_2$-Gruppe heißt *Nitrogruppe*.

Nitroverbindungen dürfen nicht mit *Salpetersäureestern* und *Salpetrigsäureestern* verwechselt werden. In den Estern ist der Stickstoff über Sauerstoff mit Kohlenstoff verbunden, in den Nitroverbindungen nicht:

$R-NO_2$	$R-O-NO_2$	$R-O-NO$
Nitroalkan	**Alkylnitrat**	**Alkylnitrit**
	(*Salpetersäureester*)	(*Salpetrigsäureester*)

Die Nitroverbindungen sind den Salpetrigsäureestern isomer.

Herstellung:

- technisch:

  $R-H + HO-NO_2 \rightarrow RNO_2 + H_2O$ (hohe Temp.)
  Alkan Salpetersäure Nitroalkan

- labormäßig:

  $R-I$ (oder $R-Br$) + $NaNO_2 \rightarrow R-NO_2$ + NaI (oder $NaBr$)
  Iod-   Natrium- Nitroalkan Natriumiodid
  oder Bromalkan nitrit   oder -bromid

Verwendung: Die niederen Nitroalkane, vor allem **1-Nitropropan,** $CH_3-CH_2-CH_2-NO_2$, haben als gute Lösungsmittel für einige Plaste Bedeutung erlangt, z.B. für Vinylharze, Polyacrylnitril, Polystyren und Cellulosefaserstoffe. **Tetranitromethan,** $C(NO_2)_4$, wird Raketentreibstoffen zugesetzt; außerdem ist es ein Nitrierungsmittel.

36 Acyclische Schwefelverbindungen

36.1 Alkanthiole (*Thioalkohole, Mercaptane*)

Allgemeine Formel: R–SH

Eigenschaften: Die niederen Alkanthiole sind äußerst widerlich riechende, brennbare Flüssigkeiten.

Verwendung: Sie dienen als chemische Zwischenprodukte sowie, in geringen Mengen zugesetzt, als Mittel zur Wahrnehmung geruchloser Gase.

36.2 Alkansulfonsäuren (*Alkylsulfonsäuren*)

Allgemeine Formel:

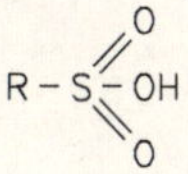

$$R-S\overset{\displaystyle O}{\underset{\displaystyle O}{\Vert}}-OH \quad ; \quad R-SO_2OH \;[1)]$$

Funktionelle Gruppe: $-SO_2OH$ (Sulfonsäuregruppe)

Sulfonsäuren dürfen nicht mit *Schwefelsäureestern* und *Schwefligsäureestern* verwechselt werden. In den Estern ist der Schwefel über Sauerstoff mit Kohlenstoff verbunden, in den Sulfonsäuren nicht:

$R-SO_2OH$	$R-O-SO_2OH$	$R-O-SOOH$
Alkylsulfonsäure	**Alkylsulfat**	**Alkylsulfit**
	(*Schwefelsäureester*)	(*Schwefligsäureester*)

Salze: Die Sulfonsäuren sind sehr starke Säuren. Ihre Salze heißen **Sulfonate**, während die Estersalze als *Sulfate* bzw. *Sulfite* bezeichnet werden.

Beispiele:

$R-SO_2Na$
Natrium-alkan-sulfonat
(*Salz einer Sulfonsäure*)

$R-O-SO_2ONa$
Natrium-alkyl-sulfat
(*Salz eines Schwefelsäureesters*)

$R-O-SOONa$
Natrium-alkyl-sulfit
(*Salz eines Schwefligsäureesters*)

Natriumalkansulfonate: Die Natriumsalze der Sulfonsäuren sind auch in hartem Wasser gut schäumende waschaktive Substanzen; sie dürfen nicht mit den Alkylsulfaten verwechselt werden.

---

1) auch $-SO_3H$ geschrieben

Herstellung:

- durch *Sulfoxidation:*

$$R-H + SO_2 + \tfrac{1}{2} O_2 \xrightarrow[\text{oder Ozon}]{\text{UV-Licht}} R-SO_2OH$$

- durch *Sulfochlorierung* und *anschließende Verseifung:*

$$R-H + SO_2 + Cl_2 \xrightarrow{\text{UV-Licht}} R-SO_2-Cl + HCl$$

$$R-SO_2Cl + 2\ NaOH \xrightarrow{\text{Verseifung}} R-SO_2ONa + NaCl + H_2O$$

Alkansulfonsäurechlorid   Natriumalkansulfonat

37 Kohlenhydrate

37.1 Allgemeines

Name und allgemeine Formel: In den meisten Kohlenhydraten sind neben Kohlenstoffatomen die Elemente Wasserstoff und Sauerstoff wie im Wasser im Verhältnis 2:1 enthalten. Dies entspricht der summarischen Formel $C_m(H_2O)_n$.

Ausnahmen bilden die *Desoxyzucker,* z.B. die in Nucleinsäuren (↑S. 698) gebundene **Desoxyribose,** $C_5H_{10}O_4$.

Einteilung nach Zahl der Kohlenhydratreste:

- **Monosaccharide** (*Einfachzucker*) lassen sich *nicht* in einfachere Kohlenhydrate zerlegen.

- **Oligosaccharide** (*Mehrfachzucker*) lassen sich in *wenige* (gleiche oder verschiedene) Monosaccharidmoleküle zerlegen; sie bauen sich also aus mehreren Monosaccharidresten auf. Am wichtigsten sind **Disaccharide** (*Zweifachzucker*) aus *zwei* Monosaccharidresten; ferner existieren Trisaccharide usw.

- **Polysaccharide** (*Vielfachzucker*) lassen sich in *viele* (Größenordnung 100 bis mehrere 1000) Monosaccharidmoleküle zerlegen. Sie bauen sich also aus vielen Monosaccharidresten auf.

Die Zerlegung der Oligo- und Polysaccharide in Monosaccharide erfolgt unter Wasseraufnahme (Hydrolyse), z.B. beim Kochen mit verdünnten Säuren. Der Aufbau der Oligo- und Polysaccharide aus Monosacchariden erfolgt demnach unter Wasserabspaltung (Kondensation).

37.2 Monosaccharide

Einteilung nach funktionellen Gruppen: Die Kohlenhydrate enthalten Hydroxylgruppen und eine damit benachbarte Aldehyd- oder Ketogruppe.

- **Aldosen** enthalten eine Aldehydgruppe;
- **Ketosen** enthalten eine Ketogruppe.

Die *Aldosen* reduzieren wie andere Aldehyde FEHLINGsche Lösung und ammoniakalische Silbersalzlösung.

Einteilung nach der Anzahl der Sauerstoffatome:

- **Pentosen** enthalten 5 O-Atome; Formel $C_5H_{10}O_5$;
- **Hexosen** enthalten sechs O-Atome; Formel $C_6H_{12}O_6$.

Außerdem existieren **Triosen** (3 O-Atome), **Tetrosen** (4 O-Atome), **Heptosen** (7 O-Atome) usw.
Je nachdem, ob Aldosen oder Ketosen vorliegen, unterscheidet man **Aldopentosen, Aldohexosen, Ketohexosen** usw.

Darstellung der Strukturformeln:

- **Kettenformeln,** auch FISCHERsche Konfigurationsformeln.
  Diese Form der Darstellung ist übersichtlich, erklärt aber einige Eigenschaften der Monosaccharide nicht (z.B. erfolgt nicht die Addition von $NaHSO_3$ oder NH_3, die eine typische Aldehyd- bzw. Ketonreaktion ist). Die Zuckermoleküle liegen weder im kristallinen Zustand, noch in Lösung in dieser Kettenform vor.

- **Ringformeln** nach TOLLENS (↑S. 656).

Optische Aktivität:
Infolge der Anwesenheit asymmetrischer C-Atome sind die Monosaccharide optisch aktiv (↑S. 764). Je nach der Stellung der OH-Gruppe am vorletzten C-Atom unterscheidet man **D**- und **L**-Verbindungen (↑S. 766).

$$\begin{array}{cc} H-\overset{|}{\underset{|}{C^*}}-OH & HO-\overset{|}{\underset{|}{C^*}}-H \\ CH_2OH & CH_2OH \\ \text{D-Verbindung} & \text{L-Verbindung} \end{array}$$

37.2.1 Pentosen

Pentosen kommen in der Natur nicht frei, sondern nur als Baugruppen von Oligo- und Polysacchariden vor, z.B. im Holz. Als Proteide (Verbindungen mit Eiweißstoffen) finden sie sich auch in der Leber und der Bauchspeicheldrüse des tierischen Körpers. Sie lassen sich mit Hefe nicht vergären.

```
     O    H              O    H              O    H              O    H
      \\ //               \\ //               \\ //               \\ //
       C                   C                   C                   C
       |                   |                   |                   |
  H - C - OH          HO - C - H          H - C - OH          H - C - OH
       |                   |                   |                   |
  HO - C - H          H - C - OH          HO - C - H          H - C - OH
       |                   |                   |                   |
  HO - C - H          H - C - OH          H - C - OH          H - C - OH
       |                   |                   |                   |
     CH₂OH               CH₂OH               CH₂OH               CH₂OH
```

L-(+)-Arabinose **D-(−)-Arabinose** **D-(+)-Xylose** **D-(−)-Ribose**
(Kirschgummi- (Aloekomponente) (Kleie- und (Bestandteil von
komponente) Strohkomponente) Nucleinsäuren)

37.2.2. Hexosen

Hexosen kommen in der Natur sowohl frei als auch in Oligo- und Polysacchariden gebunden vor.

Glykoside sind Verbindungen zwischen Kohlenhydraten und Substanzen anderer Stoffklassen. Sie finden sich z.B. im Eiweiß.

D-(+)-Glucose, *Traubenzucker, Dextrose,* das häufigste Monosaccharid, ist eine Aldohexose. Sie kommt frei in vielen Früchten, im Blut (*Blutzucker*), im Honig und chemisch gebunden in der Saccharose, Maltose, Lactose, Cellulose, Stärke und vielen anderen Kohlenhydraten vor. Weißes, leicht wasserlösliches, süß schmeckendes Kristallpulver.

D-(+)-Mannose kommt z.B. in der Steinnuß und in Johannisbrotbaumsamen vor.

D-(+)-Galactose kommt als Baugruppe des Disaccharids Lactose (Milchzucker) vor.

D-(−)-Fructose, *Lävulose, Fruchtzucker,* ist eine Ketohexose. Sie kommt frei in vielen Früchten und im Honig, gebunden im Disaccharid *Saccharose* (Rohr-, Rübenzucker) und im Polysaccharid *Inulin* vor. **Inulin** besteht nur aus Fructoseresten, besitzt stärkeähnliche Eigenschaften und findet sich z.B. in Dahlienknollen. Fructose ist ein weißes, sehr süß schmeckendes Kristallpulver. Sie reduziert, obwohl sie eine Ketogruppe enthält, FEHLINGsche Lösung, da *Keto-Enol-Tautomerie* (↑S. 583) auftritt.

Strukturformeln:

```
     O    H              O    H              O    H             CH₂OH
      \\ //               \\ //               \\ //               |
       C                   C                   C                 C = O
       |                   |                   |                 |
  H - C - OH          HO - C - H          H - C - OH        HO - C - H
       |                   |                   |                 |
  HO - C - H          HO - C - H          HO - C - H        H - C - OH
       |                   |                   |                 |
  H - C - OH          H - C - OH          HO - C - H        H - C - OH
       |                   |                   |                 |
  H - C - OH          H - C - OH          H - C - OH           CH₂OH
       |                   |                   |
     CH₂OH               CH₂OH               CH₂OH
```

D-(+)-Glucose **D-(+)-Mannose** **D-(+)-Galactose** **D-(−)-Fructose**

37.2 Monosaccharide

Ringformeln: Die eben angegebenen *Kettenformeln* der Kohlenhydrate sind vereinfacht. Der deutsche Chemiker B.C.G. TOLLENS folgerte aus der speziellen Reaktionsfähigkeit der Kohlenhydrate, daß eine intramolekulare Verknüpfung zwischen der Aldehyd- bzw. Ketogruppe und einer Hydroxylgruppe vorhanden sein müsse. Er entwickelte eine *Ringformel,* bei der die H-Atome und die OH-Gruppen so angeordnet werden, daß man ihre Stellung über oder unter dem Ring erkennen kann (nach vorn weisende Kanten der Ringebene fett gedruckt). Der Übersicht halber werden die C-Atome im Ring weggelassen. Kohlenhydrate mit Sechsring-Konfiguration heißen **Pyranosen,** mit Fünfring-Konfiguration **Furanosen,** da sie das Ringsystem des Pyrans bzw. Furans enthalten.

D(+)-Glucopyranose   D(+)-Mannopyranose

D(+)-Galactopyranose   D(−)-Fructofuranose

Durch den Ringschluß entsteht am C-Atom 1 eine OH-Gruppe, deren Stellung Einfluß auf die physikalischen Eigenschaften (Löslichkeit, Schmelzpunkt, optische Drehung) hat; deshalb muß sie besonders beachtet werden.

α-Glucose   β-Glucose

α-Glucose (genauer: α-D-Glucose) dreht die Ebene des polarisierten Lichtes um 111,2°,
β-Glucose (genauer: β-D-Glucose) um 17,5°. Sie sind keine optischen Antipoden, sondern Diastereomere.

37.3 Disaccharide

Disaccharide bauen sich unter Wasserabspaltung aus zwei Monosaccharidmolekülen auf, z.B.

$$C_6H_{12}O_6 + C_6H_{12}O_6 \rightarrow C_{12}H_{22}O_{11} + H_2O$$

Die Verknüpfung der beiden Monosaccharide erfolgt zwischen der durch Ringschluß entstandenen OH-Gruppe (glycosidische Hydroxylgruppe) und der Carbonylgruppe oder einer alkoholischen Hydroxylgruppe des anderen Monosaccharids. Im ersteren Fall (z.B beim Rohrzucker) gehen die reduzierenden Eigenschaften verloren, im zweiten Fall (z.B. beim Milchzucker) nicht. Verbindungen, an denen die glycosidische Hydroxylgruppe beteiligt ist, heißen **Glycoside**.

Saccharose (*Rohrzucker, Rübenzucker*) besteht aus α-Glucose und β-D-Fructose.

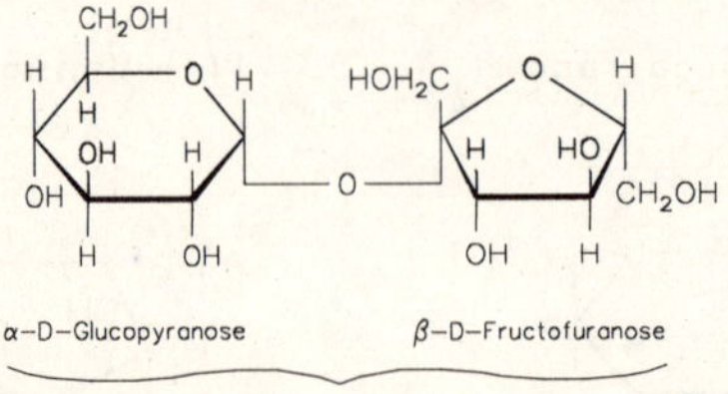

[Strukturformel: α-D-Glucopyranose — β-D-Fructofuranose]

Saccharose

Da an der glycosidischen Bindung die Carbonylgruppe beteiligt ist, wird FEHLINGsche Lösung nicht reduziert. Erst nach der Spaltung (*Inversion*) sind die reduzierenden Eigenschaften wieder vorhanden.

$$\text{Saccharose} \xrightarrow[\text{Fermente oder verd. Säuren}]{\text{Hydrolytische Spaltung}} \underbrace{\text{Glucose + Fructose}}_{\text{Invertzucker}}$$

Bienenhonig enthält natürlichen Invertzucker. *Karamel* entsteht beim Erhitzen des Zuckers über den Schmelzpunkt; dabei treten die verschiedenartigsten Zersetzungsprodukte auf.

Lactose (*Milchzucker*) besteht aus β-D-Galactose und +β-D-Glucose.

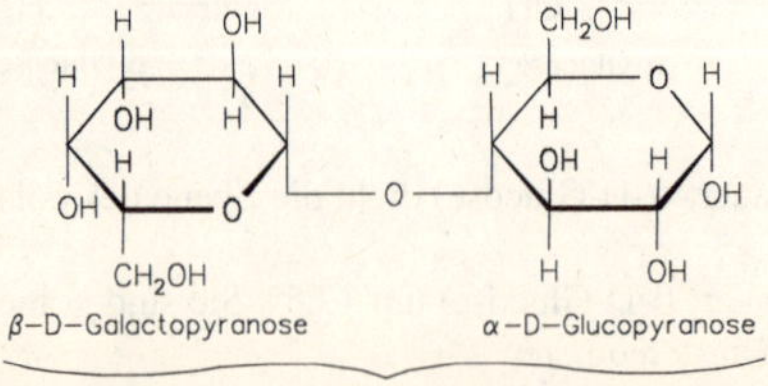

[Strukturformel: β-D-Galactopyranose — α-D-Glucopyranose]

Lactose

Hier ist die Carbonylgruppe als Acetalgruppe erhalten geblieben, deshalb zeigt der Milchzucker die üblichen Zuckerreaktionen. Das C-Atom (1) der Glucose ist nicht mit einem anderen Molekül verknüpft.
Lactose schmeckt weniger süß als Saccharose. Sie ist zu 4 bis 5% in der Kuhmilch und zu 5,5 bis 7,5% in der Frauenmilch enthalten. Beim Sauerwerden der Milch wandelt sich Milchzucker durch Bakterien in *Milchsäure* um.

Maltose, *Malzzucker,* besteht aus 2 Molekülen α-D-Glucose

α-D-Glucopyranose   α-D-Glucopyranose

Maltose

Die Aldehydreaktionen sind wie beim Milchzucker positiv. Malzzucker befindet sich in keimenden Samen. Malzzucker entsteht beim hydrolytischen Abbau der Stärke. Bei der Bierherstellung wird Gerstenmalz (gekeimte Gerste) verwendet.

37.4 Polysaccharide

Die wichtigsten Polysaccharide sind *Stärke, Glycogen* und *Cellulose,* ferner die sich vorwiegend aus Pentosen aufbauenden *Hemicellulosen* und das *Inulin* (↑S. 656).

Stärke ist ein Polykondensat aus α-D-Glucose. Sie ist keine einheitliche Substanz, sondern besteht zu 80% aus **Amylopektin** als Hüllsubstanz und zu 20% aus **Amylose** im Innern des Korns.
Amylopectin ist im Wasser unlöslich. Es besitzt stark verzweigte Glucoseketten, die aus 1000 bis 6000 Glucoseeinheiten bestehen.
Amylose bildet unverzweigte Ketten, die in Wasser löslich sind und aus 100 bis 1400 Glucoseeinheiten bestehen. Beim Erhitzen mit verdünnten Säuren (z.B. Salzsäure) oder unter Einwirkung von Fermenten (Diastase) läßt sich Stärke abbauen.

Stärke → Dextrin → Maltose → Glucose

Die grünen Pflanzen wandeln unter Lichteinwirkung mit Hilfe des Chlorophylls Kohlendioxid und Wasser über die Zwischenstufe Glucose in Stärke um (Assimilation); die Glucose entsteht hierbei gemäß der Gleichung 6 CO_2 + 6 H_2O → $C_6H_{12}O_6$ + 6 CO_2. Die Stärke stellt das Energiereservoir der Pflanzen dar.

Dextrin, ein gelblich-weißes Pulver, wird als Klebstoff verwendet.

Glycogen ist das Reservekohlenhydrat des menschlichen und tierischen Organismus. Es wird in der Leber (bis zu 18% der Lebermasse) und in den Muskeln gespeichert. Bei Muskelarbeit wird Glycogen zu L-(+)-Milchsäure abgebaut, deren Anhäufung Ermüdungserscheinungen hervorruft. Chemisch ähnelt Glycogen sehr dem Amylopektin. Es hat aber noch stärker verzweigte Ketten und ist höhermolekular (25 000 bis 90 000 Glucoseeinheiten).

Cellulose ist das verbreitetste Polysaccharid und zugleich die organische Substanz, die in absolut größter Menge auf der Erde vorkommt. Cellulose ist im Gegensatz zu Amylose, Amylopektin und Glycogen aus β-Glucose aufgebaut. Sie läßt sich jedoch wesentlich schwieriger hydrolytisch abbauen. Bei der Holzverzuckerung wendet man z.B. 40%ige Salzsäure bei hoher Temperatur an. Der Abbau erfolgt über das Disaccharid Cellobiose:

$$\boxed{\textbf{Cellulose} \rightarrow \textbf{Cellobiose} \rightarrow \textbf{Glucose}}$$

Die Hydrolyse mit konzentrierter Salzsäure bei Raumtemperatur liefert dextrinähnliche Abbauprodukte, die als gut verdauliches Mastfutter für Wiederkäuer geeignet sind.

Cellulose läßt sich mit Säuren verestern. Großtechnisch geschieht das vor allem mit Salpetersäure (»Nitrieren«) und Essigsäure (»Acetylieren«).

- **Cellulosetrinitrat** enthält je Glucosebaugruppe 3 Nitratgruppen $-O-NO_2$. Es heißt wegen seiner Verwendung *Schießbaumwolle*.

- **Cellulosedinitrat** hat eine niedrigere Veresterungsstufe. Cellulosedinitrat ist *Kollodiumwolle*, es wird auf Celluloid, Nitrolacke und Kollodiumlösung verarbeitet. Die Cellulosenitrate werden fälschlicherweise auch als »Nitrocellulosen« bezeichnet.

- **Celluloseacetat,** der Essigsäureester der Cellulose, wird in der Filmindustrie (nicht entflammbares Filmmaterial) und als Faserstoff verarbeitet; ↑S. 744.

Viscoseseide, Zellwolle und *Zellglas* bestehen aus reiner (regenerierter) Cellulose; ↑S. 744.

Holz besteht aus *Cellulose* (etwa 45%), *Hemicellulosen* (etwa 30%) und *Lignin* (etwa 20%) sowie aus Harzen und Mineralstoffen. Lignin ist eine komplizierte makromolekulare aromatische Substanz. Durch verschiedene chemische Verfahren läßt es sich in wasserlösliche Produkte abbauen, dadurch bleibt die Cellulose als *Zellstoff* zurück.

38 Carbocyclische Verbindungen

38.1 Allgemeines

Cyclische[1] Verbindungen enthalten einen oder mehrere Ringe im Molekül (mono-, bi-, tricyclisch usw. je nach Anzahl der Ringe).

Einteilung:

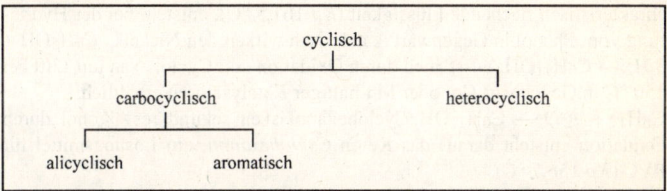

- **Carbocyclische Verbindungen** (*isocyclische Verbindungen*): Die Ringe bestehen nur aus C-Atomen.
- **Heterocyclische Verbindungen:** Die Ringe enthalten außer C-Atomen noch andere Atome, z.B. N, S, O u.a., als Ringglieder.
- **Aromatische Verbindungen:** Die Moleküle enthalten das besondere Bindungssystem des Benzens.
- **Alicyclische Verbindungen:** Die Ringe sind frei vom besonderen Bindungssystem des Benzens.

Unter dem Namen **hydroaromatische Verbindungen** faßte man früher solche alicyclische Verbindungen (Cyclohexan und Derivate) zusammen, die durch Hydrierung von Benzen und seinen Derivaten entstehen.

38.2 Alicyclische Verbindungen

Cycloalkane: Die einfachsten alicyclischen Kohlenwasserstoffe (*Cycloalkane; Naphthene*) sind:

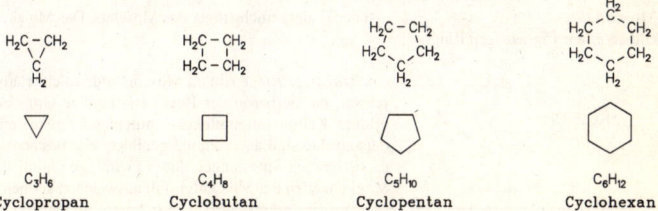

---

[1] eingedeutscht: *zyklisch, karbozyklisch* usw.

Die Cycloalkane sind farblose, wasserunlösliche, brennbare Stoffe, die in ihrem chemischen Verhalten den Alkanen ähneln; sie kommen in manchen Erdölsorten reichlich vor. C_3H_6 und C_4H_8 sind gasförmig, die kohlenstoffreicheren Verbindungen sind flüssig, die kohlenstoffreichsten fest. Die niederen Cycloalkane haben einen benzinartigen Geruch.

Man beachte, daß die Cycloalkane nicht den entsprechenden Alkanen, sondern den *Alkenen* isomer sind.

Cyclohexanol, $C_6H_{11}OH$, und **Cyclohexanon**, $C_6H_{10}O$, sind Zwischenprodukte bei der Herstellung von Caprolactam. Cyclohexanol, eine farblose, chrakteristisch riechende Flüssigkeit (*Kp* 161,5 °C), entsteht bei der Hydrierung von Phenol in Gegenwart katalytisch wirken den Nickels; $C_6H_5OH + 3 H_2 \rightarrow C_6H_{11}OH$; es ist auch durch Oxidation von Cyclohexan mit Luft bei 150 °C in Gegenwart Co- oder Mn-haltiger Katalysatoren erhältlich: $C_6H_{12} + {}^1/_2 O_2 \rightarrow C_6H_{11}OH$. Cyclohexanol ist ein sekundärer Alkohol; durch Oxidation entsteht daraus das Keton *Cyclohexanon*, ein Lösungsmittel für PVC (*Kp* 156,7 °C).

Hexachlorcyclohexan, *HCH*, $C_6H_6Cl_6$: entsteht durch Addition von Chlor an Benzen in Gegenwart von UV-Strahlung (Quecksilberdampflampe): $C_6H_6 + 3 Cl_2 \rightarrow C_6H_6Cl_6$. Aus dem entstehenden Gemisch von Stereoisomeren (*Lindan*) isoliert man γ-HCH , ein hochwirksames Insektizid, als farblose, kristallisierte Substanz; *F* 112 °C. Lindan ist aus Umweltgründen in der BRD verboten, das γ-Isomere ist erlaubt.

Naphthensäuren sind Cyclopentan- und Cyclohexancarbonsäuren; sie finden sich als unangenehm riechende Flüssigkeiten im Erdöl. *Alkalinaphthenate* dienen als Seifen; *Schwermetallnaphthenate* sind in Kohlenwasserstoffen löslich und werden als Sikkative für Ölfarben verwendet (Co-, Mn-, Pb-Salz).

Decalin (*Decahydronaphthalen*), $C_{10}H_{18}$, und **Tetralin**[1], (*Tetrahydronaphthalen*), $C_{10}H_{12}$, werden durch katalytische Hydrierung von Naphthalen hergestellt und als terpentinölähnliche Lösungsmittel verwendet.

Decalin   Tetralin

Über **Terpene** ↑S. 715.

Muscon, $CH_2-CH(CH_3) - [CH_2]_{12} - CO$, ist der Hauptgeruchsträger des Moschus. Das Molekül enthält einen 15gliedrigen Ring:

$$H_3C-CH \begin{matrix} [CH_2]_{12} \\ CH_2 \end{matrix} CO$$

Muscon

Hochgliedrige Ringe wie im Muscon bilden sich relativ schwer, da hierbei in der Regel endständige Gruppen offener Ketten intramolekular miteinander reagieren müssen. Sie sind aber, einmal gebildet, sehr beständig, da sie inneren Spannungen durch vielfältige räumliche Möglichkeiten der Molekülgestalt ausweichen können.

---

1) Tetralin gehört, da es einen Benzenring enthält, zu den aromatischen Verbindungen und ist systematisiert als *Tetralen* zu bezeichnen.

38.3 Aromatische Verbindungen

38.3.1 Allgemeines

Definition: aromatische Verbindungen enthalten das besondere »aromatische« Bindungssystem des Benzens[1]; ihre Moleküle enthalten einen oder mehrere »*Benzenringe*«.

Aromatisches Bindungssystem: Im Benzen, C_6H_6, lassen sich die Bindungsverhältnisse nicht durch klassische Strukturformeln wiedergeben. Die von dem deutschen Chemiker AUGUST KEKULÉ 1865 aufgestellte Formel mit 3 Doppelbindungen widerspricht sowohl dem fast gesättigten Charakter der Verbindung als auch den Isomerieverhältnissen bei 1,2-Disubstitutionsprodukten. KEKULÉ nahm deshalb an, daß die Bindungen ständig ihren Platz wechseln (»oszillieren«):

vereinfachte Schreibweise:
Jede Ecke entspricht einem C-Atom;
die H-Atome werden nicht angegeben

In Wirklichkeit findet kein Oszillieren statt, sondern es herrscht ein besonders stabiler, energiearmer Zwischenzustand (»*Mesomerie*«) zwischen beiden Formen. Die über die Einfachbindung hinaus vorhandenen sechs Elektronen (π-Elektronen) treten miteinander in eine spezielle Wechselwirkung und verteilen sich gleichmäßig über den gesamten Ring; ↑S. 145 und S. 589. Diese gleichmäßige Verteilung wird in einer modernen symbolischen Darstellung durch einen eingeschriebenen Kreis wiedergegeben.

Gleichmäßige   Moderne   Moderne Schreibweise des
Verteilung   Schreibweise   Naphthalen–Moleküls

Da jedoch die moderne Schreibweise bei polycyclischen Ringsystemen unhandlich und wegen der Existenz von Übergangsformen zwischen aromatischem und nichtaromatischem Bindungssystem in manchen Fällen problematisch wird, bevorzugt man auch heute noch oft die KEKULÉ-Formel mit alternierenden Doppelbindungen als *Registrierformel* für das aromatische Bindungssystem.

---

[1] Der Name *Benzen* hat sich noch nicht voll durchgesetzt; oft ist noch von *Benzol* und *Benzolring* die Rede.

Kern und Seitenketten: Das Kohlenstoffskelett des Benzens bezeichnet man als »Benzenkern«; die davon abzweigenden C-Ketten, auch wenn sie nur aus einer Methylgruppe bestehen, werden »Seitenketten« genannt.

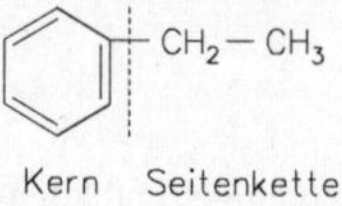

Kern　Seitenkette

Kondensierte und nichtkondensierte Ringe: Kondensierte Ringe haben mehrere C-Atome als Ringglieder gemeinsam (Naphthalen, Anthracen); nichtkondensierte Ringe haben keine Ringglieder gemeinsam (Biphenyl, Diphenylmethan):

Naphthalen　　Anthracen　　　Biphenyl　　　　Diphenylmethan

kondensiert　　　　　　　　　　　nicht kondensiert

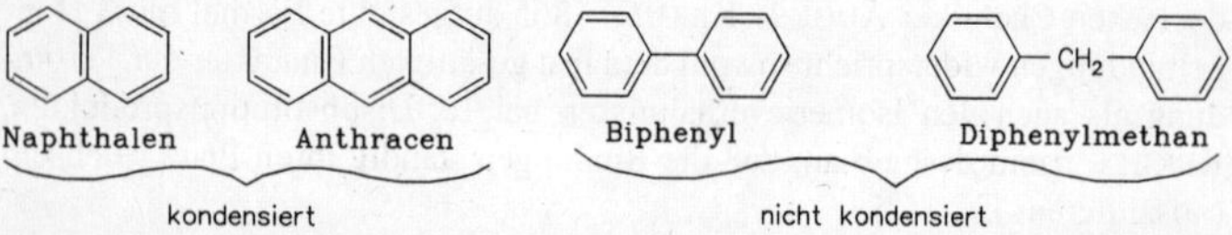

Isomerieverhältnisse beim Benzen: Alle H-Atome befinden sich in gleicher Situation im Molekül; folglich existieren

- bei *einem* Substituenten
  nur *eine* Verbindung, z.B. nur *ein* Chlorbenzen, C_6H_5Cl;

- bei *zwei* Substituenten
  drei isomere Verbindungen z.B. Dichlorbenzene, $C_6H_4Cl_2$[1]:

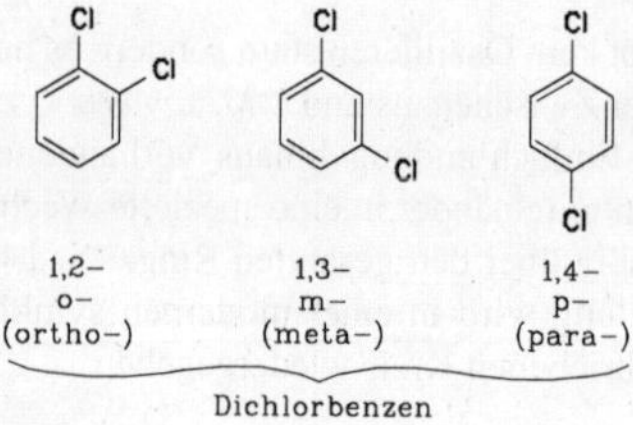

1,2-　　　　1,3-　　　　1,4-
o-　　　　　m-　　　　　p-
(ortho-)　　(meta-)　　(para-)

Dichlorbenzen

- bei *drei gleichen* Substituenten
  drei isomere Verbindungen, z.B. Trichlorbenzene, $C_6H_3Cl_3$:

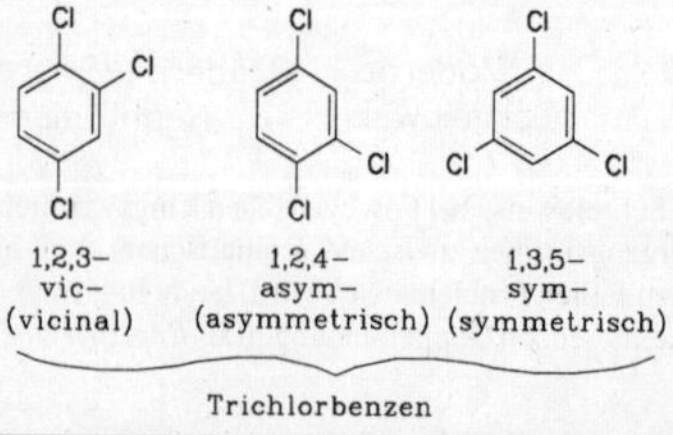

1,2,3-　　　　1,2,4-　　　　1,3,5-
vic-　　　　　asym-　　　　sym-
(vicinal)　(asymmetrisch)　(symmetrisch)

Trichlorbenzen

---

[1] Wäre die KEKULÉ-Formel richtig, sollte man *zwei* o-Verbindungen erwarten, je nachdem, ob die beiden Substituenten eine Einfach- oder eine Doppelbindung einschließen.

- bei *vier gleichen* Substituenten
  drei isomere Verbindungen, z.B. Tetrachlorbenzene, $C_6H_2Cl_4$:

  1,2,3,4- \
  1,2,3,5- } Tetrachlorbenzen;
  1,2,4,5- /

- bei *fünf gleichen* Substituenten
  eine Verbindung, z.B. Pentachlorbenzen, C_6HCl_5;
- bei *sechs gleichen* Substituenten
  eine Verbindung, z.,B. Hexachlorbenzen, C_6Cl_6.

Substitutionsregeln:

> *Substituenten I. Ordnung* (–Cl, –Br, –I, –CH$_3$, –C$_n$H$_{2n+1}$, –OH, –NH$_2$)
> dirigieren einen neu eintretenden Substituenten, gleich welcher Art,
> bevorzugt in die 2- und 4-Stellung.

> *Substituenten II. Ordnung* (–NO$_2$, –CHO, –COOH, –SO$_2$OH)
> dirigieren einen neuen Substituenten bevorzugt in die 3-Stellung.

Aromatisches Verhalten von Benzenderivaten: Der aromatische, fast gesättigte Charakter des Benzens bleibt auch in den meisten seiner Derivate erhalten. Nur wenn mehrere Substituenten I. Ordnung vorhanden sind, wird das aromatische Bindungssystem stark »deformiert«.

Zusätzlich zu den Benzenderivaten existieren auch einige heterocyclische Verbindungen mit aromatischem Charakter (↑S. 684).

38.3.2 Aromatische Kohlenwasserstoffe (Arene)

Übersicht: Wichtige aromatische Kohlenwasserstoffe (frühere Namen in Winkelklammern)

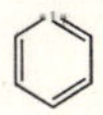

Benzen <Benzol> 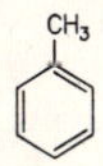 Toluen <Toluol> 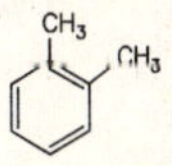 o–Xylen <o–Xylol> 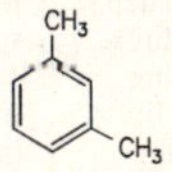 m–Xylen <m–Xylol>  p–Xylen <p–Xylol> 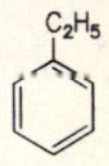 Ethylbenzen <Ethylbenzol>

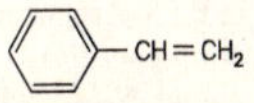

Styren <Styrol> 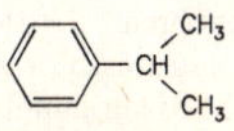 Cumen <Cumol> 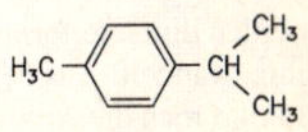 p–Cymen <p–Cymol>

38 Carbocyclische Verbindungen

Naphthalen <Naphthalin>

Anthracen

Phenanthren

Naphthacen

Biphenyl

Diphenylmethan

Triphenylmethan

Stilben

Unter dem Namen **BTX-Aromaten** faßt man **B**enzen, **T**oluen und die **X**ylene zusammen.

Gewinnung aus Kokereigas und Steinkohlenteer:

Aus **Kokereigas** gewinnt man Benzen, Toluen, und die Xylene durch Auswaschen mit z.B. Anthracenöl oder durch Adsorption an Aktivkohle.

Durch fraktionierte Destillation des **Steinkohlenteers** erhält man z.B. neben 2 bis 5% Ammoniakwasser 1 bis 2% *Leichtöl* (Siedepunkt bis 180 °C), 10 bis 12% *Mittelöl* (180 bis 230 °C), 8 bis 10% *Schweröl* (230 bis 270 °C), 18 bis 25% *Anthracenöl* (»*Grünöl*«; 270 bis 360 °C) und als Rückstand etwa 55% *Teerpech*. Aus den Teerölen trennt man durch Schwefelsäure Pyridinbasen (*Pyridin, Picolin, Chinolin* u.a.) und durch Natronlauge Phenole (*Phenol, Cresole, Xylenole, Naphthole* u.a.) ab, so daß Kohlenwasserstoffe (»*Neutralöle*«) verbleiben, die durch Destillation, Kristallisation und Extraktion in reine Verbindungen zerlegt werden können:

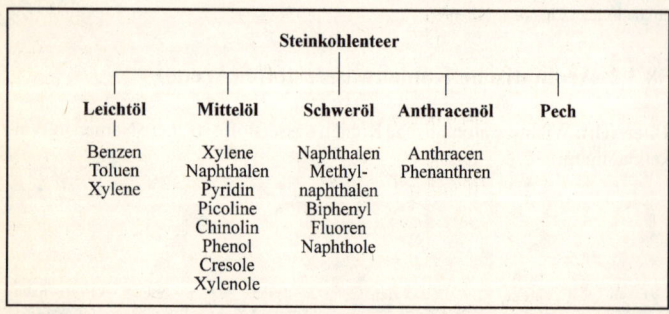

Gewinnung durch Aromatisierung nichtaromatischer Kohlenwasserstoffe: Aliphatische und alicyclische Kohlenwasserstoffe, wie sie in Erdöl- und Braunkohlenbenzinen vorliegen, werden durch *Reformieren* (Reformingverfahren; ↑S. 616) zu 40 bis 70 % in BTX-Aromaten umgewandelt. Aus dem flüssigen Reaktionsgemisch (*Reformatbenzin, Reformingbenzin*) extrahiert man die Aromaten durch selektive Lösungsmittel (Monomethylformamid, N-Methylcaprolactam u.a.) und trennt sie anschließend durch Destillation.

Die Aromatisierung wird durch folgende Reaktionen bewirkt:
- *Dehydrierung* von Cyclohexan und dessen Alkylderivaten (Methylcyclohexan → Toluen);
- *Dehydrocyclisierung* von Alkanen (n-Heptan → Toluen);
- *Dehydroisomerisierung* von Cyclopentanderivaten (Methylcyclopentan → Benzen).

Gewinnung aus Pyrolysebenzin: Pyrolysebenzin ist Nebenprodukt bei der Erzeugung von Ethen und Propen durch katalytisches Cracken (Pyrolyse) von Erdölbenzinen (↑S. 615). Das Produkt besteht zu 80 bis 90% aus Aromaten und wird durch kombinierte Extraktion und Destillation aufgearbeitet.

FRIEDEL-CRAFTSsche Synthese: Einführung von Alkylen oder Acylen (Säureradikalen) in aromatische Kohlenwasserstoffe mit $AlCl_3$ oder BF_3 als Katalysator.

- *Einführung eines Alkyls* durch Alkylhalogenid oder Alken:

$$C_6H_6 + Cl-CH_2-CH_3 \rightarrow C_6H_5-C_2H_5 + HCl$$
Benzen Monochlorethan Ethylbenzen

$$C_6H_6 + CH_2=CH_2 \rightarrow C_6H_5-C_2H_5$$

- *Einführung eines Acyls* durch Carbonsäurechlorid oder -anhydrid:

$$C_6H_6 + Cl-CO-CH_3 \rightarrow C_6H_5-CO-CH_3 + HCl$$
Benzen Acetylchlorid Acetophenon

Benzen, *Benzol,* C_6H_6

Entdeckung: 1825 durch MICHAEL FARADAY (England).

Herstellung:

- aus *Erdölbenzinen* durch Reformieren, Extrahieren der entstandenen Arene und Trennung durch fraktionierte Destillation; ↑S. 616 und 666;
- als Nebenprodukt bei der *Benzinpyrolyse;* ↑S. 667;
- aus *Kokereigas* und *Steinkohlenteer;* ↑S. 666;
- aus *Ethin* beim Durchströmen glühender Rohre (technisch bedeutungslos): $3\ C_2H_2 \rightarrow C_6H_6$;
- aus Losung *diazotierten Anilins* durch Zinn(II)-chlorid; ↑S. 682.

Eigenschaften: farblose, charakteristisch riechende, mit rußender Flamme brennbare Flüssigkeit (F 5,4 °C; Kp 80,1 °C); mit Wasser nicht mischbar, wohl aber mit den meisten organischen Flüssigkeiten. Benzendämpfe sind sehr giftig[1]. Benzen ist chemisch sehr beständig. Leicht verläuft die Nitrierung (→ Nitrobenzen), etwas schwerer die Sulfonierung (→ Benzensulfonsäure). Chlor wirkt in Gegenwart von Eisen als Katalysator substituierend (→ Chlorbenzen), während es ohne Katalysator im Sonnen- oder UV-Licht addiert wird (→ Hexachlorcyclohexan). Mittels der FRIEDEL-CRAFTS-Reaktion (↑S. 667) kann Benzen in andere Arene oder in aromatische Ketone übergeführt werden.

---

1) Benzen ist noch wesentlich giftiger als die ebenfalls sehr gesundheitsschädigenden Verbindungen *Toluen* und *Xylen.*

Eine auch technisch durchgeführte *Sprengung des Ringsystems* zu Maleinsäureanhydrid erfolgt durch Umsetzung mit Sauerstoff in Gegenwart von V_2O_5 bei 420 °C:

$$2\ C_6H_6 + 9\ O_2 \rightarrow 2\ C_2H_2(CO)_2O + 4\ H_2O + 4\ CO_2$$

Verwendung: als Lösungsmittel (für Kautschuk, Lackharze u.a.); als Treibstoffzusatz; als chemisches Zwischenprodukt für Styren (→ Polystyren), Cumol (→ Phenol, Aceton), Cyclohexan (→ Cyclohexanol, Caprolactam, Polyamide), Dodecylbenzen (→ waschaktive Substanzen), Nitrobenzen (→ Anilin, Farbstoffe, Pharmaka), Chlorbenzen (→ Insektizide), Hexachlorcyclohexan, Maleinsäureanhydrid (→ Polyesterharze) u.a.

Phenyl- und Benzylgruppe:

Phenyl-Gruppe: $-C_6H_5$ (leitet sich vom Benzen ab)
Benzyl-Gruppe: $-CH_2-C_6H_5$ (leitet sich vom Toluen ab)

Toluen, *Toluol, Methylbenzen*, $C_6H_5-CH_3$, ähnelt dem Benzen stark; F 95 °C, Kp 110,8 °C. Die Methylseitenkette kann durch Kaliumpermanganat zur Carboxylgruppe oxidiert werden (→ Benzoesäure).

Für die *Chlorierung* gilt:

- **Kälte - Katalysator (Fe): K**ernchlorierung
- **Siedehitze - Sonne** (od. UV): **S**eitenkettenchlorierung

Bei der *Kernchlorierung* entstehen vorwiegend 2- und 4-Chlor-toluen, $C_6H_4(CH_3)Cl$.

Bei der *Seitenkettenchlorierung* entstehen je nach Dauer der Reaktion

Benzylchlorid, *Phenylchlormethan,* $C_6H_5-CH_2Cl$, Kp 179 °C;
Benzalchlorid, *Phenyldichlormethan,* $C_6H_5-CHCl_2$, Kp 205 °C;
Benzotrichlorid, *Phenyltrichlormethan,* $C_6H_5-CCl_3$, Kp 213 bis 214 °C.

Toluen wird verwendet als Lösungsmittel sowie als Zwischenprodukt für 2,4,6-Trinitrotoluen, Toluidine (→ Farbstoffe, Diisocyanate für Polyurethane), Benzoesäure, Benzylalkohol, Benzaldehyd, p-Cresol, Saccharin u.a.

Xylen, *Xylol,* ist ein Gemisch aus *1,2-, 1,3-* und *1,4-Dimethylbenzen*, $C_6H_4(CH_3)_2$, und *Ethylbenzen*, $C_6H_5-C_2H_5$ (sog. C_8-Aromaten). Das technisch anfallende Gemisch ist durch Destillation schwer trennbar (Kp 144,4 °C; 139,1 °C; 138,3 °C; Ethylbenzen 136,2 °C) und wird deshalb oft unter dem Namen »Xylen« als solches verwendet (Lösungsmittel für Druckfarben, Lacke, Kautschuk).

Die Methylgruppen lassen sich wie beim Toluen leicht oxidieren; so werden technisch aus 1,2-Xylen (o-Xylen) Phthalsäureanhydrid (→ Weichmacher, Farbstoffe) und aus 1,4-Xylen (p-Xylen) Terephthalsäure (→ Polyester) hergestellt.

Ethylbenzen, *Ethylbenzol,* $C_6H_5-C_2H_5$, ist im technischen C_8-Aromaten-Gemisch (s.o.) enthalten und wird durch FRIEDEL-CRAFTS-Synthese aus Benzen und Ethen in Gegenwart von $AlCl_3$ hergestellt (Gleichung ↑S. 667). Es ist flüssig (Kp 136,2 °C), den Xylenen isomer und wird in der Technik katalytisch zu Styren dehydriert: $C_6H_5-CH_2-CH_3 \rightarrow C_6H_5-CH=CH_2 + H_2$.

38.3 Aromatische Verbindungen

Styren, *Styrol, Vinylbenzen,* $C_6H_5-CH=CH_2$, ist farblos, flüssig (Kp 145 °C) und von charakteristischem Geruch; es polymerisiert auch spontan sehr leicht (wird dabei fest) und dient zur Herstellung von Polystyren und Polyesterplatten.

Cumen, *Cumol, Isopropylbenzen,* $C_6H_5-CH(CH_3)_2$ (Struktur ↑S. 665), Kp 152,5 °C, wird technisch durch FRIEDEL-CRAFTS-Synthese aus Benzen und Propen in Gegenwart von $AlCl_3$ gewonnen und hauptsächlich zu Phenol und Aceton weiterverarbeitet (*Cumolverfahren;* ↑S. 683).

1,4-Cymen, *p-Cymen, p-Cymol,* ist *1,4-Methyl-isopropylbenzen,* $CH_3-C_6H_4-CH(CH_3)_2$ (Struktur ↑S. 665). Aromatisch riechende Flüssigkeit (Kp 176 °C); kommt in ätherischen Ölen vor und hat das Kohlenstoffskelett vieler Terpene; die vollständige Hydrierung ergibt *p-Menthan.*

Naphthalen, *Naphthalin,* $C_{10}H_8$ (Struktur ↑S. 666), aus Steinkohlenteer und Kokereigas gewonnen, bildet farblose, intensiv riechende Kristalle, die bei 81 °C schmelzen, jedoch bereits bei gewöhnlicher Temperatur allmählich verdampfen. Es wird vor allem auf Phthalsäureanhydrid weiterverarbeitet, weiterhin auf Tetralin (*Tetrahydronaphthalen*), Decalin (*Decahydronaphthalen*), Naphthole, Nitro-, und Aminonaphthalene (→ Farbstoffe). Naphthalen liefert zwei Monosubstitutionsprodukte, z.B.

1-Chlornaphthalen   2-Chlornaphthalen
α—Chlornaphthalen   β—Chlornaphthalen

Anthracen, $C_{14}H_{10}$ (Struktur ↑S. 666), aus dem Anthracenöl des Steinkohlenteers gewonnen, bildet farblose, blau fluoreszierende Blättchen (F 217 °C), die technisch durch Oxidation mit Chromsäure oder durch katalytische Oxidation mit Luft in **Anthrachinon** (Formel s.u.) übergeführt werden. Anthrachinon ist Zwischenprodukt für Alizarin und andere Beizenfarbstoffe.

Azulen, $C_{10}H_8$, dem Naphthalen isomer, ist blau und kristallisiert; F 99 °C. Das Molekül besteht aus einem 5- und einem 7-gliedrigen Ring. Derivate des Azulens finden sich in ätherischen Ölen und rufen u.a. die Blaufärbung des Kamillenöls hervor.

Azulen

Biphenyl, *Diphenyl,* $C_6H_5-C_6H_5$, farblose Blättchen (F 69,8 °C), ist thermisch sehr stabil, besitzt eine hohe spezifische Wärmekapazität und dient deshalb, wie auch **Diphenylether,** $C_6H_5-O-C_6H_5$, als Wärmeübertragungsflüssigkeit. Beide Substanzen entstehen bei der Herstellung von Phenol aus Chlorbenzen als Nebenprodukte.

Weitere kondensierte Ringsysteme: 3,4-Benzpyren, ($C_{20}H_{12}$, blaßgelb, F 177 °C) kommt zusammen mit anderen höher kondensierten Arenen im Steinkohlenteer und Tabakteer vor; es hat kanzerogene (krebserzeugende) Wirkung, und man mißt ihm Bedeutung bei der Entstehung des Raucher-Lungenkrebses bei. - Weitere Substanzen sind z.B. **Inden** (C_9H_8, farblos, F −2 °C, Kp 181 °C), **Fluoren** ($C_{13}H_{10}$, farblos, F 115 °C, Kp 295 °C), **Pyren** ($C_{16}H_{10}$, gelb, F 150 °C), **Chrysen** ($C_{18}H_{12}$, farblos, F 255 °C), **Perylen** ($C_{20}H_{12}$, gelb, F 264 °C) und **Coronen** ($C_{24}H_{12}$, blaßgelb, F 440 °C).

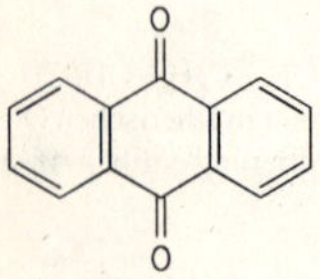

Anthrachinon 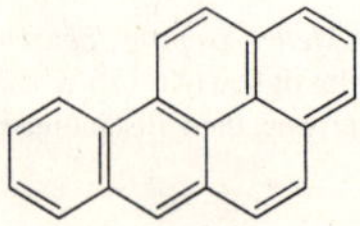   3,4−Benzpyren 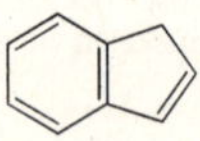   Inden 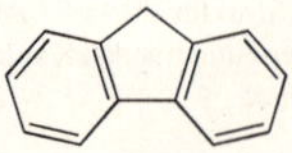   Fluoren

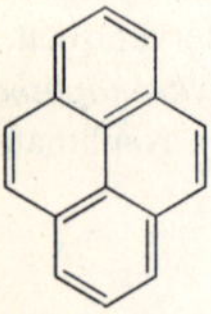

Pyren 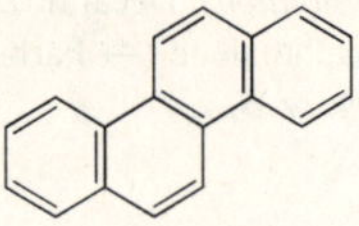   Chrysen 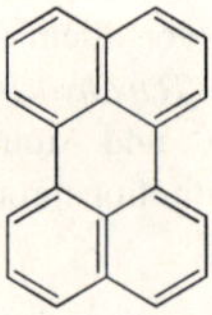   Perylen 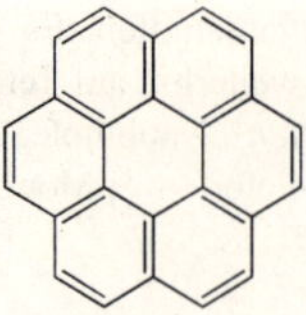   Coronen

38.3.3 Aromatische Halogenkohlenwasserstoffe (Halogenarene)

Chlorierung und Bromierung: Chlor und Brom wirken auf Arene meist substituierend ein, z.B. auf Benzen (in Gegenwart von Fe):
$C_6H_6 + Cl_2 \rightarrow C_6H_5Cl + HCl$.

Über die Chlorierung von Benzen und Toluen ↑S. 668.

Halogenarene aus Aminoverbindungen: Die Aminoverbindungen werden diazotiert; die entstehenden Diazoniumsalzlösungen ergeben (↑S. 682)

- *Iodarene* durch Erhitzen mit Kaliumiodidlösung,
- *Brom-* und *Chlorarene* durch Erhitzen mit Bromid- bzw. Chloridlösung in Gegenwart von Cu-Pulver;
- *Fluorarene* durch Einwirkung von Fluoroborsäure.

Chlorbenzen, *Chlorbenzol,* C_6H_5Cl: farblos, flüssig (Kp 132 °C), wasserunlöslich, von typischem Geruch, reaktionsträge; giftig; hervorragendes Lösungsmittel für Harze und Teere; dient zur Herstellung von Phenol, Schädlingsbekämpfungsmitteln und Farbstoffzwischenprodukten. - **Brombenzen,** *Brombenzol,* C_6H_5Br, ähnelt dem Chlorbenzen stark; Kp 156,1 °C. - **1,4-Dichlorbenzen,** *1,4-Dichlorbenzol;* 1,4-$C_6H_4Cl_2$, bildet farblose, stark riechende Kristalle; *F* 53 °C, *Kp* 174 °C; dient als Insektenvertreibungs- und Luftdesinfektionsmittel.

Zu den aromatischen Halogenverbindungen gehört auch *DDT*, das »klassische« Kontaktinsektizid; ↑S. 722.

38.3.4 Phenole

Strukturmerkmal: Phenole enthalten eine oder mehrere OH-Gruppen unmittelbar am Benzenkern gebunden (ein- und mehrwertige Phenole). *Gegensatz:* aromatische Alkohole mit OH-Gruppen in den Seitenketten.

Übersicht:

Phenol 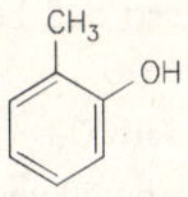   o—Cresol 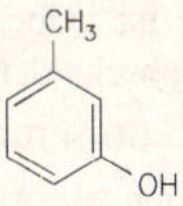   m—Cresol    p—Cresol

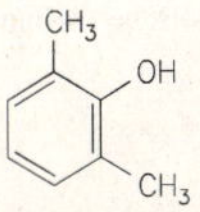

2,6—Dimethyl—phenol
(als Beispiel eines Xylenols)   Brenzcatechin 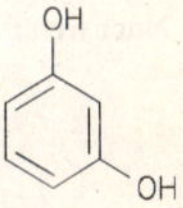   Resorcin

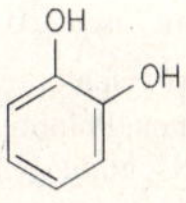

Hydrochinon 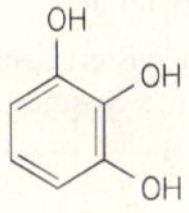   Pyrogallol 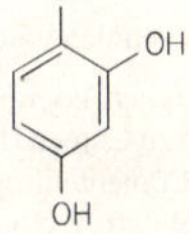   Oxyhydrochinon 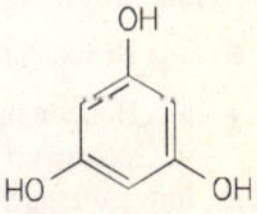   Phloroglucin

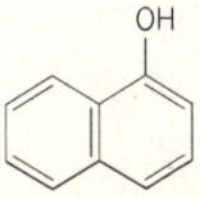

α—Naphthol 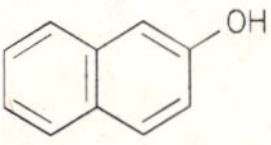   β—Naphthol 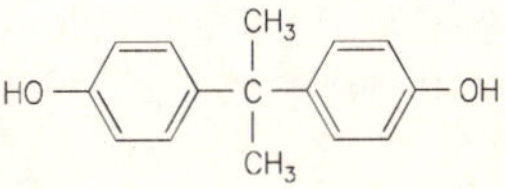   Dian 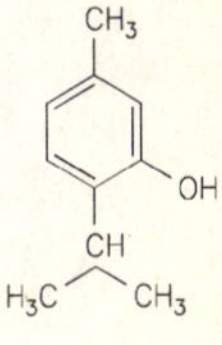   Thymol

Herstellung:

- aus den durch Destillation und Hydrierung von Stein- und Braunkohlenteer erhaltenen Ölen durch Extraktion mit Natronlauge; aus der entstehenden Phenolatlauge scheidet man mit Kohlendioxid ein *Rohphenolöl* ab (»*Carbonisierung*«), das destillativ in die Einzelphenole zerlegt wird.
- aus phenolhaltigen Abwässern durch Extraktion mit butylacetathaltigen Estergemischen; nach Verdampfen des Esters hinterbleibt ein Phenolgemisch (»*Phenosolvanverfahren*«).
- durch Alkalischmelze aromatischer Sulfonsäuren, z.B.

    $C_6H_5-SO_2ONa + NaOH \rightarrow C_6H_5OH + Na_2SO_3$
- durch »Verkochen« von Diazoniumsalzlösungen; ↑S. 681.

Eigenschaften:

- Phenole haben im Gegensatz zu Alkoholen saure Eigenschaften. Sie bilden mit Alkalilaugen wasserlösliche *Phenolate*, z.B.

    $C_6H_5OH + NaOH \rightarrow C_6H_5ONa + H_2O$.
- Die Säurestärke ist jedoch sehr gering, so daß bereits Kohlensäure die Phenole wieder abscheidet:

    $C_6H_5ONa + CO_2 + H_2O \rightarrow C_6H_5OH + NaHCO_3$.
- Phenole lassen sich wie Alkohole verestern und verethern.
- Phenole werden leichter nitriert, sulfoniert und chloriert als Kohlenwasserstoffe. Dabei »dirigiert« die OH-Gruppe den neuen Substituenten vorzugsweise in die 2- und 4-Stellung.

Nachweis: Phenole ergeben mit Eisen(III)-chloridlösung charakteristische Färbungen, z.B.

    Phenol, Resorcin, α-Naphthol: *violett*
    Cresole, Hydrochinon, Phloroglucin: *blau*
    Brenzcatechin, β-Naphthol: *grün*
    Oxyhydrochinon: *blaugrün*

Phenol, C6H5OH

Herstellung:

- aus Braun- und Steinkohlenölen und -abwässern (↑S. 666);
- aus Benzen nach dem *Cumen-Verfahren*: Man kondensiert Benzen mit Propen (aus Erdöl) in Gegenwart von AlCl3 zu Cumen (FRIEDEL-CRAFTS-Synthese), oxidiert dies in der Hitze mit Luftsauerstoff zu Cumenhydroperoxid und spaltet diese Verbindung mit 70%iger Schwefelsäure in Phenol und Aceton:

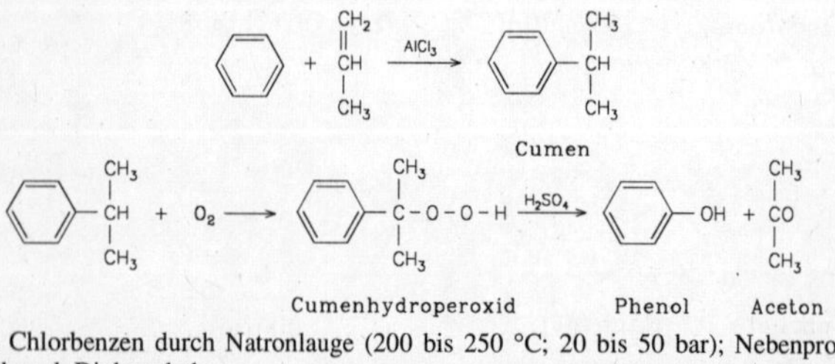

- aus Chlorbenzen durch Natronlauge (200 bis 250 °C; 20 bis 50 bar); Nebenprodukte: Biphenyl, Diphenylether.

38.3 Aromatische Verbindungen

Eigenschaften: farblose, meist infolge technisch bedingter Beimengungen rötliche, intensiv riechende Kristalle (*F* 41 °C, *Kp* 182 °C), die auf der Haut weiße Flecke hervorrufen. Phenol löst sich begrenzt in Wasser (Einfluß der hydrophilen OH-Gruppe!); andererseits löst sich auch etwas Wasser in Phenol, wobei sich das Gemisch verflüssigt; dazwischen besteht eine »Mischungslücke«. Durch vollständige Hydrierung entsteht Cyclohexanol.

Verwendung: als Zwischenprodukt für Phenoplaste, Diphenylolpropan (→ Epoxidplaste), Cyclohexanol (→ Caprolactam → Polyamidfaserstoffe und -plaste), Chlorphenole (Desinfektionsmittel; → Wuchsstoffherbizide), Pentachlorphenol (»PCP«, sehr gesundheitsschädliches Holzschutz- und Unkrautbekämpfungsmittel), o-Cresol, Salicylsäure sowie verschiedene weitere Zwischenprodukte für Farbstoffe, Pharmaka u.a.

Cresole (auch *Kresole*) heißen die 3 Methylphenole, $C_6H_4(CH_3)(OH)$, **Xylenole** die 6 Dimethylphenole, $C_6H_3(CH_3)_2(OH)$. Alle ähneln dem Phenol, haben jedoch geringere Bedeutung; der Einsatz für Plaste ist beschränkt. *Cresolseifenlösung* ist ein Desinfektionsmittel, *o-Tricresylphosphat*, $OP[OC_6H_4(CH_3)]_3$, dient als Weichmacher für PVC.

Thymol, *2-Isopropyl-5-methyl-phenol,* Struktur ↑S. 671, bildet farblose, nur wenig wasserlösliche Kristalle von typischem Thymiangeruch; *F* 51 °C, *Kp* 233 °C. Es kommt im Thymianöl u.a. ätherischen Ölen vor und wird als mildes Antiseptikum verwendet. Durch vollständige Hydrierung geht es in *Menthol* über.

Die **Naphthole,** $C_{10}H_7OH$ (Strukturen s. S. 671), sind farblos (am Licht nachdunkelnd), wenig wasserlöslich und von phenolähnlichem Geruch. In Alkalilaugen lösen sie sich leicht unter Bildung von *Naphtholaten*; Verwendung als Zwischenprodukte insbes. für Farbstoffe.

α-**Naphthol,** *Naphth-1-ol:* *F* 96 °C, *Kp* 288 °C, sublimierbar.
β-**Naphthol,** *Naphth-2-ol:* *F* 121 °C, *Kp* 285 °C, sublimierbar.

Mehrwertige Phenole:

Die zweiwertigen Phenole **Brenzcatechin, Resorcin** und **Hydrochinon,** $C_6H_4(OH)_2$ (Strukturen ↑S. 671), bilden farb- und geruchlose Kristalle. Resorcin wird für Farbstoffe (Fluorescein, Eosin) und Pharmaka, Hydrochinon für fotografische Entwickler verwendet. - Hydrochinon wird bei der Oxidation (Dehydrierung) in gelbes, festes, stechend riechendes **Chinon,** $C_6H_4O_2$, umgewandelt, wobei das aromatische Bindungssystem in das sog. »*chinoide*« System übergeht:

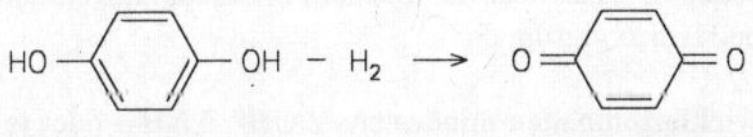

HO—⟨⟩—OH − H_2 → O=⟨⟩=O

Hydrochinon   Chinon

Pyrogallol, *1,2,3-Trihydroxybenzen,* $C_6H_3(OH)_3$, ist das wichtigste dreiwertige Phenol. Es nimmt in alkalischer Lösung quantitativ Sauerstoff auf und wird daher zur Gasanalyse verwendet.

Dian, *2,2-[4,4-Dihydroxydiphenyl]-propan, Diphenylolpropan,* entsteht aus Phenol und Aceton in Gegenwart von Schwefelsäure:

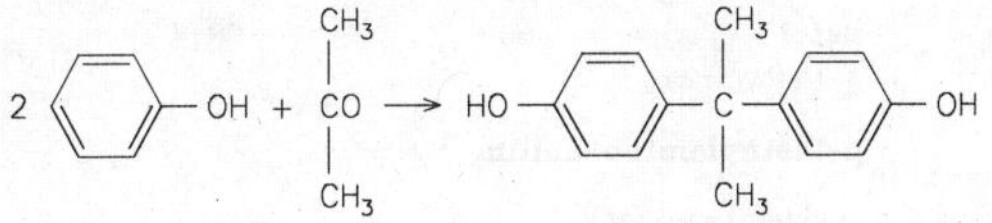

$$2 \; \langle\rangle{-}OH + CO(CH_3)_2 \longrightarrow HO{-}\langle\rangle{-}C(CH_3)_2{-}\langle\rangle{-}OH$$

Dian

Es wird mit Epichlorhydrin zu Polyepoxiden kondensiert.

Phenolether:

Phenolether finden sich oft in ätherischen Ölen, z.B. der Anisriechstoff **Anethol** und die Nelkenriechstoffe **Eugenol** und **Isoeugenol**. Aus Eugenol wird Vanillin hergestellt. Der *Phenylmethylether,* $C_6H_5-O-CH_3$, heißt **Anisol**, der β-*Naphthylmethylether,* $C_{10}H_7-O-CH_3$, **Nerolin**.

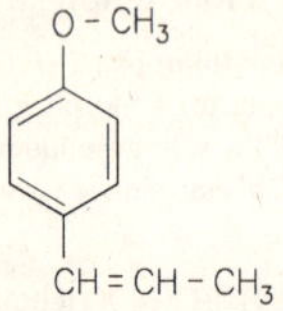

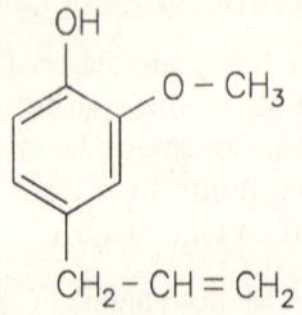

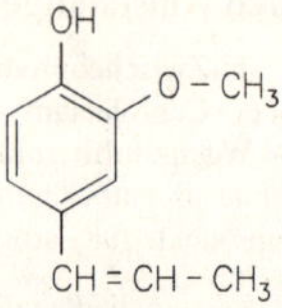

Anethol	Eugenol	Isoeugenol
$O-CH_3$ an Ring, $CH=CH-CH_3$	OH, $O-CH_3$, $CH_2-CH=CH_2$	OH, $O-CH_3$, $CH=CH-CH_3$

Von der **Phenoxyessigsäure,** $C_6H_5-O-CH_2COOH$, einer *Phenolethercarbonsäure,* leiten sich als wichtigste Unkrautbekämpfungsmittel die synthetischen **Wuchsstoffherbizide** ab, z.B. *2,4,5-Trichlorphenoxy-essigsäure* (Struktur s.u.). Bei sachkundiger Anwendung bewirken sie, daß sich die Unkräuter »zu Tode wachsen«, während die Kulturpflanzen unbeeinflußt bleiben. Hohe Konzentrationen führen zur Vernichtung jeglichen Pflanzenwuchses.

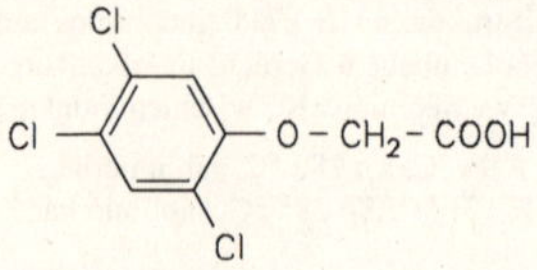

$$Cl_3C_6H_2-O-CH_2-COOH$$

2,4,5−Trichlorphenoxy−essigsäure

Sonstige Phenolderivate:

Lignin, eine amorphe, krümlige, gelbe bis braune, geruchlose Masse, bewirkt die Verholzung des pflanzlichen Gewebes. Es umhüllt die Cellulosefasern und füllt den Raum zwischen den Holzzellen aus. Nächst Cellulose ist Lignin die zweithäufigste makromolekulare organisch-chemische Natursubstanz. Sie ist von aromatischem Charakter und enthält sowohl phenolische als auch alkoholische Hydroxylgruppen.

Fotografische Entwickler enthalten mindestens 2 OH-, 2 NH_2- oder je eine dieser Gruppen in 1,2- oder 1,4-Stellung; bei der Aminogruppe darf 1 H-Atom substituiert sein.

Beispiele:

Hydrochinon   HO–C₆H₄–OH

4−Amino−phenol   HO–C₆H₄–NH₂

Metol   HO–C₆H₄–NH–CH₃
4−Methylamino−phenol

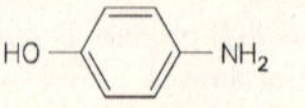

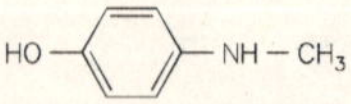

p−Diethylamino−anilin H_2N–C₆H₄–$N(C_2H_5)_2$

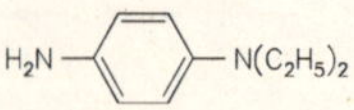

(Farbentwickler)

38.3.5 Aromatische Alkohole, Aldehyde, Ketone und Carbonsäuren

Allgemeines: Aromatische Alkohole enthalten im Gegensatz zu den Phenolen Hydroxylgruppen in den *Seitenketten*. Sie können, z.B. durch schwefelsäurehaltige Dichromatlösung, zu Aldehyden bzw. Ketonen und im ersten Fall weiter zu Carbonsäuren oxidiert werden.

Wichtige Verbindungen:

Benzylalkohol   Benzaldehyd   Benzoesäure   Phthalsäure   Terephthalsäure

Phenolcarbonsäuren sind:

Gallussäure   4-Hydroxy-benzoesäure   Salicylsäure

Benzylalkohol, *Phenylmethanol*, $C_6H_5-CH_2OH$, entsteht aus Benzylchlorid durch Kochen mit Kalilauge. Farblose, fast geruchlose Flüssigkeit (*Kp* 179 °C); der Essigsäureester, **Benzylacetat**, $CH_3-CO-O-CH_2-C_6H_5$, wird als Jasminriechstoff verwendet.

Benzaldehyd, *Phenylmethanal*, C_6H_5-CHO, farblose Flüssigkeit; *Kp* 205,5 °C; bildet das intensiv riechende »*Bittermandelöl*«, das an Zucker und Blausäure gebunden in Mandeln sowie Kernen von Aprikosen, Pfirsichen und anderem Steinobst vorkommt. Verwendung als Aromastoff und für Farbstoffe. Beim Stehen an der Luft erfolgt Oxidation zu Benzoesäure, die sich in farblosen Kristallen ausscheidet.

Benzoesäure, *Benzencarbonsäure*, C_6H_5-COOH, weiße, in heißem Wasser lösliche Blättchen (*F* 122 °C), kommt verestert im Benzoeharz vor und wird technisch durch katalytische Oxidation von Toluen (Luftsauerstoff, 130 bis 150 °C, 2 bis 3 bar) gewonnen. Verwendung zur Lebensmittelkonservierung und zur Herstellung von Farbstoffen und Pharmaka. Die Salze und Ester heißen **Benzoate**.- **Benzoesäuremethylester**, *Methylbenzoat*, »*Niobeöl*«, $C_6H_5-COOCH_3$, riecht aromatisch.

Phthalsäure, *Benzen-1,2-dicarbonsäure*, $1,2-C_6H_4(COOH)_2$, entsteht aus Naphthalen durch katalytische Oxidation mit Luft und geht leicht in **Phthalsäureanhydrid** über. Säure und Anhydrid bilden farblose Kristalle. Beim Erhitzen mit Phenol und etwas konz. Schwefelsäure entsteht *Phenolphthalein;* ↑S. 710.

Phthalsäure-anhydrid

Terephthalsäure, *Benzen-1,4-dicarbonsäure*, hergestellt aus p-Xylen oder Phthalsäure, wird für Plaste (*Polyester*) und Chemiefaserstoffe (*Polyesterfaserstoff;* ↑S. 743) verwendet; Struktur ↑ oben.

Phenylethylalkohol, *Phenylethanol*, $C_6H_5-CH_2-CH_2OH$, riecht nach Rosen und kommt im Rosenöl und Rosenwasser vor. Er ergibt bei der Oxidation den hyazinthenartig riechenden **Phenylacetaldehyd**, *Phenylethanal*, $C_6H_5-CH_2-CHO$. Weitere Oxidation ergibt die feste **Phenylessigsäure**, *Phenylethansäure*, $C_6H_5-CH_2-COOH$, deren Ester als Honigaroma Verwendung finden.- **Zimtaldehyd**, $C_6H_5-CH=CH-CHO$, flüssig, ist der Träger des Zimtaromas; durch Reduktion entsteht **Zimtalkohol**, $C_6H_5-CH=CH-CH_2OH$, durch Oxidation **Zimtsäure**, $C_6H_5-CH=CH-COOH$, beides farb- und geruchlose Festsubstanzen. Die Salze der Zimtsäure heißen *Cinnamate*.

Cumarin (Formel ↑unten) ist das innere Anhydrid der 2-Hydroxyzimtsäure. Farblose Kristalle; Riechstoff des Waldmeisters.

Mandelsäure, $C_6H_5-CH(OH)-COOH$, bildet farblose, geruchlose Kristalle; ihr Nitril, $C_6H_5-CH(OH)-CN$, kommt, an das Disaccharid *Gentiobiose* gebunden, in Mandeln und Steinobstkernen vor.

Vanillin, der Riechstoff der Vanilleschoten, und **Heliotropin** (*Piperonal*), intensiv nach Heliotrop riechend, werden als Riech- und Aromastoffe verwendet. Beide bilden farblose Kristalle.

Cumarin   Vanillin   Heliotropin

Salicylsäure; *2-Hydroxy-benzoesäure*, $1,2-C_6H_4(OH)COOH$, bildet farblose, in Wasser schwer lösliche Kristalle. Natriumsalicylat entsteht aus Natriumphenolat und Kohlendioxid: $C_6H_5ONa + CO_2 \rightarrow C_6H_4(OH)COONa$. Schwefelsäure setzt hieraus Salicylsäure in Freiheit. Die Säure spaltet beim Erhitzen wieder CO_2 ab und geht dabei in Phenol über. - Salicylsäure und ihre Derivate finden pharmazeutische Verwendung, so der intensiv riechende **Salicylsäuremethylester**, »Wintergrünöl«, als Rheumamittel, und der Essigsäureester, **Acetylsalicylsäure**, als schmerzlinderndes und fiebersenkendes Mittel (»Acesal«, »Aspirin«).

Acetylsalicylsäure   Salicylsäuremethylester

4-Hydroxy-benzoesäure, $1,4-C_6H_4(OH)COOH$, Struktur S. 675, wird in Form ihrer Ester zur Lebensmittelkonservierung verwendet.

Gallussäure, *3,4,5-Trihydroxy-benzoesäure*, Struktur S. 675, $C_6H_2(OH)_3COOH$, farblose, wasserlösliche Kristalle, kommt an Glucose gebunden als (makromolekulares) **Tannin** in Galläpfeln vor und wird daraus durch Kochen mit Säuren in Freiheit gesetzt. Die Säure ergibt mit Eisen(III)-salzen eine intensiv schwarze Färbung. »Eisengallustinten« enthalten neben einem blauen Farbstoff (für die Anfangssichtbarkeit der Schrift) das fast farblose *Eisen(II)-gallat*. Dieses geht durch Oxidation an der Luft in die tiefschwarze, »dokumentenechte« Eisen(III)-verbindung über.

Tannin, ein schwach gelbes Pulver, dient als Gerbstoff und Färbereihilfsmittel.

Acetophenon, *Phenyl-methyl-keton*, $C_6H_5-CO-CH_3$, das einfachste aromatische Keton, ist eine farblose, aromatisch riechende, bei 20 °C erstarrende Flüssigkeit.

Benzophenon, *Diphenylketon*, $C_6H_5-CO-C_6H_5$, ist fest (F 46 °C; Kp 305 °C) und riecht geranienähnlich.

Rasperon, $1,4-HO-C_6H_4-CH_2-CH_2-CO-CH_3$, ist der (natürliche und künstliche) Himbeeraromastoff (»Himbeerketon«).

38.3.6 Aromatische Sulfonsäuren (Arensulfonsäuren)

Sulfonsäuren: Die Sulfonsäuren enthalten die Gruppe $-SO_2OH$ (↑S. 653) und entstehen durch »Sulfonierung« von Arenen mit heißer, konzentrierter Schwefelsäure, z.B. **Benzensulfonsäure,** *Benzolsulfonsäure:* $C_6H_6 + OH-SO_2OH \rightarrow C_6H_5-SO_2OH + H_2O$. Die Sulfonsäuren sind fest, geruchlos und leicht wasserlöslich; durch Sulfonierung werden z.B. Farbstoffe wasserlöslich gemacht. Im Gegensatz zu den Carbonsäuren sind die Sulfonsäuren starke Säuren (Salze: *Sulfonate*). Durch Alkalischmelze gehen sie in *Phenole,* durch Reduktion in die übelriechenden *Thiophenole,* z.B. C_6H_5SH, über.

Aromatische Sulfonsäuren werden technisch auf Farbstoffe, Netz- und Emulgiermittel verarbeitet. *Naphthalendi-* und *-trisulfonate* sind in Glanzbildnergemischen für die galvanische Vernicklung vorhanden. Aus *Phenolsulfonsäuren* werden künstliche Gerbstoffe hergestellt.

Sulfanilsäure, *4-Amino-benzensulfonsäure,* $C_6H_4(NH_2)(SO_2OH)$, entsteht aus Anilin und konz. Schwefelsäure bei 200 °C. Farb- und geruchlose, in Wasser schwer lösliche Kristalle. Freie Sulfanilsäure liegt in der Innersalzform $C_6H_4(NH_3^+)(SO_2O^-)$ vor, indem zwischen der basischen Amino- und der sauren Sulfonsäuregruppe Salzbildung stattfindet.
Sulfanilsäure ist die Muttersubstanz der **Sulfonamide,** wichtiger Pharmaka (G. DOMAGK, 1935), durch welche erstmals eine chemische Bekämpfung vieler durch Bakterien hervorgerufener Krankheiten möglich wurde (»*Chemotherapie*«). Die Sulfonamide gelangen über den Verdauungskanal ins Blut und schädigen dort die Bakterien; gegen Viren sind sie unwirksam. Das einfachste wirksame Sulfonamid ist **Sulfanilamid.** Bei Ersatz der Aminowasserstoffatome durch andere Gruppen entstehen Stoffe mit gesteigerter Wirksamkeit.

Sulfanilsäure   Sulfanilamid

Saccharin, *1,2-Benzoesäure-sulfimid,* ist über 500mal süßer als Rohrzucker und dient als künstlicher Süßstoff (ohne Nährwert). Außerdem ist Saccharin Bestandteil von Glanzbildnergemischen für die galvanische Vernicklung.

Saccharin

28.3.7 Aromatische Nitroverbindungen (Nitroarene)

Wichtige Verbindungen:

Nitrobenzen 2,4,6-Trinitrotoluen Pikrinsäure Dinitro-o-cresol
<Nitrobenzol> <2,4,6-Trinitrotoluol>

Herstellung: durch »*Nitrierung*« aromatischer Kohlenwasserstoffe, Phenole usw. mittels *Nitriersäure* (konz. Salpetersäure + konz. Schwefelsäure), z.B.

C_6H_6 + HO–NO_2 → C_6H_5–NO_2 + H_2O
Benzen   Nitrobenzen

Eigenschaften: Nitroarene sehen meist schwach gelb aus; die einfachsten sind flüssig, die höheren fest. Sie lassen sich über eine Reihe von Zwischenprodukten zu Aminoverbindungen reduzieren:

C_6H_5–NO_2 → C_6H_5–NO → C_6H_5–NH(OH) → C_6H_5–NH_2
Nitrobenzen   Nitroso-   Phenylhydroxyl-   Aminobenzen
               benzen   amin   (Anilin)

Verwendung: als Zwischenprodukt für Aminoverbindungen; einige Verbindungen mit mehreren Nitrogruppen dienen als Explosivstoffe.

Nitrobenzen, *Nitrobenzol,* C_6H_5–NO_2; gelbe Flüssigkeit (*F* 5,8 °C, *Kp* 210,8 °C), die grob bittermandelartig riecht; Zwischenprodukt für Anilin. Nitrobenzen ist ein Blutgift (Aufnahme durch Lunge, Magen und Haut). - **1,3-Dinitrobenzen,** $C_6H_4(NO_2)_2$, bildet farblose Kristalle; *F* 90 °C. - **2,4,6-Trinitrotoluen,** *Trinitrotoluol,* »TNT«, CH_3–$C_6H_2(NO_2)_3$, durch Nitrierung von Toluen hergestellt, bildet blaßgelbe, schlag und stoßunempfindliche, gefahrlos vergießbare Kristalle (*F* 80,6 °C), die bei stärkerem Erhitzen unter Rußentwicklung verpuffen, bei Initialzündung jedoch heftig explodieren; hochbrisanter, handhabungssicherer Explosivstoff für militärische und technische Zwecke.

Pikrinsäure[1], *2,4,6-Trinitrophenol* (Struktur S.): schwach gelbe, mäßig wasserlösliche, sehr bitter schmeckende Kristalle, die beim Erhitzen verpuffen; Anwendung für chemisch-analytische Zwecke. Die intensiv gelben Salze (*Pikrate*) explodieren durch Schlag oder Stoß auf das heftigste.

Dinitro-orthocresol, *2-Methyl-4,6-dinitrophenol,* ist ein gelbes, wenig wasserlösliches Pulver, das zur Bekämpfung überwinternder Schädlinge an Obstbäumen sowie zur Unkrautvernichtung verwendet wird (»Gelbspritzmittel«).

Explosivstoffe sind:

- **Salpetersäureester,** z.B. *Glyceroltrinitrat, Glycoldinitrat, Cellulosenitrate, Pentaerythrittetranitrat* (Formel ↑S. 679).

- **Nitroverbindungen,** z.B. *2,4,6-Trinitrotoluen, Trinitroresorcin, Bleitrinitroresorcinat.*

- **Nitramine,** z.B. *Hexogen* (Formel ↑S. 679), *Nitroguanidin* (Formel ↑S. 679).

  Gemische:

- **Donarite** enthalten neben 70 bis 80% Ammoniumnitrat Sprengöl (Glycerol- oder Glycolnitrat) u.a. Explosivstoffe, auch Holzmehl u.dgl.; sie sind pulverförmig und von mittelstarker Wirkung. Die Donarite haben die **Dynamite** (mit ≈70% Sprengöl) weitgehend verdrängt.

- **Gelatine-Donarite** enthalten neben Ammoniumnitrat 20 bis 40% Sprenggelatine (Sprengöl mit Cellulosedinitrat); sie sind gelatinös und von sehr starker Wirkung.

- **Ammonite** sind sprengölfrei, bestehen z.B. aus 80% Ammoniumnitrat und Trinitrotoluen.

- **Wetter-Sprengstoffe** enthalten Natriumchlorid; sie sind wegen sehr niedriger Explosionstemperatur schlagwettersicher.

- **ANDK-Sprengstoffe,** *Ammoniumnitrat-Dieselkraftstoff-Sprengstoffe,* bestehen aus 92 bis 96% NH_4NO_3 und 4 bis 8% Dieselkraftstoff; sie sind besonders handhabungssicher.

---

1) [grch. *pikros* = bitter]; die Schreibweise *Picrinsäure* ist nicht üblich.

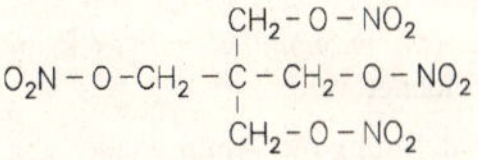

38.3 Aromatische Verbindungen

$$O_2N-O-CH_2-\underset{\underset{CH_2-O-NO_2}{|}}{\overset{\overset{CH_2-O-NO_2}{|}}{C}}-CH_2-O-NO_2$$

Pentaerythrittetranitrat

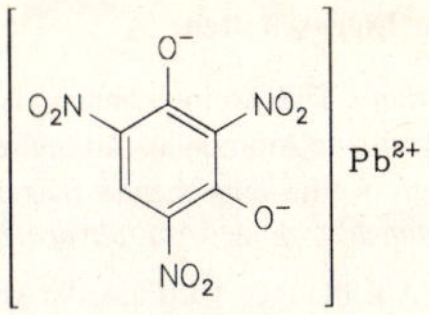

$$\left[\text{2,4,6-Trinitroresorcinat-Dianion} \right] Pb^{2+}$$

Bleitrinitroresorcinat

$$\underset{H_2N}{\overset{H_2N}{>}}C=N-NO_2$$

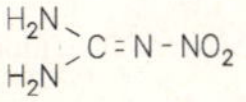

Nitroguanidin

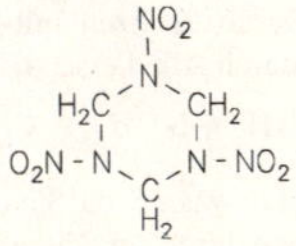

Hexogen (Trimethylentrinitramin-Ring mit NO_2-Gruppen an den N-Atomen)

Initialsprengstoffe lösen die Explosion anderer Explosivstoffe aus. Hierzu gehören:

Knallquecksilber, $Hg(CNO)_2$; ↑S. 459,
Bleiazid, $Pb(N_3)_2$; ↑S. 483,
Bleitrinitroresorcinat; Formel ↑oben.

38.3.8 Aromatische Amine

Wichtige Verbindungen:

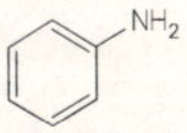

Anilin 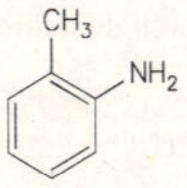 — o–Toluidin (analog m– und p–) 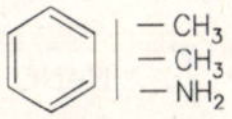 — Xylidin 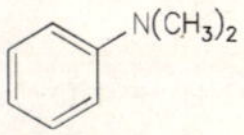 — Dimethylanilin 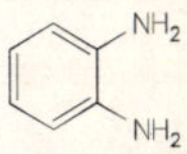 — o–Phenylendiamin (analog m– und p–)

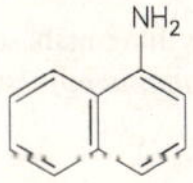

α–Naphthylamin 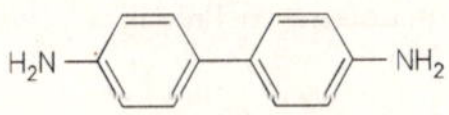 — Benzidin 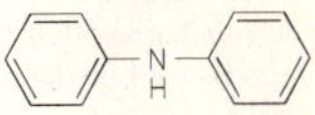 — Diphenylamin

Herstellung: Durch Reduktion der entsprechenden Nitroverbindungen.

- mit *molekularem Wasserstoff* in Gegenwart von Ni- oder Cu-Katalysatoren;
- mit *naszierendem Wasserstoff* durch Verrühren mit Eisenspänen und Salzsäure, z.B. $C_6H_5NO_2 + 6\,H \rightarrow C_6H_5NH_2 + 2\,H_2O$.

Physikalische Eigenschaften: farblose, in Wasser wenig lösliche Flüssigkeiten oder Kristalle, die sich an der Luft infolge geringfügiger Zersetzung braun färben.

Chemische Eigenschaften:

- *Salzbildung:* Die Amine können als substituierte Ammoniakmoleküle aufgefaßt werden und bilden wie Ammoniak mit Säuren Salze, z.B. $C_6H_5-NH_2 + HCl \rightarrow [C_6H_5-NH_3]^+Cl^-$.
  Das aus Anilin entstehende Salz heißt *Phenylammoniumchlorid;* es kann auch als *Aniliniumchlorid* oder *Anilinhydrochlorid* bezeichnet werden.

  Durch Alkalilaugen wird aus der wäßrigen Salzlösung das Amin wieder abgeschieden:
  $[C_6H_5-NH_3]Cl + NaOH \rightarrow C_6H_5-NH_2 + H_2O + NaCl$

- *Alkylierung:* Durch Erhitzen mit Alkyliodid oder Alkanol werden die H-Atome der Aminogruppe durch Alkyl ersetzt, so daß sekundäre und tertiäre Amine entstehen, z.B.

  $C_6H_5-NH_2 + I-CH_3 \rightarrow C_6H_5-NH(CH_3) + HI$.

- *Acylierung:* Durch wasserfreie Säuren, Säureanhydride oder Säurechloride wird 1 H-Atom der Aminogruppe durch ein Säureradikal ersetzt, z.B.

  $C_6H_5-NH_2 + Cl-CO-CH_3 \rightarrow C_6H_5-NH-CO-CH_3 + HCl$
                Acetylchlorid   Acetanilid

- *Diazotierung:* Durch Salpetrige Säure werden die primären Amine in Diazoniumsalze umgewandelt. Die Diazotierung erfolgt in saurer Lösung unter Eiskühlung (damit sich das Diazoniumsalz nicht zersetzt); die Salpetrige Säure wird im Reaktionsgemisch aus Nitrit und Schwefelsäure erzeugt.

  Beispiel:

  $[C_6H_5-NH_3]^+Cl^- + HO-NO \rightarrow [C_6H_5-N\equiv N]^+Cl^{1-} + 2\,H_2O$
                                            Benzendiazoniumchlorid

  Über die vielfältigen Reaktionen der Diazoniumsalze ↑S. 681.

- *Nitrosierung:* Sekundäre Amine werden durch Salpetrige Säure (bzw. Nitrit + Säure) in **Nitrosamine** umgewandelt, wobei der Iminowasserstoff durch die Nitroso-Gruppe –NO ersetzt wird:

  $\begin{array}{c}R'\\R''\end{array}\!\!>\!NH + HO-NO \rightarrow \begin{array}{c}R'\\R''\end{array}\!\!>\!N=NO + H_2O$
    sek. Amin   Nitrosamin

  Die in der Regel gelben bis orangefarbenen, flüssigen oder festen, wenig wasserlöslichen Nitrosamine sind extrem krebserregend; s.a S. 482.

Verwendung: Die aromatischen *Amine* sind Zwischenprodukte für die Herstellung insbesondere von Farbstoffen und pharmazeutischen Produkten. *Diamine* und *Aminophenole* sind fotografische Entwickler; ↑S. 674.

Anilin, *Aminobenzen, Aminobenzol, Phenylamin,* $C_6H_5-NH_2$, hergestellt durch Reduktion von Nitrobenzen (↑S. 678), ist eine farblose (technisch gelbe bis braune), ölige, sehr giftige (Blutgift; Aufnahme auch durch die Haut!), wenig wasserlösliche Flüssigkeit von schwachem, an Ammoniak erinnerndem Geruch; *F* –6,2 °C, *Kp* 184,4 °C. Chemische Eigenschaften ↑S. 679. Verwendung zur Herstellung von Farbstoffen (Azofarbstoffe, Indigo, Fuchsin, Anilinschwarz), Pharmaka (Aminophenazon) und der Polyurethankomponente 4,4'-Diphenylmethan-diisocyanat.

Das Isocyanat entsteht gemäß der Reaktionsfolge

I. $H_2N-C_6H_5 + OCH_2 + C_6H_5-NH_2 \rightarrow H_2N-C_6H_4-CH_2-C_6H_4-NH_2 + H_2O$
   Anilin   Formaldehyd   4,4'-Diamino-diphenyl-methan

II. $OC\boxed{Cl_2 + H_2}N-C_6H_4-CH_2-C_6H_4-N\boxed{H_2 + Cl_2}CO\rightarrow$
    Phosgen
    $OCN-C_6H_4-CH_2-C_6H_4-NCO + \boxed{4\ HCl}$
    4,4'-Diphenylmethan-diisocyanat

Toluidine und **Xylidine** sind die dem Anilin sehr ähnlichen *Aminotoluene* und *-xylene;* die 2wertigen **Phenylendiamine** (↑S. 679) sind die *Diaminobenzene*. - **2,4-Diaminotoluen** wird durch Phosgen in die Polyurethankomponente *2,4-Toluylen-diisocyanat* übergeführt (analog der bei Anilin angeführten Reaktion II).

Benzidin, *4,4'-Diamino-biphenyl,* $H_2N-C_6H_4-C_6H_4-NH_2$, entsteht durch Reduktion von Nitrobenzen mit Zinkstaub und KOH in Ethanol und anschließende »Benzidinumlagerung« (Ringdrehung!) des gebildeten Hydrazobenzen durch Behandlung mit starken Säuren:

I. $C_6H_5-NO_2 + O_2N-C_6H_5 + 10\ H \rightarrow C_6H_5-NH-NH-C_6H_5 + 4\ H_2O$
   Nitrobenzen   Nitrobenzen   Hydrazobenzen

II. $C_6H_5-NH-NH-C_6H_5 \rightarrow H_2N-C_6H_4-C_6H_4-NH_2$
    Hydrazobenzen   Benzidin

Benzidin bildet farblose Kristalle; es läßt sich an beiden Aminogruppen diazotieren (»*tetrazotieren*«) und wird z.B. zur Herstellung von *Kongorot* verwendet.

Substituierte Aminoverbindungen

Anthranilsäure, *4-Amino-benzoesäure,* $1,4-C_6H_4(NH_2)COOH$, weiße Blättchen, die beim Erhitzen in Anilin und Kohlendioxid zerfallen. **Anthranilsäuremethylester** riecht nach Orangenblüten und findet in der Parfümerie Anwendung. - **Novocain**, *Jenacain,* das meistgebrauchte Lokalanästhetikum, ist der Diethylaminoethylester der Anthranilsäure:

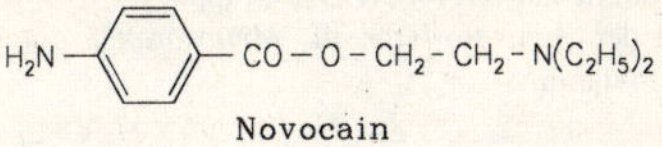

$$H_2N-\text{\textlangle}C_6H_4\text{\textrangle}-CO-O-CH_2-CH_2-N(C_2H_5)_2$$

Novocain

4-Amino-salicylsäure, »PAS«, *p-Amino-salicylsäure,* wird gegen Tuberkulose eingesetzt.

Paracetamol, $CH_3-CO-NH-\text{\textlangle}C_6H_4\text{\textrangle}-OH$, ist zugleich Phenol und acyliertes Amin. Es wirkt fiebersenkend, schmerzstillend und ersetzt zunehmend das bisher angewandte **Phenacetin,**

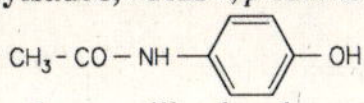

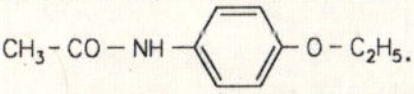

$CH_3-CO-NH-\text{\textlangle}C_6H_4\text{\textrangle}-O-C_2H_5$.

Metol und **4-Dimethylamino-anilin** ↑S. 674 (fotografische Entwickler); **Sulfanilsäure** und Derivate ↑S. 677.

38.3.9 Diazoniumsalze

Allgemeines: Diazoniumsalze entstehen durch Diazotierung von Aminoverbindungen gemäß S. 680. Da sie in festem Zustand sehr explosibel sind, werden sie nicht isoliert, sondern unmittelbar nach ihrer Herstellung in wäßriger Lösung weiterverarbeitet.

Reaktionen unter Abspaltung von Stickstoff (Diazospaltung):

Durch Erhitzen wäßriger Diazoniumsalzlösungen mit verschiedenen, ebenfalls gelösten Salzen läßt sich die N_2-Gruppierung durch viele andere Atome und Atomgruppen ersetzen; in manchen Fällen sind Kupfer(I)-verbindungen als Katalysator erforderlich (SANDMEYER-Reaktionen).

- *Phenole* bilden sich beim Erhitzen der Lösungen ohne Zusatz (»Verkochen«):

  $[C_6H_5-N\equiv N]^+Cl^- + HOH \rightarrow C_6H_5OH + HCl + N_2$
  Phenol

- *Iodverbindungen* entstehen leicht beim Erhitzen mit KI-Lösung:

  $[C_6H_5-N\equiv N]^+Cl^- + KI \rightarrow C_6H_5I + KCl + N_2$
  Iodbenzen

- Analog bilden sich *Thiophenole* beim Erhitzen mit NaHS-Lösung.

- Um in gleicher Weise *Brom-, Chlor-, Thiocyanat- (Rhodan-)* und *Cyanverbindungen* (*Nitrile*, zu *Carbonsäuren* verseifbar!) zu erhalten, bedarf es der Gegenwart entsprechender Cu(I)-Verbindungen.

- *Fluorarene* werden durch Erhitzen der mit Fluoroborsäure ausfallenden, gefahrlos zu handhabenden Diazoniumfluoroborate erhalten:

  $[C_6H_5-N\equiv N]^+[BF_4]^- \rightarrow C_6H_5F + BF_3 + N_2$
  Fluorbenzen

- *Arene* bilden sich durch Reduktion mit Zinn(II)-chlorid:

  $2\,[C_6H_5-N\equiv N]^+Cl^- + SnCl_2 + 2\,HCl \rightarrow 2\,C_6H_6 + SnCl_4 + N_2$
  Benzen

Kupplungsreaktionen:

Diazoniumsalze »kuppeln«

- mit *Aminoverbindungen* in schwach saurer Lösung,
- mit *Phenolen* in schwach alkalischer Lösung

zu Farbstoffen, wobei sich die *Azogruppe* –N=N– bildet [*azote* (frz.) Stickstoff]. Die Kupplung erfolgt fast stets in 4-Stellung zur NH_2- oder OH-Gruppe.

Zum Beispiel entsteht der Indikatorfarbstoff *Methylorange* durch Kuppeln diazotierter Sulfanilsäure mit Dimethylanilin:

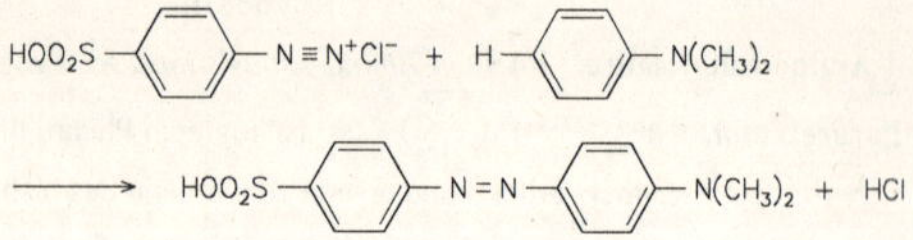

$HOO_2S-\langle\rangle-N\equiv N^+Cl^- + H-\langle\rangle-N(CH_3)_2$

$\longrightarrow HOO_2S-\langle\rangle-N=N-\langle\rangle-N(CH_3)_2 + HCl$

Die **Azoverbindungen** mit der Gruppe –N=N– sind im Gegensatz zu den *Diazoniumsalzen* mit der Gruppe $-N\equiv N^+$ sehr beständige Verbindungen. Der einfachste Stoff, **Azobenzen**, $C_6H_5-N=N-C_6H_5$, bildet sehr reaktionsträge, orangefarbene Kristalle; F 68 °C.

Diazotypie:

Diazotypiepapiere sind die sog. *Lichtpauspapiere* zum Vervielfältigen technischer Zeichnungen usw. Sie enthalten als Diazokomponente die gegenüber den eigentlichen Diazoniumsalzen stabileren **Chinondiazide,** als Kupplungskomponente meist α-*Naphthol-sulfonsäuren*. Bei der Belichtung durch transparentes Papier mit schwarzer Zeichnung wird an den vom Licht getroffenen Stellen das Chinondiazid unter N_2-Abspaltung zerstört und verliert dadurch die Fähigkeit, beim nachfolgenden Entwicklungsprozeß zum Farbstoff zu kuppeln. Die Entwicklung besteht in der Einwirkung von Ammoniakdämpfen, wodurch das für die Kupplung erforderliche schwach alkalische Milieu geschaffen wird. Die Farbstoffbildung erfolgt also unter den schwarzen Stellen der Zeichnung, so daß ein Positiv entsteht. Die Chinondiazide entstehen durch Diazotierung von 4-Aminophenol und Derivaten.

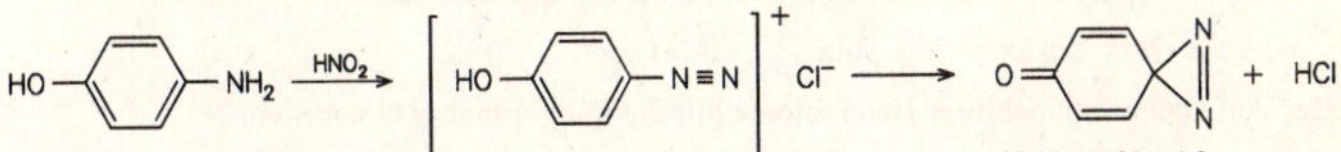

$$HO-\langle\ \rangle-NH_2 \xrightarrow{HNO_2} \left[HO-\langle\ \rangle-N\equiv N\right]^+ Cl^- \longrightarrow O=\langle\ \rangle\!\!<\!\!\begin{array}{c}N\\ \|\\ N\end{array} + HCl$$

Chinondiazid

Die genauere Struktur der Chinondiazide ist noch umstritten.

39 Heterocyclische Verbindungen

39.1 Einfache heterocyclische Verbindungen

Allgemeines: Heterocyclische Verbindungen enthalten neben C-Atomen noch ein oder mehrere andere Atome als Ringglieder; von Bedeutung sind vornehmlich N, O und S. Ringe aus 5 oder 6 Atomen sind am beständigsten.

Im strengen Sinne sind auch einige Stoffe heterocyclisch, die gewöhnlich bei den aliphatischen oder carbocyclischen Stoffen abgehandelt werden, da sie leicht aus diesen entstehen und leicht wieder in diese übergeführt werden können, z.B. die Anhydride zweiwertiger Carbonsäuren, die Ringstrukturen der Kohlenhydrate oder auch das Ethylenoxid.

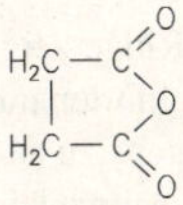

Bernsteinsäure-
anhydrid

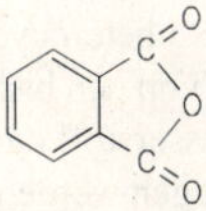

Phthalsäure-
anhydrid

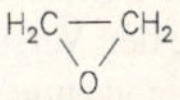

Ethylenoxid

Die komplizierter gebauten heterocyclischen Farbstoffe, Alkaloide u.a. werden in Sonderkapiteln aufgeführt.

Übersicht über einfache heterocyclische Verbindungen:

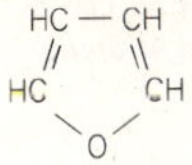

Furan 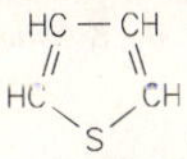 Thiophen 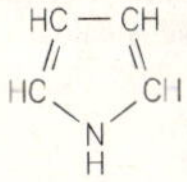 Pyrrol 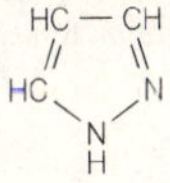 Pyrazol 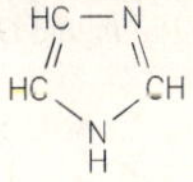 Imidazol 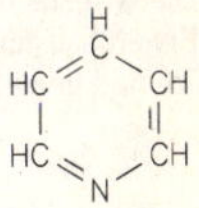 Pyridin

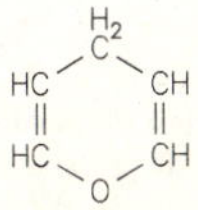

Pyran 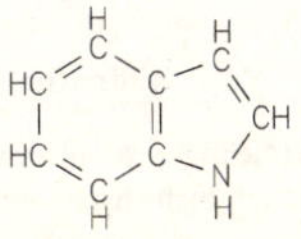 Indol 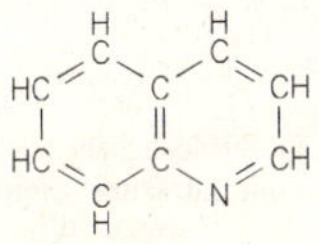 Chinolin 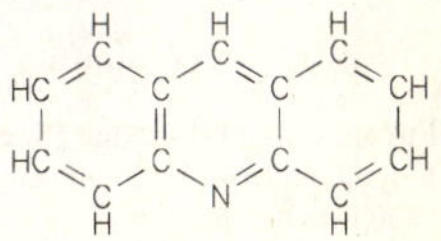 Acridin

39 Heterocyclische Verbindungen

Nomenklatur: Bei der systematischen Benennung der Ringsysteme setzt man vor den Namen des entsprechenden carbocyclischen Kohlenwasserstoffs (unter Berücksichtigung der Doppelbindungen) für jedes Heteroatom eine bestimmte Vorsilbe, und zwar:

$N \triangleq$ Aza... $\quad S \triangleq$ Thia... $\quad O \triangleq$ Oxa...

Bei Vorhandensein mehrerer Heteroatome gilt die Rangordnung: O vor S vor N.

Beispiele:

    Pyridin = Azabenzol
    Furan = Oxa-cyclo-2,4-pentadien
    Pyrazol = 1,2-Diaza-cyclo-2,4-pentadien
    Ethylenoxid = Oxa-cyclopropan

Die Bezifferung der Ringglieder für die systematische Benennung von Substitutionsprodukten erfolgt bei den monocyclischen Stoffen so, daß das Heteroatom die Ziffer 1 bekommt. Sind weitere Heteroatome vorhanden, so wird in derjenigen Richtung weitergezählt, bei welcher das nächste Heteroatom die kleinere Zahl bekommt; ein benachbartes Heteroatom erhält also die Ziffer 2. Dabei rangieren O vor S vor NH vor N.

Beispiele:

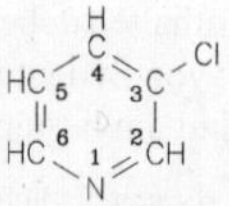

3-Chlor-pyridin
<3-Chlor-aza-benzen>

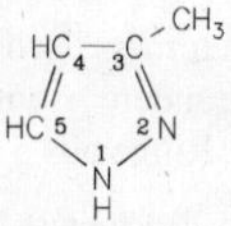

3-Methyl-pyrazol
<3-Methyl-1,2-diaza-penta-2,4-dien>

Chemische Eigenschaften: Viele heterocyclische Ringe zeigen analog dem Benzen aromatisches Verhalten (von den bisher angeführten nur Pyran nicht). So setzen sie den Versuchen, Wasserstoff oder Halogene zu addieren, erheblichen Widerstand entgegen; hingegen werden ihre H-Atome leicht substituiert. Auch lassen sie sich nitrieren.

Pyrrol, C_4H_5N (Struktur ↑S. 683:): farblose, angenehm riechende Flüssigkeit (*Kp* 130 °C), die sich an der Luft unter Verharzung allmählich braun färbt. Ein mit Salzsäure befeuchteter Fichtenspan nimmt in Pyrrol kirschrote Farbe an (Nachweis).
Das Ringsystem des Pyrrols ist u.a. im Blutfarbstoff *Hämoglobin,* im Blattfarbstoff *Chlorophyll* und im Gallenfarbstoff *Bilirubin* enthalten.
Das vollständig hydrierte Pyrrol heißt **Pyrrolidin.** Derivate des Pyrrolidins sind u.a. die Eiweißbausteine *Prolin* und *Oxyprolin,* ferner die Alkaloide *Nicotin, Kokain* und *Atropin;* ↑S. 688 und 689.

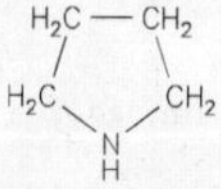

Pyrrolidin 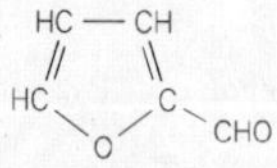   Furfural 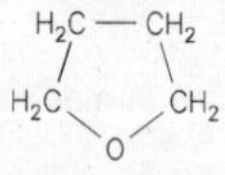   Tetrahydrofuran

Furan, C_4H_4O (Struktur ↑S. 683): farblose, sehr leicht flüchtige, chloroformartig riechende Flüssigkeit (*Kp* 32 °C), die einen mit Salzsäure befeuchteten Fichtenspan intensiv grün färbt (Nachweis).

39.1 Einfache heterocyclische Verbindungen

Das wichtigste Derivat ist **Furfural** (früher *Furfurol*), eine farblose, nach frischem Brot riechende Flüssigkeit (*Kp* 161,6 °C), die beim Erhitzen von Pentosen mit verdünnten Säuren destilliert und technisch aus Kleie [*furfur* (lat.) Kleie], entkörnten Maiskolben u.dgl. gewonnen wird. Furfural, Fu–CHO, läßt sich zu **Furfurylalkohol**, Fu–CH$_2$OH, reduzieren und zu **Brenzschleimsäure**, Fu–COOH, oxidieren (Fu steht für das Furan Ringsystem).

Tetrahydrofuran (Struktur ↑ oben) entsteht durch vollständige (katalytische) Hydrierung von Furan und ist ein ausgezeichnetes Lösungsmittel (*Kp* 66 °C); auch als chemisches Zwischenprodukt wird es verwendet.

»**Dioxin**«, *2,3,6,7-Tetrachlor-dibenzodioxin*, leitet sich vom 1,4-Dioxin bzw. Dibenzodioxin ab:

1,4–Dioxin   Dibenzodioxin   2,3,6,7–Tetrachlor–dibenzodioxin
⟨Dioxin⟩

Dioxin (farblos, wasserunlöslich; *F* 320 bis 325 °C), eine der giftigsten Substanzen überhaupt (übertrifft Strychnin oder Natriumcyanid bei weitem), bildet sich bei der Verbrennung bzw. Pyrolyse chlorierter aromatischer Verbindungen oft in kleinsten, aber sehr gefährlichen Mengen (Problematik der Müllverbrennung!). Bei der Produktion hochchlorierter Phenole (Tri-, Pentachlorphenol) kann es in den technischen Produkten als Verunreinigung enthalten sein. Da Dioxin chemisch außerordentlich beständig und bis 800 °C thermostabil ist, zählt es zu den gefährlichsten »Umweltgiften«. Subakute Dosen rufen schwere Schädigungen von Leber, Nieren, Herz, Atmungstrakt, Haut u.a. Organen, verbunden mit Muskelschwund, hervor. - Ähnliche Wirkungen zeigen Substanzen mit abweichenden Chlorpositionen, die insgesamt als »Dioxine« bezeichnet werden.

Thiophen, C$_4$H$_4$S (Struktur ↑S. 683), ähnelt dem Benzen in physikalischen und chemischen Eigenschaften, auch im Geruch, außerordentlich stark (*Kp* 84 °C) und ist zu 0,1 bis 0,2% im technischen Steinkohlenteerbenzen enthalten.

Pyrazol und **Imidazol**, C$_3$H$_4$N$_2$ (Strukturen ↑S. 683), sind feste, kristalline Substanzen. Derivate des Pyrazols sind z.B. die aus Anilin hergestellten Analgetika und Antipyretika **Phenazon** (früher: *Antipyrin*) und **Aminophenazon** (früher: *Pyramidon; Amidopyrin*). Beide leiten sich vom Keton **Pyrazolon** ab:

Pyrazolon   Phenazon   Aminophenazon

Der Imidazol-Ring ist Bestandteil des Purin-Ringsystems, von dem sich u.a. **Harnsäure, Coffein und Theobromin** ableiten:

Purin   Harnsäure

Coffein   Theobromin

Harnsäure: weißes, geruchloses Kristallpulver (Salze: **Ureate**); findet sich neben Harnstoff im Harn (täglich 1 g). Blasen- oder Nierensteine bestehen oft völlig aus Harnsäure und ihren Salzen; bei Gicht lagert sich Harnsäure in Gelenken ab.

Coffein: weißes, geruchloses, bitter schmeckendes, beim Erhitzen sublimierendes Kristallpulver (F 236 °C), das bis zu 5% in getrockneten Teeblättern und zu 1 bis 1,5% in Kaffeebohnen vorkommt, heute auch synthetisch gewonnen wird. Coffein regt Herztätigkeit, Stoffwechsel und Atmung an.

Theobromin: ebenfalls weiß und geruchlos, ist bis zu 1,8% in Kakaobohnen vorhanden; es wirkt ähnlich wie Coffein.

Pyridin, C_5H_5N (Struktur ↑S. 683): farblose, eigentümlich durchdringend riechende, beliebig mit Wasser mischbare Flüssigkeit (Kp 115,6 °C), die im Knochenöl (Destillat entfetteter Knochen) und im Steinkohlenteer vorkommt. Es weist zugleich aromatisches und basisches Verhalten auf, ist schwer substituierbar und bildet z.B. mit Salzsäure festes, weißes, leicht wasserlösliches *Pyridiniumchlorid* (*Pyridinhydrochlorid*),

Verwendung als Lösungsmittel, Denaturierungsmittel für Ethanol und chemisches Zwischenprodukt für Farbstoffe und Pharmazeutika.

Die *Methylpyridine* heißen **Picoline,** die *Dimethylpyridine* **Lutidine,** die *Trimethylpyridine* **Collidine.** Das vollständig hydrierte Pyridin heißt **Piperidin.**
Pyridin- und Piperidinringe finden sich in Alkaloiden, z.B. im *Coniin*, *Nicotin* und *Piperin*.

Die heterocyclischen aromatischen Sechsringe mit 2 N-Atomen heißen:

Pyridazin = 1,2-Diaza-benzen
Pyrimidin = 1,3-Diaza-benzen
Pyrazin = 1,4-Diaza-benzen

Pyridazin   Pyrimidin   Pyrazin

Pyran (Struktur ↑S. 683) ist bislang nur in Form von Derivaten bekannt; von ihm leiten sich die Sechsringformen der Kohlenhydrate (»*Pyranosen*«) sowie die *Anthocyane*, eine Gruppe blauer und roter Blütenfarbstoffe, ab.

Indol (Struktur ↑S. 683) ist fest und besitzt wie sein Methylderivat **Skatol** (3-Methyl-indol; Struktur ↑ unten) in unreinem Zustand einen fäkalartigen Geruch (vgl. »Skat«: das Abgelegte); beide Stoffe kommen in den Fäzes vor und werden in reinem Zustand für Parfüme verwendet.

Chinolin (Struktur ↑S. 683) ist eine farblose, sich an der Luft allmählich braun färbende Flüssigkeit (Kp 238 °C), kommt in Steinkohlenteer vor und ähnelt in seinen Eigenschaften dem Pyridin. Ausgangsstoff für Farbstoffe und Heilmittel. - Auch **Acridin** (Struktur ↑S. 683, das farblose Nadeln bildet, ist im Teer enthalten und ist Muttersubstanz wichtiger Heilmittel.

Melamin, *2,4,6-Triaminotriazin,* $C_3H_3(NH_2)_3$ (Struktur ↑ unten), ein farbloses, in heißem Wasser leicht lösliches, beim Erhitzen sublimierendes Kristallpulver, wird technisch gemäß $6\ CO(NH_2)_2 \to C_3N_3(NH_2)_3 + 3\ CO_2 + 6\ NH_3$ durch Erhitzen von Carbamid (Harnstoff) auf 350 bis 400 °C hergestellt; Verwendung für Melaminharz und -plaste.

Alloxan, $(CO)_4(NH)_2$ (Struktur ↑ unten), ein gelber, kristallisierter, leicht wasserlöslicher Stoff, ist das Ureid (Harnstoffderivat) der *Mesoxalsäure* (HOOC–CO–COOH); F 256 °C. A. entsteht aus Harnsäure durch starke Oxidationsmittel und ergibt mit Wasser farbloses *Alloxanhydrat*. Alloxan und sein Hydrat färben die Haut intensiv rot und werden daher z.B. für hautentwickelnde Lippenstifte verwendet.

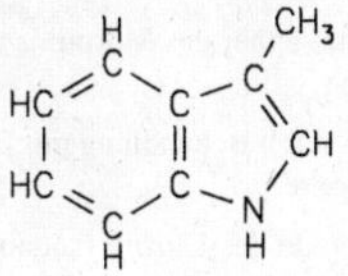

                Skatol 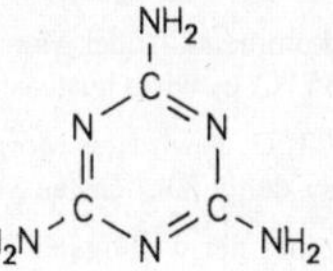   Melamin 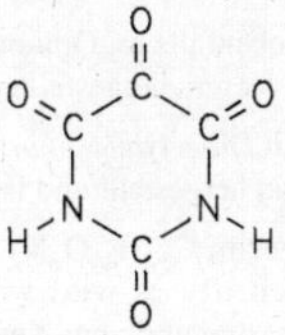   Alloxan

39.2 Alkaloide

Definition: Alkaloide sind basische, in Pflanzen vorkommende Stoffe, die Stickstoff in meist heterocyclischer Bindung enthalten.

Allgemeines: Man kennt über 8000 Alkaloide; die meisten sind sehr giftige, farblose Feststoffe; einige wenige sind flüssig. Sie kommen in den Pflanzen als gelöste Salze vor.

Einzelne Alkaloide:

Nicotin (Formel ↑S. 688): farblose, sehr giftige an der Luft braun werdende, ölige, tabakähnlich riechende, scharf schmeckende Flüssigkeit; kommt zu 0,6 bis 0,9% im Tabak (2 bis 8% des Trockengewichtes der Tabakblätter) und in anderen Nachtschattengewächsen vor; wird aus Tabaklauge durch Extraktion mit organischen Lösungsmitteln gewonnen; Kp 246 °C. Nicotin erregt erst und lähmt dann das Zentralnervensystem. 50 bis 100 mg sind tödlich; 1 Zigarette enthält etwa 12 bis 15 mg, wovon 30 bis 50% in den Rauch übergehen.

Coniin (Formel ↑S. 688): farblose, ölige Flüssigkeit; Schierlingsgift (SOKRATES); 500 bis 100 mg sind tödlich infolge Lähmung des Atemzentrums.

Piperin (Formel ↑S. 689): farblose Kristalle; F 128 °C; Hauptgeschmacksträger des Schwarzen Pfeffers.

Mezcalin, *Mescalin* (Formel ↑S. 689): farblose Kristalle; F 35 °C; Hauptwirkstoff mexikanischer Kakteen (*Peyotl*); Rauschgift; ruft farbige Halluzinationen hervor.

Lobelin (Formel ↑S. 689); farblose, nadelförmige Kristalle; F 131 °C; Hauptalkaloid der nordamerikan. Lobelie; wirkt atmungsanregend.

39 Heterocyclische Verbindungen

Atropin (Formel ↑S. 689): bitter schmeckende Kristalle; F 115 °C; Gift der Tollkirsche; tödliche Dosis etwa 100 mg; kleinere Mengen bewirken Durst und Trockenheit im Mund, Erweiterung der Pupillen, Unruhe, Kopfschmerz, Sehstörungen, Halluzinationen und schließlich Bewußtlosigkeit. Verwandt mit Atropin sind **Hyoscyamin** und **Scopolamin**, die ebenfalls in Nachtschattengewächsen vorkommen.

Kokain, *Cocain* (Formel ↑S. 689): farblose Kristalle; F 98 °C; in Kokablättern bis zu 1,3% vorkommendes Suchtgift; Anwendung als anästhesierendes und pupillenerweiterndes Mittel in der Augenheilkunde; beseitigt in kleinen Mengen Müdigkeit und Hunger; führt Tod durch Lähmung des Atemzentrums herbei.

Chinin (Formel s.u.): farblose Kristalle; F 177 °C; wichtigstes Alkaloid der Rinde der »Chinabäume« (Indonesien, Südamerika, Indien); Synthese 1944. Chinin besitzt fiebersenkende, wehenfördernde, krampflösende, in größeren Dosen lähmende Wirkung und ist besonders wirksam gegen Malaria. Die wäßrige Lösung von Chininsulfat fluoresziert intensiv blau.

Morphin (Formel ↑S. 689): farblose Kristalle; F 254 °C; wichtigstes Alkaloid des *Opiums* (Opium = eingetrockneter Saft unreifer Samenkapseln verschiedener Mohnarten); als erstes Alkaloid 1805 von FRIEDRICH WILHELM SERTÜRNER isoliert; Synthese 1952. Morphin ist eines der wirksamsten schmerzstillenden Mittel, führt jedoch leicht zur Sucht.

Codein, ebenfalls im Opium vorkommend, ist der Monomethylether des Morphins und wird auch aus diesem hergestellt; F 155 °C; es wirkt hustenstillend.

Heroin ist *Diacetylmorphin;* F 173 °C; es wird aus Morphin durch Behandlung mit Essigsäureanhydrid hergestellt und ist eines der gefährlichsten Suchtgifte.

Tubocurarin, $C_{33}H_{44}O_6N_2$, ist eines der wichtigsten Alkaloide des *Curare* (südamerikanisches Pfeilgift); es wird wegen seiner lähmenden Wirkung, beruhend auf Hemmung der Impulsübertragung vom Nervenende auf den willkürlichen Muskel, medizinisch verwendet, z.B. bei der Narkose; Formel ↑S. 689.

Yohimbin (Formel ↑S. 689), das Alkaloid der Blätter und Rinde des Yohimbebaums (Westafrika); F 234 °C; gilt als Aphrodisiakum.

Strychnin (Formel ↑S. 689): farblose Kristalle; sehr giftiges, krampferregendes Alkaloid aus den Samen des Brechnußbaumes (Ostindien); Synthese 1954; tödliche Dosis 15 bis 100 mg.

Ergotamin kommt neben anderen Alkaloiden im Mutterkorn (einem auf Roggen wachsenden Pilz) vor; aus ihm läßt sich **Lysergsäure** abspalten, deren Derivat **Lysergsäurediethylamid** (LSD; Formel ↑S. 689) als halluzinogenes Suchtgift mißbraucht wird.

Aconitin ist das Gift des blauen Eisenhutes, **Solanin** das der grünen Teile von Nachtschattengewächsen (z.B. der Kartoffel); **Muscarin** ist das Alkaloid des Fliegenpilzes.

Colchicin, das Alkaloid der Herbstzeitlose, ermöglicht die Züchtung von Pflanzen mit erhöhter Chromosomenzahl.

Nicotin

Coniin

Chinin

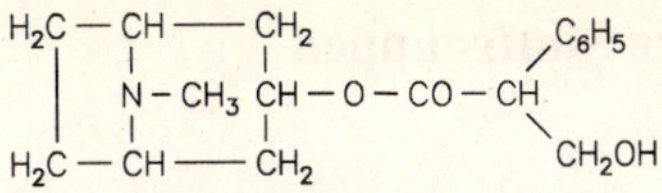

39.2 Alkaloide

Atropin

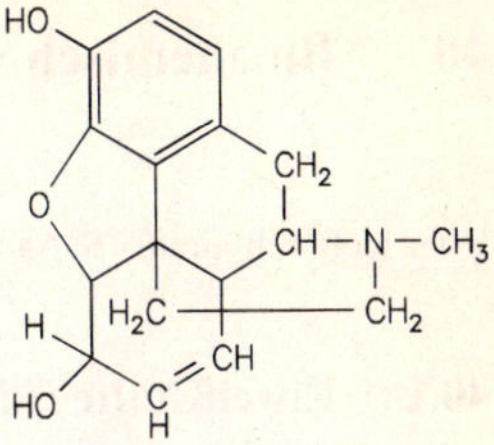

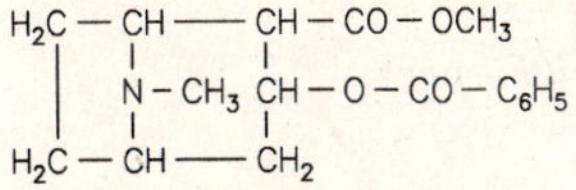

Kokain

Morphin

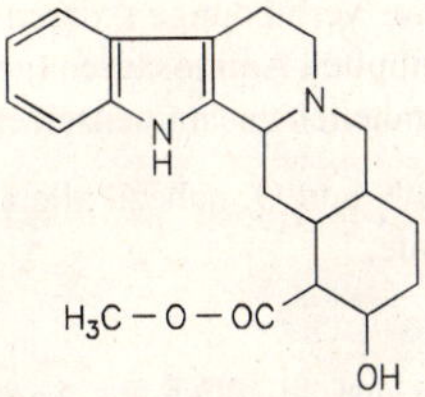

Yohimbin

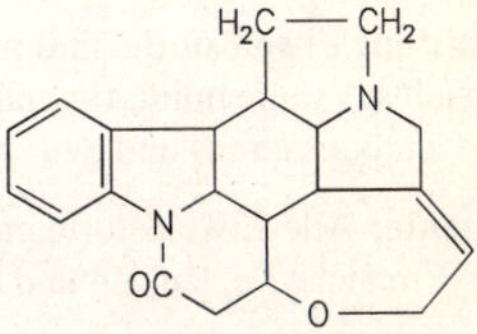

Strychnin

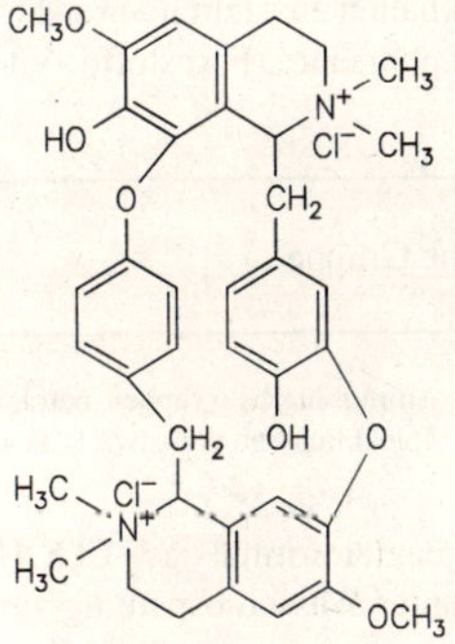

Tubocurarinchlorid

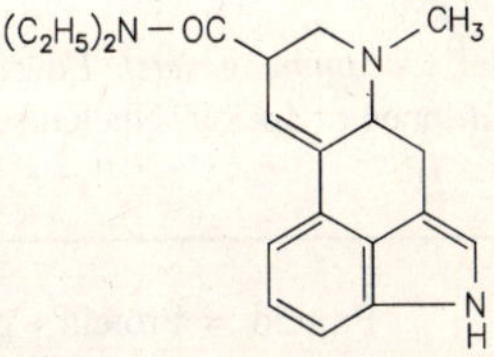

Lysergsäurediethylamid

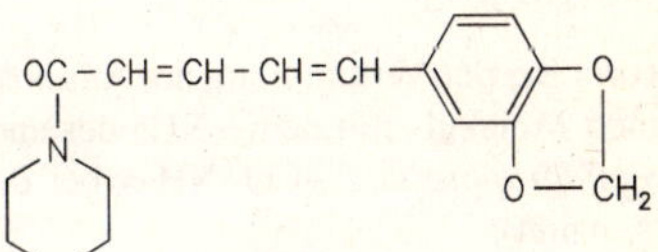

Piperin

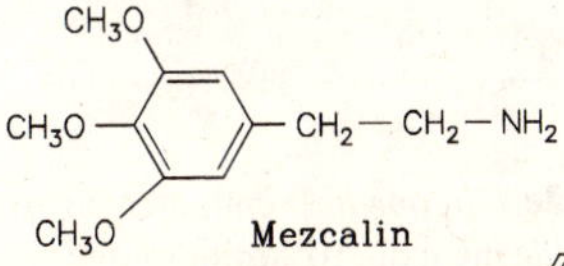

Mezcalin

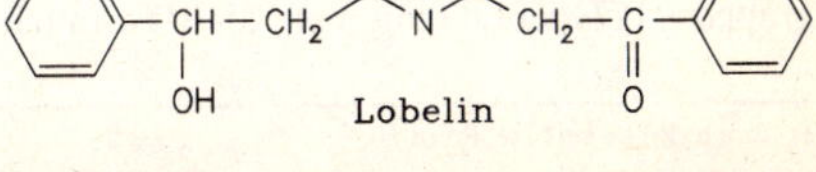

Lobelin

40 Biochemisch wichtige Stoffgruppen

Über Kohlenhydrate ↑S. 654.

40.1 Eiweißstoffe (*Eiweiße, Eiweißkörper*)

40.1.1 Allgemeines

Definition: Eiweißstoffe sind makromolekulare Verbindungen, deren Moleküle sich aus säureamidartig miteinander verknüpften Aminosäuren (genauer: Aminocarbonsäuren) und evtl. weiteren Bestandteilen zusammensetzen.

Elemente: Alle Eiweißstoffe enthalten, C, H, N und O, nahezu alle auch S, viele P, manche Fe, Cu, Zn und andere Elemente.

Einteilung:

- **Proteine**[1] (*einfache Eiweißstoffe*) bestehen ausschließlich aus Aminosäurebaugruppen.

- **Proteide**[1] (*zusammengesetzte Eiweißstoffe*) enthalten zusätzlich »prosthetische Gruppen« (Zucker, Nucleinsäuren, Phosphorsäure, Farbstoffe, Vitamine u.a.)

$$\text{Proteid} = \text{Protein} + \text{prosthetische Gruppe}$$

Molekülgröße: Die Anzahl der miteinander verbundenen Aminosäurebaugruppen beträgt größenordnungsmäßig 100 bis 100 000, so daß sich relative Molekülmassen von etwa 10 000 bis 10 000 000 ergeben.

Struktur: Bei der Verknüpfung der Aminosäuren reagiert formal das –COOH des einen Moleküls mit dem –NH$_2$ des anderen unter Wasserabspaltung zur *Säureamidgruppierung* –CO–NH– (bei den Aminosäuren auch *Peptidbindung* genannt):

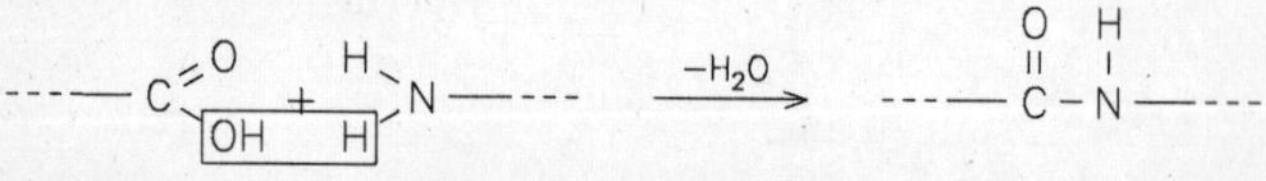

$$\text{-----C}{\overset{=O}{\underset{\boxed{OH}}{}}} + {\overset{H}{\underset{H}{}}}\text{N-----} \xrightarrow{-H_2O} \text{-----}\underset{}{\overset{O\ \ H}{\underset{}{C-N}}}\text{-----}$$

Die entstehenden Verbindungen heißen **Peptide**. *Oligopeptide* enthalten bis zu 10 (*Dipeptide* 2, *Tripeptide* 3 usw.), *Polypeptide* mehr als 10 Aminosäurebaugruppen; Polypeptide mit mehr als 100 Aminosäurebaugruppen heißen auch

---

[1] sprich: Prote-īne bzw. Prote-īde

40.1 Eiweißstoffe (*Eiweiße, Eiweißkörper*)

Makropeptide. Die **Proteine** bestehen aus hochmolekularen Peptidketten, die durch Wasserstoffbrücken, Disulfid- (–S–S–), Ionen- oder andere Bindungen verknüpft sind.

- *Primärstruktur:* Reihenfolge der Aminosäuren in den Polypeptidketten;
- *Sekundärstruktur:* Form der Polypeptidketten (gestreckt, geknäuelt, geschraubt);
- *Tertiärstruktur:* räumliche Lagerung der Polypeptidketten im Gesamtmolekül.

Eigenschaften: Die Eiweißstoffe sind z.T. sehr empfindlich (bestimmte Schlangengifte werden schon beim Schütteln ihrer Lösungen zerstört), z.T. aber auch sehr beständig (Hornsubstanz). - Manche Eiweißstoffe sind unlöslich, andere ergeben mit Wasser kolloide Lösungen. Aus diesen Lösungen lassen sie sich durch Salze (Natriumchlorid, Ammoniumsulfat) oder durch Einstellen bestimmter pH-Werte reversibel ausfällen. Beim Erhitzen oder Zufügen starker Säuren erfolgt irreversible Ausfällung (*Denaturierung*) unter Verlust ihrer biologischen Wirksamkeit. - Eiweißlösungen sind optisch aktiv.

Hydrolyse: Die Eiweißstoffe lassen sich

- durch Erhitzen mit *Säuren* oder *Alkalien*
- durch Einwirken von *Enzymen* (»enzymatisch«)

unter Wasseraufnahme in ihre Aminosäuren und sonstigen Bestandteile aufspalten.

Die peptidspaltenden Enzyme (»*Proteasen*«) sind häufig auf die Sprengung der Bindung zwischen ganz bestimmten Aminosäuren spezialisiert, so daß auch höhermolekulare Spaltprodukte erhalten werden.

Farbreaktionen:

- *Biuretreaktion* (auch bei Harnstoff positiv!): Violettfärbung schwach alkalischer Lösungen (enthaltend Biuret, $H_2N–CO–NH–CO–NH_2$) bei Zusatz von Kupfersulfat;
- *Xanthoproteinreaktion:* Gelbfärbung mit konz. Salpetersäure, beruhend auf Nitrierung aromatischer Aminosäuren;
- *MILLONsche Reaktion:* rotbrauner Niederschlag beim Erwärmen mit salpetrigsaurer Quecksilber(II)-nitratlösung.

Physiologische Bedeutung: Eiweißstoffe sind die eigentlichen »Träger des Lebens«. Im *Protoplasma* spielen sich unter ständiger Umwandlung der Eiweißstoffe die Lebensvorgänge ab. Die biokatalytisch wirkenden *Enzyme* (Fermente) und ein Teil der *Hormone* sind ebenfalls Eiweißstoffe. *Gerüsteiweiße*, z.B. *Horn*, wirken als Stützsubstanzen oder sind (als Feder- oder Haarkleid) für den Wärmehaushalt von Bedeutung. Alle Eiweißstoffe im lebenden Organismus erneuern sich ständig und müssen durch Nahrungsaufnahme ergänzt werden, wobei tierisches Eiweiß (wegen genügenden Gehaltes an essentiellen Aminosäuren; ↑S. 692) wertvoller ist als pflanzliches.

40.1.2 Eiweiß-Aminosäuren

Struktur und Konfiguration: nahezu ausschließlich α-Aminosäuren (2-*Aminocarbonsäuren*), d.h. die Aminogruppe ist an das der Carboxylgruppe benachbarte C-Atom gebunden: $R-CH(NH_2)-COOH$. - Mit Ausnahme von Glycocoll sind alle natürlichen Aminosäuren optisch aktiv und gehören der L-Reihe an.

Essentielle Aminosäuren: nicht vom Organismus synthetisierbar; Zufuhr mit der Nahrung notwendig. Von den etwa 22 insgesamt vorhandenen sind dies beim Menschen (in der Reihenfolge abnehmenden Bedarfs) folgende 10: Leucin, Lysin, Valin, Phenylalanin, Methionin, Histidin, Tryptophan, Arginin, Threonin, Isoleucin.

Übersicht: (in Klammern: Symbole; * essentiell; s.a. S.)

- **Aliphatische Aminosäuren**

Monoamino-monocarbonsäuren

Glycocoll (Gly), *Glykokoll, Glycin, Aminoessigsäure, Amino-ethansäure,*
$CH_2(NH_2)-COOH$
Alanin (Ala), *2-Amino-propansäure,* $CH_3-CH(NH_2)-COOH$
Valin* (Val), $CH_3-CH(CH_3)-CH(NH_2)-COOH$
Leucin* (Leu), $CH_3-CH(CH_3)-CH_2-CH(NH_2)-COOH$
Isoleucin* (Ileu), $CH_3-CH_2-CH(CH_3)-CH(NH_2)-COOH$

- mit Hydroxylgruppen

Serin (Ser), $CH_2(OH)-CH(NH_2)-COOH$
Threonin* (Thr), $CH_3-CH(OH)-CH(NH_2)-COOH$

- schwefelhaltig

Cystein (Cys), $CH_2(SH)-CH(NH_2)-COOH$; geht durch Oxidation leicht in
Cystin, $HOOC-CH(NH_2)-CH_2-S-S-CH_2-CH(NH_2)-COOH$, über.
Methionin* (Met), $CH_2(SCH_3)-CH_2-CH(NH_2)-COOH$

Monoamino-dicarbonsäuren und -amide

Asparaginsäure (Asp), *Amino-bernsteinsäure,* $HOOC-CH_2-CH(NH_2)-COOH$
Asparagin (Asp-NH_2), ist deren Monoamid, $H_2NOC-CH_2-CH(NH_2)-COOH$
Glutaminsäure (Glu), $HOOC-[CH_2]_2-CH(NH_2)-COOH$
Glutamin (Glu-NH_2) ist das Monoamid, $H_2NOC-[CH_2]_2-CH(NH_2)-COOH$.
Natriumglutamat (»Glutamat«), das Mononatriumsalz der Glutaminsäure, ist ein Würzmittel, das den Eigengeschmack verschiedener Nahrungsmittel verstärkt.

Diamino-monocarbonsäuren

Lysin* (Lys), $H_2N-[CH_2]_4-CH(NH_2)-COOH$
Arginin* (Arg), $H_2N-C(=NH)-NH-[CH_2]_3-CH(NH_2)-COOH$

- **Aromatische Aminosäuren**

Phenylalanin* (Phe), $C_6H_5-CH_2-CH(NH_2)-COOH$
Tyrosin (Tyr), $HO-C_6H_4-CH_2-CH(NH_2)-COOH$

- **Heterocyclische Aminosäuren**

Prolin (Pro), und **Hydroxyprolin** (Hypro);
Tryptophan* (Try); Formel ↑S. 693;
Histidin* (His); Formel ↑S. 693.

40.1 Eiweißstoffe (*Eiweiße, Eiweißkörper*)

$$\text{Tryptophan: Indol-CH}_2\text{-CH(NH}_2\text{)-COOH}$$

$$\text{Histidin: Imidazol-CH}_2\text{-CH(NH}_2\text{)-COOH}$$

Prolin

Hydroxyprolin

40.1.3 Wichtige Proteine

Globuline: schwach sauer; in Wasser unlöslich, dagegen löslich in verdünnten Neutralsalzlösungen (z.B. NaCl 5%) und Alkalien; durch halbgesättigte $(NH_4)_2SO_4$-Lösung reversibel ausfällbar. - Verbreitetste Proteingruppe, z.B. Reserveeiweiß in Hülsenfrüchtlern, Getreide u.a.; als *Serumglobulin* und *Fibrinogen* im Blutplasma, als *Zellglobulin* in Geweben, als *Lactoglobulin* in der Milch, als *Ovoglobulin* in Eiern.

Albumine: meist neutral; wasserlöslich; durch Sättigung mit $(NH_4)_2SO_4$ reversibel ausfällbar; enthalten kaum Glycocoll; sind reich an Schwefel. Kommen gemeinsam mit Globulinen vor, z.B. als *Serum-, Lact-* und *Ovalbumin* in Blutplasma, Milch und Eiern. Äußerst giftig ist das **Ricin** der Rizinussamen.

Histone: basisch; löslich in verdünnten Alkalien und Säuren; durch Ethanol fällbar. Vorkommen in Zellkernen in lockerer Bindung an Nucleinsäuren.

Prolamine (*Gliadine*) und **Glutaline** bilden zusammen das für die Backfähigkeit des Brotes wichtige **Klebereiweiß** (*Gluten*) in den Getreidekörnern; löslich in 50 bis 80%igem Ethanol.

Skleroproteine (Gerüsteiweißstoffe): organische Gerüstsubstanz von Mensch und Tier; unlöslich; chemisch und z.T. auch mechanisch sehr widerstandsfähig.
Einteilung: *Kollagene* und *Keratine*.

- **Kollagene:** bilden das Bindegewebe und die organische Grundsubstanz von Knochen, Knorpel, Sehnen und Haut; gehen beim Kochen mit Wasser (Molekülabbau) in *Gelatine* (*Glutin*; unrein *Leim*) über. Deren Lösung erstarrt beim Abkühlen zu einem Gel, das sich beim Erwärmen wieder verflüssigt. An den Kollagenen der Haut vollzieht sich die *Gerbung* bei der Herstellung von *Leder*.

- **Keratine:** Hornsubstanzen von Mensch und Tier: Haare (z.B. Wolle), Federn, Nägel, Hörner, Hufe, Klauen. Hoher Cystin- und damit Schwefelgehalt; widerstandsfähig auch gegen eiweißspaltende Enzyme.

Naturseide (Raupenseide), von der Seidenraupe ersponnen, besteht aus dem keratinartigen *Fibroin* mit einer kollagenartigen Hülle aus *Sericin* (Seidenleim); letztere wird vor der textilen Nutzung aufgelöst. - **Naturschwamm** besteht aus dem iodhaltigen *Spongin*, die Aminosäure *3,5-Diiodtyrosin* enthaltend.

40.1.4 Wichtige Proteide

Nucleoproteide (prosthetische Gruppe: *Nucleinsäuren*): in Zellkernen und im Zellplasma von Tieren und Pflanzen vorkommend, in den Chromosomen als Träger der Erbinformationen; ↑S. 698. - *Virusproteide* sind die (meist alleinigen) Bestandteile der *Viren*. Dies sind submikroskopische, z.T. auch kristallisiert erhältliche Krankheitserreger (Durchmesser < 300µm), die sich durch Umwandlung belebter Substanz autokatalytisch selbst reproduzieren.

Phosphorproteide (prosthetische Gruppe: *Phosphorsäure*): am wichtigsten *Casein* in der Milch und *Vitellin* im Eidotter. **Casein** ist als Ca-Salz in der Milch gelöst; die beim Sauerwerden entstehende Milchsäure bindet das Ca^{2+}, so daß Casein ausfällt.

Glycoproteide (prosthetische Gruppe: *Kohlenhydrate*): hierzu gehören insbes. die **Mucopolysaccharide** (mit oft überwiegendem, aminozuckerhaltigem, z.T. auch mit Schwefelsäure verestertem Polysaccharidanteil), z.B. die im Binde- und Stützgewebe (Knorpel) vorkommenden *Mucoide* und die in Sekreten (Speichel, Schleim) enthaltenen *Mucine* (Schleimstoffe), ferner das blutgerinnungshemmende *Heparin* und die *Blutgruppensubstanzen*.

Chromoproteide (prosthetische Gruppe: *Farbstoffe*): hierzu gehören insbes. die Eisenverbindungen *Hämoglobin* (roter Blutfarbstoff) und *Myoglobin* (roter Muskelfarbstoff), beide mit der Farbstoffkomponente *Häm*; ferner verschiedene, ebenfalls eisenhaltige Atmungsfermente (↑S. 561); in den Pflanzen u.a. das magnesiumhaltige *Chloroplastin* mit der grünen Farbstoffkomponente *Chlorophyll*.
Zu den Proteiden gehören ferner *Enzyme* (z.T. mit Vitaminen als prosthetischer Gruppe; ↑S. 704) sowie ein Teil der *Hormone* (↑S. 702).

40.2 Lipide

Allgemeines: Tierische und pflanzliche Fette und fette Öle[1] bestehen zu über 97% aus den eigentlichen *Fetten*; daneben enthalten sie fettähnliche und fettunähnliche Begleitstoffe. Unter dem Begriff **Lipide** faßt man Fette, fettähnliche Begleitstoffe (*Lipoide*) und auch Wachse zusammen. Gemeinsam ist diesen Stoffen, daß sie Ester relativ langkettiger Carbonsäuren (Fett- bzw. Wachssäuren) sind. Fettunähnliche Begleitstoffe sind z.B. die Vitamine.

Fettsäuren sind fast ausnahmslos aliphatische, unverzweigte, gesättigte oder ungesättigte Monocarbonsäuren mit endständiger Carboxylgruppe. Natürliche Fettsäuren weisen eine gerade Anzahl von C-Atomen auf und sind mit fast alleiniger Ausnahme der Ricinolsäure unsubstituiert. Am häufigsten sind Palmitin-, Öl-, Linol-, und Ricinolsäure.

---

[1] Fette und fette Öle unterscheiden sich lediglich durch den Schmelzpunkt.

40.2 Lipide

Tabelle 40-1: *Wichtige natürliche Fettsäuren*

gesättigt:

$C_5H_{11}COOH$	Capronsäure	$C_{13}H_{27}COOH$	Myristinsäure	$C_{21}H_{43}COOH$	Behensäure
$C_7H_{15}COOH$	Caprylsäure	$C_{15}H_{31}COOH$	Palmitinsäure	$C_{23}H_{47}COOH$	Lignocerinsäure
$C_9H_{19}COOH$	Caprinsäure	$C_{17}H_{35}COOH$	Stearinsäure	$C_{25}H_{51}COOH$	Cerotinsäure
$C_{11}H_{23}COOH$	Laurinsäure	$C_{19}H_{39}COOH$	Arachinsäure		

ungesättigt:

$C_{17}H_{33}COOH$ Ölsäure [*Octadec-9-ensäure*],
$CH_3-[CH_2]_7-CH=CH-[CH_2]_7-COOH$

$C_{17}H_{31}COOH$ Linolsäure [*Octadeca-9,12-diensäure*]
$CH_3-[CH_2]_4-CH=CH-CH_2-CH=CH-[CH_2]_7-COOH$

$C_{17}H_{29}COOH$ Linolensäure [*Octadeca-9,12,15-triensäure*],
$CH_3-CH_2-CH=CH-CH_2-CH=CH-CH_2-CH=CH-[CH_2]_7-COOH$

ungesättigt + substituiert:

$C_{17}H_{32}(OH)(COOH)$ Ricinolsäure [*Octadec-9-en-12-olsäure*],
$CH_3-[CH_2]_5-CH(OH)-CH_2-CH=CH-[CH_2]_7-COOH$

Fette:

- *Chemische Zusammensetzung:* Fette sind Ester zwischen Fettsäuren und Glycerol (*Fettsäureglycerolester, Fettsäureglyceride*). Bei den natürlichen Fetten sind alle drei OH-Gruppen des Glycerols verestert (*Triglyceride, Triacylglycerole*): $CH_2(O-CO-R')-CH(O-CO-R'')-CH_2(O-CO-R''')$. Hierbei können R', R'', und R''' identisch, teilweise identisch oder verschieden sein. Jedes natürliche Fett besteht aus einer Vielzahl verschiedener Triglyceride.

- *Struktur:*

$H_2C-O-CO-R^I$
$|$
$HC-O-CO-R^{II}$
$|$
$H_2C-O-CO-R^{III}$

Beispiel:

$H_2C-O-CO-C_{15}H_{31}$
$|$
$HC-O-CO-C_{17}H_{35}$
$|$
$H_2C-O-CO-C_{17}H_{33}$

Oleo-palmito-stearin

- *Eigenschaften:* Reine Fettsäuretriglyceride sind farb- und geruchlose, kristallisierbare, in Wasser unlösliche, in kaltem Ethanol schwer lösliche, in vielen organischen Lösungsmitteln leicht lösliche Substanzen. Je ungesättigter ein Fett, desto niedriger liegt der Schmelzpunkt. *Fette Öle* weisen demnach einen höheren Gehalt an ungesättigten Fettsäurekomponenten auf. Sehr stark ungesättigte Fette vermögen zu polymerisieren (trocknende Öle;

s.u.). An Licht und Luft zersetzen sich viele Fette, z.T. unter Mitwirkung von Mikroorganismen, unter Bildung übelriechender Aldehyde, Ketone, Säuren u.a. *(Ranzigkeit)*. Über Fetthydrierung *(Fetthärtung)* s.u..

- *Fettspaltung (Verseifung)*: Durch Erhitzen mit verdünnten Säuren sowie mit Alkalien erfolgt Spaltung in Glycerol und Fettsäuren (bzw. deren Alkalisalzen, den *Seifen*):

$$\begin{array}{c} H_2C-O-CO-R^I \\ | \\ HC-O-CO-R^{II} \\ | \\ H_2C-O-CO-R^{III} \end{array} + 3\,NaOH \longrightarrow \begin{array}{c} H_2C-OH \\ | \\ HC-OH \\ | \\ H_2C-OH \end{array} + \begin{array}{c} NaOOC-R^I \\ NaOOC-R^{II} \\ NaOOC-R^{III} \end{array}$$

- *Fetthärtung:* Durch katalytische Hydrierung lassen sich fette Öle (auch z.B. Fischtran) in feste oder halbfeste Fette umwandeln; ungesättigte Fettsäuregruppen gehen hierbei ganz oder teilweise in gesättigte über. Man leitet Wasserstoff bei etwa 200 °C in das mit feinstverteiltem, schwarzem Nickelpulver gemischte Öl. Die Produkte werden vor allem in der Lebensmittelindustrie (Margarine) verwendet.

Trocknende Öle sind stark ungesättigt und polymerisieren leicht unter Bildung von festem *Linoxyn*. Die Polymerisation erfolgt an der Luft unter Sauerstoffaufnahme; sie erfolgt jedoch auch ohne Sauerstoff und wird durch Erwärmen stark beschleunigt. Trocknende Öle, insbes. *Leinöl*, werden in Anstrichstoffen verwendet. *Firnis* ist (in der Regel durch Erhitzen vorpolymerisiertes) Leinöl (sog. *Standöl*), das katalytisch wirkende Trockenstoffe (Sikkative) gelöst enthält.

Phospholipide *(Phosphatide)* begleiten die Fette in Mengen von 0,1 bis maximal 2% und kommen, z.T. an Eiweiß gebunden, in allen tierischen und pflanzlichen Zellen vor. Ihre Moleküle enthalten an Stelle von Fettsäuren Phosphorsäure, die ihrerseits mit **Cholin**, $[(CH_3)_3N-CH_2-CH_2OH]^+OH^-$, oder **Colamin**, $CH_2(NH_2)-CH_2OH$, verestert ist. Am wichtigsten sind die (sich durch die Art der Fettsäurereste und durch die Stellung der Phosphorsäurederivate voneinander unterscheidenden) **Lecithine:**

$$\begin{array}{l} H_2C-O-CO-R^I \\ | \\ HC-O-CO-R^{II} \\ | \\ H_2C-O-\underset{\underset{O^-}{\overset{\displaystyle\|}{P}}}{}-O-CH_2-CH_2-N(CH_3)_3^+ \end{array}$$

Lecithin

Reine synthetische Phospholipide sind farblos, kristallisierbar und scharf schmelzend; natürliche Produkte sind zäh-viskose, gelb bis tiefbraun gefärbte, nach den Aminkomponenten riechende Massen. Die an sich unlöslichen Phosphatide quellen mit Wasser schleimig auf und gehen schließlich kolloid in Lösung; durch Salzzusatz flocken sie aus. Sie sind von sehr großer physiologischer Bedeutung.

Wachse: Die natürlichen Wachse (*pflanzlich*, z.B. Carnaubawachs; *tierisch*, z.B. Bienen- und Wollwachs (sog. Wollfett, *Lanolin*); *mineralisch* (z.B. Montanwachs) sind zumeist Ester aus Wachssäuren und Wachsalkoholen.

Zu den **Wachssäuren** gehören *Montansäure*, $C_{27}H_{55}COOH$, *Myricinsäure*, $C_{30}H_{61}COOH$ und andere langkettige Carbonsäuren; der Übergang zu den Fettsäuren ist fließend. **Wachsalkohole** sind z.B. *Myricylalkohol*, $C_{31}H_{63}OH$, *Cerylalkohol*, $C_{26}H_{53}OH$, und *Cetylalkohol*, $C_{16}H_{33}OH$. Lediglich Erdwachs (*Ozokerit*) ist ein Kohlenwasserstoffwachs.

Wachse sind nach dem Schmelzen sofort dünnflüssig und nicht fadenziehend.

40.3 Nucleinsäuren

Molekülbau: Nucleinsäuren[1] sind makromolekulare Verbindungen (*Polynucleotide*), die sich nach folgendem Schema aus *Nucleinsäurebasen, Zucker* und *Phosphorsäure* aufbauen:

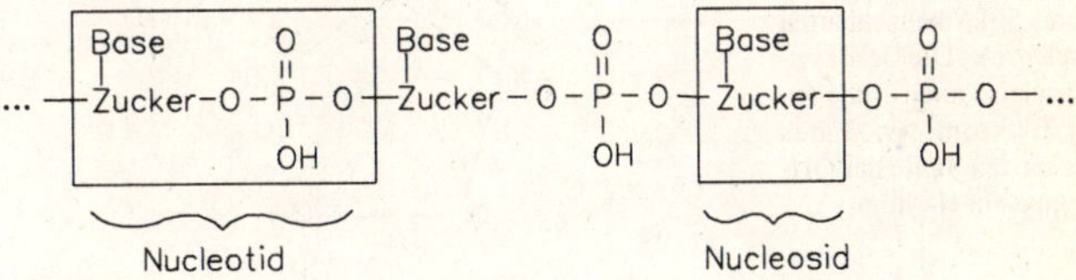

- **Nucleotide** bestehen aus Base, Zucker und Phosphorsäure,
- **Nucleoside** bestehen aus Base und Zucker.

Nucleinsäurebasen: In den Nucleinsäuren kommen hauptsächlich folgende 5 Basen vor:

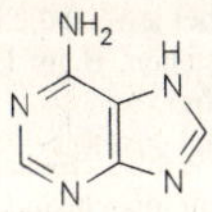

Adenin
(6–Amino–purin)

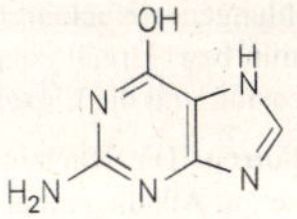

Guanin
(2–Amino–
6–hydroxy–purin)

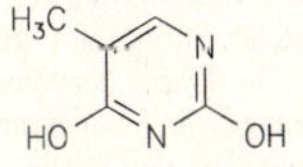

Thymin
(2,6–Dihydroxy–
5–methyl–pyrimidin)

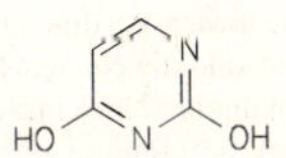

Uracil
(2,6–Dihydroxy–
pyrimidin)

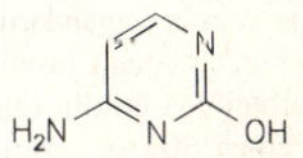

Cytosin
(2–Hydroxy–
6–amino–pyrimidin)

Vom *Purin* (↑S. 686) leiten sich ab: Adenosin, Guanin. Vom *Pyrimidin* (↑S. 686) leiten sich ab: Cytosin, Thymin, Uracil. Alle Nucleinsäurebasen sind feste, farblose Substanzen.

---

1) auch *Nukleinsäuren*

40 Biochemisch wichtige Stoffgruppen

Ribonucleinsäure und Desoxyribonucleinsäure:

- **Ribonucleinsäure** (RNS; RNA[1]) enthält:
  als *Zucker:* D-Ribose (eine Pentose, $C_5H_{10}O_5$)
  als *Basen:* Adenin, Guanin, Cytosin, Uracil

- **Desoxyribonucleinsäure** (DNS, DNA[1]) enthält:
  als *Zucker:* D-2-Desoxyribose (eine Tetrose, $C_5H_{10}O_4$)
  als *Basen:* Adenin, Guanin, Cytosin, Thymin

Es gibt sehr viele Ribo- und Desoxyribonucleinsäuren; sie unterscheiden sich in der Aufeinanderfolge der Basen.

Baugruppe eines Ribonucleinsäuremoleküls:

Die organische Base haftet jeweils am C-Atom Nr. 1 des Zuckers; die Phosphorsäurebrücken verknüpfen die C-Atome Nr. 3 und 5 der benachbarten Nucleoside. Die Desoxyribonucleinsäuren enthalten am C-Atom Nr. 2 des Zuckers an Stelle der OH-Gruppe ein H-Atom.

Räumliche Struktur der Nucleinsäuren: Im Normalzustand besteht eine Nucleinsäure aus zwei spiralig umeinandergeschlungenen Nucleinsäuresträngen, wobei jeweils die Basen Guanin/Cytosin und Adenin/Thymin bzw. Uracil einander gegenüberstehen. Beim Erhitzen der Lösung rollen sich die Spiralen auf, und die Einzelstränge werden frei.

Eigenschaften der Nucleinsäuren: Die Nucleinsäuren sind weiße bis schwach gelbliche Feststoffe, die in Wasser schwer, in Alkalien unter Salzbildung leicht löslich sind.

Physiologische Bedeutung: Die Nucleinsäuren kommen teils frei, teils an Eiweiß gebunden (*Nucleoproteide*) in allen Zellen vor; manche Viren bestehen ausschließlich aus Nucleoproteiden. Die Nucleinsäuren steuern die Synthese der Proteine aus Aminosäuren. Hierbei legt die *Basensequenz* (Aufeinanderfolge der Basen) die Reihenfolge der Verknüpfung der Aminosäuren fest; je drei aufeinanderfolgende Basen bestimmen, welche Aminosäure zum Protein gebunden wird. In den Chromosomen sind die Nucleinsäuren die Träger der Vererbung; bei der Zellkernteilung erfolgt Entkoppelung der Nucleinsäurestränge und Wiederverdoppelung jedes einzelnen Stranges, so daß nach der Teilung zwei Doppelspiralen vorliegen. Die im »*genetischen Kode*« (der Aufeinanderfolge der Basen) enthaltene Information der Eiweißsynthese wird auf diese Weise ständig weitergegeben.

Die DNS gibt unter Mitwirkung von Fermenten den Kode zunächst an die »*messenger*-RNS« (m-RNS; Boten-RNS) weiter, die ihn aus dem Zellkern zu den Ribosomen transportiert. Dorthin befördern die »*transfer*-RNS« (t-RNS) Aminosäuren, die unter Berücksichtigung des Kodes zu Polypeptidketten verknüpft werden. Aus diesen gehen schließlich die Struktur- und Enzymeiweiße hervor.

---

[1] A von engl. *acid* = Säure

40.4 Vitamine

40.4.1 Allgemeines

Definition: Vitamine sind organische Wirkstoffe, die vom tierischen bzw. menschlichen Organismus nicht synthetisiert werden können und daher mit der Nahrung (evtl. in Form von *Provitaminen*) aufgenommen werden müssen.
- **Provitamine** sind Vitaminvorstufen, die der Organismus in die eigentlichen Vitamine umwandeln kann.

Funktion: Die meisten Vitamine werden als Bestandteile von Enzymen oder Koenzymen wirksam; ↑S. 704. Bei ihrem Fehlen oder bei ungenügender Zufuhr treten Mangelerkrankungen (*Avitaminosen* bzw. *Hypovitaminosen*) ein.

40.4.2 Spezielle Vitamine

- **Fettlösliche Vitamine**

    Axerophthol, *Retinol*, *Vitamin A_1* (Formel ↑S. 701): gelbliche Kristalle, sauerstoffempfindlich, kochbeständig[1]. - *Vorkommen:* Milch, Butter, Eigelb, Lebertran; synthetisch hergestellt. - *Mangelerscheinungen:* Haut- und Schleimhauterkrankungen, Nachtblindheit, Wachstumsverzögerung; Veränderungen an Knochen und Nerven. Axerophthol ist am Sehprozeß beteiligt. - *Provitamine* sind viele *Carotinoide*, orangerote Farbstoffe in vielen Pflanzen, z.B. Möhren; ↑S. 714.

    Calciferol (*Vitamin D*): umfaßt insbes. *Ergocalciferol* (*Vitamin D_2*; Formel ↑S. 701) und das um 1 Methyl ärmere *Cholecalciferol* (*Vitamin D_3*), beides farblose, kristallisierte Stoffe; koch- und sauerstoffbeständig. - *Avitaminose:* Rachitis, Knochenerweichung; d.h. unzureichende Calciumphosphatablagerung in den Knochen. - *Provitamine: Ergosterin* (für D_2) und *7-Dehydrocholesterin* (für D_3); ersteres in Milch und Milchprodukten, letzteres bildet sich im Körper aus Cholesterin. Beide, vorwiegend in der Haut abgelagert, gehen durch Sonnen- bzw. Ultraviolettbestrahlung (Heilwirkung!) in die D-Vitamine über.

    Tocopherol (*Vitamin E*; Formel ↑S. 701): mehrere chemisch ähnliche Komponenten. α-Tocopherol ist ein blaßgelbes Öl; kochbeständig. - *Vorkommen:* Getreidekeimlinge und deren Öle (Weizenkeimöl), grüne Gemüse, Leber, Fett, Eigelb. - *Bedeutung:* allgemeiner Stoffwechselfaktor, nötig z.B. für Funktion von Nervensystem, Muskulatur, Hoden und normalem Schwangerschaftsverlauf; in Fetten Antoxidans für die früher als »Vitamin F« bezeichneten essentiellen ungesättigten Fettsäuren.

    Vitamin K: mehrere Komponenten; z.B. *Phyllochinon* (Vitamin K_1; Formel ↑S. 701), ein hellgelbes, kochbeständiges Öl. - *Vorkommen:* grüne Pflanzenteile, Bakterien; Hauptquelle für den Menschen: Kolibakterien im Darm. - *Bedeutung:* wichtig für die Blutgerinnung.

---

[1] Hierunter wird in diesem Kapitel die Beständigkeit beim Kochen zur Bereitung von Speisen verstanden.

40 Biochemisch wichtige Stoffgruppen

- **Wasserlösliche Vitamine**

Die sog. *Vitamin-B-Gruppe* umfaßt die meist vergesellschaftet vorkommenden, jedoch chemisch sehr unterschiedlichen Substanzen *Aneurin, Lactoflavin, Niazin, Pyridoxin, Pantothensäure, Folsäure und Cobalamin*.

Aneurin, *Thiamin, Vitamin B_1* (Formel ↑S. 701): farblose Kristalle, unbeständig gegen längeres Kochen. - *Vorkommen:* Hefe, Getreidekeimlinge, Gemüse, Kartoffeln, Leber, Milch; synthetisch hergestellt. - *Mangelerkrankungen:* Beriberi, Funktionsstörungen des Nervensystems. - *Bedeutung:* notwendig für Kohlenhydratstoffwechsel.

Lactoflavin, *Riboflavin, Vitamin B_2* (Formel ↑S. 701): gelber Farbstoff, in Wasser grün fluoreszierend, lichtempfindlich, relativ kochbeständig. - *Vorkommen* (meist an Eiweiß oder Phosphorsäure gebunden): Milch (gelbe Farbe der Molke!), Fleisch, Ei, Hefe, Hülsenfrüchte. - *Bedeutung:* als Bestandteil sehr vieler Enzyme und Koenzyme wichtig für den Stoffwechsel in jeder Zelle.

Niazin, PP[1]*-Faktor:* umfaßt Nicotinsäure und Nicotinsäureamid (Formel ↑S 701), beides farblose Kristalle. - *Vorkommen:* Hefe, Früchte, Gemüse, Milch. - *Avitaminose:* Pellagra. - *Provitamin:* Eiweißbaustein *Tryptophan*.

Pyridoxin, *Vitamin B_6*: 3 ähnliche Substanzen, z.B. *Pyridoxol* (Formel ↑S. 701): farblos, kochbeständig. - *Vorkommen:* sehr verbreitet (tierische Organe, grüne Pflanzen, Hefe, Milch, Eigelb); daher beim Menschen keine Avitaminose bekannt. - *Bedeutung:* Eiweißstoffwechsel.

Pantothensäure (Formel ↑S. 701); viskoses Öl, als Calciumsalz kristallisiert, nicht kochbeständig. - *Vorkommen:* sehr verbreitet (Hefe, grüne Pflanzen, tierische Organe, Milch), so daß Mangelerscheinungen nicht bekannt sind. - *Bedeutung:* als Bestandteil des Koenzyms A wichtig für den gesamten Stoffwechsel.

Folsäure (Formel ↑S. 701): orangegelbe Kristalle, lichtempfindlich, nicht kochbeständig. - *Vorkommen:* grünes Gemüse, Leber, Hefe. - *Bedeutung:* Eiweiß- und Nucleinsäurestoffwechsel; Blutfarbstoffbildung. - *Mangelerscheinung:* krankhafte Veränderung des Blutes.

Cobalamin, *Vitamin B_{12}* (Formel ↑S.701): Cobaltkomplexverbindung der Summenformel $C_{63}H_{90}O_{14}N_{14}PCo$; rubinrote Kristallnadeln; kochbeständig. - *Vorkommen:* Leber, Niere, Eigelb, Milch; auch mikrobiologisch hergestellt. - *Avitaminose* (nur bei extrem vegetarischer Ernährung oder bei gestörter Resorption aus dem Darm): perniziöse Anämie (bösartige Blutarmut).

Ascorbinsäure, *Vitamin C* (Formel ↑S. 701): farb- und geruchlose Kristalle von stark saurem Geschmack; licht- und sauerstoffempfindlich; nur unter Ausschluß von Sauerstoff kochbeständig. - *Vorkommen:* frische Früchte (insbes. Hagebutten, Zitronen), frische Gemüse, Kartoffeln. - *Herstellung:* technisch in einem mehrstufigen Verfahren aus Glucose. - *Avitaminose:* Scorbut. - *Hypovitaminose:* Zahnfleischentzündung, Blutungsneigung u.a.

Biotin, *Vitamin H* (Formel ↑S. 701): farblose Kristallnadeln; hitze-, sauerstoff- und lichtempfindlich. - *Vorkommen:* Eigelb, Leber, Milch, Muskelfleisch, Gemüse, Bakterien; der Bedarf wird normalerweise durch die Darmbakterien gedeckt. - *Avitaminose* (z.B. bei übermäßiger Aufnahme rohen Hühnereiklars): Seborrhoe (Hauterkrankung).

---

1) PP = Pellagra preventive (gegen Pellagra vorbeugend)

40.4 Vitamine

Strukturformeln der Vitamine:

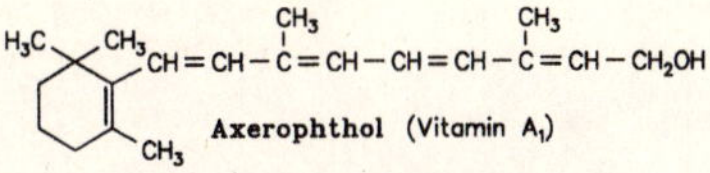

Axerophthol (Vitamin A₁)

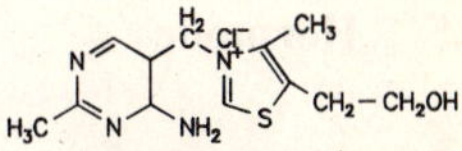

Aneurin (Vitamin B₁)

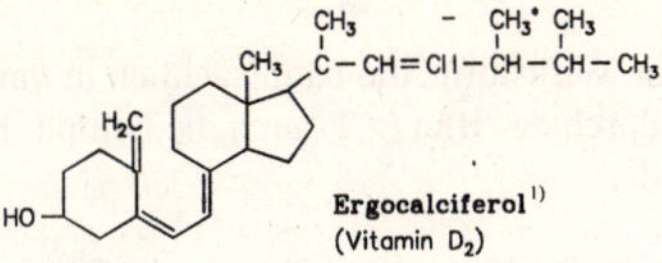

Ergocalciferol[1] (Vitamin D₂)

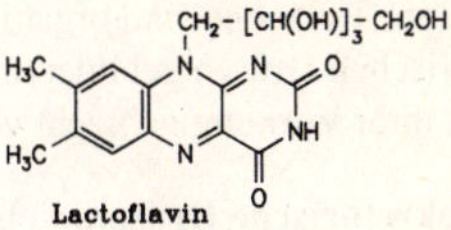

Lactoflavin (Vitamin B₂)

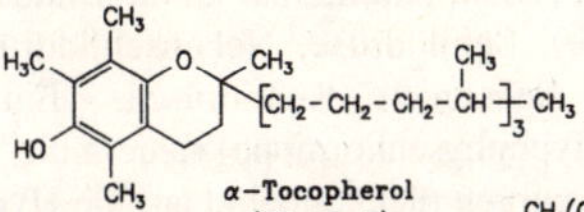

α–Tocopherol (Vitamin E)

$CH_2(OH) - C(CH_3)_2 - CH(OH) - CO - NH - [CH_2]_2 - COOH$

Pantothensäure (B–Vitamin)

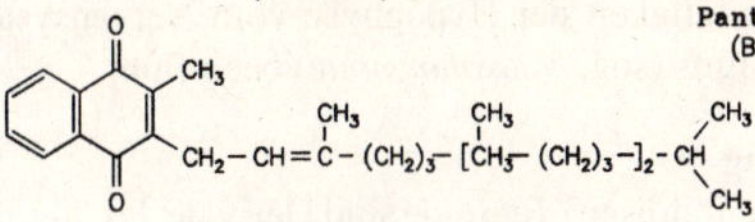

Phyllochinon (Vitamin K₁)

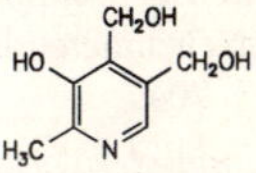

Pyridoxol (Vitamin B₆)

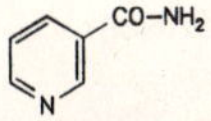

Nicotinsäureamid[2] (B–Vitamin)

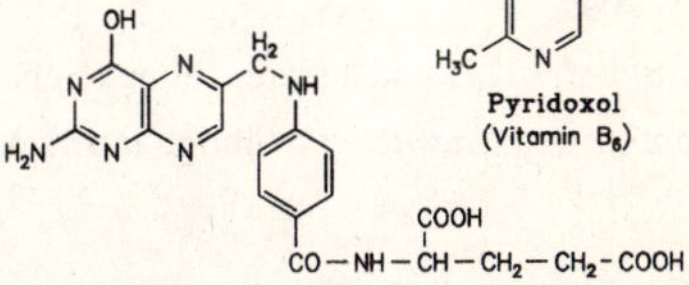

Folsäure (B–Vitamin)

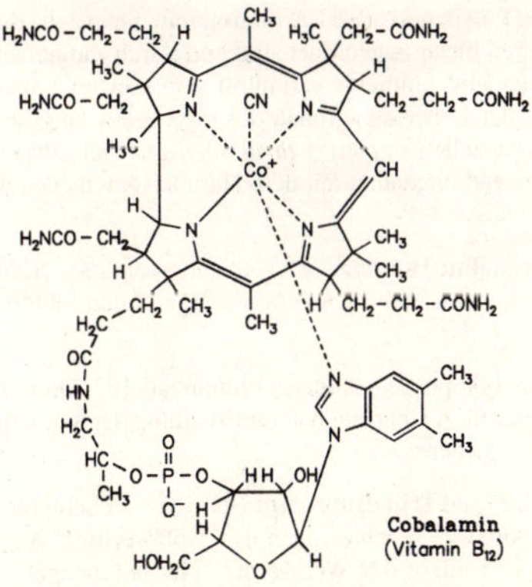

Cobalamin (Vitamin B₁₂)

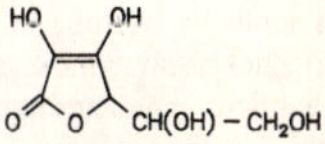

Ascorbinsäure (Vitamin C)

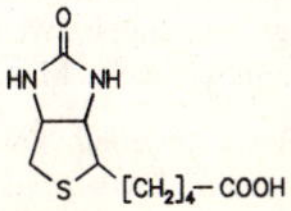

Biotin (Vitamin H)

---
1) Bei *Cholecalciferol* (Vitamin D₃) ist die durch * gekennzeichnete CH₃-Gruppe durch H ersetzt.
2) Bei *Nicotinsäure* ist die Gruppe -NH₂ durch -OH ersetzt

40.5 Hormone

40.5.1 Allgemeines

Definition: Hormone sind organische Wirkstoffe, die hauptsächlich in innersekretorischen Drüsen gebildet und durch das Blut (z.T. auch die Lymphe) an den Ort ihrer Wirkung gebracht werden.

Innersekretorische Drüsen: geben ihr Produkt unmittelbar an die Blutbahn ab, z.B. Hypophyse (Hirnanhangdrüse), Schilddrüse, Nebenschilddrüse, Bauchspeicheldrüse, Nebennierenmark, Nebenniere, Keimdrüsen. - Einige Hormone der *Hypophyse* (glandotrope Hypophysenhormone) steuern die Tätigkeit anderer Drüsen. Deren Hormone wirken rückkoppelnd auf die Hypophyse ein; außerdem wird die Tätigkeit der Hypophyse vom Nervensystem über Wirkstoffe des Zwischenhirns (sog. *Neurohormone*) beeinflußt.

Chemische Zusammensetzung
Steroide (Nebennierenrinde, Keimdrüsen). Steroide sind Derivate des *Sterans;* Formel ↑S. 704;

- *Aminosäurederivate* und andere Amine (Nebennierenmark, Schilddrüse);
- *Polypeptide* und *Eiweißstoffe* (übrige innersekretorische Drüsen).

40.5.2 Einige spezielle Hormone

Insulin: Hormon der Bauchspeicheldrüse; Polypeptid aus 51 Aminosäuren, die in zwei durch Disulfidbrücken −S−S− verbundenen Ketten linear angeordnet sind und durch Zinkionen zu Aggregaten mit der 2-, 3- und mehrfachen Molekülmasse verknüpft sein können. - Insulin senkt den Blutzuckergehalt, indem es in der Leber den Abbau des Glycogens zu Glucose hemmt und deren Verwertung in den Körperzellen steigert. - *Insulinmangel* überschwemmt das Blut mit Zucker, so daß dieser weitgehend ungenutzt mit dem Harn ausgeschieden wird (»Zuckerkrankheit«, Diabetes mellitus).

Adrenalin (Formel ↑S. 703) und **Noradrenalin:** Hormone des Nebennierenmarks; erhöhen den Blutzuckerspiegel (Gegenspieler des Insulins!); wirken gefäßverengend und blutdrucksteigernd.

Somatotropin, *Wachstumshormon:* in der Hypophyse gebildetes Protein aus 187 Aminosäuren; vielseitige Wirkung; im Wachstumsalter führt Überschuß unter Erhaltung der Körperproportionen zu Riesenwuchs, Mangel zu Zwergwuchs.

Thyroxin (Tetraiodthyronin; Formel ↑S. 703) und **Triiodthyronin:** Hormone der Schilddrüse, gesteuert durch das *Thyreotropin* der Hypophyse; beschleunigen den Stoffwechsel; steigern die Erregbarkeit des Zentralnervensystems; fördern das Wachstum. - Hormonmangel (z.B. infolge Iodmangels im Trinkwasser) führt in früher Kindheit zu Störungen des Skelett- und Gehirnwachstums (Kretinismus), in fortgeschrittenerem Alter zu Kropf und teigiger Hautveränderung. - Hormonüberschuß führt ebenfalls zu Kropf sowie zu BASEDOWscher Krankheit.

40.5 Hormone

Weibliche Sexualhormone: Die Östrogene[1] *(Estrogene,* Follikelhormone), insbes. **Östradiol** *(Estradiol,* Formel ↑S. 703), werden unter dem Einfluß eines Hypophysenhormons in den Eierstöcken, bei Schwangerschaft auch in der Gebärmutterschleimhaut, gebildet (kleine Mengen auch in der Nebennierenrinde und beim Mann in den Hoden). Sie steuern Ausbildung, Wachstum und Funktion der Geschlechtsorgane, z.B. schaffen sie in der 1. Hälfte des Menstrualzyklus optimale Bedingungen für die Befruchtung (Wachstum der Gebärmutterschleimhaut u.a.). - Die Gestagene[2], insbes. **Progesteron** *(Gelbkörperhormon;* Formel s.u.) entstehen besonders in der 2. Hälfte des Menstrualzyklus unter dem Einfluß von Hypophysenhormonen im Gelbkörper, bei Schwangerschaft wesentlich verstärkt in der Gebärmutterschleimhaut. Progesteron ermöglicht die Einbettung des befruchteten Eis in die Schleimhaut, verhindert die Heranreifung einer weiteren Eizelle und ist für den Ablauf der Schwangerschaft von größter Bedeutung. Durch ständige (tägliche) Zuführung kann die Heranreifung einer Eizelle und damit eine Schwangerschaft verhindert werden (empfängnisverhütende »Pille«).

Männliche Sexualhormone *(Androgene):* in den Hoden (in kleinen Mengen auch in der Nebennierenrinde und in den Eierstöcken der Frau) unter dem Einfluß der gleichen Hypophysenhormone wie im weiblichen Organismus gebildete Steroide, insbes. **Testosteron** (Formel ↑ unten) und das schwächer wirksame **Androsteron.** Die Androgene steuern in Wechselwirkung mit den Hypophysenhormonen Entwicklung und Funktion der primären und sekundären Geschlechtsmerkmale, z.B. Haarwuchs, Kehlkopfvergrößerung (Stimmbruch), Spermaproduktion u.a.

Nebennierenrindenhormone, *Corticoide:* **Aldosteron,** das wichtigste *Mineralocorticoid,* hält in den Nieren Na^+-Ionen und damit zugleich Cl^-, HCO_3^- und Wasser im Organismus zurück. - **Cortisol,** das wichtigste *Glucocorticoid,* greift lebenswichtig in den Kohlenhydratstoffwechsel ein; Formel s.u. - Mangel an Nebennierenrindenhormonproduktion führt über die ADDISONsche Krankheit zum raschen Tod.

Thyroxin

Adrenalin

Östradiol

Progesteron

Testosteron

Cortisol

---

1) oistros (grch.) Brunst
2) gastatio (lat.) Trächtigkeit

40.6 Enzyme

Definition: Enzyme (= Fermente) sind vom lebenden Organismus gebildete Wirkstoffe, die innerhalb und außerhalb des Organismus chemische Reaktionen, z.B. die Stoffwechselvorgänge, katalytisch beeinflussen.

Chemische Zusammensetzung: Die Enzyme sind Eiweißstoffe mit einer niedermolekularen Wirkgruppe, die bei fester Bindung als *prosthetische Gruppe*, bei leicht erfolgender reversibler Abspaltbarkeit als *Koenzym* (= Koferment) bezeichnet wird. Wirkgruppen sind z.B. Nucleotide, (evtl. abgewandelte) Vitamine, eisenhaltige Porphyrinfarbstoffe.

Spezifität: Die Wirkung der Enzyme ist weitgehend spezifisch, da sich im ersten Reaktionsschritt bestimmte Bereiche des Substrats (= Substanz, auf die das Enzym wirkt) und des Enzyms genau (wie Schloß und Schlüssel) aneinander lagern. Die Spezifität kann verschieden stark ausgeprägt sein. Während bestimmte Enzyme z.B. alle Ester unabhängig von der Art ihrer Komponenten spalten, setzen andere nur ein einziges Substrat um, wobei im Falle höchster Spezifität z.B. bei optischen Antipoden oder cis-trans-Isomeren nur eine der möglichen Formen angegriffen wird.

Einteilung:

6 Hauptklassen:

- **Oxidoreduktasen** übertragen Wasserstoff oder Elektronen von einem Substrat auf ein anderes.
- **Transferasen** übertragen Molekülgruppen (z.B. Phosphat-, Methyl-, Amino- u.a. Gruppen).
- **Hydrolasen** spalten C–O– oder C–N-Bindungen unter Einbau von Wasser. Zu ihnen gehören u.a. die fettspaltenden *Lipasen*, die kohlenhydrat- und glycosidspaltenden *Glycosidasen* (darunter die stärke- und glycogenspaltenden *Amylasen*) und die eiweißspaltenden *Proteasen* (z.B. das *Pepsin* des Magensaftes). - Zu den Proteasen gehört auch das **Lab** aus Kälber- und Schweinemagen, das zur Fällung von calciumhaltigem Casein aus Milch genutzt wird (Käsezubereitung).
- **Lyasen** spalten in nichthydrolytischer Weise C–C–, C–O– und andere Bindungen.
- **Isomerasen** katalysieren innermolekulare Umlagerungen (z.B. *cis-trans-Isomerasen*).
- **Ligasen** knüpfen bestimmte chemische Bindungen (bauen z.B. Kohlendioxid als Carboxylgruppe ein) unter Mitwirkung des energieliefernden Adenosintriphosphats, das hierbei in Adenosindiphosphat (oder -monophosphat) und Phosphorsäure (oder Diphosphorsäure) zerfällt.

40.7 Steroide

Definition: Steroide sind Derivate (insbes. Alkohole) des *Sterans*[1] eines vollständig hydrierten *1,2-Cyclopentano-phenanthrens*, $C_{17}H_{28}$; Struktur ↑ unten.

Übersicht: Zu den Steroiden gehören: *Sterine* (s. S. 705), *Gallensäuren* (z.B. *Cholsäure*, $C_{23}H_{36}(OH)_3COOH$, *D-Vitamine* (↑S. 699), *Corticoide* (Sexual- und Nebennierenrindenhor-

---

1) neuerdings auch *Gonan* genannt

mone; ↑S. 703), herzwirksame *Digitalisglycoside* (z.B. *Digitoxin*) und *Krötengifte* (z.B. *Bufotalin*), *Saponine* (z.B. *Digitonin*) und einige *Alkaloide* (z.B. *Solanin*).

Sterine: in allen tierischen und pflanzlichen Zellen; lebenswichtig; die natürlichen Sterine tragen eine OH-Gruppe am C-Atom 3, zwei CH_3-Gruppen an den C-Atomen 10 und 13 sowie eine aliphatische Seitenkette am C-Atom 17. - **Cholesterol** (*Cholesterin*), $C_{17}H_{45}OH$, Struktur s.u., farb-, geruchlos und kristallin, fühlt sich fettig an, löst sich nicht in Wasser, wohl aber in Ethanol, Diethylether, Benzen u.a.; F 149 °C. Es wird in der Leber gebildet, findet sich (z.T. gebunden) in Gallenflüssigkeit, Blutplasma, Zentralnervensystem, Nebennieren sowie in allen biologischen Membranen und wird z.B. durch die Haut in Form hautschützender Cholesterolester ausgeschieden. Aus Cholesterol, Kalk und Gallenfarbstoffen bestehen die Gallensteine. Störungen des Cholesterolstoffwechsels führen zu Ablagerung in den Blutgefäßen (Arteriosklerose). Ein 65 kg schwerer Mensch enthält etwa 250 g Cholesterol.

Gallensäuren werden in der Leber aus Cholesterol gebildet und gelangen durch die Gallenblase in den Darm, wo sie in Form ihrer Alkalisalze als Emulgatoren für Fette deren Resorption durch die Darmwand verbessern. Wichtig ist u.a. **Cholsäure** (farblos, F 195 °C; Formel s.u.), die stets in Bindung an Glycocoll (*Glycocholsäure*) oder Taurin[1] (*Taurocholsäure*) wirksam ist.

Cholesterol

Steran (Gonan)

Cholsäure

40.8 Antibiotika

Definition: Antibiotika sind von Mikroorganismen erzeugte Substanzen, die das Wachstum oder das Leben anderer Mikroorganismen verhindern. Sie werden (als *teilsynthetische Antibiotika* auch chemisch verändert) als Chemotherapeutika zur Bekämpfung von Krankheitserregern und als wachstumsfördernde Viehfutterzusätze verwendet.

Penicilline (Struktur ↑ unten) sind Stoffwechselprodukte des Schimmelpilzes *Penicillium notatum* und verwandter Organismen. Als erstes Antibiotikum 1928 entdeckt (ALEXANDER FLEMING, England); seit 1943 praktisch angewendet. Das chemische Grundgerüst der Penicilline ist ein bicyclisches, N–S-heterocyclisches Ringsystem, bestehend aus einem 4- und einem 5-gliedrigen Ring. Den Penicillinen verwandt und z.T. aus diesen herstellbar sind die **Cephalosporine.**

---

[1] **Taurin** ist *Aminoethansulfonsäure*; $H_2N-CH_2-CH_2-SO_2OH$, die überwiegend als inneres Salz $H_3N^+-CH_2-CH_2-SO_2O^-$, vorliegt.

Tetracycline (Struktur ↑ unten) werden von verschiedenen *Streptomyces*-Arten (Strahlenpilze) gebildet. Sie sind gelb, schmecken bitter und leiten sich von einem tetracyclischen Grundkörper ab, z.B. das seit 1948 bekannte Cl-Derivat **Aureomycin** und das seit 1949 bekannte OH-Derivat **Oxytetracyclin** (*OTC; Terramycin*).

Aminoglycosidantibiotika sind Produkte von Streptomyces- und anderen Strahlenpilzarten. Sie bestehen aus 3 oder 4 glycosidisch miteinander verbundenen Amino- und Neutralzuckern, so z.B. das seit 1943 bekannte **Streptomycin** aus Methylaminoglucose, Streptose und Streptidin (Formel ↑ unten). Die **Makrolidantibiotika** enthalten neben Zucker- und Aminozuckerkomponenten vielgliedrige Lactonringe, z.B. das seit 1952 bekannte **Erythromycin** einen 14gliedrigen Ring.

Chloramphenicol aus Streptomyces-Arten (seit 1947 bekannt) hat die relativ einfache Struktur 1,4-$O_2N-C_6H_4-CH(OH)-CH(CH_2OH)-NH-CO-CHCl_2$ und wird heute vollsynthetisch produziert.

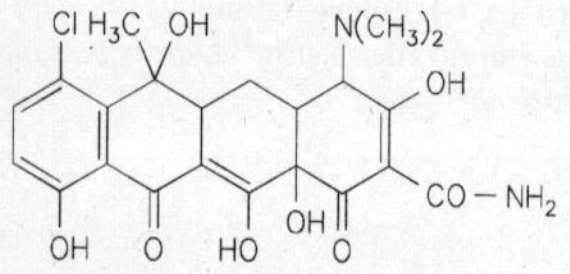

Tetracyclin

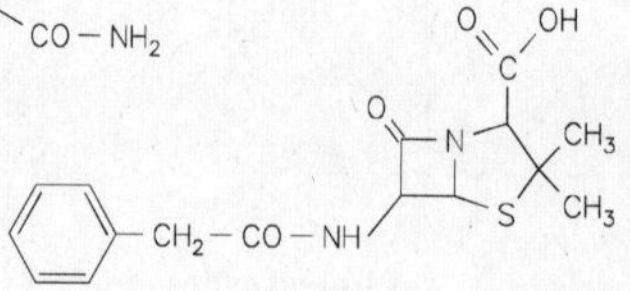

Penicillin G

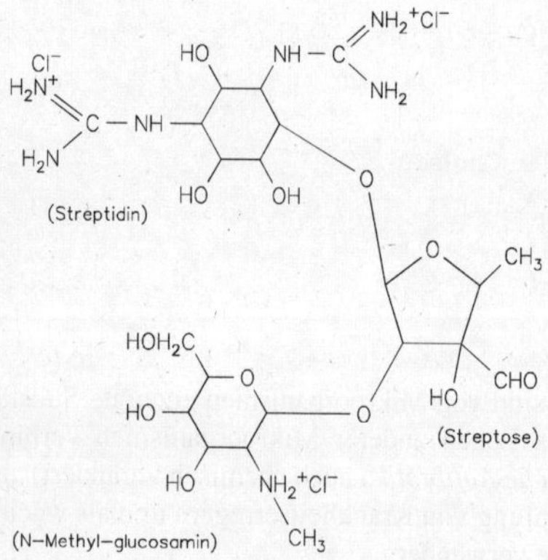

(Streptidin)

(Streptose)

(N-Methyl-glucosamin)

Streptomycin A

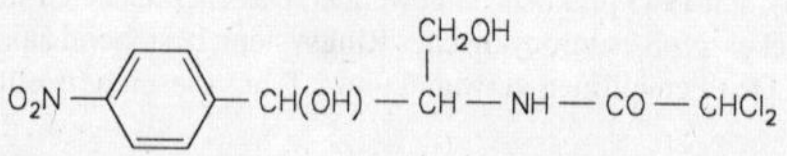

Chloramphenicol

41 Sondergebiete der organischen Chemie

41.1 Organische Farbstoffe

41.1.1 Allgemeines

Definition: Farbstoffe[1] sind farbige organische Verbindungen, welche die natürliche Färbung von Lebewesen bewirken (*Naturfarbstoffe*) oder zum Färben anderer Materialien dienen.

Chromophore und Auxochrome: *Chromophore* (chromophore Gruppen) verschieben die Lichtabsorption organischer Moleküle so, daß (oft erst bei mehrfachem Vorhandensein) Farbigkeit hervorgerufen wird. *Auxochrome* (auxochrome Gruppen) bewirken neben einer weiteren Verschiebung der Lichtabsorption eine beträchtliche Erhöhung der Farbintensität und ermöglichen häufig erst das Haften des Farbstoffes am Färbegut.

- *Chromophore* sind Atomgruppen mit π-Bindungen:

    $>$CH (*Methingruppe*), insbes. in der *chinoiden Gruppierung*

    $=C\underset{CH=CH}{\overset{CH=CH}{<}}C=$, symbolisch durch $=\!\!\!\bigcirc\!\!\!=$ dargestellt;

    $>$CH = N – (*Azomethingruppe*); –N=N– (*Azogruppe*);

    $>$C = O (*Carbonylgruppe*); –N=O (*Nitrosogruppe*); –NO$_2$ (*Nitrogruppe*)

- *Auxochrome:* –OH (*Hydroxylgruppe*), –NH$_2$ (*Aminogruppe*, auch substituiert)

Verwendung: zum Färben von Faserstoffen, Pelzwerk, Leder, Holz, Papier, Nahrungs- und Genußmitteln, Eloxalschichten, mikroskopischen Präparaten; zum In-Masse-Färben von Plasten, Elasten, Wachs, Seife u.dgl.; für Druckfarben, Schreibpasten und -flüssigkeiten, Schreibmaschinen- und Druckerfarbbänder, lasierende (durchscheinende) Anstriche; zur Herstellung von Pigmenten (durch »Verlackung«[2] mit einem Substrat, in Reproduktions-, z.B. Lichtpaustechniken; in der Farbfotografie und als fotografische Sensibilisatoren; als chemische Indikatoren u.v.a.m.

Einteilung: erfolgt einerseits nach chemischen, andererseits nach färbetechnischen Gesichtspunkten.

---

[1] nicht jeder *farbige Stoff* ist demnach ein *Farbstoff*!
[2] Ein löslicher oder unlöslicher Farbstoff kann durch Überführung in einen **Farblack** in ein unlösliches, deckendes Farbpigment umgewandelt werden. Dies erfolgt durch adsorptive Bindung eines unlöslichen Farbstoffsalzes (Al-, Ba-, Pb-Salz) an ein unlösliches *Substrat* (Bariumsulfat, Bleisulfat, Aluminiumhydroxid u.a.), z.B. durch gleichzeitige Ausfällung von Farbstoffsalz und Substrat oder durch langdauerndes intensives Verreiben des Gemisches.

41.1.2 Wichtige chemische Farbstoffklassen

Azofarbstoffe: enthalten die Azogruppe –N=N– als Chromophor; Herstellung aus Aminoverbindungen durch Diazotieren und nachfolgendes Kuppeln mit einem aromatischen Amin oder Phenol; ↑S. 682. *Monoazofarbstoffe* enthalten 1, *Disazofarbstoffe* 2, *Trisazofarbstoffe* 3, *Tetrakisazofarbstoffe* 4 Azogruppen.

Beispiele:

- **Anilingelb:** gelbe Kristallnadeln; aus diazotiertem Anilin und Anilin; einfachster Azofarbstoff; mangels Echtheitseigenschaften keine praktische Anwendung; Formel s.u.

- **Methylorange,** *Helianthin:* orangefarbene Kristallblättchen; aus diazotierter Sulfanilsäure und Dimethylanilin (↑S. 682); Säure-Base-Indikator (pH < 3 rot; pH > 4,4 gelb); Formel s.u.

- **Methylrot:** rote bis violette Kristallblättchen; aus diazotierter Anthranilsäure und Dimethylanilin; Säure-Base-Indikator (pH < 4,4 karminrot; pH > 6,2 grünlichgelb); Formel s.u.

- **Kongorot:** rotbraunes Kristallpulver, Disazofarbstoff; aus doppelt diazotiertem (»tetrazotiertem«) Benzidin und Naphthionsäure; erster auf Baumwolle »direktziehender« Azofarbstoff; Säure-Base-Indikator (pH < 3,0 blau; pH > 5,2 rot); Formel s.u.

- **Diamantgrün G,** *Diamingrün G:* grünes Pulver; Trisazofarbstoff; aus diazotierter »H-Säure« und p-Nitranilin wird ein Azo-Zwischenprodukt hergestellt; doppelt diazotiertes Benzidin wird auf der einen Seite mit dem Azozwischenprodukt, auf der anderen Seite mit Salicylsäure gekuppelt; einer der ersten grünen Azofarbstoffe; Formel s.u.

Die in der Praxis zum Färben verwendeten Azofarbstoffe haben ähnlich dem Diamantgrün komplizierte Strukturen.

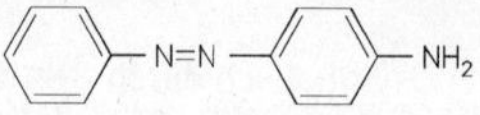

Anilingelb

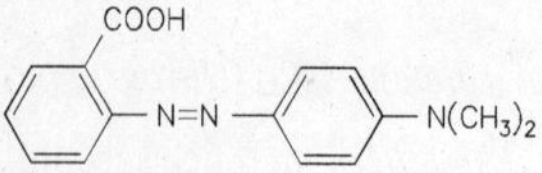

Methylrot

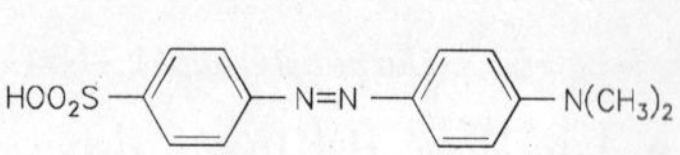

Methylorange

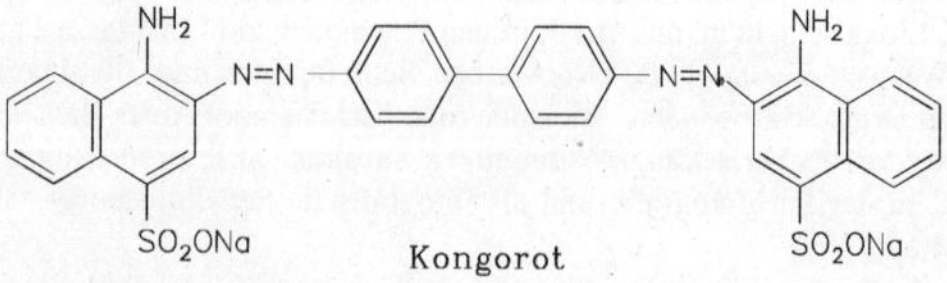

Kongorot

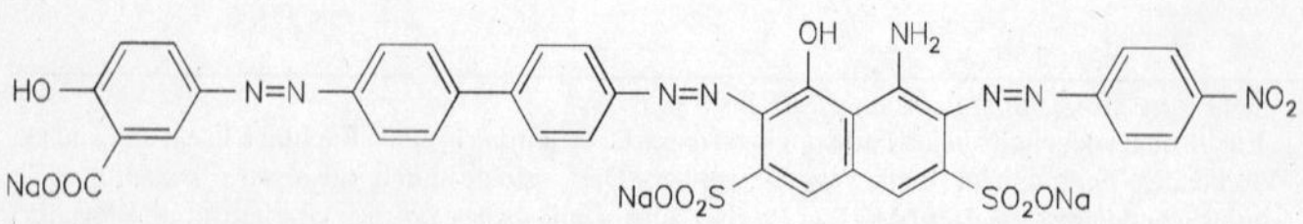

Diamantgrün G

41.1 Organische Farbstoffe

Triphenylmethanfarbstoffe: Ihre sog. *Leukoverbindungen* [leukos (grch.) weiß] sind Amino- oder Hydroxylderivate des Triphenylmethans. Durch Oxidationsmittel gehen hieraus die farblosen *Farbbasen* (bei Aminoverbindungen) bzw. *Farbsäuren* (bei Hydroxylverbindungen) hervor, aus denen sich durch Salzbildung mit Säuren bzw. Basen die Farbstoffe bilden. So ergibt z.B. *Leukanilin* bei der Oxidation die farblose Farbbase *Rosanilin,* das mit Salzsäure in **Fuchsin** übergeht:

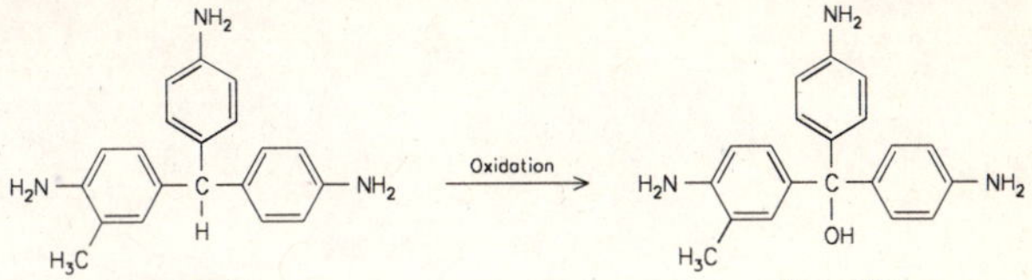

Leukanilin → Oxidation → Rosanilin

+ HCl / − H$_2$O → Fuchsin

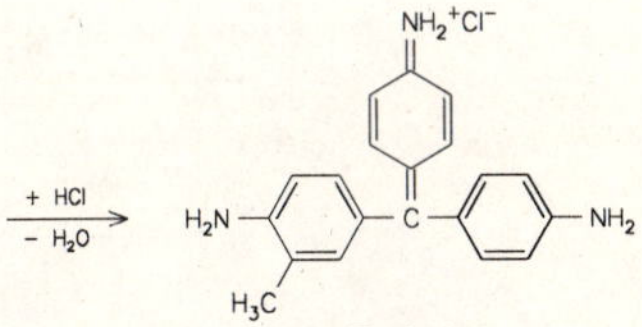

- **Fuchsin:** gelbgrün bronzierende Kristalle, mit intensiv roter Farbe in Wasser löslich; hergestellt durch Oxidation eines Gemisches aus Anilin, o- und p-Toluidin mit Nitrobenzen; für billige Papierfärbungen; Formel s.o.

- **Methylviolett** und **Kristallviolett,** im festen Zustand grünlich bzw. bräunlich bronzierend, lösen sich mit intensiv violetter Farbe in Wasser. Beide leiten sich formal vom *Parafuchsin* (Fuchsin ohne Methylgruppe) ab: Methylviolett enthält eine wechselnde Anzahl (≈5), Kristallviolett 6 an N gebundene Methylgruppen. Kristallviolett wird aus *MICHLERs Keton*, p,p'−(H$_3$C)$_2$N−C$_6$H$_4$−CO−C$_6$H$_4$−N(CH$_3$)$_2$, und Dimethylanilin hergestellt. Beide Farbstoffe werden für Kopierstifte, Stempelfarben u.dgl. verwendet. Formel s.u.

- **Malachitgrün,** im festen Zustand grün oder messinggelb bronzierend, mit blaugrüner Farbe in Wasser löslich, aus salzsaurem Dimethylanilin und Benzaldehyd hergestellt, für Stempel- und Papierfarben und zum Färben mikroskopischer Präparate verwendet; Formel s.u.

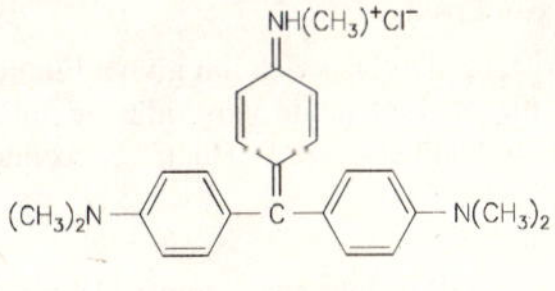

Methylviolett

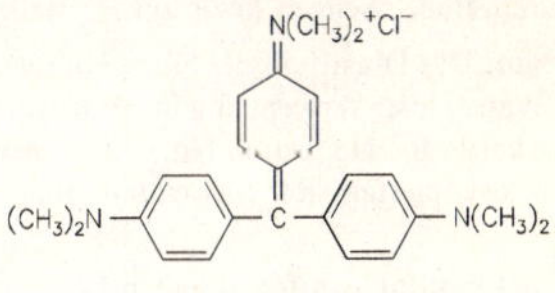

Kristallviolett

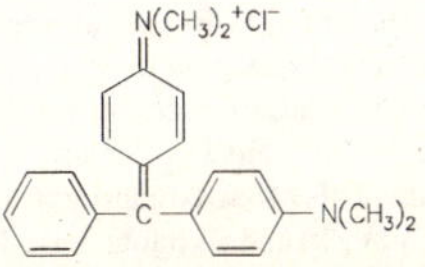

Malachitgrün

41 Sondergebiete der organischen Chemie

Eine Untergruppe der Triphenylmethanfarbstoffe bilden die **Phthaleine,** Derivate des *Phthalophenons*. Sie bilden sich beim Erhitzen von Phthalsäureanhydrid mit Phenolen in Gegenwart wasserbindender Mittel, z.B. konz. Schwefelsäure. **Phenolphthalein** entsteht mit Phenol, **Thymolphthalein** mit Thymol, **Fluorescein** mit Resorcin, **Eosin** durch Bromierung von Fluorescein.

Phthalophenon

Eosin

Phenolphthalein

Thymolphthalein

Fluorescein

- **Phenolphthalein:** weißes Pulver; Säure-Base-Indikator (pH < 8,2 farblos, pH > 9,8 rotviolett); Abführmittel. **Thymolphthalein** verhält sich ähnlich (pH < 9,3 farblos; pH > 10,5 blau).

- **Fluorescein:** orangefarbenes, wasserunlösliches Kristallpulver. Das sich in entsprechend alkalischer Lösung bildende Dinatriumsalz (*Uranin*) löst sich leicht; die gelbe wäßrige Lösung zeigt eine überaus intensive grüne Fluoreszenz. Anwendung für Anzeigeflüssigkeiten, Badeessenzen sowie zur Herstellung von Eosin.

- **Eosin:** Das Dinatriumsalz bildet ein rotes Kristallpulver, das sich mit grüner Fluoreszenz in Wasser löst; Verwendung in der Kosmetik, für rote Tinten und zum Anfärben mikroskopischer Präparate. Durch Nitrierung entsteht ein bläulich-rotes Produkt, das ebenfalls als Mikroskopierfarbstoff Anwendung findet.

Anthrachinonfarbstoffe: enthalten 1 oder mehrere Anthrachinonbaugruppen (↑S. 670).

- Der Beizenfarbstoff **Alizarin,** der Farbstoff der Krappwurzel, heute ausschließlich synthetisch hergestellt, ergibt mit Aluminiumhydroxid einen leuchtend roten Farblack.
  Alizarin entsteht bei der Alkalischmelze von *Anthrachinon-2-sulfonsäure,* wobei gleichzeitig das 1-ständige H-Atom durch Luftsauerstoff zu –OH oxidiert wird. **Alizarin S,** ein gelbes Kristallpulver, ist das Na-Salz eines sulfonierten Alizarins; es ist im Gegensatz zu Alizarin wasserlöslich und dient als Mikroskopierfarbstoff, als analytisches Nachweisreagens für Aluminium (roter Farblack) und als Säure-Base-Indikator (pH < 4,3 gelb, pH > 6,3 violett).

41.1 Organische Farbstoffe

- Zwei Anthrachinonkerne enthält der Küpenfarbstoff **Indanthrenblau**[1] **RS**.

Alizarin   Indanthrenblau[1] RS

Indigofarbstoffe: Diese Gruppe umfaßt Indigo und Derivate. Es sind in der Regel unlösliche Küpenfarbstoffe, die vor dem Färben in wasserlösliche *Leukoverbindungen* übergeführt werden (Küpenfärberei ↑S. 715).

Leukoindigo   Indigo

- **Indigo,** *Indigotin*: Der seit dem Altertum aus dem Indigostrauch (Indigofera tinctoria; Ostasien) und aus dem Färberwaid (Isatis tinctoria; Europa) gewonnene, sehr licht- und waschechte Textilfarbstoff wurde seit 1897 binnen weniger Jahre durch das synthetische Produkt verdrängt. Bei der Synthese kondensiert man *Anilin* mit *Chloressigsäure* zu *Phenylglycin*; dies geht bei der Alkalischmelze unter Zusatz von Natriumamid in *Indoxyl* über, das durch Luftsauerstoff sehr leicht in *Indigo* umgewandelt wird (1. HEUMANNsche Synthese):

Phenylglycin

Indoxyl

Indigo

Indigo ist ein dunkelblaues, beim Reiben kupferrot bronzierendes, kristallines Pulver, das bei etwa 300 °C unter Bildung eines tiefroten Dampfes sublimiert. Mit Natriumdithionit entsteht der farblose, wasserlösliche *Leukoindigo,* der auf dem Färbegut durch Luftsauerstoff den tiefblauen Farbstoff zurückbildet.

- **Antiker Purpur,** 6,6'-*Dibromindigo*, im Altertum äußerst wertvoll, ist als Leukoverbindung im Drüsensaft der (1864 in Irland wiederentdeckten) Purpurschnecke enthalten; bei der Strukturaufklärung wurden aus 12 000 Schnecken 1,4 g Farbstoff gewonnen; er ist heute ohne praktische Bedeutung; Struktur s. S. 712.

---
1) Die Bezeichnung *Indanthren* kennzeichnet keine chemische Struktur, sondern besonders gute Echtheitseigenschaften.

712   41 Sondergebiete der organischen Chemie

- Weitere Indigofarbstoffe sind z.B. **Thioindigo** und **Indanthrenbrillantrosa**.

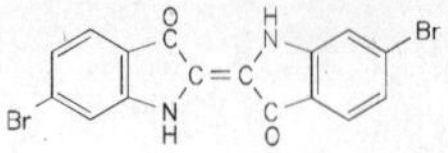

Antiker Purpur 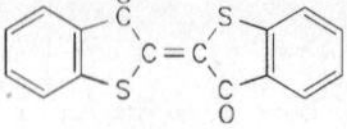   Thioindigo

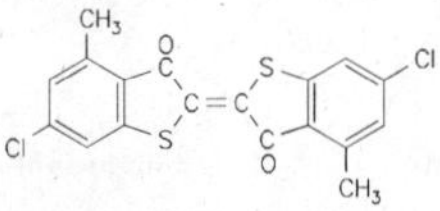

Indanthrenbrillantrosa

Schwefelfarbstoffe: entstehen aus aromatischen Aminen u.a. durch Schmelzen mit Schwefel oder Polysulfiden; enthalten in der Regel mehrere Ringsysteme mit S und N als Heteroatome; werden ähnlich den Küpenfarbstoffen angewandt, wobei Natriumsulfid, Na_2S, als Reduktionsmittel dient; liefern matte, sehr echte Farbtöne; s.a. S. 715.

Anthocyane: eine Gruppe sehr verbreiteter, roter, violetter und blauer, glycosidischer Naturfarbstoffe, deren Aglycone, die *Anthocyanidine*, sich vom *Flavan* (Struktur s.u.) ableiten. Sie bewirken die Färbung vieler Blüten (Dahlien, Astern, Nelken) und Beeren (Erd-, Heidel-, Preisel-, Brombeeren); ihre Farbe ist in saurem Milieu anders als in alkalischem, so daß das gleiche Anthocyan in verschiedenen Blüten eine unterschiedliche Färbung ergibt. Verschiedene Farbtöne resultieren auch durch Bindung an verschiedene Zucker sowie durch Mischung mit anderen Farbstoffklassen, z.B. den Flavonen.

- **Cyanidin** sieht im sauren Milieu (pH < 3) rot, in alkalischem (pH > 10) blau aus und bewirkt, an den mit * bezeichneten OH-Gruppen mit Glucose verbunden (*Cyanin*), sowohl die rote Farbe der Rose als auch die blaue der Kornblume. In Bindung an andere Zucker findet es sich u.a. auch im roten Mohn, in Holunderbeeren und in der Kirsche.

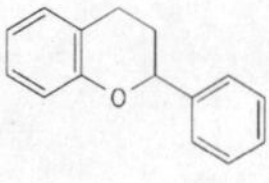

Flavan 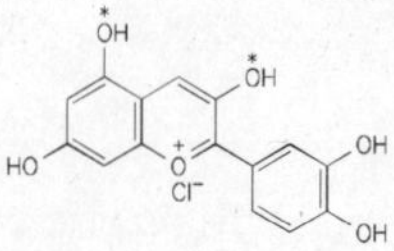   Cyanidinchlorid
(rot)

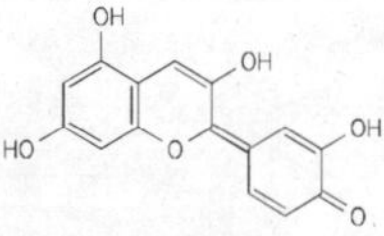

Cyanidin   Kaliumcyanidinat
(violett)   (blau)

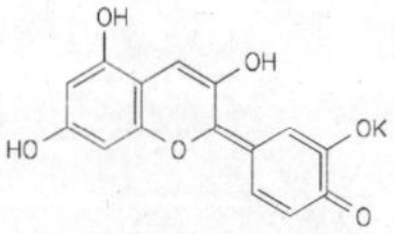

Mit den Anthocyanen verwandt sind die **Flavone**, gelbe Blütenfarbstoffe, die sich vom *Flavon* bzw. *Isoflavon* ableiten, z.B. das Isoflavonderivat **Genistein** der Ginsterblüten.

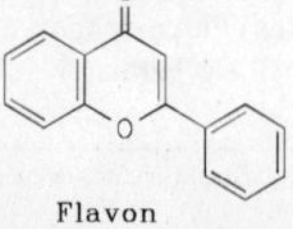

Flavon 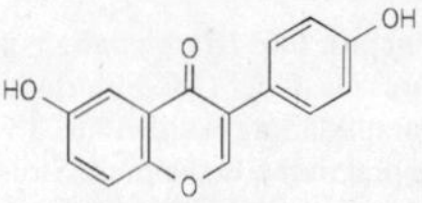   Genistein

41.1 Organische Farbstoffe

Porphinfarbstoffe: Derivate des *Porphins*; als Naturfarbstoffe von großer physiologischer Bedeutung [*Hämoglobin* (Fe-haltig), *Chlorophyll* (Mg-haltig); einen ähnlichen Grundkörper hat *Vitamin* B_{12} (Co-haltig; ↑S.700)]; als synthetische Produkte sind die *Phthalocyanine* (Cu- oder Ni-haltig) wichtig geworden.

- **Hämoglobin:** roter Blutfarbstoff der Wirbeltiere; Chromoproteid aus der (zu den Histonen gehörenden) Eiweißkomponente *Globin* und der Farbstoffkomponente *Häm* (mit 2wertigem Eisen), wobei 4 Häm-Gruppen zu einem Molekül gehören. Die hydrolytische Spaltung mit verdünnter Salzsäure verläuft oxidativ und liefert neben Eiweiß das *Hämin* (mit 3wertigem Eisen).

Hämoglobin transportiert den Sauerstoff durch lockere Bindung an das 2wertige Eisen (*Oxyhämoglobin*) aus der Lunge zu den Geweben:

$$\text{Hämoglobin} + 4\,O_2 \rightleftarrows \text{Oxyhämoglobin}$$

1 Atom Fe transportiert 1 Molekül O_2, das Eisen bleibt hierbei 2wertig. Die entsprechende Verbindung mit 3wertigem Eisen (*Methämoglobin*) vermag keinen Sauerstoff zu transportieren. Kohlenmonoxid wirkt dadurch giftig, daß es sich fester an Hämoglobin bindet als Sauerstoff, so daß kein Sauerstofftransport mehr möglich ist.

Das Blut eines Menschen enthält etwa 30 g Häm (entspricht 950 g Hämoglobin); 1 g Häm bindet bei Standardbedingungen 1,35 ml Sauerstoff.

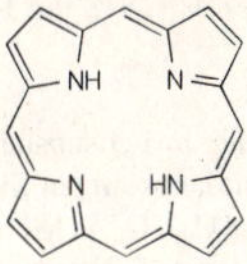

Porphin

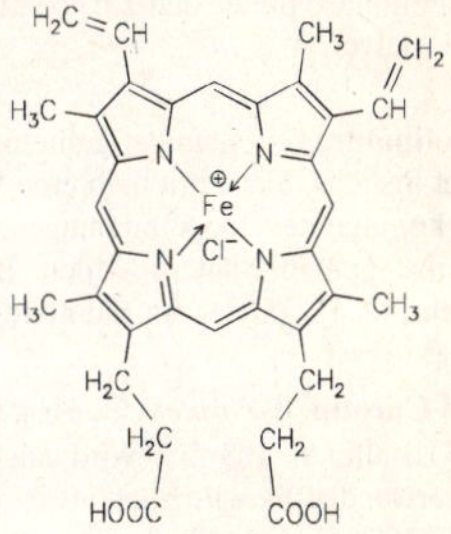

Hämin

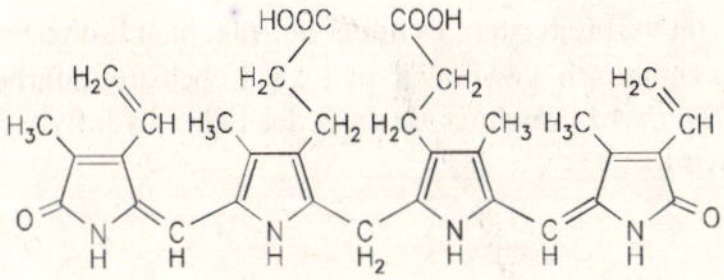

Bilirubin

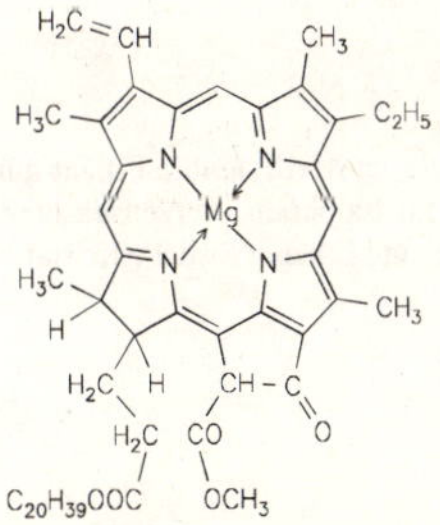

Chlorophyll a

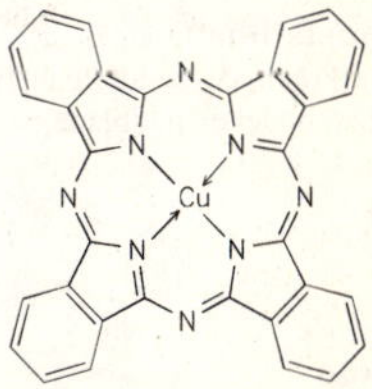

Kupferphthalocyanin

Durch biologische Oxidation von Hämoglobin oder ähnlichen Verbindungen entstehen unter Sprengung des Porphin-Ringsystems die (metallfreien) *Gallenfarbstoffe*, insbes. das orangefarbene **Bilirubin**.

41 Sondergebiete der organischen Chemie

- **Chlorophyll:** Farbstoff der grünen Pflanzen (»Blattgrün«); kommt dort in zwei Formen (Chlorophyll a und b) am Eiweiß gebunden vor. Der im Molekül veresterte Alkohol der Formel $C_{20}H_{39}OH$ ist *Phytol*, ein acyclischer Diterpenalkohol der Zusammensetzung $CH_3-[CH(CH_3)-(CH_2)_3]_3-C(CH_3)=CH-CH_2OH$.

Chlorophyll leitet unter dem Einfluß von Licht - wirksam ist das langwellige (rote) Ende des Spektrums - die für das gesamte höhere Leben auf der Erde wichtige *Photosynthese* ein, d.h. die Reaktion zwischen Kohlendioxid und Wasser zu Glucose (bzw. Stärke) und Sauerstoff; ↑S. 455.

Photochemisch aktiviertes Chlorophyll spaltet primär Wasser, wobei gleichzeitig die energiereichen Verbindungen Adenosintriphosphat (ATP) und reduziertes Nicotinsäureamid-adenin-dinucleotid-phosphat (NADPH) entstehen, die die weiteren Syntheseprozesse initiieren.

- **Phthalocyanine:** meist blaue bis grüne Pigmente von sehr hoher Lichtechtheit für Druck- und Tapetenfarben, Anstrichstoffe und zum In-Masse-Färben von Kunststoffen. Die Phthalocyanine enthalten in der Regel Kupfer oder Nickel zentral gebunden; das unsubstituierte *Kupferphthalocyanin*, eine dunkelblaue, sehr stabile Verbindung, die bei etwa 500 °C sublimiert, bildet sich z.B. beim Erhitzen von *Phthalodinitril*, $1,2\text{-}C_6H_4(CN)_2$, mit Kupferpulver.

Carotinoide, *Carotenoide*: gelbe und rote bis violette, wasserunlösliche, in Fettsubstanzen leicht lösliche, meist mit mehreren Isomeren auftretende Naturstoffe mit langkettigen Systemen konjugierter Doppelbindungen, z.B. **Carotin**, systematisiert *Caroten*, $C_{40}H_{56}$, in Möhren, Paprika, grünen Blättern, Milch, Blutplasma; **Lycopin**, $C_{40}H_{56}$, in Tomaten, Hagebutten, **Lutein**, $C_{40}H_{56}(OH)_2$, im Eidotter; diverse **Xanthophylle** rufen die Gelbfärbung des Herbstlaubes hervor.

- **β-Carotin**, β-*Caroten*, $C_{40}H_{56}$, ist am verbreitetsten; es bildet tiefrote, blau bronzierende Kristalle; F 183 °C; wird auch synthetisch gewonnen und als Lebensmittelfarbstoff verwendet. Es wird auch als *Provitamin A* bezeichnet, da es in der Leber hydrolytisch in 2 Moleküle Vitamin A_1 gespalten wird.

β−Carotin

Thiazinfarbstoffe leiten sich vom Phenthiazin ab. Wichtig ist **Methylenblau** nicht nur für Textilfärbungen, sondern auch als Mikroskopierfarbstoff für Bakterien, Nervensubstanz u.a. Thiazin bildet dunkelblaue, rötlich bronzierende, in Wasser und Ethanol lösliche Kristallblättchen.

Phenthiazin   Methylenblau

41.1.3 Wichtige färbetechnische Farbstoffklassen

Basische und **saure Farbstoffe** ziehen unter Salzbildung auf amphotere Faserstoffe (Wolle, Seide) unmittelbar aus der wäßrigen Lösung (der »Färbeflotte«) auf.

Beizenfarbstoffe haften erst nach Vorbehandlung des Färbegutes mit einer *Beize* (Aluminiumsalze, Tannin u.a.). Metallverbindungen als Beizen binden den Farbstoff häufig unter Umwandlung in eine unlösliche Komplexverbindung (einen »Farblack«).

Direktfarbstoffe (*substantive Farbstoffe*) ziehen auf neutrale Faserstoffe (Cellulose) unmittelbar auf, sind jedoch von begrenzter Waschechtheit.

Reaktivfarbstoffe enthalten reaktive Atomgruppen, die mit den OH-Gruppen der Cellulose oder mit den NH_2- oder NH-Gruppen von Wolle, Seide und den Polyamidfaserstoffen homöopolare chemische Bindungen eingehen und daher wesentlich waschechter sind als Direktfarbstoffe.

Entwicklungsfarbstoffe, unlöslich und daher sehr waschecht, werden auf dem Faserstoff erzeugt, indem dieser mit einem aufziehenden Vorprodukt (z.B. der Kupplungskomponente eines Azofarbstoffes) getränkt und der Farbstoff danach durch Tauchen in die Lösung einer zweiten Komponente (z.B. eines Diazoniumsalzes) »entwickelt« wird.

Küpenfarbstoffe werden vor dem Färben *verküpt*, d.h. durch Reduktion mit *Natriumdithionit*, $Na_2S_2O_4$, in eine *Leukoverbindung* umgewandelt, wobei Carbonylgruppen $C=O$ in Hydroxylgruppen $CH(OH)$ übergehen. Die Leukoverbindung (z.B. der farblose *Leukoindigo*) wird durch den Sauerstoff der Luft zum Farbstoff (z.B. dem blauen *Indigo*) oxidiert. - Beim Färben mit *Schwefelfarbstoffen* dient *Natriumsulfid*, Na_2S, als Reduktionsmittel.

Dispersionsfarbstoffe kommen in äußerst feiner wäßriger Dispersion insbes. für Chemiefaserstoffe zur Anwendung. Sie sind wasserunlöslich, lösen sich jedoch im Faserstoff, wodurch sie aufziehen.

41.2 Terpene

Ätherische Öle: Ätherische Öle finden sich in vielen Pflanzen; sie werden in der Regel aus Blüten, Blättern und anderen Pflanzenteilen, auch aus Balsamen, durch Wasserdampfdestillation gewonnen; vereinzelt werden sie auch ausgepreßt oder extrahiert. Ätherische Öle zeichnen sich durch charakteristische Gerüche aus, die jeweils das komplexe Ergebnis einer Vielzahl von Inhaltsstoffen darstellen. Unter diesen Inhaltsstoffen spielen die *Terpene* eine wichtige Rolle.

Definition: Terpene sind Glieder oder Derivate von Kohlenwasserstoffen der Formel $(C_5H_8)_n$ (n = 2, 3, 4...), die formal aus *Isopren*-Einheiten (↑S. 609), C_5H_8, aufgebaut sind (»Polyprene«). Man unterscheidet *Monoterpene* (n = 2), *Sesquiterpene* (n = 3), *Diterpene* (n = 4) usw.

Neben **Terpenkohlenwasserstoffen, -alkoholen, -estern, -ethern, -aldehyden, -ketonen** u.a. finden sich auch hydrierte Produkte. Aus sehr vielen Isopren-Einheiten baut sich *Naturkautschuk* auf.

41 Sondergebiete der organischen Chemie

Eigenschaften: Terpene sind flüssig oder fest, mehr oder weniger leicht flüchtig, in der Regel farblos und in Wasser schwer, in organischen Lösungsmitteln leicht löslich. Viele Terpene weisen charakteristische Gerüche auf und werden als Riechstoffe verwendet.

Einteilung: Je nach Anzahl der carbocyclischen Ringe im Molekül unterscheidet man *mono-*, *bi-* und *tricyclische* Terpene; auch *acyclische* (d.h. ringfreie) sind bekannt.

Beispiele:

- *acyclisch*

  Geraniol, $C_{10}H_{17}OH$: im Rosen- und Geraniumöl; Rosengeruch;
  Linalool, $C_{10}H_{17}OH$: im Linaloeholz- und Rosenöl; Maiglöckchengeruch;
  Linalylacetat, $CH_3-CO-C_{10}H_{17}$: im Lavendelöl; Lavendelgeruch;
  Citronellol, $C_{10}H_{19}OH$: im Rosen- und Citronellöl (aus Citronellgras); feiner Rosengeruch;
  Citronellal, $C_9H_{17}-CHO$: im Eukalyptus- und Citronellöl; Melissengeruch;
  Citral, $C_9H_{15}-CHO$: im Zitronen- und Lemongrasöl; intensiver Zitronengeruch;

- *monocyclisch*

  Limonen, $C_{10}H_{16}$: in sehr vielen Ölen; schwacher, zitronenähnlicher Geruch;
  Menthol, $C_{10}H_{19}OH$: im Pfefferminzöl; Pfefferminzgeruch;
  Terpineol, $C_{10}H_{17}OH$: in vielen Ölen; fliederartiger Geruch;
  Carvon, $C_{10}H_{14}O$: im Kümmelöl; Kümmelgeruch;

- *bicyclisch*

  Pinen, $C_{10}H_{16}$: im Terpentinöl; Terpentingeruch;
  Kampfer, $C_{10}H_{16}O$: im Kampferbaumöl; spezifischer Geruch; s.u.;
  Bornylacetat, $CH_3-CO-OC_{10}H_{17}$: in den meisten Koniferenölen; Fichtennadelgeruch.

Terpentinöl ist das Destillat des *Terpentins,* eines Balsams, der beim Einkerben der Rinde verschiedener Nadelhölzer als zäh-viskose Masse ausfließt. Es besteht hauptsächlich aus **Pinen,** $C_{10}H_{16}$, und dient als Lösungsmittel für Harze, Lacke, Wachse u. dgl. sowie zur Herstellung von synthetischem Kampfer. - Der Destillationsrückstand ist **Kolophonium,** ein Gemisch verschiedener *Harzsäuren,* insbes. der tricyclischen Diterpencarbonsäure *Abietinsäure,* $C_{19}H_{29}COOH$. Kolophonium wird zum Löten, als Geigenharz und zur Herstellung von Lackharzen verwendet. Mit Alkalien entstehen die *Harzseifen,* die zum Leimen von Papier und zur Herstellung von Sikkativen dienen.

Kampfer, *Campher,* $C_{10}H_{16}O$: farblose, an freier Atmosphäre allmählich verdampfende, in Wasser schwer, in organischen Lösungsmitteln leicht lösliche Kristalle; F 177 °C; kommt im Holz des Kampferbaums (Taiwan) vor; wird synthetisch aus Pinen hergestellt und medizinisch sowie zur Herstellung von Zelluloid verwendet.

Menthol, $C_{10}H_{19}OH$: farblose Kristalle; F 43 °C; Hauptbestandteil des Pfefferminzöls; ruft auf der Haut und Schleimhäuten Kälteempfindung hervor; wird synthetisch durch vollständige Hydrierung von Thymol hergestellt:

41.2 Terpene

Cyclocitralderivate: Citral läßt sich cyclisieren; von dem entstehenden Ringsystem leiten sich die Veilchenriechstoffe **Iron** (natürlich) und **Ionon** (synthetisch) ab. Als Riechstoff findet Ionon Anwendung, da es einen intensiveren Geruch als Iron aufweist.

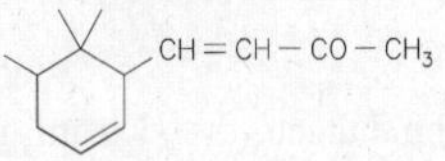

α-Iron

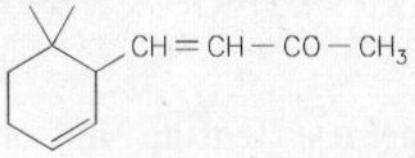

α-Jonon

Auch Vitamin A und die Carotinoide enthalten das Cyclocitralringsystem.

Strukturformeln: Als Grundstruktur sehr vieler Terpene kann man formal die des **1,4-Menthans**, $C_{10}H_{20}$, ansehen. 1,4-Menthan (p-Menthan) ist *1-Methyl-4-isopropyl-cyclohexan*. Die angegebene Kurzformel enthält zugleich die verbindliche Bezifferung; in der letzten Formel gibt die gestrichelte Linie die Zusammensetzung aus (in diesem Fall hydrierten) Isoprenresten wieder.

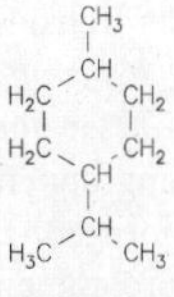

1,4-Menthan

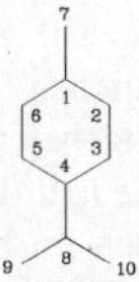

1,4-Menthan (Kurzformel)

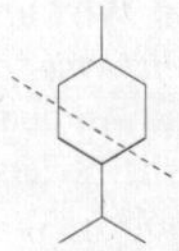

1,4-Menthan Aufbau aus 2 hydrierten Isoprenresten

Von diesem Molekül leiten sich durch Substitution, Dehydrierung, Ringspaltung und Umlagerung wichtige Terpene ab, so auch die bicyclischen Grundstrukturen *Caran, Pinan, Camphan, Thujan* und *Fenchan*:

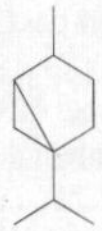

Thujan 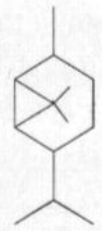   Caran 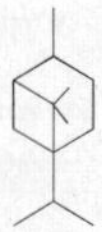   Pinan    Camphan 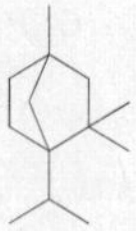   Fenchan

Derivate:

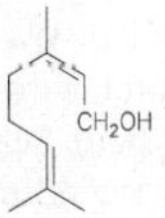

Geraniol 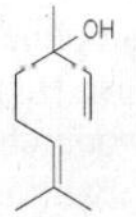   Linalool 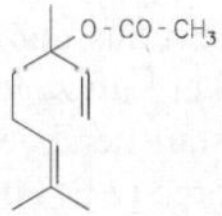   Linalylacetat 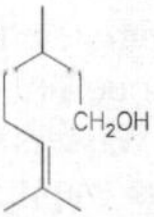   Citronellol 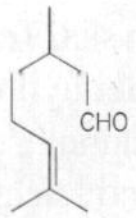   Citronellal 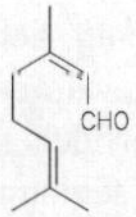   Citral

α-Pinen 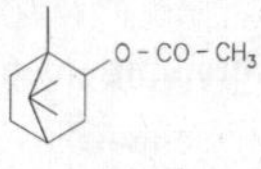   Bornylacetat

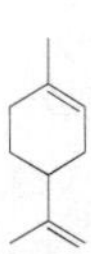

Limonen α-Terpineol 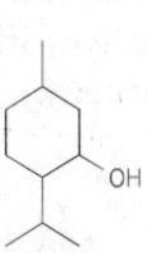   Menthol 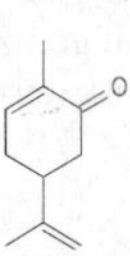   Carvon 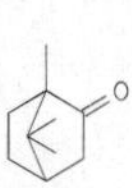   Kampfer 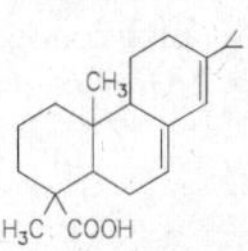   Abietinsäure

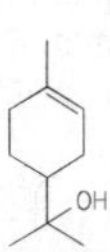

41.3 Tenside (*Detergenzien, grenzflächenaktive Stoffe*)

Allgemeines: Tenside sind organische Verbindungen, die sich im gelösten Zustand an Phasengrenzflächen konzentrieren, wo sie die Grenzflächenspannung herabsetzen. Praktisch wichtig ist die Herabsetzung der Grenzflächenspannung von Wasser, um seine Netz- und Emulgierfähigkeit zu erhöhen. Tenside werden daher als *Netzmittel* und *Emulgatoren* verwendet, vor allem aber als *waschaktive Substanzen* in Wasch-, Spül- und sonstigen Reinigungsmitteln.

Molekülbau und Wirkungsweise: Die Moleküle der Tenside bestehen aus einem *hydrophilen* (»wasserfreundlichen«) und einem *hydrophoben* (»wasserfeindlichen«) Teil. An den Grenzflächen zwischen Wasser und z.B. Öltröpfchen richten sie sich so aus, daß die hydrophilen Atomgruppen in das Wasser und die hydrophoben Atomgruppen in das Öl hineinragen. Da somit jedes Öltröpfchen mit einer hydrophilen Hülle versehen wird, die eine Bindung an das Wasser vermittelt, wird ein Zusammenfließen des Öls und damit eine Entmischung verhindert (oder auch stark verzögert), und die Tröpfchen bleiben in der Schwebe; es ist eine *Emulsion* entstanden: Tenside wirken emulgierend.

Beispiel: Gewöhnliche *Seife* besteht aus fettsauren Natriumsalzen, z.B. Natriumpalmitat, $C_{15}H_{31}COONa$. Beim Auflösen dissoziiert Natriumpalmitat gemäß der Gleichung $C_{15}H_{31}COONa \rightarrow C_{15}H_{31}COO^- + Na^+$. Das Palmitat-Anion, $C_{15}H_{31}COO^-$, ist grenzflächenaktiv. Der hydrophile Teil ist die Carboxylatgruppe $-COO^-$, der hydrophobe Teil der Kohlenwasserstoffrest $-C_{15}H_{31}$. Beim Schütteln der Seifenlösung mit Öl dringen die Kohlenwasserstoffreste in die Öltröpfchen ein, so daß die Carboxylatgruppen dem Wasser zugewandt sind.

An der Grenzfläche der Tensidlösung zu Luft, d.h. an der Oberfläche der Lösung, richten sich Tensidmoleküle so aus, daß der hydrophile Teil ins Wasser ragt, während der hydrophobe Teil der Luft zugewandt ist. Hierdurch wird die Oberflächenspannung des Wassers stark herabgesetzt, wodurch es beim Schütteln schäumt und leichter in Kapillaren (z.B. Poren in Textilfasern) eindringt: Tenside erhöhen die Netzwirkung.

Einteilung: Man unterscheidet

- anionaktive Tenside (mit grenzflächenwirksamem Anion)
- kationaktive Tenside (mit grenzflächenwirksamem Kation)
- nichtionogene Tenside (mit grenzflächenwirksamem Molekül)
- Amphotenside (mit grenzflächenwirksamem Zwitterion)

41.3 Tenside (*Detergenzien, grenzflächenaktive Stoffe*)

Anionaktive Tenside sind Salze (in der Regel Natriumsalze) mit grenzflächenaktivem Anion.

Tabelle 41-1: *Anionaktive Tenside*

Salze von	Namen	Formel	Anion
Carbonsäuren	Na-alkyl-carboxylate[1]	$R-COONa$[2]	$R-COO^-$
Sulfonsäuren	Na-alkansulfonate	$R-SO_2ONa$	$R-SO_2O^-$
	Na-alkylbenzen-sulfonate	$R-C_6H_4-SO_2ONa$	$R-C_6H_4-SO_2O^-$
Schwefelsäure-ester	Na-alkyl-sulfate[3]	$R-O-SO_2ONa$	$R-O-SO_2O^-$

- **Seifen** sind am preiswertesten, ergeben jedoch alkalische Lösungen und sind empfindlich gegenüber hartem Wasser (↑S. 435) sowie gegen Schwermetallionen.
- **Sulfonate** ergeben neutrale Lösungen und schäumen auch in hartem Wasser; sie sind gegenüber den Härtebildnern weniger empfindlich. Verwendet werden hauptsächlich Alkyl-benzen-sulfonate, gewonnen durch $AlCl_3$-katalysierte FRIEDEL-CRAFTS-Synthese aus Benzen und Gemischen längerkettiger Alkene (oder Chloralkane), nachfolgende Sulfonierung und Neutralisation mit Natronlauge.

$$C_nH_{2n+1}\diagdown\!\!\!\!\!\diagup CH-\!\!\!\bigcirc\!\!\!-SO_2ONa$$
$$H_3C\diagup$$

Natrium-alkylbenzensulfonat

- **Fettalkoholsulfate** (FAS) ähneln den Sulfonaten. Zur Herstellung hydriert man Gemische längerkettiger Fettsäuren zu Fettalkoholen, verestert diese mit Schwefel- oder Chlorsulfonsäure und neutralisiert schließlich mit Natronlauge.

Kationaktive Tenside sind totalsubstituierte (»quartäre«) Ammoniumsalze mit einem längerkettigen Alkylrest als Substituenten; sie werden u.a. als Weichspüler, Textilhilfsmittel, Flotations- und Desinfektionsmittel verwendet.

Beispiel:

$$\left[C_nH_{2n+1}-\underset{\underset{CH_3}{|}}{\overset{\overset{CH_3}{|}}{N}}-CH_2-\!\!\!\bigcirc \right]^+ Cl^-$$

Alkyl-benzyl-dimethylammoniumchlorid

Nichtionogene Tenside (*Niotenside*) sind frei von Ionen; sie sind i.allg. besonders hautfreundlich und werden daher außer in Waschmitteln in Kosmetika eingesetzt. Es handelt sich um Ether mit einem längerkettigen Alkylrest als hydrophobem und einem (kürzeren) Polyglycoletherrest als hydrophilem Molekülbestandteil.

Beispiel: $\underbrace{C_nH_{2n+1}-O}_{\text{hydro-phober}} - \underbrace{(CH_2-CH_2-O)_m- H}_{\text{hydrophiler}}$

Molekülteil

Alkyl-polyglycolether

---

1) fettsaure Salze, Seifen
2) R ist in der Regel ein Gemisch unverzweigter Kohlenwasserstoffreste C_nH_{2n+1}, wobei etwa $10 < n < 20$ ist.
3) Fettalkoholsulfate

Amphotenside enthalten sowohl positiv als auch negativ geladene Gruppen. Sie wirken besonders schonend und finden z.B. in Haarwaschmitteln Anwendung.

Beispiel:

$$C_nH_{2n+1} - CO - NH - [CH_2]_m - \overset{CH_3}{\underset{CH_3}{N^+}} - CH_2 - COO^-$$

Amphotensid
(Beispiel)

Umweltverhalten: Tenside müssen »weich«, d.h. in Kläranlagen und Gewässern durch Bakterien möglichst weitgehend letztlich zu Kohlendioxid und anorganischem Sulfat abbaubar sein. Man erreicht dies prinzipiell, indem man *unverzweigte* (oder nur minimal verzweigte) Kohlenwasserstoffketten in die Moleküle einführt. Auf diese Weise ist es gelungen, das frühere starke Schäumen der Flußläufe abzubauen.

Waschmittel sind hochgezüchtete Gemenge, die neben einer oder (meist) mehreren *waschaktiven Substanzen* (WAS) noch weitere Bestandteile enthalten. Moderne Rezepturen enthalten nur etwa 5 bis 15% waschaktive Substanz. Weitere Komponenten sind z.B.

- **Gerüststoffe** *(Builders)*. Sie unterstützen in verschiedener Hinsicht die Wirkung der waschaktiven Substanzen, z.B. durch Enthärtung des Wassers, durch Einstellung eines optimalen pH-Wertes, durch Erhöhung des Schmutztragevermögens u.a. Das früher angewandte Universalmittel *Pentanatriumtripolyphosphat*, $Na_5P_3O_{10}$, wurde aus Umweltgründen insbes. durch *Zeolithe* (↑14.3.5) und *Polycarboxylate* (Mischpolymerisate aus Acryl- und Maleinsäure) ersetzt; alkalische Waschmittel enthalten *Natriumcarbonat*, Na_2CO_3.

- **Bleichmittel**, z.B. *Natriumperborat*, $Na_2BO_2 \cdot H_2O_2 \cdot H_2O$. Oberhalb 60 °C oxidieren sie z.B. Huminsäuren (Kaffee, Tee, Kakao), Gerbstoffe (Rotwein, Tee), Anthocyanfarbstoffe (Beerenobst) u.a.

- **Bleichmittelaktivatoren**, z.B. Acetylierungsmittel wie *Tetraacetylethylendiamin*, TAED, $(CH_3-CO)_2N-CH_2-CH_2-N(OC-CH_3)_2$. Sie ermöglichen über eine zwischenzeitliche Bildung von *Peressigsäure* (Peroxy-ethansäure), $CH_3-CO-O-OH$, eine oxidative Bleiche auch unterhalb 60 °C.

- **Enzyme**, insbes. *Proteasen*, bauen (hochmolekulare) Eiweißverschmutzungen (Ei, Blut u.a.) ab; ihr Einsatz verstärkt sich zunehmend, z.B. auch in Maschinengeschirrspülmitteln. Auch stärke- und dextrinspaltende *Amylasen* werden angewendet.

- **Stellmittel**, hauptsächlich *Natriumsulfat*, Na_2SO_4, garantieren Riesel- und damit Dosierfähigkeit, indem sie Zerstäubung und Zusammenbacken des Waschmittelpulvers verhindern.

- **Optische Aufheller** *(Weißtöner)* sind fluoreszierende Substanzen, insbes. Stilbenderivate, die die unmittelbare Ultraviolettstrahlung des Sonnenlichtes aufnehmen und dafür blauviolettes Licht abgeben. Dieses läßt die Textilien heller erscheinen und kompensiert ihre meist leicht gelbliche Eigenfarbe zu einem reinen, »strahlenden« Weiß.

Weißtönerwirkstoff

- **Weichspüler** haften auf dem Faserstoff und machen ihn hydrophob; sie verhindern so die sog »Trockenstarre« der Wäsche und verleihen ihr einen weichen, flauschigen Griff; außerdem verhindern sie die elektrostatische Aufladung und damit die rasche Wiederverschmutzung des synthetischen Textilgutes. Weichspüler sind kationaktive Wirkstoffe; klassisch sind quartäre Ammoniumbasen mit langkettigen Kohlenwasserstoffresten, wie *Dimethyl-distearyl-ammoniumchlorid*, $[(C_{17}H_{35})_2N(CH_3)_2]^+Cl^-$.

$$\left[C_{17}H_{35} - \underset{\underset{CH_3}{|}}{\overset{\overset{CH_3}{|}}{N}} - C_{17}H_{35} \right]^+ Cl^-$$

Dimethyl-distearyl-
ammoniumchlorid
(Weichspüler)

41.4 Pestizide

41.4.1 Allgemeines

Definition: Pestizide[1] sind Pflanzenschutz- und Schädlingsbekämpfungsmittel. Sie schützen Nutzpflanzen vor schädigenden Einflüssen durch andere Organismen und werden auch zur Bekämpfung krankheitsübertragender Insekten, Ratten und anderer Schädlinge für den Schutz von Menschen und Tieren eingesetzt.

Einteilung: Es wirken

Insektizide gegen Insekten,
Rodentizide gegen Nagetiere,
Akarizide gegen Milben,
Fungizide gegen Pilzbefall,

Molluskizide gegen Schnecken,
Herbizide gegen Unkräuter (s.a.S. 674),
Nematizide gegen Fadenwürmer,
Ovizide gegen Insekteneier.

Hinzu kommen **Lock-** und **Abschreckmittel**[2] für Insekten, Vögel und Säugetiere. Beispielsweise können durch *Sexuallockstoffe* bestimmte Insektenarten auf engem Raum konzentriert und dann dort vernichtet werden. - Mit **Sterilantien** wird die Fortpflanzung von Schädlingen unterbunden.

Problematik: Es dürfen mit den schädlichen nicht auch die nützlichen Tiere und Pflanzen sowie Menschen geschädigt werden; zugleich sind Langzeitwirkungen auszuschließen. Diese Forderungen sind z.Z. nur unvollkommen zu erfüllen; andererseits kann im Interesse der Ernährung der Menschen gegenwärtig auf die Anwendung von Pestiziden nicht verzichtet werden. Schätzungsweise wäre ohne Pestizideinsatz nur ein Drittel der jetzigen Welternte verfügbar. Das Risiko ist deshalb durch sorgfältig dosierte und sachgemäße Anwendung so gering wie möglich zu halten.

---

1) auch *Biozide* genannt
2) Abschreckmittel heißen auch **Repellents**.

41.4.2 Insektizide

Arten: Man unterscheidet *Kontakt-, Atem-* und *Fraßgifte*. Kontaktinsektizide dringen bei Berührung in den Insektenkörper ein. *Systemische Insektizide* werden von den Pflanzensäften aufgenommen, in der Pflanze verbreitet und auf pflanzensaugende Insekten (und Milben) übertragen.

Beispiele:

- **Lindan,** γ-*Hexachlorcyclohexan*, $C_6H_6Cl_6$, ↑S. 662.

- *Mehrfach chlorierte polycyclische Kohlenwasserstoffe* vom Typ **Aldrin** (Formel ↑S. 722); neben Aldrin z.B. *Dieldrin, Chlordan, Heptachlor* und das S-haltige *Thiodan*.

- **DDT** ist *1,1-[4,4'-Dichlordiphenyl]-2,2,2-trichlor-ethan* (Struktur ↑S. 722). Es bildet farblose, fast geruchlose Kristalle und ist das »klassische« Kontaktinsektizid (seit 1939; P. MÜLLER). Durch seinen Einsatz gegen die Anophelesmücke hat es viele Millionen Menschen vor dem Malariatod bewahrt. Wegen schwer überschaubarer Langzeitwirkungen auf Warmblüter sind Herstellung und Anwendung in vielen Ländern, auch der BRD, untersagt.

- *Phosphor- und Thiophosphorsäureester*, z.B. **Systox** und **Dimethoat** (Strukturen ↑S. 722), mit z.T. systemischer Wirkung sind auch für Warmblüter giftig, werden jedoch in der Natur rasch abgebaut.

- **Pyrethrin** ist ein natürliches Kontaktinsektizid aus den Blüten bestimmter Chrysanthemum-Arten; synthetische Produkte mit ähnlicher Struktur heißen *Pyrethroide*.

- **Dinitro-o-cresol** ↑S. 678.

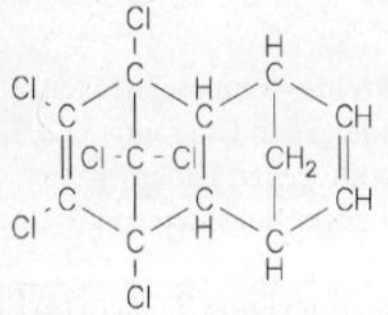

Aldrin

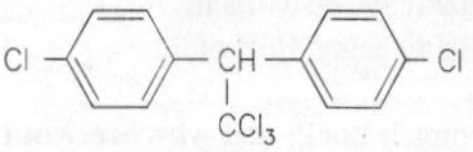

DDT

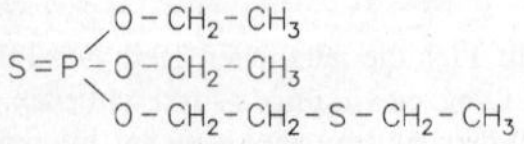

Systox

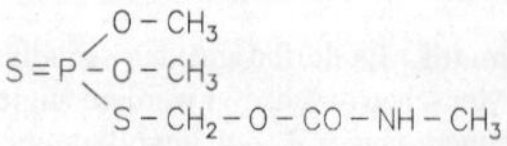

Dimethoat

42 Makromolekulare organisch-chemische Werkstoffe

42.1 Plaste (Kunststoffe)

42.1.1 Allgemeines

Definition: Plaste (*Kunststoffe, Plastikwerkstoffe*) sind vollsynthetisch oder durch Umwandlung hochmolekularer Naturprodukte hergestellte makromolekulare organisch-chemische Werkstoffe mit Ausnahme der Elaste und Chemiefaserstoffe[1])

Name: Die Bezeichnung »Plast«[2] wurde gewählt, weil das Material bei der Formgebung zum Halbzeug oder Fertigprodukt einen plastisch verformbaren Zustand durchläuft.

Einteilung: Nach dem Verhalten beim Erwärmen unterscheidet man *Thermo-* und *Duroplaste*; ↑S. 725.

Herstellung der vollsynthetischen Plaste: durch Polyreaktionen (Polymerisation, Polykondensation oder Polyaddition) niedermolekularer Ausgangsstoffe, die ihrerseits aus Erdöl, Erdgas oder Kohle gewonnen werden.

Eigenschaften: niedrige Dichte (0,85 bis 1,8 g·cm^{-3}); extrem niedrige elektrische Leitfähigkeit; geringe Wärmeleitfähigkeit; mäßige mechanische Festigkeit; bei stärkerem Erhitzen Zersetzung (z.T. nach vorherigem Erweichen); weitgehend feuchtigkeitsunempfindlich; i.allg. widerstandsfähig gegen Säuren und Basen; unterschiedlich beständig gegen organische Lösungsmittel; i.allg. physiologisch indifferent. Die Eigenschaften der *Plaste* lassen sich anwendungsgerecht *modifizieren* (»Plaste nach Maß«) durch: Misch- und Pfropfpolymerisation, stereospezifische Polymerisation, Kombination von Plasten miteinander oder mit »klassischen« Werkstoffen (Glasfasern, Textilgewebe u.a.), Einarbeiten von Füll- und Farbstoffen, Weichmachern, Wärme- und Lichtstabilisatoren, Bestrahlen u.a sowie bei manchen Arten durch Variierung ähnlicher Ausgangsstoffe (z.B. durch Einsatz verschiedener Polyole und verschiedener Diisocyanate bei der Herstellung von Polyurethanen).

Umweltverhalten: Aus Kohlenwasserstoffen bestehende Plaste sind als Müll schwer, sauerstoffhaltige etwas leichter abbaubar; beide liefern i.allg. auch bei der Müllverbrennung keine schädlichen Produkte. - Halogen- und stickstoffhaltige Plaste können insbes. bei Müllverbrennungen Schadstoffe an die Atmosphäre abgeben: Halogenwasserstoffe, Stickoxide, bei ungünstigen Bedingungen auch Dioxine und Cyanverbindungen.

---

1) Die Abgrenzung zwischen Plasten und Elasten ist unscharf. Die Chemiefaserstoffe bestehen zwar häufig aus dem gleichen Grundmaterial wie die Plaste, zeigen jedoch wegen höheren Ordnungsgrades ihrer Moleküle besondere physikalische Eigenschaften.
2) Singular: *der Plast*, Plural: *die Plaste*. Es heißt *Plastfolie*, *Plastflasche* usw., nicht »Plastefolie« u. dgl.; gebräuchlich sind auch *Plastikfolie*, *Plastikflasche* usw.

42.1.2 Polyreaktionen

Polymerisation: chemische Verknüpfung kleiner Moleküle (der *Monomeren*) zu einem Makromolekül (dem *Polymeren*) durch Reaktion zwischen Mehrfachbindungen (I) oder Aufspaltung cyclischer Verbindungen (II).

Beispiele (I ungesättigte Verbindung, II Ringöffnung eines Lactams zu einem Polyamid):

I $\quad \cdots + C=C+C=C+C=C+ \cdots \rightarrow \cdots -C-C-C-C-C-C- \cdots$

II $\quad \cdots + R\begin{smallmatrix}CO\\|\\NH\end{smallmatrix} + R\begin{smallmatrix}CO\\|\\NH\end{smallmatrix} + \cdots \longrightarrow \cdots -CO-R-NH-CO-R-NH- \cdots$

Bei der *Homopolymerisation* wird eine einzige Monomerenart, bei der *Mischpolymerisation* (Kopolymerisation) ein Monomerengemisch polymerisiert. Bei der *stereospezifischen Polymerisation* entstehen Polymere mit bestimmter räumlicher Anordnung der Seitenketten bzw. Substituenten. Bei der *Pfropfpolymerisation* (*Graftpolymerisation*) werden an die Hauptkette eines Polymeren Seitenketten eines anderen Polymeren (durch Reaktion mit dessen Monomeren) »aufgepfropft«. - Der *Polymerisationsgrad* gibt an, wieviel monomere Moleküle im Durchschnitt zum Makromolekül zusammengetreten sind.

Stereospezifische Polymerisation: Bei Polymeren vom Typ $[-CH_2-CHX-]_n$ sind die C-Atome, an denen die Substituenten X (z.B. Methylgruppen) haften, asymmetrisch, so daß jeweils 2 räumliche Anordnungen der Substituenten (D- und L- bzw. R- und S-Konfiguration; ↑S. 764) existieren. Je nach der Verteilung der Konfigurationen über die gesamte Polymerenkette unterscheidet man:

- **isotaktische Polymere:** gleiche Konfiguration bei allen asymmetrischen C-Atomen;
- **syndiotaktische Polymere:** regelmäßig abwechsende Konfigurationen;
- **ataktische Polymere:** unregelmäßige Verteilung der Konfigurationen.

Ataktische Polymere sind amorph, während die Moleküle iso- und syndiotaktischer Polymerer so angeordnet sein können, daß durch maximal anziehende Wirkung zwischenmolekularer Kräfte bessere Festigkeiten, höhere Schmelzpunkte und (durch Ausbildung kristallartiger Ordnungen) größere Dichten resultieren.

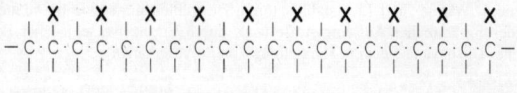

42.1 Plaste (Kunststoffe)

```
          X               X  X           X                 X
          |               |  |           |                 |
 -C·C·C·C·C·C·C·C·C·C·C·C·C·C·C·C·C·C·C·C·C·C·C·C-
  |   |                |  |           |  |     |  |
  X   X                      X              X  X
```
      ataktisch

Stereospezifische Polymerisation (↑ auch S. 724): schematische Darstellungen eines Polymerisats [–CH_2–CHX–]$_n$; die H-Atome sind weggelassen; die unterschiedlichen Konfigurationen werden dadurch wiedergegeben, daß die Substituenten X nach oben bzw. nach unten gezeichnet werden.

Polykondensation: chemische Verknüpfung kleiner Moleküle zu einem Makromolekül unter Abspaltung von Wasser oder anderen kleinen Molekülen.

Beispiel (Bildung eines Polyesters aus einem Diol und einer Dicarbonsäure):

$$\cdots + H|O-R-O|H + HO|OC-R'-CO|OH + H|O-R-O|H + HO|OC-R'-CO|OH + \cdots$$

$$\longrightarrow \cdots -O-R-O-OC-R'-CO-O-R-O-OC-R'-CO- \cdots + n\,H_2O$$

Die Polykondensation kann zwecks Einarbeitung wertverbessernder Stoffe und Warmformung unterbrochen werden.

Polyaddition: chemische Verknüpfung kleiner Moleküle zu einem Makromolekül durch Reaktion zwischen funktionellen Gruppen ohne Abspaltung von Wasser oder anderen kleinen Molekülen. Hierbei findet eine fortgesetzte Addition eines Reaktanden an eine Kohlenstoff-Heteroatom-Doppelbindung (z.B. –N=C–) statt.

Beispiel: (Bildung eines Polyurethans aus einem Diisocyanat und einem Diol):

$$\cdots + OCN-R-NCO + \textbf{HO-R'-OH} + OCN-R-NCO + \textbf{HO-R'-OH} + \cdots$$

$$\longrightarrow \cdots -OC-HN-R-NH-CO-\textbf{O-R'-O}-OC-HN-R-NH-CO-\textbf{O-R'-O}- \cdots$$

42.1.3 Thermoplaste und Duroplaste

Thermoplaste (thermoplastische Kunststoffe)

- *Eigenschaften:* Die Thermoplaste erweichen beim Erwärmen, lassen sich warmformen und werden beim Abkühlen formbewahrend wieder fest; der Vorgang ist beliebig oft wiederholbar. Bestimmte Lösungsmittel wirken lösend oder quellend ein.

- *Technische Warmformung:* durch Spritzgießen, Extrudieren, Walzen (Kalandrieren), Blasen, Pressen, Vakuumtiefziehen, Rundbiegen, Abkanten u.a.

- *Molekülaufbau:* lineare, evtl. schwach verzweigte, jedoch räumlich nicht durch starke chemische Bindungen vernetzte Makromoleküle.

42 Makromolekulare organisch-chemische Werkstoffe

- *Herstellung:*
  - durch Polymerisation von Monomeren mit 1 Doppelbindung (↑Polyethylen; s. u.);
  - durch Polymerisation von cyclischen Monomeren unter Ringöffnung (↑Polycaprolactam; S. 732);
  - durch Polykondensation (↑lineare Polyester; S. 730) oder Polyaddition (↑lineare Polyurethane; ↑S. 734) bifunktioneller[1] niedermolekularer Stoffe

- *Weichmacher:* Durch Einarbeiten von Weichmachern werden Thermoplaste weicher und schmiegsamer, was insbesondere für Folien erwünscht ist. Weichmacher sind i.allg. Flüssigkeiten von niederem Dampfdruck (hohem Siedepunkt), die sich auf Grund eines gewissen, jedoch nur schwach ausgeprägten Lösevermögens zwischen die Plastmoleküle einlagern, indem sie diese ganz oder teilweise umhüllen.

- *Wichtige Thermoplaste:* Polyethylen, Polyvinylchlorid, Polyamide, Polystyren, Polymethacrylsäureester, Polycarbonat, Polytetrafluorethylen[2], Polyvinylacetat, Celluloseacetat, Celluloid; ferner lineare Polyester (nur als Folie und Faserstoff), lineare Polyurethane.

Duroplaste (duroplastische Kunststoffe)

- *Eigenschaften:* Die Duroplaste zersetzen sich beim Erhitzen ohne vorheriges Erweichen und sind unlöslich.

- *Molekülaufbau:* räumlich stark vernetzte Makromoleküle.

- *Herstellung:*
  - durch Polykondensation oder Polyaddition, wobei eine der Komponenten tri- oder mehrfunktionell[1] sein muß (↑Phenoplaste; S. 729);
  - durch Einwirkung vernetzend wirkender »Härter« auf reaktionsfähige Thermoplaste (↑ungesättigte Polyester; S. 730); hierbei verknüpfen die Härter die linearen Moleküle zu einem Raumnetz.

- *Technische Warmformung:* Bei der Polykondensation wird ein thermoplastischer Zustand durchlaufen, in dem die Produkte noch löslich und schmelzbar sind. In diesem Zustand werden sie gegossen oder (mit Füll- und Farbstoffen versehen) warmgepreßt, wobei sie unter Vollendung der räumlichen Vernetzung zum Duroplast aushärten.

- *Wichtige Duroplaste:* Phenoplaste, Aminoplaste (Melamin-, Dicyandiamid- und Carbamidharze), vernetzte Epoxidharze, vernetzte Polyurethane, vernetzte Siliconharze.

42.2 Vollsynthetische Plaste

42.2.1 Polyethylen (Kurzzeichen[3] PE)

Herstellung: durch Polymerisation von Ethen:

$$n\,CH_2{=}CH_2 \rightarrow [-CH_2-CH_2-]_n \quad [4]$$

---

1) *bi-* bzw. *trifunktionell:* 2 bzw. 3 funktionelle Gruppen oder reaktionsfähige Atome enthaltend
2) nur begrenzt thermoplastisch verarbeitbar
3) nach DIN 7728
4) Diese auch in den folgenden Kapiteln angewandte Schreibweise läßt die (für das Gesamtverhalten i.allg. belanglosen) Endgruppen außer acht.

- *Hochdruckverfahren:* Ethen wird bei 1500 bis 3000 bar in Gegenwart kleiner Sauerstoffmengen (Katalysator) durch Rohre von mehreren 100 m Länge geleitet, die auf 150 bis 320 °C beheizt und schließlich gekühlt werden. Die entstehende Lösung des Polymeren im nicht umgesetzten (überkritischen!) Ethen wird entspannt; hierbei fällt das Polymere flüssig an und wird anschließend granuliert, während nicht umgesetztes Gas im Kreislauf zurückgeführt wird.
- *Niederdruckverfahren:* Ethen wird bei Normaltemperatur und einem Druck bis zu 15 bar durch organische Lösungsmittel geleitet, die ZIEGLER-Katalysatoren (z.B. Gemische aus Titantetrachlorid, TiCl4, und Aluminiumalkylen, AlR3) gelöst enthalten; das Polymere fällt flockig aus.

Molekularer Aufbau: Hochdruck-Polyethylen ($n \approx 1000$) enthält Seitenketten bis zu etwa 4 C-Atomen; Niederdruck-Polyethylen ($n \approx 10\,000$) ist praktisch unverzweigt und dadurch dichter.

Eigenschaften: thermoplastisch; umweltneutral; durchscheinend bis weiß (in allen Farben färbbar); sich wachsartig anfühlend; schlagunempfindlich; schlecht klebbar; beständig gegen Wasser, Säuren, Alkalien und die meisten organischen Lösungsmittel; Dichte 0,92 (Hochdruck) bis 0,96 g·cm^{-3} (Niederdruck); mit zunehmender Dichte nehmen Steifigkeit, Zugfestigkeit, Oberflächenhärte, Erweichungsbeginn ($\approx$80 bis 120 °C) und Beständigkeit gegen Lösungsmittel zu. PE ist wiederverwertbar (»Recycling«).

Man beachte:
Hochdruck-PE = PE-ND (niedrige Dichte),
Niederdruck-PE = PE-HD (hohe Dichte)!

Verarbeitung: durch Extrudieren, Spritzgießen und spanende Bearbeitung; beim *Folienblasverfahren* wird ein extrudierter Schlauch sofort aufgeblasen und nach dem Erkalten aufgeschnitten.

Verwendung: Folien (bes. für Verpackung), Haushaltgegenstände, Kanister, technische Apparateteile, Rohrleitungen, elektrotechnische Kabelummantelung, Faserstoffrohmaterial.

Handelsnamen: *Hostalen G, Lupolen, Trolen, Vestolen, Baylon.*

42.2.2 Polypropylen (Kurzzeichen PP)

Herstellung: durch Polymerisation von Propen in Gegenwart von ZIEGLER-Katalysatoren (analog der Herstellung von Niederdruck-Polyethylen; ↑ oben):

$$n\ CH_2{=}CH(CH_3) \rightarrow [-CH_2-CH(CH_3)-]_n$$

Molekularer Aufbau: praktisch unverzweigte Hauptkette mit isotaktischer (↑S. 724) Anordnung der Methylgruppen.

Eigenschaften: ähnlich Polyethylen, jedoch leichter (mit Dichte 0,90 g·cm^{-3} leichtester Massivplast!), härter (kratzfester), temperaturbeständiger (Erweichungsbeginn 140 °C), keine Spannungsrißkorrosion; höhere Licht- und Sauerstoffempfindlichkeit (durch Stabilisatoren herabsetzbar); versprödet unterhalb 0 °C; umweltneutral; wiederverwertbar.

Verarbeitung: durch Extrudieren und Spritzgießen, auch spangebend.

Verwendung: ähnlich Polyethylen, auch als Faserstoffrohmaterial; als Folie besonders in der Elektrotechnik.

Handelsnamen: *Hostalen PP, Vestolen P, Novolen, Propathene.*

42.2.3 Polystyrol (Polystyren, Kurzzeichen PS)

Herstellung: durch Polymerisation von Styren (↑S. 668):

$$n \; CH=CH_2 \longrightarrow [-CH-CH_2-]_n \qquad n \approx 3000 \text{ bis } 4500$$

Die Herstellung erfolgt durch Emulsions-, Suspensions- und Massepolymerisation (Block-, Substanzpolymerisation).

Eigenschaften: thermoplastisch, glasklar bis trüb; lichtbeständig; geruchlos; Dichte 1,05 g·cm^{-3}; erweicht bereits bei ≈ 80 °C; spröde und schlagempfindlich; sehr gute elektrische Isolierfähigkeit; mit rußender Flamme brennbar; beständig gegen Wasser, Alkalien und nichtoxidierende Säuren; empfindlich gegenüber Kohlenwasserstoffen, Estern und anderen Lösungsmitteln, relativ umweltneutral; wiederverwertbar.

Verarbeitung: durch Spritzgießen, seltener Warmpressen; auch spangebend.

Verwendung: Isolierteile in der Elektrotechnik; Haushaltgegenstände; als Schaumstoff zur Verpackung und Wärmeisolierung; als Folie (auch zur Elektroisolierung).

Handelsnamen: *Trolitul, Vestyron; Styroflex* (Folie); *Alporit, Export, Styropor* (Schaumstoffe).

ABS-Polymere sind Misch- und Pfropfpolymerisate von Styren mit Acrylnitril und Butadien; sie sind wesentlich schlagfester als reines Polystyren, Handelsname: *Terluran*.

42.2.4 Polyvinylchlorid (Kurzzeichen PVC)

Herstellung: durch Polymerisation von Vinylchlorid (Monochlorethen):

$$n \; CH_2=CHCl \rightarrow [-CH_2-CHCl-]_n \qquad (n = 500 \text{ bis } 1500)$$

- *Suspensionspolymerisation* (ergibt *PVC-S*-Typen): Druckverflüssigtes Vinylchlorid wird bei 5 bis 12 bar unter einem Schutzgas durch starkes Rühren in Wasser, das geringe Mengen Initiatoren[1] und sonstige Hilfsmittel gelöst enthält, zu feinen Tröpfchen verwirbelt und auf 45 bis 75 °C erhitzt. Es entstehen sehr reine PVC-Perlen.

- *Emulsionspolymerisation* (ergibt *PVC-E*-Typen): Eine wäßrige Emulsion von druckverflüssigtem Vinylchlorid, die u.a. gelöste Emulgatoren[2] und Initiatoren enthält, wird bei 5 bis 8 bar mehrere Stunden lang auf 40 bis 60 °C erwärmt. Es entsteht ein Latex, aus dem das Polymere z.B. durch Zerstäubungstrocknung als weißes Pulver (von geringerer Reinheit als das Suspensionspolymerisat) erhalten wird.

Verarbeitung: ohne (PVC-hart) und mit Weichmacher (PVC-weich); durch Extrudieren, Spritzgießen und Kalandrieren. Als Weichmacher dienen Substanzen vom Typ *Dibutylphthalat*, 1,2-$C_6H_4(CO-OC_4H_9)_2$.

---

[1] *Initiatoren* lösen die Polymerisation aus.
[2] *Emulgatoren* halten die Emulsion stabil.

Eigenschaften: sehr stark durch Weichmacher und sonstige Zusätze beeinflußbar; thermoplastisch; Gebrauchstemperatur bis etwa 50 °C; Erweichung ab 70 °C; Dichte 1,4 g·cm^{-3} (hart) bis 1,3 g·cm^{-3} (weich); z.T. farblos durchsichtig (S-Typen), in allen Farben färbbar; sehr beständig gegen Wasser, Alkalien, nichtoxidierende Säuren und Kohlenwasserstoffe, quellbar in Chlorkohlenwasserstoffen, löslich z.B. in Cyclohexanon; schwer entflammbar, selbstlöschend; gute elektrische Isolierfähigkeit. Kein neutrales Umweltverhalten; gibt insbes. bei der Müllverbrennung Chlorwasserstoff, unter ungünstigen Umständen auch Dioxine an die Atmosphäre ab; nur begrenzt wiederverwertbar.

Verwendung: *PVC-hart:* Rohrleitungen, Profile, Behälter (z.B. Fotoschalen), Armaturen, Dachrinnen, Haushaltgegenstände, Schläuche, Elektroinstallationsmaterial; *PVC-weich:* Fußbodenbeläge, Tischdecken, Regenbekleidung, Spielwaren, Kabelummantelung, Kunstleder (auf Textilgrundlage), nachchloriert für Faserstoffe.

Handelsnamen: *Hostalit, Vestolit, Vinoflex, Rhovyl, Fibravyl.*

PVC-Chemiefaserstoffe s. S. 743.

42.2.5 Phenoplaste (Kurzzeichen PF)

Herstellung: durch Polykondensation von Phenol (auch m-Cresol) mit Methanal (Formaldehyd).

- In *saurem Milieu* entstehen gemäß

$$n \; \text{C}_6\text{H}_5\text{OH} + n \; \text{O}=\text{CH}_2 \longrightarrow \left[\text{C}_6\text{H}_3(\text{OH})\text{--CH}_2\text{--} \right]_n + n \; \text{H}_2\text{O}$$

lineare Produkte (*Novolake*), in denen die phenolischen Reste durch Methylenbrücken –CH$_2$– verknüpft sind.

- In *alkalischem Milieu* bilden sich Dimethylenetherbrücken –CH$_2$–O–CH$_2$– aus, und es tritt zusätzlich das p-ständige H-Atom in Reaktion, so daß eine räumliche Vernetzung eintritt.

- Die Novolake können durch Erhitzen mit methanalabspaltenden »Härtern«, z. B. *Hexamethylentetramin* (Urotropin), vernetzt (»ausgehärtet«) werden.

- Die Polykondensation erfolgt diskontinuierlich in beheizten Rührautoklaven.[1]

Verarbeitung:

- *Preßmassen:* Novolak-Härter-Gemische oder (durch Unterbrechung der Polykondensation im noch schmelzbaren Zustand erhaltene) *Resitole* werden gemahlen, mit Füllstoffen (Schiefer-, Holzmehl, Cellulosefasern) vermischt und durch Form-, Spritz- oder Strangpressen bei ≈160 °C 1 bis 2 min je mm Wandstärke ausgehärtet.

- *Schichtpreßstoffe:* Holzplatten, Papier- oder Gewebebahnen werden mit dem gelösten oder geschmolzenen Vorkondensat getränkt und in beheizten Pressen ausgehärtet.

- *Edelkunstharze* sind füllstofffrei und werden gegossen oder gepreßt.

Eigenschaften:

- *lineare Produkte:* thermoplastisch, gelb bis braun, in organischen Lösungsmitteln löslich.

- *räumlich vernetzte Produkte:* duroplastisch, gelb bis braun; Dichte ≈1,3 g·cm^{-3} (mit anorganischen Füllstoffen bis 2 g·cm^{-3}); bis 150 °C (mit anorganischen Füllstoffen bis 100 °C) anwendbar, bei höheren Temperaturen Zersetzung unter Phenolabspaltung; relativ

---

[1] Autoklav = Druckkessel

spröde; gut elektrisch isolierend; i.allg. (füllstoffabhängig) beständig gegen Wasser, organische Lösungsmittel, verdünnte Säuren und Alkalien; für Lebensmittel nicht geeignet; kaum wiederverwertbar.

- Phenoplastmüll ist nicht umweltneutral (Abgabe von Formaldehyd und Phenolen).

Verwendung: als massives Material oder Schichtpreßstoff sehr vielseitig in Technik (insbes. Elektrotechnik) und Haushalt, u.a. auch für Möbel- und Wandverkleidungen; weiterhin für Lacke und Holzleime.

Handelsnamen: *Bakelite, Dekorit, Haveg, Pertinax, Trolitan, Trolitax.*

42.2.6 Polyester

Molekülkennzeichen: ...–CO–O–... (Estergruppierung), im Makromolekül ständig wiederkehrend.

Herstellung: durch Polykondensation zwischen mehrwertigen Alkoholen und mehrwertigen Carbonsäuren (↑ auch S. 725):

$$n \text{ HO–R–OH} + n \text{ HOOC–R'–COOH} \rightarrow \text{[–O–R–O–CO–R'–CO–]}_n + (n\text{-}1)\text{H}_2\text{O}$$

Gesättigte Polyester: nur für Chemiefaserstoffe (↑S. 743), Folien (z.B. für Magnetbänder) und (relativ niedermolekular mit OH-Endgruppen) als Polyolkomponente für Polyurethane (↑S. 734). *Handelsname: Hostaphan.*

Ungesättigte Polyesterharze (Kurzzeichen UP; glasfaserverstärkt GUP)

- *Herstellung:* Aus ungesättigten aliphatischen Dicarbonsäuren (Maleinsäure, Fumarsäure)[1] und zweiwertigen Alkoholen [Diole, z.B. Glycol, (Propan-1,2-diol)] stellt man zunächst bei 160 bis 220 °C lineare UP als farblose, zähflüssige Massen her. Diese werden mit Styren[2] gemischt und (evtl. nach Einarbeitung von Glasfaservliesen oder -geweben), z.T. bei Normaltemperatur, kopolymerisiert, wobei die Polyestermoleküle durch Polystyrenbrücken räumlich vernetzt werden und dadurch zu einem Duroplast aushärten.

- *Eigenschaften:* im ausgehärteten Zustand duroplastisch; nahezu farblos; bis 150 °C anwendbar; Dichte 1,2 g·cm^{-3} (glasfaserverstärkt 1,5 bis 2,0 g·cm^{-3}); sehr gute dielektrische und mechanische Eigenschaften (glasfaserverstärkte Polyester haben die Zugfestigkeit guter Stähle); wetterfest; gegen Wasser und verdünnte Säuren beständig; gegen Alkalien und organische Lösungsmittel relativ unempfindlich; im wesentlichen umweltneutral.

- *Verwendung:* ungefüllt als Gießharz zum Einbetten elektrotechnischer Bauteile und biologischer Präparate; für kalthärtende Kleber und Spachtelmassen. - Glasfaserverstärkte Polyester für kleine und auch große Teile von hoher Bruchfestigkeit und geringer Masse, z.B. Bootskörper, Wellbedachungen, Schutzhelme, Campingwagen, Gartenmöbel.

- *Handelsnamen: Leguval, Vestopal.*

Alkydharze: Lackharze, hergestellt durch Reaktion zwischen mehrwertigen Alkoholen (insbes. Glycerol) und (gesättigten sowie ungesättigten) Säuren (Phthalsäure, Adipinsäure, Maleinsäure), wobei gleichzeitig Fettsäuren, Ölsäuren, Harzsäuren, Styren u.a. in die Moleküle eingebaut werden.

---

1) auch im Gemisch mit gesättigten Dicarbonsäuren (Adipinsäure)
2) oder anderen ungesättigten kopolymerisationsfähigen Verbindungen

42.2.7 Polyepoxide (Epoxidharze, Kurzzeichen EP)

Herstellung: aus einem Epoxid (meist *Epichlorhydrin* = 1,2-Epoxy-3-chlorpropan) und einem Diphenol (meist *Dian* = Diphenylolpropan = 2,2-Bis-[4-hydroxyphenyl]-propan) durch kombinierte Polyaddition/Polykondensation und nachfolgende Härtung.

- Dabei reagiert zunächst jede phenolische Hydroxylgruppe mit einer Epoxidgruppe, und aus dem Produkt spaltet sich unter Ausbildung einer neuen Epoxidgruppe HCl ab. Formulierung mit 1 OH-Gruppe:

$$HO-R-OH \;+\; CH_2\underset{O}{-}CH-CH_2Cl \;\rightarrow\; HO-R-O-CH_2-\underset{OH}{CH}-CH_2Cl$$

  Diphenol   Epichlorhydrin

$$\rightarrow\; HO-R-O-CH_2-CH\underset{O}{-}CH_2 \;+\; HCl$$

Die entstandene Epoxidgruppe setzt sich mit einem weiteren Diphenolmolekül um:

$$HO-R-O-CH_2-CH\underset{O}{-}CH_2 \;+\; HO-R-OH$$

$$\longrightarrow\; HO-R-O-CH_2-\underset{OH}{CH}-CH_2-O-R-OH$$

Die phenolischen OH-Gruppen des Produktes reagieren wieder mit Epichlorhydrin usw., so daß schließlich ein linearer Polyether mit endständigen Epoxidgruppen und sekundären Hydroxylgruppen entsteht.

- Aus Dian

$$HO-\!\!\bigcirc\!\!-C(CH_3)_2-\!\!\bigcirc\!\!-OH$$

und Epichlorhydrin bildet sich folgendes Molekül:

$$CH_2\underset{O}{-}CH-CH_2-[-O-\!\!\bigcirc\!\!-C(CH_3)_2-\!\!\bigcirc\!\!-O-CH_2-\underset{OH}{CH}-CH_2]_n-O-$$

$$n = 0 \text{ bis } 5 \qquad CH_2\underset{O}{-}CH-CH_2-O-\!\!\bigcirc\!\!-C(CH_3)_2-\!\!\bigcirc\!\!-$$

Härtung: Durch Reaktion der Epoxid- und Alkoholgruppen mit sauren (z.B. Phthalsäureanhydrid) oder alkalischen Härtern (z.B. *Diethylentriamin,* $H_2N-[CH_2]_2-NH-[CH_2]_2-NH_2$) lassen sich die EP-Moleküle räumlich vernetzen. Alkalische Härter wirken bereits bei normaler Temperatur.

Eigenschaften: gehärtet duroplastisch; stark von Härtungsart und Füllstoffen abhängig; farblos bis gelbbraun; geruchlos; brennbar; Dichte (ohne Füllstoff) 1,2 bis 1,3 $g\cdot cm^{-3}$; als zähflüssiges Harz auf fast allen Werkstoffen fest haftend; beständig gegen Heißwasser, Laugen und verdünnte Säuren; relativ umweltneutral.

Verwendung: als Kleber für Metalle, keramische Massen, Plaste, Holz; als Gießharze für Maschinenteile und zum Einbetten elektrotechnischer und elektronischer Bauteile; für Schichtpreßstoffe (auch glasfaserverstärkt); als Lackharze und Spachtelmassen.

Handelsnamen: *Lekutherm, Witolen, Rütapox, Beckopox.*

42.2.8. Polyamide (Kurzzeichen PA)

Molekülkennzeichen: ...–CO–NH–... (Säureamidgruppierung), im Makromolekül ständig wiederkehrend.

Herstellung:

- durch ringöffnende Polymerisation von Lactamen (↑auch S. 724)

  Beispiel:

$$n\ (CH_2)_5 \genfrac{}{}{0pt}{}{CO}{NH} \longrightarrow [-CO-(CH_2)_5-NH-]_n$$

$n = 200$ bis 300

ε-Caprolactam   Polycaprolactam (Polyamid-6)

- durch Polykondensation von Diaminen mit Dicarbonsäuren

  Beispiel:

$$n\ H_2N-(CH_2)_6-NH_2 + n\ HOOC-(CH_2)_4-COOH \rightarrow$$

1,6-Diaminohexan   Adipinsäure

$$[-NH-(CH_2)_6-NH-CO-(CH_2)_4-CO-]_n + (n-1)\ H_2O$$

Polyamid-6,6

- Herstellung und Polymerisation von ε-Caprolactam ↑S. 741.

Benennung:

- *Polyamid-k* bedeutet: das Lactam hat k C-Atome;
- *Polyamid-m,n* bedeutet: das Diamin hat m, die Dicarbonsäure n C-Atome.

Eigenschaften: undurchsichtig weiß; Dichte 1,0 bis 1,2 g·cm^{-3}; Schmelzpunkt (PA-6) 218 bis 220 °C, schmilzt ohne nennenswerte vorherige Erweichung; von Luft oberhalb 110 °C oxidativ angegriffen; geruchlos; beständig gegen Alkalien und viele Lösungsmittel, unbeständig gegenüber konzentrierten Säuren; wasseraufnehmend (bis 10%). Die guten mechanischen Eigenschaften (hohe Schlagzähigkeit, Festigkeit und Abriebfestigkeit) sind von einem gewissen Wassergehalt abhängig, der sich entsprechend der Luftfeuchtigkeit einstellt; beim Austrocknen tritt Versprödung ein; bei Müllverbrennung Gefahr der Stickoxidbildung.

Verarbeitung: Spritzgießen, Extrudieren, spanende Bearbeitung.

Verwendung: für mechanisch beanspruchte Teile, z.B. Armaturen, Behälter, Wasserhähne, Kugellagerkäfige, Kalanderwalzen, Haushaltgegenstände, Verpackungsfolien.

Handelsnamen: *Durethan, Trogamid, Altramid, Vestamid.*

Polyamidfaserstoffe ↑S. 741.

42.2 Vollsynthetische Plaste

42.2.9 Aminoplaste

Typen:

- *Melaminharze* (Kurzzeichen MF);
- *Dicyandiamidharze* (Kurzzeichen DD);
- *Carbamidharze, Harnstoffharze* (Kurzzeichen UF).

Herstellung: durch Polykondensation zwischen Methanal (Formaldehyd) und Melamin (↑S. 687) bzw. Dicyandiamid (↑S. 459) bzw. Carbamid (↑S. 457).

- *Reaktionsschema* (Melaminharz):

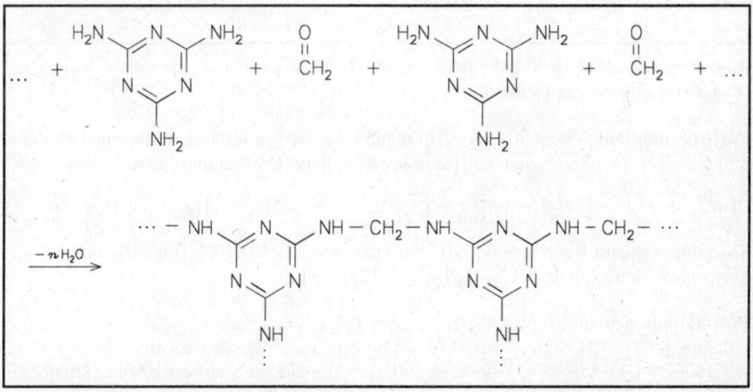

$$\ldots + \underset{\underset{NH_2}{\big|}}{\underset{H_2N\text{-triazin-}NH_2}{}} + \overset{O}{\underset{CH_2}{\|}} + \underset{\underset{NH_2}{\big|}}{\underset{H_2N\text{-triazin-}NH_2}{}} + \overset{O}{\underset{CH_2}{\|}} + \ldots$$

$$\xrightarrow{-n\,H_2O} \ldots -NH\text{-triazin(NH)-}NH-CH_2-NH\text{-triazin(NH)-}NH-CH_2-\ldots$$

Da alle Aminogruppen reagieren, entstehen räumlich vernetzte Moleküle.

- Durch Erwärmen einer wäßrigen Lösung der Ausgangsstoffe erhält man die Lösung eines Vorkondensates, die entweder sprühgetrocknet oder zur Herstellung von *Preßmassen* mit Füllstoffen versetzt und danach getrocknet wird.

Verarbeitung: durch Formpressen, Spritzpressen und Spritzgießen unter gleichzeitiger Aushärtung.

Eigenschaften: duroplastisch; Melaminplaste bis 100 °C, teilweise bis 130 °C anwendbar; andere bis 90 °C; bei höheren Temperaturen Zersetzung; Dichte 1,5 bis 2,0 g·cm^{-3}; relativ spröde; gut elektrisch isolierend, insbesondere kriechstromfest; im Gegensatz zu Phenoplasten geruchlos, geschmackfrei, farblos (in allen Farben einfärbbar), lichtecht und für Lebensmittel geeignet; bei Müllverbrennung Gefahr der Stickoxidbildung; kaum wiederverwertbar.

Verwendung: als Massivwerkstoff für elektrotechnische Artikel, Haushaltgegenstände (z.B. Eß- und Trinkgeschirr), Möbelbeschläge u.a.; als Schichtpreßstoff (z.B. für künstliches Möbelfurnier); als Schaumstoff zur Schall- und Wärmedämmung (Carbamidharz); als Lackharz; als Holzklebstoff (mit niedrigem Kondensationsgrad):

Handelsnamen: *Bakelite, Keramin, Ultrapas* (Melaminharze), *Ultramid, Carta, Melacart* (Schichtpreßstoff), *Spumalit* (Schaumstoff).

42.2.10 Polyurethane (Kurzzeichen PUR)

Molekülkennzeichen: ...–NH–CO–O–... (Urethangruppierung), im Makromolekül ständig wiederkehrend.

Herstellung: durch Polyaddition zwischen mehrwertigen Isocyanaten und mehrwertigen Alkoholen. Bei Anwendung ausschließlich zweiwertiger (bifunktioneller) Ausgangsstoffe (*Diisocyanate* und *Diole*) entstehen lineare, bei Anwendung auch dreiwertiger (trifunktioneller) Ausgangsstoffe räumlich vernetzte Polyaddukte.

Beispiel:

$$n\ OCN–R–NCO + n\ HO–R'–OH \rightarrow [–CO–NH–R–NH–CO–O–R'–O–]_n$$
Diisocyanat   Diol   lineares Polyurethan

Besonders vorteilhaft ist, daß die Reaktion bereits bei gewöhnlicher Temperatur mit ausreichender Geschwindigkeit verläuft.

Polyisocyanatkomponenten: hergestellt durch Umsetzung zwischen Aminen und Phosgen, z.B. *Hexamethylendiisocyanat* aus *Hexamethylendiamin* (1,6-Diamino-hexan):

$$OC\boxed{Cl_2 + H_2}N–[CH_2]_6–N\boxed{H_2 + Cl_2}CO \longrightarrow OCN–[CH_2]_6–NCO + 4\ HCl$$

Weiterhin werden z.B. verwendet: *2,4-Toluylendiisocyanat*, $C_6H_3(CH_3)(NCO)_2$, und *4,4'-Diphenylmethandiisocyanat*, $OCN–C_6H_4–CH_2–C_6H_4–NCO$.

Polyolkomponenten: hauptsächlich oligomere *Polyetheralkohole*, z.B. $HO–[–CH_2–CH_2–O]_m–CH_2OH$ ($m = 5$ bis 80), und *Polyesteralkohole*, z.B. $HO–R'–[–O–CO–R–CO–O–R'–]_n–OH$ ($n = 2$ bis 20), die auch verzweigtkettig und dann polyfunktionell sein können.[1]

Eigenschaften: lineare PUR sind thermoplastisch; mit zunehmender Vernetzung entstehen gummielastische (↑S. 739) und schließlich duroplastische Produkte. Die Eigenschaften sind im einzelnen sehr unterschiedlich und werden durch Auswahl der Komponenten und Zusätze auf den Verwendungszweck abgestimmt; bei der Müllverbrennung Gefahr der Bildung von Stickoxiden und Cyanverbindungen.

Verarbeitung: In den meisten Fällen, insbesondere zur Verschäumung, werden Isocyanat- und Polyolkomponenten vom Anwender unter gleichzeitiger Formgebung zur Reaktion gebracht. Die *Hartverschäumung* erfolgt physikalisch [durch Beimischung leicht verdampfender Stoffe, z.B. *Monofluortrichlormethan*, $CFCl_3$, (wird jetzt wegen Schädigung der Ozonschicht durch andere Substanzen ersetzt)], die *Weichverschäumung* chemisch (↑S. 739).

Verwendung: Etwa 60% aller PUR wird als Weich-, etwa 20% als Hartschaum (dieser auch für selbsttragende Bauelemente) erzeugt, beide auch als Integralschäume (mit verdichteter Außenhaut). Weitere Anwendungsformen: massiver fester oder gummielastischer Werkstoff für spezielle technische Artikel; Gießharze; Lackharze; Chemiefaserstoffe (↑S. 743); Klebharze, Beschichtungsmassen für Kunstleder; Textilhilfsmittel.

Handelsnamen: *Desmopan, Vulkollan, Durethan U, Elastomoll, Moltopren, Porosyn.*

Elastische PUR ↑S. 739; **PUR-Faserstoffe** ↑S. 743.

---

1) Die PUR sind also eigentlich Polyether oder Polyester mit zwischengeschalteten Urethangruppen.

42.2.11 Sonstige vollsynthetische Plaste

Polymethylmethacrylat, *Polymethacrylsäuremethylester*, Kurzzeichen PMMA:
- *Herstellung:* durch Polymerisation von Methacrylsäuremethylester (meist Massepolymerisation):

$$n\ CH_2=C(CH_3)(COOCH_3) \rightarrow [-CH_2-C(CH_3)(COOCH_3)-]_n$$

- *Eigenschaften:* thermoplastisch; amorph; farblos, glasklar durchsichtig; bis 70 °C verwendbar; Dichte 1,18 g·cm^{-3}; brennbar, schlagfest; witterungsbeständig; umweltneutral.
- *Verwendung:* als »organisches Glas« für Sicherheitsglas (ergibt bei Bruch keine scharfkantigen Splitter), gewölbte Verglasungen u.a.; ferner als Material für Zahn- und Knochenprothesen; als Lackharz.
- *Handelsnamen: Plexiglas, Resartglas, Plexigum.*

Polytetrafluorethylen, Kurzzeichen PTFE:
- *Herstellung:* durch Polymerisation von Tetrafluorethen (meist Emulsionspolymerisation):

$$n\ CF_2=CF_2 \rightarrow [-CF_2-CF_2-]_n$$

- *Verarbeitung:* durch Pressen und Sintern des als Pulver anfallenden Polymeren bei 350 bis 360 °C; danach auch spangebend; Folien werden geschält.
- *Eigenschaften:* weiß, etwas durchscheinend, sich wachsartig anfühlend; Gebrauchstemperaturbereich −200 bis +260 °C; Dichte 2,1 bis 2,2 g·cm^{-3}; beständig gegen Ozon, Chlor, Flußsäure, Königswasser, heiße Salpetersäure und Alkalien sowie gegen alle organischen Lösungsmittel (wird nur von Alkalimetallschmelzen, Fluor und Chlortrifluorid angegriffen); nicht entflammbar; ungiftig; lichtecht (auch gegenüber UV-Strahlung); hydrophob und lipophob; geringe Adhäsion und damit extrem niedrige Reibung mit anderen Materialien; sehr gute dielektrische Eigenschaften, bei Müllverbrennung Fluorwasserstoffbildung.
- *Verwendung:* für spezielle technische Bauteile, z.B. Dichtungen, Gleitmaterial, Kondensatorfolie; zur Beschichtung von Haushalttiegeln.
- *Handelsnamen: Hostaflon TF, Hostaphan, Teflon, Fluon, Halon.*
- Polyfluorcarbone werden durch Polymerisation fluorhaltiger Monomerer erhalten, die z.T. umweltbelastend sind. Neben PTFE ist Polychlortrifluorethylen, PCTFE, Formel [−CFCl−CF$_2$−]$_n$, von Bedeutung, das thermoplastisch verarbeitbar ist.

Polyvinylacetat, Kurzzeichen PVAC:
- *Herstellung:* durch Polymerisation von Vinylacetat:

$$n\ CH_2=CH(O-CO-CH_3) \rightarrow [-CH_2-CH(O-CO-CH_3)-]_n$$

- *Verwendung:* vor allem in Lösung oder als Latex zur Herstellung von Latexfarben, Lacken, Kunstleder, Wachstuch oder Klebstoffen für die verschiedensten Materialien.

Polycarbonat, Kurzzeichen PC
- *Molekülkennzeichen:* Carbonatgruppierung −O−CO−O−, im Makromolekül ständig wiederkehrend.

- *Herstellung:* durch Polykondensation zweiwertiger, mehrkerniger Phenole (insbes. *Dian;* ↑S. 671) mit *Phosgen* in Gegenwart basischer Agenzien:

$$\cdots + H\!-\!O\!-\!\langle\!\rangle\!-\!C(CH_3)_2\!-\!\langle\!\rangle\!-\!O\boxed{H + Cl} - CO - \boxed{Cl} +$$

Dian · Phosgen

$$H\!-\!O\!-\!\langle\!\rangle\!-\!C(CH_3)_2\!-\!\langle\!\rangle\!-\!O\boxed{H + Cl} - CO - \boxed{Cl} + \cdots$$

$$\downarrow -HCl$$

$$\cdots - O\!-\!\langle\!\rangle\!-\!C(CH_3)_2\!-\!\langle\!\rangle\!-\!O - CO - O\!-\!\langle\!\rangle\!-\!C(CH_3)_2\!-\!\langle\!\rangle\!-\!O - CO - \cdots$$

Die Anzahl der Dian-Monomeren beträgt etwa 500.

- *Eigenschaften:* thermoplastisch; farblos durchsichtig herstellbar, beliebig einfärbbar; sehr gute Festigkeitseigenschaften; zwischen −100 °C und +135 °C einsetzbar; schwer entflammbar, selbstlöschend; physiologisch einwandfrei; heißwasserbeständig; unbeständig gegenüber Alkalien, Arenen, Estern, Ketonen; umweltverträglich.
- *Verarbeitung:* durch Spritzgießen und Extrudieren; auch spanend.
- *Verwendung:* für stark beanspruchte Maschinen- und Apparateteile (auch glasfaserverstärkt); für Präzisionsteile in Meßinstrumenten u.dgl.; in der Elektrotechnik (auch als Folie). Polycarbonat bildet die Grundmasse der Compact-Disks (»CD-Platten«).
- *Handelsnamen:* Makrolon, Makrofol, Lexan.

42.3 Plaste als Umwandlungsprodukte hochmolekularer Naturstoffe

Ausgangsstoffe: z.Z. ausschließlich *Cellulose*, gewonnen aus Holz, auch in Form von Baumwollabfällen (*Linters*). *Casein* aus Milch wird nicht mehr genutzt.

Celluloseacetat, *Acetylcellulose,* Kurzzeichen CA:

- *Herstellung:* **Cellulosetriacetat** (Kurzzeichen CTA), das je Glucoseeinheit 3 Acetylgruppen enthält (Formel ↑S. 737), entsteht durch Veresterung von Cellulose mit Essigsäureanhydrid in Gegenwart von Schwefelsäure bei 60 °C während 4 bis 5 Stunden. Es wird wegen mangelnder Thermoplastizität meist durch verdünnte Schwefelsäure partiell zu **Cellulose-$2^{1}/_{2}$-acetat** verseift, das je Glucoseeinheit im Durchschnitt $2^{1}/_{2}$ Acetylgruppen enthält.
- *Verarbeitung:* meist mit Weichmacher durch Spritzgießen und Extrudieren; zur Folienherstellung werden Lösungen vergossen, deren Lösungsmittel verdunstet.
- *Eigenschaften des $2^{1}/_{2}$-Acetats:* thermoplastisch; farblos; bis 170 °C einsatzfähig; Dichte 1,3 g·cm^{-3}; sehr zäh und kratzfest; beständig gegen Wasser und Benzin, unbeständig gegen Säuren, Laugen und einige organische Lösungsmittel; umweltneutral. - Das Triacetat ist nur mit Weichmachern thermoplastisch und bis 120 °C einsatzfähig.
- *Verwendung:* Cellulosetriacetat für schwer entflammbare Filme; $2^{1}/_{2}$-Acetat als Massivwerkstoff für technische Zwecke und Bedarfsartikel (Werkzeuggriffe; Autolenkräder, Bekleidungszubehör, Spielwaren, Schreibstifte, Brillenfassungen u.a.).

42.3 Plaste als Umwandlungsprodukte hochmolekularer Naturstoffe

- *Handelsnamen:* Cellit, Trolit, Ultraphan, Ecarit, Ecaron.
- Chemiefaserstoff ↑S. 744.

Cellulosetriacetat
(Baugruppe)

Cellulosedinitrat
(Baugruppe)

Celluloid, Kurzzeichen CN

- *Zusammensetzung:* Cellulosedinitrat (Formel s.o.) mit nahezu ausschließlich Kampfer als Weichmacher.
- *Herstellung:* Durch Veresterung von Cellulose mit Nitriersäure bei 20 bis 35 °C entsteht Cellulosedinitrat (Kollodiumwolle), das mit ethanolischer Kampferlösung zu einer homogenen Masse verknetet und unter Einschaltung von Schneid- und Preßprozessen stufenweise getrocknet wird.
- *Verarbeitung:* durch Warmpressen, Hohlkörperblasen, spanende Formung.
- *Eigenschaften:* thermoplastisch; bis 60 °C einsetzbar; bei 70 bis 80 °C erweichend; farblos, glasklar, in leuchtenden Farbtönen einfärbbar; Dichte $1{,}38 \; g \cdot cm^{-3}$; sehr leicht entzündlich; hornartig zäh; beständig gegen Wasser, verdünnte Säuren und Benzin, löslich in Aceton und niederen Estern.
- *Anwendungen:* als Massivwerkstoff für Toilettenartikel (Kämme u.a.), Brillengestelle, Spielwaren, dekorative Musikinstrumentenverkleidungen; als Folie für sehr reißfeste Spielfilme.

Vulkanfiber, Kurzzeichen Vf

- *Zusammensetzung:* hydratisierte, unwesentlich abgebaute Cellulose.
- *Herstellung:* durch Aufquellen (»Pergamentieren«) von Cellulosepapieren in warmer, 70%iger Zinkchloridlösung, Verpressen mehrerer Bahnen, Auswaschen und Trocknen.
- *Eigenschaften:* undurchsichtig; zäh, verschleißfest, sehr schlaghiegfest; nicht thermoplastisch, doch begrenzt warmformbar; bis 70 C verwendbar (sonst Versprödung); Dichte $1{,}25$ bis $1{,}50 \; g \cdot cm^{-3}$; feuchtigkeitsempfindlich (daher oft imprägniert); unempfindlich gegen organische Lösungsmittel; umweltneutral.
- *Verwendung:* für technische Teile mit mechanischer Beanspruchung (Zahnräder, Gleitlagerfutter, Bremsbeläge); schwächer pergamentiert für Koffer.

Regeneratcellulose: besteht aus stärker abgebauter und hydratisierter Cellulose; hergestellt durch Umwandlung in lösliche Derivate, Auflösen und Ausfällung; wird nur für Chemiefaserstoffe, Folien (↑S. 744), Schaumstoffe und Schwämme verwendet.

42.4 Elaste

42.4.1 Allgemeines

Definition: Elaste (Elastomere) sind natürliche oder synthetisch hergestellte makromolekulare Werkstoffe mit gummielastischem Verhalten.

Molekülbau: Makromoleküle aus verknäuelten Molekülketten, die miteinander weitmaschig vernetzt sind. Beim Dehnen strecken sich die Ketten; beim Nachlassen der Zugkraft tritt wieder Knäuelung ein (Gummielastizität).

42.4.2 Naturkautschuk

Zusammensetzung: cis-1,4-Polyisopren, $(C_5H_8)_n$, vereinfacht $[-CH_2-C(CH_3)=CH-CH_2-]_n$, mit natürlichen Beimengungen, $n = 4\,000$ bis $10\,000$.

Gewinnung: Aus *Kautschuklatex*, dem Milchsaft des Parakautschukbaumes, werden die Kautschukteilchen z.B. durch organische Säuren zum Ausflocken gebracht (koaguliert), gewaschen und zu Fellen ausgewalzt (*Crepe*, *Crepekautschuk*).

Vulkanisation: Rohkautschuk erhält die wertvollen Eigenschaften erst nach Umwandlung in *Gummi* durch Vulkanisation. - Bei der *Heißluftvulkanisation* wird eine innige Mischung von Kautschuk mit Schwefel und sonstigen Hilfsmitteln geformt und über 100 °C erhitzt. Der Schwefel verknüpft die Kohlenwasserstoffketten unter Aufrichtung eines Teiles der Doppelbindungen. *Weichgummi* enthält 5 bis 10%, *Hartgummi* 30 bis 50% Schwefel. - Bei der für dünnwandige Artikel angewandten *Kaltvulkanisation* taucht man Positivformen erst in Kautschuklösung oder -latex und dann in eine Lösung von Dischwefeldichlorid, S_2Cl_2, in organischen Lösungsmitteln.

Eigenschaften: *Rohkautschuk* ist gelb bis braun; Dichte 0,94 g·cm^{-3}; unlöslich in Wasser, löslich in Kohlenwasserstoffen und Chlorkohlenwasserstoffen. *Gummi* ist wesentlich elastischer; von höherer Dichte; durch organische Lösungsmittel quellbar. Kautschuk und Gummi »altern« durch Licht, Wärme und Reaktion mit Luftsauerstoff (verzögert durch »Alterungsschutzmittel«).

42.4.3 Synthesekautschuk (Butadien-Mischpolymerisate, Kurzzeichen BR[1])

Chemische Zusammensetzung:
- Buna[2] *SB* (Kurzzeichen SBR): Butadien-Styren-Mischpolymerisat (25 bis 55% Styren);
- *Buna NB* (Kurzzeichen NBR): Butadien-Acrylnitril-Mischpolymerisat (25 bis 35% Acrylnitril);
- *Buna-cis:* cis-1,4-Polybutadien (Stereokautschuk).

---

[1] von engl. *butadiene rubber*
[2] Der Name Buna leitet sich von Butadien-Natrium her; Natrium war der erste Katalysator zur Herstellung von Buna.

42.4 Elaste

Herstellung: durch Polymerisation von Buta-1,3-dien (bzw. Gemischen mit einer 2. Komponente):

> n CH$_2$=CH–CH=CH$_2$ → [–CH$_2$–CH=CH–CH$_2$–]$_n$
> Polybutadien
> (unvulkanisiert, ohne Zweitkomponente)

- *Buna SB* und *NB:* Emulsionspolymerisation. Bei der Herstellung setzt man in kontinuierlicher Arbeitsweise eine wäßrige Emulsion von druckverflüssigtem Butadien (mit Styren bzw. Acrylnitril), die zugleich Emulgatoren, Initiatoren, Puffersubstanzen, Redox-Katalysatoren u.a. Zusätze enthält, unter ständigem Rühren einer Temperatur von 5 °C aus. Der entstehende *Buna-Latex* (»Bunamilch«) wird wie Naturkautschuklatex durch Essigsäure oder Salzlösungen koaguliert, wobei das Polymerisat in Krümelform anfällt.
- *Buna cis*: Lösungspolymerisation in Anwesenheit metallorganischer Katalysatoren.

Verarbeitung: entspricht dem Naturkautschuk; ↑S. 738.

Eigenschaften: Die technisch wertvollen Eigenschaften werden wie bei Naturkautschuk durch Vulkanisation und durch Beimengungen erreicht. So werden die Abriebfestigkeit durch Aktivruß, die Alterungsbeständigkeit durch aromatische Amine (N-Phenyl-β-naphthylamin u.a.) erhöht; auch Weichmacher werden zugesetzt. Buna BN ist benzin- und ölfest. - Synthesekautschuk kann alterungs- und wärmebeständiger, abriebfester und chemisch widerstandsfähiger als Naturkautschuk hergestellt werden, ist jedoch fester und daher schwerer zu verarbeiten. Für hochelastische und besonders weiche Artikel wird Naturkautschuk allein oder im Gemisch mit Synthesekautschuk eingesetzt. Dem Naturkautschuk am nächsten kommt *Buna cis*.

Verwendung: unentbehrlicher Werkstoff in allen Bereichen der Technik, der Medizin und des täglichen Lebens, auch als Schaumstoff. Synthesekautschuk deckt etwa $^2/_3$ des gesamten Kautschukbedarfs der Welt.

42.4.4 Weitere Elaste

Polyurethane (↑S. 734): Polyurethan-Elaste werden als Massivwerkstoffe, als Chemiefaserstoffe (↑S. 743) und (in weit überwiegender Menge) als Schaumstoffe hergestellt. Alle Produkte lassen sich so einstellen, daß sie in praktisch allen technisch wichtigen Eigenschaften, auch in der Elastizität, Natur- und Synthesekautschuk z.T. bei weitem übertreffen.

PUR-Weichschaum: entsteht durch Anwendung *wasserhaltiger* Polyolkomponenten. Bei der formgebenden Polyaddition, z.B. mittels des Mischkopfes einer Schäummaschine, dem die Komponenten durch Schläuche zugeführt werden, reagiert das Wasser mit einem Teil des Isocyanats gemäß R–NCO + H$_2$O → R–NH$_2$ + CO$_2$ unter Bildung von Kohlendioxid, das die Masse verschäumt, wobei diese zugleich gummiartig erstarrt.

Thioplaste, *Polysulfidkautschuk:* hergestellt durch Polykondensation von α,ω-Dihalogenverbindungen mit Natriumpolysulfid; besteht aus Molekülen vom Typ [–CH$_2$–CH$_2$–S–S–S–]$_n$ mit unterschiedlicher Anzahl –CH$_2$-Gruppen und S-Atome; Elastizität und Festigkeit gering, jedoch von –40 bis 120 °C einsetzbar und von außergewöhnlicher Alterungs-, Witterungs- und Ölbeständigkeit; Einsatz zur dauerelastischen Abdichtung arbeitender Fugen (z.B. Bautechnik), als Vibrationsschutz und zur Behälterauskleidung. Handelsname. *Thiokol*.

Butylkautschuk: *Polyisobutylen* (Kurzzeichen PIB), [–C(CH$_3$)$_2$–CH$_2$–]$_n$, mit maximal 5% *Polybutadien* oder *-isopren;* sehr witterungs- und oxidationsbeständig.

Silicongummi ↑S. 745.

42.5 Chemiefaserstoffe

42.5.1 Allgemeines

Grundbegriffe:

- **Faserstoff:** längenbegrenztes (*Faser*) oder nicht längenbegrenztes (*Elementarfaden, Endlosfaden*), schmiegsames, textilverarbeitbares Gebilde natürlichen oder synthetischen Ursprungs (*Natur-* bzw. *Chemiefaserstoff*) mit einer im Vergleich zur Querschnittsfläche großen Länge.

- **Elementarfäden**, *Endlosfäden*: von Raupen oder mit Hilfe technischer Spinndüsen ersponnen; potentiell unendlich lang. Eine **Seide** besteht aus einem (*monofil*) oder mehreren (*polyfil*) Elementarfäden; Kennzeichen –S, z.B. VI–S, Viskoseseide.

- **Faser:** meist wenige cm Länge; *Chemiefasern* werden durch Zerschneiden einer Elementarfadenschar hergestellt; Kennzeichen –F, z.B. PE–F, Polyesterfaser.

Ein **Garn** entsteht durch Verspinnen von Fasern, ein **Zwirn** durch Verdrillen mehrerer Garne oder Seiden.

Übersicht über die Faserstoffe:

- **Naturfaserstoffe**
    - *Eiweißfaserstoffe:* **Wolle** (z.B. Schafwolle; Zeichen[1] Wo) und **Seide** (fast ausschließlich Maulbeer- = Bombyxseide; B*x*);
    - *Cellulosefaserstoffe:* **Baumwolle** (Bw), **Jute** (Ju), **Flachs** (Fl; aus der Leinpflanze), **Hanf** (Ha), ferner Ramie (Ra), Nessel (Ne) u.a.;

- **Chemiefaserstoffe**
    - *Synthesefaserstoffe* (vollsynthetische organisch-chemische Faserstoffe; Zeichen[1] CS): insbes. **Polyamid-** (PA), **Polyacrylnitril-** (PAN), **Polyester-** (PE), **Polyurethan-** (PU) und **Polyvinylfaserstoffe** (PVC);
    - *Umwandlungsprodukte hochmolekularer Naturstoffe:*
        - *Cellulosechemiefaserstoffe: Regeneratcellulosefaserstoffe* sind **Viskose-** (VI) und **Kuoxamfaserstoff** (KU); *Celluloseesterfaserstoffe* sind **Acetat-** (AC) und **Triacetatfaserstoff** (TA);
        - *Eiweißchemiefaserstoffe* (CE): z.Z. nicht hergestellt, z.B. **Caseinfaserstoff** (KA) aus Milchcasein;
        - *Gummifaserstoffe* (GU) aus natürlichem und synthetischem Kautschuk;
    - *Anorganische Chemiefaserstoffe* (CA):
        - *Silicatfaserstoffe:* **Glas-** (GL), **Schlacken-** (SL), **Gesteinsfaserstoffe** (ST);
        - *Metallfaserstoffe* (MT)
        - *Kohlenstoff-Faserstoffe;* ↑S.451

---

[1] Bei Kurzzeichen für Naturfaserstoffe wird nur der erste Buchstabe, bei Kurzzeichen für Chemiefaserstoffe werden sämtliche Buchstaben groß geschrieben.

Spinnverfahren für Chemiefaserstoffe:

- *Naßspinnen:* Das Faserstoffvorprodukt oder die Faserstofflösung wird durch Spinndüsen (Tantal, Gold) in ein flüssiges Fällbad gepreßt; durch chemische Umwandlung oder Lösungsmittelverdrängung bildet sich der Elementarfaden; die Fadenschar wird laufend abgezogen.

- *Trockenspinnen:* Die Faserstofflösung wird durch Spinndüsen in einen Heißluftkanal gepreßt, wo das Lösungsmittel verdampft.

- *Schmelzspinnen:* Die Faserstoffschmelze erstarrt nach dem Passieren der Spinndüse in Kaltluft zu Fäden.

Recken: Dehnung der Fäden auf die 2- bis 12fache Länge; dadurch erhebliche Festigkeitssteigerung infolge Parallelausrichtung der Makromoleküle mit Knüpfung neuer zwischenmolekularer Bindungen, insbesondere Wasserstoffbrückenbindungen.

42.5.2 Polyamidfaserstoffe (Kurzzeichen PA)

Herstellung: durch Schmelzspinnen von Polycaprolactam oder anderen Polyamiden (↑S. 732) und Recken auf die 3- bis 4fache Länge.

- *Herstellung von Caprolactam:* Durch Hydrierung von *Benzen* erhält man *Cyclohexan*, das bei 150 °C und 35 bar durch Luftsauerstoff katalytisch zu einem *Cyclohexanol-Cyclohexanon*-Gemisch oxidiert wird. Nach vollständiger Oxidation zum Keton führt man dieses durch Hydroxylamin (bzw. dessen Sulfat) in *Cyclohexanonoxim* über, das schließlich durch rauchende Schwefelsäure in ε-*Caprolactam* umgelagert wird; Gleichungen ↑S. 740. Ein anderer Weg geht vom Phenol aus, das über Pd-Katalysatoren zu Cyclohexanon oxidiert wird.

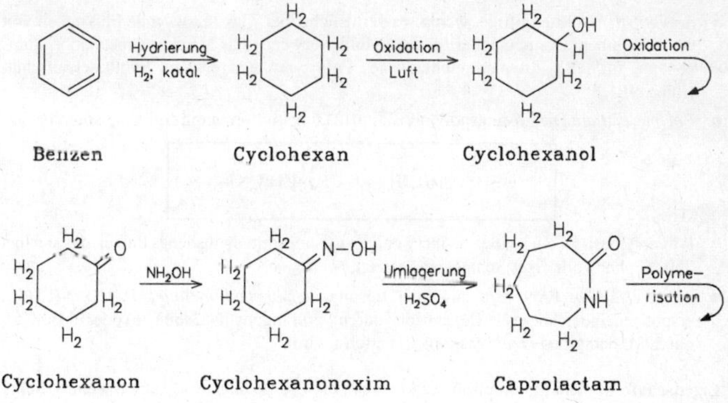

Benzen → Cyclohexan → Cyclohexanol → Cyclohexanon → Cyclohexanonoxim → Caprolactam

$$[-CO-(CH_2)_5-NH-]_n$$

Polycaprolactam

- ε-*Caprolactam:* weiß; kristallin; wasserlöslich; bei 69 °C schmelzend; schwacher Geruch.
- *Polymerisation:* meist kontinuierlich, indem die Lactamschmelze (katalysatorhaltig) während 5 bis 20 Stunden bei 240 bis 280 °C ein Rohr (z.B. 6 m lang, 1 m Durchmesser) durchläuft. Nach Entfernung niedermolekularer Produkte gelangt die Polycaprolactamschmelze zur Spinnapparatur.

$$n\,(CH_2)_5\!\!\begin{array}{c}CO\\|\\NH\end{array} \longrightarrow [-CO-(CH_2)_5-NH-]_n$$

- *Schmelzspinnen:* unter Stickstoff, da Polycaprolactam oberhalb 100 °C von Sauerstoff angegriffen wird.

Benennung ↑S. 732; Polycaprolactam ist demnach Polyamid-6.

Eigenschaften: thermoplastisch; leicht; sehr zug-, scheuer- und dauerbiegefest; schwer entflammbar; geringe Wasseraufnahme, daher leicht zu trocknen; maximale Bügeltemperatur 150 °C; gut witterungs-, jedoch ohne spezielle Zusätze nur wenig lichtbeständig.

Verwendung: als Seide (PA-S) für Damenstrümpfe und andere Bekleidung, Raumtextilien, Autoreifencord, Fallschirme, Seile, chirurgische Nähfäden; als Faser (PA-F) allein oder gemischt für strapazierfähige Bekleidung, Teppiche, Seile, Dekostoffe u.a.

Handelsnamen: *Perlon* (BRD), *Nylon* (USA).

42.5.3 Polyacrylnitrilfaserstoffe (Kurzzeichen PAN)

Herstellung: durch Naßspinnen einer Lösung von Polyacrylnitril und Recken auf die 4- bis 6fache (bei Seide 10- bis 12fache) Länge.

- *Herstellung von Acrylnitril:* durch »Ammoxidation« von Propen mit Ammoniak und Luft bei 400 bis 450 °C in Gegenwart von Bi_2O_3/MoO_3-Katalysatoren und Wasserdampf:

$$2\,CH_2=CH-CH_3 + 2\,NH_3 + 3\,O_2 \to 2\,CH_2=CH-CN + 6\,H_2O$$

- *Acrylnitril:* farblose, giftige, wenig wasserlösliche, bei 77,6 °C siedende Flüssigkeit von unangenehmem Geruch; außer für Faserstoffe verwendet als Mischpolymerisationskomponente für ABS-Polymere, schlagfestes Polystyren und ölfesten Synthesekautschuk (Buna NB).
- *Polymerisation:* Die Lösungspolymerisation in Dimethylformamid ergibt die Spinnlösung:

$$n\,CH_2=CH(CN) \to [-CH_2-CH(CN)-]_n$$

Polyacrylnitril ist ein weißes, in nur wenigen Lösungsmitteln lösliches Pulver, das sich bei 250 °C ohne vorheriges Schmelzen zersetzt.

- *Spinnverfahren:* PAN wird aus einer Lösung in *Dimethylformamid,* $H-CO-N(CH_3)_2$, ersponnen, indem dieses in Hexantriol[1)] durch Verdrängung (*Naßspinnen*) oder in Heißluft durch Verdampfung (*Trockenspinnen*) entfernt wird.

Eigenschaften: nicht thermoplastisch; kochfest; bis 150 °C bügelfest; extrem wetter-, licht-, verrottungs- und lösungsmittelfest; schwer entflammbar; wollähnlicher Griff; hohe Bauschelastizität; gutes Wärmerückhaltevermögen; hohe Formbeständigkeit; weniger scheuerfest als PA; geringe Wasseraufnahme, daher leichte und knitterarme Trocknung möglich.

---

1) *Hexantriol* ist 3-Methylol-pentan-2,4-diol, $CH_3-CH(OH)-CH(CH_2OH)-CH(OH)-CH_3$

Verwendung: nahezu ausschließlich als Faser (PAN-F) allein oder gemischt für Bekleidungs- (insbes. Strickwaren) und Raumtextilien, Decken, Segeltuch, Filtergewebe, Seile, Taue, Fischereinetze.

Handelsnamen: *Dralon, Dolan, Redon* (BRD); *Orlon* (USA).

42.5.4 Polyesterfaserstoffe (Kurzzeichen PE)

Herstellung: durch Schmelzspinnen von gesättigten Polyestern (↑S 730), insbes. *Polyethylenterephthalat* (Kurzzeichen PET), und nachfolgendes Recken auf die 4- bis 5-fache Länge.

- *Herstellung von Polyethylenterephthalat:* durch Polykondensation von *Terephthalsäure* (Benzen-1,4-dicarbonsäure) mit *Glycol* (Ethan-1,2-diol) bei höherer Temperatur:

$$n\ HOOC-\!\!\left\langle\bigcirc\right\rangle\!\!-COOH\ +\ n\ HO-CH_2-CH_2-OH$$

$$\longrightarrow\ [-OC-\!\!\left\langle\bigcirc\right\rangle\!\!-CO-O-CH_2-CH_2-O-]_n\ +\ 2n\ H_2O$$

Der Polyester wird außerdem durch Umesterung von Terephthalsäuredimethylester mit Glycol und nachfolgende Polykondensation gewonnen.

Eigenschaften: thermoplastisch; bei 240 °C erweichend, bei 260 °C schmelzend; geringe Wasseraufnahme (schnell trocknend); sehr reißfest; lichtbeständig; formbeständig; unterhalb 80 °C knitterarm (nicht kochen!); unbeständig gegenüber heißen Säuren und Laugen; die Fasern sind sprungelastisch und von hohem Wärmerückhaltevermögen.

Verwendung: als Seide (PE-S) für Bekleidung, Gardinen, Teppiche, Vliesstoffe, Seile, Netze; als Faser (PE-F) allein oder gemischt für Bekleidung, Deko- und Möbelstoffe, technische Gewebe; als Füllmaterial für Schlafsäcke, Kissen u.a.

Handelsnamen: *Trevira, Diolen* (BRD); *Dacron* (USA).

42.5.5 Sonstige vollsynthetische Faserstoffe

Polyurethanfaserstoffe, Kurzzeichen PU

- *Herstellung:* durch Trocken- oder Naßspinnen aus Lösungen elastischer Polyurethane (↑S. 739) in Dimethylformamid.
- *Eigenschaften:* wichtigste elastische Faserstoffe (Elastomerfaserstoffe); bei 175 °C erweichend; im Vergleich zu Natur- oder Synthesekautschukfäden fester, abriebfester, leichter, wärme- und wetterfester, chemikalien- (z.B. bei Chemischreinigung) und waschbeständiger, besser färbbar, höhere Reißdehnung, höherer Elastizitätsmodul; Nachteil. Verfärbung durch Sonnenlicht (daher oft von vornherein bräunlich eingefärbt).
- *Verwendung:* als Seide (PU-S) für elastische Textilien aller Art (z.B. Miederwaren); auch für technische Zwecke. PU werden häufig von anderen Faserstoffen, z.B. PA, umsponnen.
- *Handelsnamen: Elasthan, Dorlastan* (BRD); *Lycra* (USA).

Polyvinylchloridfaserstoffe, Kurzzeichen PVC

- *Herstellung:* Lösungen von (z.T. nachchloriertem) Polyvinylchlorid in acetonhaltigen Lösungsmittelgemischen werden durch Spinndüsen in Wasser gepreßt (Naßspinnverfahren).
- *Eigenschaften:* thermoplastisch; bei etwa 75 °C erweichend; sehr säure-, wasser- und alkalibeständig; fäulnis- und verrottungsfest; empfindlich gegen organische Lösungsmit-

tel; nicht brennbar; laden sich leicht elektrostatisch auf.
- *Verwendung:* ausschließlich als Faser (PVC-F) für technische Zwecke (Filter), unentflammbare Textilien (z.B. für Theater), Decken und Antirheumawäsche.
- *Handelsnamen: Rhovyl* (Faser).

42.5.6 Regeneratcellulosefaserstoffe

Arten: *Viskosefaserstoffe* (Kurzzeichen VI)
Kuoxamfaserstoffe (Kurzzeichen KU)

Herstellung:

- *Viskosefaserstoff:* Zellstofftafeln werden durch 20%ige Natronlauge in Alkalicellulose umgewandelt und danach durch Kohlendisulfid in orangefarbenes, krümeliges Natriumcellulosexanthogenat[1] (»Xanthat«) übergeführt, das in Natronlauge zu *Viskose*[2] (gelbbraun, zähflüssig) gelöst wird:

$$\text{Cell} - \text{ONa} + \text{CS}_2 \longrightarrow \text{Cell} - \text{O} - \text{C} \begin{smallmatrix} \diagup \text{S} \\ \diagdown \text{SNa} \end{smallmatrix} \quad (\text{Cell} = \text{Celluloserest})$$

Beim Erspinnen der Fäden in verdünnte Schwefelsäure (Naßspinnen) wird CS_2 abgespalten unter Rückbildung (»Regenerierung«) der Cellulose in schwach abgebauter, stärker wasserhaltiger Form (*Regeneratcellulose, Hydratcellulose*).

- *Kuoxamfaserstoff* [3]*:* Als Lösungsmittel für Cellulose dient die tiefblaue Lösung von Tetraamminkupfer(II)-hydroxid, $[Cu(NH_3)_4](OH)_2$; als Fällbad dient heißes Wasser mit geringen Zusätzen.

Eigenschaften: ähnlich pflanzlichen Faserstoffen (Baumwolle), jedoch weniger fest (besonders im nassen Zustand) und von größerer Wasseraufnahme (dadurch sehr hautfreundlich); bügelfest; auch hochnaßfeste Typen wurden entwickelt.

Verwendung: als Faser (VI-F, *Viskosefaser,* früher »Zellwolle«) und Seide (VI-S, *Viskoseseide,* und Ku-S, *Kupferseide*). Preiswerteste Chemiefaserstoffe, VI-F findet meist in Mischung mit Baumwolle, Wolle oder vollsynthetischen Fasern vielfältigste Anwendung für Bekleidungs- und Raumtextilien, Decken u.a., hochnaßfeste Typen auch technisch; VI-S für Blusen, Kleider, Dekostoffe u.a. - Ku-S ist der Naturseide am ähnlichsten, wird jedoch nur noch wenig produziert.

Handelsnamen: *Reyon.*

Zellglas (früher *Cellophan*) entsteht beim Einpressen von Viskose durch Schlitzdüsen in das Fällbad; enthält Glycerol als Weichmacher. - **Viskoseschwämme** werden mit gasabspaltenden Treibmitteln »gebacken«.

42.5.7 Celluloseacetatfaserstoff (Acetatfaserstoff, Kurzzeichen AC)

Herstellung: Die Fäden werden aus einer Lösung von *Cellulose-2$^1/_2$-acetat* (↑S. 736) in Aceton durch Einpressen in Warmluft ersponnen, wobei das Lösungsmittel verdunstet (Trockenspinnverfahren).

---

1) Natriumcellulosexanthogenat ist das Natriumsalz des Celluloseesters der. Dithiokohlensäure, HO–CS(SH).
2) auch *Viscose*
3) Kuoxam = Kupfer-oxid-ammoniak

Eigenschaften: thermoplastisch; bis 80 °C bügelfest; schmilzt bei 210 bis 220 °C; bezüglich Griff, Glanz, Weichheit und Festigkeit der Raupenseide ähnlich; unbeständig gegenüber vielen organischen Lösungsmitteln, säure- und alkaliempfindlich.

Verwendung: hauptsächlich als Seide (AC-S) für dekorative Textilien.

Handelsnamen: *Aceta, Drawinella*.

42.6 Silicone

Chemische Zusammensetzung: In den Siliconen sind (evtl. substituierte) Kohlenwasserstoffreste an die Si-Atome einer Si-O-Kette gebunden:

$$R-\underset{\underset{R}{|}}{\overset{\overset{R}{|}}{Si}}-O-\underset{\underset{R}{|}}{\overset{\overset{R}{|}}{Si}}-O-\cdots\cdots-\underset{\underset{R}{|}}{\overset{\overset{R}{|}}{Si}}-O-\underset{\underset{R}{|}}{\overset{\overset{R}{|}}{Si}}-R$$

Methylsilicon ($R = CH_3$)

Die Ketten können auch ringgeschlossen sein oder ein räumliches Netzwerk bilden.

Herstellung: Man stellt zunächst durch Überleiten von Halogenkohlenwasserstoffen über eine Si-Cu-Legierung bei 300 °C *Alkyl*- oder *Arylsiliciumchloride* her, aus Monochlormethan z.B. **Dimethyldichlorsilan** gemäß $2 \ CH_3Cl + Si \rightarrow (CH_3)_2SiCl_2$, das z.T. in $(CH_3)SiCl_3$ und $(CH_3)_3SiCl$ disproportioniert. Mit Wasser entstehen hieraus die *Silanole*, z.B. **Dimethylsilandiol,** $(CH_3)_2Si(OH)_2$, die sofort unter Wasserabspaltung zu den Siliconen polykondensieren:

$$\cdots + H|O-Si(CH_3)_2-|OH + H|O-Si(CH_3)_2-|OH+\cdots$$

$$\xrightarrow{-H_2O} \cdots -Si(CH_3)_2-O-Si(CH_3)_2-O-\cdots$$

Bei Anwendung auch trifunktioneller Ausgangsstoffe, z.B. **Methyltrichlorsilan,** $(CH_3)SiCl_3$, entstehen räumlich vernetzte Silicone.

Eigenschaften: Je nach Molekülgröße, Verzweigungs- und Vernetzungsgrad ergeben sich öl-, harz- oder kautschukartige Stoffe. Ihnen gemeinsam sind: hohe Temperaturbeständigkeit; Unlöslichkeit in Wasser und vielen organischen Lösungsmitteln; weitgehende chemische Beständigkeit gegenüber Wasser, Basen und Säuren; sehr gute elektrische Isolierfähigkeit.

Siliconöle: farb-, geruch- und geschmacklos, ungiftig, nicht verharzend, i.allg. wasserabweisend (hydrophob); die Viskosität jedes Öls bleibt von –70 °C bis 250 °C nahezu unverändert; bis 200 °C einsatzfähig; schwer brennbar. Verwendung als Hydraulikflüssigkeit, Transformatoren- und Schalteröl, Formentrennmittel (auch in Bäckereien); als wasserabweisendes und schaumverhütendes Mittel.

Siliconfette: mit Verdickungsmitteln (Lithiumstearat) versetzte Siliconöle; Verwendung als Schmiermittel.

Siliconharze, in Form löslicher Vorkondensate eingesetzt, vernetzen durch Wärme oder Katalysatoren in der letzten Verarbeitungsstufe; für Einbrennlacke (*Siliconlacke*); zur wasserabstoßenden Textilimprägnierung von Papier, Mauerwerk, Glas, Keramik u.a.

Siliconkautschuk wird zu *Silicongummi* vulkanisiert; völlig öl-, licht- und alterungsbeständig; zwischen –55 °C und 200 °C elastisch; geringe mechanische Festigkeit. Verwendung: temperaturbeständiges Dichtungsmaterial, Elektroisolierungen, Bluttransfusionsschläuche.

Siliconkautschukpasten enthalten Siliconvorkondensate und Substanzen (z.B. *Methyltriacetosilan,* $CH_3Si(OOC-CH_3)_3$, die mit Luftfeuchtigkeit (unter Abspaltung von Essigsäure) ein Silanol (z.B. *Methylsilantriol,* $CH_3Si(OH)_3$) ergeben, das sofort unter räumlicher Vernetzung mit den freien OH-Gruppen der Vorkondensate zum Siliconkautschuk polykondensiert.

43 Rationelle Nomenklatur anorganischer Verbindungen

Für die Benennung anorganischer Verbindungen gibt es Richtsätze der Internationalen Union für reine und angewandte Chemie (IUPAC), die sich in der chemischen Literatur weitgehend durchgesetzt haben. Gegenüber den älteren - zum Teil noch verwendeten - Namen bieten die in diesen Richtsätzen festgelegten rationellen Bezeichnungen den Vorteil, daß der Name aus der Formel und die Formel aus dem Namen abgeleitet werden kann, also eine eindeutige Zuordnung gegeben ist.

43.1 Namen der binären Verbindungen

Am einfachsten zu benennen sind die binären Verbindungen, das sind die Verbindungen, die nur aus *zwei* Elementen aufgebaut sind. In den *Formeln* der binären Verbindungen steht das elektropositive Element links, das elektronegative Element rechts. Demenstprechend wird in den Bezeichnungen zuerst das *elektropositive Element* genannt, das *elektronegative Element* folgt mit seinem lateinischen Wortstamm[1] und der Endung *-id*.

Beispiele: NaCl   Natriumchlorid K_2S Kaliumsulfid
            CaO   Calciumoxid Mg_3N_2 Magnesiumnitrid

Bei den Verbindungen mit *Ionenbindung* wird also zuerst das *Kation*, dann das *Anion* genannt.

In einigen wichtigen Ausnahmefällen tragen auch *mehratomige Anionen* die Endung *-id*.

Beispiele: OH^- Hydrox*id*ion O_2^{2-} Perox*id*ion
           O_2^- Hyperox*id*ion CN^- Cyan*id*ion
           SCN^- Rhodan*id*ion NH_2^- Am*id*ion
                    (Thiocyanation)

Wird diese Bezeichnungsweise auf Verbindungen mit *Atombindung* angewandt, so wird davon ausgegangen, daß im Periodensystem die elektropositiveren Elemente innerhalb einer Periode *links*, innerhalb einer Gruppe *unten* stehen (↑auch Elektronegativitätsskala; 4.6.3). Das im PSE *links* bzw. *unten* stehende Element ist also in der Bezeichnung einer binären Verbindung zuerst zu nennen.

Beispiele: SiC   Siliciumcarbid
            CO   Kohlen(mon)oxid
            ClF   Chlorfluorid

---

[1] Die lateinischen (zum Teil auch aus dem Griechischen abgeleiteten) Namen der Elemente sind in Tafel 1 im Anhang in Klammern gesetzt.

43.2 Namen mehratomiger (komplexer) Kationen und Anionen

Zu beachten ist, daß Sauerstoff elektronegativer (↑4.6.3) als Chlor, aber elektropositiver als Fluor ist, daher:

	ClO_2	Chlordioxid
aber	OF_2	Sauerstoffdifluorid

Die Mengenverhältnisse, die in den Formeln durch Teilchenstöchiometriezahlen (Atommultiplikatoren, Indizes; ↑1.7) gekennzeichnet werden, können in den Namen der Verbindungen auf zwei verschiedene Arten angegeben werden:

- **Bezeichnung der stöchiometrischen Zusammensetzung**
  Mit vorangestellten griechischen (z.T. auch lateinischen) Zahlwörtern (↑S. 760) wird angegeben, mit wieviel Atomen die Elemente am Aufbau eines Moleküls beteiligt (bzw. in der Formel der Verbindung enthalten) sind.

  Beispiele: SO_2 Schwefel*di*oxid
  N_2O_4 *Di*stickstoff*tetra*oxid
  CO Kohlen(*mon*)oxid
  Cl_2O_7 *Di*chlor*hepta*oxid

  Die Bezeichnung »mono« für »eins« wird oft weggelassen.

  Diese Bezeichnungsweise wird vorwiegend für Verbindungen mit Atombindung angewandt.

- **Bezeichnung der Oxidationszahl (der Wertigkeit)**
  Mit römischen Ziffern, die dem Namen eines Elements in runden Klammern angefügt werden, wird die Oxidationszahl (↑5.5.3) bzw. die Ionenwertigkeit (↑5.5.2) angegeben, mit der dieses Element in der bezeichneten Verbindung vorliegt.

  Beispiele: $FeCl_2$ Eisen(II)-chlorid
  $FeCl_3$ Eisen(III)-chlorid
  V_2O_5 Vanadium(V)-oxid, auch Vanadiumpentaoxid

  Zu beachten ist, daß die Ziffer V die Oxidationszahl des Vanadiums angibt, die Bezeichnung »penta« dagegen die Anzahl der Sauerstoffatome entsprechend der Formel der Verbindung.

43.2 Namen mehratomiger (komplexer) Kationen und Anionen

Aus mehr als zwei Elementen aufgebaute anorganische Verbindungen, bei denen ein elektropositiver und ein elektronegativer Bestandteil zu unterscheiden ist, werden bei der Benennung wie binäre Verbindungen behandelt. Dabei treten in den Namen wie in den Formeln komplexe Kationen bzw. Anionen an die Stelle der einfachen Ionen. Die Bezeichnung solcher *Komplexionen* erfolgt nach dem Schema:

Anzahl der Liganden	Name der Liganden	Name des Zentralions

43 Rationelle Nomenklatur anorganischer Verbindungen

Das *Zentralion* wird in Anlehnung an die binären Verbindungen bei den *komplexen Kationen* mit dem *deutschen Elementnamen*, bei den *komplexen Anionen* mit dem *lateinischen bzw. griechischen Wortstamm* bezeichnet, der hier mit der Endung *-at* versehen wird.

Beispiele: Verbindungen mit

- *komplexen Kationen:*

  Tetraammin-kupfer(II)-sulfat $[Cu(NH_3)_4]SO_4$
  Hexaaqua-aluminium-chlorid $[Al(H_2O)_6]Cl_3$

- *komplexen Anionen:*

  Kalium-hexacyano-ferrat(II) $K_4[Fe(CN)_6]$
  Natrium-hexahydroxo-aluminat $Na_3[Al(OH)_6]$

Die Wertigkeit der Zentralionen wird - soweit das zur Unterscheidung notwendig ist - durch nachgestellte römische Ziffern in runden Klammern angegeben.

Beispiele: Kalium-hexacyano-ferrat(II) $K_4[\overset{+2}{Fe}(CN)_6]$

Kalium-hexacyano-ferrat(III) $K_3[\overset{+3}{Fe}(CN)_6]$

Eisen(III)-hexacyano-ferrat(II) $\overset{+3}{Fe}_4[\overset{+2}{Fe}(CN)_6]_3$

Im letzten Beispiel ist das Eisen im Kation dreiwertig, im Anion zweiwertig.

Die Namen der **Liganden** werden nach folgenden Regeln gebildet:

- Bei *Anionen,* die als Liganden auftreten, wird der Bezeichnung des Anions ein *-o* angefügt.

  Beispiele: SCN⁻ Thiocyanation   als Ligand: -thiocyanat*o*-
  H⁻ Hydridion   als Ligand: -hydrid*o*-

- Bei den bekanntesten als Liganden auftretenden Anionen wird dabei die Nachsilbe *-id* ausgestoßen.

  Beispiele: F⁻ Fluoridion   als Ligand: -fluoro-
  Cl⁻ Chloridion   als Ligand: -chloro-
  O²⁻ Oxidion   als Ligand: -oxo-
  OH⁻ Hydroxidion   als Ligand: -hydroxo-
  CN⁻ Cyanidion   als Ligand: -cyano-

- Für Moleküle, die als Liganden auftreten, wurden besondere Bezeichnungen festgelegt.

  Beispiele: H_2O Wasser   als Ligand: -aqua-
  NH_3 Ammoniak   als Ligand: -ammin-

Komplexe Kationen mit Wasserstoff als Ligand werden auf andere Weise benannt. An die Stammsilbe des lateinischen Namens des als Zentralion auftretenden Elements wird die Endung *-onium* angehängt.

Beispiele: $[PH_4]^+$ Phosphoniumion $[SH_3]^+$ Sulfoniumion

Von dieser Regel abweichend, ist die Bezeichnung $[NH_4]^+$ Ammoniumion, nicht vom Namen des Elements Stickstoff, sondern aus dem der Verbindung Ammoniak, NH_3, abgeleitet.

In Anlehnung an die Regel gilt für   [H$_3$O]$^+$ Oxoniumion.
Liegen [H$_3$O]$^+$-Ionen in hydratisierter Form vor, wie das in wäßrigen Lösungen stets der Fall ist, gilt dafür   [H$_3$O]$^+$ Hydroniumion.

Komplexe Anionen mit Sauerstoff als Ligand werden meist noch nach einer älteren Bezeichnungsweise benannt, bei der zur Kennzeichnung der unterschiedlichen Wertigkeiten (Oxidationszahlen) des Zentralions neben

der Endung -at (für die wichtigste Wertigkeitsstufe),
die Endung -it und
die Vorsilbe -hypo- } (für niedrigere Wertigkeitsstufen)
die Vorsilbe -per- (für höhere Wertigkeitsstufen)

verwendet werden.

Beispiele: Natriumperchlorat NaClO$_4$ [Natrium-tetraoxo-chlorat]
Natriumchlorat NaClO$_3$ [Natrium-trioxo-chlorat]
Natriumchlorit NaClO$_2$ [Natrium-dioxo-chlorat]
Natriumhypochlorit NaClO [Natrium-monooxo-chlorat]

In Eckklammern stehen die rationellen Bezeichnungen, die eine eindeutige Zuordnung von Formel und Name gestatten würden, sich aber bisher nicht durchgesetzt haben. Bei den jetzt noch üblichen älteren Bezeichnungen ist eine solche Zuordnung nicht gegeben:

Beispiele: Natriumsulfat Na$_2\overset{+6}{\text{S}}$O$_4$

Natriumcarbonat Na$_2\overset{+4}{\text{C}}$O$_3$

Natriumphosphat Na$_3\overset{+5}{\text{P}}$O$_4$

Natriumnitrat Na$\overset{+5}{\text{N}}$O$_3$

Diese Namen lassen weder auf eine bestimmte Anzahl Sauerstoffatome noch auf die Oxidationszahl des Zentralatoms schließen.

43.3 Namen der Säuren

Für die Bezeichnung der wichtigsten Säuren wird gegenwärtig noch an den herkömmlichen Namen festgehalten.

- Bei den *sauerstofffreien Säuren* wird an den Namen des säurebildenden Elements die Bezeichnung -*wasserstoffsäure* angehängt.

Beispiele: HCl Chlorwasserstoffsäure (Salzsäure) [Hydrogenchlorid]
HF Fluorwasserstoffsäure (Flußsäure) [Hydrogenfluorid]

Daneben sind die in runde Klammern gesetzten Trivialnamen noch weit verbreitet; dagegen werden die in Eckklammern gesetzten rationellen Bezeichnungen kaum benutzt.

- Bei den *sauerstoffhaltigen Säuren* (Oxosäuren) wird in der Regel an den Namen des Elements, das als Zentralion in dem Oxokomplex auftritt, die Bezeichnung -*säure* angehängt.

Beispiel: H$_2$SO$_4$ Schwefelsäure [Dihydrogen-sulfat]
H$_2$CO$_3$ Kohlensäure [Dihydrogen-carbonat]
HClO$_3$ Chlorsäure [Hydrogen-chlorat]

Ausnahme: HNO₃ Salpetersäure [Hydrogen-nitrat],
benannt nach dem Salz »Salpeter«, KNO₃. (Die Salpetersäure war schon im 13. Jahrhundert
bekannt, das Element Stickstoff wurde erst im 18. Jahrhundert entdeckt.)

Aus diesen Bezeichnungen der Säuren kann nicht auf deren Formel geschlossen werden, was
bei den in Eckklammern angefügten, aber bisher wenig gebräuchlichen rationellen Bezeichnungen der Fall ist.

Bildet ein Element mehrere Oxosäuren, so kann zu deren Unterscheidung
analog der Benennung der komplexen Anionen dieser Säuren (↑S. 749) verfahren werden. Dabei entspricht der Endung -*it* des Anions eine Bezeichnung,
in der der Name des säurebildenden Elements als adjektivisches Attribut zum
Wort Säure auftritt.

Beispiele: $HClO_4$ *Per*chlorsäure ClO_4^- *Per*chlorat*ion*
             $HClO_3$ Chlorsäure ClO_3^- Chlorat*ion*
             $HClO_2$ Chlor*ige* Säure ClO_2^- Chlor*ition*
             $HClO$ *Hypo*chlor*ige* Säure ClO^- *Hypo*chlor*ition*

Säuren, in denen Sauerstoffatome durch die Peroxogruppe –O–O– oder durch
Schwefelatome ersetzt sind, werden Peroxosäuren bzw. Thiosäuren genannt.

Beispiele: H_2SO_5 Peroxoschwefelsäure
             $H_2S_2O_3$ Thioschwefelsäure

Bei anderen Liganden (außer Sauerstoff und Schwefel) werden diese wie bei
den komplexen Anionen nach Anzahl und Art dem Namen des Zentralions
bzw. dem Namen der Säure vorangestellt.

Beispiele: H_2PtCl_6 Hexachloro-platin(IV)-säure
             H_2SiF_6 Hexafluoro-kieselsäure

43.4 Namen der Salze

Salze werden entsprechend ihrer Zusammensetzung als binäre Verbindungen
(↑43.1) oder als Verbindungen mit komplexen Ionen (↑43.2) benannt. Einige
Besonderheiten in der Zusammensetzung von Salzen erfordern zusätzliche
Benennungen:

- **Hydrogensalze** enthalten - durch elektrolytische Dissoziation abspaltbare
  - *Wasserstoffionen*. (Die ältere Bezeichnung »saure Salze« ist irreführend,
  da solche Salze in wäßriger Lösung auch neutral oder basisch reagieren
  können.) Die Bezeichnung -*hydrogen* steht unmittelbar vor dem Anion.

  Beispiele: $NaHCO_3$ Natrium-hydrogen-carbonat
               Na_2HPO_4 Dinatrium-hydrogen-phosphat
               NaH_2PO_4 Natrium-dihydrogen-phosphat

- **Doppelsalze** sind Salze, die zwei verschiedene Kationen oder zwei verschiedene Anionen enthalten.

  Beispiele: zwei Kationen: $CaMg(CO_3)_2$ Calcium-magnesium-carbonat (Dolomit)
  zwei Anionen: $CaCl(ClO)$ Calcium-chlorid-hypochlorit (Chlorkalk)

- **Hydroxidsalze** enthalten neben anderen Anionen *Hydroxidionen*, OH^- (ältere Bezeichnung *Hydroxysalze*)

- **Oxidsalze** enthalten neben anderen Anionen *Oxidionen*, O^{2-} (ältere Bezeichnung *Oxysalze*).

  Beide - früher unter dem Begriff basische Salze zusammengefaßt - werden heute wie Doppelsalze benannt, wobei die Hydroxidionen und Oxidionen den anderen Anionen in der Formel und im Namen vorangestellt werden.

  Beispiele: $Al(OH)SO_4$ Aluminium-hydroxid-sulfat
  $BiOCl$ Bismut-oxid-chlorid (früher Bismutylchlorid)

- Verbindungen, in denen Oxidionen und Hydroxidionen nebeneinander vorliegen, werden gleichfalls wie Doppelsalze benannt.

  Beispiel: $AlO(OH)$ Aluminium-oxid-hydroxid

44 Die Nomenklatur organischer Verbindungen [1]

44.1 Allgemeines

Systematische Namen: Die systematisch gebildeten Namen (»rationelle Namen«) haben den *Vorteil*, daß aus ihnen die chemische Struktur abgelesen werden kann; umgekehrt kann jede vorgegebene chemische Verbindung eindeutig bezeichnet werden. Der *Nachteil* der streng systematischen Nomenklatur besteht darin, daß bei kompliziert gebauten Stoffen auch die Namen kompliziert und unhandlich sind, so daß dann umgangssprachlich die (kürzeren) Trivialnamen bevorzugt werden.

Trivialnamen: Gegen die Anwendung von Trivialnamen ist nichts einzuwenden, sofern diese keine falschen Vorstellungen erwecken. Gleichwohl sollte man dort, wo sie keine besonderen Vorteile (z.B. den der Kürze) bieten, die systematischen Namen bevorzugen (*Ethin* statt Acetylen, *Ethanol* statt Ethylalkohol u.a.). In der Praxis verknüpft man oft Trivialnamen mit systematischen Vorsätzen oder Endungen.

Empfehlungen zur Nomenklatur und Orthographie: Die wichtigsten Vorschläge der deutschsprachigen IUPAC-Kommission (1978) sind (neben der Festlegung der c-Schreibweise ohne Rücksicht auf eine evtl. unmittelbar griechische Herkunft) folgende:

- Schreibung *Ethan, Ethen, Ethylen, Ethin, Ethyl, Ethanol, Ether, Diethylether, Polyethylen* (statt bisher Äthan usw.); hiermit wären konsequenterweise verknüpft: *ausethern, verethern, etherische Phase*. Die Namen *Petroläther* und *ätherisches Öl* haben jedoch nichts mit der Stoffklasse der Ether zu tun und sollten ihre Schreibweise beibehalten.

---

[1] Dieser Abschnitt behandelt nur die wichtigsten Verbindungsklassen. Speziellere Angaben finden sich in den entsprechenden Abschnitten der organischen Chemie (Kapitel 28 bis 42).

- Endung -en statt -ol oder -in bei aromatischen Kohlenwasserstoffen (»Arenen«): *Benzen, Toluen, Xylen, Naphthalen, Styren, Polystyren, Cumen, Cymen, Caroten.*

- Endung -ol in Trivialnamen für Alkohole und Phenole: *Glycerol, Cholesterol, Pinacol, Sorbitol, Mannitol* u.a. (statt bisher Glycerin, Cholesterin, Pinacon, Sorbit, Mannit u.a.);

- Endung -al in entsprechenden Aldehyden; *Furfural* (statt Furfurol);

- Stellenangaben stets **vor** Endungen: *But-1-en, Buta-1,3-dien, Propan-2-ol, Butan-1,3-diol, Naphth-1-ylamin* und *Naphth-2-ylamin*[1] (statt Buten-(1), Butadien-(1,3) usw.).

44.2 Stammverbindungen

Allgemeines: Die systematischen Namen organischer Verbindungen leiten sich von sog. *Stammverbindungen* dadurch ab, daß deren Namen oder Wortstämme mit Vorsätzen und Endungen[2] (*Präfixe* und *Suffixe*) sowie Zahlenbezeichnungen und Buchstaben versehen werden. Die Namen dieser Stammverbindungen sind historisch entstanden und weisen in der Regel keine durchgehende Systematik auf.

Alkane (↑S. 603) bilden die Grundlage zur Benennung der acyclischen (aliphatischen) und alicyclischen Verbindungen.
Die Namen der Alkane tragen die systematische Endung *-an* und leiten sich vom 5. Glied an von griechischen und lateinischen Zahlbezeichnungen (für die Anzahl der C-Atome) her:

Tabelle 44-1: *Namen der Alkane*[3]

CH_4	Methan	$C_{11}H_{24}$	Undecan	$C_{21}H_{44}$	Heneicosan
C_2H_6	Ethan	$C12H_{26}$	Dodecan	$C_{22}H_{46}$	Docosan
C_3H_8	Propan	$C_{13}H_{28}$	Tridecan	$C_{23}H_{48}$	Tricosan
C_4H_{10}	Butan	$C_{14}H_{30}$	Tetradecan	...	
C_5H_{12}	Pentan	$C_{15}H_{32}$	Pentadecan	$C_{29}H_{60}$	Nonacosan
C_6H_{14}	Hexan	$C_{16}H_{34}$	Hexadecan	$C_{30}H_{62}$	Triacontan
C_7H_{16}	Heptan	$C_{17}H_{36}$	Heptadecan	$C_{31}H_{64}$	Hentriacontan
C_8H_{18}	Octan	$C_{18}H_{38}$	Octadecan	...	
C_9H_{20}	Nonan	$C_{19}H_{40}$	Nonadecan	$C_{40}H_{82}$	Tetracontan
$C_{10}H_{22}$	Decan	$C_{20}H_{42}$	Eicosan	$C_{50}H_{102}$	Pentacontan
				...	
				$C_{100}H_{202}$	Hectan

- Die Namen der **Cycloalkane** (↑S. 661) leiten sich hieraus durch den Vorsatz *Cyclo-* ab, z.B. *Cyclopropan, Cyclobutan* usw.

Arene (aromatische Kohlenwasserstoffe; ↑S. 665) bilden die Grundlage zur Benennung der carbocyclisch-aromatischen Verbindungen. Die einfachsten Stammverbindungen sind:

---

1) dagegen nicht Prop-2-yl, sondern 1-Methyl-ethyl bzw. trivial Isopropyl
2) oft (nicht ganz korrekt) als *Vor-* und *Nachsilben* bezeichnet
3) Die Namen sind auf der letzten Silbe zu betonen: Methán, Ethán usw.

| Benzen | Naphthalen | Anthracen | Phenanthren |
| <Benzol> | <Naphthalin> | | |

(Die Formeln enthalten zugleich die verbindliche Bezifferung der Kohlenstoffatome.)

Hydrierte Verbindungen: Manche Verbindungen werden als Hydrierprodukte aromatischer Stammverbindungen angesehen; sie erhalten den Vorsatz *hydro-*, verbunden mit der erforderlichen Anzahlbezeichnung. Im Gegensatz zu allen anderen Vorsätzen und Endungen verfährt man hierbei nicht nach dem substitutiven, sondern nach dem additiven Prinzip.

Beispiel: Decahydronaphthalen (Decalin) = $C_{10}H_{18}$ (Naphthalen = $C_{10}H_8$).

Heterocyclische Stammverbindungen können zwar mit Hilfe der »*Aza-Nomenklatur*« (↑S. 683) auf Cycloalkane und Arene zurückgeführt werden; doch wird hiervon nicht durchgehend Gebrauch gemacht. Man sieht vielmehr die auf S. 683 angegebenen heterocyclischen Ringsysteme als Stammverbindungen an; hinzu treten noch weitere Systeme, die besonders als Bestandteile von Naturstoffen Bedeutung haben, z.B. *Purin* (↑S. 686), *Pyrimidin* (↑S. 686), *Porphin* (↑S. 713) und andere.

Sonstige Stammverbindungen: Um die systematischen Namen nicht zu unübersichtlich werden zu lassen, benutzt man in der Praxis Trivialbezeichnungen weiterer Stoffe zur Ableitung der Namen von Derivaten. Hierzu gehören z.B. *Steran* (= Cyclopentano-tetradecahydrophenanthren; ↑S. 704), *Menthan* (1-Methyl-4-isopropyl-cyclohexan), *Glucose* (Kettenform = optisches Isomer von 2,3,4,5-Pentahydroxy-hexanal) und viele weitere.

44.3 Ungesättigte Verbindungen

Einfach ungesättigte Verbindungen: Bei Vorhandensein einer *Doppelbindung* wird die Endung *-an* des Stammkohlenwasserstoffs durch *-en* (trivial *-ylen*), bei einer *Dreifachbindung* durch *-in* ersetzt:

$CH_3-CH_2-CH_3$	$CH_3-CH=CH_2$	$CH_3-C\equiv CH$
Propan	Propen	Propin
	(trivial: Propylen)	

Lage der Mehrfachbindung:

- Zur Kennzeichnung der *Lage* der Mehrfachbindung im Molekül dient die Stellenangabe des C-Atoms, von dem (in Zählrichtung gesehen) die Mehrfachbindung ausgeht.
- Die *Zählung* der C-Atome beginnt an dem Ende der C-Kette, dem die Mehrfachbindung am nächsten liegt.
- *Schreibweise:* Die Stellenbezeichnung erfolgt nach neuerer Empfehlung durch arabische Zahlen, die (ohne Klammern) unmittelbar vor *-en* oder *-in* eingefügt werden. - Herkömmlicherweise wurden die Zahlen durch einen Bindestrich an den Namen angeschlossen und geklammert.[1]

---

[1] Die Klammer wurde mitunter auch weggelassen: *Buten-1*. Um aber in komplizierteren Fällen Verwechslungen zu vermeiden, sollten nachgestellte Stellenbezeichnungen (im Gegensatz zu vorangestellten) stets geklammert werden.

44 Die Nomenklatur organischer Verbindungen

- *Beispiele* (die Stellenbezeichnungen sind über den C-Atomen angegeben):

$\overset{4}{C}H_3-\overset{3}{C}H_2-\overset{2}{C}H=\overset{1}{C}H_2$ (falsch wären But-3-en bzw. Buten-(3) mit umgekehrter Zählrichtung)
But-1-en
<Buten-(1)>[1]

$\overset{4}{C}H_3-\overset{3}{C}H=\overset{2}{C}H-\overset{1}{C}H_3$ (hier ergibt die umgekehrte Zählrichtung die gleiche Bezeichnung)
But-2-en
<Buten-(2)>

Mehrfach ungesättigte Verbindungen

- Die *Anzahl* der jeweiligen Mehrfachbindungen wird durch die auf S. 760 angeführten Zahlbezeichnungen gekennzeichnet, die vor den Endungen -en bzw. -in eingefügt werden und denen oft (leider unregelmäßig) der besseren Sprechbarkeit halber ein -a- vorangestellt wird.

- Die *Stellenangabe* ist für jede Mehrfachbindung vorzunehmen; die einzelnen Zahlen sind durch ein Komma voneinander zu trennen.

- Bei gleichzeitiger Anwesenheit von Doppel- und Dreifachbindungen geht im Namen und bezüglich der niedrigeren Bezifferung -*en* vor -*in*.

- *Beispiele:*

$\overset{4}{C}H_2=\overset{3}{C}H-\overset{2}{C}H=\overset{1}{C}H_2$ $\overset{4}{C}H_3-\overset{3}{C}H=\overset{2}{C}=\overset{1}{C}H_2$
Buta-1,3-dien[2]   Buta-1,2-dien
<Butadien-(1,3)>   <Butadien-(1,2)>

$\overset{6}{C}H_2=\overset{5}{C}H-\overset{4}{C}H=\overset{3}{C}H-\overset{2}{C}H=\overset{1}{C}H_2$ $\overset{4}{C}H\equiv\overset{3}{C}-\overset{2}{C}H=\overset{1}{C}H_2$
Hexa-1,3,5-trien   But-1-en-3-in[3]
<Hexatrien-(1,3,5)>   <Buten-(1)-in-(3)>

44.4 Reste (Radikale)[4]

Acyclische einwertige Reste:

- *gesättigt-unverzweigt:* Die Endung -an des zugrundeliegenden Kohlenwasserstoffs wird durch -*yl* ersetzt:

–CH$_3$	Methyl-	–C$_3$H$_7$	Propyl-	(n-Propyl-)
–C$_2$H$_5$	Ethyl-	–C$_4$H$_9$	Butyl-	(n-Butyl)

Für C$_5$H$_{11}$ ist die Trivialbezeichnung *Amyl-* (statt Pentyl-) üblich.

- *gesättigt-verzweigt:* Grundsätzlich ist die auf S. 758 beschriebene Nomenklatur anzuwenden; jedoch sind für die einfachsten Atomgruppen folgende Namen in Gebrauch:

---

1) Die herkömmlichen systematischen Namen werden in diesem Kapitel in Winkelklammern < > geschrieben.
2) sprich: Buta-eins-drei-di-én bzw. Butadi-én-eins-drei
3) sprich: But-eins-én-drei-ín bzw. Butén-eins-ín-drei
4) Da der Name *Radikal* hauptsächlich für freie, in der Regel unbeständige Atomgruppen mit (mindestens) einem ungepaarten Elektron verwendet wird, z.B. •CH$_3$, verdient die Empfehlung »Reste« für Atomgruppen als Bestandteile von Molekülen den Vorzug.

44.4 Reste (Radikale)

$$-\overset{\diagup CH_3}{\underset{\diagdown CH_3}{CH}} \qquad -CH_2-\overset{\diagup CH_3}{\underset{\diagdown CH_3}{CH}} \qquad -CH_2-CH_2-\overset{\diagup CH_3}{\underset{\diagdown CH_3}{CH}}$$

Isopropyl–   Isobutyl–   Isoamyl–

$$-\overset{\diagup CH_3}{\underset{\diagdown CH_2-CH_3}{CH}} \qquad -\overset{CH_3}{\underset{CH_3}{C\!\!\begin{array}{c}\diagup\\\diagdown\end{array}\!\!CH_3}} \qquad -\overset{CH_3}{\underset{CH_2-CH_3}{C\!\!\begin{array}{c}\diagup\\\diagdown\end{array}\!\!CH_3}}$$

sek.–Butyl[1])   tert.–Butyl[1])   tert.–Amyl[1])

- *ungesättigt:* Die Endung -en oder -in des ungesättigten Kohlenwasserstoffs wird durch -yl ergänzt; Endung *-enyl* bzw. *-inyl*. Für die einfachsten Gruppen sind Trivialbezeichnungen in Gebrauch.

Formel	Trivialname	systemat. Name[2]
–CH=CH$_2$	Vinyl–	Ethenyl–
–CH=CH–CH$_3$	Propenyl–	Prop-1-enyl-[3]
–CH$_2$–CH=CH$_2$	Allyl–	Prop-2-enyl-[3]
–C(CH$_3$)=CH$_2$	Isopropenyl–	1-Methyl-ethenyl–
–C≡CH	–	Ethinyl–
–CH$_2$–C≡CH	Propargyl–	Prop-2-inyl–

Acyclische zwei- und dreiwertige Reste:

- *an verschiedenen C-Atomen gebunden*[4]: bisherige Endung *-ylen*.

–CH$_2$–	–CH$_2$–CH$_2$–	–CH$_2$–CH$_2$–CH$_2$–	–CH$_2$–CH–CH$_3$ $\vert$
Methylen– Methandiyl	Ethylen– Ethan-1,2-diyl-	Trimethylen– Propan-1,3-diyl-	Propylen– Propan-1,2-diyl-

- *am gleichen C-Atom gebunden*[5]: bisherige Endung *-yliden*.

$>$CH–CH$_3$	$>$CH–CH$_2$–CH$_3$	$>$C$<$CH$_3$/CH$_3$	$>$C=CH$_2$
Ethyliden– Ethan-1,1-diyl-	Propyliden– Propan-1,1-diyl-	Isopropyliden– Propan-2,2-diyl-	Vinyliden– Ethen-1,1-diyl-

- *dreiwertig:* –CH= Methin-

---

1) sprich: Sekundärbutyl-, Tertiärbutyl- usw.
2) Hierbei ist das C-Atom mit der frei gezeichneten Valenz stets das C-Atom Nr. 1.
3) sprich: Prop-eins-enyl, Prop-zwei-enyl usw.
4) bei Methylen- am gleichen (weil einzigen) C-Atom
5) außer Methylen-

44 Die Nomenklatur organischer Verbindungen

Cyclische Reste:

- *gesättigt:* entsprechend den Alkylen Cyclopropyl-, Cyclobutyl-, Cyclopentyl-, Cyclohexyl- usw.

- *aromatisch-einwertig:*

Beachte:
-C$_6$H$_5$, vom Benzen <Benzol> abgeleitet, heißt *Phenyl-*[1];
-CH$_2$-C$_6$H$_5$, vom Toluen <Toluol> abgeleitet, heißt *Benzyl-*.

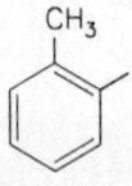

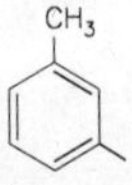

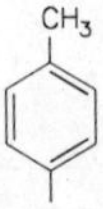

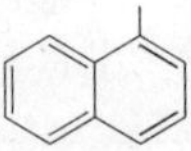

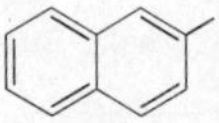

2-Tolyl-[3]	3-Tolyl-	4-Tolyl-	1-Naphthyl-	2-Naphthyl-
o-Tolyl-	m-Tolyl-	p-Tolyl-	α-Naphthyl-	β-Naphthyl-
			Naphth-1-yl-	Naphth-2-yl-

- *aromatisch-zweiwertig:*

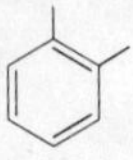

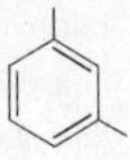

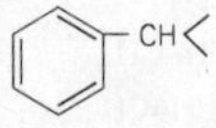

1,2-Phenylen-	1,3-Phenylen-	1,4-Phenylen-	Benzyliden-
o-Phenylen-	m-Phenylen-	p-Phenylen-	Benzal-

- *sonstig:* die einwertigen Reste tragen die Endung -yl; z.B. Pyridyl- (von Pyridin abgeleitet), Menthyl- (von Menthan) u.a.

Reste mit Funktionen:

Beispiele:

-CH$_2$Cl	Chlormethyl-
-CHCl$_2$	Dichlormethyl-
-CCl$_3$	Trichlormethyl-
-CHCl-CH$_3$	1-Chlorethyl-
-CH$_2$-CH$_2$Cl	2-Chlorethyl-
-CH$_2$OH	Hydroxymethyl-[3]
-CH$_2$-COOH	Carboxymethyl-

- Säurereste (*Säureradikale*) haben ebenfalls die Endung -yl und leiten sich in der Regel von Trivialnamen[4] her:

H-CO-	Formyl-
CH$_3$-CO-	Acetyl-
-OC-CO-	Oxalyl-
C$_6$H$_5$-CO-	Benzoyl-

---

1) von *Phen*, einer früher für Benzen vorgeschlagenen Bezeichnung, abgeleitet
2) auch jeweils Toluyl-
3) auch Methylol-
4) vgl. Anmerkungen 3 bis 5, S. 762

44.5 Verzweigtkettige Verbindungen

Die *unverzweigtkettigen acyclischen Verbindungen* heißen auch *normal*-Verbindungen, gekennzeichnet durch ein dem Namen vorangestelltes n-,
z.B. n-*Pentan*, $CH_3–CH_2–CH_2–CH_2–CH_3$.

Verzweigtkettige acyclische Verbindungen:

- Bei *gesättigten Verbindungen ohne Funktionen* entspricht der Stammkohlenwasserstoff der längsten zusammenhängenden C-Kette.

Beispiel (die Hauptkette ist in Fettdruck wiedergegeben):

$$CH_3{\diagdown}\atop{CH_3{\diagup}}CH-CH-CH_2-CH_3 \atop \hphantom{xxxxx}|\atop \hphantom{xxxx}CH_2-CH_2-CH_2-CH_3$$

Stammkohlenwasserstoff:
-heptan (Gesamtname ↑S. 757)

Die *Seitenketten* sind (evtl. substituierte) Kohlenwasserstoffreste; ihr Name (↑S. 754) wird mit vorausgehender Stellenbezeichnung dem Stammkohlenwasserstoff vorangestellt.

Die *Stellenbezeichnungen* sind so zu wählen, daß sich möglichst kleine Zahlen ergeben. Hierbei unterscheidet die erste unterschiedliche Angabe; so ist z.B. 2,3,9- »niedriger« als 2,4,4-.

Sind *mehrere gleichartige Seitenketten* vorhanden, so ist für jede einzelne Seitenkette die Stellung anzugeben[1]. Die Anzahl der jeweils vorhandenen Seitenketten gleicher Art wird durch -di-, -tri- usw. gekennzeichnet.

Beispiele:

$CH_3–CH(CH_3)–CH_3$	= Methyl-propan[2]
$CH_3–CH_2–CH(CH_3)–CH(CH_3)–CH_3$	= 2,3-Dimethyl-pentan
$CH_3–CH_2–C(CH_3)_2–CH_2–CH_3$	= 3,3-Dimethyl-pentan
$CH_3–CH(CH_3)–CH_2–C(CH_3)_2–CH_3$	= 2,2,4-Trimethyl-pentan

$$CH_3{\diagdown}\atop{CH_3{\diagup}}CH-CH-CH_2-CH_3 \atop \hphantom{xxxxx}|\atop \hphantom{xxxx}CH_2-CH_2-CH_2-CH_3$$

= 3-Ethyl-2-methyl-heptan[3]
<Methyl-3-ethyl-heptan>

$$C_2H_5{\diagdown}\atop{CH_3{\diagup}}C{\diagup (CH_2)_4-CH_3 \atop \diagdown CH_2-CH(CH_3)_2}$$

= 4-Ethyl-2,4-dimethyl-nonan
<2,4-Dimethyl-4-ethyl-nonan>

- Bei *ungesättigten Verbindungen ohne Funktionen* entspricht der Stammkohlenwasserstoff der längsten C-Kette mit den meisten Doppel- und Dreifachbindungen.

Beispiele (die Hauptkette ist fett wiedergegeben):

$$CH_3-CH_2-CH_2-CH_2-\underset{\underset{CH_2}{\|}}{C}-CH_2-CH_2-CH_3$$

= 2-Propyl-hex-1-en
<2-Propyl-hexen-(1)>

$$CH_3-CH_2-CH_2-CH_2-CH_2-\underset{\underset{CH_2}{\|}}{C}-CH=CH-CH_3$$

= 2-Amyl-penta-1,3-dien
<2-Amyl-pentadien-(1,3)>

---

[1] Trägt ein C-Atom zwei gleichartige Seitenketten, so ist also dessen Nummer zweimal anzuführen.
[2] In diesem Fall ist die Stellenangabe 2 nicht nötig, da 1- bzw. 3-Methyl-propan gleich n-Butan sind.
[3] Bezüglich der Aufeinanderfolge entscheidet nach den neueren Empfehlungen die *alphabetische* Reihenfolge der Reste; herkömmlich geht entsprechend der Anzahl der C-Atome -methyl vor -ethyl vor -propyl usw.

44 Die Nomenklatur organischer Verbindungen

- Bei (gesättigten oder ungesättigten) *Verbindungen mit Funktionen* entspricht der Stammkohlenwasserstoff der längsten C-Kette mit den meisten Funktionen.

Beispiele:

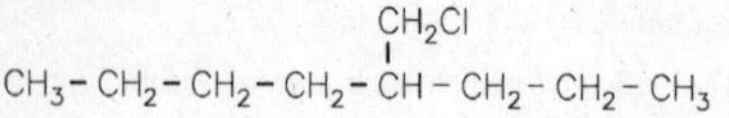

$$CH_3-CH_2-CH_2-CH_2-\underset{\underset{CH_2Cl}{|}}{CH}-CH_2-CH_2-CH_3 = \text{1-Chlor-2-propyl-hexan}$$

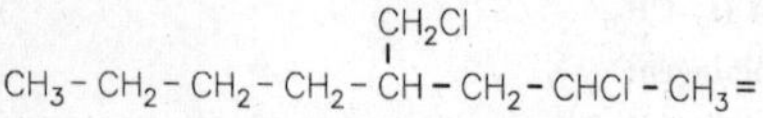

$$CH_3-CH_2-CH_2-CH_2-\underset{\underset{CH_2Cl}{|}}{CH}-CH_2-CHCl-CH_3 = \text{1,4-Dichlor-2-butyl-pentan}$$

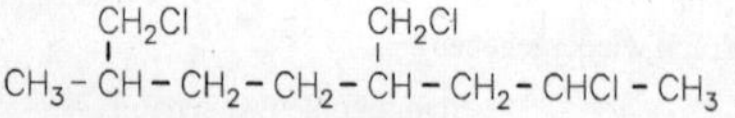

$$CH_3-\underset{\underset{CH_2Cl}{|}}{CH}-CH_2-CH_2-\underset{\underset{CH_2Cl}{|}}{CH}-CH_2-CHCl-CH_3 = \text{1,7-Dichlor-5-chlormethyl-2-methyl-octan}$$

Verzweigtkettige cyclische Verbindungen (Cyclische Verbindungen mit Seitenketten):

- **Verbindungen mit 1 Seitenkette:** Der Name setzt sich gemäß der Regel »Rest-Stammsubstanz« zusammen. Die Stammsubstanz ist i.allg. die cyclische Verbindung; jedoch kann man (besonders bei Derivaten) wahlweise auch die Seitenkette als Stammsubstanz ansehen (Vinylbenzen = Phenylethen). Für die meisten einfachen Verbindungen sind Trivialnamen in Gebrauch (↑S. 751).

Beispiele:

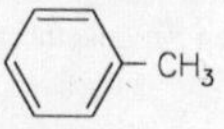

Methylbenzen
(Toluen)
<Toluol>

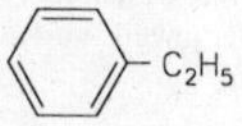

Ethylbenzen

<Ethylbenzol>

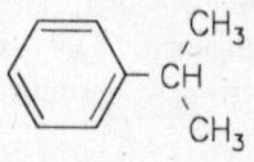

Isopropylbenzen
(Cumen)
<Cumol>

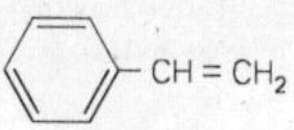

Vinylbenzen
Phenylethen
(Styren)
<Styrol>

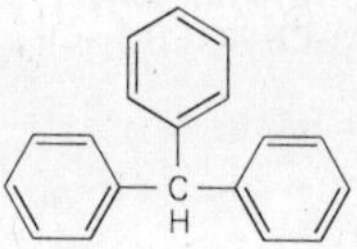

Triphenylmethan
(Tritan)

- **Verbindungen mit mehreren Seitenketten:** Zur Stellenbezeichnung sind grundsätzlich Zahlen an Stelle der Vorsätze o-, m-, p- usw. zu bevorzugen.

Benzenderivate:

1,2-	o-	(ortho-)	1,2,3-	vic-	(vicinal = benachbart)
1,3-	m-	(meta)	1,3,5-	symm-	(symmetrisch)
1,4-	p-	(para-)	1,2,4-	asymm-	(asymmetrisch)

Naphthalenderivate:

| 1- | α- | (alpha) | 1,8- | (peri-) |
| 2- | β- | (beta) | | |

Zählvorschriften für Naphthalen, Anthracen und Phenanthren ↑S. 752.

- **Heterocyclische Verbindungen** ↑S. 683.

44.5 Verzweigtkettige Verbindungen

Verbindungen mit verzweigten Seitenketten

Die IUPAC-Vorschläge unterscheiden sich vorteilhaft von der Genfer »Metho-Nomenklatur«.

- *IUPAC-Nomenklatur:* das C-Atom, mit dem die verzweigte Seitenkette an der Hauptkette haftet, erhält jeweils die Nr. 1; die Zählung setzt sich nach außen fort:

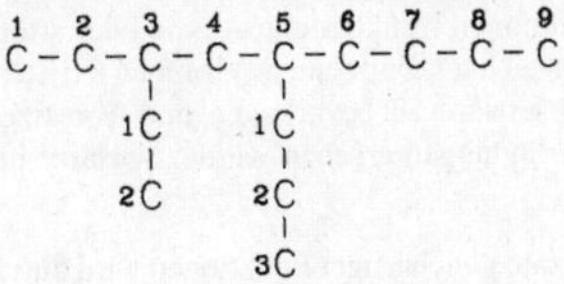

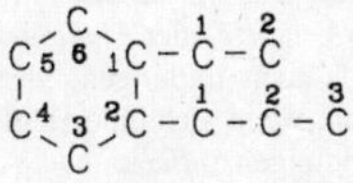

```
 1   2   3   4   5   6   7   8   9
 C - C - C - C - C - C - C - C - C
         |           |
        1C          1C                 C₅ C  1   2
         |           |                   ∖6∕|C - C - C
        2C          2C                 C₄ 3 2C - C - C - C
                     |                   ∖∕  |       1   2   3
                    3C                    C
```

An der Seitenkette haftende Reste werden wie üblich mit Stellenangabe und Endung -yl bezeichnet; die gesamte verzweigte Seitenkette wird geklammert und mit Stellenangabe vor die Bezeichnung der Hauptkette gesetzt.

Beispiele:

I CH₃- CH₂- CH₂- CH₂- CH- CH₂- CH₂- CH₂- CH₃
                         |
                        CH - CH₃
                         |
                        CH₂   5-(1-Methylpropyl)-
                         |
                        CH₃   -nonan

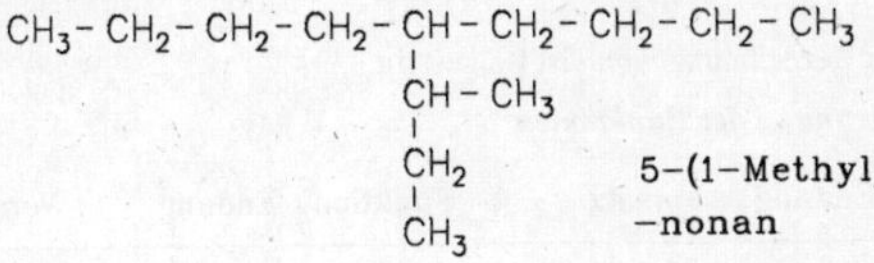

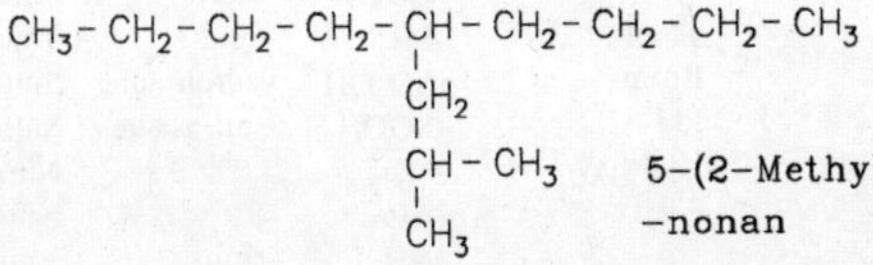

II CH₃- CH₂- CH₂- CH₂- CH- CH₂- CH₂- CH₂- CH₃
                         |
                        CH₂
                         |
                        CH - CH₃   5-(2-Methylpropyl)-
                         |
                        CH₃   -nonan

Genfer Metho-Nomenklatur: An der Seitenkette haftende Reste erhalten statt -yl die Endung -o; die Zahlen für die Seitenketten-C-Atome werden als hochgestellte Indizes an die Zahlen für die Hauptketten-C-Atome angefügt. Die Namen für die Verbindungen I und II sind

I   5-[5^1-Metho-propyl]-nonan
II 5-[5^2-Metho-propyl]-nonan

- **Polycyclische Verbindungen:** Nach der »Bicyclo-Nomenklatur« gibt die Gesamtzahl der ringbildenden C-Atome die Stammverbindung an; ihr voran geht die Anzahl der Glieder jeder »Brücke«.

Beispiele:

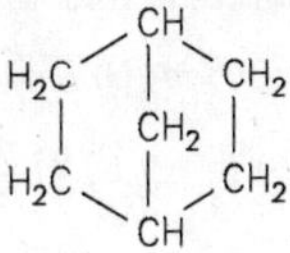

```
        CH                              CH₂- CH₂
    H₂C∕  ∖CH₂                   H₂C∕ CH ∖
    |  CH₂ |                     |       ∖CH₂
    H₂C∖  ∕CH₂                   H₂C∖ CH ∕
        CH                            ∖CH₂- CH₂

Bicyclo-[1,1,2]-heptan          Bicyclo-[0,3,5]-decan
```

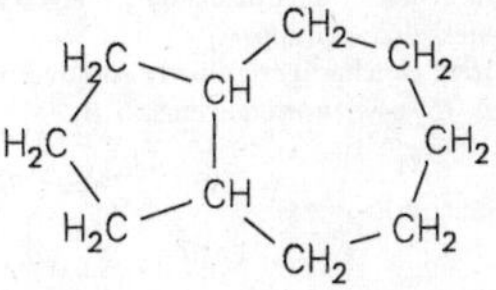

44.6 Verbindungen mit Funktionen[1]

Allgemeines: Das Vorhandensein von Funktionen (funktionelle Atome oder Atomgruppen) wird durch *Vorsätze* oder *Endungen* gekennzeichnet. Für manche Gruppen existieren sowohl Vorsätze als auch Endungen; hierbei sind letztere zu bevorzugen und Vorsätze nur dann anzuwenden, wenn sich eine Häufung von Endungen ergeben würde. Vorsätze heißen auch *Präfixe*, Endungen *Suffixe*.

Anzahl gleichartiger Funktionen: Die Anzahl gleichartiger Funktionen wird durch vorangesetzte Zahlbezeichnungen angegeben[2]:

1 = mono	5 = penta	9 = ennea (auch nona)
2 = di	6 = hexa	10 = deca
3 = tri	7 = hepta	11 = undeca
4 = tetra	8 = octa	12 = dodeca usw.

Die Anwendung der Bezeichnung *mono* ist freigestellt.

Tabelle 44-2: *Bezeichnung der Funktionen*

Funktion	Endung	Vorsatz	Funktion	Endung	Vorsatz
–F	–	Fluor-	–COOH	-säure[4]	Carboxy-
–Cl	–	Chlor-	–SH	-thiol	Thiolo-
–Br	–	Brom-	–SO$_2$OH	-sulfonsäure	Sulfo-
–I	–	Iod-	–SOOH	-sulfinsäure	Sulfino-
–OH	-ol	Hydroxy-[1]	–NO$_2$	–	Nitro-
–OR	–	Alkoxy-[2]	–NO	–	Nitroso-
| C | >O C |	-epoxid	Epoxy-	–NH$_2$ –NHR –NR$_2$	-amin[5] -amin[5] -amin[5]	Amino- Alkylamino[6] Dialkyl- amino[7]
–CHO	-al[3]	Formyl-	=NH –CN –NCO	-imin -nitril -isocyanat	Imino- Cyan- Isocyanato-
\C=O /	-on	Oxo-			

Zu den Fußnoten in der Tabelle siehe nächste Seite!

---

1) Der Begriff der »Funktion« wird hier in weitestem Sinne für alle Atome und Atomgruppen außer H-Atomen und Kohlenwasserstoffresten angewendet. Die IUPAC-Nomenklatur verwendet hierfür die (da auch für Einzelatome angewandt, logisch unglücklich gewählte) Bezeichnung »charakteristische Gruppe«.

2) Die Anzahl gleichartiger größerer Atomverbände wird durch *bis-* (2), *tris-* (3), *tetrakis-* (4), *pentakis-* (5) usw. wiedergegeben; z.B.

Bis-[3,5-dichlorphenyl]-methan

1) früher *Oxy-*
2) z.B. –OCH$_3$ *Methoxy-*, –OC$_2$H$_5$ *Ethoxy,* auch –OC$_6$H$_5$ *Phenoxy-*. Bei längerkettigen Kohlenwasserstoffresten ist der Name gemäß *Alkyloxy-* zu bilden, z.B. –OC$_6$H$_{13}$ *Hexyloxy-* usw.
3) auch *-carbonal* oder *-carbaldehyd*; bei beiden zählt jedoch das C-Atom der Aldehydgruppe *nicht* zum Stammkohlenwasserstoff.
4) auch *-carbonsäure;* betreffs Zählung gilt Tabellenfußnote 3).
5) siehe Abschnitt *Amine* (↑ S. 763)
6) z.B. –NH(CH$_3$) *Methylamino-* usw.
7) z.B. –N(CH$_3$)$_2$ *Dimethylamino-* usw.

Hierbei ist zu beachten, daß bei den Endungen -al, -on, -säure und -nitril das in der funktionellen Gruppe enthaltene C-Atom zum Stammkohlenwasserstoff gehört, bei den entsprechenden Vorsätzen und bei den in den Tabellenfußnoten 3) und 4) angegebenen Endungen jedoch nicht.

Reihenfolge der Funktionen:

● *Vorsätze:* Nach BEILSTEIN gilt die Reihenfolge: F-, Cl-, Br-, I-, Nitro-, 1wertige O- und S-Funktionen, 2wertige O- und S-Funktionen, Aminogruppe, restliche N-Funktionen, Kohlenwasserstoffgruppen nach steigender Länge und Größe. Richtig: Chlornitromethan; falsch: Nitrochlormethan.

● *Endungen:* -ol, -al, -on, -säure, -sulfonsäure

Halogenverbindungen (in Rundklammern Trivialnamen):

Beispiele:

CCl$_4$ = Tetrachlormethan (Tetrachlorkohlenstoff)
CF$_3$–CHClBr = 1,1,1-Trifluor-2-chlor-2-brom-ethan (Halan)
CH$_2$=CHCl = Monochlorethen; Chlorethen (Vinylchlorid)

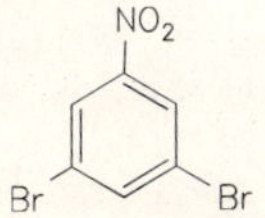

3,5-Dibrom-1-nitrobenzen

Alkohole und Phenole (in Winkelklammern herkömmliche Bezeichnungen, in Rundklammern Trivialnamen):

CH$_3$–CH$_2$–CH$_2$OH   Propan-1-ol, <Propanol-(1)>, (n-Propylalkohol)
CH$_3$–CH(OH)–CH$_3$ Propan-2-ol, <Propanol-(2)>, (Isopropylalkohol)
CH$_2$(OH)–CH(OH)–CH$_2$(OH)   Propan-1,2,3-triol, <Propantriol-(1,2,3)>, (Glycerol, Glycerin)

CH$_3$–CH(OH)–COOH   2-Hydroxy-propansäure, (Milchsäure)
C$_6$H$_5$–CH$_2$OH   Phenylmethanol, (Benzylalkohol)

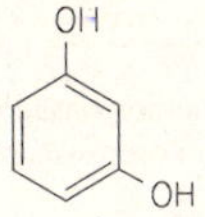

1,3-Dihydroxybenzen, (Resorcin, Resorcinol)

Ether:

● Systematisch wird z.B. CH$_3$–O–CH$_3$ als *Methoxy-methan* bezeichnet.

● Üblich ist dagegen die Endung -ether mit Vorsatz der Reste; z.B.

CH$_3$–O–CH$_3$ CH$_3$–O–C$_2$H$_5$ [1]   C$_6$H$_5$–OCH$_3$
Dimethylether   Ethylmethylether [1]   Methylphenylether [1]

---

1) Die IUPAC-Regeln schreiben *alphabetische* Reihenfolge der Reste vor.

44 Die Nomenklatur organischer Verbindungen

Aldehyde: An Stelle der systematischen Endung *-al* werden oft Trivialnamen angewandt, die sich nach der durch Oxidation entstehenden Carbonsäure richten und die Endung *-aldehyd* tragen[1].

$H-CHO$	CH_3-CHO	C_6H_5-CHO
Methanal	Ethanal	Benzencarbonal
(Formaldehyd[2])	(Acetaldehyd[3])	(Benzaldehyd[4])

Ketone: An Stelle der systematischen Endung *-on* werden oft Namen benutzt, bei denen die Bezeichnungen der beiderseits der Ketogruppe befindlichen Reste vor die Endung *-keton* gesetzt werden:

$CH_3-CO-CH_3$	$C_6H_5-CO-C_2H$	$CH_3-CO-CH=CH_2$
Propanon	Ethylphenylketon[5]	But-1-en-3-on
(Dimethylketon)		<Buten-(1)-on-(3)>
		(Methylvinylketon)

Das Präfix *Oxo-* wird z.B. bei Ketoncarbonsäuren angewendet:

$CH_3-CH_2-CO-CH_2-COOH$ 3-Oxo-pentansäure

Carbonsäuren: Für die meisten Carbonsäuren sind Trivialnamen in Gebrauch. Bei Bildung der systematischen Namen ist darauf zu achten, ob die Endung *-säure* oder *-carbonsäure* gebraucht wird. Im ersteren Fall zählt das C-Atom der Carboxylgruppe zur Stammverbindung, im zweiten Fall nicht.

CH_3-COOH — Ethansäure, Methancarbonsäure (Essigsäure)

$CH_2(COOH)_2$ — Propandisäure, Methandicarbonsäure (Malonsäure)

$\begin{array}{l} CH_2-COOH \\ | \\ CH_2-COOH \end{array}$ — Butandisäure, Ethan-1,2-dicarbonsäure, <Ethandicarbonsäure-(1,2)>, (Bernsteinsäure)

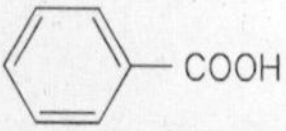

C_6H_5-COOH — Benzencarbonsäure, Benzolcarbonsäure, (Benzoesäure)

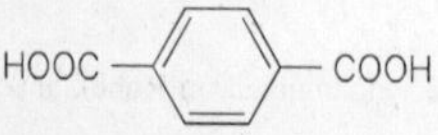

$HOOC-C_6H_4-COOH$ — Benzen-1,4-dicarbonsäure, <Benzoldicarbonsäure-(1,4)>[6], Terephthalsäure

$Cell-CH_2-COOH$ — Carboxymethyl-cellulose[7]

- Bei *substituierten Carbonsäuren* bevorzugt man zur Bezeichnung der Substituenten die Vorsätze (z.B. Hydroxy-, Oxo- usw.). In manchen Fällen wendet man zur Stellenangabe griechische Buchstaben an. Es bedeuten:

  $\alpha \triangleq$ 2-Stellung, $\beta \triangleq$ 3-Stellung usw.

  ω bezeichnet das zur Carboxylgruppe endständige C-Atom.

  Beispiele:

  $CH_3-CH(NH_2)-COOH$ — 2-Amino-propansäure, α-Amino-propansäure
  $CH_2(NH_2)-CH_2-COOH$ — 3-Amino-propansäure, β-Amino-propansäure
  $HOOC-[CH_2]_n-COOH$ — α,ω-Dicarbonsäuren

---

1) vgl. Fußnote 3) zur Tabelle 44-2, S. 761
2) acidum formicicum = Ameisensäure
3) acidum aceticum = Essigsäure
4) acidum benzoicum = Benzoesäure
5) Die IUPAC-Regeln schreiben *alphabetische* Reihenfolge der Reste vor.
6) früher auch *1,4-Benzoldicarbonsäure* und *p-Benzoldicarbonsäure*
7) Cell = gleichartig substituierter Celluloserest; die Schreibweise läßt den Grad der Substitution je Glucosebaugruppe offen. (Bisweilen bedient man sich individueller, nicht festgelegter Symbole für größere Molekülbaugruppen, z.B. Py = Pyridin bzw. Pyridyl, Fu = Furan bzw. Furyl.)

44.6 Verbindungen mit Funktionen

CH_2-COOH
$|$
$\text{CH(OH)}-\text{COOH}$
$|$
CH_2-COOH

2-Hydroxy-propan-1,2,3-tricarbonsäure,
2-Hydroxy-propan-tricarbonsäure-(1,2,3),
(Zitronensäure, Citronensäure)

$\text{CO}-\text{CH}_2-\text{COOH}$
$|$
$\text{CH}_2-\text{CO}-\text{CH}_3$

3,5-Dioxo-hexansäure

Salze:

- *Systematische Bezeichnung:* Die Endung -säure wird durch -*oat* ersetzt; der so entstehende Name für das Anion wird wie bei den anorganischen Salzen an den Namen des Metalls angeschlossen.

- *Trivialbezeichnung:* Die Endung -*at* wird an den Wortstamm des trivialen Säurenamens (evtl. in der fremdsprachlichen Form) angefügt.

- *Beispiele:* CH_3-COONa Natriumethanoat, <Natriumethanat>, (Natriumacetat)

    $(\text{C}_{17}\text{H}_{35}-\text{COO})_2\text{Ca}$ Calciumoctadecanoat, <Calciumoctadecanat>, (Calciumstearat)

Ester: Es sind 2 Benennungen möglich:

- An den (systematischen oder trivialen) Namen der Säure schließt sich die Bezeichnung des Restes (Alkyl oder Aryl) der Alkoholkomponente und dann die Endung -*ester* an. Schema: *Carbonsäure-alkylester*.

- An den Namen des Restes der Alkoholkomponente schließt sich die bei den Salzen angeführte (systematische oder triviale) Bezeichnung an. Schema: *Alkyl-carboxylat*.

    Beispiel: $\text{CH}_3-\text{CO}-\text{OC}_4\text{H}_9$ Essigsäurebutylester, Butylacetat;
    Ethansäure-butylester, Butylethanoat

- **Ester anorganischer Säuren** werden in gleicher Weise benannt:

    $\text{SO}_2(\text{OCH}_3)_2$ Schwefelsäure-dimethylester, Dimethylsulfat
    $\text{SO}_2(\text{OH})(\text{OCH}_3)$ Schwefelsäure-monomethylester, Methylhydrogensulfat, Monomethylsulfat

- **Estersalze:**

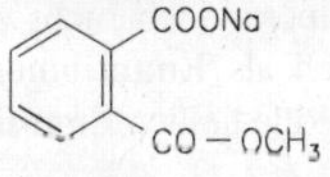

    ⌬-COONa
    ⌬-CO—OCH₃
    Natrium-methyl-phthalat

    $\text{C}_{12}\text{H}_{25}-\text{O}-\text{SO}_2\text{ONa}$ Natrium-dodecyl-sulfat

Sulfonsäuren und ihre Salze:

$\text{CH}_3-\text{SO}_2\text{OH}$ Methan-sulfonsäure
$\text{CH}_3-\text{SO}_2\text{ONa}$ Natrium-methan-sulfonat

Amine:

- Amine werden in der Regel als Alkyl- oder Arylderivate des Ammoniaks, NH_3, aufgefaßt und durch die Endung -*amin* gekennzeichnet:

    CH_3NH_2 $(\text{CH}_3)_2\text{NH}$ $(\text{CH}_3)_3\text{N}$ $(\text{CH}_3)(\text{C}_2\text{H}_5)\text{NH}$
    Methylamin   Dimethylamin   Trimethylamin   Ethyl-methylamin[1]
    (Monomethyl-amin)

- Primäre Amine werden auch durch den Vorsatz *Amino*- gekennzeichnet:

    $\text{H}_2\text{N}-[\text{CH}_2]_6-\text{NH}_2$ 1,6-Diamino-hexan

---

[1] Die IUPAC-Regeln schreiben *alphabetische* Reihenfolge der Reste vor.

- Sekundäre und tertiäre Amine werden besonders bei aromatischen Verbindungen als substituierte Aminoverbindungen betrachtet:

  $C_6H_5-NH(CH_3)$ Monomethylamino-benzen (N-Methyl-anilin)[1]
  $C_6H_5-N(CH_3)_2$ Dimethylamino-benzen (N,N-Dimethyl-anilin)[1]

Nitrile: Die Endung -*säure* wird durch -*nitril* ersetzt oder (bei Trivialnamen) ergänzt; die Endung -*carbonsäure* wird durch -*carbonitril* ersetzt. Daneben sind Namen in Gebrauch, bei denen -*nitril* oder -*onitril* an das triviale Stammwort angefügt werden:

CH_3-CN Ethannitril, Essigsäurenitril, Acetonitril
$CH_2=CH-CN$ Propennitril, Acrylsäurenitril, Acrylnitril
C_6H_5-CN Benzencarbonitril, Benzoesäurenitril, Benzonitril

44.7 Kennzeichnung optisch-aktiver Verbindungen

44.7.1 Allgemeines

Asymmetrisch gebaute Moleküle[2] z.B. solche, in denen ein C-Atom mit 4 verschiedenen Atomen oder Atomgruppen (a, b, c, d) verknüpft ist (ein sog. »asymmetrisches C-Atom«), sind optisch aktiv. Werden ihre Lösungen mit linear polarisiertem Licht durchstrahlt, so erfährt dessen Schwingungsebene eine Drehung.

Zu jedem asymmetrischen Molekül gehört ein spiegelbildlich gleiches Molekül; beide stimmen in Bindungslängen und -winkeln überein, lassen sich jedoch (wie die rechte und linke Hand) durch Drehoperationen nicht zur Deckung bringen. Diese *Spiegelbildisomerie* wird auch als **Enantiomerie** bezeichnet; spiegelbildlich gleiche asymmetrische Moleküle heißen **Enantiomere**.

Enantiomere zeigen gegenüber symmetrischen Molekülen[3] das gleiche chemische Verhalten, und auch ihre physikalischen Eigenschaften stimmen mit einer Ausnahme überein – der *Richtung*, in welcher die Drehung der Schwingungsebene des polarisierten Lichtes erfolgt. Spiegelbildliche Moleküle bewirken, sofern Lösungsmittel, Licht, Temperatur, Konzentration und Länge der durchstrahlten Lösung übereinstimmen, eine Drehung um den gleichen Betrag, jedoch in entgegengesetzter Richtung; sie sind *optische Antipoden*.

---

1) Das N bringt zum Ausdruck, daß die Methylgruppe am Stickstoffatom der Aminogruppe haftet (und nicht am Benzenring). Es wird oft auch weggelassen: Methylanilin, Dimethylanilin.
2) Die Asymmetrie von Molekülen wird auch als *Chiralität* (=Händigkeit) bezeichnet. Asymmetrische Moleküle sind *chiral*, symmetrische Moleküle *achiral*.
3) Gegenüber asymmetrischen Molekülen kann das chemische Verhalten sehr unterschiedlich sein, wie sich z.B. in der physiologischen Wirkung (auch z.B. bezüglich Geruch und Geschmack) zeigt.

Die Angabe der Drehrichtung wird durch die Festlegung eindeutig, daß ihre Beobachtung *in Richtung zur Lichtquelle hin* zu erfolgen hat. Eine Drehung im Uhrzeigersinn ist dann eine *Rechtsdrehung* [Symbol (+)]; im entgegengesetzten Fall liegt eine *Linksdrehung* [Symbol (–)] vor.

44.7.2 Das D/L-System

Allgemeines: Nach EMIL FISCHER (1891) kennzeichnet man spiegelbildlich gleiche Moleküle durch die Zeichen D- und L- (früher D- und L- sowie auch d- und l-; von lat. *dextro* rechts, *laevo* links. Diese Bezeichnungen stimmen jedoch nicht notwendigerweise mit der tatsächlichen Drehrichtung überein; sie beziehen sich vielmehr auf einen gleichartigen räumlichen Bau (gleiche *Konfiguration*) voneinander abgeleiteter Moleküle. Es gibt also sowohl Enantiomerenpaare D-(+) und L-(–) als auch D-(–) und L-(+); so existieren einerseits D-(+)- und L-(–)-Äpfelsäure, andererseits D-(–)- und L-(+)-Milchsäure.

Projektionsformeln: die Kennzeichnung als D- bzw. L-Verbindung kommt auch in der Schreibweise der Strukturformeln zum Ausdruck. Diese werden oft als sog. *Projektionsformeln* dargestellt: Man denkt sich die (gewinkelte) Kohlenstoffkette des Moleküls vertikal derart auf die Papierebene abgerollt (und längs gestreckt), daß die seitlichen Substituenten *oberhalb* der Ebene zu stehen kommen. Durch Projektion dieser Substituenten auf die Ebene (entsprechend einem Blick senkrecht von oben) ergeben sich Formeln vom Typ der D-Glucose.

$$\begin{array}{c} CHO \\ | \\ H-C-OH \\ | \\ HO-C-H \\ | \\ H-C-OH \\ | \\ H-C-OH \\ | \\ CH_2OH \end{array}$$

D-Glucose

Der räumliche Bau eines Moleküls ist also aus einer solchen Projektionsformel wie folgt abzulesen:

1. Die von jedem C-Atom der Hauptkette zu den benachbarten C-Atomen führenden Bindungen befinden sich *hinter* der Papierebene und bilden miteinander einen Winkel von $\approx 109°$.

2. Die von jedem C-Atom der Hauptkette zu den restlichen Atomen bzw. Atomgruppen führenden Bindungen bilden ebenfalls einen Winkel von $\approx 109°$ und sind nach *vorn* gerichtet.

Sämtliche Bindungspartner bilden dann die Eckpunkte eines (gedachten) Tetraeders, in dessen Zentrum sich das jeweilige C-Atom befindet.

Da im gegebenen Fall die endständigen C-Atome nicht asymmetrisch sind, spielt bei ihnen für die nachfolgenden Betrachtungen die Richtung keine Rolle, so daß sie meist als unstrukturierte Gruppen angegeben werden.

44 Die Nomenklatur organischer Verbindungen

Bezugssubstanz: Die Kennzeichnung asymmetrischer Moleküle erfordert im D/L-System die Festlegung einer *Bezugssubstanz*. Als solche wurde **Glycerolaldehyd**[1] (*2,3-Dihydroxy-propanal*), $CH_2(OH)-C^*H(OH)-CHO$, die einfachste Aldose, gewählt. Ihr mittleres C-Atom ist asymmetrisch und wird hier wie im folgenden durch C^* symbolisiert. Mit der Festlegung, daß die Aldehydgruppe *oben* anzuordnen ist, ergeben sich für die optischen Isomeren die angegebenen Projektionsformeln. Aus der weiteren Festlegung, daß der rechtsdrehenden Verbindung die Formel I und die Bezeichnung D- zugeordnet wird, resultieren schließlich die endgültigen Namen. Hierbei werden die Bezeichnungen (+) und (−) nur bei Bedarf angewandt.

```
        CHO                    CHO
         |                      |
    H – C* – OH            HO – C* – H
         |                      |
        CH₂OH                  CH₂OH

  D–(+)–Glycerolaldehyd    L–(−)–Glycerolaldehyd
```

Die CHO- und die CH_2OH-Gruppe befinden sich *unterhalb*, das H-Atom und die OH-Gruppe *oberhalb* der Papierebene. Nach der Lage der OH-Gruppe richten sich die Bezeichnungen D- und L-.

Die Kennzeichnung der Enantiomeren des Glycerolaldehyds enthält willkürliche Definitionen. Ihre Erweiterung auf andere Verbindungen bedarf weiterer Festlegungen, wie nachstehende Beispiele andeuten:[2]

```
   COOH         COOH         COOH         COOH         CH₂OH
    |            |            |            |            |
H – C – OH   H – C – OH   H – C – OH   H₂N – C – H   H – C – OH
    |            |            |            |            |
H – C – H   HO – C – H    C₆H₅ – C    CH₃ – C     HO – C – H
    |            |            |            |            |
   COOH         COOH                                   CH₂OH

  D–(+)–       D–(+)–       D–(−)–       L–(+)–       D–(−)–
 Äpfelsäure   Weinsäure   Mandelsäure    Alanin      Erythrit
                                                     (Threit)
```

Monosaccharide: Relativ einfach sind Monosaccharide auf D- und L-Glycerolaldehyd zurückzuführen. Die Projektionsformeln beginnen oben mit der Aldehydgruppe; es folgen die asymmetrischen C-Atome, deren OH-Gruppen je nach Konfiguration auf verschiedenen Seiten gelagert sind, und schließlich endet die Kette mit der CH_2OH-Gruppe. Die Lage der OH-Gruppe am untersten C^* entscheidet über die Bezeichnung der optischen Antipoden. Befindet sie sich wie beim D-Glycerolaldehyd rechts, so liegt die D-Verbindung vor, anderenfalls die L-Verbindung. Beim Enantiomeren muß die Konfiguration *sämtlicher* C^* umgekehrt werden.

---

1) auch *Glycerinaldehyd* und *Glyceraldehyd*
2) In englischsprachiger Literatur werden für Äpfel-, Wein- und Mandelsäure gerade die entgegengesetzten D, L- Kennzeichnungen angewandt.

44.7 Kennzeichnung optisch-aktiver Verbindungen

Beispiele:

```
    CHO           CHO           CHO           CHO              CHO           CHO
     |             |             |             |                |             |
H – C* – OH   HO – C* – H   HO – C* – H    H – C* – OH     H – C* – OH   HO – C* – H
     |             |             |             |                |             |
HO – C* – H    H – C* – OH  HO – C* – H    H – C* – OH     H – C* – OH   HO – C* – H
     |             |             |             |                |             |
 H – C* – OH  HO – C* – H    H – C* – OH   HO – C* – H     H – C* – OH   HO – C* – H
     |             |             |             |               CH₂OH         CH₂OH
 H – C* – OH  HO – C* – H    H – C* – OH   HO – C* – H
     |             |             |             |
    CH₂OH         CH₂OH         CH₂OH         CH₂OH
```

   D-(+)-   L-(−)-   D-(+)-   L-(−)-   D-(−)-   L-(+)-
Glucose   Glucose   Mannose   Mannose   Ribose   Ribose

Bei Ketosen verfährt man analog; die Projektionsformel wird so geschrieben, daß sich die Ketogruppe im *oberen* Teil befindet:

```
   CH₂OH           CH₂OH
    |               |
   C = O           C = O
    |               |
HO – C* – H     H – C* – OH
    |               |
 H – C* – OH   HO – C* – H
    |               |
 H – C* – OH   HO – C* – H
    |               |
   CH₂OH           CH₂OH
```

   D-(−)-   L-(+)-
Fructose   Fructose

Es darf nicht übersehen werden, daß mit den Bezeichnungen D- und L- keineswegs die gesamte Konfiguration eines Moleküls mit mehreren C* systematisch zum Ausdruck kommt (dies würde für *jedes* asymmetrische C-Atom eine Konfigurationsangabe erfordern); vielmehr wird die Reihenfolge aller Konfigurationen durch die verwendeten Trivialnamen erfaßt. Wegen deren Einfachheit und der leichten Herleitbarkeit aus Glycerolaldehyd wird das D/L-System auch heute noch für Monosaccharide (und Aminosäuren) bevorzugt.

44.7.3 Das R/S-System

Allgemeines: Das seit 1951 von R.S. CAHN, C.K. INGOLD und V. PRELOG entwickelte R/S-System (nach den Namen der Wissenschaftler auch *CIP-System* genannt) gestattet, ein vorgegebenes asymmetrisches Molekül eindeutig durch die Zeichen R (lat. *rectus*, rechts) und S (lat. *sinister*, umgekehrt) zu bezeichnen. Es beruht auf der Anwendung sog. Prioritätsregeln und der Festlegung der Betrachtungsrichtung; es erfordert keine Bezugssubstanz, ist frei von zusätzlichen Definitionen, vermeidet landesüblich unterschiedliche Anwendungen und ermöglicht auch bei Verbindungen mit mehreren asymmetrischen C-Atomen eine systematische Kennzeichnung ohne die Verwendung von Trivialnamen. Das D/L-System ist relativ; das R/S-System ist absolut.

44 Die Nomenklatur organischer Verbindungen

Prioritätsregeln: Die Prioritätsregeln legen eine eindeutige *Rangordnung* zwischen allen Atomen und Atomgruppen fest, die an ein Asymmetriezentrum, z.B. ein asymmetrisches C-Atom, gebunden sind.

Die *Hauptregel* lautet:

> Das Atom mit der höheren Kernladungszahl hat Priorität vor Atomen mit niedrigerer Kernladungszahl.

Für die am häufigsten gebundenen Atome ergibt sich daher folgende *Prioritätsreihe*:

$$I > Br > Cl > S > P > F > O > N > C > H$$

Die als nächste anzuwendende Regel lautet:

> Sind 2 gleiche Atome an das asymmetrische C-Atom gebunden, so ist für die Priorität jeweils das nächste gebundene Atom ausschlaggebend; erforderlichenfalls ist das Verfahren fortzusetzen.

Beispiele:

$-NO_2 > -NH_2$, da $O > H$

$-CH_2-CH_2-O-NO > -CH_2-CH_2-NO_2$, da $O > N$

> Sind an das asymmetrische C-Atom *mehrere* gleiche Atome gebunden, z.B. bei verzweigten C-Ketten, so entscheidet deren Anzahl über die Priorität.

Beispiele:

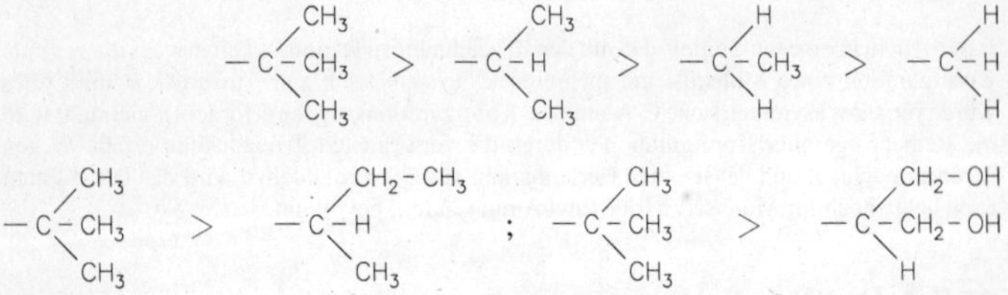

$-C(CH_3)_3 > -CH(CH_3)_2 > -CH_2-CH_3 > -CH_3$

$-C(CH_3)_3 > -CH(CH_3)(CH_2CH_3)$; $-C(CH_3)_2(CH_3) > -CH(CH_2OH)_2$

> Ein doppelt (bzw. dreifach) gebundenes Atom zählt doppelt (bzw. dreifach).

$C=O$ wird wie $C(O)(O)$ behandelt, $C\equiv N$ wie $C(N)(N)(N)$

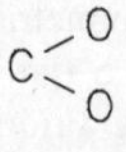

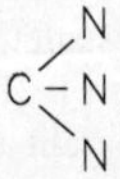

Beispiel:

$-COOH > -CHO > -CH(OH)_2$; $-C\equiv N > -C(=NH)H$

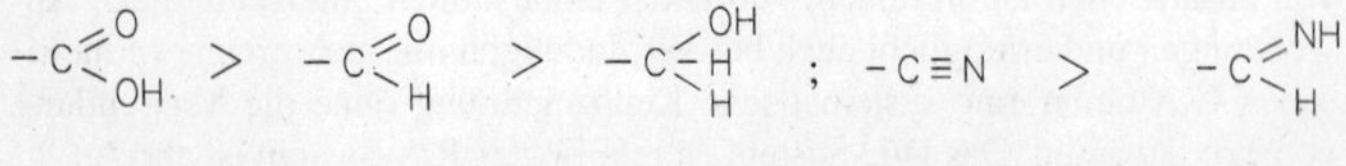

44.7 Kennzeichnung optisch-aktiver Verbindungen

Die durch die bisher angeführten Regeln noch nicht erfaßbaren Fälle werden durch weitere Vorschriften entschieden, die jedoch hier nicht weiter verfolgt werden sollen.

Das Zusammenwirken der genannten Regeln ist der folgenden Beispielsreihe zu entnehmen:

$$-\underset{F}{\overset{Br}{C}}\!-\!Cl \;>\; -C\!\!\underset{Cl}{\overset{\diagup O}{\diagdown}} \;>\; -C\!\!\underset{SH}{\overset{\diagup S}{\diagdown}} \;>\; -\underset{CH_3}{\overset{CH_3}{C}}\!-\!F \;>\; -C\!\!\underset{O-CH_3}{\overset{\diagup O}{\diagdown}}$$

$$>\; -C\!\!\underset{OH}{\overset{\diagup O}{\diagdown}} \;>\; -C\!\!\underset{N(CH_3)_2}{\overset{\diagup O}{\diagdown}} \;>\; -C\!\!\underset{NH_2}{\overset{\diagup O}{\diagdown}} \;>\; -C\!\!\underset{CH_2Cl}{\overset{\diagup O}{\diagdown}} \;>\; -C\!\!\underset{CH_3}{\overset{\diagup O}{\diagdown}}$$

$$>\; -C\!\!\underset{H}{\overset{\diagup O}{\diagdown}} \;>\; -\underset{H}{\overset{OH}{C}}\!-\!C_2H_5 \;>\; -C\!\equiv\!N \;>\; -\underset{H}{\overset{NH-NH_2}{C}}\!-\!CH_3 \;>\; -\underset{CH_3}{\overset{NH_2}{C}}\!-\!CH_3 \;>\; -\underset{CH_3}{\overset{CH_3}{C}}\!-\!C_6H_5$$

$$>\; -\underset{CH_3}{\overset{CH_3}{C}}\!-\!CH_3 \;>\; -C\!\!\underset{H}{\overset{\diagup CHCl}{\diagdown}} \;>\; -\underset{H}{\overset{CH_2SH}{C}}\!-\!CH_3 \;>\; -\underset{CH_3}{\overset{CH_3}{C}}\!-\!H \;>\; -\underset{H}{\overset{H}{C}}\!-\!C_2H_5$$

$$>\; -\underset{H}{\overset{H}{C}}\!-\!CH_3 \;>\; -\underset{H}{\overset{H}{C}}\!-\!H$$

Ermittlung der Konfiguration: Um optische Antipoden (Enantiomere) für Verbindungen mit 1 C* eindeutig zu kennzeichnen, sind folgende Schritte erforderlich:

1. Die an das C* gebundenen 4 Atome bzw. Atomgruppen (a, b, c, d) werden *nach fallender Priorität geordnet*. Es sei a > b > c > d.

   Man stelle sich ein Tetraedermodell mit diesen Bindungspartnern vor, z.B. I (Blick von vorn: a, b und d liegen vorn, c hinten; das C* nicht gezeichnet in der Mitte):

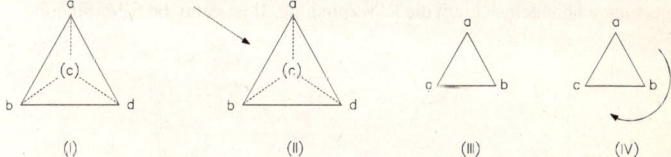

   (I)   (II)   (III)   (IV)

2. Das Molekülmodell wird nun so betrachtet, daß *das Atom bzw. die Atomgruppe mit der niedrigsten Priorität hinten liegt,* d.h. am weitesten vom Betrachter entfernt ist.

   Im vorliegenden Fall erfolgt also die Betrachtung von links (II) auf die von den Substituenten a, b und c als Eckpunkten gebildeten Ebene. Sie bietet Bild III.

3. Man stelle nun fest, ob die Substituenten *nach fallender Priorität* (a > b > c) im *Uhrzeigersinn* oder entgegengesetzt dazu angeordnet sind.
   Sind die Substituenten im Uhrzeigersinn geordnet, so liegt die R-Verbindung vor. Im Fall einer Ordnung entgegengesetzt dem Uhrzeigersinn handelt es sich um die S-Verbindung.

Im vorliegenden Fall ergibt sich gemäß IV eine Ordnung nach dem Uhrzeigersinn; es handelt sich folglich um die R-Verbindung.

Wenn die räumliche Betrachtung Schwierigkeiten bereitet, empfiehlt es sich, Hilfsmittel zu benutzen. Als solche eignen sich selbsthergestellte Tetraeder aus Papier oder Pappe sowie Valenzmodelle, bei denen die Bindungen durch in Knetmasse gesteckte Zündhölzchen dargestellt werden. Man kann dann so verfahren, daß man das Modell so dreht, daß der Bindungspartner mit der niedrigsten Priorität hinten zu stehen kommt, so daß das Modell bequem von vorn betrachtet werden kann.

Darstellung mit Projektionsformeln: Durch Anwendung der oben angeführten Projektionsregeln lassen sich auch die mit dem R/S-System gekennzeichneten optischen Isomeren in einer Ebene darstellen.

Vom **Glycerolaldehyd** existieren die Enantiomeren I und II (↑S. 766):

$$\begin{array}{cc} \text{CHO} & \text{CHO} \\ | & | \\ \text{H}-\text{C}^*-\text{OH} & \text{HO}-\text{C}^*-\text{H} \\ | & | \\ \text{CH}_2\text{OH} & \text{CH}_2\text{OH} \\ \\ \text{(I)} & \text{(II)} \\ \text{R-} & \text{S-} \\ \text{Glycerolaldehyd} & \text{Glycerolaldehyd} \end{array}$$

An das C^* sind in Reihenfolge abnehmender Priorität gebunden:

$$OH > CHO > CH_2OH > H.$$

CHO und CH₂OH befinden sich hinter der Papierebene, H und OH davor. Das H-Atom muß vom Betrachter abgewendet sein; dies erfordert im Fall I eine Beobachtung von rechts. Man erblickt die Substituenten, wie in III angegeben. Die Reihenfolge abnehmender Priorität entspricht einer Drehung im Uhrzeigersinn: es handelt sich um die R-Verbindung. II ist dann die S-Verbindung.

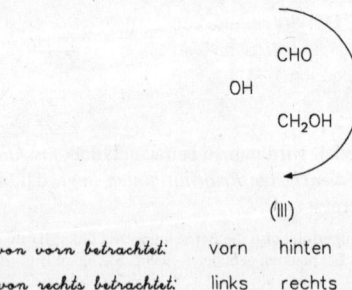

(III)

von vorn betrachtet: vorn   hinten
von rechts betrachtet: links   rechts

Es zeigt sich also, daß die rechtsdrehende, bisher als D-(+)-Glycerolaldehyd bezeichnete Verbindung, nach dem R/S-System als R-(+)-Glycerolaldehyd zu benennen ist. Analog ist L-(−)-Glycerolaldehyd identisch mit S-(−)-Glycerolaldehyd.

44.7 Kennzeichnung optisch-aktiver Verbindungen

In analoger Weise lassen sich andere Verbindungen eindeutig benennen. (+)-Milchsäure hat die Konfiguration IV. Bei Betrachtung von links ergibt sich in der Reihenfolge OH > COOH > CH$_3$ eine Drehung entgegengesetzt dem Uhrzeigersinn [OH vorn (bzw. links), COOH und CH$_3$ hinten (bzw. rechts) unten und oben]: Es handelt sich um S-(+)-Milchsäure.

```
      CH₃
       |
HO – C – H
       |
      COOH

      (IV)
(+)-Milchsäure
```

Racemformen: Man unterscheidet

- **Racemische Gemische** (*Konglomerate*): Gemische von Kristallen der R- und der S-Verbindung.

- **Racemische Verbindungen** (*Racemate*): 1:1-Molekülverbindungen zwischen R- und S-Verbindung mit anderen physikalischen Eigenschaften (Schmelzpunkt usw.) als die Einzelkomponenten; an den festen Zustand gebunden.[1)]

- **Racemische Mischkristalle:** Kristallgitter, in denen Moleküle der R- und S-Verbindung regelmäßig abwechseln, mit – ausgenommen dem optischen Drehvermögen – den gleichen physikalischen Eigenschaften wie die Einzelkomponenten; an den festen Zustand gebunden.[1)]

Racemate werden durch den Vorsatz (RS)- gekennzeichnet. (RS)-Milchsäure ist die sog. *Gärungsmilchsäure*, während die (R)-(–)-Milchsäure auch als *Fleischmilchsäure* bezeichnet wird.

Verbindungen mit mehreren asymmetrischen C-Atomen: Bei Molekülen mit mehreren C* wird für *jedes* C* die Konfiguration ermittelt und hinter der Stellenbezeichnung angeführt.

In der (+)-Weinsäure haben *beide* C* (sie befinden sich in den Stellungen 2 und 3) R-Konfiguration. Die im deutschen Sprachbereich bisher D-Weinsäure, im englischen Sprachbereich L-Weinsäure genannte Verbindung ist demnach nunmehr eindeutig als (2R,3R)-Weinsäure, mit Angabe der Drehrichtung als (2R,3R)-(+)-Weinsäure zu bezeichnen (I).

```
   COOH              COOH
    |                  |
H – C*– OH       HO – C*– H
    |                  |
HO – C*– H        H – C*– OH
    |                  |
   COOH              COOH

    (I)                (II)

(2R,3R)-(+)-     (2S,3S)-(–)-
         Weinsäure
```

Die entgegengesetzt drehende Verbindung muß, damit eine Drehung des gleichen Absolutbetrages herauskommt, an *allen* C* die entgegengesetzte Konfiguration aufweisen. L-Weinsäure nach deutscher Kennzeichnung ist demnach (2S,3S)-Weinsäure, mit Angabe der Drehrichtung (2S,3S)-(–)-Weinsäure.

---

1) In Lösung verhalten sich alle Racemformen wie einfache Gemische.

Mesoformen: Im Weinsäuremolekül können die beiden C^* auch entgegengesetzte Konfigurationen haben (2S,3L)- und (2L,3S)-Weinsäure. Sofern, wie im Fall der Weinsäure, die C-Atome 2 und 3 *identische* Substituenten haben, hebt die durch das eine C-Atom verursachte Drehung die durch das andere bewirkte gerade auf, so daß das Molekül *intramolekular inaktiv* ist. Bei nicht identischen Substituenten entsteht ein zweites Antipodenpaar (s.u.).

```
        COOH                      COOH
         |                         |
    H – C* – OH              HO – C* – H
    ········|········        ········|········
    H – C* – OH              HO – C* – H
         |                         |
        COOH                      COOH
```

Mesoweinsäure

ms–Weinsäure

Die intramolekular inaktive Form wird als Mesoform bezeichnet und erhält herkömmlicherweise das Präfix ms-.

Das Molekül der *Mesoweinsäure* (ms-Weinsäure) hat zwar 2 asymmetrische C-Atome, ist aber als Ganzes symmetrisch gebaut; die Symmetrieebenen sind in den Projektionsformeln gestrichelt angedeutet.

Mesoformen dürfen nicht mit Racematen (↑S. 771) verwechselt werden. Mesoformen sind *intramolekular* inaktiv, während man Racemformen als *intermolekular* inaktiv bezeichnen kann. Von der *Mesoweinsäure* ist das Racemat *Traubensäure* streng zu unterscheiden.

Diastereomere Verbindungen: Verbindungen mit mehreren asymmetrischen C-Atomen, deren Bindungspartner nicht durchweg identisch sind, liefern mehrere Antipodenpaare. Bei n C^* existieren 2^n optische Isomere, und zwar 2^{n-1} Antipodenpaare.

Die Glieder jedes Antipodenpaares sind einander *enantiomer* (sie drehen um den gleichen Betrag in entgegengesetzter Richtung); Substanzen, die bei gleicher Struktur *verschiedenen* Antipodenpaaren angehören, sind einander *diastereomer*, d.h. ihre Drehungen sind auch im Absolutbetrag verschieden. Diastereomere unterscheiden sich grundlegend in ihren chemischen und physikalischen Eigenschaften; sie sind verschiedene Verbindungen.

Als Beispiele seien die *Aldotetrosen* (Aldehydzucker mit 4 C-Atomen) angeführt. Ihre Formel lautet $CH_2(OH)–C^*H(OH)–C^*H(OH)–CHO$, ihr systematischer Name *2,3,4-Trihydroxy-butanal*. Die beiden mittleren C-Atome sind asymmetrisch, und ihre Substituenten sind nicht identisch. Folglich existieren $2^n = 2^2 = 4$ optische Isomere in Form von $2^{n-1} = 2$ Antipodenpaaren:

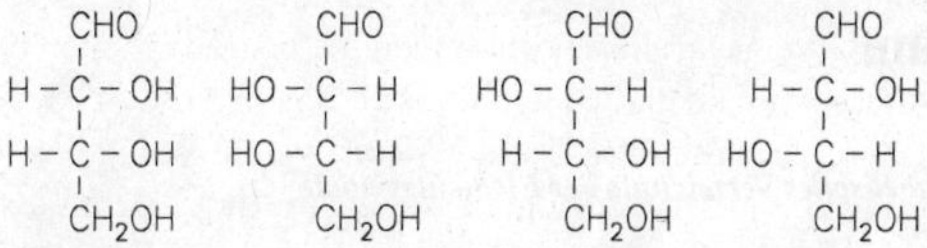

44.7 Kennzeichnung optisch-aktiver Verbindungen

```
       CHO              CHO              CHO              CHO
        |                |                |                |
   H − C − OH       HO − C − H       HO − C − H       H − C − OH
        |                |                |                |
   H − C − OH       HO − C − H       H − C − OH       HO − C − H
        |                |                |                |
      CH₂OH            CH₂OH            CH₂OH            CH₂OH

       (I)              (II)             (III)            (IV)
```

   (2R,3R)-   (2S,3S)-   (2S,3R)-   (2R,3S)-

2,3,4−Trihydroxy−butanal

       Erythrose   Threose

   (I)   (II)   (III)   (IV)

I und II sowie III und IV sind Antipodenpaare, während die übrigen Paarungen, z.B. I und III oder I und IV, im Verhältnis der Diastereomerie zueinander stehen. Die Antipodenpaare tragen eigene Trivialnamen; sie werden dann (mit Angabe der Drehung) wie folgt bezeichnet:

    I (2R,3R)-(−)-Erythrose   III (2S,3R)-(−)-Threose
   II (2S,3S)-(+)-Erythrose   IV (2R,3S)-(+)-Threose.

Tafelanhang

Tafel 1: *Alphabetisches Verzeichnis der Elementsymbole*

Symbol	Name	Ordnungszahl
Ac	Actinium	89
Ag	Silber (*Argentum*)	47
Al	Aluminium	13
Am	Americium	95
Ar	Argon	18
As	Arsen	33
At	Astat (*Astatine*)	85
Au	Gold (*Aurum*)	79
B	Bor	5
Ba	Barium	56
Be	Beryllium	4
Bi	Bismut (*Wismut*)	83
Bk	Berkelium	97
Br	Brom	35
C	Kohlenstoff (*Carboneum*)	6
Ca	Calcium	20
Cd	Cadmium	48
Ce	Cer (*Cerium*)	58
Cf	Californium	98
Cl	Chlor	17
Cm	Curium	96
Co	Cobalt (*Kobalt*)	27
Cr	Chrom (*Chromium*)	24
Cs	Caesium	55
Cu	Kupfer (*Cuprum*)	29
Dy	Dysprosium	66
Er	Erbium	68
Es	Einsteinium	99
Eu	Europium	63
F	Fluor	9
Fe	Eisen (*Ferrum*)	26
Fm	Fermium	100
Fr	Francium	87
Ga	Gallium	31
Gd	Gadolinium	64
Ge	Germanium	32
H	Wasserstoff (*Hydrogenium*)	1
Ha	Hahnium	105
He	Helium	2
Hf	Hafnium	72
Hg	Quecksilber (*Hydrargyrum, Mercurium*)	80
Ho	Holmium	67
Hs	Hassium	108
I	Iod (*Jod*)	53
In	Indium	49
Ir	Iridium	77
K	Kalium	19
Kr	Krypton	36
Ku	Kurtschatovium[1]	104
La	Lanthan	57
Li	Lithium	3
Lr	Lawrencium	103
Lu	Lutetium	71
Md	Mendelevium	101
Mg	Magnesium	12
Mn	Mangan	25
Mo	Molybdän	42
Mt	Meitnerium	109
N	Stickstoff (*Nitrogenium*)	7
Na	Natrium	11
Nb	Niob (*Niobium*)	41
Nd	Neodym (*Neodymium*)	60
Ne	Neon	10
Ni	Nickel	28
No	Nobelium	102
Np	Neptunium	93
Ns	Nielsbohrium	107
O	Sauerstoff (*Oxygenium*)	8
Os	Osmium	76
P	Phosphor	15
Pa	Protactinium	91
Pb	Blei (*Plumbum*)	82
Pd	Palladium	46
Pm	Promethium	61
Po	Polonium	84
Pr	Praseodym (*Praseodymium*)	59
Pt	Platin	78
Pu	Plutonium	94
Ra	Radium	88

Alphabetisches Verzeichnis der Elementsymbole

Tafel 1: Fortsetzung

Symbol	Name	Ordnungszahl	Symbol	Name	Ordnungszahl
Rb	Rubidium	37	Tb	Terbium	65
Re	Rhenium	75	Tc	Technetium	43
Rf	Rutherfordium[1]	104	Te	Tellur	52
Rh	Rhodium	45	Th	Thorium	90
Rn	Radon	86	Ti	Titan (*Titanium*)	22
Ru	Ruthenium	44	Tl	Thallium	81
S	Schwefel (*Sulfur*)	16	Tm	Thulium	69
Sb	Antimon (*Stibium*)	51	U	Uran (*Uranium*)	92
Sc	Scandium	21	V	Vanadium	23
Se	Selen	34	W	Wolfram	74
Sg	Seaborgium	106	Xe	Xenon	54
Si	Silicium	14	Y	Yttrium	39
Sm	Samarium	62	Yb	Ytterbium	70
Sn	Zinn (*Stannum*)	50	Zn	Zink (*Zincum*)	30
Sr	Strontium	38	Zr	Zirconium	40
Ta	Tantal	73			

[1] Das Element 104 wurde sowohl in Dubna bei Moskau als auch in Berkeley/Kalifornien erzeugt. Von russischer Seite wurde der Name *Kurtschatovium* (Symbol Ku), von amerikanischer Seite der Name *Rutherfordium* (Symbol Rf) vorgeschlagen.

Tafel 2: Elektronenbesetzung der Elemente

Die Hauptgruppenelemente sind fett gedruckt.
Die Nebengruppenelemente sind eingerückt und kursiv gedruckt.
Die Lanthanoide und die Actinoide sind stark eingerückt und in Normalschrift.
Die mit einem Punkt versehenen Ziffern geben die Stellen an, an denen das zuletzt hinzugekommene Elektron eingeordnet ist.
Die Pfeile verweisen auf Unregelmäßigkeiten gegenüber dem Aufbauprinzip (↑ Bild 4-1).

Element	1s	2s	2p	3s	3p	3d	4s	4p	4d	4f	5s	5p	5d	5f	6s	6p	6d	7s
1 **Wasserstoff**	•1																	
2 **Helium**	•2																	
3 **Lithium**	2	•1																
4 **Beryllium**	2	•2																
5 **Bor**	2	2	•1															
6 **Kohlenstoff**	2	2	•2															
7 **Stickstoff**	2	2	•3															
8 **Sauerstoff**	2	2	•4															
9 **Fluor**	2	2	•5															
10 **Neon**	2	2	•6															
11 **Natrium**	2	2	6	•1														
12 **Magnesium**	2	2	6	•2														
13 **Aluminium**	2	2	6	2	•1													
14 **Silicium**	2	2	6	2	•2													
15 **Phosphor**	2	2	6	2	•3													
16 **Schwefel**	2	2	6	2	•4													
17 **Chlor**	2	2	6	2	•5													
18 **Argon**	2	2	6	2	•6													

Elektronenbesetzung der Elemente

Element	1s	2s	2p	3s	3p	3d	4s	4p	4d	4f	5s	5p	5d	5f	6s	6p	6d	7s
19 **Kalium**	2	2	6	2	6		•1											
20 **Calcium**	2	2	6	2	6		•2											
21 *Scandium*	2	2	6	2	6	•1	2											
22 *Titan*	2	2	6	2	6	•2	2											
23 *Vanadium*	2	2	6	2	6	•3	2											
24 *Chrom*	2	2	6	2	6	→•5	1											
25 *Mangan*	2	2	6	2	6	•5	2											
26 *Eisen*	2	2	6	2	6	•6	2											
27 *Cobalt*	2	2	6	2	6	•7	2											
28 *Nickel*	2	2	6	2	6	•8	2											
29 *Kupfer*	2	2	6	2	6	→•10	1											
30 *Zink*	2	2	6	2	6	•10	2											
31 **Gallium**	2	2	6	2	6	10	2	•1										
32 **Germanium**	2	2	6	2	6	10	2	•2										
33 **Arsen**	2	2	6	2	6	10	2	•3										
34 **Selen**	2	2	6	2	6	10	2	•4										
35 **Brom**	2	2	6	2	6	10	2	•5										
36 **Krypton**	2	2	6	2	6	10	2	•6										
37 **Rubidium**	2	2	6	2	6	10	2	6			•1							
38 **Strontium**	2	2	6	2	6	10	2	6			•2							
39 *Yttrium*	2	2	6	2	6	10	2	6	•1		2							
40 *Zirconium*	2	2	6	2	6	10	2	6	•2		2							
41 *Niob*	2	2	6	2	6	10	2	6	→•4		1							
42 *Molybdän*	2	2	6	2	6	10	2	6	→•5		1							
43 *Technetium*	2	2	6	2	6	10	2	6	→•6		1							

Tafel 2

Element		1s	2s	2p	3s	3p	3d	4s	4p	4d	4f	5s	5p	5d	5f	6s	6p	6d	7s
44	Ruthenium	2	2	6	2	6	10	2	6	→•7		1							
45	Rhodium	2	2	6	2	6	10	2	6	→•8		1							
46	Palladium	2	2	6	2	6	10	2	6	→•10		0							
47	Silber	2	2	6	2	6	10	2	6	→•10		1							
48	Cadmium	2	2	6	2	6	10	2	6	•10		2							
49	**Indium**	2	2	6	2	6	10	2	6	10		2	•1						
50	**Zinn**	2	2	6	2	6	10	2	6	10		2	•2						
51	**Antimon**	2	2	6	2	6	10	2	6	10		2	•3						
52	**Tellur**	2	2	6	2	6	10	2	6	10		2	•4						
53	**Iod**	2	2	6	2	6	10	2	6	10		2	•5						
54	**Xenon**	2	2	6	2	6	10	2	6	10		2	•6						
55	**Caesium**	2	2	6	2	6	10	2	6	10		2	6			•1			
56	**Barium**	2	2	6	2	6	10	2	6	10		2	6			•2			
57	Lanthan	2	2	6	2	6	10	2	6	10	0	2	6	→•1		2			
58	Cer	2	2	6	2	6	10	2	6	10	•2	2	6			2			
59	Praseodym	2	2	6	2	6	10	2	6	10	•3	2	6			2			
60	Neodym	2	2	6	2	6	10	2	6	10	•4	2	6			2			
61	Promethium	2	2	6	2	6	10	2	6	10	•5	2	6			2			
62	Samarium	2	2	6	2	6	10	2	6	10	•6	2	6			2			
63	Europium	2	2	6	2	6	10	2	6	10	•7	2	6			2			
64	Gadolinium	2	2	6	2	6	10	2	6	10	7	2	6	→•1		2			
65	Terbium	2	2	6	2	6	10	2	6	10	•9	2	6			2			
66	Dysprosium	2	2	6	2	6	10	2	6	10	•10	2	6			2			
67	Holmium	2	2	6	2	6	10	2	6	10	•11	2	6			2			
68	Erbium	2	2	6	2	6	10	2	6	10	•12	2	6			2			

Elektronenbesetzung der Elemente

Element		1s	2s	2p	3s	3p	3d	4s	4p	4d	4f	5s	5p	5d	5f	6s	6p	6d	7s
69	Thulium	2	2	6	2	6	10	2	6	10	•13	2	6			2			
70	Ytterbium	2	2	6	2	6	10	2	6	10	•14	2	6			2			
71	*Lutetium*	2	2	6	2	6	10	2	6	10	14	2	6	•1		2			
72	*Hafnium*	2	2	6	2	6	10	2	6	10	14	2	6	•2		2			
73	*Tantal*	2	2	6	2	6	10	2	6	10	14	2	6	•3		2			
74	*Wolfram*	2	2	6	2	6	10	2	6	10	14	2	6	•4		2			
75	*Rhenium*	2	2	6	2	6	10	2	6	10	14	2	6	•5		2			
76	*Osmium*	2	2	6	2	6	10	2	6	10	14	2	6	•6		2			
77	*Iridium*	2	2	6	2	6	10	2	6	10	14	2	6	•7		2			
78	*Platin*	2	2	6	2	6	10	2	6	10	14	2	6	6→•9		1			
79	*Gold*	2	2	6	2	6	10	2	6	10	14	2	6	6→•10		1			
80	*Quecksilber*	2	2	6	2	6	10	2	6	10	14	2	6	•10		2			
81	**Thallium**	2	2	6	2	6	10	2	6	10	14	2	6	10		2	•1		
82	**Blei**	2	2	6	2	6	10	2	6	10	14	2	6	10		2	•2		
83	**Bismut**	2	2	6	2	6	10	2	6	10	14	2	6	10		2	•3		
84	**Polonium**	2	2	6	2	6	10	2	6	10	14	2	6	10		2	•4		
85	**Astat**	2	2	6	2	6	10	2	6	10	14	2	6	10		2	•5		
86	**Radon**	2	2	6	2	6	10	2	6	10	14	2	6	10		2	•6		
87	**Francium**	2	2	6	2	6	10	2	6	10	14	2	6	10		2	6		•1
88	**Radium**	2	2	6	2	6	10	2	6	10	14	2	6	10		2	6		•2
89	Actinium	2	2	6	2	6	10	2	6	10	14	2	6	10	0	2	6	→•1	2
90	Thorium	2	2	6	2	6	10	2	6	10	14	2	6	10	0	2	6	→•2	2
91	Protactinium	2	2	6	2	6	10	2	6	10	14	2	6	10	•2	2	6	→1	2
92	Uran	2	2	6	2	6	10	2	6	10	14	2	6	10	•3	2	6	→1	2

Tafel 3: *Verzeichnis der Elemente (Atomarten)*
(nach der Ordnungszahl)

Ordnungs-zahl	Name	Symbol	relative Atommasse 1991 der Rein- und Mischelemente	des stabilsten Isotops
1	Wasserstoff	H	1,00794(7)	
2	Helium	He	4,002602(2)	
3	Lithium	Li	6,941(2)	
4	Beryllium	Be	9,012182(3)	
5	Bor	B	10,811(5)	
6	Kohlenstoff	C	12,011(1)	
7	Stickstoff	N	14,00674(7)	
8	Sauerstoff	O	15,9994(3)	
9	Fluor	F	18,9984032(9)	
10	Neon	Ne	20,1797(6)	
11	Natrium	Na	22,989768(6)	
12	Magnesium	Mg	24,3050(6)	
13	Aluminium	Al	26,981539(5)	
14	Silicium	Si	28,0855(3)	
15	Phosphor	P	30,973762(4)	
16	Schwefel	S	32,066(6)	
17	Chlor	Cl	35,4527(9)	
18	Argon	Ar	39,948(1)	
19	Kalium	K	39,0983(1)	
20	Calcium	Ca	40,078(4)	
21	Scandium	Sc	44,955910(9)	
22	Titan	Ti	47,88(3)	
23	Vanadium	V	50,9415(1)	
24	Chrom	Cr	51,9961(6)	
25	Mangan	Mn	54,93805(1)	
26	Eisen	Fe	55,847(3)	
27	Cobalt	Co	58,93320(1)	
28	Nickel	Ni	58,6934(2)	
29	Kupfer	Cu	63,546(3)	
30	Zink	Zn	65,39(2)	
31	Gallium	Ga	69,723(1)	
32	Germanium	Ge	72,61(2)	
33	Arsen	As	74,92159(2)	
34	Selen	Se	78,96(3)	
35	Brom	Br	79,904(1)	
36	Krypton	Kr	83,80(1)	
37	Rubidium	Rb	85,4678(3)	
38	Strontium	Sr	87,62(1)	
39	Yttrium	Y	88,90585(2)	
40	Zirconium	Zr	91,224(2)	
41	Niob	Nb	92,90638(2)	
42	Molybdän	Mo	95,94(1)	
43	Technetium	^{98}Tc		97,9072

Tafel 3: Fortsetzung

Ordnungs-zahl	Name	Symbol	relative Atommasse 1991 der Rein- und Mischelemente	relative Atommasse 1991 des stabilsten Isotops
44	Ruthenium	Ru	101,07(2)	
45	Rhodium	Rh	102,90550(3)	
46	Palladium	Pd	106,42(1)	
47	Silber	Ag	107,8682(2)	
48	Cadmium	Cd	112,411(8)	
49	Indium	In	114,818(3)	
50	Zinn	Sn	118,710(7)	
51	Antimon	Sb	121,757(3)	
52	Tellur	Te	127,60(3)	
53	Iod	I	126,90447(3)	
54	Xenon	Xe	131,29(2)	
55	Caesium	Cs	132,90543(5)	
56	Barium	Ba	137,327(7)	
57	Lanthan	La	138,9055(2)	
58	Cer	Ce	140,115(4)	
59	Praseodym	Pr	140,90765(3)	
60	Neodym	Nd	144,24(3)	
61	Promethium	^{145}Pm		144,9127
62	Samarium	Sm	150,36(3)	
63	Europium	Eu	151,965(9)	
64	Gadolinium	Gd	157,25(3)	
65	Terbium	Tb	158,92534(3)	
66	Dysprosium	Dy	162,50(3)	
67	Holmium	Ho	164,93032(3)	
68	Erbium	Er	167,26(3)	
69	Thulium	Tm	168,93421(3)	
70	Ytterbium	Yb	173,04(3)	
71	Lutetium	Lu	174,967(1)	
72	Hafnium	Hf	178,49(2)	
73	Tantal	Ta	180,9479(1)	
74	Wolfram	W	183,84(1)	
75	Rhenium	Re	186,207(1)	
76	Osmium	Os	190,23(3)	
77	Iridium	Ir	192,22(3)	
78	Platin	Pt	195,08(3)	
79	Gold	Au	196,96654(3)	
80	Quecksilber	Hg	200,59(2)	
81	Thallium	Tl	204,3833(2)	
82	Blei	Pb	207,2(1)	
83	Bismut	Bi	208,98037(3)	
84	Polonium	^{209}Po		208,9824
85	Astat	^{210}At		209,9871
86	Radon	^{222}Rn		222,0176

Tafel 3: Fortsetzung

Ordnungs-zahl	Name	Symbol	relative Atommasse 1991 der Rein- und Mischelemente	des stabilsten Isotops
87	Francium	^{223}Fr		223,0197
88	Radium	^{226}Ra		226,0254
89	Actinium	^{227}Ac		227,0278
90	Thorium	Th	232,0381(1)	
91	Protactinium	Pa	231,03588(2)	
92	Uran	U	238,0289(1)	
93	Neptunium	^{237}Np		237,0482
94	Plutonium	^{244}Pu		244,0642
95	Americium	^{243}Am		243,0614
96	Curium	^{247}Cm		247,0703
97	Berkelium	^{247}Bk		247,0703
98	Californium	^{251}Cf		251,0796
99	Einsteinium	^{252}Es		252,083
100	Fermium	^{257}Fm		257,0951
101	Mendelevium	^{258}Md		258,10
102	Nobelium	^{259}No		259,1009
103	Lawrencium	^{262}Lr		262,11
104	Kurtschatovium[1]	^{261}Ku		261,11
105	Hahnium	^{262}Ha		262,114
106	Seaborgium[2]	^{263}Sg		263,118
107	Nielsbohrium[3]	^{262}Ns		262,12
108	Hassium[3]	^{265}Hs		
109	Meitnerium[3]	^{266}Mt		

Die Ziffer in Klammern gibt die Ungenauigkeit der letzten Stelle der relativen Atommasse an.

[1] Isotope des Elements 104 wurden 1964 in Dubna bei Moskau und 1967 in Berkeley/Kalifornien erzeugt. Von russischer Seite wurde der Name *Kurtschatovium* (Symbol Ku), von amerikanischer Seite der Name *Rutherfordium* (Symbol Rf) vorgeschlagen.

[2] Auch das Element 106 wurde sowohl in Berkeley als auch in Dubna erzeugt. Es wurde 1994 mit Seaborgium benannt.

[3] Die Elemente 107, 108 und 109 wurden in Darmstadt (Gesellschaft für Schwerionenforschung) erzeugt und 1992 nach NIELS BOHR, Hessen (lat. hassia) und LISE MEITNER benannt.

Tafel 4: *Relative Atommassen der Elemente,
die als Reinelemente oder als natürliches Isotopengemisch auftreten*
(alphabetisch)

Name	Symbol	Ordnungszahl	relative Atommasse 1991	gerundet
Aluminium	Al	13	26,981539(5)	26,982
Antimon (*Stibium*)	Sb	51	121,757(3)	121,76
Argon	Ar	18	39,948(1)	39,948
Arsen	As	33	74,92159(2)	79,922
Barium	Ba	56	137,327(7)	137,33
Beryllium	Be	4	9,012182(3)	9,0122
Bismut (*Wismut*)	Bi	83	208,98037(3)	208,98
Blei (*Plumbum*)	Pb	82	207,2(1)	207,2
Bor	B	5	10,811(5)	10,811
Brom	Br	35	79,904(1)	79,904
Cadmium	Cd	48	112,411(8)	112,41
Caesium	Cs	55	132,90543(5)	132,91
Calcium	Ca	20	40,078(4)	40,078
Cer (*Cerium*)	Ce	58	140,115(4)	140,12
Chlor	Cl	17	35,4527(9)	35,453
Chrom (*Chromium*)	Cr	24	51,9961(6)	51,996
Cobalt (*Kobalt*)	Co	27	58,93320(1)	58,933
Dysprosium	Dy	66	162,50(3)	162,50
Eisen (*Ferrum*)	Fe	26	55,847(3)	55,847
Erbium	Er	68	167,26(3)	167,26
Europium	Eu	63	151,965(9)	151,97
Fluor	F	9	18,9984032(9)	18,998
Gadolinium	Gd	64	157,25(3)	157,25
Gallium	Ga	31	69,723(1)	69,723
Germanium	Ge	32	72,61(2)	72,61
Gold (*Aurum*)	Au	79	196,96654(3)	196,97
Hafnium	Hf	72	178,49(2)	178,49
Helium	He	2	4,002602(2)	4,0026
Holmium	Ho	67	164,93032(3)	164,93
Indium	In	49	114,818(3)	114,82
Iod (*Jod*)	I	53	126,90447(3)	126,90
Iridium	Ir	77	192,22(3)	192,22
Kalium	K	19	39,0983(1)	39,098
Kohlenstoff (*Carboneum*)	C	6	12,011(1)	12,011
Krypton	Kr	36	83,80(1)	83,80
Kupfer (*Cuprum*)	Cu	29	63,546(3)	63,546
Lanthan	La	57	138,9055(2)	138,91
Lithium	Li	3	6,941(2)	6,941
Lutetium	Lu	71	174,967(1)	174,97
Magnesium	Mg	12	24,3050(6)	24,305
Mangan	Mn	25	54,93805(1)	54,938
Molybdän	Mo	42	95,94(1)	95,94
Natrium	Na	11	22,989768(6)	22,990

Tafel 4: Fortsetzung

Name	Symbol	Ordnungszahl	relative Atommasse 1991	gerundet
Neodym (*Neodymium*)	Nd	60	144,24(3)	144,24
Neon	Ne	10	20,1797(6)	20,180
Nickel	Ni	28	58,6934(2)	58,693
Niob (*Niobium*)	Nb	41	92,90638(2)	92,906
Osmium	Os	76	190,23(3)	190,23
Palladium	Pd	46	106,42(1)	106,42
Phosphor	P	15	30,973762(4)	30,974
Platin	Pt	78	195,08(3)	195,08
Praseodym (*Praseodymium*)	Pr	59	140,90765(3)	140,91
Protactinium	Pa	91	231,03588(2)	231,04
Quecksilber (*Mercurium, Hydrargyrum*)	Hg	80	200,29(2)	200,29
Rhenium	Re	75	186,207(1)	186,21
Rhodium	Rh	45	102,90550(3)	102,91
Rubidium	Rb	37	85,4678(3)	85,468
Ruthenium	Ru	44	101,07(2)	101,07
Samarium	Sm	62	150,36(3)	150,36
Sauerstoff	O	8	15,9994(3)	15,999
Scandium	Sc	21	44,955910(9)	44,956
Schwefel (*Sulfur*)	S	16	32,066(6)	32,066
Selen	Se	34	78,96(3)	78,96
Silber	Ag	47	107,8682(2)	107,87
Silicium	Si	14	28,0855(3)	28,086
Stickstoff	N	7	14,00674(7)	14,007
Strontium	Sr	38	87,62(1)	87,62
Tantal	Ta	73	180,9479(1)	180,95
Tellur	Te	52	127,60(3)	127,60
Terbium	Tb	65	158,925334(3)	158,93
Thallium	Tl	81	204,3833(2)	204,38
Thorium	Th	90	232,0381(1)	232,04
Thulium	Tm	69	168,93421(3)	168,93
Titan (*Titanium*)	Ti	22	47,88(3)	47,88
Uran (*Uranium*)	U	92	238,0289(1)	238,03
Vanadium	V	23	50,9415(1)	50,942
Wasserstoff	H	1	1,00794(7)	1,0079
Wolfram	W	74	183,84(1)	183,84
Xenon	Xe	54	131,29(2)	131,29
Ytterbium	Yb	70	173,04(3)	173,04
Yttrium	Y	39	88,90585(2)	88,906
Zink	Zn	30	65,39(2)	65,39
Zinn (*Stannum*)	Sn	50	118,710(7)	118,71
Zirconium	Zr	40	91,224(2)	91,224

Tafel 4: Fortsetzung

In Klammern sind andere Namen bzw. Schreibweisen der Elemente angegeben, die gleichfalls in der Literatur verwendet werden, zum Teil in Ableitungen (z.B. Plumbat, Bismutat, Stannat, Sulfat, Ferrat). Die Ziffern in Klammern geben die Ungenauigkeit der letzten Stelle der relativen Atommasse an.

Die relativen Atommassen (Atomgewichte) werden von einer Kommission der IUPAC (Internationale Union für Reine und Angewandte Chemie) im Abstand von zwei Jahren überprüft und erforderlichenfalls neu festgelegt. Dabei zeigten sich in den letzten Jahrzehnten zwei Tendenzen:
- Für *Reinelemente* wurden die Atommassen auf Grund verfeinerter Meßmethoden immer genauer ermittelt.
- Für *Mischelemente* ergab sich zum Teil eine geringere Genauigkeit auf Grund von Abweichungen in der Isotopenzusammensetzung von Proben unterschiedlicher Herkunft.

Tafel 5: *Kurzzeichen für Plaste (Kunststoffe nach DIN 7728)*

1. Homopolymere

Kurzzeichen	Name	Kurzzeichen	Name
CA	Celluloseacetat	PIR	Polyisocyanurat
CAB	Celluloseacetobutyrat	PMI	Polymethacrylimid
CAP	Celluloseacetopropionat	PMMA	Polymethylmethacrylat
CF	Cresol-Formaldehyd-Harz	PMP	Poly(-4-methylpent-1-en)
CMC	Carboxymethylcellulose	PMS	Poly(-α-methyl-styrol)
CN	Cellulosenitrat	POM	Polyoxymethylen,
CP	Cellulosepropionat		Polyformaldehyd
CSF	Casein-Formaldehyd-Harz	PP	Polypropylen
CTA	Cellulosetriacetat	PPE	Polyphenylenether
EC	Ethylcellulose	PPOX	Polypropylenoxid
EP	Epoxidharz	PS	Polystyrol (Polystyren*)
MC	Methylcellulose	PTFE	Polytetrafluorethylen
MF	Melamin-Formaldehyd-Harz	PUR	Polyurethan
PA	Polyamid[1]	PVAC	Polyvinylacetat
PAN	Polyacrylnitril	PVAL	Polyvinylalkohol
PB	Polybutylen	PVB	Polyvinylbutyral
PBA	Polybutylacrylat	PVC	Polyvinylchlorid
PBT	Polybutylenterephthalat	PVDC	Polyvinylidenchlorid
PC	Polycarbonat	PVDF	Polyvinylidenfluorid
PCTFE	Polychlortrifluorethylen	PVF	Polyvinylfluorid
PDAP	Polydiallylphthalat	PVFM	Polyvinylformal(dehyd)
PE	Polyethylen[2]	PVK	Polyvinylcarbazol
PEOX	Polyethylenoxid	PVP	Polyvinylpyrrolidon
PET	Polyethylenterephthalat	SI	Silicon
PF	Phenol-Formaldehyd-Harz	SP	Gesättigte Polyester
PI	Polyimid	UF	Harnstoff-Formaldehyd-Harz
PIB	Polyisobutylen	UP	Ungesättigtes Polyester-Harz

[1] Verschiedene Polyamide werden durch nachgestellte Zahlen voneinander unterschieden; ↑ S. 732.
[2] Bei der Bezeichnung von Kunststoffen finden die herkömmlichen Namen der Monomeren Anwendung (Ethylen statt Ethen, Styrol statt Styren u.a.).

2. Kopolymere[3]

Kurzzeichen	Komponenten
A/B/A	Acrylnitril/Butadien/Acrylat
ABS	Acrylnitril/Butadien/Styrol
A/MMA	Acrylnitril/Methylmethacrylat
ASA	Acrylnitril/Styrol/Acrylester
E/EA	Ethylen/Ethylacrylat
E/MA	Ethylen/Methacrylsäureester
E/P	Ethylen/Propylen
E/VA	Ethylen/Vinylacetat
E/TFE	Ethylen/Tetrafluorethylen

[3] Polymerengemische werden durch ein Pluszeichen gekennzeichnet; z.B. PMMA+ABS = Polymethylmethacrylat-Acrylnitril/Butadien/Styrol-Gemisch.

Tafel 5: Fortsetzung

Kurzzeichen	Komponenten
FEP	Tetrafluorethylen/Hexafluorpropylen
MBS	Methylacrylat/Butadien/Styrol
MPF	Melamin/Phenol-Formaldehyd
SAN	Styrol/Acrylnitril
S/B	Styrol/Butadien
S/MA	Styrol/Maleinsäureanhydrid
S/MS	Styrol/α-Methylstyrol
VC/E	Vinylchlorid/Ethylen
VC/E/MA	Vinylchlorid/Ethylen/Methacrylat
VC/E/VAC	Vinylchlorid/Ethylen/Vinylacetat
VC/MA	Vinylchlorid/Methacrylat
VC/MMA	Vinylchlorid/Methylmethacrylat
VC/VAC	Vinylchlorid/Vinylacetat
VC/VDC	Vinylchlorid/Vinylidenchlorid

3. Kennbuchstaben für besondere Eigenschaften

Zeichen	Eigenschaft	Zeichen	Eigenschaft
C	chloriert	N	normal, Novolak
D	Dichte	P	weichmacherhaltig
E	verschäumt, verschäumbar	R	erhöht, Resol
F	flexibel, flüssig	U	ultra, weichmacherfrei
H	hoch	V	sehr
I	schlagzäh	W	Gewicht
L	linear, niedrig	X	vernetzt, vernetzbar
M	Masse, mittel, molekular		

Die Kennbuchstaben werden (auch kombiniert) durch einen Bindestrich an das Kurzzeichen angeschlossen.

Beispiele: PVC P   Polyvinylchlorid, weichmacherhaltig
PVC-C   Polyvinylchlorid, nachchloriert
PE-LD   Polyethylen, niedrige Dichte

Tafel 6:
Beschreibung der R- und S-Sätze gemäß Anhang 1 der Gefahrstoffverordnung

Hinweise auf die besonderen Gefahren (R-Sätze)

R 1 In trockenem Zustand explosionsgefährlich
R 2 Durch Schlag, Reibung, Feuer und andere Zündquellen explosionsgefährlich
R 3 Durch Schlag, Reibung, Feuer und andere Zündquellen besonders explosionsgefährlich
R 4 Bildet hochempfindliche expolsionsgefährliche Metallverbindungen
R 5 Beim Erwärmen explosionsfähig
R 6 Mit und ohne Luft explosionsfähig
R 7 Kann Brand verursachen
R 8 Feuergefahr bei Berührung mit brennbaren Stoffen
R 9 Explosionsgefahr bei Mischung mit brennbaren Stoffen
R 10 Entzündlich
R 11 Leichtentzündlich
R 12 Hochentzündlich
R 13 Hochentzündliches Flüssiggas
R 14 Reagiert heftig mit Wasser
R 15 Reagiert mit Wasser unter Bildung leicht entzündlicher Gase
R 16 Explosionsgefährlich in Mischung mit brandfördernden Stoffen
R 17 Selbstentzündlich an der Luft
R 18 Bei Gebrauch Bildung explosionsfähiger/leichtentzündlicher Dampf-Luftgemische möglich
R 19 Kann explosionsfähige Peroxide bilden
R 20 Gesundheitsschädlich beim Einatmen
R 21 Gesundheitsschädlich bei Berührung mit der Haut
R 22 Gesundheitsschädlich beim Verschlucken
R 23 Giftig beim Einatmen
R 24 Giftig bei Berührung mit der Haut
R 25 Giftig beim Verschlucken
R 26 Sehr giftig beim Einatmen
R 27 Sehr giftig bei Berührung mit der Haut
R 28 Sehr giftig beim Verschlucken
R 29 Entwickelt bei Berührung mit Wasser giftige Gase
R 30 Kann bei Gebrauch leicht entzündlich werden
R 31 Entwickelt bei Berührung mit Säure giftige Gase
R 32 Entwickelt bei der Berührung mit Säure sehr giftige Gase
R 33 Gefahr kumulativer Wirkungen
R 34 Verursacht Verätzungen
R 35 Verursacht schwere Verätzungen
R 36 Reizt die Augen
R 37 Reizt die Atmungsorgane
R 38 Reizt die Haut
R 39 Ernste Gefahr irreversiblen Schadens
R 40 Irreversibler Schaden möglich
R 41 Gefahr ernster Augenschäden
R 42 Sensibilisierung durch Einatmen möglich
R 43 Sensibilisierung durch Hautkontakt möglich
R 44 Explosionsgefahr bei Erhitzen unter Einschluß
R 45 Kann Krebs erzeugen
R 46 Kann vererbbare Schäden verursachen
R 47 Kann Mißbildungen verursachen
R 48 Gefahr ernster Gesundheitsschäden bei längerer Exposition

Sicherheitsratschläge (S-Sätze)

S 1 Unter Verschluß aufbewahren
S 2 Darf nicht in die Hände von Kindern gelangen
S 3 Kühl aufbewahren
S 4 Von Wohnplätzen fernhalten
S 5 Unter ... aufbewahren (geeignete Flüssigkeit vom Hersteller anzugeben)
S 6 Unter ... aufbewahren (inertes Gas vom Hersteller anzugeben)
S 7 Behälter dicht geschlossen halten
S 8 Behälter trocken halten
S 9 Behälter an einem gut gelüfteten Ort aufbewahren
S 12 Behälter nicht gasdicht verschließen
S 13 Von Nahrungsmitteln, Getränken und Futtermitteln fernhalten
S 14 Von ... fernhalten (inkompatible Substanzen vom Hersteller anzugeben)
S 15 Vor Hitze schützen

Beschreibung der R- uns S- Sätze

- **S 16** Von Zündquellen fernhalten – nicht rauchen
- **S 17** Von brennbaren Stoffen fernhalten
- **S 18** Behälter mit Vorsicht öffnen und handhaben
- **S 20** Bei der Arbeit nicht essen und trinken
- **S 21** Bei der Arbeit nicht rauchen
- **S 22** Staub nicht einatmen
- **S 23** Gas/Rauch/Dampf/Aerosol nicht einatmen (geeignete Bezeichnung[en] vom Hersteller anzugeben)
- **S 24** Berührung mit der Haut vermeiden
- **S 25** Berührung mit den Augen vermeiden
- **S 26** Bei Berührung mit den Augen gründlich mit Wasser abspülen und Arzt konsultieren
- **S 27** Beschmutzte, getränkte Kleidung sofort ausziehen
- **S 28** Bei Berührung mit der Haut sofort abwaschen mit viel ... (vom Hersteller anzugeben)
- **S 29** Nicht in die Kanalisation gelangen lassen
- **S 30** Niemals Wasser hinzugießen
- **S 33** Maßnahmen gegen elektrostatische Aufladungen treffen
- **S 34** Schlag und Reibung vermeiden
- **S 35** Abfälle und Behälter müssen in gesicherter Weise beseitigt werden
- **S 36** Bei der Arbeit geeignete Schutzkleidung tragen
- **S 37** Geeignete Schutzhandschuhe tragen
- **S 38** Bei unzureichender Belüftung Atemschutzgerät anlegen
- **S 39** Schutzbrille/Gesichtsschutz tragen
- **S 40** Fußboden und verunreinigte Gegenstände mit ... reinigen (vom Hersteller anzugeben)
- **S 41** Explosions- und Brandgase nicht einatmen
- **S 42** Beim Räuchern/Versprühen geeignetes Atemschutzgerät anlegen (geeignete Bezeichnung[en] vom Hersteller anzugeben)
- **S 43** Zum Löschen ... (vom Hersteller anzugeben) verwenden (wenn Wasser die Gefahr erhöht, anfügen: Kein Wasser verwenden)
- **S 44** Bei Unwohlsein ärztlichen Rat einholen (wenn möglich, dieses Etikett vorzeigen)
- **S 45** Bei Unfall oder Unwohlsein sofort Arzt zuziehen (wenn möglich, dieses Etikett vorzeigen)
- **S 46** Bei Verschlucken sofort ärztlichen Rat einholen und Verpackung oder Etikett vorzeigen
- **S 47** Nicht bei Temperaturen über ...°C aufbewahren (vom Hersteller anzugeben)
- **S 48** Feucht halten mit ... (geeignetes Mittel vom Hersteller anzugeben)
- **S 49** Nur im Originalbehälter aufbewahren
- **S 50** Nicht mischen mit ... (vom Hersteller anzugeben)
- **S 51** Nur in gut gelüfteten Bereichen verwenden
- **S 52** Nicht großflächig für Wohn- und Aufenthaltsräume zu verwenden
- **S 53** Exposition vermeiden – vor Gebrauch besondere Anweisungen einholen

Tafel 6

 **E** Explosionsgefährlich

 **O** Brandfördernd

 **F+** Hochentzündlich

 **F** Leichtentzündlich

 **T+** Sehr giftig

 **T** Giftig

 **Xn** Mindergiftig

 **Xi** Reizend

 **C** Ätzend

 **N** Umweltgefährlich

Tafel 7: *Verzeichnis der Formelzeichen für physikalisch-chemische Größen*

Die Zahlen in Eckklammern geben die Seiten an, auf denen diese Größen behandelt werden.

Zeichen	Größen	Einheiten	Seiten
a	Gitterkonstante	m, nm, pm	[165]
a	Aktivität, Ionenaktivität	1	[241]
a_b, a_m	Molalitätsaktivität	1	[282]
a_c	Konzentrationsaktivität	1	[282]
a_x	Stoffmengenanteilaktivität	1	[282]
A	Affinität	$J \cdot mol^{-1}$; $kJ \cdot mol^{-1}$	[280]
A_r	relative Atommasse	1	[25]
$\ddot{A}_e$	elektrochemisches Äquivalent	$kg \cdot A^{-1} \cdot s^{-1}$; $g \cdot A^{-1} \cdot s^{-1}$	[398]
b	Molalität	$mol \cdot kg^{-1}$	[62]
c	Stoffmengenkonzentration	$mol \cdot m^{-3}$; $mol \cdot l^{-1}$	[60]
C	Teilchenzahlkonzentration	m^{-3}; l^{-1}	[62]
c, c_{gl}, c_{eq}	Konzentration im Gleichgewichtszustand	$mol \cdot m^{-3}$; $mol \cdot l^{-1}$	[225]
c_0, C	Konzentration im Ausgangszustand	$mol \cdot m^{-3}$; $mol \cdot l^{-1}$	[225]
C_s	Löslichkeit, Konzentration der gesättigten Lösung	$mol \cdot m^{-3}$; $mol \cdot l^{-1}$	[332]
c_{eq}	Äquivalentkonzentration	$mol \cdot m^{-3}$; $mol \cdot l^{-1}$	[63]
c	Wärmekapazität	$J \cdot K^{-1}$	[296]
C	molare Wärmekapazität	$J \cdot K^{-1} \cdot mol^{-1}$	[296]
e	elektrische Elementarladung	$A \cdot s$	[74]
E	Energie	J; $N \cdot m$; $W \cdot s$	[49]
E_I, E_i	molare Ionisierungsenergie	$J \cdot mol^{-1}$	[114]
E_{EA}, EA	molare Elektronenaffinität	$J \cdot mol^{-1}$	[116]
$E^{\ominus}$	Standardredoxpotential	V	[199]
EN	Elektronegativität	1	[119]
f	Aktivitätskoeffizient	$1 \cdot mol^{-1}$	[241]
f_{eq}, f_{ev}	Äquivalenzfaktor	1	[37]
F	Faraday-Konstante	$A \cdot s \cdot mol^{-1}$	[402]
F, Fp	Schmelztemperatur	K; °C	[160]
g	freie Enthalpie	J	[276]
$\Delta_B G, \Delta_f G$	molare freie Bildungsenthalpie	$J \cdot mol^{-1}$; $kJ \cdot mol^{-1}$	[278]
$\Delta_M G$	molare freie Mischungsenthalpie	$J \cdot mol^{-1}$; $kJ \cdot mol^{-1}$	[300]
$\Delta_R G$	molare freie Reaktionsenthalpie	$J \cdot mol^{-1}$; $kJ \cdot mol^{-1}$	[278]
h	Enthalpie	J	[257]
$\Delta_B H, \Delta_f H$	molare Bildungsenthalpie	$J \cdot mol^{-1}$; $kJ \cdot mol^{-1}$	[267]
$\Delta_C H$	molare Verbrennungsenthalpie	$J \cdot mol^{-1}$; $kJ \cdot mol^{-1}$	[273]
$\Delta_G h$	Gitterenthalpie	J	[298]
$\Delta_G H$	molare Gitterenthalpie	$J \cdot mol^{-1}$; $kJ \cdot mol^{-1}$	[298]
$\Delta_H h$	Hydratationsenthalpie	J	[298]
$\Delta_H H$	molare Hydratationsenthalpie	$J \cdot mol^{-1}$; $kJ \cdot mol^{-1}$	[298]
$\Delta_l H$	Lösungsenthalpie	J	[297]
$\Delta_L H$	molare Lösungsenthalpie	$J \cdot mol^{-1}$; $kJ \cdot mol^{-1}$	[297]

Tafel 7: Fortsetzung

Zeichen	Größen	Einheiten	Seiten
$\Delta_M h$	Mischungsenthalpie	J	[300]
$\Delta_M H$	molare Mischungsenthalpie	$J \cdot mol^{-1}$; $kJ \cdot mol^{-1}$	[300]
$\Delta_R h$	Reaktionsenthalpie	J	[257]
$\Delta_R H$	molare Reaktionsenthalpie	$J \cdot mol^{-1}$; $kJ \cdot mol^{-1}$	[258]
$\Delta_S H$	molare Schmelzenthalpie	$J \cdot mol^{-1}$; $kJ \cdot mol^{-1}$	[295]
$\Delta_{Solv} h$	Solvatationsenthalpie	J	[298]
$\Delta_{Solv} H$	molare Solvatationsenthalpie	$J \cdot mol^{-1}$; $kJ \cdot mol^{-1}$	[298]
$\Delta_{Sub} H$	molare Sublimationsenthalpie	$J \cdot mol^{-1}$; $kJ \cdot mol^{-1}$	[295]
$\Delta_V H$	molare Verdampfungsenthalpie	$J \cdot mol^{-1}$; $kJ \cdot mol^{-1}$	[295]
$\Delta_{Verd} H$	molare Verdünnungsenthalpie	$J \cdot mol^{-1}$; $kJ \cdot mol^{-1}$	[298]
I	Stromstärke	A	[362]
I	molare Ionisierungsenergie	$J \cdot mol^{-1}$; $kJ \cdot mol^{-1}$	[114]
k_H, k_R	Geschwindigkeitskonstante der Hinreaktion, Rückreaktion	1	[317]
K	Gleichgewichtskonstante	1	[313]
$K^+, K^\dagger$	thermodynamische Gleichgewichtskonstante	1	[320]
K_B, K_S	Basekonstante, Säurekonstante	$mol \cdot l^{-1}$	[219]
K_D	Dissoziationskonstante	$mol \cdot l^{-1}$ [1]	[328]
K_D	Komplexdissoziationskonstante	$mol^4 \cdot l^{-4}$ [1]	[336]
K_B	Komplexbildungskonstante	$l^4 \cdot mol^{-4}$ [1]	[337]
K_L, L	Löslichkeitskonstante, Löslichkeitsprodukt	$mol^2 \cdot l^{-2}$ [1]	[331]
K_W	Ionenprodukt des Wassers	$mol^2 \cdot l^{-2}$	[214]
Kp	Kondensationstemperatur, Siedetemperatur	K; °C	[160]
m	Masse	kg, g, mg	[25]
m_a	Masse eines Atoms	g, u	[27]
M	molare Masse	$kg \cdot mol^{-1}$; $g \cdot mol^{-1}$	[35]
M_{eq}, M_{ev}	molare Masse der Äquivalente, molare Äquivalentmasse	$kg \cdot mol^{-1}$; $g \cdot mol^{-1}$	[39]
M_r	relative Molekülmasse	1	[27]
$M_{r,eq}$	relative Äquivalentmasse	1	[39]
n	Stoffmenge, Objektmenge	mol	[30]
n_{eq}, n_{ev}	Stoffmenge der Äquivalente, Äquivalentmenge	mol	[39]
N	Teilchenzahl	1	[32]
N_A	AVOGADRO-Konstante	mol^{-1}	[33]
N_L	LOSCHMIDT-Konstante	m^{-3}; cm^{-3}	[41]
p	Druck	Pa; bar	[47]
p, p_b	Partialdruck (der Komponente b)	Pa	[71]
pH	pH-Wert	1	[215]
pK_B	pK_B-Wert	1	[222]
pK_D	pK_D-Wert	1	[336]

1) Es können auch andere Exponenten auftreten.

Formelzeichen für physikalisch-chemische Größen

Tafel 7: Fortsetzung

Zeichen	Größen	Einheiten	Seiten
pK_S	pK_S-Wert	1	[222]
q	Wärme	J	[252]
Q	molare Reaktionswärme	$J \cdot mol^{-1}$; $kJ \cdot mol^{-1}$	[261]
Q_S	molare Schmelzwärme	$J \cdot mol^{-1}$; $kJ \cdot mol^{-1}$	[295]
Q_V	molare Verdampfungswärme	$J \cdot mol^{-1}$; $kJ \cdot mol^{-1}$	[295]
q, Q	elektrische Ladung, Elektrizitätsmenge	$A \cdot s$; $A \cdot h$	[398]
q	spezifische Partialstoffmenge	$mol \cdot kg^{-1}$	[62]
Q	Reaktionsquotient, Aktivitätenquotient	1	[283]
r	Radius, Atomradius, Ionenradius	m, nm, pm	[120]
r	Stoffmengenverhältnis	1	[55]
R	Teilchenzahlverhältnis	1	[56]
R	molare Gaskonstante	$J \cdot mol^{-1} \cdot K^{-1}$; $l \cdot kPa \cdot mol^{-1} \cdot K^{-1}$	[49]
R	elektrischer Widerstand	Ω; $V \cdot A^{-1}$	[362]
R_i	innerer Widerstand	Ω; $V \cdot A^{-1}$	[362]
s	Entropie	$J \cdot K^{-1}$	[276]
$S^\ominus$	molare Standardentropie	$J \cdot K^{-1} \cdot mol^{-1}$	[278]
$\Delta_R S$	molare Reaktionsentropie	$J \cdot K^{-1} \cdot mol^{-1}$	[278]
$\Delta_M S$	molare Mischungsentropie	$J \cdot K^{-1} \cdot mol^{-1}$	[300]
t, ϑ	Temperatur	°C	[47]
T	(absolute) Temperatur	K	[47]
u	innere Energie	J	[252]
$\Delta_R u$	Reaktionsenergie	J	[255]
$\Delta_R U$	molare Reaktionsenergie	$J \cdot mol^{-1}$; $kJ \cdot mol^{-1}$	[262]
U, U_z	Zellspannung	V	[362]
U_e	Elektrolysespannung	V	[392]
U_k	Klemmenspannung	V	[362]
U_z	Zersetzungsspannung	V	[392]
U_0	Spannung im stromlosen Zustand	V	[392]
U_I	Spannung unter Stromfluß	V	[392]
v	Reaktionsgeschwindigkeit	$mol \cdot m^{-3} \cdot s^{-1}$; $mol \cdot l^{-1} \cdot s^{-1}$	[302]
v_G, v_{II}, v_R	Geschwindigkeit der Gesamtreaktion, Hinreaktion, Rückreaktion	$mol \cdot m^{-3} \cdot s^{-1}$; $mol \cdot l^{-1} \cdot s^{-1}$	[318]
v	Volumen	m^3, dm^3, cm^3, l, ml	[42]
V	molares Volumen	$m^3 \cdot mol^{-1}$; $l \cdot mol^{-1}$; $cm^3 \cdot mol^{-1}$	[42]
$\Delta_R v$	Reaktionsvolumen	m^3, l, cm^3	[262]
$\Delta_R V$	molares Reaktionsvolumen	$m^3 \cdot mol^{-1}$; $l \cdot mol^{-1}$; $cm^3 \cdot mol^{-1}$	[262]
w	Massenanteil	1	[56]
w, W	Arbeit	J	[252]

Tafel 7: Fortsetzung

Zeichen	Größen	Einheiten	Seiten
w_{el}	elektrische Arbeit	$J, W \cdot s$	[373]
W_{el}	molare elektrische Arbeit	$J \cdot mol^{-1}; W \cdot s \cdot mol^{-1}$	[373]
w_{vol}	Volumenarbeit	J	[256]
W_{vol}	molare Volumenarbeit	$J \cdot mol^{-1}; kJ \cdot mol^{-1}$	[262]
x	Stoffmengenanteil (früher Molenbruch)	1	[55]
X	Teilchenzahlanteil	1	[56]
z	Wertigkeit, Reaktionsladungszahl	1	[37]
α	Dissoziationsgrad	1	[205]
α	Protolysegrad	1	[225]
β	Massenkonzentration	$kg \cdot m^3; g \cdot l$	[59]
ε	Elektrodenpotential, Galvanispannung	V	[346]
$\varepsilon^{\ominus}$	Standardelektrodenpotential	V	[361]
ε_0	Elektrodenpotential im stromlosen zustand	V	[391]
ε_I	Elektrodenpotential bei Stromfluß	V	[391]
ε_R	Ruhepotential	V	[391]
$\varepsilon_A, \varepsilon_K$	Elektrodenpotential der Anode/Katode	V	[393]
ζ	Massenverhältnis	1	[56]
η	Überspannung	V	[394]
μ	chemisches Potential	$J \cdot mol^{-1}; W \cdot s \cdot mol^{-1}$	[290]
$\tilde{\mu}$	elektrochemisches Potential	$J \cdot mol^{-1}; W \cdot s \cdot mol^{-1}$	[363]
ν	Stöchiometriezahl, stöchiometrischer Faktor	1	[16, 326]
ξ	Objektmenge der Formelumsätze (Reaktionsfortschritt, Reaktionslaufzahl, Umsatzvariable)	mol	[258]
ρ	Dichte	$kg \cdot m^{-3}; g \cdot dm^{-3}; g \cdot cm^{-3}$	[44]
σ	Volumenkonzentration	1	[69]
φ	elektrisches Potential (einer Phase)	V	[346]
φ	Volumenanteil	1	[69]
ψ	Volumenverhältnis	1	[70]

Formelzeichen für physikalisch-chemische Größen

Tafel 7: Fortsetzung

Zeichen	Bedeutung	Seiten
Obere Indizes:		
$\ominus$	Standardgrößen	[267]
Untere Indizes:		
A	Ausgangszustand, Ausgangsstoffe	
E	Endzustand, Endprodukte	
G	Gleichgewichtszustand	
gl, eq, ev	im Gleichgewichtszustand	
A, B, C, D, M, N	unterschiedliche Reaktionsteilnehmer	
b	ein bestimmter Reaktionsteilnehmer	
i	jeder einzelne Reaktionsteilnehmer, Laufindex	
j	alle Reaktionsteilnehmer außer i	
n_j; n_1, n_2...	Stoffmengen aller anderen Reaktionsteilnehmer konstant	
p	unter konstantem Druck, unter Standarddruck (101,325 kPa)	
v	unter konstantem Volumen	
T	unter konstanter Temperatur, unter Standardtemperatur (298,15 K)	
g	gasförmig	
fl	flüssig (auch l von liquid)	
f	fest (auch s von solid)	
bei Gleichgewichtskonstanten K		
a	bezogen auf Aktivitäten	
c	bezogen auf Stoffmengenkonzentrationen	
p	bezogen auf Partialdrücke	
x	bezogen auf Stoffmengenanteile	
Mathematische Zeichen		
Σ	Summe	
Π	Produkt	
Δ	Differenz	
d	Differential	
∂	Differential (in partiellen Differentialquotienten)	[288]
$\dfrac{\Delta y}{\Delta x}$	Differenzenquotient	
$\dfrac{dy}{dx}$	Differentialquotient	
$\dfrac{\partial y}{\partial x}$	partieller Differentialquotient	[288]

Tafel 8: Periodensystem der Elemente (Langperiodensystem)

Periode	1 / I	2 / II	3 / 3	4 / 4	5 / 5	6 / 6	7 / 7	8 / 8	9 / 8	10 / 8	11 / 1	12 / 2	13 / III	14 / IV	15 / V	16 / VI	17 / VII	18 / VIII
1.	1 H																	2 He
2.	3 Li	4 Be											5 B	6 C	7 N	8 O	9 F	10 Ne
3.	11 Na	12 Mg											13 Al	14 Si	15 P	16 S	17 Cl	18 Ar
4.	19 K	20 Ca	21 Sc	22 Ti	23 V	24 Cr	25 Mn	26 Fe	27 Co	28 Ni	29 Cu	30 Zn	31 Ga	32 Ge	33 As	34 Se	35 Br	36 Kr
5.	37 Rb	38 Sr	39 Y	40 Zr	41 Nb	42 Mo	43 Tc	44 Ru	45 Rh	46 Pd	47 Ag	48 Cd	49 In	50 Sn	51 Sb	52 Te	53 I	54 Xe
6.	55 Cs	56 Ba	71 Lu	72 Hf	73 Ta	74 W	75 Re	76 Os	77 Ir	78 Pt	79 Au	80 Hg	81 Tl	82 Pb	83 Bi	84 Po	85 At	86 Rn
7.	87 Fr	88 Ra	103 Lr	104 Ku	105 Ha	106 Sg	107 Ns	108 Hs	109 Mt	110 -								

57 La	58 Ce	59 Pr	60 Nd	61 Pm	62 Sm	63 Eu	64 Gd	65 Tb	66 Dy	67 Ho	68 Er	69 Tm	70 Yb
89 Ac	90 Th	91 Pa	92 U	93 Np	94 Pu	95 Am	96 Cm	97 Bk	98 Cf	99 Es	100 Fm	101 Md	102 No

Erläuterung ↑ S. 101, 102

Tafel 8a: Periodensystem (Hauptgruppenelemente)

Periode	Schalen-besetzung	I. H.-Gr.	II. H.-Gr.		III. H.-Gr.	IV. H.-Gr.	V. H.-Gr.	VI. H.-Gr.	VII. H.-Gr.	VIII. H.-Gr.
1.	1. K	1 H Wasserstoff 1,008								2 He Helium 4,003
2.	1…2 K…L	3 Li Lithium 6,941	4 Be Beryllium 9,012		5 B Bor 10,81	6 C Kohlenstoff 12,01	7 N Stickstoff 14,01	8 O Sauerstoff 16,00	9 F Fluor 19,00	10 Ne Neon 20,18
3.	1…3 K…M	11 Na Natrium 22,99	12 Mg Magnesium 24,31		13 Al Aluminium 26,98	14 Si Silicium 28,09	15 P Phosphor 30,97	16 S Schwefel 32,07	17 Cl Chlor 35,45	18 Ar Argon 39,95
4.	1…4 K…N	19 K Kalium 39,10	20 Ca Calcium 40,08	Nebengruppenelemente	31 Ga Gallium 69,72	32 Ge Germanium 72,61	33 As Arsen 74,92	34 Se Selen 78,96	35 Br Brom 79,90	36 Kr Krypton 83,80
5.	1…5 K…O	37 Rb Rubidium 85,47	38 Sr Strontium 87,62		49 In Indium 114,8	50 Sn Zinn 118,7	51 Sb Antimon 121,8	52 Te Tellur 127,6	53 I Iod 126,9	54 Xe Xenon 131,3
6.	1…6 K…P	55 Cs Caesium 132,9	56 Ba Barium 137,3		81 Tl Thallium 204,4	82 Pb Blei 207,2	83 Bi Bismut 209,0	84 Po Polonium [209]	85 At Astat [210]	86 Rn Radon [222]
7.	1…7 K…Q	87 Fr Francium [223]	88 Ra Radium [226]							

Tafel 8b: Periodensystem (Nebengruppenelemente)

	3. N.-Gr.	4. N.-Gr.	5. N.-Gr.	6. N.-Gr.	7. N.-Gr.	8. Nebengruppe			1. N.-Gr.	2. N.-Gr.
	21 Sc Scandium 44,96	22 Ti Titan 47,88	23 V Vanadium 50,94	24 Cr Chrom 52,00	25 Mn Mangan 54,94	26 Fe Eisen 55,85	27 Co Cobalt 58,93	28 Ni Nickel 58,69	29 Cu Kupfer 63,55	30 Zn Zink 65,39
	39 Y Yttrium 88,91	40 Zr Zirconium 91,22	41 Nb Niob 92,91	42 Mo Molybdän 95,94	43 Tc Technetium [98]	44 Ru Ruthenium 101,1	45 Rh Rhodium 102,9	46 Pd Palladium 106,4	47 Ag Silber 107,9	48 Cd Cadmium 112,4
*	71 Lu Lutetium 175,0	72 Hf Hafnium 178,5	73 Ta Tantal 180,9	74 W Wolfram 183,8	75 Re Rhenium 186,2	76 Os Osmium 190,2	77 Ir Iridium 192,2	78 Pt Platin 195,1	79 Au Gold 197,0	80 Hg Quecksilber 200,6
**	103 Lr Lawrencium [262]	104 Ku Kurtschatovium [261]	105 Ha Hahnium [262]	106 Sg Seaborgium [263]	107 Ns Nielsbohrium [262]	108 Hs Hassium [265]	109 Mt Meitnerium [266]			

Tafel 8c: Periodensystem (Lanthanoide und Actinoide)

*	57 La Lanthan 138,9	58 Ce Cer 140,1	59 Pr Praseodym 140,9	60 Nd Neodym 144,2	61 Pm Promethium [145]	62 Sm Samarium 150,4	63 Eu Europium 152,0	64 Gd Gadolinium 157,3	65 Tb Terbium 158,9	66 Dy Dysprosium 162,5	67 Ho Holmium 164,9	68 Er Erbium 167,3	69 Tm Thulium 168,9	70 Yb Ytterbium 173,0
**	89 Ac Actinium	90 Th Thorium	91 Pa Protactinium	92 U Uran	93 Np Neptunium	94 Pu Plutonium	95 Am Americium	96 Cm Curium	97 Bk Berkelium	98 Cf Californium	99 Es Einsteinium	100 Fm Fermium	101 Md Mendelevium	102 No Nobelium

Index

Abbruchreaktion, 587
Abietinsäure, 717
ABS-Polymere, 728
Abscheidungselektrode, 384, 386
Abscheidungspotential, 393 -394
Abschreckhärtung, 564
Acetal, 629
Acetaldehyd, 630, **631**
Acetaldol, 609
Acetate, 635
Acetatfaserstoff, 744
Aceton, 472, 626, **632**
Acetophenon, 676
Acetylcellulose, 736
Acetylchlorid, 643
Acetylen, **610**, 631
Acetylenkohlenwasserstoffe, 610 f.
Acetylgruppe, 756
Acetylsalicylsäure, 676
Achat, 461
Achterschale, 124, 154
Acidimetrie, 66
Aconitin, 688
Acridin, 683, **687**
Acrolein, 626, **631**
Acrylnitril, 611, 652, 738, **742**
Acrylsäure, 636
Actinium, 541
Actinoide, 103, 107, 538, 541 ff.
Acylhalogenide, 643
Acylierung, 643
Addition, 585
Addition, elektrophile, 601
Addition, nukleophile, 599
Addition, radikalische, 597
Additionsreaktionen, 144
Additives, 614
Adenin, 697
adiabatische Zustandsänderungen, 254, 260
Adipinsäure, 637, 732
Adrenalin, 702
A$_E$-Reaktion, 601
Affinität, 280
Aggregatzustände, 2
Akarizide, 721
Akkumulatoren, 374
Aktivitäten, **241**, 282, 312
Aktivitätenquotient, 283, 287, 320, 369
Aktivitätskoeffizient, 241
Aktivkohle, 452

Akzeptorniveau, 169
Alabaster, 433
Alanate, 446
Alanin, 649, 692, 766
Alaun, 446
Alaune, 506
Albit, 413, **464**
Albumine, 693
Aldehyddimerisation, 629
Aldehyde, **628**, 641
Aldehydgruppe, 628, 635
Aldolreaktion, 629
Aldosen, 655
Aldosteron, 703
Aldrin, 721
Alicyclische Verbindungen, 661
Alitieren, 444
Alizarin, 710
Alizarin S, 442, 710
Alkadiene, 607
Alkalihydroxid, 465
Alkalihydroxide, 411
Alkalimetalle, 410 ff.
Alkalimetallionen, 410
Alkalimetrie, 66
Alkalinitrate, 482
Alkalisilicatlösungen, 461
Alkanale, **628**, 634
Alkandione, 632
Alkandisäuren, 637
Alkane, 603 ff., 752
　　Flugstaubsynthese, 606
　　Flüssigphasensynthese, 606
Alkanisonitrile, 652
Alkannitrile, 652
Alkanole, 621 ff.
　　Dehydratisierung, 608
Alkanone, 631
Alkanoylhalogenide, 643
Alkansäuren, 634
Alkansulfonsäuren, 653
Alkanthiole, 653
Alkazid-Verfahren, 500
Alkenale, 628
Alkene, **607**, 640
Alkenhydratation, 622
Alkindiole, 612
Alkine, 610 ff.
Alkinole, 612
Alkoholate, 623, 627

Index

Alkohole, **621**, 627, 632, 641, 644
alkoholische Gärung, 624
Alkoxy-alkane, 627
Alkoxygruppe, 760
Alkydharze, 730
Alkylammoniumsalz, 647
Alkylborate, 645
Alkylene, 607
Alkylgruppen, 603
Alkylhalogenide, 639
Alkylnitrate, **645**, 652
Alkylnitrit, 652
Alkylphosphate, 646
Alkylsulfate, 644
Alkylsulfonsäuren, 653
Allgemeine Zustandsgleichung der Gase, 47, 49
Alloxan, 687
Allylalkohol, 626
Allylgruppe, 755
Aloxidieren, 388
Alpaka, 523
Altkupferfärbung, 523
Altsilberfärbung, 529
Aluminat-silicate, 462
Aluminierung, 444
Aluminium, **439** ff., 529, 562
Aluminiumacetat, 446
Aluminiumamalgam, 443
Aluminiumantimonid, 447
Aluminiumbronze, 444, 523
Aluminiumcarbid, 456
Aluminiumcarbonat, 456
Aluminiumchlorid, 446
Aluminiumhydroxid, 444 f.
Aluminiumnitrid, 446
Aluminiumoxid, 443 f.
Aluminiumoxid-Edelsteine, 445
Aluminiumphosphid, 488
Aluminiumsulfat, 445
Aluminiumtrialkyle, 622
Aluminiumtriethyl, 446
Aluminiumverbindungen, 442, **444** ff.
Aluminothermie, 444
Alumosilicate, 462
Amalgamationsverfahren, 530
Amalgame, 536
Amblygonit, 412
Ameisensäure, 452, 628, **634**
Americium, 541
Amethyst, 461
Amide, 478
Amine, 647, 679
2-Amino-3-methyl-pentansäure, 649
2-Amino-4-methyl-pentansäure, 649
4-Amino-benzoesäure, 681
Amino-ethansäure, 649
4-Amino-phenol, 674
3-Amino-propansäure, 649
4-Amino-salicylsäure, 681
Aminobenzen, 680
4-Aminobenzensulfonsäure, 677
Aminobenzol, 680
Aminocarbonsäuren, 648
Aminoessigsäure, 649, 692
Aminoethansulfonsäure, 705
Aminoglycosidantibiotica, 706
Aminogruppe, 647
Aminophenazon, 685
Aminoplaste, 732
2-Aminopropansäure, 649
Aminosäuren, essentielle, 692
Aminoverbindungen, 682
Ammoniak, 410, 417, 423, 435, **458** f., 476, 480, 515, 537, 742
  Dipolmolekül, 150
  flüssiges, 478
Ammoniak-Gleichgewicht, 305
Ammoniak-Soda-Verfahren, 417
ammoniakalische Silbersalzlösung, 528
Ammoniaklösung
  Titration, 238
Ammoniakreaktor, 477
Ammoniaksynthese
  technische, 476
Ammoniakwasser, **478**, 526
Ammonite, 678
Ammonium
  freies, 478
Ammoniumacetat, 233
Ammoniumamalgam, **478**, 536
Ammoniumcarbaminat, 479
Ammoniumchlorid, 479
Ammoniumcyanat, 458
Ammoniumcyanid, 232
Ammoniumdichromat, 552
Ammoniumdiuranat, 543
Ammoniumeisen(II)-sulfat, 572
Ammoniumeisen(III)-sulfat, 572
Ammoniumeisenalaun, 572
Ammonium(hepta)molybdat, 553
Ammoniumhexachloroiridat(IV), 579
Ammoniumhexachloroplatinat(IV), 580
Ammoniumhexachlorostannat(IV), 469
Ammoniumhydrogencarbonat, 479
Ammoniumhydroxid, 479
Ammoniumion, 204
Ammonium(meta)vanadat, 547
Ammoniummolybdatophosphat, 553
Ammoniumnitrat, **479**, 678
Ammoniumnitrit, 232, 475
Ammoniumperoxodisulfat, 557
Ammoniumpolysulfid, 499

Ammoniumsalze, 476, **479**
 quartäre, 648
Ammoniumsulfat, 479
Ammoniumsulfid, 501
Ammoniumthiomolybdat, 554
Ammoniumthiostannat, 470
Ammoniumthiovanadat, 547
Ammoniumtrioxalatoferrat (III), 444
Ammoniumverbindungen, 478 f.
Ammonobasen, 478
Ammonolyse, 585
Ammonosäuren, 478
Ammonsalpeter, 479
Ampholyte, 212
Amphotenside, 719
amphoter, 202
amphotere Hydroxide, 112
amphotere Oxide, 112
Amylalkohol, 625
Amylasen, 704
tert.-Amylgruppe, 755
Amylopektin, 659
Amylose, 659
A$_N$-Reaktion, 599
Analyse, 9
ANDK-Sprengstoffe, 679
Androgene, 703
Androsteron, 703
ANDRUSSOW-Verfahren, 459
Anethol, 674
Aneurin, 700
angeregter Zustand, 84
Ångström, 121
Anhydrit, 413, 433, 479, 503
Anilin, **680**, 709, 711
Anilingelb, 708
Anilinhydrochlorid, 680
Aniliniumchlorid, 680
Anion
 Ionenradius, 122
anionaktive Tenside, 719
Anionbasen, 212, 232
Anionen, 116, 161, 379, 747 f.
 Entladbarkeit, 384
 komplexe, 172
 Namen, 747 - 748
Anionen, komplexe, 242
Anionkomplexe, 243
Anionsäuren, 212
Anisol, 674
Anlagerungskomplexe, 175
Anode, 161, 349, 379, 381
Anoden
 angreifbare, 384
anodische Oxidation, 349, 380
anodischer Korrosionsschutz, 358
anorganische Säuren
 Namen, 749
anorganische Verbindungen
 Nomenklatur, 746 ff.
Anorthit, 464
Anregung, 140
Anregungsenergie, 141
Anteil, 53
Anthocyane, 712
Anthocyanidine, 712
Anthracen, 669
Anthrachinon, 409, **669**
Anthrachinonfarbstoffe, 710
Anthrahydrochinon, 409
Anthranilsäure, **681**, 708
Anthranilsäuremethylester, 681
Anthrazit, 618
antibindendes Molekülorbital, 132
Antibiotika, 705
Antikatalysatoren, 311
Antimon, 473, **490**, 513
Antimon(III)-chlorid, 491
Antimon(III)-hydroxid, 491
Antimon(III)-oxid, 491
Antimon(III)-salze, 491
Antimon(III)-sulfid, 491
Antimon(V)-sulfid, 491
Antimon-(V)-sulfid, 486
Antimonate(III), 491
Antimonate(V), 491
Antimonblüte, 490
Antimonbutter, 491
Antimonhydrid, 490
Antimonige Säure, 491
Antimonit, 490
Antimonsäure, 491
Antimontellurid, 508
Antimonverbindungen, 490 f.
Antimonwasserstoff, 490
Antimonylsalze, 491
antiparalleler Spin, 89
Anziehungskräfte
 elektrostatische, 174
Apatit, 488
Äpfelsäure, **638**, 766
Aquakomplexe, 244
Aquamarin, 426
Äquivalent, 37, 39, 401
Äquivalentgewicht, 39
Äquivalentkonzentration, 63, 64, 67 f.
Äquivalentmasse
 molare, 39
Äquivalentmenge, 39, 64, 67, 400
Äquivalentteilchen, 38, 401
Äquivalenzfaktor, 37, 401
AR-Reaktion, 597
Arabinose, 656
Arachinsäure, 695

Arbeit, 251, 252, 373
  elektrische, 277
Arene, **665**, 682, 752
Arenium-Kation, 601
Arensulfonsäuren, 677
ARFVEDSON, J.A., 412
Argentit, 527
Arginin, 692
Argon, 520
Argonrumpf, 95
Argyrodit, 467
C_8-Aromaten, 668
aromatische Kohlenwasserstoffe, 665 ff.
aromatische Verbindungen, **663** ff.
Aromatisierung, 667
ARRHENIUS, S., 200, 208, 212, 213, 231, 341
Arsen, 473, **489**, 513
Arsen(III)-oxid, **489**, 524
Arsenate, 489
Arsenhydrid, 490
Arsenige Säure, 489
Arsenik, 489
Arsenite, 489
Arsenkies, 489
Arsenopyrit, 489
Arsensäure, 489
Arsensulfide, 489
Arsenverbindungen, 489
Arsenwasserstoff, 490
Arsin, 490
Asbest, 464
Ascorbinsäure, 700
Asparagin, 692
Asparaginsäure, 692
Aspirin, 676
Assimilation, 455
Assoziationskolloide, 22
Astat, 519
Astatin, 519
Astatverbindungen, 519
asymmetrisches C-Atom, 584, **764**
ataktische Polymere, 724
Äthan, 604
ätherische Öle, 715
Atmosphäre, 76
Atmungspatronen, 419
Atom
  Durchmesser, 75
  Masse, 75
atomare Betrachtungsebene, 1, 76
atomare Masseneinheit, 27
Atomart, 76
Atombau, 73, 104 - 105, 107
Atombindung, 124 ff.
  polarisierte, 147
Atombombe, 542 - 543

Atome
  Größe, 120
Atomgewicht, 26
Atomgitter, 129
Atomhypothese, 29
Atomkern, 73 - 75
  Durchmesser, 75
Atommasse, 25
  relative, 25, 36
Atommultiplikator, 14
Atomorbitale
  hybridisierte, 143
atomphysikalische Masseneinheit, 27
Atomradien, 120
Atomrumpf, 105, 157, 163
Atropin, 688
Ätzbaryt, 437
Ätzkali, 421
Ätzkalk, 432
Ätznatron, 416
Aufenthaltswahrscheinlichkeit, 88
Aufenthaltswahrscheinlichkeitsdichte, 88
Auflösungspotential, 393
Augit, 464
Aureolin, 574
Aureomycin, 705
Auripigment, 489
Außenelektronen, 99, 104, 110, 124, 154
Außenschale, 99
Ausgangsstoffe, 3, 15, 301, 315
Autoklav, 729
Autoprotolyse des Wassers, 213
Auxochrome, 707
AVOGADRO, A. 41
AVOGADRO-Konstante, 33, 41, 43, 403
AVOGADROsche Hypothese, 41
Axerophthol, 699
Azobenzen, 682
Azofarbstoffe, 708
Azogruppe, 682
Azomethingruppe, 707
Azotierung, 482
Azulen, 669
Azurit, 522, 526

BALARD, A.J., 517
Bändermodell, 167
Barbital, 651
Barbiturate, 651
Barbitursäure, 650
Barium, 425, 437 f.
Bariumchlorat, 438
Bariumchlorid, 505
Bariumchromat, 438
Bariumferrat(VI), 572

Bariumferrit, 571
Bariumhydroxid, 437
Bariumionen
  Nachweis, 249
Bariumnitrat, 438
Bariumoxid, 438
Bariumperoxid, 409, **437**, 444
Bariumselenat, 508
Bariumsulfat, **437**, 707
Bariumsulfid, 437
Bariumtetracyanoplatinat(II), 580
Bariumtitanat, 545
Bariumverbindungen, 437 f.
Bariumxenat(VI), 520
Baryt, 437
Barytgelb, 438
Barytwasser, **437**, 455
Basalt, 464
Basekonstante, 219, 221
Basen, 112, 202, 211
  mittelstarke, 236
  schwache, 206, 217
  sehr starke, 229, 233
  starke, 206, 217
Basenanhydride, 203, 204
basische Lösungen, 215
basische Salze
  Begriff, 751
Baumwolle, 740
Bauxit, **442**, 444
BAYER-Verfahren, 444
BECQUEREL, H., 73
Behensäure, 695
Beizenfarbstoffe, 715
Benetzungsprobe, 512
Benzaldehyd, 675, 710
Benzalgruppe, 756
Benzen, 144, 589, 615, 638, 663, **667** f.
  anorganisches, 441
Benzen-1,2-dicarbonsäure, 675
Benzen-1,4-dicarbonsäure, 675
Benzencarbonsäure, 675
Benzendiazoniumchlorid, 680
Benzensulfonsäure, 677
Benzidin, 681, 708
Benzin, 614
Benzoate, 675
Benzoesäure, 675
Benzoesäuremethylester, 675
Benzol ↑ *Benzen*
Benzophenon, 676
Benzotrichlorid, 668
Benzoylgruppe, 756
3, 4-Benzpyren, 670
Benzylacetat, 675
Benzylalkohol, 675
Benzylchlorid, 668

Benzylgruppe, 668
Benzylidengruppe, 756
Berggold, 530
Bergius-Verfahren, 606, 620
Bergkristall, 461
Berkelium, 541
Berliner Blau, 459, 535, 553, 572
Bernsteinsäure, 637
BERTHELOT, M., 276
Berührungsradius, 121
Beryll, 426, 462
Beryllaten, 426
Beryllium, 425 f.
Berylliumbronze, 426, 523
Berylliumcarbonat, 426
Berylliumchlorid, 426
Berylliumfluorid, 426
Berylliumgruppe, 425 ff.
Berylliumhydroxid, 426
Berylliumnitrat, 426
Berylliumoxid, 426
Berylliumsulfat, 426
Berylliumverbindungen, 426
BERZELIUS, J.J., 10, 341, 460, 507, 541, 544
BESSEMER-Verfahren, 569
Beton, 467
Bicyclo-Nomenklatur, 759
Bienenwachs, 646
bifunktionell, 726
Bildungsenthalpie, molare, 267
Bilirubin, 714
binäre anorganische Verbindungen
  Namen, 746
bindendes Molekülorbital, 132, 138
Bindigkeit, 185
Bindung
  elektrovalente, 159
  heteropolare, 159
  homöopolare, 126
  koordinative, 170
  kovalente, 126
  polare, 159
  semipolare, 172
  unpolare, 126
σ-Bindung, 132
π-Bindung, 135
τ-Bindung, 143
Bindungen an freien Elektronenpaaren, 151
Bindungsdissoziationsenergie, 131
Bindungsenergie, 131, 153
Bindungslänge, 120, 130
Bindungsradius, 120
Bindungstrennungsenergie, 131
Bindungswertigkeit, 185
Biokatalysatoren, 311
Biotin, 700
Biotit, 464

Biphenyl, 669
Bismit, 491
Bismut, 473, 491 f.
Bismutglanz, 491
Bismuthydroxid, 492
Bismutin, 491
Bismutlegierungen, 492
Bismutnitrat, 492
Bismutocker, 491
Bismutoxid, 492
Bismutoxidgallat, 492
Bismutoxidnitrat, 492
Bismutsulfid, 492
Bismuttellurid, 508
Bismutverbindungen, 491 f.
Bismutylnitrat, 492
Bittermandelöl, 675
Bittersalz, 429
Bitumen, 614
Biuret, 458
Biuretreaktion, 691
blanc fixe, 437
Blasfrischen, 569
Blattgrün, 714
Blausäure, 459
Blei, 449, 470 ff.
Blei(II)-chlorid, 472
Blei(II)-hexafluorosilicat, 471
Blei(II)-hydroxid, 471
Blei(II)-iodid, 472
Blei(II)-oxid, 471
Blei(II)-tellurid, 508
Blei(II,IV)-oxid, 471
Blei(IV)-chlorid, 472
Blei(IV)-oxid, 471
Bleiacetat, 471
Bleiakkumulator, 374
Bleiantimonat, 491
Bleiazid, 472
Bleibaum, 470
Bleibronze, 472, 523
Bleichbad, 530
Bleichlauge, 516
Bleichmittel, 720
Bleichromat, 472, 553
Bleichsalz, 571
Bleiglanz, 470
Bleiglätte, 471
Bleihydrogencarbonat, 470
Bleihydroxidcarbonat, 472
Bleikristall, 465
Bleimennige, 471, 472
Bleinitrat, 471
Bleinitroresorcinat, 472
Bleioxidchromat, 472
Bleipapier, 472, 500
Bleiphenolsulfonat, 471

Bleisilicat, 472
Bleisulfat, 471, 707
Bleitetraethyl, 472
Bleiverbindungen, 470 f.
Bleiweiß, 472
Bleizucker, 472
Blenden, 498
Blutgruppensubstanzen, 694
Blutlaugensalz
  gelbes, 459, **571**
  rotes, 459, **571**
Bodenkörper, 248
BOHR, N., 73, 124
BOHR-SOMMERFELDsches Atommodell, 90, 93
BOHRsches Atommodell, 73, 85, 127, 134, 155
Bor, 439 ff.
  amorphes, 440
  kristallisiertes, 440
  quadratisches, 440
Boracit, 440
Borane, 441
Borat-Aluminat-Glas, 465
Borate, 441
Borax, 436, 440 f.
Boraxperle, 441
Borazen, 441
Borazin, 441
Borcarbid, 441
Borchlorid, 441
Bord, 451
Borfluorid, 441
Borflußsäure, 441
Borgruppe, 438 ff.
Bornit, 522
Bornitrid, 442
Bornylacetat, 717
Boroxid, 441
Borsäure, 440 - 441
Borsäureester, 645
Borsäuretrimethylester, 441, 645
Borverbindungen, 440 f.
Borwasserstoffe, 441
BOSCH, C., 476
BÖTTGER, F., 466
BOUDOUARD-Gleichgewicht, 452
BRAND, H., 484
BRANDT, G., 573
Branntkalk, 432, 434
Brauneisenerz, 561
Brauneisenstein, 561
Braunit, 556
Braunkohle, 618 f.
Braunkohlenverschwelung, 619
Braunmanganerz, 556
Braunstein, 506, 556 f.

Index

Brechweinstein, 491
Brennstoffzellen, 354
Brenzcatechin, 673
Brenzschleimsäure, 685
Brillant, 451
Britanniametall, 469
BROGLIE DE, L. V., 73
Brom, 423, 509, **516** f.
Bromarene, 682
Bromate, 517
Bromatometrie, 517
Brombenzen, 671
Bromide, 517
Bromige Säure, 517
Bromite, 517
Brompentafluorid, 510
Bromsäure, 517
Bromtrifluorid, 510
Bromverbindungen, 516
Bromwasser, 517
Bromwasserstoff, 517
Bromwasserstoffsäure, 517
BRÖNSTED, J.N., 211, 213
Bronze, 523
Brünierbad, 420
Brünieren, 565
Brutreaktoren, 543
BTX-Aromaten, 666
Builders, 719
Buna, 738
BUNSEN, R., 412, 424
Buntkupferkies, 522
Buta-1,3-dien, 590, 608
Butadien-(1,3), 608
Butan, 604, 608
Butan-1,3-diol, 609
Butan-2,3-dion, 632
Butandisäure, 637
Butansäure, 636
Buten, 608
cis-Buten-disäure, 638
Buttersäure, 636
Buttersäureethylester, 646
Buttersäureisoamylester, 646
Butylacetat, 646
Butylen, 608
sek.-Butylgruppe, 755
tert.-Butylgruppe, 755
Butylkautschuk, 739

C-Atom, asymmetrisches, 764
Cadmium, 532, **535**, 542, 552
Cadmiumcarbonat, 535
Cadmiumchlorid, 535
Cadmiumgelb, 535
Cadmiumhydroxid, 535
Cadmiumnitrat, 535
Cadmiumoxid, 535
Cadmiumrot, 535
Cadmiumselenid, 535
Cadmiumsulfat, 535
Cadmiumsulfid, 535
Cadmiumverbindungen, 535
Caesium, 411, **424**, 430
Caesiumverbindungen, 424
Calciferol, 699
Calcium, 425, 429 ff.
Calciumarsenat, 489
Calciumcarbid, 421, 434, 482, 611
Calciumcarbonat, 430 f.
Calciumchlorid, 430, 434
Calciumchloridhypochlorit, 516
Calciumcyanamid, 482
Calciumdihydrogenphosphat, 486
Calciumdüngemittel, 435
Calciumfluorid, **434**, 512
Calciumhydrid, 407
Calciumhydrogencarbonat, 431 f.
Calciumhydrogensulfit, 502
Calciumhydroxid, 432
Calciumhypochlorit, 516
Calciummonohydrogenphosphat, 486
Calciumnitrat, 435
Calciumoxid, 431
Calciumphosphat, 436
Calciumpolysulfid, 434
Calciumsulfat, 433
Calciumsulfid, 434
Calciumverbindungen, 429 ff.
Caliche, 420
Camphan, 717
Campher, 717
CANNIZZARO-Reaktion, 629
Caprinsäure, 636, 695
Caprolactam, 741
Capronsäure, 636, 695
Caprylsäure, 695
Caran, 717
Carbamid, **458**, 474, 650, 687, 732
Carbamid-peroxidhydrat, 409
Carbamidharze, 732
Carbamidnitrat, 458
Carbaminsäure, 457, 651
Carbaminsäureester, 651
Carbenium-Ion, 598
Carbochemie, 617
Carbocyclische Verbindungen, 661ff.
Carbonados, 451
Carbonate, 456
Carbonsäureamide, 650
Carbonsäureanhydride, 633
Carbonsäurechlorid, 633

Carbonsäureester, 646
Carbonsäurehalogenide, 643
Carbonsäuren, 593, 628, 632 ff., 641, 646
Carbonsäureureide, 650
Carbonyle, 453
Carbonylgruppe, 631
Carbonylierung, 612
Carbonylverfahren, 575
Carborundum, 467
Carboxygruppe, 760
Carboxylat-Anion, 590
Carboxylate, 633
Carboxylgruppe, 633
Carboxymethylgruppe, 756
Carnallit, 429
Carnallitit, 424
Carnotit, 542, 546
CAROsche Säure, 506
β-Caroten, 714
Carotin, 714
β-Carotin, 714
Carotinoide, 714
Carvon, 716
Casein, 694
CASSIUSscher Goldpurpur, 531
CAVENDISH, H., 405
Cyanidin, 713
Cytosin, 697
Cellobiose, 660
Cellophan, 744
Celluloid, 737
Cellulose, 660, 736 f.
Cellulose-2 $^1/_2$-acetat, 736
Celluloseacetat, 660, **736**
Celluloseacetatfaserstoff, 744
Cellulosechemiefaserstoffe, 740
Cellulosedinitrat, 660, **737**
Cellulosefaserstoffe, 740
Cellulosetrinitrat, 660
Cephalosporine, 705
Cer, 539, **540**
Cer(III)-nitrat, 540
Cer(III)-oxid, 542
Cer-Mischmetall, 540
Ceresin, 605
Cerit, 540
Ceriterden, 539
Cerotinsäure, 695
Cerussit, 470
Cerylalkohol, 625, 697
Cetylalkohol, 625, 697
Chalcedon, 461
Chalkogene, 492 ff.
Chalkopyrit, 522
Chalkosin, 522
Chemiefasern, 739
Chemiefaserstoffe, 739 ff.

chemische Bindung, 124
chemische Energie, 254
chemische Formeln, 11 f.
chemische Gleichung, 15
chemische Polarisation, 391
chemische Potentiale, 363
chemische Reaktionen, 2 f.
chemische Symbole, 10
chemische Thermodynamik, 250
chemische Verbindungen, 5
chemische Vorgänge, 3
chemisches Gleichgewicht, 301 ff.
chemisches Potential, 290
Chilesalpeter, 413, **420**
Chinin, 688
Chinolin, 687
Chinon, 673
Chinondiazide, 682
Chloanthit, 575
Chlor, 154, 416, 509, 512 ff.
Chloral, 631
Chloralhydrat, 631
Chloramphenicol, 706
Chlorarene, 670, **682**
Chlorate, 516
Chlorbenzen, 670
Chlordioxid, 516
Chlorelektrode, 391
Chloressigsäure, 711
Chlorethan, 642
Chlorethen, 642
Chloride, 515
Chloridion, 155
Chloridionen
  Nachweis, 248
Chlorige Säure, 516
Chlorite, 515
Chlorkalk, 513, **516**
Chlorknallgas, 513
Chlormolekül, 137
Chlormonofluorid, 510
Chloroform, 642
Chlorophyll, 561, 714
Chloroschwefelsäure, 507
Chlorsauerstoffsäuren, 515
Chlorsäure, 516
Chlorschwefel, 506
Chlorsulfonsäure, 507
Chlortrifluorid, 510
Chlorung, 408
Chlorverbindungen, 512 ff.
Chlorwasserstoff, 514, 611
Cholecalciferol, 699
Cholesterin, 704
Cholesterol, 704
Cholin, 648, 696
Cholsäure, 705

Chrom, 549 ff., 564
Chrom(II)-chlorid, 551
Chrom(III)-chlorid, 551
Chrom(III)-hydroxid, 551
Chrom(III)-oxid, 551 f.
Chrom(III)-oxidhydrat, 551
Chrom(III)-sulfat, 551
Chrom(VI)-oxid, 444, 552
Chromalaun, 551
Chromate, 552
Chromatieren, 552
Chromeisenstein, 550
Chromgelb, 472, 553
Chromgrün, 553
Chromit, 550
Chromite, 551
Chromophore, 707
Chromoproteide, 694
Chromoxidgrün, 553
Chromoxidhydratgrün, 553
Chromperoxid, 552
Chromperoxidreaktion, 553
Chrompigmente, 553
Chromrot, 472, 553
Chromsäure, 552
Chromsäuren, 552
Chromschwefelsäure, 552
Chromtrioxid, 552
Chromverbindungen, 550 ff.
Chromylchlorid, 552 f.
Chrysen, 670
Cinnamate, 676
cis-trans-Isomerie, 574, 583
Citral, 716
Citrate, 639
Citrin, 461
Citronellal, 716
Citronellol, 716
CLAUS, C.E., 576
CLAUSIUS, R.J.E., 291
Cluster, 549
Clusterverbindungen, 549
Cobalamin, 700
Cobalt, 540, 559
Cobalt 60, 574
Cobalt(II)-carbonat, 573
Cobalt(II)-chlorid, 573
Cobalt(II)-hydroxid, 573
Cobalt(II)-nitrat, 535, 573
Cobalt(II)-oxid, 466, 573
Cobalt(II)-stearat, 573
Cobalt(II)-sulfat, 573
Cobalt(II)-sulfid, 573
Cobalt(III)-amminkomplexe, 574
Cobalt(III)-fluorid, 511, 573
Cobaltaluminat, 442
Cobaltblau, 574

Cobaltgelb, 574
Cobaltglas, 414, 421, 465, 573
Cobaltgrün, 574
Cobaltit, 573
Cobaltnickelkies, 573
Cobaltvitriol, 573
Cobaltzinkat, 535
Cocain, 688
Codein, 688
Coenzym, 704
Coferment, 704
Coffein, 686
Colamin, 696
Colchicin, 688
Cölestin, 437
Cölestinblau, 574
Collidine, 686
Columbit, 547
Coniin, 687
Coronen, 670
Copper (engl.) ↑ Kupfer
Corticoide, 703
Cortisol, 703
COULOMBsche Gleichung, 247
COULOMBsche Kräfte, 159
COURTOIS, B., 518
Cracken, katalytisches, 615
Crackverfahren, 615
Cresole, 673
Cristobalit, 461
CRONSTEDT, A.F., 575
CROOKES, W., 447
Cumarin, 676
Cumen, 669
Cumol, 669
Cuoxam, 525
Cuprit, 522
Curare, 688
Curie, 73
CURIE, M. und P., 438
Curium, 541
Cyan, 458, 525, 538
Cyanamid, 459
Cyanate, 459
Cyanhydrin, 629
Cyanide, 459
Cyanidin, 713
Cyanidlaugerei, 527, 530
Cyanin, 713
Cyankali, 459
Cyansäure, 459
Cyanverbindungen, 458
Cyanwasserstoff, 459, 611, 652
Cyclisierung, 612
Cycloaddition, 597
Cyclobutan, 661
Cyclocitralderivate, 717

Cyclohexan, 615, 617
Cyclohexanol, 637, 662
Cyclohexanon, 637, 662
Cyclohexatrien, 589
Cyclooctatetraen, 612
Cyclopentan, 661
Cyclopropan, 661
1,4-Cymen, 669
Cystin, 692
Cytosin, 697

d-Elektronen, 95, 107, 176
d-Orbitale, 95
D-Verbindungen, 766
DALTON, J., 29, 71
DALTONsches Gesetz, 325
Dampfreformierverfahren, 476
DANIELL-Element, 348, 352
dative Bindung, 152, 172
DAVY, H., 341, 414, 421, 430
DDT, 722
DE BROGLIE, L. V., 73
DEACON-Prozeß, 513
DEBIERNE, A.L., 543
Decahydronaphthalen, 662
Decalin, 662
Decan, 604
Decansäure, 636
Defektelektronen, 168
Dehydrierung, 407
Dehydrohalogenierung, 588
Delokalisierung, 145, 589
Denaturierung, 691
Desmotropie, 583
Desoxyribonucleinsäure, 698
Desoxyribose, 698
Desoxyzucker, 654
Detergenzien, 717, 719
Deuterium, 405, 409, 413
Deuteriumoxid, 410
DEVARDAsche Legierung, 523
Dextrin, 659
Dextrose, 656
Diacetyl, 632
Diacetyldioxim, 576
Dialkylbarbitursäuren, 651
Diamant, 129, 450
diamantartige Stoffe, 129
Diamantgrün, 708
Diamine, 732
1,6-Diaminohexan, 648, 734
2,4-Diaminotoluen, 681
Diamminsilberchlorid, 528
Diamminsilbernitrat, 528
Dian, 673, 731, 735

Diaphragma, 416
Diastereomerie, 772
Diazoniumsalze, 681
Diazospaltung, 682
Diazotierung, 680
Diazotypie, 682
Dibenzodioxin, 685
Diboran, 441
6,6'-Dibromindigo, 712
Dibutylphthalat, 728
Dicarbonsäuren, 725, 730, 732
Dicarbonsäuren, acyclische, 637
1,4-Dichlorbenzen, 671
Dichlorheptoxid, 516
Dichlormethan, 642
Dichlormonoxid, 516
Dichromate, 552
Dichromatgelatine, 552
Dichromsäure, 552
Dichte, 1, 252
Dicyan, 458
Dicyandiamid, 459, 732
Dicyandiamidharze, 732
Dicyanoethin, 458
Didym, 539
p-Diethylamino-anilin, 674
Diethylentriamin, 731
Diethylether, 627
Diethylsulfat, 627, 645
Diffusionsüberspannung, 395
Difluordichlormethan, 642
Diglycol, 626
Dihydroxy-butandisäure, 638
Diiodpentoxid, 519
Diisocyanate, 725, 733
Diketone, 632
Dimethoat, 722
Dimethoxyethan, 412
Dimethylamin, 648
Dimethylanilin, 708, 709
Dimethyldichlorsilan, 460, 745
Dimethylformamid, 648, 650, 742, 743
Dimethylglyoxal, 632
Dimethylglyoxim, 576
N,N-Dimethylhydrazin, 483
Dimethylketon, 632
Dimethylsulfat, 645
Dinatriumhydrogenphosphat, 486
Dinitro-orthocresol, 678
1,3-Dinitrobenzen, 678
Diole, 725, 730, 733
Dioxan, 625
Dioxin, 685, 723
Dioxygenylhexafluoroplatinat(V), 580
Dipeptide, 690
Diphenyl, 669
Diphenylether, 669

Diphenylketon, 676
Diphenylmethandiisocyanat, 4,4'-, 734
Diphenylolpropan, 673, 731
Diphosphate, 487
Diphosphin, 488
Diphosphorpentoxid, 486
Diphosphorsäure, 486
Dipolmoleküle, 149, 247
Direktfarbstoffe, 715
Disaccharide, 658
Disauerstoff, 494 ff.
Dischwefeldichlorid, **506**, 738
Dischwefelsäure, 503, 505
Dischweflige Säure, 502
Diselendichlorid, 508
Disilan, 467
disperse Phase, 5
Dispersionsfarbstoffe, 715
Dispersionskolloide, 22
Dispersionsmittel, 5
Disproportionierung, 537
Dissimilation, 455
Dissoziation
  elektrolytische, 161, 231
Dissoziationsgleichgewicht, 328
Dissoziationsgleichungen, 18
Dissoziationsgrad, 205, 330
Dissoziationskonstante, 328
Distickstoffmonoxid, 455, 479
Distickstoffpent(a)oxid, 480
Distickstofftetr(a)oxid, 480
Distickstofftrioxid, 480
Disulfate, 505
Disulfite, 502
Diterpene, 715
Dithionate, 506
Dithionige Säure, 506
Dithionsäure, 506
Diuranate, 542
DNA, 698
DNS, 698
DOEBEREINERs Feuerzeug, 407
Dolomit, 432
Donarite, 479, 678
Donatorniveau, 169
Donorbindung, 152
Doppelbindungen, isolierte, 588
Doppelbindungen, konjugierte, 588
Doppelbindungen, kumulierte, 588
Doppelsalze, 174
  Namen, 751
Doppelschicht
  elektrochemische, 345
Doppelspat, 431
Doppelsuperphosphat, 488
doppeltkohlensaures Natron, 420
Dotierung, 168

Drei-Phasen-Grenzfläche, 355
Dreifachbindung, 143
dritter Hauptsatz der Thermodynamik, 309, 292
Druck, 51, 252
Druckänderungen
  Einfluß auf Gleichgewicht, 325
Druckerhöhung, 306
Druckfaktor, 284
Druckvergasung, 453
Druckverminderung, 306
Düngelehre, 483
Dural, 443
Duraluminium, 443
Durchdringungskomplexe, 175
Durchtrittsüberspannung, 395
Duroplaste, 726
Dynamite, 645, 678
Dysprosium, 539

echte Lösungen, 21
echter Elektrolyt, 18
Edelgase, 111, 519 f.
Edelgasverbindungen, 520
Edelkunstharze, 729
E$_E$-Reaktion, 602
Eicosan, 604
Einelementverbindungen, 8
Einfachbindung, 142
Einlagerungsmischkristalle, 166
einsame Elektronenpaare, 151
Einschlußverbindungen, 458
Einsteinium, 541
Einzelpotentiale, 364
Eis, 408
Eisen, 490, 513, 559, 561 ff.
  kohlenstoffhaltiges, 562
Eisen(II)-carbonat, 572
Eisen(II)-chlorid, 572
Eisen(II)-cyanid, 571
Eisen(II)-hydrogencarbonat, 561, 572
Eisen(II)-hydroxid, 571
Eisen(II)-nitrososulfat, 482
Eisen(II)-oxid, 570
Eisen(II)-oxidhydrat, 571
Eisen(II)-sulfat, 561, 572
Eisen(II)-sulfid, 572
Eisen(II,III)-oxid, 570
Eisen(III)-chlorid, 523, 572, 672
Eisen(III)-hexacyanoferrat(II), 459
Eisen(III)-oxid, 571 f.
γ-Eisen(III)-oxid, 571
Eisen(III)-oxidhydrat, 562, 571
Eisen(III)-oxidhydroxid, 572
Eisen(III)-rhodanid, 459, 572

Eisen(III)-sulfat, 572
Eisen(III)-thiocyanat, 459, 572
Eisen-Oxygenase, 561
Eisenbromid, 423
Eisengallustinte, 676
Eisengelb, 572
Eisenkies, 561
Eisenmennige, 572
Eisenoxidgelb, 572
Eisenoxidhydrate, 571
Eisenoxidpigmente, 572
Eisenoxidrot, 572
Eisenoxidschwarz, 572
Eisenpentacarbonyl, 562, 571
Eisenrot, 572
Eisenschwarz, 572
Eisenspat, 566
Eisenverbindungen, 561 ff.
Eisenvitriol, 572
Eisessig, 635
Eisstein, 413, 442, 511
Eiweiß-Aminosäuren, 692
Eiweißfaserstoffe, 740
Eiweißstoffe, 153, 690 ff.
EKEBERG, A.G., 548
Elastomere ↑ *Elaste*
Elastomerfaserstoffe, 743
elektrische Arbeit, 277, 345, 372, 380
elektrisches Potential, 363
Elektrochemie, 341 ff.
elektrochemische Doppelschicht, 345, 363
elektrochemische Korrosion, 356
elektrochemische Potentiale, 363
Elektrochemische Spannungsreihe
  der Metalle, 342 ff.
elektrochemische Zelle, 349, 390
elektrochemische Zellen, 372
elektrochemisches Äquivalent, 398
elektrochemisches Gleichgewicht, 363
Elektrode, 346
Elektrodenpotential, 346, 364
Elektrodenvorgänge, 379, 390
Elektrolyse, 162, 379 ff.
Elektrolyse mit angreifbarer Anode, 386
Elektrolyse wäßriger Lösungen, 381
Elektrolysezelle, 372, 380, 390, 392
Elektrolyte, 21, 162
  echte, 204 f.
  potentielle, 163, 201, 205
  Stärke, 205
elektrolytische Dissoziation, 160, 200, 205, 213
  Komplexsalze, 174
Elektrolytkupfer, 523
Elektron, 73 f.
  Masse, 75
elektronegative Elemente, 110, 116, 195

Elektronegativität, 118, 592
Elektronegativitätsdifferenz, 147
Elektronen
  ungepaarte, 137
Elektronenabgabe, 193, 195
Elektronenaffinität, 110, 122
Elektronenakzeptor, 195
Elektronenaufnahme, 116
Elektronenbesetzung, 90
  stabile, 154
Elektronendonator, 195
Elektronenformeln, 157
Elektronengas, 163
Elektronenhülle, 73, 74, 83 ff.
Elektronenmangel, 348, 380
Elektronenoktett, 99, 124, 154
Elektronenoktetts, 99
Elektronenoktett, 124
Elektronenpaar
  freies, 151, 174
Elektronenpaarbindung, 126
Elektronenpaare,
  bindende, 132
  gemeinsame, 174
Elektronenschalen, 85, 90, 104
π-Elektronensextett, 145
Elektronentheorie der Valenz, 124
Elektronenübergang, 154
Elektronenüberschuß, 348, 380
Elektronenvolt, 115
Elektronenwolke, 88
elektrophil, 595
elektrophile Reaktion, 596
elektropositive Elemente, 110, 195
Elektroraffination, 386
Elektrostahl, 570
elektrovalente Bindung, 159
Elektrovalenz, 124
Element, 7, 76
Element 106, 549
Element, 107, 555
Element 108, 560
Element 109, 560
Element 110, 560
Elementaranalyse, organische, 525
Elementarfaden, 739
Elementarladung, 74
Elemente
  elektronegative, 110, 154
  elektropositive, 110, 154
  Häufigkeit, 76
Elementsubstanzen, 5, 7, 76, 107, 109
  Standardbildungsenthalpie, 268
Elementumwandlung, 73
Eliminierung, 588
Eliminierung, elektrophile, 602
Eliminierung, nukleophile, 600

Eliminierung, radikalische, 598
Eloxal-Verfahren, 444
Eloxieren, 388
Elysieren, 389
Email, 466
Emulgatoren, 717
Emulsion, 718
Emulsionspolymerisation, 728
E_N-Reaktion, 600
Enantiomere, 584, 764
Enantiomerie, 764
endergonische Reaktionen, 280
Endlosfaden, 739
endotherm, 257, 260
endotherme Reaktion, 305
endotherme Verbindungen, 267
Energie
  chemische, 254
  innere, 252
  potentielle, 290
  thermische, 254
energieärmster Zustand, 130
Energieband, 167
Energieniveaus, 83, 167
Energiezustände, 167
Enolform, 583
Entgasung, 619
Entglasung, 465
Enthalpie, 257, 276
Enthärtung des Wassers, 436
Entladbarkeitsreihe der Anionen, 384
Entladbarkeitsreihe der Kationen, 383
Entladen, 374 - 375
Entropie, 276, 291
Entropieänderung, 291
Entropiezunahme, 294
Entschwefelung (Synthesegas), 477
Entwickler, 529
Entwicklungsfarbstoffe, 715
Enzyme, 311, 704 ff., 720
Eosin, 710
Epichlorhydrin, 731
Epoxid, 731
Epoxidierung, 586
Epoxygruppe, 760
Epsomit, 427
E_R-Reaktion, 598
Erbium, 539
Erdalkalimetalle, 425
Erdgas, 605
Erdöl, 613 f., 616
Erdöldestillation, 614
Erdrinde, 76
Erdsäuren, 546
Erdwachs, 605, 697
Ergocalciferol, 699
Ergosterin, 699

Ergotamin, 688
Erhaltungskalkung, 435
Erstarrungsenthalpie
  molare, 295
erster Hauptsatz, Thermodynamik, 252, 272
erstes Faradaysches Gesetz, 397
Erythrit, 766
Erythromycin, 706
Erythrose, 772
essentielle Aminosäuren, 692
Essigsäure, 635
  Titration, 237
essigsaure Tonerde, 446
Essigsäureanhydrid, 635, 736
Essigsäurebutylester, 646
Essigsäureethylester, 284, 646
Essigsäuremethylester, 646
Ester, 643 ff.
Esterhydrolyse, 585
Esterspaltung, 585
Estradiol, 703
Estrichgips, 434
Estrogene, 703
Ethan, 605
Ethanal, 609, 630 - 631
Ethandial, 631
Ethandisäure, 637
Ethanoate, 635
Ethanol, 422, 623, 627, 635
Ethanoylchlorid, 643
Ethansäure, 611, 635
Ethen, 608, 625, 627, 726
Ether, 627
Ethin, 434, 610, 631 f.
Ethylacetat, 646
Ethylalkohol, 623
Ethylbenzen, 668
Ethylbenzol, 668
Ethylbutyrat, 646
Ethylchlorid, 642
Ethylen, 608
Ethylenglycol, 625
Ethylengruppe, 755
Ethylenoxid, 625
Ethylidengruppe, 755
Ethylsulfat, 627
Eugenol, 674
Europium, 539 - 540
eutektisches Gemisch, 166
Eutrophierung, 487
Evipan, 651
exergonische Reaktionen, 280
exotherm, 257, 267
exotherme Reaktion, 305
exotherme Verbindungen, 267
Expansion, 256

Explosivstoffe, 678
extensive Größen, 36

f-Elektronen, 95, 107
f-Orbitale, 95
FAJANS, K., 543
Fällungsreaktionen, 246, 339
FARADAY, M., 341
FARADAY-Konstante, 402
FARADAYsche Gesetze, 397 ff.
Farbfotografie, 530
Farblack, 707, 715
Farbstoffe, 694, 707
Farbstoffe
  substantive, 715
FAS, 719
Faser, 739
Fasergips, 433
Faserstoff, 739
FCKW, 455, 642
FEHLINGsche Lösung, 526
Felder, 1
Feldspat, 413, 464, 466
Fenchan, 717
Fermente, 311, 704 ff.
Fermium, 541
Ferrate(VI), 572
Ferrite, 571
Ferritin, 561
Ferrobor, 440
Ferrochrom, 550
Ferromangan, 556
Ferromolybdän, 553
Ferroniob, 547
Ferrotitan, 544
Ferrovanadium, 546
Ferrowolfram, 554
Festelektrolyt, 377
Feststoffe, 129
Feststoffvergasung, 476
Fettalkohole, 625
Fettalkoholsulfate, 645, 718 f.
Fette, 694
fette Öle, 695
Fetthärtung, 696
Fettkohle, 619
Fettsäuren, 634, 694
Fettspaltung, 696
Feuerstein, 461
Fibrinogen, 693
Firnis, 636, 696
FISCHER-TROPSCH-Synthese, 606, 607
Fixierbad, 529
Fixiernatron, 420
FKW, 642

Flachs, 740
Flavan, 712
Flavon, 713
Flavone, 713
Fletcher, 534
Flotation, 523
Fluatieren, 467
Fluor, 509, 511, 520
Fluorapatit, 511
Fluorarene, 682
Fluorcarbone, 642
Fluorchlorkohlenwasserstoffe, 455, 496, 642
Fluoren, 670
Fluorescein, 710
Fluorethansäure, 511
Fluoride, 511 f.
Fluoridierung, 408
Fluorit, 434, 511
Fluorkohlenwasserstoffe, 642
Fluorverbindungen, 511 f.
Fluorwasserstoff, 512
Flußsäure, 441, 443, 465, 467, **512**
flüssige Luft, 496
Flüssiggas, 605
Flußspat, 434
Follikelhormone, 703
Folsäure, 700
Formaldehyd, 528, **630**, 681, 729, 732
Formalin, 630
Formel, 33
Formeleinheit, 12
Formelmasse
  relative, 28, 158
Formeln
  chemische, 11
Formelumsatz, 44, 259
Formiate, 634
Formylgruppe, 756, 760
fotografische Entwickler, 674
Fotosmog, 496
Fotozellen, 424
FRANK-CARO-Verfahren, 482
freie Elektronenpaare, 151
freie Enthalpie, 276
freie Standardreaktionsenthalpie, molare
  Berechnung, 371
FRIEDEL-CRAFTSsche Synthese, 667
Fritte, 472
Fruchtzucker, 656
Fructofuranose, 657
Fructose, 767
Fructose, 656, 657
Fuchsin, 709
Fulminate, 459
Fulminsäure, 459
Fumarsäure, 638, 730

Fungizide, 721
Funktionen, 760
Furan, 684
Furanosen, 657
Furfural, 685
Furfurol, 685
Furfurylalkohol, 685
Fuselöl, 625

Gadolinit, 540
Gadolinium, 539
GAHN, J.G., 556
Galactopyranose, 657
Galactose, 656, 657
Galenit, 470
Gallate, 446
Gallenfarbstoffe, 714
Gallensäuren, 705
Gallium, 439, 444, **446**
Gallium(III)-chlorid, 446
Gallium(III)-hydroxid, 446
Gallium(III)-oxid, 446
Gallium(III-sulfid, 446
Galliumantimonid, 447
Galliumarsenid, 447
Galliumphosphid, 447
Galliumverbindungen, 446
Gallussäure, 676
Galmei, 532
GALVANI, L., 341
galvanische Ketten, 347
galvanische Zellen, 347, 372, 380, 390 f.
galvanisches Element, 347
Galvanispannung, 346, 359
Galvanoplastik, 387
Galvanostegie, 387
Galvanotechnik, 387
Garnierit, 575
Gas
 ideales, 50
Gasdiffusionelektrode, 355
Gase
 reales, 50
Gasgemische, 53, 70
Gasglühkörper, 542
Gaskohle, 619
Gaskonstante
 allgemeine, 253
Gasöl, 614
GAY-LUSSAC, J.-L., 440
Gehalt, 51
Geheimtinten, 573
Gel, 23
Gelatine, 469, 471, 693
Gelatine-Donarite, 678

Gelbbleierz, 553
Gelbkörperhormon, 703
gelöster Stoff, 20
Gemenge, 4
Gemische, 4, 53
Generatorgas, 453, 620
genetischer Code, 698
Genistein, 713
Geochemie, 463
Geologie, 463
Geraniol, 716
Gerbung, 693
Germane, 468
Germanium, 449, **467**
Germanium(IV)-chlorid, 468
Germanium(IV)-oxid, 468
Germaniumhydride, 468
Germaniumverbindungen, 467
Gerüsteiweiße, 691
Gerüsteiweißstoffe, 693
geschlossene Systeme, 251
Geschwindigkeit, 308 ff.
Geschwindigkeitskonstante, 317
Gesetz der konstanten Proportionen, 29
Gesetz der multiplen Proportionen, 29
Gesetz der Periodizität, 100
Gesetz von der Erhaltung der Elemente, 17
Gesetz von der Erhaltung der Masse, 24
Gestagene, 703
Gesteine, 463
Gesundungskalkung, 435
GIBBS, J.W., 257
Gips, 433, 479, 503
 gebrannter, 433
 hochgebrannter, 434
Gipsmörtel, 433
Gipsschwefelsäureverfahren, 503
Gipsstein, 433
Gitterenthalpie
 molare, 298
Glanzcobalt, 573
Glanze, 498
Glas, 465, 512
 organisches, 734
Glaserkitt, 431
Glaskohlenstoff, 452
Glasuren, 465
Glaubersalz, 419
Gleichgewichtskonstante, 219, 287, 312, 315, 320, 369
 konventionelle, 313
Gleichgewichtsreaktionen, 301 ff.
Gleichgewichtszellspannungen, 363
Gleichgewichtszustand, 287, 303, 320, 369
Gleichionige Zusätze, 330, 334
Gliadine, 693
Glimmer, 464

Glimmspanprobe, 495
Globin, 713
Globuline, 693
Glucose, 494, 656 f., 659, 767
α-Glucose, 657
β-Glucose, 657, 660
Glühfrischen, 569
Glutaline, 693
Glutamat, 692
Glutamin, 692
Glutaminsäure, 692
Gluten, 693
Glutin, 693
Glycerin ↑ *Glycerol*
Glycerol, **625**, 631, 695
Glycerolaldehyd, 584, 766, 770
Glyceroltrinitrat, 645
Glycin, 649, 692
Glycocholsäure, 705
Glycocoll, 649, 692
Glycogen, 660
Glycol, 625, 730, 742
Glycoproteide, 694
Glycosidasen, 704
Glycoside, 656
Glyoxal, 631
Gneis, 464
Gold, 522, 530 f.
Gold(III)-chlorid, 531
Gold(III)-hydroxid, 531
Gold(III)-sulfid, 531
Gold, kolloides, 531
Goldresinat, 531
Goldrubinglas, 531
Goldverbindungen, 530 f.
Gonan, 704
Gradieren, 415
Graftpolymerisation, 724
Grahamsches Salz, 487
Grammäquivalent, 40
Granit, 463
Graphit, 450 f., 562
Graphitfolien, 452
Graphitierung, 451
Graphitoxid, 452
Grauspießglanz, 490
grenzflächenaktive Stoffe, 717 f.
Grenzformeln, polare, 590
Grenzstrukturen, 589
GRIGNARD-Reaktionen, 640
Grubengas, 605
Grudekoks, 619
Grundstoff, 100
Gründüngung, 483
Grundzustand, 84
Grünspan, 526
Gruppen, 101

Guanidin, 459
Guanin, 697
Guano, 484
Gummi, 738
Gußstahl, 563

HABER, F., 476
HABER-BOSCH-Verfahren, 476
Hafnium, 543, 545
Hafniumverbindungen, 545
Hahnium, 546
Halbacetal, 629
Halbleiter, 168
Halbmetallcharakter, 111
Halbzellen, 347
Halit, 413, 464
Halogenalkane, 627, 639
Halogenarene, 670
Halogene, 509 ff.
Halogene, Verdrängungsreaktionen, 510
Halogenierung, 585 f.
Halogenwasserstoffe, 509, 586, 640
Häm, 713
Hämatit, 561
Hämin, 713
Hammerschlag, 570
Hämoglobin, 453, 494, 561, 713
Hämosiderin, 561
Hanf, 740
Harnsäure, 474, 686
Harnstoff, 458, 687; s. a. *Carbamid*
Hartblei, 471
Härtebildner, 435
Härtegrade des Wassers, 435
Härter, 726, 729
Hartlot, 523
Hartverchromung, 550
Harzsäuren, 717
Harzseifen, 717
Hassium, 560
Hauptenergieniveau, 96
Hauptgruppe, 104
Hauptgruppen, 102, 102
Hauptgruppenelemente, 107
Hauptquantenzahl, 90, 96
Hauptsatz der Thermodynamik
 erster, 252
 zweiter, 293
 dritter, 292
Hausmannit, 556
HCH, 662
Hectan, 604
Heißblasen, 620
HEISENBERG, W., 73
Helianthin, 708

Heliotropin, 676
Helium, 410, 520
Heliumrumpf, 95
Hemicellulosen, 660
Hentriacontanol, 625
Heparin, 694
Heptadecan, 604
Heptan, 604
n-Heptan, 614
Heptosen, 655
Herbizide, 721
Herdfrischen, 570
HERMANN, C., 535
Heroin, 688
HESS, G.H., 272
HEßscher Satz, 272
heterocyclische Verbindungen, 683 ff.
Nomenklatur, 684
heterogene Gemenge, 5
heterogene Katalyse, 311
Heterolyse, 595
heterolytische Spaltung, 595
heteropolare Bindung, 159
Heteropolysäuren, 549
HEUSLERsche Legierungen, 556
Hexaaquachrom(III)-ion, 551
Hexachlorcyclohexan, 662
Hexachloroplatin(IV)-säure, 579
Hexachlorozinn(IV)-säure, 469
Hexacosanol, 625
Hexacyano-ferrat(II)-ion, 175
Hexadecan, 604
Hexadecanol, 625
Hexadecansäure, 636
Hexafluorokieselsäure, 467
Hexafluorosilicate, 467
Hexamethylendiamin, 648, 734
Hexamethylendiisocyanat, 734
Hexamethylentetramin, 648
Hexan, 604
Hexandisäure, 637
Hexansäure, 636
Hexantriol, 742
Hexathionate, 506
Hexathionsäure, 506
Hexogen, 678
Hexosen, 655
Himbeerspat, 556
Hinreaktion, 261, 301, 317
Hirschhornsalz, 479
Histidin, 692
Histone, 693
HJELM, P.J., 553
Hochofenprozeß, 566
Hochofenschlacke, 569
Höchstwertigkeiten, 108
Hochtemperaturbrennstoffzellen, 356

Hochtemperaturpyrolyse, 607
Hoff, v., 282
Höllenstein, 528
Holmium, 539
Holz, 660
Holzgeist, 623
Holzkohle, 422
homogene Gemenge, 5
homogene Katalyse, 311
homologe Reihen, 582
Homolyse, 595
homolytische Spaltung, 595
homöopolare Bindung, 126
Homopolymerisation, 724
Hormone, 311, 702
Horn, 691, 693
HUND, F. 99
HUNDsche Regel, 94 f., 99, 137
Hüttenkoks, 620
Hyazinth, 545
Hybridisationsenergie, 141
Hybridorbitale, 138
Hydrargillit, 442, 444 - 445
Hydratation, 248
Hydratationsenthalpie
molare, 298
Hydratcellulose, 744
Hydrathülle, 248
Hydratisierung, 586
Hydrazin, 483
Hydrazinhydrat, 483
Hydraziniumchlorid, 483
Hydraziniumdichlorid, 483
Hydraziniumsulfat, 483
Hydrazobenzen, 681
Hydride, 407
Hydridion, 407
Hydrierung, 407, 585
Hydrochinon, 673
Hydrocracken, 616
Hydrogenfluoride, 512
Hydrogenium, 405
Hydrogensalze
Namen, 750
Hydrogensulfate, 505
Hydrogensulfation, 212
Hydrohalogenierung, 586
Hydrolasen, 704
Hydrolyse, 208, 231
Hydroniumionen, 201, 214, 407
hydrophil, 718
hydrophob, 718
Hydrosphäre, 76
Hydroxide, 496 - 497
amphotere, 112
Hydroxidionen, 202
Hydroxidionenkonzentration, 215

Index

Hydroxidsalze
    Namen, 751
Hydroxyalkansäuren, 638
2-Hydroxy-benzoesäure, 676
4-Hydroxy-benzoesäure, 676
Hydroxy-butandisäure, 638
Hydroxycarbonsäuren, 638
Hydroxylamin, 483
Hydroxylapatit, 430
Hydroxymethylgruppe, 756
Hydroxyprolin, 692
2-Hydroxypropansäure, 638
Hyperoxide, 498
Hypertrophierung, 487
Hypobromige Säure, 517
Hypochlorige Säure, 516
Hypochlorite, 516
Hypohalogenige Säuren, 586
Hypoiodige Säure, 519
Hypoiodite, 519
Hypophosphite, 488
Hypophosphorige Säure, 488

I-Effekt, 591
idealer Gaszustand, 50
Ilmenit, 544
Imidazol, 685
Imide, 478
Iminogruppe, 647
in statu nascendi, 407
Indanthrenblau RS, 711
Indanthrenbrillantrosa, 712
Indate, 447
Inden, 670
Indigo, 711
Indigofarbstoffe, 711
Indigotin, 711
Indikatoren, 216
Indium, 439 f., 447
Indium(III)-chlorid, 447
Indium(III)-hydroxid, 447
Indium(III)-oxid, 447
Indium(III)-sulfid, 447
Indiumantimonid, 447
Indiumphosphid, 447
Indiumverbindungen, 447
Indol, 687
Indoxyl, 711
Induktionseffekt, 591
induktiver Effekt, 591
Inhibitoren, 311
Initialsprengstoffe, 679
Inkohlung, 618
innere Energie, 252 - 253
innere Salze, 649

innerer Widerstand, 392
Insektizide, 721
Insulin, 702
intensive Größen, 36, 252
Interhalogenverbindungen, 510
intermetallische Verbindungen, 166
Inulin, 656
Invar, 575
Inversion, 658
Invertzucker, 659
Iod, 420, 423, 506, 509, 517 f.
Iodarene, 682
Iodate, 519
Iodheptafluorid, 510
Iodide, 518
Iodidkaliumlösung, 518
Iodmonochlorid, 510
Iodoform, 642
Iodometrie, 518
Iodsauerstoffsäuren, 519
Iodsäure, 519
Iodstärke, 518
Iodstickstoff, 483
Iodtinktur, 518
Iodtrichlorid, 510
Iodverbindungen, 682
Iodwasserstoff, 518
Iodwasserstoffgleichgewicht, 321
Iodwasserstoffsäure, 518
iondisperses System, 21
Ionen, 154, 161
Ionenaktivität, 241
Ionenaustauscher, 436
Ionenbindung, 124 f., 148, 154
Ionenbindungscharakter
    partieller, 148
Ionengitter, 159
    Abbau, 246
    Aufbau, 246
Ionengleichungen, 18, 19
Ionenkonzentration, 241
Ionenprodukt des Wassers, 214, 221
Ionenradien, 120, 122
Ionenreaktionen, 328 ff.
Ionensubstanzen, 12, 21, 154
    Summenformeln, 158, 162
Ionentheorie, 200
Ionenwertigkeit, 156, 179
Ionisierungsenergie, 113, 122
Ionon, 717
Iridium, 560, 578 f.
Iridium(III)-oxid, 579
Iridium(IV)-oxid, 579
Iridium(VI)-fluorid, 579
Iridiumsalmiak, 579
Iridiumverbindungen, 579
Iron, 717

Iron (engl.) ↑ *Eisen*
irreversible Kolloide, 23
isländischer Doppelspat, 430
Islandspat, 430
Isoamylgruppe, 755
isobare Zustandsänderungen, 254
Isobutylacetat, 646
Isobutylgruppe, 755
isochore Zustandsänderungen, 254
Isocyanat, 739
Isocyansäure, 459
isoelektronisch, 122
Isoeugenol, 674
Isolator, 168
Isoleucin, 649, 692
Isomerasen, 704
Isomerie, 582 - 583
  optische, 584
cis-trans-Isomerie, 574, 583
Isomorphie, 160
Isooctan, 614
Isopren, 715
Isopropenylgruppe, 755
Isopropylalkohol, 624
Isopropylgruppe, 755
Isopropylidengruppe, 755
isotaktische Polymere, 724
isotherme Zustandsänderungen, 254
Isotope, 81
isotope Nuklide, 81

JANSSEN, P.J.C., 519
Jaspis, 461
Jod ↑ *Iod*
Jute, 740

Kainit, 427
Kali-Blei-Glas, 465
Kali-Kalk-Glas, 465
Kalibleichlauge, 516
Kalidüngemittel, 423
Kalifeldspat, 464
Kalifornium, 541
Kalignost, 421
Kalilauge, 421 f.
  alkoholische, 422
Kalisalpeter, 422
Kalium, 411
Kaliumaluminiumsulfat, 446
Kaliumantimonotartrat, 491
Kaliumbromat, 517, 551
Kaliumbromid, 423
Kaliumcarbonat, 422, 423, 454

Kaliumchlorat, 486, 516
Kaliumchlorid, 421 ff.
Kaliumchloroaurat(III), 531
Kaliumchrom(III)-sulfat, 551
Kaliumcyanid, 459
Kaliumcyanoferrat(II), 571
Kaliumcyanoferrat(III), 571
Kaliumdichromat, 552
Kaliumdicyanoargentat, 459, **529**
Kaliumdicyanoaurat(I), 459, **531**
Kaliumdisulfit, 502
Kaliumferrat(VI), 572
Kaliumfluorid, 421
Kaliumformiat, 422
Kaliumheptafluoroniobat, 548
Kaliumheptafluorotantalat, 548
Kaliumhexachloroiridat(IV), 579
Kaliumhexachloroplatinat(IV), 580
Kaliumhexacyanoferrat(II), 459, **571**, 580
Kaliumhexacyanoferrat(III), 459, 530, 571
Kaliumhydrogencarbonat, 423
Kaliumhydrogensulfat, 577
Kaliumhydrogentartrat, 639
Kaliumhydroxid, 421
Kaliumhyperoxid, 421, 498
Kaliumhypochlorit, 516
Kaliumiodid, 423
Kaliummanganat(VI), 557
Kaliummetabisulfit, 502
Kaliumnatriumtartrat, 639
Kaliumnitrat, 422, 572
Kaliumnitrit, 422
Kaliumoctacyanomolybdat(IV), 554
Kaliumoctacyanowolframat(IV), 554
Kaliumosmat(VI), 578
Kaliumperchlorat, 516
Kaliumperiodat, 557
Kaliumpermanganat, 513, 557
Kaliumperoxodisulfat, 506
Kaliumperrhenat, 559
Kaliumperruthenat, 577
Kaliumpersulfat, 506
Kaliumpolysulfid, 423, 529
Kaliumrhodanid, 459
Kaliumrhodiumalaun, 577
Kaliumruthenat(VI), 577
Kaliumruthenat(VII), 577
Kaliumsulfat, 422 - 423
Kaliumtetracyanoplatinat(II), 580
Kaliumtetraiodomercurat(II), 538
Kaliumthiocyanat, 459
Kaliumtriiodoplumbat, 472
Kaliumverbindungen, 420 ff.
Kaliumxanthogenat, 457
Kaliwasserglas, 465
Kalk, 430 f., 465
  hydraulischer, 433

Kalkbrennen, 431
Kalkhydrat, 432
Kalklöschen, 432
Kalkmilch, 432
Kalkmörtel, 433
Kalksalpeter, 435
Kalkseife, 436
Kalkspat, 430
Kalkstein, 430 f.
Kalkstickstoff, 459, 482
Kalktuff, 430 f.
Kalkwasser, 432, 455
Kalomel, 537
Kaltblasen, 620
Kampfer, 717, 737
Kaolin, 464, 466
Kaolinit, 464
Karneol, 461
Kassiterit, 468
Katalase, 561
Katalysatoren, 310
Katalyse, 310
Kation, 113, 195
    Ionenradius, 122
Kationbasen, 212
Kationen, 161, 344, 379, 747
    Entladbarkeit, 383
    komplexe, 172
    Namen, 747 f.
Kationen,komplexe, 242
Kationkomplexe, 243
Kationsäuren, 212, 232
Katode, 161, 349, 379 f.
katodische Reduktion, 349, 380
katodischer Korrosionsschutz, 358
Kaustifizierung, 417
Kautschuk, 737
Kautschuklatex, 737
KEKULÉ, A., 663
Keramik, 466
Keratine, 693
Kernarten, 80
Kernbausteine, 75
Kernchlorierung, 668
Kernenergie, 254
Kernfusion, 410
Kernit, 440
Kernkettenreaktion, 542
Kernladungszahl, 75
kernphysikalische Vorgänge, 3
Kernreaktionen, 17
Kernsynthesebombe, 412
Kerosin, 614
Kesselstein, 436
Ketoform, 583
Ketogruppe, 631
Ketone, 631, 641

Ketosen, 655
Kettenisomerie, 582
Kettenwachstum, 587
Kiese, 498
Kieselgel, 462
Kieselgur, 461
Kieselsäure, 461
Kieselwolframsäure, 554
Kieselzinkerz, 532
Kieserit, 429
kinetische Energie, 254
KIRCHHOFF, G.R., 424
KLAPROTH, M.H., 542
Klebereiweiß, 693
Klemmenspannung, 362
Klinker, 466
Knallgas, 407
Knallgasreaktion, 308
Knallgold, 531
Knallquecksilber, 459
Knallsäure, 459
Knallsilber, 529
Knorpel, 694
Koagulation, 23
Koenzym, 704
Koferment, 704
Kohle, 453, 617ff., 647
Kohlehydrierung, 606
Kohlendioxid, 417, 431 - 433, 452 ff., 477
    festes, 454
    flüssiges, 454
    Klimabeeinflussung, 455
Kohlendisulfid, 457, 507, 743
Kohlenhydrate, **654** ff.
Kohlenmonoxid, 406, 452, 519, 524, 634, 635
Kohlenmonoxidhydrierung, 606 f.
Kohlenoxid, 452
Kohlenoxidchlorid, 457
Kohlenoxidsulfid, 457
Kohlensäure, 456
Kohlenstoff, **448** ff.
Kohlenstoff-Fasern, 451
Kohlenstoff-Werkstoffe, 451
Kohlenstoffatom, 140
    Bindungen, 140
Kohlenstoffgruppe, 448 ff.
Kohlenstoffisotop C12, 25
Kohlenstoffsubnitrid, 458
Kohlenstoffträger, 406, 452
Kohlenstoffverbindungen, 448 ff.
Kohlenwasserstoffe, acyclische, 603 ff.
Kohlenwasserstoffe, aliphatische, 603 ff.
Kohlenwasserstoffe, aromatische, 665
Kohlenwasserstoffe, gesättigte, 603 ff.
Kokain, 688
Kokereigas, 453, 666

Koks, 434, 453, 457, 460, 470, 522, 619 f.
Kollagene, 693
Kollodium, 645
Kollodiumwolle, 737
Kolloid, 23
Kolophonium, 717
Komplexassoziation, 242
Komplexbeständigkeitskonstante, 337
Komplexbildung an Metallionen, 172
Komplexbildung an Nichtmetallionen, 171
Komplexbildungskonstante, 337
Komplexdissoziation, 242
Komplexdissoziationskonstante, 336
Komplexe
 schwache, 243, 338
 Stabilität, 338
 starke, 243, 338
komplexe Anionen, 749
 Namen, 748
komplexe Kationen, 749
 Namen, 748
Komplexionen, 171, 242
Komplexreaktionen, 242 f., 245, 249, 336
Komplexsalze, 172, 334
Komplexstabilitätskonstante, 337
Komplexverbindungen, 170 ff.
Komplexzerfallskonstante, 336
Komponenten, 288
Kompression, 256
Komproportionierung, 536
Kondensation, 585
Kondensationsenthalpie
 molare, 295
Konfiguration, 765
Kongorot, 708
Königswasser, 481, 531
Konjugation, 588
Konstantan, 524
Kontaktkatalyse, 311
Konverter, 569
Konvertierung, 406, 477
Konzentration, 53, 60, 241
Konzentrationsaktivität, 282
Konzentrationsänderungen, 329, 333
Konzentrationselement, 367
Konzentrationskette, 367
Konzentrationskorrosion, 367
Konzentrationspolarisation, 395
Konzentrationsüberspannung, 395
Konzentrationszelle, 395
Koordinationsverbindungen, 170
Koordinationszahl, 170, 187
koordinative Bindung, 152, 170
Kopolymerisation, 724
Körper, 1, 32
Korpuskularcharakter, 73
korrespondierende Redoxpaare, 195

Korrosion
 elektrochemische, 356 - 357
Korrosionselement, 356
Korrosionsinhibitoren, 311
Korrosionsschutz, 357
 anodischer, 359
 katodischer, 358
Korund, 444
kosmische Strahlung, 407
KOSSEL, W., 124
kovalente Bindung, 126
kovalenter Radius, 120
Kovalenz, 124
Kovalenzbindung, 126
Kreide, 430
Kresole, 673
Kristall, 2
Kristallgitter, 129, 159, 187
Kristallisationsenthalpie
 molare, 295
Kristallisationsüberspannung, 395
Kristallite, 165
Kristallsoda, 417
Kristallviolett, 709
Kristallwasser, 408
kritische Masse, 542 - 543
Krokoit, 550
Kronglas, 465
Krupp-Rennverfahren, 569
Kryolith, 413, 442, 512
Kryolith-Tonerde-Verfahren, 443
Krypton, 520
kubisch-raumzentriertes Gitter, 163
Kugelpackung
 kubisch-dichteste, 163
künstliche Nuklide, 82
Kunststoffe, 723 ff.
 duroplastische, 726
 thermoplastische, 725
Kuoxamfaserstoff, 744
Küpenfarbstoffe, 715
Kupfer, 387, **522** ff.
Kupfer(I)-acetylid, 610
Kupfer(I)-carbid, 457
Kupfer(I)-chlorid, 524
Kupfer(I)-cyanid, 524 f.
Kupfer(I)-hydroxid, 524
Kupfer(I)-iodid, 524
Kupfer(I)-oxid, 524
Kupfer(I)-rhodanid, 524
Kupfer(I)-sulfid, 524
Kupfer(I)-thiocyanat, 524
Kupfer(I)-verbindungen, 524 f.
Kupfer(II)-arsenit, 526
Kupfer(II)-carbonat, 526
Kupfer(II)-chlorid, 525
Kupfer(II)-cyanid, 525

Kupfer(II)-hexacyanoferrat(II), 526
Kupfer(II)-hydroxid, 525
Kupfer(II)-hydroxidacetat, 526
Kupfer(II)-nitrat, 525, 526
Kupfer(II)-oxid, 525
Kupfer(II)-phosphat, 526
Kupfer(II)-sulfat, 526
Kupfer(II)-sulfid, 526
Kupfer(II)-verbindungen, 525 f.
Kupferchlorid, 384
Kupferglanz, 522
Kupferkies, 522
Kupferschiefer, 522
Kupferstein, 522
Kupfersulfat, 384
Kupferverbindungen, 522 ff.
Kupfervitriol, 526
Kupplungsreaktionen, 682
Kurtschatovium, 544
KURTSCHATOW, I.W., 544
Kurzperiodensystem, 101

L-Verbindungen, 766
Lab, 704
Lackmus, 202, 203
Lactame, 732
Lactate, 638
Lactoflavin, 700
Lactoglobulin, 693
Lactose, 659
Laden, 374 - 375
Ladung
 formale, 186
Ladung des Elektrons, 89
Ladungen
 formale, 172
Ladungsdichte, 89
Ladungswolke, 89
Lage des Gleichgewichts, 303
Lagermetall, 471
LANGMUIR, I., 124
Langperiodensystem, 101
Lanolin, 696
Lanthan, 539 f.
Lanthanoide, 103, 107, 538 f.
Laugen, 203
Laurinsäure, 695
LAVOISIER, A.L., 24, 191, 271, 405, 448, 484, 494
Lävulose, 656
Lawrencium, 539
Lead (engl.) ↑ *Blei*
LEBLANC-Verfahren, 418
Lecithine, 696
LECLANCHÉ-Element, 352

LECOQ DE BOISBAUDRAN, P.-E., 446
Legierungen, 165, 533
Lehm, 433
Leim, 693
Leinöl, 696
Leiter 1. Klasse, 346, 379
Leiter 2. Klasse, 346, 379
Leitfähigkeit
 elektrische, 163
Leitungsband, 167
Lepidolith, 412
Letten, 442
Leuchtgas, 605
Leuchtöl, 614
Leuchtprobe, 468
Leucin, 692
Leukanilin, 709
Leukindigo, 712
Leukoverbindung, 709
LEWIS, G.N., 105, 124
LIEBIG, J. v., 200, 483
Liganden, 170, 173, 187, 242
 Namen, 748
Ligandenaustauschreaktionen, 244, 246, 338
Ligandenübergangsreaktionen, 243, 246
Ligasen, 704
Lignin, 660
Lignocerinsäure, 695
Limonen, 716
Limonit, 561
Linalool, 716
Linalylacetat, 716
Lindan, 662, 721
linearer Bindungszustand, 141
Linnéit, 573
Linolensäure, **636**, 695
Linolsäure, **636**, 695
Linoxyn, 696
Lipasen, 704
Lipide, 694 f.
Lipoide, 694
LIPOWITZSCHES Metall, 492
Lithionglimmer, 412
Lithium, 411 f.
Lithium 6, 412
Lithium-Silberchromat-Zelle, 354
Lithiumalanat, 446
Lithiumcarbonat, 412
Lithiumchlorid, 412
Lithiumdeuterid-(^{6}Li), 412
Lithiumfluorid, 412
Lithiumhydrid, 412
Lithiumhydroxid, 412
Lithiumhydroxystearat, 412
Lithiumnitrid, 412
Lithiumoxid, 412

Lithiumperchlorat, 412
Lithiumstearat, 412
Lithiumtritid-(^{6}Li), 413
Lithiumverbindungen, 412
Lithiumzellen, 412
Lithoponeweiß, 437, 534
Lithosphäre, 76
Lobelin, 687
lockerndes Molekülorbital, 132, 138
Lokalelemente, 356
Lokalkatoden, 359
LOMONOSSOW, M. W., 24
Löschkalk, 432
LOSCHMIDT, J., 32
LOSCHMIDT-Konstante, 41, 43, 403
Löslichkeit, 51, 59
Löslichkeitskonstante, 331, 339
Löslichkeitsprodukt, 331
Lösung
    gesättigte, 51
    übersättigte, 52
    ungesättigte, 52
Lösungen, 20, 51, 53
Lösungsdruck, 344
Lösungselektrode, 351, 386
Lösungsenthalpie, 297
Lösungsmittel, 20, 246
    unpolare, 299
Lösungsreaktionen, 246, 339
Lösungsvorgänge, 297
Lötwasser, 534
LSD, 688
Luft, 494
Luft, flüssige, 496
Luftgas, 453
Luftmörtel, 433
Lutein, 714
Lutetium, 539
Lutidine, 686
Lyasen, 704
Lysergsäure, 688
Lysergsäurediethylamid, 688
Lysin, 692

M-Effekt, 591, 593
Magnesia, 428
Magnesiabinder, 429
Magnesit, 429
Magnesium, 425, **427** ff., 444, 454, 544
Magnesiumammoniumphosphat, 427
Magnesiumcarbonat, 429
Magnesiumchlorid, 429
Magnesiumdünger, 429
Magnesiumhydrogencarbonat, 435
Magnesiumhydroxid, 429

Magnesiumhydroxidcarbonat, 429
Magnesiumhydroxidchlorid, 429
Magnesiumnitrid, 428
Magnesiumoxid, 428
Magnesiumseife, 436
Magnesiumsilicid, 467
Magnesiumsulfat, 429
Magnesiumverbindungen, 427 ff.
Magneteisenerz, 561
Magneteisenstein, 561
Magnetit, 561
Magnetkies, 561, 575
Magnetopyrit, 561
Magnetquantenzahl, 92, 97
MAGNUS, A., 489
Makrobereich, 1
Makromoleküle, 22
Makropeptide, 691
Malachit, 522, 526
Malachitgrün, 710
Malate, 638
Maleinsäure, 638, 730
Maleinsäureanhydrid, 638
Malonate, 637
Malonsäure, 637
Malonsäurediethylester, 651
Malonylharnstoff, 651
Maltose, 659
Malzzucker, 659
Mandelsäure, 676, 766
Mangan, 555 ff., 563 f.
Mangan(II)-chlorid, 557
Mangan(II)-dihydrogenphosphat, 487
Mangan(II)-dithionat, 506
Mangan(II)-hydroxid, 557
Mangan(II)-nitrat, 557
Mangan(II)-oxid, 557
Mangan(II)-sulfat, 557
Mangan(II)-sulfid, 557
Mangan(III)-oxid, 557
Mangan(III)-oxidhydrat, 557
Mangan(III)-phosphate, 557
Mangan(IV)-oxid, 513, 517 - 518, 557
Mangan(V)-säure, 555
Mangan(VI)-säure, 555
Mangan(VII)-oxid, 557
Manganate(V), 558
Manganate(VI), 558
Manganbraun, 557
Manganin, 524
Manganit, 556
Manganspat, 556
Manganstearat, 557
Manganverbindungen, 556 ff.
Maniperm, 571
Mannopyranose, 657
Mannose, **656**, 657, 767

Marienglas, 433
Markasit, 561
Marmor, 430, 431
MARSHsche Probe, 490
Maßanalyse, 65, 233
Maßlösungen, 64
Masse, 24, 36, 40, 53, 65, 252
   stoffmengenbezogene, 35
   molare, 35
Massenanteil, 53 - 54, 57
Massenkonzentration, 53, 54, 59, 60, 65, 68
Massenverhältnis, 7, 53, 54, 56, 59
Massenwirkungsgesetz, **287**, 312 ff.
   kinetische Ableitung, 316
   thermodynamische Ableitung, 320
Massenzahl, 80
MATTHIESSEN, A., 412
Mauersalpeter, 435
Meerwasser, 408
Mehrelementverbindungen, 8
Meitnerium, 560
Melamin, 687, 732
Melaminharze, 732
Mendelejew, D.I., 100
Mendelevium, 541
Mennige, 465, 472
1,4-Menthan, 717
Menthol, 717
Mercaptane, 653
Mercury (engl.) ↑ *Quecksilber*
Mergel, 430, 464
Mescalin, 687
mesomerer Effekt, 593
Mesomerie, 588 f.
Mesomerieeffekt, 591 f.
Mesomeriepfeil, 589
Mesoweinsäure, 639, 772
Mesoxalsäure, 687
messenger-RNS, 698
Messing, 523, 533
Metabisulfite, 502
Metaborate, 441
Metaborsäure, 441
Metakieselsäure, 462
Metaldehyd, 630
Metallbindung, 125, 163
Metalle, 14, 110, 168
   edle, 342
   unedle, 342
Metallgitter, 163
Metallhydroxide, 202, 497
Metallionen, 202, 204
   hydratisierte, 233
metallischer Radius, 120
Metalloxide, 112
Metaphosphate, 487
Metaphosphorsäure, 486

Metasilicate, 462
Methacrylsäure, 636
Methacrylsäuremethylester, 636, 734
Methämoglobin, 714
Methan, 142, 455, 457, 459, 604, **605**
Methanal, 630, 634, 641
Methanoate, 634
Methanol, 441, 500, 623, 634 f.
Methansäure, 452, 634
Methingruppe, 707, 755
Methionin, 692
Methylacetat, 646
Methylalkohol, 623
Methylamin, 648
Methylamino-ethansäure, 477
Methylamino-phenol, 4-, 674
Methylammoniumchlorid, 647
Methylbenzen, 668
Methylbenzoat, 675
2-Methyl-buta-1,3-dien, 609
2-Methyl-butadien-(1,3), 609
Methylbutyrat, 646
Methylchlorid, 642
Methylcyclohexan, 617
Methylenblau, 714
Methylenchlorid, 642
Methylengruppe, 755
Methylierung, 642
Methylmethacrylat, 636
Methylorange, 682, 708
2-Methyl-propensäure, 636
Methylrot, 708
Methylsilicon, 745
Methyltriacetosilan, 745
Methyltrichlorsilan, 745
Methylviolett, 709
Metol, 674
MEYER, L., 100
Mezcalin, 687
MICHLERs Keton, 709
Mikrobereich, 1
Milchglas, 465
Milchsäure, 638, 660, 771
Milchzucker, 659
MILLONsche Reaktion, 691
Minerale, 463
Mineralogie, 463
Mischbinder, 433
Mischelemente, 26, 82
Mischgas, 453
Mischkristalle, 53
Mischphasen, 288
Mischpolymerisation, 724
Mischungen, 4, 53, 288
Mischungsenthalpie, 300
   mittlere molare, 300

Mischungsentropie
  molare, 300
Mischungsvorgänge, 297
Mitteltemperaturpyrolyse, 607
Mizellkolloide, 22
Modellvorstellung, 73
MOHRsches Salz, 506, 572
MOISSAN, H., 511
Mol, 30
Molalität, 60, 62
Molalitätsaktivität, 282
molare Äquivalentmasse, 39, 67
molare Bildungsenthalpie, 267
molare freie Reaktionsenthalpie, 278, 291, 372
  Berechnung, 282, 284
molare freie Standardreaktionsenthalpie
  Berechnung, 371
molare Größen
  partielle, 287
molare Konzentration, 61
molare Lösung, 61
molare Masse, 44
molare Reaktionsenthalpie, 260, 278
molare Standardbildungsenthalpie, 267
molare Standardreaktionsenthalpie, 270
molare Standardwärmekapazität, 297
molare Wärmekapazität, 296
molares Volumen, 42
Molarität, 61
Molbegriff, alter, 34
Molekül, 41
Molekülaggregate, 22
molekulardisperses System, 21
Molekulargewicht, 27
Molekülassoziate, 22
Moleküle, 10
Molekülgitter, 128
Molekülkolloide, 22
Molekülkomplexe, 243
Molekülmasse, relative, 27
Molekülorbital, 131
  rotationssymmetrisches, 133
Molekülorbital, bindendes, 132
Molekülorbital, lockerndes, 132
Molekülorbitale
  bindende, 138, 185
Molekülsäuren, 121
Molekülsubstanzen, 21, 127, 185
Molenbruch, 55
Molenbruchaktivität, 282
Molluskizide, 721
Molwärme, 296
Molybdän, 549, 553
Molybdän(IV)-sulfid, 554
Molybdän(VI)-fluorid, 553
Molybdän(VI)-oxid, 553

Molybdän(VI)-oxidhydrat, 553
Molybdän(VI)-sulfid, 554
Molybdänblau, 554
Molybdänsulfid, 554
Molybdänglanz, 553
Molybdänit, 553
Molybdänsäure, 553
Molybdäntrioxid, 553
Molybdänverbindungen, 553 f.
Molybdänylverbindungen, 553
Molybdate, 553
Monazit, 540
MOND-Verfahren, 575
Monelmetall, 575
Monochlorethan, 472
Monochlormethan, 460, 642
monofil, 739
Monofluortrichlormethan, 734
monomer, 724
Monomethylsulfat, 644
Monomethyltrichlorsilan, 460
Monosaccharide, 654, 655 f., 766
Monosauerstoff, 513
Monosilan, 467
Monosulfan, 500
Monoterpene, 715
Monowasserstoff, 407
Montansäure, 697
Montanwachs, 647
Morphin, 688
Mörtel, 433
  hydraulische, 433
Mucine, 694
Mucoide, 694
Mucopolysaccharide, 694
MÜLLER VON REICHENSTEIN, F. J., 508
MÜLLER-KÜHNE-Verfahren, 503
MULLIKEN, R., 119
Mullit, 466
Muniperm, 575
Muscarin,. 688
Muscon, 662
Muskovit, 464
MWG, 312
Myricinsäure, 697
Myricilalkohol, 625, 697
Myristinsäure, 695

N,N-Dimethylhydrazin, 483
n-Leitung, 168
Naphtacen, 666
Naphthalen, 669
Naphthalin, 669
Naphthenate, 662
Naphthensäuren, 662
Naphthionsäure, 708
Naphthole, 673

Naphthylgruppen, 756
Naßspinnen, 741
Natrium, 154, 411, 413 ff.
Natriumalanat, 407
Natriumalkoholat, 414, 623
Natriumaluminat, 445
Natriumamalgam, 414, 416, 478, 536
Natriumamid, 420, 711
Natriumantimonat(V), 491
Natriumazid, 420
Natriumboranat, 407
Natriumcarbonat, 417
Natriumcellulosexanthogenat, 743
Natriumchlorat, 516
Natriumchlorid, 384, 414 f., 419
Natriumchlorit, 516
Natriumcyanid, **459**, 527, 530
Natriumdichromat, 552
Natriumdicyanoargentat, 527
Natriumdihydrogenphosphat, 486 - 487
Natriumdisulfit, 419
Natriumdithionit, 506, 711
Natriumdithiosulfatoargentat, 528
Natriumdiuranat, 543
Natriumdodecylsulfat, 645
Natriumelektrode, 378
Natriumfluorid, 512
Natriumgallat, 446
Natriumglutamat, 692
Natriumhexachloroiridat(III), 579
Natriumhexachloroiridat(IV), 579
Natriumhexafluoroaluminat, 512
Natriumhexametaphosphat, 487
Natriumhydrogencarbonat, 417, 420
Natriumhydrogensulfit, 419, 502, 518
Natriumhydroxid, 416 - 417
Natriumhypobromit, 517
Natriumhypochlorit, 516, 573, 578
Natriumhypophosphit, 488, 576
Natriumiodat, 518
Natrium-Kalium-Legierung, 421
Natriumniobat, 548
Natriumnitrat, 420
Natriumnitratlösung, 422
Natriumnitrit, 420
Natriumoxid, 419
Natriumpalmitat, 718
Natriumpentacarbonatothorat, 541
Natriumpentacyanonitrosylferrat(III), 459, 572
Natriumperborat, 441, 720
Natriumperoxid, 419
Natriumperxenat, 520
Natriumplumbat(II), 471
Natriumpolysulfid, 537
Natriumsarcosinat, 477
Natriumselenit, 507, 527

Natrium-Schwefel-Zelle, 377
Natriumstannat(II), 469
Natriumstannat(IV), 469
Natriumsulfat, 384, **419**
Natriumsulfid, **419**, 712
Natriumsulfit, **419**, 502
Natriumtantalat, 548
Natriumtetraborat, 441
Natriumtetrachloroaurat(III), 531
Natriumtetracyanocadmat, 459, 535
Natriumtetracyanocuprat(I), 459
Natriumtetracyanozinkat, 459
Natriumtetraphenylboranat, 421
Natriumtetrathionat, 420, 506, 518
NERNSTsche Gleichung, 364
Natriumthioantimonat(V), 491
Natriumthiosulfat, 340, **420**, 506, 518, 524, 528 f.
Natriumthiowolframat, 554
Natriumverbindungen, 413 ff.
Natriumwofatit, 436
Natriumwolframat, 554
Natriumxenat(VIII), 520
Natriumzeolith, 436
Natriumzinkat, 534
Natron-Kalk-Glas, 465
Natronbleichlauge, 516
Natronfeldspat, 413
Natronkalk, 476
Natronlauge, 416, 417, 444
Natronsalpeter, 413, 420
Natronwasserglas, 465
Naturfaserstoffe, 740
Naturkautschuk, 737
natürliche Nuklide, 82
Naturschwamm, 693
Naturseide, 693
Neapelgelb, 491
Nebenenergieniveau, 96
Nebengruppenelemente, 103 ff., 521
Nebennierenrindenhormone, 703
Nebenquantenzahl, 90, 96
negative Partialladung, 146
Nematizide, 721
Neodym, 539, 540
Neon, 520
Neonrumpf, 95
Neptunium, 541
NERNSTsche Gleichung, 364
Nerolin, 674
NEßLERs Reagenz, 538
Netzmittel, 717
Neusilber, 523, 533
Neutralbasen, 212
Neutralisation, 204
Neutralisationsanalyse, 66
Neutralsäuren, 212
Neutronen, 75, 79, 542

Niazin, 700
Nichrom, 575
Nicht-Volumenarbeit, 277
Nichteisenmetallegierungen
  werkstofftechnische Kennzeichnung, 524
Nichtelektrolyte, 162
Nichtmetalle, 110
Nichtmetalloxide, 112, 201
Nickel, 559, 564, 575, 696
Nickel(II)-carbonat, 576
Nickel(II)-chlorid, 576
Nickel(II)-hydroxid, 576
Nickel(II)-nitrat, 576
Nickel(II)-oxid, 466, 576
Nickel(II)-sulfat, 576
Nickel(II)-sulfid, 576
Nickel(III)-oxidhydrate, 576
Nickel(III)-oxidhydroxid, 576
Nickel-Cadmium-Akkumulator, 376
Nickel-Eisen-Akkumulator, 377
Nickelin, 524
Nickeltetracarbonyl, 575 - 576
Nickelvitriol, 576
Nicotin, 687
Nicotinsäure, 700
Niederschlag, 248, 339
Niederschlagselektrode, 386
Nielsbohrium, 555
Niob, 546 ff.
Niob(V)-chlorid, 548
Niob(V)-fluorid, 548
Niob(V)-oxid, 548
Niob(V)-oxidhydrat, 548
Niobate, 548
Niobcarbid, 548
Niobeöl, 675
Niobit, 547
Niobium, 547
Nioboxidtrichlorid, 548
Niobpentachlorid, 548
Niobpent(a)oxid, 548
Niobverbindungen, 548
Niotenside, 719
Nitramine, 678
Nitrate, 482
Nitriersäure, 481, 678
Nitrierung, 678
Nitrifikation, 483
Nitrile, 641
Nitrite, 482
Nitroalkan, 645
Nitroalkane, 652
Nitroarene, 677
Nitrobenzen, 407, 678
Nitrogenium, 474
Nitroglycerin, 645
Nitrogruppe, 590

1-Nitropropan, 652
Nitroprussidnatrium, 459, 572
Nitrosamine, 680
nitrose Gase, 479 - 480
Nitrosierung, 680
Nitrosobenzen, 678
Nitrosylchlorid, 483
Nitrosylgruppe, 483
Nitrosylschwefelsäure, 483, 503
Nitrosylverbindungen, 483
Nitroverbindungen, 679
Nobelium, 541
NODDACK, W.+I., 558
Nomenklatur
  anorganische Verbindungen, 746 ff.
  organische Verbindungen, 751 ff.
Nonan, 604
Noradrenalin, 702
normale Konzentration, 64
Normalität, 64
Normallösungen, 64
Novocain, 681
Novolake, 729
NPK-Dünger, 489
Nucleinsäurebasen, 697
Nucleinsäuren, 694, 697
Nucleoproteide, 694
Nucleoside, 697
Nucleotide, 697
Nukleonen, 75, 79
nukleophil, 595
nukleophile Reaktion, 596
Nuklide, 79 ff.

OERSTED, J.C., 442
Objektmenge, 34, 252, 259
Objektmenge der Formelumsätze, 258
Ocker, 572
  gelber, 561
Octadeca-9,12-diensäure, 636
Octadec-9-ensäure, 636
Octadeca-9,12,15-triensäure, 636
Octadecan, 604
Octadecanol, 625
Octadecansäure, 636
Octan, 604
Octanzahl, 614
offene Systeme, 251
Oktaeder, 188
Öldruckvergasung, 476
Oleate, 636
Olefine, 607
Oleum, 505
Oligopeptide, 690
Oligosaccharide, 654

Olivin, 561
Ölsäure, **636**, 695
Opal, 461
Opferanode, 358
Opium, 688
optische Aktivität, 764 ff.
optische Antipoden, 584, **764**
optische Aufheller, 720
optische Isomerie, 584
Orbital, 86
Orbitale, 97
　kugelförmige, 90
　rotationssymmetrische, 92
d-Orbitale, 95
f-Orbitale, 95
p-Orbitale, 91
s-Orbitale, 90
Orbitalleerung, 172
Orbitalmodell, 74, 86, 89
　Metallkomplexion, 175
Orbitalquantenzahl, 96
Ordnung, 293
Ordnungszahl, 76
organische Verbindungen, 581 ff.
　Nomenklatur, 751 ff.
　Oxidationszahlen, 184
Orthodikieselsäure, 462
Orthodisilicate, 462
Orthokieselsäure, 461
Orthoklas, 464
Orthophosphorsäure, 486
Orthosilicate, 462
Osmiridium, 578
Osmium, 560
Osmium(IV)-oxid, 578
Osmium(VI)-fluorid, 578
Osmium(VIII)-oxid, 578
Osmiumtetr(a)oxid, 578
Osmiumverbindungen, 578
osmotischer Druck, 344
Östradiol, 703
Östrogene, 703
OSTWALD, W., 228
OSTWALD-Verfahren, 480
OSTWALDsches Verdünnungsgesetz, 228, 331
OTC, 706
Ovizide, 721
Ovoglobulin, 693
Ox, 197, 368
Ox-Form, 368
Oxalate, 637
Oxalsäure, 444, **637**
Oxalylgruppe, 756
Oxidation, 184, 191, 347, 379, 495
Oxidations-Reduktions-Reaktionen, 191 ff.
Oxidationsinhibitoren, 311

Oxidationsmittel, 191, 194, 196, 343, 368
Oxidationszahl, 179
Oxidationszahlen, 173, 194
　Komplexionen, 181
　Moleküle, 180
　Komplexionen, 181
Oxide, 112, 191, **496**
　amphotere, 112, 201
Oxidhydrate, 497
oxidierte Form, 197
Oxidoreduktasen, 704
Oxidsalze
　Namen, 751
Oxin, 427
Oxo-Synthese, 622
Oxogruppe, 760
Oxokomplexe, 171
Oxosäuren, 171
Oxygenierung, 495
Oxyhämoglobin, 494, 713
Oxyhydrochinon, 671
Oxytetracyclin, 706
Ozokerit, **605**, 697
Ozon, 455, **496**
Ozonierung, 408
Ozonloch, 496

p-Elektronen, 91, 107
p-Leitung, 168
p-Orbitale, 91
p-p-Bindung, 133, 135
p-p-Molekülorbital, 133
p-p-Orbitale, 135
Palladium, 560, **577** f.
Palladium(II)-chlorid, 578
Palladium(II)-nitrat, 578
Palladium(II)-oxid, 577
Palladium(II)-oxidhydrat, 577
Palladium(II)-sulfat, 578
Palladium(II)-sulfid, 578
Palladiumverbindungen, 577 f.
Palmitinsäure, **636**, 695
Palmitinsäurecetylester, 646
Palmitinsäuremyricylester, 646
Panthothensäure, 700
Paracetamol, 681
Paraffin, 500, 605, 634
Paraffinoxidation, 634
Paraformaldehyd, 630
Parafuchsin, 709
Paraldehyd, 630
Parkesierung, 527
Partialdruck, 71, 284, 313, 325
Partialdruckquotient, 284, 287, 320
Partialladungen, 146

Partialstoffmenge
  spezifische, 62
partielle molare Größen, 278, 287
partielle molare Volumina, 288
partieller Ionenbindungscharakter, 146
PAS, 681
Passivatoren, 311
Passivierung, 481
Patina, 523
Patronit, 546
PAULI, W., 97
PAULI-Prinzip, 97
PAULI-Verbot, 167
PAULING, L., 118, 148
Pech, 620, 666
Pektine, 436
PELIGOT, E.M., 542
Penicilline, 705
Pentadecan, 604
Pentaerythrit-tetranitrat, 678
Pentan, 604
Pentanatriumtripolyphosphat, 487
Pentanol, 421
Pentansäure, 636
Pentathionate, 506
Pentathionsäure, 506
Pentosen, 655
Pepsin, 704
Peptidbindung, 690
Peptide, 690
Peptisation, 23
Perborate, 441
Perborax, 441
Perbromate, 517
Perbromsäure, 517
Percarbamid, 409
Perchlorate, 515
Perchlorsäure, 516
Peressigsäure, 720
PEREY, M., 411
Perhydrol, 409
Periodate, 519
Perioden, 101
Periodensystem der Elemente, 100 ff.
Periodsäure, 519
Permanentweiß, 437
Permangansäure, 557
Peroxidase, 561
Peroxide, 498
Peroxodischwefelsäure, 409, 506
Peroxomonoschwefelsäure, 506
Perrhenate, 559
Perrheniumsäure, 558
PERRIER, C., 558
Perschwefelsäure, 506
Pertechnate, 558
Pertechnetiumsäure, 558

Perylen, 670
Pestizide, 720 - 721
Petrographie, 463
Petrolchemie, 613
Pfropfpolymerisation, 724
pH-Wert, 215 f.
  Berechnung, 216, 228
Phasenumwandlungen, 292
Phasenumwandlungsenthalpien
  molare, 295 ff.
Phenacetin, 681
Phenanthren, 666
Phenazon, 685
Phenol, 662, **672**, 729
Phenolate, 672
Phenole, 666, **671** ff., 682
Phenolether, 674
Phenolphthalein, 710
Phenolsulfonsäure, 469
Phenoplaste, 729
Phenoxyessigsäure, 674
Phenthiazin, 714
Phenylacetaldehyd, 676
Phenylalanin, 692
Phenylamin, 680
Phenylammoniumchlorid, 680
Phenylendiamine, 681
Phenylengruppen, 756
Phenylessigsäure, 676
Phenylethanal, 676
Phenylethanol, 676
Phenylethansäure, 676
Phenylethylalkohol, 676
Phenylglycin, 711
Phenylgruppe, 668
Phenylmethylketon, 676
Phloroglucin, 671
Phosgen, 457, 642, 681, 735
Phosphate, 486 f.
  kondensierte, 487
Phosphatide, 696
Phosphatieren, 487, 565
Phosphide, 488
Phosphin, 485, **488**
Phosphite, 488
Phospholipide, 696
Phosphor, 473, 484 ff.
  rot, 484, 517, 518
  schwarz, 484
  violett, 484
  weiß, 484
Phosphor(V)-oxid, 485 f.
Phosphorbronze, 523
Phosphorchloride, 488
Phosphordüngemittel, 488
Phosphorhalogenid, 640
Phosphorhydride, 488

Phosphorige Säure, 488
Phosphorit, 430, 488
Phosphormolybdänsäure, 553
Phosphoroxidchlorid, 488
Phosphorpentachlorid, 488
Phosphorproteide, 694
Phosphorsäure, 202, 444, **486**, 553, 697
Phosphorsäureester, 646
Phosphorsäuren, 486
Phosphortrichlorid, **488**, 643
Phosphorverbindungen, 484 ff.
Phosphorwolframsäure, 554
photochemische Reaktionen, 190
Photosynthese, 455
Phthaleine, 710
Phthalocyanine, 714
Phthalodinitril, 714
Phthalophenon, 710
Phthalsäure, 675
Phthalsäureanhydrid, **675**, 710, 731
Phyllochinol, 699
pH-Wert, 215 f.
  Berechnung, 216, 228
physikalische Trennverfahren, 5
physikalische Vorgänge, 3
Phytol, 714
Picoline, 686
Pikrinsäure, 678
Pinan, 717
Pinen, 716, 717
Pinksalz, 469
Piperidin, 686
Piperin, 687
Piperonal, 676
pK_B-Wert, 219, 222
pK_S-Werte, 219, 222, 593
Plagioklas, 464
PLANCK, M. 73
Plaste, 723 ff.
  vollsynthetische, 726 ff.
Platin, 480, 560, **579**
Platin(IV)-sulfid, 580
Platin(VI)-fluorid, 580
Platinasbest, 503
Platinmetalle, 103
  -leichte, 560
  -schwere, 560
Platinmohr, 579
Platinsalmiak, 580
Platinschwarz, 579
Platinverbindungen, 579 f.
Pleochroismus, 580
Pluspol, 348
Plutonium, 541, **543**
Plutonium 239, 543
polare Bindung, 159
Polarisation, 374, 391

polarisierte Atombindungen, 146
Polieren
  elektrolytisches, 444
Polierrot, 571
Pollucit, 424
Polonium, 493, **508**
Poloniumverbindungen, 508
Polyacrylnitril, 742
Polyacrylnitrilfaserstoffe, 742
Polyaddition, 587, **725**
Polyamide, 732
Polyamidfaserstoffe, 741
cis-1,4-Polybutadien, 738
Polycaprolactam, 741
Polycarbonat, 735
Polycarboxylate, 719
Polyepoxide, 731
Polyester, 725, **730**
  gesättigte, 730
  glasfaserverstärkte, 730
Polyesteralkohole, 734
Polyesterfaserstoffe, 742
Polyesterharze
  ungesättigte, 730
Polyetheralkohole, 734
Polyethylen, 726
polyfil, 739
Polyfluorcarbone, 735
Polyhalit, 421
Polyisobutylen, 739
cis-1,4-Polyisopren, 737
Polykondensation, 725 f.
polymer, 724
Polymere
  ataktische, 724
  isotaktische, 724
  syndiotaktische, 724
Polymerisation, 586, 724 ff.
  stereospezifische, 724
Polymerisationsgrad, 724
Polymethacrylsäuremethylester, 734
Polymethylmethacrylat, 734
Polyoxymethylen, 630
Polypeptide, 690
Polyphosphate, 487
Polyprene, 715
Polypropylen, 727
Polyreaktionen, 724
Polysaccharide, 654, **659**
Polysäuren, 549
Polyschwefelsäuren, 505
Polystyren, 728
Polystyrol, 728
Polysulfidkautschuk, 739
Polytetrafluorethylen, 735
Polytrifluorethylen, 735
Polyurethane, 725, 739

Polyurethanfaserstoffe, 743
Polyvinylacetat, 735
Polyvinylchlorid, 587, **728**, 743
Polyvinylchloridfaserstoffe, 743
Polyvinylether, 611
Porphin, 713
Porphinfarbstoffe, 713
Porphyr, 464
Porzellan, 466
Porzellantonerde, 464
Porzellanvergoldung, 531
positive Partialladung, 146
Potassium (engl.) ↑ *Kalium*
Potential
 chemisches, 290, 363
 elektrochemisches, 363
 thermochemisches, 290
Potentialdifferenz, 347, 360
Potentiale
 elektrische, 364
potentielle Elektrolyte, 18, 162
potentielle Energie, 254, 290
Pottasche, **422**, 465
Präfixe, 752, 760
Praseodym, 539 f.
Preßmassen, 729, 733
PRIESTLEY, J., 494
primäres Kohlenstoffatom, 621
Primärelemente, 351
Primärzellen, 351, 374
Prinzip des kleinsten Zwangs, 304 ff.
Progesteron, 703
Projektionsformeln, 765
Prolamine, 693
Prolin, 692
Promethium, 539
Promotion, 140
Propan, 604 - **605**
Propandisäure, 637
Propan-1-ol, 624
Propan-2-ol, 624
Propanol, 624
n-Propanol, 624
Propanon, 632
Propansäure, 636
Propan-1,2,3-triol, 625
Propargylgruppe, 755
Propen, **608**, 632, 727, 742
Propenal, 626, **631**
Propensäure, 612, **636**
Propenylgruppe, 755
Propionsäure, 636
Propylalkohol, 624
Propylen, 608
Propylenglycol, 626
Propylengruppe, 755
Propylidengruppe, 755

prosthetische Gruppe, 690, 704
Protactinium, 541
Proteasen, 691, 720
Proteide, 690, 694
Proteine, 690 f., 693
Protium, 405
Protolyse
 Base, 220, 225
 Säure, 219
Protolysegrad, 225
 Näherungsgleichung, 227
 Säure, 225
Protolysen, 213
Protolyte, 212
 schwache, 217, 230
 starke, 217
protolytisches System, 212
Protonen, 75, 200, 407
Protonenabgabe, 223
Protonenaffinität, 223
Protonenakzeptoren, 211
Protonenaufnahme, 223
Protonendonatoren, 211
PROUST, J.-L., 29
Provitamin A, 714
Provitamine, 699
Prozeßgrößen, 253
Prussiate, 572
Prusside, 572
PSE, 100
Pufferlösungen, 240
Purpur, antiker, 712
Pyran, 686
Pyranosen, 657
Pyrazin, 686
Pyrazol, 685
Pyrazolon, 685
Pyren, 670
Pyrethrin, 722
Pyridazin, 686
Pyridin, 686
Pyridinbasen, 666
Pyridinhydrochlorid, 686
Pyridiniumchlorid, 686
Pyridoxin, 700
Pyrimidin, 686
Pyrit, 503, 561, 566
Pyrogallol, 495, 673
Pyrographit, 451
Pyrokeram, 466
Pyrolusit, 556
Pyrolyse, 451, 610
Pyrolysebenzin, 667
Pyrophosphate, 487
Pyrophosphorsäure, 486
Pyroschwefelsäure, 505
Pyrosulfate, 505

Pyrosulfite, 502
Pyrrol, 684
Pyrrolidin, 684

qualitative Analyse, 9
Qualitätsgrößen, 36
Quantentheorie, 73
quantitative Analyse, 9
Quantitätsgrößen, 36
Quarks, 76
Quarz, **461**, 465, 466
Quarzglas, 461
Quarzsand, 465, 472
Quecksilber, 414, 416, 478, 530, 532, 535 f.
Quecksilber(I)-chlorid, 537
Quecksilber(I)-nitrat, 537
Quecksilber(I)-verbindungen, 536
Quecksilber(II)-aminochlorid, 537
Quecksilber(II)-chlorid, 537
Quecksilber(II)-cyanid, 538
Quecksilber(II)-fulminat, 459
Quecksilber(II)-hydroxid, 497
Quecksilber(II)-iodid, 538
Quecksilber(II)-nitrat, 538
Quecksilber(II)-oxid, 537
Quecksilber(II)-sulfat, 538
Quecksilber(II)-sulfid, 537
Quecksilber(II)-verbindungen, 537
Quecksilberaminochlorid, 537
Quecksilber-cadmium-tellurid, 508
Quecksilberverbindungen, 535 f.
Quecksilberverfahren, 416
quenchen, 610
Quickbeizen, 538

R-Verbindung, 769
Racemformen, 771
Radikale, 754 f.
radikalische Reaktionen, 597
radioaktive Nuklide, 82
Radioaktivität, 73
Radiocobalt, 574
Radiostrontium, 437
Radium, 425, **438**
Radiumverbindungen, 438
Radius
 kovalenter, 120
 metallischer, 120
Radon, 520
RAMSAY, W., 519
Ranzigkeit, 696
Raseneisenerz, 561

Rauchquarz, 461
Rauchtopas, 461
Raupenseide, 693
Reagens, 595
Reaktionen
 protolytische, 213
 chemische, 2
 elektrophile, 600
 nukleophile, 598
 radikalische, 597
Reaktionsarbeit, 256
Reaktionsarten, 596
Reaktionsenergie, 255, 258
 molare, 262
Reaktionsenthalpie
 molare, 258, 276
 molare freie, 276, 278, 284, 291
Reaktionsfortschritt, 259
Reaktionsgeschwindigkeit, 302, 309, 317
Reaktionsgleichungen, 15, 17
Reaktionsisotherme, 282
 VAN 'T HOFFsche, 371
Reaktionsladungszahl, 364, 398
Reaktionslaufzahl, 259
Reaktionsprodukte, 15, 301, 315
Reaktionsquotient, 283, 287, 320
Reaktionsstöchiometriezahlen, 16, 314
Reaktionstypen
 anorganische Chemie, 189ff.
 organische Chemie, 595 ff.
Reaktionsüberspannung, 395
Reaktionsvolumen
 molares, 262
Reaktionsvolumenarbeit
 molare, 262
Reaktionswärme, 256
 molare, 261
Reaktivfarbstoffe, 715
Realgar, 489
Realpotentiale, 364
Recken, 741
Rectisol-Verfahren, 477, 500
Red, 197, 368
Red-Form, 368
Redox-Reaktionen, 191
Redoxhalbsysteme, 197
Redoxpaare
 korrespondierende, 195
Redoxreaktion, 193
Redoxreaktionen, 342, 368
Redoxsysteme, 197
Redoxvorgang, 380
Reduktion, 184, **192** ff., 379
Reduktionsmittel, **192** ff., 343, 368
reduzierte Form, 197
Reformieren, 666
Reformieren, katalytisches, 616 f.

Regeneratcellulose, 737, 744
Regenwasser, 408
REICH, F., 447
reine Stoffe, 1, 5
Reineisen, 562
Reinelemente, 26, 81
relative Äquivalentmasse, 39
relative Atommasse, 25
relative Dielektrizitätskonstante, 247
relative Formelmasse, 158
relative Molekülmasse, 27
Repellents, 721
REPPE, W., 612
REPPE-Synthesen, 612
Resitole, 729
Resorcin, 673
Retinol, 699
Retortengraphit, 450
reversible Kolloide, 23
Rhenium, 555, 558
Rhenium(VII)-fluorid, 559
Rhenium(VII)-oxid, 558
Rhenium(VII)-sulfid, 559
Rheniumverbindungen, 558 f.
Rhodan, 459
Rhodanide, 459
Rhodanwasserstoffsäure, 459
Rhodinieren, 577
Rhodium, 480, 560, **577**
Rhodium(III)-chlorid, 577
Rhodium(III)-oxid, 577
Rhodium(III)-oxidhydrat, 577
Rhodium(III)-sulfat, 577
Rhodium(VI)-fluorid, 577
Rhodiumverbindungen, 577
Rhodochrosit, 556
Riboflavin, 700
Ribonucleinsäure, 698
Ribose, 656, 698, 767
RICHTER, T.H., 447
Ricin, 693
Ricinolsäure, 695
Ringprobe, 482
Ringsysteme, kondensierte, 664
RINMANNs Grün, 535
RNA, 698
RNS, 698
Rodentizide, 721
Roheisen, 566 ff.
Rohrzucker, 658
Rosanilin, 709
ROSCOE, H., 546
ROSE, H., 547
Rosenquarz, 461
ROSEsches Metall, 492
Rost, 562
Rösten, 500

rotationssymmetrisches Molekülorbital, 132
Rotbleierz, 550
Roteisenerz, 561
Roteisenstein, 561
roter Phosphor, **484**, 517, 518
Rotgültigerze, 527
Rotguß, 523
Rotkupfererz, 522
Rotnickelkies, 575
Rotschlamm, 444
Rübenzucker, 658
Rubidium, 411, **424**
Rubidiumverbindungen, 424
Rubin, 442
Rubine, 445
Rückreaktion, 261, 301, 317
Ruß, 451
Ruthenium, 560, **576**
Ruthenium(IV)-oxid, 577
Ruthenium(IV)-sulfid, 577
Ruthenium(V)-fluorid, 577
Ruthenium(VIII)-oxid, 576
Rutheniumverbindungen, 576
RUTHERFORD, D., 475
RUTHERFORD, E., 73
Rutherfordium, 544
Rutil, 544

s-Elektronen, 90, 107
s-Orbitale, 90
s-p-σ-Bindung, 134
s-p-σ-Molekülorbital, 134
s-s-σ-Bindung, 129
S-Verbindung, 769
Saccharin, 677
Saccharose, 658
SACHSSE-Verfahren, 610
Salicylsäure, 676
Salicylsäuremethylester, 676
Salmiak, 479
Salmiakgeist, 478
Salmiaksalz, 479
Salpeter, 422
Salpetersäure, 480 ff.
Salpetersäureester, 645, 652
Salpetrige Säure, 480, **482**
Salpetrigsäureester, 652
Salz
    schwerlösliches, 339
salzartige Stoffe, 154
Salzbildung
    Arten, 204

Index

Salze, 159, 204
   Namen, 750
   pH-Wert wäßriger Lösungen, 231
   wäßrige Lösungen, 208
Salzlager, 413
Salzsäure, 513 ff.
Salzsäure-%-Dichte-Regel, 515
Samarium, 539 - 540
Sammler, 374, 523
Sand, 503
Sandcrack-Verfahren, 607
SANDMEYER-Reaktionen, 682
Saphir, 442
Saphire, 445
Sarcosin, 477
Satz der konstanten Wärmesummen, 272
Sauerstoff, 191, 482, 487, 493, 494 ff., 516, 569, 579, 727
   Überspannung, 395
Sauerstoffkorrosion, 356
Sauerstoffmolekül, 137
Sauerstoffverbindungen, 494, 496 ff.
Säure, 644
   schwache, 217
   sehr starke, 233
   starke, 217
saure Lösungen, 215
saure Salze, 750
Säure-Base-Paare, korrespondierende, 211
Säure-Base-Reaktionen, 200
Säure-Base-System, 212
Säure-Base-Titration, 66, 233
Säureamide, 650
Säureanhydride, 201, 204
Säurechloride, 506
Säurekonstante, 219, 221, 226
Säuren, 112, 200, 211
   mehrwertige, 202
   mittelstarke, 236
   sauerstofffreie, 200
   sauerstoffhaltige, 200
   schwache, 206
   sehr starke, 228
   starke, 206
Säurerestionen, 171, 200, 204
Säureureide, 650
Scandium, 539
Schamotte, 466
Schäumer, 523
Schaumkohlenstoff, 452
Schaumstoffe, 739
Scheelbleierz, 554
SCHEELE, C.W., 475, 494, 513, 553
SCHEELEs Grün, 526
Scheelit, 554
Scheider, 374
Scherbenkobalt, 489

Schichtpreßstoffe, 729
Schlämmkreide, 431
Schleimstoffe, 694
Schlippen, 491
SCHLIPPEsches Salz, 491
Schmelzenthalpie
   molare, 295
Schmelzfarben, 472
Schmelzspinnen, 741
Schmelztemperatur, 160, 165
Schmelzwärme
   molare, 295
Schmieröle, 614
Schmierseifen, 636
Schmirgel, 442
Schönit, 421
Schreibkreide, 431
Schriftmetall, 471
SCHRÖDINGER, E., 73
SCHRÖTTER, A.v., 484
Schutzkolloide, 23
schwache Elektrolyte, 207, 330
schwache Komplexe, 338
Schwarzkupfer, 522
Schwarzoxidieren, 565
Schwarzpulver, 422
Schwarzweißfotografie, 529
Schwefel, 420, 422, 423, 457, 459, 493, 498 ff., 516, 738
   kolloider, 420
Schwefel, Modifikationen, 499
Schwefelblume, 499
Schwefelblüte, 499
Schwefeldioxid, 419, **501** f., 503 f., 506, 507, 523
Schwefelelektrode, 378
Schwefelfarbstoffe, 712
Schwefelhexafluorid, 506, 511
Schwefelkalkbrühe, 434
Schwefelkies, 561
Schwefelkohlenstoff, 457
Schwefelleber, 423
Schwefelsäure, 409, 444, 503 ff., 514, 516, 517, 624
   Bleikammerverfahren, 503
   Kontaktverfahren, 503
   Nitroseverfahren, 503
   Turmverfahren, 503
Schwefelsäure, rauchende, 505
Schwefelsäureester, 644, 653
Schwefeltrioxid, 502 - 503
Schwefelverbindungen, 498 ff.
Schwefelwasserstoff, 472, **500** f., 529
Schweflige Säure, 502, 506
Schwefligsäureester, 653
SCHWEIZERs Reagens, 525
schwerer Wasserstoff, 409

schweres Wasser, 410
Schwermetallhydroxide, 249
Schwerspat, 437
Schwimmaufbereitung, 523
S$_E$-Reaktion, 600
SEFSTRÖM, N., 546
SEGRÈ, E., 519, 558
Seide, 739 - 740
Seidenleim, 693
Seife, 436, 635, 718
Seifengold, 530
Seigern, 468
Seignettesalz, 526, **639**
Seitenkettenchlorierung, 668
sek.-Butylgruppe, 755
Sekundärelemente, 351
sekundäres Kohlenstoffatom, 622
Sekundärzellen, 351, 374
Selen, 493, **507** f.
Selenate, 507
Selendioxid, 507
Selenhexafluorid, 508
Selenide, 507
Selenige Säure, 507
Selenit (Mineral), 430
Selenite, 507
Selensäure, **507**, 531
Selentetrabromid, 508
Selentetrachlorid, 508
Selentrioxid, 508 f.
Selenverbindungen, 507 f.
Selenwasserstoff, 507
Seltenerdmetalle, 539
semipolare Bindung, 152
Sensibilisatoren, 529
Sericin, 693
Serin, 692
Serumglobulin, 693
Sesquiterpene, 715
Sexualhormone, 703
Sial-Schicht, 427
Siccative, 636
Sicherheitsglas, 465
Siderit, 561
Sidot-Blende, 534
Siedetemperatur, 160
SIEMENS-MARTIN-Stahl, 570
Sikkative, 696
Silane, 467
Silber, 388, 496, 500, 522, **527** ff.
Silberamalgam, 527
Silberbromid, 517, **528**
Silbercarbid, 457
Silbercarbonat, 529
Silberchlorid, 465, **528**
Silbercyanid, 529
Silberfluorid, 528

Silberfulminat, 529
Silberglanz, 527
Silberhexacyanoferrat(II), 530
Silberhydroxid, 528
Silberiodid, 528
Silberionen
    Nachweis, 248
Silberlot, 527
Silbernitrat, 528
Silbernitrid, 529
Silberoxid, 528
Silberphosphat, 529
Silbersulfat, 529
Silbersulfid, 529
Silbertellurat, 508
Silberverbindungen, 527 - 529
Silicagel, 462
Silicate, 461, 467, 512
    künstliche, 464
    natürliche, 463
Silicatkeramik, 466
Silicide, 467
Silicium, 449, 460 ff.
Siliciumcarbid, 467
Siliciumchloroform, 467
Siliciumdioxid, 461 f.
Siliciumhydride, 467
Siliciumtetrachlorid, 461, 467
Siliciumtetrafluorid, 467
Siliciumverbindungen, 460 ff.
Silicon (engl.) ↑ *Silicium*
Silicone, 745
Siliconfette, 745
Silicongummi, 745
Siliconharze, 745
Siliconkautschuk, 745
Siliconkautschukpasten, 745
Siliconöle, 745
Silitstäbe, 467
Sima-Schicht, 427
Sipal, 527, 577
Skatol, 687
Skleroproteine, 693
Smalte, 574
Smaltit, 573
Smaragd, 426
Smithsonit, 532
Smog, 496
    London-Typ, 502
    Los-Angeles-Typ, 496
S$_N$-Reaktion, 598
Soda, 417, 436, 456, 465
Soda-Salpeter-Schmelze, 551, 558
SÖDERBERG-Elektroden, 443
Sodium (engl.) ↑ *Natrium*
Sol, 23
Solanin, 688

Solnhofener Schiefer, 431
Solvatation, 248
Solvatationsenthalpie, 298, 300
SOLVAY-Verfahren, 417
Somatotropin, 702
Sommerfeld, 73
Sonne, 410
SÖRENSEN, S.P.L., 215
sp-Hybridisation, 141
sp-Hybridorbitale, 138
sp^2-Hybridisation, 141
sp^2-Hybridorbitale, 139
sp^3-Hybridisation, 141
sp^3-Hybridorbitale, 139
Spannung, 360
Spannungsabfall, 362, 394
Spannungsreihe der Metalle, 342
Spateisenerz, 561
Spateisenstein, 561
Speckstein, 464
Speiscobalt, 573
spezifische Wärmekapazität, 296
Sphalerit, 532
Spiegelbildisomerie, 574, 764
Spiegeleisen, 556
Spin, 89, 97
Spinell, 442
Spinkoppelung, 172
Spinquantenzahl, 97
Spiritus, 623
Spodumen, 412
Spongin, 693
spontan, 279
Sprenggelatine, 645
Sprengöl, 678
S_R-Reaktion, 597
stabile Nuklide, 82
Stabilisatoren, 311
Stabilität
  kinetische, 338
  thermodynamische, 338
Stadtgas, 453
Stahlguß, 563
Stahlquellen, 561
Stalagmiten, 431
Stalaktiten, 431
Stammverbindungen, 752
Standard-Wasserstoffelektrode, 360
Standardbildungsenthalpie, 267
  molare freie, 280
Standardelektrodenpotentiale, 198, 359, 361
Standardentropie
  molare, 292
Standardentropien
  molare, 294
Standardlösungsenthalpie
  molare, 297 f.

Standardreaktionsenthalpie
  molare f.
  molare freie, 280, 371
Standardreaktionsentropie
  molare, 294
Standardredoxpotential, 199
Standardverbrennungsenthalpie
  molare, 273
Standardzellspannung, 362, 370
Standardzustände, 268
Standöl, 696
Stannate(II), 469
Stannate(IV), 469
Stannite, 469
Stärke, 518, 659
Stärke der Elektrolyte, 330
Stärke der Protolyte, 217
starke Elektrolyte, 207, 330
starke Komplexe, 338
Startreaktion, 587
Staßfurtit, 440
Stearinsäure, 636, 695
Stearylalkohol, 625
Steingut, 466
Steinkohle, 618 f.
Steinkohlenteer, 620, 666
Steinsalz, 413 f.
Steinzeug, 466
Stellungsisomerie, 582
Steran, 704
Stereoisomerie, 583
stereospezifische Polymerisation, 724
Sterilantien, 721
Sterine, 704
Steroide, 704
Stibin, 490
Stickoxide, 479
Stickstoff, 473, **474** ff., 481 f.
Stickstoff(V)-oxid, 480
Stickstoffdioxid, 480, 482
Stickstoffdüngemittel, 483
Stickstoffgruppe, 472 ff.
Stickstoffmolekül, 137
Stickstoffmonoxid, 479
Stickstoffoxide, 479
Stickstofftrichlorid, 483
Stickstoffverbindungen, 474 ff.
Stilben, 666
Stöchiometriezahlen, 16, 259
stöchiometrische Berechnungen, 44 f.
stöchiometrische Wertigkeit, 176
stöchiometrische Zusammensetzung, 177
stöchiometrischer Faktor, 16
Stoffe, 1
Stoffgemenge, 4 f.
stoffliche Betrachtungsebene, 1, 76
Stoffmenge, 35, 42, 53, 252, 259

Stoffmenge der Äquivalente, 400
Stoffmengenanteil, 53 ff., 71, 307
Stoffmengenanteilaktivität, 282
Stoffmengenanteile, 313
    Einfluß auf Gleichgewicht, 323
stoffmengenbezogene Masse, 35
Stoffmengenkonzentration, 53 f., **60** f., 68, 313
Stoffmengenverhältnis, 53 f., **55**, 71
Stoffportion, 31
Stolzit, 554
Stratosphäre, 496
Streptomycin, 706
STROMEYER, F., 535
Stromschlüssel, 359
Strontianit, 437
Strontium, 425, **437**
Strontium 90, 437
Strontiumcarbonat, 437
Strontiumchlorat, 437
Strontiumhydroxid, 437
Strontiumnitrat, 437
Strontiumsulfat, 437
Strontiumsulfid, 437
Strontiumverbindungen, 437
Strukturisomerie, 582
Strychnin, 688
Stuckgips, 433
Stufenmechanismus, 597
Styren, 668, 728, 730, 738
Styrol ↑ *Styren*
Sublimat, 537
Sublimationsenthalpie
    molare, 295
Substituent, 591
Substituenten I.Ordnung, 665
Substituenten II.Ordnung, 665
Substituenteneffekte, 591 ff.
Substitution, 584
Substitution, elektrophile, 600
Substitution, nukleophile, 598
Substitution, radikalische, 597
Substitutionsmischkristalle, 166
Substitutionsreaktionen, 144, 146
Substrat, 595
Succinate, 637
Suffixe, 752, 760
Sulfanilsäure, 677
Sulfate, 505
Sulfation, 172, 181
Sulfationen
    Nachweis, 249
Sulfide, 498, 500
Sulfinogruppe, 760
Sulfite, 502, **506**
Sulfition, 181
Sulfitlauge, 502

Sulfochlorierung, 654
Sulfogruppe, 760
Sulfonamide, 677
Sulfonate, 653, 718
Sulfonsäuren, 645, 653, 677
Sulfosolvan-Verfahren, 477
Sulfoxylate, 506
Sulfoxylsäure, 506
Sulfurylchlorid, 506
Summenformeln
    Komplexsalze, 173
Sumpfgas, 605
Superphosphat, 488
Suspension, 20
Suspensionspolymerisation, 728
Sylvinit, 424
Symbol, 10, 33
Symbolik, 90
Synchronmechanismus, 597
syndiotaktische Polymere, 724
Synthese, 9
Synthesefaserstoffe, 740
Synthesekautschuk, 738
System, 251
Systeme
    abgeschlossene, 252
    isolierte, 252
Systox, 722

Tabellierungsdruck, 284
Talk, 464
Talkum, 464
Tannin, 676
Tantal, 546, 548
Tantal(V)-chlorid, 548
Tantal(V)-fluorid, 548
Tantal(V)-oxid, 548
Tantal(V) oxidhydrat, 548
Tantalate, 548
Tantalpent(a)oxid, 548
Tantalsäure, 548
Tantalverbindungen, 548
Tartrate, 638
Taurin, 705
Taurocholsäure, 705
Tautomerie, 583
Technetium, 555, **558**
Technetium(VII)-oxid, 558
Teere, 619
Teilchenarten, 288
Teilchencharakter, 73
Teilchencharakter des Elektrons, 86
Teilchenmenge, 34
Teilchenstöchiometriezahlen, 14, 16, 319
Teilchenzahl, 32, 53

Teilchenzahlanteil, 53, 56, 71
Teilchenzahlkonzentration, 53, 62
Teilchenzahlverhältnis, 53, 56, 71
Tellur, 493, **508**
Tellurate, 508
Tellurdioxid, 508
Telluride, 508
Tellurige Säure, 508
Tellurite, 508
Tellursäure, 508
Tellurtrioxid, 508
Tellurverbindungen, 508
Tellurwasserstoff, 508
Temperatur, 252, 260, 296
Temperaturerhöhung, 260, 305, 308, 328
Temperaturerniedrigung, 260, 305
Temperguß, schwarzer, 569
Temperguß, weißer, 569
Tempern, 569
TENNANT, S., 578
Tenside, 718 ff.
Tenside, anionaktive, 718
Tenside, kationaktive, 719
Tenside, nichtionogene, 719
Terbium, 539
Terephthalsäure, 742
Terpene, 715
Terpentin, 717
Terpentinöl, 513, **717**
Terpineol, 716
Terramycin, 706
tert.-Amylgruppe, 755
tert.-Butylgruppe, 755
tertiäres Kohlenstoffatom, 622
Testosteron, 703
Tetra, 642
Tetraalkylammoniumsalze, 648
Tetra(a)mminkupfer(II)-hydroxid, 525
Tetra(a)mminkupfer(II)-sulfat, 526
Tetra(a)quokupfer(II)-ionen, 525
Tetraborate, 441
Tetraborsäure, 441
Tetrachlorkohlenstoff, 642
Tetrachlormethan, 150, 642
Tetrachloroaurate, 531
Tetrachlorogold(III)-säure, 531
Tetrachlorsilan, 467
Tetracontan, 604
Tetracycline, 705
Tetraeder, 188
tetraedrischer Bindungszustand, 141
Tetraethylblei, 472
Tetraethylorthotitanat, 544
Tetrafluorethen, 642
Tetrafluoroborate, 441
Tetrafluoroborsäure, 441
Tetrahydrofuran, 685

Tetrahydronaphthalen, 662
Tetraiodthyronin, 702
Tetralin, 662
Tetranitromethan, 652
Tetraphosphortrisulfid, 486
Tetrathionate, 506
Tetrathionsäure, 506
Tetrosen, 655
THÉNARD, I.J., 440
THÉNARDs Blau, 442
Thallium, 439, **447**
Thallium(I)-carbonat, 447
Thallium(I)-chlorid, 447
Thallium(I)-fluorid, 447
Thallium(I)-hydroxid, 447
Thallium(I)-iodid, 447
Thallium(I)-nitrat, 447
Thallium(I)-oxid, 447
Thallium(I)-sulfat, 447
Thallium(III)-oxid, 447
Thallium(III)-oxidhydrat, 447
Thalliumhalogenide, 447
Thalliumoxid, 447
Thalliumverbindungen, 447
Theobromin, 686
thermische Energie, 254
Thermit, 444
thermochemisches Gesetz
    erstes, 271
    zweites, 272
Thermodynamik, 250
    1.Hauptsatz, 252
    2.Hauptsatz, 293
    3. Hauptsatz, 292
thermodynamisches Potential, 290
Thermogen-Schweißgemisch, 444
Thermoplaste, 725
Thiamin, 700
Thiazinfarbstoffe, 714
Thioalkohole, 653
Thioarsenate, 490
Thioarsenite, 490
Thiocarbamid, 529
Thiocyan, 459
Thiocyanate, 459
Thiocyansäure, 459
Thiocyanwasserstoffsäure, 459
Thioindigo, 712
Thiologruppe, 760
Thionylchlorid, 506
Thiophen, 685
Thiophenole, 677, 682
Thioplaste, 739
Thiosalze, 501
Thioschwefelsäure, 506
Thioschweflige Säure, 506
Thiosulfate, 506

Thiosulfite, 506
Thiowolframate, 554
THOMAs-Stahl, 569
Thomasmehl, 569
Thomasphosphat, 489, 569
THOMSEN, J., 261, 276
Thorium, 541
Thoriumnitrat, 542
Thoriumoxid, 541
Thoriumoxidhydrat, 541
Thoriumverbindungen, 541
Thortveitit, 462
Threonin, 692
Threose, 772
Thujan, 717
Thulium, 539
Thymin, 697
Thymol, 673
Thyroxin, 702
Tieftemperatur-Hochdruck-
  Hydrierverfahren, 606
Tin (engl.) ↑ Zinn
Titan, 543 ff.
Titan(III)-chlorid, 544
Titan(IV)-chlorid, 446, **544**
Titan(IV)-oxid, 544
Titan(IV)-oxidhydrat, 545
Titan(IV)-oxidsulfat, 545
Titananoden, 416
Titandioxid, 444, **544**
Titangelb, 427
Titangruppe, 543 ff.
Titansande, 544
Titansäure, 544
Titansäureester, 544
Titanstähle, 544
Titanverbindungen, 544 f.
Titanweiß, 544
Titanylsulfat, 545
Titration
  Berechnung, 66
Titrationskurven, 233
TNT, 678
Tocopherol, 699
TOLLENSsche Ringformeln, 657
Toluen, 668
Toluidin, 709
Toluidine, 681
Toluol ↑ *Toluen*
2,4-Toluylendiisocyanat, 734
Toluylgruppen, 756
Tolylgruppen, 756
Tombak, 513, 523
Ton, 430, 433, 464, 465, 466, 503
Tonerde, 444
Tonerdehydrat, 444
Tongut, 466

Tonzeug, 466
Transactinoide, 541
transfer-RNS, 698
Transferasen, 704
Transferrin, 561
Transurane, 83, 541
Traubensäure, 639
Traubenzucker, 656
Travertin, 430 - 431
Treibhauseffekt, 455
Treibhausgase, 455
Tri, 642
Triacontan, 604
Triacylglycerole, 695
2,4,6-Triaminotriazin, 687
Tribleitetr(a)oxid, 471
Tribochemie, 191
Tricalciumphosphat, 486
Trichlorethanal, 631
Trichlorethen, 642
Trichlorethylen, 642
Trichlormethan, 642
Trichlorphenoxy-essigsäure, 2,4,5-, 674
Trichlorsilan, 460, 467
Tricresylphosphat, o-, 673
Tridymit, 461
Triebkraft, 280
Trieisentetr(a)oxid, 570
Trifluormonochlorethen, 642
trifunktionell, 726
Triglyceride, 695
Triglycol, 626
trigonaler Bindungszustand, 141
Triiodmethan, 642
Triiodthyronin, 702
Trimangantetr(a)oxid, 556
Trimethylamin, 648
Trimethylborat, 441, 645
Trimethylengruppe, 755
Trimethylmonochlorsilan, 460
Trimethylpentan, 2,2,4-, 614
Trinatriumphosphat, 436, 486
2,4,6-Trinitrotoluen, 678
Trinkwasser, 408, 482
Triosen, 655
Tripeptide, 690
Triphenylmethanfarbstoffe, 709
Trisauerstoff, 496
Trisilan, 467
Trithionate, 506
Trithionsäure, 506
Tritium, 405, **410**, 412, 413
Tritiumoxid, 410
Triuranoct(a)oxid, 543
Trivialnamen, 751
Trockeneis, 454
Trockenspinnen, 741

trocknende Öle, 696
Tropfstein, 431
Troposphäre, 496
Tryptophan, 692, 700
TTH-Verfahren, 606
Tubocurarin, 688
Tungstein, 554
Tungsten (engl.) ↑ *Wolfram*
TURNBULLs Blau, 572
Tyrosin, 692

Überallzünder, 486
Überchlorsäure, 516
Überführungsglied, 364
Überlappung, 130, 133
überschwerer Wasserstoff, 410
überschweres Wasser, 410
Überspannung, 394, 533
ULLOA, A.D., 579
Ultramarin, 467
Ultraphosphate, 487
Umbra, 557
Umgebung, 251
Umkehrbarkeit chemischer Reaktionen, 301
Umsatzvariable, 259
Umschlagbereiche, Indikatoren, 216
Ungesättigte Verbindungen, 753
Universum, 294
Unnilennium, 11, 560
Unnilhexium, 11, 549
Unniloctium, 11, 560
Unnilpentium, 11
Unnilquadium, 11, 544
Unnilseptium, 11, 555
Unordnung, 293
unpolare Bindung, 126
Unterchlorige Säure, 516
Ununnilium, 560
Uracil, 697
Uran, 541, 542 f.
Uran 235, 542
Uran(III)-chlorid, 542
Uran(IV)-oxid, 543
Uran(VI)-oxid, 543
Uranglas, 543
Uranhexafluorid, 511, 542
Uranin, 710
Uraninit, 542
Uranpechblende, 542
Uranverbindungen, 542 f.
Uranylnitrat, 543
Uranylsulfid, 543
Uranylverbindungen, 543
Ureate, 686
Ureide, 650

Urethane, 458, 651
Urotropin, 729

Val, 40
valare Masse, 40
Valentinit, 490
Valenz, 176
Valenzband, 167
Valenzelektronen, 124, 163, 167, 179
Valeriansäure, 636
Valin, 692
VAN-DER-WAALSsche Kräfte, 128
Vanadin, 546
Vanadinit, 546
Vanadium, 546
Vanadium(IV)-oxidsulfat, 547
Vanadium(V)-oxid, 444, 503, 547
Vanadiumdioxidchlorid, 547
Vanadiumoxidtrichlorid, 547
Vanadiumpent(a)oxid, 547
Vanadiumpentasulfid, 547
Vanadiumsäuren, 547
Vanadylverbindungen, 547
Vanillin, 676
VAUQUELIN, L.N., 426
III-V-Verbindung, 447
Verbindungen, 8
  -erster Ordnung, 170
  -höherer Ordnung, 170
Verbleien, 471
verbotene Zone, 168
Verbrennung, 495
Verbrennungsenthalpie, 274
Vercadmen, 535
Verchromen, 550
Verdampfungsenthalpie
  molare, 295
Verdampfungswärme
  molare, 295
Verdünnungsenthalpie
  molare, 298
Veresterung, 595, 643 f.
Vergolden, 531
Verhältnis, 53
Verhältnisgrößen, 54
Verharzung, 636
Verkupfern, 524
Vermessingen, 524
Vernickeln, 575
  stromloses, 576
Verschwelung, 619
Verseifung, 585, 644, 696
Versilbern, 527
Verspiegeln, 528
Verzinken, 533

Verzinnen, 469
Viehsalz, 416
Vinylacetat, **611**, 735
Vinylchlorid, 587, 590, **642**, 728
Vinylester, 612
Vinylether, 612
Vinylgruppe, 755
Vinylidengruppe, 755
Virusproteide, 694
Viscose, 743
Viscosefaserstoff, 743
Viscoseschwämme, 744
Vitamin A, 699
Vitamin B_1, 700
Vitamin B_2, 700
Vitamin B_6, 700
Vitamin B_{12}, 700
Vitamin C, 700
Vitamin D, 699
Vitamin D_2, 699
Vitamin D_3, 699
Vitamin E, 699
Vitamin F, 636
Vitamin H, 700
Vitamin K, 699
Vitamin K_1, 699
Vitamine, 311, 699 ff.
Vitellin, 694
Vitriole, 505
Volldünger, 489
VOLTA, A., 341
VOLTA-Element, 351
VOLTAsche Säule, 351
Volumen, 40, 53, 252
    molares, 42
    molares partielles, 288
Volumenänderung
    Einfluß auf Gleichgewicht, 326
Volumenanteil, 53, 54, 69
Volumenarbeit, 256
Volumenenergie, 257
Volumenkonzentration, 53 - 54, 69
Volumenverhältnis, 40, 41, 53, 54, 70
Vulkanfiber, 737
Vulkanisation, 738

Wachsalkohole, 697
Wachse, 696
Wachssäuren, 697
Waldmeisterriechstoff, 676
WARBURGsches Atmungsferment, 561
Wärme, 251 - 252, 260, 373
    latente, 296
Wärmekapazität, 296
Wärmetönung, 261

waschaktive Substanzen, 717
Waschmittel, 719
Wasser, 213, 405, 408, 472, 511, 526, 586, 739
    Dipolmolekül, 150
    Enthärtung, 436
    Vollentsalzung, 437
Wasser, halbschweres, 410
Wasser, natürliches, 408
Wasser, schweres, 410
Wasser, überschweres, 410
Wasserdampf, 406, 453, 455, 477
Wassergas, 406
Wasserglas, 465
Wasserhärte, 435
wasserlösliche Vitamine, 700
Wassermoleküle, 382
Wassermörtel, 433
Wassersteinbildung, 436
Wasserstoff, 405 ff., 513, 577
    in der Spannungsreihe, 343
    leichter, 405
    schwerer, 405
    überschwerer, 405
    Überspannung, 395
Wasserstoff, schwerer, 409
Wasserstoff, überschwerer, 410
Wasserstoff-Anion, 407
Wasserstoff-Sauerstoff-Zelle, 354
Wasserstoffbombe, 412
Wasserstoffbrückenbindungen, 153
Wasserstoffelektrode, 359, 391
Wasserstoffion, 200, 407
Wasserstoffionenkonzentration, 215
    Berechnung, 216
Wasserstoffkorrosion, 356
Wasserstoffperoxid, 409, 545
Wasserstoffstrom, 470
WATSON, W., 579
Weichlot, 469, 471
Weichmacher, 726
Weichspüler, 720
Weingeist, 623
Weinsäure, **638**, 766, 771
Weinstein, 639
Weißblech, 469
Weißbleierz, 470
weißer Phosphor, 488
Weißmetall, 471
Weißnickelkies, 575
Weißrost, 533
Weißspießglanz, 490
Weißtöner, 720
Wellencharakter, 73
Wellencharakter des Elektrons, 88
WELSBACH, C.A.v., 539
Weltall, 294

Werkblei, 470, 527
WERNER, A., 170
Wertigkeit, 37, 108
  stöchiometrische, 176
Wertigkeitsbegriffe, 176 ff.
Wettersprengstoffe, 679
Widerstandspolarisation, 394
Widia, 555
Wiener Kalk, 432
Windfrischen, 569
WINKLER, C., 467
WINKLER-Generatoren, 453
Wintergrünöl, 676
Wirbelschichtverfahren, 453
Wismut ↑ Bismut
Witherit, 437
WÖHLER, F., 442, 458
Wolfram, 407, 549, 554 f.
Wolfram(II)-chlorid, 549
Wolfram(VI)-chlorid, 554
Wolfram(VI)-fluorid, 554
Wolfram(VI)-oxid, 554
Wolfram(VI)-oxidhydrat, 554
Wolfram(VI)-sulfid, 554
Wolframate, 554
Wolframblau, 555
Wolframbronzen, 555
Wolframcarbid, 555
Wolframhexachlorid, 554
Wolframhexafluorid, 554
Wolframit, 554
Wolframsäuren, 554
Wolframtrioxid, 554
Wolframtrisulfid, 554
Wolframverbindungen, 554 f.
WOLLASTON, W.H., 577
Wolle, 693, 740
Wollfett, 696
WOODsches Metall, 492
Wuchsstoffherbizide, 674
Wulfenit, 553
Würfel, 188
Wurtzit, 532
WURTZsche Synthese, 640

Xanthophyll, 714
Xanthoproteinreaktion, 481, 691
Xenon, 520
Xenon(II)-chlorid, 521
Xenon(II)-fluorid, 520
Xenon(IV)-fluorid, 520
Xenon(VI)-fluorid, 520
Xenon(VI)-oxid, 520
Xenon(VIII)-oxid, 521
Xenonhexafluoroplatinat(V), 580

Xylen, 668
Xylenole, 673
Xylidine, 681
Xylol, 668
Xylose, 656

Yohimbin, 688
Ytterbit, 540
Ytterbium, 539
Yttererden, 539
Yttrium, 539
Yttriumdioxidsulfid, 539

Zähleinheiten, 31
Zahnzement, 534
Zellglas, 744
Zellglobulin, 693
Zellreaktion, 368
Zellspannung, 362 - 363, 366
Zellstoff, 660
Zellsymbole, 350, 368
Zellwolle, 744
Zement, 466, 503
Zementit, 562
Zementmörtel, 433, 467
Zentralatom, 170, 187
Zentralion
  Namen, 747 - 748
Zentralionen, 173
Zeolithe, 464, 616
Zersetzungsspannung, 392 - 393, 396
Ziegel, 466
Ziegler-Katalysatoren, 727
Zimtaldehyd, 676
Zimtalkohol, 676
Zimtsäure, 676
Zink, 468, 470, 506, 527, **532** ff., 552
Zink-Braunstein-Zelle
  alkalische, 353
  saure, 352
Zink-Silberoxid-Zelle, 353
Zinkamalgam, 533
Zinkblende, 532
Zinkcarbonat, 534
Zinkchlorid, 534
Zinkchloridlösung, 737
Zinkchromat, 553
Zinkdihydrogenphosphat, 487, 534
Zinkdithionit, 506
Zinkentsilberung, 527
Zinkgelb, 535, 553
Zinkgrün, 535, 553
Zinkhydroxidcarbonat, 533

Zinkhydroxid, 534
Zinkmonohydrogenphosphat, 534
Zinkoxid, 533, 534
Zinkphosphat, 534
Zinkphosphid, 488
Zinkspat, 532
Zinksulfat, 534
Zinksulfid, 534
Zinkverbindungen, 534 f.
Zinkvitriol, 534
Zinkweiß, 534
Zinn, 449, **468** f.
Zinn(II)-chlorid, 469, 531
Zinn(II)-oxid, 469
Zinn(II)-sulfat, 469
Zinn(IV)-chlorid, 469
Zinn(IV)-oxid, 469
Zinnbaum, 468
Zinnbronze, 469, 523
Zinnober, 536 - 537
Zinnpest, 468
Zinnsäure, 469 - 470
Zinnstein, 468
Zinnsulfide, 470
Zinnverbindungen, 468, 469 f.
Zinnwaldit, 412
Zircondioxidhydrat, 545
Zirconium, 543, **545**
Zirconium(IV)-oxid, 545

Zirconiumchlorid, 545
Zirconiumdioxid, 545
Zirconiumoxidchlorid, 545
Zirconiumoxidsulfat, 545
Zirconiumsilicat, 545
Zirconiumverbindungen, 545
Zirconylchlorid, 545
Zirkon, 545
Zirkonia, 545
Zitronensäure, 639
Zündhölzer, 486
Zündmetall, 540
Zusammensetzung des Reaktionsgemischs, 307
Zusammensetzungsgrößen, 53, 313
Zustandsänderungen, 254
Zustandsgleichung
  ideale Gase, 253
Zustandsgleichung der Gase, 47
Zustandsgrößen, 252
Zustandsvariable, 253
zweiter Hauptsatz der Thermodynamik, 272
zweites Faradaysches Gesetz, 399
zwischenmolekulare Kräfte, 128
Zwischenzustände
  stabile, 99
Zymase, 624
Zytochrome, 561

G.O. Müller
Lehr- und Übungsbuch der anorganisch-analytischen Chemie

Band 3
Quantitativ-anorganisches Praktikum
7., völlig überarbeitete Auflage 1992,
688 Seiten, 85 Abbildungen,
58 Tabellen, geb., DM 58,-
ISBN 3-8171-1211-4

Fachlexikon ABC Toxikologie
Ein alphabetisches Nachschlagewerk
Hrsg. U. Stephan, P. Elstner, R.K. Müller
1990, 384 Seiten, 161 Abbildungen,
16 Farbtafeln,
Leinen mit Schutzumschlag, DM 34,-
ISBN 3-87144-880-X

R. Kaltofen
Tabellenbuch Chemie
12. Auflage 1994, 283 Seiten, kart., DM 28,-
ISBN 3-8171-1351-X

Lexikon bedeutender Chemiker
von W.R. Pötsch u.a.
1989, 470 Seiten, Leinen mit Schutzumschlag, DM 38,-
ISBN 3-8171-1055-3

Das Lexikon enthält rund 1.600 Biographien von Chemikern bzw. Wissenschaftlern angrenzender Gebiete, die die Geschichte der Chemie vom Altertum bis in unsere Tage repräsentieren.

Die Autoren trugen in 10 Jahren tausende von Informationen aus z.T. schwer zugänglichen Quellen zusammen. Den biographischen Daten und wichtigsten Wirkungsstätten folgen hervorzuhebende wissenschaftliche Leistungen, sowie eine Würdigung und historische Einordnung des Schaffens.

K. Rauscher, J. Voigt, I+K.Th. Wilke, R. Friebe
Chemische Tabellen und Rechentafeln für die analytische Praxis
9., durchgesehene Auflage 1993, 320 Seiten, wasserabweisende Broschur, DM 29,80
ISBN 3-8171-1257-2

W. Perkow
Strukturelemente biologisch aktiver Verbindungen
1992, 325 Seiten, wasserabweisende Broschur, DM 58,-
ISBN 3-8171-1234-3

Taschenbücher in Plastik
KOMPAKT · INFORMATIV · DAUERHAFT

DM 39,80

1993, 880 Seiten
ISBN 3-8171-2001-X

DM 29,80

1993, 814 Seiten
ISBN 3-8171-1256-4

DM 32,-.

DM 29,80

1993, 874 Seiten
ISBN 3-8171-1358-7

1993, 640 Seiten
ISBN 3-8171-1246-7

Verlag Harri Deutsch

Wichtige Konstanten

AVOGADRO-Konstante	$N_A = 6{,}022137 \cdot 10^{23}\ \text{mol}^{-1}$
LOSCHMIDT-Konstante	$N_L = 2{,}687 \cdot 10^{19}\ \text{cm}^{-3}$
molare Gaskonstante	$R = 8{,}31451\ \text{J} \cdot \text{mol}^{-1} \cdot \text{K}^{-1}$
molares Volumen (Gas; 0 °C; 101,325 kPa)	$V = 22{,}414101\ \text{l} \cdot \text{mol}^{-1}$
FARADAY-Konstante	$F = 9{,}6485309 \cdot 10^4\ \text{A} \cdot \text{s} \cdot \text{mol}^{-1}$
Elementarladung	$e = 1{,}6021773 \cdot 10^{-19}\ \text{A} \cdot \text{s}$
Masse des Elektrons	$m_e = 9{,}1094 \cdot 10^{-28}\ \text{g}$
Masse des Protons	$m_p = 1{,}6726 \cdot 10^{-24}\ \text{g}$
Masse des Neutrons	$m_n = 1{,}6749 \cdot 10^{-24}\ \text{g}$

Weitere wichtige Größen

Atommassen, relative	Tafel 3 u. Tafel 4, S. 780/783
Dichte von Gasen	Tabelle 7-1, S. 266
Dichte von Lösungen	Tabelle 2-1, S. 58
Dissoziationsgrade	S. 206
Dissoziationskonstanten	S. 330
Elemente, Masseanteile	Tabelle 3-1, S. 78
Elektronegativitäten	Tabelle 5-2, S. 149
Löslichkeitskonstanten	Tabelle 8-1, S. 335
pK_S-Werte	Tabelle 6-6, S. 218
Standardbildungsenthalpien, molare	Tabelle 7-2, S. 269
Standardelektrodenpotentiale	Tabelle 6-1, S. 198 u. Tabelle 9-1, S. 361
Überspannungen	Tabelle 9-2, S. 396

Vorschriften

Summenformeln	S. 14
Reaktonsgleichungen,	S. 17
mittels Oxidationszahlen	S. 184
Dissoziationsgleichungen	S. 19
Ionengleichungen	S. 19
stöchiometrische Berechnungen	S. 45
Titrationen	S. 66
Wertigkeit	S. 178
Ionenbindung	S. 157
Reaktionsenthalpie, molare	S. 271
freie Reaktionsenthalpie, molare	S. 284